Winfried Storhas

Bioverfahrensentwicklung

Beachten Sie bitte auch weitere interessante Titel zu diesem Thema

Baerns, M., Behr, A., Brehm, A., Gmehling, J., Hofmann, H., Onken, U., Renken, A., Hinrichsen, K.-O., Palkovits, R.

Technische Chemie

Zweite Auflage

2013
978-3-527-33072-0

Worthoff, R., Siemes, W.

Grundbegriffe der Verfahrenstechnik

Mit Aufgaben und Lösungen
Dritte, vollständig überarbeitete Auflage

2012
978-3-527-33174-1

Centi, G., Trifiró, F., Perathoner, S., Cavani, F. (Hrsg.)

Sustainable Industrial Chemistry

2009
978-3-527-31552-9

Dunn, I. J., Heinzle, E., Ingham, J., Prenosil, J. E.

Biological Reaction Engineering

Dynamic Modelling Fundamentals with Simulation Examples

2014
978-3-527-32524-5

Strathmann, H.

Introduction to Membrane Science and Technology

2011
978-3-527-32451-4

Wink, M. (Hrsg.)

An Introduction to Molecular Biotechnology

Fundamentals, Methods and Applications

2011
978-3-527-32637-2

Wink, M. (Hrsg.)

Molekulare Biotechnologie

Konzepte, Methoden und Anwendungen

2011
978-3-527-32655-6

Dunn, P., Wells, A., Williams, M. T. (Hrsg.)

Green Chemistry in the Pharmaceutical Industry

2010
978-3-527-32418-7

Winfried Storhas

Bioverfahrensentwicklung

Zweite, vollständig überarbeitete und aktualisierte Auflage

Unter Mitarbeit von
Ulrich Behrendt, Hendrik Rubbeling und
Philipp Wiedemann

WILEY-VCH Verlag GmbH & Co. KGaA

Autor

Prof. Dipl.-Ing. W. Storhas
Hochschule Mannheim
Bioverfahrenstechnik
Paul-Wittsack-Straße 10
68163 Mannheim

Print ISBN: 978-3-527-32899-4

ePDF ISBN: 978-3-527-67386-5

ePub ISBN: 978-3-527-67385-8

Mobi ISBN: 978-3-527-67384-1

oBook ISBN: 978-3-527-67383-4

2. vollst. überarb. u. aktualis. Auflage 2013

Bibliografische Information der Deutschen Nationalbibliothek
Die Deutsche Nationalbibliothek verzeichnet diese Publikation in der Deutschen Nationalbibliografie; detaillierte bibliografische Daten sind im Internet über <http://dnb.d-nb.de> abrufbar.

Satz Reemers Publishing Services GmbH, Krefeld
Druck und Bindung in Deutschland durch betz-druck GmbH, Darmstadt
Umschlaggestaltung Adam-Design, Weinheim

Dank für besondere Unterstützung bei der Neuauflage und bei der ersten Auflage

Das Thema dieses Buches erforderte ein sehr interdisziplinäres Zusammenspiel vieler Fachgebiete, die ein einziger Autor allein nicht abdecken kann. Deshalb sei an dieser Stelle mein besonderer Dank ausgesprochen an

Dr. Ulrich Behrendt Billrothstrasse 3A 81369 München az.ub@t-online.de	für die komplette Neubearbeitung von	Kapitel 1 „Leistungsfähigkeit der Bioverfahrenstechnik“
Prof. Dr. rer. nat. Philipp Wiedemann Hochschule Mannheim Institut für Molekular- und Zellbiologie Paul-Wittsack-Straße 10 D-68163 Mannheim p.wiedemann@hs-mannheim.de	für die komplette Neubearbeitung von	Abschnitt 2.4 „Stellung und Aufgaben der Zellkulturtechnik“ insbesondere aber auch für die Organisation der Neuauflage
Dipl.-Ing. Hendrik Rubbeling ifu Hamburg GmbH Max-Brauer-Allee 50 22765 Hamburg h.rubbeling@ifu.com	für einen Beitrag zur	„Ökologischen Nachhaltigkeit“, Abschnitt 3.3
Prof. Dr. rer.nat. Günter Claus Hochschule Mannheim Technische Mikrobiologie Windeckstraße 110 D-68163 Mannheim g.claus@hs-mannheim.de	für die Bearbeitung von	Abschnitt 2.2 „Mikrobiologie“

Prof. Dr. rer.nat. Matthias Mack Hochschule Mannheim Technische Mikrobiologie Windeckstraße 110 D-68163 Mannheim m.mack@hs-mannheim.de	für die Unterstützung zu	Abschnitt 2.3 und 2.4 „Molekularbiologie und Zellkulturtechnologie“
Prof. Dr. rer.nat. Heinz Trasch Hochschule Mannheim Biochemie Windeckstraße 110 D-68163 Mannheim heinz.trasch@t-online.de	für die Bearbeitung von	Abschnitt 2.5 „Biochemie“
Prof. Dipl.-Ing. Michael H. Kopf BASF SE – The Chemical Company GCP/PH – A 015 67056 Ludwigshafen michael.kopf@pieralisi.de	für die Unterstützung zu	Abschnitt 2.6, 7.2, 7.11, 7.12 und 10.3.3 „Mechanische Flüssigtrennung, Zentrifugentechnologie, Querstromfiltration, Down-Stream-Processing“
Prof. Dr.-Ing. Werner Liedy Fachhochschule Frankfurt am Main Fachbereich 2 Informatik und Ingenieurwissenschaften Nibelungenplatz 1 D-60318 Frankfurt am Main liedy.w@gmx.de	für die Bearbeitung von	Abschnitt 7.10 „Trocknung“

Inhaltsverzeichnis

Vorwort zur ersten Auflage

Die Bioverfahrensentwicklung greift als interdisziplinäres Arbeitsgebiet auf mehrere in ihrem Wesen sehr unterschiedliche Wissensgebiete zurück. Naturwissenschaftliche Wissensgebiete wie die Mikrobiologie, die Molekularbiologie, die Zellbiologie, die Biochemie und auch die Chemie müssen zusammen mit ingenieurtechnischem Fachwissen aus den Bereichen der Elektrotechnik, der Informatik, der Steuerungstechnik, des Maschinenbaus (Werkstoffkunde) und der Verfahrenstechnik mit all den Varianten (Reaktion, Aufarbeitung, Energietechnik, Sicherheitstechnik, Behördenengineering) kooperieren, um der Prozeßentwicklung zum Erfolg zu verhelfen. Nennen wir diese Wissensgebiete „Kulturen", so ist eine Symbiose im Projektteam erforderlich.

In der Praxis tun sich die „Mischkulturen" erfahrungsgemäß dann doch sehr schwer, diese Symbiose zu erreichen. Das liegt in der nahezu berührungslosen und strikt kulturbezogenen Ausbildung. Im höchsten Fall sind in der ein oder anderen Ausbildungsrichtung Schnittstellen, sogenannte Übergabestellen, definiert.

Es lag also nahe, ein Werk zu planen, das Symbiosewirkung ausüben kann, indem es tief in die „Kulturen" hinein auch Inhalte anderer „Kulturen" treibt, um Impulse auszulösen. So ist es das Anliegen dieses Buchprojektes, sowohl den naturwissenschaftlich ausgerichteten als auch den ingenieurwissenschaftlichen „Kulturen" ein Werk zur Hand zu geben, das die Chance bietet, sich mit den Blickrichtung der jeweils anderen zu beschäftigen und die eigene Position im Gesamtverbund einer Prozeßentwicklung optimal einzubringen.

Nach dem einleitenden Kapitel, das auf die Potentiale von Bioverfahren hinweist, stellen sich im umfangreichen zweiten Kapitel die einzelnen Wissensgebiete („Kulturen") wie einzelne Mosaiksteinchen vor, wobei der Blickwinkel auf die Verfahrensentwicklung gerichtet ist. Im folgenden Kapitel soll dann dieser zunächst lose Verbund durch verbindende Elemente vereint (verfugt) werden. Schließlich wird in den letzten Kapiteln noch dem Aspekt Rechnung getragen, daß bereits während der Stammentwicklung die Fragen nach dem möglichen und erforderlichen späteren Maßstab (Reaktor- und Anlagengröße), nach der Sensitivität der Wirtschaftlichkeitsfaktoren und nach den Aufarbeitungswegen, -verfahren und -operationen gestellt werden, weil danach wesentliche Entwicklungsziele (-forderungen) auszurichten sind.

Bioverfahrensentwicklung, 2., vollständig überarbeitete und aktualisierte Auflage. Winfried Storhas

Dieses Buch richtet sich somit an alle, die an irgend einer Stelle einen Beitrag zur Entwicklung eines biotechnologischen Prozesses leisten möchten. Das beginnt an den Hochschulen, wo in allen Fächern der berühmte Blick über den Tellerrand hinaus gewagt und so manche Frage zur eignen Entwicklung gestellt werden kann, und setzt sich in der Industrie in allen Bereichen der Bioverfahrensentwicklung fort.

Zielsetzung diese Buches ist es, allen beteiligten Arbeitsgruppen, die an der Entwicklung eines biotechnologischen Prozesses beteiligt sind, und allen, die sich über die Bioverfahrensentwicklung informieren wollen, die Gelegenheit zu geben, sich ein Gesamtbild zu verschaffen und sich dabei auch in „fremde" Wissensgebiete ein wenig einlesen zu können. Besondere Anregungen sollen dabei die Betrachtungen zur Wirtschaftlichkeit der Prozesse vermitteln. Weiterführende Literaturhinweise helfen zur Vertiefung in das jeweilige Wissensgebiet.

Für die Unterstützung in vielen Details möchte ich mich bei Herrn Peter Kalinic, Herrn Dr. Bryan Cooper, Herrn Dipl.-Ing. Ralf Gengenbach, Herrn Dipl.-Ing. (FH) Michael Reuter und Herrn Dipl.-Ing. (FH) Dirk Hoffmann bedanken. Die WILEY-VCH Verlag GmbH sorgte in vorzüglicher Weise für alle mögliche Unterstützung, wofür ich dem Team, allen voran Frau Dr. Barbara Böck und Herrn Peter Biel, danken möchte. Nicht zuletzt bedanke ich mich noch bei meiner Frau Anna für ihr Verständnis und ihre unendliche Geduld während der gesamten Projektphase.

Winfried Storhas

Vorwort zur zweiten Auflage

Acht Jahre nach der Entstehung des Buches „Bioverfahrensentwicklung" erscheint nun die zweite Auflage. Das spricht für eine gewisse Akzeptanz. Offenbar ist es diesem Lehrbuch gelungen eine Lücke zu schließen, indem es die Theorie mit Praxisnähe verknüpft.

Die Biotechnologie hat ihren Trend, nachhaltig zu wirken, beibehalten, und man wird auch zukünftig verstärkt auf sie setzen. Allerdings muss dahin gehend gestrebt werden, die wirtschaftliche Situation zu stärken. Deshalb ist in dieser Ausgabe speziell Kapitel 9 „Wirtschaftlichkeit" zu beachten.

Für die Zellkulturtechnik hat sich Prof. Dr. Philipp Wiedemann bereit erklärt, den Teil 2.4 komplett neu zu gestalten und auf den aktuellen Stand zu bringen. Das ist für das relativ kurzlebige Fachgebiet sehr gut gelungen, denn die neuen Erkenntnisse galt es zu verarbeiten.

Bedanken möchte ich mich in erster Linie für die Geduld bei Frau Dr. Nöthe vom Wiley-VCH-Verlag, weil es doch nicht so zügig wie geplant voran ging. Des Weiteren möchte ich mich bei allen nicht namentlich erwähnten Helfern bedanken, die zum Gelingen dieses Werkes beitrugen.

Winfried Storhas

Bioverfahrensentwicklung, 2., vollständig überarbeitete und aktualisierte Auflage. Winfried Storhas

Formelzeichenerklärung

Formelzeichen	Bezeichnung	Dimension
$\dot{Q}$	Wärmestrom	W
$\dot{m}$	Massenstrom	kg/s
$\dot{V}$	Volumenstrom	m^3/s
$k_L \cdot a$	Flüssigkeitsseitiger, spezifischer Stofftransportkoeffizient	1/h
∇	Nablaoperator	1/m
$\dot{n}$	flächenbezogener Molenstrom	$mol/s/m^2$
$\dot{q}$	spezifischer Wärmestrom	$J/m^2/s$
$\bar{t}$	mittlere, arithmetische Verweilzeit (1. Moment)	s
σ_t^2	Varianz (2. Moment)	s^2
$\dot{L}$	Flüssigkeitsmengenstrom	mol/s; g/s
$\dot{E}$	Mengenstrom, Kopfabzug bei Destillation	mol/s; g/s
$\dot{D}$	Dampfmengenstrom	mol/s; g/s
$\dot{R}$	Rücklaufmengenstrom	mol/s; g/s
$\dot{A}$	Auslaufmengenstrom	mol/s; g/s
$\dot{M}$	Mischungsmengenstrom, Zulauf-	mol/s; g/s
$\dot{G}$	Gasmengenstrom	mol/s; g/s
$\dot{T}$	Trägerstrom	g/s; mol/s
$\dot{F}$	Feedstrom, Zulaufstrom	g/s; mol/s
α_λ^T	Drehwinkel bei Temperatur und Wellenlänge	°
Δ	Differenz	–
Π	Π-Theorem	–
μ	Verhältnis der Massen im Groß- zu Modellmaßstab: m^*/m	–
μ	spezifische Wachstumsrate	1/h
a	Beschleunigung	m/s^2
A	Fläche	m^2
a	spezifische Fläche, Austauschfläche	1/m
a	Temperaturleitzahl	m^2/s
A	Ausbeute	–
A	Fläche	m^2
A	Aufschlußgrad	%
a	Einflußexponent, Anpassungsparameter	–
A	Absorptionsfaktor	–
A	Aktivität	U/mL
Ar	Archimedes-Zahl	–

Formelzeichen	Bezeichnung	Dimension
b	Breite der Stromstörer	m
Bo	Bodenstein-Zahl	–
BTM	Biotrockenmasse	g; g/L
BTS	Betriebsstunden	h/a
c	Konzentration	g/L; mol/L
$c_{p,i}$	Wärmekapazität bei konstantem Druck	J/kg/K
$c_{v,i}$	Wärmekapazität bei konstantem Volumen	J/kg/K
C	Dimensionslose Konzentration $= c/c_0 = c/c^{\alpha}$	–
$c_{L,i}$	Massenverhältnis	kg/kg
C	Konzentration	Mol%
c_E	Proteinkonzentration der Enzymlösung (β-Gal-Analyse)	g/L
c_V	Feststoffkonzentration	g/L
CPR	Kohlendioxidproduktionsrate	mol/L/h
c_W	Widerstandsbeiwert	–
D	Durchmesser, Reaktor-, Kesseldurchmesser	m
d	Durchmesser, Abmessung, allgemein	m
D	Diffusionskoeffizient eines Stoffes in einem anderen	m^2/s
D	Scherrate, Geschwindigkeitsgradient (dw/dx)	1/s
D	Verdünnungsrate ($dV/dt/V$)	1/h
D, D_e	Dosis, Strahlenempfindlichkeit einer Zelle: bei 1 Treffer ist D_e = Dosis, wo $N/N_0 = 1/e$	Gy = J/kg
d	Schichtdicke (β-Gal-Analyse)	cm
Da	Damköhler-Zahl der ersten (I), zweiten (II) Art	–
DO	Gelöstsauerstoff (dissolved oxygen)	%
E	Ereigniskennziffer	–
e	Exzentrizität	cm
E	Extinktion (β-Gal-Analyse)	–
$E(t)$	Dichtefunktion	1/s
E_a	Aktivierungsenergie	J/mol
F	Kraft	N
F	Fluß, Flow	mol/s; kg/s
F	Gasbeladungsfaktor	Pa
$F(t)$	Summenfunktion	–
F_C	Excess Factor Definitionsgleichung	–
f_E	Einbautenfaktor	–
f_F	Schaumfaktor	–
f_G	Gasholdupfaktor	–
f_K	Kontaminationsfaktor	–
Fr	Froude-Zahl	–
f_R	Rührer-Kesseldurchmesserverhältnid $= d_R/D$	–
f_S	Schlankheitsgrad $= H/D$	–
g	Erdbeschleunigung = 9,81	m/s^2
G	Verteilungsverhältnis (Extraktion)	–
Gr	Grashof-Zahl	–
H	Henrykoeffizient, Gleichgewichtskonstante	bar; bar · L/mol
H	Höhe	m
h	Abstand, Höhe, Tiefe	m

Formelzeichen	Bezeichnung	Dimension
H	Flüssigkeitssäule vom zylindrischen Reaktionsvolumen	m
h	Enthalpie	J
H'	Abstand der Gaszugabe von der Flüssigkeitsoberfläche	m
HETP	Height Equavilent of Theoretical Plate	m
HGU	Hyphal Growth Unit	1/s
I	Inaktivanteil von Zellen	%
K	(Proportionalitäts-) Konstante, Anpassungsparameter	–
k	Stofftransportkoeffizient	m/s
k	Wärmedurchgangskoeffizient	$W/m^2/K$
K	Kapazität, Produktionsmenge pro Jahr	t/a; kg/a
$k(T)$, k	Reaktionsgeschwindigkeitskonstante	$\frac{m^{3(n-1)}}{s \cdot mol^{(n-1)}}$
K, K^*	Verteilungskoeffizient (Extraktion)	–
k_0	Arrheniuskonstante	1/s
$k_L \cdot a$	spezifischer Sauerstofftransportkoeffizient	1/h
L	Lösung	g; mol
l, L	Länge, Längenabmessung, allgemein	mm; dm; m
M	Molmasse	g/mol
m	Mischzeitfaktor, $\propto$ Durchmischungszahl	–
M	Mengeneinheit	mol; kg
m	Steigung der Gleichgewichtslinie	–
$M\%$	Mediumskriterium	%
m, M	Masse	kg; g
n	Drehzahl	upm; 1/min
N	Teilchenmenge, Zellenzahl, Keimzahl	mol; Zellen
n	Schüttelfrequenz	upm; 1/min
n	Reaktionsordnung, Exponent	–
n	Teilchen, Teilungszahl	–
n	Zellenzahl (Zellenmodell)	–
n	Passagenzahl (Zellaufschluß)	–
n	Anzahl, allgemein	–
n, N	Stufenzahl (Trennverfahren)	–
$n \cdot \Theta$	Durchmischungszahl	–
Ne	Newton-Zahl (Widerstandskennzahl eines Rührers)	–
Nu	Nußelt-Zahl	–
ODR	Sauerstoffbedarfsrate	$mol/h/m^3$
OTR	Sauerstofftransferrate	$mol/h/m^3$
OUR	Sauerstoffaufnahmerate	$mol/h/m^3$
p	Druck	bar, Pa
P	Leistung	W
P	Produktkonzentration	g/L; mol/L
P, p	Wahrscheinlichkeit eines Ereignisses	–
P/V	volumenbezogene Leistungsdichte	W/m^3
Pc	Durchlässigkeit (Kuchenfiltration)	
Pe	Péclet-Zahl	–
PEC	predicted effective concentration	g/L; mol/L
PNEC	predicted non effect concentration	g/L; mol/L

Formelzeichen	Bezeichnung	Dimension
Pr	Prandtl-Zahl	–
Q	Begasungskennzahl; Gleichung	–
Q	Quelle/Senke, Umwandlung	mol/s; kg/s
Q	Wärme, allgemein	J
q	spezifischer Bedarf (z. B. Sauerstoffindex O_2)	mol/s/g
q	Begasungsrate (Gasvolumenstrom/Reaktionsvolumen/ Minute)	vvm; 1/min
R	universelle Gaskonstante = 8,314	J/mol/K
r	Reaktionsgeschwindigkeit	$mol/s/m^3$
r	Radius	m; cm
R	Gesamtwiderstand (Kuchenfiltration)	1/m
R	freigesetztes Wertprodukt	mol; Unit; g
r	Rezirkulationsverhältnis (Rezirkulation/Auslauf)	–
Ra	Mittenrauhtiefe	m
r_C	spezifischer Kuchenwiderstand	$1/m^2$
Re	Reynolds-Zahl	–
RFo	Restfeuchte (Kuchenfiltration)	–
R_M	Filtertuchwiderstand	1/m
RQ	Respirationsquotient	–
s	Länge, Wegstrecke	m
S	Speicherung	mol/s; kg/s
S	Selektivität	–
S	Substratkonzentration	g/L; mol/L
S	Sterilisationskriterium	–
S	Oberflächenvolumenverhältnis	1/m
Sc	Schmitt-Zahl	–
Sh	Sherwod-Zahl	–
St	Stanton-Zahl	–
S_T	Adsorptionsmasse	g
T	Temperatur	°C; K
T	Trombentiefe	m; cm
t	Zeit	s; min; h
t_A	Ablaßzeit	h
t_{AH}	Abkühlzeitzeit	h
t_B	Befüllzeit	h
t_F	Fermentationszeit	h
t_R	Rüstzeit	h
t_{RG}	Reinigungszeit	h
t_T	Taktzeit	h
U	Umsatz	–
u	Geschwindigkeit	m/s
u_G	Gasleerrohrgeschwindigkeit	m/s
V	Volumen	$L; m^3$
v	Enzymreaktionsgeschwindigkeit	1/s
v	Rücklaufverhältnis	–
V	Beistoffe	g; mol
V	Testvolumen (β-Gal-Analytik) = 2,85	mL
v	Probevolumen (β-Gal-Analytik) = 0,05	mL

Formelzeichen	Bezeichnung	Dimension
w	Geschwindigkeit	m/s
W	Lösungsmittel	g; mol
X	Biomassekonzentration	g/L
x	Ortskoordinate, Raumkoordinate	m
x	Stoffmengenanteil in der Liquidphase ($m_i/\Sigma m_i$)	–
X	Massenbeladung, Mengenbeladung (m_i/m_1)	–
Y	Molenbruch	mol/mol
Y	Ausbeutekoeffizient	–
y	Koordinate, Achse, Länge, Raumkoordinate, Längsachse	m
y	Stoffmengenanteil in der Gasphase ($n_i/\Sigma n_i$)	–
Y	Molenbeladung, Mengenbeladung (n_i/n_1)	–
z	Anzahl der Rührer	–
z	Umwälzhäufigkeit	–
z	Koordinate, Achse, Länge, Raumkoordinate, Längsachse	m
Z	Schütthöhe	m
z	Produktfeuchte	–
Z, C	(Zentrifugal) Beschleunigungsziffer	–
π	Produktbildungsrate	1/s
$\Delta\kappa$	Leitfähigkeitsdifferenz	mS/cm
Φ	spezifischer räumlicher Fluß, Flow	mol/s/m^3; kg/s/m^3
Θ	Mischzeit	s
Σ	äquivalente Klärfläche	m^2
α	Drehwinkel	°
α	Wärmeübergangskoeffizient	W/m^2/K
α	Aufarbeitungswirkungsgrad	–
α	Hyphenwachstumsrate	m/HSp/s
α	wachstumsgekoppelter Term bei Produktbildung	–
α	Zerkleinerungsgrad	–
α	relativen Flüchtigkeit	–
α	Aufarbeitungswirkungsgrad	–
α_h	spezifischer Filterwiderstand	1/m^2
β	Hyphenverzweigungsrate	HSp/s/m
β	Verstärkungsfaktor, wachstumsentkoppelt (Produltbildung)	1/h
χ	dimensionslose Länge = x/L, Gleichung	
δ	Grenzschichtdicke, Wanddicke, laminare Grenzschicht	m
ϵ	Anteil (Volumen, Masse)	–
ϵ	Leistungsdichte auf Masse bezogen	W/kg
ϵ	Porosität, Lückengrad	–
ϵ	massenbezogene Leistungsdichte	W/kg
ϵ	molarer Extinktionskoeffizient (β-Gal-Analytik)	cm^2/mol
ϵ_t	Turbulenter Ausgleichskoeffizient des Impulses	m^2/s
ϕ	Thielemodulus	–
η	dynamische Viskosität = $\nu \cdot \rho$	Pa s
η	Kolmogorow-Wirbel, micro eddy	m
η	Wirkungsgrad	–
φ	Sphärizitätsgrad	–
φ_G	relativer Gasgehalt	–

Formelzeichen	Bezeichnung	Dimension
κ	Leitfähigkeit	mS/cm
κ	Verhältnis der Kräfte von Groß- zu Modellmaßstab: F^*/F	–
κ	spezifisches Kuchenvolumen	–
λ	Wellenlänge	Nm
λ	Verhältnis der Längen von Groß- zu Modellmaßstab: l^*/l	–
λ	Rohrreibungsbeiwert	–
λ	Wärmeleitkoeffizient	J/m/h
λ	linearer Maßstabsfaktor	–
ν	kinematische Viskosität	m^2/s
ν	stöchiometrischer Faktor	–
ρ	Dichte	kg/m^3
σ^2	dimensionslose Varianz	–
τ	Verhältnis der Zeiten von Groß- zu Modellmaßstab: t^*/t	–
τ	Schubspannung	Pa
τ	Labyrinthfaktor	–
τ	mittlere, hydrodynamische Verweilzeit	s

Indexerklärung

Zeichen	Bezeichnung
*	Gleichgewichtszustand; Kennzeichnung für den Großmaßstab
′	hitzeresistente Keime
″	hitzelabile Keime
0	Anfang, Anfangswert
0	unbegast
1, 2	eine Komponente „1“ („2“) betreffend, laufende Nummerierung
95	95%-Wert
A	Auftrieb, flächenbezogene Größe, Austritt Liquidphase, Sumpf, Ansatz (-kessel), Autolysekessel, Ablassen, Anlage
a	Außen, Adsorber
A*K	Substrat-Enzymkomplex
AD	axiales Dispersionsmodell (Verweilzeitverteilung)
AH	Aufheizen
AK	Abkühlen
akt	aktiv
ax	axial, axiale Richtung
b	begast
B	Befüllen, Brutto
BT	Bottomphase
CF	Cross Flow
Ch	Charge
CO_2	Kohlendioxid
D	Diffusion
d	Verdoppelung
D	Dampf
E	Einsatzstoff, Edukt (Substrat), Expansion, energiebezogen, Austritt (exit) Dampfphase am Kopf
e	effektiver, korrigierter Wert
E, eff	effektiv
el	elektrisch
F	Fluß, Flow, Filtrat, Filter, Fermentation
f	Faktor, allgemein
g	gasseitige Betrachtung
G, g	Gas, Gewicht

Bioverfahrensentwicklung, 2., vollständig überarbeitete und aktualisierte Auflage. Winfried Storhas

Zeichen	Bezeichnung
ges	gesamt
H	Heizen
i	allgemeine Laufvariable, allgemein für Komponente, innen
I	Inhibierung
K	Kühlung, Konvektion, Kern, Phasenkern, Katalysator, Korn, Kuchen, Kinetik
krit	kritischer Wert
kt	trockener Kuchen
KW	Kühlwasser = Kühlmedium = Temperiermedium
KZ	Koaleszenz
L	Liquid
l	Liquid/flüssigkeitsseitige Betrachtung
M	Motor, Mischer
m	molekular
M	makroskopischer Wert, Michaelis-Menten, Membran, Masse, Mischung, Zulaufmischung
m	maximal
max	Höchstwert, Maximum
mech	mechanisch
min	niedrigster Wert, Minimum
MK	Mahlkörper
MR	Mahlraum
MS	Milchsäure
n	allgemeiner Zahlenwert
n	Normzustand (T = 273 K, p = 1013 mbar)
N	teilchenbezogen
N_2	Stickstoff
O_2	sauerstoffbezogen
P	Pumpe, potentiell (Potential), Porosität; Volumenanteil, Lückenvolumenanteil, Produkt, Pore
p	Druck, druckbezogen, bei konstantem Druck
PG	Phasengrenze
PK	Phasenkern
Q	Quelle/Senke, Umwandlung, Querschnittsfläche
R	Rührwerk, Rührer (-werk), Reaktion, Reibung, Rest, Rüsten
R,B	Reaktion, Brutto
RG	Reinigung
S	Speicherung, Substrat, Stromstörer, Schlankheitsgrad, sinken, Sättigung, Sterilisation, Schlankheit
t	total, Gesamtbetrachtung
T	Takt
T	Träger
th	theoretisch
tm, TM	transmembran
TP	Topphase
ü	Überflutungspunkt
V	Verlust
v	volumenbezogen, bei konstantem Volumen
W	Wand, Widerstand

Zeichen	Bezeichnung
x	x-Koordinate, Achsenrichtung
X	Biomasse
x	in x-Richtung betrachtend
y	y-Koordinate, Achsenrichtung
z	z-Koordinate, Achsenrichtung
Z	Zyklus, Zentrifugal
ZM	Zellenmodell (Verweilzeitverteilung)
I/II	... der ersten/zweiten Art
α	Eintrittszustand
η	schubspannungsbestimmte Größe
λ	wärmeleitbestimmte Größe
ω	Austrittszustand

Abkürzungsverzeichnis

0	Anfangswert/bedingung
ADP	Adenosindiphosphat
AEX	Anion Exchange (Chromatographie)
AMP	Adenosinmonophosphat
AS-	Aminosäure-/Antischaum-
ASA	Abwassersterilisationsanlage
AT	Antithrombin
ATCC	American Type Culture Collection
ATP	Adenosintriphosphat
BG	Berufsgenossenschaft
BimSchG	Bundes-Immisionsschutz-Gesetz
BIR	Bioreaktor
BLS	Betriebs-Leit-System
BP	Bottomphase
BSB	Biologischer Sauerstoffbedarf
Bti	*Bazillus thuringensis isrealgensis*
BTM	Biotrockenmasse
CAE	Computer Aided Engineering
CEN	European Committee for Standardization
CFF	Cross Flow Filtration
CHO	Chinese Hamster Ovary
CIP	Cleaning In Place
CMC	Carboxymethylcellulose
CO_2	Kohlendioxid
CPR	Kohlenstoffproduktionsrate
CBS	Centraalbureau voor Schimmelcultures
CSB	Chemischer Sauerstoffbedarf
D	Dampf
DEAE	Diethylaminoethyl
DGMK	Deutsche Gesellschaft für Mineralöl- und Kohlewirtschaft
DIN	Deutsche Industrie Norm
DKFZ	Deutsches Krebsforschungszentrum

Bioverfahrensentwicklung, 2., vollständig überarbeitete und aktualisierte Auflage. Winfried Storhas

DKG	Diketo-gluconsäure
DNA	Desoxyribonukleinsäure
DO	Dissolved Oxygen
DSMZ	Deutsche Sammlung für Mikroorganismen und Zellkulturen
DV	Datenverarbeitung
E. coli	Escherichia coli
EBA	Expanded Bed Adsorption
EBI	European Bioinformatics Institute
ED	Elektrodialyse
EDTA	Ethylendinitrilotetraessigsäure
EPO	Erythropoietin
ETH	Eidgenössische Technische Hochschule
EtOH	Ethanol
EWG	Europäische Wirtschaftsgemeinschaft
F&E	Forschung und Entwicklung
FDA	Food and Drug Administration
FDP	Fructosediphosphat
FIA	Flow Injectiojn Analyser
FID	Flammen-Ionisations-Detektor
FKS	fötales Kälberserum
FSD	Fluidized Spry Drier
FTU	Formazin Trübungsstandard
Fuzzy	„flaumig – gestückelte Modellierung“
GC	Gaschromatoraphie
GenTG	Gentechnik-Gesetz
GenTSV	Gentechniksicherheitsverordnung
GewO	Gewerbeordnung
GMP	Good Manufacturing Practice
GS	Grenzschicht (laminare)
GVO	Genetisch veränderte Organismen
GU	Gigaunits
HBS	Hydroxy-Butter-Säure
HBV	Hepatitis B Virus
HCV	Hepatitis C Virus
HEK	Human Embryonic Kidney
HEPES	4-(2-Hydroxyethyl)-1-piperazinethan-sulfonsäure
HIC	Hydrophoben Interaktionschromatographie
HIV	Immonodeficiency Virus
HOSCH	Hochleistungsschwebstoffilter (engl. HEPA)
HPDC	Hoch-Druck-Dünnschicht-Chromatographie
HPLC	Hoch-Druck-Flüssigkeits-Chromatographie
Hsp	Hitzeschockprotein
IB	Inclusion body
ICI	ICI-Group Billingham GB, Imperial Chemical Industries

idem	der-, die-, dasselbe
IL	Interleukin
InterMIG	Interferenz-Mehrstufen-Impuls-Gegenstromrührer
in-vitro	im Reagenzglas durchgeführt
in-vivo	am lebenden Organismus beobachtet
IPTG	Isopropyl-ß-D-1-thiogalactopyranosid
IQ	Installation Qualification
ISO	Interational Organization of Standardization
ISPE-Guide	International Society for Pharmacoepidemiology
K	Kondensat
kb	Kilobasen
kbp	tausend Basenpaare
KLG	Keto-L-gluconsäure
KS	Kälberserum
KW	Temperier/Kühlmedium (Wasser)
Labis	hitzelabile Keime
LAG	Länderausschuß Gentechnik
LCR	Locus-Control-Region
LDH	Lactat-Dehydrogenase
LKW	Lastkraftwagen
LP	Lipoproteine
LPS	Lipopolysaccharide
Mac	Macintosh
MAC	Macintosh Computer
MAK	Monoklonaler Antikörper
MAR	Matrix Attachment Regions
MCB	Master Cell Bank
MDCK	Madin und Darbin, Cockerspaniel, Konti
MES	Manager Execution System
MF	Mikrofiltration
MG	Molten globule
MIG	Mehrstufen-Impuls-Gegenstromrührer
MQW	Maisquellwasser
mRNA	membrangebundene RNA
MU	Millionen Units
Mz	Mehrzahl
NAD	Nicotinamidadenindinucleotid
NADH	reduziertes NAD
NCTC	National Collection of Type Cultures
NH_3	Ammoniak
NMR	Nuklear Resonanz Spektroskopie
OD	Optische Dichte
ODR	Sauerstoffbedarfsrate
OECD	Organization for Economic Cooperation and Development

OQ	Operational Qualification
OTR	Sauerstofftransferrate, Oxygen Transfer Rate
OUR	Sauerstoffaufnahmerate
PBS	Phosphate Buffered Saline
PC	Personal Computer
pCO_2	Kohlendioxidpartialdruck
PDI	Protein-Disulfid-Isomerase
PEC	Predicted Environmental Concentration
PEG	Poly-Ethylenglycol
PG	Phasengrenze
PIC	Pressure Indication Control
PIC	Pharmaceutical Inspection Convention
PK	Phasenkern
PKW	Personenkraftwagen
PLT	Prozeß-Leit-Technik
PNEC	Predicted Non Effective Concentration
PNK	Prozeßnahe Komponente
pO_2	Sauerstoffpartialdruck
PP	Polypropylen
PPI	Peptiyl-Prolyl-*cis-trans*-Isomerase
PQ	Performance Qualification
PS	Pferdeserum
PSG	subgenomischer Promotor
PV	Pervaporation
PVC	Polyvinylchlorid
rER	rauhes Endoplasmatisches Retikulum
Resis	hitzeresistente Keime
RNA	Ribonukleinsäure
RO	Umker(Reverse)Osmose
ROP	Repressor of Primer
RPC	Reverse-Phasen-Chromatographie
rpm	rounds per minute
RQ	Respirationsquotient
RZA	Raum-Zeit-Ausbeute
SAD	Sterilisationsarbeitsdiagramm
SAR	scaffold attachment regions
SCP	Single Cell Protein, Einzellerprotein
SDS	Sodium Dodecyl Sulfat
SEC	Sice Exclusion Chrom./Gelfiltration
SIP	Sterilisation In Place
SPS	Speicherprogrammierbare Steuerung
SWKI	Schweizer Verein von Wärme- und Klimaingenieuren
T,H-	Temperatur, Enthalpie- (Diagramm)
TA	Technische Arbeitsregeln (Luft etc.)

TCC	Tricarbonsäurezyklus
TFH	temperaturaktivierte Flüssigphasenhydrolyse
TIC	Temperature Indication Control
TIS	Temperature Indication Switch
TNF	Tumor Necrosis Factor
TP	Topphase
TPA	Tissue Plaminogen Activator
tRNA	Transfer-Ribonukleinsäure
TüV	Technischer Überwachungsverein
UF	Ultrafiltration
ULS	Unternehmen-Leit-System
UTR	untranslatierte Region
UVG	Unvorhergesehenes
UV-	Ultraviolettes (Licht)
UVV	Unfallverhütungsvorschriften
VDI	Verein Deutscher Ingenieure
VE-	vollentsalztes (Wasser)
VWZ	Verweilzeit
W(A)T	Wärme(Aus)tauscher
WCB	Working Cell Bank
WTW	Weilheimer Technologie Werke
ZKBS	Zentrale Kommission für Biologische Sicherheit

1
Leistungsfähigkeit der Bioverfahrenstechnik

1.1
Allgemeine Betrachtungen

Die Biotechnologie wird seit Jahrzehnten, auch aus Sicht der Verfahrensentwicklung, als die Technologie der Zukunft gehandelt. Ursprünglich glaubte man, sie als Ergänzung oder sogar als Ersatz zur Chemie etablieren zu können, doch frühere Euphorien wichen schnell zugunsten realistischer, wirtschaftlicher Einschätzungen.

Der Begriff „Biotechnologie" hat inzwischen einen sehr breiten Definitionsrahmen erreicht und muss deshalb im Zuge der folgenden Betrachtungen eingeengt werden. Da „Biotechnologie" sowohl Aktivitäten im Bereich der Genomforschung, der medizinischen Forschung, des Wirkstoffscreenings, der Entwicklung künstlicher Organe, der Entwicklung von Tierersatzmodellen, der Entwicklung neuer Pflanzenarten als auch der Verfahrenstechnik umfasst, soll im Folgenden nur die Verfügbarkeit für die Verfahrens- und damit die Produktentwicklung verstanden werden. Gemeint sind also nur die vielen Möglichkeiten, mithilfe der Biotechnologie vorhandene Produkte oder Produktgruppen effektiver, reiner und umweltschonender herzustellen oder ganz neue Produkte oder Produktgruppen zu entwickeln, auch oder gerade mit Unterstützung der modernen Mittel der Gentechnologie.

Damit erfolgt eine Abgrenzung zur Definition der OECD. Nach der Definition der Organisation für wirtschaftliche Zusammenarbeit und Entwicklung (OECD) ist Biotechnologie

> „die Anwendung von Wissenschaft und Technik auf lebende Organismen, Teile von ihnen, ihre Produkte oder Modelle von ihnen zwecks Veränderung von lebender oder nichtlebender Materie zur Erweiterung des Wissensstandes, zur Herstellung von Gütern und zur Bereitstellung von Dienstleistungen" [1].

Die Biotechnologie ist und bleibt so gesehen kurz- und mittelfristig im Sinne der Bioverfahrenstechnik hinsichtlich moderner Produktsynthesen eine Schlüsseltechnologie, auch wenn sich ihr Wachstum bisher weniger an den zum Teil zu euphorischen Prognosen ausrichtete. Die zunehmende Bedeutung wird bestehen

Bioverfahrensentwicklung, 2., vollständig überarbeitete und aktualisierte Auflage. Winfried Storhas

bleiben, zumal sich so manche etablierte Technologie auf Dauer nicht mehr halten kann. Das bedeutet, zukünftig wird es noch wichtiger werden, Produktionsprozesse mehr und mehr den Belangen gesellschaftlicher Entwicklungen, die Umwelt betreffend oder ethischen Vorgaben, anzupassen, sie umweltverträglicher zu gestalten [2].

Die moderne Bioverfahrenstechnik ist einem stetigen und raschen Wandel unterworfen. Waren es ursprünglich im Bereich der Lebensmittelherstellung einfache verfahrenstechnische Prozesse, die sich leicht zugänglicher Mikroorganismen (Hefen, Lactobacillen, *Acetobacter*) bedienten, so lassen sich unter Nutzung moderner biochemischer sowie molekularbiologischer Kenntnisse und „Werkzeuge“ (Abschnitte 2.3 und 2.4) die Einsatzmöglichkeiten der Biotechnologie innerhalb der Verfahrensentwicklung zusehends ausweiten und diversifizieren. Darüber hinaus arbeitet die Biotechnologie mit den vielfältigen neuen Methoden auch vielen anderen Arbeitsgebieten, vor allem der Medizin und Chemie, zu.

Der Einsatz der Biotechnologie in der Verfahrenstechnik ist im Sinne der Wertschöpfung zu verstehen, indem klassische Mikroorganismen (Pro- und Eukaryoten), Zellkulturen (Eukaryoten) oder isolierte Enzyme als sogenannte Biokatalysatoren verwendet werden. Mit diesen Biokatalysatoren können sowohl Produkte für die Chemie, die Lebensmitteltechnologie und die Pharmaindustrie hergestellt werden. Besondere Dimensionen gewinnt die Bedeutung der Bioverfahrensentwicklung, wenn die Möglichkeit der Synthese von komplexen Proteinen im Bereich der Pharmatechnologie in Betracht gezogen wird. Speziell die Synthese von körpereigenen (humanen) Proteinen lässt sich einzig und allein mit Methoden der Bioverfahrenstechnik durchführen. In diesem Zusammenhang gewann besonders die Zellkulturtechnologie an Bedeutung, weil nur damit der direkte Zugang zu speziellen Formen von Proteinen (z. B. Faltung, Disulfidbindung) möglich ist (Abschnitte 7.11 und 10.2).

Die Möglichkeiten für die medizinische Forschung und die Diagnostik, für das Design künstlicher Organe und für Tierersatzmodelle sowie für das Wirkstoffscreening (Test von neuen Substanzen auf ihre biologische Wirkung) werden hier jedoch nicht dargestellt, sondern es soll lediglich der Nutzen für die Synthese von interessanten Molekülen im Verbund eines verfahrenstechnischen Prozesses beleuchtet werden.

1.2
Einsatzfelder und Produktgruppen

Die Möglichkeiten, die die Bioverfahrenstechnik mit den Arbeitsgebieten der Biotechnologie modernen Produktsynthesen hinsichtlich Wirtschaftlichkeit, aber vor allem auch Umweltverträglichkeit, anzubieten hat, sind noch längst nicht ausgeschöpft, und es bedarf noch vieler gemeinsamer Anstrengungen, um alle Vorteile dieser Technologie in den entsprechenden Industriezweigen zu etablieren [3].

1.2.1 Leistungsdarstellung der Bioverfahrensentwicklung

Es stellt sich die Frage, wie die Attraktivität biotechnologischer Verfahren und damit die Bereitschaft der Unternehmen, in der Bioverfahrenstechnik aktiv zu werden, erhöht werden kann, da langfristig nur bei entsprechenden Investitionen in Forschung und Entwicklung der volle Nutzen aus dieser Technologie gezogen werden kann. In diesem Zusammenhang ist eine intensive PR-Arbeit notwendig, die potenziellen Anwendern die Nutzungsmöglichkeiten, Vor- und Nachteile der Bioverfahrensentwicklung aufzeigt und so bei vielen Unternehmen überhaupt erst einmal den Bedarf für biotechnologische Verfahren zur Lösung ihrer Probleme weckt. Die Leistungsfähigkeit der Bioverfahrensentwicklung muss also deutlicher dokumentiert werden. Das könnte in einer kompakten PR-Schrift geschehen, in der die Leistungsfähigkeit auch in neuen Aufgabenfeldern, die Einsatzmöglichkeiten, Alternativkonzepte zu bestehenden Prozessen, Anwendungsbeispiele, Umweltverträglichkeit, Wirtschaftlichkeit (Rechnerunterstützung – Hilfe für die Optimierung der Laborversuchsreihen, Sensitivitätsbetrachtungen) und Zukunftssicherheit der Bioverfahrensentwicklung übersichtlich dargestellt sind [4]. Darin sind Vorteile, Einsatzschwerpunkte und Ausweitungspotenziale, aber auch kritische Seiten zu beleuchten. Wo es erforderlich ist, muss die Abgrenzung zur Chemie ohne Konkurrenzdenken dargestellt, aber auch sinnvolle Ergänzung aufgezeigt werden. In einem mit Beispielen versehenen Leistungsheft können mögliche neue Produkte, Produktgruppen und auch Verfahren vorgestellt und durch Wirtschaftlichkeitsbetrachtungen ergänzt werden. Zu diesem Problemfeld ist auch die erforderliche Öffentlichkeitsarbeit zu zählen, die notwendig ist, um die Bioverfahrensentwicklung glaubhaft als sichere Technologie, auch im Zusammenhang mit der Gentechnologie, darzustellen [5].

Die Bioverfahrensentwicklung kann ins Gespräch gebracht werden, wenn die Herstellung interessanter Produkte aufgezeigt wird, oder aber auch alternative Technologien zur Lösung bestimmter Probleme gesucht werden. Zu den aktuellen Themen in diesem Zusammenhang zählt die Nutzung von nachwachsenden Rohstoffen zur Energiegewinnung sowie von Umwelttechnologien. In Form von Energiegewinnung auf Basis nachwachsenden Rohstoffe kann die Biotechnologie z. B. helfen, den „Treibhauseffekt“ zu entschärfen, da das Kohlendioxid bei dieser Form der Energiegewinnung quasi im Kreis gefahren, also klassisches Recycling im großen Stil betrieben wird.

In der Umweltbiotechnologie sind vor allem bei der Aufarbeitung von Problemrückständen noch viele Aufgaben zu lösen. Dazu gehören der Abbau spezieller Verbindungen wie Chloraromaten, Chloralkanen, Nitrophenolen und polycyclischen Aromaten. Des Weiteren werden auch Fragestellungen, die sich mit der Wechselwirkung von neu in die Umwelt ausgesetzten Substanzen mit den etablierten Stoffen auseinandersetzen, immer mehr an Bedeutung gewinnen. Der in diesem Zusammenhang geprägte Begriff der „ökologischen Risikobewertung“ versucht, dafür die Antworten mittels eines Konzentrationsverhältnisses es zu geben. Es ist das Verhältnis

PEC/PNEC, (Gleichung 1.1)

was nichts anderes als die vorhersagbare wirksame Konzentration (*predicted effective concentration*) zur vorhersagbaren nicht mehr wirksamen Konzentration (*predicted non effect concentration*) repräsentiert [6]. Lässt sich also eine nicht mehr wirksame Konzentration eines Stoffes, der in die Umwelt gelangen kann, angeben und gleichzeitig die am Ende eines Abbauzyklus verbleibende Konzentration vorausberechnen, so würde ein Verhältnis PEC/PNEC < 1 bedeuten, dass dieser Stoff störungsfrei integriert werden würde.

Die Zukunftspotenziale für die biotechnologische Herstellung neuer Produkte liegen grundsätzlich in folgenden Stoffbereichen und Basismethoden (Tab. 1.1):

- Produkte des mikrobiellen Sekundärstoffwechsels (Pharmazeutika, Pflanzenschutzmittel, Chemikalien u. ä.);
- Pharmaproteine, körpereigene Proteine (herstellbar mit gentechnologisch veränderten Organismen (GVOs));
- Biotransformationen (Unterstützung chemischer Synthesen von Pharmazeutika und Pflanzenschutzmitteln, Herstellung von Aminosäuren sowie anderen Nahrungs- und Futtermittelzusätzen, Ersatz von umweltbelastenden chemischen Prozessen zur Herstellung von Bulkchemikalien, Herstellung von biologisch leicht abbaubaren Kunststoffen und Tensiden (Spinnpräparationen) sowie neuen Polymeren, Gewinnung von Basisprodukten für die gentechnologische und immunologische Forschung und Entwicklung, Nutzung nachwachsender Rohstoffe und ausgewählter Petrochemikalien durch Partialabbau zu Produkten mit signifikanter Wertsteigerung).

Zu den zukünftigen Potenzialen gehört auch die Entwicklung von mikrobiellen Pflanzenschutzmitteln auf Basis antagonistisch wirksamer Hefeisolate. Diese können im Obstbau gegen Apfelfäule und Feuerbrand eingesetzt werden [7, 8].

Pflanzen haben im Verlauf der Evolution Zehntausende von Sekundärstoffwechselprodukten entwickelt, die es ihnen erlauben, zu überleben. Durch ein evolutionäres *molecular modelling* wurden die Strukturen dieser Sekundärstoffe dermaßen optimiert, dass sie mit diversen Zielstrukturen, den *molecular targets*, in Tieren und Mikroorganismen interagieren können. Es existiert vermutlich kaum eine Zielstruktur in unseren Zellen, für die es nicht auch einen Naturstoff gibt, der mit ihr in Wechselwirkung treten kann. Um solche Naturstoffe für die Humanmedizin gewinnen zu können, benötigt man die HRC-Technologie (*hairy root cultures*). Damit ist es möglich, in Reaktoren gezielt, reproduzierbar und wirtschaftlich neue Wirkstoffe in ausreichend großen Mengen herzustellen. Verwendung finden dabei transformierte Pflanzenwurzeln, die mit dem Bodenbakterium *Agrobacterium rhiozogenes* infiziert wurden [9].

Tabelle 1.1 Mögliche Ansätze für neue Produkte, neue Verfahren und Technologien sowie neue Umwelttechnologien.

neue Produkte	neue Verfahren/Technologien	Umwelttechnologien
abbaubare Kunststoffe (HBS)	Miniplanttechnologie	Bodensanierung
Pharmaproteine, körpereigene Proteine, Proteine aus Pflanzen	ökonomische/ökologische Umgestaltung der Produktionsprozesse, Minimierung der Umweltbelastung → agierender Umweltschutz	spezieller Abbau – Chloraromate, Chloralkane, Nitrophenole, polycyclische Aromate
Faserschutzstoffe (Spinnpräparationen)	Faserschutztechnologie	biologische Wasserbehandlung
Polymere (Eigenschaften der Polyolefine)	Zellkulturtechnik für Organzellen (Niere, Leber, Herz)	ökologische Risikobewertung (PEC/PNEC) [6]
Enzymkatalysatoren	Enzym-, Zelleinsatz in organischen Lösungsmitteln als Katalysatoren (PEG-Enzyme)	
Amylase aus Erbsen	Aufarbeitung von gentechnologisch modifizierten Pflanzen	
Stärke aus Weizen	Gentechnologie an Pflanzen	
Wasserstoff von Bakterien	mikrobielle Entrostung (Siderophore)	
Organe (Niere, Leber, Herz) aus körpereigenen Organzellen	*Hairy-Root-Cultures-* (HRC-) Technologie	
gentechnologisch modifizierte Pflanzen		
Siderophore		
Oligofructoside, flüssige Ballaststoffe (für Diabetiker)		
biologische Pflanzenstärkungsmittel (-schutz)		
pflanzliche Sekundärstoffe		

1.2.2 Bioverfahrensentwicklung in der Nahrungsmittelindustrie

1.2.2.1 Vorrangige Vorteile der Bioverfahrensentwicklung

Mit Blick auf die Vorteile, die die Bioverfahrensentwicklung für die Nahrungsmittelproduktion bieten kann, sind an erster Stelle Substanzen, die als natürlich gelten und aus natürlichen sowie nachwachsenden Rohstoffen stammen, zu nennen. Ein ebenso hervorstechender, außerordentlich wichtiger Vorteil ist die ausgeprägte Selektivität biotechnologischer Reaktionen, d. h. mithilfe dieser Prozesse lassen sich Produkte mit möglichst wenigen Nebenprodukten herstellen. Des Weiteren kann die Bioverfahrensentwicklung im Bereich der Nahrungsmittelindustrie auf eine jahrtausendelange Tradition zurückschauen und garantiert dadurch Zuverlässigkeit im Hinblick auf Qualität und Sicherheit, sowohl den Arbeitsschutz betreffend als auch bezüglich eventueller Nebenwirkungen.

1.2.2.2 Zunehmende Bedeutung der Bioverfahrensentwicklung

In der Nahrungsmittelindustrie wird der Konkurrenzdruck immer stärker, sodass auch in diesem Bereich die Wirtschaftlichkeit von Prozessen höchste Priorität erlangt. Wirtschaftlichkeitsbetrachtungen und Verfahrensoptimierungen, wie sie in der chemischen Industrie längst auf der Tagesordnung stehen, sind auch in der Nahrungsmittelindustrie erforderlich. Häufig muss die Raum-Zeit-Ausbeute gesteigert werden, um einen Prozess wirtschaftlich betreiben zu können. Dieses Ziel kann in vielen Fällen durch verbesserte Produktionsstämme erreicht werden. Über die klassische Methode der Mutation und Selektion (Screening, Abschnitt 2.2) kommt man in vielen Fällen jedoch nicht mehr schnell genug zum Ziel. Hier bietet sich die Gentechnologie an, die ganz neue Felder der Verfahrensoptimierung eröffnet.

Heute werden bei der Wirtschaftlichkeitsbetrachtung und der Optimierung von Prozessen, insbesondere in der Nahrungsmittelindustrie, die Belange des Umweltschutzes in stärkerem Umfang berücksichtigt. Viele traditionelle Prozesse werden zukünftig die Umwelt in einem nicht mehr vertretbaren Maße belasten und die behördlichen Auflagen nicht mehr erfüllen können. Ältere biotechnologische Prozesse werden daher verfahrenstechnisch auf den neusten Stand der Technik gebracht oder durch völlig neue Verfahren, die auf den aktuellen biologischen Erkenntnissen beruhen, ersetzt werden müssen. In diesem Zusammenhang lässt sich die Gentechnologie nicht umgehen. Das riesige Potenzial, das die Gentechnologie gerade für die Nahrungsmittelindustrie hat, sollte nicht ungeprüft brach liegen bleiben. Es besteht die berechtigte Hoffnung, sowohl hinsichtlich Wirtschaftlichkeit, Qualitätssicherung, neuer Produktklassen als auch Umweltverträglichkeit durch die Gentechnologie in der Nahrungsmittelindustrie Verbesserungen erreichen zu können.

Durch gezielte genetische Modifikation von Produktionsstämmen lassen sich eine höhere Raum-Zeit-Ausbeute, eine höhere Produkttoleranz, eine höhere Zelldichte, eine höhere Stabilität und Wiederverwendbarkeit sowie eine höhere Ausbeute, eine verbesserte Wirtschaftlichkeit, aber auch eine bessere Umweltrelevanz erreichen. Nicht zuletzt versprechen genetisch veränderte Mikroorganismen (GVOs) auch neue Produkte für die Nahrungsmittelindustrie.

Diesen Vorteilen steht die Frage nach den Risiken, die diese Technologie in sich birgt, gegenüber, auch unter dem Aspekt des Arbeitsschutzes. Bei der Herstellung von Lebensmitteln unter Einsatz von GVOs ist im Grunde genommen keine Differenzierung im Vergleich zu anderen Branchen vorzunehmen. Es muss sowohl das biologische als auch das physikalische Containment unter der Vorgabe des Gentechnik-Gesetzes (GenTG) charakterisiert werden (Abschnitt 8.3.1).

1.2.2.3 Einsatzgebiete

Getränke Die Herstellung von Bier, Wein und anderen alkoholischen Getränke ist schon seit Jahrtausenden ein Beispiel für die biotechnologische Herstellung von Nahrungsmitteln. In weiten Bereichen haben sich diese Verfahren über Jahrhunderte kaum verändert, auch wenn man in den Anlagen in neuerer Zeit zunehmend modernere Apparaturen und Materialien findet. Der Prozess als solches hat sich aber aus verfahrenstechnischer Sicht nicht verändert, wenn man von der Herstellung neuer Produkte, z. B. von alkoholfreiem Bier o. Ä., absieht.

Säuren Im Bereich der Säuren, meist als Konservierungsmittel, aber auch als Geschmacksverstärker eingesetzt, sind in erster Linie die L-Milchsäure, die Essigsäure und die Gluconsäure zu nennen, die eine gewisse Tradition in der Nahrungsmittelindustrie aufweisen und ebenfalls aus biotechnologischen Produktionen stammen.

Vitamine Die gezielte Herstellung von Vitaminen begann erst in neuerer Zeit. Biotechnologische Verfahren standen in diesem Bereich anfangs in starker Konkurrenz zu chemischen Prozessen und kamen in vielen Fällen zunächst nicht zum Einsatz. Doch die anfangs vorherrschenden Vorteile chemischer Synthesen schwächten sich im Laufe der letzten Jahrzehnte aufgrund des zunehmenden Umweltbewusstseins und verstärkten Kostendrucks ab, und so konnten sich auch auf diesem Feld biotechnologische Prozesse zusehends durchsetzen, zumal die biotechnologischen Prozesse zu immer wirtschaftlicher arbeitenden Verfahren ausgearbeitet werden können. Die Vitamine Ascorbinsäure (Vitamin C), Riboflavin (Vitamin B_2), Cobalamin (Vitamin B_{12}) als physiologische Lebensmittelzusatzstoffe und z. T. als Konservierungsstoffe sind an erster Stelle dieser Gruppe zu nennen. In Verbindung mit Glutamat können diese Substanzen auch als Geschmacksverstärker eingesetzt werden.

Aminosäuren Die Bausteine des Lebens, die Aminosäuren, stehen in den Nahrungsmitteln nicht immer in ausreichender Menge zur Verfügung. Das gilt insbesondere für die essenziellen, also diejenigen Aminosäuren, die im menschlichen und tierischen Organismus nicht synthetisiert werden können. Enantiomerenreine Aminosäuren, wie sie in der Natur vorkommen, lassen sich nur durch aufwendige chemische Synthesen gewinnen. Deshalb beschränkt sich der Einsatz chemischer Verfahren zur Gewinnung von Aminosäuren auf die interessanten racemischen Aminosäuren wie D,L-Alanin, D,L-Methionin und Glycin. Bei allen anderen proteinogenen Aminosäuren ist nur die L-enantiomere Form von Interesse, sodass dort, neben der Gewinnung durch Extraktion aus natürlichen Rohstoffen, zur Herstellung von Aminosäuren ausschließlich biotechnologische Verfahren zum Einsatz kommen. Es existieren jedoch auch biotechnologische Verfahren der enzymatischen Racemattrennung (z. B. Enzym-Membran-Reaktor). Biotechnologisch hergestellte Aminosäuren sind L-Lysin, L-Glutaminsäure, L-Isoleucin, L-Methionin, L-Asparaginsäure, L-Alanin L-Valin, L-Phenylalanin und L-Tryptophan. Daneben können aus natürlichen Rohstoffen durch Extraktion die Aminosäuren L-Cystin, L-Tyrosin und L-Prolin gewonnen werden [10].

Biopolymere Biopolymere sind in der Nahrungsmittelindustrie als Verdickungsmittel von Interesse. An erster Stelle ist dabei das Xanthan zu nennen. Aber auch Glucane und Dextrane werden in der Nahrungsmittelindustrie verwendet.

Eiweiße Als Proteinlieferant und als Sojaersatz wurde Ende der 1960er- und Anfang der 1970er-Jahre das Einzeller-Protein (SCP, single cell protein) die für die Nahrungsmittelindustrie gehandelt. Neben der Grundversorgung der Menschheit mit Protein (immerhin bilden 500 kg Hefezellen in 24 h mehr als 50.000 kg Protein, während ein Rind derselben Masse nur etwa 0,5 kg Protein produziert [11]) wurde auch daran gedacht, damit gezielter Gesundheitslebensmittel herstellen zu können. Es wäre möglich, einen hohen Faseranteil bei hohem Protein- und niedrigem Fettgehalt oder auch quasi cholesterinfrei einzustellen. Steigende Erdölpreise brachten diese Technologie zum Stillstand. Dennoch sind noch einige, insbesondere englische Unternehmen weiterhin mit der Entwicklung von Nahrungsmitteln auf diesem Sektor beschäftigt. Als mögliches neues Lebensmittel wird aus diesem Bereich ein Produkt unter dem Namen „Quorn" aus SCP angeboten [12, 13].

Fertigprodukte Mit Ausnahme der Getränke sind alle vorgestellten Produkte Zusatzstoffe für Lebensmittel und noch keine Endprodukte. Bei der Herstellung von Wurst, Käse und Joghurt bedient man sich ebenfalls biotechnologischer Verfahren. In diesem Bereich kommen spezielle Hochleistungsstämme bzw. Enzyme aus solchen Kulturen zur Anwendung, die klassisch durch die Mutations-Selektions-Methode gewonnen wurden.

1.2.2.4 Einsatz von genetisch veränderten Mikroorganismen in der Nahrungsmittelindustrie

Um vor allen Dingen eine Erhöhung der Produktqualität, der Produktvielfalt, der Produktsicherheit und eine Verbesserung der Prozesssicherheit zu erreichen, müssen GVOs auch in der Nahrungsmittelindustrie zum Einsatz kommen können.

Am weitesten sind die Untersuchungen und Anwendungen in der Milchwirtschaft vorangeschritten. Hier treten immer wieder hohe wirtschaftliche Verluste durch Phageninfektionen auf. Diese Infektionen können zu qualitativ minderwertigen Produkten, zu Fehlfermentationen oder gar zum gänzlichen Produktverlust führen [14]. Daher sind Starterorganismen entwickelt worden, die phagenresistent sind. Eine behördliche Zulassung steht noch aus.

Phagenresistenz ist häufig plasmidcodiert ,und die entsprechende Erbinformation kann leicht identifiziert und isoliert werden. Da die Mikroorganismen mitunter ihre Plasmide verlieren, hat man das entsprechende Gen stabil in die chromosomale DNA eingebaut. Hierdurch wird eine dauerhafte Resistenz erreicht. Die Erbinformationen für weitere günstige Eigenschaften, z. B. Lactose-, Citratverwertung, Diacetyl-, Schleim- und Bacteriocinbildung, befinden sich häufig ebenfalls auf Plasmiden, sodass weitere entsprechende Gene in das Chromosom transferiert und ihre Expressionsraten verändert werden können. Mit dem Einsatz solcher Kulturen verspricht man sich Lebensmittelprodukte mit verbesserten Eigenschaften hinsichtlich ernährungsphysiologischer Bewertung, Aroma, Konsistenz und Textur sowie eine hygienische Absicherung.

In der Fleischwirtschaft werden Starterkulturen vorwiegend für die Rohwurstreifung eingesetzt. Erste GVOs wurden entwickelt und im Labor zu Forschungszwecken erprobt [14].

Bacteriocine hemmen das Wachstum von Bakterien, und mit Ausschüttung des Antagonisten verschaffen sich Milchsäurebakterien einen Vorteil in der Konkurrenz mit anderen Mikroorganismen um Nährstoffe. Milchsäurebakterien, die vermehrt und stabil Bacteriocine bilden, können somit Frischfleisch- und Frischsalatprodukte vor vorzeitigem Verderb schützen (Abschnitt 1.2.2.2). Der Einsatz gentechnisch veränderter Hefen ist im Back- und Braugewerbe in Großbritannien bereits zugelassen oder ihre Zulassung steht unmittelbar bevor.

Für die Backindustrie wurde eine Hefe entwickelt, die bei der Teigführung kontinuierlich CO_2 entwickelt und dadurch die Gehzeit verkürzt. Bei dieser Hefe kommt es nicht mehr zu der sonst üblichen Verzögerung der CO_2-Produktion nach Verbrauch der Glucose im Teig.

Für die Brauindustrie wurden Hefen entwickelt, die

- eine erhöhte Brauleistung durch Verwerten von Polysacchariden zeigen. Diesen Hefen wurde das Gen für die Bildung von Amylase oder einer Glykoamylase integriert. Normalerweise vermögen Brauhefen Stärke nicht zu verwerten, daher muss der Mälzprozess zur Aktivierung der Getreide-Amylasen vorgeschaltet werden;
- kalorienreduzierte Biere (Light-Biere) direkt produzieren. Durch die Integration eines Glucoamylasegens werden Dextrine abgebaut;
- eine Verkürzung der Reifezeiten durch Unterdrückung der Diacetylbildung ermöglichen;
- das Verstopfen der Filteranlagen durch den Abbau der unlöslichen, hochmolekularen Glucane verhindern. Diese Hefen besitzen ein bakterielles β-Glucanasegen;
- die Schaumfestigkeit durch Proteinmodifizierung mit einem einklonierten Proteasegen gewährleisten.

Mit all diesen gentechnischen Veränderungen entfällt die exogene Zugabe von Enzymen zum Brauprozess. In Deutschland verbietet u. a. das Reinheitsgebot für Biere die Verwendung exogener Enzyme. Die Anwendung von GVOs aber wäre mit dem Reinheitsgebot vereinbar.

Die Entwicklungen von Hefen für die Produktion von alkoholfreiem Bier sind fast abgeschlossen. An der Weiterentwicklung von Weinhefen zur Erhöhung der Gärleistung und Aromabildung wird intensiv gearbeitet [2].

Bioverfahrensentwicklung in der Chemie und Pharmazie Die Nutzung biotechnischer Prozesses zur Gewinnung von Grundchemikalien für die chemische Industrie scheitert meist bisher an der Wirtschaftlichkeit. Ethanol ist ein Beispiel für einen solchen Rohstoff, der zu Hunderttausenden Tonnen in der Chemischen Industrie für entsprechende Folgeprodukte benötigt wird. Doch die biotechnologische Herstellung ist bislang noch mit so hohen Kosten verbunden, dass sie kaum mit anderen Verfahren konkurrieren kann. Dient Ethanol als Alternativtreibstoff oder als Treibstoffzusatz, wie z. B. in Brasilien, ist die Kostenfrage etwas anders zu betrachten, weil die Kosten neben eventueller staatlicher Subventionen auch wesentlich durch die Kapazität, die erzeugte

Jahresmenge, bestimmt werden. Da in diesem Fall eine sehr große Tonnage (Tonnen pro Jahr) erforderlich ist, wird der Preis nahezu ausschließlich durch die Edukte, die Substrate, diktiert, also durch die Glucosequellen (Abschnitte 9.1.2 und 10.3).

Besser sieht die Situation bei Spezialchemikalien aus, vor allem bei optisch aktiven Substanzen, z. B. bei Steroiden oder Synthesebausteinen wie der L- oder der D-Milchsäure. Mit D-Milchsäure als Basisbaustein für die chemische Synthese von optisch aktiven Substanzen lassen sich Pflanzenschutzmittel auf die halbe Aufwandmenge mit gleichem Effekt reduzieren. In dieser Richtung verspricht die Bioverfahrenstechnik der Chemie den meisten Nutzen zu bringen. Grundsätzlich sind aber inzwischen die meisten komplexen Moleküle günstiger oder überhaupt nur mittels biotechnologischer Prozesse herzustellen. Dazu gehören Vitamine, insbesondere Riboflavin (Vitamin B_2) oder Ascorbinsäure (Vitamin C, Abschnitt 10.3), und Antibiotika wie Penicillin.

Viele Krankheiten, so wurde in den letzten Jahren erkannt, werden durch Gendefekte hervorgerufen. Dazu gehören so weit verbreitete „Geißeln" wie die Diabetes, Bluterkrankungen (Sichelzellen-Anämie), erhöhter Blutdruck und auch Gicht (begleitet durch einen defekten Purinstoffwechsel). Ihnen stünde man ohne die Biotechnologie machtlos gegenüber.

Krankheiten, die zwar durch Gendefekte verursacht werden, deren Auswirkung aber erkennbar durch einen Mangel an bestimmten Substanzen hervorgerufen wird, lassen sich durch die Bereitstellung dieser Substanzen zumindest kontrollieren und beherrschen. Solche Arzneien, die den körpereigenen Substanzen entsprechen, können nur aus dem menschlichen Körper selbst isoliert oder aber mithilfe der Gentechnologie gewonnen werden. Die erstgenannte Möglichkeit scheidet in der Regel aus, weil das Risiko einer viralen Kontamination (z. B. durch AIDS oder Hepatitis) nicht zu vernachlässigen ist und weil die erforderlichen Mengen keinesfalls aus Blutkonserven isoliert werden können. Das gilt vor allem für Substanzen, die zwar vom Körper gebildet werden, aber bei „aktuellen Störungen" in zu geringen Mengen anfallen, sodass sie nicht ausreichen, die „Störung" zu beheben. In diesen Fällen ist es wünschenswert, ja notwendig, zusätzliche körpereigene Substanzen von außen zuzuführen. Die Gentechnologie eröffnet den Weg zu diesen Substanzen, und über die Bioverfahrenstechnik können sie in ausreichenden Mengen und erschwinglich zur Verfügung gestellt werden (Tab. 1.2).

Im Bereich des Wirkstoffscreenings (Massenscreening), d. h. der Untersuchung von neuen Substanzen auf ihre biologische/physiologischen Wirkung, erreichen insbesondere Zellkulturen immer mehr Bedeutung. Damit lassen sich viele Tierversuche ersetzen und wesentlich schneller und sicherer Aussagen treffen. Die dafür notwendigen Zellmodelle und vor allem die Zellkulturen müssen von der Bioverfahrenstechnik bereitgestellt werden.

Ein weiteres Einsatzgebiet stellt die moderne Diagnostik dar. Bestimmte Proteine fungieren im Falle einer Erkrankung als Marker und/oder „Frühwarnsystem". Ist es möglich, solche Indikatoren schon in geringsten Mengen nachzuweisen, dann besteht die Chance, eine Erkrankung auch in einem sehr frühen Stadium zu erkennen und mögliche Therapien anzuwenden.

Tabelle 1.2 In Deutschland auf dem Markt befindliche gentechnisch hergestellte Arzneimittel (Stand 17.09.2012). Bis 2012 waren bereits mehr als 146 Arzneimittel mit 109 Wirkstoffen auf dem Markt [15].

Wirkstoff	Arzneimittel / Firma	Jahr der Erstzulassung	Produktionsort bei Erstzulassung	Produziert mit	Indikation
Abatacept	Orencia® / Bristol-Myers Squibb	Mai 2007	USA	Säugerzellen (CHO)	Rheumatoide Arthritis
Abciximab	ReoPro® / Lilly	Mai 1995	Niederlande	Säugerzellen (Maus)	Antithrombotikum
Adalimumab	Humira® / Abbott	Sep 2003	USA/Puerto Rico/ Spanien	Säugerzellen (CHO)	Rheumatoide Arthritis
Agalsidase alfa	Replagal® / Shire	Aug 2001	USA	Humanzellen	Stoffwechselstörung
Agalsidase beta	Fabrazyme® / Genzyme	Aug 2001	USA	Säugerzellen (CHO)	Stoffwechselstörung
Aldesleukin	Proleukin® / Novartis	Dez 1989	Österreich	E. coli	Krebs
Alglucosidase alfa	Myozyme® / Genzyme	Mrz 2006	USA	Säugerzellen (CHO)	Morbus Pompe
Alteplase (tPA)	Actilyse® / Boehringer Ingelheim	Jan 1987	Deutschland	Säugerzellen (CHO)	Thrombolytikum
Anakinra	Kineret® / Amgen Europe	Mrz 2002	USA	E. coli	Rheumatoide Arthritis
Antithrombin	Atryn® / GTC Biotherapeutics	Aug 2006	USA	transgene Ziegen (Milch)	Thromboemboliepràvention
Basiliximab	Simulect® / Novartis	Okt 1998	Schweiz	Säugerzellen (Maus)	Immunsuppressivum
Belatacept	Nulojix® / Bristol-Myers Squibb	Jun 2011	USA	Säugerzellen (CHO)	Abstoßung von Nierentransplantaten
Belimumab	Benlysta® / GlaxoSmithKline	Jul 2011	USA	Säugerzellen (Maus, NS/0)	systemischer Lupus erythematodes
Bevacizumab	Avastin ® / Roche	Jan 2005	USA	Säugerzellen (CHO)	Darmkrebs
Canakinumab	Ilaris® / Novartis	Okt 2009	Frankreich	Säugerzellen (Maus)	Cryopyrin-assoziierte periodische Syndrome
Catridecacog	Novothirteen® / Novo Nordisk	Sep 2012	Dänemark	Hefe (S. cerevisiae)	Faktor XII Untereinheit A-Mangel
Certolizumab pegol	Cimzia® / UCB	Okt 2009	Österreich	E. coli	Rheumatoide Arthritis
Cetuximab	Erbitux® / Merck	Jun 2004	Deutschland	Säugerzellen (Maus)	Darmkrebs
Choriogonadotropin alfa	Ovitrelle® / Merck Serono	Feb 2001	Schweiz	Säugerzellen (CHO)	Fertiliätsstörungen
Conestat alfa	Ruconest® / Pharming	Okt 2010	Niederlande	transgene Kaninchen (Milch)	Hereditäres Angioödem
Corifollitropin	Elonva® / Organon	Jan 2010	Niederlande	Säugerzellen (CHO)	Kontrollierte ovarielle Stimulation
Darbepoetin alfa	Aranesp® / Amgen Europe	Jun 2001	USA	Säugerzellen (CHO)	Blutarmut

Tabelle 1.2 (Fortsetzung)

Wirkstoff	Arzneimittel / Firma	Jahr der Erstzulassung	Produktionsort bei Erstzulassung	Produziert mit	Indikation
Denosumab	Xgeva® / Amgen	Jul 2011	Deutschland/USA	Säugerzellen (CHO)	Prävention skelettbezogener Komplikationen bei Knochenmetastasen solider Tumore
Denosumab	Prolia® / Amgen	Mai 2010	Deutschland/USA	Säugerzellen (CHO)	1. Osteoporose, 2. Knochenschwund bei Prostatakrebs
Desirudin	Revasc® / Canyon Pharmaceuticals	Jul 1997	Schweiz	Hefe (S. cerevisiae)	Antithrombotikum
Dibotermin alfa	InductOs® / Medtronic Biopharma	Sep 2002	USA	Säugerzellen (CHO)	Knochenbrüche
Dornase alfa	Pulmozyme® / Roche	Sep 1994	Schweiz/USA	Säugerzellen (CHO)	Mukoviszidose
Eculizumab	Soliris® / Alexion Europe	Jun 2007	USA	Säugerzellen (Maus, NS/0)	paroxysmale nächtliche Hämoglobinurie
Epoetin alfa	Erypo® / Janssen-Cilag	Nov 1988	USA	Säugerzellen (CHO)	Blutarmut
Epoetin alfa (Biosimilar)	Epoetin alfa Hexal®* / Hexal	Aug 2007	Deutschland/ Slowenien	Säugerzellen (CHO)	Blutarmut
Epoetin alfa (Biosimilar)	Abseamed®* / Medice	Aug 2007	Deutschland/ Slowenien	Säugerzellen (CHO)	Blutarmut
Epoetin alfa (Biosimilar)	Binocrit®* / Sandoz	Aug 2007	Deutschland/ Slowenien	Säugerzellen (CHO)	Blutarmut
Epoetin beta	Neorecormon® / Roche	Jul 1997	Deutschland	Säugerzellen (CHO)	Blutarmut
Epoetin theta	Biopoin®* / CT-Arzneimittel	Okt 2009	Deutschland	Säugerzellen (CHO)	Blutarmut
Epoetin theta	Eporatio®* / Ratiopharm	Okt 2009	Deutschland	Säugerzellen (CHO)	Blutarmut
Epoetin-zeta (Biosimilar)	Retacrit®* / Hospira Inc.	Dez 2007	Deutschland	Säugerzellen (CHO)	Blutarmut
Epoetin-zeta (Biosimilar)	Silapo®* / Stada Arzneimittel	Dez 2007	Deutschland	Säugerzellen (CHO)	Blutarmut
Eptacog alfa (rekombinanter Faktor VII)	Novoseven® / Novo Nordisk	Feb 1996	Dänemark	Säugerzellen (BHK)	Bluterkrankheit
Eptotermin alfa	Osigraft® / Howmedica International	Mai 2001	USA	Säugerzellen (CHO)	Schienbeinbrüche
Eptotermin alfa	Opgenra® / Olympus Biotech	Feb 2009	USA	Säugerzellen (CHO)	Lendenwirbelversteifung
Etanercept	Enbrel® / Pfizer	Feb 2000	Deutschland	Säugerzellen (CHO)	Rheumatoide Arthritis

Tabelle 1.2 (Fortsetzung)

Wirkstoff	Arzneimittel / Firma	Jahr der Erstzulassung	Produktionsort bei Erstzulassung	Produziert mit	Indikation
Faktor VIII	Recombinate® / Baxter	Jul 1993	USA	Säugerzellen	Bluterkrankheit
Faktor VIII	Kogenate Bayer®* / Bayer	Aug 2000	USA	Säugerzellen (BHK)	Bluterkrankheit
Faktor VIII	Helixate NexGen®* / Bayer Schering	Aug 2000	USA	Säugerzellen (BHK)	Bluterkrankheit
Filgrastim (G-CSF)	Neupogen® / Amgen	Jul 1991	USA	E. coli	Krebsbegleitbehandlung
Filgrastim (Biosimilar)	Biograstim®* / CT Arzneimitttel	Sep 2008	Litauen	E. coli	Neutropenie
Filgrastim (Biosimilar)	Filgrastim Hexal®* / Hexal	Feb 2009	Österreich	E. coli	Neutropenie
Filgrastim (Biosimilar)	Nivestim® / Hospira UK	Jun 2010	Kroatien	E. coli	Neutropenie
Filgrastim (Biosimilar)	Ratiograstim®* / Ratiopharm	Sep 2008	Litauen	E. coli	Neutropenie
Filgrastim (Biosimilar)	Zarzio®* / Sandoz	Feb 2009	Österreich	E. coli	Neutropenie
Filgrastim (Biosimilar)	Tevagrastim®* / Teva Generics	Sep 2008	Litauen	E. coli	Neutropenie
Follitropin alfa	Gonal-f® / Merck Serono	Okt 1995	Schweiz	Säugerzellen (CHO)	Fertilitätsstörungen
Follitropin alfa/Lutropin alfa	Pergoveris® / Serono	Jun 2007	Schweiz	Säugerzellen (CHO)	Stimulation der Follikelreifung bei LH- und FSH-Mangel
Follitropin beta	Fertavid® / MSD	Mrz 2009	Niederlande, Irland	Säugerzellen (CHO)	Fertilitätsstörungen
Follitropin beta	Puregon® / Organon	Mai 1996	Niederlande, Irland	Säugerzellen (CHO)	Fertilitätsstörungen
Galsulfase	Naglazyme® / BioMarin Europe	Jan 2006	USA	Säugerzellen (CHO)	Mucopolysaccharidose VI
Glucagon	GlucaGen® / Novo Nordisk	Mrz 1992	Dänemark	Hefe (S. cerevisiae)	Diabetes
Golimumab	Simponi® / Janssen Biologics	Okt 2009	Niederlande	Säugerzellen (Maus)	Rheumatoide Arthritis, Psoriasis-Arthritis, Morbus Bechterew
Ibritumomab Tiuxetan	Zevalin® / Schering	Jan 2004	USA	Säugerzellen (CHO)	Krebs (NHL)
Idursulfase	Elaprase® / Shire plc.	Jan 2007	USA	Humanzellen	Mukopolysaccharidose II (Hunter Syndrom)
Imiglucerase	Cerezyme® / Genzyme	Nov 1997	USA	Säugerzellen (CHO)	Morbus Gaucher
Impfstoff (Konjugat) gegen Pneumokokken	Synflorix® / GlaxoSmithKline	Mrz 2009	Belgien/Ungarn	E. coli	aktive Immunisierung gegen durch Streptococcus pneumoniae verursachte invasive Erkrankungen und akute Otitis media
Impfstoff gegen Cholera	Dukoral® / Crucell Sweden AB	Apr 2004	Schweden	Vibrio cholerae	Verhütung von Cholera-Infektion (Schluckimpfung)

Tabelle 1.2 (Fortsetzung)

Wirkstoff	Arzneimittel / Firma	Jahr der Erstzulassung	Produktionsort bei Erstzulassung	Produziert mit	Indikation
Impfstoff gegen Hepatitis A/B	Ambirix® / GlaxoSmithKline	Aug 2002	Belgien	Hefe (S. cerevisiae)	Hepatitis A/B
Impfstoff gegen Hepatitis A/B	Twinrix® Kinder / GSK Biologicals	Sep 1996	Belgien	Hefe (S. cerevisiae)	Hepatitis A/B
Impfstoff gegen Hepatitis A/B	Twinrix® Kinder / GSK Biologicals	Feb 1997	Belgien	Hefe (S. cerevisiae)	Hepatitis A/B
Impfstoff gegen Hepatitis B	Engerix B® Erwachsene / GlaxoSmithKline	Apr 1987	Belgien	Hefe (S. cerevisiae)	Hepatitis B
Impfstoff gegen Hepatitis B	Engerix B® Kinder / GlaxoSmithKline	Mai 1995	Belgien	Hefe (S. cerevisiae)	Hepatitis B
Impfstoff gegen Hepatitis B	Fendrix® / GlaxoSmithKline Biologicals S.A.	Jan 2005	Belgien	Hefe (S. cerevisiae)	Hepatitis B
Impfstoff gegen Hepatitis B	HBVAXPRO® / Sanofi Pasteur MSD	Apr 2001	USA	Hefe (S. cerevisiae)	Hepatitis B
Impfstoff gegen humane Papilloma-Viren	Cervarix® / GlaxoSmithKline	Sep 2007	Belgien	Insektenzellen (Hi-5 Rix4446)	Prävention von HPV-Infektionen
Impfstoff gegen humane Papilloma-Viren	Gardasil®* / Sanofi Pasteur MSD	Sep 2006	USA	Hefe (S. cerevisiae)	Prävention von HPV-Infektionen
Impfstoff gegen humane Papilloma-Viren	Silgard®* / Sanofi Pasteur MSD	Sep 2006	USA	Hefe (S. cerevisiae)	Prävention von HPV-Infektionen
Impfstoff gegen Influenza	Fluenz® / MedImmune	Jan 2011	UK/USA	Verozellen	Influenza
Impfstoff mit rekomb. Komponente gg. Hepatitis B	Tritanrix® HepB / GSK Biologicals	Jul 1996	Belgien	Hefe (S. cerevisiae)	Hepatitis B/Diphtherie, Keuchhusten, Tetanus
Impfstoff mit rekomb. Komponente gg. Hepatitis B	Infanrix hexa® / GSK Biologicals	Okt 2000	Belgien	Hefe (S. cerevisiae)	Diphtherie, Tetanus, Keuchhusten, Polio, Hepatitis B, Haemophilus influenzae b

Tabelle 1.2 (Fortsetzung)

Wirkstoff	Arzneimittel / Firma	Jahr der Erstzulassung	Produktionsort bei Erstzulassung	Produziert mit	Indikation
Impfstoff mit rekomb. Komponente gg. Hepatitis B	nfanrix penta® / SmithKline Beecham	Okt 2000	Belgien	Hefe (S. cerevisiae)	Diphtherie, Tetanus, Keuchhusten, Polio, Hepatitis B
Infliximab	Remicade® / Centocor	Aug 1999	Niederlande	Säugerzellen (Maus)	Morbus Crohn, rheumatoide Arthritis
Insulin aspart	NovoRapid® / Novo Nordisk	Sep 1999	Dänemark	Hefe (S. cerevisiae)	Diabetes
Insulin detemir	Levemir® / Novo Nordisk	Jun 2004	Dänemark	Hefe (S. cerevisiae)	Diabetes
Insulin glargin	Lantus®* / Aventis	Jun 2000	Deutschland	E. coli	Diabetes
Insulin glargin	Optisulin®* / Sanofi-Aventis	Jun 2000	Deutschland	E. coli	Diabetes
Insulin glulisin	Apidra® / Aventis	Sep 2004	Deutschland	E. coli	Diabetes
Insulin human	Huminsulin® / Lilly	Okt 1982	USA	E. coli	Diabetes
Insulin human	Protaphane® / Novo Nordisk	Okt 2002	Dänemark	Hefe (S. cerevisiae)	Diabetes
Insulin human	Mixtard® / Novo Nordisk	Okt 2002	Dänemark	Hefe (S. cerevisiae)	Diabetes
Insulin human	Actrapid® / Novo Nordisk	Okt 2002	Dänemark	Hefe (S. cerevisiae)	Diabetes
Insulin human	Actraphane® / Novo Nordisk	Okt 2002	Dänemark	Hefe (S. cerevisiae)	Diabetes
Insulin human	Insulatard® / Novo Nordisk	Okt 2002	Dänemark	Hefe (S. cerevisiae)	Diabetes
Insulin human	Insulin Human Winthrop®* / Sanofi-Aventis	Jan 2007	Deutschland	E. coli	Diabetes
Insulin human	Insuman®* / Sanofi-Aventis	Feb 1997	Deutschland	E. coli	Diabetes
Insulin lispro	Humalog® / Lilly	Apr 1996	USA	E. coli	Diabetes
Insulin lispro	Liprolog® / Lilly	Aug 2001	USA	E. coli	Diabetes
Interferon alfa-2a	Roferon A® / Roche	Apr 1987	Schweiz	E. coli	Krebs
Interferon alfa-2b	Intron A® / MSD	Mrz 2000	Irland	E. coli	Hepatitis B/C, Krebs
Interferon beta-1a	Rebif® / Ares Serono	Mai 1998	Israel	Säugerzellen (CHO)	Multiple Sklerose
Interferon beta-1a	Avonex® / Biogen Idec	Mrz 1997	USA	Säugerzellen (CHO)	Multiple Sklerose
Interferon beta-1a	Extavia®* / Novartis	Mai 2008	Österreich, USA	E. col	Multiple Sklerose
Interferon beta-1a	Betaferon®* / Schering	Nov 1995	Österreich, USA	E. col	Multiple Sklerose
Interferon gamma-1b	Imukin® / Boehringer Ingelheim	Dez 1992	Deutschland	E. coli	Immunstimulans
Ipilimumab	Yervoy® / Bristol-Myers Squib	Jul 2011	USA	Säugerzellen (CHO)	fortgeschrittenes Melanom

Tabelle 1.2 (Fortsetzung)

Wirkstoff	Arzneimittel / Firma	Jahr der Erstzulassung	Produktionsort bei Erstzulassung	Produziert mit	Indikation
Laronidase	Aldurazyme® / Genzyme	Jun 2003	USA	Säugerzellen (CHO)	Stoffwechselstörung
Lenograstim	Granocyte® / Chugai Pharma	Okt 1993	Japan	Säugerzellen (CHO)	Krebsbegleitbehandlung
Liraglutid	Victoza® / Novo Nordisk	Jun 2009	Dänemark	Hefe (S. cerevisiae)	Diabetes Typ 2
Lutropin alfa	Luveris® / Merck Serono	Nov 2000	Schweiz	Säugerzellen (CHO)	Fertilitätstörungen
Mecasermin	Increlex® / Ipsen Pharma	Aug 2007	USA	E. coli	primärer IGF-1-Mangel
Methoxy-Polyethylenglycol-Epoetin beta	Mircera® / Roche	Jul 2007	Deutschland	Säugerzellen (CHO)	Renale Anämie
Molgramostim	Leukomax / Novartis/Essex	Apr 1993	UK	E. coli	Krebsbegleitbehandlung
Moroctocog alfa	ReFacto® / Pfize	Apr 1999	Schweden	Säugerzellen (CHO)	Bluterkrankheit
Natalizumab	Tysabri® / Elan Pharma	Jun 2006	USA	Säugerzellen (Maus, NS/0)	Multiple Sklerose
Nebenschilddrüsen-Hormon	Preotact® / Nycomed	Apr 2006	Niederlande	E. coli	Osteoporose
Nonacog alfa	BeneFIX® / Pfizer	Aug 1997	USA	Säugerzellen (CHO)	Bluterkrankheit
Octocog alfa	Advate® / Baxter	Mrz 2004	USA	Säugerzellen (CHO)	Bluterkrankheit
Ofatumumab	Arzerra® / GlaxoSmithKline	Apr 2010	UK/USA	Säugerzellen (Maus)	Chronisch lymphatische Leukämie
Omalizumab	Xolair® / Novartis	Okt 2005	USA	Säugerzellen (CHO)	Asthma
Palifermin	Kepivance® / Swedish Orphan	Okt 2005	USA	E. coli	orale Schleimhautentzündung
Palivizumab	Synagis® / Abbott	Aug 1999	Deutschland	Säugerzellen (Maus, NS/0)	Atemwegsinfektionen
Panitumumab	Vectibix® / Amgen	Dez 2007	USA	Säugerzellen (CHO)	Darmkrebs
Pegfilgrastim	Neulasta® / Amgen Europe	Aug 2002	USA	E. coli	Krebs
Peginterferon alfa-2a	PEGASYS / Roche	Jun 2002	Deutschland	E. coli	Hepatitis B, C
Peginterferon alfa-2b	ViraferonPeg®* / MSD	Mai 2000	Irland	E. coli	Hepatitis C
Peginterferon alfa-2b	Peg-Intron®* / Schering Plough Europe	Mai 2000	Irland	E. coli	Hepatitis C
Pegvisomant	Somavert® / Pfizer	Nov 2002	USA	E. coli	Akromegalie
Ranibizumab	Lucentis® / Novartis	Jan 2007	USA	E. coli	Altersbedingte Makuladegeneration

Tabelle 1.2 (Fortsetzung)

Wirkstoff	Arzneimittel / Firma	Jahr der Erstzulassung	Produktionsort bei Erstzulassung	Produziert mit	Indikation
Rasburicase	Fasturtec® / Sanofi-Aventis	Feb 2001	Frankreich	Aspergillus flavus	Krebstherapiebedingter Harnsäureüberschuss
Reteplase	Rapilysin® / Actavis	Aug 1996	Deutschland	E. coli	Thrombolytikum
Rilonacept	Arcalyst® / Regeneron	Okt 2009	USA	Säugerzellen (CHO)	Cryopyrin-assoziierte periodische Syndrome
Rituximab	Mabthera® / Roche	Jun 1998	USA	Säugerzellen (CHO)	Krebs (NHL)
Romiplostim	I Nplate® / Amgen	Feb 2009	USA	E. coli	Idiopathische thrompozytopenische Purpura
Somatropin	Humatrope® / Lilly	Jun 1988	USA	E. coli	Minderwuchs
Somatropin	Zomacton® / Ferring	Mrz 1992		E. coli	Minderwuchs
Somatropin	Norditropin® / Novo Nordisk	Jan 1989	Dänemark	E. coli	Minderwuchs
Somatropin	Saizen® / Merck Serono	Feb 1989	Schweiz	Säugerzellen (Maus)	Minderwuchs
Somatropin	Genotropin® / Pharmacia/Pfizer	Feb 1991	USA	E. coli	Minderwuchs
Somatropin (Biosimilar)	Valtropin® / BioPartners GmbH	Apr 2006	Korea	Hefe (S. cerevisiae)	Minderwuchs
Somatropin	Nutropin AQ® / Ipsen Pharma	Feb 2001	USA	E. coli	Minderwuchs
Somatropin (Biosimilar)	Omnitrope® / Sandoz GmbH	Apr 2006	Österreich	E. coli	Minderwuchs
Tasonermin	Beromun® / Boehringer Ingelheim	Apr 1999	Österreich	E. coli	Krebs
Tenecteplase	Metalyse® / Boehringer Ingelheim	Feb 2001	Deutschland	Säugerzellen (CHO)	Herzinfarkt
Teriparatid	Forsteo® / Lilly	Jun 2003	USA	E. coli	Osteoporose
Thyrotropin alfa	Thyrogen® / Genzyme	Mrz 2000	USA	Säugerzellen (CHO)	Krebsdiagnostikum
Tocilizumab	RoActemra® / Roche	Jan 2009	Japan	Säugerzellen (CHO)	Rheumatoide Arthritis
Trastuzumab	Herceptin® / Roche	Aug 2000	USA, Deutschland	Säugerzellen (CHO	Brustkrebs
Ustekinumab	Stelara® / Janssen-Cilag	Jan 2009	USA	Säugerzellen (Maus)	Psoriasis
Velaglucerase alfa	VPRIV® / Shire Pharmaceuticals	Aug 2010	USA	Humanzellen (HT1080)	Morbus Gaucher Typ I

Diagnosen dieser Art lassen sich zurzeit mithilfe von Diagnosekits z. B. auf der Basis von Antikörpern durchführen. Diese kann wiederum nur die Bioverfahrenstechnik mithilfe von GVOs (genetisch veränderten Organismen, Zellkulturen) produzieren. Beispiele dafür sind der ELISA für den p53-Antikörper [17] für die onkologische Diagnose, der enzymgebundene Immunosorbent-Assay zur quantitativen Bestimmung von 17α-Hydroxyprogesteron in Serum und Plasma [18] zum Nachweis von Nierenerkrankungen und der HIT-Serotonin-ELISA als funktioneller Test zur Diagnose von Heparin-induzierter Trombozytopenie Typ 2 (HIT-Typ 2) [19] zur Diagnose der Arneimittelnebenwirkungen bei Heparin-indizierter Thrombozytopenie.

1.2.3 Gentechnologie

Eine ganz besonders wertvolle Unterstützung innerhalb der Bioverfahrensentwicklung stellt die Gentechnologie dar (Abschnitte 1.2.2.4 und 2.3). Damit ist man in der Lage, in Verbindung mit der Prozessführung eine Optimierung der Produktqualität auf besonders hohem Niveau zu erreichen.

So wurden z. B. Kriterien zur Entwicklung und Optimierung von Produktionsverfahren für rekombinante Glykoproteine vergleichend in verschiedenen Reaktorkonfigurationen erarbeitet. Als Modellprotein wurden humanes Interleukin 2 (IL-2) und Antithrombin III (AT III) verwendet. Neben der Entwicklung serumfreier Kulturmedien wurde das Zellwachstum auf Microcarriern und in Suspension betrachtet. Die Kultivierung im serumfreien Medium eröffnete die Möglichkeit, das Produkt direkt gelelektrophoretisch im Rohüberstand nachzuweisen. Darüber hinaus wurde eine vereinfachte Aufarbeitungsmethode gefunden, wobei allerdings Unterschiede in der Produktqualität auftraten (Glykosilierungsanteil, proteolytischer Abbau). Für diese Produktionsbedingungen wird dennoch aufgrund der Ergebnisse eine hohe Qualitätskonstanz vorausgesagt [2].

1.3 Voraussetzungen für den Einsatz der Bioverfahrenstechnik

1.3.1 Aufgaben der Forschung und Entwicklung

Zu den wichtigen Aufgaben der F&E zur Attraktivitätssteigerung der Bioverfahrensentwicklung gehört die Optimierung der Prozess- und Verfahrensentwicklung. Hier können spezielle, d. h. strukturierte Modelle, unter Berücksichtigung von Prozessrückkopplungen moderne Steuerkonzepte, wie prädikative Modelle und neuronale Netzwerke, gute Dienste leisten (Abschnitte 6.1.3 und 6.5).

Bei der Pharmaproteinherstellung haben GMP-Aspekte eine besondere Bedeutung. In diesem Zusammenhang sollten in der F&E nicht nur Einzelmodule behandelt, sondern Prozesse gesamtheitlich dargestellt werden, um daraus auch

Fragestellungen zum Problem der Stoffrückführung und vor allem der Validierung bearbeiten zu können. Die Bedeutung der Validierung wird nicht nur aufgrund von Forderungen aus dem Bereich der GMP zunehmen, sondern zu einem Standard der Qualitätssicherung und Qualitätskontrolle heranreifen. Darüber hinaus fordert auch die Sicherheit dieses Mittel zur Sicherstellung eines physikalischen Containments, eine Randbedingung für den Einsatz der Gentechnologie. Voraussetzung dafür ist eine funktionierende Steriltechnik, die nicht alleine durch eine ausreichend lange Sterilisation bei >121 °C zu erreichen ist, sondern vielmehr höchste Anforderungen an sicheres Handling und wirklich durchdachte Sterilkonstruktionen richtet. Beste Sterilkonstruktionen bieten auch beste Sicherheit. Zur Thematik der Sterilkonstruktion bzw. der Sicherheitskonstruktion ist auch die „Dichtigkeit" eines Bioreaktors (einer Anlage, eines Systems) zu zählen [20].

1.3.2 Optimierung der Verfahrensoperationen

Die Leistungsfähigkeit von Bioverfahren wird nicht zuletzt auch durch die Leistungsfähigkeit der einzelnen Operationen, der einzelnen Prozessstufen, und deren Harmonisierung bestimmt. Eine optimierte Reaktionsstufe ist zwar eine wesentliche Voraussetzung für einen wirtschaftlichen Prozess, aber daneben müssen sowohl die vorbereitenden Schritte (Up-stream-Processing, Kapitel 5) als auch die nachfolgenden Stufen (Down-stream-Processing, Kapitel 7) in Einklang gebracht werden.

Die einzelne Reaktionsstufe wird wesentlich durch die Biomasse, den „Katalysator", bestimmt. Deshalb ist es notwendig, die Bedingungen für die Zellen so optimal wie möglich einzustellen, d. h. die idealen Kulturbedingungen zu finden.

Um eine sichere Reaktionsführung zu erreichen, ist es zwingend notwendig, eine zuverlässige Möglichkeit zur Charakterisierung von Bioreaktoren zu schaffen. Dazu sind geeignete Stoffsysteme, Maßstabsübertragungs-regeln, Aussagen über Scherbeanspruchungen und Auslegungsunterlagen erforderlich. Darüber hinaus ist für ein entsprechendes Monitoring zu sorgen (Abschnitt 2.6.1).

Muss für die Synthese von pharmazeutischen Produkten auf die Zellkulturtechnik zurückgegriffen werden, dann lassen zu geringe Zelldichten, Probleme bei Stofftransportvorgängen (Ver- und Entsorgung) und geringe Wachstumsraten in wirtschaftlicher Hinsicht häufig viele Wünsche offen. Viele Arbeiten beschäftigen sich mit diesem Thema und suchen Lösungen durch Zellrückhaltung mittels Wirbelschichttechnik mit porösen Trägern, kontinuierlicher Prozessführung und blasenfreier Membranbegasung. Es zeigte sich, dass mittels Membranbegasung die sonst schon bei geringen Höhen auftretende Partialdruckdifferenz vermieden werden kann.

Die Modellierung (Design of Experiments, DoE, oder Quality by Design, QbD) besitzt wirtschaftlich eine große Bedeutung, weil mit einer ausgewogenen Kombination von Modellbetrachtungen und Laboruntersuchungen die Entwicklungsprozesse wesentlich effektiver gestaltet werden können, vor allem dann, wenn auch noch Verfahrensmodelle mit Kostenmodellen verknüpft werden. Der Nutzen solcher Modelle hängt von ihrer Qualität ab. Häufig liefern einfache Ansätze viel zu ungenaue Beschreibungen der Vorgänge, sodass ihre Anwendung wenig erfolgversprechend ist.

Am Beispiel des Mikroorganismus *Pseudomonas putida* mit Phenol als einziger Kohlenstoff- und Energiequelle konnte gezeigt werden, welche Diskrepanz sich zwischen einfachem Modell und den Experimenten auftut [21]. Die Modellaussage ist praktisch nicht verifizierbar. Es tauchen Hystereseeffekte in Abhängigkeit von der spezifischen Wachstumsgeschwindigkeit und der Substrataufnahme auf. Es wurde festgestellt, dass eine Projektion aus einem Zustandsraum höherer Dimension vorliegt. Hieraus ergibt sich die Notwendigkeit, neue Modelle unter Verwendung zusätzlicher Zustandsvariablen zu entwickeln, die sowohl die stationären als auch die dynamischen Zustände von mikrobiellen Populationen beschreiben können [21]. Weil für die Abweichung weder die Änderung der Enzymaktivität noch die Induktion neuer Abbauwege oder die Selektion innerhalb der Population verantwortlich gemacht werden konnten, wurde die Hypothese aufgestellt, dass die Ribosomen dank ihrer Schlüsselrolle in der Protein-Biosynthese die dynamischen Effekte hervorrufen.

Die Stoffumwandlung erfolgt im Bioreaktor. Die richtige Wahl des Bioreaktors ist somit ein entscheidender Faktor für die Wirtschaftlichkeit eines biotechnologischen Prozesses [20]. Allgemein fällt allerdings auf, dass die Zahl der Vorschläge und Erfindungsanmeldungen für Bioreaktoren doch weit über der Zahl der wirklich industriell, d. h. wirtschaftlich genutzten Typen liegt. Das gilt sowohl für Reaktortypen als auch für die verschiedenen Einbauten, vor allem für die unterschiedlichen Rührertypen. Sicherlich ist eine wesentliche Ursache dafür, dass die wenigsten Neuentwicklungen in den Maßstäben, in denen ihre Ergebnisse produziert wurden, deutlich besser waren als die im technischen Großmaßstab bewährten Bioreaktoren. Auch die Scale-up-Vorher-sagen können noch nicht so zuverlässig getroffen werden, dass das Risiko für den Betreiber in vollem Umfang abgeschätzt werden kann. Aus diesen Gründen greift man in der Praxis im Wesentlichen auf wenige Reaktorgrundtypen und einige Einbauten zurück und verzichtet auf eine eventuelle höhere Wirtschaftlichkeit. Leistungsfähige Modelle können helfen, dieses Manko zu beseitigen. Beschreibt ein Modell einen Prozess sehr gut, dann besteht damit auch die Möglichkeit einer gezielten Scale-up-Vorhersage, zumal das Scale-up von Bioreaktoren ein zentrales Problem in der Bioverfahrensentwicklung darstellt [20].

Es kann davon ausgegangen werden, dass eine realistische Charakterisierung nur dann Erfolg haben kann, wenn die Untersuchungen mit lebenden Zellen als Testsystem durchgeführt wurden. Mit den daraus resultierenden Daten kann die Zuverlässigkeit bei der

- Optimierung von Betriebsparametern,
- Auswahl des geeigneten Reaktortyps,
- Maßstabsübertragung des Prozesses

erhöht werden.

Als Modellsystem kommt z. B. die strikt aerobe, Glucose-insensitive Hefe *Trichosporon cutaneum* in Frage. Dieses System ist ein typisch sauerstofflimitierter Prozess in einem niederviskosen Medium. Für die Untersuchungen von schnellen Fermentationsprozessen, insbesondere unter dem Aspekt der Sauerstofflimitierung, eignet sich z. B. *Vibrio natriegens* (DSMZ-Nr. 759) [22].

Die Untersuchungen müssen zeigen, ob das Zellwachstum nur von der Sauerstofftransferrate (OTR) abhängt. Für die Zielgröße Biomassebildung wäre damit die Maßstabsübertragungsregel, nämlich OTR = idem, bekannt. Damit steht ein dankbares System für solche Betrachtungen zur Verfügung, denn die Übertragungsregeln sind im Allgemeinen nicht so einfach ausmachbar (Abschnitt 2.7.3).

Je besser ein Prozess messtechnisch erfasst wird, desto detaillierter kann er beschrieben und letztendlich auch modelliert werden (Abschnitt 6.5).

Neben der Betrachtung der biotechnologischen Reaktion wird traditionell auch das Downstream-Processing (Aufarbeitung) in den Forschungslabors intensiv bearbeitet. Dabei rücken zusehends Prozesse in den Mittelpunkt, die auch gleichzeitig Produktinhibierung beseitigen helfen, d. h. direkt mit der Reaktion gekoppelt sind.

Etwas stiefmütterlich hingegen ist bisher das Upstream-Processing (Lagerung, Anmaischprozesse, Konditionierungsprozesse, Reinigungsprozesse (CIP, *cleaning in place*), optimale Einfrier- und Auftauprozesse (SIP)) in der Forschung behandelt worden, auch wenn es doch sehr logisch erscheinen mag, dass nur repräsentative Vorbedingungen zu repräsentativen Reaktionen, Aufarbeitungsbedingungen und letztendlich Produkten führen können.

Der Kostenvergleich kann mittels eines Modells erfolgen, das in seiner Struktur ein Biomodell und ein Kostenmodell koppelt [23]. Das Biomodell basiert auf einer Stoffbilanz und den einzelnen Reaktionsgeschwindigkeiten, das Kostenmodell greift auf die spezifischen Herstellkosten zurück, die sich aus der Summe aller Betriebs- und periodisierten Investitionskosten zusammensetzen. Die Betriebskosten ihrerseits ergeben sich aus den Stoff-, Energie- und Entsorgungskosten (Kapitel 9).

Zur Optimierung von biotechnologischen Prozessen ist es notwendig, noch öfters unterschiedliche Betriebsvarianten zu nutzen. Dabei ist neben dem klassischen Batch-Prozess vor allem auch die kontinuierliche Prozessführung zu beachten (z. B. L-Glutaminsäureherstellung) und in diesem Zusammenhang der Einsatz des Rohrreaktors auch als Bioreaktor, wie er beispielhaft zur Milchsäure-Produktion eingesetzt werden kann [24].

1.3.3
Harmonisierung der Arbeitsgruppen

Die vielfältigen interdisziplinären Aufgaben, die bei der Entwicklung eines biotechnologischen Prozesses anfallen, können nur dann optimal gelöst werden, wenn Wissenschaftler der verschiedenen Fachrichtungen zu einem vernünftig harmonisierenden und funktionierenden Team vereint werden können. Voraussetzung dafür sind Kenntnisse des jeweiligen anderen Fachgebietes an der Übergabestelle und der jeweiligen besonderen Stärken, aber auch der kritisch einzustufenden Gegebenheiten. Nur dann können Kommunikationsschwierigkeiten vermieden werden.

Ein häufig vorzufindendes Hindernis, die Verfahrenstechnik mehr zu unterstützen, ist die Beobachtung, dass intensives Screening oder gezielte Gentechnologie (z. B. durch metabolic engineering) wesentlich leistungsfähiger sein können als Optimierungen in der Verfahrensführung. Verbesserungen über Verfahrensentwicklungen liegen im Bereich von einigen Prozent, während die Mikrobiologie und Gentechnologie um Zehnerpotenzen höhere Verbesserungen erbringen kann. Verfeinerungen in der Verfahrensführung tragen jedoch wesentlich zur Reproduzierbarkeit eines Verfahrens und der Produktqualität bei und dürfen daher nicht vernachlässigt werden.

1.3.4
Integrierter Umweltschutz – agierender Umweltschutz

Biotechnologische Prozesse sind in der Regel umweltverträglich. Allerdings sind Abgase, und vor allem auch Abwässer, häufig stark kohlenstoffbelastet, was im Falle von Abwässern in Kläranlagen zu hohen Schlammassen führt. Deshalb sind Ansätze, Mediumsoptimierungen oder ein Recycling von Einsatzstoffen zu betreiben, nicht nur von wirtschaftlichem Interesse, sondern bedeuten gleichzeitig integrierten Umweltschutz. Andererseits trägt sich integrierter Umweltschutz nur, wenn er wirtschaftlich ist.

Die Möglichkeiten, die die Bioverfahrenstechnik mit den Arbeitsgebieten der Biotechnologie modernen Produktsynthesen hinsichtlich Wirtschaftlichkeit, aber vor allem auch Umweltverträglichkeit, anzubieten hat, sind noch längst nicht ausgeschöpft und es bedarf noch vieler gemeinsamer Anstrengungen, um alle Vorteile in den entsprechenden Industriezweigen zu etablieren.

1.4
Märkte und Marktanteile biotechnologischer Produkte

Auch wenn das Wachstum der Marktanteile und der Märkte für biotechnologische Produkte stets den immer zu euphorischen Prognosen hinterherhinkt, lässt sich aber dennoch ein stetiges Wachstum feststellen. Insbesondere in der Pharmaindustrie durch Nutzung der Gentechnologie kommen die Möglichkeiten immer mehr zum Tragen.

Im Jahre 2000 betrug der Marktanteil biotechnologischer Produkte etwa 60 Milliarden Dollar (Abb. 1.1) [26]. Die Antibiotika hatten dabei mit 42 % den größten Anteil. An zweiter Stelle rangierte schon die Produktgruppe der Proteine, zu denen im Wesentlichen die Pharmazeutika zu zählen sind. Dieser Gruppe wird für die weitere Zukunft das höchste Wachstumspotenzial zugesprochen.

Die Vitamine haben trotz ihrer Bedeutung dagegen nur einen Anteil von ca. 1 %, was aber dennoch ein Marktvolumen von mehr als 325 Millionen US-Dollar ausmacht.

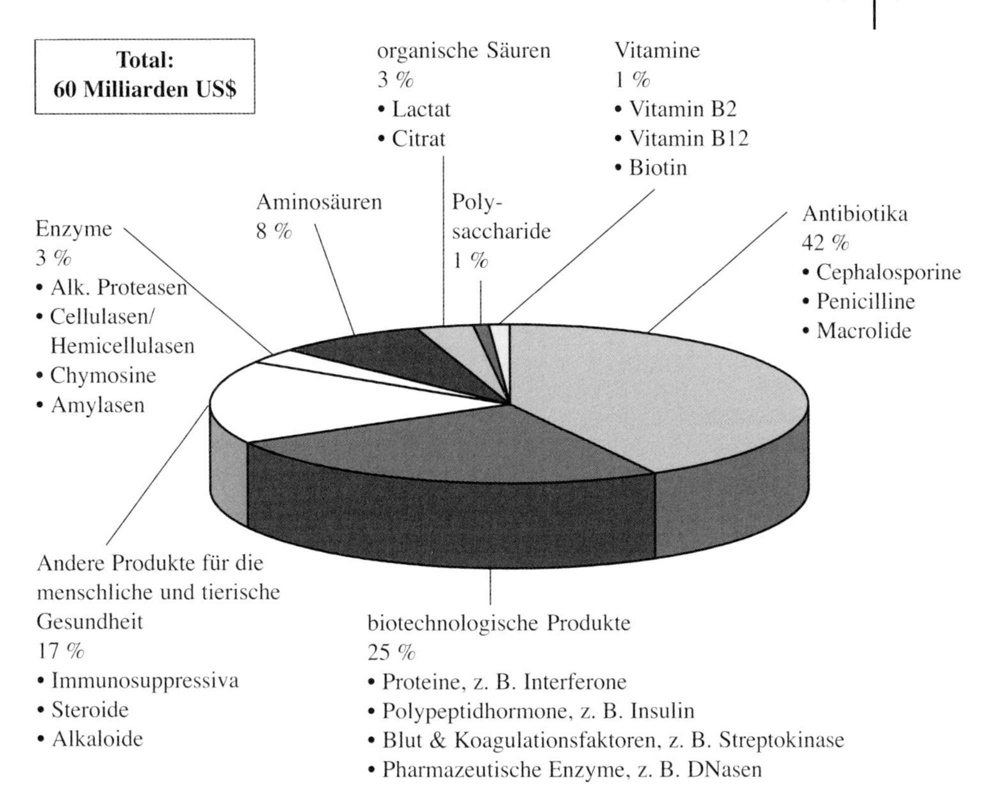

Abb. 1.1 Der Markt für biotechnologische Produkte betrug im Jahre 2000 etwa 60 Milliarden US Dollar. Dabei erreichten mit 42 % traditionell die Antibiotika den größten Anteil, schon gefolgt von der Gruppe der Proteinprodukte, zu denen im Wesentlichen Pharmazeutika zählen [26].

Literatur

1 http://www.biotechnologie.de/BIO/Navigation/DE/Hintergrund/basiswissen.html

2 Storhas, W.: Einführung in den Themenkreis „Bioverfahrenstechnik“. *Chem.-Ing.-Techn.* Jg. **64**, 9, S. 866–867 (1992).

3 Kieslich, K.: Beitrag zum Statusbericht des GVC Fachausschusses „Bioverfahrenstechnik“. Düsseldorf (1994).

4 Anke, T.; Onken, U.: Wege zu neuen Produkten und Verfahren in der Biotechnologie. Vorträge vom Abschlusskolloquium der Deutschen Forschungsgemeinschaft, DECHEMA-Monographien Band 129, ISBN 3-527-10223-X (1992).

5 Storhas, W.: Special safety aspects of the physical containment of biotechnological plants. Symposium Safety in Biotechnology, Beijing April 1st to April 2nd (1996).

6 Reuschenbach, P.; Storhas, W.; Müller, B.; Feurer, J.: Neuartige Testmethoden für die ökologische Risikobewertung von Stoffen. Bundesministerium für Bildung, Wissenschaft, Forschung und Technologie, Förderzeichen: BMBF 02WU9831 (2000).

7 Biosystem-Information: www.biosystem.de (2002).

8 Burkhardt, A.: Optimierung des Produktionsverfahrens für eine antagonistische Hefe und deren Anwendung im biologischen Pflanzenschutz. Diplomarbeit Fachhochschule Mannheim – Hochschule für Technik und Gestaltung (2003).

9 RooTec Firmenschrift: www.rootec.com (2002).
10 Onken, U.; Hülscher, M.; Liefke, E.: Stand und Problembereiche der Bioverfahrenstechnik in der Bundesrepublik. Studie für die Sozialforschungsstelle Dortmund des Landes Nordrhein-Westfalen im Auftrage des Bundesministers für Forschung und Technologie, Sonderdruck aus der Reihe SPS-Berichte (1988).
11 Schlegel, H.-G.: Allgemeine Mikrobiologie. Georg Thieme Verlag, Stuttgart, New York, ISBN 3-13-444-6065, **6. Auflage** (1985).
12 Koller, H.: Ingredient dispersion (for manufactoring Quorn). Diplomarbeit; Fachhochschule Mannheim – Hochschule für Technik und Gestaltung (1993).
13 http://de.wikipedia.org/wiki/Quorn_(Lebensmittel)
14 Heller, K.J: Fonds der Chemischen Industrie: Gentechnik und biologische Sicherheit in der Milchwirtschaft; Deutsche Milchwirtschaft 6, 47 (1996)
15 In Deutschland zugelassenen Produkte: http://www.vfa.de/de/arzneimittelforschung/datenbanken-zu-arzneimitteln/amzulassungen-gentec.html; in Europa zugelassene Produkte: European Medicines Agency (EMA) http://www.ema.europa.eu/ema/; In USA zugelassene Produkte: Amerikanische Food and Drug Administration (FDA) http://fda.org/.
16 www.vfa.de.
17 Vogl, F. D.; Frey, M.; Kreienberg, R.; Rannebaum, R. B.: Autoimmunity against p53 predicts invasive cancer with poor survival in patients with an ovarian mass. *British J. Cancer* **83**, 1338–1343 (2000).
18 Edelmann, R.: Entwicklung und Evaluierung eines eines Enzymgebundenen Immunosorbent-Assays zur quantitativen Bestimmung von 17-a-Hydroxyprogesteron in Serum und Plasma. Diplomarbeit Fachhochschule Mannheim – Hochschule für Technik und Gestaltung (1999).
19 Tischler, N.: Entwicklung des HIT-Serotonin-ELISAs als neuer funktioneller Test zur Diagnose von Heparin-induzierten Trombozytopenie Typ 2 (HIT-Typ 2). Diplomarbeit Fachhochschule Mannheim – Hochschule für Technik und Gestaltung (1999).
20 Storhas, W.: Bioreaktoren und periphere Einrichtungen. Vieweg Verlag, Wiesbaden, ISBN 3-528-06510-9 (1994).
21 Götz, P.; Reuss, M.: Einsatz strukturierter Modelle zur Beschreibung dynamischer Zustände mikrobieller Populationen unter Berücksichtigung der biologischen Trägheit. VDI-Jahrestagung, Wien, Chem.-Ing.-Techn. 64, 9 (1992).
22 Büchs, J., Anderlei, T.: Persönliche Mitteilung. ACHEMA Frankfurt (2000).
23 Büchs, J.: Kostenmodell. GVC Lüneburg 1992.
24 Kulozik, U.: Verfahrenstechnik kontinuierlicher Fermentationen. VDI-Forschungsberichte, Reihe 17, Biotechnik Nr. 77 (1992).
25 Buckel, P.: Forum Mikrobiologie (1990) 4, S. 199–205.
26 Mack, M.: Bioverfahrensentwicklung – Grundlagen für die Entwicklung biotechnologischer Prozesse. Seminar Haus-der-Technik Essen (HDT) (2002).

2
Arbeitsgebiete der Bioverfahrenstechnik

2.1
Einführende Betrachtungen

Die Bioverfahrensentwicklung muss als interdisziplinäres Arbeitsgebiet auf mehrere in ihrem Wesen unterschiedliche Disziplinen zurückgreifen. Der Produktidee folgend muss die Mikrobiologie die Suche nach dem Mikroorganismus (Stamm → Produktionsstamm) anschließen, der das erforderliche Synthesepotenzial bzw. überhaupt die gewünschte (gesuchte) Fähigkeit zur Synthese besitzt. Das natürliche Synthesepotenzial ist in der Regel aus wirtschaftlicher Sicht völlig ungenügend, weil es für eine Zelle in ihrer Biozönose (Biotop, Abschnitt 2.2) keinen Vorteil bringt, eine bestimmte Substanz im Überschuss zu produzieren. Der Mikrobiologe ist aufgefordert, das vorhandene Potenzial bis zu einer wirtschaftlichen Syntheseleistung zu steigern. Das geschieht klassisch durch Mutagenese und Selektion, indem das Erbgut der Zellen ungezielt verändert wird und danach Stämme mit einem verbesserten Syntheseverhalten ausgewählt werden (Selektion, Abschnitt 2.2.2).

In der modernen Biotechnologie kann hierbei die Molekularbiologie häufig enorme Hilfestellungen bieten, indem durch gezielte genetische Veränderungen (Eingriffe in einen Stoffwechselweg) eines Mikroorganismus ein Hochleistungsstamm direkt gewonnen werden kann (Abschnitte 2.3.1 und 2.3.2).

Schon in diesem Stadium der Prozessentwicklung ist es erforderlich, von der Verfahrenstechnik die Randbedingungen für das zu erreichende Synthesepotenzial zu erfragen, um Fehlentwicklungen im Verfahren der Stammverbesserung zu vermeiden (Kapitel 8 und 9).

Die Syntheseleistung verschiedener Stämme muss in Reihenuntersuchungen geprüft werden. Da in diesem Stadium häufig bis zu mehreren Hundert Mutanten zu untersuchen sind, müssen Systeme verwendet werden, die möglichst einfach und damit preiswert sind. Die einfachsten und damit auch billigsten Bioreaktoren sind die Schüttelkolben (Kapitel 4) [1]. Eine wichtige, aber auch sehr schwierige Forderung an die Verfahrenstechniker besteht allerdings in der richtigen Interpretation der Ergebnisse im Schüttelkolben und der Übertragung auf den nächstgrößeren Labormaßstab (5–50 l). Eine aus der Modelltheorie stammende sinnvolle Mindestreaktorgröße beginnt aus verfahrenstechnischer Sicht erst bei 50–100 l, denn erst ab dieser Größe lassen sich die Ähnlichkeitsgesetze zuverlässig genug anwenden (Abschnitt 2.7.3).

Neben der Optimierung der Reaktion, des Fermentationsprozesses bzw. -ergebnisses, ist auch die rechtzeitige Optimierung des Upstream-Processing (Aufbereitung) vonnöten, damit die Reaktion immer die gleichen Startbedingungen besitzt (Kapitel 5). Auch die nachfolgenden Verfahrensschritte des Downstream-Processing (Aufarbeitung) müssen rechtzeitig bearbeitet werden, weil sie wiederum vom Reaktionsergebnis beeinflusst werden und häufig den größten Prozessaufwand darstellen (Kapitel 7).

2.2 Stellung und Aufgaben der Mikrobiologie

Die wesentliche Aufgabe der Mikrobiologie für die Bioverfahrenstechnik besteht in der Bereitstellung von Mikroorganismen für technische Prozesse.

Verschiedene Typen von Organismen, ihre lebenden Zellen oder auch nur aktive Bestandteile davon, können in der Bioverfahrenstechnik stark vereinfacht und in der Theorie völlig ausreichend als Biokatalysatoren betrachtet werden (Kapitel 6). In der Praxis ist jedoch die biologische Seite der Bioverfahrensentwicklung äußerst komplex, weil die Synthesen nur sehr selten über einen Reaktionsschritt, d. h. durch ein Enzym katalysiert erfolgen. Die Verwendung von tierischen Zellen verlangt ganz andere Verfahren und Behandlungsweisen als die von pflanzlichen Zellkulturen oder gar Mikroorganismen. Am leichtesten lassen sich isolierte und präparierte Enzyme in ihren Reaktionen mit dem Verhalten von klassischen Katalysatoren der chemischen Verfahrenstechnik vergleichen. Wenngleich die Anwendung höherer Organismen, bzw. deren Zellen, in entsprechenden Kultursystemen zunehmende Bedeutung erlangt hat, so sind es doch die Mikroorganismen und mikrobiellen Enzympräparate, die nach wie vor die Biotechnologie dominieren. Auch für die Zukunft werden sie noch ein großes Potenzial aufweisen, das nicht zuletzt durch die Methoden der Gentechnik neue Dimensionen erreicht hat und erreichen wird. Zu den Mikroorganismen gehören neben den physiologisch so überaus vielfältigen Bakterien auch Eukaryoten, wie die Hefen und Schimmelpilze, sowie die Mikroalgen. Damit sind alle bekannten Ernährungsweisen und Stoffwechseltypen in Organismen vertreten, die durch ihre individuelle Kleinheit und relative Einfachheit am besten in technischen Anlagen verwendet werden können. Es ist immens wichtig, sich näher mit den Mikroorganismen als Biokatalysatoren für technische Produktionsprozesse auseinanderzusetzen, denn die Bereitstellung des geeigneten Biokatalysators ist eine zentrale Aufgabe der Mikrobiologie für die Bioverfahrenstechnik.

Die Klassifizierung aller Organismen beginnt auf der Ebene der Art oder Spezies. Eine Spezies umfasst Organismen, die durch eine hohe Übereinstimmung in einer Vielzahl von wichtigen Merkmalen gekennzeichnet sind. Von einem Stamm spricht man dagegen im Zusammenhang mit einer genetisch einheitlichen Population von Organismen. Das heißt, die Individuen eines Stammes haben identische Eigenschaften. Sie stellen einen Klon (Nachkommenschaft einer Zelle) dar und werden nur durch Zellteilung vermehrt, sofern der Stamm erhalten werden soll. Die Herkunft eines Stammes kann sehr unterschiedlich sein, und dementsprechend hat man für verschiedene Typen von Stämmen unterschiedliche Begriffe geprägt.

Eine Bakterienspezies umfasst z. B. folgende Typen von Stämmen [2]:

- **Wildtyp**: Ein Stamm, der an die Bedingungen des für die betreffende Spezies üblichen Biotops angepasst ist.
- **Isolat**: Ein Stamm, der nach Ausplattierung einer Probe durch Abimpfen einer einzelnen Kolonie als „Reinkultur" weiterkultiviert wird.
- **Typus-Kultur**: „Offizieller" Vertreter einer Spezies, meist der zuerst beschriebene Stamm; international verfügbar, besonders für Vergleichszwecke in Taxonomie und Identifizierung wichtig.
- **Variante**: Ein Stamm (Isolat), der sich in einem auffallenden Merkmal von der Mehrzahl der anderen Stämme einer Spezies unterscheidet – im Grunde eine Mutante.
- **Mutante**: Ein Stamm, der sich in einer oder mehreren definierten Eigenschaften von seinem Ausgangsstamm (Elternstamm) unterscheidet; meist mithilfe mutagener Agenzien künstlich erzeugt.
- **Transformante**, **Konjugante**, **Rekombinante**: Stämme, die durch Genübertragung (Transformation, Konjugation, Gentechnik bzw. *In-vitro*-Rekombination) entstanden sind.
- **Produktionsstamm**: Ein in der Biotechnologie (Fermentationstechnik) eingesetzter Stamm mit einer besonders hohen Produktausbeute bzw. Substratumsetzung (s. Stammverbesserung, Abschnitt 2.2.2).

2.2.1 Beschaffung und Auswahl eines potenziellen Produktionsstammes

Die Entwicklung von Produktionsstämmen für Fermentationsprozesse gliedert sich im Allgemeinen in mehrere Stadien.

Am Anfang steht die Isolierung bzw. Auswahl eines oder mehrerer Stämme mit den gewünschten Eigenschaften, z. B. der Fähigkeit zur Synthese eines gesuchten Stoffes (potenzieller Produktionsstamm). Anschließend erfolgt die Überprüfung der Randbedingungen für Wachstum und Produktbildung zur Gewinnung von Kenntnissen über Stoffwechselweg, Regulation und Transport. In der Regel werden die potenziellen Produktionsstämme schon während dieses Untersuchungsstadiums einem Stammentwicklungsprogramm mit dem Ziel der genotypischen Optimierung zugeführt. Ausnahmen von diesem klassischen Entwicklungsschema gibt es bei der Expression von heterologen Proteinen in rekombinanten Mikroorganismen. Hier ist meist ein *Escherichia-coli*-Sicherheitsstamm als Wirtsorganismus die Basis für eine rein gentechnische Stammentwicklung. Das Bakterium, das ursprünglich keine Fähigkeiten zur Produktbildung besitzt, bekommt dabei die notwendige genetische Ausstattung, in der Regel in Form von Plasmiden, übertragen und wird dadurch zum Produktionsstamm.

Parallel zur Stammentwicklung läuft übrigens zumeist auch die Prozessentwicklung (phänotypische Optimierung). Das Produktionsverfahren kann dann etabliert werden, wenn die erreichte Produktausbeute und die Umsatzrate einen ökonomischen Gesamtprozess erwarten lassen.

Mikroorganismen für technische Prozesse können entweder selbst aus der Natur isoliert werden, oder sie können kommerziell erworben werden. Der Markt für leistungsfähige Produktionsstämme ist allerdings sehr klein, d. h. es ist schwierig, einen einsatzfähigen Produktionsstamm zu erwerben. Als Alternative zur Eigenisolierung existiert noch die Möglichkeit, auf Organismen-Sammlungen von Hochschulinstituten und Firmen zurückzugreifen. In verschiedenen europäischen Ländern sowie in USA und Japan gibt es große öffentliche Stammsammlungen, die eine breite Vielfalt von Mikroorganismen aufbewahren und verfügbar halten.

Derartige Stammsammlungen offerieren zu relativ günstigen Konditionen definierte Organismen mit bekannten Charakteristika und Fähigkeiten (Tab. 2.1). Die ATCC bietet einen speziellen umfangreichen Katalog „Microbes and Cells at Work" an, in dem Mikroorganismen nach Produkten geordnet sind. Und auch im Katalog der DSMZ gibt es einen entsprechen Teil. Die hier aufgelisteten Organismen sind selbstverständlich keine Hochleistungsstämme, aber sie haben möglicherweise schon eine gesuchte Fähigkeit und können als potenzielle Produktionsstämme der Stammentwicklung zugeführt werden. Für viele Zwecke genügt es auch erst einmal, eine Kultur mit einer gewünschten Charakteristik zur Verfügung zu haben. Hiermit kann man schon viele Entwicklungsarbeiten, wie z. B. Produktanalytik und Produktaufreinigung, vorantreiben. Die Verbesserung der Leistungs-

Tabelle 2.1 Bekannte Stammsammlungen mit Adressen.

Institution	Adresse
Deutsche Sammlung von Mikroorganismen und Zellkulturen GmbH (DSMZ)	Mascheroder Weg 1 b D-38124 Braunschweig http://www.gbf-braunschweig.de/dsmz
American Type Culture Collection (ATCC)	12301 Parklawn Drive Rockville, Maryland 20852, USA http://www.atcc.org
National Collection of Type Cultures (NCTC) Central Public Health Laboratory	Colindale Avenue, London NW 95 HT, UK
National Collections of Industrial and Marine Bacteria Torry Research Institute	135 Abbey Road, PO Box 31 Aberdeen AB 98 DG, UK
Centraalbureau voor Schimmelcultures (CSB)	Oosterstraat 1, PO Box 273 NL-3740 AG Baarn
Collection Nationale de Cultures de Microorganismes – Institut Pasteur	28 Rue du Docteur Roux F-75724 Paris Cedex 15
Culture Collection of the Institute for Fermentation – Institute for Fermentation	17-85 Jugo-Hohmachi 2-chrome Yodogawa-ku, Osaka, Japan

fähigkeit des Produktionsorganismus bzw. die Suche nach einem besseren Stamm kann dann parallel dazu durchgeführt werden.

Forschungsinstitute mit Stammsammlungen sind in der Regel auch auf dem Gebiet der Taxonomie tätig und bieten Dienstleistungen im Bereich der Identifizierung und Klassifizierung von Mikroorganismen an. Neben Schwerpunkten, wie Bakterien, Pilzen oder Hefen, oder Spezialgebieten, wie Algen, haben einzelne Stammsammlungen zusätzlich die Sammlung von Bakteriophagen, Plasmiden oder Zellkulturen übernommen. Weiterhin sind die meisten größeren Sammlungen als Hinterlegungsstellen für Patentstämme gemäß dem Budapester Abkommen von 1977 zugelassen. Hinterlegt werden können auch genetisch veränderte Organismen im Zusammenhang mit patentfähigen Erfindungen.

Es lohnt sich, auch in Zukunft nach neuen Organismen mit neuen Metaboliten oder anderen industriell nutzbaren Leistungen zu suchen. Das zeigen die Ergebnisse entsprechender Arbeitsgruppen. Jährlich werden ca. 250–350 neue Substanzen als Metabolite von Mikroorganismen beschrieben [3]. Ein großes Potenzial für neue pharmazeutisch nutzbare Substanzen sieht man auch in den marinen Biotopen. Dort gibt es eine Vielzahl einzigartiger, bisher nicht bekannter Organismen. Schätzungen gehen davon aus, dass in der Natur ca. 3 Mio. Bakterienarten und ca. 1,5 Mio. Pilzarten vorhanden sind. Nur ein geringer Bruchteil ist davon bis heute bekannt. Allerdings muss man auch berücksichtigen, dass offenbar sehr viele dieser Arten nicht oder nur schwer im Labor kultivierbar sind. Vergleicht man die Kolonienzahlen, die mit Standardverfahren aus Boden- oder Wasserproben erhalten werden, mit den Ergebnissen, die auf der Analyse von 16S-r-RNA-Homologien beruhen, erhält man Werte von 0,1–0,5 % kultivierbare Mikroorganismen. Diese Feststellung allein sollte schon Anlass sein, die Gründe dafür noch gründlicher zu beleuchten. Eine Perspektive bei der Suche nach neuen Enzymen oder Wirkstoffen aus Mikroorganismen sieht man deshalb in der direkten Isolierung von genomischer DNA aus natürlichen Habitaten. Unter Umgehung der Isolierung von Mikroorganismenstämmen aus der Natur werden entsprechende Gene in Genbanken gesammelt und anschließend einem Sequenz- oder Expressionsscreening nach neuen Enzymen oder Metaboliten unterzogen. Für diese Arbeitsweise wurde kürzlich der Ausdruck „Metagenom-Ansatz" geprägt und verschiedene Arbeitsgruppen sind mit dem Aufbau von „Standort-Genbanken" oder „Umwelt-Genbanken" beschäftigt [4].

2.2.1.1 **Anreicherung und Isolierung**

Der erste Schritt zur Isolierung von Mikroorganismen aus der natürlichen Umgebung ist in der Regel die Anreicherungskultur. Eine Anreicherungskultur ist ein Verfahren, bei dem die Konzentration eines bestimmten Organismus oder einer Organismengruppe im Verhältnis zur Gesamtpopulation zunimmt. Dies erreicht man durch die Einstellung von Bedingungen, die entweder das Wachstum des einen Organismus besonders begünstigen oder das Wachstum der anderen Organismen hemmen. Derartige selektive Wachstumsbedingungen können durch bestimmte Nährstoffauswahl oder geeignete Umgebungsbedingungen vorgegeben werden. Auch die Zugabe von individuellen Hemmstoffen, wie Antibiotika, ist üblich. Je höher der Selektionsdruck ist, desto schneller wird man ein Anreicherungsergebnis erhalten (Tab. 2.2).

Darüber hinaus muss eine Anreicherungskultur mit einem geeigneten Inokulum (Animpfkultur) beimpft werden. Nur wenn die gesuchten Organismen in dem Inokulum enthalten sind, können sie schließlich isoliert werden. Als Inokulum dient meist ein natürliches Material wie Erde, Kompost, Oberflächenwasser oder ähnliches, das reich an vielen verschiedenen Mikroorganismen ist. Andererseits werden spezielle Mikroorganismen möglicherweise auch in besonderen Biotopen (Biozönose; abgegrenzter, biologisch intakter Raum) zu finden sein. Bei der Suche nach speziellen Stoffwechseltypen oder sonstigen besonderen Eigenschaften muss beim Ansetzen der Anreicherungskultur berücksichtigt werden, dass die natürliche Umgebung selektive Wachstumsbedingungen vorgibt. So können marine Organismen z. B. nur bei Einstellung entsprechender Salzkonzentrationen, Temperatur und pH-Wert, wie sie in den ursprünglichen Biotopen vorliegen, angereichert werden. Vielfach handelt es sich auch um oligotrophe Organismen, die sich nur bei geringsten Konzentrationen organischer Komponenten anreichern lassen (Tab. 2.2).

Ideal ist es, wenn eine industriell wichtige Charakteristik als Selektionsvorteil bei der Anreicherung genutzt werden kann. In diesem Fall spricht man von direkter Selektion. Beispiele dafür sind einerseits Mikroorganismen für den Abbau bestimmter chemischer Substanzen, die als Nährstoffquellen (Kohlenstoff-, Stick-

Tabelle 2.2 Beispiele für die Anreicherung industriell wichtiger Mikroorganismen [5].

Mikroorganismen	Standort	Bedingungen zur Anreicherung
Pseudomonas	Boden	aerob, Lactat + NH_4^+, für Kohlenwasserstoff-Verwerter jeweiligen Kohlenwasserstoff als alleinige Kohlenstoff-Quelle
Wasserstoff oxidierende Bakterien	Boden	H_2- (60–85 Vol.%) + O_2- (5–30 Vol.%) + CO_2- (10 Vol.%) Atmosphäre + anorgan. Nährlösung, pH-neutral
Acetobacter	Luft, gesäuerte alkohol. Getränke	aerob, 2–4 % Ethanol + 1 % Hefeextrakt, Bier, Wein, Fungistatikum (z. B. Griseofulvin)
Escherichia coli	Stuhl	anaerob, Lactose + Rindergalle, NH_4^+
Lactobacillaceae	Milch, Käse	mikroaerophil, Glucose + 1 % Hefeextrakt, pH-Wert 5,0
Propionibacteriaceae	Milch, Hartkäse	mikroaerophil, Lactat + 1 % Hefeextrakt
Mycobacterium, Nocardia, Micrococcus	Boden, Luft	aerob, für Kohlenwasserstoff -Verwerter jeweiligen Kohlenwasserstoff als alleinige Kohlenstoff-Quelle, NH_4^+
Bacillus	Boden	aerob, Standortmaterial pasteurisiert, Stärke, NH_4^+
Clostridium	Boden	anaerob, Standortmaterial pasteurisiert, Stärke, NH_4^+
Streptomycetaceae	Boden, Kompost, Gartenerde	aerob, z. B. Glycerin + NH_4^+, Fungistatikum (z. B. Nystatin)
Hefen	Luft, Boden, alkohol. Getränke, Zuckersäfte	anaerob oder aerob, pH-Wert 4,0, Glucose + NH_4^+ für Kohlenwasserstoff -Verwerter nur Alkane als alleinige Kohlenstoff-Quelle
Schimmelpilze	Boden	aerob, Czapek-Dox-Medium, pH-Wert 5,0
Aspergillus niger	Boden	aerob, Glucose 1 % + anorgan. Nährlösung + 2 % Tannin

stoff-, oder Schwefelquelle) eingesetzt werden können, oder andererseits Mikroorganismen, die Resistenzfaktoren in Anwesenheit der Hemmstoffe bilden. Leider können Mikroorganismen mit der Fähigkeit, technisch interessante Produkte zu bilden, nur selten durch direkte Selektion angereichert werden. Falls keine direkte Selektion möglich ist, kann man eine Anreicherungskultur auch mit dem Ziel durchführen, eine bestimmte Organismenart oder -gattung zu isolieren (indirekte Selektion). Je nach Standort und Anreicherungsfaktoren werden bei der Isolierung bestimmte Mikroorganismen gefunden, z. B. in See- und Flusswasser primär *Mikromonospora* und *Streptosporangium*, in Komposterde *Thermoactinomyces* und *Thermomonospora* sowie in Salzwasser *Actinoplanes*. Diese Bakteriengattungen versprechen neben *Streptomyces* ein besonders großes Spektrum an Sekundärmetaboliten. Lancini [6] screente 13 000 *Actinoplanes*-Stämme auf die Bildung von Antibiotika und konnte dabei 41 neue Stoffe isolieren und charakterisieren. In Tab. 2.2 sind weitere Beispiele für Bedingungen zur Anreicherung industriell wichtiger Mikroorganismen aufgeführt.

Falls ein Anreicherungsverfahren mit direkter Selektion zur Verfügung steht, kann dieses auch im Rahmen der Stammentwicklung nach Mutagenese oder Rekombination zur Selektion von entsprechenden Mutanten oder Rekombinanten mit verbesserten Eigenschaften genutzt werden. Bei der Gentechnik werden gezielt z. B. Resistenzfaktoren für Antibiotika als künstliche Selektionsmarker eingesetzt. Die Selektion erfolgt dann in antibiotikumhaltigem Nährmedium.

Anreicherung in Batch-Kultur Eine Anreicherungsnährlösung wird meist in einem Erlenmeyerkolben mit einer geringen Menge des Inokulums als Batch-Kultur angesetzt. In einer solchen Anreicherungskultur setzt sich der am besten angepasste Typ durch und überwächst alle Begleitorganismen. Die höhere Wachstumsrate der dominierenden Organismen beruht entweder auf der schnelleren Verwertung der gegebenen Substrate oder auf einer größeren Resistenz gegenüber den eingestellten ungünstigen Wachstumsbedingungen. Durch mehrfaches sukzessives Übertragen auf die gleiche Nährlösung bei gleichen Umgebungsbedingungen kann die Anreicherung verstärkt werden. Zur Isolierung von Reinkulturen wird schließlich auf einem festen Nährboden ausplattiert (Abb. 2.1).

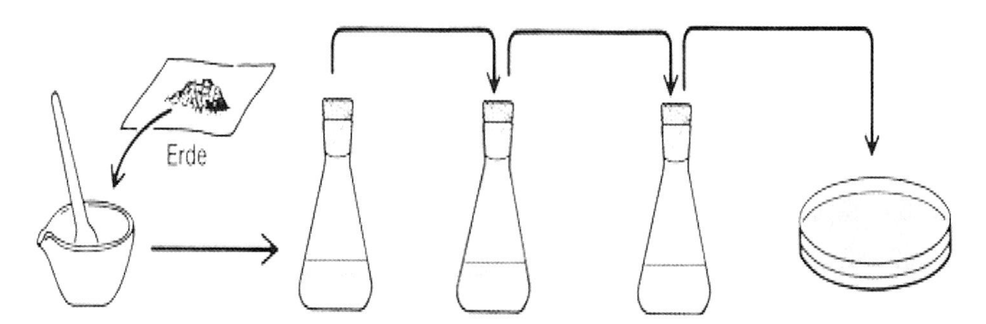

Abb. 2.1 Anreicherungsverfahren in Batch-Kultur.

Anreicherung in kontinuierlicher Kultur Die Anreicherung in kontinuierlicher Kultur kann prinzipiell nach dem Chemostat- oder dem Turbidostat-Prinzip durchgeführt werden. Beim Turbidostat wird die Zelldichte durch Anpassung der Verdünnungsrate automatisch konstant gehalten. Dabei werden, ähnlich wie bei der Batch-Kultur, die Mikroorganismen mit der höchsten Wachstumsrate unter den gegebenen Bedingungen selektiert. Beispiele für den Einsatz des Turbidostats sind die Anreicherung von Stämmen, die bei extremen Umgebungsbedingungen, wie pH-Wert, Temperatur oder Inhibitorkonzentration (möglicherweise ein inhibierendes Produkt wie Ethanol oder Butanol), wachsen.

Nicht immer ist aber der am schnellsten wachsende Organismus der nützlichste. So muss es z. B. auch wünschenswert sein, einen Organismus mit der größten Affinität zum gegebenen Substrat zu isolieren. Diese Möglichkeit ist durch die Nutzung des Chemostats gegeben. Während beim Turbidostat das Substrat im Überschuss vorliegt, ist es im Chemostat wachstumslimitierend. Der Chemostat ist gekennzeichnet durch die Zuführung von frischer Nährlösung zum Kulturgefäß mit einer konstanten Rate. Gleichzeitig wird Kulturflüssigkeit mit enthaltenen Zellen abgeführt, sodass das Volumen im Fermenter konstant bleibt. Unter diesen Bedingungen wird die Wachstumsrate der Mikroorganismen durch die Verdünnungsrate bestimmt, und die Substrataffinität wird zum Selektionsfaktor. Mit dieser Technik können z. B. Stämme angereichert werden, die bestimmte katabolische Enzyme im Überschuss produzieren.

Die Isolierung von Reinkulturen erfolgt auch hier in der Regel durch Ausstreichen auf einem festen Nährboden. Mikroorganismen für kontinuierliche Produktionsprozesse sollten grundsätzlich auch durch kontinuierliche Anreicherung gewonnen werden.

2.2.1.2 **Screening**

Wenn die Anreicherungsverfahren nicht sehr selektiv sind, oder wenn man nur über eine indirekte Selektion verfügt, erhält man häufig eine große Anzahl von Isolaten. Dies gilt übrigens sowohl für die Isolierung von Mikroorganismen aus der Natur, als auch nach Mutagenese oder Rekombinationsexperimenten. Um bei einer Vielzahl von Isolaten (meist mehrere Hundert oder Tausende) Stämme mit den gewünschten Eigenschaften zu finden, muss man eine entsprechende Auslese durchführen. Als Screening (to screen = auslesen) bezeichnet man die Anwendung von mikrobiellen Testverfahren zur schnellen, gezielten Auslese von bestimmten Organismen aus einer großen Zahl von Stämmen. Derartige Tests müssen ein visuell bzw. mittels optischer Verfahren schnell erkennbares Ergebnis aufweisen. Je spezifischer solche Tests sind und je leichter sie anzuwenden sind, desto größer ist ihr praktischer Wert. Die meisten Screening-Verfahren beruhen auf dem Prinzip des Agardiffusionstests, d. h. die Mikroorganismen wachsen als Kolonien auf der Oberfläche von Agarnährböden, wobei ihre Leistungen durch unterschiedliche Indikatoren festgestellt werden. Auch Tests in Flüssigmedien sind verbreitet. Sie werden heute in Mikrotiterplatten mit 96 Vertiefungen von jeweils 0,5–1,0 ml durchgeführt. Die Auswertung erfolgt mit entsprechenden photometrischen Systemen über die optische Dichte bei Wachstum oder auch über Farbveränderungen durch Indikatoren. Auch für Agardiffusionstests verwendet man bei großer Anzahl von Stämmen keine Petrischalen, sondern größere, rechteckige Schalen, die mit Multipoint-Beimpfungssystemen ebenfalls mit 96 oder mehr Auftragsstellen versehen werden können. Man kann im Wesentlichen zwei Indikationssysteme für Agardiffusionstests unterscheiden:

Screening mit Indikatororganismen Als Indikator für eine bestimmte, industriell verwertbare Leistung dient ein anderer Mikroorganismus, der im Agar als Indikatorstamm suspendiert ist.

Dieser zeigt durch Wachstumshemmung (Hemmtest) bzw. Wachstum (Fütterungstest) das Vorliegen von beeinflussenden Substanzen an. So wird z. B. die Ausscheidung eines Antibiotikums von einer Bakterienkolonie durch die Hemmung des Indikatorstammes in dessen Umkreis angezeigt (Abb. 2.2).

Die Bildung und Ausscheidung von Primärmetaboliten, wie Aminosäuren, Nucleotiden oder Vitaminen, dagegen kann man in einem Fütterungstest mit entsprechenden auxotrophen Indikatorstämmen erkennen. Dann erhält man anstelle von Hemmzonen eine Wachstumszone im Umkreis des metabolitproduzierenden Testorganismus.

Screening mit Indikatormedien Als Indikator für eine bestimmte Stoffwechselleistung dient eine im Agarmedium enthaltene chemische Substanz bzw. eine damit verbundene chemische Reaktion. Diese zeigt durch einen sichtbaren Effekt die Produktion eines Stoffwechselprodukts bzw. das Vorliegen einer Stoffwechselleistung der Testorganismen an. Ein einfaches Beispiel ist die Erkennung von Säurebildung durch den Umschlag eines pH-Indikators. Weiterhin werden Mikroorganismen, die extrazelluläre Enzyme zur Hydrolyse von polymeren Naturstoffen wie Cellulose, Chitin oder Lipiden produzieren, leicht auf entsprechenden Agarmedien erkannt. Diese Substrate führen wegen ihrer Unlöslichkeit im Agar zu einer Trübung, sodass bei enzymatischer Auflösung um die Testorganismen herum klare Höfe sichtbar werden. Die besten Enzymproduzenten unter den Stämmen zeichnen sich durch die größten Lysehöfe aus. Nicht alle Enzymsubstrate lassen jedoch so

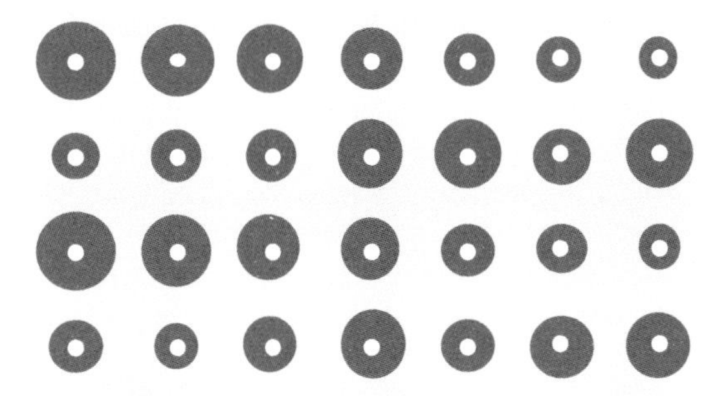

Abb. 2.2 Hemmhofbildung beim Agardiffusionstest mit einem antibiotikaempfindlichen Indikatorstamm.

deutlich ihre Hydrolyse erkennen. Wenn dies nicht der Fall ist, kann man synthetische Enzymsubstrate mit Chromophoren einsetzen. Bei Hydrolyse wird der Farbstoff frei und bewirkt eine Färbung des Agars oder der Mikroorganismen-Kolonie. Ein gefärbter Hof deutet auf extrazelluläre Enzyme hin, eine gefärbte Kolonie kommt bei intrazellulären Enzymen zustande. Dieses Prinzip hat in der Gentechnik zu einem Routineverfahren beim Screening nach positiven Klonen geführt, welches auch als Blauweiß-Selektion bekannt ist. Durch Komplementierung einer Sequenz des *lac*-Operons wird von diesen Stämmen β-Galactosidase exprimiert, was durch den Indikator X-Gal (5-Brom-4-chlor-3-indolyl-β-D-galactosid) nach Hydrolyse zu Galactose und Indigo blau gefärbte Kolonien ergibt.

Das gleiche Prinzip lässt sich auch umgekehrt für die Suche nach Enzyminhibitoren anwenden. Dabei ist das Substrat im Agarmedium gelöst und erst nach Zugabe eines entsprechenden Enzyms ist eine Umsetzung zu erwarten. Bei Bildung des spezifischen Enzyminhibitors durch einen Testorganismus und Ausscheidung in das Medium wird die Enzymreaktion und damit die Indikatorfreisetzung verhindert. Auf diese Weise sind schon viele medizinisch interessante Substanzen mit den entsprechenden Produktionsstämmen gefunden worden. Es sind Hemmstoffe für krank machende Enzyme im menschlichen Körper, die heute als Chemotherapeutika, z. B. gegen Krebs oder bei Virusinfektionen, eingesetzt werden [7]. Von den Mikroorganismen werden sie meist als Sekundärmetabolite gebildet.

Ein weiteres einfaches Selektionsmuster kann bei der Suche nach Säurebildnern verwendet werden. Hierbei wir der Agar mit Calciumcarbonat versetzt, der Agar wird dabei trüb. Werden dann Mikroorganismen auf der Platte aufgebracht, so entsteht beim Wachsen der Säurebildner um die Kolonie herum ein heller Hof, weil durch die entstehende Säure das Calciumcarbonat aufgelöst wird.

2.2.2
Stammentwicklung bzw. Stammverbesserung

Im Allgemeinen liegt der Schwerpunkt industrieller Stammentwicklung auf der Ausbeutesteigerung, da die von Wildstämmen produzierten Metabolitkonzentrationen für ein ökonomisches Herstellungsverfahren meist zu gering sind. Dies gilt sowohl für Produkte des Primärstoffwechsels als auch für Sekundärmetabolite. Veränderungen im Genotyp von Mikroorganismen können aber auch zur Synthese neuer Metabolite führen. Insbesondere gesucht sind vielfach modifizierte Typen von Sekundärmetaboliten mit verbesserten oder sogar neuen Wirkungen im therapeutischen Bereich. Ein weiterer Zweig der Stammentwicklung, der erst durch die Methoden der Gentechnik möglich geworden ist, ist die Übertragung von Fremdgenen in Mikroorganismen, wodurch diese erst die Fähigkeit zur Synthese von Substanzen wie Insulin, Interferon und anderen Pharmaproteinen erlangen (Abschnitt 2.3).

Neben diesen zentralen Aufgaben der Stammentwicklung, die das Produkt betreffen, kann es manchmal auch erforderlich sein, andere Eigenschaften des Produktionsorganismus zu verbessern. Tabelle 2.3 gibt eine Übersicht über die

Tabelle 2.3 Allgemeine Kriterien für die Auswahl eines Produktionsstammes.

Kriterium	Bemerkung
Produktausbeute/Produktivität	hohe erzielbare Werte für P, $Y_{P/S}$, R_P (RZA)
Handhabbarkeit	keine Pathogenität, robust bei der Lagerung
Ernährungseigenschaften	billige Substrate bzw. vorgegebene Rohstoffe
Einsetzbarkeit in vorhandenen Anlagen im Hinblick auf Technik oder Sicherheit	Wirtschaftlichkeit
genetische Stabilität bzw. gute Zugänglichkeit für genetische Manipulation	wichtig für die Stammentwicklung
Temperaturoptimum	thermophile Organismen haben hohe Stoffwechselraten und ermöglichen Reduzierung der Aufwendungen für Kühlung sowie geringe Kontamination
technische Probleme	möglichst geringe Neigung zu Schäumen und Wandwachstum; leichter Zellaufschluss; Rheologie

allgemeinen Kriterien, die bei der Auswahl eines Produktionsstammes eine Rolle spielen. Selbstverständlich versucht man Ausgangsstämme zu benutzten, die schon einen möglichst großen Teil der Kriterien erfüllen.

Mit Ausnahme von Endprodukten der Gärungen, wie Milchsäure oder Ethanol, ist es für Mikroorganismen unnatürlich, Metabolite anzuhäufen oder in größeren Mengen ins Medium auszuscheiden. Der Zellstoffwechsel erfolgt in der Regel mit vollkommen anderen Zielen. Er dient dem Organismus zur Bereitstellung von Energie und Bausteinen für Wachstum und Vermehrung. Hierzu wurden im Laufe der Evolution höchst ökonomische Systeme entwickelt. Die Anhäufung von Metaboliten dagegen ist wider die Natur der Zelle und wird normalerweise durch vielfältige Regulationsmechanismen verhindert. Dies ist der Grund, weshalb in den meisten Fällen nur eine gezielte Stammentwicklung mit genotypischer Optimierung zu Produktionsorganismen führt. Im Zusammenhang mit Organismen, die ihre natürlichen Regulationsfunktionen im Zuge des Entwicklungsprozesses

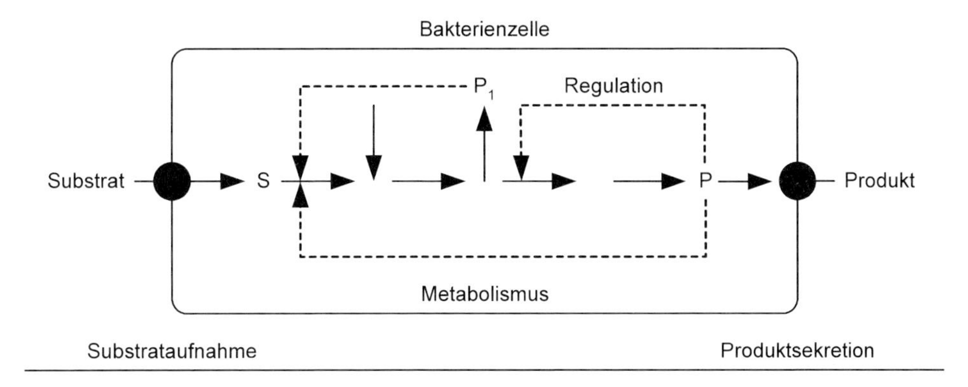

Abb. 2.3 Allgemeines Schema für die Produktion von Metaboliten durch eine Zelle.

gezwungenermaßen verloren haben und Metabolite anhäufen, spricht man auch von Überproduktion und Überproduzenten.

Voraussetzungen für eine gezielte Stammentwicklung auf verstärkte Produktbildung (Überproduktion) ist die genaue Kenntnis des Stoffwechselweges und der Regulationsmechanismen. Abbildung 2.3 zeigt ein allgemeines Schema für die Produktion von Metaboliten durch den mikrobiellen Stoffwechsel.

Die Produktivität einer Zelle ist danach von verschiedenen Teilschritten im Rahmen der Stoffumwandlung abhängig. Merkmale eines potenziellen Produktionsstammes sind danach immer der Besitz effizienter Systeme für die Substrataufnahme in die Zelle und für die am Ende der Umsetzung stehende Produktsekretion. Die Umwandlung des Substrats in das gewünschte Produkt erfolgt im zellulären Metabolismus, der je nach Produkt möglicherweise noch in Katabolismus und Anabolismus untergliedert werden muss. Die Stoffwechselregulation kann prinzipiell auf zwei unterschiedlichen Ebenen erfolgen. Neben der Regelung auf der Ebene der Enzymaktivität durch allosterische Enzyme in Schlüsselpositionen gibt es auch schon eine Steuerung bei der Biosynthese der Enzyme auf der Ebene der Genexpression. Günstig für die Stammentwicklung ist ein Ausgangs-

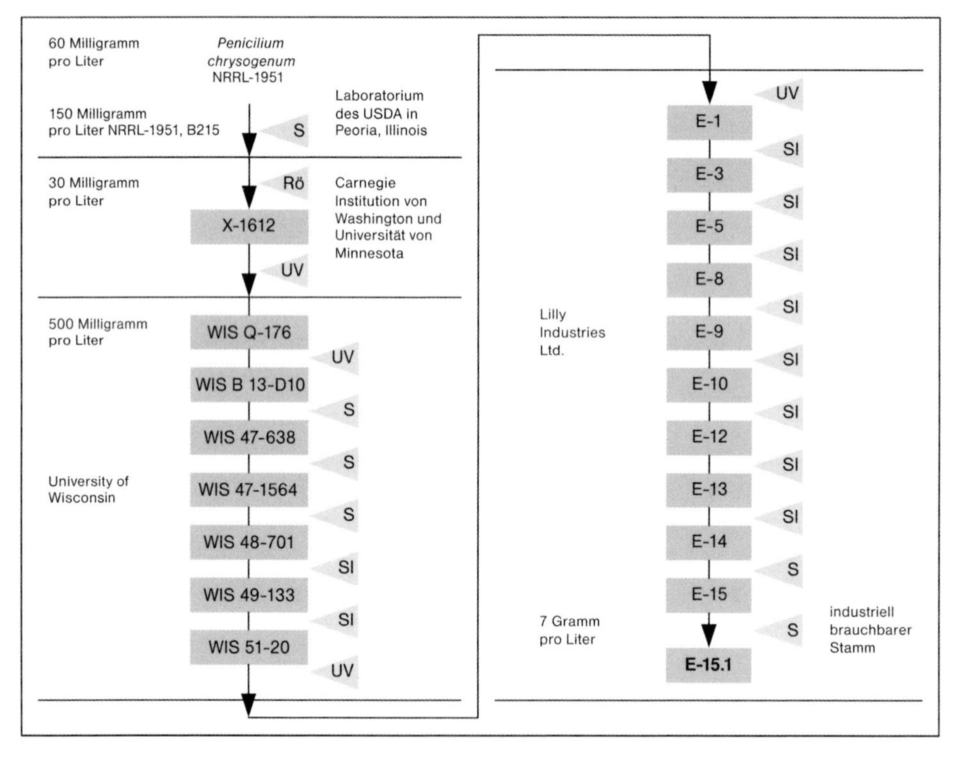

Abb. 2.4 Stammverbesserung zur Produktion von Penicillin durch zahlreiche Mutagenese- und Selektionsschritte insgesamt 21 dokumentierte Schritte (USDA, US-Landwirtschaftsministerium) [8].

organismus mit einem kurzen gradlinigen Stoffwechselweg zum Produkt und einer möglichst einfachen Regulation (Abschnitte 2.2.4 und 2.5.2.3).

Hochleistungsstämme von Antibiotika produzierenden Mikroorganismen sind deshalb in der Regel das Ergebnis sehr vieler Mutations- und Selektionsrunden. Eine arbeitsintensive und langwierige Methode, bei der nach jeder Mutagenbehandlung alle resultierenden Kolonien auf ihre Produktivität getestet werden müssen. Hat man dann unter den Tausenden von Kolonien eine Mutante mit höherem Ertrag gefunden, dient diese als Ausgangspunkt für eine neue Mutations- und Selektionsrunde. Zu Anfang lassen sich dabei vorteilhafte Mutanten im Agardiffusionstest durch Ausmessung der Hemmhofradien noch relativ leicht finden (Abb. 2.3). Aber schließlich muss man die Stämme auch unter Fermentationsbedingungen testen, was einen sehr großen Aufwand bedeutet. Trotz dieser Schwierigkeiten werden heute zahlreiche Antibiotika von Stämmen produziert, die in zwanzig oder dreißig Selektionsschritten entwickelt wurden, eine Arbeit, die sich über zwei oder mehr Jahrzehnte erstreckt hat. Als inzwischen schon historisches Beispiel soll hier der Penicillinproduzent *Penicillium chrysogenum* genannt werden. Abbildung 2.4 zeigt

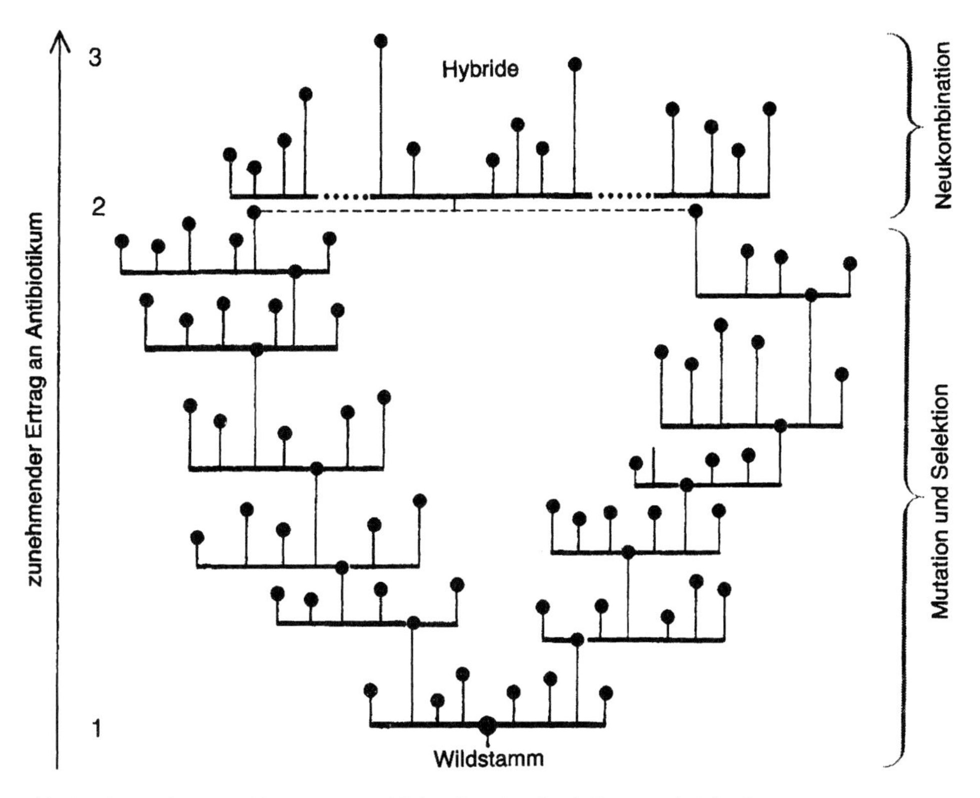

Abb. 2.5 Anwendung von Mutagenese und Rekombination durch Kreuzung bei der Stammverbesserung zur Antibiotikumproduktion [9].

die 21 Schritte umfassende Entwicklung zum ersten industriell brauchbaren Stamm, der damals 7 Gramm pro Liter Medium produzierte.

Derartige Mutations- und Selektionsrunden führen häufig aber auch in eine Sackgasse. Entweder lassen sich die Ausbeuten nicht weit genug steigern oder andere wichtige Eigenschaften, wie Anzuchtverhalten, Wachstumsfähigkeit u. a., sind verkümmert. Dies kann durch eine Kombination von Mutation und Selektion mit der Kreuzung von Stämmen überwunden werden. Nach etlichen Mutations- und Selektionsrunden kann man entweder die beiden besten Mutanten miteinander kreuzen oder man kreuzt Mutanten mit Wildtyp-Stämmen. Abbildung 2.5 zeigt ein Beispiel für ein derartiges Schema, das zu einer weiteren Ausbeutesteigerung des Antibiotikums führte. Die Neukombination der Genome durch Kreuzung kann auch bei den Bakterien und imperfekten Pilzen trotz eines fehlenden Sexualzyklus erreicht werden. Bei Actinomyceten und Schimmelpilzen hat sich dazu die Protoplastenfusion bewährt. Wenn wie in dem Beispiel von Abb. 2.5 zwei Mutanten gekreuzt werden, die jeweils sechs verschiedene Mutationen besitzen, sich also in zwölf Genen oder Genteilen unterscheiden, können aus der Neukombination der Gene 2^{12} (über 4000) genetisch verschiedene Nachkommen hervorgehen. Zumindest einige davon dürften das Fermentationsverfahren verbessern.

2.2.3
Überproduktion von Metaboliten – Stammentwicklung durch Metabolic Engineering

Sind Stoffwechselweg und Regulationsmechanismen bekannt, kann die Stammentwicklung verschiedenen Strategien folgen, die auch als Metabolic Engineering oder **Metabolic Design** bezeichnet werden und sich besonders bei Produktionsverfahren für primäre anabolische Metabolite, wie z. B. Aminosäuren und Nucleotide, bewährt haben. Man kann das Metabolic Engineering in drei Strategien oder Prinzipien untergliedern:

- Unterbrechung von Stoffwechselwegen bzw. Abschneiden von Nebenwegen,
- Ausschalten von Endprodukt-Regulationen,
- Konzentrationserhöhung (Aktivitätssteigerung) von Schlüsselenzymen.

Als genetische Verfahren beim Metabolic Engineering stehen grundsätzlich die **Mutagenese** sowie **Verfahren der Rekombination** zur Verfügung. Als Mutagenese bezeichnet man die künstlich induzierte Mutation, wobei klassische physikalische Methoden wie Bestrahlung ähnliche Bedeutung haben wie die Verwendung von chemischen Agenzien als Mutagene. Im Zeitalter der Molekularbiologie hat sich darüber hinaus die durch Oligonucleotide vermittelte, ortsspezifische Mutagenese als brauchbares Werkzeug zur gezielten Veränderung von Stammeigenschaften erwiesen. Als Verfahren zur Stammverbesserung durch Rekombination ist zuerst die klassische Kreuzung von zwei Stämmen zu nennen. Darüber hinaus können auch parasexuelle Prozesse von Mikroorganismen ausgenutzt werden. Die größte Bedeutung hat hier aber sicherlich die *In-vitro*-Rekombination (Gentechnik) mit ihren vielseitigen Methoden erlangt (Abschnitt 2.3).

Die meisten der heute im technischen Einsatz befindlichen Hochleistungsstämme zur Produktion von Metaboliten sind allerdings immer noch Mutanten. Die Mutagenese als klassisches genetisches Verfahren zur Optimierung von Mikroorganismen ist nach wie vor bestens geeignet, um die ersten beiden Strategien des Metabolic Engineerings zu verfolgen. Dazu haben insbesondere die effektiven Methoden der gezielten Mutantenselektion beigetragen (Tab. 2.4).

Die Unterbrechung eines Biosyntheseweges durch mutationsbedingte Ausschaltung eines einzelnen Enzyms führt oft schon alleine zur Metabolitanhäufung, da gleichzeitig die Endprodukthemmung wegfällt (Abb. 2.6). Man spricht in diesem Fall von einer Blockmutation bzw. von einer **auxotrophen Mutante**, da der Stamm zum Wachstum nun einen Hilfsstoff (Auxin, Supplin) benötigt, der dem Medium in geringer Konzentration zugesetzt werden muss. Auf diese Weise können unverzweigte und verzweigte Biosynthesewege manipuliert werden. Bei verzweigten Synthesen führt die Eliminierung (Modifikation) von Enzymen an der Abzweigung von Nebenwegen vielfach zu einer erheblichen Ausbeutesteigerung. Auch hier sorgt nachher eine minimale Supplementierung mit den ausgeschalteten Metaboliten für das Wachstum der Mutanten.

Die Selektion und Isolierung von auxotrophen Mutanten erreicht man sehr elegant mit der Penicillintechnik oder analogen Verfahren. Dabei lässt man die mutierten Zellen in einer supplinfreien Nährlösung wachsen, die Penicillin oder ein anderes nur auf wachsende Zellen abtötend wirkendes Agens enthält. Die in dieser Minimalnährlösung nicht wachsenden auxotrophen Mutanten überleben und können anschließend auf einem supplinhaltigen Nährboden isoliert werden.

Falls der zu produzierende Metabolit selbst eine Endprodukt-Regulation ausübt (drittes Beispiel in Abb. 2.5), was häufig der Fall ist, können andere Formen von Mutanten zur Ausbeutesteigerung führen. Handelt es sich um eine allosterische Hemmung, muss das entsprechende regulatorische Enzym in seiner Struktur verändert werden.

Dies erreicht man bei einer Mutation im Strukturgen am Ort der Codierung des allosterischen Zentrums. Liegt eine Endprodukt-Repression vor, d. h. eine Regelung der Expression bei der Enzymbiosynthese, können Mutationen im Operator- oder im Regulatorgen zur Überproduktion führen. Derartige O^c- bzw. R^--Mutanten weisen nun eine konstitutive Synthese der entscheidenden Enzyme auf und sind, ähnlich wie die allosteriedefekten Mutanten, resistent gegenüber sogenannten Antimetaboliten. Antimetabolite sind zum Metaboliten strukturanaloge Verbindungen, die die gleiche regulatorische Funktion wie der Metabolit besitzen, ihn aber nicht in Biosynthesen zum Aufbau von Zellsubstanz ersetzen können. Mithilfe von Antimetaboliten lassen sich diese gemeinsam allgemein als regulationsdefekte Mutanten bezeichneten Typen, selektieren und erkennen.

Bei der Selektion mit der Antimetabolit-Technik werden die mutagen behandelten Zellen auf einen Minimalnährboden unter Zusatz eines Antimetaboliten kultiviert. Wildtypzellen und alle unerwünschten Mutanten werden dadurch im Wachstum gehemmt. Nur antimetabolitresistente Mutanten wachsen, da sie keiner Endprodukthemmung oder -repression mehr unterliegen. Auf Agarnährböden können sie häufig am Wachstum von Satellitenkolonien in der Umgebung der

Tabelle 2.4 Verfahren zur Selektion und Erkennung verschiedener Mutantentypen [10].

Mutantentyp		Anreicherung	Erkennungstest
auxotrophe	Bakterien	Anzucht in Minimalmedium mit Zusatz eines Antibiotikums, das nur auf wachsende Zellen wirkt (z. B. Penicillin)	Ausplattieren auf Komplettmedium und Überstempeln (Lederberg-Technik) auf Minimalmedium
	Pilze	• s. Bakterien • Anzucht in Minimalmedium und Abfiltrieren der gekeimten Mycelien	Ausplattieren auf Komplettmedium und mit Filterpapier-Replikattechnik auf Minimalmedium überstempeln. Test der Verdächtigen auf Minimalmedium mit verschiedenen Supplementen.
resistente	Bakterien und Pilze	Ausplattieren einer großen Zahl von Zellen auf feste Nährböden unter Zusatz des hemmenden Stoffes	direkt, da nur die Resistenten in Kolonien heranwachsen
temperatursensitive	Bakterien und Pilze	• bei höheren Temperaturen s. Resistente • bei niedrigen Temperaturen „Penicillin-Technik“, s. Auxotrophe	• direkt, da nur temperaturresistente Mutanten wachsen • Induktion bei Normaltemperatur führt zum Absterben der Wildtypen, anschließende Kultur bei niedriger Temperatur erfasst die temperatursensitiven Mutanten
konstitutive, katabolische Enzyme		• Stimulierung der Katabolitrepression durch einen Antiinduktor • Kultur mit dem Substrat als limitierendem Faktor • abwechselnde Kultur auf verschiedenen Substraten	a) direkt, da nur solche Kolonien wachsen, die das Enzym konstitutiv besitzen b) direkt c) Konstitutive setzen sich schneller durch
konstitutive, anabolische Enzyme		Kultur unter Zusatz eines Antimetaboliten, der eine Endproduktrepression besitzt	direkt, da nur die Zellen wachsen, die trotz des Antimetaboliten wachsen

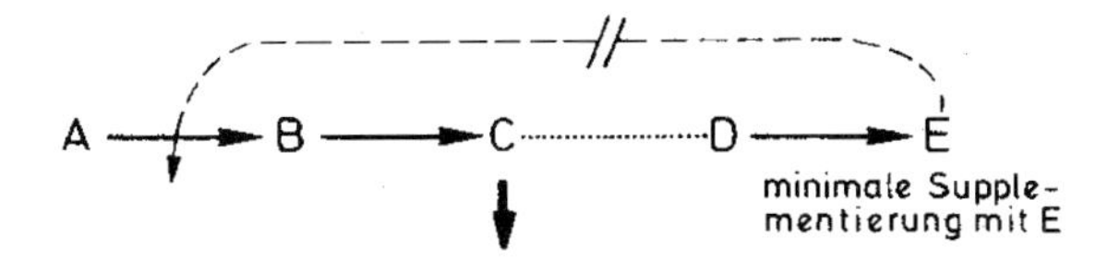

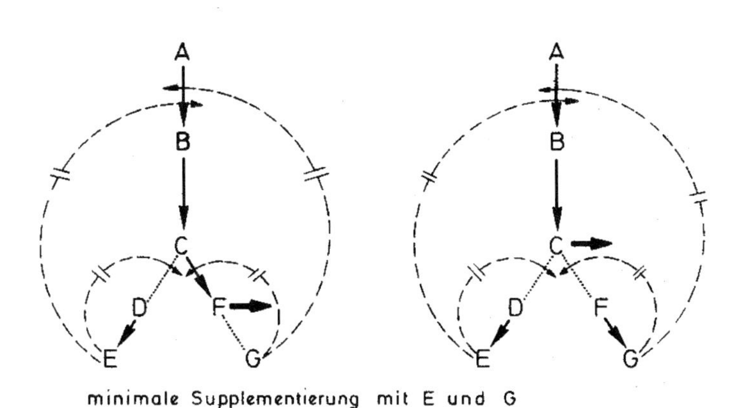

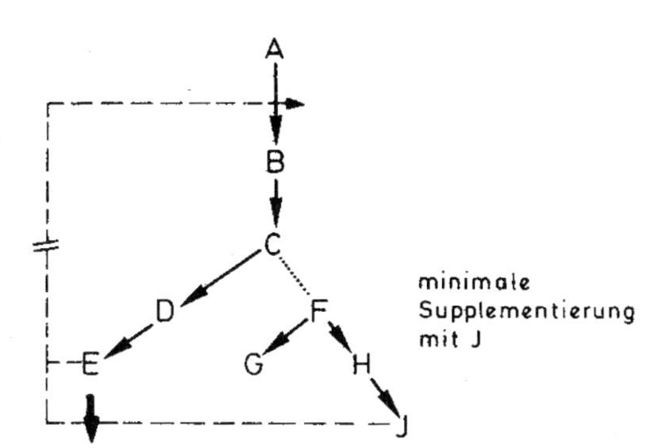

Abb. 2.6 Überproduktion von Primärmetaboliten durch auxotrophe Mutanten [3]. (A, Ausgangsstoff (Substrat) einer Biosynthesekette des Primärmetabolismus; B – J, Zwischen- und Endprodukte (Primärmetabolite); → enzymkatalysierte Reaktion; ---> Endproduktregulation; → Überproduktion durch Unterbrechung der Endproduktregulation).

resistenten Kolonie erkannt werden. Dies beruht auf der Ausscheidung des Metaboliten durch resistente Zellen, wodurch die Antimetabolitwirkung bei den im Diffusionshof gelegenen Wildtypzellen aufgehoben wird. Je größer die Höfe von Satellitenkolonien sind, desto höher ist die Überproduktion des gewünschten Metaboliten durch die Mutante.

Ein gutes Beispiel für das Metabolic Engineering durch Mutagenese und Selektion ist die Entwicklung von *Corynebacterium glutamicum* zum Zwecke der Lysinfermentation. Tabelle 2.5 zeigt, wie hier durch einfache bis zweifache Auxotrophie

Tabelle 2.5 Lysin-Überproduktion durch Mutanten von *Corynebacterium glutamicum* bzw. dessen Subspezies (ssp.) nach verschiedenen Autoren [11]. (Hom^-, Homoserin-auxotroph; Leu^-, Leucin-auxotroph; Thr^-, Threonin-auxotroph; AEC^r, resistent gegen *S*-(β-Aminoethyl)-L-cystein; ML^r, resistent gegen γ-Methyl-L-lysin; CCL^r, resistent gegen Chlorcaprolactam).

Corynebacterium glutamicum	genetische Charakteristik	Lysin-Akkumulation (g/l)
–	Hom^-	13
–	Hom^-, Leu^-	26
–	Hom^-, Leu^-, AEC^r	39
ssp. *flavum*	Thr^-, AEC^r	34
ssp. *flavum*	Hom^-, AEC^r, ML^r	51
ssp. *lactofermentum*	Hom^-, AEC^r, ML^r	60
ssp. *lactofermentum*	Hom^-, Ala^-, AEC^r, ML^r, CCL^r	85

bis hin zur mehrfachen Antimetabolitresistenz hoch produktive Stämme entwickelt wurden. Die Lysinfermentation ist aber auch ein Beispiel für die Weiterführung der Stammentwicklung durch moderne Methoden der Molekularbiologie.

Diese sind nämlich besonders geeignet, um das dritte Prinzip des Metabolic Engineering, die Aktivitätssteigerung von Schlüsselenzymen, zu erreichen. Von Sahm [12] wurde berichtet, dass nach Klonierung aller Enzyme des Lysin-Biosyntheseweges von *Corynebacterium glutamicum* zwei Schlüsselenzyme (Aspartat-Kinase und Dihydodipicolinat-Synthase) identifiziert werden konnten. Während die Aspartat-Kinase als regulatorisches Enzym Bedeutung besitzt, erwies sich die Dihydrodipicolinat-Synthase als Engpass im Synthesefluss (Flaschenhals).

Die Überexpression ihres Gens, durch entsprechende Promotoren verstärkt bzw. durch ein Multicopy-Plasmid amplifiziert, bewirkte schließlich in dem Produktionsstamm eine weitere Erhöhung der Lysinüberproduktion. So konnten die Lysinkonzentration von 88 g/l auf 98 g/l, die Lysinausbeute von 31 % auf 34 % und die Produktivität von 1,68 g/(l · h) auf 1,87 g/(l · h) gesteigert werden.

Auch bei der Stammentwicklung für die Überproduktion von Sekundärmetaboliten werden die oben aufgeführten Techniken mit Erfolg eingesetzt. Führt z. B. ein verzweigter Biosyntheseweg gleichzeitig zu Primär- und Sekundärmetaboliten, kann eine Auxotrophiemutation im Biosyntheseast des Primärmetaboliten zu

Tabelle 2.6 Überproduktion von Antibiotika durch regulationsdefekte Mutanten [3].

Mikroorganismen	Antibiotikum	Charakteristik
Penicillium chrysogenum	Penicillin	verminderte Empfindlichkeit gegen Feed-back-Hemmung durch Valin
Streptomyces griseus	Candicidin	Resistenz gegen Tryptophan-Antimetabolite
Streptomyces lipmanii	Cephamycin	Resistenz gegen Leucin-Antimetabolite
Streptomyces viridofaciens	Chlortetracyclin	Suppression einer met-Mutation
Streptomyces antibioticus	Actinomycin	Suppression einer *ilv*-Mutation

verstärkter Bildung des Sekundärmetaboliten führen. Ein Beispiel dafür ist die Aminosäure Lysin bei der Synthese von Penicillinen und Cephalosporinen. Auch regulationsdefekte Mutanten werden zur Überproduktion von Antibiotika genutzt (Tab. 2.6).

2.2.4 Haltung und Führung von Produktionsstämmen

Die übliche Stammhaltung von Mikroorganismen in vielen Laboratorien beruht auf periodischem Überimpfen auf frische Nährböden (Schrägagarkultur, Stichagarkultur) und Lagerung im Kühlschrank. Dem Vorteil der schnellen Verfügbarkeit steht jedoch einer Reihe von Nachteilen und Gefahren gegenüber, von denen Infektion, Verwechseln, Überalterung und Verlust sowie Mutation und Degeneration als wichtigste zu nennen wären.

Zur langfristigen Haltung von Mikroorganismen und im Besonderen für wertvolle Produktionsstämme wurden spezielle Konservierungsverfahren entwickelt, bei denen die metabolische Aktivität der Organismen und die Zellvermehrung reversibel zum Stillstand gebracht werden. Hierzu eignen sich Trocknungs- und Tiefkühlverfahren. Die Methoden werden nach der Überlebensrate und der genetischen Stabilität der Kulturen beurteilt.

Die einfache Lufttrocknung kommt in der Regel nur für solche Bakterien und Pilze in Frage, die in der Lage sind, natürliche Dauerformen (Sporen) zu bilden. Bestimmte chemische und physikalische Veränderungen, wie sie beim normalen Trocknen von biologischem Material auftreten, werden bei Gefriertrocknung verhindert. Deshalb wird diese Methode für die Konservierung von Mikroorganismen durch Trocknung bevorzugt.

2.2.4.1 Gefriertrocknung (Lyophilisation)

Im Verlauf des Gefriertrocknungsprozesses wird wasserhaltiges Material eingefroren und danach einer Atmosphäre niederer relativer Feuchte ausgesetzt. Dabei sublimiert das vorhandene Eis, d. h. es geht ohne zu schmelzen vom festen Zustand in die Dampfphase über. Die notwendige niedere relative Feuchte wird durch Anlegen von Vakuum und kontinuierliche Entfernung des Wasserdampfes erzielt.

Die Gefriertrocknung von biologischem Material läuft üblicherweise in drei Stufen ab:

1) **Einfrieren des Materials:** Das Einfrieren erfolgt in dichter Zellsuspension (ca. 10^{10} Zellen/ml) in einem Schutzmedium (z. B. Magermilch). Es muss streng darauf geachtet werden, dass das eingefrorene Material vor dem Wirksamwerden des Vakuums nicht auf- oder antaut. Im Vakuum ist ein Auftauen wegen der auftretenden Sublimationskälte nicht möglich.
2) **Haupttrocknung:** Durch Sublimation des Eises wird das Material getrocknet. Die Haupttrocknung ist beendet, wenn das Eis vollständig sublimiert ist. Zu diesem Zeitpunkt kann der Restwassergehalt der Probe noch 5–10 % betragen.

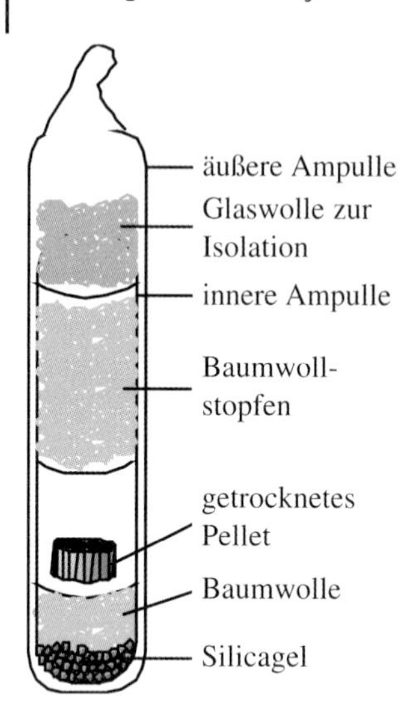

Abb. 2.7 Handelsübliche Ampulle mit gefriergetrockneten Stämmen (Lyophilisate). Die Glasam-pulle wird möglichst im Dunkeln bei 4 °C evakuiert. Das Silikagel sorgt weiterhin für eine trockene Atmosphäre (verbliebene), die Baum- und Glaswolle stabilisieren mechanisch. Diese Ampullen sind ganz besonders gut zum Transport von lyophilisiertem Material geeignet. Zum Entfernen des Lyophilisates (Biomasse) wird die Haube abgebrochen und der Inhalt herausgenommen

3) **Nachtrocknung:** Durch Nachtrocknung wird dem Produkt ein Teil des Restwassergehalts entzogen. Die damit einhergehende Stabilitätserhöhung des Produktes ist für seine Lagerung erforderlich. Ein Restwassergehalt von ca. 1 % wird für die langfristige Lagerung von Mikroorganismen in lebensfähigem Zustand als optimal angesehen.

Die Lagerung des gefriergetrockneten Materials (Lyophilisat) erfolgt in evakuierten Glasampullen, möglichst bei 4 °C im Dunkeln. In dieser Form eignen sich die Konserven besonders gut zum Transport und zu Versandzwecken und können kurzfristig jedoch auch normalen Umgebungsbedingungen ausgesetzt werden. Mikroorganismensammlungen liefern ihre Stämme meist als Lyophilisate aus, wobei die in Abb. 2.7 gezeigten Ampullen üblich sind.

2.2.4.2 Tiefkühllagerung und Gefrierkonservierung

Tiefe Temperaturen führen zur weitgehenden Stilllegung von chemischen und biochemischen Reaktionen. Bei –20 °C sind das Wachstum und die Stoffwechselaktivität von Mikroorganismen eingestellt und eine Lagerung ist ohne großen Aufwand möglich. Für längere Haltung über Jahre und mit Blick auf die hohen Qualitätsansprüche an Produktionsstämme sind jedoch nur Temperaturen unter –70 °C wirklich geeignet. Das Einfrieren von Zellen kann vom Prinzip her auch als eine Entwässerung angesehen werden, da das Wasser in Form von Eis dem Metabolismus nicht mehr zur Verfügung steht. Generell können folgende Arten der Tiefkühllagerung unterschieden werden:

1) **Glycerinkonserve (–20 °C):** Die Mikroorganismensuspensionen werden mit 10 %–15 % Glycerin in Schraubkappenröhrchen eingebracht und in entsprechenden Gefrierschränken gelagert. Hierbei erstarrt die Suspension zwar, die

enthaltenen Zellen selbst werden jedoch nicht eingefroren. Aus diesem Grund zählt die Glycerinkonserve bei –20 °C nicht zu den Gefrierkonserven.

2) **Gefrierkonserve (–80 °C):** Gefrierschränke für Temperaturen bis zu –90 °C findet man heute in immer mehr biologischen Laboratorien. Die Mikroorganismensuspensionen werden mit Schutzmedium (Dimethylsulfoxid, Glycerin) in speziellen Kryoröhrchen aus Kunststoff eingefroren. Dies dürfte heute die gebräuchlichste Form der Lagerung von Produktionsstämmen sein.
3) **Lagerung unter Flüssigstickstoff (–196 °C):** Die Mikroorganismensuspensionen werden z. B. in Glaskapillaren eingeschmolzen und mit speziellen Köchern in Lagertanks mit flüssigem Stickstoff eingebracht. Dabei werden die Zellen in Suspension augenblicklich eingefroren. Diese Art der Gefrierkonservierung gilt als die geeignetste Methode, die Lebensfähigkeit, die physiologischen Eigenschaften, die biochemische Aktivität und die genetische Stabilität von Mikroorganismen und anderen Zellen über lange Zeiträume zu erhalten. Jeder wertvolle Stamm wird normalerweise zur Sicherheit, zusätzlich zu anderen Lagerformen, unter Flüssigstickstoff aufbewahrt.

Bei der Gefrierkonservierung von Zellen ist die Bildung von Eiskristallen der kritischste Prozess im Hinblick auf die Überlebensrate der Organismen. Die Eiskristallbildung hängt von der Abkühlgeschwindigkeit ab und kann darüber hinaus durch Schutzmedien beeinflusst werden. Man unterscheidet:

- **Langsames Einfrieren (1 °C pro Minute):** Wird bei Verwendung von Schutzmedium zum Einfrieren von Mikroorganismen und Zellkulturen als günstig angesehen.
- **Mittleres bis schnelles Einfrieren (10–100 °C pro Minute):** Ist ungünstig wegen der Schädigung von Membranen durch intrazelluläre Eisbildung.
- **Ultraschnelles Einfrieren (1000 °C pro Minute):** Ist optimal für Mikroorganismen und Zellkulturen wegen der Bildung von kleinsten Eiskristallen in gleichförmiger Verteilung (amorphes Eis).

Zur Reaktivierung von gefrorenen Zellen wird ein schnelles Auftauen empfohlen. Damit werden Zellschädigungen durch Rekristallisation des Wassers, Wachstum von Eiskristallen und Erhöhung der Elektrolytkonzentration vermieden.

Ein schnelles Auftauen kann in einer Mikrowelle oder durch Infrarotbestrahlung erreicht werden (10–50 °C pro min).

In GMP-Produktionsanlagen werden eine sogenannte Master Cell Bank und eine sogenannte Working Cell Bank verlangt. In der Master Cell Bank wird der Basisstock für den gesamten Prozess angelegt und in der Working Cell Bank wird aus einer Ampulle der Master Cell Bank jeweils ein Sortiment an Ampullen für eine bestimmte Produktionskampagne angelegt. In beiden Fällen wird eine Validierung der Stocks gefordert.

2.3
Stellung und Aufgaben der Molekularbiologie

2.3.1
Gentechnischer Zugriff auf Stoffwechselwege

Die Vielfalt an tierischen, pflanzlichen und bakteriellen Lebewesen ist beeindruckend. Alle Lebewesen sind aus kleinsten Einheiten aufgebaut. Diese Basisbausteine, die Zellen, sind in ihre Grundstruktur alle einheitlich (Abb. 2.8). Bei den Prokaryoten sind dies eine Cytoplasmamembran, das Cytoplasma und die DNA-haltigen Bereiche, das Nucleoid. Bei den Eukaryoten haben sich ein echter Zellkern und weitere Organellen, wie z. B. Chloroplasten, das endoplasmatische Reticulum, die Mitochondrien und der Golgi-Apparat ausgebildet. Die autotrophe Pflanzenzelle besitzt als wesentlichen Unterschied zur heterotrophen Tierzelle noch die Chloroplasten mit dem Photosyntheseapparat und eine starre Zellwand [13].

Das Geheimnis, wie und wo die Informationen zum Bau von Zellen angelegt sind, blieb lange verborgen. Doch als es gelang, einige Details aufzuklären, waren

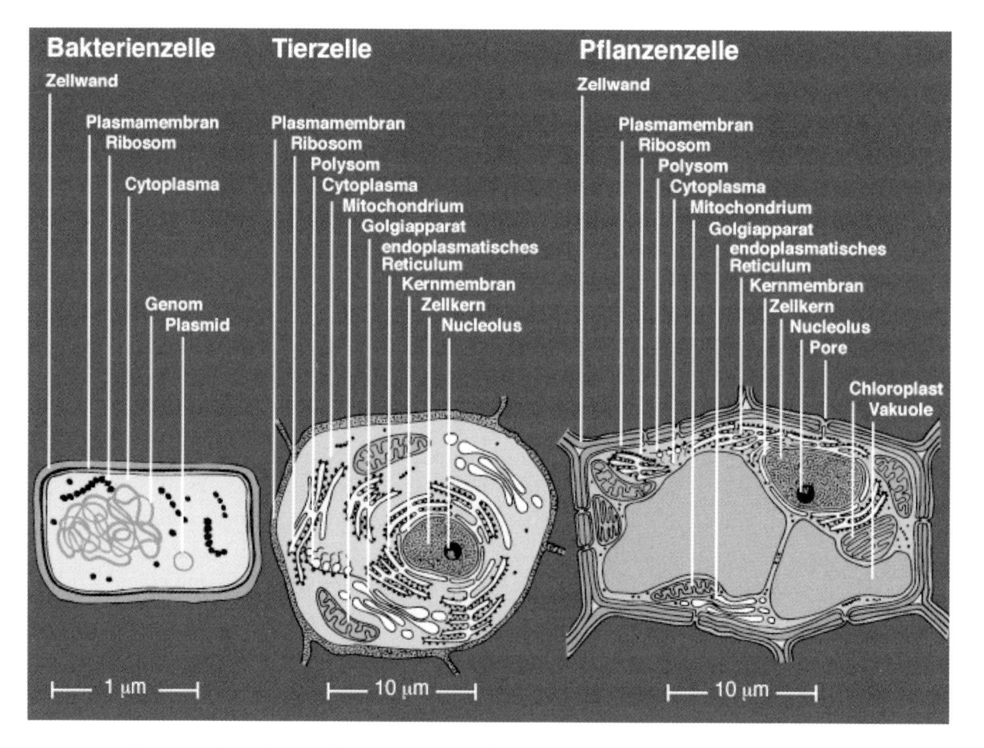

Abb. 2.8 Die Zelle, der kleinste Baustein aller Organismen. Man unterscheidet prokaryotische Zelle (Lebewesen ohne echten Zellkern, z. B. das Bakterium Escherichia coli) und eukaryotische Zellen (Lebewesen mit Zellkern, z. B. Saccharomyces cerevisiae). Aufbau von prokaryotischer Zelle, tierischer Zelle und Pflanzenzelle [13].

plötzlich Wege bereitet, die eine Vielzahl von neuen Synthesewegen erschließen. Man brauchte nur in das Programm der Zellen gezielt einzugreifen, um Molekülkombination zu erreichen, die wiederum zu wertvollen Stoffen, meist Proteinen, führten, und schon wäre man in der Lage, Produktgruppen zu kreieren, auf die der Markt wartete.

Die DNA ist der Träger aller erforderlichen Informationen. Einen DNA-Abschnitt, der ein Protein codiert, nennt man Gen. Tausende von Genen können zu einem oder mehreren fadenförmigen DNA-Molekülen kombiniert sein. Die Gesamtheit der Gene eines Organismus wird als Genom bezeichnet. Die Röntgenstrukturanalyse verleiht einen Einblick in den Aufbau der DNA, wenngleich aus der Struktur allein ohne weitergehende Kenntnisse noch wenig über die Funktion geschlossen werden kann. Die DNA besteht aus einer Doppelhelix aus zwei Einzelsträngen, die wie eine verdrehte Leiter beschrieben werden kann. Dazu bedarf es doch fundierterem Wissen. Die Holme der Leiter bilden eine Kette von Desoxyribosezucker-Molekülen, die durch Phosphorsäurediester-Brücken verbunden sind. Die Desoxyribosen sind mit je einer Base Adenin (A), Guanin (G), Thiamin (T) und Cytosin (C) kovalent verknüpft. Zwei gegenüberliegende Basen verhalten sich wie Nut und Feder, sind also komplementär, und sind über Wasserstoffbrücken-Bindungen verknüpft. Die Reihenfolge der Basen ist der genetische Code und bestimmt damit das Programm.

Der genetische Code ist für alle Organismen gleich, nur die Genomgröße ist unterschiedlich. Würde man die Basensequenzen eines einfachen Virusgenoms, das die Information für drei Proteine enthält, in den Buchstaben A, G, T und C auf ein Blatt Papier schreiben, so ergebe das nur 3000 Buchstaben, und somit wäre das Blatt damit voll. Die DNA-Stränge eines Bakteriumgenoms würden ein Buch mit 1000 Seiten füllen (Abb. 2.9).

Um zur Synthese von gewünschten Proteinen oder eben neuen Molekülen zu gelangen, muss es gelingen, die genetische Information für aktive Proteine in Synthesewegen zu entschlüsseln. Die Umsetzung dieser Information erfolgt in den Schritten Transkription und Translation. Die Transkription ist die Umschreibung des Gens mithilfe des Enzymes RNA-Polymerase nach dem Prinzip der komplementären Basenpaarung (im Zellkern bei Eukaryoten, im Cytoplasma von Prokaryoten). Diese Umschreibung ergibt eine Arbeitskopie des Gens, die sogenannte mRNA. Unter Translation versteht man die Übersetzung der Nucleotidsequenz (Basensequenz) der mRNA in eine Aminosäuresequenz, wobei die Entschlüsselung des Codes die Transfer-Ribonucleinsäuren (tRNA) übernehmen, von denen es für jede Aminosäure mindestens eine gibt.

Diese tRNAs tragen zum einen das für die Übersetzung wichtige Anticodon, zum anderen die für sie spezifische Aminosäure. Zwei der so beladenen tRNAs können sich jeweils über die komplementären Anticodon-Codon-Basenpaarung zur mRNA an das Ribosom anlagern. Durch die enzymatische Katalyse mit RNA-Polymerase wird die Carboxylgruppe der Aminosäure der ersten tRNA mit der Aminogruppe der Aminosäure der zweiten tRNA kovalent verknüpft. Die nun leere erste tRNA wird frei und erneut mit einer Aminosäure beladen. Der Beginn und das Ende eines Proteins werden durch spezielle Codons bestimmt.

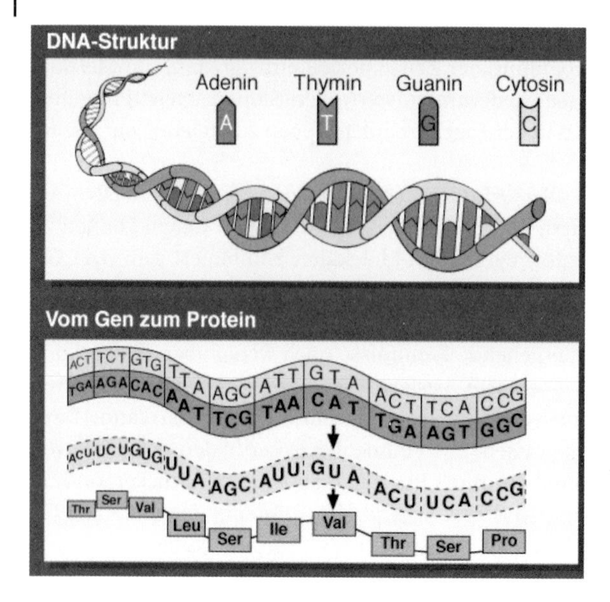

Abb. 2.9 Der genetische Code: Je drei Nucleotide bilden eine Informationseinheit (Codon) für eine der 20 natürlicherweise in Proteinen vorkommenden Aminosäuren. Die Zuordnung der Codons zu spezifischen Aminosäuren bezeichnet man als genetischen Code [13].

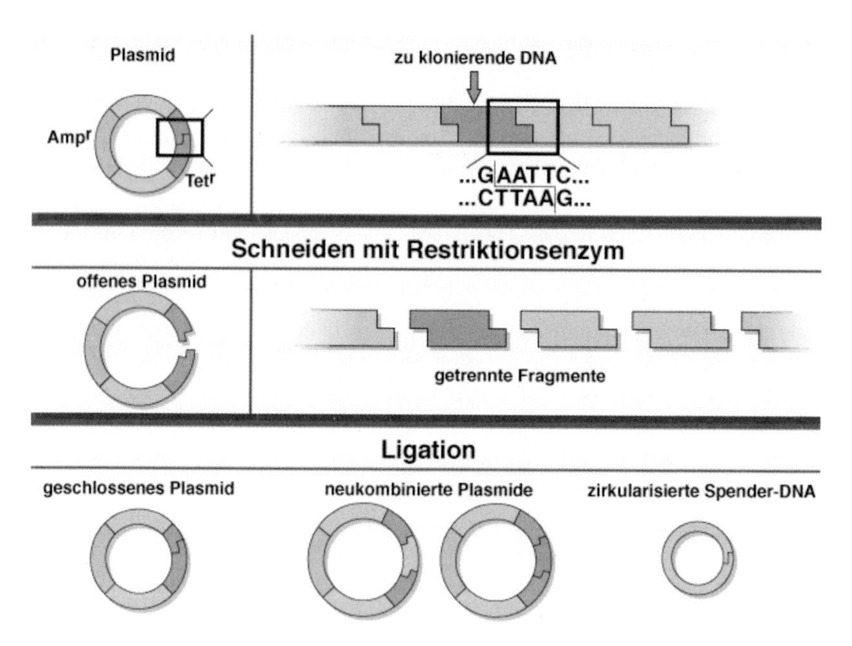

Abb. 2.10 Klonierung von DNA-Fragmenten. Schnitt im Plasmid und in der zu klonierenden DNA mit dem Restriktionsenzym EcoRI an der Stelle GAATTC. Es entstehen ein lineares Plasmidmolekül und DNA-Restriktionsfragmente mit komplementären Enden [13].

Um zu neuen Stämmen zu gelangen, müssen eine Neukombination der Genome und eine Vermehrung der rekombinanten Organismen durchgeführt werden. Dazu benötigt man zunächst taugliche Basissequenzen von Basenfolgen, die ein bestimmtes Protein sequenzieren können und die zum sachgerechten Schnitt in der gewählten erforderlichen Restriktionsenzyme DNA (Abb. 2.10). Anschließend müssen die DNA-Fragmente mittels Ligasen in ein ausgewähltes Plasmid „eingeklebt" werden. Ligasen sind Enzyme, die in der Lage sind, DNA-Bruchstücke in Fremd-DNAs, wie z. B. Plasmide, einzubinden.

2.3.2
Gentechnische Übertragung von Synthesepotenzialen

Zur Konstruktion eines gentechnisch veränderten Produktionsstammes (GVO) werden zunächst die Basisgensequenzen aus der natürlichen Quelle, ein leistungsfähiger Vektor (z. B. Plasmid) und ein geeigneter Wirtsorganismus benötigt. Mittels eines Restriktionsenzymes (Tab. 2.7) wird das Genstück aus der natürlichen Quelle „geschnitten", auf das Plasmid mit einer Ligase aufgebracht und in den Wirtsorganismus transferiert. Das Ziel besteht im Wesentlichen darin, die naturgegebenen Synthesefähigkeiten ein wenig zu ordnen, um zu neuen, wirtschaftlich interessanten Biokatalysatoren (Stämmen) zu gelangen.

Der Einsatz von rekombinanter DNA ist ein sehr effektives Werkzeug, um Verknüpfungswege gezielt zu steuern und so die Produktion von Metaboliten und Proteinen hin zu höheren Raumzeitausbeuten zu verschieben [14].

Das Metabolic Engineering ist die gezielte Verbesserung der zellulären Aktivitäten, indem sowohl enzymatische, transporttechnische als auch regulatorische Funktionen der Zellen durch die Anwendung der rekombinanten DNA-Technologie im Sinne gesteigerter Produktivität, Ausbeute und Selektivität optimiert werden.

Es ist und wird schwierig bleiben, das gewünschte DNA-Fragment zu finden. Oft ist es die Suche nach der berühmten Stecknadel im Heuhaufen! Hat man diese Hürde überwunden, dann beginnt die Suche nach dem geeigneten Vektor (Abschnitt 2.3.3). Die erforderlichen Vektoren bestehen aus einer doppelsträngigen DNA und haben auch die kennzeichnenden Eigenschaften, dass sie ein ausgewähltes DNA-Segment (Passagier) in eine definierte Position integrieren können, mit

Tabelle 2.7 Bekannte Restriktionsendonucleasen [14].

Restriktions-endonuclease	Herkunft	Erkennungs-sequenz	Spalt-modus	Zahl der Spaltstellen bei pBR 322
EcoRI	*Escherichia coli RY 13*	GAATTC	es	1
HindIII	*Haemophilus influenzae*	AAGCTT	es	1
HpaII	*Haemophilus parainfluenzae*	CCGG	es	26
PstI	*Providenzia stuartii*	CTGCAG	es	1
HaeIII	*Haemophilus aegyptius*	GGCC	ds	22
HpaI	*Haemophilus parainfluenzae*	GTTAAC	ds	0

dem Passagier in die Zelle eindringen können, ohne sie zu zerstören, sich in der Zellen als genetisch willkommenes Element verhalten zu können und sich vor allem vor der Zellteilung zu duplizieren vermögen. Damit steht dann fest, dass sie sich in der Zelle als eigenständiges Element verhalten und dominant sind, damit die Nachkommen auch den installierten Vektor erhalten und damit die gewünschte Information zur Proteinsynthese mitbekommen.

Die Möglichkeit, heterologe Gene und regulierende Elemente gezielt einsetzen zu können, unterscheidet das moderne Metabolic Engineering vom traditionellen Screening zur Stammverbesserung. Diese Technik ermöglicht völlig neuartige Konstruktionen von metabolischen Konfigurationen mit häufig vorteilhaften Eigenschaften. Ebenso kann die Funktion von Zellen durch gezieltes Eingreifen in den normalen Zellzyklus erreicht werden. Im Moment ist das Metabolic Engineering mehr eine Sammlung von Beispielen als eine fundierte Wissenschaft. Die bisherigen Ergebnisse versprechen allerdings zukünftig große Erfolge in den Bereichen der Landwirtschaft und vor allem der Medizin. Nicht zuletzt wird auch die Bioverfahrenstechnik davon profitieren können, weil gezielt neue Funktionen für neue Synthesen in Zellen eingestellt werden können. Allerdings haben viele Studien gezeigt, dass zwar ein Metabolic Engineering durchgeführt werden konnte, ohne jedoch einen Stamm mit ausreichender Produktivität zu erhalten.

Ist eine Modifikation eines Stammes durch Variation eines heterogenen Enzymes gelungen, so ist damit noch nicht garantiert, dass die Expression zum gewünschten Produkt auf Dauer gelingt. Außerdem muss das gebildete Protein vor Zerstörung geschützt werden. Eine weitere Einschränkung kann die Methode erfahren, wenn die neu geschaffenen Synthesewege vom Gesamtmetabolismus nicht akzeptiert werden. Allerdings bietet die genetische und metabolische Vielfalt der existierenden Zellen eine Reihe von funktionsfähigen Synthesewegen, die es leicht machen, den geeigneten Stamm zu formen und zu optimieren.

Als Beispiel ist die Nutzung von vorhandenen Synthesepotenzialen durch Verstärkung der gut bekannten heterogenen Aktivitäten in Tab. 2.8 angeführt. So ist z. B. die ursprüngliche Vorstufe der Ascorbinsäuresynthese 2-Keto-L-Gluconsäure (2-KLG), wobei eine Synthese zu 2-KLG zwei erfolgreiche Fermentationen erfordert. Der erste Schritt ist die Umwandlung von Glucose zur 2,5-Diketo-gluconsäure (2,5-DKG) mit *Erwinia herbicola*, und in der zweiten Fermentation erfolgt die Umwandlung von 2,5-DKG zu 2-KLG mit *Corynebacterium* sp. Durch Klonierung der 2,5-DKG-Reduktase aus *Corynebacterium* in *Erwinia herbicola* wurde es möglich, Vitamin C (Ascorbinsäure) in einem einzigen Schritt zu synthetisieren [14].

In Abschnitt 2.4 ist der Umgang mit Zellkulturen etwas näher beschrieben. Ein Beispiel für eine posttranslationale Modifikation ist die Expression von β-Galactosid-α-2,6-sialyl-Transferase in CHO-Zellen (*Chinese hamster ovary cell*) (Tab. 2.8).

Die CHO-Zelle besitzt die Fähigkeit, Sialyl-α-2,6-galactosyl-Verknüpfungen zur ihren eigenen Oberflächenglykoproteinen herzustellen, denn normaler Weise fehlen in industriell produzierten Proteinen diese Verknüpfungen, wie z. B. bei EPO (Erythropoetin). Deshalb wurde angestrebt, dass die CHO-Zellen das EPO möglichst identisch zum humanen EPO bilden. Ein weiteres Beispiel ist die in Tab. 2.8 aufgeführte Mauszelle.

Tabelle 2.8 Nutzung heterologer Aktivitäten zur Veränderung kleiner Metabolite und Proteine [14]. (2,5-DKG, 2,5-Diketo-gluconsäure; 2-KLG, 2-Keto-L-Gluconsäure; CHO-Zellen, *Chinese hamster ovary cells*)

Wirtsstamm	Originalmetabolit	hinzugefügtes heterologes Enzym (Quellenorganismus)	neues Produkt (neues Zwischenprodukt)
Erwinia herbicola	2,5-DKG	2,5-DKG-Reduktase (*Corynebacterium sp.*)	2-KLG
Aspergillus chrysogenum	Cephalosporin C	D-Aminosäure-Oxidase (Fusarium solani), Cephalosporin-Acylase (*Pseudomonas diminuta*)	7-ACA [7-α-(5-Carboxy-5-oxopentanamido)-Cephalosporansäure]
CHO-Zellen	terminal α-Galactosyl reduzieren in N-Acetyllactosamin-Sequenzen	α-Galactosid:α-2,6-Sialyl-Transferase (Rattas sp.)	Sialyl-α-2,6-galactosyl-Links
Maus-L-Zellen	unsubstitionierte Typ-II-Zellen, N-Acetyllactosaminglykokonjugat-Endgruppen	GDP-L-Fucose: α-D-Galactosid 2-α-L-Fucosyl-Transferase (A431, humane Zelllinie)	H-Fucosyl-α-1-α-2-galactosyl-Links

2.3.3
Expressionssysteme

Die Modifikation eines Produktionsstammes ist die zwingende Voraussetzung für einen wirtschaftlich erfolgreichen biotechnologischen Prozess. Ebenso wichtig ist auch die Expression der neuen Gene zum gewünschten Produkt. Was sollte nun bei der Auswahl des dazu erforderlichen Expressionssystemes beachtet werden?

Ein Expressionssystem besteht aus einem Vektor (Plasmid) und einem Wirt, die zusammen harmonieren müssen. Als Wirt benutzt man sehr häufig das Bakterium *Escherichia coli*, da es sich sehr leicht kultivieren lässt. Der größte Vorteil von prokaryotischen Expressionssystemen ist die hohe Proteinproduktion der Bakterien. Als Expressionsvektoren werden sogenannte Klonierungsvektoren eingesetzt, die aufgrund ihrer speziellen Konstruktion nach Einbringen in eine geeignete Wirtszelle die Transkription und Translation des in den Vektor ligierten Fremdgens erlauben.

Ein effizienter Expressionsvektor muss eine Anzahl wohl aufeinander abgestimmter Genelemente haben. Diese sind: Promotor, Antibiotika-Resistenzgen (als Selektionssystem), Replikationsursprung (Ori), Transkriptionsterminator, Enhancer, Shine-Dalgarno-Sequenz (nur Bakterien – Ribosomenbindungsstelle). Hierbei kommt es nicht nur auf die Natur der einzelnen Elemente selbst an, sondern auch auf die Lage und Orientierung dieser Genelemente zum einklonierten Wunschgen (Abb. 2.11). Die Anforderungen an Promotoren sind in Tab. 2.9 zusammengefasst.

Des Weiteren sind für eine optimale Proteinausbeute folgende Einflussgrößen noch wichtig:

mRNA Stabilität: Eine schnelle mRNA-Rückbildung kann die Proteinausbeute beeinträchtigen. Dies kann durch die Einführung von Haarnadelstrukturen an der 5′- bzw. 3′-Region der mRNA verhindert werden.

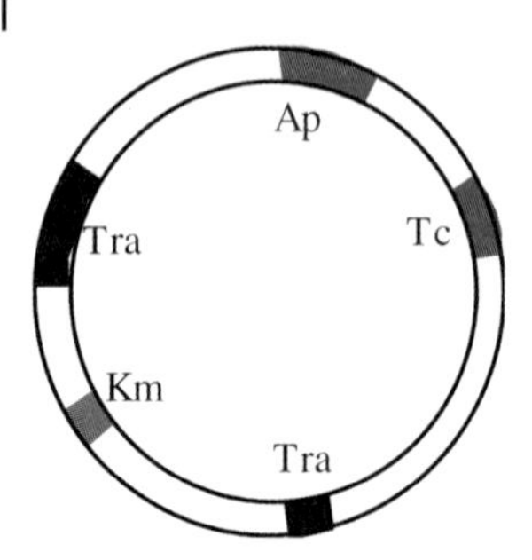

Abb. 2.11 Genkarte des Resistenzplasmids RP4. In RP4 wurden zwei Regionen gefunden, die tra-Gene tragen, ein großes und ein kleines tra-Fragment. Diese sind für die Konjugation verantwortlich. Gene, die für die Resistenz gegenüber den Antibiotika Ampicillin (Ap), Tetracyclin (Tc) und Kanamycin (Km) codieren, sind auf dem Plasmid verteilt [10].

Tabelle 2.9 Anforderungen an die Promotoren [15].

Anforderung an Promotoren:	**starke Proteinproduktion** **steuerbar; ausschalten von Inhibitoren** **einfach und rentabel einsetzbar**		
Optimierung:	**starke, regulierbare Promotoren**		
	Promotor	Regulation	Induktion
	lac	*lacI*	IPTG
		lacIts	thermisch
	trp	–	Tryptophan
	*tet*A		Tetracyclin

Codongebrauch: Auf wirtsspezifische Codonnutzung achten, gegebenenfalls Codons in der codierenden Sequenz anpassen.

Optimierung der Fermentation und des Downstream-Processing: Transkriptionen, die durch starke Promotoren aktiviert werden, müssen durch ein Terminationssignal inhibiert werden [15].

Es ist bekannt, dass kontinuierliche Transkription von starken Promotoren in die Replikationsregion des Vektors infolge Überproduktion des ROP-Proteins das Plasmid destabilisieren. Transkriptionsterminatoren hingegen steigern die Plasmid- sowie mRNA-Stabilisation und erhöhen damit die Proteinproduktion (Abb. 2.12).

Einzelne Struktureigenschaften am 5′-Ende der mRNA haben einen starken Einfluss auf die Effizienz der Translation der mRNA. Bis heute wurde noch keine translationsinitiationsübereinstimmende Sequenz identifiziert. Es wurden aber verschiedene Strategien entwickelt, um mögliche Sekundärstrukturen am 5′-Ende

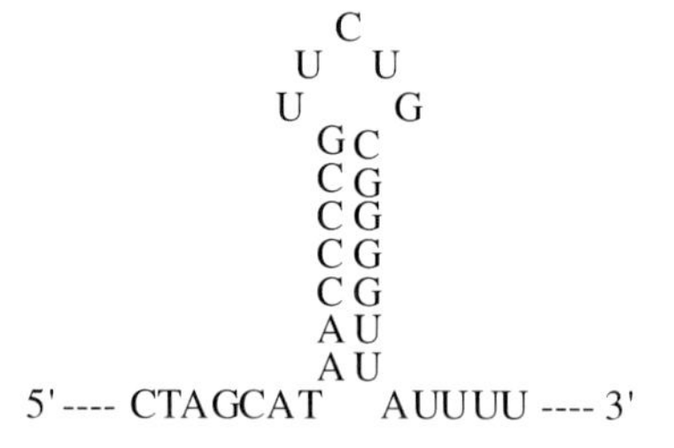

Abb. 2.12 Sekundärstruktur für ein Terminationssignal in der Transkription (Hairpin-Struktur).

des Transkriptes zu erkennen. Dies beinhaltet die sogenannte *ribosome binding site* (RBS) mit der Shine-Dalgarno-Box.

Escherichia-coli-Expressionsvektoren enthalten noch Translationsverstärker vom T7-Phagen in der 5′-untranslatierten Region (UTR) der mRNA. Als Translationsterminatoren werden in *Escherichia-coli*-Vektoren alle drei Stop-Codons verwendet.

Bei der Wahl eines Expressionssystemes im Rahmen der Entwicklung eines biotechnologischen Prozesses muss mit Sorgfalt vorgegangen werden, denn dadurch wird das Verfahren, also der technische Aufwand, wesentlich geprägt. Scheinbar einfache Expressionssysteme mit *Escherichia coli* gestalten die Fermentationsstufe oft sehr einfach, verlangen aber in der Aufarbeitung größte Anstrengungen, um z. B. aus einem *inclusion body* ein natives Protein zu gewinnen (s. auch Kapitel 10).

Als Wirte in eukaryotischen Expressionssystemen werden wegen ihrer einfachen Kultivierung sehr häufig Hefen (Einzeller) eingesetzt. Des Weiteren finden Insektenzellen (Baculovirus-System) und Säugetierzellen Anwendung. Oft müssen für die Erzeugung bestimmter Humantherapeutika Säugetierzellen eingesetzt werden, da eine korrekte posttranslationale Modifikation notwendig ist.

Für die effektive Bioverfahrensentwicklung sind daher Optimierungsmöglichkeiten von Säugetier-Expressionssystemen vonnöten. Die Stärke der Proteinpro-

Tabelle 2.10 Einige Parameter, die für die Stärke der Expression eines einklonierten Gens wichtig sind [15].

Parameter	Wirkungsweise
Transkriptionseffizienz	Der Einfluss der chromosomalen Nachbarschaft des einklonierten Gens (Promotoren, Enhancer, Methylierung, Struktur des Chromatins) Promotor, Enhancer des klonierten Gens Anzahl der Kopien des klonierten Gens
RNA-Prozessierung und Transport	Capping (Anhängen eines 7-Methylenguanosin-Rests am 5′-Ende der mRNA) Spleißen Polyadenylierung Transport ins Cytoplasma
mRNA-Umsetzung	RNA-Sequenzen und Peptidsequenzen haben Einfluss auf die mRNA-Stabilität Kürzen des PolyA-Schwanzes Anwesenheit der Cap-Struktur
Translationseffizienz	Sekundärstrukturen (Hairpin) Cap-Struktur Modifikation der Translationsfaktoren AUG 5′-UTR Bindung von Repressoren auf der mRNA allgemeiner Translationsstatus der Zelle polyA-Modifikation Anwesenheit von *antisense*-RNA
Proteinstabilität	Einführung einer oder mehrerer Aminosäuren am *N*-Terminus des Proteins Fusionsproteine

duktion in Säugetierzellen hängt von einigen grundlegenden Parametern ab, die in Tab. 2.10 aufgeführt sind.

In den meisten Anwendungen von Expressionsvektoren sind die einklonierten Wunschgene unter die Kontrolle eines starken Promotors gestellt. Dies sind bei Säugetierzellen oft virale Promotoren bzw. virale Vektorsysteme. Gleichzeitig ist es vorteilhaft, die Genexpression zu regulieren, da bei zu starker Proteinproduktion der Wirtszelle sehr viel Energie entzogen wird.

2.3.3.1 Transkriptionsbestimmende Elemente

Chromatin Eukaryotische DNA liegt im Innern des Zellkernes nicht frei, sondern als ein Komplex mit Proteinen vor. In erster Näherung bildet das Chromatin ein dichtes Fadenknäuel, das entweder relativ locker (Euchromatin) oder an anderen Stellen fest gepackt oder auch hoch kondensiert ist (Heterochromatin). Damit Gene transkribiert werden können, muss sich die DNA dekondensieren. Nur so sind die Gene für die RNA-Polymerase zugänglich.

Die Kern-DNA eukaryotischer Zellen ist in Chromatindomänen mit Längen zwischen 5 und 200 kb organisiert. Diese Domänen beinhalten Schleifen, die aus einzelnen oder mehreren Genen bestehen. Die Struktur dieser Schleifen hat Auswirkungen auf die Expression der in ihnen enthaltenen Gene.

SAR-Elemente der DNA Die Basis einer Chromatinschleife bindet an Proteine des inneren Kerngerüstes. Die Bindung erfolgt über spezifische DNA-Regionen, über sogenannte SAR- oder MAR-Elemente (*scaffold attachment regions, matrix attachment regions*). Diese Regionen beinhalten DNA-Abschnitte aus 250–1500 Basenpaaren, die AT-reich sind. Es wird angenommen, dass es gerade die AT-reiche DNA-Region ist, die die spezifische Bindung an Kernmatrix-Proteine vermittelt.

Isolierungen von SAR-DNAs haben gezeigt, dass diese Elemente die Aktivität von Enhancer und Promotor steuern. Dies funktioniert nur, wenn sie in das Wirtschromosom integriert werden. SAR-Elemente können also zur Verbesserung von Expressionsvektoren benützt werden [15].

***Locus-control*-Region (LCR)** Diese wichtige Genregion wurde bei der Untersuchung der Globin-Genexpression entdeckt (Abb. 2.13). Sie ist für die verschiedene Packungszustände des Chromatins bzw. der DNA mit verantwortlich. Diese Region ist sensitiv für verschiedene Nucleasen, dies führt zu einer Auflockerung des Chromatins.

Daneben gibt es noch Stellen im Chromatin, die hundert- oder tausendmal empfindlicher gegenüber einem Angriff von DNAse I sind. Dabei handelt es sich um hypersensitive Stellen. Diese Stellen findet man in allen aktiven Genen im Bereich des Promotors oder der Enhancer (Abb. 2.14).

Regulation der Gen-Expression Eine kontrollierte Gen-Expression ist sehr wichtig für die Herstellung von rekombinanten Proteinen und die Erforschung der Funktion einzelner Proteine im Organismus. Sie kann nur mit regulierbaren Promotoren erreicht werden, die auf Zusätze im Medium reagieren. Das erste Genexpressions-

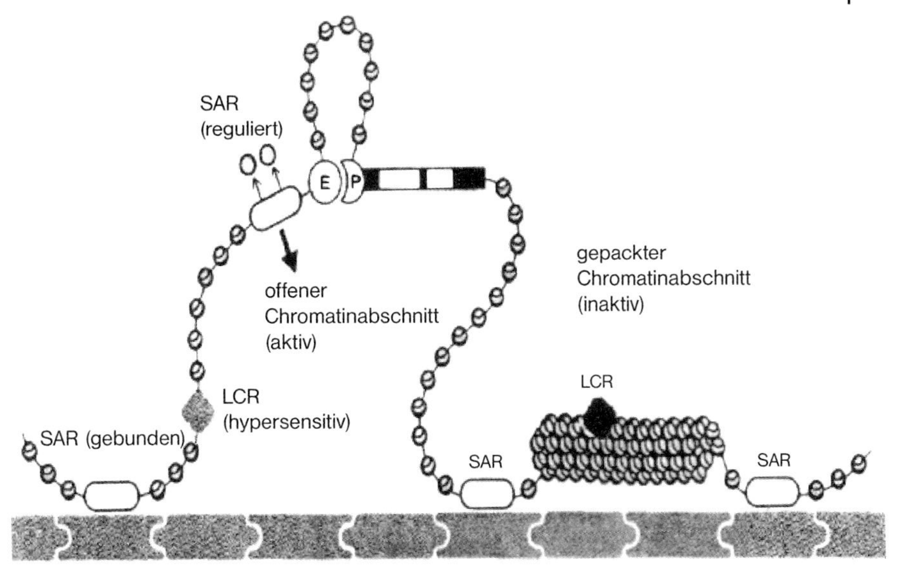

Abb. 2.13 Locus-control-Region (LCR): Diese wichtige Region ist für die verschiedenen Packungszustände des Chromatins bzw. der DNA mit verantwortlich. Dadurch, dass diese Region sensitiv für verschiedenen Nucleasen ist, führt dies zu einer Auflockerung des Chromatins [15].

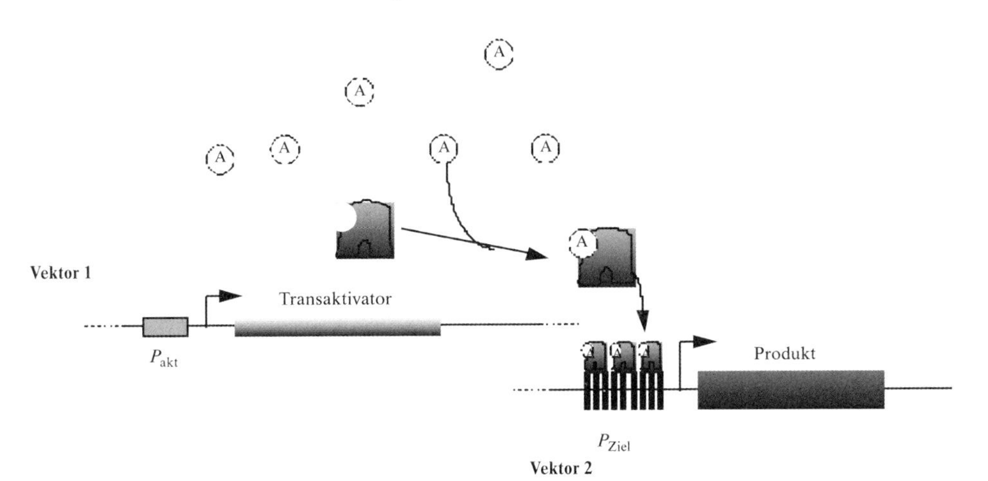

Abb. 2.14 Transaktivator-Promotor-Kombination. Solch ein System mit zwei Vektoren erlaubt eine hocheffiziente regulierte Genexpression. Vektor 1 ist der regulatorische Vektor und Vektor 2 ist der Expressionsvektor. Ein Transaktivator (T) besitzt eine heterologe DNA-Bindungsdomäne (um eine ungewollte Aktivierung von endogenen Genen zu vermeiden), eine Region, an der die regulatorische Substanz Tetracyclin (A) binden kann, und eine Transkriptionsaktivationsdomäne. Der Promotor für den Transaktivator (Pakt) ist vorgeschaltet. Am Expressionsvektor sitzt der Zielpromotor (Pziel), dieser beinhaltet eine Transaktivator-Bindungsdomäne und downstream einen Minimal-Promotor, von welchem das Zielgen transkribiert wird [15].

system, das für Säugetierzellen entwickelt wurde, basierte auf dem lac-Operator von *Escherichia coli.* Jedoch lieferte dieses regulierbare System in den meisten relevanten Zelllinien nur eine relative geringe Proteinausbeute.

Die meisten zurzeit benutzten, regulierbaren Expressionssysteme basieren auf einer Promotor-Transaktivator-Kombination (Abb. 2.14). Eine effiziente regulierte Expression wurde durch eine Kombination von einem prokaryotischen Tetracyclin-Repressor und einen Promotor, der durch diesen Transaktivator geregelt wird, erzielt. Dies wird durch zwei Vektoren realisiert.

In einigen Zelllinien, die auch kommerziell verfügbar sind, wurden so sehr hohe Expressionsraten erreicht.

2.3.4
Produktionssysteme für rekombinante Proteine

Für die Herstellung rekombinanter Proteine stehen verschiedene Vektor-Wirt-Systeme zur Verfügung. Prokaryotische Expressionssysteme sind im Allgemeinen gut geeignet, um rekombinante Proteine zu erzeugen. Außerdem sind Bakterien in der Lage, große Mengen an Protein in kurzer Zeit zu bilden. In vielen Fällen sind jedoch eukaryotische Proteine, die in Bakterien gebildet werden, instabil oder zeigen keine biologische Aktivität. Außerdem besteht die Gefahr der Verunreinigung mit Endotoxinen [15].

Für jedes Zielmolekül bzw. Zielprotein ist es notwendig, das passende Expressionssystem zu wählen. Die Wahl entscheidet auch darüber, mit welchem Aufwand die einzelnen Verfahrensstufen verbunden sein werden (Kapitel 10). Für die Biosynthese von Membranproteinen sind im Vergleich zu löslichen Proteinen nicht nur die Transkription und die Translation, sondern auch die Faltung (räumliche Struktur) und die Insertion (Einbindung) des Proteins in die Membran von Wichtigkeit. Liegen die erforderlichen Faltungsstrukturen und die notwendige Insertion nicht zu Beginn, d. h. nach der Synthese vor, so muss man mit erheblichen Aktivitätsverlusten in den dafür erforderlichen Verfahrensschritten rechnen. Wählt man hingegen ein Expressionssystem, das bereits die richtigen Faltungsstrukturen formt, so ist die nachfolgende Aufarbeitung weit weniger aufwendig. Eukaryotische Membranproteine werden kotranslational in die ER-Membran eingebaut und falten sich dort in ihre endgültige dreidimensionale Konformation. Bei diesem Faltungsprozess sind oft molekulare Chaperone, wie BiP (*heavy chain binding protein* aus der Hsp-70-Familie der Hitzeschockproteine), Proteindisulfid-Isomerase oder Calnexin beteiligt [16]. In welcher Art und Weise welche Chaperone überhaupt am Faltungsvorgang Anteil haben, ist noch wenig aufgeklärt. Sind für eine Faltung ganz besonders spezielle Proteine erforderlich, so ist eine heterologe Überproduktion kaum denkbar. Nahezu alle eukaryotischen Zelloberflächenproteine sind glykosyliert. Die Glykosylierung kann für die Funktion des Proteins, für seine richtige Faltung und für den Transport zum Bestimmungsort von Bedeutung sein. Auch andere posttranslationale Modifikationen, wie die Phosphorylierung oder die Palmitylierung, können für die Funktion von Membranproteinen wichtig und am Übergang in bestimmte funktionelle Konformationen beteiligt sein. Die

Überexpression kann dann nur in Systemen erfolgen, die zu diesen posttranslationalen Modifikationen fähig sind. Bei Membranproteinen ist daher prinzipiell die homologe der heterologen Expression vorzuziehen.

Als niedere eukaryotische Organismen vereinen Hefen als Expressionssystem die Vorteile bakterieller Systeme mit den Charakteristika eukaryotischer Genexpression. Membranproteine werden kotranslational in die ER-Membran eingebaut und gegebenenfalls posttranslational modifiziert. Die Kultivierung der Hefen ist im Vergleich zu höher entwickelten eukaryotischen Zellen technisch einfach und dadurch auch eher wirtschaftlich durchführbar. Das schnelle Wachstum und die einfachen genetischen Manipulationen ermöglichen die Durchführung vieler Expressionsversuche innerhalb kurzer Zeit. Zur Expression heterologer Gene wird aufgrund der großen Erfahrung meist *Saccharomyces cerevisiae* verwendet [16].

***Escherichia coli* (*E. coli*)** Das Bakterium *Escherichia coli* (benannt nach dem deutschen Mediziner T. Escherich, * 1857, † 1911) gehört zur Familie der Enterobacteriaceae. Diese Familie hat folgende Merkmale: gramnegativ, durch peritrich inserierte Geißeln gut bewegliche kurze Stäbchen, keine Sporen. Sie verfügen über Hämine (Cytochrome und Katalase) und sind fakultativ aerob, vermögen also sowohl durch Atmung (aerob) als auch durch Gärung (anaerob) Energie zu gewinnen (auch Abschnitt 2.2). Hinsichtlich ihrer Ernährung sind sie durchwegs anspruchslos. Sie wachsen auf einfachen synthetischen Nährlösungen, die Mineralsalze, Kohlenhydrate und Ammoniumsalze enthalten [10]. Die Vergärung von Glucose geht unter Säurebildung vor sich („gemischte Säuregärung", „Ameisensäure-Gärung"). *Escherichia coli* kann auch auf Lactose wachsen, da es wie andere coliforme Bakterien und Milchsäurebakterien Lactose mittels β-Galactosidase zu spalten vermag [17].

Die Vorteile von *Escherichia coli* liegen in seiner kurzen Generationszeit, den vielseitigen Möglichkeiten, den Organismus genetisch zu manipulieren, und der Entwicklung von zahlreichen Hochleistungsexpressionssystemen zur Produktion von Fremdproteinen. *Escherichia coli* ist außerdem genetisch stabil. Weiterhin besteht die Möglichkeit zur Hochzelldichte-Fermentation. Die Vorteile zur Verwendung von *Escherichia coli* als Produktionssystem sind in Tab. 2.11 zusammengefasst.

Obwohl die Wahl des Produktionssystems für rekombinante Proteine meist auf *Escherichia coli* fällt, hat das System auch einige Nachteile. Zum einen enthält *Escherichia coli* eine hohe Konzentration von Endotoxinen. Weiterhin kommt es bei der Überproduktion von Fremdproteinen zur Bildung von unlöslichem Protein in der Zelle (*inclusion bodies*), und das *N*-terminale Methionin kann nur unvollständig synthetisiert werden. Dem Organismus fehlen weiterhin posttranslationale Modifikationssysteme, die in manchen Fällen zur Produktion von biologisch aktiven Proteinen benötigt werden. Die Nachteile sind ebenfalls in Tab. 2.11 zusammengefasst [17].

In den meisten Fällen war es jedoch bisher möglich, den Schwierigkeiten, die bei der Produktion von Fremdproteinen in *Escherichia coli* auftreten, zu begegnen.

Tabelle 2.11 Vor- und Nachteile der Produktion von rekombinanten Proteinen in *Escherichia coli* [18].

Vorteile	Nachteile
vielseitiges genetisches System	hohe Endotoxinkonzentration
Konjugation	Proteine können nur in Ausnahmefällen in das Medium ausgeschleust werden
einfache Transformation	in großen Mengen exprimierte Proteine sind oft unlöslich und müssen aus der denaturierten Form zurückgefaltet werden
einfache Transfektion	*N*-Terminus degradiert
voraussagbare Expressionssysteme	Proteasen bauen Fremdproteine ab
kurze Generationszeit	keine posttranslationale Modifikation von Proteinen
Hochzelldichte-Fermentation möglich	Glykosylierung
genetisch stabil	*N*-terminale Modifikationen:
preiswerte Medien	• Pyroglutaminsäure
hohe Produktivität	• N-terminale Acylierung
	• Fettsäureacylierung
	C-terminale Amidierung

Ermöglicht wurde dies u. a. durch die Ausarbeitung von Reinigungsschritten, die sich mit der Entfernung von Endotoxinen und mit der Aufarbeitung von *inclusion bodies* befassen.

Außerdem wurden spezifische Proteasen und Sekretionssysteme für eine korrekte Synthese des *N*-Terminus entwickelt. Posttranslationale Modifikationen können, sofern sie nur einen einfachen enzymatischen Schritt erfordern, *in-vitro* durchgeführt werden. Die Lösungsmöglichkeiten sind in Tab. 2.12 dargelegt [17].

Tabelle 2.12 Möglichkeiten, die Nachteile von *Escherichia coli* als Produktionssystem für rekombinante Proteine auszugleichen [18].

Nachteil	Lösungsmöglichkeit
Endotoxine	Eliminierung durch die Ausarbeitung von Reinigungstechniken (Chromatographie)
unlösliche Proteine	Unlöslichkeit kann als Vorteil für die Aufreinigung verwendet werden
	Ausarbeitung von Methoden zur Rückfaltung von Proteinen
	Ausarbeitung von Reinigungsprotokollen zur Lösung als korrekt gefaltetes Protein
N-terminale Prozesse	spezifische Proteasen
	Cathepsin C
	Faktor Xa
	Ubiquitin/Ubiquitin-Hydrolase
	Sekretionssysteme
Isolation von proteasenegativen Stämmen	
Posttranslationale Modifikationen	*In-vitro*-Reaktionen

Ein bekanntes Expressionssystem ist das sogenannte T7-Expressionssystem. Dieses System beruht auf der Verwendung des Promotors und der RNA-Polymerase des Bakteriophagen T7. Es zeichnet sich durch die hohe Spezifität und Aktivität der T7 RNA-Polymerase aus. Die T7 RNA-Polymerase kann bis zu fünfmal schneller RNA-Ketten synthetisieren als *Escherichia coli* RNA-Polymerase [19]. Dieses System wird z. B. zur Produktion von Mistellectin verwendet (Abschnitt 10.3) [17].

Als Wirtsbakterium für die Expression von Mistellectin wurde der *Escherichia coli* B-Stamm BL21(DE3) verwendet (F^- *omp*T [*lon*]*hsd*$S_B(r_B^- m_B^-)$ *gal dcm*). Dieser Stamm hat den Vorteil, dass er als sogenannter B-Stamm einen Defekt in der *lon*-Protease und der *omp*T-Außenmembranprotease besitzt, die Proteine während der Aufreinigung abbauen können. Daher kann erwartet werden, dass Fremdproteine, welche in *Escherichia coli* BL21 exprimiert werden, stabiler sind als in anderen Wirtsstämmen, die diese Proteasen enthalten. Der BL21- (DE3-)Stamm ist ein DE3-Lysogen, d. h. die DNA des Bakteriophagen DE3 ist hier in das *Escherichia-coli*-Chromosom integriert. Der Bakteriophage DE3 ist ein Derivat des Phagen Lambda, das die Immunregion des Phagen 21 und ein DNA-Fragment enthält, welches aus dem *lac*I-Gen, dem *lac*UV5-Promotor, dem Anfang des *lac*Z-Gens und dem Gen für die T7 RNA-Polymerase besteht. Dieses Fragment ist in das *int*-Gen eingefügt. Durch diese Inaktivierung des *int*-Genes kann sich der DE3-Phage nicht selbständig aus dem Wirtschromosom ausgliedern (Excision) oder wieder integrieren (Insertion). Die Transkription der T7 RNA-Polymerase wird in diesem Lysogen allein durch den *lac*UV5-Promotor kontrolliert, der sich durch Allolactose oder β-D-Thiogalactopyranosid (IPTG) induzieren lässt. Die T7 RNA-Polymerase wird hierbei von ihrem eigenen Translationsstart aus produziert und nicht als Fusionsprotein mit dem Anfang des lacZ-Genes [19].

Für die rekombinante Produktion der A-Kette bzw. der B-Kette des Mistellectins enthält der Stamm einen pT7-7-Vektor, in den die A-Kette bzw. B-Kette codierende DNA-Sequenz kloniert wurde. Dieser Vektor enthält den T7-Promotor, der in die *Bam*HI-Schnittstelle des pBR322-Plasmids integriert wurde. Die Orientierung ist dabei so gewählt, dass die Transkription gegen den Uhrzeigersinn erfolgt. Während der Abwesenheit der T7 RNA-Polymerase ist die Transkriptionsrate des klonierten Fremdproteins nur sehr gering. Zusätzlich enthält dieser Vektor Gene für eine Ampicillinresistenz [17].

Die Induktion der Proteinexpression läuft nach folgendem Schema ab (Abb. 2.15). Das Regulatorgen R codiert für einen Protorepressor (*lac*-Repressor), der im nichtinduzierten Fall am Operatorgen bindet und somit als negative Kopplung wirkt, die RNA-Polymerisation stört und dadurch die Bildung von T7 RNA-Polymerase behindert.

Ist jedoch der Induktor vorhanden, so ist die Bildung eines Repressor-Induktor-Komplexes wahrscheinlich, und dieser Komplex ist inaktiv. Damit wird gleichzeitig die bisherige Bindung des Protorepressors an den Operator unwahrscheinlich und die Enzymsynthese von T7 RNA-Polymerase gesteigert. Die T7 RNA-Polymerase bindet an den starken T7-Promotor auf dem pT7-7 Vektor und synthetisiert in großen Mengen mRNA für die anschließende Translation (Umsetzung der genetischen Information in Protein) zu Mistellectin.

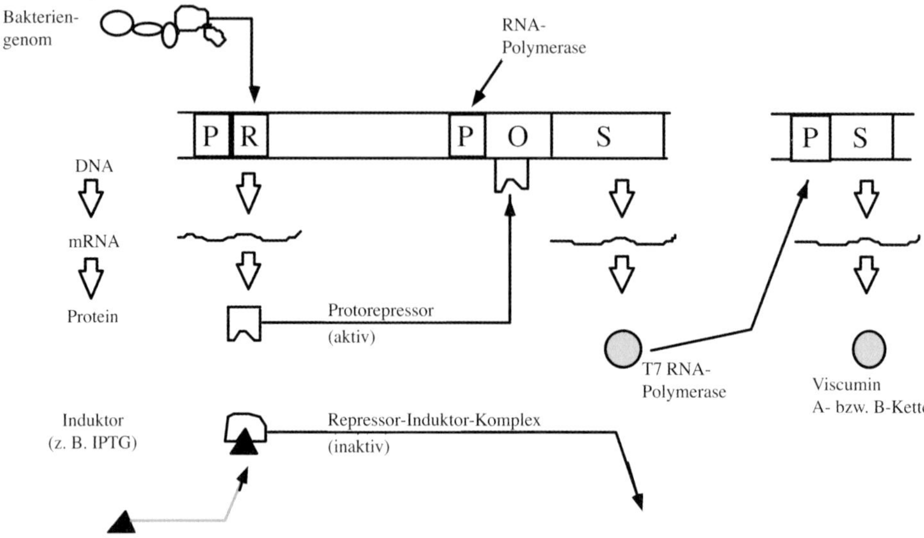

Abb. 2.15 Das Expressionssystem der Mistellectin produzierenden Escherichia-coli-Stämme.

Saccharomyces cerevisiae Die Hefe *Saccharomyces cerevisiae* besitzt die meisten Vorteile von *Escherichia coli*. Sie kann wie *Escherichia coli* leicht genetisch manipuliert werden, wächst schnell und ist ebenfalls für Hochzelldichte-Fermentationen geeignet. Im Gegensatz zu *Escherichia coli* produziert *Saccharomyces cerevisiae* keine Endotoxine, die in großer Menge gebildeten Proteine können häufig ins Medium ausgeschleust werden und bilden in der Regel keine unlöslichen *inclusion bodies*. Jedoch ist die Modifikation (z. B. Glykosylierung) nicht immer identisch mit den aus Plasma oder Gewebe isolierten Proteinen. Eine einzigartige Eigenschaft von *Saccharomyces cerevisiae* und anderen Hefen ist die Bildung von virusähnlichen Partikeln bei der Expression von viralen Antigenen [17].

Baculovirus Die Baculoviridae sind insektenpathogene DNA-Viren, deren Wirte hauptsächlich die Larven von Schmetterlingen (*Lepidoptera*), aber auch von Hautflüglern (*Hymenoptera*), Zweiflüglern (*Diptera*) und anderen Insekten sind. Das am meisten untersuchte Baculovirus, auf dem auch die Mehrzahl der bei dem Baculovirus-Expressionssystem verwendeten Vektoren basiert, ist das Kernpolyedervirus des Eulenfalters *Autographa californica* (AcMNPV). Das Genom dieses Virus wurde bereits vollständig sequenziert (134 kbp). Solche Baculoviren besitzen einen komplexen, biphasischen Lebenszyklus, der zwei morphologisch unterschiedliche Virusformen hervorbringt. Zur Primärinfektion wird eine Einbettung in den polyhedralen Einschlusskörper (Polyhedra) zum Schutz vor Umwelteinflüssen gegenüber einer ungeschützten, nicht eingebetteten Form vorgenommen, wie sie in der Insektenlarve als Sekundärinfektion dient.

Hier ein Beispiel eines häufig eingesetzten Expressionssystems: Zur Expression großer Mengen heterologer RNA und Proteine in eukaryotischen Zellen werden

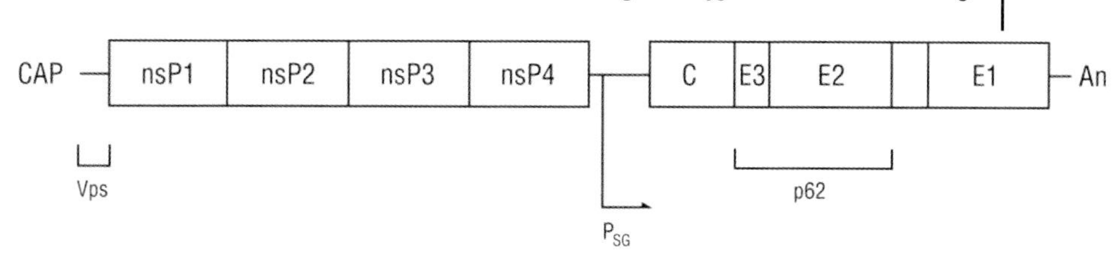

Abb. 2.16 Struktur des RNA-Genoms des Semliki-Forest-Virus (SFV) bzw. des Sindbis-Virus. (CAP, Cap-Struktur; Vps, Verpackungssignal der viralen RNA; nsP1–nsP4, Nichtstrukturgene; PSG, subgenomischer Promotor; C, Gen für das virale Capsidprotein; E1, Gen für das virale E1-Glykoprotein; p62 (E2 + E3), Gen für das virale p62-Strukturprotein; 6K, Gen für das virale 6K-Polypeptid; An, poly(A)-Sequenz).

zunehmend Expressionssysteme eingesetzt, die sich vom Semliki-Forest-Virus (SFV) oder Sindbis-Virus ableiten. Beide Viren besitzen unter Laborbedingungen ein breites Wirtsspektrum. Sie können kultivierte Säuger-, Vogel-, Reptilien- sowie Insektenzellen infizieren und in diesen replizieren, was natürlich von großem Vorteil ist.

Das SFV sowie das Sindbis-Virus gehören zur Familie der Togaviridae. Sie tragen als Genom eine Einzelstrang-RNA positiver Polarität von 11,5 kb (SFV) bzw. 11,7 kb (Sindbis-Virus) (Abb. 2.16).

Nach Infektion einer Zelle mit einem der beiden Viren oder nach Transfektion der viralen RNA in eukaryote Zellen dient das Genom als mRNA. Von ihm werden die viralen Nichtstrukturproteine translatiert, die das (+)-Strang-Genom in (–)-Strang-RNAs umschreiben. Diese RNAs dienen wiederum als Vorlage für die Erzeugung neuer (+)-Strang-Genome. Von den (–)-Strängen werden darüber hinaus subgenomische (+)-Strang-RNAs gebildet. Die Transkription dieser RNAs beginnt an einem sogenannten internen subgenomischen Promotor (P_{SG}). Die subgenomischen RNAs codieren für die viralen Strukturproteine. Strukturproteine und die viralen Genome werden abschließend zu reifen Viruspartikeln zusammengefügt, die von der Zelle freigesetzt werden (Abb. 2.17) [20, 21].

Expression heterologer Proteine unter Einsatz des Semliki-Forest-Virus- und des Sindbis-Virus-Expressionssystems Die SFV bzw. die Sindbis-Virus-Expressionssysteme bestehen aus zwei Komponenten, einem Expressionsvektor und einem Helferplasmid.

Die vom SFV abgeleiteten Expressionsvektoren werden als pSFV 1, 2 oder 3, der vom Sindbis-Virus abgeleitete Expressionsvektor wird als pSinRep5 bezeichnet [22–24]. Diese Expressionsvektoren tragen die cDNA eines defekten SFV bzw. Sindbis-Virus-Genoms unter Kontrolle des Bakteriophage-SP6-Promotors. In der cDNA ist die Region, die für die viralen Strukturproteine codiert, deletiert. Sie enthält jedoch das Verpackungssignal (Vps), die vollständigen Nichtstrukturgene (nsP1–nsP4) des SFV bzw. Sindbis-Virus-Genoms sowie den subgenomischen Promotor (P_{SG}). Hinter diesen Promotor wird das zu exprimierende heterologe DNA-Fragment kloniert (Abb. 2.18).

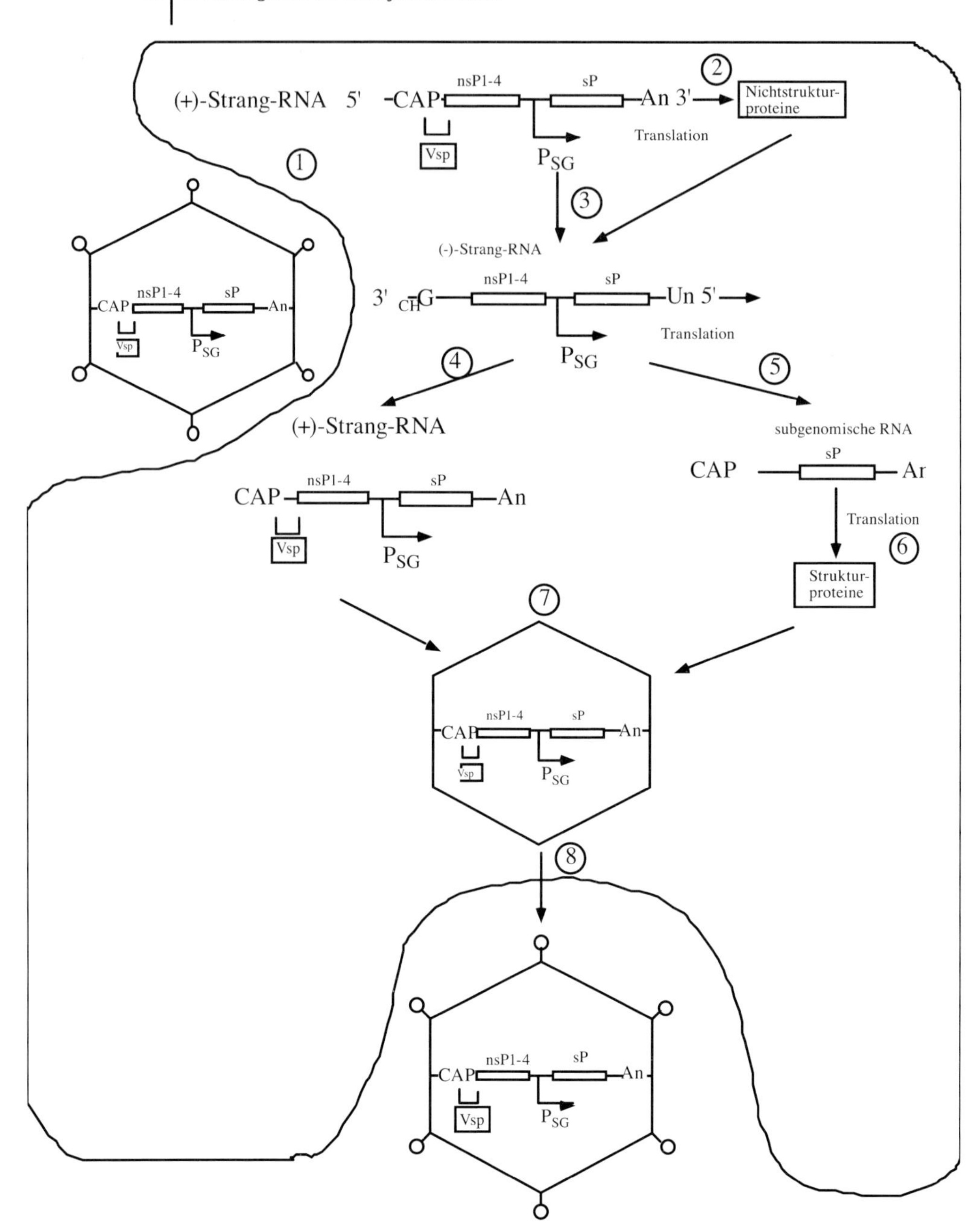

Abb. 2.17 Schema des Replikationszyklus des Semliki-Forest-Virus (SFV) bzw. des Sindbis-Virus 1. Rezeptor-vermittelte Endocytose der Viruspartikel; 2. Synthese der viralen Nichtstrukturproteine (nsP1–nsP4) vom (+)-Strang-RNA-Genom; 3. Synthese der viralen (–)-Strang-RNA; 4. Synthese der genomischen (+)-Strang-RNA (49S RNAs); 5. Synthese der subgenomischen (+)-Strang-RNA; 6. Synthese der viralen Strukturproteine (sP); 7. Bildung der viralen Nucleocapside; 8. Abgabe reifer Viruspartikel.

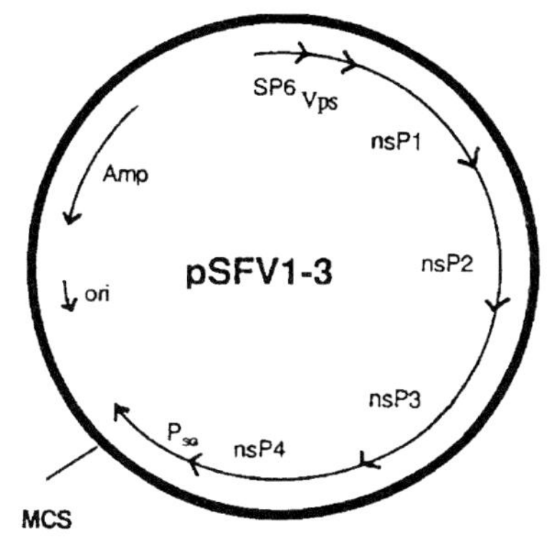

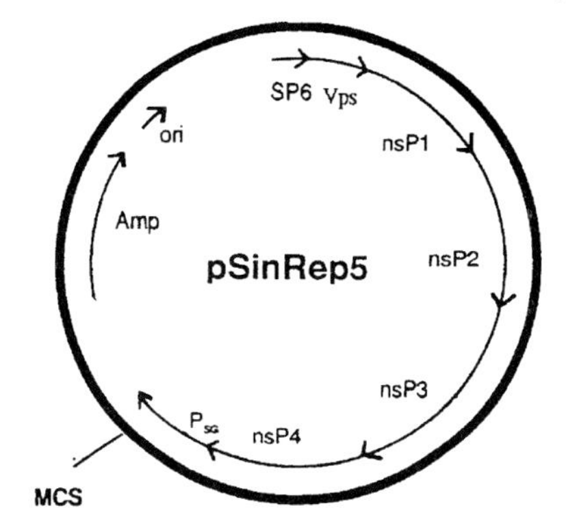

Abb. 2.18 Schematische Darstellung der vom SFV bzw. vom Sindbis-Virus abgeleiteten Expressionsvektoren. Die Expressionsvektoren pSFV1, 2 und 3 tragen das Verpackungssignal (Vps), die Nichtstrukturgene nsP1–nsP4 und den subgenomischen Promotor (PSG) des Semliki-Forest-Virus (SFV). Sie unterscheiden sich voneinander nur durch die relative Position ihrer multiplen Klonierungsstelle (MCS) zum subgenomischen Promotor. Der Expressionsvektor pSinRep5 trägt das Verpackungssignal (Vps), die Nichtstrukturgene nsP1–nsP4 und den subgenomischen Promotor (PSG) des Sindbis-Virus. (Amp, Ampicillinresistenzgen; nsP, Nichtstrukturgene; ori, Replikationsursprung der Plasmide; PSG, subgenomischer Promotor für die In-vivo-Transkription des inserierten heterologen DNA-Fragmentes; SP6, SP6-Promotor für die In-vitro-Synthese von RNA-Transkripten des Vektors; Vps, virales Verpackungssignal.

Die vom SFV abgeleiteten Helferplasmide werden als pSFVHelper1 und pSFVHelper2, das vom Sindbis-Virus abgeleitete Helferplasmid wird als DH-BB bezeichnet [22–24]. In den Helferplasmiden sind die Region, die für die viralen Nichtstrukturproteine codiert, sowie das Signal für die Verpackung der viralen RNA deletiert. Sie tragen jedoch die für die jeweiligen Strukturproteine (sP) codierende cDNA des SFV bzw. Sindbis-Virus unter Kontrolle des Bakteriophage-SP6-Promotors. Während im Fall der Plasmide pSFVHelper1 und DH-BB die Wildtyp-Strukturgene vorliegen, trägt das Plasmid pSFVHelper2 drei Punktmutationen im Gen für das p62-Strukturprotein (Abb. 2.19). Diese Mutationen verhindern die natürliche intrazelluläre Spaltung des p62-Strukturproteins in ein reifes E2-Protein, das die Aufnahme von SFV-Partikeln in die Zelle vermittelt. Viruspartikel, die dieses p62-Strukturprotein tragen, können eukaryote Zellen daher nicht infizieren. Sie können jedoch durch Behandlung mit Chymotrypsin aktiviert werden.

Verfahren zur Expression heterologer Proteine Zur Expression heterologer Proteine in eukaryoten Zellen werden entweder RNA-Transkripte der rekombinanten SFV bzw. Sindbis-Virus-Expressionsvektoren in die Zellen transfiziert oder es erfolgt eine Infektion kultivierter Zellen mit rekombinanten SFV bzw. Sindbis Virus- Partikeln, die mithilfe der genannten Helferplasmide erzeugt wurden. Abbildung 2.20 zeigt beide Verfahren.

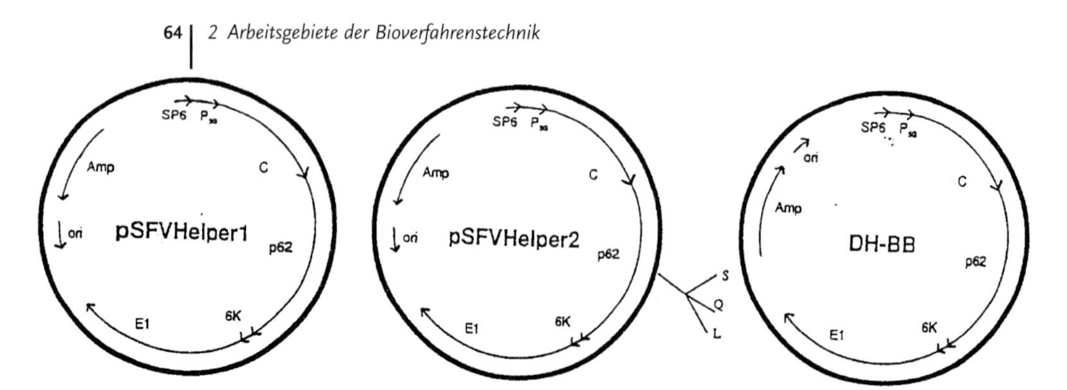

Abb. 2.19 Schematische Darstellung der vom SFV bzw. Sindbis-Virus abgeleiteten Helferplasmide. Die Helferplasmide pSFVHelper1 und pSFVHelper2 exprimieren die Strukturgene (sP) des SFV. Sie unterscheiden sich voneinander nur im p62-Strukturgen. pSFVHelper1 trägt das Wildtyp-Gen, pSFVHelper2 trägt hingegen 3 Punktmutationen (R, Q, L) im p62-Gen. Viruspartikel, die das mutierte p62-Protein in ihrer Hülle tragen, können eukaryote Zellen erst nach Vorbehandlung mit Chymotrypsin infizieren. Das Helferplasmid DH-BB codiert für die Strukturproteine (sP) des Wildtyp-Sindbis-Virus. (Amp, Ampicillinresistenzgen; C, Gen für das virale Capsidprotein; E1, Gen für das virale E1-Glykoprotein; p62 (E2 + E3), Gen für das virale p62-Strukturprotein; 6K, Gen für das virale 6K-Polypeptid; ori, Replikationsursprung des Plasmids; PSG, subgenomischer Promotor; SP6, SP6-Promotor für die In-vitro-Synthese von RNA-Transkripten des Plasmids.

Beim erstgenannten Verfahren wird der linearisierte Expressionsvektor zunächst *in vitro*, unter Einsatz der SP6-RNA-Polymerase, in (+)-Strang RNA-Transkripte umgeschrieben. Diese Transkripte werden anschließend, z. B. durch Elektroporation oder Lipofektion, in die gewünschten Zellen übertragen. In den transfizierten Zellen erfolgt die Expression der viralen Nichtstrukturproteine (nsP) und die Replikation des rekombinanten viralen RNA-Genoms sowie, ausgehend vom subgenomischen Promotor P_{SG}, die Amplifikation der RNA-Transkripte des in den Vektor insertierten heterologen DNA-Fragmentes. Letztere werden translatiert, und es kommt zur Akkumulation des heterologen Proteins in den Zellen. SFV- bzw. Sindbis-Virus-Partikel können in den transfizierten Zellen nicht gebildet werden, da keine viralen Strukturproteine exprimiert werden (Abb. 2.20).

Proteinexpression kann auch durch Infektion eukaryoter Zellen mit rekombinanten SFV- bzw. Sindbis-Virus-Partikeln erreicht werden. Zur Herstellung dieser Viruspartikel werden Expressionsvektor und Helferplasmid an definierten Restriktionsenzym-Schnittstellen (RE) linearisiert, unter Einsatz der SP6 RNA-Polymerase *in vitro* transkribiert und die resultierenden RNA-Transkripte in eukaryote Zellen kotransfiziert. Die von der RNA des Expressionsvektors codierten Nichtstrukturproteine (nsP) erlauben die Replikation der übertragenen Transkripte, die Helfer-RNA-codierten Strukturproteine (sP) ermöglichen die Verpackung der Transkripte des Expressionsvektors in rekombinante, replikationsdefekte Viruspartikel. Diese Viruspartikel werden zur Infektion eukaryoter Zellen eingesetzt. In den infizierten Zellen kommt es erneut zur Expression der viralen Nichtstrukturproteine (nsP), zur anschließenden Amplifikation der rekombinanten RNAs, zu ihrer Translation und letztlich zur Anreicherung des heterologen Proteins. SFV- bzw. Sindbis-Virus-Partikel werden von den infizierten Zellen nicht mehr freige-

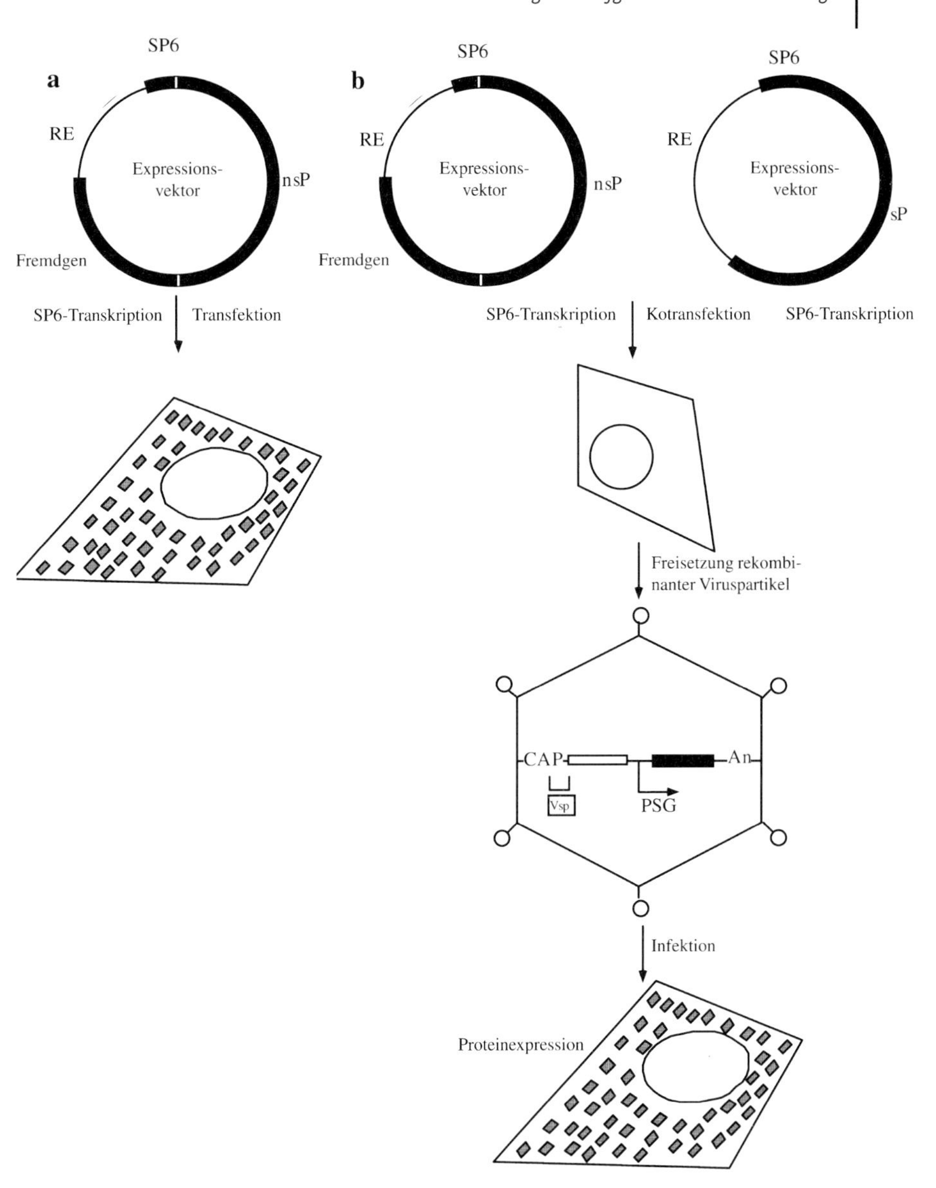

Abb. 2.20 Schematische Darstellung der Verfahren zur Expression heterologer Proteine unter Einsatz des SFV- bzw. Sindbis-Virus-Expressionssystems. a) Transfektion von RNA-Transkripten rekombinanter SFV- bzw. Sindbis-Virus-Expressionsvektoren in eukaryote Zellen: Der Expressionsvektor wird an einer definierten Restriktionsenzym-Schnittstelle (RE) linearisiert und unter Einsatz der SP6 RNA-Polymerase in vitro transkribiert. Die resultierenden RNA-Transkripte werden anschließend in eukaryote Zellen transfiziert. Die Expression der viralen Nichtstrukturproteine (nsP) in diesen Zellen bedingt die Amplifikation der eingeführten rekombinanten RNA-Transkripte sowie, ausgehend vom subgenomischen Promotor (PSG), die Amplifikation von RNA-Transkripten des heterologen Gens (Fremdgen). Diese Transkripte werden translatiert, und es kommt in den Zellen zur Akkumulation des Fremdproteins. b) Infektion eukaryoter Zellen mit rekombinanten SFV bzw. Sindbis-Viren.

setzt, da diese keine viralen Strukturproteine exprimieren (Abb. 2.20b). Allerdings kann in den kotransfizierten Zellen eine Rekombinantion zwischen der RNA des Expressionsvektors und der des Helferplasmids nicht ausgeschlossen werden, die bei Verwendung der Helferplasmide pSFVHelper1 bzw. DH-BB zur Bildung von Wildtyp-Virus führt. Bei Verwendung des Helferplasmids pSFVHelper2 entstehen bei Rekombination keine infektiösen Viren, da das p62-Strukturprotein drei Punktmutationen trägt.

Ein Expressionsvektor und ein Helferplasmid werden an definierten Restriktionsenzym-Schnittstellen (RE) linearisiert, unter Einsatz der SP6 RNA-Polymerase *in vitro* transkribiert und die resultierenden RNA-Transkripte werden in eukaryote Zellen kotransfiziert. Die von der RNA des Expressionsvektors codierten Nichtstrukturproteine (nsP) erlauben die Amplifikation der übertragenen Transkripte, die Helfer-RNA-codierten Strukturproteine (sP) ermöglichen die Verpackung der Transkripte des Expressionsvektors in rekombinante, replikationsdefekte Viruspartikel.

Diese Viruspartikel werden zur Infektion eukaryoter Zellen eingesetzt. In den infizierten Zellen kommt es erneut zur Expression der viralen Nichtstrukturproteine (nsP). Es folgt die Amplifikation der rekombinanten RNAs sowie, ausgehend vom subgenomischen Promotor (P_{SG}), die Amplifikation von RNA-Transkripten des heterologen Gens (Fremdgen). Diese Transkripte werden translatiert, und es kommt in den Zellen zur Akkumulation des Fremdproteins.

2.3.5 Vor- und Nachteile gängiger Expressionssysteme

Die Mühe, die man zu Beginn einer Verfahrensentwicklung in die Auswahl des optimalen Expressionssystems steckt, zahlt sich später in jedem Fall aus, weil doch merkliche Unterschiede zu verzeichnen sind und diese Unterschiede im Einzelfall nur zu Vorteilen werden können. In Tab. 2.13 sind diese Unterschiede in Vor- und Nachteilen für das jeweilige Expressionssystem gegenübergestellt.

Des Weiteren demonstriert Tab. 2.14 deutlich die schon erreichte Vielfalt von Expressionsorganismen. Man muss sich nur im Klaren sein, dass die Wahl für ein System Konsequenzen für den Prozess hat.

Für welches Expressionssystem man sich letzt endlich entscheidet, hängt also von vielen Faktoren ab. Ein wichtiger Gesichtspunkt ist natürlich die Erhöhung der Produktionsrate von aktivem Protein unter möglichst günstigen wirtschaftlichen Bedingungen.

Expressionssysteme im Überblick In Tab. 2.15 sind noch einmal einige Expressionssysteme mit ihren Vor- bzw. Nachteilen gegenübergestellt, damit die Möglichkeit besteht, für den jeweilig vorliegenden Fall das beste zu wählen.

Tabelle 2.13 Für und Wider gängiger Expressionsorganismen.

Expressionsorganismus	Expressionsorganismus
Escherichia coli • prokaryotisch • vielseitig und billig • maßstabsunabhängig gut kultivierbar • schnell und problemlos etablierbar • viele Expressionsvektoren stehen zur Verfügung • nicht gut geeignet für die Überproduktion von polytropen, eukaryotischen Membranproteinen, wegen vorliegender Toxizität der polytropen Membranproteine *Escherichia coli*, nach der Induktion geht die Wachstumsrate auf null • Probleme mit der Faltung und Membraninsertion (nach der Proteinsynthese posttranslationale Form) • Glykosylierung und posttranslationale Modifikationen fehlen	*Saccharomyces cerevisiae* • (niederer) Eukaryot • Membranproteine werden in der ER-Membran posttranslational modifiziert • einfache Kultivierung, maximale Wachstumsrate gleich der von *Escherichia coli* (Bakterien), • dadurch kein Problem mit der Steriltechnik • kostengünstiger Expressionsorganismus • einfache genetische Manipulation • viele Experimente in kürzester Zeit möglich • viele Expressionsvektoren mit induzierbaren oder konstitutiven Promotoren stehen zur Verfügung • proteasedefiziente Hefen stehen zur Verfügung • leider oft geringe Plasmidstabilität, daher große Fermentationsvolumina erforderlich • alternative Organismen: *Schizosaccharomyces pombe, Pichia pastoris, Hansenula polymorpha* oder *Kluyveromyces lactis*
Säugerzellen • homologe statt heterologe Expression • Probleme mit funktioneller Expression möglich • besitzen passende Fähigkeiten, wie z. B. Membraninsertion, Faltung, posttranslationale Modifikation, intrazellulärer Transport der Proteine • langsames Wachstum • aufwendige und damit kostspielige Kultivierung • komplexe, teure Medien • hohes Kontaminationsrisiko • adhärentes Wachstum, niedrige RZAs • stabile Expression oder virales System • die Herstellung stabiler, transformierter Zelllinien ist sehr zeitaufwendig, mehrere Stämme sind erforderlich • häufig wird ein virales System verwendet, z. B. Vaccinia-Virus in Säugerzellen • Vaccinia-Virus, der α-Virus Sunliki Forest • rekombinante Viren sind schnell herstellbar, besitzen einen weiten Wirtsbereich, es stehen viele Zelllinien zur Verfügung, sind aber meist im S2-Bereich anzusiedeln	Insektenzellen • höhere eukaryotische Zellen • stellen einen Kompromiss zwischen Hefen und Säugern dar • wachsen schneller als Säugerzellen und sind einfacher zu Kultivieren • wachsen sowohl adhärent als auch in Suspension • verfügen über viele posttranslationale Modifikationsmöglichkeiten wie Glykosylierung, Palmitylierung, Myristoylisierung, Phosphorylierung, proteolytische Spaltungen • besitzen stabile Transfunktionen und transiente Infektionen durch rekombinante Viren • geringe Produktion im Vergleich zum viral infizierten Bakterium (10 bis 1000-fach) • stabile transformierte Insektenzellexpression, keine Genamplifikation, Eignung zur Charakterisierung von rekombinanten Proteinen • wenig Zeitaufwand für die Herstellung rekombinanter Baculus-Viren, Infizierung verschiedener Zelllinien möglich • Wirtsspektrum ist auf Insektenzellen beschränkt • virales Genom erlaubt große Insertion von mehreren Kilobasen • durch Koinfektion von Zellen mit mehreren rekombinanten Viren sind verschiedene Proteine produzierbar

Tabelle 2.14 Vergleich verschiedener Wirtsorganismen.

Charakteristik	Bakterien	Hefe	Insektenkultur	Säugetierkultur
Zellwachstum	schnell	schnell	langsam	langsam
Komplexität des Kulturmediums	minimal	minimal	komplex	komplex
Kosten der Kulturmedien	niedrig	niedrig	hoch	hoch
Expressionsniveau	hoch	niedrig bis hoch	niedrig bis hoch	niedrig bis mäßig
extrazelluläre Expression	Sekretion ins Periplasma	Sekretion ins Medium	Sekretion ins Medium	Sekretion ins Medium
Posttranslationale Modifikation:				
Proteinfaltung	Nachfaltung erforderlich	Nachfaltung gegebenenfalls erforderlich	vollständige Faltung	vollständige Faltung
N-Glykosylierung	keine	hoch (Mannose)	einfach	komplex
O-Glykosylierung	nein	ja	ja	ja
Phosphorylierung	nein	ja	ja	ja
Acetylierung	nein	ja	ja	ja
Acylierung	nein	ja	ja	ja
γ-Carboxylierung	nein	nein	nein	ja

Tabelle 2.15 Überblick der beschriebenen Expressionssysteme.

Expressionssystem	Vorteile	Nachteile
Sindbis-Virus	• RNA-Replikation im Cytoplasma, dadurch keine Probleme mit Splicing und Transport • einfache Konstruktion eines rekombinanten Virus • adhärente und suspendierte Zellen infiziert • geeignet für Expression *in vivo* • posttranslationale Modifikation von Säugetieren	• hohes Expressionsniveau nicht ideal für Proteinstruktur-Studien • RNA-Arbeiten evtl. schwierig • Expression kann zum Zelltod führen • cDNA muss verwendet werden, kein RNA-Splicing • Proteinproduktion im großen Maßstab, große Viruspreparation erforderlich
lac-induziert	• basiert auf einem gut charakterisierten bakteriellen Regulationssystem (*lac*-Operon) • synthetischer Aktivator (IPTG) nicht giftig, diffundiert schnell in eukaryotische Zellen (4–12 h)	• hohe Grundexpression → Faltung des Wunschproteins nicht sehr robust • zwei Vektor-System • verfügbare Vektoren mit eingeschränkter Klonierungsmöglichkeit
Tetracyclin-reguliert	• basiert auf gut charakterisiertes bakterielles Regulationssystem (*tet*-Operon) • Aktivierung (bzw. Repression) mit Tetracyclin oder Derivaten in kleinen, nicht toxischen Dosen; wird schnell in euk. Zellen transportiert • System auch für transgene Mäuse	• hohe Grundexpression • schwierige Züchtung von dauerhaften Klonen mit verfügbaren Reagenzien • zwei Vektorsysteme: regulatorischer Vektor und Expressionsvektor • verfügbare Vektoren mit eingeschränkter Klonierungsmöglichkeit

Tabelle 2.15 (Fortsetzung)

Expressionssystem	Vorteile	Nachteile
• Baculovirus • (Insektenzellen)	• ähnliche posttranslationale Modifikationen, wie Säugerzellen • hohe Proteinausbeute (1–500 mg/l) • Wachstum bei Raumtemperatur und serumfreies Medium • sicherer als Säugetier-Expressions-Systeme	• Fremdprotein steht unter Kontrolle eines späten viralen Promotors, höchste Aktivität, wenn Zellen durch Virusinfektion sterben
Pichia pastoris (Hefe)	• hohe Wachstumsrate. • hohe Zelldichte (100 g/l) • einfaches Scale-up • klassische Methoden anwendbar • hohe Expressionsrate • Glykosylierung	• für hohe Fremdproteinkonzentration → große Fermenter • Anzahl der Vektoren limitiert • keine vollständige posttranslationale Modifikation
• *trc*-Promotor *Escherichia coli* • (prokaryotisch)	• starker Promotor • mit IPTG und Temperaturerhöhung leicht aktivierbar • Genetik und Physiologie gut bekannt • sehr hohe Fremdprotein-Erträge • hohe Zelldichte • auch in anderen prokaryotischen Wirten einsetzbar	• keine Ausschleusung der Fremdproteine • keine posttranslationale Modifikation • einige *Escherichia-coli*-Stämme potenziell pathogen • Promotor kann nicht komplett ausgeschaltet werden, Nachteil für den Wirt, wenn Protein toxisch

2.4 Stellung und Aufgaben der Zellkulturtechnik

Die Bedeutung der Zellkulturtechnik für die Expression heterologer Proteine im industriellen Maßstab wächst seit Ende der 1980er-Jahre kontinuierlich, ist damit jedoch immer noch eine relativ junge Disziplin.

Dies hat zum einen historische Gründe: Nachdem Harrison 1907 [25] embryonales Gewebe des Frosches über mehrere Wochen kultivierte und das Wachstum von Nervenfasern beobachten konnte, und nachdem Carrel 1912 [26] erfolgreich über mehrere Monate – und später Jahre – embryonales Hühnerherz- und Bindegewebe kultivierte, wurden erst in den folgenden Jahrzehnten passende Methoden der Kultivierung von aus Geweben isolierten Einzelzellen und geeignete Zellkulturmedien (Abschnitt 2.4.6) und Kulturmethoden (Abschnitt 2.4.4) entwickelt.

Ein wesentlicher Fortschritt war auch die einfache Verfügbarkeit von Antibiotika ab Mitte des letzten Jahrhunderts, vor allem bei der Inkulturnahme von primären Geweben und Zellen, aber auch – mit Vor und Nachteilen (Abschnitt 2.4.4.2) – bei der routinemäßigen Kultivierung von Zellen im Labor. Erst ab den 1970er-Jahren waren schließlich zusätzlich zu diesen Methoden auch solche zur genetischen

Veränderung von Zellkulturen (v. a. die Transfektion, Abschnitt 2.4.3; zunächst und heute immer noch oft für funktionelle Expression von Transgenen) so weit entwickelt, dass die technische Herstellung größerer Mengen rekombinanter Proteine auf Basis von Säugerzellen interessant wurde: Graham und Van der Eb [27] beschrieben 1973 die Methode der Calciumphosphat-vermittelten Aufnahme von DNA in Säugerzellen, später folgten Lipofektion [28], Elektroporation [29] und erst in jüngster Zeit virale Techniken [30] und weitere, speziellere Methoden (z. B. Nucleofektion [31]).

Zum anderen gab und gibt es alternative Expressionssysteme (Abschnitt 2.3.4): Prokaryotische Systeme (z. B. *Escherichia-coli*-gestützt) erreichen oft hohe Produkttiter in kurzer Zeit, sind gut verstanden und benötigen einfache und preiswerte Medien; allerdings können sie im Downstream-Bereich Probleme bei der Aufreinigung des rekombinanten Produktes verursachen; z. B. durch *inclusion bodies* oder hohe Endotoxingehalte. Ein weiterer, oft entscheidender Nachteil ist das Fehlen posttranslationaler Modifikationen, ohne die potenzielle Produkte z. B. biologisch inaktiv sein können. Trotzdem gibt es diverse erfolgreich in solchen Systemen hergestellte Produkte, auch das erste zugelassene Biopharmazeutikum wurde in *Escherichia coli* hergestellt (humanes Insulin, Zulassung 1982, Prozess entwickelt von Genentech, Vermarktung durch Eli Lilly unter dem Handelsnamen Humulin).

Einfache eukaryotische Hosts wie *Saccharomyces cerevisiae* besitzen viele Vorteile der prokaryotischen Systeme wie schnelles Wachstum, einfache Handhabung und die Möglichkeit der Hochzelldichte-Fementation, außerdem produzieren sie keine Endotoxine. Leider sind z. B. in *Saccharomyces cerevisiae* hergestellte Säugerproteine nicht immer für den Humangebrauch korrekt posttranslational modifiziert. Trotzdem gibt es auch hier eine Reihe erfolgreicher Produkte, z. B. ein in *Saccharomyces cerevisiae* hergestelltes, rekombinantes Hepatitis-B-Oberflächenantigen (HBsAg) als Hepatitis-B-Impfstoff (Glaxo SmithKline) oder ebenfalls in Hefesystemen produzierte Insuline (Novo Nordisk).

Die Herstellung rekombinanter Proteine in Säugerzellen hat Nachteile wie geringe Wachstumsrate, teure Medien und geringe mechanische Stabilität der Zelle, ihr Hauptvorteil ist jedoch die bessere (wenn auch nicht notwendigerweise völlig korrekte, z. B. bei Herstellung eines menschlichen Proteins in Hamsterzellen) posttranslationale Modifikation und Proteinfaltung. Dies ist der Hauptgrund dafür, dass über die vergangenen Jahre eine Vielzahl von Produktionsprozessen in Säugerzellen entwickelt wurden und bereits jetzt ca. 60 % aller rekombinanten Biopharmazeutika wie monoklonale Antikörper (MABs), Impfstoffe, Hormone, Cytokine, therapeutische Enzyme, Thrombolytika und Blutfaktoren in Säugerzellen hergestellt werden [32].

Unter Zellkulturtechnik versteht man heute im Allgemeinen die Kultivierung von tierischen (und pflanzlichen) Zellen zu Produktionszwecken. Dabei bestehen industrielle Zellkulturen meist aus Einzelzellen in Suspension, die unter sterilen Bedingungen kultiviert werden. In Einzelfällen kann die Kultur auf einem festen Medium als Oberflächenkultur geführt werden (adhärente Zellen, Abschnitt 2.4.2); auch können Zellen auf Microcarriern (Abschnitt 2.4.2.4) adhärent wachsend im Bioreaktor oder in Roller Bottles (Abschnitt 2.4.2.5) kultiviert werden.

Insbesondere monoklonale Antikörper gerieten in den 1980er-Jahren in den Fokus. Die von Köhler und Milstein [33] beschriebene Methode zu ihrer Herstellung basiert auf der Fusion eines Antikörper sezernierenden Lymphoblasten mit einer Myelomzelle. Als neben einer diagnostischen Anwendung auch die als Therapeutikum interessant wurde, waren größere Mengen und eine möglichst weitgehende Humanisierung [34] notwendig. Heute werden chimäre oder humanisierte MABs für den therapeutischen Gebrauch oft rekombinant in CHO- oder NS0-Zellen (Abschnitt 2.4.2) hergestellt. Ca. 25 % aller neuen Biopharmazeutika sind MABs [35].

Trotz des frühen Fokus auf MABs war das erste in Säugerzellen hergestellte Biopharmazeutikum ein Thrombolytikum (tPA, *tissue plasminogen activator*; Genentech, Zulassung 1986), teilweise daher, weil es ein hoch aktives Molekül ist, das im Gegensatz zu MABs in niedrigen Dosen verabreicht werden kann und daher keinen besonders hochtitrigen Herstellungsprozess erfordert. Dieser Prozess war nicht nur der erste, der zur Zulassung gelangte, sondern auch der erste, der mit Säugerzellen in Suspension (CHO-Zellen, Abschnitt 2.4.2) in einem Arbeitsvolumen von 10 000 l im Bioreaktor auf Produktionsstufe arbeitete.

Der Einstieg in das Zellkulturhandling bedarf umfangreicher Kenntnisse der räumlichen und apparativen Voraussetzungen für diese Technologie. Des Weiteren sind zahlreiche Sicherheitsvorschriften und Methoden zum sterilen Arbeiten und zu passenden Reinigungsprozeduren zu beachten bzw. zu erlernen. In der Literatur findet man dazu wertvolle Unterstützung (Einstieg bei [36, 37]).

Die industrielle Zellkulturtechnik zur Herstellung von Pharmazeutika findet außerdem in einem regulierten Umfeld statt, in dem hohe behördliche Anforderungen an die Qualitätssicherung gelten. In diesem Zusammenhang sei für einen Einstieg in die Thematik auf die einschlägige Literatur, v. a. den frei verfügbaren EU-GMP-Guide, verwiesen (http://ec.europa.eu/health/documents/eudralex/vol-4/index_en.htm).

2.4.1 Grundlagen der Zellbiologie

2.4.1.1 Cytologie

Unabdingbar für ein erfolgreiches Arbeiten mit Säugerzellen in Labor und Prozessumfeld ist ein möglichst tief greifendes Verständnis der Charakteristika der in der Kulturschale oder im Bioreaktor befindlichen *cell factories*. Daher sei im Folgenden in sehr gestraffter Form eine kurze Einführung in die Zellbiologie gegeben [37, 38].

Ein lebender Organismus besteht aus Zellen. Im einfachsten Fall vermehren sich einzellige Organismen durch Zellteilung. Bei höheren Lebewesen unterscheiden sich Zellen nach ihrer Funktion im Gesamtorganismus; Gruppen von Zellen erfüllen spezielle Aufgaben – in höherer Ordnung in Form von Organen – und stehen durch komplexe Kommunikationssysteme miteinander in Verbindung. Ausdifferenzierte (Körper-)Zellen sind meist nicht zur Zellteilung fähig.

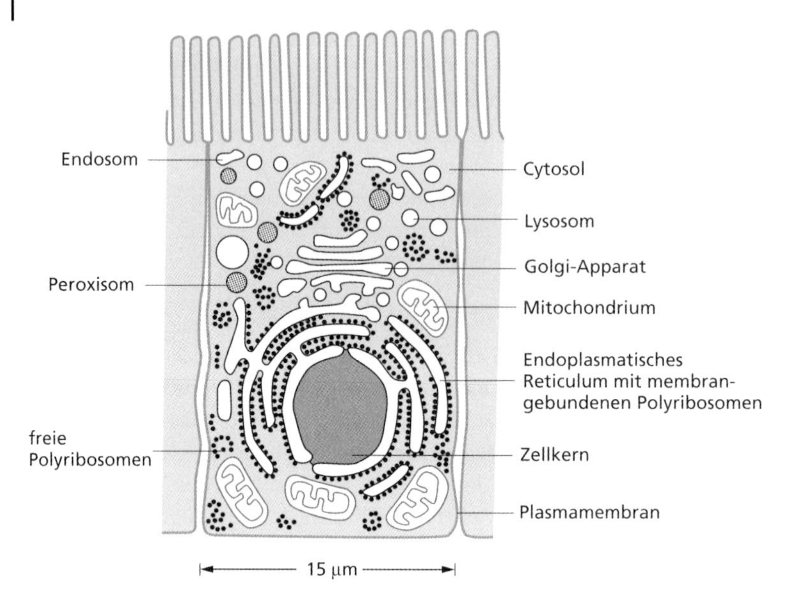

Abb. 2.21 Tierische Zelle: Die äußere Begrenzung einer Zelle ist die Zellmembran. Durch diese Membran muss die Zelle versorgt und sie zum äußeren Milieu hin abgegrenzt werden. Dazu gehört die Fähigkeit zu semipermeablen Transportmechanismen [39].

Der menschliche Körper besitzt etwa 10^{13} Gewebezellen und zusätzlich $3 \cdot 10^{13}$ Blutzellen. Die Cytologie oder Zellbiologie ist der Teilbereich der Biologie, der sich mit Methoden der Mikroskopie, der Molekularbiologie, der Biochemie und verwandter Disziplinen mit der Erforschung zunächst der Morphologie, dann aber auch der Funktion von Zellen beschäftigt. Grundsätzlich beziehen sich die folgenden Ausführungen auch auf Pflanzenzellen und einzellige eukaryotische Lebensformen. Hier wird sich allerdings auf Säugerzellen konzentriert (siehe Abb. 2.21 und 2.22).

Die tierische Zelle gliedert sich in Cytoplasma, Zellorganellen inklusive Zellkern (Nucleus) und die umgebende Plasmamembran. Lichtmikroskopisch können die überwiegend basophilen Zellkerne leicht von dem meist acidophilen Cytoplasma unterschieden werden. Gegenüber ihrer Umgebung grenzt sich die Zelle durch die selektiv permeable Plasmamembran ab.

Ein wesentliches Produkt von Zellen innerhalb eines Gewebes ist die tragende extrazelluläre Matrix, in die Zellen eingebettet sind und die u. a. zur Abgrenzung verschiedener Gewebe, zur Regulierung interzellulärer Kommunikationsvorgänge und zur Zellauflage bzw. -verkittung dient. Die meisten Säugerzellen sind außerdem von einer perizellulären Matrix umgeben, die v. a. aus nicht kovalent verknüpften Kohlenhydraten und Proteinen besteht und deren Funktion nicht völlig geklärt ist.

Zellform Im lebenden Organismus kann die Gestalt von Zellen sehr unterschiedlich sein; langestreckte Nervenzellen unterscheiden sich in ihrer Morphologie z. B. fundamental von Zellen des Darmepithels. In Kultur sind die Unterschiede meist

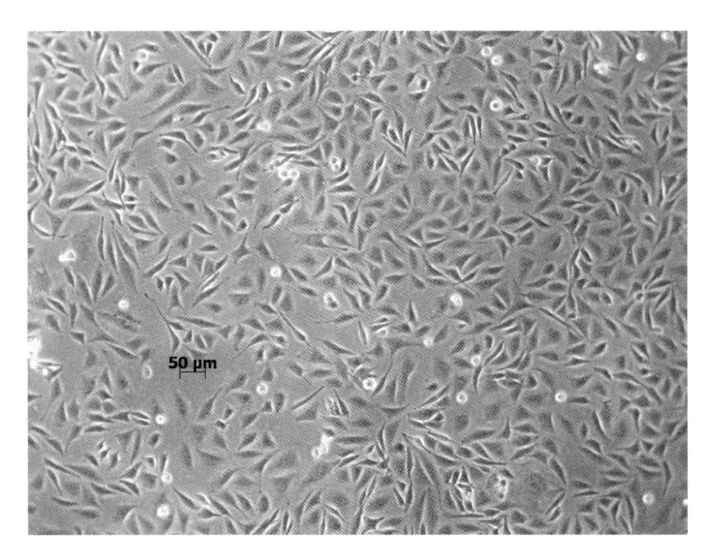

Abb. 2.22 Beispiel einer häufig verwendeten Säugerzelle: CHO (chinese hamster ovary), eine kontinuierliche Zelllinie aus dem Eierstock des chinesischen Hamsters. Fast völlig konfluente Kultur im Phasenkontrastmikroskop. Fibroblastoide/epitheloide Morphologie (Hochschule Mannheim, Ariane Tomsche).

geringer, man unterscheidet bei adhärent, also auf festen Oberflächen wachsenden Zellen, zwischen fibroblastoider, d. h. spindelförmig mehr oder weniger langgestreckter, und epitheloider, d. h. eher kubisch kompakter Morphologie, wobei es je nach Konfluenzgrad, Kulturbedingungen und Position der einzelnen Zelle in der Kultur morphologische Unterschiede geben kann. Trotz dieses Nachteils ist es empfehlenswert, sich mit der Morphologie der bearbeiteten Zelle vertraut zu machen, dies kann bei einer späteren Beurteilung der Zelle helfen (Kreuzkontamination? Veränderte Morphologie als Zeichen weitergehender Transformation? Abkugeln adhärent wachsender Zellen als Zeichen von Stress?).

Zellgröße Die Größe von Zellen ist sehr unterschiedlich. Der Durchmesser von Gliazellen des Nervengewebes beträgt ca. 5 µm, der von Spermien 3–5 µm, von Leberzellen 30–50 µm und der einer menschlichen Eizelle 100–120 µm. Der Durchmesser vieler Zellen in Suspension, d. h. einzeln oder in Klumpen im Nährmedium suspendiert wachsend, bewegt sich in einem Bereich zwischen ca. 10 und 20 µm, bei adhärent wachsenden Zellen ist eine Generalisierung wegen der unterschiedlicheren Morphologie schwieriger, auch hier kann aber dieser Größenbereich als grober Standard angenommen werden.

Zelldifferenzierung Der Begriff Differenzierung beschreibt den Prozess, der zur Expression charakteristischer phänotypischer Merkmale einer Zelle *in vivo* führt. Dieser Prozess kann irreversibel sein wie z. B. die Einstellung von DNA-Synthese im Kern des Erythroblasten oder des differenzierten Keratinocyten oder reversibel wie z. B. die Synthese von Albumin in differenzierten Hepatocyten, die bei Inkulturnahme solcher Zellen oft verloren geht, aber reinduziert werden kann [37]. Als ausdifferenzierte Zellen bezeichnet man solche, bei denen der *In-vivo*-Phänotyp vollständig exprimiert ist und sich nicht weiter in eine bestimmte Richtung entwickelt. Im engeren Sinne sind damit solche Zellen gemeint, die sich *in vivo* nicht wieder zu einem weniger ausdifferenzierten Phänotyp entwickeln können, wie Neuronen oder Skelettmuskelzellen [37].

Zellen, die in Kultur gehalten werden, können Differenzierungsmerkmale verlieren und ihr Phänotyp sich in einen Vorläuferstatus zurückentwickeln. Ein Grund dafür ist, dass (terminale) Differenzierung oft mit Proliferationsstop einhergeht, in Kultur aber solche Zellen einen Selektionsvorteil haben, die sich schnell teilen. Im Zusammenhang mit der Bioverfahrensentwicklung sind v. a. solche (dedifferenzierten) Zellen interessant, die sich vereinzelt in Suspensionskultur robust vermehren und dazu in der Lage sind, möglichst große Mengen eines rekombinanten Proteins zu produzieren.

2.4.1.2 **Zellorganellen**

Eingebettet in das von Zellmembran umhüllte Cytoplasma liegen die Zellorganellen. Zellorganellen im engeren Sinne sind wiederum von einer Membran umschlossene Kompartimente innerhalb dieser Cytoplasmamembran. Dies sind insbesondere Mitochondrien, endoplasmatisches Reticulum, Golgi-Apparat und -Vesikel, Zellkern, Lysosomen und Peroxisomen. Im weiteren Sinne gehören auch intrazelluläre Strukturen, die keine eigene Membran besitzen wie Zentriolen, Ribosomen, Nucleolus und auch das Cytoskelett zu den Zellorganellen. Häufig stellen Organellen Zellkompartimente dar, in denen aufgrund ihrer spezifischen Morphologie und Enzymausstattung ganz charakteristische Reaktionen ablaufen. Im Folgenden wird auf einige wichtige Zellorganellen sowie die Zellmembran und die extrazelluläre Matrix im Überblick etwas genauer eingegangen.

Plasmamembran Die äußere Begrenzung einer Zelle ist die Zellmembran oder Plasmamembran. Die Plasmamembran ist selektiv permeabel für viele biologisch wichtige Komponenten und trennt das Zellinnere von der Umgebung. Eine unbeschädigte Zellmembran ist die Voraussetzung für eine vitale Zelle. Die Zellmembran ist ca. 7,5–10 nm dick. Sie besteht aus einer Phospholipid-Doppelschicht, die im Elektronenmikroskop als trilaminare Struktur (dunkel – hell – dunkel) erscheint. In diese Lipiddoppelschicht sind zahlreiche Proteine integriert. Die Zellmembran ist keine starre Struktur, sondern ein fluides, viskoses System, wobei die Zusammensetzung der verschiedenen Lipide die Viskosität der Membran bestimmt. Sowohl die einzelnen Phospholipide als auch die Membranproteine sind mehr oder weniger frei beweglich, wobei eine starke Temperaturabhängigkeit besteht. Bei 37 °C ist die Viskosität etwa halb so groß wie die von leichtem Maschinenöl, das sind etwa 30 mPa • s.

Unter Gesichtspunkten der Bioverfahrensentwicklung ist u. a. die im Vergleich zur bakteriellen oder Hefezellwand deutlich geringere mechanische Festigkeit der Cytoplasmamembran von Interesse, die Säugerzellen im Bioreaktor scherempfindlich macht. Dies, verbunden mit vergleichsweise geringeren Sauerstoffaufnahmeraten bei Säugerzellkulturen, war ein Hauptgrund für die Entwicklung von schonenden Rührer- und Reaktorgeometrien für Säugerzellreaktoren. In den letzten Jahren hat sich jedoch die Meinung durchgesetzt, dass diese Aspekte in der Vergangenheit überbewertet wurden: Auch mit Reaktoren, die von ihrer Geometrie und Ausstattung her sehr ähnlich solchen für mikrobielle Prozesse sind, lassen sich bei optimiertem Begasungs- und Rührregime Säugerzellprozesse fahren.

Neben den Phospholipiden gibt es weitere Lipidmoleküle in der Doppelschicht, wie z. B. das Cholesterin, das der Stabilisierung der Membran dient. Prinzipiell sind Plasmamembranen immer asymmetrisch aufgebaut, d. h. innere (plasmatische) und äußere (extraplasmatische) Lipidschicht bestehen aus unterschiedlichen Komponenten. Besonders auffällig ist dies bei tierischen Zellen. Ihre Plasmamembran enthält in der extraplasmatischen Lipidschicht viele Glykolipide und Glykoproteine, deren Zuckerreste nach außen ragen und eine eigene Schicht bilden, die sogenannte Glykokalix. Diese ist für viele Funktionen im Bereich der Zellerkennung und der Signaltransduktion von entscheidender Bedeutung.

Die in die Plasmamembran (und ebenso in intrazelluläre Membranen) eingebauten Proteine lassen sich in zwei Gruppen einordnen: in integrale und in periphere Proteine. Der Unterschied zwischen beiden beruht auf dem Grad der Durchdringung der Plasmamembran. So gibt es Proteine, welche einen großen extraplasmatischen Anteil besitzen und nur gering (z. B. mit einer hydrophoben Schleife) in die Membran eintauchen oder z. B. an Membranlipide binden und gar nicht in die Membran selbst eintauchen.

Andere, besonders die kanalbildenden Proteine, durchdringen die Membran vollständig, entweder als *single pass* oder als *multi pass* mit einer bzw. mehreren α-helikalen Domänen oder als *barrel* mit mehreren β-Faltblatt-Strukturen. Allgemein dienen hydrophobe Anteile der Verankerung in der Lipidschicht, während hydrophile Anteile in den Extrazellulärraum oder aber ins Cytoplasma sowie bei Kanalproteinen ins Kanalinnere hineinreichen. Viele dieser Proteine sind Glykoproteine. Membranproteine erfüllen eine Vielzahl von Aufgaben, u. a. Protein-, Aminosäure- und Ionentransport, Verankerung in der extrazellulären Matrix, Signalübertragung (hier hinein fällt die große Gruppe der Rezeptorproteine) etc.

Die Hauptaufgabe der Zellmembran ist es, eine Diffusionsbarriere aufzubauen. Sie kontrolliert über aktive oder passive Transportvorgänge den Ein- oder Austritt von Molekülen. Die Zellmembran ist selektiv permeabel.

Über die Zellmembran können Zellen weiterhin untereinander kommunizieren. Benachbarte Zellen können funktionelle oder mechanische Zellkontakte miteinander eingehen, z. B. durch *tight junctions* oder *gap junctions*, die entweder dem Stoffaustausch, der Zellerkennung oder der Signalverarbeitung dienen.

Zellkern Mit Ausnahme von Erythrocyten haben alle menschlichen Zellen einen Zellkern. Er dient in erster Linie der Speicherung, Replikation und Transkription eines Großteils der zellulären DNA (auch Mitochondrien und die Chloroplasten der Pflanzenzelle enthalten DNA). Der Zellkern kann lichtmikroskopisch nur während der Interphase, also zwischen zwei Zellteilungen (Mitosen), deutlich erkannt werden. Bei sich teilenden Zellen vermischen sich die Bestandteile des Zellkerns mit denen des Cytoplasmas. In der Regel besitzt eine Zelle nur einen Zellkern, bei manchen Zelltypen kommen jedoch zwei oder mehrere Zellkerne vor (Leber, Osteoclasten, quergestreifte Muskulatur). Der Zellkern wird durch eine aus zwei Biomembranen bestehende Kernhülle begrenzt, die mit dem endoplasmatischen Reticulum (s. u.) in Verbindung steht. Er wird durchzogen von einer nucleären Proteinmatrix, dem „Cytoskelett des Kerns“.

Im Zellkern findet außer Transkription und Replikation der DNA auch das Splicen der Vorläufer-mRNA statt. Im Bereich der Nucleoli entstehen aus rRNA und aus dem Cytoplasma eingeschleusten ribosomalen Proteinen Ribosomen-Untereinheiten (s. u.). Die DNA liegt im Zellkern dicht gepackt in Form von Histon-DNA-Komplexen vor, sodass eine große DNA-Menge auf engstem Raum untergebracht werden kann. Die im Zellkern enthaltene DNA ist in Form von Chromosomen organisiert, deren Gesamtheit als Chromatin bezeichnet wird. Man unterscheidet transkriptionsaktives Eu- und verdichtetes, inaktives Heterochromatin.

Herrschte in früheren Jahren die Meinung vor, während der Interphase zwischen zwei Mitosen sei das Chromatin mehr oder minder gleichmäßig unstrukturiert im Zellkern verteilt, weiß man heute, dass auch der Interphasenkern ein hoch komplex organisiertes Gebilde ist, in dem u. a. durch die räumliche Organisation des Euchromatins und seine geordnete Anheftung an die Kernmatrix die Transkriptionsaktivität von Chromatinregionen gesteuert wird. Ein weitreichendes Verständnis der Vorgänge im Zellkern ist für die Erzeugung hoch exprimierender Produktionszellen vorteilhaft (s. z. B. Abschnitt 2.3.3.1).

Mitochondrien Mitochondrien besitzen eine Doppelmembran mit zwischenliegendem Intermembranraum, die den Organell-Innenraum (die mitochondriale Matrix) umschließt. Auf dem ringförmigen mitochondrialen Genom sind rRNAs, tRNAs und einige mitochondriale Proteine codiert. Mitochondrien sind Träger der Enzymsysteme, die es der Zelle ermöglichen, Energie in Form von ATP unter Verwendung von Sauerstoff als terminalem Elektronenakzeptor zu speichern. Die charakteristischen Reaktionsprozesse in den Mitochondrien sind der v. a. Reduktionsäquivalente produzierende Citronensäurecyclus in Kombination mit der oxidativen Phosphorylierung in der Atmungskette sowie die ß-Oxidation der Fettsäuren. Deshalb werden Mitochondrien auch als „Kraftwerke“ der Zellen bezeichnet.

Das Prinzip der ATP-Produktion lässt sich wie folgt vereinfacht darstellen: Nach der Glykolyse, die im Cytoplasma stattfindet, gelangen Reduktionsäquivalente und Pyruvat ins Mitochondrium. Pyruvat wird in den Citronensäurecyclus eingeschleust. Letztlich wird Energie, die in chemischen Bindungen gespeichert ist, durch enzymkatalysierte Reaktionen in einen Protonengradienten zwischen dem Intermembranraum und der mitochondrialen Matrix umgewandelt. Sauerstoff dient bei dieser Kette von Redox-Reaktionen als finaler Elektronenakzeptor. Der Protonengradient treibt ATP-Synthetasen in der inneren mitochondrialen Membran an, welche aus ADP und Phosphat ATP synthetisiert. Dabei gelangen die Protonen wieder in den Mitochondrieninnenraum zurück. Durch diese Reaktion kann die Zelle die Energie, die aus einem Mol Glykosyleinheiten gewonnen werden kann, von 4 Mol aus der anaeroben Glykolyse auf ca. 36 Mol ATP steigern.

Endoplasmatisches Reticulum, Ribosomen, Polyribosomen Das endoplasmatische Reticulum ist ein Membransystem, das mit Röhren und Zisternen netzartig die Zelle durchzieht. Zum Teil ist es mit Ribosomen besetzt und wird dann als raues endoplasmatisches Reticulum (rER) bezeichnet. Bei den Ribosomen handelt es sich um kleine Granula, die aus Proteinen und Ribonucleinsäuren (rRNA) aufgebaut sind und nicht von einer Membran umhüllt werden. Sie kommen außer im Cytoplasma auch in Mitochondrien und Chloroplasten vor. An den Ribosomen findet die Translation, d. h. die Proteinsynthese aus mRNA als Informationsträger und Aminosäuren als Bausteinen statt.

Im Cytoplasma liegen die Ribosomen entweder einzeln vor oder in Form kleiner Ketten, die Polyribosomen oder Polysomen genannt werden, vor. Polysomen sind über ein mRNA-Molekül miteinander verbunden, in diesen Fällen wird die mRNA mehrfach praktisch zur selben Zeit translatiert. An freien (Poly-)Ribosomen werden v. a. Proteine synthetisiert, die später im Zellinneren aktiv sind (z. B. Hämoglobin).

Das glatte endoplasmatische Reticulum erfüllt u. a. Aufgaben im Bereich der Fettsäure- und Lipidsynthese sowie als Calciumspeicher auch im Bereich der Signaltransduktion (oder, in Muskelzellen, bei der calciumvermittelten Kontraktion).

Am rauen endoplasmatischen Reticulum werden Proteine cotranslatorisch durch die ER-Membran ins Lumen des ER transloziert. Im Inneren des ER finden anschließend Proteinfaltung und wichtige Teile der posttranslationalen Modifikation von Proteinen, z. B. die *N*-Glykosylierung, statt. Proteine, die ins ER transloziert werden, gelangen über den Golgi-Apparat weiter an die Zelloberfläche und werden dort sezerniert oder bleiben als membranständige Proteine der Zelle erhalten. Unter Gesichtspunkten der Bioprozessentwicklung ist die Funktion des rauen ER besonders wichtig, sind doch Proteinexport und v. a. posttranslationale Modifikationen einer der Hauptgründe für eine Produktion von Proteinen in Säugerzellen.

Golgi-Apparat Als Golgi-Apparat bezeichnet man die Gesamtheit der je nach Zelltyp unterschiedlich zahlreichen Dictyosomen und Golgi-Vesikel. Die Dictyosomen (oder Golgi-Felder) erscheinen im elektronenoptischen Schnitt als Stapel von Membransäcken, umgeben von zahlreichen Vesikeln. Funktionen des Golgi- Apparats sind u. a. die Synthese von Plasmamembran-Bausteinen und die Bildung von primären Lysosomen.

Im Golgi-Apparat werden weiterhin vom endoplasmatischen Reticulum kommende Transportvesikel verarbeitet. Innerhalb des Golgi-Apparats finden weitere Schritte der posttranslationalen Modifikation von Proteinen statt. Erst so erhalten solche Proteine ihre biologische Funktionsfähigkeit. Vollständig modifizierte Proteine werden meist mittels Exocytose aus der Zelle ausgeschleust.

Lysosomen Bei den Lysosomen handelt es sich um eine sehr heterogene Organellengruppe, die in die unterschiedlichsten Stoffwechselprozesse integriert ist. Lysosomen sind Membranbläschen mit spezieller lytischer Enzymausstattung zur intrazellulären Verdauung. Sie können spezifische Stoffe aussortieren oder weiterbefördern, während andere Stoffe verdaut werden. Die in den Lysosomen entstandenen Abbauprodukte können in das umgebende Cytoplasma weitergegeben und gegebenenfalls wieder verwendet werden.

Andererseits können die Lysosomen auch als Endspeicher nicht abbaubarer Restprodukte dienen. Sie werden dann als Residualkörperchen bezeichnet, die als Pigment - oder Lipofuchsingranula sichtbar werden.

Wenn die Inhaltsstoffe der Lysosomen unkontrolliert ins Cytoplasma gelangen, können durch Autolysevorgänge die Zelle und auch benachbarte Zellen zerstört werden.

Peroxisomen Diese Zellorganellen kommen nicht in allen Zellen vor. Manche Zellen hingegen, wie Leberzellen oder Tubuluszellen der Niere, sind besonders reich an Peroxisomen. Die wichtigste Funktion dieser Organellen besteht darin, dass sie Wasserstoffperoxid bildende oder reduzierende Oxidasen, Katalasen und Peroxidasen enthalten. Sie spielen eine wesentliche Rolle bei der Gluconeogenese und im Fettstoffwechsel.

Cytoskelett Das Cytoskelett ist ein dynamisch auf- und abgebautes, aus Proteinen bestehendes Netzwerk im Cytoplasma von eukaryotischen Zellen. Es werden drei Klassen von Cytoskelettfilamenten unterschieden, namentlich Mikrotubuli, Mikrofilamente und Intermediärfilamente. Sie bilden ein Mikronetz- oder Trabekelwerk und fungieren als Skelett der Zelle, das für ihre mechanische Stabilität, äußere Form, aber auch für Bewegungsvorgänge innerhalb der Zelle (entlang von Skelettfilamenten) und der Zelle selbst (durch Auf- und Abbau von Filamenten) verantwortlich ist. Wichtige Proteine dieses Netzwerkes sind Tubulin, Actin, Myosin, die vielen verschiedenen Keratine, die Nexine, Vimentin, Desmin und die Neurofilamente.

Auch der während Mitose und Meiose ausgebildete Spindelapparat besteht aus Mikrotubuli. Cytoskelettproteine können spezifisch innerhalb verschiedener Zellen ausgebildet sein, sodass sie als Markerproteine dienen können, die im immunhistochemischen Versuch nachweisbar sind.

2.4.1.3 Extrazelluläre Matrix

Zellen innerhalb eines Gewebes müssen mit Nahrung und Sauerstoff versorgt werden, Stoffwechselendprodukte müssen abtransportiert werden. Deshalb ist eine gute Verbindung zwischen den Zellen und den Substrat transportierenden Gefäßen notwendig. Dies erfordert, dass die einzelnen Zellen in geeigneter Form angeordnet sind und entsprechend verankert werden, damit sie auch in dieser Stellung bleiben. Außerdem dürfen die Zellen eines Gewebes bzw. eines Organs nicht zu eng aneinander liegen oder sich gegenseitig quetschen oder sogar zerdrücken. Um diese Funktion zu gewährleisten, muss zwischen den einzelnen Zellen ein Gerüst ausgebildet sein.

Aus diesem Grund bilden Zellen eine extrazelluläre Matrix aus. Die meisten Zellen synthetisieren hochmolekulare Proteine, die aus der Zelle ausgeschleust und in der Zellumgebung zu einem Geflecht oder Netzwerk zusammengesetzt werden. Bei Epithelzellen ist dies die Basalmembran, bei Bindegewebszellen wird dieses Netzwerk, das die Zelle z. T. weitläufig umschließt, als perizelluläre oder extrazelluläre Matrix bezeichnet.

Basalmembran und perizelluläre Matrix bestehen im Wesentlichen aus den gleichen Proteinen, jedoch sind diese Proteine unterschiedlich miteinander verknüpft.

Die Bestandteile der extrazellulären Matrix sind v. a. die verschiedenen Kollagenproteine, Reticuline, Laminin, Fibronectin und Entactin, das z. B. als Verankerungsprotein dient.

Obwohl viele Zelltypen problemlos in einem unbehandelten Kulturgefäß wachsen, kann die extrazelluläre Matrix von entscheidender Bedeutung für die erfolgreiche (adhärente) Kultivierung z. B. einer differenzierten Zelle sein. Die Anheftung von Zellen an Matrixbestandteile, die oft (z. B. über Integrine) mit Signalübertragung in Richtung Zellkern einhergeht, kann ausschlaggebend wichtig für eine erfolgreiche Kultivierung sein. In diesen Fällen muss eine spezifische Unterlage aus extrazellulären Matrixproteinen in der Kulturschale konstituiert werden. Ein wichtiges Kennzeichen von industriell genutzten Suspensionszellen ist ein Wachstum ohne Notwendigkeit von extrazellulärer Matrix und Adhäsion.

2.4.2 Zellkulturen und Zelllinien

Der Ursprung der in Labor oder Produktion verwendeten Säugerzelllinien ist normales oder neoplastisches Körpergewebe (Ausnahme sind z. B. hämatopoietische Zellen). Diese Tatsache tritt beim routinemäßigen Umgang mit etablierten Zelllinien schnell in den Hintergrund. Auch auf die Entstehung von Zelllinien sei deshalb hier kurz eingegangen.

2.4.2.1 Primärkultur und primäre (adhärente) Zelllinien

Nach der Explantation von Körpergewebe wird dieses entweder mechanisch und enzymatisch behandelt. Die enzymatische Behandlung erfolgt z. B. mit Enzymen wie Collagenase, Trypsin oder Hyaluronidase, die v. a. die extrazelluläre Matrix und die Verbindung zwischen Zelle und Matrix angreifen. Durch schwache Scherkräfte, die z. B. durch leichtes Schütteln oder Pipettieren ausgeübt werden, können die Zellen vereinzelt und in der Kulturschale ausgesät werden. Beim mechanischen Verfahren werden mit dem Skalpell fein zerschnittene Gewebestücke mit oder ohne Mazeration in Kultur genommen. Dieses primäre Explantat ist im Hinblick auf die Zelllinienentwicklung weniger wichtig als die daraus auswachsenden Einzelzellen. Die Kultivierung dieser frisch isolierten Zellen *in vitro* wird als Primärkultur bezeichnet.

Bereits in dieser frühen Phase setzt ein Selektionsprozess ein, der im Falle der enzymatischen Vereinzelung solche Zellen begünstigt, die das Trauma der Vereinzelung überleben und im Falle der Explantat-Methode solche, die zum Auswachsen aus dem Explantat in der Lage sind.

Auch im Folgenden wird in erster Linie auf erfolgreiches Wachstum hin selektiert: Im Laufe der Zeit werden diejenigen Zellen, die zu Proliferation in der Lage sind, die anderen im heterogenen Gemisch der primären Zellen „überwachsen". Ist die Kulturschale der Primärkultur dichtgewachsen, werden die Zellen zum ersten Mal subkultiviert oder passagiert. Sie werden enzymatisch oder mechanisch aus der Kulturschale herausgelöst, mit neuem Nährmedium versetzt und verdünnt in neue Kulturgefäße ausgesät. Ab dem Schritt der ersten Subkultivierung wird die Kultur als primäre Zelllinie bezeichnet.

Es folgen ca. 30–60 Generationen (d. h. Verdoppelungen), während derer sich die Zusammensetzung der Zellkultur oftmals weiter in Richtung proliferationsaktiver (Vorläufer-) Zellen verschiebt. In dieser Phase der Subkultivierung kann es dazu kommen, dass die Zellen bestimmte phänotypische Eigenschaften verlieren und genetische Veränderungen erfahren.

Aus diesen Gründen sollten in regelmäßigen Abständen Zellen aus der jeweiligen Passage eingefroren werden, um sie zu einem späteren Zeitpunkt wieder zur Verfügung zu haben, falls sie benötigt werden. Ein weiteres Problem ist das mögliche Überwachsen der eigentlich interessierenden, oft langsamer wachsenden spezialisierten Zellen durch auch in der Primärkultur vorhandene, sich erfolgreich durchsetzende (mesenchymale) Zellen. Dies kann durch den Einsatz von selektiven Kulturmedien zu vermeiden versucht werden.

Aufgrund fortschreitender Seneszenz stellen die meisten Zellen im Folgenden die Proliferation ein und sterben schließlich. Ausnahmen sind hierbei Stammzellen, Keimzellen und transformierte Zellen, die oft u.a. das Enzym Telomerase exprimieren, dadurch die telomerischen Sequenzen ihrer DNA replizieren können und so der Seneszenz entkommen.

Einige primäre Zelllinien entwickeln sich zu kontinuierlichen (immortalen, d. h. unendlich sich teilenden und möglicherweise transformierten, s. u.) Zelllinien weiter. Dies geschieht bei humanen Fibroblasten nie, bei Nagerzellen sehr selten, bei humanen oder Nager-Tumoren entstammenden Zelllinien häufig [37].

2.4.2.2 Kontinuierliche Zelllinien

Einige primäre Zelllinien lassen sich zu kontinuierlichen Zelllinien weiterentwickeln. Praktisch alle im Hinblick auf eine Prozessentwicklung interessanten Zellen gehören in diese Kategorie. Sie zeichnen sich oft durch robustes und reproduzierbares Wachstum aus. Viele dieser Zellen zeigen außer der oben bereits erwähnten Telomerase-Überexpression andere genetische Veränderungen wie Deletion oder Mutation von p53, das im Normalfall bei mutierten Zellen einen Zellzyklus-Stop einleiten würde, dessen Ausbleiben wiederum eine höhere genetische Variabilität und nachfolgende Selektion auf proliferationsstarke Zellen möglich machen kann [37].

Gesellen sich zu immortalem Wachstum bei einer kontinuierlichen Zelllinie im Laufe der Zeit Merkmale wie reduzierte Serumabhängigkeit, Aneuploidie, reduzierte Kontaktinhibition und die Fähigkeit, invasiv zu wachsen, spricht man von

Transformation [37]. Es sei nebenbei darauf hingewiesen, dass die hier beschriebenen Vorgänge bei jeder Zelle anders, früher, später oder gar nicht ablaufen können und insgesamt jeder Versuch, biologische Vorgänge zu eng zu kategorisieren, fehlschlagen muss. Letztendlich kann im Laufe dieses Gesamtprozesses aus primären Zellen eine kontinuierliche Zelllinie entstehen.

Alternativ zum hier beschriebenen Vorgehen kann versucht werden, Zellen mithilfe von viralen Genen zu immortalisieren, z. B. mit SV40LT, dem *large T antigen* des SV40-Virus. Dies geschieht entweder durch Transfektion (Abschnitt 2.4.3) oder retrovirale Infektion der Zellen und wurde z. B. bei COS-1, einer aus einer Nierenzelllinie der grünen Meerkatze stammenden und im Labor oft verwendeten Zelllinie, durchgeführt.

60 –70 % aller rekombinant hergestellten Biopharmazeutika werden in kontinuierlichen Säugerzelllinien produziert [40]. Es existiert inzwischen eine Vielzahl von gut charakterisierten Säugerzelllinien aus vielen verschiedenen Geweben, die in der biologischen und pharmakologischen Forschung eingesetzt werden. Allerdings wird nur eine sehr beschränkte Anzahl dieser Zelllinien für die Produktion von Biopharmazeutika verwendet. Dies liegt zum Teil daran, dass die Herstellung von Pharmazeutika in einem hochgradig regulierten Umfeld stattfindet und die Verwendung einer bereits behördenbekannten Zelllinie auch in einem neuen Prozess eine mögliche Zulassung deutlich vereinfacht. Zum anderen haben sich gerade in der Industrie inzwischen Prozessentwicklungsplattformen etabliert, die aus gut bekannten und stark optimierten Komponenten wie zueinander passender Zelle, Medien, Expressionsvektoren und Prozesshardware bestehen.

Etwa 70 % aller Biopharmazeutika werden in CHO-Zellen (*Chinese hamster ovary*) hergestellt. Diese von Tijo und Puck bereits 1957 etablierte Zelllinie [41] wurde wegen ihres heterogenen Karyotyps zunächst für die Untersuchung von Chromosomenaberrationen verwendet. CHO-Zellen sind genetisch relativ stabil, lassen sich leicht durch fremde DNA transfizieren und wachsen im Vergleich zu anderen Säugetierzellen relativ schnell, sowohl als adhärent wachsende Kulturen als auch als Suspensionskulturen. Diese Eigenschaft bringt viele Vorteile für ein Scale-up mit sich. In CHO-Zellen exprimierte Proteine werden in der Regel korrekt gefaltet und enthalten (hamsterspezifische) posttranslationale Modifikationen. Die Vorteile von CHO-Zellen sind in Tab. 2.16 zusammengefasst. Die Nachteile von CHO-Zellen (Tab. 2.16) sind die im Vergleich zu *Escherichia coli* und Hefen geringen Wachstums- und Produktionsraten sowie die Kosten für die Kulturmedien und der höhere Aufwand für die Steriltechnik [17].

Eine weitere, relativ häufig verwendete Produktionszelllinie ist NS0. Diese Zelle ist ein Subklon eines durch Mineralöl in einer BALB/C-Maus induzierten Plasmacytoms, der keine Antikörper mehr sezerniert [42]. Theoretisch kann diese Zelle einen besonders hohen Produkttiter eines rekombinanten Antikörpers erreichen, denn sie ist von ihrer Struktur und Herkunft her genau für diese Aufgabe geeignet.

Zu einem geringeren Anteil werden industriell auch HEK293- (*human embryonic kidney*), COS- und BHK- (*baby hamster kidney*) Zellen eingesetzt, vor allen Dingen in der Impfstoffproduktion.

Tabelle 2.16 Vor- und Nachteile der Produktion von rekombinanten Proteinen in CHO-Zellen [18], verändert.

Vorteile	Nachteile
• Wachstum auf Oberflächen und in Suspension • robustes Wachstum auch in serumfreien Medien • relativ hohe Wachstumsrate (ca. 0,03 h^{-1}) • genetisch relativ stabil • etablierte Vektorsysteme und Transfektionsmethoden • Genamplifizierungssystem vorhanden • Produktrückfaltung nicht erforderlich • Glykosylierung ähnlich der nativer (humaner) Proteine • behördenbekannte Zelle; dies erleichtert die Zulassung	• Kosten für Kulturmedien • geringe Produktivität im Vergleich zu *Escherichia coli* oder Hefen • Zeit und Aufwand zur Unterhaltung von Master und Working Cell Bank • benötigtes Containment für steriles Wachstum

Menschliche Zellen haben nicht den Nachteil einer für den Menschen nicht völlig korrekten posttranslationalen Glykosylierung von Proteinen, die u. U. immunogen sein kann, sie können aber menschliche Viren übertragen und haben sich bisher v. a. aus solchen Sicherheitsgesichtspunkten nicht etablieren können. In den letzten Jahren beginnt sich dieses Bild zu ändern; z. B. PER.C6, eine von Crucell Holland BV entwickelte humane Retina-Zelllinie, die – allerdings bei entsprechend speziell angepasster Kulturführung – sehr hohe Zellzahlen und Produkttiter bei kurzen Prozessentwicklungszeiten erreicht, scheint eine interessante Produktionszelle zu werden.

2.4.2.3 Organkulturen

Gewebe- oder Organkulturen stammen von intravital entnommenen Organanlagen, Organen oder Teilen davon. Solche Organkulturen bestehen aus mehreren Zelltypen. Es kommt bei der Organkultur darauf an, dass während der Kulturphase die Zelldifferenzierung und die Histoarchitektur sowie die Gesamtfunktion des jeweiligen Gewebes oder Organs möglichst vollständig erhalten bleiben. Deshalb werden für diese Art der Kultur bevorzugt Organe embryonalen Ursprungs verwendet, die sich noch in der Ausdifferenzierungsphase befinden. An solchen Kulturen kann man zudem die Entwicklung spezifischer Funktionen untersuchen.

Organkulturen haben z. B. den Vorteil, dass in ihnen die beteiligten Zellen durch Zell-Zell-Kontakte und damit verbundene Signalweiterleitung und durch das Zusammenspiel verschiedener Zelltypen näher an einem *In-vivo*-Phänotyp sind; sie haben u. a. den Nachteil, dass sie komplizierter in Kultur zu halten sind und sich in unterschiedlichen Kulturen von verschiedenen Spendern schlecht reproduzierbare Versuchsbedingungen einstellen lassen.

2.4.2.4 Adhärente Zellkulturen: Microcarrier

Adhärente Zellen sind darauf angewiesen, auf Oberflächen zu wachsen. Damit diese Zellen auch in gerührten Reaktoren kultiviert werden können, benötigen sie Träger (Carrier), auf denen sie anhaften und sich vermehren können. Dazu müssen einerseits ein geeigneter Carriertyp gefunden, andererseits die Kultivierungsbedingungen optimiert werden. Durch den Einsatz von Microcarriern können adhärente Zellen in größerem Maßstab kultiviert werden und hohe Zellkonzentrationen erreicht werden (s. z. B. [36]). In Microcarrierkulturen wachsen Zellen als Monolayer auf der Carrieroberfläche, im Falle poröser Carrier auch in deren Inneren. Die Matrix der Carrier ist biologisch inert und bietet den Zellen eine feste, aber nicht starre Oberflächenstruktur. Typische Microcarrier sind sphärisch, haben einen Durchmesser von ca. 150–250 μm und bestehen z. B. aus Glas, Collagen, DEAE-Dextran oder Polystyrol. Für eine verbesserte Zelladhäsion können zusätzlich z. B. Proteine der extrazellulären Matrix oder geladene Moleküle aufgelagert sein.

Microcarrier müssen folgende Eigenschaften erfüllen, damit sie für die Kultivierung von Säugerzellen eingesetzt werden können [36]:

- Die Oberfläche muss so beschaffen sein, dass die Zellen anhaften und sich ausbreiten können.
- Die Dichte der Microcarrier muss größer sein als die des Mediums, da sie sonst aufschwimmen würden. Weiterhin ermöglicht dies eine Trennung von Carriern und Medium: Die Abtrennung erfolgt durch Sedimentation (Abschnitt 7.1.2) der Carrier im Medium.
- Die Größen der einzelnen Carrier (geringe Größenverteilung, je enger desto teurer) sollten nicht stark voneinander abweichen, sodass die Zellzahl pro Carrier annähernd konstant ist.
- Die optischen Eigenschaften der Carrier sollten so beschaffen sein, dass gefärbte Zellen unter dem Mikroskop beobachtet werden können.
- Carrier dürfen keine toxische Wirkung besitzen.

Die Struktur poröser Carrier bietet den Zellen eine Umgebung, in der ein dreidimensionales Wachstum möglich ist. Die makroporöse Struktur erleichtert es den Zellen, in das Innere der Carrier zu gelangen. In gerührten Kulturen sind dadurch die Zellen, die im Inneren der Carrier wachsen, vor Scherkräften geschützt. Somit können Begasungsrate (Gasleerrohrgeschwindigkeit) und Drehzahl (Leistungseintrag) gesteigert werden, was wiederum den Einsatz einer höheren Carrierkonzentration erlaubt und dadurch zu einer Steigerung der Zellkonzentration führt. Allerdings kann im Innern der Carrier die Stoffversorgung nur per Diffusion erfolgen, was zu einer Limitierung führen kann (Abschnitt 2.7.4 und Kapitel 6 sowie Abschnitt 7.3.1).

Als eines von vielen Beispielen seien hier Cytopore™-Carrier (GE Healthcare) herausgegriffen. Dabei handelt es sich um transparente, hydrophile, hydratisierte, makroporöse (Baumwoll-) Cellulosecarrier von ca. 230 μm Durchmesser. Die Cellulose ist gleichmäßig mit positiv geladenen *N,N*-DEAE-Gruppen quervernetzt. Die quervernetzte Cellulose ist steifer als hydratisierte Dextrancarrier. Cytopore™-Carrier besitzen eine schwammartige Netzstruktur und weisen so eine große Oberfläche pro Volumen auf. Dadurch können sehr hohe Zellausbeuten erzielt werden. Cytopore™-Carrier sind laut Herstellerangaben besonders geeignet für die Kultivierung von CHO-Zellen und die Produktion von rekombinanten Proteinen. Die netzartige Struktur der Carrier gewährleistet einerseits eine Nährstoffversorgung der Zellen von allen Seiten, andererseits können gefärbte Zellen, die im Inneren der Carrier wachsen, unter dem Mikroskop beobachtet werden.

2.4.2.5 **Adhärente Zellkulturen: Roller Bottles**

Eine alternative Methode für einen relativ einfachen Scale-up der Kultur von adhärenten Zellen, bei denen eine Adaptation an die Kultivierung in Suspension (s. u.) vermieden werden soll, ist die Verwendung von Roller Bottles. Dies sind zylindrische Behälter, die horizontal bei 0,1 bis 60 rpm in einer speziellen Apparatur rotieren. Adhärente Zellen wachsen auf der Innenseite der Behälter, deren Oberfläche durch eingearbeitete Strukturierung zusätzlich erhöht sein kann. Die Zellen rotieren durch eine Schicht Zellkulturmedium (ca. 150 ml in einer Flasche mit 700 cm^2 Oberfläche).

Vorteile dieser Kulturmethode gegenüber der statischen Kultur sind zusätzlich zu einer höheren für das Zellwachstum zur Verfügung stehenden Oberfläche pro Volumeneinheit eine gute Durchmischung des Mediums (es können keine Gradienten entstehen) und ein guter Gasaustauch [37]. Roller Bottles werden von verschiedenen Herstellern angeboten (z. B. Corning, Sarstedt, Costar), bestehen oft aus Polystyrol und können – ähnlich wie Microcarrier – für eine verbesserte Adhäsion der kultivierten Zellen auf der Innenseite beschichtet sein, z. B. mit Poly-Lysin.

Der industrielle Herstellprozess für das zweite zugelassene rekombinante Biopharmazeutikum, Erythropoetin (EPO; Zulassung 1989, in CHO-Zellen hergestellt), basiert auf Roller Bottles. Der Hersteller Amgen, zu dieser Zeit noch in der Start-up-Phase und notwendigerweise an einer schnellen Vermarktung interessiert, verließ sich so auf eine einfache und gut etablierte Methode und erreichte damit eine kurze Prozessentwicklungszeit. Entwicklungsphilosophie war dabei, dass eine Verbesserung des Produktionsprozesses nach Zulassung und Markteinführung erfolgen könne. Das Handling der enorm hohen Zahl von Roller Bottles bei der industriellen EPO-Herstellung wurde durch Prozess-Roboter vereinfacht [43].

2.4.2.6 **Suspensionskulturen**

Suspensionskulturen, also solche vereinzelter Zellen, lassen sich in technischen Reaktoren in der Regel wesentlich einfach handhaben als adhärente Zellen. Das liegt im Wesentlichen an der geringeren Anfälligkeit gegenüber mechanischen Belastungen (Abschnitt 7.3.1), weil die maßgebenden Zellabmessungen (Partikel-) um den Faktor zehn niedrigen sind (Gleichung 7.123). Ein weiterer Vorteil ist das Vermeiden von Microcarriern im industriellen Umfeld – so erübrigen sich z. B. Fragen der (großtechnischen) Regenerierung der Carrier nach jedem Produktionslauf. Auch für die Verwendung von serumfreien Medien muss die Zelllinie in aller Regel an die Suspensionskultur adaptiert werden.

Zu diesem Zweck müssen die ursprünglich als adhärent vorliegenden Zellen in den Status der Suspensionszelle überführt werden. Dabei werden die adhärenten Ausgangszellen enzymatisch vereinzelt und in Spinnergefäßen oder Shakeflasks ausgesät und während der Kultur bei ca. 120 rpm in Bewegung gehalten. Man verwendet Zellkulturmedien mit einer möglichst geringen Ca^{2+} und Mg^{2+} Konzentration, da diese Ionen für die Zelladhäsion wichtig sind. Bei der Verwendung von Zellkultur-Standardmedien (Abschnitt 2.4.6) wird nun schrittweise beim Passagieren der Zellen die Serumkonzentration erniedrigt.

Oft zeigt sich, dass eine Reduktion bis auf ca. 2 % Serumkonzentration relativ einfach möglich ist, darunter allerdings der Adaptationsvorgang deutlich schwieriger wird. Lange lag-Phasen beim Medienwechsel und eine über lange Zeit niedrige Zellvitalität sind hier typisch. Einer Verklumpung oder starken Anlagerung von Zellen in Spinnern an der Gasraum/Flüssigkeitsgrenze kann mit geringen Mengen Trypsin im Medium zu begegnen versucht werden. Ist eine Kultur an neue Bedingungen gewöhnt und zeigt stabile Wachstumsraten, empfiehlt sich das Konservieren eines Teils dieser Kultur durch Einfrieren. So kann bei Misserfolg der nächsten Adaptationsstufe hier wieder angesetzt werden.

Obwohl es bei manchen Zellen möglich ist, ohne solche Zusätze zu arbeiten, werden spätestens bei Erreichen niedriger Serumkonzentrationen oft (rekombinante) Additive wie Albumin, Transferrin, IGF (Insulinelike Growth Factor), Selen etc. zugegeben, um die Adaptation an die Suspensionskultur und die Umstellung auf ein serumfreies Medium zu erreichen (Abschnitt 2.4.6.4).

Der Vorgang der Adaptation kann je nach Zelle unterschiedlich lang dauern (Wochen – Monate); manche Zellen lassen sich nicht adaptieren. Die in den letzten Jahren deutlich fortgeschrittene Entwicklung käuflich erhältlicher serumfreier Medien erleichtert die Adaptation. Hier kann während der schrittweisen Verminderung der Serumkonzentration im Medium gleichzeitig der Anteil eines solchen Mediums erhöht werden oder nach Erreichen einer bestimmten Serumkonzentration im Medium auf das serumfreie Vollmedium umgestellt werden. Alternativ kann versucht werden, die Ausgangszellen direkt aus ihrem Ursprungsmedium kommend im neuen Vollmedium auszusäen und mit der Kultur in Suspension zu beginnen („Direkte Adaptation").

Im industriellen Umfeld existieren suspensionsadaptierte Zellplattformen, die in optimierten, heute praktisch immer serumfreien Medien transfiziert und kultiviert werden. So wird eine sonst bei jeder Prozessentwicklung notwendige Adaptation vermieden.

2.4.3 Rekombinante Proteinexpression in Säugerzellen

Für die Herstellung einer Vielzahl von Proteinen ist man auf die Verwendung von im Vergleich zu Prokaryoten relativ teuren Säugerzellkulturen angewiesen. Prokaryotische Expressionssysteme können u.a. dann nicht verwendet werden, wenn ein spezifisches Glykosylierungsmuster für die Funktion des Zielproteins entscheidend ist, eine andere spezifische posttranslationale Modifikation erfolgen muss, die in einem prokaryotischen Expressionssystem nicht erreicht werden kann oder das Protein bei Expression in Prokaryoten nicht in der nativen Form anfällt und eine Renaturierung nachträglich *in-vitro* nicht möglich ist.

Bei Säugerzellkulturen zur Herstellung von Biopharmazeutika werden die Zielproteine von den Produktionszellen sekretiert, ein Aufschluss der Zellen ist daher nicht notwendig. Bei Zellkulturen im Labor für wissenschaftliche Fragestellungen und analytische Anwendungen können entweder ebenfalls sekretorische Proteine exprimiert werden oder aber solche, die funktionell in der Zelle oder ihrer Membran exprimiert werden und dort für nachfolgende Untersuchungen zur Verfügung stehen.

Hat man sich im Rahmen einer Prozessentwicklung für eine Produktion in Säugerzellen entschieden, stellt sich die Frage nach der zu verwendenden Zelle. Im industriellen Umfeld existieren über z.T. viele Jahre entwickelte (und von den beteiligten Firmen gut gehütete) Entwicklungsplattformen auf Grundlage bekannter kontinuierlicher Zelllinien (Abschnitt 2.4.2.2). Gibt es *in house* kein solches System und will man eine Expression nicht an einen Partner oder eine CMO (Contract Manufacturing Organisation) outsourcen, kann für eine kommerzielle Verwendung entweder ein eigenes prozesstaugliches Expressionssystem aufgesetzt werden – eine zeitaufwändige Option – oder auf ein erprobtes käufliches System ausgewichen werden. Beispielsweise vertreibt Lonza ein auf das Enzym Glutamin-Synthetase (GS) als Selektionsmarker gestütztes Expressionssystem in NS0- und CHO-Zellen. Auch $DHFR^{-}$-CHO-Zellen (s. u.) können für den kommerziellen Gebrauch (für einen naturgemäß nicht unerheblichen Betrag) einlizenziert werden.

Die Expression von Proteinen in Säugerzellen wird auf zellulärer Ebene durch viele Faktoren beeinflusst, u. a. durch die Stärke und Regulation von Transkription und Translation, RNA-Stabilität und ihre Prozessierung, Kopienzahl der stabil in die Zelle eigebrachten DNA, Ort der Insertion der DNA im Wirtszell-Genom und letztlich auch eine mögliche toxische Wirkung des exprimierten Transgens auf die Wirtszelle.

2.4.3.1 **Expressionsvektoren**

Expressionsvektoren sind ringförmige, doppelsträngige DNA-Moleküle, die ihren Ursprung wie alle Vektoren in prokaryotischen Plasmiden haben. Vektoren für die Proteinproduktion in Säugerzellen benötigen eine Reihe genetischer Elemente [44]:

Auf der Ebene der Transkription sind dies ein konstitutiver oder induzierbarer Promotor, der in der Zielzelle aktiv ist, evtl. *cis*-aktive Enhancer zur Verstärkung der Initiation der Transkription, vorzugsweise ein oder mehrere aus dem primären Transkript zu spleißende Introns zur Verstärkung der Expression, ein polyA-Signal und möglicherweise zusätzlich ein Terminator der Transkription, der eine Interferenz mit anderen Expressionskassetten auf demselben Vektor verhindert.

Auf der Ebene der Translation sind dies eine Kozak-Sequenz zur Initiation der Translation und ein Stopcodon zu ihrer Termination, idealerweise gefolgt von einem Purin [44], evtl. eine 5'-nichttranslatierte Region (UTR), die die Translation verstärkt (oder zumindest eine, die keine negativen Eigenschaften hat, wie z. B. GC-vermittelte Hairpins, die die Initiation der Translation behindern) und evtl. ebenfalls ein 3'-nichttranslatierter Bereich, der die Stabilität der mRNA positiv beeinflusst. Weiterhin muss darauf geachtet werden, dass keine in der Zielzelle seltenen Codons im Transgen vorkommen. Musste dies früher im Zweifelsfall z. T. durch mühevolles Mutieren der Sequenz ausgeglichen werden, wird heute die Sequenz des Transgens fast immer einfach in Gänze codonoptimiert synthetisiert.

Weiterhin stets vorhanden ist eine Multiple Cloning Site (MCS) mit möglichst vielen Restriktionsenzym-Schnittstellen für ein einfaches Einklonieren des Transgens, ein prokaryotischer Origin of Replication (ori) und ein Selektionsmarker für die Propagation in *Escherichia coli* und ein eukaryotischer Selektionsmarker, der vorzugsweise auch Amplifikation (Abschnitt 2.4.3.3) erlaubt. Beinhaltet der Vektor zusätzlich einen SV40-*ori*, kann er z. B. in COS-Zellen autonom repliziert werden, dies verstärkt die Expression.

Für die Sekretion von rekombinanten Proteinen im Labor oder bei der Biopharmazeutika-Herstellung ist ein korrektes Proteintargeting in Richtung ER und Golgi-Apparat nötig. Dafür sind *N*-terminale Signalpeptide erforderlich, die entweder bereits vorhanden sind (z. B. bei Antikörpern) und/oder zelltyp- und proteinspezifisch ausgesucht werden. Sie sind damit Teil des Expressionskonstrukts.

Außer solchen Sequenzen für ein Proteintargeting sind weitere spezielle Elemente, z. B. ein *N*- oder *C*-terminaler Tag, z. B. zur vereinfachten Aufreinigung des Expressionsprodukts, oder IRES-Sequencen (*internal ribosomal entry site*) für eine polycistronische Translation in Eukaryoten, sinnvoll.

Bei S/MAR Elementen [45] handelt es sich um *cis*-aktive Elemente in Form oft AT-reicher Sequenzen, die im Expressionsvektor integriert oder in Kotransfektion zugesetzt werden können und die Anheftung von DNA an die Kernlamina verstärken. Sie wirken so auf der Ebene der Chromatin-Organisation und können über diese Wirkung die Expression von Transgenen verstärken und stabilisieren und möglichen negativen Positionseffekten bei der Integration des Expressionsvektors ins Genom der Zielzelle entgegenwirken.

In der hier gebotenen Kürze können leider nicht alle diese Elemente näher erläutert werden, es sei auf die einschlägige Literatur verwiesen (als Startpunkt z. B. auf [44]). Zwei Elemente sollen hier dennoch genauer betrachtet werden:

Promotoren Die Initiation der Transkription in Eukaryoten, d. h. letztendlich das Anheften der RNA-Polymerase an die DNA am 5'-Ende der zu transkribierenden Sequenz und der Beginn der RNA-Synthese, beinhaltet ein zeitlich und räumlich gerichtetes Zusammenspiel von genetischen Elementen (*Locus-control*-Region LCR, S/MAR Sequenzen, Enhancer, Transkriptionsfaktor-Bindungsstellen und Core-Promotor) und Proteinen (Transkriptionsfaktoren, insbesondere denen, die den Core-Promotor binden und die Bindung der Polymerase vorbereiten, und die RNA-Polymerase selbst).

Promotoren sind Nucleotid-Sequenzen stromaufwärts des Transkriptionsstarts, die sowohl genspezifische Transkriptionsfaktoren binden können als auch einige konservierte Elemente (z. B. im Falle eukaryotischer Promotoren die TATA-Box), v. a. zur Bindung der oben erwähnten, allgemein die Anheftung der Polymerase erleichternder Faktoren, enthalten.

Eine Vielzahl von Promotoren wurde isoliert und kann für die Expression von heterologen Proteinen verwendet werden. Einige dieser Promotoren sind in vielen, andere sehr spezifisch nur in wenigen Zelltypen aktiv. Es ist daher wichtig, einen starken Promotor auszuwählen, der in der verwendeten Produktionszelle aktiv ist. Induzierbare Promotoren, die z. B. Tetracyclin-abhängig sind und in einem eleganten Ansatz entweder über Zugabe des Antibiotikums an- oder abgeschaltet werden können (*Tet*-On bzw. *Tet*-Off), erlauben die zeitlich kontrollierte Expression eines Transgens, wichtig z. B. bei Toxizität des rekombinanten Proteins für die Zielzelle.

Eine wichtige Klasse von Promotoren für die Expression von Transgenen in der Zellkulturtechnik ist viralen Ursprungs. Sie sind vorteilhafterweise häufig konstitutiv in einer Vielzahl von Säugerzellen aktiv. Besonders häufig wird für die Expression des Transgens in Säugerzellen der starke *Immediate-early*-Promotor des Cytomegalievirus aus Mensch oder Maus (hCMV-IE bzw. mCMV-IE) verwendet. Die Expression des eukaryotischen Selektionsmarkers wird häufig vom Promotor der frühen Gene von SV40 (Simean Virus 40), einem v. a. Rhesusaffen befallenden Virus, gesteuert. Auch dieser Promotor ist konstitutiv in vielen Zielzellen aktiv, allerdings ist er im Allgemeinen weniger stark als der frühe CMV-Promotor. Dies führt zu einer schwächeren Expression des Selektionsmarkers als der des Transgens – ein gewollter Effekt: Überlebt die Zelle die Selektion, erhofft man sich so eine umso höhere Expression des Transgens.

Selektionsmarker Bei der transienten Transfektion (Abschnitt 2.4.3.6) wird die Vektor-DNA in die Zielzelle eingebracht und bleibt episomal, d. h. ohne Integration in das Genom der Zielzelle. Bei der stabilen Transfektion wird die Fremd-DNA ins Genom der Zelle integriert. Zellen sind plastische Gebilde und tun dies in seltenen Fällen. Daraus erwächst ihnen ein Selektionsvorteil, sie überleben den angelegten Selektionsdruck.

Viele eukaryotische Selektionsmarker verleihen Zellen eine Resistenz gegen Antibiotika (wie prokaryotische Marker auch, z. B. Ampicillin- oder Kanamycin-Resistenz). Ein im Labor sehr häufig verwendeter eukaryotischer Selektionsmarker ist das neo^R-Gen. Es verleiht Resistenz gegen das Aminoglykosid-Antibiotikum G418 (Abb. 2.23), das bei eukaryotischen und auch prokaryotischen Zellen auf der Ebene der Proteinbiosynthese wirkt. Das Antibiotikum inhibiert Ribosomen und verhindert so die Elongation der Polypeptidkette. Das Resistenzgen neo^R codiert für eine Aminoglykosid-Phosphotransferase (APH), die G418 inaktiviert. Es ist damit ein positiver (oder dominanter) Selektionsmarker, der für ein Überleben transfizierter Zellen in Gegenwart von G418 sorgt. Ein anderes, ebenfalls nach diesem Prinzip arbeitendes Selektionssystem verwendet Hygromycin (ebenfalls ein Aminoglykosid-Antibiotikum). Eine Zusammenstellung verschiedener Selektionsmarker findet sich z. B. bei [46].

Demgegenüber benötigt man für den Einsatz komplementärer metabolischer Marker im allgemeinen Zellen, die das als Selektionsmarker verwendete Gen nicht besitzen, d. h. bei denen eine erfolgreiche Transfektion diese „metabolische Insuffizienz" komplementiert. Solche Marker sind sehr stringent und werden

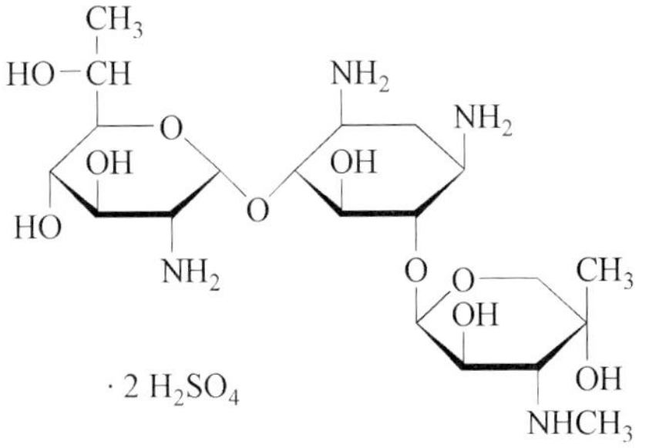

Abb. 2.23 Struktur des Antibiotikums G418 (Disulfat).

häufig bei der Herstellung industrieller Expressionszellen verwendet. Zwei Systeme haben sich allgemein durchgesetzt:

Das erste der beiden Systeme arbeitet in CHO-Zellen: Die Transfektion des Selektionsmarkers DHFR (Dihydrofolat-Reduktase, Abschnitt 2.4.3.2), entweder auf dem Expressionsplasmid des Transgens oder als Kotransfektion auf einem eigenen Vektor, ermöglicht CHO-Zellen, die dieses Enzym endogen nicht (mehr) exprimieren, ein Überleben in Glycin-, Hypoxanthin- und Thymidin-freiem Medium.

Das zweite System macht sich die Entdeckung zunutze, dass NS0-Zellen (Abschnitt 2.4.2.2; Übersicht bei [42]) endogen praktisch keine Expression des Enzyms Glutamin-Synthetase (GS) zeigen. Dieses Enzym katalysiert die ATP-abhängige Synthese von Glutamin aus Glutamat und Ammonium. GS^--Zellen sind abhängig von Glutamin im Zellkulturmedium. Eine Transfektion mit GS als Selektionsmarker ermöglicht transfizierten Zellen ein Überleben in glutaminfreiem Medium. Dieser Selektionsmarker kann auch in (CHO-)Zellen verwendet werden, die GS endogen exprimieren. In diesem Fall muss nicht nur durch die Kultivierung in glutaminfreiem Medium selektiert, sondern auch durch die zusätzliche Zugabe von Methionin-Sulfoximin (MSX), einem Glutamin-Analogon, endogene (und transfizierte) GS inhibiert werden.

MSX verwendet man auch zur Amplifikation in NS0-Zellen (analog der Verwendung von MTX in $DHFR^-$-CHO-Zellen, Abschnitt 2.4.3.3).

Es existiert eine sehr große Vielzahl von Expressionsvektoren für verschiedenste Anwendungen in Labor und Wissenschaft, die hier nicht einzeln vorgestellt werden können. Beispielhaft sei hier nur die schon seit vielen Jahren erfolgreich eingesetzte Serie der pcDNA-Vektoren (Invitrogen) erwähnt. Der ursprüngliche Vektor pcDNA3 ist 5,4 kb groß und besitzt eine Ampicillin- und Neomycin-Resistenz, T7- und SP6-Promotoren für *In-vitro*-Transkription und einen f1-Replikationsstartpunkt für ssDNA. Durch ein Neomycin-Resistenzgen ist er für die Etablierung stabil transfizierter Zellen verwendbar. Die Expression von einklonierten cDNAs erfolgt von einem CMV-Promotor (und Enhancer) aus. Der MCS nachgeschaltet befindet sich ein BGH- (*bovine growth hormone*) polyA-Signal. Sequenzierungen erfolgen mit SP6- oder T7-Primern.

In Produktionsprozessen verwendete Expressionsplasmide sind jedoch in aller Regel nicht frei erhältlich. Oft stellen sie einen wichtigen Baustein eines optimierten Gesamtsystems aus (suspensionsadaptierter und in ihrem Wachstums- und Produktionsverhalten charakterisierter, möglicherweise auch metabolisch veränderter) Ausgangszelle, Expressionsvektor und Medienplattform (Basalmedien, Feeds, etc.) dar. Die genetischen Elemente des Vektors sind oft speziell auf die verwendete Zelle hin optimiert (Promotor, Introns, polyA-Signal, Selektionsverhalten, s. dazu z. B. [47]. Eine gewisse Ausnahme stellen hier die Vektoren des von Lonza vermarkteten GS-Systems dar (http://www.lonza.com/group/en/products_services/Custom_Manufacturing/mammalian/geneexpressions.html), die unter einem Research Evaluation Agreement auch akademischen Institutionen offen stehen und über die einige Details literaturbekannt sind (s. z. B. „GS-Bibliography" unter o. g. Link).

Um hier zur Veranschaulichung der Thematik einen Expressionsvektor im Detail vorzustellen, der zumindest viele der weiter oben erwähnten Elemente vereint, sei kurz auf den seit Langem bekannten Vektor pMDR901 [48] eingegangen (Abb. 2.24)

Bei diesem Vektor wird das Transgen entweder über Restriktionsenzym *Sal*I oder *Not*I einkloniert. Die Expression des Transgens steht unter Kontrolle des viralen Adenovirus 2 *major late promotor* und wird durch einen *upstream* liegenden SV40-Enhancer verstärkt.

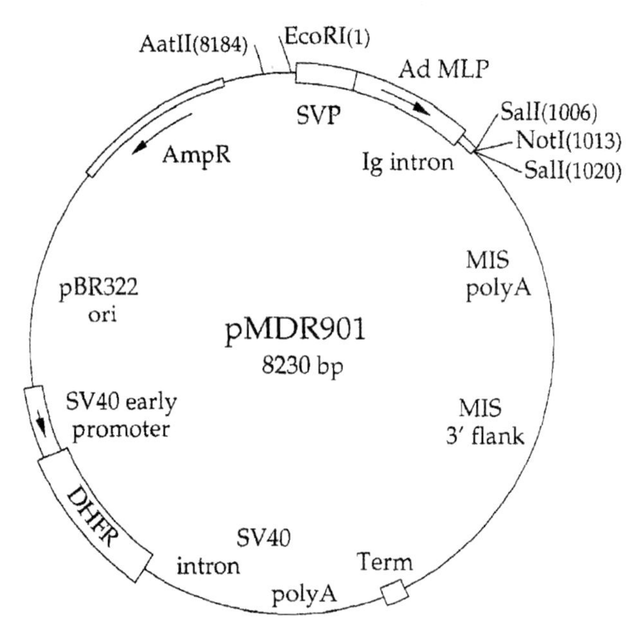

Abb. 2.24 Karte des Expressionsplasmids pMDR901 [48] (pBR322ori, Origin of replication des Plasmids pBR322; SV40, Simean Virus 40; DHFR, Dihydroxyfolat-Reduktase; polyA, Polyadenylierungssignal; Term, 3'-Bereich des humanen Gastrin-Gens; MIS 3'flank, 3'-Bereich des Müllerian-Inhibiting-Substance-Gens; Ig, Imunglobulin; Ad-MLP, Adenovirus 2 major late Promotor; SVP, SV40-Promotor/Enhancer; AmpR, Ampicillin-Resistenzgen; AatII, EcoRI, SalI, NotI, SalII: Restriktionsschnittstellen der angegebenen Enzyme).

Zwischen Promotor und Klonierungsstelle liegt ein Immunglobulin-Intron. Nachgeschaltet sind Polyadenylierungssignal und 3'-flankierende Sequenz des Müllerian-Inhibiting-Substance-Gens (Anti-Müller-Hormon; ein Glykoprotein-Hormon, das eine Rolle bei der sexuellen Differenzierung während der Embryonalentwicklung spielt). Letztgenannte Sequenz wurde eingefügt, um eine mögliche Interferenz bei der Transkription der beiden gegenläufig angeordneten Expressionskassetten zu verhindern. Dafür wurde zusätzlich der 3'-Bereich des humanen Gastrin-Gens eingefügt, von dem bekannt ist, dass er die RNA-Polymerase II stoppt [49].

Der Selektionsmarker DHFR steht unter Kontrolle des schwächeren SV40 *early promotor*, seine Expression wird durch Kombination mit einem SV40-Intron verbessert, ein SV40-polyA-Signal ist nachgeschaltet. Für die Propagation in *Escherichia coli* sind der Replikationsursprung aus Plasmid pBR322 und ein Ampicillin-Resistenzgen notwendig.

Der Vektor wird für stabile Transfektion und Amplifikation (Abschnitt 2.4.3.3) von $DHFR^-$-CHO-Zellen verwendet. In der Literatur berichtet werden Produkttiter im Bereich von bis zu 150 mg/l (ohne Amplifikation) [48]. Zum Vergleich: Heutige moderne Zellkulturprozesse, die in Hinblick auf Expressionsvektor und Transfektion (Abschnitt 2.4.3.3), aber auch in Bezug auf Prozessführung, eingesetzte Medien und Feeding-Strategie hin optimiert sind, zeigen Produkttiter im mittleren einstelligen Gramm-pro-Liter-Bereich.

2.4.3.2 **Episomale Vektoren**

Episomale Vektoren haben den Zweck, sich durch eine Anbindung an die Kernmatrix und eine in Eukaryoten aktive *ori*-Sequenz ohne Integration ins Genom autonom zu replizieren [50]. Diese Vektoren wurden entwickelt, um die oft beobachtete langfristige Verringerung der Expression eines Transgens nach einer Integration des Vektors ins Genom möglicherweise zu vermeiden (Abschnitt 2.4.3.4).

Auf dem Markt befinden sich bereits seit einigen Jahren episomale Vektoren, die über virale Komponenten eine Assoziation der Vektoren an die Chromosomen bewirken. Angeboten wird beispielsweise der Vektor pREP4 (Invitrogen), der sich vom Epstein-Barr-Virus (EBV) ableitet und dessen Gen für das *nuclear antigen* (EBNA-1) und seinen Origin of Replication (oriP) enthält. Das exprimierte EBNA-1-Protein stellt die Assoziation zwischen Vektor und Chromosom her und sorgt zusammen mit dem *ori*P für die Replikation. Alternative Ansätze verwenden auch bei solchen episomalen Vektoren oben erwähnte S/MAR- (*scaffold* bzw. *matrix attachment region*) Sequenzen für eine Anheftung des Vektors an die Kernlamina und vermeiden die Verwendung viraler Sequenzen; letzteres ist günstig für die Risikoeinstufung solcher Vektoren.

Allerdings tritt auch bei Verwendung episomaler Vektoren oft über die Zeit eine verminderte Expression des Transgens auf. Mögliche Ursachen dafür sind die zufällige Integration des Vektors ins Genom an einer nicht transkriptionsaktiven Stelle, eine Deaktivierung durch Methylierung oder eine verringerte Translation durch einen beschleunigten Abbau der mRNA durch RNA-Interferenz [51]. Auch bei der Verwendung von episomalen Vektoren besteht daher fast immer die

Notwendigkeit der Klonierung (Abschnitt 2.4.3.4). Bisher haben sich episomale Vektoren bei der Prozessentwicklung im industriellen Umfeld scheinbar nicht durchsetzen können.

2.4.3.3 Stabile Transfektion und Amplifikation

Transfektion bezeichnet das Einbringen von nackter DNA in Säugerzellen, stabil ist eine Transfektion dann, wenn diese DNA während der weiteren Kultur der transfizierten Zellen nicht durch Nucleasen abgebaut und während der Zellteilung verdünnt wird und die Expression des Transgens dadurch nach einigen Tagen stoppt, wie im Falle der transienten Transfektion (Abschnitt 2.4.3.6), sondern die transfizierte DNA in das Genom der Zelle integriert und damit bei Zellteilungen stabil weitergegeben wird.

Es existieren diverse etablierte Transfektionsmethoden für das Einbringen von Fremd-DNA in Säugerzellen, z. B. Lipofektion oder Elektroporation, auf die hier nicht weiter eigegangen und für die auf die einschlägige Literatur verwiesen wird (z. B. für den Laboralltag [30]).

Eine Integration von Fremd-DNA im Genom der Wirtszelle geschieht entweder durch homologe Rekombination bei Vorliegen passender Sequenzen in Vektor und Genom (z. B. verwendet bei der Manipulation von embryonalen Stammzellen der Maus zur Erzeugung von KO-Mäusen, aber sehr selten in somatischen Säugerzellen; in einer weiterentwickelten Form z. B. als RMCE, s. u.), bei Verwendung von retroviralen Vektoren durch virale Sequenzen, die eine Integration des Vektors bewirken, oder, als dritte Möglichkeit, heterolog und nach heutigem Wissenstand zufällig an irgendeiner Stelle im Genom.

Diese ungerichtete, zufällige Integration ist bis heute die bei Weitem am häufigsten verwendete Methode. Die Integration von Fremd-DNA ins Genom einer Wirtszelle geschieht dabei praktisch nur unter Selektionsdruck (z. B. G418, Abschnitt 2.4.3.1.; GHT$^-$ Kultur, s. unten und Abschnitt 2.4.3.1). Nur ca. 0,01–5 % der transfizierten Zellen resultieren nach Selektion tatsächlich in stabil transfizierten Zellen [52]. Der größte Teil der transfizierten DNA verbleibt im Cytoplasma [53], in den Zellkern gelangen bei optimierten Transfektionsbedingungen nur einige Hundert Plasmidmoleküle [52]. Die Aktivität nucleärer Endo- und Exonucleasen sowie Ligasen verursacht bei dieser Art der der stabilen Transfektion die Integration eines kleinen Anteils dieser Moleküle in Form von Concatemeren oder einzelnen Plasmiden [54]. Plasmide werden vor Transfektion zur Erhöhung der Effizienz einer stabilen Transfektion meist linearisiert [40].

Die RMCE (*recombinase mediated cassette exchange*) ist ein Ansatz, mögliche Probleme in Verbindung mit der zufälligen Integration transfizierter DNA und einer möglichen Instabilität der Integration zu verringern (s. z. B. [55]). Die homologe Rekombination zwischen transfiziertem Plasmid und Genom der Wirtszelle geschieht in Säugerzellen fast nie [56]. Eine Möglichkeit, die Wahrscheinlichkeit einer homologen Rekombination zu erhöhen, ist die Verwendung von Rekombinasen wie Flp (aus Hefe) oder Cre (aus Bakteriophage P1) und den Erkennungssequenzen für die von ihnen katalysierte homologe Rekombination sowohl im Vektor als auch im Genom der Zielzelle. Bei diesem Ansatz sind eine vorhergehende Identifizierung von transkriptionsaktiven Bereichen im Wirtszell-Genom und ihr „Tagging" mit den entsprechenden Erkennungssequenzen wichtig. Falls keine transkriptionsaktive Stelle im Zielzellgenom bekannt ist, muss die Rekombinase-Erkennungssequenz zufällig ins Genom integriert werden und per Klonscreening nach Rekombination eine transkriptionsaktive Stelle gefunden werden [40]. Diese steht dann für spätere Entwicklungsprojekte zur Verfügung.

Ein alternativer Ansatz der gerichteten Integration von Transgenen verwendet Zinkfinger-Domänen. Dabei handelt es sich um ca. 30 Aminosäuren kurze, aus einer α-Helix und einem β-Faltblatt bestehende Domänen, die durch ein Zinkatom koordinativ gebunden sind. Zinkfinger-Domänen vermitteln die DNA-Bindung in einer der wichtigen Transkriptionsfaktor-Klassen. Zwei solcher Domänen, die zusammen spezifisch eine zwölf Basen lange DNA-Sequenz erkennen, werden an die katalytische Untereinheit der Endonuclease *Fok*I gebunden (Zinkfinger-Nuclease, ZFN). Paarweise eingesetzt, sodass die katalytischen Untereinheiten nach Bindung der Zinkfinger-Domänen an benachbarte DNA-Abschnitte als Dimer vorliegen, vermitteln diese ZFNs hoch spezifisch Doppelstrangbrüche im Genom, die bei Kotransfektion mit einem Transgen und flankierender, der Erkennungssequenz homologer Sequenzen unter Integration des Transgens ins Genom der Zielzelle wieder geschlossen werden. Ein solches System wurde von Sangamo BioSciences entwickelt und inzwischen von Sigma-Aldrich für verschiedene Knock-out- und Knock-in-Anwendungen vertrieben [57].

Soll ein in Säugerzellen hergestelltes Produkt zugelassen und dauerhaft am Markt platziert werden, ist die Herstellung stabil transfizierter Zellklone langfristig unumgänglich. Als Beispiel für diesen Vorgang sei wegen seiner großen Bedeutung für die Herstellung von Biopharmazeutika hier das CHO/DHFR-Expressionssystem kurz erläutert. Es beruht bis heute üblicherweise auf heterologer, zufälliger Rekombination:

Die Verwendung von CHO-Zellen als Produktionssystem wurde durch die Isolierung eines Subklons, der Dihydrofolat-Reduktase- (DHFR-) negativ ist, stark vereinfacht [58]. Dieses kleine, monomere Enzym spielt eine wichtige Rolle bei der Synthese von Glycin, Purinen und Thymidin und ist daher ein sehr stringenter Selektionsmarker (Abschnitt 2.4.3.1). $DHFR^{-}$-Zellen, z. T. bereits adaptiert an die Suspensionskultur, werden im industriellen Umfeld oft per Elektroporation mit *dhfr*, d. h. der für DHFR codierenden cDNA, und dem Transgen entweder auf demselben Plasmid oder als Kotransfektion zweier Plasmide transfiziert.

Die Selektion, die üblicherweise 24–48 h nach Transfektion beginnt, erfolgt durch GHT^{-}-Medium, das frei von Glycin, Hypoxanthin (einem Purin) und Thymidin ist. Nur Zellen, die *dhfr* aufgenommen haben und dazu in der Lage sind, es durch heterologe Rekombination in ihr Genom zu integrieren, überleben den Selektionsdruck langfristig (in der Regel selektiert man mindestens über mehrere Wochen). Bei dieser Rekombination wird auch das Transgen ins Genom der Wirtszelle integriert.

Idealerweise beginnt die Kultivierung in serumfreiem Medium bereits vor der Transfektion. Allerdings senken serumfreie Kulturbedingungen häufig drastisch die Transfektionseffizienz. Es gibt in der frei zugänglichen Literatur nur wenige

Veröffentlichungen zur Optimierung der Transfektionsbedingungen unter solchen Umständen, z. B. durch Nucleofektion [59].

Die Expression des Transgens wird üblicherweise durch einen starken Promotor gesteuert (Abschnitt 2.4.3.1); die Stringenz der Selektion kann z. B. entweder dadurch erhöht werden, dass DHFR unter die Kontrolle eines schwächeren Promotors gestellt wird (ebenfalls Abschnitt 2.4.3.1) oder durch Optimieren des Verhältnisses beider Vektoren im Falle einer Kotransfektion. Obwohl das Transgen meist in Form seiner cDNA in den Expressionsvektor einkloniert wird, besitzt der Expressionsvektor wie in Abschnitt 2.4.3.1 erwähnt, oft ein oder mehrere künstliche Introns, da die Translationseffizienz in eukaryotischen Zellen u. a. durch Spleißen verstärkt werden kann [60].

Nach der Selektion können überlebende Mischklone oder bereits auf einer frühen Stufe der Zelllinienentwicklung vereinzelte Klone (Abschnitt 2.4.3.4) bzw. die integrierten DNA-Abschnitte in ihnen amplifiziert werden. DHFR inhibierendes Methotrexat (MTX), ein auch in der Krebstherapie verwendetes Folat-Analogon, wird dabei in ansteigenden Dosen dem Zellkulturmedium zugesetzt. Auf jeder Konzentrationsstufe überlebt nur die Subpopulation Zellen, die entweder bereits bei Transfektion mehr Plasmid-DNA ins Genom integriert hatte und darum DHFR in stärkerem Maße exprimiert, und/oder diejenige, die die Kopienzahl der Fremd-DNA an einem bestimmten Integrationsort infolge eines bisher nicht in allen Einzelheiten verstandenen Prozesses der Ausschneidung, kurzzeitigen Bildung replizierender episomaler DNA und anschließender Reintegration ins Wirtszell-Genom, erhöhen konnte [52]. Positionseffekte, d. h. die Stelle, an der bei Transfektion die Fremd-DNA ins Genom der Wirtszelle integriert wurde (Abschnitt 2.4.3.3), spielen eine große Rolle beim Verhalten der Zellen auch bei der Amplifikation [52].

2.4.3.4 **Klonierung**

Als Klon bezeichnet man die durch Zellteilung entstandene gleichartige Nachkommenschaft einer einzelnen Ursprungszelle. Ziel einer Klonierung ist die Bewahrung eines spezifischen Zelltyps innerhalb einer möglicherweise heterogenen Mischung von Zellen in einer Kultur mit seinen speziellen Eigenschaften. Kloniert können sowohl Ausgangszellen als auch solche nach einer Transfektion werden (Abschnitt 2.4.3.3).

Jede moderne Zellkulturprozessentwicklung arbeitet mit klonierten Zellen. Dies gilt gleichermaßen für die Ausgangszelle zu Beginn einer Zellplattformentwicklung wie auch für die weitere Zelllinienentwicklung nach Transfektion, bei der die Selektion des bestmöglichen Klons im Hinblick auf stabiles und schnelles Wachstum bei gleichzeitig hoher spezifischer Produktivität ein wichtiger und meist zeitaufwendiger Teil ist. Die Integration der transfizierten DNA ins Genom der Zielzelle ist ein vermutlich in weiten Teilen zufälliger Prozess. Integriert das Plasmid während der S-Phase des Zellzyklus in einen ansonsten heterochromatinischen Bereich des Genoms, wird das Transgen nicht exprimiert. Integriert das Plasmid in eine Region des Genoms, die lediglich bei der Zellteilung aktiv ist, tritt eine enge Kopplung zwischen Zellteilung und Expression auf. Nicht immer werden linearisierte Expressionsplasmide transfiziert, vor Integration ins Genom wird der Vektor im Zellkern jedoch linearisiert. Geschieht dies im Transgen, überlebt die transfizierte Zelle die Selektion, exprimiert aber nicht das Transgen. Ein weiterer Grund für eine Klonierung rekombinanter Zellen ist das sehr häufige Phänomen, dass die Expression eines Transgens, betrachtet man die gesamte Mischkultur nach Transfektion und Selektion, stetig schwächer wird (*gene silencing*, z. B. durch Methylierung, Rekombination, etc.; s. auch [61]). Für einen kleinen Teil der transfizierten Zellen trifft dies jedoch – hoffentlich, sonst ist das Experiment zu wiederholen – nicht zu. Bei diesen Zellen integriert die Fremd-DNA v. a. wahrscheinlich in konstitutiv euchromatinische Bereiche.

Das Ziel einer Klonierung besteht daher in der Isolierung von Zellen mit hoher und stabiler Expression – idealerweise ohne im Weiteren einen Selektionsdruck aufrechterhalten zu müssen (Abschnitt 2.4.3.3). Alle Techniken zur Klonierung basieren in ihrem Kern auf einer Separierung der betreffenden Zellen voneinander. Wegen der grundsätzlichen Sensitivität von eukaryotischen Zellen gegenüber einer Vereinzelung kann während der Klonierung mit Hilfsmitteln wie der Zellablage auf (nicht proliferationsfähigen) Feederzellen oder mit speziellen Medien gearbeitet werden.

Im Rahmen einer Zelllinienentwicklung werden leicht Hunderte oder sogar Tausende von Klonen „gescreent". Wichtige Parameter einer weitergehenden Klon-Charakterisierung sind VCD (*viable cell density*), Vitalität, mögliche Split-Ratio, erforderliche Einsaatdichte, Verdoppelungszeit t_D, oben bereits erwähnte spezifische Produktivität q_{spec} und die Produktqualität. Ein hoher Titer oder eine hohe spezifische Produktivität allein ist kein allein ausschlaggebendes Kriterium für einen prozessgeeigneten Klon. Es gibt verschiedene Strategien für die Klonierung im Rahmen einer Prozessentwicklung; z. B. können zunächst transfizierte Mischklone selektiert und möglicherweise amplifiziert und erst relativ spät kloniert werden, andererseits kann früh mit *limiting dilution* oder in steigendem Maße FACS gearbeitet und damit auch praktisch sofort nach Transfektion und – wenn gewünscht – auf jeder Stufe der Amplifikation kloniert werden.

Es wird verstärkt nach möglichst leicht analysierbaren „Markern" für eine stabile und hohe Expression gesucht. Außer mit der Expression des Transgens kombinierten Expression eines heterologen Markers wie GFP kann z. B. mit der Korrelation von Transgen-mRNA-Level und spezifischer Produktivität beim Screenen gearbeitet werden [62], anstatt sich allein auf eine hohe Kopienzahl des integrierten Plasmids zu verlassen.

Auch in der biomedizinischen Forschung werden z. B. stabil transfizierte Zellen kloniert, z. B. um sicherzustellen, dass pharmakologische Versuche mit gleichartigen Zellen wiederholt durchgeführt werden können.

Klonierung in der Zellkulturschale Im einfachsten Fall werden adhärente Zellen für eine Klonierung nach dem Ablösen aus der Zellkulturflasche gezählt, in Wachstumsmedium verdünnt und in einer Dichte von ca. 10–150 Zellen pro cm^2 in einer Zellkulturschale ausgesät. Je nach Wachstumsrate der Zellen werden im Phasenkontrastmikroskop und später u. U. makroskopisch nach einer Kulturdauer von ca.

2–3 Wochen voneinander getrennt sich vermehrende Zellkolonien sichtbar. Ausgewählte Kolonien können nach Abziehen des Mediums z. B. durch Aufsetzen kleiner Glas- oder Metallzylinder (*cloning cylinders*) isoliert, mit einer Pipette innerhalb des Zylinders in einer kleinen Menge Medium abgelöst und resuspendiert und anschließend in einem neuen Kulturgefäß ausgesät werden. Alternativ kann versucht werden, Zellen einer Kolonie direkt durch Abschaben mit einer Pipette aus der Kulturschale zu isolieren.

Auch Suspensionszellen können mit der hier beschriebenen Strategie kloniert werden, wenn sie dazu bei Aussaat in Weichagar fixiert werden [36].

***Limited-dilution*-Klonierung in Multiwell-Platten** Bei dieser Methode werden Zellen eines Mischklons vereinzelt, gezählt und so stark verdünnt, dass bei anschließender Aussaat in z. B. Multiwell-Platten mit 96 Vertiefungen in jedem Well statistisch gesehen < 1 Zelle eingebracht wird. Sollten in einzelnen Wells Kolonien heranwachsen, können solche Wells mit dem Mikroskop und durch einen mittels pH-Indikator im Medium sichtbaren Abfall des pH-Werts gefunden werden [37]. Zellen aus solchen Wells werden anschließend weiter expandiert. Diese Methode eignet sich prinzipiell für adhärente Zellen wie auch für solche in Suspension. Falls notwendig, kann mit proliferationsunfähigen Feeder-Zellen gearbeitet werden, um das Anwachsen der Einzelzelle zu fördern.

Multiwell-gestützte Klonierungsmethoden sind in der Industrie inzwischen bis zu einem recht hohen Grad automatisiert. Firmen wie Tecan oder Calliper stellen Robotik-Plattformen zur Verfügung, mit denen Zellen automatisiert in Multiwell-Platten abgelegt, kultiviert und Wells per Mikroskop und ELISA untersucht werden können.

Genetix stellt mit dem ClonePix™ FL eine Plattform zur Verfügung, bei der Zellklone in einem der *limited dilution* ähnlichen Ansatz in Weichagar heranwachsen. Ins Medium sezernierte Antikörper bleiben so in der Umgebung der Kolonie und können per Immunfluoreszenz *in situ* nachgewiesen werden; nach Stärke des Fluoreszenzsignals ausgewählte Zellklone werden automatisiert aus dem Agar gepickt und in 96-Well-Platten überführt.

Klonierung von Zellen mittels FACS Im FACS (*fluorescence activated cell sorter*) können Suspensionszellen oder durch Trypsinierung in Suspension gebrachte adhärente Zellen relativ einfach kloniert werden. Das Resultat der Zellablage ist z. B. bei Verwendung einer 96-Well-Platte genau eine Zelle je Well der Platte. Danach muss – wie immer – bis zur Erzielung einer ausreichenden Zellzahl für eine Passagierung inkubiert werden. Die Klonierung mit dem FACS kann man so auch als „definierte" *Limited-dilution*-Methode bezeichnen, während die beschriebene *Limited-dilution*-Methode „statistisch" ist.

Will man sich die weitergehenden Möglichkeiten des FACS zunutze machen, kann die Expression des Transgens an diejenige eines Fluoreszenzmarkers gekoppelt werden. Klassischerweise ist dies GFP (*green fluorescent protein*). Die Kopplung kann z. B. durch die Verwendung einer bicistronischen Expressionskassette (mittels IHRES, *internal ribosomal entry site*) oder die Kotransfektion mit einem zweiten, den Fluoreszenzmarker exprimierenden Vektor bewerkstelligt werden. Die Stärke der Expression des Transgens soll so leicht detektierbar an diejenige des Fluoreszenzmarkers gekoppelt werden. Ein Mischklon kann im FACS dann nach Stärke des Fluoreszenzsignals in den Einzelzellen „gesorted“ werden. Obwohl dieser Ansatz elegant ist, birgt er das Problem, dass auch im Folgenden (wenn gar nicht mehr notwendig) ein zusätzliches Protein – der Marker – exprimiert wird; grundsätzlich ist jede heterologe Proteinexpression eine Bürde für die Zelle und kann ihre Wachstumseigenschaften oder spezifische Produktivität beeinflussen. Dem könnte evtl. durch eine induzierbare Expression des Markers abgeholfen werden.

Konditionierte Medien und Feeder-Zellen Für die Produktion von monoklonalen Antikörpern im Labormaßstab werden, von wenigen Ausnahmen abgesehen, meist Hybridomazellen verwendet (im industriellen Maßstab inzwischen v. a. CHO- und NS0-Zellen, Abschnitt 2.4.2). Diese werden durch Fusion von immortalen Myelomzellen mit Antikörper produzierenden B-Lymphocyten hergestellt [36]. Nach Fusion und Entfernung der nicht fusionierten Zellen besteht sofort die Notwendigkeit der Klonierung, da aus der Menge der entstandenen Hybridomazellen nur wenige den gewünschten Antikörper sekretieren. Dies liegt an der undefinierten Mischung von B-Lymphocyten, die direkt aus der Milz einer immunisierten Maus gewonnen werden und vor ihrem Einsatz nicht in Bezug auf den jeweils sekretierten Antikörper hin selektioniert werden können.

Bei der Klonierung von Hybridomazellen hat man häufig mit einem schlechten Anwachsen der vereinzelten Zellen zu kämpfen. Durch den Einsatz von speziell konditionierten Medienüberständen aus Zellkulturen (z. B. Ewing-Sarkom-Makrophagen-Kulturen oder menschlichen Nabelschnurendothelzell-Kulturen) kann eine deutliche Verbesserung der Situation erreicht werden. In besonders kritischen Fällen ist auch hier die Verwendung von Feeder-Zellen das Mittel der Wahl, um den Anteil der erfolgreich anwachsenden Zellen zu erhöhen.

Neben dem physischen Kontakt, den die Zellen vermitteln, spielen auch eine Vielzahl sekretierter und nicht näher bekannter Wachstumsfaktoren eine bedeutende Rolle. Es haben sich für Hybridomazellen besonders Peritoneal-Exsudat-Zellen (PEZ) der Maus bewährt. PEZ-Zellen werden durch die Spülung des Bauchraums (Peritoneum) von getöteten Mäusen gewonnen. Eine routinemäßige Verwendung ist aufgrund des Tierschutzgesetzes deshalb nicht möglich. Diese Zellen sät man in großem Überschuss mit den Hybridomazellen aus und tötet diese nach dem Anwachsen der Hybridomazellen durch HAT-Selektion wieder ab [36].

Obwohl inzwischen auch Medien für eine Kultivierung ohne Feeder-Zellen entwickelt werden, ist ein weiter wichtigerer Einsatzbereich der Feeder-Zellen-Technologie die Kultivierung von ES-Zellen (*embryonic stem cells*). Als Feeder-Zellen kommen dabei z. B. mitotisch inaktivierte MEF-Zellen (*murine embryonic fibroblasts*) zum Einsatz.

2.4.3.5 **Kryokonservierung und Zellbänke**

Säugerzellen in kontinuierlicher Kultur sind aufgrund ihrer relativen genetischen Instabilität einer schneller oder langsamer fortschreitenden genotypischen Drift unterworfen. Bei transfizierten Zellen besteht auch die Gefahr des Verlust sdes Transgens durch Rekombinationsvorgänge oder zumindest seiner Expression durch *gene silencing*. Primäre Zelllinien zeigen bei langer Kultivierung Seneszenz. Insgesamt besteht bei lang anhaltender Kultivierung von Säugerzellen die Gefahr des Verlusts von morphologischen und biochemischen Eigenschaften, außerdem die einer mikrobiellen Kontamination und damit des Verlusts der Zellen oder der Kreuzkontamination mit anderen Säugerzellen. Dem kann durch Kryokonservierung vorgebeugt werden.

Säugerzellen können in passendem Medium in flüssigem Stickstoff – oder, besser, in der Gasphase darüber, um ein mögliches Eindringen von flüssigem Stickstoff in die mit Zellsuspension gefüllten Ampullen (Cryovials) auszuschließen – eingefroren und bei Einhalten gleichmäßiger Lagerungsbedingungen über mehrere Dekaden konserviert werden. Ein Kollektiv von Ampullen gleichartigen Inhalts bezeichnet man als Zellbank. Industrielle Zellbänke können aus bis zu mehreren Hundert solcher Ampullen bestehen. Eine Master Cell Bank (MCB) entsteht durch die Expansion eines Zellklons; eine Working Cell Bank (WCB) entsteht aus der Expansion einer oder mehrerer Ampullen einer MCB. Auf ihre Qualität hin getestete Zellbänke sind eine wichtige Voraussetzung für die Prozessentwicklung und spätere langfristige, möglicherweise Jahrzehnte andauernde biopharmazeutische Produktion, stellen sie doch das wichtigste, in den Zulassungsunterlagen eines Biopharmazeutikums klar definierte Rohmaterial eines solchen Prozesses dar. Daher werden Zellbänke unter streng kontrollierten Bedingungen und aufgeteilt auf verschiedene Lagerbehälter, Gebäude oder sogar Standorte gelagert.

2.4.3.6 **Transiente Transfektion**

Bei der transienten Transfektion wird analog der stabilen Transfektion (Abschnitt 2.4.3.3) Fremd-DNA in Form eines Expressionsplasmids in eine Säuger-Zielzelle eingebracht. Das eingebrachte zirkuläre Plasmid integriert dabei nicht in das Genom der Zielzelle und wird nicht bei der Zellteilung repliziert. Die heterologe DNA ist dem Angriff zellulärer Nucleasen ausgesetzt und wird zusätzlich bei der Zellteilung „verdünnt"; die Expression des Transgens ist üblicherweise nach 24–48 Stunden am höchsten und nimmt danach schnell ab.

Die Entwicklung und Charakterisierung einer stabil transfizierten Zelllinie ist ein teurer und zeitaufwendiger Prozess. Für die Produktion kleinerer Mengen des Zielproteins, z. B. im Rahmen präklinischer Untersuchungen oder sogar früher klinischer Studien sucht man daher nach Alternativen. Transiente Transfektion kann dabei eine Option für die Herstellung genügender Mengen des Zielproteins in der richtigen Qualität in einer frühen Phase eines Entwicklungsprojektes sein.

Im Falle eines späteren Zulassungsantrags müssen die mithilfe transienter Transfektionen erhobenen Daten mit denen aus stabil transfizierten Zellen in späteren Phasen der Entwicklung vergleichbar sein, dafür ist es z. B. vorteilhaft, für die transiente Transfektion dieselbe Zielzelle zu verwenden wie für die spätere Prozessentwicklung. HEK293- [63], CHO- [64] und in jüngerer Zeit PER.C6-Zellen [65] werden in diesem Kontext verwendet.

Wichtig für die Entwicklung eines transienten Expressionssystems für Biopharmazeutika sind Transfektionseffizienz, Vitalität der transfizierten Zellen und größtmöglicher Maßstab der Kultur, da für o. g. Studien Proteinmengen im Milligramm- bis Gramm-Bereich benötigt werden. Inzwischen erscheint die Komplexierung der DNA mit PEI (Polyethylenimin, ein kationisches Polymer) zur Transfektion eine brauchbare Lösung aufgrund ihrer Transfektionseffizienz im 3-, 10- oder 100-l-Maßstab und geringen Kosten. Zusätzlich ist PEI kommerziell in großen Mengen verfügbar, sowohl bei Transfektion adhärenter als auch suspendierter Zellen effektiv und zeigt eine geringe Cytotoxizität.

Insgesamt etabliert sich die transiente Transfektion bis zum 100-l-Maßstab trotz einiger Nachteile bereits heute als Option für die schnelle Produktion beachtlicher Mengen eines rekombinanten Proteins in Säugerzellen.

Nebenbei sei der Vollständigkeit halber erwähnt, dass die transiente Expression eine im Labor äußerst häufig verwendete Methode für die funktionelle Proteinexpression ist oder um schnell kleine Proteinmengen, z. B. für biochemische Untersuchungen, herzustellen.

2.4.4
Grundlegende Labortechnik

Dies ist ein Buch über Bioverfahrensentwicklung, nicht eines über die praktischen Aspekte der Kultivierung von meist adhärenten Zellen im Labor. Für letzteres gibt es eine Reihe von sehr hilfreichen Publikationen (z. B. [36, 37]).

Trotzdem wird im Folgenden ein kurzer Einblick in diese Thematik gegeben – als Einstimmung für den Neuling und weil diesem Buch eine interdisziplinäre Leserschaft gewünscht wird, die evtl. nicht mit diesen Aspekten vertraut ist.

2.4.4.1 Subkultivierung von Zellen

Subkultivierung von adhärenten Zellen Adhärente primäre Zelllinien oder solche, die immortal sind bzw. zumindest noch nicht zu weit fortgeschritten bei ihrer schrittweisen Transformation, proliferieren in einem Kulturgefäß nur, bis sie Kontakt zu einer Nachbarzellen haben. Sobald sich auf dem Boden des Kulturgefäßes ein mehr oder weniger lückenloses Zellmonolayer (d. h. eine „konfluente" Kultur) gebildet hat, stellen die Zellen entsprechend ihrem Verhalten in einem intakten Gewebeverband ihr Wachstum ein („Kontaktinhibition"). Ein Kennzeichen transformierter Zellen ist ein weiteres Wachstum trotz Konfluenz; solche Zellen verlassen die Struktur eines Monolayers und wachsen auch übereinander.

In jedem Fall wird zu einem bestimmten Zeitpunkt einer Kultur in der Zellkulturflasche eine maximale Zelldichte erreicht, danach stellt sich zunächst ein Gleichgewicht aus Zellvermehrung durch Wachstum und – aus Gründern der Kontaktinhibition, einer Substratlimitierung, der Anhäufung toxischer Metabolite oder einer Kombination solcher Ursachen – Zellzahlverringerung durch Apoptose (und Autophagie/Nekrose, je nach Kulturbedingungen) ein, noch später nach einer solchen Plateauphase sinkt die Zellzahl kontinuierlich. Um eine dauerhafte Zellkultur zu erhalten, muss man deshalb i. d. R. spätestens bei einem Konfluenzgrad von 70–80 % die Kultur passagieren, d. h. in frischem Medium verdünnt wieder aussäen.

Hierfür stehen für adhärente Zellen verschiedene Techniken zur Verfügung: Relativ lose am Flaschenboden anhaftende Zellen können durch einfaches Abklopfen vom Boden des Kulturgefäßes abgelöst werden. Fester anhaftende Zellen können durch mechanische Dissoziation mithilfe eines Gummischabers vom Flaschenboden abgelöst werden. Diese Methode ist oft wegen der Schädigung der Zellmembran durch die mechanische Belastung nicht geeignet für ein Passagieren, wird aber z. B. bei der Zellernte eingesetzt, wenn die Zellen anschließend sowieso lysiert werden sollen, um beispielsweise ihre RNA zu isolieren.

Fester anhaftende Zellen werden enzymatisch von Boden des Zellkulturgefäßes abgelöst. Solche Zellen werden durch proteolytische Lösung der Zell-Substrat-Verbindung, z. B. mithilfe des Enzyms Trypsin, abgelöst. Trypsin ist eine Serinprotease, die *C*-terminal von Lysin oder Arginin schneidet. Da die meisten zellulären Adhäsionsverbindungen durch divalente Kationen wie Calcium stabilisiert werden, wird außerdem EDTA zugegeben. Dieser Komplexbildner entfernt z. B. Calciumionen aus der Lösung und fördert dadurch den Ablöseprozess. Meist sind im Labor verwendete Trypsin-Lösungen nicht hochrein und beinhalten weitere lytische Aktivitäten; dies kann von Vorteil sein, weil auch andere Zell-Matrix- oder Zell-Zell-Verbindungen, aber auch nachteilhaft, weil z. B. Proteine der Zellmembran angegriffen werden. Die Einwirkzeit des Trypsins sollte zusätzlich daher auf ein Minimum begrenzt werden, weil es durch seine Proteaseaktivität irreversible Zellschädigungen verursachen kann. Folgendes Vorgehen wird vorgeschlagen [36]:

Alle benötigten Lösungen (Medium, PBS und Trypsin/EDTA) werden bei 37 °C im Wasserbad vortemperiert. Das alte Medium saugt man mit einer Schlauch- oder Vakuumpumpe oder einer Pipette ab. Die Zellen werden anschließend mit PBS (ohne Ca^{2+} und Mg^{2+}) gewaschen:

kleine Kulturschale/T-25:	ca. 4 ml PBS
große Kulturschale/T-75:	ca. 8 ml PBS
6-Well-Platte:	ca. 1 ml PBS pro Well

Durch das Waschen mit PBS werden Mediumsreste entfernt, welche die Wirkung des Trypsins beeinträchtigen würden. Die Pufferlösung wird nach kurzem Schwenken wieder abgesaugt, anschließend wird die Trypsin/EDTA-Lösung zugegeben:

kleine Kulturschale/T-25:	ca. 0,5 ml Trypsin/EDTA (0,05 %/0,02 %, pH 7,2)
große Kulturschale / T-75:	ca. 1,0 ml Trypsin/EDTA (0,05 %/0,02 %, pH 7,2)
6-Well-Platte, pro Well:	ca.0,3 ml Trypsin/EDTA (0,05 %/0,02 %, pH 7,2)

Die Inkubation erfolgt bei 37 °C im Zellkultur-Inkubator. Die Einwirkzeit liegt in der Regel, abhängig von der Zellkonzentration, bei 3–5 min. Die Ablösung der Zellen sollte unter dem Phasenkontrastmikroskop kontrolliert werden: Sobald sich die vormals adhärenten Zellen abgekugelt haben und in Suspension befinden, wird das Trypsin durch die Zugabe von serumhaltigem Medium inaktiviert. Die in Serum enthaltenen Trypsininhibitoren inaktivieren das Enzym:

kleine Kulturschale/T-25:	ca. 5 ml Medium
große Kulturschale/T-75:	ca. 10 ml Medium
6-Well-Platte:	ca. 1,5 ml Medium pro Well

Mithilfe einer Pipette werden die noch anhaftenden Zellen durch Auf- und Abpipettieren von der Kulturschale abgespült und vereinzelt. Die Zellsuspension verdünnt man mit oder ohne vorheriges Abzentrifugieren und Resuspendieren in frischem Medium auf die gewünschte Zellzahl mit serumhaltigem Medium und überführt sie in eine neue Kulturschale.

Sind die Zellen noch nicht konfluent, das Medium aber bereits verbraucht – sichtbar v. a. durch eine Farbverschiebung des üblicherweise den pH-Indikator Phenolrot enthaltenden Mediums von rot ins gelbliche – wird ein Mediumwechsel durchgeführt. Dabei wird bei der Kultivierung von adhärenten Zellen einfach das alte Medium vorsichtig abgesaugt und neues Medium zugegeben. Um auf Microcarriern wachsende Kulturen mit frischem Medium zu versorgen, lässt man im einfachsten Fall die Carrier sich absetzen, saugt das alte Medium ab und gibt das gleiche Volumen an neuem Medium hinzu.

Subkultivierung von Suspensionszellen Die Subkultivierung von oder der Mediumswechsel bei Suspensionszellen geschieht unter denselben Gesichtspunkten wie bei adhärenten Zellen (Zelldichte, pH-Wert des Mediums etc., s. o.). Werden die Suspensionszellen in Zellkulturflaschen kultiviert, ist auch hier eine direkte Kontrolle der Morphologie der Zellen per Mikroskop möglich (in Bioreaktoren muss dafür eine Probe gezogen oder mit einem *In-situ*-Mikroskop (Abschnitt 2.4.5) gearbeitet werden). Der eigentliche Vorgang der Subkultivierung besteht (evtl. nach Zellzählung, Abschnitt 2.4.5) aus dem sterilen Überführen der Zellen in ein Zentrifugengefäß, schonender Zentrifugation (z. B. 500 •g über 3 min), Abnehmen des verbrauchten Mediums, vorsichtigem Resuspendieren des Zellpellets in frischem Medium (mit der Pipette) und Aussaat der Zellen in gewünschter Zelldichte in einem neuen Kulturgefäß.

Alternativ können Suspensionskulturen, die expandiert werden sollen, durch Zugabe von frischem Medium direkt in die Ursprungskultur auf die neue Aussaat-Zelldichte verdünnt werden. Dabei besteht das neue Medium zu einem gewissen Prozentsatz aus altem, verbrauchtem Medium. Andererseits kann dieses Medium von den Kulturzellen ausgeschüttete Cytokine und Wachstumsfaktoren enthalten, die sich positiv auf das Zellwachstum auswirken können („konditioniertes Medium"). Vor allem in größeren Maßstäben ist ein Verdünnen die einzig mögliche Methode der Subkultivierung bzw. Expansion (Es ist z. B. kaum möglich, den Inhalt eines 2000-l-Bioreaktors zu zentrifugieren und das entstehende Zellpellet in 10 000 l frischem Medium zu resuspendieren). Bei der Prozessentwicklung ist es daher wichtig, Klone zu finden, die in dieser Art und Weise bei durchgehend hoher Vitalität expandiert werden können. Dabei beschreibt das *split ratio* das Verhältnis von altem zu neuem Medium. Übliche Suspensionszellen lassen sich oft im 2–3-Tage-Rhythmus in einem *split ratio* von 1:3 oder 1:4 teilen, d. h. mit zwei oder drei Teilen frischem Medium verdünnen, ohne anschließend z. B. wegen zu geringer Einsaatdichten Wachstumsschwierigkeiten zu haben. Bei primären Zelllinien z. B. können ganz andere Verhältnisse gelten [37].

2.4.4.2 **Kontamination**

Einer der oder vielleicht sogar der größte anzunehmende Unfall bei der Arbeit mit Zellkulturen ist eine Kontamination. Ist dies schon im Labor lästig, zeitaufwendig und im Zweifelsfall gefährlich für den Fortgang eines Forschungsprojekts, ist eine Kontamination im industriellen Maßstab eine schwerwiegende Abweichung, die nebenbei auch viel Geld kostet.

Kontaminierende Organismen haben in der Regel eine deutlich höhere Vermehrungsrate als Säugerzellen und schädigen dadurch die Kultur nachhaltig (Kapitel 5 und [1]). Kontaminanten verbrauchen wichtige im Medium enthaltene Nährstoffe und bilden evtl. Metabolite, die für die kultivierte Zellinie toxisch sind.

Kontaminationen werden über unzureichende Steriltechnik eingeschleppt. Abhängig von Jahreszeit und Laborstandort beobachtet man charakteristische Kontaminationsmuster, unter feuchten und warmen Bedingungen gibt es z. B. gern Pilzkontaminationen.

Das einzige wirklich wirkungsvolle Mittel gegen Kontamination ist gute Steriltechnik. Alle Tätigkeiten, mit Ausnahme der Bestimmung der Zellzahl, müssen unter einer sterilen Werkbank der Sicherheitsklasse II durchgeführt werden. Sämtliche Medien müssen sterilfiltriert oder autoklaviert werden, nur mit autoklavierten, trocken sterilisierten oder gammabestrahlten Pipetten und Zellkulturgefäßen kann steril gearbeitet werden. Weiterhin spielen persönliche (Labor-) Hygiene, der bauliche Zustand des Labors und seine Reinhaltung eine Rolle.

Jedes Labor und jede Zellkulturanlage hat irgendwann mit Kontaminationen zu kämpfen. Einmal kontaminierte Kulturen lassen sich nur sehr schwer, wenn überhaupt, von den kontaminierenden Organismen befreien. Meist hilft nur (im regulierten industriellen Umfeld immer) ein Verwerfen der Kultur. Das Verwenden von Antibiotika, vor allem Penicillin und Streptomycin, ist daher eine große Versuchung und oftmals auch kaum zu vermeiden (z. B. bei der Etablierung von primären Zellkulturen aus Explantaten).

Dieses Vorgehen hat durchaus Vorteile, birgt aber v. a. zwei Gefahren: Einerseits verleitet es den Experimentator dazu, weniger Wert auf steriles Arbeiten zu legen („Ich habe ja ‚PenStrep' im Medium."), andererseits selektiert man dabei langfristig auf resistente Keime – keine sehr erfreuliche Zukunftsaussicht im Labor. Eine Kontamination, die man sieht, ist besser als eine, die unter Antibiotikadruck nur unterschwellig wächst und evtl. über viele Passagen unentdeckt bleibt. Bei modernen Zellkulturprozessen wird deshalb ganz auf die Verwendung von Antibiotika verzichtet. Für die Arbeit im Labor sei hier die gleiche Technik empfohlen; werden Antibiotika verwendet, sollten in regelmäßigen Abständen zur Kontrolle der eigenen Steriltechnik und unterschwelliger Kontaminationen über eine kurze Zeit antibiotikafreie Medien eingesetzt werden.

Zeichen für eine Kontamination sind u. a. eine charakteristische Trübung des Mediums, ein schnell stark saurer pH-Wert des Mediums und eine veränderte Morphologie der Säugerzellen. Im Mikroskop ist oft auch der kontaminierende Keim sichtbar.

Die meisten Kontaminationen werden durch Mikroorganismen verursacht. Zusätzlich zu Kontaminationen im Zellkulturgefäß selbst stellen auch Zellkulturmedien, PBS-Lösungen etc. eine Kontaminationsgefahr dar. Von gramnegativen Bakterien gebildete Endotoxine können Zellkulturen schädigen, bevor die kontaminierenden Keime sich ausreichend vermehrt haben, um im Mikroskop sichtbar zu sein; auch können solche Endotoxine, die selbstverständlich nicht durch Filtration zu entfernen sind, aus Medienansatztanks in Bioreaktoren übertragen werden und Zellkulturen schädigen, ohne dass eine kontaminierende mikrobielle Zelle den Reaktor erreicht.

Kontaminierende Hefen stellen sich im Mikroskop als stark refraktile Partikel dar, während Pilze zum Teil im Medium selbst Hyphen bilden, zum Teil aber auch als aus biologischer Sicht durchaus formschöne, ansonsten aber lästige, auf der Mediumoberfläche schwimmende Hyphengeflechte sichtbar werden.

Virale Kontaminationen sind besonders schwer visuell zu entdecken (dazu bedarf es eines Elektronenmikroskops). Oft äußern sie sich „nur" in Veränderungen in Wachstumsverhalten oder Morphologie der Zellen; auch darum ist es wichtig, sich mit den Charakteristika „seiner" Zelle vertraut zu machen, bevor eine Kontamination auftritt. Besteht Verdacht auf eine virale Kontamination, ist die betroffene Zellkultur umgehend ordnungsgemäß zu entsorgen.

In die Kategorie der schwer zu entdeckenden Kontaminationen gehören auch Mycoplasmen. Mycoplasmen sind eine bakterielle Gattung der Klasse Mollicutes mit ca. einhundert Arten. Sie gehören zu den kleinsten sich selbst vermehrenden Prokaryoten. Sie besitzen keine bakterielle Zellwand und sind in ihrer Form variabel (*cutis mollis*, weiche Haut), ihre Größe schwankt zwischen ca. 0,2 µm und 2 µm. Damit können sie die üblicherweise verwendeten Sterilfilter passieren, denn deren angegebene Porengröße von 0,2 µm stellt nur einen Mittelwert dar. Um z. B. aus Zellkulturmedien auch Mycoplasmen filtrationstechnisch entfernen zu können, wird daher als letzte Filtrationsstufe ein 0,1-µm-Filter eingesetzt.

Viele Mycoplasmen leben parasitär oder kommensalisch und sind oft auf der Zelloberfläche von Kulturzellen lokalisiert. Eine Kontamination mit Mycoplasmen ist nicht selten; sie ist oft schwierig – wenn überhaupt – zu behandeln. Mit neueren Methoden (PCR) sind Mycoplasmen zumindest relativ leicht zu identifizieren. Alternativ können sie durch DNA bindende Fluoreszenzfarbstoffe direkt in der Zellkultur sichtbar gemacht werden. Mycoplasmen erscheinen dabei im Fluoreszenzmikroskop als eine Vielzahl gleichmäßig geformter, hell leuchtender punktförmiger Signale oder deren Ansammlungen.

Da Mycoplasmen aufgrund ihrer Lebensweise oft keine schwerwiegenden Effekte auf die Zellen haben, bleiben sie häufig lange unentdeckt, obwohl sie vielfältig in den Stoffwechsel der befallenen Zellen eingreifen. Da verschiedene Mycoplasmen-Spezies statt der üblichen Glucose Arginin als Energiequelle nutzen, kommt es unter den infizierten Zellkulturen häufig zu einem Argininmangel. Nach Zugabe der zehnfachen üblichen Argininmenge (1 mM, zur Stabilisierung der Kultur) kann eine gezielte Bekämpfung der Mycoplasmen versucht werden.

Zuletzt sei hier die Kreuzkontamination von Zellkulturen mit anderen Säugerzellen erwähnt. Dass dies ein erhebliches Problem sein kann, ist spätestens seit dem HeLa-Skandal in den späten 1960er-Jahren bekannt, als sich herausstellte, dass die Mehrzahl aller Laborkulturen mit dieser Zelllinie kreuzkontaminiert waren. Auch diesbezüglich hilft nur eine gute Steriltechnik im Labor.

2.4.5
Monitoring von Zellkulturen

Bei jedem Bioprozess soll die Produktbildung durch Prozessmonitoring und -kontrolle optimiert werden. Wurde zunächst vor allem Wert auf das Monitoring der Prozessumgebung im Bioreaktor gelegt (z. B. pH-Wert, *dissolved oxygen* DO, Temperatur und abgeleitete Größen), rückten seit Mitte der 1990er-Jahre in der Säugerzellkultur auch physiologische Parameter der Wirtszelle wie spezifische Substrataufnahme etc. verstärkt in den Fokus ([66]; s. auch Abschnitt 2.4.6.7). Inzwischen wurden solche weitergehenden Monitoring-Ansätze ausgedehnt auf unter anderem UV-, NIR-, und Fluorenzenzmessung [67], letztere in experimentellen Ansätzen auch in 2D-Verfahren, die einen weiten Spektralbereich bei Excitation und Emission abdecken [68]. Nicht alle Monitoring-Ansätze stellten sich als sinnvoll für die routinemäßige Verwendung bei der Säugerzellkultivierung heraus, z. B. werden die Messung von NAD(P)H [69] oder die des Redox-Potenzials [70] nicht häufig eingesetzt.

Aber auch beim Monitoring der „klassischen" Parameter wie pH-Wert und DO ergeben sich inzwischen neue technische Ansätze, die (in den genannten Fällen über optische Messung) Vorteile gegenüber traditionellen elektrochemischen Sonden bieten [71, 72] und auch im Hinblick auf die immer wichtiger werdende *Single-use*-Bioreaktortechnologie im Säugerzellumfeld gut einsetzbar sind (z. B. [73]). Parallele Entwicklungen sind auch auf dem Sektor der mikrobiellen Bioprozesse zu beobachten (z. B. [74]). Weiterhin gibt es Bestrebungen, bereits in sehr kleinen Kulturvolumina wichtige Parameter wie z. B. DO messbar zu machen (z. B. [75]), dies ist gerade für Anwendungen in der Zellkulturtechnik wie dem Screenen von Klonen interessant.

Auch in einem weiteren Schlüsselbereich der (Zellkultur-)Prozesstechnik, dem Scale-up, werden über moderne Monitoringverfahren Verbesserungen erreicht; z. B. durch den Einsatz von automatisierter Durchflusscytometrie, mit deren Hilfe eine sehr genaue Analyse nicht vitaler Zellpopulationen möglich ist [76].

Parameter, die Aussagen über Substratverbrauch, mögliche Limitierungen etc. machen können, sind im Zellkulturüberstand gemessener Glucose-, Lactat-, Glutamin- und Ammoniumgehalt. Weiterführende Monitoringmöglichkeiten ergeben sich über eine vollständige Aminosäureanalytik (z. B. [77]).

Eine elegante Methode für das Monitoring verschiedener Parameter einer Zellkultur ist die Durchflusscytometrie. Mit ihrer Hilfe können z. B. Daten zur Vitalität einer Kultur (z. B. frühe und späte Apoptose), zur Verteilung von Kulturzellen über den Zellzyklus, zur Größenverteilung und Oberflächenbeschaffenheit von Zellen und zum intrazellulären Produktgehalt erhoben werden (praktische Aspekte z. B. bei [78])

Ist das Cytometer mit der Möglichkeit des „Sortens" ausgestattet (FACS, *fluorescence assisted cell sorter*), können z. B. durch Kopplung der Expression des Transgens und eines fluoreszierenden Reporters nach Transfektion gute Produktionszellen vereinzelt werden.

Einen weiterführenden Überblick über theoretische und praktische Aspekte des Zellkultur-Monitoring findet sich in [79].

Auch die *process analytical technology*-Initiative (PAT) der Food and Drug Administration der USA (FDA) hat in den vergangenen Jahren dazu geführt, dass in der Prozessentwicklung, aber auch der pharmazeutischen Produktion, neue, verbesserte Methoden einer integrierten Prozessanalyse (und Steuerung) entwickelt werden müssen ([80, 81]): Die in 2002 begonnene Initiative „Pharmaceutical Current Good Manufacturing Practices (CGMPs) for the 21st Century – a Risk Based Approach" [82] hat das Ziel, *process analytical technology* in die (bio)pharmazeutische Produktion einzubringen. Obwohl in der biotechnologischen Industrie in den letzten Jahren erhebliche Fortschritte in diesem Bereich gemacht wurden, zeigen fast alle dieser Ansätze bisher in Richtung eines besseren Prozessverständnisses; eine daraus resultierende verbesserte direkte Prozesskontrolle fehlt meist [83]. Für ein tatsächliches Ausschöpfen der Möglichkeiten eines PAT-gestützten Ansatzes sollte eine optimierte Prozesskontrolle und Compliance auf Grundlage einer „Qualitätssicherung in *real-time*" [83] implementiert werden.

Es sei hier eine weitere über das reine Prozess-Monitoring hinausgehende Bemerkung zum Thema Prozessverständnis gestattet: Wurde in der Vergangenheit bei Säugerzellprozessen vor allem über eine Optimierung von Prozessführung und -monitoring, Mediumszusammensetzung und Feeding-Strategie eine enorme Titersteigerung (z. B. bei IgG produzierenden Zellen auf heute 5 g/l und darüber) erreicht, wird nun zunehmend deutlich, dass weitere Performance-Steigerungen vor allem über ein tiefer gehendes Verständnis der Produktionszelle selbst möglich ist; eine Entwicklung weg vom Ansatz „Zelle als *black box*" und hin zu einem Verständnis der bisher nicht vollständig verstandenen Netzwerke innerhalb der Zelle [84]. Für ein solches tiefer greifendes (vergleichendes) Verständnis von intrazellulären Vorgängen in Produktionszellen werden zunehmend *large scale* „-omics"-Ansätze für die Prozess- bzw. Zellanalyse gewählt (*transcriptome/expression profiling-*, Proteom- und Metabolom-Analysen; s. z. B. [85] oder [86]).

Im Folgenden kann aus Platzgründen nur auf die Messung des wichtigsten zellkulturspezifischen Monitoring-Parameters, der Zellzahl, näher eingegangen werden. Im Übrigen sei auf Abschnitt 2.6 und seine Unterpunkte sowie die entsprechende Literatur verwiesen. Das Monitoring von grundlegenden Mediumsbestandteilen wird unter 2.4.6.7 beschrieben.

2.4.5.1 Zellzahl und Vitalität

Die wichtigsten Parameter in der Zellkultur sind Zellzahl, Vitalität, d. h. das Verhältnis von lebenden zu toten Zellen, und spezifische Wachstumsrate μ. Für die Bestimmung dieser Parameter und zur Bestimmung von daraus abgeleiteten Parametern, wie z. B. der Stoffwechselaktivität oder der Produktionsrate, werden verschiedene Methoden eingesetzt, die entweder direkt oder indirekt diese Parameter bestimmen.

Für die direkte Bestimmung von Zellzahl und Vitalität gilt die allgemeine Randbedingung, dass die Zellen einer direkten Zählung zugänglich sein müssen. Dies trifft in der Regel nur auf Zellen in Suspension zu, die zudem nicht verklumpt, d. h. als Aggregat oder Zusammenballung, vorliegen dürfen. Adhärente Zellen (und verklumpte Suspensionszellen) können bei Bedarf nach enzymatischem oder mechanischem Vereinzeln gezählt werden.

Zellzahlbestimmung mit Vitalfärbung im Hämocytometer Die am weitesten verbreitete Zellzahl- und Vitalitätsbestimmungsmethode beruht auf der Verwendung einer Neubauer-Zählkammer (Hämocytometer) und dem Lebendfarbstoff Trypanblau [36]. Zellsuspension und 0,5 %ige Trypanblaulösung werden im Verhältnis 1:1 gemischt in der Zählkammer unter dem Phasenkontrastmikroskop ausgezählt, wobei als tot definierte Zellen durchgängig blau angefärbt sind und als lebend definierte Zellen sich ungefärbt mit starker Lichtbrechung vom blauen Hintergrund abheben.

Die Trypanblaufärbung ist unbestritten einer der einfachsten und am schnellsten anzuwendenden Tests für die Routineanalytik im Labor. Dem stehen allerdings einige Nachteile und Einschränkungen entgegen.

Trypanblau ist ein saurer Farbstoff, der als Anion sehr leicht an Proteine binden kann und dadurch cytotoxisch für Zellen ist. Dies führt dazu, dass zum einen die Farbstoffaufnahme der Zellen stark pH-abhängig ist und zum anderen mit zunehmender Inkubationszeit der Zellen mit dem Farbstoff ein Anstieg der toten Zellen zu beobachten ist.

Temperatur und Farbstoffkonzentration beeinflussen ebenfalls die Aufnahme des Farbstoffes in die Zellen.

Serum kann den Test durch die Bindung des Farbstoffes an Serumproteine stören. Hohe Serumkonzentrationen können dadurch im Extremfall eine Vitalität vortäuschen, die nicht vorhanden ist.

Trypanblaulösung ist nicht völlig stabil. Es kann zu Farbstoffausfällungen kommen, die sich oft in – die Zählung stark behindernden, deutlich sichtbaren – kristallartigen Strukturen äußert.

Es können nur Suspensionen mit Zellzahlen im Bereich von ca. 10^5–10^6 Zellen/ml gezählt werden. Dies entspricht 5–50 Zellen je Großquadrat einer Neubauer-Zählkammer. Die obere Grenze erklärt sich dabei dadurch, dass es unpraktikabel ist, mehr als 50 bis max. 100 Zellen je Großquadrat auszuzählen. Durch eine vorherige Verdünnung der Suspension kann dem abgeholfen werden.

Die untere Grenze von 10^5 Zellen/ml, d. h. 5 Zellen je Großquadrat, erklärt sich aus dem Verteilungsgesetz und dem daraus resultierenden Fehler. Die Verteilung der Zellen über die Großquadrate folgt einer Poisson-Verteilung unter der Randbedingung, dass die Zellen nicht klumpen [87]. Mit der Formel für die Standardabweichung bei Poisson-Verteilungen kann der zu erwartende mittlere quadratische Fehler, auch Standardfehler des Mittelwertes (*standard error of mean*) genannt, geschätzt werden [87].

Ein weiteres grundsätzliches Problem der Methode besteht darin, das dabei *per definitionem* blaue Zellen als tot angesehen werden; Begründung dafür ist die Undurchlässigkeit der Membran einer vitalen Zelle für Trypanblau. Eine durchlässige Zellmembran ist allerdings im Zweifelsfall nur ein letzter Schritt auf der Reise einer Zelle in den Tod, abgesehen davon müssen viele verschiedene Todesszenarien (Apoptose, Nekrose, Autophagie und ihre Spielarten) unterschieden werden. Beschränkt man sich vereinfachend auf die Betrachtung von Apoptose (erfahrungsgemäß ist der Haupttodesmechanismus in einer halbwegs gut behandelten Zellkultur Apoptose), lassen sich oft in der Trypanblaufärbung als tot erkannte Zellen mit spätapoptotischen Zellen korrelieren. Der Anteil an frühapoptotischen Zellen in der Kultur bleibt bei der Trypanblaufärbung unerkannt. Ob das Monitoring frühapoptotischer Zellen für eine Kulturführung wichtig wäre, kann so nicht untersucht werden. Abhilfe schafft hier die Verwendung eines Cytometers.

Automatisierte Zellzahlbestimmung Will man auch kleinere Zellzahlen direkt bestimmen, so bietet sich der Einsatz von elektronischen Zählgeräten an. Eine Möglichkeit dazu bietet der Coulter-Counter (Beckman Coulter), der bei der Messung zusätzlich zur Partikelzahl auch die Partikelgröße erfasst. Er eignet sich deshalb zur Messung von Größenverteilungen und liefert quantitative Informationen über Zelltrümmer und Zellaggregate sowie in der von Schärfe/Innovartis/Roche entwickelten Version (CASY) unter bestimmten Umständen und in erfahrenen Händen auch Informationen über den Anteil an lebenden Zellen [37]. Auch abgesehen von einer Anwendung zur Messung kleiner Zellzahlen setzen sich automatisierte Zellzählsysteme in Labor und Produktion durch. Sowohl das von Innovartis/Roche entwickelte Cedex als auch das ViCell (Beckman Coulter) verwenden das Prinzip der Trypanblaufärbung: Zellkulturproben werden automatisiert mit Farblösung versetzt, Aliquots davon in die Messkammer des Geräts transferiert und dort per Mikroskop, CCD-Kamera und anschließender Bildanalyse ausgewertet. Solche Geräte sind so gut wie die Anpassung der die Bildanalyse beeinflussenden Geräteparameter auf die jeweilige Zelllinie. Sie haben allerdings unbestreitbar den großen Vorteil einer bedienerunabhängigen Zellzählung: Sind diese Parameter einmal optimiert, kommt es für eine verlässliche Zellzählung „nur noch" auf eine repräsentative Zellkultur-Probenahme und -vorbereitung durch den Experimentator an. Die Subjektivität der händischen Zellzählung im Hämocytometer, die leicht Abweichungen von +/–10 % oder mehr ausmachen kann – nicht unbedingt ein Problem im Labor, aber dann, wenn es bei einer Prozessführung auf kleine Unterschiede bei der Zellzahl ankommt – wird damit eliminiert.

Eine weitere Methode der automatisierten Bestimmung der Zellzahl ist die *In-situ*-Mikroskopie (ISM) ([88, 89]; Review z. B. [90]). Einer der großen Vorteile eines Online-Ansatzes ist das Vermeiden des Brechens der Sterilgrenze eines Bioreaktors durch Ziehen einer Probe; ein anderer ist, dass online gemessene Parameter grundsätzlich nicht nur für ein Prozessmonitoring, sondern auch die Prozesssteuerung verwendet werden können – in Zukunft evtl. zusätzlich zu den sich daraus bietenden technischen Chancen ganz im Sinne der PAT-Initiative der FDA (s. z. B. [83]).

Die von Suhr et al. an der Hochschule Mannheim entwickelte technische Lösung eines ISM verzichtet auf mechanisch bewegte Teile und verwendet stattdessen eine optisch definierte Probenzone. Hierbei werden Zellen durch Bildanalyse als „im Fokus“ oder „außerhalb des Fokus“ klassifiziert und dadurch das Probevolumen optisch definiert. Dieses ISM ist in der Lage, automatisiert, online und in Echtzeit sowohl die Zahl lebender als auch toter Zellen im Bioreaktor zu bestimmen (s. [91] und Abschnitt 2.6.1.2).

Indirekte Zellzahl-Bestimmungsmethoden Zur indirekten Zellzahlbestimmung können im Prinzip sämtliche zellulären Parameter herangezogen werden, die zeitlich, bei Einhaltung bestimmter Randbedingungen, hinreichend konstant sind. Eine mögliche Methode beruht auf der Messung der LDH-Aktivität (Lactat-Dehydrogenase) eines Zelllysats. Der absolute LDH-Gehalt von vitalen Zellen ist wegen der zentralen Rolle der LDH im Stoffwechsel der Zellen relativ stabil. Zudem ist das Enzym in seiner Aktivität sehr stabil. In Hybridomazellen wurde gezeigt, dass die LDH-Aktivität nach Lyse der Zellen nur um ca. 1 % je Tag abnimmt [92]. Diese oder ähnliche Methoden haben sich gegenüber der Zellzählung allerdings bisher nicht allgemein durchsetzen können. Die LDH-Bestimmung hat sich jedoch aus einem anderen Grund etabliert: Da das Enzym in vitalen Zellen strikt intrazellulär ist, kann ein Ansteigen der LDH-Aktivität im Zellkulturüberstand mit Zellschädigung korreliert werden. Diese Methode wird im Labor, aber auch im industriellen Umfeld eingesetzt.

Weitere indirekte Methoden der Zellzahlbestimmung in einem online Ansatz, der die Bestimmung der Zellzahl durch entsprechende Sonden im Bioreaktor ohne eine Probenahme ermöglicht, sind u. a. die Messung der optischen Dichte [81] oder des kapazitiven Wiederstandes [93]. Keine dieser Methoden ermöglicht bisher unmittelbar die Online- und *In-situ*-Messung von lebenden *und* toten Zellen wie o. g. ISM.

2.4.6
Medien für die Zellkulturtechnik

In vivo werden Zellen im Gewebe über die Blutbahn und über das Lymphsystem alle notwendigen Substrate und Signalmoleküle zur Verfügung gestellt. Gleichzeitig erfolgt über beide der Transport von Produkten und Abfallstoffen.

Um Zellen unter *In-vitro*-Bedingungen die Möglichkeit zur Proliferation und nötigenfalls zur Differenzierung und Ausübung von typischen Zellfunktionen zu geben, muss ein geeignetes Kulturmedium den *In-vivo*-Bedingungen weitestmöglich Rechnung tragen. Dazu gehören physiologische Bedingungen durch anorganische Salze zur Wahrung der richtigen Osmolarität und Komponenten zu Energiegewinnung (Glucose/Glutamin und Sauerstoff) bzw. zur Aufrechterhaltung zellulärer Funktionen und Strukturen (z. B. DNA- und Membranbausteine). Von der jeweiligen Zelllinie nicht synthetisierbare, d. h. essenzielle Substanzen müssen zugeführt werden und die Ausgangssubstanzen für nicht essenzielle Substanzen angeboten werden. In der Regel bezieht sich dies auf Aminosäuren und Vitamine.

Im Gewebe wird den Zellen zur normalen Entwicklung und zum Wachstum ein Cocktail von spezifischen Wachstumsfaktoren und Signalmolekülen angeboten. Um dies wenigstens teilweise simulieren zu können, wird vielen Kulturmedien tierisches oder menschliches Serum zugesetzt.

Weiterhin müssen gebildete Abfallprodukte so lange wie möglich durch geeignete Mediumskomponenten (Puffer) neutralisiert sowie im Falle von gerührten Suspensionskulturen mögliche mechanische Belastungen der Zellen durch Mediumskomponenten abgefedert werden.

In Summe besteht die Aufgabe eines Zellkulturmediums aus einer Versorgung der Zellen mit Wasser, Sauerstoff, Nährstoffen, Vitaminen, Aminosäuren, Lipiden, Nucleotidvorläufern, anorganischen Salzen, einem Puffersystem, komplexen Bestandteilen (Serum) und nötigenfalls Antibiotika und Agenzien zur Scherstressverringerung.

In der Literatur findet man bei der Suche nach geeigneten Medien wertvolle Hinweise (Abschnitt 2.7.1; [36, 37, 93]).

2.4.6.1 **Entwicklung der Säugerzellmedien**

Wurden frühe Versuche zur Kultivierung von Zellen in Gewebeextrakten, Lymphe oder Serum durchgeführt [25, 26], benötigte man mit dem Aufkommen etablierter Zelllinien schnell größere Mengen von besser definierten Kulturmedien [37].

Über die Analyse sowohl der bisher als Medium verwendeten Körperflüssigkeiten als auch der Anforderungen der Kulturzellen an ihr Medium gelang die Entwicklung definierter Basal-Kulturmedien: Das von Eagle entwickelte Basalmedium (BME, Tab. 2.17; [94]) und seine Weiterentwicklung *minimal essential medium* (MEM; [95]) waren Grundlage dieser Entwicklung und werden bis heute verwendet.

Von diesen wie auch vielen anderen hier kurz erwähnten Medienrezepturen sind inzwischen verschiedene Variationen erhältlich (Unterschiede bei der Zusammensetzung, z. B. Salze, mit/ohne Glutamin, mehr oder weniger Glucose, mit/ohne Phenolrot etc.). Mithilfe dieser definierten Zellkulturmedien war es möglich, den Serumanteil des Komplettmediums von 100 % auf meist 5 % oder 10 % (in selteneren Fällen auch bis 25 %) zu senken. Obwohl sich in den Folgejahren herausstellte, dass o. g. Basalmedien für eine Vielzahl von (kontinuierlichen) Zelllinien geeignet sind, wurden optimierte Medien für spezielle Zelltypen entwickelt (z. B. RPMI1640 für lymphoblastoide Zellen; [37]).

Ein Schwerpunkt der Folgeentwicklungen lag und liegt immer noch auf dem vollständigen Ersatz für Serum (Abschnitt 2.4.6.3). Dies ist auch für industrielle

Tabelle 2.17 Basales Medium nach Eagle (BME); Rezeptur nach SigmaAldrich, Kat. Nr. B 9638 (verändert), Werte in g/l, wenn nicht anders angegeben.

Anorganische Salze		Vitamine	
$CaCl_2 \cdot 2\,H_2O$	0,265	D-Biotin	0,001
$MgSO_4$ (wasserfrei)	0,09767	Cholinchlorid	0,001
KCl	0,4	Folsäure	0,001
NaCl	6,8	Myoinositol	0,002
$NaH_2PO_4 \cdot H_2O$	0,140	Niacinamid	0,001
		D-Ca-Pantothensäure	0,001
Aminosäuren		Pyridoxal • HCl	0,001
L-Arginin • HCl	0,021	Riboflavin	0,0001
L-Cystein • 2 HCl	0,01565	Thiamin • HCl	0,001
L-Glutamin	0,292		
L-Histidin	0,008	Weitere Inhaltsstoffe	
L-Isoleucin	0,026	D-Glucose	1,0
L-Leucin	0,026	Phenolrot (Natrium)	0,011
L-Lysin • HCl	0,03647		
L-Methionin	0,0075		
L-Phenylalanin	0,0165		
L-Threonin	0,024		
L-Tryptophan	0,004	Zuzugeben:	
L-Tyrosin 2 Na 2 H2O	0,02595	$NaHCO_3$	2,2
L-Valin	0,0235	Serum nach Wahl	ca. 5–25 % (v/v)

Zellkulturmedien wichtig: Einerseits ist jeder undefinierte Mediumsbestandteil in naturgemäß in gewissen Grenzen schwankender Qualität ein Risiko für die Prozessperformance. Andererseits fordern Gesundheitsbehörden zu Recht, dass Herstellprozesse für Biopharmazeutika frei von tierischen – und damit aufgrund einer möglichen Kontamination mit z. B. TSE (Transmissible Spongiforme Encephalopathie) oder AV (Adventitious Virus) potenziell stark gesundheitsgefährdenden – Inhaltsstoffen sein sollen. Weiterhin stellt insbesondere Serum wegen seines hohen Proteingehalts ein Problem für die spätere Produktaufreinigung dar.

Letzteres Problem ergibt sich u.a. auch im Falle von zugesetzten Scherstressverminderern (z. B. BASF Pluronic®), Antischaum- und Serumersatzstoffen wie BSA (Abschnitt 2.4.6.4). Bei einer Prozessentwicklung müssen auch in Bezug auf die verwendeten Medien bereits zu einem frühen Zeitpunkt die Belange der nachgeschalteten Prozessschritte beachtet werden – der höchste Titer nützt nichts, wenn das Produkt zu schlecht zu reinigen ist. Da völlig ohne solche potenziell später negativ wirkenden Mediumsbestandteile oft allerdings nicht auszukommen ist, gilt es – auch hier – einen Kompromiss zu finden. In der Industrie wurden daher vielfach im Laufe der Zeit auf die vorhandene Produktionszelle abgestimmte Medien- und Feed-Plattformen entwickelt, die allen sich z. T. widersprechenden Anforderungen gerecht zu werden versuchen.

2.4.6.2 Serumhaltige Medien

Wie oben bereits erwähnt, bestehen serumhaltige Komplettmedien aus üblicherweise mit 5–25 % Serum supplementierten, definierten Medien, denen außerdem oft Natriumhydrogencarbonat (Abschnitt 2.4.6.5) und, wenn nötig, Antibiotika (meist „Pen/Strep", Abschnitt 2.4.4.2), zusätzliche Energiequellen wie Glucose oder Glutamin sowie – seltener – zellspezifisch wichtige Wachstumsfaktoren beigemischt sind.

Aufbauend auf Harry Eagles BME- und MEM-Medien wurden in der Folgezeit nährstoffreichere und komplexere Medien entwickelt. Dulbeccos Modifikation von Eagles Medium (DMEM; [96]) enthält bis zu viermal höhere Konzentrationen an Glucose, Aminosäuren und Vitaminen als MEM sowie einige zusätzliche Inhaltsstoffe wie Linolsäure und Pyruvat. Hams F12-Medium [97] enthält weniger Glucose als DMEM, aber mehr Aminosäuren, Vitamine, Spurenelemente, Nucleotid-Vorstufen und zusätzlich Putrescin und Liponsäure. Es wurde im Hinblick auf eine serumfreie Kultivierung von CHO-Zellen entwickelt, wird aber auch oft in serumhaltigen Medien verwendet, z. B. als 1:1-Mischung mit DMEM; dies verbindet Nährstoffreichtum mit Komplexität.

Beginnt man im Labor die Kultivierung einer neuen Zelle, muss ein passendes Medium gefunden werden. Allgemeine Hinweise erhält man in der allgemeinen Literatur (z. B. [36, 37]) bzw. in wissenschaftlichen Arbeiten, in denen mit der Zelle gearbeitet wird. Informationen bieten auch die verschiedenen Zellkultursammlungen, von denen man evtl. die Zelle erhalten hat (Abschnitt 2.2.1). Auf lange Sicht kann trotzdem lohnenswert sein, Zellen an andere käufliche, definierte Medien zu gewöhnen und die Performance zu vergleichen. Ein solcher Vorgang geht meist dann relativ schnell (Gewöhnung in wenigen Passagen), wenn das neue Medium komplexer und reichhaltiger ist.

Es lohnt auch ein Blick in die Kataloge der Medienlieferanten, in denen oft die Zusammensetzung der einzelnen Medien angegeben ist (z. B. PAA, Invitrogen/Life Technologies und Sigma-Aldrich).

2.4.6.3 Seren

Tierische Seren werden den Medien normalerweise in Konzentrationen zwischen 5 und 25 % zugesetzt und sind bis heute die wichtigsten Zusatzstoffe in der Zellkultur. Sie stellen aber auch eine der größten Gefahrenquellen für die Zellkultur dar.

Weil Seren der blutzell- und gerinnungsfaktorfreie Teil der Blutflüssigkeit sind, enthalten sie viele für die Zellentwicklung notwendige Substanzen in einer physiologischen Konzentration. Sie enthalten Hormone, Bindungsproteine und Anheftungsfaktoren, zahlreiche zur Synthese von Proteinen erforderliche Aminosäuren, anorganische Salze, Spurenelemente sowie Puffer- und Neutralisationssysteme, wie z. B. Albumin oder Immunglobuline, die die Wachstumseigenschaften der Zellkultur positiv beeinflussen (z. B. [36]). Dabei ist ein Teil der biologisch wirksamen Serumbestandteile bis heute nicht näher charakterisiert. Unter Umständen enthalten sie aber auch für die jeweilige Kultur toxische Stoffe (z. B. bakterielle Endotoxine) und unerwünschte Mikroorganismen wie Viren, Mycoplasmen, Pilze und Bakterien.

Neben dem fötalen Kälberserum (FKS), das aus dem Blut von Rinderföten, die zwischen dem dritten und siebten Trächtigkeitsmonat geschlachtet wurden, gewonnen wird, gibt es Serum von neugeborenen Kälbern (NKS; 1–10 Tage alte Kälber), Kälberserum (KS), Pferdeserum (PS) sowie Seren vom Schwein und auch vom Menschen.

Zwar wird in den meisten Mediumsformulierungen standardmäßig FKS eingesetzt, allerdings unterscheiden sich Seren je nach der verwendeten Zelle in ihrer Wirksamkeit, sodass empirisch das beste Serum gefunden werden muss. Zusätzlich ist bei Seren nicht nur die Herkunft und Spezies des Serums kritisch, auch zwischen verschiedenen Chargen desselben Serums eines Herstellers können große Unterschiede in der Wirksamkeit auftreten. Daher ist das Testen verschiedener Serumchargen ein in der Zellkulturpraxis ständig wiederkehrendes Prozedere.

In vielen Fällen ist eine Hitzeinaktivierung der Seren (30 min bei 56 °C im Wasserbad) angezeigt, wodurch einige unerwünschte Faktoren (Komplementsystem) im Serum zerstört werden. Andererseits kann die Inaktivierung mit einer Verminderung der wachstumsfördernden Eigenschaften des Serums einhergehen – auch hier hilft im Zweifelsfall nur ein Vergleich.

2.4.6.4 **Serumfreie Medien**

Die Verwendung von serumhaltigen Medien ist bis heute Standard im Labor – sehr häufig stehen hier ja funktionelle oder biochemische Untersuchungen an der Zelle im Vordergrund, bei der Serum nicht stört. Auch sind serumfreie Medien bis heute unverhältnismäßig viel teurer als serumhaltige – kein Vorteil im üblicherweise geldlimitierten Laboralltag. Es ist zu hoffen, dass mit der Zeit Serumersatzstoffe (und chemisch definierte Medien, s.u.) mehr nachgefragt werden und ihr Preis damit sinkt.

Bei Prozessentwicklung und Produktion ist dies anders, hier ist man aus den in Abschnitt 2.4.6.1 genannten Gründen auf serumfreie Medien angewiesen. Auch lässt sich besser mit Medienherstellern über Preisnachlässe verhandeln, wenn man z. B. 800 000 Liter eines bestimmten Mediums pro Jahr braucht und nicht 80 Liter.

Durch moderne Analysemethoden ist es mittlerweile immer besser gelungen, in Serum enthaltene wichtige Bestandteile zu analysieren und quantifizieren (z. B. [36]). So konnten Supplemente entwickelt werden, die die Kultivierung verschiedener Zelllinien in einem serumfreien Medium erlauben. Dies hat den zusätzlichen Vorteil, dass die Zusammenstellung des Mediums im Gegensatz zum serumhaltigen Medium als definiert angesehen werden kann. Schwankungen bei der Konzentration von Inhaltsstoffen durch unterschiedliche Serumchargen sind ausgeschlossen.

Bei der Entwicklung von serumfreien Medien wurden zunächst anstelle von Serum u. a. isolierte Proteine menschlichen oder tierischen Ursprungs verwendet. Iscove [98] entwickelte eine modifizierte Version von DMEM (IMDM; Iscove's Modification of Dulbecco's Medium), die mehr Vitamine, Aminosäuren und Selen enthält. Nach Zugabe von (bovinem) Serumalbumin, (humanem) Transferrin und Sojabohnen-Lipiden eignet sich dieses serumfreie Medium zur Kultur und Reifung von B-Lymphocyten, aber auch anderer Zelltypen. Auch Insulin oder IGF (Insulin-like Growth Factor) sind – zelltypabhängig – wichtige Serumersatzstoffe.

Da isolierte Proteine tierischen Ursprungs generell weiterhin dieselben Gefahren bergen wie Serum (Abschnitt 2.4.6.1), werden v. a. im industriellen Umfeld stattdessen rekombinant hergestellte Proteine verwendet (z. B. von Novozymes hergestelltes rekombinantes Albumin).

In einem zusätzlichen Schritt wird bei der Entwicklung industrieller Medien auf den Zusatz von Proteinen verzichtet und stattdessen dem Medium Proteinhydrolysat zugegeben, vorzugsweise pflanzlichen, nicht tierischen Ursprungs.

Ziel aller Anstrengungen in diesem Bereich ist schließlich die Entwicklung vollständig chemisch definierter Medien (CDM). Es ist abzusehen, dass sich dies zum Standard im industriellen Umfeld entwickeln wird – auch wenn ältere Medienkompositionen noch lange Verwendung finden werden, u. a. wegen der langfristigen Produktion eines einmal erfolgreich zugelassenen Biopharmazeutikums unter Verwendung seines in der Zulassung definierten Herstellprozesses.

Eine eigene Mediumsentwicklung im Labor in diesem Bereich ist äußerst zeitaufwendig und schwierig. Unter anderem deshalb etabliert sich momentan eine Vielzahl auch kleinerer Firmen am Markt, die Serumersatzstoffe oder serumfreie und chemisch definierte Fertigmedien, oft speziell zugeschnitten auf industrierelevante Zellen wie CHO oder NS0, anbieten, oft im Komplettpaket mit Feedlösungen für einen Fed-Batch-Betrieb. So hilfreich diese (teuren) Formulierungen auch sind, so unbefriedigend bleibt ihre Verwendung dadurch, dass die genaue Zusammensetzung der Medien dem Experimentator unbekannt ist (natürlich, ist dies doch die Geschäftsgrundlage der Medienhersteller).

Die Umstellung von einem serumhaltigen auf ein serumfreies Kulturmedium gestaltet sich häufig schwierig. Kultivierte Zellen reagieren empfindlich auf eine abrupte Veränderung des extrazellulären Milieus bzw. der Mediumsinhaltsstoffe (s. auch Adaptation an die Kultur in Suspension, Abschnitt 2.4.2.6).

In der Vergangenheit haben sich v. a. zwei Methoden der Adaptation an serumfreies Medium etabliert: *Weaning* beschreibt eine – in vielen Varianten mögliche – sukzessive Umstellung, bei der z. B. mit jedem Mediumswechsel in kleinen Schritten die Serumkonzentration im alten Medium reduziert und zusätzlich der Anteil des neuen serumfreiem Mediums an der Gesamtformulierung erhöht wird. Alternativ kann versucht werden, direkt bei einem Mediumswechsel vollständig auf das neue, serumfreie Medium umzustellen.

Es ist nicht immer gewährleistet, dass sich die in einem serumfreien Medium kultivierten Zellen in biochemischen oder genetischen Experimenten genauso verhalten wie mit Serum kultivierte Zellen. Bei der Umstellung des Mediums wirkt ein Selektionsdruck auf die Zellen, der diejenige Subpopulation bevorzugt, die unter den neuen Bedingungen am besten wächst – und nicht z. B. diejenige, die die meisten Differenzierungsmerkmale zeigt.

Ein solches definiertes serumfreies Medium kann als Additive z. B. Substanzen enthalten, wie sie in Tab. 2.18 zusammengestellt sind. Weiterhin ist das Basismedium häufig anzupassen (höhere Konzentration von Aminosäuren, Glucose etc.; s. [37] und z. B. [99, 100] bzw. [101] für eine praktische Einführung in die Thematik im Laborbereich).

Tabelle 2.18 Mögliche Additive für ein serum- und proteinfreies Zellkulturmedium.

Funktion	Komponente
Wachstumsfaktoren	Nerve Growth Factor (NGF)
	Epidermal Growth Factor (EGF)
	Fibroblast Growth Factor (FGF)
	Endothelial Cell Growth Factor (ECGF)
	Platelet Derived Growth Factor (PDGF)
	Insulin-like Growth Factor 1 (IGF1)
Hormone	Insulin
	Hydrocortison
	Interleukin II
Lipide und Vorstufen	Phosphoethanolamin
	Cholesterol
	Linolsäure
Eisentransport	Transferrin
Polyamin	Putrescindihydrochlorid
Spurenelement	Selen
Vitamine (Antioxidantien)	A-Tocopherol
	Ascorbinsäure
Scherstressverminderung	Pluronic F68

2.4.6.5 **Puffersysteme: Natriumhydrogencarbonat**

$NaHCO_3$ ist sowohl Puffersubstanz als auch Nahrungsbestandteil [36]. In Verbindung mit weiteren Puffersystemen trägt das Hydrogencarbonat-Puffersystem entscheidend zur pH-Homöostase im lebenden Organismus bei. Die Pufferwirkung von Natriumhydrogencarbonat ergibt sich dabei aus dem Wechselspiel zwischen CO_2-Partialdruck, Hydrogencarbonat-Konzentration und der Temperatur. Soll ein pH-Wert von 7,4 bei 37 °C gehalten werden, so ist eine Natriumhydrogencarbonat-Konzentration von 26 mM bei einer CO_2-Konzentration von 5 % in der Gasphase des Brutschranks notwendig. Eine Verminderung der CO_2-Konzentration führt zu einer Alkalisierung des Mediums, eine Erhöhung zu einer Ansäuerung. Daher führt z. B. eine längere Entnahme von Kulturgefäßen aus dem Brutschrank zu einer alkalischen Verschiebung des pH-Wertes.

Das Natriumhydrogencarbonat-Puffersystem im Kulturmedium besteht aus $NaHCO_3$ (im Medium) und CO_2 (aus der Gasphase). $NaHCO_3$ dissoziiert:

$$
\begin{aligned}
NaHCO_3 + H_2O &\rightarrow Na^+ + HCO_3^- + H_2O \\
&\rightarrow Na^+ + H_2CO_3 + OH^- \\
&\rightarrow Na^+ + H_2O + CO_2 + OH^-
\end{aligned}
$$

Diese Reaktion ist abhängig vom CO_2-Partialdruck in der Gasatmosphäre. Bei niedrigem CO_2-Partialdruck wird das Reaktionsgleichgewicht auf der rechten Seite liegen, d. h. das Medium enthält viel OH^- und ist demnach basisch. Um dem vorzubeugen, wird im Kulturschrank mit CO_2 begast. Im Bioreaktor geschieht die Versorgung der Kultur mit CO_2 üblicherweise über Submersbegasung.

Die Pufferwirkung des Systems beruht auf den folgenden Reaktionen:

Eine H^+-Zunahme bewirkt:

$$H^+ + HCO_3^- \rightarrow H_2CO_3 \rightarrow CO_2 + H_2O$$

Eine OH^--Zunahme bewirkt:

$$OH^- + H_2CO_3 \rightarrow H_2O + HCO_3^-$$

Neben den genannten Funktionen ist Hydrogencarbonat für viele zelluläre Transportmechanismen notwendig. So sind die hydrogencarbonatabhängigen Anionentransporter ein wichtiger Bestandteil der zellulären Volumen- und pH-Regulation [102].

2.4.6.6 Puffersysteme: 4-(2-Hydroxyethyl)-1-piperazinethansulfonsäure (HEPES)

Viele Zellen bevorzugen einen pH-Wert des Mediums von 7,0–7,4; wobei transformierte Zellen eher bei vergleichsweise niedrigeren pH-Werten wachsen, nicht transformierte Fibroblasten dagegen z. B. eher höhere pH-Werte bevorzugen [37].

HEPES ist eine synthetische Puffersubstanz, deren pK_a-Wert mit 7,31 nahe am gewünschten pH-Wert im Medium liegt – anders als $NaHCO_3$, (pK_a 6,1). Daher ist die mit HEPES erzielte Pufferwirkung deutlich besser als die eines Hydrogencarbonatpuffers.

Ein weiterer Vorteil der Nutzung synthetischer Puffersubstanzen ist die Unabhängigkeit von Kohlendioxid. Dies erleichtert in vielen Fällen den Umgang mit der Zellkultur im Labor. Wegen seiner oben genannten zellulären Funktionen sollten HEPES-gepufferte Medien trotzdem Hydrogencarbonat in einer Konzentration von mindestens 0,5 mM enthalten.

2.4.6.7 Monitoring von Mediumsbestandteilen und Metaboliten

Das Monitoring der Mediumszusammensetzung ist wichtig für die Beurteilung der Qualität der Nährstoffversorgung der Zellen. Eine Limitierung führt in vielen Fällen nicht nur zu einer Verringerung oder Einstellung des Wachstums und der Produktion (bei Produktionszelllinien), sondern unter Umständen zu einer irreparablen Schädigung der Zellen und zum Absterben der Kultur.

Der wichtigste und am häufigsten erfasste Parameter ist die Glucosekonzentration. Glucose ist zusammen mit Glutamin Hauptenergiequelle für Säugerzellen. Aus dem Glucose-Konzentrationsverlauf über die Zeit kann man oftmals zusätzlich wertvolle Informationen über die Kultur gewinnen. Ein Zellwachstum äußert sich z. B. in einem beschleunigten Abbau der Glucose, und eine Mangelversorgung, welcher Art auch immer, kann oft an einer Abnahme des Glucoseabbaus erkannt werden.

Ein direkter Rückschluss auf die Wachstumsrate oder die absolute Zellzahl über den Glucoseverlauf einer Kultur ist jedoch kaum möglich. Eukaryotische Zellen sind grundsätzlich dazu in der Lage, neben Glucose auch noch andere Kohlenhydrate, organische Säuren, Aminosäuren (wie genanntes Glutamin) und Fette zur Energiegewinnung heranzuziehen. Die Zellen verwerten, mit fließenden Übergängen, die für sie jeweils günstigste Energiequelle. Dies bedeutet, dass die Glucoseabbaurate einer Zelle zeitlich nicht konstant sein muss. In diesem Zusammenhang kommt einem primären Stoffwechselmetaboliten, der Milchsäure (Lactat), eine besondere Bedeutung zu.

Lactat entsteht in Säugerzellen durch den unvollständigen Abbau von Glucose. Dieser Abbau entspricht einer Gärung, bei der die Reduktionsäquivalente aus der Glykolyse auf Pyruvat übertragen werden und Lactat entsteht. Bei der Säugerzellkultur kommt es zelllinien- und medienabhängig besonders bei transformierten Zellen zu einer mehr oder weniger starken Anhäufung von Lactat im Zellkulturmedium. Ist genug Glucose vorhanden, so kann es vorkommen, dass die Lactatkonzentration einen für die Zelle toxischen Wert erreicht. Die inhibierende Wirkung von Lactat ist dabei in erster Linie unabhängig von der pH-Wert-absenkenden Wirkung der Milchsäure und von der Frage, ob der pH-Wert durch entsprechende Mittel im physiologischen Bereich gehalten wurde. Sowohl Lactatanhäufung als auch pH-Gegenregulierung durch Carbonat erhöhen die Osmolarität des Mediums. Ist die Glucosekonzentration im Medium auf einen sehr niedrigen Wert abgesunken bzw. vollständig aufgebraucht, sind verschiedene Zelllinien dazu in der Lage, Lactat über Pyruvat in den Stoffwechsel zurückzuführen und als Energiequelle zu nutzen.

Es gibt verschiedene Ansätze für eine Reduzierung der Lactatbildung in Zellkulturen. Einerseits kann z. B. durch Metabolic Engineering versucht werden, die Glykolyse wirkungsvoll mit dem Krebs-Cyclus zu verbinden – diese Verbindung besteht bei kontinuierlichen Zelllinien und auch bei Tumorzellen kaum (s. z. B. [103]). Andererseits kann z. B. durch intelligente Kulturführung und Glucose-Feeds im Bioreaktor versucht werden, eine Lactatakkumulation zu verhindern [104].

Neben der Milchsäure spielen in der Zellkultur nur noch Ammonium und CO_2 eine Rolle als primäre Metaboliten [105]. Ammonium entsteht vor allem durch Abspaltung aus der Aminosäuren Glutamin und Glutamat und in weitaus geringerem Maße durch den vollständigen Abbau von Aminosäuren. Das Monitoring der Ammoniumkonzentration ist nur bei empfindlichen Zellkulturen und im Falle von sehr hohen Glutaminkonzentrationen im Medium notwendig. Zu einem Teil wird Ammoniak, ebenso wie CO_2, über die Begasungsluft aus dem Medium entfernt.

Sekundäre Metabolite werden als solche in der Zellkultur nicht definiert bzw. sind ohne Bedeutung, im Gegensatz zur Kultur von Prokaryoten (typische Sekundärmetabolite bei der Kultur von Prokaryoten sind Vitamine und Antibiotika). Bei der Säugerzellkultur stehen die exprimierten Proteine im Mittelpunkt. Im Falle sekretorischer Proteine können diese beim Vorhandensein einer entsprechenden Analytik benutzt werden, um direkt die Produktbildung zu verfolgen.

2.5 Stellung und Aufgaben der Biochemie

Eine zentrale Disziplin in der Bioverfahrensentwicklung stellt die Biochemie dar. Die Aufgaben bestehen in der Darstellung des gesuchten Moleküls in möglichst reiner Form.

Dazu gehört zunächst die Einteilung in Stoffklassen, die Beschreibung von Eigenschaften und Merkmalen der häufig genutzten Substanzen sowie die Bereitstellung von Aufreinigungsschritten zur Isolierung des Produktes aus dem komplexen Fermentationsmedium (Unterstützung des Downstream-Processing) mit nachfolgendem Nachweis der Produktreinheit (Analytik). Nicht zuletzt sollte von der Biochemie auch ein wichtiger Impuls zur Produktfindung ausgehen, denn in Kenntnis von Eigenschaften bestimmter Stoffe sollten auch Anwendungsmöglichkeiten abgeleitet oder die Suche nach Stoffen mit bestimmten Eigenschaften hilfreich unterstützt bzw. erleichtert werden.

2.5.1 Merkmale von Stoffklassen und deren Eigenschaften

2.5.1.1 Aminosäuren

Nomenklatur der Aminosäuren Die Benennung der Aminosäuren richtet sich häufig nach dem Ursprung des Materials aus dem die Aminosäure isoliert wurde, oder nach dem Material, mit dem die erste Isolierung erfolgte oder nach strukturellen Verwandtschaften. In Tab. 2.19 werden einige Beispiele dazu gezeigt.

Nomenklatur und Kennzeichnung von Aminosäurederivaten Nach der IUPAC (International Union for Pure and Applied Chemistry) und der IUBMB (International Union for Biochemistry and Molecular Biology) lassen sich Aminosäuren in bifunktionelle und trifunktionelle Aminosäuren unterteilen

Bifunktionelle Aminosäuren. Die Substitution von H-Atomen der α-Aminogruppen oder der OH-Gruppen der α-Carboxylgruppen bifunktioneller Aminosäuren wird fol-

Tabelle 2.19 Einige Beispiele für Benennungen von Aminosäuren.

Name der Aminosäure	Ableitung
Asparagin	aus Spargel (lat. *asparagus*)
Cystein	aus Blasensteinen (griech. *cystis*, Blase)
Serin	aus Seide (griech. *seros*, Seidenraupe)
Tyrosin	aus Käse (griech. *tyros*, Käse)
Arginin	als Silbersalz gewonnen (lat. *argentum*, Silber)
Tryptophan	isoliert nach hydrolytischer Proteinbehandlung mit Trypsin
Valin	strukturelle Verwandtschaft zur *iso*-Valeriansäure
Threonin	strukturelle Verwandtschaft zu Threose
Prolin	ist abgeleitet aus Pyrrolidin-2-carbonsäure

gendermaßen gekennzeichnet: Links des Aminosäurenamens oder des entsprechenden Dreibuchstabencodes steht der Substituent an der α-Aminogruppe und rechts vom Namen der Substituent der α-Carboxylgruppe, wenn z. B. Alanin an der α-Aminogruppe durch eine Acetylgruppe (Ac) substituiert wird, ergibt sich danach folgende Benennung für das substituierte Alanin: *Ac-Ala*. Alanin wird an der α-Carboxylgruppe mit Methanol verestert: *Ala -OMe*. Alanin wird an der α-Aminogruppe mit Trifluoracetat (Tfa) substituiert und an der α-Carboxylgruppe mit Ethanol verestert: *Tfa-Ala-OEt*.

Trifunktionelle Aminosäuren. Die Schreibweise für substituierte Aminosäuren an der α-Aminogruppe und der α-Carboxylgruppe bleibt unverändert. Erfolgt zusätzlich eine Substitution an der dritten funktionellen Gruppe der Aminosäure, wird die bisherige Schreibweise ergänzt. Wenn z. B. Cystein an der α-Aminogruppe methyliert und die α-Carboxylgruppe mit Ethanol verestert wird, ergibt sich folgende Benennung: *Me-Cys-OEt*.

Wird dieser *N*-Methyl-cysteinethylester an der freien Thiolgruppe (–SH) zusätzlich durch eine Benzylgruppe (Bzl) substituiert, ergibt sich die neue Benennung: *Me-Cys(Bzl)-OEt*.

Man nutzt die Klammerschreibweise direkt hinter dem Aminosäurenamen zur Kennzeichnung von Substituenten an der dritten funktionellen Gruppe.

Optische Aktivität der Aminosäuren Aufgrund des chiralen Molekülaufbaus sind die Aminosäuren mit Ausnahme von Glycin optisch aktiv. Sie drehen die Schwingungsebene des linear polarisierten Lichtes, wenn es durch eine Aminosäurelösung geleitet wird. Aus dem im Polarimeter bestimmten Drehwinkel α kann die spezifische Drehung α_λ^T bestimmt werden

$$a_\lambda^T = \frac{a \cdot 100}{l \cdot c} \qquad \text{(Gleichung 2.1)}$$

Darin bedeuten c die Konzentration in g/100 ml Lösung, l die Schichtdicke in dm, T die Messtemperatur in °C und λ die Wellenlänge des monochromatischen Lichtes (z. B. Na-D-Linie: 589,3 nm). Da die Drehung α eine Funktion der Konzentration ist, kann man in reinen Lösungen die Konzentration der optisch aktiven Substanz über die Ermittlung der spezifischen Drehung bestimmen.

Säure-Base-Verhalten der Aminosäuren Aufgrund der Dipolnatur hängt das Säure-Base-Verhalten der Aminosäuren stark vom pH-Wert der Umgebung ab. Aminosäuren können als Säuren (Protonendonator) oder als Basen (Protonenakzeptor) wirken. Im Folgenden dissoziiert die Aminosäure und wirkt als Protonendonator:

$$NH_2\text{–}CHR\text{–}COOH \rightarrow H^+ + NH_2\text{–}CHR\text{–}COO^- \qquad \text{(Gleichung 2.2)}$$

Am Isoelektrischen Punkt (IEP, IP oder pI) liegt die Aminosäure als elektrisch neutrales Molekül vor:

$$^+H_3N\text{–}CHR\text{–}COO^- \qquad \text{(Gleichung 2.3)}$$

Der Isoelektrische Punkt von bifunktionellen Aminosäuren wird als arithmetisches Mittel der beide p*K*-Werte (pK_1 und pK_2) ermittelt. Bei trifunktionellen Aminosäuren ergibt er sich durch die jeweilige Acidität oder Basizität der Aminosäure. Am Isoelektrischen Punkt hat eine Aminosäure die schlechteste Löslichkeit und liegt elektrisch neutral vor (keine Wanderung im elektrischen Feld). Diese Eigenschaften macht man sich bei der analytischen und präparativen Trennung von Aminosäuren, Peptiden und Proteinen (Elektrophorese und Isolierung durch Ausfällen) zunutze.

2.5.1.2 **Proteine**

Die Bezeichnung Proteine lässt sich auf Berzelius zurückführen, der den „Eiweißstoffen" schon 1839 den Namen Proteine gab [106]. Der Name ist abgeleitet vom griechischen *proteuo* – ich nehme den ersten Platz ein. Proteine sind makromolekulare Verbindungen, deren Grundstruktur aus Aminosäuren aufgebaut ist und die durch andere Biomoleküle noch modifiziert werden können; z. B. ergibt die kovalente Verknüpfung mit Zuckermolekülen die Glykoproteine. Die große Gruppe der Proteine stellt die wichtigste Stoffklasse in der Biotechnologie dar. Proteine machen den höchsten Anteil organischer Verbindungen in der lebenden Zelle aus. In dem Bakterium *Escherichia coli (E. coli)* finden sich etwa 3000 verschiedene Proteine, im menschlichen Organismus erwartet man ca. 20–30 000 verschiedene Proteine. Die Summe aller Proteine eines Organismus nennt man Proteom (in Analogie zum Genom).

Einteilungsmöglichkeiten der Proteine Die Einteilungsmöglichkeit der Proteine ist in Tab. 2.20 dargestellt. Grundsätzlich lassen sich Proteine sinnvollerweise hinsichtlich ihres Vorkommens in pflanzliche, tierische und in bakterielle Proteine unterteilen. Darüber hinaus ist es hilfreich, zusätzlich noch weitere Unterteilung in Glykoproteine, Lipoproteine u. v. m. vorzunehmen.

Proteinstrukturen Man unterscheidet Primär-, Sekundär-, Tertiär- und Quartärstruktur. Die Primärstruktur gibt Auskunft über die Anzahl und die Sequenz der Aminosäuren in der Polypeptidkette. Die Sekundärstruktur des Proteins wird durch Wasserstoffbrücken-Bindungen der Aminosäuren untereinander ausgebildet. Durch die ausgebildeten Strukturen (α-Helix, Faltblatt) erreicht das Proteinmolekül einen energiearmen Zustand.

Da die Peptidbindung nicht frei drehbar ist, kann sich eine Proteinstruktur nur durch Verdrehen der beiden Bindungen, die vom α-C-Atom der jeweiligen Aminosäuren ausgehen, gebildet werden. Diese Verdrehung (Winkeleinstellung) lässt sich berechnen. Dabei werden die stereochemischen Einflüsse der funktionellen Gruppen um dieses α-C-Atom berücksichtigt. Auf diese Weise lassen sich erlaubte und unerlaubte Konformationen des Proteins (Ramachandran-Diagramme) ermitteln. Durch intramolekulare Wechselwirkungen der einzelnen Aminosäuren im Protein ergibt sich eine dreidimensionale Faltung der Polypeptidkette. Dadurch bildet sich die Tertiärstruktur aus. Diese intramolekularen Bindungen werden von den van-der-Waals-Kräften und von hydrophoben Wechselwirkungen ausgebildet.

Die dreidimensionale Struktur eines Proteins kann mittels Röntgenstrukturanalytik untersucht werden. Dazu ist es notwendig, dass das Protein im kristallinen Zustand vorliegt.

Die Quartärstruktur eines Proteins ergibt sich durch Assoziation mehrerer Polypeptidketten miteinander. Die Polypeptidketten (Untereinheiten oder *subunits*) können gleich oder verschieden sein. Die assoziat ausbildenden Wechselwirkungen sind meist nichtkovalent, sie beruhen auf van-der-Waals-Kräften und hydrophoben Wechselwirkungen.

Die Proteinkonformation kann über die beschriebenen strukturausbildenden Wechselwirkungen hinaus durch kovalente Bindungen stabilisiert werden. In vielen Proteinen wird die Konformation durch Disulfidbrücken oder andere Bindungen, wie die Ausbildung von Allysin (Aldolkondensation zweier Aldehyd-

Tabelle 2.20 Einteilung der Proteine.

Protein	Einteilung	Beispiele/Anmerkungen
pflanzliche Proteine	nach Herkunft	Ribulose-1,5-bisphosphat-carboxylase, gehört zu den nach Mengen dominierenden Proteine in der Natur (M = 560 kD, 16 Untereinheiten) Zein, Speicherprotein des Mais (M = 20 kD)
tierische Proteine		Hämoglobin, Sauerstofftransportprotein in Erythrocyten (68 kD, 4 Untereinheiten) Albumin, Protein des Blutplasmas (M = 65 kD)
bakterielle Proteine		Cholera-Toxin, Auslöser der Cholera (M = 76 kD)
globuläre Proteine	nach Strukturmerkmalen	auch Sphäroproteine genannt z. B. Albumine
Faserproteine		auch Skleroproteine genannt z. B. Keratine
Plasmaproteine	nach Vorkommen in Organen oder Organellen	Albumin, Fibrinogen, Immunglobuline (s. u.)
Muskelproteine		Actin/Myosin
Milchproteine		Casein
Zellkernproteine		Histone
Struktur- und Stützproteine	nach Funktionen	Collagen, Keratine, Elastin, Seidenfibroin
Immunglobuline		IgA, IgD, IgE, IgG, IgM
Gerinnungsproteine		Fibrinogen, Thrombin
Transportproteine		Albumin, Transferrin, Ceruloplasmin
Carrierproteine		Cytochrome
Biokatalysatoren		Enzyme (Redoxenzyme, Ligasen, Hydrolasen, ...)
Glykoproteine	nach Verknüpfungen/Assoziationen	Immunglobuline, Pepsin, Ribonuclease B Kohlenhydratmolekül und Protein sind kovalent miteinander verknüpft
Lipoproteine		Proteine, die mit Triglyceriden, Phospholipiden und Cholesterin assoziiert, aber nicht kovalent verbunden sind
Metalloproteine		Proteine, die Metallionen im Molekül enthalten
Nucleoproteine		Proteine, die mit Nucleinsäuren assoziert vorliegen

derivate des Lysins), stabilisiert. Allysin tritt in Kollagenstrukturen auf und kann mit weiteren seltenen Aminosäuren (Norleucin, Desmosin, Isodesmosin) zusätzliche Bindungen eingehen (Netzwerkausbildung). In Polypeptidketten eingelagerte Metallionen strukturieren und stabilisieren ebenfalls deren Konformationen.

Enzyme Die wichtigste Gruppe der Proteine sind die Enzyme [107]. Sie sind Biokatalysatoren und steuern somit maßgebend die biochemischen Abläufe in Organismen. Enzymkatalysierte Reaktionen (Biokatalysen) unterscheiden sich in einigen wesentlichen Punkten von der chemischen Katalyse.

Im Gegensatz zur chemischen Katalyse verlaufen Biokatalysen spezifisch. Es entstehen keine unerwünschten Nebenprodukte, selbst nicht aus einem komplexen Reaktionsgemisch heraus.

Biokatalysen mit allosterischen Enzymen, ganz besonders bei Folge- und Parallelreaktionen, können durch entstandene Produkte reguliert werden (z. B. Feedback-Hemmung). Diese Eigenschaft wird genutzt, um katabolische Prozesse (z. B. Glykolyse) zu steuern.

Man kannte die Wirkung von Biokatalysatoren schon aus früherer Zeit, konnte sie aber nicht beschreiben. Beispiele sind die Alkoholische Gärung und die Spaltung von Stärke zu Zuckermolekülen. 1926 kristallisierte James Sumner erstmalig das Enzym Urease aus Schwertbohnen.

$$H_3O + \text{Harnstoff} \xrightarrow{\text{Urease}} 2NH_3 + CO_2 \qquad \text{(Gleichung 2.4)}$$

Die ersten wesentlichen Erkenntnisse über Enzyme wurden in der zweiten Hälfte des 20. Jahrhunderts erhalten. 1963 wurde die erste Aminosäuresequenz eines Enzyms aufgeklärt (Ribonuclease A aus Rinderpankreas). 1965 wurde die Aminosäuresequenz von Lysozym aus Hühnereiweiß aufgedeckt.

Klassifizierung der Enzyme Durch die Vielzahl an Enzymen und der vielfältigen Namen für neu isolierter Enzyme drohte eine Flut von weltweit nicht aufeinander abgestimmten Bezeichnungen. Deshalb hat die International Union for Biochemistry and Molecular Biology (IUBMB) eine systematisch aufgebaute Klassifizierung für die Enzymbenennungen eingeführt.

Die Klassifizierung der Enzyme geschieht durch Einordnen in die Hauptgruppen, die jeweils in mehrere Untergruppen aufgeteilt sind (Tab. 2.21). Das ergibt letztendlich eine vierstellige Kennzeichnungsziffer, z. B. EC 1.1.1.1 (Alkohol-Dehydrogenase).

Die EC-Nummer (European Commission) beruht auf der Empfehlung zur Enzymnomenklatur und erklärt sich wie folgt:

Die 1. Ziffer ordnet das Enzym in die Hauptklasse ein, z. B. 1 wäre eine Oxidoreduktase (2 wären Transferasen).

Die 2. Ziffer beschreibt, an welchen funktionellen Gruppen des Substrates das Enzym biokatalytisch reagiert. Im oben genannten Beispiel steht die 1 für eine

Tabelle 2.21 Internationale Enzymklassifizierung [108].

Hauptgruppe	Katalysierter Reaktionstyp
1. Oxidoreduktasen	Elektronenübertragungsreaktionen
2. Transferasen	Übertragung funktioneller Gruppen
3. Hydrolasen	Hydrolysereaktionen
4. Lyasen	Additionsreaktionen an Doppelbindungen
5. Isomerasen	Isomerisierungsreaktionen
6. Ligasen	Substratverknüpfungen unter ATP-Spaltung

Reaktion an der alkoholischen Gruppe (2 wäre eine Aldehydgruppe als enzymatischer Angriffsort).

Die 3. Ziffer gibt die Information, welche Coenzyme oder Mediatoren als Elektronenakzeptoren im Enzym beteiligt sind. Im Beispiel steht 1 für das Coenzym NAD^+ oder $NADP^+$ (2 wäre ein Cytochrom und 3 wäre Sauerstoff als Akzeptor).

Die 4. Ziffer stellt eine laufende Nummerierung in den Haupt- und Untergruppen dar.

Neben der erwähnten EC-Nummer wird ein Enzym durch einen systematischen und einen empfohlenen Namen definiert. Für das Beispiel EC 1.1.1.1 wäre der systematische Name Alkohol:NAD^+-Oxidoreduktase, der empfohlene Name Alkohol-Dehydrogenase. In vielen Fällen werde auch Abkürzungen für die Enzymnamen benutzt. So wird die Alkohol-Dehydrogenase mit ADH abgekürzt.

Ein weiteres Beispiel zur Enzymklassifizierung ist EC 3.4.21.1, der empfohlene Name des Enzyms ist Chymotrypsin, ein systematischer Name existiert in diesem Fall nicht, eine Abkürzung des Namens ist ebenfalls nicht üblich.

Die Ziffer 3 beschreibt das Enzym als eine Hydrolase, die Ziffer 4 weist das Enzym als eine Proteinase aus (Peptidbindungen spaltendes Enzym), die Ziffer 21 zeigt an, dass Serin als wichtigste Aminosäure im aktiven Zentrum des Enzyms im Hydrolyseprozess involviert ist, die letzte Ziffer ist die laufende Nummerierung der bekannten Serin-Proteasen.

Enzymaktivitäten Die Aktivität eines Enzyms beschreibt, welche Menge Substrat pro Zeiteinheit von einer konstanten Menge Enzym umgesetzt wird. Die spezifische Aktivität bezieht sich auf die Menge oder das Volumen des eingesetzten Enzyms

$$\text{Aktivität} = \frac{\text{umgesetzte Substratmenge}}{\text{Zeit}} \quad \text{allgemein} \qquad \text{(Gleichung 2.5)}$$

$$\text{Aktivität} = \frac{\text{Micromol Substrat}}{\text{Minute}} \quad \text{in „unit"} \qquad \text{(Gleichung 2.6)}$$

$$\text{Aktivität} = \frac{\text{MolSubstrat}}{\text{Sekunde}} \quad \text{in „Katal"} \qquad \text{(Gleichung 2.7)}$$

Für viele Arbeitsbereiche ist es sinnvoll, die Aktivitätsangabe auf das Volumen zu beziehen, in dem das Enzym gelöst ist, oder auf die Masse des eingesetzten Enzyms. Die Dimensionen der spezifischen Aktivitätsangaben sind demnach entweder unit/ml bzw. unit/mg oder Katal/ml bzw. Katal/mg.

$$\text{Volumenspezifische Aktivität} = \frac{\text{umgesetzte Substratmenge}}{\text{Zeit} \cdot \text{Volumen}} \qquad \text{(Gleichung 2.8)}$$

$$\text{Massenspezifische Aktivität} = \frac{\text{umgesetzte Substratmenge}}{\text{Zeit} \cdot \text{Enzymmenge}} \qquad \text{(Gleichung 2.9)}$$

Neben den allgemein verwendeten Enzymaktivitätsangaben „unit" und „Katal" (Abkürzungen „u" und „Kat") werden in der Literatur noch weitere, spezielle Enzymaktivitätsangaben verwendet: Sie beschreiben ganz bestimmte Substratumsätze. Im Folgenden sind einige Beispiele gegeben:

HU (Hämoglobin-Unit): 1 HU ist die Enzymmenge, die in 30 Minuten unter Standardbedingungen, bei pH 4,7, 0,0447 mg Stickstoff freisetzt (für Enzyme der Bierstabilisierung). Angabe oft als spezifische Angabe, z. B. 1 Mio. HU/g Protein;

LVE (Löhlein-Volhard-Einheit): 1 LVE entspricht der Enzymmenge, welche in 20 ml Filtrat einer 4 %igen Casein-Lösung eine Zunahme der Casein-Fragmente erreicht, wie sie von $5{,}75 \cdot 10^{-3}$ ml einer 0,1 M NaOH-Lösung erhalten wird.

CU (Cellulase-Einheit): 1 CU ist die Enzymmenge, die pro Minute 1 Mol Glucose aus einer 1,5 %igen Lösung von Carboxymethylcellulose bei 30 °C und pH-Wert 4,5 freisetzt (Anwendung in der Gerbereitechnik).

Immunglobuline Immunglobuline sind eine einheitliche Gruppe an Proteinen, die bei der Immunabwehr von Säugern eine entscheidende Rolle spielen. Sie werden häufig auch γ-Globuline genannt, da sie in der Serumelektrophorese Wanderungseigenschaften wie γ-Proteine zeigen. Ganz allgemein werden sie auch als Antikörper bezeichnet.

Mit analytischen Verfahren kann man die Gruppe der Antikörper von Säugern in fünf Hauptklassen unterteilen. Dies sind Immunglobulin M, Immunglobulin E, Immunglobulin D, Immunglobulin A und Immunglobulin G, in der allgemeinen Schreibweise werden häufig die Abkürzungen IgM, IgE, IgD, IgA und IgG verwendet. Von IgG gibt es weitere Isoformen.

Der molekulare Aufbau der Immunglobuline lässt sich auf eine gemeinsame Grundstruktur zurückführen. Sie besteht aus zwei schweren und aus zwei leichten Ketten, die über Disulfidbrücken miteinander verbunden sind. Präzise Untersuchungen zeigen, dass die schweren Ketten der Immunglobuline überwiegend, die leichten Ketten nur zu etwa der Hälfte miteinander identisch sind. Das IgM besitzt fünf solcher Grundstrukturen (pentamere Struktur), die wiederum über Disulfidbrücken miteinander verbunden sind.

Die Funktion der Immunglobuline im Organismus ist unterschiedlich. Das IgM tritt nach einer Infektion durch ein Antigen als erster Antikörper im Serum auf. Dies geschieht nach ca. 2–3 Tagen. IgM ist auch in der Lage, die Komplementreaktion, eine angeborene Abwehrreaktion, die z. B. zur Lyse von Bakterien führt, auszulösen.

Das IgE kommt nur zu sehr geringem Anteil im Blut, dafür hauptsächlich in der Haut, Lunge und Schleimhäuten vor. IgE ist der Oberflächenantikörper von bestimmten Granulocyten, die, wenn ein Antigen anbindet, biologisch aktive Substanzen (z. B. Histamin) freisetzen und somit typische Entzündungserscheinungen hervorrufen können. In analoger Weise ist auch das IgD zu betrachten. Es kommt nur zu geringem Anteil, überwiegend membrangebunden, im Blut vor. Dort dient es vermutlich zur Antigenerkennung. Es reagiert sehr empfindlich auf Hitze und wird sehr schnell durch proteolytische Enzyme abgebaut. Darüber hinaus ist relativ wenig über dieses Immunglobulin D bekannt. Die Funktion des IgA dagegen ist klar beschrieben. IgA liegt als dimere Struktur vor, d. h. es besitzt zwei der beschriebenen Grundstrukturen, die über ein weiteres Protein miteinander verknüpft sind. Das Immunglobulin A ist vorwiegend zur Abwehr an der Körperoberfläche, z. B. im Schweiß, Speichel, in der Tränenflüssigkeit und in Körperöffnungen zu finden. 10–15 % aller im Serum vorhandener Antikörper sind Antikörper der IgA-Klasse; es findet sich auch im Colostrum, der ersten Milch nach der Geburt.

Immunglobuline G sind die Antikörper, die ca. 8–10 Tage nach einer Infektion als spezifische Antikörper gegen das auslösende Antigen im Blut auftreten. Das nach 2–3 Tagen auftretende IgM reagiert somit als unspezifischer Antikörper. Die Antikörper der IgG-Klasse können spezifisch an allen antigenen Erkennungsstellen eines in den Organismus eingedrungenen Antigens binden. Der IgG-Typ, der an ein solches Antigen mit mehreren bzw. vielen Erkennungsstellen bindet, ist nicht aus einem Klon, sondern aus vielen Klonen gebildet. Man bezeichnet einen solchen Antikörpertyp als polyklonalen Antikörper, häufig mit PAK bezeichnet. Ein PAK bindet an den Erkennungsstellen des Antigens (Epitope). Jede Fraktion des PAK erkennt jeweils nur eine Bindungsstelle. Der PAK ist somit eine Mischung verschiedener Fraktionen, die an den unterschiedlichen Epitopen des Antigens binden können. Jede dieser Fraktionen entstammt aus einem Klon. Jeder Klon bildet somit Antikörper gegen nur eine Erkennungsstelle. Selektiert man PAKs nach ihren Erkennungsstellen, erhält man die Antikörper, die jeweils nur an einer Erkennungsstelle auf einem Antigen binden können. Solche Antikörper nennt man monoklonale Antikörper, häufig mit MAK abgekürzt.

IgG ist das am häufigsten vorkommende Immunglobulin im Serum. Der Anteil liegt bei ca. 70–80 % aller im Serum enthaltenen Immunglobuline (Tab. 2.22). Das Molekül liegt ausschließlich monomer vor und kann, analog zu IgM, die Komplementreaktion auslösen und gelangt über den mütterlichen Blutkreislauf in den Fötus.

Die IgG sind die Standardantikörper für immunchemische Analytik (Immunoassays), für den Aufbau von Affinitätschromatographien (Immunaffinitätschromatographie) und für die Entwicklung von Affinitätssensoren (Biosensoren). Die Gewinnung dieser polyklonalen Antikörper geschieht durch Immunisierung von Tieren, Blutabnahme nach einer bestimmten Inkubationszeit und Isolierung der Antikörper aus dem gewonnenen Serum. Will man monoklonale Antikörper herstellen, bedient man sich Zellkulturen, wobei das Auffinden des gewünschten Klons aufwendig, aber in der Literatur gut beschrieben ist.

Tabelle 2.22 Immunglobuline.

Immunglobulinklasse	Molekulare Masse (kD)	Prozentualer Anteil der Serumimmunglobuline
IgM	ca. 950	ca. 5–10
IgE	ca. 190	< 0,01
IgD	ca. 160	< 1
IgA	ca. 360–720	ca. 15–20
IgG	ca. 150	ca. 70–80

2.5.1.3 Lipide

Lipide als Speicherstoffe und Strukturbestandteile Lipide sind Derivate langkettiger aliphatischer Fettsäuren und gehören zu den essenziellen Grundbausteinen der Zellen. Sie sind wasserunlösliche, organische Substanzen mit öliger, fettiger oder wachsähnlicher Natur. Man unterscheidet zwischen Phospholipiden und Glykolipiden, die als Bausteine der Zellmembranen verwendet werden, und Triglyceriden, die als Energiespeicher des Organismus dienen. Lipide besitzen eine amphipatische Struktur, d. h. sie haben sowohl einen hydrophoben (Fettsäurereste) als auch einen hydrophilen Molekülbereich (Phosphatgruppe, Cholin, Ethanolamin, Serin oder Zuckerreste). Diese Eigenschaften finden sich in analoger Weise auch bei Detergenzien (Tenside, Surfactants) und sind allgemein für oberflächenaktive Moleküle charakteristisch.

Einteilung der Lipide Lipide unterteilt man in verseifbare und nicht verseifbare Lipide. Zu den verseifbaren Lipiden zählen die Fette (Fettsäureester des Glycerins), Glykolipide und Phospholipide (substituierte Fettsäureester des Glycerins), Wachse (Fettsäureester mit langkettigen, einwertigen Alkoholen) und Sphingolipide (Derivate des Sphingosins). Die Gruppe der nicht verseifbaren Lipide wird von den Isoprenoiden (Terpene) und Steroiden gebildet.

Die Klasse der Terpene, die überwiegend in Pflanzen, vor allem in Blüten und Früchten auftritt, umfasst Terpenalkohole, Terpenkohlenwasserstoffe, Terpenaldehyde und Terpenketone. Die Terpene sind, molekular betrachtet, Vielfache des (modifizierten) Isoprens und können sowohl in linearer als auch in cyclischer Struktur vorliegen.

Zur Gruppe der Steroide gehören das Cholesterin, die Gallensäuren, die Sexualhormone, die Corticoide, die Digitalisglykoside und die Bufadienolide sowie die Steroid-Alkaloide. Die Struktur der Steroide wird durch das alicyclische Kohlenwasserstoffgerüst, dem aus einem 4-Ringsystem (drei 6-er Ringe, ein 5-er Ring) bestehenden Gonan, beschrieben.

Verseifbare Lipide und deren Bausteine **Fettsäuren** Fettsäuren sind Komponenten der verseifbaren Lipide. Sie kommen in der Natur meist als Amide oder als Ester vor und werden durch Verseifung in die freien Säuren überführt. Einige Fettsäuren

Tabelle 2.23 Zusammenstellung der gesättigten und ungesättigten aliphatischen Fettsäuren.

Trivialname	Anzahl der C-Atome	Chemische Formel	Nomenklatur
Gesättigte Fettsäuren			
Laurinsäure	12 C-Atome	$CH_3(CH_2)_{10}COOH$	Dodecansäure
Myristinsäure	14 C-Atome	$CH_3(CH_2)_{12}COOH$	Tetradecansäure
Palmitinsäure	16 C-Atome	$CH_3(CH_2)_{14}COOH$	Hexadecansäure
Stearinsäure	18 C-Atome	$CH_3(CH_2)_{16}COOH$	Octadecansäure
Arachinsäure	20 C-Atome	$CH_3(CH_2)_{18}COOH$	Eicosansäure
Ungesättigte Fettsäuren			
Ölsäure	18 C-Atome Doppelbindung Δ^{9}	$CH_3(CH_2)_7CH=$ $CH(CH_2)_7COOH$	cis-9-Octadecensäure
Linolsäure	18 C-Atome Doppelbindung $\Delta^{9,12}$		all-cis-9,12- Octadecadiensäure
Linolensäure	18 C-Atome Doppelbindung $\Delta^{9,12,15}$		all-cis-9,12,15- Octadecatriensäure
Arachidon-säure	20 C-Atome Doppelbindung $\Delta^{5,8,11,14}$		all-cis-5,8,1,14-Eicosatetraensäure

können von Säugetieren nicht synthetisiert werden und müssen deshalb mit der pflanzlichen Nahrung aufgenommen werden (essenzielle Fettsäuren).

Die wichtigsten aliphatischen Fettsäuren sind in Tab. 2.23 zusammengestellt.

Fette und Wachse Die natürlich vorkommenden Fette sind fast ausnahmslos Ester des Glycerins. Je nach Grad der Veresterung werden sie als Mono-, Di- oder Triglyceride bezeichnet (auch Mono-, Di- oder Triacylglycerine; Abb. 2.25). In den tierischen Fetten müssen die drei mit Glycerin veresterten Säuren nicht identisch sein. In der Hauptsache handelt es sich bei diesen Fettsäuren um Stearin-, Palmitin- oder Ölsäure.

In den pflanzlichen Fetten ist der Anteil an ungesättigten Fettsäuren größer. Als Wachse werden die Ester von Fettsäuren oder Steroiden mit langkettigen, einwertigen Alkoholen bezeichnet. In Bienenwachs findet man z. B. Myricylpalmitat. Myricylalkohol ist ein Gemisch der einwertigen Alkohole mit 30 und 32 C-Atomen.

Wachse schützen die Oberfläche von Haut, Haaren, Federn bei Tieren oder Menschen sowie Blätter und Früchte von Pflanzen.

Glykolipide Bei den Glykolipiden sind zwei Hydroxylgruppen des Glycerins mit Fettsäuren verestert (Glykosyldiacylglycerine) und die dritte Hydroxylgruppe des Glycerins ist in glykosidischer Bindung mit einem Zuckerderivat verknüpft (Abb. 2.25c).

Phospholipide In der Grundstruktur ist eine der drei endständigen Hydroxylgruppen des Glycerins mit einer Phosphorsäure verestert (Abb. 2.25b). Eine weitere Veresterung der Phosphorsäure mit Serin, Aminoethanol, Cholin oder Inositol (Zuckeralkohol) führt zur Gruppe der Lecithine.

Sphingolipide Als Grundgerüst enthalten sie den langkettigen Aminoalkohol Sphingosin (18 C-Atome mit einer *trans*-Doppelbindung zwischen dem 13. und 14. C-Atom, Abb. 2.26a). Die Aminogruppe ist über eine Amidbindung an eine lange, gesättigte oder ungesättigte Fettsäure gebunden. Das ergibt die Grundstruktur des Ceramids (Abb. 2.26b). Wird die Hydroxylgruppe des Ceramids (gehört zum Sphingosinmolekül) mit Phosphocholin oder Phosphoethanolamin

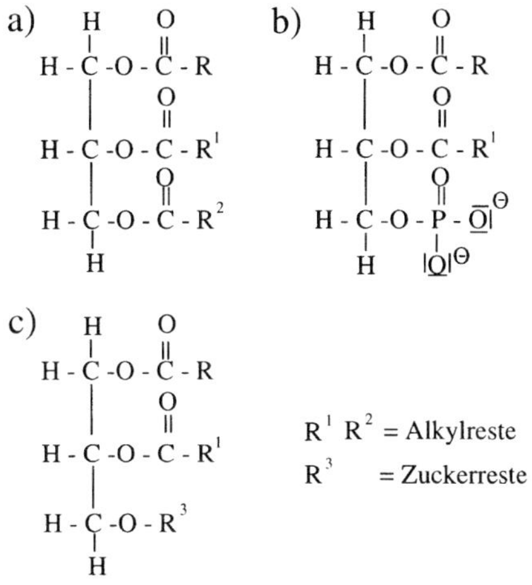

```
a)   H     O            b)   H     O
     |     ||                |     ||
 H - C -O- C - R         H - C -O- C - R
     |     O                 |     O
     |     ||                |     ||
 H - C -O- C - R¹        H - C -O- C - R¹
     |     O                 |     O
     |     ||                |     ||    _ ⊖
 H - C -O- C - R²        H - C -O- P - O|
     |                       |     |
     H                       H    |O|⊖

c)   H     O
     |     ||
 H - C -O- C - R
     |     O
     |     ||               R¹ R² = Alkylreste
 H - C -O- C - R¹           R³    = Zuckerreste
     |
 H - C -O- R³
     |
     H
```

Abb. 2.25 a) Triacylglycerin; b) Phospholipid; c) Glyceroglykolipide (Glykolipide).

verestert, gelangt man dadurch zur Gruppe der Sphingomyeline (Abb. 2.26c). Die Sphingomyeline stellen ca. 10–15 % der Gesamtlipide im Blutplasma.

Ebenfalls zu den Sphingomyelinen zählen Sphingolipide, in denen die Hydroxylgruppe mit einem oder mehreren Zucker verbunden ist. Da die Zucker nicht dissoziiert sind, nennt man diese Verbindungen auch Neutrale Glykosphingolipide oder Cerebroside.

Enthalten diese Verbindungen im Oligozuckeranteil Sialinsäuren (*N*-Acylneuraminsäure), spricht man von Sauren Glykosphingolipiden.

Einfache, nicht verseifbare Lipide Die bisher behandelten Lipide sind verseifbar, d. h. der Fettsäureanteil ist hydrolytisch abspaltbar. Es gibt jedoch auch andere Lipide, die keinen Fettsäureanteil haben. Dazu gehören Verbindungen wie Hormone

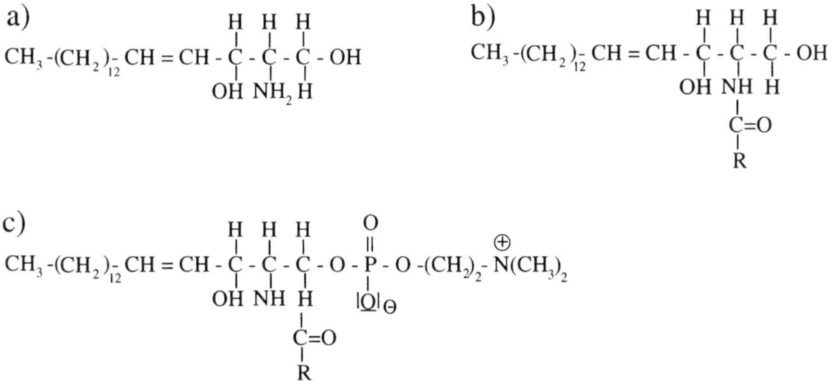

```
a)                                 H   H   H
                                   |   |   |
CH3-(CH2)12- CH = CH - C - C - C - OH
                                   |   |   |
                                   OH NH2  H

b)                                 H   H   H
                                   |   |   |
CH3-(CH2)12- CH = CH - C - C - C - OH
                                   |   |   |
                                   OH  NH  H
                                       |
                                       C=O
                                       |
                                       R

c)                                 H   H   H       O
                                   |   |   |       ||                  ⊕
CH3-(CH2)12- CH = CH - C - C - C - O - P - O -(CH2)2- N(CH3)2
                                   |   |   |       |
                                   OH  NH  H      |O|⊖
                                       |
                                       C=O
                                       |
                                       R
```

Abb. 2.26 a) Sphingosin; b) Ceramid; c) Sphingomyeline (ein Beispiel). (R = Alkylrest.)

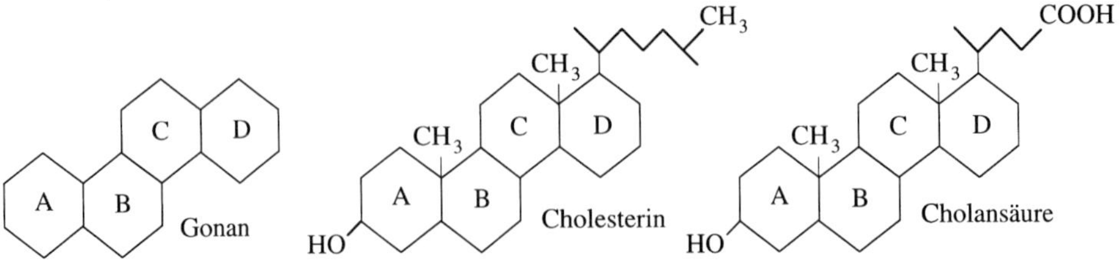

Abb. 2.27 Gonan, Cholesterin und Cholansäure (Stammform der Gallensäuren).

oder Vitamine, die sich aus Isoprenoideinheiten aufbauen (Vitamine A, K, E) und Steroide wie Cholesterin, Gallensäuren und Sexualhormone, die sich alle von der Grundstruktur des Gonans ableiten (Abb. 2.27).

Zusammensetzung von Lipoproteinen Im Blutplasma von Tier und Mensch werden Lipide nicht in freier Form, sondern als Lipoproteine transportiert. Diese Lipoproteine bestehen aus Phospholipiden, Cholesterin und Cholesterinestern, Triacylglyceriden und Proteinen. Lipoproteine sind teilweise wasserlösliche Komplexe. Ihre Wasserlöslichkeit wird durch ihre *mycellare* Struktur erreicht. Im Innern eines solchen Lipoproteins befinden sich die wasserunlöslichen Triglyceride und Cholesterinester. Nach außen sind die wasserlöslichen Bereiche der Phospholipide und Proteine gerichtet. Solche Proteine, die mit Lipiden in einem Komplex assoziiert sind, nennt man Apoproteine. Mittlerweile ist eine große Anzahl Apoproteine bekannt. Sie kommen in verschiedenen Lipoproteinfraktionen in konstanten Mengenverhältnissen vor und sind für diese charakteristisch.

2.5.1.4 Kohlenhydrate

Die Gruppe der Kohlenhydrate gliedert man in die Gruppe der Monosaccharide, auch einfache Zucker genannt, die Gruppe der Disaccharide, die aus zwei glykosidisch miteinander verbundenen Monosacchariden gebildet werden, die Gruppe der Oligosaccharide, die mehrere (< 7) solcher glykosidisch miteinander verbundener Monosaccharide enthalten, und die Gruppe der hochmolekularen Polysaccharide.

Monosaccharide Man unterteilt die Monosaccharide nach der Anzahl ihrer C-Atome in Triosen, Tetrosen, Pentosen, Hexosen, usw. Biologisch interessant sind die Pentosen und Hexosen.

Je nach funktioneller Gruppe im Molekül werden die Monosaccharide in Aldosen (aldehydische Gruppe) oder Ketosen (Keto-Gruppe) eingeteilt (Abb. 2.28).

Die Zucker werden aufgrund ihrer Konfiguration entweder in die D- oder L-Reihe eingeordnet. Ausschlaggebend für die Einordnung ist das am weitesten von der Carbonylgruppe entfernte asymmetrisch C-Atom der Zuckerkette (Abb. 2.29).

Bei der Infrarot-Spektroskopie von Monosacchariden fehlt die Carbonylbande der Aldehydgruppe. Das steht im Widerspruch zur bisherigen Molekularschreibweise. Die einzige Möglichkeit, das Ergebnis der Infrarot-Spektroskopie in Ein-

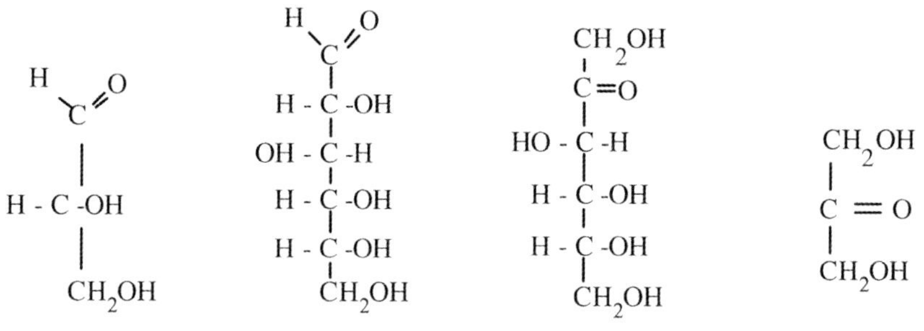

D-Glycerinaldehyd (Aldotriose) D-Glucose (Aldohexose) D-Fructose (Ketohexose) Dihydroxyaceton (Ketotriose)

Abb. 2.28 Verschiedene Monozucker (Monosaccharide).

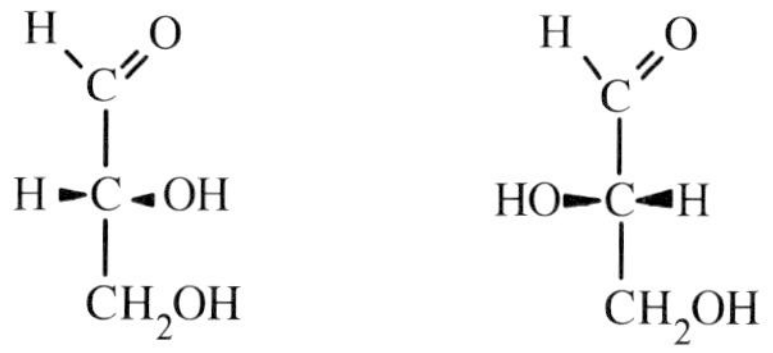

D-Glycerinaldehyd L-Glycerinaldehyd

Abb. 2.29 Unterschiedliche Konfigurationen des Glycerinaldehyds: Die unterschiedlichen Konfigurationen des Glycerinaldehyds dienen als Referenz für die Zuordnung von stereoisomeren Kohlenhydraten.

klang mit der chemischen Schreibweise zu bringen, ist die Schreibweise einer ringförmigen Struktur, d. h. als Halbacetal (Abb. 2.30).

Lässt man ein Monosaccharid, z. B. Glucose, längere Zeit in wässriger Lösung stehen, ändert sich der Drehwert der Lösung kontinuierlich einige Stunden lang, bis sich ein konstanter Drehwert eingestellt hat. Durch Säure- oder Alkalizugabe

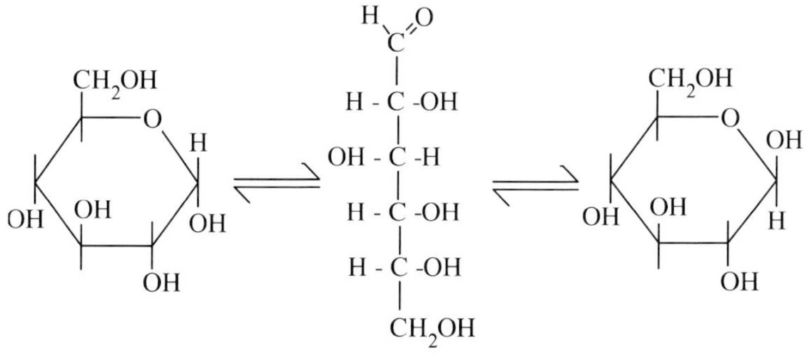

α-D-Glucose offene Form β-D-Glucose

Abb. 2.30 Mutarotation (Halbacetalschreibweise von Glucose nach Haworth).

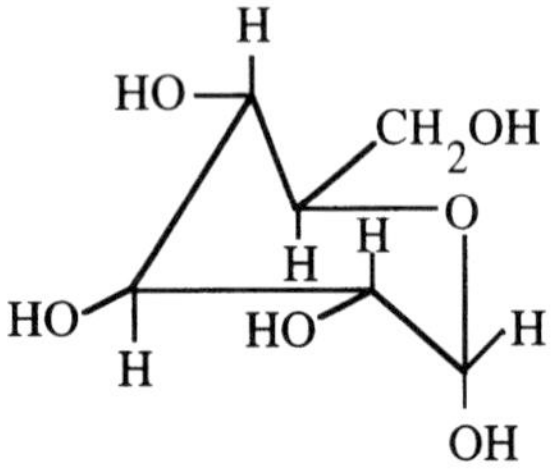

Abb. 2.31 Konformationsformel der α-D-Glucose.

wird dieser Prozess beschleunigt. Man nennt diesen Vorgang, bei dem eine mögliche Epimeren- oder Anomerenform (α-Form und β-Form) in die andere (bis zu einer Gleichgewichtseinstellung) übergeht, als Mutarotation. Dabei liegt im Falle der Glucose das Gleichgewicht nicht bei 50 %, sondern ist auf die Seite der β-Form hin verschoben (62 % Anteil).

Je nachdem, ob sich beim Ringschluss des acyclischen (offenen) Moleküls ein 5- oder 6-Ring ausbildet, spricht man von Furanosen oder Pyranosen.

Das Anomerenverhältnis kann am besten mit der Konformationsformel erklärt werden. Pyranosen werden bevorzugt eine Konformation eingehen, in der möglichst wenig Substituenten axial stehen (Abb. 2.31).

Desoxyzucker und Aminozucker Als Desoxyzucker (auch Deoxyzucker) werden Monosaccharide bezeichnet, denen eine oder (seltener) mehrere Hydroxylgruppen fehlen.

Der wichtigste Desoxyzucker mit einer fehlenden Hydroxylgruppe ist die 2-Desoxy-D-ribose. Dieser Desoxyzucker ist Bestandteil der Desoxyribonucleinsäuren. Andere Desoxyzucker sind wichtige Bausteine bakterieller Zellwände, sie liegen meist in entsprechenden glykosidischen Strukturen vor.

Aminozucker leiten sich von den normalen Zuckern durch Ersatz einer oder (seltener) mehrerer Hydroxylgruppen durch Aminogruppen ab. Aminozucker finden sich gykosidisch gebunden in der Zellwand von grampositiven Bakterien, als Bausteine von zahlreichen Antibiotika (Gentamycin, Nystatin, Tobramycin), und werden seltener in Pflanzen gefunden.

Sialinsäuren, genauer *N*-Acyl-neuraminsäuren, kommen als Bestandteile von Glykoproteinen und Glykolipiden in Tieren und einigen Mikroorganismen, nicht aber in Pflanzen vor. Grundmolekül der Sialinsäuren ist die Neuraminsäure, sie wird aus *N*-Acetyl-D-mannosamin und Brenztraubensäure gebildet. Die Sialinsäuren sind endständig (terminal) in Oligosaccharidketten zu finden. Sie spielen eine große Rolle bei biologischen Vorgängen, wie der Verhinderung von Aggregation zwischen Erythrocyten und Thrombocyten, der Erkennung von Zellen, Bestandteilen von Zellrezeptoren, usw. Spaltet man die Sialinsäure enzymatisch mithilfe einer Neuramidase oder Sialinase ab, gehen oft diese biologischen Rezeptorfunktionen verloren.

Meist sind diese Oligosaccharide über die Hydroxylgruppe von Serin, Threonin oder an die freie Aminogruppe des Asparagins an ein Protein gebunden. Man spricht dann von einer *O*- oder einer *N*-Glykosylierung. Ist die Oligosaccharidkette nicht an ein Protein, sondern an ein anderes Molekül gebunden, bezeichnet man die entstandenen Glykoside entsprechend.

Disaccharide Die wichtigsten Disaccharide sind Rohrzucker, Milchzucker und Malzzucker (Abb. 2.32).

Rohrzucker (Saccharose) Rohrzucker wird aus Zuckerrohr (14–16 %) oder aus Zuckerrüben (16–20 %) gewonnen. Nach der wässrigen Extraktion des Rohrzuckers wird der Dünnsaft eingeengt und aus dem entstandenen Dicksaft auskristallisiert. Der kristalline Zucker wird weiter aufgereinigt, zurück bleibt das Filtrat, die „Melasse".

Rohrzucker ist zusammengesetzt aus einem Molekül Glucose und einem Molekül Fructose, die in verdünnten Mineralsäuren voneinander getrennt werden können (Inversion). Das entstehende Zuckergemisch wird Invertzucker genannt. Kunsthonig besteht aus invertiertem Zucker, Bienenhonig aus natürlichem Invertzucker.

Milchzucker (Lactose) Milchzucker besteht aus einem Molekül Galactose, an das ein Molekül Glucose gebunden ist. Er ist der wichtigste Zucker der Milch (Frauenmilch 5,5–7,5 %; Kuhmilch 4–5 %). Milchzucker wird aus entfetteter und caseinbefreiter Tiermilch durch Eindampfen der Molke gewonnen. Bei der Joghurt- oder Sauermilchherstellung wird Milchzucker mikrobiologisch in Milchsäure überführt.

Malzzucker (Maltose) Malzzucker besteht aus zwei Glucosemolekülen. Malzzucker wird hauptsächlich aus dem biochemischen Abbau der Stärke gewonnen. Er kristallisiert aus wässrigen Lösungen als Monohydrat.

Polysaccharide Die wichtigsten Vertreter der Polysaccharide sind Stärke, Glykogen, Cellulose und Chitin.

Stärke Stärke ist ein Homopolysaccharid, d. h. sie besteht nur aus vielen glykosidisch miteinander verbundenen Glucoseeinheiten. Stärke ist das Glucose-Speichermolekül der Pflanzen und enthält zwei Typen von Polysacchariden: Amylose und Amylopectin.

Die α-Amylose besteht aus langen unverzweigten Glucoseketten, die durch α(1,4)-Bindungen miteinander verknüpft sind. Dieses Molekül liegt in helicaler Form vor.

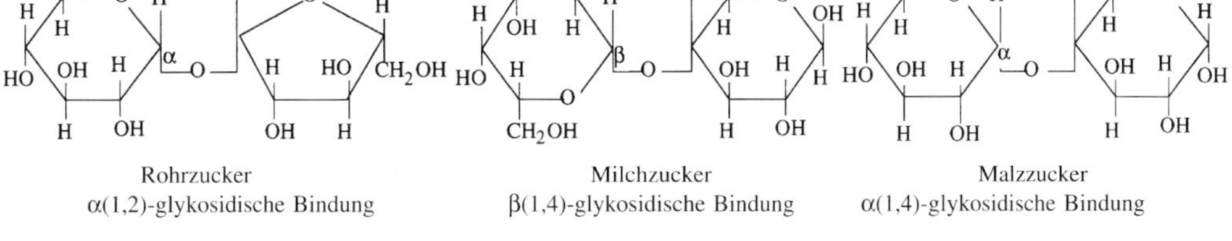

Rohrzucker
α(1,2)-glykosidische Bindung

Milchzucker
β(1,4)-glykosidische Bindung

Malzzucker
α(1,4)-glykosidische Bindung

Abb. 2.32 Darstellung von verschiedenen Zuckerstrukturen und deren Bindungsarten.

Amylopectin ist analog der α-Amylose aufgebaut, aber noch zusätzlich über α(1,6)-Bindungen quervernetzt und hat eine wesentlich höhere Molmasse.

Beim Stärkeabbau erhält man Moleküle mittlerer Molmasse, die „Dextrine", bei weiterem Abbau entstehen Malzzucker und Glucose.

Glykogen Glykogen ist analog zur Stärke aufgebaut, jedoch weitaus stärker quervernetzt. Glykogen ist das Glucose-Speichermolekül in tierischen Zellen.

Cellulose Cellulose bildet das Grundgerüst der pflanzlichen Zellwände und ist das am häufigsten vorkommende Polysaccharid (Baumwolle, Hanf, Flachs, Jute u. a.). Die verholzte Zellwand höherer Pflanzen besteht aus ca. 40–50 % Cellulose. Cellulose ist wasserunlöslich, kann aber im Magen-Darm-Bereich von Wiederkäuern durch Cellulasen der dort angesiedelten Bakterien zur Verwertung gespalten werden. Insekten vermögen Cellulose ebenfalls enzymatisch zu spalten, Säugetiere besitzen diese Eigenschaft nicht.

Chitin Chitin findet sich als Gerüstsubstanz von Insekten und in Pilzen. Das Molekül besteht aus langen Ketten von *N*-Acetyl-D-glucosaminresten. Beim Erhitzen mit verdünnter Salzsäure entstehen D-Glucosamin und Essigsäure.

2.5.1.5 Nucleinsäuren

Nucleinsäuren, auch Polynucleotide genannt, sind aus monomeren Bausteinen aufgebaut. Solche Bausteine nennt man Nucleotide. Entsprechend dem Ribosemolekül unterteilt man die Nucleinsäuren in Desoxyribonucleinsäuren (DNA, engl. *deoxyribonucleic acid*) oder Ribonucleinsäuren (RNA, engl. *ribonucleic acid*). Nucleinsäuren sind Träger der genetischen Information. Die DNA speichert die genetische Information, die RNA dient als Informationsträger für die Realisierung der genetischen Information (Proteinbiosynthese). An der Übertragung und Realisierung der in der DNA gespeicherten Informationen sind mehrere RNA-Strukturen beteiligt. Die mRNA (engl. *messenger RNA*) wird beim Ablesen der DNA-Informationen synthetisiert und dient als Matrize für die Proteinbiosynthese, die tRNA (engl. *transfer RNA*) bringt die erforderlichen Aminosäuren zum Proteinsyntheseort in den Ribosomen und die rRNA (engl. *ribosomal RNA*) liegt gebunden in den Ribosomen vor.

Bausteine der Nucleinsäuren Die Nucleinsäuren sind polymere Moleküle, deren monomere Bestandteile (Nucleotide) aus einem Phosphorsäurerest, einer Ribose (Ribose in der RNA oder Desoxyribose in der DNA) und einer Purin- oder Pyrimidinbase bestehen. Das Ribosemolekül ist glykosidisch mit der jeweiligen Base verknüpft, der Phosphorsäurerest ist esterartig mit der 5′-Hydroxylgruppe des Ribosemoleküls verknüpft. Fehlt dem Nucleotid der Phosphorsäurerest, spricht man von einem Nucleosid. Die Verknüpfung der Nucleotide erfolgt immer durch eine 5′→3′-Phosphodiesterbindung in linearer Anordnung.

Purinbasen Adenin und Guanin finden sich in der DNA und in der RNA.

Pyrimidinbasen In der DNA sind Cytosin und Thymin, in der RNA nur Cytosin und Uracil als Pyrimidinbasen zu finden. In der Literatur verwendet man für die Basen die in Abb. 2.33 dargestellten Abkürzungen.

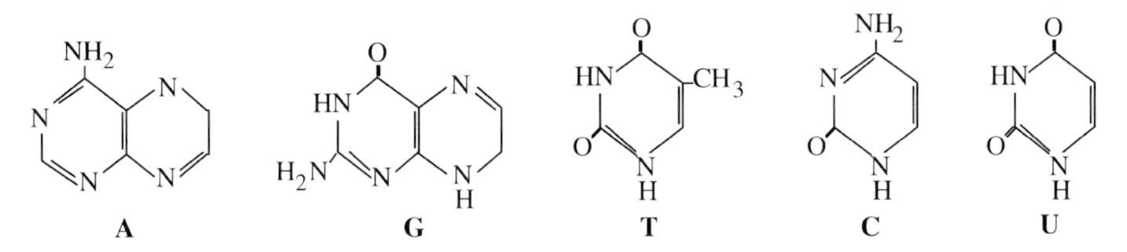

Abb. 2.33 Nucleotidbasen, von links nach rechts: A für Adenin – G für Guanin – T für Thymin – C für Cytosin – U für Uracil.

In einfacher Schreibweise gibt man die Basensequenz, z. B. ...–A–G–T–C–T–A–A–...an, sie wird Primärstruktur genannt.

Die aromatischen, heterocyclischen Purin- und Pyrimidinbasen bilden untereinander Wasserstoffbrücken-Bindungen aus und stabilisieren auf diese Weise die Nucleinsäuren. Dabei bilden sich komplementäre Basenpaare aus. In der DNA bilden Adenin mit Thymin und Guanin mit Cytosin diese komplementäre Stabilisierung, in der RNA sind dies Adenin mit Uracil und Guanin mit Cytosin (in der RNA ist Thymin durch Uracil ersetzt).

Bedingt durch diese Wasserstoffbrücken-Bindungen – zwischen Adenin und Thymin gibt es eine Zweifachbindung und zwischen Guanin und Cytosin eine Dreifachbindung – spricht man von unterschiedlich stabilen Nucleinsäuren, je nachdem, ob die Anzahl der Dreifach- oder der Zweifachbindungen überwiegt.

Die DNA ist normalerweise als komplementäre Doppelhelix angeordnet. Diese Struktur wurde von Watson und Crick 1953 vorgeschlagen und wird als die Sekundärstruktur der DNA bezeichnet.

Die basenkomplementären Polynucleotidketten verlaufen antiparallel, d. h. eine Kette verläuft von 3′ nach 5′ und die andere von 5′ nach 3′, sodass das 5′-Ende des einen Strangs mit dem 3′-Ende des anderen gepaart ist.

Eine Trennung der DNA in Einzelstränge erfolgt durch Trennung der recht schwachen Wasserstoffbrücken-Bindungen. Das geschieht durch Temperaturerhöhung auf ca. 70–90 °C. Die genaue Temperatur wird auch als „Schmelzpunkt“ der jeweiligen DNA bezeichnet. Kühlt man die erhitzte DNA-Lösung mit den entstandenen Einzelsträngen langsam ab, bildet sich wieder die Doppelhelix aus, kühlt man jedoch schnell ab, bleiben die Einzelstränge erhalten. Diese Vorgehensweise nutzt man zur Trennung komplementärer DNA-Stränge für die PCR-Methode (engl. *polymerase chain reaction,* Polymerase-Kettenreaktion).

Einzelketten verschiedener Organismen können untereinander Doppelhelix-Strukturen ausbilden, sofern sie komplementäre Sequenzbereiche haben. Solche neu formierten Strukturen nennt man Hybride.

Die Doppelhelix der DNA ist häufig zu einer Schraube höherer Ordnung gewunden, die in verschiedener Ordnung gefaltet ist. Liegt dies vor, spricht man von Tertiärstruktur der DNA. Solche superspiralisierten und gefalteten Strukturen liegen in den Chromosomen vor.

Funktion der Nucleinsäuren Die DNA ist in zellulären Organismen der Träger der genetischen Information (Befähigung bestimmte charakteristische Merkmale auszubilden). Diese Information wird auf Tochterzellen übertragen.

Replikation Die DNA liegt in Eukaryoten in Chromosomen vor. Zur Weitergabe der genetischen Information muss die gesamte DNA repliziert (verdoppelt) werden. Bei der Replikation wird zu jedem Einzelstrang der DNA ein komplementärer Tochterstrang synthetisiert. Dabei wird die ursprüngliche Doppelhelix getrennt und an vielen Startpunkten innerhalb des Doppelstranges wird die Replikation in beide Richtungen gestartet (bidirektionale Replikation), bis die Tochterstränge vollständig synthetisiert sind. Zu jedem Elterneinzelstrang liegt dann der komplementäre Tochterstrang vor. Es kombinieren sich nun jeweils ein Elternstrang und ein Tochterstrang. Somit ergeben sich zwei Doppelstränge mit je einem Eltern- und einem Tochterstrang. DNA-Polymerasen führen diese Replikation durch.

Rekombination Wird genetisches Material zwischen verschiedenen Chromosomen ausgetauscht, sei es zur Reparatur geschädigter Gene oder zur Neukombination (wie es bei gentechnischen Methoden angewandt wird), spricht man von Rekombination. Man bezeichnet auch künstlich veränderte DNA-Strukturen, z. B. ein in die Sequenz eingebautes Fremdgen, als rekombinante DNA.

Abbau der DNA und RNA Die DNA und die RNA werden von speziellen Enzymen abgebaut. Die Enzyme für den DNA-Abbau nennt man Nucleasen, die für den RNA-Abbau Ribonucleasen. Nucleasen können mitten in dem Nucleinsäurestrang schneiden, dann spricht man von Endonucleasen, oder sie zerlegen den Strang von beiden Enden her, dann spricht man von Exonucleasen.

Transkription Bei der Transkription werden Informationen, die auf der DNA gespeichert sind, auf eine RNA (genauer die mRNA) übertragen. Dabei werden einzelne Gene oder Teilbereiche des Chromosoms transkribiert; bei der Replikation wird das gesamte Chromosom repliziert, bei der Transkription nur Teilbereiche.

RNA-Polymerasen sind die Enzyme, die die Transkription durchführen.

Translation Die codierte Information auf der neu synthetisierten mRNA wird in den Ribosomen verwendet, um Neusynthesen von Proteinen durchzuführen. Diese Neusynthese (Proteinbiosynthese) verläuft in mehreren Schritten, an denen viele Enzyme beteiligt sind.

2.5.1.6 Vitamine/Coenzyme

Die Vitamine lassen sich in zwei Gruppen einteilen:

Wasserlösliche Vitamine Sie werden durch die Körperflüssigkeiten, wie Schweiß oder Urin, leicht ausgeschieden. Sie müssen daher durch Nahrungsaufnahme ständig zugeführt werden.

Fettlösliche Vitamine Diese werden durch ihre „Unlöslichkeit in Wasser“ nicht so schnell ausgeschieden. Sie sind in der Nahrung nicht so häufig zu finden und sind im Körper gut speicherbar.

Vitamine werden durch körpereigene Enzyme „geringfügig“ verändert und dann zu Hilfsstoffen für unterschiedliche Proteine (Apoenzyme), die durch diese angelagerten Vitaminderivate biologische Aktivität erlangen; man bezeichnet sie danach als Holoenzyme. Die modifizierten Vitamine werden Coenzyme genannt

$$\text{Coenzym} + \underset{(\text{inaktiv})}{\text{Apoenzym}} \rightarrow \underset{(\text{aktiv})}{\text{Holoenzym}}$$

Es gibt Coenzyme, die kovalent mit dem Apoenzym verbunden sind, und solche, die mit dem Apoenzym assoziiert vorliegen und sich somit wieder leicht ablösen können.

Ausgewählte Vitamine und ihre Funktionen Thiamin Das Vitamin Thiamin wird modifiziert und als Coenzym Thiamindiphosphat für Decarboxylierungsreaktionen (oxidative Decarboxylierungen) verwendet. Dabei entstehen als Reaktionsprodukte „aktivierte“ Aldehyde.

Pyridoxin Das Vitamin Pyridoxin wird phosphoryliert und als Pyridoxalphosphat bei Transaminierungsreaktionen als Coenzym verwendet. Der bei solchen Reaktionen anfallende Ammoniak wird häufig im Harnstoffcyclus (Leber) modifiziert, als Harnstoff über das Blut zur Niere transportiert und über den Urin ausgeschieden.

Nicotinsäure/Nicotinamid (engl. *niacin*) Diese Vitamine werden nach entsprechender Modifikation als Nicotinamid-adenin-dinucleotid (NAD^+) bei Oxidations- bzw. Reduktionsreaktionen als Coenzme eingesetzt. Als weiteres Coenzym für solche Redoxreaktionen wird auch das an Stelle 2′ im Ribosemolekül phosphorylierte $NADP^+$ verwendet.

Riboflavin Riboflavin wird als Riboflavin-5′-phosphat (auch Flavinmononucleotid, abgekürzt FMN) oder als Flavin-adenin-dinucleotid (abgekürzt FAD) ebenfalls als Coenzym bei Redoxreaktionen eingesetzt.

Vitamin A Vitamin A ist von zentraler Bedeutung für den Sehvorgang.

Die menschliche Netzhaut hat zwei unterschiedliche Photorezeptorzellen, die Stäbchen und die Zapfen. Die Stäbchen sind verantwortlich für das Sehen bei Nacht (keine Farberkennung), die Zapfen nehmen Farbeindrücke war und wirken nur bei Starklicht.

Die Stäbchenzellen besitzen viele übereinander liegende (gestapelte), scheibenförmige Membranvesikel. Etwa die Hälfte dieser Vesikel bestehen aus lichtabsorbierendem Rhodopsin (früher auch Sehpurpur genannt). Rhodopsin ist als „Holoenzym“ (aktive Form) aufzufassen und besteht aus dem Coenzym Vitamin A und dem Apoenzym (inaktive Form) Opsin.

2.5.2
Katabolische und anabolische Stoffwechselvorgänge

2.5.2.1 Enzymatische Katalyse

Katalysatoren – somit auch Biokatalysatoren – erhöhen die Reaktionsgeschwindigkeit, mit der eine Reaktion einem Gleichgewicht zustrebt, sie verändern aber nicht die Lage eines Gleichgewichts.

Wie jeder andere chemische Katalysator wirkt ein Enzym als Reaktionsbeschleuniger, indem es die Aktivierungsenergie für den Stoffumsatz herabsetzt. Das geschieht dadurch, dass die Reaktionspartner durch die Bindung im oder am Katalysator in nachbarschaftliche Nähe gebracht werden. Durch diese nachbarschaftliche Nähe können die Reaktionspartner im Übergangszustand ohne große Aktivierungsenergie zu den jeweiligen Produkten abreagieren. In Enzymen werden für die gebundenen Substrate besonders günstige sterische Verhältnisse geschaffen, die im Vergleich zu chemischen Katalysen noch wesentlich günstigere Reaktionsbedingungen erlauben.

Viele Enzymkatalysen laufen mechanistisch außerordentlich komplex ab. Zur Beschreibung und zur Berechnung solcher Enzymkatalysen benutzt man für viele Fälle die Theorie nach Michaelis und Menten, deren Kernvorstellung die Bildung eines energiereichen Enzym-Substrat-Komplexes ist.

Die Chemie enzymatischer Reaktionen unterscheidet sich in der Regel nicht von nichtenzymatischen Reaktionen. Die Enzymkatalyse ist jedoch durch ihre Substratbindung und der dadurch optimalen Anordnung der katalytischen Gruppen als fast „perfekt“ zu bezeichnen. Die Reaktionsbedingungen sind deshalb entsprechend günstig; Reaktionstemperaturen und pH-Werte liegen im physiologischen Bereich der Organismen und können im Allgemeinen als „mild“ bezeichnet werden.

Enzymkatalysierte Reaktionen laufen so lange, bis das Substrat vollständig zum Produkt umgesetzt ist. Die Reaktionen werden zwar mit abnehmender Substratkonzentration immer langsamer, sie laufen aber so lange weiter, solange noch Substrat vorhanden ist. Das führt dann zu immer mehr Produkt für den Organismus. Für einen Organismus oder eine Zelle kann eine solche, nicht kontrollierte Enzymkatalyse zu einem Produktüberschuss führen, der aktuell nicht bewältigt werden kann. Gleichzeitig wird das Substrat, das auch für andere Stoffwechselvorgänge (z. B. für Synthesen) benötigt wird, immer mehr reduziert. Das führt dann zu Störungen des gesamten Stoffwechselumsatzes. Viele wichtige Stoffwechselwege sind deshalb reguliert.

2.5.2.2 Regulation der Stoffwechselvorgänge

Die in Organismen ablaufenden katabolischen und anabolischen Stoffwechselvorgänge sind in der Regel sehr komplex und laufen über mehrere Zwischenprodukte ab.

Der katabole Stoffwechsel, also der Abbau von Biomolekülen, gliedert sich im Wesentlichen in drei Phasen, wobei jede der Phasen durch enzymkatalysierte Einzelschritte beschrieben werden kann. Vereinfacht betrachtet, werden in der ersten Phase des Katabolismus die Substrate, insbesondere Proteine, Lipide und Polysaccharide (große Nährstoffmoleküle) in einzelne Bausteine wie Aminosäuren, Fettsäuren, Glycerin und Monosaccharide zerlegt. In der zweiten Phase werden diese Einzelmoleküle in kleinere und einfache Metabolite umgewandelt. Die Monozucker, wie z. B. die Hexosen und Pentosen, die Fettsäuren und das Glycerin sowie ein Teil der proteinogenen Aminosäuren werden dabei zu einem C2-Grundkörper, der Acetylgruppe, die nach einer geringen Modifikation als Acetyl-CoA vorliegt, abgebaut, aber es entstehen dabei auch weitere kleine Metabolite. Das Acetyl-CoA – sofern es nicht für die Biosynthese anderer Biomoleküle benötigt wird – und die übrigen Intermediärmetabolite werden dann in der dritten Phase des Katabolismus dem oxidativen Abbau zugeführt, wobei neben dem eigentlichen Energiegewinn Wasser und Kohlendioxid als Produkte auftreten.

In ähnlicher Weise verlaufen auch die anabolen Prozesse – die Biosynthesen – nach einem dreistufigen Schema. Aus kleinen Molekülen, z. B. Acetyl-CoA, werden die nächstgrößeren Moleküle, z. B. Monozucker, Fettsäuren, Aminosäuren, und danach die Makromoleküle, z. B. Glykogen, Lipide, Proteine synthetisiert. Die Biosynthese von Fettsäuren beispielsweise umfasst, ausgehend von Acetyl-CoA (C2-Molekül) bis zur Bildung des ersten Produktes (C4-Molekül), sieben Stufen, der Biosyntheseweg zur Glucosebildung – die Gluconeogenese – aus Pyruvat ist bei Säugern ein zehnstufiger Prozess; bei Mikroorganismen und Pflanzen verläuft diese Biosynthese mit weniger Reaktionsschritten.

Jeder der katabolen und anabolen Prozesse wird durch eine eigene Sequenz an Enzymreaktionen katalysiert. Es gibt somit keinen Abbauprozess eines Biomoleküls, der durch Umkehrung der Reaktionsrichtung in einen Syntheseschritt umgewandelt werden kann. Jeder Stoffwechselvorgang ist ein eigener Prozess und wird von seinen eigenen Enzymen reguliert.

Die Regulation einer Enzymkatalyse kann durch verschiedene Maßnahmen erfolgen. So wirken sich Veränderungen der physikalisch-chemischen Parameter, wie Temperatur und pH-Wert, auf die Enzymaktivität und somit auf die Umsatzgeschwindigkeit aus. Abweichungen von den optimalen Reaktionsbedingungen führen zur Aktivitätsreduzierung der Biokatalysatoren.

Enzyme, deren Funktionsfähigkeit nur in Anwesenheit von Cofaktoren (Metallionen) oder Coenzymen gegeben ist, zeigen bei Reduzierung der entsprechenden Cofaktoren oder Coenzyme ebenfalls deutliche Aktivitätsverminderungen. Ein typisches Beispiel für ein solches Enzym, bei dem die Bindung des Cofaktors durch pH-Wertänderung stark beeinflusst wird, ist die Ribulose-bisphosphat-Carboxylase, das dominierende Enzym in Pflanzen. Werden dunkel gehaltene Chloroplasten dem Licht ausgesetzt, erfolgt ein Protonentransport in das Thylakoid-Kompartiment, dadurch steigt der pH-Wert im Stroma an. Gleichzeitig erfolgt ein Mg^{2+}-Ionentransport (Cofaktor des Enzyms) in das Stroma des Chloroplasten. Die erhöhte Mg^{2+}-Ionenkonzentration und der erhöhte pH-Wert sind die Voraussetzung für den schnellen Substratumsatz durch die Ribulose-bisphosphat-Carboxylase. Niedrige Cofaktorkonzentration und niedriger pH-Wert reduzieren die Enzymaktivität beträchtlich.

Die wichtige Regulation der Stoffwechselvorgänge *in vivo* wird durch regulatorische Enzyme erreicht.

Man unterscheidet hierbei zwischen Isoenzymen, kovalent regulierten und allosterischen Enzymen.

Isoenzyme sind verschiedene Formen eines Enzyms, die alle das gleiche Substrat umsetzen können, jedoch mit unterschiedlicher Geschwindigkeit. Meist liegen die Isoenzyme in verschiedenen Geweben vor, wo sie nach Bedarf der Zellen das jeweilige Substrat umsetzen. Ein Beispiel dafür ist die Lactat-Dehydrogenase (L-Lactat:NAD^+-Oxidoreduktase), die in fünf verschiedenen Isoformen vorliegt. Die Aktivität dieser Isoenzyme, die in verschiedenen Muskelgeweben vorkommen, wird unterschiedlich stark von der Konzentration des Pyruvats, dem Substrat der Reaktion, beeinflusst. Auf diese Weise kann in den Geweben die Lactatkonzentration als Endprodukt des Glucoseabbaus gesteuert werden.

Die kovalent regulierten Enzyme erreichen ihre Aktivität erst dann, wenn ihre vorliegende, inaktive Form (Zymogen) durch gezielte proteolytische Spaltung durch andere Enzyme verändert wird. Typische Beispiele dafür findet man bei den Verdauungsenzymen der Säuger. Das Zymogen Chymotrypsinogen (inaktive Form) geht durch Abspaltung von zwei Dipeptiden in das aktive Chymotrypsin über. Zymogene bleiben in der Regel solange inaktiv, wie sie in ihren Entstehungszellen verbleiben. Werden sie in eine andere Umgebung sekretiert, im Fall der Verdauungsenzyme in das Gastrointestinalsystem, so werden sie in die aktive Form überführt. Eine Regulation im eigentlichen Sinne liegt hier allerdings nicht vor, denn die aktiven Enzyme werden nicht wieder in die inaktive Form zurückgeführt.

Allosterische Enzyme sind diejenigen Enzyme, die in ihrer Enzymaktivität reduziert oder stimuliert werden können. Solche Enzyme haben neben ihrem katalytischen Zentrum noch eine weitere, nichtkovalente Bindungsstelle für einen Modulator. Solche Modulatoren können, sobald sie reversibel und nichtkovalent gebunden sind, die Aktivität eines Enzyms inhibieren (negativer Modulator) oder erhöhen (positiver Modulator). Monovalente allosterische Enzyme binden nur einen Modulator, polyvalente allosterische Enzyme besitzen mehrere spezifische Bindungsstellen für Modulatoren. Ein bekanntes Beispiel dafür ist die Glutamin-Synthase, die acht spezifische Bindungsstellen für spezifische Modulatoren hat.

Im Allgemeinen sind allosterische Enzyme recht komplexe Proteine mit mehreren Untereinheiten und hohem Molekulargewicht, die aus Biomaterial relativ schwierig zu isolieren und zu reinigen sind. Sie zeigen auch keine klassische Michaelis-Menten-Kinetik. Trägt man die Anfangsgeschwindigkeit einer Enzymkatalyse gegen die jeweilige Substratkonzentration auf, ergeben sich für nicht allosterische Enzyme hyperbolische und für allosterische Enzyme meist sigmoide Kurvenverläufe.

Mehrstufige, regulierte Enzymkatalysen besitzen in ihrer Reaktionskaskade meist ein oder mehrere Schlüsselenzyme. Solche Schlüsselenzyme sind allosterische Enzyme, die durch das Endprodukt oder durch verschiedene Zwischenprodukte der Reaktion negativ moduliert oder durch Substrate einzelner Reaktionen positiv moduliert werden. Dadurch wird erreicht, dass eine Biosynthese stark oder vollständig gehemmt wird, wenn genügend Produkt für die Zelle vorliegt. Die Regulation erfolgt somit über die aktuelle Produktkonzentration und unterliegt den Konzentrationsschwankungen des Produktes. Liegt umgekehrt eine hohe Substratkonzentration für ein allosterisches Enzym vor, wird dies durch eines oder mehrere Substrate positiv moduliert, die Enzymkatalyse läuft an oder wird beschleunigt.

An Beispielen der Aminosäurebiosynthese in Mikroorganismen und Pflanzen sollen diese Regulationsmechanismen näher erklärt werden.

Die proteinogenen Aminosäuren können nur von Mikroorganismen oder Pflanzen vollständig biosynthetisiert werden. Säuger können nur einen Teil dieser Aminosäuren selbst herstellen (nichtessenzielle Aminosäuren), den anderen Teil müssen sie über die Nahrung zu sich nehmen (essenzielle Aminosäuren). Im weiteren Verlauf der Betrachtungen werden nur noch die Biosynthesen der essenziellen Aminosäuren in Mikroorganismen und Pflanzen besprochen.

Bei der Biosynthese der aromatischen Aminosäuren Phenylalanin, Tyrosin und Tryptophan können die Syntheseendprodukte nicht nur das die Biosynthese einleitende Enzym, das in drei Isoformen vorliegt (jede Form hat nur eine spezifische Bindungsstelle für eine der drei zu synthetisierenden Aminosäuren) negativ modulieren, sondern auch allosterische Enzyme der einzelnen Zwischenschritte. Dieser, einer Überproduktion vorbeugende Hemmtyp wird als Enzymmultiplizität bezeichnet.

Die Aminosäuren Lysin, Methionin und Threonin werden aus der Aminosäure Asparaginsäure gebildet (Aspartat-Familie). Der erste enzymkatalysierte Schritt dieser Biosynthese erfolgt durch ein Enzym, das nur in Mikroorganismen und Pflanzen, aber nicht bei Säugern auftritt. Dieser erste Biosyntheseschritt wird durch das allosterische Enzym Aspartatkinase (ATP:L-Aspartat 4-Phosphotransferase) eingeleitet. Threonin und Lysin, als Endprodukte der Biosynthese, können bei vorliegenden hohen Produktkonzentrationen das Enzym negativ modulieren. Tritt dies ein, wird aus dem Substrat Asparaginsäure nur noch Methionin gebildet. Eine solche Produkthemmung eines allosterischen Enzyms bezeichnet man als Endprodukthemmung, Rückkopplungshemmung oder Feedback-Hemmung.

2.5.2.3 **Untersuchung von Stoffwechselvorgängen**

Zum besseren Verständnis von Stoffwechselvorgängen in Organismen ist die Ermittlung und Analyse von Enzymen und ihren spezifischen Reaktionen in katabolen oder anabolen Reaktionskaskaden von großer Bedeutung (vgl. Abschnitt 2.2.2). Die verschiedenen Untersuchungsmethoden zellulärer Vorgänge verfolgen alle das Ziel, durch geeignete experimentelle Schritte die Sequenz der beteiligten Enzyme und die entstehenden Intermediärprodukte zu klären.

Ein Ansatz sind Untersuchungen an intakten Organismen, d. h. an Säugetieren, Pflanzen und Mikroorganismen. Durch gezielte Fütterung bzw. Nährstoffzufuhr im Blut können in Urin und Gewebe eines Organismus bestimmte Intermediärmetabolite angereichert werden. Solche Fütterungsexperimente geben Aufschluss über die im entsprechenden Säugetier stattfindenden Stoffwechselvorgänge. Gibt man zu den speziellen Nahrungsmitteln zusätzlich ausgewählte Enzyminhibitoren, kann man Sequenzen von Enzymreaktionen an bestimmten Stellen gezielt unterbrechen. Das für diese inhibierte Enzymreaktion in der Kaskade gebildete Substrat wird nun in bestimmten Bereichen des Organismus angereichert. Seine Analyse liefert Detailinformation zum Stoffwechselvorgang.

Zur Untersuchung von Reaktionsabläufen in Mikroorganismen haben sich Methoden bewährt, die spezifische genetische Defekte erzeugen. Dabei nutzt man physikalische Methoden, z. B. die Bestrahlung der Mikroorganismen mit Röntgenstrahlen, oder chemische Methoden wie die Behandlung mit mutagenen Substanzen. Die auf diese Weise hergestellten Mutanten werden untersucht, indem man ihnen Nährstoffe gezielt anbietet und prüft, welche Intermediärmetabolite danach im Organismus gehäuft auftreten. Daraus lassen sich Schlüsse ziehen, welche Defekte im jeweiligen Stoffwechsel erzeugt wurden und wie dessen Ablauf ist. In anderen Fällen wächst der nicht mutierte Typ in einfachen Medien mit den üblichen Nährstoffen, während der mutierte Typ zusätzliche Metabolite zum Wachstum braucht, die er nach der Mutation nicht mehr selbst synthetisieren kann. So können verschiedene Mutanten für die Klärung der unterschiedlichen Stoffwechselabläufe genutzt werden.

Eine weitere Methode zur Klärung von Stoffwechselvorgängen arbeitet mit isolierten Organen oder Geweben. Dabei kann ein isoliertes Organ, z. B. die Leber, mit speziellen Lösungen, die entsprechende Metabolite enthalten, durchspült werden. Die anschließende Analyse der Perfusionslösung gibt Information über Stoffwechselwege. Ähnliche Untersuchungen lassen sich mit Gewebsschnitten von tierischem oder pflanzlichem Gewebe machen. Solche dünnen Gewebsschnitte können mit den verschiedenen Metaboliten behandelt – diese erreichen durch die kurzen Transportwege relativ schnell das Zellinnere – und die Stoffwechselprodukte anschließend im Medium analysiert werden.

Metabolischen Abläufe lassen sich auch mithilfe von markierten Stoffwechselprodukten untersuchen. Die Substanzmarkierungen werden mit radioaktiven Elementen durchgeführt, damit die chemische Struktur und Eigenschaft des Metaboliten erhalten bleibt. Durch Untersuchung von Körperflüssigkeiten von Säugern oder dem Zellhomogenat von Mikroorganismen und Pflanzen kann man die markierten Endprodukte ermitteln und so Rückschlüsse auf den Stoffwechselweg ziehen. Auf diese Weise kann man auch kinetische Untersuchungen, d. h. die Bestimmung von Stoffwechselraten, durchführen.

2.5.2.4 **Stoffwechsel von Lipiden**

Abbau von Fettsäuren (β-Oxidation) Beim Abbau von Fettsäuren, ob gesättigt oder ungesättigte, ob geradzahlig oder ungeradzahlig in der Anzahl der Kohlenstoffatome, werden kleine Moleküle gebildet, die entweder für die Biosynthesen oder für die Energiegewinnung zur Verfügung gestellt werden können (z. B. Acetyl-CoA als Eintrittssubstanz in den Tricarbonsäurecyclus).

Der Abbau der Fettsäuren verläuft über eine Oxidationsreaktion am β-C-Atom der Fettsäure. Im einfachsten Fall werden von der Fettsäure immer zwei C-Atome abgebaut und von Coenzym A als Acetylgruppe übernommen.

Der Abbau der Fettsäuren findet in den Mitochondrien statt, in den Organellen, in denen auch die energiereichen Verbindungen (ATP u. a.) synthetisiert werden.

Biosynthese von Fettsäuren Die Biosynthese der Fettsäuren ist ein bedeutender Prozess in höheren Organismen. Da die Kohlenhydrate nur begrenzt gespeichert werden können, wird Glucose bis zum Pyruvat abgebaut und danach in Acetyl-CoA umgewandelt. Aus dem Acetyl-CoA werden dann in den Zellen der Leber, im Fettgewebe oder in den Milchdrüsen die Fettsäuren synthetisiert. Die Biosynthese findet im Cytoplasma der Zellen statt. Die Reaktion startet, indem ein Kohlendioxid auf ein Acetyl-CoA übertragen wird. Dabei ist das Enzym Acetyl-CoA-Carboxylase beteiligt. Das Enzym enthält das Coenzym Biotin, das ganz allgemein bei allen CO_2-Übertragungen (Carboxylasen und Decarboxylasen) beteiligt ist.

In dem Multienzymkomplex der Fettsäure-Synthase wird das Molekül in einem Kreisprozess um jeweils zwei C-Atome (aus Acetyl-CoA) vergrößert. Erreicht das Molekül eine bestimmte Größe (16 C-Atome), wird der Prozess von alleine gestoppt und die entstandene Fettsäure freigesetzt. Diese kann z. B. mit Glycerin verestert werden, dabei entstehen u. a. die energiereichen Triacylglyceride.

2.5.2.5 Stoffwechsel von Proteinen und Aminosäuren

Abbau von Proteinen und Aminosäuren Der Abbau von Proteinen erfolgt über unspezifische oder spezifische Spaltungen der Polypeptidkette. Diese Spaltungen werden im Organismus durch Enzyme (Hydrolasen) vorgenommen. Beispiele für unspezifisch spaltende Hydrolasen sind Papain und Alkalase, Beispiele für spezifisch spaltende Hydrolasen sind Trypsin und Chymotrypsin. Ihre Spezifität liegt darin, dass Trypsin nur hinter Lysin oder Arginin und Chymotrypsin nur hinter den aromatischen Aminosäuren die Polypeptidkette hydrolytisch spaltet (vom *N*-terminalen Ende betrachtet).

Unspezifisch hydrolysierende Enzyme führen somit zum totalen Abbau der Polypeptidkette, bis hin zu den einzelnen Aminosäuren, während spezifisch hydrolysierende Enzyme die Polypeptidkette in kleinere Fragmente zerlegt.

Der Abbau der Aminosäuren erfolgt durch unterschiedliche Mechanismen und führt zu unterschiedlichen Endprodukten.

Ala, Ser, Cys, Gly und Thr werden über Pyruvatbildung in Acetyl-CoA überführt.

Lys, Trp, Phe, Tyr und Leu werden über die Bildung von Acetoacetyl-CoA ebenfalls in Acetyl-CoA überführt.

Met, Ile, Thr und Val bilden als Endprodukt Succinyl-CoA, dies wird über verschiedene Zwischenstufen erreicht.

Arg, Pro, His und Gln werden über Glutaminsäure (Glu) als zentrales Zwischenprodukt zu α-Ketoglutarat, auch als Oxoglutarat bezeichnet, abgebaut.

Asp und Asn werden zu Oxalacetat abgebaut.

Phe und Tyr können auch in Fumarat überführt werden.

Die Abbauprodukte werden entweder zur Energiegewinnung in den Tricarbonsäurecyclus eingebracht oder für andere, anabole Stoffwechselvorgänge benutzt.

Bei diesen unterschiedlichen Abbauwegen werden funktionelle Gruppen durch bestimmte Reaktionsschritte entfernt. Die Carboxylgruppe wird z. B. unter katalytischer Mitwirkung von Thiamindiphosphat als Coenzym decarboxyliert. Das entstehende Kohlendioxid wird in den Decarboxylasen kovalent an das Coenzym Biotin gebunden.

Die Aminogruppe wird entweder durch Transaminierung oder durch oxidative oder eliminierende Desaminierung abgespalten (Pyridoxalphosphat wird als Coenzym bei den Transaminasen verwendet). Bei der Transaminierung wird die Aminogruppe der Aminosäure auf α-Ketoglutarat übertragen und geht dabei selbst in eine 2-Ketoverbindung über. Die katalysierenden Enzyme, die Transaminasen, haben Pyridoxalphosphat als Coenzym. Im Falle der oxidativen Desaminierung wird die Aminosäure durch eine Redoxreaktion in eine Iminosäure überführt und durch nachfolgende Hydrolyse werden Ammoniak und eine 2-Ketoverbindung gebildet. Die eliminierende Desaminierung spaltet z. B. aus Serin zuerst Wasser ab und geht dabei in 2-Amino-propensäure über, die durch Umlagerung in die Iminosäure überführt wird. Durch Hydrolyse bildet sich unter Ammoniakabspaltung die 2-Ketoverbindung, im genannten Beispiel ist es die Brenztraubensäure oder deren Salz, das Pyruvat.

Der bei diesen Reaktionen frei werdende Ammoniak wird bei Landwirbeltieren in Harnstoff umgewandelt und ausgeschieden.

Vögel und Landreptilien scheiden Stickstoff in Form von Harnsäure aus.

Bestimmte Wassertiere scheiden Ammoniak direkt in Form von Ammoniumionen aus.

Harnstoffcyclus Harnstoff wird in der Leber in einem aufwendigen Synthesecyclus gebildet. Ein Teil der Reaktionen findet in den Mitochondrien, ein anderer Teil im Cytoplasma der Leberzellen statt. Die entstandenen Ammoniumionen werden mit Hydrogencarbonat unter Energieverbrauch in Carbamoylphosphat überführt und über verschiedene Zwischenstufen (Ornithin, Citrullin u. a.) wird Harnstoff gebildet, der dann über die Niere ausgeschieden wird.

Proteinbiosynthese An der Proteinbiosynthese sind sehr viele unterschiedliche Biomoleküle beteiligt. Im Wesentlichen sind dies die Ribosomen mit ca. 70 verschiedenen Proteinen, die vielen tRNAs, die mRNA und zahlreiche Hilfsenzyme für die entsprechende Modifikation der synthetisierten Proteine.

Die Proteinbiosynthese lässt sich in fünf grundsätzliche Teilschritte zerlegen:

Aktivierung der Aminosäuren Die 20 natürlich vorkommenden Aminosäuren werden an die jeweilige tRNA gebunden. Dazu wird Energie benötigt, die von ATP durch Hydrolyse zur Verfügung gestellt wird. Zusätzlich werden Mg^{2+}-Ionen-abhängige Enzyme benötigt.

Initiation Die erstellte mRNA wird an die kleinere Untereinheit eines Ribosoms (ein Ribosom besteht aus einer kleineren und einer größeren Untereinheit) gebunden. An das Initiationscodon auf der mRNA wird danach eine tRNA mit der codierten Aminosäure angelagert. Es entsteht ein Initiationskomplex. Dieser Vorgang benötigt Energie, die von GTP (Guanosintriphosphat) durch Hydrolyse zur Verfügung gestellt wird und weitere Proteine (Initiationsfaktoren).

Elongation Das Protein (Polypeptidkette) wird nun synthetisiert, indem die erste Aminosäure durch kovalente Bindung mit weiteren, aufeinanderfolgenden Aminosäureeinheiten verbunden wird. Dabei dient die Information auf der mRNA als Matrix. Dieser Vorgang benötigt Hydrolyseenergie von GTP und weitere Proteine (Elongationsfaktoren).

Termination Ein Terminationscodon auf der mRNA beendet die Proteinbiosynthese und setzt die synthetisierte Polypeptidkette frei. Dabei sind Proteine (Polypeptid freisetzende Faktoren) beteiligt. Die dazu benötigte Energie wird durch die Hydrolyse von ATP (Adenosintriphosphat) geliefert.

Faltung und Molekularreifung Seine endgültige native Form und Aktivität erhält die Polypeptidkette durch Modifikation des synthetisierten Strangs. Durch Entfernung verschiedener Aminosäuren (initiierende Aminosäure), Einbau von funktionellen Gruppen (Phosphat-, Carboxyl- und anderen Gruppen), Anbinden von Kohlenhydratketten oder Coenzymen oder durch Oxidationsreaktionen vorhandener Cysteinseitenketten unter Ausbildung von Disulfidbindungen wird die Polypeptidkette in das endgültige Protein überführt. Dazu werden viele Enzyme und energieliefernde Moleküle benötigt. Die Proteinbiosynthese kann durch zahlreiche Antibiotika gehemmt werden. Durch Tetracycline, Chloramphenicol oder andere werden verschiedene Schritte der Biosynthese blockiert und die Kettenausbildung verhindert.

Der genetische Code Die vier Basen der DNA sind als Codierungsmatrix aufzufassen. Immer drei Basen (genauer drei Nucleotideinheiten) miteinander kombiniert stehen für eine Aminosäure. Es gibt inzwischen so etwas wie ein „Wörterbuch" der Aminosäure-Codewörter, wobei eine Aminosäure mehrere Codierungen haben kann. Die Codierungen auf der DNA sind komplementär zu denen auf der mRNA; d. h. drei Basen auf der DNA, z. B. ...–A–G–C–... werden komplementär auf der mRNA abgebildet, im Beispiel ...–T–C–G–... An der mRNA heften sich nun die tRNAs an, deren Anticodon komplementär zu dem Codon auf der mRNA (...–T–C–G–...) ist, nämlich die Basensequenz ...–A–G–C–... hat und wiederum identisch mit dem Code auf der DNA ist. Auf diese Weise wird der Code der DNA über Umwege im endgültigen Protein realisiert.

Mutationen Mutationen sind Veränderungen auf der DNA. Sie lassen sich erkennen, wenn das synthetisierte Protein Fehlsequenzen zeigt. Dabei muss ausgeschlossen werden, dass während der Synthese Fehler passiert sind. Die entstandenen Proteine zeigen Abnormitäten.

Es gibt vererbbare Mutationen, die zu Defekten bei den synthetisierten Proteinen führen, wie z. B. bei der Sichelzellenanämie. Bei diesem Krankheitsbild ist in dem Protein Hämoglobin eine Aminosäure ausgetauscht. Diese punktuelle Veränderung auf der DNA wird auch Punktmutation genannt.

Man kann aber auch Mutationen gezielt durchführen, indem DNA-Basen chemisch modifiziert werden. Bei der Replikation oder Transkription werden diese modifizierten Basen fehlerhaft komplementär ergänzt. Es kommt zu fehlerhaften Tochtersträngen oder fehlerhaft transkribierter mRNA.

Mutationen werden bei Züchtungsexperimenten oft über lange Zeiträume und über mehrere Generationen hinweg bewusst erzeugt (z. B. besondere Blütenfarben bei Pflanzen, besondere Farb- oder Größenmerkmale bei Tieren). Durch gezielte Eingriffe in den Ablauf der Proteinbiosynthese können solche langwierigen Schritte schon in der nächsten Generation realisiert werden. Hilfestellung dazu liefern die Arbeitsmethoden der Molekularbiologie, wie z. B. die Gentechnik.

2.5.2.6 **Stoffwechsel von Kohlenhydraten**

Kohlenhydrate, das können Monosaccharide, Oligosaccharide oder Polysaccharide sein, sind neben Proteinen die wichtigste Nahrungsquelle. Die Verwertung der Kohlenhydrate erfolgt über die Monosaccharide. Oligosaccharide und Polysaccharide werden durch die Organismen mittels Enzymen hydrolytisch gespalten und in Monosaccharide überführt. Der bekannteste Abbauweg für die wichtigsten Aldo- und Ketohexosen ist die Glykolyse, auch Emden-Meyerhof-Weg genannt. Der Abbau der Monosaccharide erfolgt im Cytosol und verläuft anaerob.

Die wichtigsten Monosaccharide aus Nahrungsmitteln sind Glucose, Mannose, Galactose (Aldohexosen) und Fructose (Ketohexose). Mannose und Galactose werden durch Enzyme (Kinasen und Isomerasen) in Zwischenprodukte der Glykolyse umgewandelt und dort weiter abgebaut. Fructose wird ebenfalls durch eine Kinase enzymatisch phosphoryliert und in analoger Weise als Zwischenprodukt der Glykolyse weiter verwertet.

Zielsetzung der Glykolyse ist es, den Organismus mit ATP zu versorgen. Das Abbauprodukt der Glykolyse, das Pyruvat ,wird in einer Folgereaktion in Acetyl-CoA umgewandelt. Aus diesem Acetyl-CoA werden im Tricarbonsäurecyclus Redoxäquivalente (NADH + H^+ und $FADH_2$) gebildet, die in der Elektronentransportkette ihre Redoxenergie für die enzymkatalysierte ATP-Synthese zur Verfügung stellen. Die Aufnahme der Glucose in das Cytosol erfolgt über Glucosetransportproteine, die in die Zellmembran integriert vorliegen. Glucose kann aber auch in anderen Abbauwegen genutzt werden. Neben der Glykolyse sind dabei der Pentosephosphatweg und der von einigen Mikroorganismen genutzte 2-Keto-3-desoxy-6-phosphogluconsäure-Weg (KDPG-Weg), auch Entner-Doudoroff-Weg genannt, zu nennen.

Abbau von Glucose (Glykolyse) Wie oben erwähnt, werden Galactose, Mannose und Fructose enzymatisch umgewandelt, um dann als Stoffwechselprodukte der Glykolyse weiter abgebaut zu werden (Abb. 2.34).

Mechanismen Die Glykolyse lässt sich in zwei Teilbereiche unterteilen. Im ersten Bereich wird Glucose als C6-Grundkörper in zwei C3-Grundkörper gespalten, gefolgt vom zweiten Bereich, in dem diese in Pyruvat bzw. Lactat umgewandelt werden (Abb. 2.35).

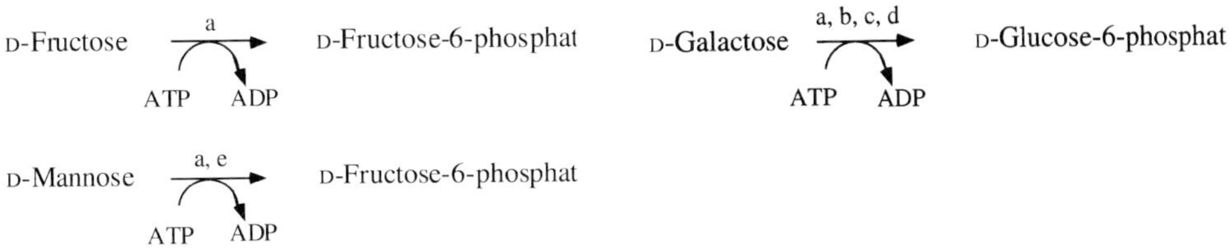

D-Fructose $\xrightarrow{a}$ D-Fructose-6-phosphat (ATP → ADP)

D-Galactose $\xrightarrow{a, b, c, d}$ D-Glucose-6-phosphat (ATP → ADP)

D-Mannose $\xrightarrow{a, e}$ D-Fructose-6-phosphat (ATP → ADP)

Abb. 2.34 Enzymatische Umwandlung verschiedener Zucker in Glucose. D-Glucose-6-phosphat und D-Fructose-6-phosphat werden in der Glykolyse weiter umgesetzt. (a Hexokinase; b Galactose-1-phosphat-Uridyltransferase; c UDP-Galactose-4-Epimerase; d Glucosephosphat-Mutase.)

Pentosephosphatweg Dieser Glucoseabbauweg hat eine andere Priorität als die Glykolyse. War bei der Glykolyse die Gewinnung von ATP die Zielsetzung, so steht beim Pentosephosphatweg die Bereitstellung von Redoxäquivalenten und Ribose-5-phosphat im Vordergrund.

Glucose-6-phosphat wird dabei oxidativ zuerst in 6-Phosphoglucono-lacton umgewandelt, danach hydrolytisch in 6-Phosphogluconsäure überführt, um danach unter CO_2-Abspaltung Ribulose-5-phosphat zu bilden. Das vorhandene Ribulose-5-phosphat kann nun enzymatisch zu dem für die Nucleotidsynthese notwendigen Ribose-5-phosphat oder zu Xylose-5-phosphat, einem Substrat des Enzyms Transketolase, umgewandelt werden. Bei pflanzlichen Zellen dient das in Position 1 zusätzlich phosphorylierte Ribulose-5-phosphat (Ribulose-1,5-diphosphat) als Akzeptor für CO_2. Dabei bilden sich zwei gleiche C3-Grundmoleküle, die 3-Phosphoglycerinsäure oder deren Salze, die 3-Phosphoglycerate.

Abbau von Polysacchariden Polysaccharide müssen, bevor sie von Organismen verwertet werden können, erst einmal hydrolytisch unter Verwendung von Enzymen gespalten werden.

Mikroorganismen können Cellulose anaerob und aerob abbauen. Beim aeroben Abbau (Bakterien, Pilze) werden extrazelluläre Hydrolasen (Cellulasen) ausgeschieden, die die Cellulose bis zur freien Glucose oder bis zur Cellobiose, dem Disaccharid aus Cellulose, abbauen. Beim anaeroben Abbau der Cellulose durch thermophile Bakterien oder Pansenmikroorganismen wird vorzugsweise Cellobiose gebildet. Produkte des anaeroben Celluloseabbaus sind kurzkettige, organische Carbonsäuren, Ethanol, molekularer Wasserstoff oder Methan und Kohlendioxid.

Bei Säugern werden Polysaccharide schon im Magen- und Darmtrakt hydrolytisch gespalten. Die an der Hydrolyse beteiligten Enzyme (Glykosidasen) zerlegen Polysaccharide ebenfalls in kleine Saccharideinheiten, meist in die einzelnen Monosaccharide und/oder in Disaccharide. Vor der Resorption im Dünndarm müssen die Disaccharide jedoch in die Monosaccharide umgewandelt werden. Wird z. B. Stärke mit der Nahrung aufgenommen, erfolgt die erste Spaltung der Stärke schon in der Mundhöhle, beim Kontakt mit Speichel. Im Speichel befindet sich α-Amylase, ein Enzym, das Stärke zuerst in kleine Fragmente (Oligosaccharide) zerlegt. Erst bei längerer Reaktionszeit mit α-Amylase werden diese Oligosaccharide in Disaccharide,

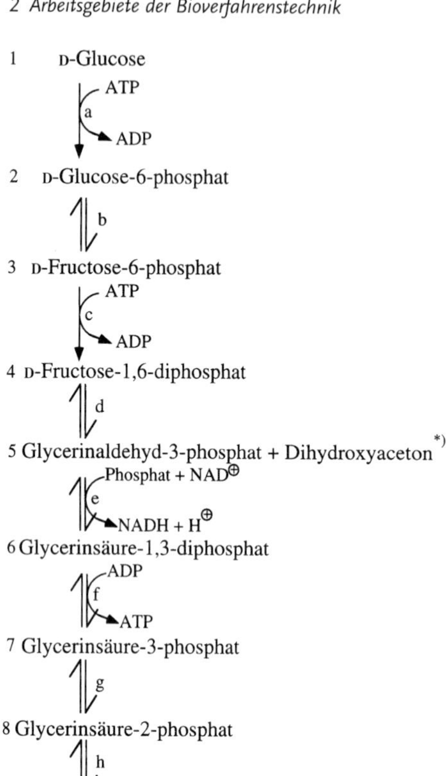

Abb. 2.35 In der Glykolyse sind folgende Enzyme beteiligt: a Hexokinase; b Glucose-6-phosphat-Dehydrogenase; c 6-Phosphofructokinase; d Fructosebisphosphat-Aldolase; e Glycerinaldehyd-3-phosphat-Dehydrogenase; f Phosphoglycerat-Kinase; g Phosphoglyceromutase; h Enolase; i Pyruvatkinase. Das entstandene Dihydroxyaceton wird durch das Enzym Triosephosphat-Isomerase reversibel in Glycerinaldehyd-3-phosphat überführt. Ab dieser Reaktion (Schritt 5) müssen die stöchiometrischen Faktoren berücksichtigt werden. Es reagieren ab dieser Reaktion zwei Moleküle Glycerinaldehyd weiter.

also Maltose, überführt. Im Darmtrakt wird die Maltose durch eine weitere Glucosidase (Maltase) dann in einzelne Glucosemoleküle gespalten.

Der Abbau körpereigener Polysaccharide (Reservesaccharide, die aus Glucosemoleküle bestehen), wie dem Glykogen, erfolgt durch Phosphorylasen. Diese Enzyme können die glykosidischen Bindungen der Polysaccharide phosphorylierend spalten. Die Glucosefreisetzung aus der Leberzelle ins Blut erfolgt nur bei Bedarf, um die Muskelzellen mit freier Glucose zu versorgen. Der Mechanismus wird über eine Signaltransduktion gestartet.

Durch Stimulation (Angst, Aufregung, Kampf u. a.) wird das Nebennierenrindenhormon Adrenalin in die Blutbahn ausgeschüttet. Das Hormon bindet an spezifischen Rezeptoren der Leberzelle und löst dort eine Kettenreaktion aus. Dabei spielt das G-Protein als Membranprotein eine wesentliche Rolle. Durch eine aktivierte Adenylatcyclase wird ATP hydrolytisch gespalten und cAMP gebildet. Dieses cAMP nennt man einen *second messenger*, da es den „Reiz" des Hormons (*first messenger*) an der Zelloberfläche nun im Zellinnern weitergibt. Das geschieht durch enzymatische Reaktionen, wobei die erste Reaktion von cAMP katalysiert wird. Im Rahmen dieser Reaktionskaskade werden inaktive Enzyme (Kinasen und Phosphorylasen) aktiviert. Die Phosphorylase a ist letztlich das Enzym, das Glucose von Glykogen abspaltet. Die freigesetzte Glucose wird aus der Leberzelle heraustransportiert und liegt dann als Blutglucose vor. In dieser Form kann sie von anderen Zellen aufgenommen und als Energiespender (Glykolyse) verwendet werden. So wie cAMP den Abbau von Glykogen einleitet, wird in analoger Weise die Glykogensynthese inhibiert.

Gluconeogenese Bei Kohlenhydratmangel in der Nahrung wird die erforderliche Glucose in Organismen biosynthetisiert. Als Ausgangsstoffe für die Gluconeogenese können Pyruvat, Lactat, Glycerin und andere kleine Biomoleküle verwendet werden. Die Gluconeogenese erfolgt grundsätzlich als Umkehrung der Glykolyse. Nur die drei irreversibel ablaufenden Glykolyseschritte werden durch andere Enzymkatalysen ersetzt.

Im Einzelnen sind dies die Glykolysereaktionen:

Glucose	→	Glucose-6-phosphat
Fructose-6-phosphat	→	Fructose-1,6-diphosphat
Phosphoenolpyruvat	→	Pyruvat

Bei der Gluconeogenese laufen diese drei Reaktionen in umgekehrter Richtung und werden durch andere Enzyme katalysiert.

Glucose-6-phosphat	→	Glucose
Fructose-1,6-diphosphat	→	Fructose-6-phosphat
Pyruvat	→	Phosphoenolpyruvat

Die letztgenannte Reaktion ist besonders hervorzuheben, weil sie bei Säugern über mehrere Reaktionen zum Teil im Cytosol und zum Teil in den Mitochondrien abläuft. Dabei treten als Zwischenprodukte Oxalacetat und Malat in den Mitochondrien auf.

Die beiden anderen Reaktionen finden ausschließlich im Cytosol statt.

Bei Bakterien erfolgt die Synthese des Phosphoenolpyruvats direkt aus Pyruvat und ATP durch die Phosphoenolpyruvat-Synthase ohne Zwischenproduktbildung.

2.5.3
Grundmechanismen der Energiegewinnung

2.5.3.1 Zentrale Rolle des Acetyl-CoA im Stoffwechsel

Acetyl-CoA tritt bei vielen katabolen Stoffwechselvorgängen als ein Endprodukt auf, das in der Folge entweder zur Energiegewinnung oder für Biosynthesen genutzt wird. Es nimmt somit im Stoffwechsel eine zentrale Rolle ein (Abb. 2.36).

Beim Abbau von Kohlenhydraten wird Pyruvat gebildet. Die Bildung des Pyruvats bei der Glykolyse ist in allen Organismen und Zelltypen ähnlich, nur die Verwertung ist unterschiedlich. Bei aeroben Abbaubedingungen wird das gebildete Pyruvat in die Mitochondrien transportiert und dort unter Bildung von Acetyl-CoA oxidativ decarboxyliert, dieses wird auf Oxalacetat übertragen in den Tricarbonsäurecyclus eingebracht und die dabei gebildeten Redoxäquivalente werden für die Energiegewinnung genutzt.

Unter anaeroben Bedingungen, z. B. bei der Hefe und einigen anderen Mikroorganismen, wird Pyruvat zu Ethanol umgesetzt. Die durch zwei Enzyme katalysierte

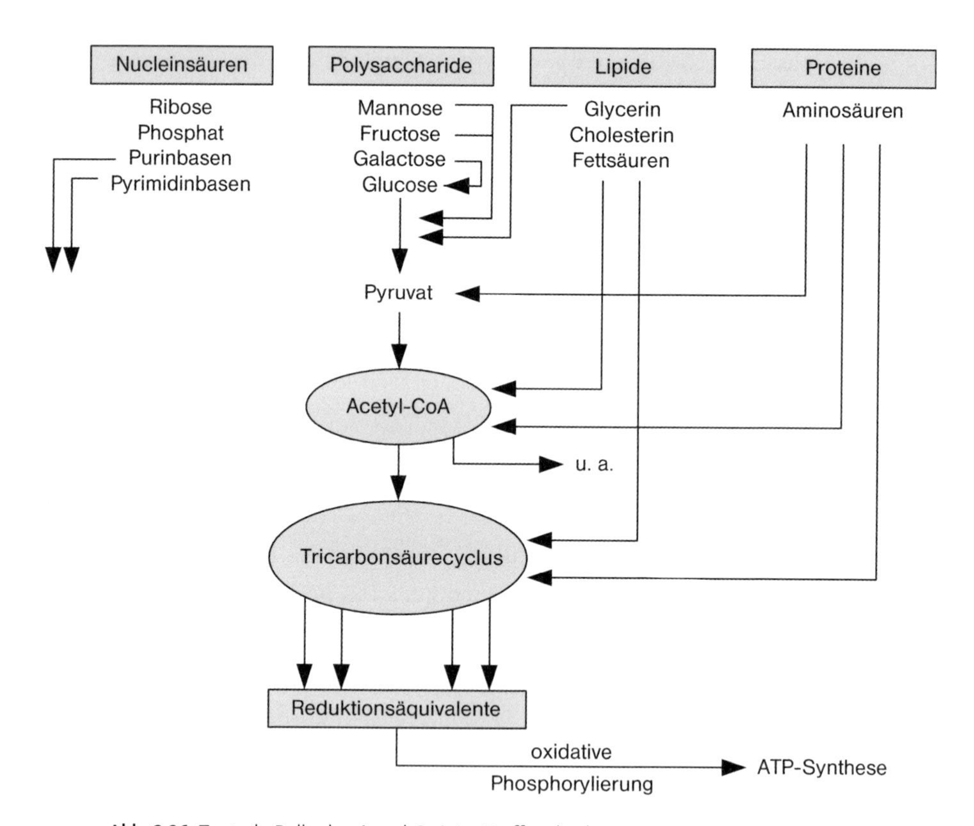

Abb. 2.36 Zentrale Rolle des Acetyl-CoA im Stoffwechsel.

Reaktion (Pyruvat-Decarboxylase und Alkohol-Dehydrogenase) führt über Acetaldehyd als Zwischenprodukt zum Ethanol als Endprodukt. Diese Umwandlung von Glucose in Ethanol wird als alkoholische Gärung bezeichnet.

Verschiedene Mikroorganismen und Zellen höherer Organismen, deren Sauerstoffzufuhr limitiert ist, z. B. die stark beanspruchte Muskulatur, bilden aus Pyruvat Lactat. Die Reduktion des Pyruvats wird von der Lactat-Dehydrogenase unter Bildung von ATP katalysiert. Das dabei in der Muskulatur gebildete Lactat diffundiert in die Blutbahn und gelangt so in die Leber, wo es wieder oxidativ in Pyruvat umgewandelt wird. Das gebildete Pyruvat wird für die Gluconeogenese verwendet.

Beim Abbau von geradzahligen Fettsäuren wird die entsprechende Anzahl Acetyl-CoA, bei ungeradzahligen Fettsäuren zusätzlich ein Molekül Propionyl-CoA gebildet – ungeradzahlige Fettsäuren treten nur in geringem Maße auf. Das Propionyl-CoA wird in Folgereaktionen modifiziert, d. h. aus einem aktivierten C3-Molekül wird ein aktiviertes C4-Molekül (Succinyl-CoA), das entweder in den Tricabonsäurecyclus zur Energiegewinnung eingebracht wird oder durch Spaltung in zwei Moleküle Acetyl-CoA zerlegt und ebenfalls zur Energiegewinnung genutzt werden kann.

Das bei dem Fettsäureabbau entstandene Acetyl-CoA wird jedoch nur dann in den Tricabonsäurecyclus eingebracht, wenn ein ausgewogenes Verhältnis zwischen Kohlenhydrat- und Fettsäureabbau besteht. In Fällen von reduziert aufgenommenen Kohlenhydraten (Hungerzustände) überwiegt somit der Fettsäureabbau. Das dabei gebildete Acetyl-CoA wird dann nicht zur Energiegewinnung in den Tricabonsäurecyclus eingebracht, sondern zur Bildung der Ketonkörper Aceton, Acetoacetat und α-Hydroxybutyrat genutzt.

Beim Abbau von Proteinen bzw. deren Hydrolyseprodukten, den Aminosäuren, laufen im Cytoplasma der Zellen unterschiedliche Reaktionen ab. Die α-Aminogruppe wird in einer Transaminierungsreaktion auf vorhandene α-Ketoverbindungen übertragen oder durch eine Desaminierungsreaktion in stickstoffhaltige Ausscheidungsprodukte wie Ammoniak, Harnstoff oder Harnsäure umgewandelt. Das danach verbleibende Kohlenstoffgerüst wird durch mehrere Reaktionsschritte, u. a. durch Decarboxylierung, in kleinere Moleküle, wie Acetyl-CoA, Acetoacetyl-CoA oder andere Metabolite, die als Zwischenprodukte in den Tricarbonsäurecyclus eingebracht werden können, zerlegt. Das gebildete Acetyl-CoA kann für die Energiegewinnung und für die Biosynthese von Fettsäuren und Kohlenhydraten verwendet werden.

Wenn die Decarboxylierungsreaktion vor der Desaminierung stattfindet, treten beim Proteinabbau von Bakterien und Pilzen primäre Amine auf. So werden aus Lysin und Arginin die biogenen Amine Cadaverin und Agmatin gebildet, die früher als Leichengifte bezeichnet wurden.

2.5.3.2 **Tricarbonsäurecyclus und Oxidative Phosphorylierung**

Der Tricarbonsäurecyclus, auch Citronensäurecyclus oder nach seinem Entdecker Krebs-Cyclus genannt, übernimmt in den Mitochondrien von aeroben Organismen mehrere Aufgaben. Zum einen wird vorhandenes Acetyl-CoA in Reduktionsäquivalente umgewandelt, die dann in der Elektronentransportkette in Protonen und Elektronen aufgespalten werden, und zum anderen dienen die Zwischenprodukte des Tricarbonsäurecyclus als Vorstufen für zahlreiche Biosynthesen.

Somit ist der Tricarbonsäurecyclus ein zentraler Multienzymkomplex, der das Acetyl-CoA aus dem Aminosäureabbau, aus dem Glucoseabbau (über Pyruvat zu Acetyl-CoA) und aus dem Fettsäureabbau in energiereiche Moleküle (Reduktionsäquivalente) überführt. Diese Reduktionsäquivalente sind NADH + H^+ und $FADH_2$, die in die Elektronentransportkette, auch Atmungskette genannt, eingebracht werden. Diese Elektronentransportkette ist in der inneren Mitochondrienmembran lokalisiert.

In der Elektronentransportkette werden an den „Eintrittsstellen", z. B. am Komplex I, durch die NADH-Q-Reduktase das NADH + H^+ und am Komplex II, der Succinat-Q-Reduktase, das $FADH_2$ in abzugebende Protonen und die jeweiligen Elektronen getrennt. Die Protonen werden überwiegend durch die transmembranen Enzymkomplexe aus dem Cytoplasma in den extramitochondrialen Raum „gepumpt" und bauen dadurch einen Protonengradienten an der Membran auf. Die Elektronen werden gemäß ihrer Potenzialdifferenz durch die einzelnen Elektronentransportketten zur endständigen Cytochrom-Oxidase transportiert und dort auf Sauerstoff übertragen. Zusammen mit den in den Mitochondrien noch vorhandenen Protonen bildet sich an der Cytochrom-Oxidase Wasser.

Der an der mitochondrialen Membran anliegende Protonengradient bildet, verstärkt durch den vorhandenen Kationen-Konzentrationsgradienten, das Membranpotenzial. Übersteigt das Membranpotenzial eine bestimmte Größenordnung, kommt es zum Rückfluss der Protonen. Die rückfließenden Protonen werden durch den transmembranen Teil der ATP-Synthase (Komplex V) geleitet. In dem der Mitochondrienmatrix zugewandten Teil der ATP-Synthase, an dem ADP und anorganisches Phosphat gebunden sind, führt dies zu einer Konformationsänderung. Durch den katalytischen Effekt der Konformationsänderung erfolgt die eigentliche ATP-Synthese.

Während die Elektronentransportkette bei Eukaryoten einheitlich aufgebaut ist, finden sich bei aerob lebenden Bakterien viele Unterschiede bei den Komponenten der Elektronentransportkette. Die Komplexität der Zusammensetzung der Komponenten wird auch noch durch die Wachstumsbedingungen beeinflusst. Einige Bakterien können die Elektronen aus der Elektronentransportkette auch auf andere Akzeptoren als Sauerstoff übertragen, z. B. auf Nitrit.

Anaerob lebende Bakterien besitzen keine Cytochrome. Sie übertragen den Wasserstoff der Reduktionsäquivalente mittels Enzymen direkt auf die entsprechenden Akzeptoren. Kommen anaerob lebende Bakterien mit Sauerstoff in Kontakt, so wird der Wasserstoff unter Bildung von Wasserstoffperoxid auf Sauerstoff übertragen.

2.5.4
Stoffanalytik – Hilfe für das Downstream-Processing

2.5.4.1 Analytische Methoden der Biochemie

Aminosäureanalytik Zur Identifikation und Analyse von Aminosäuren stehen verschiedene Methoden zur Verfügung. Man macht sich dabei ihre unterschiedlichen physikalischen und chemischen Eigenschaften, die sich aus der speziellen molekularen Bauweise ergeben, zunutze.

Es gibt viele beschriebene Aminosäuren, aber nur 20, die für den physiologischen Aufbau von Peptiden und Proteine von Bedeutung sind (Abschnitt 2.5.1.1). Die Aminosäuren lassen sich nach ihren Eigenschaften unterscheiden. Sie haben unterschiedliche Molmassen, unterschiedliche Löslichkeiten in Wasser, unterschiedliche spezifische Drehwerte in wässrigen Lösungen, unterschiedliche Isoelektrische Punkte und unterschiedliche Retentionszeiten bei chromatographischen Trennungen, die RF-Werte (immer gleiche Bedingungen vorausgesetzt). Aufgrund ihrer molekularen Bauweise können sie mit verschiedenen Methoden analysiert werden.

Eine der wichtigsten Nachweisreaktionen ist die Ninhydrinreaktion, eine Farbreaktion zum Nachweis von freien und gebundenen Aminogruppen. Der bei dieser Reaktion gebildete blauviolette Farbstoff (Ruhemans Purpur, λ_{max} = 570 nm) kann photometrisch zur Quantifizierung einer Aminosäure, als Summenparameter von Aminosäurenmischungen oder zur Anfärbung von aufgetrennten Aminosäuregemischen (z. B. Dünnschicht- oder Papierchromatografie) verwendet werden.

Daneben gibt es Nachweisreaktionen, die spezifische Seitengruppen von Aminosäuren nachweisen. So reagieren der Guanidinrest des Arginins (Sakaguchi-Nachweis), die aromatische Seitengruppe des Tyrosins und des Phenylalanins (Xanthoprotein-Reaktion) und die des Tryptophans (Hopkin-Cole-Reaktion) mit stark elektrophilen Reagenzien unter Ausbildung charakteristischer Farbstoffe.

Weitere analytische Methoden sind die Elektrophorese, bei der man die unterschiedlichen elektrophoretischen Mobilitäten der Aminosäuren ausnutzt, und die verschiedenen chromatographischen Verfahren, wie Adsorptions - und Verteilungschromatographie (Reversed Phase) im Nieder- oder Hochdruckbetrieb. Die Detektion der chromatographisch aufgetrennten Aminosäuren erfolgt entweder mit einem UV-Detektor (Erfassung der aromatischen Aminosäuren) oder mit einem refraktiometrischem Detektor (Erfassung aller Aminosäuren). Meist wird jedoch das Aminosäuregemisch zum besseren Nachweis vor der chromatographischen Auftrennung derivatisiert (z. B. mit Fluorescamin, Dansylchlorid, 9-Fluorenylmethoxycarbonylchlorid FMOC); man bezeichnet diesen Vorgang als Vorsäulenderivatisierung. Eine Nachsäulenderivatisierung ist in analoger Weise möglich.

Peptid- und Proteinanalytik Wenn ein sauber getrenntes Peptid oder Protein vorliegt, geht man häufig nach folgender Arbeitsweise vor:

- Bestimmung der physikalisch-chemischen Eigenschaften, wie Molmasse, und Ermittlung eventueller Untereinheiten (reduzierende Bedingungen in der SDS-

PAGE), Isoelektrische Punkte, spektroskopische Untersuchung, Prüfung auf eventuelle Glykosylierung u. a.,
- Untersuchung der biochemischen Eigenschaften und der biologischen Aktivität, Affinitätsuntersuchungen, Prüfung auf notwendige Cofaktoren oder Coenzyme u. a.,
- Sequenzanalyse.

Die oben genannten Methoden sind aus der einschlägigen Literatur zu entnehmen [109–112]. Der erste Schritt der Analyse von Aufbau und Sequenz eines Peptids/Proteins ist die saure (oder basische) Hydrolyse. Als Ergebnis erhält man die summarische Zusammensetzung des Peptids/Proteins, aber nicht seine Sequenz. Geübte Proteinanalytiker können aus der Aminosäurezusammensetzung Rückschlüsse auf Eigenschaften des Peptids/Proteins ziehen. Bei diesem sauren oder basischen Hydrolyseverfahren werden unter den vorgegebenen Bedingungen einzelne Aminosäuren chemisch verändert und verfälschen somit das Analysenergebnis, z. B. wird Glutamin (Gln) desamidiert und als Reaktionsprodukt erhält man Glutaminsäure (Glu). Der ermittelte Summenparameter wird häufig mit Glx bezeichnet.

Oft ist es von Bedeutung ,die erste und die letzte Aminosäure der Primärsequenz zu kennen. Dazu wird die erste Aminosäure an ihrer freien Aminogruppe z. B. mit 2,4-Dinitrobenzol (aus 2,4-Dinitro-fluorbenzol unter Abspaltung von HF) markiert. Die anschließende saure Hydrolyse ergibt im Reaktionsgemisch eine markierte Aminosäure neben den anderen, unmarkierten Aminosäuren (große Fehlermöglichkeiten durch Fremdmarkierungen, ganz besonders bei trifunktionellen Aminosäuren, z. B. bei Lysin). Die *C*-terminale Aminosäure erhält man durch Hydrazinolyse mit nachfolgender saurer Hydrolyse. Die *C*-terminale Aminosäure liegt als freie Aminosäure, die restlichen Aminosäuren liegen dann als Hydrazide vor. Durch einfache Trennverfahren, z. B. Dünnschichtchromatographie, kann man die erhaltenen Mischungen voneinander trennen und die markierten Aminosäuren identifizieren. Will man die gesamte Peptid-/Proteinsequenz ermitteln, wird der Edmann-Abbau durchgeführt (heute in automatisierter Form als Peptid-/Proteinanalyser). Ist das Peptid/Protein zu groß, d. h. die Primärsequenz zu lang, wird enzymatisch hydrolysiert und mit den erhaltenen kleinen Fragmenten, die aufgetrennt werden müssen, eine Sequenzanalytik mit dem Edmann-Abbau durchgeführt. Will man jedoch aus gewonnenem Probenmaterial den Gesamtanteil vorhandener Peptide oder Proteine ermitteln, wählt man oft die nachfolgenden, quantitativen Bestimmungsmethoden (Tab. 2.24).

Um eine Quantifizierung vornehmen zu können, muss für jede Bestimmungsmethode eine Eichkurve mit einem bekannten Protein erstellt werden. Vergleicht man die Methoden untereinander, ergeben sich z. T. sehr große Abweichungen in der Quantifizierung des Proteins oder des Proteingemisches. Dies ist verständlich, da jede Bestimmungsmethode auf spezifische Eigenschaften der Proteine (z. B. Vorhandensein bestimmter Aminosäuren im Protein) reagiert und die Eichkurve meist mit einem bekannten Protein, das oft nicht mit dem oder den zu unter-

Tabelle 2.24 Methoden der Protein- und Enzymanalytik.

Bestimmungsmethode	Reagens	Reaktionscharakteristik
UV-Spektroskopie (Warburg-Christian-Methode)		UV-Absorption der aromatischen Aminosäuren bei $\lambda = 280$ nm
Lowry [113, 114]	Cu^{2+}-Phosphomolybdat	Bildung eines Cu^{2+}-Phosphomolybdatkomplexes mit Tryptophan-, Tyrosin- und Cysteinresten
Biuret [115]	$CuSO_4$ in alkalischer Probelösung	Cu^{2+}-Komplexbildung mit Peptidbindungen
Bradford [116]	Coomassie Brilliant Blau in saurer Probelösung	Wechselwirkung von Aminosäureseitenketten mit dem Farbstoff
Kjeldahl (Methode aus 1883)	konzentrierte H_2SO_4	Freisetzung von NH_3, Auffangen in Borlösung, Rücktitration mit Säure

suchenden Proteinen identisch ist, erstellt wurde. Berücksichtigt man dies nicht, können beträchtliche Fehler bei der Proteinbestimmung auftreten.

Für die qualitative Proteinanalytik, damit ist z. B. die Anfärbung von Proteinen nach der Dünnschicht- bzw. der Papierchromatographie oder im Elektropherogramm gemeint, wählt man saure (Amidoschwarz) oder basische Farbstoffe (Methylenblau).

Für den qualitativen Nachweis (Anfärbung) von Fetten wählt man hingegen den lipophilen Farbstoff Sudanschwarz und für Kohlenhydrate den reaktiven Farbstoff Fuchsinrot.

2.6 Informatik – Messen, Regeln und Steuern von Prozessen

Die Basis einer jeden geführten Stell- und auch Zustandsgröße ist die Information über den Status dieser Größe. Erhältlich sind diese erforderlichen Informationen, hier meist Messwert oder Messgröße genannt, von sogenannten Messwertaufnehmern oder Sonden/Sensoren. Diese Sonden müssen in der Lage sein, Beobachtungen in Form von elektrischen Signalen auszugeben, die von der Messstrecke der Situation angepasst interpretiert werden können. Eine Temperaturmessung mit einem Widerstandsthermometer macht sich den Umstand zunutze, dass sich der elektrische Widerstand mit einer Temperaturänderung verändert (Abb. 2.37). Die Temperatursonde „spürt" die Temperatur also nur indirekt, indem sie bei höherer Temperatur eine Verringerung und bei niedriger Temperatur eine Erhöhung der elektrischen Leitfähigkeit wahrnimmt. Der Bezug auf eine Standardtemperatur oder einen Kalibriermodus lässt den Rückschluss auf die wirklich herrschenden Verhältnisse zu. Bei Elektrolytsonden, wie der Sauerstoffsonde (Abb. 2.45) oder der pH-Sonde, ist die Situation ähnlich, wenn auch noch etwas komplexer, weil in diesem Fall kein absoluter Gleichgewichtszustand eintritt (es herrscht ein quasistationärer Zustand). Bei diesen dynamischen Sonden muss ein

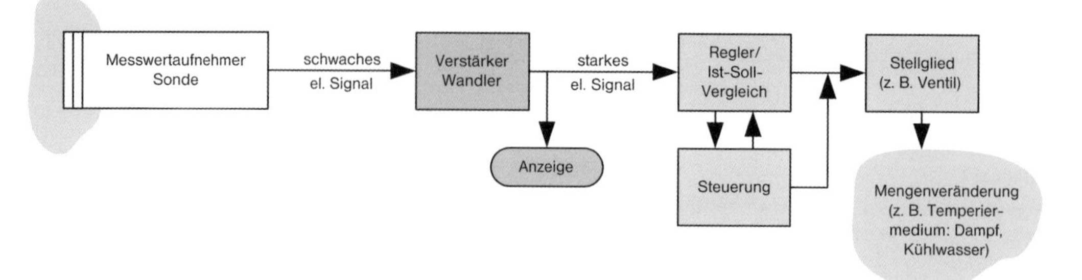

Abb. 2.37 Aufbau einer geregelten und gesteuerten Messkette. Ein Messwertaufnehmer liefert ein interpretierbares Signal des zu beurteilenden Status (meist elektrischer Art). Dieses Signal muss zur weiteren Verwendung aufbereitet werden und kann dann zur Anzeige bzw. zur Regelung oder Steuerung eines Ablaufes genutzt werden.

steter Teilchenstrom vorliegen, der im Elektrolyten zu chemischen Umsätzen und letztendlich zum elektrischen Signal führt.

Die Aufgabe einer Regelung ist die Erhaltung eines Zustandes, der durch äußere Einwirkungen und Wechselwirkungen Gefahr läuft, verlassen zu werden. Es gilt die Ursachen, die zur Abweichung vom gewünschten Zustand führten oder führen können, zu beseitigen oder ihnen entgegenzuwirken.

Dieser gewünschte Zustand kann wiederum gewollt zeitabhängig sein. Regelungsvorgänge können überall beobachtet werden, sowohl in der unbelebten Natur wie auch in Organismen und schließlich in Wirtschaft und Technik. Das Wesen der Regelung besteht darin, Veränderungen durch äußere Störungen wieder rückgängig zu machen.

Wenn sich eine Anordnung durch eine offene Kette von Blöcken (Funktionseinheiten, Steuerkette) darstellen lässt, so spricht man von einer Steuerung. Die Steuerung kann aus einer Vielzahl von Gliedern bestehen, ja sogar integrierte Regelkreise besitzen [117]. Wesentlich ist aber, dass die an den Grenzen des Systems wirkenden Ausgangssignale ohne Einfluss auf die Eingangssignale sind. Die Wirkfähigkeit der Funktionsanordnung liegt dabei permanent vor.

Zwischen Produktinnovation und Vermarktung liegt ein zu optimierender Gestaltungsprozess, der interdisziplinären Charakter hat. Dieser Prozess muss dabei den Anforderungen der globalen Märkte gerecht werden, d. h. wirtschaftlich sein [118]. Die Prozesse müssen dabei immer sicherer, exakter und vorhersagbarer ablaufen. Das führt zu einem Trend der immer komplexeren Anlagen, die notgedrungen einen höheren Grad der Automatisierung aufweisen, stärker in logistische Gesamtkonzeptionen der Standorte und Unternehmen eingebunden werden.

Die Optimierung des Gestaltungsprozesses setzt eine ganzheitliche, d. h. eine fachgebietsübergreifende und den gesamten Lebenszyklus der Produktionsanlage einbeziehende Betrachtung der benutzten Methoden und Werkzeuge voraus.

Je genauer man einen Prozess kennt, um so eher kann er optimal und reproduzierbar gefahren werden. Gerade an die Reproduzierbarkeit sind bei modernen Prozessen für hochwertige Produkte höchste Ansprüche zu stellen. Solche Ansprüche kommen in aufwendigen Validierungsverfahren zum Ausdruck. Um ihnen gerecht zu werden, sind detaillierte Ist-Zeit-Informationen erforderlich, die richtig zu interpretieren und zu verarbeiten sind. Solche Aufgaben können nur moderne Prozessleitsysteme in Kombination mit der entsprechenden Mess- und Analysentechnik erfüllen (Abschnitt 2.6.3 und Abb. 2.49).

Eine komplette Messkette beginnt bei der Messung eines eindeutig identifizierbaren Signals, idealerweise direkt im Prozess (inline) oder so nah wie möglich am Prozess (online). Über eine Signalverarbeitung (Umwandlung, Verstärkung) gelangt das gewonnene Signal zur Anzeige in der gewünschten Einheit (Dimension) und zur weiteren Aufbereitung bis hin zur direkten oder indirekten Rückkopplung (Rückmeldung) zur Regelung des Prozesses. Die Beobachtungsebenen sind dabei in der Regel mehrstufig und enthalten eine sogenannte Feldebene, bei der der Prozess direkt am Geschehen mitverfolgt und bei Bedarf direkt eingegriffen werden kann, und eine zentrale Ebene, bei der alle Informationen zusammenfließen und der Gesamtüberblick gebildet wird. Von dieser Zentrale (auch Messwarte genannt) aus können schließlich übergeordnete Prozessdirektiven ausgegeben und veranlasst werden.

2.6.1
Messgrößen – Einflussgrößen – Zielgrößen – Monitoring

Zur Beobachtung, Steuerung und Führung von Prozessen stellt die Mess- und Analysentechnik einen essenziellen Bereich der Verfahrenstechnik dar. Bestrebungen, möglichst viele Prozessparameter zu beobachten oder aufzuzeichnen, sind deshalb das erklärte Ziel eines jeden Anlagenbetreibers. Andererseits machen nur solche Informationen Sinn, die eine Deutung für den und Eingriffsmöglichkeiten in den Prozess ermöglichen. Alles, was darüber hinausgeht, kann nur zur Verwirrung beitragen. Außerdem muss bedacht werden, dass jede Messkette einen nicht zu unterschätzenden Kostenfaktor darstellt, das gilt schon für sogenannte Standardmessgrößen, wie z. B. die Temperatur, den pH-Wert oder die Leitfähigkeit.

Die Mess- und Analysengrößen werden in solche Parameter eingeteilt, die eine direkte Zuordnung zum Prozess, zur Kinetik, zum Ablauf erlauben, und solche, die zur Berechnung von essenziellen Zustandsgrößen verwendet werden können. Die Unterteilung erfolgt also in Primär- und Sekundärparameter. Diejenigen Werkzeuge, die mittels künstlicher Intelligenz aus einer Vielzahl von Messwerten neue Informationen gewinnen können, nennt man auch „Software-Sensoren“ [119].

Des Weiteren muss zwangsweise noch eine Unterteilung hinsichtlich der Prozesszuordnung der Mess- bzw. Analysengröße vorgenommen werden. Kann das Signal direkt im Prozess gewonnen werden, dann spricht man von einer Inline-, am Prozess von einer Online- und entfernt vom Prozess von einer Offline-Messung (Analyse). Kann ein Signal entfernt vom Prozess schnell genug gemessen werden, um noch eine Kontrolle des Prozesses durchführen zu können, so spricht man von einer Atline-Messung.

Eine besonders wichtige Funktion kommt in der Mess- und Analysentechnik der Deutung der gewonnenen, meist digital präsentierten Anzeigewerte zu, denn dem zur Anzeige gebrachten Signal liegt eine Kette von Abläufen zu Grunde, die zur Analyse des Ist-Zustandes berücksichtigt werden müssen. Das trifft insbesondere auf Sonden zu, deren Signal von Reaktionen noch zusätzlich von Transportvorgängen und physikalischen Randbedingungen abhängig ist.

Am Beispiel der Sauerstoffmessung mit einer Clark-Elektrode soll dieses Problem näher beleuchtet werden. Das Wissen, dass diese Sonde den Partialdruck des Sauerstoffes, der in der Gasphase herrscht und proportional zur Gelöstsauerstoffmenge (*dissolved oxygen*; DO) in der Flüssigphase ist, anzeigt, ist weit verbreitet. Dennoch wird dieses Signal immer wieder der Gelöstsauerstoffmenge gleichgesetzt. Das Signal kommt aber dadurch zustande, dass Sauerstoffmoleküle aus der Flüssigkeitskernphase zunächst durch die laminare Grenzschicht vor der Membran, dann durch die Membran diffundieren müssen, also zwei Widerstände und eine Phasengrenze zu überwinden haben, ehe sie im Elektrolyten an der Kathode reduziert werden und ein elektrisches Signal erzeugen, das zur Verstärkung und letztendlich zur Anzeige gebracht wird (Abschnitt 2.6.1.4). Durch die Überwindung der Phasengrenze ist zu verstehen, dass eben nur die der Gelöstsauerstoffmenge proportionale Größe, der Partialdruck in der Gasphase, angezeigt werden kann und nicht die gesuchte Größe, die wiederum nur über den Umweg des Henry'schen Gesetzes berechnet werden kann (Abschnitt 2.7.4.2, Gleichung 2.130). Dazu muss aber der Henry-Koeffizient bekannt sein, der wiederum von der chemischen Zusammensetzung der Flüssigkeit und der Temperatur abhängt (Abschnitt 2.7.4). Außerdem kann sich in einem System (Reaktor, Rohrleitung, usw.) die laminare Grenzschicht infolge von Anströmbedingungen oder Viskosität und Fließverhalten ändern und damit ein wesentlicher Widerstand des Sauerstofftransportes, was wiederum zu einer Veränderung der Anzeige führt und demnach interpretiert werden muss.

2.6.1.1 **Primärparameter**

Die Abläufe insbesondere in biologischen Systemen sind sehr komplex und vielfältig. Deshalb wünscht sich jeder Bearbeiter eines biotechnologischen Verfahrens so viele Parameter wie möglich messen zu können, um nur annähernd einen Einblick in das System zu bekommen. Häufig scheitert aber dieser Wunsch an der Verfügbarkeit entsprechender Messmethoden, oder aber die Messung ist nicht anwendbar, weil sie zu viel Zeit in Anspruch nimmt (Offline-Messung, außerhalb des Reaktors) oder aus steriltechnischen Gründen nicht angewandt werden kann (Inline- und Online-Messungen). Unterteilt man die zur Verfügung stehenden Mess- und Analysengrößen neben den Unterscheidungsmerkmalen inline, online und offline auch noch hinsichtlich ihrer Wirkebene, so lassen sich die gängigsten verfügbaren Primär- und Sekundärparameter wie in Tab. 2.25 dargestellt auflisten.

Je näher man messtechnisch dem eigentlichen Geschehen rücken möchte, umso weniger sind die Verfahren noch zugänglich für Inline- bzw. Online-Messungen. Methoden, mit denen man dem molekularbiologischen Geschehen etwas näherkommen kann, stehen bis auf sehr wenige Ausnahmen nur außerhalb des Prozesses als aufwendige Offline-Messung zur Verfügung. Meist besteht hierbei die nicht mehr Möglichkeit, in das Prozessgeschehen aktuell einzugreifen, weil ein erheblicher Zeitverzug in Kauf genommen werden muss.

Die verschiedenen Parameter lassen sich in die drei Gruppen physikalisch-technische Systeme, biochemisch-biologische Systeme und molekularbiologische Systeme einteilen [1]. Von der ersten Gruppe, den physikalisch-technischen Systemen, lassen sich eine ganze Reihe im Reaktor, also inline, anwenden. Die wichtigsten sind dabei die Milieuparameter Temperatur, pH und pO_2 und manchmal auch der rH-Wert (Redoxpotenzial) sowie der Druck (Abschnitt 2.6.1.4, Inline-Monitoring).

Tabelle 2.25 Primär- und Sekundärparameter zur Prozessüberwachung/-führung [1].

Wirkebene	Im Prozess (inline)	Am Prozess (online)	Außerhalb des Prozesses (offline)
physikalisch-technische Systeme	pH-Messung	Drehzahlmessung	Gesamtkohlenst. Abgas
	rH-Messung	Drehmomentmessung (P/V)	Dichtemessung
	pO_2-Messung (DO)	Temperatur-Temperierkreis	Viskositätsbestimmung
	Leitfähigkeit	Gewichtsmessung	T_S-Bestimmung
	Druckmessung	Mengenmessung (Zu-, Ab-)	Stoffkonzentrationen
	Temperaturmessung	Wärmebilanzbestimmung	Partikelverteilung
	Schaumhöhenmessung	FID-Kohlenstoffmessung	Oberflächenspannung
	Füllstandsmessung	CO_2-Messung Abgas	Osmotischer Druck
	Optische Dichtemessung	O_2-Messung Abgas	Verweilzeitverteilung
biochemische, biologische Systeme	pH-Messung	Massenbilanzen	Kontaminantenbestimg.
	rH-Messung	Substratflussmessung	Respirationsquotient
	pO_2-Messung	Feed- und Korrekturmittelmengen	Raum-Zeit-Ausbeute
	Glucosekonzentration	Kohlenstoffbilanzen	spez. Wachstumsrate
	NH_3-Konzentration	Stickstoffbilanzen	Verdopplungszeit
	pCO_2-Messung	Sauerstoffbilanzen	Substrataufnahme
	Filtrationsvorgang		Ausbeutekoeffizient
molekularbiologische Systeme	Fluoreszenzsonde zur ATP- und NADH-Bestimmung,	Autoanalyser (Stoffkonzentrationen)	NAD^+-NADH-Bestimg.
	In-situ-Mikroskopie, Leitfähigkeit, Impedanz, Filtrationsvorgang (Filterkuchen)	FIA-Systeme (Stoffkonzentrationen)	DNA-Bestimmung
			RNA-Bestimmung
			Enzymaktivitäten
			Metabolitbestimmung
			Gesamtproteinbestimg.
			Aminosäurepoolbestimg.

2.6.1.2 Sekundärparameter

Einige der wichtigen prozessbeschreibenden Größen lassen sich häufig nicht direkt mess- oder analysentechnisch erfassen. In diesen Fällen versucht man, aus direkt zugänglichen Primärparametern über funktionelle Zusammenhänge die für den Prozess bzw. für die Prozessregelung wichtigen Größen (Parameter) indirekt zu ermitteln. Die so gewonnenen Prozessgrößen ordnet man den Sekundärparametern zu.

Zu einer solchen Größe gehört z. B. die Reaktionsenthalpie (Wärmetönung). Wärmetönungsmessungen können ebenfalls für die Verfolgung einer Reaktion sehr behilflich sein. Außerdem sind sie für die Auslegung der Produktionsbioreaktoren notwendig (Abschnitt 7.4.3). Sie sind sehr elegant in den Temperierkreis zu installieren, indem die einströmende Kühlmittelmenge und die beiden Temperaturen gemessen werden [1].

Aus dieser Wärmebilanz kann letztendlich die Reaktionswärme ($\dot{Q}_F$) ermittelt werden. Die Wärmebilanz lautet:

$$\dot{Q}_F + \dot{Q}_R + \dot{Q}_P + \dot{Q}_E = \dot{Q}_V + \dot{Q}_K + \dot{Q}_G + \dot{Q}_S \qquad \text{(Gleichung 2.10)}$$

mit den Indices R Rührwerkleistung; P Pumpenleistung; E Stoffstromwärme (ein – aus); V Verlustleistung; K Kühlleistung (ein – aus); G Gaswärme (ein – aus); S Speicherwärme; alle Angaben in Watt.

Kennt man den Sauerstoffbedarf einer intakten Zelle und auch noch die auf den Sauerstoffverbrauch bezogene spezifische Wärmetönung q_R (in kJ/mol O_2), die für den entsprechenden Fall ermittelt und als konstant erkannt wurde, so hat man ein einfaches Mittel, um auch auf die wichtige Lebendkeimzahl Rückschlüsse zu ziehen. Der Wert für q_R wird in der Literatur ziemlich einheitlich mit etwa 500 kJ/mol O_2 angegeben [1].

Bedeutung der Leitfähigkeitsdifferenzmessung Die Leitfähigkeit eines Mediums wird durch das Vorhandensein von Ionen und durch deren Beweglichkeit in diesem Medium geprägt. Diese wird in S/cm angegeben. Sind Hemmnisse im Medium vorhanden, die diese Beweglichkeit beeinflussen, so reduziert sich der Leitfähigkeitswert der Lösung. Solche Hemmnisse können große und damit bei 50 Hz sehr träge Moleküle oder auch Partikel, z. B. Mikroorganismen, sein, die die kleineren Ionen an ihrer Beweglichkeit (Wanderung) hindern und damit einen kleineren Leitfähigkeitswert vortäuschen (Abb. 2.38). Die Frequenz muss unter 250 kHz liegen, damit das gewonnene Signal frequenzunabhängig bleibt. Diese Forderung ist bei herkömmlichen Leitfähigkeitsmessgeräten gegeben (4–40 kHz) [120].

Sind diese Partikel des Weiteren noch selbst Ladungsträger, z. B. ein Kondensator, so bedeutet dies, dass eine zusätzliche Wanderungsbehinderung der Ionen gegeben ist. Mikroorganismen tragen im Innern sowohl positiv als auch negativ geladene Teilchen. Im elektrischen Wechselfeld tritt somit bei lebenden Zellen eine Polarisierung ein, weil die Ionen die Zellmembran nicht durchdringen können. Dadurch erscheint die Zelle selbst wie ein Kondensator und behindert damit die wandernden Ionen zusätzlich, sodass die Leitfähigkeit weiter sinkt. Die

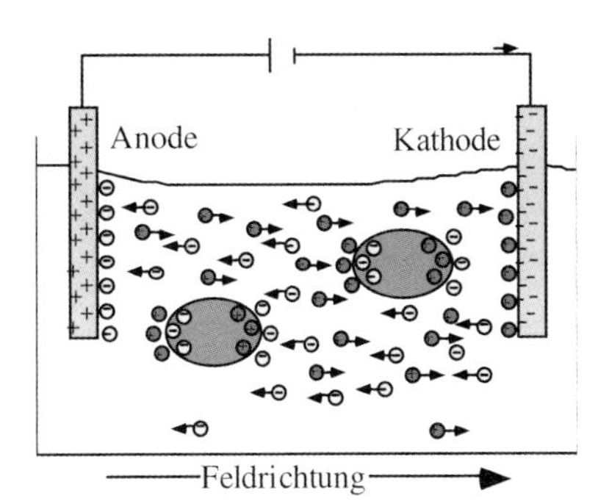

Abb. 2.38 Die Zellkörper (Schattenwirkung) sowie die durch die Polarisierung hervorgerufene Kondensatorwirkung stellen für die beweglichen Ionen ein Hindernis dar. Dadurch verringert sich in Gegenwart intakter Zellen die Leitfähigkeit.

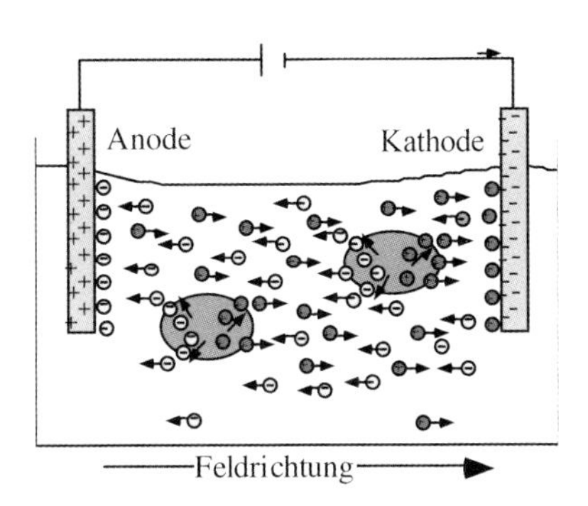

Abb. 2.39 Bei toten Zellen baut sich kein Kondensator auf, und bei lysierten Zellen können intrazelluläre Ionen zusätzlich in die Lösung gelangen und die Elektrolytkonzentration erhöhen. In beiden Fällen steigt die Leitfähigkeit.

Membran toter Zellen hingegen lässt die Ionen durch, sodass tote Zellen die Wanderung der Ionen nur durch ihren Schatten, nicht aber als Kondensator behindern (Abb. 2.38 und 2.39) [120].

Aufgrund dieser Überlegungen müsste die Leitfähigkeitsdifferenz mit steigender Zellzahl zunehmen, jedoch umso langsamer, je größer der Anteil an toten Zellen ist. Demzufolge kann die Leitfähigkeitsdifferenz eine Aussage über das Verhältnis vom Anteil an inaktiven Zellen zur Gesamtzellzahl liefern (Abb. 2.40). Für die Hefe *Saccharomyces cerevisiae* wurde der Zusammenhang:

$$\frac{c_{\text{akt}}}{c_{\text{ges}}} = \left[\frac{800 \cdot \Delta\kappa}{c_{\text{ges}}^{1,5}} + \frac{45}{c_{\text{ges}}}\right] \cdot 100 \quad \text{(in \%)} \qquad \text{(Gleichung 2.11)}$$

gefunden (Abb. 2.40) [120–122]. Gleichung 2.11 gibt den Aktivanteil der Zellen in Prozent aus.

Bedeutung der Daten aus der Kuchenfiltration Zur Erzeugung des Leitfähigkeitsdifferenzsignales ist es erforderlich, die Biomasse abzutrennen. Dies kann sowohl durch Zentrifugation als auch durch Filtration erreicht werden. Wählt man die Filtration, so stehen wiederum mehrere Verfahren zur Verfügung, nämlich die Cross-Flow-Technik oder die klassische Kuchenfiltration mit ihren Varianten (Ab-

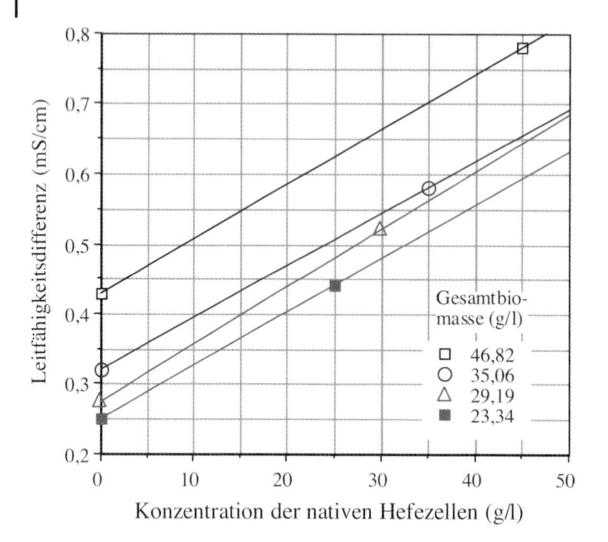

Abb. 2.40 Abhängigkeit des Verhältnisses von aktivem Zellanteil zur Gesamtmasse als Funktion der Leitfähigkeitsdifferenz (mit und ohne Zellen) am Beispiel der Hefe Saccharomyces cerevisiae [121]. Intakte Hefezellen wirken wie ein Kondensator und behindern den Fluss der Elektronen, während tote Zellen diesen Effekt verlieren und somit die Leitfähigkeit des Mediums ansteigen lassen (auch Abb. 2.38 und 2.39).

schnitt 7.1.1.2). Bei der Kuchenfiltration fallen während des Filtrationsvorganges eine Reihe von Informationen an, die ihrerseits wiederum zur Charakterisierung der Suspension dienen können. Als Parameter stehen im Wesentlichen die Kuchenhöhe, der Filterkuchenwiderstand und die Kuchenporosität zur Verfügung.
Aktivitätsverhältnis aus der Leitfähigkeitsmessung:

$$\frac{c_{\text{akt}}}{c_{\text{ges}}} = \left[\frac{800\,\Delta\kappa}{c_{\text{ges}}^{1,5}} + \frac{45}{c_{\text{ges}}}\right] \cdot 100$$

Inaktivierungsgrad aus der Kuchenfiltration:

$$I = 4{,}37 \cdot 10^{-14} \cdot \alpha_{\text{h}} - 0{,}07 \cdot 10^{-28} \cdot \alpha_{\text{h}}^2 - 23{,}31$$

Gesamtzellzahl aus der Kombination (Iterationsverfahren):

$$(1 - I)\, c_{\text{ges}}^{1,5} - 45\, c_{\text{ges}}^{0,5} - 800\,\Delta\kappa = 0$$

Die Vielzahl an Informationen aus einem Filtrationsvorgang ermöglicht es, bei richtiger Zuordnung Aussagen über den Status einer Kultur zu treffen (Abb. 2.41). Für die Hefe *Saccharomyces cerevisiae* lässt sich für einen sogenannten Inaktivanteil I der Zusammenhang

$$I = 4{,}37 \cdot 10^{-14} \cdot \alpha_h - 0{,}07 \cdot 10^{-28} \cdot \alpha_h^2 - 23{,}31 \qquad \text{(Gleichung 2.12)}$$

formulieren [125] und zusammen mit der Leitfähigkeitsdifferenzmessung Gleichung 2.13

$$(1 - I) \cdot c_{ges}^{1,5} - 45 \cdot c_{ges}^{0,5} - 800 \cdot \kappa = 0 \qquad \text{(Gleichung 2.13)}$$

Auch für Belebtschlamm bietet ein kontrollierter Filtrationsvorgang Deutungsmöglichkeiten über den Status der Kulturen (Abb. 2.42) [129].

Für Produktionsanlagen sucht man einfache, in ihrer Aussage eindeutige und zuverlässige Signale, wobei dabei dem Aspekt der Wirtschaftlichkeit ein besonderes Gewicht zukommt. Messeinrichtungen und Sonden, die das leisten können, sind so häufig nicht auf dem Markt zu finden.

In einem Fermentationsbetrieb, in dem sowohl tierische als auch mikrobielle Zellen in einem GMP-Umfeld kultiviert werden, ist eine vielseitige und zuverlässige Inprozesskontrolle, die eine Dokumentation und einfache Auswertung der Daten ermöglicht, erforderlich. Dazu kommen sowohl inline einsetzbare Sensoren als auch DV-unterstützte Kontrollsysteme in Betracht. Neben der Art der Probenahme und Messtechnik unter steriltechnischen Bedingungen ist hierbei die wirtschaftliche Handhabung ein wichtiger praktischer Gesichtspunkt [119]. Zu komplizierte Systeme, wie z. B. sogenannte Software-Sensoren, die von einer Betriebsmannschaft im Routinebetrieb nicht sicher beherrscht werden können, scheiden von vorneherein genauso aus wie Mess- und Analysensysteme, die in ihrer Aussagekraft nicht eindeutig genug sind [119].

Aktivitätsverhältnis aus der Leitfähigkeitsmessung:

$$\frac{c_{akt}}{c_{ges}} = \left[\frac{800\,\Delta\kappa}{c_{ges}^{1,5}} + \frac{45}{c_{ges}} \right] \cdot 100$$

Inaktivierungsgrad aus der Kuchenfiltration:

$$I = 4{,}37 \cdot 10^{-14} \cdot \alpha_h - 0{,}07 \cdot 10^{-28} \cdot \alpha_h^2 - 23{,}31$$

Gesamtzellzahl aus der Kombination (Itterationsverfahren):

$$(1 - I)\, c_{ges}^{1,5} - 45\, c_{ges}^{0,5} - 800\,\Delta\kappa = 0$$

Abb. 2.41 Gleichungssystem, das für die Hefe Saccharomyces cerevisiae über Leitfähigkeitsmessungen [120–123] und eine Kuchenfiltration [124–128] gewonnen wurde. Demnach lässt sich eine klare Zuordnung des Anteils an aktiven Zellen (Aktivitätsverhältnis, Inaktivierungsgrad) im Vergleich zur Gesamtzellzahl treffen. Die erforderlichen Parameter sind die Leitfähigkeitsdifferenz $\Delta\kappa$ (mit und ohne Zellen) sowie der Filterkuchenwiderstand α_h h aus der durchzuführenden Kuchenfiltration. Es zeigt sich sehr deutlich, dass mit zunehmendem Inaktivanteil I der Filterkuchenwiderstand merklich ansteigt und somit die Filtration immer schwieriger wird.

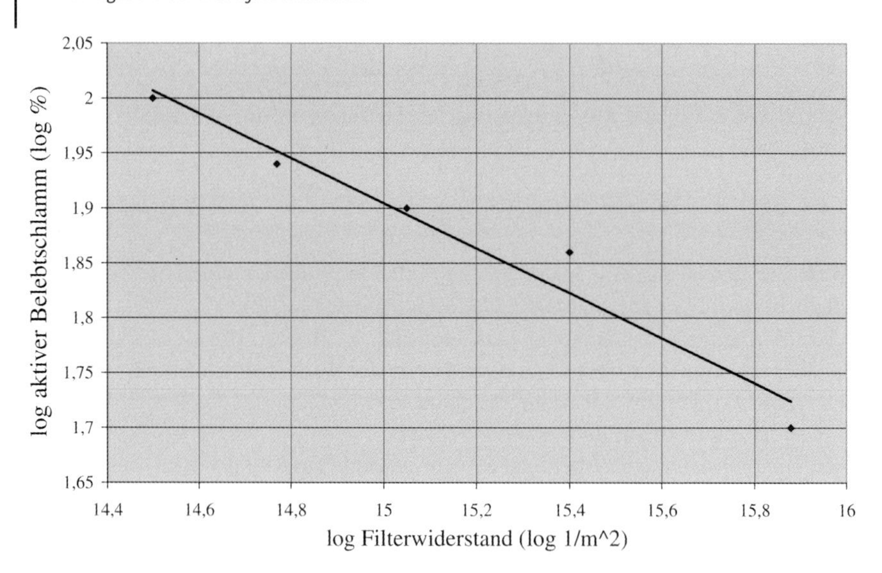

Abb. 2.42 Abhängigkeit des Verhältnisses aktiver Zellanteil zu Filterkuchenwiderstand für Belebtschlamm [129]. Die doppelt-logarithmische Auftragung Widerstand über Aktivanteil (in %) zeigt einen linearen Zusammenhang, woraus sich eine Berechnungsgleichung der Form formulieren lässt.

Die Information über die Zellzahl und vor allem über den Zustand (Status) der Zellen wäre in einem biotechnologischen Prozess äußert nützlich. Doch verfügbare Sonden, die diese Aussage liefern könnten, stehen kaum zu Verfügung. Zwar böte das Prinzip der Durchflusscytometrie Abhilfe, doch der finanzielle Aufwand und vor allem auch die äußert anspruchsvolle Inbetriebpflege verhindern den breiten Einsatz dieser Technologie.

Außerdem setzt dieses Prinzip eine Probenahme voraus und ist damit oft nicht mehr aktuell genug, um als Echtzeitinformation verwerten werden zu können, womit Rückkupplungen in den Prozess ausgeschlossen sind.

Die klassischen Methoden zur Biomassebestimmung, wie z. B. die Trübungsmessung oder die Extinktionsmessung, können zwar im Einzelfall als gute Korrelation verstanden werden, doch können sie eine Information über den Status der Zellen und deren Anzahl nicht bieten. Andere Prinzipien nutzen die Impedanz bzw. die Leitfähigkeit oder eine Abgasbilanzierung zur Darstellung der Atmungsaktivität (Respirationsquotient RQ) bzw. die Messung von Fluoreszenzsignalen als Information über den Status.

Eine vielversprechende Alternative zur Bestimmung der Zellzahl und auch des Status der Zellen in Echtzeit ist die *In-situ*-Mikroskopie [130]. Dabei wird ein Mikroskop in den Reaktions- bzw. Prozessraum gebracht und die möglichen Beobachtungen werden mittels einer CCD-Kamera in auswertbare Bilder umgesetzt. Zurzeit befinden sich zwei Systeme im fortgeschrittenen Stadium der Entwicklung [130–135]. Sie unterscheiden sich im Wesentlichen darin, wie das für die analytische Auswertung erforderlich Volumen definiert wird. Während im

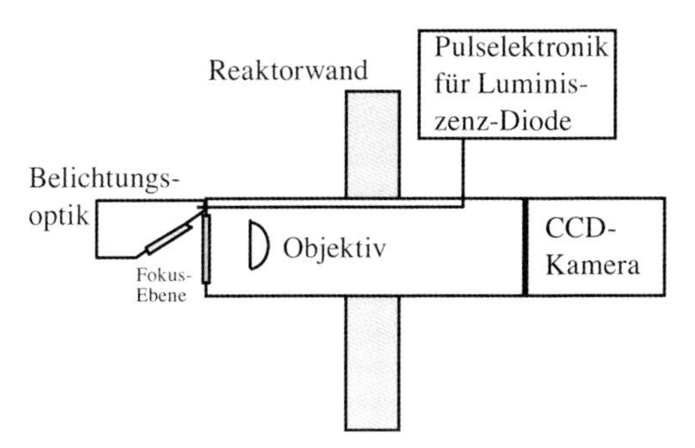

Abb. 2.43 Das Prinzip „Hochschule Mannheim" eines In-situ-Mikroskopes. Das Probenvolumen wird durch die Definition einer Schärfentiefe gebildet [130–132].

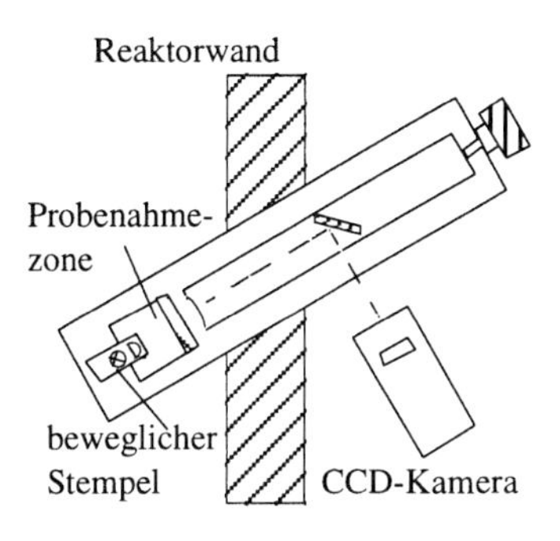

Abb. 2.44 Das Prinzip „Univ. Hannover" eines In-situ-Mikroskopes. Das Probenvolumen wird durch das Einsperren eines definierten Volumens im Probenahmefinger gebildet [133].

„ursprünglichen System Univ. Hannover" [133] die Sonde selbst mechanisch ein Volumen einschließt, eine kurze Beruhigungszeit abwartet, ehe die Aufnahme gemacht wird (Abb. 2.44), definiert das System „Hochschule Mannheim" [130, 132, 135] das Messvolumen optisch durch die Schärfentiefe (Abb. 2.43).

In Abb. 2.45 wird ein *In-situ*-Mikroskop (ISM) dargestellt, das an der Hochschule Mannheim entwickelt wurde [136–139]. Es handelt sich um ein Durchlichtmikroskop, das durch ein Sichtfenster direkt die Zellensuspension mikroskopiert. Eine externe Lumineszenzdiode erzeugt kurze Lichtblitze, die mithilfe einer Lichtfaser zum Probevolumen vor dem Sichtfenster geleitet werden. Hierdurch erzielt man scharfe Standbilder auch von Zellen, die mit beträchtlicher Geschwindigkeit ($v < 1m/s$) am Sichtfenster vorbeidriften. Mit dieser Technik lassen sich bis zu zehn unkorrelierte Kamera-Bilder pro Sekunde aus der Suspension übertragen. Aus diesen Bildern werden diejenigen Zellen selektiert, die im Fokus – also scharf abgebildet – sind. Abb 2.46a zeigt eine Gallerie von „Zellenportraits", die in etwa einer halben Minute aus einer Suspensionskultur von Hybridoma Zellen übertragen wurde [139].

Wenn man die durchschnittliche Anzahl der detektierten Zellen pro Bild durch das konstante Schärfentiefevolumen dividiert, so ergibt sich ein Messwert der Zellkonzentration [139]. Das Schärfentiefevolumen kann durch eine Einmal-Mes-

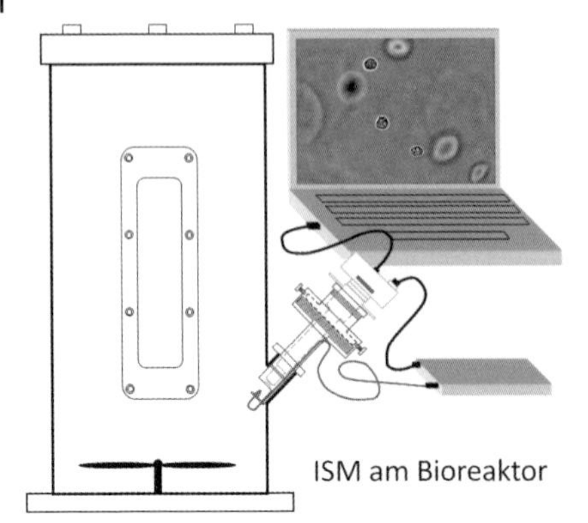

Abb. 2.45 Aufbau und Anwendung eines ISM mit optischem Probevolumen.

sung mit einer Referenzmethode einkalibriert werden. Abb. 2.46b) zeigt die ISM-Wachstumskurve einer Hybridoma-Kultur. Im Rahmen der Messunsicherheiten stimmen die ISM-Messwerte mit den Referenzmethoden überein (Neubauer-Zählkammer und PCV).

Neben der Konzentration ist die Vitalität der Zellen die zweite fundamentale Messgröße zur Charakterisierung einer Zellkultur. In Abb. 2.46a) sind einige Zellen mit stark inhomogener Oberflächenstruktur (Textur) erkennbar. Dieser Typ tritt vermehrt auf, wenn die Vitalität der Kultur sinkt. Eine Möglichkeit zur quantitativen Parametrisierung der Inhomogenität einer Textur ist die Messung der Informationsentropie an den betreffenden Bildstellen [139]. Wenn man auf diese Weise jedem erfassten Zellportrait einen Entropiewert zuordnet, erhält man

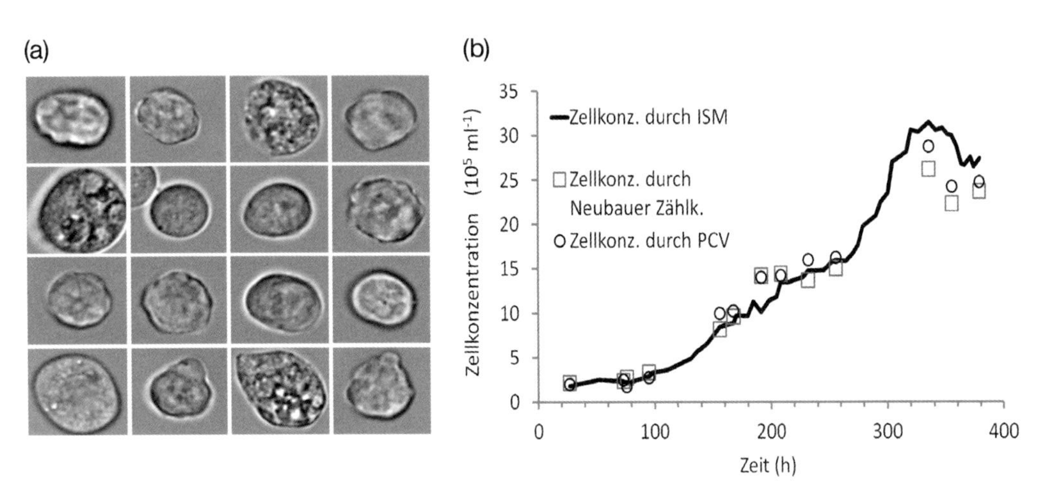

Abb. 2.46 Charakterisierung einer Hybridoma-Suspensionskultur [139]. a) ISM-Zellenportraits, aufgenommen in etwa einer halben Minute; b) Wachstum dieser Kultur, gemessen mit ISM und zwei Referenzmethoden.

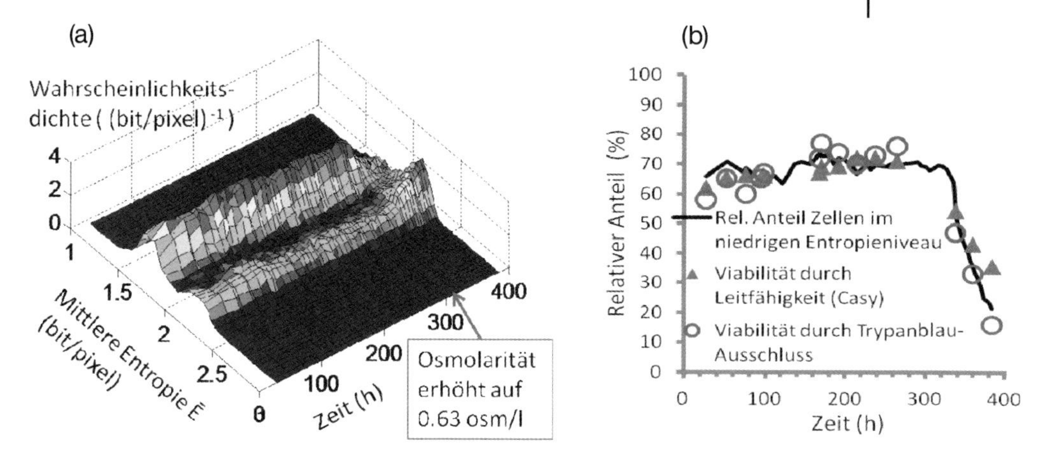

Abb. 2.47 ISM/Entropie-basierte Darstellung der Viabilität in Echtzeit während einer Hybridoma Suspensionskultur mit osmotischem Schock nach 320 h [139]. a) Die Flächendarstellung zeigt – mit nach hinten rechts laufender Zeitachse – das transiente bimodale Histogramm der Entropiewerte aus etwa 300 000 Zellenportraits (s. oben). Nach 320 h wird die Kultur durch einen osmotischen Schock getötet. Der Tod der Zellen offenbart sich im Histogramm durch den Übergang der Zellen vom niedrigen Entropieniveau zum höheren Entropieniveau. b) Der relative Anteil der Zellen im niedrigen Entropiezustand wird dargestellt als Funktion der Zeit. Referenzdatenpunkte der Viabilität wurden ex situ durch Trypanblau-Ausschluss sowie durch Leitfähigkeitsmessungen (Casy) bestimmt.

ein Histogramm über alle erfassten Zellen, dessen Struktur die Inhomogenität der Zelltexturen und damit die Vitalität der Kultur wiederspiegelt. In Abb. 2.47 wird dies Histogramm in Abhängigkeit von der Zeit während einer Hybridoma-Kultur dargestellt. Es hat eine auffallende bimodale Struktur, die bis zum Ende der Kultur erhalten bleibt.

Nach 320 h wird die Kultur einem osmotischen Schock ausgesetzt und stirbt ab. Das Sterben der Zellen ist im Histogramm zu sehen als ein Übergang der Zellen vom niedrigen zum höheren Entropieniveau. Der im Schwinden begriffene Mode mit niedriger Entropie repräsentiert die noch lebenden Zellen, der wachsende Mode höherer Entropie repräsentiert die bereits toten Zellen. Abbildung. 2.47b) zeigt den relativen Anteil von Zellen im niedrigen Entropieniveau als Funktion der Zeit. Als Vergleichsdaten sind Viabilitätsmesswerte auf der Basis von Trypanblau-Ausschluss und Leitfähigkeitsmessungen (Casy) eingetragen. Das entropiebasierte Signal stimmt mit den Referenz-Viabilitätsdaten überein. Diese Kurve zeigt die erste nichtinvasive lebend/tot Bestimmung an einzelnen suspendierten Zellen in Echtzeit. Zum Zeitpunkt der Drucklegung dieses Buchs wurde diese Methode erfolgreich erprobt an Hybridoma-, Jurkat- und K-564-Zelllinien.

Ein anderes System zur *In-situ*-Mikroskopie wurde am Institut für Technische Chemie der Universität Hannover entwickelt [140–142]. Bei diesem Instrument wird im Reaktorinneren periodisch ein Probevolumen mechanisch definiert. In der Schließphase wird das mikroskopische Bild von der abgebremsten Suspension aufgenommen. Ein Kennzeichen dieses Systems ist die mechanische Festlegung des Probevolumens, die für eine Kalibration bei Konzentrationsmessungen verwendet wird. Auf der anderen Seite ist die mechanische Probenahme ein Nachteil, weil sie den Probenaustausch verlangsamt. Dies schränkt die sinnvolle Bildfrequenz und damit die erzielbare Datenmenge ein.

2.6.1.3 Zuordnung der wichtigsten Prozessgrößen

Der Prozess hat das Ziel der Produktgewinnung. Dabei ergibt sich noch eine Reihe von zusätzlichen, notwendigen Zielgrößen. Die Bildung von Biomasse ist Voraussetzung für die erforderliche Reaktion. Beeinflusst wird diese Biomassebildung (Wachstumsrate) unter anderem durch die Milieuparameter pH-Wert, Substratkonzentrationen, Sauerstoffgehalt und Temperatur. Aus der Biomassebildung heraus resultieren zugleich der Substratverbrauch, die CO_2-Bildung und der Sauerstoffverbrauch (Respirationsquotient, Gleichung 2.23). Alle Zielgrößen, die für die Produktbildung notwendig sind oder aber als Begleiterscheinungen auftauchen, wie die Schaumbildung, erfordern einen bestimmten Wert verschiedenster Zustandsgrößen.

Tabelle 2.26 Zuordnung von Mess-, Stell- und Zielgrößen. Ein Prozess stellt sich als vernetztes, kybernetisches System dar, das sowohl durch manuelle als auch durch automatisch geregelte Manipulationen beeinflusst werden kann [1, 143]. Um die Zielgrößen erreichen zu können, stehen zunächst als Eingriffsgrößen nur die Stellgrößen zur Verfügungen. Über den Weg der direkt oder indirekt erreichten Zustandsgrößen findet man schließlich zu den Zielgrößen.

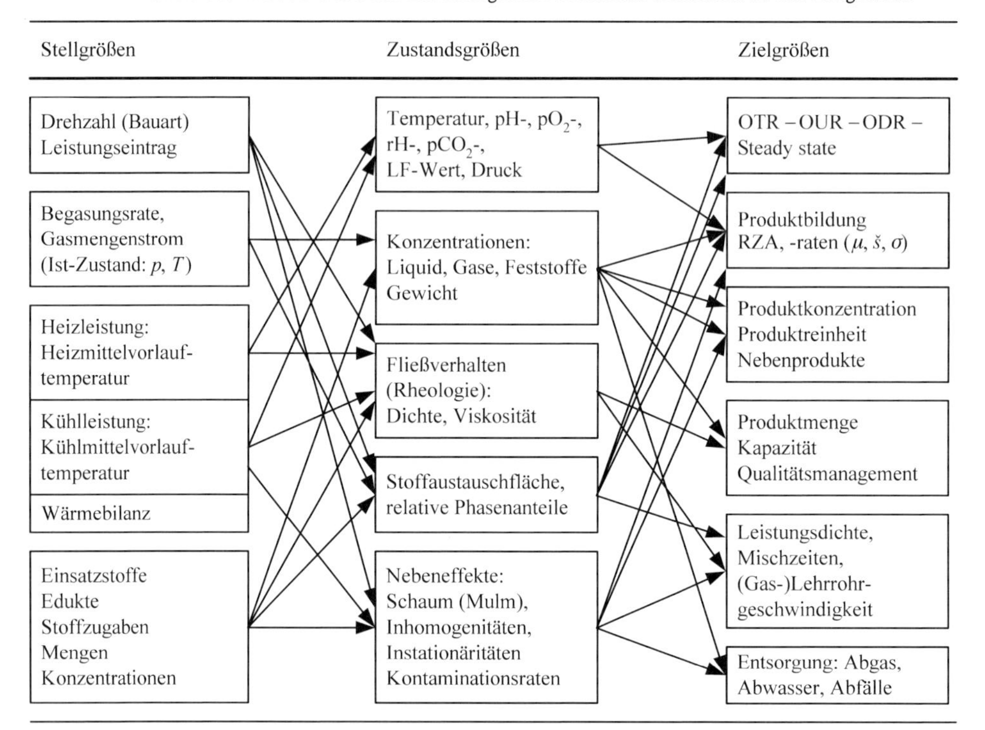

Die Zustandsgrößen wiederum können durch die in der Anlage installierten Stellgrößen über das Regelsystem gesteuert werden (Tab. 2.26) [143]. Dabei liefert die Zustandsgröße, in manchen Fällen auch eine Zielgröße, an den Regler ein entsprechendes Signal, das dort verarbeitet wird. An die Stellgrößen werden dann die notwendigen Veränderungen weitergegeben.

2.6.1.4 **Monitoring**

Für die Führung eines biologischen Prozesses ist die Überwachung und Aufzeichnung (Monitoring) der wichtigsten Prozessgrößen erforderlich. Da ein biologischer Organismus wie *Escherichia coli* mehr als 1000 Enzyme besitzt und die Kenntnis über ihren Zusammenhang im Rahmen der Prozessführung unmöglich ist, muss man, wenn man durch technische Manipulation in die Regulation eingreifen möchte, charakteristische Prozessgrößen herausgreifen, durch die man den Prozess beobachtet und steuert. Außerdem weist der Kostenanteil für die Instrumentierung im Anlagenbau eine steigende Tendenz auf, was eine Beschränkung auf die wichtigsten Prozessgrößen notwendig macht. Eine Übersicht der wichtigsten Prozessgrößen, unterteilt in Stellgrößen, Zustandsgrößen und Zielgrößen, sowie deren Verknüpfung untereinander, ist in Tab. 2.26 dargestellt.

Inline-Monitoring Je nach Anlageneinheit wird die MSR-Ausstattung unterschiedlich ausfallen. In Tab. 2.25 sind viele mehr oder weniger gängige Messgrößen als Inline-, Online- oder Offline-Parameter zusammengestellt. Da die Geschehnisse in Reaktoren am komplexesten sind, werden diese auch in biotechnologischen Verfahren die umfangreichste MSR-Ausstattung erfahren.

Zu den Standardausrüstungen eines Bioreaktors zählen heute: Temperaturmessung und -regelung, pH-Messung und -Regelung, Messung des Druckes im Kopfraum, Drehzahlmessung und -regelung, Messung des Luftdurchsatzes, Messung des Sauerstoffpartialdruckes in der Flüssigphase sowie Messungen der Sauerstoff- und Kohlendioxidkonzentrationen im Abgas. Diese Standardparameter sollen im Folgenden näher beleuchtet werden.

Temperaturmessung Die Temperatur ist der wichtigste Parameter, der bei Bioprozessen gemessen und geregelt wird. Die Messung der Temperatur erfolgt normalerweise mit sterilisierbaren Thermistoren oder Platin-Widerstandsthermometern (z. B. Pt-100), die in den Fermenter eingebaut werden können.

pH-Wertmessung Die Messung und Regelung des optimalen Wertes der Wasserstoffionenkonzentration ist bei jedem Bioprozess unabdingbar, da es praktisch immer zu pH-Änderungen kommt. Der pH-Wert wird potenziometrisch mit einer sterilisierbaren Glaselektrode gemessen, die in den Fermenter eingebaut wird. Die Messung beruht auf der Ausbildung eines pH-abhängigen Potenzials an einer pH-sensitiven Glasmembran. Der pH-Wert wird aus der Potenzialdifferenz (Spannung) der Glaselektrode, die ein Ableitsystem aus Silber/Silberchlorid in chloridhaltigem Puffer besitzt, gegenüber einer Bezugselektrode, bestehend aus Silber/Silberchlorid in konzentrierter KCl-Lösung, errechnet. Der elektrische Kontakt zwischen Glas- und Bezugselektrode wird über ein Diaphragma aus poröser Keramik hergestellt. Glas- und Bezugselektrode sind meistens zu einer sogenannten Einstabmesskette zusammengefasst.

Gesamtdruck Der Gesamtdruck im verfahrenstechnischen Raum (Apparat, Anlage) zählt zu den primärmilieubestimmenden Parametern und setzt sich in einem Gasraum (Kopfraum des Reaktors) aus den einzelnen Teildrücken (Partialdrücken) zusammen (Gleichung 2.14). Dabei ist zu unterscheiden, dass im Unterschied zu einem reinen Gasraum im Gasraum über einer Flüssigkeit der sogenannte Kopfdruck herrscht und dieser Druck sich nach unten im Flüssigkeitsraum proportional der Flüssigkeitssäule fortsetzt (Gleichung 2.15). Es gilt demnach

$$p^{(\omega)} = \sum_{n=1}^{n} p_i^{(\omega)} \qquad \text{(Gleichung 2.14)}$$

und

$$p(z) = p^{(\omega)} + \rho_L \cdot g \cdot z \qquad \text{(Gleichung 2.15)}$$

Der Druck wird mit piezoelektronischen Druckaufnehmern gemessen [130–132], wobei für einfache Vorortanzeigen auch ein konventionelles Manometer ausreicht [144]. Im Sterilbereich muss dieses Manometer allerdings auch den Belangen der Sterilisierfähigkeit genügen [1].

Neben einer reinen Druckanzeige (PI, *pressure indication*) wird in verschiedenen verfahrenstechnischen Operationen allerdings auch die Regelung des Druckes verlangt (PIC). Das liegt dann vor, wenn zum Beispiel im Vakuum schonend destilliert werden soll (Abschnitt 7.5). Im Falle der Lyophilisation (Gefriertrocknung) ist ein ausreichend wirksames Vakuum Grundvoraussetzung für eine effektive Prozessführung (Abschnitt 7.9).

Gelöstsauerstoffmessung, Sauerstoffpartialdruck Werden unter aeroben Bedingungen biotechnologische Reaktionen katalysiert, muss der Reaktionsraum mit Sauerstoff versorgt werden. Da die Mikroorganismen (Biokatalysatoren) den Sauerstoff nur aus der wässrigen Phase beziehen können, muss er zunächst in Lösung gebracht werden (Abschnitt 2.7.4.2 und die Gleichungen 2.126–2.128). Die Menge, die in Lösung gebracht werden kann, hängt von der Löslichkeit, ausgedrückt durch das Henry'sche Gesetz (Gleichung 2.130), ab. Dabei ist das Lösungsvermögen der einzelnen Gase sehr unterschiedlich (Tab. 2.27 sowie Tab. 7.8, Abschnitt 7.6.3). Während Kohlendioxid relativ gut in Lösung geht, ist die Löslichkeit für Sauerstoff und Stickstoff weit weniger günstig.

Die Menge des im Medium gelösten Sauerstoffes wird über die Messung des Sauerstoffpartialdruckes (pO_2) mit einer membranbedeckten Gasdiffusionselektrode ermittelt (Abb. 2.49). Die Messung gibt Anhaltspunkte über die Stoffwechselaktivität der Zellen und der für sie verfügbaren Menge an O_2. Da dieses Gas in

Tabelle 2.27 Gelöstmengen von verschiedenen Gasen bei Normdruck (p_n = 1013 mbar) und verschiedenen Temperaturen in Wasser (Angaben in mg/kg).

Temperatur (°C)	25	30	35
Stickstoff	17,43	16,14	14,93
Sauerstoff	39,31	35,86	33,15
Kohlendioxid	1453	1263	1104
Luft	21,66	19,99	18,48
Luftsauerstoff	8,23	7,51	6,94

Wasser verhältnismäßig schlecht löslich ist, erschöpft sich der O_2-Vorrat insbesondere bei hohen Zellkonzentrationen in kürzester Zeit. Durch effiziente Nachlieferung (OTR) kann eine Limitierung (OUR) für die globale Reaktionskinetik verhindert werden. Die Messung beruht auf dem polarographischen Prinzip. Dabei wird der Sauerstoff an der membranbedeckten Platin- oder Goldkathode (Gasdiffusionselektrode) reduziert. Als Referenzsystem dient hier eine Silberanode

$$\text{Kathode (Pt): } O_2 + 2\,H_2O + 4\,e^- \rightarrow 4\,OH^- \qquad \text{(Gleichung 2.16)}$$

$$\text{Anode (Ag): } 4\,Ag + 4\,Cl^- \rightarrow 4\,AgCl + 4\,e^- \qquad \text{(Gleichung 2.17)}$$

Wesentlich an dieser Methode ist, dass die Reduktion des Sauerstoffs an der Kathode sehr rasch erfolgt, somit der geschwindigkeitsbestimmende Schritt die Diffusion des Sauerstoffs durch eine Membran und vor allem durch die laminare Grenzschicht zur Elektrodenoberfläche ist. Die treibende Kraft für diesen Vorgang ist der Sauerstoffpartialdruck, und so wird dieser messbar [145]. Über das Gesetz nach Henry (Gleichungen 2.18 und 2.130) lässt sich bei bekanntem Henry-Koeffizienten H_{O_2}, des Druckes im Gasraum, der Konzentration des Sauerstoffes am Reaktoreingang $Y^{\alpha}_{O_2}$ und aus der Anzeige der Sauerstoffsonde (DO, *dissolved oxygen*) die Gelöstsauerstoffkonzentration berechnen.

$$c_L = \frac{pO_2}{H_{O_2}} = \frac{p}{H_{O_2}} \cdot Y^{\alpha}_{O_2} \cdot \frac{DO}{100} \qquad \text{(Gleichung 2.18)}$$

Jedoch muss dabei beachtet werden, dass es sich bei DO um den %-Anteil des Sauerstoffpartialdruckes zum Sättigungsdruck im Eichzustand handelt. Außerdem muss als Randbedingung die vollkommene Durchmischung gegeben sein, da ansonsten mehrere (viele) Sonden erforderlich wären.

Eine Alternativmethode ist die optische Sauerstoffmessung (Fa. Presens). Das Prinzip der Messung basiert auf dem Effekt der dynamischen Lumineszenzlöschung durch molekularen Sauerstoff. Das in Abb. 2.48 dargestellte Schema erklärt die Grundregel der dynamischen Lumineszenzlöschung durch Sauerstoff.

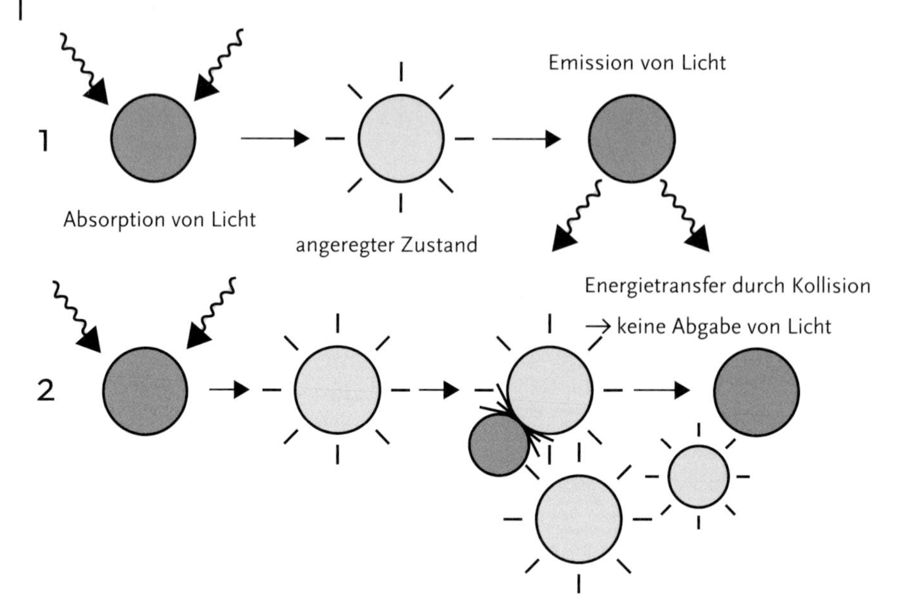

Abb. 2.48 Prinzip der dynamischen Löschung von Lumineszenz durch molekularen Sauerstoff: (1) Lumineszenzprozess in Ermangelung des Sauerstoffes, (2) Auflösung des Lumineszenzindikator-Moleküls durch molekularen Sauerstoff.

Sauerstoffmessung und Gelöstsauerstoffkonzentration Bei der Messung von Zustandsgrößen mit dynamisch arbeitenden Sonden sind ganz besondere Betrachtungen zu berücksichtigen, um dem gelieferten Antwortsignal die richtige Deutung zukommen zu lassen. Bei der Sauerstoffsonde handelt es sich dabei um ein solches Prinzip, das zum einen auf den physikalischen Vorgang des Stofftransportes in die Sonde hinein und andererseits noch auf die Gleichgewichtssituation zwischen zwei Phasen, hier zwischen dem Partialdruck des Sauerstoffs in der Gasphase und der Gelöstkonzentration des Sauerstoffs in der Liquidphase, angewiesen ist. Der Sauerstofftransport wird durch die ihm entgegengesetzten Widerstände geprägt, was bedeutet, dass Veränderungen der Stofftransportwiderstände auch Änderungen in der Anzeige zur Folge haben, ohne dass sich dabei die gesuchte Größe, die Gelöstkonzentration, geändert haben muss. Auf der anderen Seite können Sonden nach dem Clark-Prinzip ohnehin nicht die Gelöstsauerstoffkonzentration erkennen (Abb. 2.49), sondern nur den mit ihr im Gleichgewicht stehenden Partialdruck in der Gasphase (Abschnitt 2.7.4.2).

Die Gelöstsauerstoffkonzentration lässt sich somit nur über das Henry'sche Gesetz finden (Gleichung 2.130). Findet demnach während des Prozesses eine Veränderung der Sauerstofflöslichkeit statt, so wird das die Sonde wiederum nicht erkennen können und die Zuordnung des empfangenen Signals ist nicht möglich.

Wie lässt sich nun dieser Sachverhalt deutlich veranschaulichen? Wenn der Sauerstoff aus der Liquidphase austritt, so muss er eine Phasengrenze (PG) überschreiten (Abb. 2.77). Im quasi-stationären Zustand „gibt er sich zu erkennen" als der im Gleichgewicht zur Gelöstkonzentration stehende Partialdruck. Das gilt im

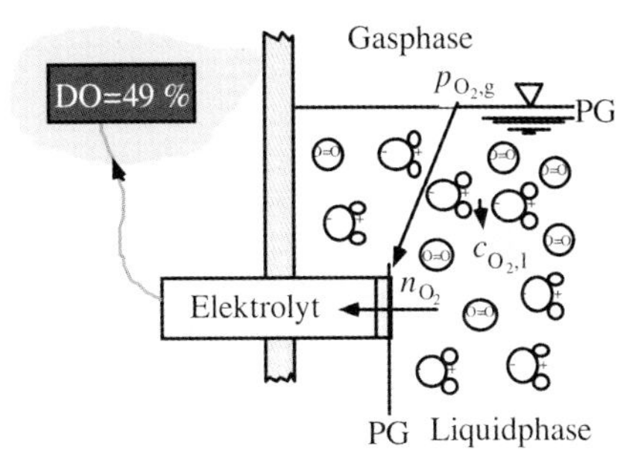

Abb. 2.49 Schematische Darstellung der Sauerstoffmessung im Sättigungszustand (Gleichgewicht). Wenn der Sauerstoff aus der Liquidphase austritt, so muss er eine Phasengrenze (PG) übertreten. Im quasi-stationären Zustand „gibt er sich zu erkennen" als der im Gleichgewicht zur Gelöstkonzentration stehende Partialdruck. Das gilt im Sättigungszustand sowohl beim Übergang in die Gasphase als auch beim Übergang zur Membran der Sonde, denn auch hier verlässt der Sauerstoff die Liquidphase und kann in der jeweils anderen Phase ja nur das dazugehörige Pendant, den Partialdruck, repräsentieren.

Sättigungszustand sowohl beim Übergang in die Gasphase als auch beim Übergang zur Membran der Sonde, denn auch hier verlässt der Sauerstoff die Liquidphase und kann in der jeweils anderen Phase ja nur das dazugehörige Pendant, den Partialdruck, repräsentieren. In der Untersättigung ist der Gasphasenpartialdruck höher als es der momentanen Gelöstkonzentration entspricht, die Sonde zeigt einen relativen (meist prozentualen) Wert zum Sättigungszustand bei der Kalibrierung (z. B. 100 %) an. Wenn bei 25 °C mit Luft bei 1,013 bar (im Sondenbereich) kalibriert wurde, dann läge im Gleichgewichtszustand (hier bei Sättigung) in Wasser eine Sauerstoffkonzentration von 8,23 mg/kg vor, was zu DO = 100 % gesetzt wird (Tab. 2.27). Liegt nun während des Prozesses bei gleichen Bedingungen, also auch gleicher Löslichkeit (Henry-Koeffizient) eine Anzeige von 40 % (DO = 40 %) vor, so kann auf einen fiktiven Partialdruck von

$$p_{O_2,g,fik} = \frac{DO}{100} \cdot c_{O_2,l} \cdot H_{O_2} = \frac{40}{100} \cdot \left(\frac{8{,}23}{32000}\right) \cdot 827 = 0{,}08 \quad \text{(in bar)}$$

(Gleichung 2.19)

geschlossen werden. Dabei wurde eine Dichte von 1 kg/l für Wasser angenommen. Würden sich im Prozess bzw. während des Prozesses der Henry-Koeffizient oder/und die Prozessbedingungen (Temperatur und/oder Druck) ändern, so ändert sich die Situation, d. h. es kann nur bei Kenntnis des Henry-Koeffizienten und Berücksichtigung der Prozessbedingungen die Situation beschrieben werden.

Diesen Sachverhalt kann man mit einem einfachen Versuch verdeutlichen [146]. Da die Löslichkeit von Sauerstoff neben der Temperatur vor allem vom jeweiligen Medium abhängt, kann sie durch Zugabe von Stoffen beeinflusst werden. Gibt man z. B. das Salz Ammoniumsulfat hinzu, so wird die Löslichkeit reduziert. Das

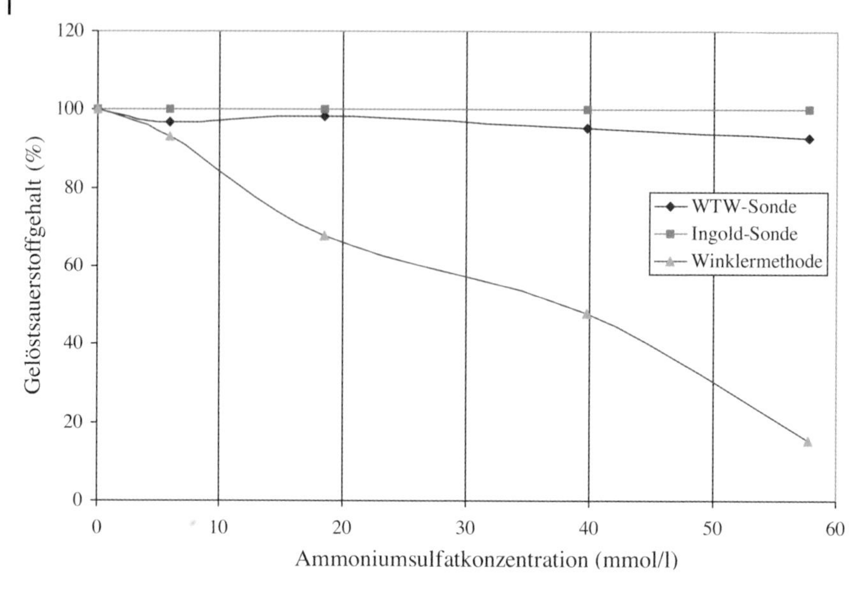

Abb. 2.50 Durch Zugabe von Ammoniumsulfat erniedrigt sich die Löslichkeit des Sauerstoffs in Wasser. Die beiden Sauerstoffsonden von WTW und Ingold (beides Clark-Elektroden) können diese Veränderung nicht erkennen. Nur mit der Titrationsmethode nach Winkler (MERCK-Aquatest-Kit®) kann eine Veränderung nach unten verfolgt werden[146]. Allerdings ist zu beachten, dass die Methode nach Winkler nur für Salzkonzentrationen kleiner 1 g/L tauglich ist. Die Messungen nach Winkler liegen hier deutlich zu niedrig.

bedeutet, dass die Sauerstoffsonde das eigentlich erkennen sollte, wenn die gesuchte Größe erkannt wird.

Wie aus Abb. 2.50 ersichtlich ist, nimmt die Sättigung, gemessen mit der Methode nach Winkler, mit steigender Ammoniumsulfatkonzentration stark ab. Zwar sind die nach Winkler gemessenen Werte zu niedrig, weil die Methode nur bis zu Salzkonzentrationen von 1 g/L sinnvoll anwendbar ist, trotzdem verringert Zugabe von Salzen die Löslichkeit von Sauerstoff im Medium.

Bei der Messung des Sauerstoffpartialdruckes mit den Sauerstoffsonden von WTW und Ingold, die beide nach dem Clark-Prinzip aufgebaut sind, ist kein Einfluss der Salzkonzentration zu verzeichnen (Abb. 2.50).

Im Gegensatz zum drastischen Abfall der Werte von Winkler bleibt der Sauerstoffpartialdruck über den ganzen Messbereich konstant. Die WTW-Sonde zeigt Schwankungen, die jedoch im Bereich der Fehlertoleranz liegen. Die maximale Abweichung beträgt 7,3 % [146].

Insgesamt zeigt sich, dass der Sauerstoffpartialdruck nur zusammen mit dem Henry-Koeffizienten mit dem Gelöstsauerstoffgehalt korreliert (Gleichung 2.18). Es müssen also der Henry-Koeffizient und damit die Löslichkeit des Sauerstoffes bekannt sein. Da sich dieser aber aufgrund von Mediumsveränderungen während eines Batchprozesses verändert, bleibt die Zuordnung des Messsignals der Sauerstoffsonde weiterhin unsicher.

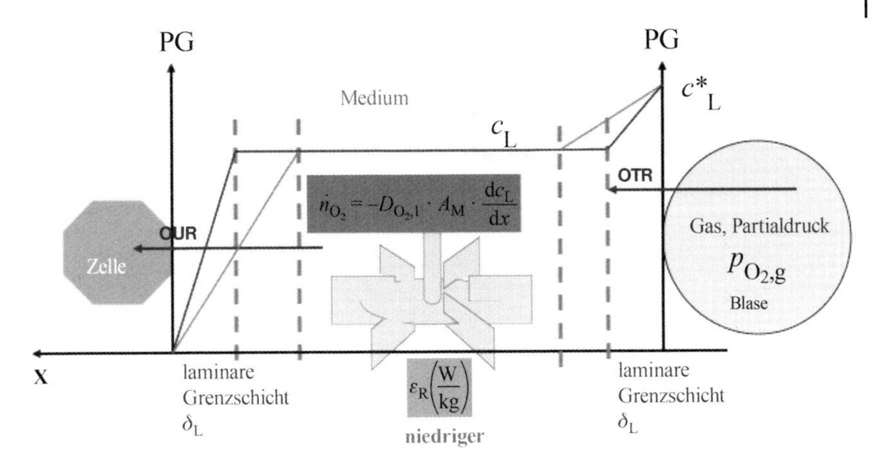

Abb. 2.51 Der Weg des Sauerstoffs von der Blase zur Zelle. Je nach Leistungseintrag gibt es unterschiedliche Dicken der laminaren Grenzschicht und dadurch auch verschiedene Anzeigen.

Das zur Messsignaldarstellung bei der Clark-Elektrode gewonnene elektrische Signal entstammt einer Reduktion von Sauerstoffmolekülen an einer Kathode. Diese ist in einem Elektrolyten positioniert und wird mit Sauerstoffmolekülen per diffusivem Transport versorgt, die Sonde verbraucht zur stetigen Darstellung eines Signals ständig Sauerstoffmoleküle, die aus dem zu vermessenden Medium stammen. Da die an der Kathode ankommende Menge an Sauerstoffmolekülen die Stärke des elektrischen Signals und damit die Anzeige bestimmen, wird die Anzeige also durch die Stofftransportwiderstände beeinflusst. Solange diese sich in Bezug auf den Vorgang der Sondenkalibrierung nicht verändern, spielt das keine Rolle. Anders sieht es aus, wenn sich ein Widerstand ändert, z. B. die Dicke der laminaren Grenzschicht vor der Sondenmembran (Abb. 2.51). Dies geschieht, wenn der Leistungseintrag verändert wird oder sich die Stoffdaten (Viskosität, Dichte) des Mediums ändern.

Ändern sich Stoffzusammensetzungen, so haben diese wie auch die Temperatur Einfluss auf den Diffusionskoeffizienten, was wiederum bei gleich bleibender Gelöstkonzentration c_L den Mengenstrom an Sauerstoff und damit die Anzeige beeinflusst.

Messung der Sauerstoffkonzentration im Abgas Bei der Messung der Sauerstoffkonzentration im Abgas macht man sich die paramagnetische Eigenschaft von Sauerstoff zunutze. Als paramagnetisch werden solche Stoffe bezeichnet, die in ein inhomogenes Magnetfeld hineingezogen werden. Im magnetopneumatischen Verfahren erzeugt der durch das Magnetfeld festgehaltene Sauerstoff einen Strömungswiderstand. Dieser führt in einem Hilfsgas, das als pneumatischer Mittler wirkt, zu einer Strömungs- oder Druckänderung, die gemessen werden kann [145].

Messung der Kohlendioxidkonzentration im Abgas Die Messung der Kohlendioxidkonzentration im Abgas beruht darauf, dass CO_2 ein infrarotaktives Gas ist und elektromagnetische Strahlung im Bereich von 3–4 µm absorbiert. Für die Online-Messung werden nichtdispersive Infrarot-Photometer eingesetzt [145].

Tropfengrößenverteilung Einen hohen praktischen Nutzen kann das Wissen über die Größenverteilung der Tropfen einer dispersen Phase sein, denn sie sagt auch etwas über die örtlichen Energiedichten im Reaktor aus. Während rührwerknah im Wesentlichen die Dispergierung stattfindet, überwiegt außerhalb die Koaleszenz, was zur erneuten Zunahme des mittleren Tropfendurchmessers und damit zur Abnahme der spezifischen Stoffaustauschfläche führt. Gerade unter dem Aspekt des Scale-up sind lokale Untersuchungen zur Tropfengrößenverteilung wichtig, weil dieses volumenspezifische Bild als ein mögliches Scale-up-Kriterium herangezogen werden kann.

2.6.1.5 Offline-Monitoring

Bestimmung der Biomasse Eine zentrale Bedeutung für die Biotechnologie hat die Bestimmung der Biomasse. Von ihrer Quantifizierung hängt eine ganze Anzahl berechenbarer Größen ab, z. B. spezifische Wachstumsrate, Produktivitäten, Ausbeuten, Korrelationen zwischen Wachstum und Produktbildung, Stoffbilanzen usw.

Für die Definition der Biomasse wird am häufigsten die Biotrockenmasse (BTM, in g/l) benutzt (Trocknung über Nacht bei 100 °C). Die Methode ist sehr genau und vergleichsweise billig. Nachteilig sind hier jedoch der große Zeitverzug durch die lange Trocknungszeit, Störungen bei Anwesenheit nicht auswaschbarer Mediumsbestandteile oder die Ausfällung unlöslicher Salze. Eine sinnvollere Größe wäre die Zellzahl, die nicht unbedingt in einem konstanten Verhältnis zur Biotrockenmasse steht. Außerdem muss noch zwischen Gesamt- und Lebendzellzahl unterschieden werden. Die Bestimmung erfolgt in Zählkammern bzw. durch Ausplattieren der Zellsuspensionen auf Nährböden. In der Praxis wird dennoch auf die Trockensubstanzbestimmung und den Vergleich mit der optischen Dichte (OD) zurückgegriffen. Jedoch muss auch hier beachtet werden, dass die optische Dichte nicht grundsätzlich proportional zur Zellmasse bzw. Zellzahl ist.

Bei der Bestimmung der optischen Dichte wird die Schwächung, die ein Lichtstrahl durch ein Medium bestimmter Schichtdicke erfährt, gemessen. Die Schwächung ist in bestimmten Grenzen der Teilchendichte und dem Teilchendurchmesser proportional. Ein Nachteil dieser Methode ist, dass außer den Zellen auch Streuungen durch Gasblasen, Öltropfen und Feststoffpartikel erfasst werden.

Bestimmung der Produktbildung Die eigentliche Zielgröße eines verfahrenstechnischen Prozesses lässt sich nur in seltenen Fällen inline erfassen. Wenn überhaupt, dann kann dies indirekt erfolgen, z. B. über eine Substratbilanzierung und den stöchiometrischen Zusammenhang zum Produkt. Wenn z. B. Glucose mittels eines Biosensors gemessen werden kann, so können alle Produkte, wie z. B. Milchsäure oder Ethanol, rechnerisch verfolgt werden. Gelegentlich gibt es noch einfachere Wege, wie z. B. bei der Milchsäurefermentation (Abb. 2.52).

Im Falle der Milchsäuregärung und paralleler Neutralisation mit Calciumcarbonat entsteht pro Mol Milchsäure ein Mol Kohlendioxid. Dadurch besteht zwischen gemessener CO_2-Menge im Abgas, die nahezu dem Gesamtabgasstrom entspricht, und der gebildeten Milchsäure ein direkter Zusammenhang:

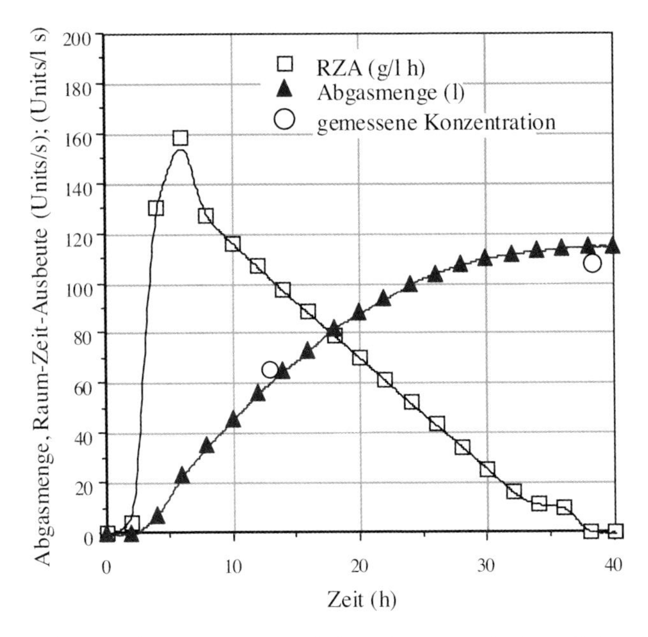

Abb. 2.52 Abgasmessung zur indirekten Bestimmung der Produktkonzentration und der Raum-Zeit-Ausbeute am Beispiel der Milchsäuregärung. In diesem Fall ist es sogar möglich, durch Schließen des Abgasventiles den Druckanstieg kurze Zeit zu beobachten und über die ideale Gasgleichung die augenblickliche Raum-Zeit-Ausbeute zu berechnen (s. RZA). Durch Integration gewinnt man die Produktkonzentration [1].

$$\dot{m}_{MS} = \frac{180}{44}\dot{m}_{CO_2} = 4{,}09\ \dot{m}_{CO_2} \qquad \text{(Gleichung 2.20)}$$

Der Beitrag weiterer CO_2-Mengen aus dem Metabolismus des Erhaltungsstoffwechsels ist sehr gering, sodass man in diesem System mit dieser Methode der Produktivitätsbestimmung nur einen kleinen Fehler macht, wie aus Abb. 2.52 zu erkennen ist. Noch einfacher kann in diesem Fall durch die Aufzeichnung von dp/dt bei geschlossenem Abgasventil für kurze Zeit der Druckanstieg verfolgt werden und in die Milchsäurebildung umgerechnet werden.

Meist hilft aber nur eine aufwendige Offline-Analytik. Die Produktion von rekombinanten Mistellectin in *Escherichia coli* [17] kann z. B. über die SDS-Gelelektrophorese und anschließende Färbung mit Coomassie Brillantblau oder durch Western-Blotting mit anschließender immunchemischer Detektion ermittelt werden.

Autoanalyser und FIA-Systeme Um nasschemische Offline-Analysensysteme auch online nutzen zu können und damit Echtzeitsignale verfügbar zu haben, wurden sogenannte Autoanalyser und FIA-Systeme (Flow-Injection-Analyser) entwickelt. Dahinter verbirgt sich nichts anderes als die apparatetechnische Umsetzung eines Laboranalysenverfahrens zur Ermittlung von Stoffkonzentrationen, z. B. zur Bestimmung von Produkten, Edukten oder Nebenprodukten.

2.6.1.6 Berechenbare Größen

Spezifische Wachstumsrate μ Die Geschwindigkeit der Veränderung der Zellmasse X ($\mathrm{d}X/\mathrm{d}t$) oder einer ihr proportionalen Größe (Zellzahl $\mathrm{d}N/\mathrm{d}t$, Optische Dichte $\mathrm{dOD}/\mathrm{d}t$) ist während der exponentiellen Phase zu jedem Zeitpunkt der Größe X proportional und folgt somit der Kinetik einer Reaktion 1. Ordnung (Gleichung 2.21 und Abschnitt 6.1). Es gilt dann:

$$\frac{\mathrm{d}X}{\mathrm{d}t} = \mu \cdot X \qquad \text{(Gleichung 2.21)}$$

wobei μ die spezifische Wachstumsrate (Reaktionsgeschwindigkeitskonstante) ist. Durch Integration ergibt sich daraus

$$X = X_0 \cdot e^{\mu \cdot t} \qquad \text{(Gleichung 2.22)}$$

Die spezifische Wachstumsrate ist während einer Fermentation jedoch nur während der exponentiellen Phase konstant $\mu = \mu_{\max}$ (Abb. 2.53) und ist abhängig vom Stamm sowie den Fermentationsbedingungen.

Die spezifische Wachstumsrate während der exponentiellen Phase errechnet sich aus den zu den Zeiten t_n und t_{n+1} über die optische Dichte bzw. die Biotrockenmasse ermittelten Bakteriendichten $\mathrm{OD}(t_{n+1})$ und $\mathrm{OD}(t_n)$ bzw. $\mathrm{BTM}(t_{n+1})$ und $\mathrm{BTM}(t_n)$ nach Gleichung 2.23,

$$\mu = \frac{\ln \mathrm{OD}(t_{n+1}) - \ln \mathrm{OD}(t_n)}{t_{n+1} - t_n} = \frac{\ln \mathrm{BTM}(t_{n+1}) - \ln \mathrm{BTM}(t_n)}{t_{n+1} - t_n} \qquad \text{(Gleichung 2.23)}$$

die durch Umformung von Gleichung 2.22 gewonnen wurde.

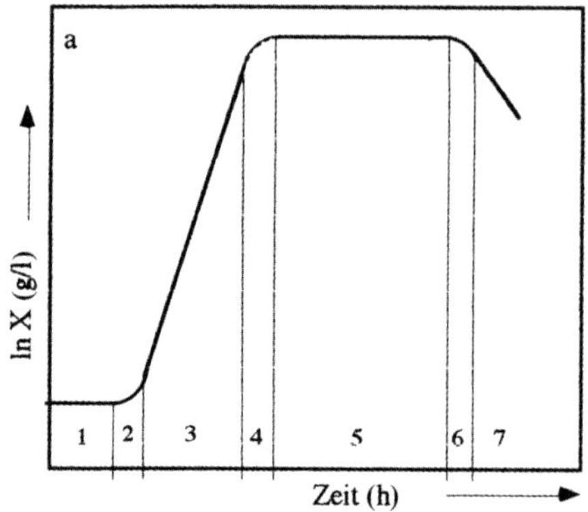

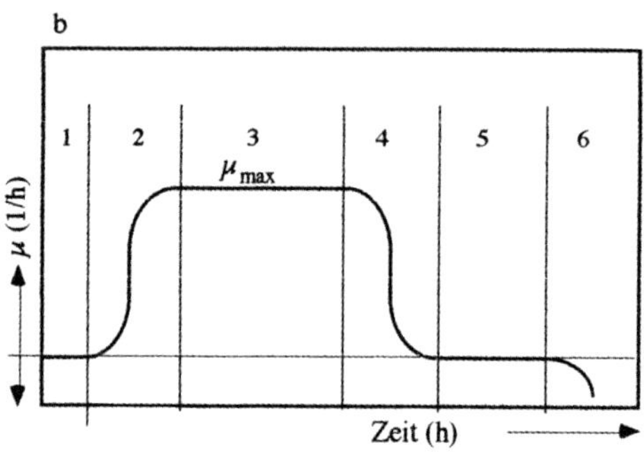

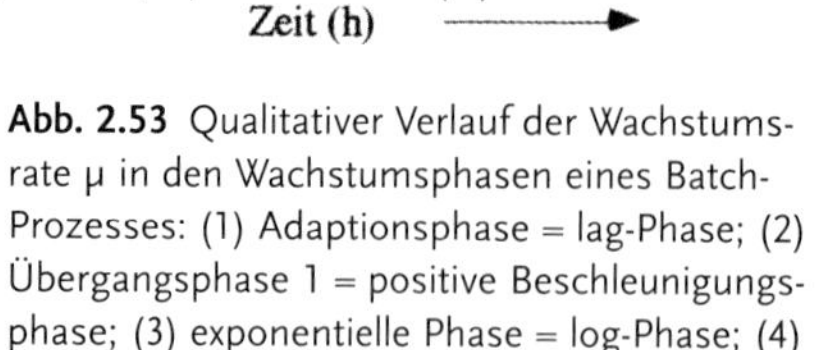
Abb. 2.53 Qualitativer Verlauf der Wachstumsrate μ in den Wachstumsphasen eines Batch-Prozesses: (1) Adaptionsphase = lag-Phase; (2) Übergangsphase 1 = positive Beschleunigungsphase; (3) exponentielle Phase = log-Phase; (4) Übergangsphase 2 = negative Beschleunigungsphase; (5) stationäre Phase; (6) beginnende Sterbephase; (7) Absterbephase (Abschnitt 6.1.2, Abb. 6.3a) [143, 147].

Sauerstofftransferrate (OTR) bzw. Sauerstoffaufnahmerate (OUR) Die Sauerstofftransferrate (OTR, *oxygen transfer rate*) ist die molare Menge an Sauerstoff, die von der Gasphase in die Flüssigphase des Reaktormediums übergeht, und ist vom Sauerstoffkonzentrationsgefälle an den Phasengrenzen und dem Sauerstoffdurchgang durch die Phasengrenzen abhängig. Zur Berechnung nach Gleichung 2.24 wird vorausgesetzt, dass alle benutzten Prozessgrößen als ortsunabhängig angesehen werden können, also eine vollkommene Rückvermischung der Gasphase vorliegt, was bei Rührfermentern unter 100 Litern und niedrigviskosen ($\eta < 0{,}1$ Pa · s) Medien meistens erfüllt ist (Abschnitt 2.7.4.2, Abb. 2.76) [1].

$$\mathrm{OTR} = k_\mathrm{L} \cdot a \cdot (c_\mathrm{L}^* - c_\mathrm{L}) \qquad \text{(Gleichung 2.24)}$$

Die Sauerstofftransferrate lässt sich auch über eine Gasphasenbilanz nach Gleichung 2.25 berechnen.

$$\mathrm{OTR} = \frac{\dot{V}^\alpha_{\mathrm{G,n}}}{V_{\mathrm{R,L}} \cdot V_{\mathrm{M,n}}} \left[\mathrm{Y}^\alpha_{\mathrm{O_2}} - \frac{1 - \mathrm{Y}^\alpha_{\mathrm{O_2}} - \mathrm{Y}^\alpha_{\mathrm{N_2}}}{1 - \mathrm{Y}^\omega_{\mathrm{O_2}} - \mathrm{Y}^\omega_{\mathrm{N_2}}} \cdot \mathrm{Y}^\omega_{\mathrm{O_2}} \right] \qquad \text{(Gleichung 2.25)}$$

Die Sauerstoffaufnahmerate (OUR, *oxygen uptake rate*) beschreibt die Aufnahme von Sauerstoff aus der Flüssigphase in die Zelle. Die OUR ist daher eine Größe, die den Stoffwechselzustand der Zellen sehr gut beschreibt. Jedoch ist die OUR nicht direkt messbar. Nur wenn die Gelöstsauerstoffkonzentration im Medium für längere Zeit konstant bleibt (Steady state) ist OUR = OTR und somit durch die Sauerstofftransferrate gegeben. Die Gelöstsauerstoffkonzentration kann über Drehzahl, Begasungsrate und den Sauerstoffgehalt in der Zuluft $\left(\mathrm{Y}^\alpha_{\mathrm{O_2}}\right)$ konstant gehalten werden. Falls sich die Gelöstsauerstoffkonzentration jedoch verändert, kann man die Sauerstoffaufnahmerate aus der Sauerstofftransferrate und der Veränderung der Gelöstsauerstoffkonzentration über die Bilanzgleichung 2.26 berechnen.

$$\mathrm{OUR} = \mathrm{OTR} - \frac{\mathrm{d}c_\mathrm{L}}{\mathrm{d}t} \quad \text{(in mol/mol)} \qquad \text{(Gleichung 2.26)}$$

Dennoch ist der stationäre Zustand (Steady state) noch keine Garantie, dass auch der wirkliche Sauerstoffbedarf (ODR) gedeckt ist. Dies kann überprüft werden, indem im stationären Zustand der Leistungseintrag erhöht wird. Befindet sich der OTR im neuen Steady state dann auf einem höheren Level, lag oder liegt weiterhin eine Sauerstofflimitierung vor. Bleibt hingegen bei höherem DO der OTR konstant, so lag keine Limitierung vor.

Kohlendioxidproduktionsrate (CPR) Kohlendioxid entsteht beim Abbau organischer Substrate durch den Atmungsvorgang in den Zellen. Die Menge an Kohlendioxid, die beim Abbau frei wird, kann mit Gleichung 2.27 berechnet werden:

$$\mathrm{CPR} = \frac{\dot{V}^{\alpha}_{\mathrm{G,n}}}{V_{\mathrm{R,L}} \cdot V_{\mathrm{M,n}}} \left[\frac{1 - Y^{\alpha}_{\mathrm{O_2}} - Y^{\alpha}_{\mathrm{CO_2}}}{1 - Y^{\omega}_{\mathrm{O_2}} - Y^{\omega}_{\mathrm{CO_2}}} \cdot Y^{\omega}_{\mathrm{CO_2}} - Y^{\alpha}_{\mathrm{CO_2}} \right] \quad \text{(Gleichung 2.27)}$$

Dabei ist zu berücksichtigen, dass zu Beginn einer Fermentation eine gewisse Zeit vergeht, bis das Medium an Kohlendioxid gesättigt ist (Tab. 2.27). Außerdem ist die im Allgemeinen hohe Löslichkeit von CO_2 durch die Bildung von Carbonaten stark pH-abhängig. Ein Absinken des pH-Wertes führt zur Freisetzung von CO_2 aus dem Medium.

Respiratorischer Quotient (RQ) Der Respiratorische Quotient gibt das Verhältnis von gebildetem Kohlendioxid (CPR) zum aufgenommenen Sauerstoff (OUR) der Kultur an (Gleichung 2.28):

$$\mathrm{RQ} \equiv \frac{\mathrm{CPR}}{\mathrm{OUR}} = \frac{\text{produziertes } \mathrm{CO_2}}{\text{aufgenommenes } \mathrm{O_2}} \ (\text{in mol } \mathrm{CO_2}/\text{mol } \mathrm{O_2}) \quad \text{(Gleichung 2.28)}$$

Er ist ein Maß für die Atmungsaktivität der Kultur und gehört zu den Gütegrößen eines Bioprozesses (Abschnitt 10.3.1.2). Eine Abweichung von dem für den Prozess vorgegebenen Wert ist ein Hinweis darauf, dass der Stoffwechsel der Zellen (Metabolismus) nicht den gewünschten Weg geht und im System unvorhergesehene Störungen auftreten. Steigt zum Beispiel der RQ an, kann dies dem Betreiber einen Hinweis darauf geben, dass die Sauerstoffversorgung nicht ausreicht und der Mikroorganismus, zumindest teilweise, auf Gärung umstellt. Als Beispiel ist hier der Crabtree-Effekt zu nennen, der die Bildung von Ethanol durch Hefe bei erhöhten Glucosekonzentrationen auch unter aeroben Bedingungen beschreibt. Ist dies der Fall, dann wird der RQ drastisch ansteigen und damit dem Betreiber einen deutlichen Hinweis auf die veränderten Verhältnisse geben.

Die Messung von CO_2 und O_2 im Abgas und die Kenntnis der Konzentrationen beider Komponenten in der Zuluft ermöglichen die Bestimmung des Respirationsquotienten (Tab. 2.28).

Der RQ-Wert lässt sich aus einer Massenbilanz ermitteln, wie sie in Gleichung 2.29 für die Verbrennung (Oxidation) von Glucose dargestellt ist:

$$C_6H_{12}O_6 + 6\ O_2 \rightarrow 6\ CO_2 + 6\ H_2O \quad \text{(Gleichung 2.29)}$$

Es entsteht also dieselbe Stoffmenge (in Mol) Kohlendioxid, wie Sauerstoff verbraucht wurde, und folglich ergibt sich ein RQ von 1,0. Berücksichtigt man die Biomassebildung mit CH_2O als vereinfachte Darstellung der durchschnittlichen Zusammensetzung der Biomasse (Tab. 2.33) und einen üblichen Substratausbeutekoeffizient für Glucose von $Y_{X/S}$ = 0,5 g Biomasse/g Glucose, so ergibt sich:

$$C_6H_{12}O_6 + 3\ O_2 \rightarrow 3\ CO_2 + 3\ H_2O + CH_2O \quad \text{(Gleichung 2.30)}$$

Tabelle 2.28 Typische Ausbeutekoeffizienten und respiratorischer Quotienten durch die Verbrennung verschiedener Substrate.

Substrat	reine Verbrennung von ... →	$Y_{X/S}$ (in mol/mol)	RQ (in g/g)
Glucose	$C_6H_{12}O_6 + 6\ O_2 \rightarrow 6\ CO_2 + 6\ H_2O$ –	–	1,0
Pflanzenöl	$C_{14}H_{26,4}O_{2,75} + 18{,}57\ O_2 \rightarrow 14{,}03\ CO_2 + 13{,}21\ H_2O$	–	0,72
Protein	$C_{4,5}H_{7,15}O_{1,46}N_{1,28} + 4{,}61\ O_2 \rightarrow 4{,}51\ CO_2 + 1{,}66\ H_2O + 1{,}38\ NH_3$	–	0,98
Glycerin	$C_3H_8O_3 + 3{,}5\ O_2 \rightarrow 3\ CO_2 + 4\ H_2O$	–	0,86
Ethanol	$C_2H_5OH + 3\ O_2 \rightarrow 2\ CO_2 + 3\ H_2O$	–	0,67
Essigsäure	$C_2H_4O_2 + 2\ O_2 \rightarrow 2\ CO_2 + 2\ H_2O$	–	1,0
Citronensäure	$C_1H_{1,71}O_{0,33}N_{0,25} + 1{,}08\ O_2 \rightarrow 1\ CO_2 + 0{,}48\ H_2O + 0{,}25\ NH_3$	–	0,93
	Wachstum auf Citronensäure	–	–
	(X = $C_1H_{1,721}O_{0,33}N_{0,25}$) (M_x = 22,5 g/mol)		
Glucose	$C_6H_{12}O_6 + 0{,}94\ NH_3 + 1{,}97\ O_2 \rightarrow 3{,}75\ X + 2{,}25\ CO_2 + 4{,}2\ H_2O$	0,50	1,143
	(M_x = 24 g/mol)	6,4	
	$Y_{X/O}$		
Pflanzenöl	$C_{14}H_{26,4}O_{2,75} + 1{,}57\ NH_3 + 12{,}83\ O_2 \rightarrow 6{,}27\ X + 7{,}82\ CO_2 + 10{,}2\ H_2O$	0,59	0,61
Protein	$C_{4,5}H_{7,15}O_{1,46}N_{1,28} + 2{,}76\ O_2 \rightarrow 1{,}71 + 2{,}8\ CO_2 + 0{,}83\ H_2O + 0{,}85\ NH_3$	0,4	1,011
Glucose mit EtOH-Bildung	$C_6H_{12}O_6 + 0{,}94\ NH_3 + 0{,}21\ O_2 \rightarrow 3{,}75\ X + 0{,}59\ C_2H_5OH + 1{,}08\ CO_2 + 2{,}44\ H_2O$	0,5	5,176
	(M_x = 24 g/mol)	0,15	
	$Y_{P/S}$		
EtOH	$C_2H_5OH + 0{,}35\ NH_3 + 1{,}52\ O_2 \rightarrow 1{,}38\ X + 0{,}62\ CO_2 + 2{,}34\ H_2O$	0,72	0,409

$$Y_{X/S} \equiv \frac{\Delta X_{\text{gebildet}}}{\Delta S_{\text{verbraucht}}} \quad (\text{in g } x/\text{g } s) \qquad \text{(Gleichung 2.31)}$$

Hieraus ergibt sich wiederum ein RQ von 1,0.

Der Wert für RQ ist vom Substrat abhängig. Der Ausbeutequotient ist nach Gleichung 2.31 definiert. Weiterhin muss angemerkt werden, dass Sauerstoff außerdem sowohl vom Substrat aufgenommen wie auch in der Biomasse oder im Produkt gebunden werden kann. Auch dies kann Abweichungen vom erwarteten Wert hervorrufen. Der RQ-Wert ist demnach davon abhängig, wie groß die Zellausbeute ist.

Am RQ lässt sich insbesondere die Bildung von Metaboliten als Fermentationsprodukte ablesen. In diesem Fall findet meist eine unvollständige Oxidation des Substrates statt und das Substrat wird nicht in Biomasse umgewandelt, sondern als niedermolekulares Produkt ausgeschieden.

Spezifischer Sauerstofftransportkoeffizient ($k_L \cdot a$) Eine wichtige Kenngröße ist der spezifische Sauerstofftransportkoeffizient $k_L \cdot a$. Dieser ist eigentlich eine Reaktor- und Mediumsgröße. Er setzt sich aus dem flüssigkeitsseitigen Stofftransportkoeffizienten k_L und der spezifischen Stoffaustauschfläche a zusammen. Der Kehrwert von k_L wird auch als Stoffübergangswiderstand bezeichnet. Der $k_L \cdot a$-Wert kann nach Gleichung 2.35 aus der Sauerstofftransferrate und dem Konzentrationsgefälle zwischen der Sauerstoffkonzentration an der Phasengrenzfläche c_L^* (Gleichung 2.33) und der Sauerstoffkonzentration im Medium c_L (Gleichung 2.34) berechnet werden. Die Sauerstoffkonzentration an einem bestimmten Punkt der Phasengrenzfläche ist vom Sauerstoffpartialdruck p_{O_2} an diesem Punkt und vom Henry-Koeffizienten H_{O_2} abhängig und kann nach Gleichung 2.31 berechnet werden:

$$c_L^* = \frac{p_{O_2}^*}{H_{O_2}} \approx \frac{p_{O_2}}{H_{O_2}} = \frac{p_{x,y,z} \cdot Y_{O_2}^{(x,y,z)}}{H_{O_2}} = f(x,y,z) \qquad \text{(Gleichung 2.32)}$$

Unter der Annahme, dass keine Ortsabhängigkeit im Reaktor existiert (vollkommen durchmischter Reaktor), entsprechen die Sauerstoffanteile im Reaktor $Y_{O_2}^{(x,y,z)}$ denen im Abgas $Y_{O_2}^{\omega}$. Für die Gelöstsauerstoffkonzentration bedeutet die vollkommene Durchmischung, dass der p_{O_2} nur zeit- und nicht ortsabhängig ist und daher nach folgender Gleichung berechnet werden kann:

$$c_L^* = \frac{p \cdot Y_{O_2}^{\omega}}{H_{O_2}} \qquad \text{(Gleichung 2.33)}$$

bzw.

$$c_L = \frac{p}{H_{O_2}} \cdot \left[\frac{\text{DO}}{100} \cdot Y_{O_2}^{\alpha}\right] = f(t) \qquad \text{(Gleichung 2.34)}$$

Dadurch lässt sich der Stoffübergangskoeffizient nach folgender Gleichung berechnen:

$$k_L \cdot a = \frac{\text{OTR}}{(c_L^* - c_L)} = \frac{\text{OTR} \cdot H_{O_2}}{p \cdot \left(Y_{O_2}^{\omega} - \frac{\text{DO}}{100} \cdot Y_{O_2}^{\alpha}\right)} \qquad \text{(Gleichung 2.35)}$$

Aufgrund der komplexen Zusammensetzung von Biomedien reicht dieses Verfahren nur zum Abschätzen der Werte. Die Berechnung des Sauerstofftransferkoeffizienten bietet folgende Bewertungsmöglichkeiten:

- den Vergleich von Fermentern (bei gleicher Fermentation in verschiedenen Bioreaktoren und Bioreaktortypen),
- die Beobachtung der zeitlichen Veränderung des Stoffüberganges und der Vergleich mit den Veränderungen anderer Prozessgrößen.

Substratausbeutekoeffizient ($Y_{X/S}$) Der Substratausbeutekoeffizient gibt das Verhältnis von gebildeter Biomasse zu verbrauchtem Substrat an (Gleichung 2.36). Er lässt sich grundsätzlich für jedes Substrat ermitteln, welches mit analytischen Methoden quantitativ bestimmt werden kann.

$$Y_{X/S} = -\frac{X(t_n) - X(t_0)}{c_S(t_n) - c_S(t_0)} \qquad \text{(Gleichung 2.36)}$$

Durch Vergleich der Substratausbeutekoeffizienten mit Literaturwerten können Aussagen über die Effizienz von Biomasse- und Produktbildung gemacht werden.

2.6.2 Regelalgorithmen und Automatisierung

2.6.2.1 Regelkonzepte – Fuzzy-Logik, Prädikation, Neuronale Netze

Die Messtechnik eröffnet auch im Sterilbereich immer mehr Möglichkeiten. Möchte man möglichst viele der verfügbaren Messgeräte nutzen, so führt das schnell zu einer unüberschaubaren Informationsflut. Nur in Verbindung mit der logischen und damit sinnvollen Verknüpfung der einzelnen Information in Form von direkten und indirekten Messgrößen durch Regelstrategien kann der Aufwand, so viele Informationen zu verwalten, gerechtfertigt werden. Um diese Vernetzung der Informationen überhaupt erreichen zu können, sind Modelle erforderlich (Abschnitte 6.2 und 6.5), die es ermöglichen, Prozesssituationen zu simulieren und damit die Auswirkungen und vor allem die Wechselwirkungen von Parameteränderungen zu erkennen, ohne dass dabei Schaden entstehen kann (Abschnitt 8.3.2, Sicherheitsanalyse).

Fuzzy-Regler sind die wichtigste Anwendung der Fuzzy-Theorie. Ihre Arbeitsweise unterscheidet sich merklich von derjenigen herkömmlicher Regler. Anstelle von Differenzialgleichungen wird das Expertenwissen zur Beschreibung eines

Systems herangezogen. Dieses Wissen kann auf eine sehr natürliche Art und Weise, durch Verwendung linguistischer Variablen, ausgedrückt werden, welche durch Fuzzy stets beschrieben werden.

Der Zweck einer Regelung ist es, auf das Verhalten eines Systems Einfluss zu nehmen, indem Veränderungen an Eingangsgrößen, die dieses System beschreiben, vorgenommen werden, um nach einer Modellvorstellung stets den optimalen Zustand aufrecht erhalten zu können.

Die klassische Regelungstechnik verwendet mathematische Modelle, um eine Beziehung zu definieren, welche den gewünschten (*Soll*) und den beobachteten Zustand (*Ist*) möglichst in Einklang bringen. Dieser verwendet den Ausgang eines Systems und vergleicht ihn mit dem Sollwert. Der geforderte Eingangswert richtet sich dann nach der Abweichung zwischen Soll- und Istwert und wird über ein mathematisches Modell bestimmt.

Fuzzy-Control ersetzt die Beschreibung eines Sytems als algebraisches Modell durch eine Anzahl kleinerer Regeln, welche im Allgemeinen nur einen Teilbereich des Systems beschreiben. Der Prozess der Rückkopplung verknüpft alle Regeln und führt so zu den gewünschten Ausgangswerten.

Als Anwendungsbeispiel für den Einsatz von Fuzzy-Logik sei die Regelung von Dekanterzentrifugen angeführt [149]. Mit Fuzzy-Logik gelingt es, eine ergebnisabhängige Überwachung der Entfeuchtung von körnigen Produkten in Dekanterzentrifugen durchzuführen, ohne dass eine komplexe mathematische Modellierung erforderlich wird. Allerdings ist eine empirische Optimierung der logischen Verknüpfungen und der Auslegung der Zugehörigkeitsfunktionen unerlässlich.

Immer leistungsfähigere Prozessoren erlauben die Qualitätssteigerung der prozessbegleitenden Modellierung. Modelle, die mit möglichst vielen Informationen, aufbauend auf Prozesserfahrungen, ausgestattet sind, versprechen vor allem bei solch sensiblen Prozessen, wie sie nun einmal von biotechnologischen Verfahren repräsentiert werden, für jeden einzelnen Prozessabschnitt eine stetige Optimierung der Ausbeute. Voraussetzung dafür sind möglichst detaillierte Kenntnisse der Zusammenhänge oder aber ein gebündelt Maß an gesammelter Prozesserfahrung, ähnlich einem Expertensystem.

Ein solches System, ein sogenanntes adaptives Modell, erlaubt während des Verfahrens die fortlaufend verbesserte Prozessdiagnose. Mit noch detaillierterer Information und entsprechender Rechnerkapazität können neuronale Netzwerke als „selbstdenkende" Modelle dem Operator noch frühzeitiger wichtige Informationen über die Fahrweise des Prozesses geben. Die wichtigste Voraussetzung für eine zuverlässige und nutzbringende Umsetzung in entsprechende Software, die möglichst exakte Kenntnis aller Prozesszusammenhänge, ist allerdings nicht ohne Weiteres zu erfüllen, denn dafür muss es gelingen, den gemachten Beobachtungen auch Vernetzungszusammenhänge zuzuordnen.

Die Möglichkeit, immer preiswerter an Rechnerkapazität zu gelangen, eröffnet viele neue Methoden der Informationsverwaltung. So wird in Betrieben mit komplexen Abläufen immer wieder der Gedanke aufkommen, angesammeltes Wissen mit logischen Verknüpfungen elektronisch aufzubereiten und so zur wiederkehrenden Optimierung der Prozessführung zu nutzen, ohne auf bestimmte Personen angewiesen zu sein. Die so aufbereitete Information wird meist unter dem Begriff „(Bio-)Informatik“ gehandelt und wird für viele Prozesse immer wertvoller.

Software-Tools Die Verarbeitung von Erfahrung, vor allem aber die kybernetische und die ihrer Wichtung angemessenen Erkenntnisse über einen Prozess nutzbringend umzusetzen, ist eine den Prozess ständig begleitende Herausforderung. Die effektive Umsetzung der gewonnenen Erfahrung verspricht eine zunehmende Verbesserung der Wirtschaftlichkeit. Dieses Wissen, auch unter dem Begriff „Erfahrung“ oder besser „Verfahrens-Know-how“ geführt, reicherte sich traditionell in der Betriebsmannschaft an und konnte nur punktuell umgesetzt werden, weil es nicht möglich war, das gesamte Wissen organisiert zu verwerten.

Mit modernen Rechnern ist man inzwischen in der Lage, alles Wissen zusammenzutragen, es heuristisch zu organisieren und zur Optimierung des laufenden oder eines neu zu entwickelnden Prozesses einzusetzen. Oft werden Erfahrungsberichte mit Modellvorstellung verknüpft, womit man imstande ist, gewisse Abläufe vorauszuberechnen, d. h.Vorhersagen zu treffen, um damit im laufenden Prozess zielgerichtet auf die individuelle Optimierung hinzuarbeiten. Damit sind neue Systeme gegeben, die die Verbesserung des Kosten-Nutzen-Verhältnisses laufender Verfahren durch ständige Optimierung der Prozessführung ermöglichen. Die klassischen, aber auch kostspieligen *Trial-and-error*-Methoden zur Optimierung der Verfahrensweisen können somit durch moderne Methoden ersetzt werden, die primär das verfügbare *A-priori*-Prozesswissen systematisch nutzen [150].

Solche Systeme sind unter den Begriffen „Expertensysteme“, „Prädikative Modelle“, „Neuronale Netzwerke“ und „Hybride Modelle“ im Umlauf. Zur Umsetzung dieser Methoden sind verschiedene Instrumente vorhanden, wie leistungsfähige Rechner mit entsprechenden Betriebssystemen und einer möglichst bedienungsfreundlichen Software. Als bekannte und gängige Betriebssysteme haben sich z. B. UNIX, WINDOWS NT, WINDOWS 95, MS-DOS, MacIntosh, Open VMS oder LINUX etablieren können.

Vollständig mechanistisch begründete mathematische Prozessmodelle sind für viele Fälle zwar wünschenswert, in der Praxis jedoch nicht in der zur Verfügung stehenden Zeit mit vertretbarem Aufwand umsetzbar. Um auf das gesamte verfügbare Know-how auch dann nicht verzichten zu müssen, wenn es noch nicht in Form streng mathematischer Modelle vorliegt, wurden hybride Modelle entwickelt [151]. Diese erlauben die Prozesskomponenten, über die nur heuristische Kenntnisse vorliegen, in Form von Regeln zu beschreiben und mit Rechnern zu verarbeiten. Liegen Daten aus abgeschlossenen Produktionsfahrten vor, so können diese über die Einbindung von *Black-box*-Modellen zur Verbesserung der quantitativen Prozessbeschreibung beitragen. Hier erweisen sich künstliche neuronale Netzwerke als wesentlich leistungsfähiger als die traditionell verwendeten Ingenieurkorrelationen. Selbstverständlich werden die bereits aufgeklärten Aspekte eines Prozesses in hybriden Modellen weiterhin mithilfe mathematischer Teilmodelle beschrieben [150]. Mithilfe dieser hybriden Modelle und einer iterativen Optimierungsstrategie durch ein Wechselspiel zwischen Rechner modellgestützter

Optimierung und Experiment können selbst sehr komplexe biotechnologische Produktionsabläufe mit vertretbarem Aufwand signifikant verbessert werden [150]. Diese Methode kann dazu verwendet werden, mit geringem experimentellem Aufwand, und damit schnell und kostengünstig die optimale Führung für einen neuen Prozess zu entwickeln.

Eine solche Methode kann aber auch, oder gerade, zur Optimierung laufender Produktionsprozesse verwendet werden. In diesen Fällen kann man auf ein weit größeres Datenpotenzial zurückgreifen, was die Chance erhöht, wichtige prozessbeschreibende Komponenten wie die Kinetik mit Neuronalen Netzen noch zuverlässiger zu beschreiben [150].

Um solche Modelle in die Praxis umsetzen zu können, müssen Softwarepakete zur Verfügung stehen. Eines davon ist das Paket „HybNet" [150]. Mit diesem universell einsetzbaren Programmsystem kann ein großer Teil des verfügbaren Wissens für die Verbesserung von Prozessen aktiviert werden. Es nutzt neben konventionellen mathematischen Modellen insbesondere das Know-how, das Experten in der Praxis in heuristischen Regeln gefasst haben, und mithilfe von künstlicher Intelligenz, sogenannten Neuronalen Netzen, die Informationen, die in industriellen Datenrecords stecken [150].

2.6.2.2 Automatisierung und Automatisierungsgrad

Solange die künstliche Intelligenz noch nicht weit genug entwickelt war, musste jeder Prozess weitgehend mit der Hand gefahren werden. Das führte dazu, dass die Reproduzierbarkeit und damit auch die Qualitätssicherung stark vom Expertenwissen einzelner Mitarbeiter abhingen. Personalveränderungen brachten dabei oft Probleme für die Prozessführung mit sich.

Aufgrund der Verfügbarkeit hoher künstlicher Intelligenz, die zusehends kostengünstiger wird, kann das Expertenwissen mehr und mehr auf eine automatische Steuerung (Automatisierung) übertragen werden. Ziel moderner Betriebskonzepte (Anlagenkonzepte) zur Steuerung von Prozessen muss es somit sein, eine optimale Balance von Automatisierung und manuellem Eingriff zu finden.

Der Automatisierungsgrad muss dabei anhand der vorliegenden Randbedingungen (Flexibilität – Qualitätssicherungsgrad – Prozessweiterentwicklung – Prozess-Know-how ...), der Kostenanalyse (Personal – Hardware – Software – Messtechnik – Verluste ...) und des Prozessrisikos (Sicherheit/allgemeine Gefahren – Umweltbelastung ...) festgelegt werden.

Ein einleuchtendes Beispiel für eine sinnvolle und weitgehende Automatisierung sind automatisierte Sterilisationsabläufe an einem Bioreaktor. Vor allem wenn es sich um eine moderne, anspruchsvolle Fermentationsanlage mit Vorfermentation, Feed- und Korrekturmittelvorlagen handelt, wird ein Prozess schnell unübersichtlich, sodass eine rein manuelle Fahrweise zu einer mit Blick auf die Steriltechnik fatalen Fehlerhäufung führen kann [1].

Einfache traditionelle Fermentationsprozesse, wie die Ethanolherstellung, die Produktion von Bäckerhefe oder die Gewinnung von racemischer Milchsäure (Sorbose, Glutaminsäure) schienen keines besonderen Automatisierungsgrades zu bedürfen. Sobald aber höhere Anforderungen an die Qualitätssicherung, aber auch an die Effektivität des Prozesses, wie im Fall von GMP-Prozessen für Pharmaprodukte (Kapitel 8), bestehen oder die Wirtschaftlichkeit einer Verbesserung bedarf, lässt sich mit den Möglichkeiten moderner Prozessleitsysteme (PLS) ein bestimmter Automatisierungsgrad nicht mehr umgehen.

Der sinnvoll zu installierende Automatisierungsgrad muss dabei ermittelt werden und hängt dabei von folgenden Einflussgrößen ab:

- Personalkosten;
  - Investitionskosten, Kapitalkosten, Abschreibung, Reparatur/Wartung/Update;
  - Steuerkonzept – linear, vernetzt, verknüpft, kybernetisch;
  - Umfang/Grad der Komplexizität;
- Sensitivität – Qualitätsanforderungen, Anforderung an die Reproduzierbarkeit;
  - Werkzeuge – Fuzzy-Logik, Expertensystem, Prädikation, Neuronales Netz, modellbasierte Regelung, klassische Regelverfahren.

Die treibenden Faktoren für eine Automatisierung sind die Verfügbarkeit (Zuverlässigkeit) der Produktionsanlage, Produktivitätssteigerung, Energie- und Rohstoffeinsparung, Ausbeutesteigerung, Rationalisierung, Steigerung der Wirtschaftlichkeit, Flexibilität, Reproduzierbarkeit, Qualitätsmanagement, Haftung, Transparenz, Prozessoptimierung, Humanisierung, Komfort, Wartungsfreundlichkeit, Kostensenkung für Wartung und Anschaffung, Personalreduktion, Anlagensicherheit, Umwelt und GMP-Anforderungen [152].

Da verfahrenstechnische, insbesondere aber bioverfahrenstechnische Prozesse eine hohe Komplexizität und Vielfalt an Ausnahmesituationen aufweisen, ist eine Gesamtautomatisierung dieser Anlagen nicht möglich. Manuelle Tätigkeiten und Eingriffsmöglichkeiten sind aufgrund nicht fix modellierbarer Abläufe, insbesondere instationärer Intermezzos, hervorgerufen durch Störungen, die durch Aufschaukeln von nicht stimmigen Effekten zustande kamen, unentbehrlich.

Letztendlich wird die komplexe Entscheidungsfindung für den Grad einer Automatisierung vom Kosten-Nutzen-Verhältnis, der gewinnbaren Anlagensicherheit und vor allem von der Modellierbarkeit, d. h. auch der Zuverlässigkeit des Prozesses (Reproduzierbarkeit) abhängen. Sollten in irgendeinem Punkt Zweifel nicht ausgeräumt werden können, empfiehlt es sich, den Grad der Automatisierung eine Stufe niedriger anzusiedeln [152].

An bestimmten Kriterien lässt dann auch schnell erkennen, ob eine Anlage überautomatisiert ist. Eine Überautomatisierung liegt z. B. vor, wenn die installierten Automatisierungsfunktionen nicht genutzt werden. Oder wenn Langeweile aufkommt (Bediener, Personal), weil aus irgendeinem Grund ein festes Stammpersonal erforderlich bleibt. In solchen Fällen läuft man Gefahr, dass Desinteresse am Prozess entsteht, was unbedingt zu vermeiden ist. In solchen Fällen helfen interessante Trainingsprogramme, die einen Bezug zum Prozess und die Identifikation mit ihm bewirken.

Überautomatisierung liegt auch vor, wenn im Betrieb die Dokumentation der Prozessleittechnik (PLT) nicht mehr verarbeitet werden kann, entweder, weil der Datenfluss die Kapazität der Verwertung übersteigt oder aber das Verständnis zu all den einströmenden Daten nicht mehr aufgebracht werden kann. Anzeichen (Indikatoren) solcher Zustände können hartnäckige Diskussionen über zusätzliche Instrumentierungen wie Fuzzy-Control sein, obwohl dieselben Funktionen in der herkömmlichen Automatisierung vorhanden sind [152].

Durch Automatisierung verspricht man sich, zumindest aus der Sicht der Automatisierungsindustrie, mehr Flexibilität. Voraussetzung ist eine funktionierende Automatisierungspyramide, die eine vertikale Integration durch Zugang zu aktuellen und gleichzeitig konsistenten Daten für die Prozessoptimierung fordert [153]. Anzustreben ist eine flexible Anlagenstruktur, die durch eine überschaubare Aufgabenteilung mit Informationsaustausch und Datenfluss erreicht wird. So ist für die kommerzielle und strategische Produktionsplanung (Marketing, Blick über den Tellerrand) das Unternehmensleitsystem (ULS) zuständig, während für die Steueraufgaben, die Mess- und Regelungstechnik innerhalb der verfahrenstechnischen Anlage das Betriebsleitsystem (BLS; MES, *management execution system*) verantwortlich ist und für die Prozessregelung, Prozessüberwachung und die Prozessdatenverwaltung (Erfassung, Dokumentation) das Prozessleitsystem (PLS) maßgebend ist [153].

Die Leittechnik ist die Gesamtheit der Maßnahmen, die im Sinne festgelegter Ziele einen erwünschten Ablauf eines Prozesses bewirken (DIN 19222, [154]). Die Funktionen und die Funktionalität einer Prozessleittechnik (PLT) sind nie autonom, es existiert stets ein Bezug zum zu regelnden Prozess. In gleicher Weise sind auch die verfahrenstechnischen Anlagen und Teilanlagen mit ihren Betriebsmitteln (MARA – Maschinen, Apparate, Rohrleitungen, Armaturen) nur in ganz wenigen Fällen ohne zugehörige Automatisierungstechnik betreibbar. Meist verleiht die Automatisierung dem verfahrenstechnischen Prozess die Betriebsstabilität [154]. Die PLT befasst sich mit dem zielgerichteten Zusammenwirken aller Anlagenteile, sie besitzt die ganzheitliche Sicht auf die Anlagen und integriert somit alle Fachdisziplinen. Um das sicherzustellen, wurden Computer-Aided-Engineering- oder kurz CAE-Systeme für die PLT entwickelt. Nach den Anwendungsfeldern kann man sie grob in Systeme für die Planung der leittechnischen Hardware und in Systeme für die Erstellung leitsystemtechnischer Software unterteilen. Die Systeme für die Planung leittechnischer Hardware lassen sich nochmals in Stromlaufplanungssysteme und MSR/PLT-Planungssysteme unterscheiden.

Ein weiteres Architekturmerkmal ist in der Integration der Grafik, der bildlichen Darstellung von Prozess und Messwertverläufen, zu sehen: Kombinierte Systeme verbinden Grafikobjekte mit Objekten in der Datenbank. Da es sich um eine getrennte Datenhaltung handelt, können die Datenbestände in der Grafik wie in der Alphanumerik auch auseinanderlaufen und müssen deshalb ständig aufeinander abgestimmt werden. Wird die Grafik dagegen auch in der Datenbank gehalten und ist die Manipulation am Objekt sowohl auf die grafische wie auch die alphanumerische Information gerichtet, entstehen Inkonsistenzen dieser Art nicht. Schließlich ist ein wichtiges Architekturmerkmal leittechnischer Systeme die Art und Weise, wie sie in das übergeordnete Gewerk der Anlagenplanung eingebunden sind. Hier sind i. d. R. die größten Defizite zu verzeichnen, weil die Systeme für Verfahrensentwicklung, Prozessplanung, Apparatebau, Rohrfachplanung, Prozessleittechnik und Bau zu oft getrennt entwickelt und genutzt wurden. Dies hat schließlich zu Systemen unterschiedlicher Architektur, Bedienphilosophie und Durchgängigkeit mit den bekannten Problemen der Doppeleingabe, inkonsistenter Informationen und eines in sich nicht stimmigen, über die gesamte Anlage reichenden Objektmodelles geführt [155, 156].

2.6.3 Das Prozessleitsystem (PLS)

2.6.3.1 Anforderungen an das Prozessleitsystem

Speicherprogrammierbare Steuerung (SPS) Waren ursprünglich die anspruchsvollen prozessleittechnischen Aufgaben ausschließlich den zentralen, übermächtigen Prozessrechnern vorbehalten, so konnten sich mit dem Aufkommen von kostengünstigen Bussystemen dezentrale Automatisierungsstrukturen entwickeln und durchsetzen. Inzwischen decken SPS-Systeme eine immer größer werdende Bandbreite zwischen dem unteren (Prozessregler/Industrieregler) und oberen Leistungsbereich ab [154]. Die ganz großen SPSen verlieren an Bedeutung. Folgende Entwicklung zeichnet sich ab:

- Standardfunktionen übernehmen mehr und mehr PCs, die über einen Bus mit den Feldgeräten am Prozess eingebunden sind.
- Komplexe Aufgaben, die ursprünglich nur von großen SPSen oder Prozessrechnern verwaltet wurden, werden ins Feld auf kleine, vernetzte SPSen verlagert. Damit wird die Komplexizität einer einzelnen SPS geringer, der Aufwand verringert sich.

Eine brauchbare Marktübersicht zu diesem Thema findet man in der Literatur [154].

Neben der Automatisierung einer Anlage mit einem PLS oder einer SPS stellt die Automatisierung mit Einzelgeräten, sogenannten Prozess- und Industriereglern, die dritte Möglichkeit dar. Vor der Entwicklung von Mikroprozessoren war sie der einzige Weg zur Automatisierung. Inzwischen stehen für Anlagen Prozessleitsysteme, an Einzelapparaten und Maschinen Speicherprogrammierbare Steuerungen zur Verfügung, während Einzelregler nur noch – und das immer seltener – in Kleinanlagen eingesetzt werden. Im Laufe der Entwicklung hatten Einzelregler zunächst den großen Vorteil einer modularen Aufbauweise. Das bedeutete, dass ein kostengünstiger Einstieg möglich war, der finanzielle Aufwand wuchs mit den Anforderungen an die Automatisierung. PLSe forderten dagegen immer eine enorme Einstiegsinvestition und schreckten dadurch in vielen Fällen etwas ab. Eine sehr umfangreiche Marktübersicht findet man auch zu diesem Themenblock in der Literatur [154].

Moderne, durch die Notwendigkeit verstärkter Qualitätssicherung geprägte Produktionsverfahren verlangen eine zuverlässige, umfangreiche Prozessführung, Prozessüberwachung, Prozessprotokollierung und Prozessautomatisierung. Solche hohen Ansprüche können zeitgerechte Prozessleitsysteme dank enormer Entwicklungen auf dem Gebiet der Mikroelektronik erfüllen. PLSe sind essenziell, um anspruchsvolle, weil überschaubare Bedien- und Beobachtungsflächen, komplexe Rezeptautomatisierungen oder nutzvolle Optimierungsstrategien zu schaffen.

Aus dem Blickwinkel der Bioverfahrenstechnik sind hinsichtlich der Prozessführung folgende Anforderungen an das Prozessleitsystem zu stellen:

- örtliche und zentrale Bedienung,
- Sicherheit durch Redundanz (Feld- und Zentralebene),
- umfassende Überwachung und Protokollierung,
- ausreichende Echtzeitfähigkeit,
- Offenheit und Interoperabilität,
- Durchgängigkeit.

Zwei Bedienebenen sind deshalb zwingend erforderlich, weil sowohl die Gesamtübersicht von der Messwarte aus (Zentralebene) als auch die Vorortbeobachtung (dezentrale Ebene) gegeben sein müssen. Oft wird es sinnvoll sein, neben dem Beobachterstatus auch beiden Ebenen die manuelle Eingriffsmöglichkeit einzuräumen. Die hierarchische Zuordnung muss im Einzelfall je nach Prozesssituation festgelegt werden. Meist wird es sich dabei um zeitlich befristete Phasen handeln, in denen der Prozess von einem Zustand in einen anderen überführt oder aber eine Unregelmäßigkeit wieder in rechte Bahnen geleitet werden soll. Wird z. B. ein Ansatz vorbereitet (Ansatzkessel in der Aufbereitung oder Bioreaktor), der vor Ort etliche manuelle Eingriffe erfordert, so muss das Vorrecht der Bedienung bei der dezentralen Stelle liegen. Gleiches trifft zu, wenn ein Alarm, z. B. ein Schaumalarm, gegeben wird und nur vor Ort durch visuelle Begutachtung die richtigen Entscheidungen getroffen werden können. Im Normalbetrieb und im Falle von anlagenübergreifenden Störungen, wenn also der Gesamtüberblick maßgebend ist, sollte das Vorrecht der Eingriffsmöglichkeit bei der Zentrale angesiedelt sein.

Prozessabläufe, die durch PLSe automatisiert sind, dürfen nicht durch noch so kurze Unterbrechungen der Abläufe oder Fehlbedienungen aus dem Konzept gebracht werden. Fehlchargen, der Absturz kontinuierlicher Prozesse, Zeit- sowie Materialverlust und damit hoher wirtschaftlicher Schaden wären die Folge. Um solche Situationen mit hoher Wahrscheinlichkeit ausschließen zu können, muss die Verfügbarkeit des Prozessleitsystemes erhöht werden. Zu diesem Zweck müssen zumindest Teile des PLS redundant ausgeführt sein, um im Falle einer Störung unterbrechungsfrei Abhilfe bieten zu können. Oft können Systeme dazu nur eine 1:1-Redundanz bereitstellen, das bedeutet eine doppelte Ausführung. Andere Systeme wiederum sind in der Lage, z. B. eine 1:8-Redundanz anzubieten, d. h. für acht aktive Elemente steht eines als Reserve für den Notfall bereit und soll dann einspringen und die Funktion des defekten Elementes übernehmen.

Egal welcher Kategorie (Rohstoff, Feinchemie, Lebensmittel, Pharma) ein verfahrenstechnischer Prozess angehört, er bedarf einer mehr oder weniger umfangreichen Dokumentation, um Regelmäßigkeiten zu bestätigen und Unregelmäßigkeiten auf die Spur zu kommen, die Ursachen dafür aufzuspüren, damit sie zukünftig vermieden werden können.

Im Falle von Produktionen mit gehobenem Anspruch an Qualitätssicherung (GMP, FDA; Kapitel 3) ist eine umfangreiche Dokumentation vorgeschrieben.

Der Mindestumfang der zur Verfügung stehenden Analog-Eingänge, Analog-Ausgänge und Diskret-Ausgänge bzw. -Eingänge einer Prozessstation hängt natürlich von der Aufgabenstellung ab. Ein Bioreaktor z. B. ist mit 15 Analog-Eingängen, 8 Analog-Ausgängen und 16 Diskret-Ausgängen sowie 8 Diskret-Eingängen gut ausgestattet. Damit ließen sich pro Prozessstation und damit pro Bioreaktor 8 Regelkreise, z. B. für zwei Temperaturen zur Kaskaden-Splitrange-Schaltung, für die Gelöstsauerstoffkonzentration, für den pH-Wert, für den Druck, für die Begasungsrate (Mass-Flow-Luft), für eine Gewichtsregelung (Massenbilanzierung) und für einen frei zu wählenden Parameter realisieren.

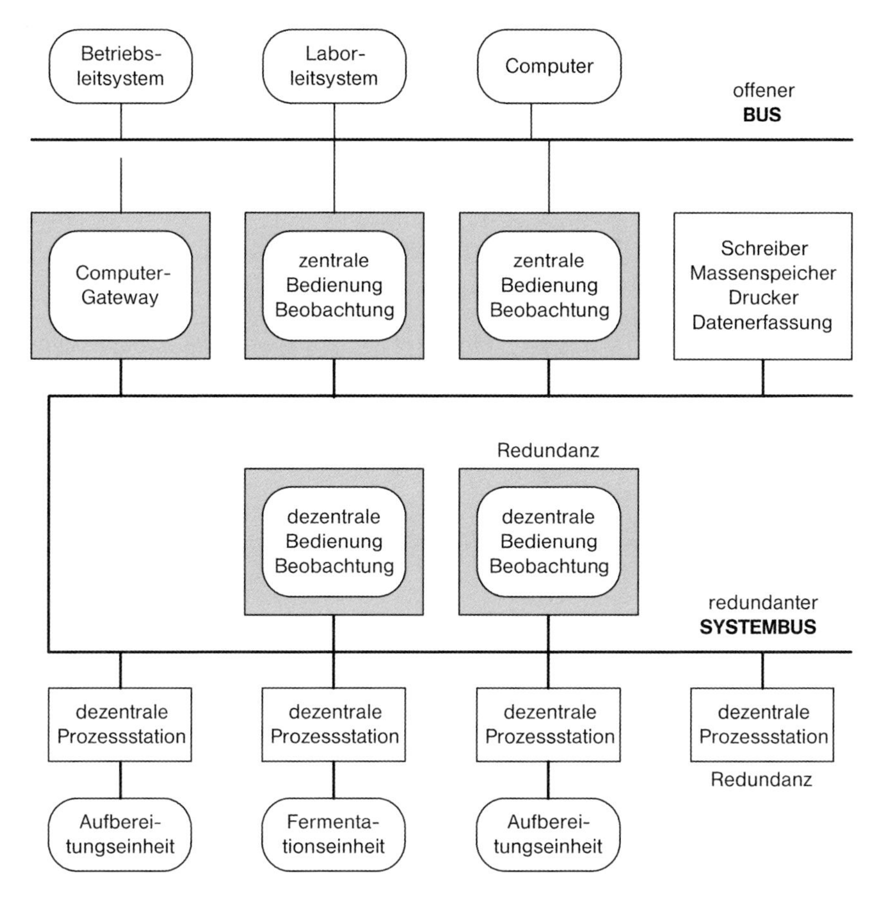

Abb. 2.54 Schema eines Prozessleitsystems mit Mindestausstattung: Die direkten Prozesskomponenten sind die Messwertaufnehmer in den einzelnen Verfahrensstufen Aufbereitung, Reaktion und Aufarbeitung. Vorteilhaft ist eine Vorortbeobachtung oder sogar bedienung. Letztendlich werden über Bussysteme zentrale Überwachungssysteme in verschiedenen Ebenen und Verknüpfungen aller Art möglich.

Solche Ansprüche bereiten Prozessstationen inzwischen überhaupt keine Probleme mehr. In der Regel können sie meist wesentlich mehr bieten als verlangt wird.

2.6.3.2 Beschreibung eines Prozessleitsystems

Die gestellten Anforderungen können durch das in Abb. 2.54 dargestellte System erfüllt werden. Allerdings genügt dieses PLS nur den Mindestanforderungen [154]. Die örtliche Bedienung wird in diesem Fall dadurch erreicht, dass jedem Bioreaktor vor Ort eine dezentrale Prozessstation, die sogenannte „Prozessnahe Komponente" (PNK), zugeordnet wird. An diese Komponente werden die Feldsignale angeschlossen.

Die PNK enthält einerseits die Ein-/Ausgangskarten für die Signalwandlung und andererseits Prozessorenkarten, auf denen die Regelungen und Steuerungen ablaufen. Ferner hat die PNK Schnittstellen, über die Peripheriegeräte wie Waagen oder zusätzliche externe Steuerungen angeschlossen werden [154].

Tabelle 2.29 Begriffe in der Prozessautomatisierung zur Orientierung und Einordnung [157].

Bezeichnung	Beschreibung	Aufbau
Prozessrechner (PR)	groß – leistungsstark – profihaft – unflexibel – teurer Einstieg (Mio) – nur in großen Anlagen	prinzipiell wie ein PC, jedoch mit industriellem Bussystem (kein Standard; z. B. VMEbus, VXIbus etc.)
SPS Speicherprogrammierbare Steuerung	von klein bis groß – schließt Lücke zwischen unterem Niveau zu oberem Niveau – bedingt flexibel – modularer Aufbau von unten nach oben nicht sinnvoll, wenn groß, dann groß Einsteigen ähnlich PR	handliche, kleine Version eines PR – ist deshalb vor allem in Stand-alone-Modulen und kleineren Anlagen zu finden
PC Personal-Computer	für kleine flexible Lösung – z. T. ausbaufähig bis mittel – standardisiert – preiswert – einfach erweiterbar Problem: Wandlerkarten sind teuer Vorteil: völlig frei programmierbar	CPU, RAM, ROM, PCI-Bus, Peripherie (serielle und parallele Schnittstelle, Harddisk, Maus, Tastatur, USB-Schnittstelle etc.)
Prozess- und Industrieregler	Vor-Ortlösung – modularer Aufbau im Kleinen, wird schnell unübersichtlich – Einzelgerätesteuerung – begrenzte Kommunikation untereinander – nur für einschleifige Regelungen geeignet	Mikroprozessor – Anschluss für Messeinrichtung – analoger oder/und digitaler Aus- und Eingang
CPU Zentrale Prozessoreinheit	bearbeitet Programme, die im RAM abgelegt, sind seriell	extern – Interrupteingänge – Busanschluss – Mikroprozessor
EPROM	fest programmierter Speicher – löschbar mit UV-Licht – Speicherung von Systemprogrammen (z. B. Bios) – während der Arbeit mit dem Rechner nur lesbar	es handelt sich um einen Chip
EEPROM	fest programmierter Speicher – Speicherung von Systemprogrammen (z. B. Bios) – während der Arbeit mit dem Rechner nur lesbar	es handelt sich um einen Chip

Der BUS (Systembus) verbindet die prozessnahen Komponenten untereinander und mit den weiteren Komponenten des PLS. Zu diesen Komponenten gehören die schon erwähnte Zentralstation, die gesamten Dokumentations- und Laboreinrichtungen bis hin zu zusätzlichen, autarken Prozessrechnern, die für den Prozess bei Bedarf weitere Informationen bereitstellen können. Dieser Bus wird stets redundant ausgeführt.

Darüber hinaus kann auch ein offener Bus (TCP/IP) vorhanden sein, der die offene Schnittstelle des PLS für die Datenverarbeitung darstellt.

Mehreren dezentralen Prozessstationen ist eine Redundanzstation zugeordnet, die die komplette Funktion einer anderen Station im Falle einer Störung übernehmen kann. Die autonomen, frei programmierbaren Prozessstationen bilden die Basis des bildschirmunterstützten Prozessleitsystemes. Die zentrale Kommunikationseinheit verbindet die intelligenten Prozessstationen mit mehreren Bildschirmbedienstationen. Weitere Komponenten wie Massenspeicher, Drucker und Schreiber sind ihr angeschlossen. Die Bildschirmstationen bieten alle für eine Prozessüberwachung erforderlichen Darstellungsformen und dienen des Weiteren der Darstellung und Bedienung der Steuerprogramme. Die Software des Systems sollte ein freies Erstellen von Darstellungen mit integrierter Bedienung von Steuerprogrammen auf dem Bildschirm ermöglichen. Die Kommunikationseinheit sowie die frei programmierbare Steuerung sollten ebenfalls redundant ausgeführt sein. Ein Bus verbindet alle Einheiten und sorgt für den Datentransfer.

Die Begriffswelt im Bereich der Automatisierungstechnik ist vielfältig. Einige der am häufigsten anzutreffenden Begriffe sind in Tab. 2.29 zusammengestellt und sollen helfen, die Übersicht zu bewahren.

Welches System nun für welchen Fall auszuwählen bzw. zu empfehlen ist, lässt sich nicht so ohne Weiteres angeben. Kompakte Prozessleitsysteme kommen sicher nur für Großanlagen in Betracht, denn nur dort ist der hohe Einstiegspreis gerechtfertigt. Kleine Anlagen oder Einzeloperationen lassen sich wirtschaftlich sinnvoll nur mit modular aufgebauten Systemen (SPS) realisieren. Lediglich aus Sicht der Prozessführung können Strukturen entwickelt werden, anhand derer die gewünschten und notwendigen Anforderungen an das zu wählende System gefunden werden können.

2.6.3.3 **Aufbau von Steuerprogrammen**

Steuerprogramme sollen zeitlich abgestimmte Veränderungen von Prozessparametern (Stell- oder Zustandsgrößen, Tab. 2.26) und Prozesssituationen einleiten oder einfach nur Dosierstrategien durchführen. Dabei kann es sich um eine reine zeitgesteuerte oder eine zustandsgesteuerte Variante handeln.

Zeitgesteuert sind Abläufe, bei denen entweder allein vorgegebene Zeitintervalle ohne Parameterkontrolle abgefahren werden, oder aber Parameter angefahren werden, die eine bestimmte Zeit konstant zu halten sind, um dann wieder eine neue Einstellung vorzunehmen und diese abzuarbeiten (Abb. 2.55). Ein typisches Beispiel für einen parameter-zeitgesteuerten Ablauf ist ein Sterilisationsprogramm. Beim Start des Programmes wird die erste Zieltemperatur (Sollwert 1) vorgegeben, z. B. die Sterilisationstemperatur T_S. Das Programm gibt den Reglern

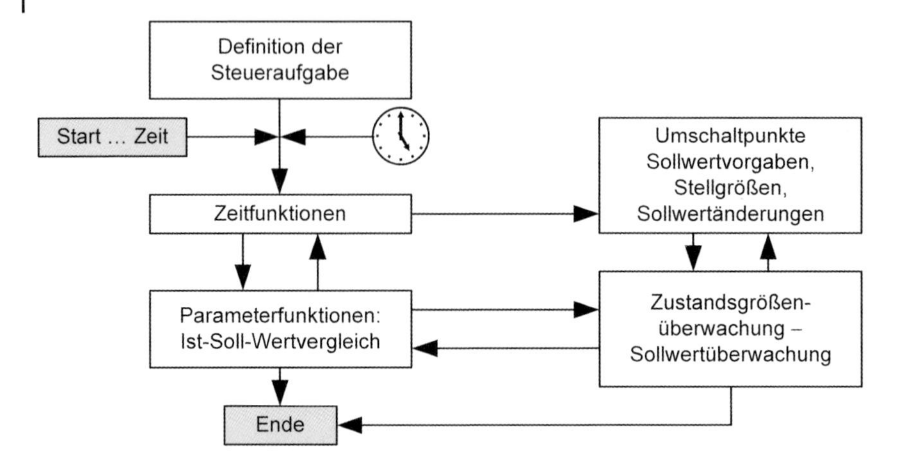

Abb. 2.55 Schematische Anordnung einer Struktur für ein Steuerprogramm, das sowohl zeit- als auch parametergesteuerte Abläufe beherrschen kann. Zeitgesteuert sind Programme, die nach festen Zeiten Änderungen einleiten, und parametergesteuert sind solche, die das Erreichen eines Sollwertes überwachen und danach Funktionen freigeben.

die erforderlichen Sollwerte vor und die Regler steuern die Stellglieder an, um die Sollwerte zu erreichen. Ist der angestrebte Sollwert erreicht, so startet die eingestellte Sterilisationszeit, gleichzeitig muss der Regler die Solltemperatur konstant halten. Sollte dies nicht gelingen, so muss vereinbart werden, wie das Programm darauf zu reagieren hat: Soll nur die Zeit angehalten werden, soll die Zeit angehalten und Alarm ausgelöst, soll die Zeit zurückgestellt und Alarm ausgelöst oder soll nur Alarm gegeben werden?

Eine reine zeitgesteuerte Aufgabe wäre gegeben, wenn in einen Anmaischbehälter nach kontrollierter Zugabe von einzumischenden Komponenten das Rührwerk nur eine gewisse Zeit eine hohe Leistungsdichte zum Zwecke der Dispergierung und schnellen Homogenisierung einträgt und dann wieder auf eine reine Homogenisier-Leistungsdichte zurückfährt.

Ein anderes Beispiel wäre eine zeitgesteuerte Chromatographie, wo nur nach Zeitvorgaben Beladung, Spülung, Eluierung und zweiter Spülzyklus nacheinander geschaltet werden. Auch halbkontinuierliche Zentrifugen, speziell für selbstaustragende Separatoren, können mittels zeitgesteuerter Programmabläufe betrieben werden, indem nach bestimmten Zeitabständen die Trommel entleert wird.

2.6.3.4 **Menüanwahl/Programmablauf**

Folgendes Beispiel zeigt eine Möglichkeit, wie ein Sterilisationsmenü aufgebaut werden kann:

Bei der Sterilisation einer Anlageneinheit in einem biotechnologischen Prozess empfiehlt es sich, zunächst die Einheit in überschaubare Sektionen zu unterteilen. Damit schafft man die Basis, die gesamte Sterilisation möglichst zuverlässig, weil überwachbar, wiederkehrend erfolgreich durchführen zu können.

Tabelle 2.30 Unterteilung einer Anlageneinheit in Sektionen am Beispiel eines Bioreaktors (auch Abb. 2.56) [1].

P-Nr.	Bezeichnung	Beschreibung	Verriegelung (VR) Kopplung (KP)
1	Kessel voll	Kessel mit Medium (teilweise) füllen, Batch-Sterilisationsprozess	VR: 3, 4, 5, 6, 7, 8, 10
2	Kessel leer	leeren Kessel mit Dampf z. B. über Zuluftleitung sterilisieren	VR: 3, 4, 5, 6, 7, 8, 10
3	Transferleitung	Vorkultur vom Vorfermenter zum BIR oder Feed von Vorlage	VR: 1, 2
4	Zuluftgruppe	Zuluftsterilfilter mit Ventilen inkl. 3er-Gruppe	VR: 1, 2
5	Abluftgruppe	Sicherheitseinheit (Berstscheibe, Schauglas), Abgaskühler, Sterilfalle, Abgassterilfilter	VR: 1, 2
6	Säurevorlage leer	leere Vorlage mit Dampf über Belüftungsleitung	VR: 1, 2
7	Laugevorlage leer	leere Vorlage mit Dampf über Belüftungsleitung	VR: 1, 2
8	Antischaummittelvorlage leer	leere Vorlage mit Dampf über Belüftungsleitung	VR: 1, 2
9	Antischaummittelvorlage voll	AS-Vorlage gefüllt mit AS-Mittel	
10	Antischaummittel-Transferleitung	vom Bodenablassventil der AS-Vorlage bis zur 3er-Gruppe	VR: 1, 2
11	Erntetransferleitung	vom Bodenablassventil des BIR zum Erntekessel	

Ein Bioreaktor lässt sich in zehn Sektionen unterteilen (Tab. 2.30). Damit kann die gesamte Anlageneinheit „Bioreaktor" sektionsweise abgearbeitet werden. Die Programmstruktur muss die erforderlichen Übergaberegeln an den Schnittstellen der einzelnen Sektionen berücksichtigen.

Damit der Bioreaktor sowohl nach herkömmlichen Vorstellungen, also gefüllt mit dem Medium (Teilmedium), als auch leer sterilisiert werden kann, sollte je ein Programm für „BIR voll" und „BIR leer" zur Verfügung stehen. Doch bevor der Bioreaktor sterilisiert werden kann, müssen einige Peripheriesektionen bereits sterilisiert sein. Die Peripheriesektionen Zuluftsektion (4), Abluftsektion (5), sämtliche Vorlagensektionen (6, 7, 8) inklusive der Transferleitungen (3, 10) müssen bereits sterilisiert sein, bevor der Reaktor sterilisiert werden kann, weil die jeweilige Schnittstelle die entsprechende 3er- bzw. 4er-Gruppe ist (Abb. 2.56 und Tab. 2.30).

Alle diese Sektionen können gleichzeitig sterilisiert werden, aber auch in umgekehrter Reihenfolge, d. h. erst der Reaktor, dann die Peripheriesektionen. Die jeweilige 3er- oder 4er-Gruppe (Ventilgruppe) stellt dabei die Schnittstelle und damit auch die Übergabestelle dar, an der die Sterilisationsabläufe lückenlos ineinander übergehen müssen. Lediglich die Programme 9 und 11, also die volle Antischaummittelvorlage (9) und die Ernteleitung (11), sind unabhängig sterilisierbar.

Ist man sich sicher, dass die Reihenfolge der Sterilisation immer erst von der Peripherie (z. B. vom Sterilfilter) und danach aus dem Reaktor erfolgt, dann reicht es, das Ventil am Peripheriemodul anzubohren. Man kommt damit ohne Trapez aus.

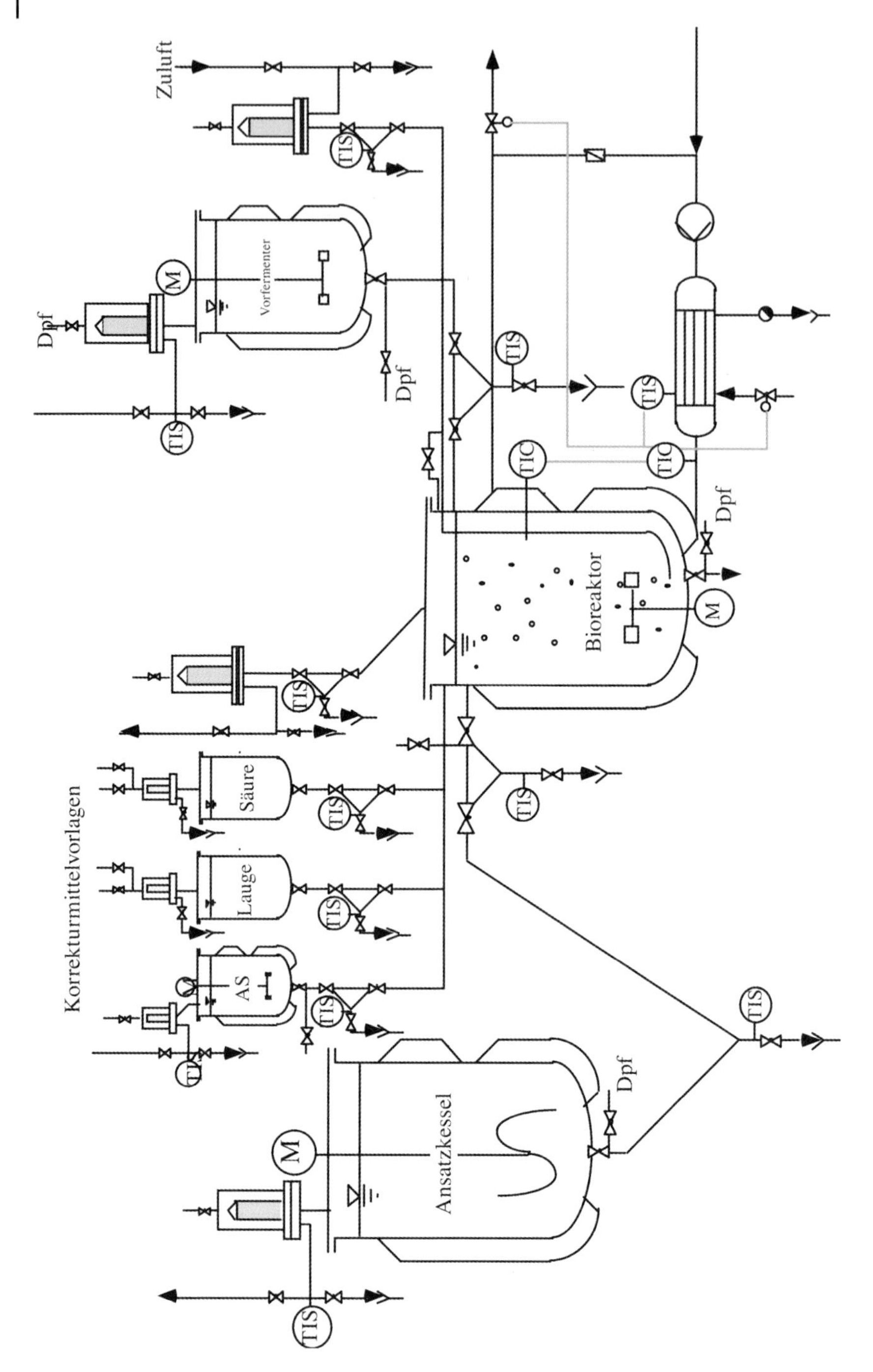

Abb. 2.56 Eine komplette Bioreaktoranlage mit allen peripheren Sektionen (Zuluft, Abgas, Korrekturmittel, Feed).

2.6.4 Einführung in die Bioinformatik

2.6.4.1 Zum Begriff der Bioinformatik

Die Bioinformatik versteht sich heute als die Wissenschaft von der Informationsverarbeitung in lebenden Systemen [158]. Sie führt die im Zentrum des technischen Fortschritts stehenden Disziplinen Informationstechnik und Molekularbiologie zusammen. Man kann sie folglich als Schnittmenge aus den Bereichen Biologie und Informatik bezeichnen (Abb. 2.57).

Die Flut von Informationen, die insbesondere im Bereich der Molekularbiologie und dort speziell in der Genomforschung anfallen, erfordert zwingend eine strukturierte, systematische Organisation der Daten inklusive aller erkannten und vermuteten Zusammenhänge bzw. Verknüpfungen.

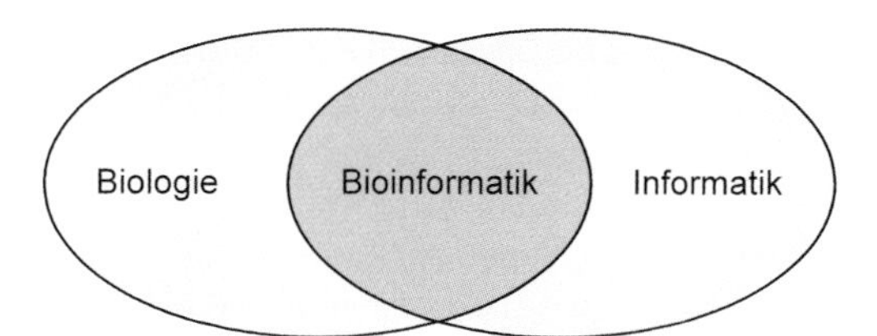

Abb. 2.57 Schnittmengenmodell. Der Zustrom an Informationen im Bereich der Biologie, insbesondere der Teilgebiete Molekularbiologie (Gentechnologie) und Biochemie (Protein Engineering), ist so enorm, dass sie kaum noch übersehbar ist. Die modernen Werkzeuge der Informatik können dieses Manko beseitigen und Ordnung in die Datenflut bringen [159].

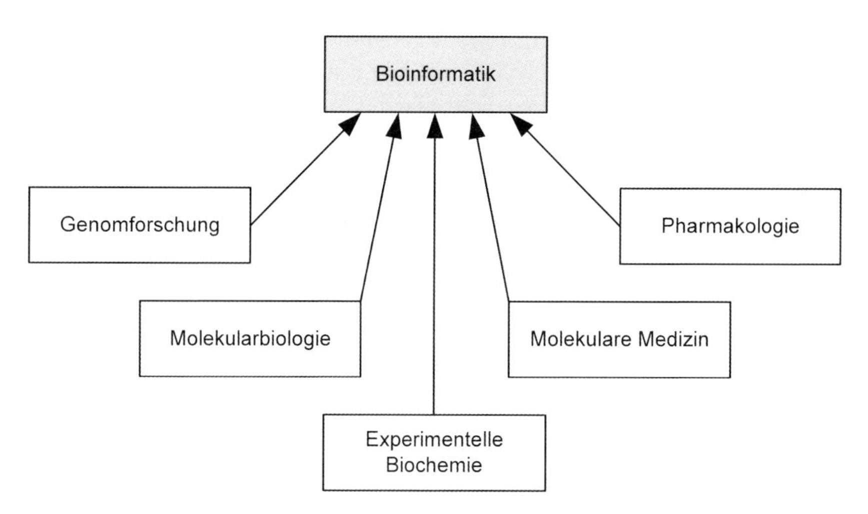

Abb. 2.58 Die Bioinformatik ist ein anwendungsorientierter Zweig der Informationstechnik und führt zu Schlüsselprodukten, welche die Verarbeitung von biologischen Informationen ermöglichen [160].

Den Überbegriff dieser Datensicherung repräsentiert die Bioinformatik. Das Hauptziel muss es sein, alle gewonnenen Erkenntnisse und deren Interpretationen festzuhalten. So gesehen entpuppt sich die Bioinformatik als ein Expertensystem in Sachen Genomforschung.

Ein wesentlicher Aspekt der Bioinformatik ist auch die Zusammenarbeit mit einer Reihe von Naturwissenschaften. Hierzu gehören im Wesentlichen die Experimentelle Biochemie, die Molekulare Medizin, die Molekularbiologie, die Pharmakologie und die Genomforschung (Abb. 2.58). Auch die Kontaktpflege mit den Entwicklern der erforderlichen Softwaretools, also mit Informatikern und Ingenieuren, ist in jedem Fall zu empfehlen.

2.6.4.2 **Entwicklung der Bioinformatik**

Das erste, große Projekt, das die Bioinformatik ins Leben rief, war das Humangenomprojekt. Dieses 1990 gestartete, international koordinierte Projekt ist mit einem Budget von ca. 3 Milliarden US-Dollar das größte, das jemals in der Biologie begonnen wurde. Durch diese gewaltigen Anstrengung konnte das komplette „genetische Buch", also alle drei Milliarden „Buchstaben", mit denen der humane Grundplan beschrieben ist, bis zum Jahr 2005 entschlüsselt und alle ca. 100 000 menschlichen Gene identifiziert werden.. Seit 1995 beteiligte sich auch Deutschland mit jährlich ca. 40 Millionen DM an diesem Projekt. Durch die Automatisierung und die dramatische Verbesserung der Qualität der DNA-Sequenzierung ist eine gewaltige Ansammlung von biologischen Daten angefallen. Diese Fülle an Informationen war der eigentliche Grund, dass in den USA, England und Deutschland das Gebiet der Bioinformatik entstand, das sich derzeit als eigenständige Disziplin in Tagungen, Publikationen und internationalen wie nationalen Förderprogrammen neben den Mutterdisziplinen Informatik, Biologie und Chemie etabliert.

Heute gibt es viele selbständige Projekte, deren Ziel es ist, die genetische Information eines speziellen Organismus zu entschlüsseln. Gegenwärtige Datensammlungen umfassen etwa 200 000 Proteinsequenzen und 750 Millionen Basen aus Nucleinsäuresequenzierungen. Durch die Entwicklung der Sequenziertechnik ist es bis heute gelungen, ca. zehn mikrobielle Genome weitgehend zu entschlüsseln (Tab. 2.31).

Diese Datenmengen werden sich voraussichtlich in einem Zeitraum von ca. drei Jahren verdoppeln. Das Vorliegen der Genpools verschiedener Organismen eröffnet völlig neue Zugänge zur vergleichenden Identifizierung funktioneller Eigenschaften, schafft allerdings auch eine große Anforderung an die Speicherung, Organisation und Analyse der gewonnen Informationen.

Das Internet und speziell das World Wide Web sind zu Werkzeugen geworden, die Forschern in der Biologie und Medizin eine große Hilfe bieten. In den letzten Jahren ist die Anzahl von biologisch interessanten Daten und Analysentools im Internet stark angestiegen. Doch nicht nur die Verfügbarkeit der biologischen Informationen, sondern auch die Benutzerfreundlichkeit hat sich gebessert. Der Wert der im Internet enthaltenen Informationen ist für viele Anwender größer als der entstehende Zeitaufwand und die Kosten. Oftmals bietet das Internet die einzige Möglichkeit, schnell an spezielle Informationen zu gelangen.

Tabelle 2.31 Liste einiger sequenzierter Organismen [196].

Organismus	**Länge des Genoms (kbp)**	**Jahr der Fertigstellung**
Mycoplasma genitalium	760	1995
Mycoplasma pneumoniae	800	1996
Methanocaldococcus jannaschii	1660	1996
Haemophilus influenzae	1830	1995
Synechocystis sp.	3570	1996
Escherichia coli	4640	1997
Saccharomyces cerevisiae	12 060	1996
Schizosaccharomyces pombe	14 000	2002
Arabidopsis thaliana	120 000	2000
Caenorhabditis elegans	100 000	1998
Drosophila melanogaster	140 000	2000
Homo sapiens	2 300 000	2006

Web-Seiten mit biologischem Inhalt beinhalten nicht nur Informationen zu biologischen Themen, sondern oftmals auch Links zu molekularbiologischen Datenbanken und eine Fülle von Analysenprogrammen. Besondere Aufmerksamkeit ist den Seiten verschiedener Institutionen wie denen des NCBI, European Bioinformatics Institute (EBI) und der Biocomputing Service Group (DKFZ Husar) zu schenken. Hier können z. B. Anfragen über die Sequenz humaner Gene, Genomvergleiche etc. via E-mail gestellt werden [159].

2.7 Stellung und Aufgaben der Verfahrenstechnik

Der Verfahrenstechnik kommt die Aufgabe zu, in jeder Phase der Projektentwicklung den Blick „nach vorne" zum eigentlichen Maßstab zu richten. Viele Entwicklungen im Labormaßstab müssen bei der Übertragung in den Produktionsmaßstab einfach fehlschlagen, weil manche Übertragungsparameter nicht oder zumindest nicht linear übertragen werden können. Das hat zur Folge, dass viele Entwicklungen im Labor in eine Sackgasse führen, wenn nicht zu gegebener, früher Zeit auch Verfahrenstechniker in den Entwicklungsprozess mit eingebunden werden. In Abb. 2.66 ist dargestellt, wie sich Scale-up-Kriterien maßstabsabhängig gestalten. Es lässt sich daraus erkennen, dass sich alle anderen Kriterien verändern, wenn nur ein Kriterium konstant gehalten werden soll. Das bedeutet natürlich andererseits, dass bei der Prozessentwicklung schon in einem sehr frühen Stadium darauf geachtet werden muss, welches Kriterium, welche Übertragungsregel für den Prozess die maßgebende Rolle spielt. Und das genau ist die Aufgabe eines Verfahrensingenieurs, der dem Biologen und dem Biochemiker den Weg weisen muss, welche Parameter zu optimieren sind und welche weniger von Bedeutung sind. Oberste Leitgröße muss und wird dabei die Wirtschaftlichkeit eines Prozesses sein. Danach müssen die Entwicklungsstrategien ausgerichtet werden, um schon zu Beginn einer jeden Prozessentwicklung gezielt dem möglichen Optimum nahe zu kommen.

Weitere wichtige Aufgaben der Verfahrenstechnik bestehen darin, Mediumskomponenten in optimaler Weise zusammen zu setzen, die aus einer geeigneten Versuchsplanung hervorkommt, die erforderlichen Bilanzgleichungen aufzustellen, den Einfluss der Verweilzeitverteilung im Falle kontinuierlich betriebener Prozesse auf das Reaktionsergebnis zu beschreiben und vor allem die passenden Aufarbeitungsschritte zu beschreiben.

Jeder verfahrenstechnische Prozess, so auch die biotechnologischen Verfahren, muss über einen zur Reaktion hinführenden Verfahrensteil der Aufbereitung (Upstream-Processing) sowie über einen nachgeschalteten Verfahrensteil der Aufarbeitung (Downstream-Processing) verfügen.

Die Zielsetzung der Bioreaktionstechnik ist es, möglichst reproduzierbare Reaktionen zu fahren. Voraussetzung dafür sind allerdings reproduzierbare Startbedingungen bzw. Randbedingungen, die wiederum nur durch gezielte Aufbereitungsmaßnahmen erreicht werden können. Dazu zählen Upstream-Operationen, wie Reinigungsprozesse, Anmaisch- und Konditionierungsverfahren, sowie die Sterilisation. Die Reinigungsprozesse sollen Substanzverschleppung oder gar Anreicherungen vermeiden. Anmaischverfahren sollen die erforderlichen Stoffe, insbesondere Feststoffe, in immer gleicher Art und Weise verfügbar gestalten. Die Konditionierungsverfahren sollen die gleichbleibende Zusammensetzung der Einsatzstoffe gewährleisten, auch wenn bei der Anlieferung Schwankungen vorkommen können. Schließlich ist eine sachgerechte Sterilisation eine wichtige Voraussetzung für die Reaktion, denn ohne eine ausreichende Sterilisation kann eine Kontamination entstehen, damit eine „Fehlreaktion“. Eine zu intensive Sterilisation erzielt zwar das Ergebnis „steril“, allerdings besteht in diesem Fall die große Gefahr, dass wichtige (essenzielle) Inhaltsstoffe zerstört werden und sich Reaktionsprodukte bilden, die inhibierend auf den Katalysator, den Mikroorganismus, wirken, sodass auch in diesem Fall kein zufriedenstellendes Reaktionsergebnis zustande kommen kann.

Der Part des Downstream-Processing stellt in den meisten biotechnologischen Verfahren den weitaus größten Anlagenteil dar (Abb. 2.59 sowie Kapitel 7 und 10). Wenn man sich die komplexen Gemische von Fermentationsbrühen näher ansieht und dann die Forderung nach hochreinen Endprodukten stellt, leuchtet sehr schnell ein, dass der Aufarbeitung eine wesentliche Rolle in einem Verfahrensprozess zukommt. Nicht zuletzt folgen häufig einer einzigen Reaktionsstufe fünf, zehn und mehr Aufarbeitungsstufen. Dieser Sachverhalt bedeutet, dass die Aufarbeitung in einem biotechnologischen Verfahren eine besondere Stellung einnimmt.

Ziel der Aufarbeitung ist es, das Wertprodukt aus einem Gemisch, bestehend aus Edukten, Produkten, Nebenprodukten, Katalysatoren und Medium, abzutrennen. In Einzelfällen ist es auch die Aufgabe, chemische bzw. chemisch-physikalische Veränderungen am Wertstoff vorzunehmen. Das erfordert viel Sorgfalt bei der Auswahl geeigneter Verfahrensschritte, deren Kombination, geeigneter Ma-

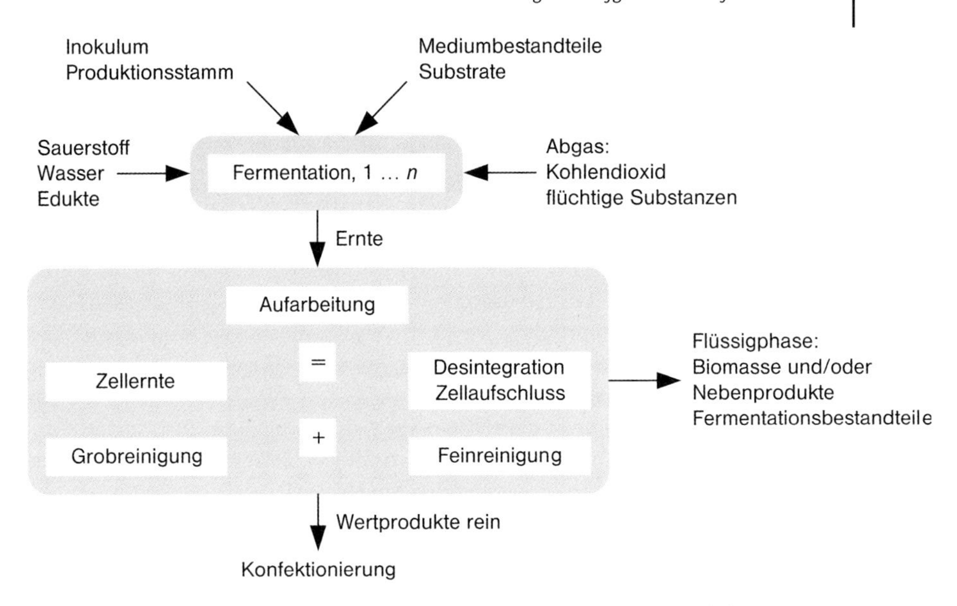

Abb. 2.59 Schematische Anordnung des Prozessablaufes biotechnologischer Verfahren von der Fermentation zur Aufarbeitung, ohne Aufbereitung mit den auftretenden Eingangs- und Ausgangsströmen. Dem eigentlichen Kernprozess schließt sich die Konfektionierung an, wo das Produkt in den endgültigen Verbraucherzustand gebracht wird.

schinen und Apparate sowie eine sorgfältige Spezifikation der erforderlichen Schnittstellen. Oft wird auch die Wirtschaftlichkeit entsprechende Randbedingungen für die zu wählenden Unit Operations vorgeben.

Aus wirtschaftlicher Sicht stellt die Aufarbeitung meist den gewichtigsten Verfahrensteil dar, d. h. dass die Gestaltung der Aufarbeitung maßgeblich über die Wirtschaftlichkeit des Gesamtverfahrens entscheidet. Wesentliche Voraussetzung für eine erfolgreiche Umsetzung eines Gesamtprozesses ist, dass die Schrittkette der Aufarbeitung bereits bei der Verfahrensentwicklung im Labormaßstab mitentwickelt wird, insbesondere dann, wenn Rückführungen notwendig werden und Untersuchungen hinsichtlich der Anreicherung (Aufschaukeln) von bestimmten Substanzen zu erwarten sind. Solche Situationen können eigentlich nur in integrierten Prozessen untersucht und erkannt werden, was im Labormaßstab Miniplantanlagen erfordert (Kapitel 8).

Die letzte(n) Stufe(n) eines verfahrenstechnischen Prozesses gehören der Konfektionierung, dem sogenannten Finishing. Unter Konfektionierung versteht die Verfahrenstechnik, die für den Verbraucher endgültige Fassung des Produktes zu schaffen. In diesem letzten Schritt müssen alle für das Produkt typischen Eigenschaften reproduzierbar eingestellt werden. Zu diesen Konfektionierungsoperationen können z. B. Trocknungsverfahren, Dialyse- bzw. Chromatographieprozesse oder Beschichtungs- und Konservierungsmaßnahmen gezählt werden.

2.7.1 Bedarf und Abbau von Mediumsbestandteilen

Die Mediumszusammensetzung, vor allem aber auch die zeitliche Zugabe der einzelnen Komponenten, bestimmt wesentlich die Effektivität eines biotechnologischen Prozesses. Es ist auch notwendig, danach das Verfahrensprinzip (Verfahrensführung, Kapitel 6) auszuwählen. Der weit verbreitete Batchprozess liegt oft weit weg vom Optimum, sodass andere Fahrweisen effektiver wären. Durch hohe Konzentrationen einiger Substrate wird z. B. die Bildung vieler sekundärer Metabolite katabolisch reprimiert. Die kritischen Nährlösungsbestandteile werden deshalb in einem Fed-Batch-Prozess zu Beginn einer Fermentation in geringen Konzentrationen vorgelegt [26].

Im Allgemeinen wird nicht die vollständige Nährlösung zugeführt, sondern nur wenige, für die Produktbildung wichtige Bestandteile. Meist sind es Kohlenhydrate (Glucose, Stärke), seltener Stickstoffverbindungen (z. B. Hefeextrakte) oder auch Salze (z. B. Eisenchlorid).

In einigen Verfahren ohne Feedback-Kontrolle wird der Feed ohne Online-Messung kontinuierlich oder intermittierend zugefüttert. Bei Prozessen mit Feedback-Kontrolle wird über einen Sensor im Bioreaktor die Konzentration des kritischen Substrates gemessen und das Signal als Steuergröße für die Zufütterung verwendet. In den meisten Prozessen ist eine direkte, kontinuierliche Messung des zugeführten Substrates nicht möglich und als Messgröße werden dann indirekte Parameter, die mit dem Stoffwechsel des kritischen Substrates in Korrelation stehen, wie gelöster Sauerstoff, CO_2-Partialdruck, Respirationsquotient oder pH-Wert, zur Steuerung benutzt.

Im industriellen Maßstab werden Fed-Batch-Fermentationen für eine Vielzahl von Prozessen eingesetzt, z. B. zur Herstellung von Antibiotika (Penicillin, Streptomycin, Griseofulvin), Enzymen (Amylasen, Proteasen, Pectinasen), Bäckerhefe, Vitaminen (Riboflavin) und Aminosäuren (Glutaminsäure, Tryptophan) [161, 162].

2.7.1.1 Bestandteile von Fermentationsmedien

Produktivität und Rentabilität eines biotechnologischen Produktionsverfahrens sind in wesentlichem Maße davon abhängig, welche Rohstoffe oder Substrate zur Verfügung stehen. Da der Kostenanteil der Rohstoffe in vielen Fällen den größten Einzelposten ausmacht (Abschnitt 10.3.3.8, Tab. 10.29a), ist die Bedeutung der Rohstoffverfügbarkeit in Qualität und Quantität sowie am Ort und zum Zeitpunkt des Bedarfs nicht zu unterschätzen.

Als Hauptkomponenten werden eine Kohlenstoffquelle und eine Stickstoffquelle verstanden. Dabei kann eine einzige Kohlenstoffquelle daneben auch das Edukt für eine Vielzahl von Produkten sein. Herausragend unter diesem Aspekt ist dabei die Glucose (Abb. 2.60). Statt Glucosesirup kann natürlich auch Melasse als Glucoseträger verwendet werden. Die in Abb. 2.59 dargestellten Direktfermentationsmöglichkeiten von Glucose, bei denen lediglich die Verwendung eines bestimmten Produktionsstammes gezielt zu einem entsprechenden Produkt führt, sind nur ein kleiner Auszug aus vielen Möglichkeiten. So wäre z. B. in einer

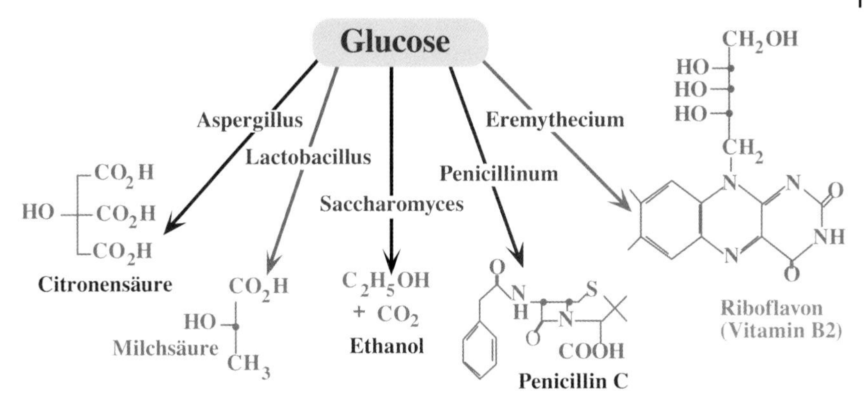

Abb. 2.60 Mögliche Direktfermentationen von Glucose zu verschiedenen Produkten mit den geeigneten Mikroorganismen. Bei dieser Darstellung handelt es sich nur um einen Auszug aus den vielfältigen Möglichkeiten (s. oben).

weiteren anaeroben Fermentation mit einem Mikroorganismus der Spezies *Clostridium* (z. B. *C. acetobutylicum*) auch die Bildung von Butanol möglich.

Detaillierte Kenntnisse über Zusammensetzung, Verwertbarkeit und physiologische Wirkungsweise der Substrate bzw. Substratkomponenten in einem bestimmten Verfahren sind wesentliche Voraussetzungen für eine maximale Produktbildung [163, 164].

2.7.1.2 **Allgemeine Substratansprüche der Mikroorganismen**

Während des Wachstums- und Teilungsprozesses eines Mikroorganismus müssen in Abhängigkeit von der jeweiligen Generationszeit alle Komponenten der Zelle neu gebildet bzw. verdoppelt werden. Aus diesem Grund müssen Medien, die zur Züchtung von Mikroorganismen eingesetzt werden, alle Elemente enthalten, die bei der Synthese von Zellsubstanz und zur Produktion von Stoffwechselprodukten benötigt werden. Anhand der Elementarzusammensetzung der Organismen (Tab. 2.32–2.34) wird deutlich, welche Elemente von Bedeutung und welche Anforderungen an ein Substrat zur Massenvermehrung zu stellen sind [161, 164].

Kohlenstoff wird in großer Menge zur Zellsynthese benötigt. Die meisten Mikroorganismen gewinnen ihre zum Wachstum notwendigen Kohlenstoffverbin-

Tabelle 2.32 Organische Zusammensetzung von Bakterien in Prozent der Trockensubstanz T_S [164].

Proteine	Nucleinsäuren	Lipide
40–50	13–34 davon: DNA 3–4 RNA 10–20	10–15

Tabelle 2.33 Elementarzusammensetzung von Bakterien in Prozent der Trockensubstanz T_S [164].

Element	Gewicht (g/100 g)
C	45–55
O	20–35
N	7–12
H	7–8
P	0,5–2
S	1–3
K	1–4,5
Mg	0,1–0,5
Na	0,5–1,0
Ca	0,01–1,1
Fe	0,02–0,2
Cu, Mn, Mo u. a. Spurenelemente	<0,02

Tabelle 2.34 Zusammensetzung der Asche von Bakterien in Prozent (Aschegehalt 10 % der T_S) [164].

Asche	%
Na_2O	13,6–34,0
P_2O_5	10,0–55,2
K_2O	4,0–25,6
Cl	2,3–44,0
Fe_2O_3	8,1
SO_3	1,0–8,0
CaO	0,3–14,0
MgO	0,1–11,5
SiO_2	0,5–7,8

dungen aus dem Abbau oder Umbau organischer Kohlenstoffquellen (Stärke, Zucker, Alkohole).

Als Stickstoffquellen können in vielen Fällen anorganische Verbindungen, wie z. B. NH_4^+ und NO_3^- assimiliert werden. Organische Stickstoffquellen wie Proteine oder Aminosäuren und Nucleinsäuren, Harnstoff, Peptone und Hefeextrakte können überall eingesetzt werden, wo einfache Stickstoffquellen nicht assimiliert werden können.

Neben dem Kohlenstoffsubstrat und Stickstoffverbindungen benötigen Mikroorganismen zum Wachstum auch Sauerstoff und Wasserstoff, Mineralstoffe in wässriger Lösung, wie K^+-, Mg^{2+}-, Ca^{2+}- und Fe^{2+}-Ionen, Phosphat, Sulfat, teilweise als Spurenelemente Mangan, Kupfer, Zink, Molybdän, Cobalt, Nickel, Vanadium, Bor, Chlor, Natrium und Silicium. Im Einzelfall werden Vitamine, Cofaktoren und Coenzyme eingesetzt, die aktiv an der Stoffumsetzung teilnehmen.

Die meisten dieser Spurenelemente sind als Verunreinigungen in anderen Salzen oder in komplexen Substraten enthalten. Ebenso enthalten sind die Vitamine Biotin, Thiamin, Nicotinsäure und Pyridoxamin [163, 165].

Aus der durchschnittlichen Zusammensetzung der Biomasse lässt sich die chemische Formel $C_{106}H_{263}O_{110}N_{16}P_1S_1$ angeben. Oft wird aber die vereinfachte Form CH_2O verwendet.

2.7.1.3 Substrate zur technischen Mikroorganismenzucht

Im Labormaßstab werden zur Mikroorganismenzucht meist definierte Chemikalien hoher Reinheit verwendet. Dagegen werden in der Fermentationsindustrie aus Kostengründen (je nach Verfahren fallen 25–70 % der Gesamtkosten auf den Kohlenhydratanteil; Abschnitt 10.3.3.8, Tab. 10.29a) häufig komplexe, schlecht definierte Substrate eingesetzt. Dabei müssen oft Aminosäuren oder andere Stickstoffquellen, verschiedene Nährsalze, z. B. Kalium- oder Calciumsalze und bestimmte Spurenelemente, zugesetzt werden. Neben Materialkosten und Produktausbeuten ist beim Einsatz technischer Substrate zu berücksichtigen, ob das Material in ausreichender Menge ohne hohe Transportkosten kontinuierlich verfügbar ist und ob Verunreinigungen die spätere Aufarbeitung erschweren oder verteuern. Zahlreiche Substrate können im Fermentationsmedium sowohl als Kohlenstoffquelle als auch als Stickstoffquelle verwendet werden [161, 164, 165].

2.7.1.4 Kohlenstoffquellen

Als Kohlenstoffquellen bezeichnet man die Nährstoffe, aus denen die Organismen den für das Wachstum und zur Produktbildung benötigten Kohlenstoff beziehen. Kohlenhydrate sind traditionelle Substrate der Fermentationsindustrie. In der Regel werden Kohlenstoffsubstrate gleichzeitig als Kohlenstoff- und als Energiequelle benutzt, indem ein Teil zur Zellsubstanzsynthese verwendet, der andere Teil oxidativ zur Gewinnung von chemisch verwertbarer Energie (z. B. ATP) umgewandelt wird (Abschnitt 2.6.1.4):

- Glucose oder Saccharose werden aus Kostengründen selten als reine Substanz eingesetzt (nur im Labormaßstab);
- Malzextrakt, der wässrige Extrakt gemalzter Gerste, ist ein ausgezeichnetes Substrat für Pilze, Hefen und Actinomyceten;
- Melasse, die bei der Zuckerherstellung nach Auskristallisation der Saccharose anfallende Mutterlauge, gehört zu den billigsten Kohlenstoffquellen. Sie enthält zusätzlich stickstoffhaltige Substanzen, Vitamine und Spurenelemente;
- Stärke und Dextrine können direkt als Kohlenstoffquelle von Amylase bildenden Stämmen metabolisiert werden;
- Cellulose muss meist zuerst chemisch oder enzymatisch hydrolisiert werden;
- Molke ist ein Rückstand, der nach Abscheiden des Fettes und der Eiweiße aus Milch entsteht;
- Alkohole (Vorteile: mit Wasser in jedem Verhältnis mischbar und rein herstellbar, aber aufgrund von Inhibierungseffekten meist nur verdünnt einsetzbar);
- Fette und Öle [161, 165].

Neben einem Schutzmechanismus werden einem rekombinanten Mikroorganismus oft auch „Schalterfunktionen" mitgegeben, mit denen von Wachstum auf Produktion umgeschaltet werden kann. Diesen Vorgang nennt man Induktion und die Substanzen Induktoren.

Die Induktion der Proteinexpression läuft nach folgendem Schema ab (Abb. 2.15): Das Regulatorgen R codiert für einen Protorepressor (*lac*-Repressor), der im nichtinduzierten Fall am Operatorgen bindet und somit als negative Kopplung wirkt, die RNA-Polymerisation stört und dadurch die Bildung von T7 RNA-Polymerase behindert. Ist jedoch der Induktor vorhanden, so ist die Bildung eines Repressor-Induktor-Komplexes wahrscheinlich, und dieser Komplex ist inaktiv. Damit wird gleichzeitig die bisherige Bindung des Protorepressors an den Operator unwahrscheinlich und die Enzymsynthese von T7 RNA-Polymerase gesteigert. Die T7 RNA-Polymerase bindet an den starken T7-Promotor auf dem pT7-7-Vektor und synthetisiert in großen Mengen mRNA für die anschließende Translation (Umsetzung der genetischen Information in ein Protein) z. B. zu Mistellectin [17].

Die Expression am Beispiel des Mistellectins muss in den verwendeten *Escherichia-coli*-Stämmen induziert werden. Die Induktion kann mit Isopropyl-β-D-1-thiogalactopyranosid (IPTG) erfolgen. Dieser Induktor bietet den Vorteil, dass er sehr effektiv ist und nicht metabolisiert werden kann, aber seine Kosten machen ihn vor allem bei Fermentationen im größeren Maßstab hinsichtlich Wirtschaftlichkeit zum Problem. In einigen Veröffentlichungen wurde bereits die Verwendung von Lactose statt IPTG als Induktor untersucht [169–171]. Daher empfiehlt es sich, in diesem Fall die Induktion mit Lactose und IPTG zu vergleichen [17].

2.7.2
Versuchsplanung

Wie aus der Darstellung der Anforderungen an ein ausgewogenes Nährmedium für Mikroorganismen und damit für einen biotechnologischen Prozess erkannt werden kann (Abschnitt 2.7.1), stellt letztendlich die Optimierung dieser Fragestellung einen sehr komplexen Zusammenhang dar. Neben den prozessbedingten Anforderung müssen dabei natürlich auch schon die wirtschaftlichen Aspekte mit herangezogen werden, denn sonst landet man zunächst bei einem Medium, das zwar die Belange der Mikroorganismen voll erfüllt, aber aus wirtschaftlichen Gründen später wieder geändert werden muss (Kapitel 3, 9 und 10).

Mithilfe einer geschickten Versuchsplanung lässt sich nicht nur die Zahl der Versuche auf ein Minimum reduzieren (Abb. 2.63), sondern auch die Effektivität der gewonnenen Ergebnisse steigern, da diese in eine aussagekräftige Matrix eingeordnet werden können und jedes Detailergebnis so einen aussagekräftigen Beitrag zum Gesamtergebnis liefert.

Moderne Werkzeuge, die in diesem Zusammenhang zu nennen sind, sind die statistische Versuchsplanung und der Genalgorithmus. Die statistische Versuchsplanung schlägt aus einer vorgegebenen Gesamtversuchsmatrix eine Teilsumme an Versuchen vor, beurteilt diese anhand der experimentellen Ergebnisse und leitet daraus die weitere Vorgehensweise ab.

2.7.2.1 Faktorielle Versuchsplanung

Oft wird in diesem Zusammenhang auch von Mediumsoptimierung gesprochen. Jedoch verlangt jede Optimierung, dass ein Optimierungskriterium, die Zielfunktion, exakt definiert ist, und zwar qualitativ und quantitativ. Diese Bedingung ist oft nicht erfüllt. Daher ist man auf effiziente Methoden angewiesen, um das Ziel zu approximieren. Bei der Mediumsentwicklung für einen neuentwickelten Produktionsstamm geht man daher normalerweise nach folgendem Schema vor:

Als erstes wird im Fermentationslabor versucht, dieselben Wachstums- und Produktionsergebnisse zu erzielen wie im Forschungslabor, in dem der Stamm entwickelt wurde (Validierung). Das dabei verwendete Medium wird als „Referenzmedium" bezeichnet. Weiterhin wird in dieser Stufe eine „Working Cell Bank" etabliert, die bei ca. –80 °C gelagert wird.

Als nächstes entwickelt man ein „Basisproduktionsmedium". Dazu kann man zum einen von der elementaren Zusammensetzung der Biomasse (Tab. 5.4), der Produkte oder der qualitativen Zusammensetzung des „Referenzmediums" ausgehen. Oder man testet zunächst Medien, die bisher schon erfolgreich bei ähnlichen Organismen verwendet wurden. An dieser Stelle muss überprüft werden, ob das Basisproduktionsmedium alle für das Wachstum des Mikroorganismus notwendigen Elemente enthält. Dazu kann man den von White et al. 1991 beschriebenen *excess factor* F_C verwenden (Gleichung 2.37). Danach gilt

$$F_C = \frac{Y_{X/\mathrm{Element}} \cdot \beta_{\mathrm{Element}}}{Y_{X/C} \cdot \beta_C} \qquad \text{(Gleichung 2.37)}$$

wobei $Y_{X/C}$ der Ausbeutekoeffizient in g Zellmasse pro g Kohlenstoffquelle, $Y_{X/\mathrm{Element}}$ der Ausbeutekoeffizient in g Zellmasse pro g Element, β_C die Massenkonzentration der Kohlenstoffquelle im Medium in g/l und β_{Element} die Massenkonzentration des Elementes im Medium in g/l sind.

Der *excess factor* beschreibt den relativen Überschuss eines Elementes in Bezug auf die verwendete Kohlenstoffquelle. Die Mediumsentwicklung erfolgt dann in der Weise, dass man die Zusammensetzung des Mediums so ändert, dass die *excess factors* für jedes Element möglichst nahe an eins kommen. Ist man mit den Ergebnissen, die in diesem Medium erzielt werden können, zufrieden, kann es für die weitere Optimierung im Fermenter eingesetzt werden. Falls dies nicht der Fall ist, werden weitere Experimente, entweder im Satzbetrieb (Integralmethodik) oder im Chemostaten (Differenzial- und Integralmethodik), durchgeführt.

Beispiel Der Satzbetrieb beruht auf dem Vergleich vieler Einzelexperimente. Dabei werden verschiedene Satzkulturen mit qualitativ und quantitativ unterschiedlichen Medien auf die erreichbare Wachstumsrate oder Endausbeute untersucht. Man kann diese Experimente entweder eindimensional (pro Serie wird die Konzentration einer einzigen Substanz verändert) oder nach einer mehrdimensionalen Versuchsmatrix durchführen.

Bei Matrixexperimenten (auch vollständig faktorielle Versuchsplanung, fraktionierte faktorielle Versuchsplanung oder 2^n-Versuchsplanung genannt), wird der

Einfluss der verschiedenen Komponenten getestet, indem für jede zu untersuchende Komponente zwei Konzentrationen eingesetzt werden, eine hohe (+) und eine niedrige (–). Dies ergibt z. B. bei drei untersuchten Komponenten A, B und C insgesamt acht Versuche, die acht Ergebnisse (Response), z. B. die Endzelldichte als optische Dichte, liefern. Um nun den Effekt der Komponente A zu ermitteln (Tab. 2.35 Spalte 1), zieht man die Ergebnisse der Kolben von Versuchen mit niederer Konzentration an A (Tab. 2.35, Versuch 1, 3, 5 und 7) von denen mit hoher Konzentration an A (Tab. 2.35, Versuch 2, 4, 6 und 8) ab. Da dies jeweils vier Kombinationen sind, wird das Ergebnis durch vier geteilt. Ebenso kann man die Wirkung der anderen Komponenten ermitteln. Neben den Hauptwirkungen der Komponenten kann man auch Wechselbeziehungen zwischen den Komponenten untersuchen. Die Wechselbeziehung kann sowohl positiv (besseres Wachstum, z. B. durch gegenseitige Konzentrationsabhängigkeit) als auch negativ (geringeres Wachstum, z. B. durch Bildung von Präzipitaten) sein. Dazu wird die Kombination der beiden Effekte, z. B. von Faktor A und B, minus den Einzeleffekten der Faktoren betrachtet. Hat man die relevanten Mediumskomponenten ermittelt, kann man diese in ihrer Konzentration erhöhen bzw. erniedrigen.

Eine Alternative zu den Matrixexperimenten bietet die an der ETH Zürich entwickelte Chemostat-Methode [145]. Diese muss statt in Schüttelkolben in einem kontinuierlich betriebenen Fermenter durchgeführt werden. Dabei werden sowohl Puls- als auch Shiftexperimente verwendet. Pulsexperimente dienen zur Identifikation der aktuell limitierenden Substanz. Hierzu gibt man zu einer in der stationären Phase befindlichen Kultur verschiedene Mediumskomponenten. Wenn sich ein positiver Wachstumseffekt anschließt, hat man die limitierende Komponente ermittelt. Bei der Shift-Methode stellt man am Reaktor schrittweise verschiedene Fließgleichgewichte der zu untersuchenden Komponente ein. Aus dem Übergang in eine stationäre Phase – ab hier wirkt eine andere Komponente limitierend – kann man die Ausbeutekoeffizienten ermitteln.

Tabelle 2.35 Versuchsmatrix für eine vollständig faktorielle Versuchsplanung. Für die Berechnung der Haupteffekte bzw. der Wechselwirkungen werden die jeweiligen Ergebnisse der Versuche addiert. In der Tabelle werden dazu die entsprechenden Vorzeichen angegeben.

Kolben-Nr.	**Spalten-Nr. und Effekt**						
(Versuchsbezeichnung)	A 1	B 2	AB 3	C 4	A 5	BC 6	ABC 7
1 (1)	–	–	+	–	+	+	–
2 (a)	+	–	–	–	–	+	+
3 (b)	–	+	–	–	+	–	+
4 (ab)	+	+	+	–	–	–	–
5 (c)	–	–	+	+	–	–	+
6 (ac)	+	–	–	+	+	–	–
7 (bc)	–	+	–	+	–	+	–
8 (abc)	+	+	+	+	+	+	+

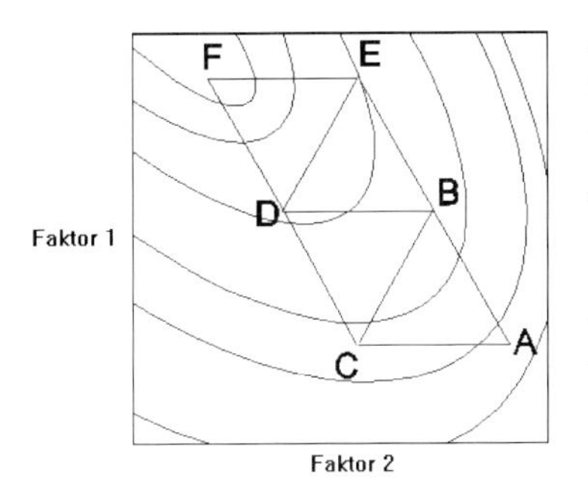

Abb. 2.62 Simplex-Methode. Auf einer hypothetischen Responseoberfläche wird das Fortschreiten der Simplex-Methode dargestellt. Aus dem Ausgangssimplex ABC wird das Endsimplex DEF. Die erreichten Ergebnisse werden dann mit B = bestes, A = schlechtestes und C = zweitbestes Ergebnis benotet. Im folgenden Versuch sollten die Faktoren möglichst weit vom schlechtesten Punkt entfernt sein. Ziel ist das Optimum F.

Eine systematischere Methode ist die sogenannte Simplex-Methode. In Abb. 2.62 ist diese Methode für den Fall von zwei Faktoren (z. B. Begasungsrate und Verdünnungsrate) dargestellt. Hierbei werden zunächst $N + 1$ Versuche durchgeführt (Zahl der Faktoren +1). Dieses Ausgangssimplex ABC wird dann je nach Ergebnis in „Bestes" (B), „Schlechtestes" (A) und „Zweitbestes" (C) Experiment eingeteilt. Die Faktoren des folgenden Versuchs werden nun so gewählt, dass sie möglichst weit von dem schlechtesten Experiment entfernt liegen (Punkt D), dies entspricht einer Spiegelung des Punktes A an der Achse BC. Der Optimierungsprozess wird nun so lange fortgeführt, bis der optimale Wert erreicht wird (F). Das System kann durch die Festlegung der Größe eines Simplex und durch die Wahl der Entfernung des neuen Versuchspunktes vom „schlechtesten" Ergebnis aus dem vorherigen Simplex variiert werden.

2.7.2.2 Statistische Versuchsplanung

Die statistische Versuchsplanung ermöglicht es, alle möglichen Kombinationen der ausgewählten Parameter (Faktoren) gleichzeitig zu untersuchen. Das erzwingt eine systematische Vorgehensweise ausgehend vom Untersuchungsziel. Durch die systematische Darstellung der Ergebnisse wird die Dokumentation und somit eine Übertragung der Erfahrungen auf zukünftige Experimente erleichtert. Als Ergebnis der Versuchsplanung und der anschließenden Auswertung erhält man ein empirisches Modell, das den Zusammenhang zwischen den untersuchten Faktoren und der Zielgröße, z. B. einer Enzymausbeute, quantitativ beschreibt. Da es sich um ein empirisches Modell handelt, dessen mathematische Form vorgegeben werden muss, beschreibt es den experimentell ermittelten Zusammenhang nur im untersuchten Bereich, d. h. eine Extrapolation ist nicht zulässig. Außerdem kann der gefundene Zusammenhang nur im Rahmen der durch die vorgegebene Form gebotenen Möglichkeiten und nur unter Berücksichtigung der Zufallsstreuung interpretiert werden [172].

Im Folgenden soll beispielhaft ein vollständiger fakturierter Versuchsplan für drei Faktoren und zwei Stufen dargestellt werden [173].

Nach der Auswahl der Einflussgrößen werden die Werte festgelegt, die die Faktoren im Versuch annehmen sollen. Diese Werte werden Faktorstufen genannt. Die Versuche werden dann mit diesen drei Faktoren in zwei Stufen durchgeführt.

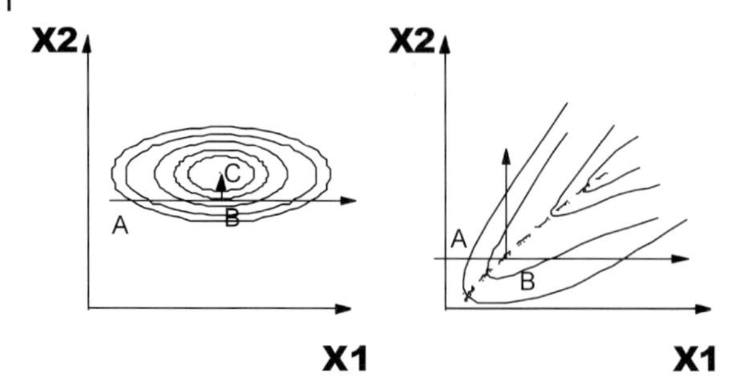

Abb. 2.63 Die Vorgehensweise bei der klassischen Mediumsoptimierung. Ein Parameter wird variiert, während die restlichen Parameter festgehalten werden. Durch die Zufallswahl des Levels ist es unwahrscheinlich, dass ein globales Optimum getroffen wird. Sukzessive Variation bei unabhängigen (links) und korrelierten Variablen (rechts) [174].

Da alle möglichen Faktorstufenkombinationen (allgemeine Bezeichnung der Stufen + und –) enthalten sind, heißt dieser Plan vollständiger faktorieller 2^3-Versuchsplan. Dies entspricht $2^3 = 8$ Faktorstufenkombinationen. In Tab. 2.36 ist ein 2^3-Versuchsplan dargestellt [172].

Für die Auswertung eines 2^3-Versuchsplanes kann man insgesamt $2^3 - 1$ Effekte berechnen sowie den Gesamtmittelwert der Daten. In der Auswertematrix Tab. 2.37 werden die sieben Effekte und ihre Vorzeichenspalten gezeigt. Die Vorzeichen ergeben sich direkt aus den Vorzeichen der beteiligten Faktoren. Es gibt drei Zwei-Faktor-Wechselwirkungen (2-FWW; AB, AC, BC) und eine Drei-Faktor-Wechselwirkung (3-FWW; ABC).

Die Effekte erhält man, indem man die Versuchsergebnisse (Mittelwerte) mit den jeweiligen Vorzeichenspalten multipliziert und dann addiert. Das Ergebnis wird durch die Anzahl der Paare dividiert. Bei drei Faktoren dividiert man also durch vier, allgemein durch $m/2$.

$$\text{Effekt} = \frac{2}{m}\sum_{i=1}^{m} (\text{Vorzeichen } x\ \bar{y}_i) \qquad \text{(Gleichung 2.38)}$$

Tabelle 2.36 Faktorstufenkombination eines vollständig faktoriellen 2^3-Versuchsplanes für drei Faktoren und zwei Stufen.

Ansatz	A	B	C
Ia	(–)	(–)	(–)
Ib	(+)	(–)	(–)
IIa	(–)	(+)	(–)
IIb	(+)	(+)	(–)
IIIa	(–)	(–)	(+)
IIIb	(+)	(–)	(+)
IVa	(–)	(+)	(+)
IVb	(+)	(+)	(+)

Tabelle 2.37 Vorzeichenspalten für die Berechnung der Effekte der drei Faktoren (A, B, C) der drei Zwei-Faktor-Wechselwirkungen 2-FWW (AB, AC, BC) und der einen Drei-Faktor-Wechselwirkung 3-FWW (ABC).

Ansatz	0 I	A	B	AB	C	AC	BC	ABC
Ia	(+)	(–)	(–)	(+)	(–)	(+)	(+)	(–)
Ib	(+)+	(+)	(–)	(–)	(–)	(–)	(+)	(+)
IIa	(+)	(–)	(+)	(–)	(–)	(+)	(–)	(+)
IIb	(+)	(+)	(+)	(+)	(–)	(–)	(–)	(–)
IIIa	(+)	(–)	(–)	(+)	(+)	(–)	(–)	(+)
IIIb	(+)	(+)	(–)	(–)	(+)	(+)	(–)	(–)
IVa	(+)	(–)	(+)	(–)	(+)	(–)	(+)	(–)
IVb	(+)	(+)	(+)	(+)	(+)	(+)	(+)	(+)

Der Mittelwert der Varianz innerhalb der Faktorstufenkombination ist ein Schätzwert für die Varianz und berechnet sich nach:

$$\sigma^2 = \frac{2}{m} \sum_{i=1}^{m} \sigma_i^2 \qquad \text{(Gleichung 2.39)}$$

Die Standardabweichung des Effektes ist damit

$$\sigma = \sqrt{\frac{4}{N}\,\sigma^2} \qquad \text{(Gleichung 2.40)}$$

Um die Signifikanz der Effekte zu beurteilen, vergleicht man sie mit der Breite der 95-%-, 99-%- und 99,9-%-Vertrauensbereiche, d. h. man vergleicht jeden Effekt mit der Standardabweichung multipliziert mit der Zeit $\pm\, t \cdot \sigma$ [172].

Als Beispiel für die Anwendung der statistischen Versuchsplanung sei eine Mediumsentwicklung in zwei Versuchsstufen aufgezeigt [173]:

Die drei Mediumskomponenten Melasse, Saccharose und Ammoniumdihydrogenphosphat seien die Faktoren in Versuch 1 (Tab. 2.38) und die Komponenten Kochsalz, Calciumchlorid und eine Spurenelementelösung seien die Faktoren für den Versuch 2 (Tab. 2.39).

Tabelle 2.38 Stufen des Versuchs 1.

Faktor	+	–
Melasse	16,9 g/l	50 g/l
Saccharose	20 g/l	100 g/l
$(NH_4)_2HPO_4$	1 g/l	0,1 g/l

Tabelle 2.39 Stufen des Versuchs 2.

Faktor	+	–
NaCl	0,5 g/l	5 g/l
CaCl	0,07 g/l	0,15 g/l
Spurenelemente	1 ml/l	ohne

Neben den ausgewählten Komponenten können eine Reihe anderer Elemente in konstanter Konzentration dem Medium beigegeben werden. Zur Kontrolle sollten Standards mitgeführt werden. Sämtliche flankierenden Versuchsbedingungen, wie z. B. Aufarbeitung und Analyse der Proben, müssen unverändert bleiben.

Werden die Effekte der Faktoren und der Wechselwirkungen auf das Zielergebnis bezogen berechnet, so ergeben sich für Versuch 1 die in Tab. 2.40 dargestellten Ergebnisse [173].

Aus acht Doppelansätzen erhält man für $N = 2 \cdot 8 = 16$ die mittlere Standardabweichung zu $\sigma = 0{,}0217$, einen Freiheitsgrad von $f = N - m = 8$ und die Vertrauensbereiche $t_{95} \cdot \sigma = 0{,}05$, $t_{99} \cdot \sigma = 0{,}073$ sowie $t_{99,9} \cdot \sigma = 0{,}109$.

Wie aus Tab. 2.40 zu erkennen ist, ist der Effekt der 3-FWW signifikant, daher müssen alle drei Faktoren gemeinsam betrachtet werden. Dazu analysiert man die Mittelwerte in allen acht Faktorstufenkombinationen. Den höchsten Wert zeigt der Ansatz IVb, d. h. die Zusammensetzung 16,88 g/l Melasse, 20 g/l Saccharose und 1 g/l Ammoniumdihydrogenphosphat hat den günstigsten Einfluss auf die Bildung der Zielkomponente. Diese Konzentrationen wurden für den nachfolgenden Versuch 2 übernommen.

Aus den Ergebnissen des Versuchs 1 lässt sich schließlich eine Effektmatrix und eine Wichtung der Signifikanz ermitteln (Tab. 2.41).

In Tab. 2.42 sind die Effekte der Faktoren und der Wechselwirkungen aus Versuch 2 (Tab. 2.38) zusammengestellt.

Tabelle 2.40 Tabelle zur Berechnung der Effekte der Faktoren und Wechselwirkungen des Versuchs 1.

Ansatz	**0 I**	**A**	**B**	**AB**	**C**	**AC**	**BC**	**ABC**	**Maß für Zielgröße**	***n***	σ	σ^2
Ia	(+)	(–)	(–)	(+)	(–)	(+)	(+)	(–)	0,371	2	0,08273	0,006844
Ib	(+)	(+)	(–)	(–)	(–)	(–)	(+)	(+)	0,455	2	0,08415	0,007080
IIa	(+)	(–)	(+)	(–)	(–)	(+)	(–)	(+)	0,547	2	0,02546	0,00648
IIb	(+)	(+)	(+)	(+)	(–)	(–)	(–)	(–)	0,532	2	0,02192	0,000480
IIIa	(+)	(–)	(–)	(+)	(+)	(–)	(–)	(+)	0,590	2	0,05091	0,002592
IIIb	(+)	(+)	(–)	(–)	(+)	(+)	(–)	(–)	0,550	2	0,06647	0,004418
IVa	(+)	(–)	(+)	(–)	(+)	(–)	(+)	(–)	0,623	2	0,00707	0,000050
IVb	(+)	(+)	(+)	(+)	(+)	(+)	(+)	(+)	0,736	2	0,02404	0,000578
MW											0,04579	0,002838

Tabelle 2.41 Tabelle zur Berechnung der Effekte der Faktoren und Wechselwirkungen des Versuchs 1 (** bedeutet keine Aussage, kein Ergebnis).

	0 I	A	B	AB	C	AC	BC	ABC
Effektmatrix	0,55	0,0355	0,118	1,101	0,1485	0,001	–0,009	0,063
Signifikanz		nein	***	***	***	nein	nein	**

Tabelle 2.42 Tabelle zur Berechnung der Effekte der Faktoren und Wechselwirkungen des Versuchs 2.

Ansatz	0 I	A	B	AB	C	AC	BC	ABC	Maß für Zielgröße	n	σ	σ^2
Ia	(+)	(–)	(–)	(+)	(–)	(+)	(+)	(–)	0,714	2	0,0276	0,00076
Ib	(+)	(+)	(–)	(–)	(–)	(–)	(+)	(+)	0,652	2	0,0481	0,002312
IIa	(+)	(–)	(+)	(–)	(–)	(+)	(–)	(+)	0,608	2	0,0332	0,001105
IIb	(+)	(+)	(+)	(+)	(–)	(–)	(–)	(–)	0,754	2	0,0537	0,002888
IIIa	(+)	(–)	(–)	(+)	(+)	(–)	(–)	(+)	0,712	2	0,0778	0,00605
IIIb	(+)	(+)	(–)	(–)	(+)	(+)	(–)	(–)	0,751	2	0,0035	$1{,}3 \cdot 10^{-5}$
IVa	(+)	(–)	(+)	(–)	(+)	(–)	(+)	(–)	0,572	2	0,0134	0,000181
IVb	(+)	(+)	(+)	(+)	(+)	(+)	(+)	(+)	0,531	2	0,01018	0,010368
MW											0,0449	0,00295

Aus acht Doppelansätzen erhält man wieder für $N = 2 \cdot 8 = 16$, die mittlere Standardabweichung zu $\sigma = 0{,}0272$, einen Freiheitsgrad von $f = N - m = 8$ und die Vertrauensbereiche $t_{95} \cdot \sigma = 0{,}063$, $t_{99} \cdot \sigma = 0{,}091$ sowie $t_{99{,}9} \cdot \sigma = 0{,}137$. Wie aus Tab. 2.42 zu erkennen ist, ist der Effekt der 3-FWW indifferent, daher müssen alle drei Faktoren gemeinsam betrachtet werden. Dazu analysiert man die Mittelwerte in allen acht Faktorstufenkombinationen. Den höchsten Wert zeigt der Ansatz IIb, d. h. die Zusammensetzung 5 g/l Kochsalz, 0,15 g/l Calciumchlorid und ohne Spurenelemente hat den günstigsten Einfluss auf die Bildung der Zielkomponente. Diese Konzentrationen sollten nun für weitere Versuche übernommen werden.

Aus den Ergebnissen des Versuchs 2 lassen sich schließlich eine Effektmatrix und eine Wichtung der Signifikanz ermitteln (Tab. 2.43).

Mithilfe der statistischen Versuchsplanung kann im Vergleich zur sogenannten „traditionellen Methode" eine Optimierung eines Mediums wesentlich gezielter und damit auch schneller erreicht werden. Allerdings ist man nicht davor gefeit,

Tabelle 2.43 Tabelle zur Berechnung der Effekte der Faktoren und Wechselwirkungen des Versuchs 2.

	0 I	A	B	AB	C	AC	BC	ABC
Effektmatrix	0,662	0,0205	–0,091	0,032	–0,041	–0,022	–0,089	–0,072
Signifikanz		nein	**	nein	nein	nein	*	*

bei einem Suboptimum zu landen, weil das System nicht von einem zum nächsten lokalen Optimum „schauen" kann.

2.7.2.3 **Genetischer Algorithmus**

Neben den oben beschriebenen Matrixexperimenten gibt es auch die Möglichkeit der Mediumsentwicklung über sogenannte „Genetische Algorithmen" [175]. Hierbei macht man sich die Prinzipien der Evolution zunutze: Codierung der Merkmale, Selektion und Mutation über mehrere Generationen. Praktisch wird dies so durchgeführt, dass man die Kombination der zu untersuchenden Faktoren jedes Versuchs als Binärcode darstellt (z. B. 001010111). Dabei könnten die ersten drei Ziffern 001 zum Beispiel für eine Phosphatkonzentration stehen. Die anderen Ziffern codieren jeweils andere Faktoren. Aus den Ergebnissen jedes Versuchs (z. B. optische Dichte, Produktkonzentration) berechnet man dann für jeden Versuch einen Erfolgswert, der den Binärcodes zugeordnet wird. Anhand der Erfolgswerte wird bestimmt, welche Faktorkombinationen zur weiteren Optimierung eingesetzt werden (Selektion). Zwischen den Binärcodes der „überlebenden" Versuche werden nun durch einen Zufallsgenerator einzelne Ziffern ausgetauscht (ähnlich einem Crossing-over bei der Chromosomenmutation). Auf diese Weise entstehen aus den Faktorkombinationen mit guten Erfolgswerten durch zufällige Veränderung neue Faktorkombinationen, die für den nächsten Versuchsdurchlauf eingesetzt werden.

Ein genetischer Algorithmus ist ein Algorithmus, mit dem die Evolution auf chromosomaler Ebene simuliert werden soll (d. h. ein auf der Regel *survival of the fittest* basierender Selektionsprozess) [176]. Das Evolutionsziel ist hierbei, einen optimalen Wert für die durch die einzelnen Chromosomen codierten Zahlenwerte zu finden. Ein Genalgorithmus lässt sich somit als Optimierungsverfahren einsetzen.

Die zu optimierenden Werte (z. B. die Bestandteile eines Nährmediums für Mikroorganismen oder die Zusammensetzung einer Kaffeemischung aus verschiedenen Sorten) werden innerhalb des Genalgorithmus durch Zahlen oder im (theoretischen) Extremfall durch Buchstaben codiert. Meist wird eine binäre Codierung verwendet. Die Wahl einer der vielen möglichen Codierungsarten obliegt dem Programmierer des Genalgorithmus. Mit der Vorstellung einer binären Codierung wird zumindest eine hohe Anschaulichkeit der Arbeitsweise eines Genalgorithmus gewährleistet.

Man bezeichnet die Zahl, die z. B. eine einzelne Mediumskomponente codiert, als Gen. Die Gene eines Nährmediums (also die Zahlenwerte für alle zu optimierenden Mediumskomponenten) werden aneinandergereiht und bilden dann ein sogenanntes Chromosom. Jedes Chromosom ist eine potenzielle Lösung des Optimierungsproblems. Um nun eine Optimierung durchführen zu können, benötigt man eine gewisse Auswahl an unterschiedlichen Chromosomen, um entscheiden zu können, welche besser und welche schlechter sind. Diese Menge an Chromosomen nennt man Null- oder Anfangspopulation.

Während des Optimierungsverfahrens durchläuft der Genalgorithmus das in Tab. 2.44 angegebene Schema [177]. Der Genalgorithmus arbeitet das Schema

Tabelle 2.44 Programmablaufschema eines Genalgorithmus.

Lfd. Nr.	Programmschritt, Aufgabe und Ausführung
1	Initialisiere zufällig eine Population von Chromosomen und nenne diese Ausgangspopulation Generation 0 bzw. übernimm die vom Anwender eingegebene Generation 0 für die weiteren Schritte.
2	Bewerte alle Individuen der aktuellen Generation gemäß der Bewertungs- und/oder Fitnessfunktion.
3	Selektiere Paare gemäß Heiratsschema (eigentlich kein Schema, sondern ein zufälliges Auswahlverfahren für zwei Individuen, aus denen zwei Nachkommen erzeugt werden) und erzeuge mittels Crossing-over und Rekombination Nachkommen.
4	Mutiere Nachkommen (d. h. wähle zufällig ein Bit des Chromosoms und invertiere seinen Wert).
5	Ersetze Individuen der aktuellen Generation durch die Nachkommen gemäß Ersetzungsschema und erzeuge so eine neue Generation.
6	Aktualisiere Abbruchbedingung.
7	Wiederhole 2–6 bis Bewertung bzw. Fitness zufriedenstellend oder Abbruchbedingung erreicht ist.

selbstständig ab, eine Eingabe durch den Experimentator ist nur vor Punkt 2 in Form der Versuchsergebnisse nötig [176].

Ein Genalgorithmus benötigt somit folgende Elemente:

- Bewertungsfunktion (wie gut erreicht ein Individuum das gestellte Optimierungsziel, z. B. eine möglichst hohe Zellmasse?),
- Fitnessfunktion (Wahrscheinlichkeit, mit der ein Chromosom zur Fortpflanzung herangezogen wird, die Fitnessfunktion gewichtet die einzelnen Optimierungsziele, dieser Mechanismus wird erst bei mehr als einem verfolgten Optimierungsziel interessant, da bei nur einem Ziel alle Ergebnisse mit dem gleichen Faktor multipliziert werden und somit kein Unterschied zur Bewertungsfunktion besteht),
- Crossing-over und Rekombination des Chromosoms (Hauptinstrument des Genalgorithmus, um die Suche schnell und effizient zu gestalten, der eingesetzte Mechanismus ist problemabhängig; zum Prinzip des Crossing-over (Abb. 2.64),
- Mutation (Verhinderung frühzeitiger Konvergenz – lokales Maximum muss nicht globales Maximum sein –; Erhaltung einer gewissen Divergenz und Inhomogenität der Population – Präadaption; die Mutationswahrscheinlichkeit darf nicht für jedes Gen gleich groß sein, wegen Positionseffekt (s. u.)),
- Heiratsschema (bestimmt, welche Chromosomen zur Erzeugung neuer Chromosomen verwendet werden; die Wahl erfolgt anhand einer zur Fitness des Chromosoms proportionalen Wahrscheinlichkeit),
- Ersetzungsschema (bestimmt, in welchem Umfang neu erzeugte Chromosomen in die nächste Generation übernommen werden),
- Abbruchkriterium (meist eine bestimmte Anzahl von Generationen),
- Nullpopulation (eine Population ist eine Anzahl von verschiedenen Chromosomen, kann zufällig zusammengestellt oder willkürlich vorgegeben sein).

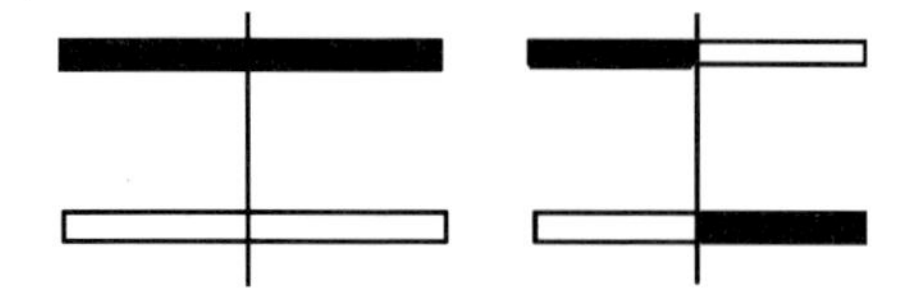

Abb. 2.64 Prinzip des Crossing-over: Zwei einsträngige Chromosomenstränge, deren Enden vertauscht und wieder angefügt werden.

Die binäre Codierung hat den Vorteil, dass sich eine Population im Speicher eines Computers relativ kompakt darstellen lässt (dies fällt insbesondere bei sehr großen Populationen ins Gewicht). Dafür werden allerdings die einzelnen Gene „breit", da im Vergleich zur dezimalen Darstellung mehr Stellen benötigt werden. Schwerstwiegender Nachteil ist jedoch die Positionsabhängigkeit der Codierung, d. h. nicht jede Änderung an einem Gen bewirkt eine gleich große Änderung am Ergebnis (reelle Zahl). Vielmehr werden die Auswirkungen einer Änderung (Mutation) immer schwerwiegender, je weiter „vorn" am Gen diese erfolgt (da dort auch die Exponenten immer größer werden). Dies muss man dadurch berücksichtigen, dass die Mutationswahrscheinlichkeit nicht für jedes Bit eines Gens gleich groß sein darf. Im Umkehrschluss ergibt sich aus der beschriebenen Abhängigkeit, dass, um eine geringe Änderung des Ergebnisses zu erhalten, große Änderungen am Gen notwendig sein können, um z. B. vom Wert 7 auf Wert 8 zu gelangen. Um also im Binären von 0111 auf 1000 zu wechseln, müssen alle Stellen des Gens verändert werden. Dieser Effekt tritt bei jeder Zweierpotenz 2^n auf. Um ihn zu vermeiden, sind spezielle Codes entwickelt worden, bei denen beim Übergang von n auf $n + 1$ jeweils nur ein Bit verändert werden muss. Der bekannteste dieser Codes ist der sogenannte Gray-Code (Tab. 2.45).

Ein Genalgorithmus als Instrument zur Lösung einer Optimierung neigt dazu, den Suchraum großräumig zu durchschreiten, d. h. er wird meist das globale Maximum finden und nicht bei lokalen Maxima hängenbleiben. Allerdings neigt er insgesamt nur langsam zur Konvergenz auf dieses globale Maximum. Es ist also

Tabelle 2.45 Vergleich von normalem Binärcode und Gray-Code (nach [177]).

n	binär	Gray-Code
0	0000	0000
1	0001	0001
2	0010	0011
3	0011	0010
4	0100	0110
5	0101	0111
6	0110	0101
7	0111	0100
8	1000	1100

eine gewisse Anzahl von Versuchen notwendig, um zum gewünschten Ergebnis zu kommen [176].

Um den Genalgorithmus für eine Mediumsoptimierung zu nutzen, stehen auch Softwarepakete zur Verfügung. Eines davon ist GALOP. Dieses Programm bedient sich hierzu größtenteils des in Tab. 2.44 dargestellten Programmablaufschemas.

Es ist möglich, eine Optimierung auf ein oder auf mehrere Kriterien hin durchzuführen (z. B. bei einem Nährmedium auf Zellwachstum und eine bestimmte Enzymaktivität). Es hat sich gezeigt, dass pro Optimierungsziel mindestens fünf Individuen in der Population vorhanden sein müssen, um zu aussagekräftigen Ergebnissen zu kommen.

Hat man das optimale Medium durch Chemostatmethoden, durch Matrixexperimente oder durch Genetische Algorithmen im Schüttelkolben ermittelt, geht man zum nächstgrößeren Maßstab über. Hier stellt sich die Frage nach den optimalen Wachstumsbedingungen, um eine möglichst hohe Zelldichte zu erreichen, die entweder über die Aufstellung einer Versuchsmatrix oder eine schrittweise Optimierung gelöst werden kann.

Die Aufstellung einer Versuchsmatrix bietet zwar eine genaue Optimierung, jedoch nimmt hierbei die Anzahl der durchzuführenden Versuche stark zu, da man mehrere Stufen testen muss und nicht nur zwei wie oben beschrieben. Dies erfordert daher viele Bioreaktoren und einen sehr großen Aufwand. Diese Art der Optimierung bietet sich daher nur an, wenn Mediumskosten eine große Rolle spielen. Bei der Fermentation von Zellkulturen ist sie die Methode der Wahl, da es hier wegen den langen Fermentationszeiten wirtschaftlicher ist, mehrere Kulturen in Spinner-Flaschen parallel laufen zu lassen als hintereinander.

Man kann jedoch auch schrittweise vorgehen. Dazu führt man eine einzige Fermentation durch und wertet die Ergebnisse aus. Dann führt man eine zweite Fermentation durch, bei der einige Änderungen vorgenommen werden. Dies wiederholt man so lange, bis man mit dem Ergebnis zufrieden ist.

Als nächster Schritt der Optimierung folgen schließlich die Versuche im Pilot- und im Produktionsmaßstab. Hier sollten nur noch kleine Änderungen gemacht werden, z. B. in Form eines Simplexes mit kleinen Schrittweiten.

2.7.3 Maßstabsübertragungsregeln

Maßstabsübertragungsregeln müssen in allen zu entwickelnden Verfahrensoperationen eines verfahrenstechnischen Prozesses beachtet werden. Alle Untersuchungen im Labormaßstab sind nur dann in den Pilot- und vor allem in den Produktionsmaßstab übertragbar, wenn die maßgebenden Regeln erkannt wurden. Da die Reaktionsstufe davon besonders betroffen ist, sollen die folgenden Überlegungen in diesem Bereich angesiedelt sein (Abschnitt 2.7.3.6).

Aufgrund des erforderlichen Massenscreenings zur Findung der besten Mutanten und der geeignetsten Mediumszusammensetzung steht am Beginn der Bioverfahrensentwicklung der Schüttelkolben (Erlenmeyerkolben) als Reaktionsapparat im Mittelpunkt. Aus praktischen, aber insbesondere aus wirtschaftlichen

Gründen gibt es dazu auch kaum eine Alternative, denn nur diese Einrichtung kann in bis zu mehreren Hundert Parallelansätzen kostengünstig eingesetzt werden. Umso wichtiger ist es daher, die erzielten Ergebnisse auch unter dem Aspekt der spezifisch im Schüttelkoben herrschenden Bedingungen beurteilen zu können (Kapitel 4), um im Einzelfall den Erfolg, aber vor allem auch das Versagen eines einzelnen Stammes erklären zu können. Letztendlich sollten die Reaktionsergebnisse vom Schüttelkolben in den Laborbioreaktor übertragen werden können, denn eine Vervielfachung des Schüttelkolbens zum Zwecke der Produktion ist wirtschaftlich wenig sinnvoll (Abb. 2.65).

Eine ganz wichtige Tatsache muss in diesem Zusammenhang gleich an den Beginn dieser Ausführungen gestellt werden. Bei allen Scale-up-Bemühungen muss zunächst herausgefunden werden, welche physikalischen Gegebenheiten die für die Reaktion (den Prozess) maßgebenden Größen sind, denn diese müssen beim Scale-up berücksichtigt bzw. konstant gehalten werden. Hält man aber einen Zusammenhang physikalischer Geschehnisse konstant, dann verändern sich beim Scale-up eine ganze Reihe anderer, wie Abb. 2.66 [179] sehr deutlich zum Ausdruck bringt. Allgemein ausgedrückt lässt sich feststellen, dass sich beim Scale-up nur ein physikalischer Zusammenhang bzw. eine Scale-up-Regel konstant halten lässt, jedoch gleichzeitig alle anderen verändert werden!

Die Maßstabsübertragung stellt in der Biotechnologie im Vergleich zur chemischen Reaktionstechnik weiter greifende Anforderungen, die in der besonderen Empfindlichkeit der Biokatalysatoren (Mikroorganismen, Enzyme) hinsichtlich

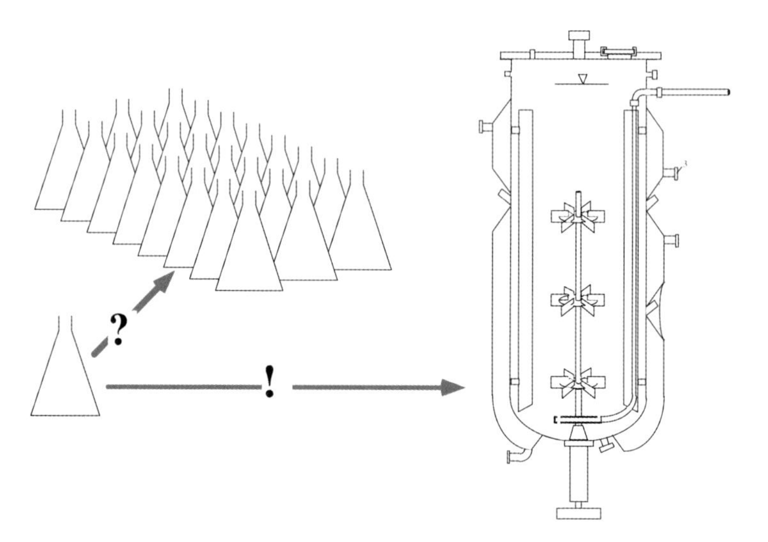

Abb. 2.65 Übertragung der Schüttelkolbenergebnisse: Die Ergebnisse im Schüttelkolben müssen auf den Produktionsmaßstab übertragen werden. Ein Produktionsmaßstab in Form von n Schüttelkolben ist meist undenkbar, denn es mutet wenig sinnvoll an, einen großtechnischen Prozess statt in einem 100 m3-Bioreaktor in 500 000 Schüttelkolben zu je 200 ml durchzuführen. Deshalb besteht die Aufgabe darin, die Ergebnisse auf einen großen Bioreaktor zu übertragen.

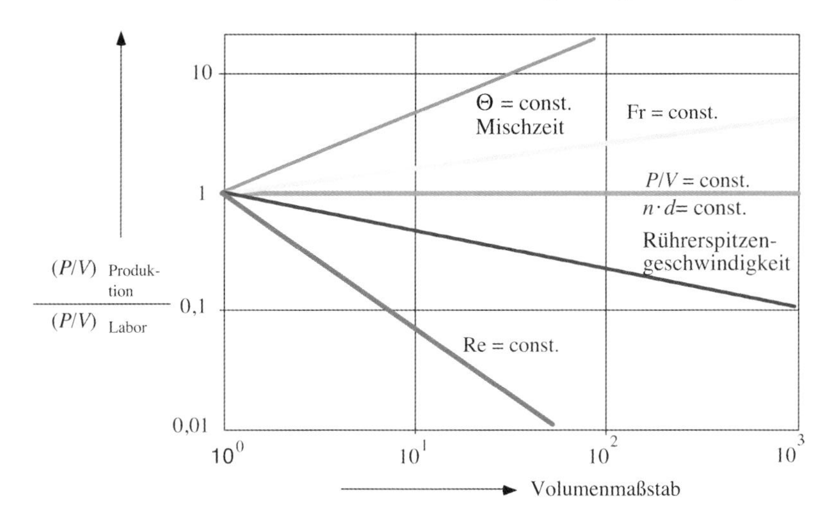

Abb. 2.66 Schema der Maßstabsübertragung aus Sicht mehrerer relevanter Übertragungskriterien. Man erkennt, dass bei Beibehaltung eines Kriteriums alle anderen nicht konstant gehalten werden können.

mangelnder Substratversorgung (oft Sauerstoff-), mechanischer Belastungen und Inhomogenitäten ($\nabla c_i \neq 0$, $\nabla T \neq 0$) zu finden sind.

Zusätzlich ist zu beachten, dass biotechnologische Prozesse meist eine sehr große Maßstabsspannweite besitzen. Sie reichen vom Schüttelkolben von etwa 100 ml über Laborbioreaktoren von einigen fünf Litern und Pilotmaßstab von einigen Hundert bis Tausend Litern zum Produktionsmaßstab von einigen Hundert Kubikmetern.

Viele aus der klassischen Maßstabsübertragungstheorie in der chemischen Reaktionstechnik bekannte Kriterien wie Reynolds-Zahl, Mischzeit, Leistungsdichte, Stofftransportkoeffizienten u. a. m. haben zwar einen indirekten Einfluss auf die Biologie, sind aber als solches in ihrer Wirkung auf die Biokatalysatoren ohne primäre Aussage. Für aerobe mikrobielle Prozesse sind vor allem drei Kriterien interessant:

- Stofftransport von Sauerstoff und Kohlendioxid,
- mechanische Beanspruchung der Mikroorganismen,
- Grad der Inhomogenitäten und Mischzeit im Bioreaktor.

Die entscheidende Größe hinter diesen Kriterien ist der volumetrische bzw. massenbezogene Leistungseintrag (Leistungsdichte in W/kg) in die Kulturbrühe, auch wenn sie in unterschiedliche Weise davon beeinflusst werden (Abb. 2.66).

Die Frage, ob im jeweiligen System geeignete und definierte Bedingungen vorliegen, ist essenziell. Zur Beurteilung dieser Fragestellung hilft das Strömungszustand-Diagramm (*flow regime map* [168]). Betrachtet man einen begasten Rührwerkreaktor, bei dem man bei konstanter Rührerdrehzahl die Begasungsrate sukzessive erhöht, so durchläuft dieser Reaktor folgende Strömungsbilder [1]:

- Überflutung,
- Pfropfenströmung des Gases,
- Gasrezirkulation im oberen Kesselbereich,
- Gasrezirkulation im gesamt Kessel,
- Gasansaugung von der Oberfläche.

Der erst und der zuletzt genannte Strömungszustand sind jeweils für einen ordnungsgemäßen Betrieb zu vermeiden [180].

Betrachtet man den sehr häufigen Fall des Scale-up, indem die Leistungsdichte (P/V) konstant gehalten wird, dann bedeutet das zugleich eine Verlängerung der Mischzeit und eine Verschlechterung der Froude-Zahl, aber eine Zunahme der Reynolds-Zahl und der Rührerspitzengeschwindigkeit.

Auf der anderen Seite lässt sich aber auch feststellen, dass manche physikalische Zusammenhänge sich erst gar nicht im Scale-up-Fall realisieren lassen. Wie Abb. 2.66 z. B. zeigt, lassen sich die Kriterien

- Zerkleinerung (Dispergierung) = const.
- Rühreffekt (Mischzeit und Mischgüte, Homogenisierung) = const.
- Wärmetransport bei ΔT = const. und u. U.
- Durchmischung = const.

nicht gemeinsam auf einen größeren Maßstab übertragen, weil sie entgegengesetzt verlaufen und im Einzelfall die Steigerung der spezifischen Leistung enorm wäre. Sind diese Kriterien für eine Reaktion essenziell, dann bedeutet das, dass das Gesamtreaktionsvolumen durch viele kleinere Bioreaktoren erreicht werden muss.

Wenn eines der angeführten Kriterien für den Scale-up-Fall konstant gehalten werden soll, dann ändern sich alle anderen Kriterien entsprechend. Deshalb ist in diesem Zusammenhang die Frage zu stellen, welche Parameter und physikalischen Zusammenhänge im Produktionsmaßstab relevant sind, damit diese im Modellmaßstab besondere Beachtung finden. Es müssen also gedanklich Scale-up-Betrachtungen erfolgen, um vom Standpunkt des Produktionsmaßstabes das Scale-down durchzuführen, damit im Labormaßstab überhaupt Scale-up-fähige Resultate produziert werden können. Soll z. B. die Mischzeit Θ konstant gehalten werden, dann geht diese Forderung mit einer beträchtlichen Steigerung der Leistungsdichte und anderer Kriterien einher. Da aber hierbei für die Leistungsdichte $P/V \sim \lambda^5$ gilt, also die Leistungsdichte mit der fünften Potenz des linearen Vergrößerungsfaktors ansteigt, ist diese Forderung häufig nicht erfüllbar.

Für die Rührerspitzengeschwindigkeit und die Reynolds-Zahl gilt das Umgekehrte; hierbei muss die Leistungsdichte reduziert werden, was natürlich auch eine wesentliche Steigerung der Mischzeit und Verschlechterung des Wärmeüberganges zur Folge hat.

Aus diesem Grund ist es wesentlich, alle Entwicklungsarbeiten schon unter dem Aspekt der Scale-up-Problematik anzugehen. Sehr wertvolle Dienste leisten dabei das Betrachten proportionaler Zusammenhänge und die Ähnlichkeitstheorie, denn diese erlauben im Kleinmaßstab gemachte Erkenntnisse bei vorliegender geometrischer Ähnlichkeit auf den Großmaßstab (im Folgenden mit * gekennzeichnet) zu übertragen.

2.7.3.1 **Grundsätzliches zur Ähnlichkeitstheorie**

Die Ähnlichkeitstheorie gestattet eine Auswertung von Versuchsergebnissen, die zu allgemeinen Gesetzmäßigkeiten führt. Die Grundlage bildet die Erkenntnis, dass alle physikalischen Gesetze unabhängig von der Wahl des Maßsystems sind. Daraus folgt, dass sich jedes Gesetz durch dimensionslose Größen – sogenannte Kennzahlen – ausdrücken lässt (Abschnitt 2.7.6).

Eine sinnvolle Übertragung von Modellversuchen auf größere Ausführungen ist nur dann sinnvoll, wenn beide Vorgänge ähnlich verlaufen.

Bei vielen technischen Problemen führt der übliche mathematisch-deduktive Lösungsweg nicht zum Ziel (Deduktion: Ableitung des Besonderen aus dem Allgemeinen). Um auch in diesen Fällen ein zahlenmäßiges Ergebnis eines physikalischen Vorganges geben zu können, ist man gezwungen, Versuche durchzuführen. Die an Modellen gemessenen Zahlenwerte werden auf die Physik durch Anwendung der Ähnlichkeitslehre übertragen. Die wichtigste Voraussetzung für eine Maßstabsübertragung stellt die geometrische Ähnlichkeit dar, wie sie in Abb. 2.67 dargestellt ist. Demnach sollten die in allen Maßstäben eingesetzten Reaktoren (Maschinen, Apparate) in ihren Abmessungen ein bestimmtes, gleichbleibendes Verhältnis besitzen.

Grundbedingung für die Anwendung der Ähnlichkeitslehre ist stets der physikalisch ähnliche Verlauf in/an den beiden geometrisch ähnlichen Ausführungen. Diese physikalische Ähnlichkeit führt auf eine von der Art der wirkenden Kräfte

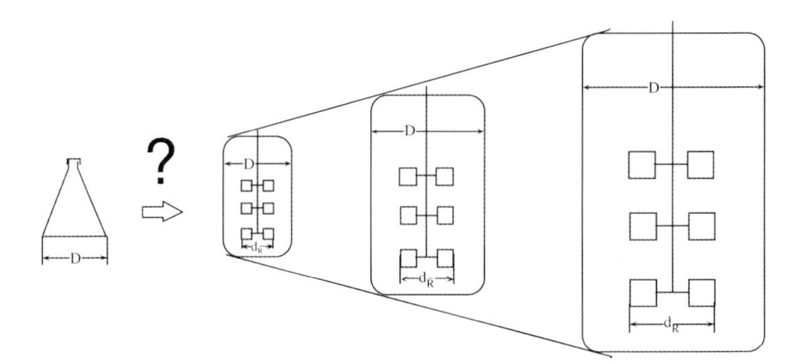

Abb. 2.67 Die geometrische Ähnlichkeit ist Grundvoraussetzung für das Scale-up. Zwischen vielen Laborgeräten und den technischen Ausführungen, wie z. B. zwischen Schüttelkolben und Produktionsreaktor, lässt sich oft keine geometrische Ähnlichkeit herstellen. Ziel muss es sein, in der Entwicklungsphase so früh als möglich Einrichtungen zu benutzen, die diesen Randbedingungen gehorchen können.

abhängige Beziehung zwischen den geometrischen und zeitlichen Größen der beiden Vergleichsvorgänge. Diese Beziehung wird das „Modellgesetz" genannt. Ihre Aufstellung ist die Aufgabe der Ähnlichkeitslehre.

Damit zwei Vorgänge z. B. mechanisch oder auch hydraulisch ähnlich verlaufen, müssen die beiden ähnlichen Bewegungen der Großausführung (mit * gekennzeichnet) und der Klein- (Labor-)Ausführung in allen Teilen nach dem dynamischen Gesetz: Kraft = Masse • Beschleunigung vor sich gehen. Außerdem müssen die Anfangs- und Grenzbedingungen geometrisch ähnlich sein.

Die Ähnlichkeitslehre ist überall dort anwendbar, wo Grenzübergänge im Sinne der Infinitesimalrechnung physikalisch überhaupt möglich sind. Ausgeschlossen bleiben daher alle Gebiete, bei denen die Molekularstruktur eine Rolle spielt. In diesem Zusammenhang muss auch noch der Frage nachgegangen werden, welche Rolle die Tatsache spielt, dass Mikroorganismen sowohl im Groß- als auch im Kleinmaßstab die gleichen Abmessungen besitzen.

Zwei zu vergleichende Probleme heißen vollkommen ähnlich, wenn:

- für alle entsprechenden linearen Größen gilt: $l^* = \lambda \cdot l$, d. h. wenn geometrische Ähnlichkeit besteht, mit Ausnahme der Mikroorganismen in biotechnologischen Systemen;
- für alle entsprechenden Zeiten gilt: $t^* = \tau \cdot t$, d. h. wenn zeitliche Ähnlichkeit besteht;
- für alle entsprechenden Kräfte gilt: $F^* = \kappa \cdot F$, d. h. wenn Kräfteähnlichkeit besteht;
- für alle entsprechenden Temperaturen gilt: $T^* = \vartheta \cdot T$, d. h. wenn thermische Ähnlichkeit besteht.

Mit der Festlegung der Abmessungen für die Grundeinheiten der Länge (m), der Zeit (s), der Masse (kg), und der Temperaturen (K) in den unterschiedlichen Maßstäben sind auch die Übertragungsmaßstäbe der abgeleiteten Einheiten von Geschwindigkeit, Beschleunigung, Kraft, Fläche, Rauminhalt usw. gegeben. Bei unbenannten Zahlengrößen, wie Winkeln oder Dehnungen, ist der Übertragungsmaßstab gleich eins.

Sind $w^* = \mathrm{d}s^*/\mathrm{d}t^*$ und $w = \mathrm{d}s/\mathrm{d}t$ zwei einander entsprechende Geschwindigkeiten (in m/s,) dann gilt für die entsprechenden Bahnelemente $\mathrm{d}s^*$ und $\mathrm{d}s$ auch $\mathrm{d}s^* = \lambda \cdot \mathrm{d}s$ und für die Zeitelemente $\mathrm{d}t^*$ und $\mathrm{d}t$ auch $\mathrm{d}t^* = \tau \cdot \mathrm{d}t$. Also:

$$w* = \frac{\mathrm{d}s*}{\mathrm{d}t*} = \frac{\lambda \cdot \mathrm{d}s}{\tau \cdot \mathrm{d}t} = \frac{\lambda}{\tau} \cdot w \qquad \text{(Gleichung 2.41)}$$

In gleicher Weise ergibt sich für entsprechende Beschleunigungen in m/s^2

$$a* = \frac{\mathrm{d}^2 s*}{\mathrm{d}t*^2} = \frac{\mathrm{d}\ \mathrm{d}s*}{\mathrm{d}t * \ \mathrm{d}t*} = \frac{\mathrm{d}\lambda \cdot \mathrm{d}s}{\tau \cdot \mathrm{d}t\tau \cdot \mathrm{d}t} = \frac{\lambda}{\tau^2} \cdot a \qquad \text{(Gleichung 2.42)}$$

Allgemein gilt die Übertragungsregel: Bei physikalischer Ähnlichkeit ist das Übertragungsverhältnis für zwei entsprechende Definitionsgrößen von Groß- und Kleinmaßstab in der gleichen Weise aus den Grundverhältnissen λ, τ, κ, ϑ zu bilden wie die Maßeinheiten der betreffenden Größen aus m, s, kg und K.

2.7.3.2 **Modellgesetze**

Die Grundgleichung der Dynamik, gleichbedeutend mit der Definition der Kraft, hat die Form

$$\text{für (G): } F^* = m^* \cdot a^* \quad \text{für (K): } F = m \cdot a \qquad \text{(Gleichung 2.43)}$$

Berücksichtigt man die Übertragungsmaßstäbe und setzt $m^* = \mu \cdot m$, so erhält man für (G):

$$F* = \kappa \cdot F = \mu \cdot m \frac{\lambda}{\tau^2} \cdot a \qquad \text{(Gleichung 2.44)}$$

Soll diese den Vorgang im Großmaßstab beschreibende Gleichung mit der des Modellvorganges übereinstimmen, so muss

$$\kappa = \frac{\lambda}{\tau^2} \cdot \mu \qquad \text{(Gleichung 2.45)}$$

die Bertrand'sche Bedingungsgleichung, zwischen den vier Ähnlichkeitsmaßstäben λ, τ, κ, μ erfüllt sein.

Führt man die Dichte ρ und das Volumen V ein ($m = \rho \cdot V$) und schreibt die Bertrand'sche Gleichung in der Form

$$\kappa = \frac{m * \cdot a *}{m \cdot a} = \frac{\rho * \cdot V *}{\rho \cdot V} \frac{\lambda}{\tau^2} = \frac{\rho *}{\rho} \lambda^3 \frac{\lambda}{\tau^2} = \frac{\rho *}{\rho} \lambda^2 \frac{\lambda^2}{\tau^2} = \frac{\rho *}{\rho} \frac{l*^2}{l^2} \frac{w*^2}{w^2} \qquad \text{(Gleichung 2.46)}$$

oder

$$\frac{F*}{\rho * \cdot l*^2 \cdot w*^2} = \frac{F}{\rho \cdot l^2 \cdot w^2} = \text{const.} \equiv \text{Ne} \qquad \text{(Gleichung 2.47)}$$

so ergibt sich folgende als Newtons allgemeines Ähnlichkeitsgesetz bezeichnete Doppelgleichung:

$$F^* = \text{Ne} \cdot \rho^* \cdot l^{*2} \cdot w^{*2} \text{ und } F = \text{Ne} \cdot \rho \cdot l^2 \cdot w^2 \qquad \text{(Gleichung 2.48)}$$

wobei neben den Kräften F bzw. F^* die für das jeweilige System charakteristischen Längen (l^*, l) sowie die charakteristischen Geschwindigkeiten (w^*, w) vertreten sind [181].

Bei der Anwendung der Ähnlichkeitslehre wird der Längenmaßstab λ beliebig passend gewählt. Außerdem ist das Verhältnis μ entsprechender Massen durch die Dichten ρ und ρ^* und das Verhältnis entsprechender Rauminhalte durch λ^3 gegeben. In der Bertrand'schen Bedingungsgleichung sind also nur noch τ und κ

Unbekannte. Tritt zu dieser Gleichung noch eine weitere Beziehung $\kappa = F_1{}^*/F_1$ hinzu, die F aus λ und τ berechnen lässt, dann sind die vier Verhältnisfaktoren λ, τ, κ und μ bekannt und damit auch das für diesen Fall infrage kommende Modellgesetz [181].

Im Folgenden sollen aus dieser Sicht die beiden Modelle nach Froude und Raynolds hergeleitet werden.

Das Froude'sche Modellgesetz gilt für Vorgänge mit Trägheitskräften und Schwerkraft. Die beiden Bewegungsvorgänge vom Klein- (K) und Großmaßstab (G) sollen unter der Einwirkung der Schwerkraft ähnlich verlaufen. Sind ρ^* und ρ entsprechende Dichten, g^* und g entsprechende Fallbeschleunigungen, so ergibt das Verhältnis der Schwerkräfte:

$$\kappa = \frac{m * \cdot g*}{m \cdot g} = \frac{\rho * \cdot V * \cdot g*}{\rho \cdot V \cdot g} = \frac{\rho * \cdot g*}{\rho \cdot g}\,\lambda^3 \qquad \text{(Gleichung 2.49)}$$

Durch Vergleich mit dem Verhältnis der Massenkräfte in der Newton'schen Formel erhält man:

$$\tau = \sqrt{\lambda\,\frac{g}{g*}} \qquad \text{(Gleichung 2.50)}$$

oder mit $g^* = g$ auch:

$$\tau = \sqrt{\lambda} \qquad \text{(Gleichung 2.51)}$$

das Froude'sche Gesetz für den Zeitmaßstab bzw. das Froude'sche Gesetz für den Geschwindigkeitsmaßstab

$$\frac{w*}{\sqrt{l * \, g*}} = \frac{w}{\sqrt{l\,g}} = \text{Fr (Froude'sche Zahl)} \qquad \text{(Gleichung 2.52)}$$

Das Reynolds'sche Modellgesetz für Strömungen mit Trägheits- und Reinigungskräften sei im Folgenden dargestellt. Strömungen inkompressibler Flüssigkeiten sollen unter der alleinigen Wirkung innerer Reibungskräfte (Zähigkeit, *viscose forces*) mechanisch ähnlich verlaufen. Die inneren Reibungskräfte an entsprechenden Flächen A^* und A eines Flüssigkeitsteilchens sind

$$F^* = \eta^* \, \mathrm{d}w^*/\mathrm{d}n^* \, A^* \text{ und } F = \eta \, \mathrm{d}w/\mathrm{d}n \, A \qquad \text{(Gleichung 2.53)}$$

η^* und η sind die dynamischen Viskositäten der beiden Flüssigkeiten, $\mathrm{d}w^*/\mathrm{d}n^*$ und $\mathrm{d}w/\mathrm{d}n$ die Änderungen der Geschwindigkeit beim Fortschreiten in Richtung der Flächennormalen n^* und n. Das Verhältnis der Zähigkeitskräfte (Reibungskräfte, *viscose forces*) ist:

$$\kappa = \frac{\eta * \cdot \frac{\mathrm{d}w*}{\mathrm{d}n} \cdot A*}{\eta \cdot \frac{\mathrm{d}w}{\mathrm{d}n} \cdot A} = \frac{\eta * \cdot \lambda}{\eta \cdot \tau \cdot \lambda}\,\lambda^2 = \frac{\eta * \cdot \lambda^2}{\eta \cdot \tau} \qquad \text{(Gleichung 2.54)}$$

Der Vergleich mit dem Verhältnis der Massenkräfte ergibt das Reynolds'sche Gesetz für den Zeitmaßstab:

$$\tau = \lambda^2 \frac{\frac{\eta}{\rho}}{\frac{\eta *}{\rho *}} = \lambda^2 \frac{\nu}{\nu *} \qquad \text{(Gleichung 2.55)}$$

wobei $\nu = \eta/\rho$ die kinematische Viskosität (Zähigkeit) ist, bzw.

$$\frac{w * \cdot l*}{\nu *} = \frac{w \cdot l}{\nu} \equiv \mathrm{Re} \quad \text{(Reynolds'sche Zahl)} \qquad \text{(Gleichung 2.56)}$$

das Reynolds'sche Gesetz für den Geschwindigkeitsmaßstab darstellt.

Physikalisch verschiedene Vorgänge sind analog, wenn sie durch die gleichen mathematischen Beziehungen beschrieben werden können. Dieses Analogieprinzip kann man nutzen, um einen Vorgang, dessen mathematische Lösung nicht oder nur sehr umständlich gewonnen werden kann, durch einen technisch leicht darstellbaren analogen Fall messtechnisch genügend genau zu erfassen und damit zu lösen. Allerdings ist bei derartigen Analogieschlüssen die Übereinstimmung der Dimensionen der betrachteten Messgrößen streng zu beachten.

2.7.3.3 Verfahrenstechnische Primäraufgaben

Zu den Primäraufgaben in verfahrenstechnischen Prozessen zählen

- Homogenisieren, zur gleichmäßigen Verteilung in sich löslicher Substanzen und zum Temperaturausgleich;
- Suspendieren, zur Aufwirbelung und gleichmäßigen Verteilung der Feststoffe;
- Dispergieren, zur Zerteilung nicht löslicher Substanzen in Tropfen und Gasphasen in Blasen.

Der Leistungseintrag ist zur Erfüllung der Primäraufgaben die entscheidende Größe. Der Leistungsbedarf eines Rührers ergibt sich aus der Umwälzmenge und der Förderhöhe zu

$$P = \dot{V} \cdot H * \cdot \rho \cdot g \qquad \text{(Gleichung 2.57)}$$

Dabei ist $\dot{V}$ die Umwälzmenge in m^3/s, $H*$ die Förderhöhe in m, ρ die Dichte in kg/m^3 und g die Erdbeschleunigung in m/s^2.

Die Umwälzmenge ergibt sich aus der Beziehung

$$\dot{V} \propto w \cdot d_{\mathrm{R}}^2 \qquad \text{(Gleichung 2.58)}$$

wobei w der Umfangsgeschwindigkeit des Rührers proportional und d_R der Rührerdurchmesser ist.

Die Förderhöhe H^* lässt sich bei turbulenter Strömung auch durch das Geschwindigkeitsquadrat ausdrücken, nämlich.

$$H* \propto \frac{w^2}{g} \propto \frac{\dot{V}^2}{d_R^4 \cdot g} \qquad \text{(Gleichung 2.59)}$$

Aus den angegebenen Gleichungen ergibt sich nunmehr die Rührerleistung zu:

$$P \propto \rho \frac{\dot{V}^3}{d_R^4} \qquad \text{(Gleichung 2.60)}$$

Für die Umwälzmenge $\dot{V}$ lässt sich der proportionale Zusammenhang

$$V \propto \dot{n} \cdot d_R^3 \qquad \text{(Gleichung 2.61)}$$

formulieren. Somit folgt für die Leistung:

$$P \propto \rho \cdot n^3 \cdot d_R^5 \qquad \text{(Gleichung 2.62)}$$

oder für den spezifischen Leistungseintrag:

$$\frac{P}{V} \propto \rho \cdot n^3 \cdot d_R^2 \qquad \text{(Gleichung 2.63)}$$

Die Proportionalitätskonstante bezeichnet man als Newton-Zahl Ne, die dadurch mit Gleichung 2.64 wie folgt definiert ist

$$\text{Ne} \equiv \frac{P_R}{\rho_L \cdot n^3 \cdot d_R^5} \qquad \text{(Gleichung 2.64)}$$

Für Gleichung 2.63 nimmt die Newton-Zahl einen anderen Wert an. Sie enthält in diesem Fall noch die geometrischen Faktoren der Volumenberechnung mit dem Rührerdurchmesser d_R (Rührer/Durchmesser-Verhältnis f_R und den Schlankheitsgrad f_S). Dadurch stehen beide Newton-Zahlen wie folgt zueinander:

$$\text{Ne}* = \text{Ne} \frac{\pi \cdot f_R^3}{4 \cdot f_S} \qquad \text{(Gleichung 2.65)}$$

Die Newton-Zahl drückt das Verhältnis der eingetragenen Leistung zur abgegebenen Förderleistung aus. Demnach setzen Rührwerke mit kleinen Newton-Zahlen, wie der Propellerrührer, die eingetragene Leistung effektiver in Förderleistung um als Rührwerke mit großen Newton-Zahlen (Scheibenrührer). Rührwerke mit kleinen Newton-Zahlen setzen also die eingetragene Leistung vorzugsweise in

Volumenstrom um, während Rührwerke mit großen Newton-Zahlen geringere Förderströme erzielen, mehr Leistung quasi direkt dissipieren (dispergieren), sodass die einen die besseren Mischer und die anderen bessere Dispergierer sind.

Bleibt bei den Versuchen das Medium immer gleich und werden auch die Geometrien von Reaktor, Reaktoreinbauten und Rührwerk nicht verändert, dann kann die Energiedissipation $P_R/V_{R,L}$ im turbulenten Bereich alleine durch die Rührerdrehzahl zum Ausdruck gebracht werden:

$$\frac{P}{V} = \frac{P_R}{V_{R,L}} \propto n^3 \qquad \text{(Gleichung 2.66)}$$

Damit können die Ergebnisse sowohl der Mischzeit als auch des Sauerstofftransportes über n^3 aufgetragen werden, ohne die Leistung messen zu müssen, denn der Zusammenhang ist tendenziell in allen Maßstäben der gleiche. Das gilt allerdings nur, wenn auch die Newton-Zahl Ne unverändert bleibt. Bei unterschied-

Tabelle 2.46 Berechnungsvorschläge zur Ermittlung der begasten Newton-Zahl für Rührwerkreaktoren.

Formeln	Gültigkeitsbereich	Lit.
$\frac{\mathrm{Ne_b}}{\mathrm{Ne_0}} = \frac{1}{\sqrt{1 + 750 \cdot \frac{u_G}{\sqrt{g \cdot D}}}}$	Wasser; $D = 0{,}4$–7 m; $\frac{d_R}{D} = 0{,}3 - 0{,}4$; $\mathrm{Re} > \mathrm{Re_{krit}}$	[185]
$\frac{\mathrm{Ne_b}}{\mathrm{Ne_0}} = \frac{1}{\sqrt{1 + 490 \cdot \frac{u_G}{\sqrt{g \cdot D}}}}$	Wasser; 2 Scheibenrührer; $\frac{\Delta h_R}{d_R} > 1$; $D = 0{,}4 - 0{,}9$ m; $\frac{d_R}{D} = 0{,}3 - 0{,}4$; $\mathrm{Re} > \mathrm{Re_{krit}}$	[185]
$\frac{\mathrm{Ne_b}}{\mathrm{Ne_0}} = \frac{1}{\sqrt{1 + 375 \cdot \frac{u_G}{\sqrt{g \cdot D}}}}$	Wasser; 3 Scheibenrührer; $D = 0{,}4 - 0{,}9$; $\frac{d_R}{D} = 0{,}3 - 0{,}4$; $\mathrm{Re} > \mathrm{Re_{krit}}$	[185]
$\frac{\mathrm{Ne_b}}{\mathrm{Ne_0}} = \frac{1}{\sqrt{1 + 470 \cdot \frac{u_G}{\sqrt{g \cdot D}}}}$	ummantelter Scheibenrührer; $\mathrm{Re} > \mathrm{Re_{krit}}$	[185]
$\frac{\mathrm{Ne_b}}{\mathrm{Ne_0}} = \frac{1}{\sqrt{1 + 22 \cdot \left(\frac{\varphi_G}{\varphi_L} + 0{,}43 \cdot Q\right)}}$	Wasser, Öl, Sirup, Kulturmedium; Scheibenrührer; $D = 0{,}4 - 7$ m; $\frac{d_R}{D} = 0{,}3 - 0{,}4$; $\mathrm{Re} > \mathrm{Re_{krit}}$	[185]
$\mathrm{Ne_b} = z \cdot \frac{\mathrm{Ne_0} + 187 \cdot Q \cdot \mathrm{Fr}^{-0{,}32} \cdot \left(\frac{d_R}{Q}\right)^{1{,}53} - 4{,}6 \cdot Q^{1{,}25}}{1 + 136 \cdot Q \cdot \left(\frac{d_R}{D}\right)^{1{,}14}}$	$\mathrm{Re} > 10^4$; $\mathrm{Fr} \leq 0{,}07 \left(\frac{D}{d_R}\right)^3$; $0{,}2 \leq \frac{d_R}{D} \leq 0{,}42$; $\frac{\Delta h_R}{d_R} > 0{,}75$	[186]
$\frac{\mathrm{Ne_b}}{\mathrm{Ne_0}} = 1 + \frac{1}{(3{,}9 \cdot \mathrm{Re}^{0{,}12} + 6 \cdot 10^{-2} \cdot \mathrm{Re}^{3{,}45}) \cdot 6{,}25 \cdot Q^3}$	$Q < 0{,}05$; $800 \leq \mathrm{Re} \leq 10^4$	[186]
$\frac{\mathrm{Ne_b}}{\mathrm{Ne_0}} = \frac{1}{\sqrt{1 + 70 \cdot \mathrm{Fr_ü} \cdot \frac{d_R}{D}}}$	kurz vor Überflutung; $\mathrm{Fr_ü} = \frac{n_ü^2 \cdot d^2}{g \cdot (D - d_R)}$	[187]

lichen Begasungsraten ist dies jedoch nicht der Fall [1], sodass die Veränderung berücksichtigt werden muss (Gleichung 2.74; Tab. 2.46).

2.7.3.4 **Leistungsberechnung**

Wie man aus den vorangehenden Betrachtungen erkennen kann, muss zur Erfüllung der verfahrenstechnischen Aufgaben in jedes System Energie pro Zeit, also Leistung, eingetragen werden. Dies kann auf verschiedene Art und Weise erfolgen und soll im Folgenden dargestellt werden.

Bei Rührwerkreaktoren kann die Leistung durch die in den Gleichungen 2.57–2.65 hergeleitete, bekannte Beziehung berechnet werden (Abschnitt 7.3.3, Abb. 7.41, Gleichungen 2.130–2.136:

$$P_R = \mathrm{Ne} \cdot \rho_L \cdot n^3 \cdot d_R^5 \qquad \text{(Gleichung 2.67)}$$

Die Proportionalitätskonstante, die Newton-Zahl Ne (Leistungskennzahl), ist neben der Geometrie (Rührerform, der geometrischen Anordnung von Stromstörern und Rührwerken) auch von den allgemein die Strömung charakterisierenden Kennzahlen, also von der Reynolds-Zahl (beides ist aus Abb. 2.69 ersichtlich), der Froude-Zahl (Gleichung 2.69; Abb. 2.68) sowie von der Begasungsrate q abhängig [1]. Den Einfluss der Begasungskennzahl Q und der Froude-Zahl auf die Newton-Zahl zeigt Abb. 2.68. Es ist zu erkennen, dass der Leistungsabfall umso mehr von der Gasbelastung abhängt, je höher die Froude-Zahl ist. Da die Froude-Zahl das Verhältnis aus Trägheitskraft zu Schwerkraft ist, verliert die Schwerkraft mit steigender Froude-Zahl ihren Einfluss, die Trombenbildung lässt nach und damit auch der Einfluss auf die Newton-Zahl. Bei Reynolds-Zahlen $\mathrm{Re} < 300$ sowie in gerührten Behältern mit Stromstörern (bewehrter Reaktor; Gleichung 2.73) entsteht praktisch keine Trombe, d. h. die Froude-Zahl beeinflusst in diesen Fällen den Newtonwert nicht.

Die Reynolds-Zahl und die Froude-Zahl sind in diesem Fall folgendermaßen definiert:

$$\mathrm{Re} \equiv \frac{n \cdot d_R^2 \cdot \rho_L}{\eta} \qquad \text{(Gleichung 2.68)}$$

und

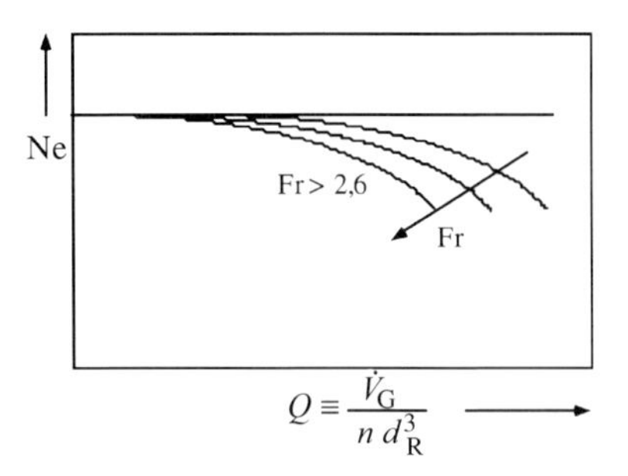

Abb. 2.68 Abhängigkeit der Newton-Zahl von der Froude-Zahl. Die Froude-Zahl verstärkt mit zunehmender Größe den Einfluss der Begasungskennzahl Q auf die Newton-Zahl. Da die Froude-Zahl das Verhältnis von Trägheitskraft zu Schwerkraft darstellt, verliert die Schwerkraft mit zunehmender Froude-Zahl an Einfluss, die Neigung zur Trombenbildung lässt nach und damit auch der Einfluss der Froude-Zahl auf die Newton-Zahl.

$$\mathrm{Fr} \equiv \frac{n^2 \cdot d_\mathrm{R}}{g} \qquad \text{(Gleichung 2.69)}$$

Der Newtonwert hängt somit bei gegebener Geometrie im unbegasten System nur noch von der Reynolds-Zahl ab, wobei folgende charakteristische Bereiche festzustellen sind:

- der Bereich der schleichenden Strömung: Dieser Bereich tritt bei kleinen Reynolds-Zahlen auf, wo die Zähigkeitskräfte dominieren. Der Newtonwert fällt in diesem Bereich mit zunehmender Reynolds-Zahl nach folgendem Gesetz ab:

$$\mathrm{Ne} \propto \mathrm{Re}^{-1} \qquad \text{(Gleichung 2.70)}$$

- turbulenter Bereich: $\mathrm{Re} > 10^4$; in diesem Bereich sind die Reynolds-Zahlen im Allgemeinen größer $\mathrm{Re} > 10^4$. Hier spielt die Auswirkung der Zähigkeitskräfte auf den Leistungsbedarf des Rührers nur eine untergeordnete Rolle, d. h. der Newtonwert ist bei den meisten Rührern nahezu konstant (Abb. 2.69); es gilt also: Ne = const.;
- Übergangsbereich laminar/turbulent.

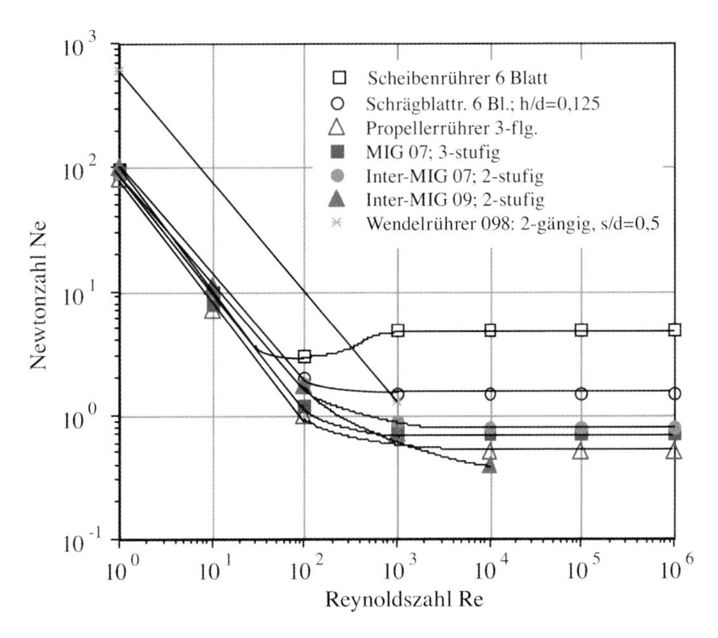

Abb. 2.69 Abhängigkeit der Newton-Zahl von der Reynolds-Zahl im nichtbegasten Reaktor, für verschiedene Rührwerke [182]. Bis auf den Wendelrührer, der ausschließlich im laminaren Bereich arbeitet, weisen alle anderen aufgeführten Rührwerke einen laminaren Abschnitt ($\propto 1/\mathrm{Re}$), einen nicht genau definierbaren Übergangsbereich und einen turbulenten Abschnitt (Ne = const.) auf.

Zwischen den Bereichen der schleichenden Bewegung und der turbulenten Strömung liegt das sogenannte Übergangsgebiet, in welchem der Abfall des Newtonwertes mit zunehmender Reynolds-Zahl immer schwächer wird. Ein allgemeines Gesetz für alle Rührertypen ist in diesem Bereich nicht vorhanden [182, 183].

Für die Newton-Zahl lassen sich für einen voll bewehrten Rührkessel (Gleichung 2.73) in der Literatur verschiedene Berechnungsgleichungen finden [183, 184]:

$$\mathrm{Ne} = 9{,}74 \cdot z^{0{,}495} \cdot \left(\frac{b}{d_\mathrm{R}}\right)^{1{,}33 \cdot z^{-0{,}0108}} \qquad \text{(Gleichung 2.71)}$$

oder [118, 183]

$$\mathrm{Ne} = 3{,}6 \cdot \left(\frac{d_\mathrm{R}}{D}\right)^{-0{,}95} \cdot \left(\frac{b}{D}\right)^{0{,}75} \cdot z^{0{,}8} \qquad \text{(Gleichung 2.72)}$$

Ein Rührkessel gilt als voll bewehrt, wenn der Zusammenhang

$$\frac{z_\mathrm{S} \cdot b_\mathrm{S}}{D} \geq 0{,}4 \qquad \text{(Gleichung 2.73)}$$

erfüllt ist [165, 183].

Um die Begasung für die Leistungsberechnung zu berücksichtigen, wird eine Newton-Zahl mit Begasung $\mathrm{Ne_b}$ eingeführt. In der Literatur gibt es einige Berechnungsvorschläge für die begaste Newton-Zahl $\mathrm{Ne_b}$. In Tab. 2.46 sind einige Vorschläge und deren Gültigkeitsbereiche zusammengestellt. Mit einer handlichen Gleichung, die für zweistufige Scheibenrührer auch sehr brauchbare Ergebnisse liefert, lässt sich $\mathrm{Ne_b}$ wie folgt ermitteln [185]:

$$\mathrm{Ne_b} = \mathrm{Ne_0} \frac{1}{\sqrt{1 + 490 \frac{u_\mathrm{G}}{\sqrt{g \cdot D}}}} \qquad \text{(Gleichung 2.74)}$$

In den meisten Rührwerkbioreaktoren werden aufgrund ihres großen Schlankheitsgrades mehrere Rührer installiert. Der klassische Bioreaktor ist ein dreistufiger Scheibenrührerreaktor. Großflächige Rührer, wie der Kreuzbalkenrührer, der Inter-MIG- und der MIG-Rührer, werden immer mehrstufig (3–7 Stufen) eingesetzt [1]. Im Falle eines mehrstufigen Rührwerkes hängt die Newton-Zahl, wie in Tab. 2.46 schon angemerkt, zusätzlich vom Abstand der einzelnen Rührer zueinander ab. Sind sie zu nahe beieinander, dann beeinflussen sich beide Elemente. Stehen sie weit genug auseinander, so wirkt jeder Rührer eigenständig. Für einen zweistufigen Scheibenrührer (V = 2,5 m^3; f_S = 1,35; f_R = 0,33) konnte im unbegasten Fall gezeigt werden [188], dass bei zu geringem Abstand $\Delta h_\mathrm{R}/d_\mathrm{R} < 1$ sich beide beeinflussen und somit nicht voll wirksam arbeiten können. Die Newton-Zahl verändert sich im Vergleich zum einstufigen Rührwerk kaum. Wird der Abstand aber vergrößert, so zeigt sich ab einem Verhältnis > 1 ein schneller

Anstieg der Newton-Zahl, bis sie schließlich für $\Delta h_R/d_R > 2$ den doppelten Wert im Vergleich zum einstufigen Rührwerk annimmt. Diese Tendenz konnte in verschiedenen Maßstäben und auch Medien gezeigt werden [188]. Es empfiehlt sich also, Scheibenrührer im Abstand $\Delta h_R/d_R > 1{,}5$ anzuordnen. Diese Untersuchungen zeigen aber auch, dass in den Gleichungen 2.71 und 2.72 der Exponent für die Rühreranzahl z kritisch zu sehen ist; er hängt vom Abstand Δh_R ab [1].

Bei all diesen Betrachtungen ist es wichtig zu wissen, dass diese Gleichungen nur innerhalb sinnvoller Strömungszustände Gültigkeiten haben. Bei zu niedrigen Drehzahlen eines Rührwerkes tritt bei einer gegebenen Begasungsrate der sogenannte Überflutungspunkt ein, bei zu hohen Drehzahlen macht der verstärkte Ansaugeffekt aus dem Gasraum die Beschreibung der Vorgänge nahezu unmöglich.

Für die auf das Volumen bezogene spezifische Leistung ergibt sich nunmehr:

$$\frac{P}{V} \propto \frac{P}{D^3} \propto \frac{P}{d_R^3} \propto \rho \cdot n^3 \cdot d_R^2 \qquad \text{(Gleichung 2.75)}$$

In Abb. 2.69 ist die Newton-Zahl – und damit die Leistungscharakteristik – von verschiedenen Rührertypen bestimmter Geometrie in Abhängigkeit von der Reynolds-Zahl dargestellt. Dabei zeigt sich deutlich, dass die unterschiedlichen Rührertypen in ihrem Verhalten bezüglich der Leistungscharakteristik stark von einander abweichen und der Einfluss der Reynolds-Zahl im turbulenten Bereich verschwindet. Im laminaren Bereich besteht die Abhängigkeit $\mathrm{Ne} \propto \mathrm{Re}^{-1}$.

Variiert man die Rührerdrehzahl und den Rührerdurchmesser bei gleichem Leistungseintrag, dann ergibt sich folgende Betrachtungsweise

$$P = \rho \cdot n^3 \cdot d_R^5 = \text{const.} \qquad \text{(Gleichung 2.76)}$$

$$n \propto \frac{1}{\rho^{1/3} \cdot d_R^{5/3}} = \text{const.} \qquad \text{(Gleichung 2.77)}$$

Das Verhältnis von Umwälzmenge zu Scherung entspricht folgendem Sachverhalt

$$\frac{\dot{V}}{H*} \propto \frac{\dot{V} \cdot d_R^4 \cdot g}{\dot{V}^2} = \frac{d_R^4 \cdot g}{\dot{V}}\, d_R^4\, \frac{g}{n \cdot d_R^3} = \frac{d_R \cdot g}{n} \qquad \text{(Gleichung 2.78)}$$

Dies bedeutet, dass bei vorgegebener Leistung große Rührer eine kleine Drehzahl, eine große Umwälzmenge und kleine Scherkräfte haben, kleine Rührer dagegen eine große Drehzahl, damit eine kleine Umwälzmenge und somit große Scherkräfte aufweisen.

Soll demnach eine große Flüssigkeitsmenge ohne größere Scherkräfte umgewälzt werden, so wählt man zweckmäßig einen langsam laufenden großen Rührer. Soll dagegen eine kräftige Scherbewegung auftreten, um z. B. große Phasengrenzflächen zu schaffen (Dispergierung von Gas oder Öl in Wasser), so sind kleine, schnell drehende Rührer mit hoher Newton-Zahl vorzuziehen. Häufig gibt es für ein bestimmtes Verhältnis von Umwälzmenge zu Förderhöhe bei gleicher Leistung ein optimales Ergebnis.

Pneumatischer Leistungseintrag Der Leistungseintrag für pneumatisch betriebene Bioreaktoren erfolgt über den Vordruck des Gases (Abschnitt 7.3.3, Abb. 7.37). Die Expansionsarbeit, die im Bioreaktor pro Zeiteinheit abgegeben wird, entspricht der eingetragenen Leistung. Geht man davon aus, dass aufgrund der großen Oberfläche das Gas beim Eintreten in den Reaktor spontan die Mediumstemperatur annimmt, so kann von einer isothermen Expansion ausgegangen werden. Die Leistung einer isothermen Expansion lässt sich berechnen durch:

$$P_{\mathrm{G,E}} = -\int_{p^{\alpha}}^{p^{\omega}} \dot{V} \cdot \mathrm{d}p = -\frac{\dot{m}_{\mathrm{G}} \cdot R \cdot T}{M} \int_{p^{\alpha}}^{p^{\omega}} \frac{\mathrm{d}p}{p} = \frac{\dot{m}_{\mathrm{G}} \cdot R \cdot T}{M} \ln \frac{p^{\alpha}}{p^{\omega}}$$

(Gleichung 2.79)

Das gleiche Ergebnis kann erreicht werden, wenn eine Differenzialbetrachtung angestellt wird (Abschnitt 7.3.3, Abb. 7.37). Ein differenziell kleiner Leistungseintrag resultiert aus einem Kraftaufwand pro Zeit und einer differenziell kleinen Strecke. Die Kraft ändert sich mit der Ausdehnung der Blase während des Aufstiegs. In biotechnologischen Systemen wird der Sauerstoff aus der Gasblase für die Versorgung der Mikroorganismen benötigt. Gleichzeitig entstehen aber auch gasförmige Metabolite, überwiegend Kohlendioxid (CO_2). Häufig ist der Respirationsquotient (Gleichung 2.22) RQ = 1,0, d. h. es entsteht so viel Kohlendioxid, wie Sauerstoff verbraucht wird. Dadurch bleibt die Teilchenmenge in der Gasblase konstant. Es wird weiter angenommen, dass die mittlere Molmasse konstant bleibt. Unter diesen Randbedingungen ergibt sich folgender Ansatz

$$\mathrm{d}P_{\mathrm{G,P}} = \frac{F_{\mathrm{A}} - F_{\mathrm{G}}}{t} \cdot \mathrm{d}z \qquad \text{(Gleichung 2.80)}$$

Da sich die Dichten von Gas und Flüssigkeit um den Faktor 1000 unterscheiden, kann die Gewichtskraft vernachlässigt werden. Man erhält für die örtliche Auftriebsenergie:

$$\frac{F_{\mathrm{A}} - F_{\mathrm{G}}}{t} \approx \dot{V} \cdot \rho_{\mathrm{L}} \cdot g \qquad \text{(Gleichung 2.81)}$$

Mit der allgemeinen Gasgleichung

$$V_{\mathrm{G}} = \frac{V_{\mathrm{G,n}} \cdot p_{\mathrm{n}}}{p} \frac{T}{T_{\mathrm{n}}} \qquad \text{(Gleichung 2.82)}$$

sowie dem örtlichen Druck

$$p = p_o + \rho_L \cdot g \cdot (H - z) \qquad \text{(Gleichung 2.83)}$$

wird der differenzielle örtliche potenzielle Leistungseintrag:

$$\mathrm{d}P_{G,P} = \frac{\dot{V}_{G,n} \cdot p_n \cdot \rho_L \cdot g \cdot \frac{T}{T_n}}{p^w + \rho_L \cdot g \cdot (H - z)} \cdot \mathrm{d}z \qquad \text{(Gleichung 2.84)}$$

und schließlich nach Integration:

$$\begin{aligned} \mathrm{d}P_{G,P} &= \dot{V}_n \cdot p_n \cdot \rho_L \cdot g \cdot \frac{T}{T_n} \int\limits_{z=0}^{z=H} \frac{dz}{p^w + \rho_L \cdot g \cdot (H - z)} \\ &= \dot{V}_{G,n} \cdot p_n \cdot \frac{T}{T_n} \cdot \ln \frac{p^w + \rho_L \cdot g \cdot H}{p^w} \end{aligned} \qquad \text{(Gleichung 2.85)}$$

Als Weiteres trägt das Gas kinetische Energie pro Zeit ein. Diese ergibt sich aus der Differenz zwischen Eintritts- und Austrittsleistung. Wenn man näherungsweise die Gasleerrohrgeschwindigkeit für die Austrittsgeschwindigkeit nimmt, so erhält man:

$$P_{G,K} = \frac{\dot{m}_G}{2} \cdot (w_{G,0}^2 - u_G^2) \qquad \text{(Gleichung 2.86)}$$

Dem Gas steht weiterhin auf dem Weg nach oben der Druck der Gassäule entgegen. Der daraus resultierende Druckverlust beträgt $\Delta p = \rho_G \cdot g \cdot H$ und vermindert den Gesamtleistungseintrag. Damit erhält man exakt:

$$P_G = \dot{V}_{G,n} \cdot p_n \cdot \frac{T}{T_n} \cdot \ln \frac{p + \rho_L \cdot g \cdot H}{p} - \dot{V}_G \cdot \rho_G \cdot g \cdot H + \frac{\dot{m}_G}{2} \cdot (w_{G,0}^2 - u_G^2) \qquad \text{(Gleichung 2.87)}$$

bzw.

$$P_G = \dot{m}_G \cdot \left[R \cdot T \cdot \ln \frac{p + \rho_L \cdot g \cdot H}{p} - g \cdot H + \frac{1}{2} \cdot (w_{G,0}^2 - u_G^2 \right] \qquad \text{(Gleichung 2.88)}$$

Da die Gasleerrohrgeschwindigkeit viel kleiner als die Gaseintrittsgeschwindigkeit ist, ist der kinetische Anteil am Austritt vernachlässigbar. Aber auch der kinetische Anteil insgesamt ist wie der Druckverlustterm aufgrund der geringen Dichte des Gases an der Gesamtleistung in der Regel unbedeutend klein. Außerdem lässt sich für Verhältnisse mit $p_u/p_o < 2$ für die Gasdichte näherungsweise ein konstanter Wert annehmen. Damit kann vereinfachend für den Gasleistungseintrag

$$P_G \approx \dot{V}_G \cdot \rho_L \cdot g \cdot H \qquad \text{(Gleichung 2.89)}$$

und für den auf die Masse bezogenen spezifischen Leistungseintrag

$$\epsilon_G \equiv \frac{P_G}{V_{R,L} \cdot \rho_L} = u_G \cdot g \cdot \frac{H'}{H} \qquad \text{(Gleichung 2.90)}$$

geschrieben werden, wobei H' die Gaseingabetiefe über der Flüssigkeitsoberfläche und H die Flüssigkeitssäule darstellt.

Hydraulischer Leistungseintrag in Bioreaktoren Bei hydraulisch betriebenen Bioreaktoren ist eine Pumpe integriert. Die Pumpe trägt die Leistung (Abschnitt 7.3.3, Abb. 7.39)

$$P_L = \dot{V}_L \cdot \Delta p \qquad \text{(Gleichung 2.91)}$$

in das System ein. Kann die Reaktion (das System) diese Leistung komplett nutzen, so entspricht das gleichzeitig dem Leistungseintrag. Häufig kann aber in der Reaktion nur ein kinetischer Anteil genutzt werden, dann beschränkt sich der Leistungseintrag auf:

$$P_{L,K} = \frac{\dot{m}_L}{2} \cdot w_{L,0}^2 \qquad \text{(Gleichung 2.92)}$$

wobei w die Geschwindigkeit ist, mit der der Flüssigkeitsstrahl in den Reaktionsraum strömt.

2.7.3.5 Maßstabsvergrößerung von Rührwerkbioreaktoren

Da nach wie vor der Rührapparat auch als Bioreaktor der am weitesten verbreitete Typ ist, soll nun für verschiedene Fälle die Maßstabsvergrößerung von Rührwerken diskutiert werden. Hierbei ist stets geometrische Ähnlichkeit vorausgesetzt und in der Mehrzahl der Fälle auch turbulente Strömung. Geometrische Ähnlichkeit bedeutet, dass alle Abmessung des Reaktors sowohl im kleinen Maßstab als auch im großen Maßstab im gleichen Verhältnis zueinander stehen, z. B. Rührerdurchmesser zu Kesseldurchmesser ($d/D \equiv f_R$ = const.), Rührerblatthöhe zu Rührerdurchmesser (h/d = const.) oder Kesseldurchmesser zu Reaktorhöhe (D/H = const.).

Bei genauerem Hinsehen wird man allerdings schnell feststellen, dass viele Geometrien sich nicht im gleichen Verhältnis oder überhaupt nicht anpassen lassen. Das gilt zum einen für Sonden bzw. Messwertaufnehmer, die natürlich nicht in allen Größenordnung zu bekommen sind, und das gilt im Besonderen für die Biokatalysatoren, die Mikroorganismen, die im kleinen wie im großen Maßstab dieselbe Größe besitzen. Diesem Sachverhalt muss man im Einzelnen Rechnung tragen.

Es sollen nun einige Fälle hinsichtlich ihrer Vergrößerbarkeit betrachten werden:

1. Fall: Die Häufigkeit der Umwälzung ist allein maßgebend für das Rührergebnis. Dies ist häufig beim mischzeitgekoppelten Homogenisieren der Fall. Mit der Mischzeit

$$\Theta = \frac{m \cdot V}{\dot{V}} \qquad \text{(Gleichung 2.93)}$$

wobei m den Mischzeitfaktor darstellt, der experimentell ermittelt werden muss, ergibt sich die Häufigkeit der Umwälzung aus:

$$z \equiv \frac{\dot{V}}{V} \frac{m}{\Theta} \quad \text{(in 1/h)} \qquad \text{(Gleichung 2.94)}$$

Die Durchmischungszahl $n \cdot \Theta = f(\text{Re})$ ist eine Funktion der Reynolds-Zahl. Nimmt man nun an, dass der Mischzeitfaktor

$$m \propto n \cdot \Theta \qquad \text{(Gleichung 2.95)}$$

ist, dann folgt aus den angegebenen Beziehungen:

$$\dot{V} \propto n \cdot d_\mathrm{R}^3 \quad \text{bzw.} \quad \frac{\dot{V}}{V} \propto \frac{n \cdot d_\mathrm{R}^3}{D^2 \cdot H} \qquad \text{(Gleichung 2.96)}$$

Daraus lässt sich erkennen, dass bei einer Maßstabsvergrößerung die Drehzahl konstant bleiben muss, weil $d/D = \text{const.}$, $D/H = \text{const.}$, also auch $d/H = \text{const.}$

Für den praktischen Fall ist es nun stets wichtig, wie sich die spezifische Leistung $\left(\frac{P}{V}\right)^*$ bei einer Maßstabsvergrößerung verhält.

Aus den Gleichungen

$$\left(\frac{P}{V}\right) \propto \frac{P}{D^2 \cdot H} \propto \frac{\rho \cdot n \cdot d_\mathrm{R}^5}{D^3} \propto \frac{\rho \cdot n^3 \cdot d_\mathrm{R}^5}{d_\mathrm{R}^3} \propto \rho \cdot n^3 \cdot d_\mathrm{R}^2 \qquad \text{(Gleichung 2.97)}$$

folgt, dass die spezifische Leistung proportional zum Quadrat des Durchmessers d_R ansteigt, damit auch mit dem Quadrat des Faktors der Maßstabsvergrößerung. Da dies zu sehr hohen Leistungen führen kann, werden kleinere Umwälzmengen bei der Maßstabsvergrößerung in Kauf genommen. Dies hat längere Mischzeiten in großen Apparaten (Kesseln) zur Folge.

Diesem Sachverhalt muss man schon in einem frühen Entwicklungsstadium Rechnung tragen, denn sollte sich bei der Prozessentwicklung zeigen, dass die Mischzeit essenziell ist, so muss eine Lösung gefunden werden, die diesem Umstand gerecht wird (z. B. n kleine Apparate).

2. Fall: Der Rühreffekt hängt im Wesentlichen vom Verhältnis Umwälzmenge $\dot{V}$ zu Scherbeanspruchung τ ab. Es gilt:

$$\tau = H \cdot \rho \cdot g \propto \Delta p \propto w^2 \cdot \rho \qquad \text{(Gleichung 2.98)}$$

Auch hierbei ist wiederum geometrische Ähnlichkeit vorausgesetzt sowie eine turbulente Strömung. Aus den oben angeführten Gleichungen folgt, dass die Drehzahl dem Durchmesser proportional ist:

$$\dot{V} \propto n \cdot d_R^3; \quad P \propto \dot{V} \cdot \tau \propto \rho \cdot n^3 \cdot d_R^5; \quad \frac{\dot{V}}{\tau} \propto \frac{d_R}{n \cdot \tau} = \text{const.}$$

(Gleichung 2.99)

Die spezifische Leistung ändert sich demnach:

$$\left(\frac{P}{V}\right)^* \propto n^3 \cdot d_R^2 \quad \text{oder} \quad P* \propto d_R^5 \qquad \text{(Gleichung 2.100)}$$

Hiermit ergibt sich, dass die spezifische Leistung bei einer Maßstabsvergrößerung mit der fünften Potenz des Durchmessers ansteigt. Eine derart starke Steigerung der spezifischen Leistung lässt sich bei einer Maßstabsvergrößerung in der Regel nicht realisieren.

Bei dem in der Praxis häufigen Fall der konstanten spezifischen Leistung wird das Verhältnis Umwälzmenge zu Scherbeanspruchung mit dem Durchmesser zunehmen. D. h. eine gewünschte oder nicht gewünschte Zerkleinerungswirkung wird in größeren Fermentern schwächer, denn $P^* = \text{const.}$ bedeutet:

$$\frac{\tau}{\dot{V}} \propto \frac{\rho}{d_R^{5/3}} \qquad \text{(Gleichung 2.101)}$$

3. Fall: Der Rühreffekt hängt nur von der spezifischen Leistung ab. Damit ergibt sich, geometrische Ähnlichkeit wieder vorausgesetzt:

$$\left(\frac{P}{V}\right)^* \propto \text{Ne}\,(\text{Re}) * \cdot \rho \cdot n^3 \cdot d_R^2 = \text{const.} \qquad \text{(Gleichung 2.102)}$$

Die Newton-Zahl wurde hierbei einbezogen, da für diesen praktisch wichtigen Fall sowohl die laminare als auch die turbulente Strömung berücksichtigt werden soll. Es hat sich gezeigt, dass die Suspendierung von Teilchen bei der Maßstabsvergrößerung gleich gut bleibt, wenn die spezifische Leistung beibehalten wird.

Bei gleicher spezifischer Leistung ist im laminaren Bereich die Drehzahl konstant zu halten, während diese im Übergangsbereich sowie im turbulenten Bereich bei einer Maßstabsvergrößerung kleiner gewählt werden kann.

Bei turbulenter Strömung nimmt im Fall konstanter spezifischer Leistung und geometrischer Ähnlichkeit

- die Häufigkeit der Umwälzung ab,
- das Verhältnis von Umwälzmenge zu Scherbeanspruchung zu, wenn der Maßstab vergrößert wird.

Allgemeine Strategien zur Findung von Übertragungsregeln lassen sich nicht angeben. Wohl aber können die aus zahlreichen realisierten Prozessen gewonnenen Erkenntnisse koordiniert und vorteilhaft bei neuen Verfahren angewandt werden. Dazu ist es zunächst wertvoll, wichtige Kriterien und deren Bedeutung

Tabelle 2.47 Zusammenstellung wichtiger Übertragungsregeln für die verschiedenen Prozessstufen.

Prozessstufe	Kriterium	Definition	Bemerkungen
Upstream	z = idem	Mischzeit soll eingehalten werden	kann nur mit großer Steigerung des Leistungseintrages realisiert werden, wird meist daran scheitern!
Upstream	$S \neq$ idem, N = idem; M % = idem	Sterilisationsbedingungen	Voraussetzung für reproduzierbare Sterilisationsprozesse
Reaktion	ϵ = idem;	Leistungsdichte	Leistungsdichte
Reaktion	OTR = idem	spezifische Sauerstoffversorgung	und spezifische Sauerstoffversorgung müssen konstant gehalten werden, weil beides gekoppelt ist
Reaktion	$\frac{\tau}{V}$= idem	Scherung und Mischzeit	nur bedingt übertragbar (Gleichung 2.100)

zusammenzutragen, die im Einzelfall auch maßgebend für eine Maßstabsübertragung sein können (Tab. 2.47).

In der Literatur werden viele Übertragungsregeln vorgeschlagen. Einige der am häufigsten erwähnten, wie z. B. die Leistungsdichte ϵ = idem (lat.; der-, die-, dasselbe), Re = idem; Fr = idem oder die Umwälzhäufigkeit z = idem und das Verhältnis von Volumenstrom zu Schubspannung = idem, sind schon genannt worden. Ist die Leistungsdichte im Labormaßstab vorausschauend also nicht zu hoch gewählt worden, so lässt sie sich auch übertragen. Anders sieht es hingegen bei z = idem oder Volumenstrom zu Schubspannung = idem aus, weil in diesen Fällen eine enorme Leistungssteigerung erforderlich wäre.

Da es allgemeine Regeln für die Maßstabsübertragung nicht gibt, sind in Tab. 2.47 beispielhaft einige Situationen aus den verschiedenen Bereichen eines biotechnologischen Prozesses zusammengestellt.

2.7.3.6 Synchronisierte Parallelfermentation

Zum Zwecke der Prozessentwicklung werden die Basisuntersuchungen in einem Modellmaßstab, also im Labor, durchgeführt. Für die Entwicklung eines Fermentationsprozesses bedeutet das Reaktorvolumina bis etwa zehn Liter. Die dort gewonnenen Ergebnisse bilden letztendlich die Basis für die Projektstudie zur Darstellung der Wirtschaftlichkeit des betreffenden Produktionsprozesses. Der Produktionsmaßstab liegt allerdings oft um den Faktor 1000 oder gar 10 000 über dem Modellmaßstab und es gilt nun, die der Kalkulation und damit den vorhergesagten Renditen zugrunde liegenden Daten auch im Produktionsmaßstab zu erreichen. Im Wesentlichen ist das die Raum-Zeit-Ausbeute (RZA). Im Falle der Stoffumwandlung bedeutet Maßstabsübertragung demnach, dieselbe Produktbildungskurve wie im Modell nachzuzeichnen.

Ein Weg, der mit modernen Rechnerkapazitäten und passender Software immer verlockender wird, ist, diese Aufgabe über das Herunterbrechen des Geschehens in ein endliches Mikrovolumen, ein finites Element (FE), zu lösen, dort die Abläufe zu modellieren und diese Elemente dann in jeden beliebigen Maßstab mit den dazugehörigen Rand- und Übergabebedingungen aufzusummieren. Leisten kann eine solche Aufgabe der totalen Segregation ein Softwarepaket wie FLUENT, nur ein Beispiel aus der Gruppe der zahlreichen CFD-Softwarepakete [189].

Eine typische Strömungssimulation besteht aus den drei Einzelschritten:

- Modellerstellung und Vergitterung (Preprocessing),
- Lösung des Gleichungssystems im Modellgitter (Processing),
- Darstellung der Lösungsergebnisse (Postprocessing)

und ist insgesamt rechentechnisches Hightech. Die Modellerstellung und -lösung erfordert dabei erhebliche Erfahrungen, die man am besten durch die Methode *learning by doing* erhält und artet zeitlich gesehen nicht selten von finiten Vorgaben in infinite Exzesse aus!

Unabhängig von der gewählten Vorgehensweise steigt der Mess- und Analysen- sowie auch Rechenaufwand exponentiell mit der verlangten Zuverlässigkeit. Da zusätzlich noch jeder Aufwand mit dem Faktor „Zeit" versehen ist, stellt sich in der Praxis immer wieder die Frage, ob es nicht etwas einfacher und verständlicher geht?

Ein Ansatz dafür sind Entwicklungsuntersuchungen in einem System von Bioreaktoren, das es erlaubt, in unterschiedlichen Maßstäben synchron einen Prozess mit identischen Startbedingungen in Bezug auf die biologischen Aspekte zu starten und zu verfolgen. Diese methodisch parallel betriebenen Bioreaktoren bezeichnet man als synchronisierte Parallelbioreaktoren und die Ergebnisse sollen der Maßstabsübertragung dienen [190].

In Symbiose mit der Synchronisierten Parallelfermentation (SPF) dient die Simulation einer Modellierung. Damit ist man in der Lage, in Verbindung mit den Versuchen im Modellmaßstab die Scale-up-Vorhersagen zu festigen. Für diese Aufgabe kommen verschiedene Softwarepakete in Frage. In den dargestellten Untersuchungen wurde in MADONNA modelliert.

Die Betrachtungsweise ist allerdings die eines nicht segregierten Modells. Das bedeutet, dass in jedem Maßstab die verwendeten Signale an einer (x-beliebigen) dezentralen Stelle (meist am (Reaktor-)Rand des Geschehens) stellvertretend für alle stehen. Diese Annahme ist nur bei vollkommener Durchmischung gerechtfertigt. Das mag im Modellmaßstab bis zum 10-Liter-Volumen und ausreichender Leistungsdichte (> 0,5 W/kg) noch gerechtfertigt sein, stellt bei der Übertragung allerdings das hinlänglich bekannte Problem dar.

Für die Basisuntersuchungen soll als Beispiel das biologische Testsystem *Vibrio natriegens* auf Glycerin-Fleischextrakt-Medium als Modellsystem vorgestellt werden. Das System hat die Vorteile eines sehr schnellen Wachstums ($\mu_{max} < 5\ h^{-1}$) und einer hohen Salinität. Das spart Zeit und reduziert Kontaminationsprobleme enorm.

Als Zielgröße wurde das Zwischenprodukt Acetat (ACE) gewählt, da es sowohl als Produkt als auch neben Glycerin und Fleischextrakt als drittes Substrat auftritt und damit in allen Maßstäben exakt nachgebildet werden soll.

Die Modelluntersuchungen (SPF) wurden im 2- und 10-Liter-Maßstab durchgeführt. Die gewählten Parametereinstellungen für beide Maßstäbe müssen zunächst nicht zwingend abgestimmt sein, denn in der Simulation werden anschließend durch Kurvenanpassung die Modellparameter ermittelt. Dabei unterscheidet man maßstabsrelevante und maßstabsübergreifende Parameter. Demnach enthält die eine Gruppe alle Parameter, die in dem jeweiligen Maßstab eingestellt waren bzw. für die Vorhersage eingestellt werden müssen, und die andere Gruppe die maßstabsunabhängigen Systemparameter, die in allen Maßstäben konstant gehalten werden müssen.

Mit dem hinterlegten Modell, das rein phänomenologisch arbeitet, können die gewonnen Kurven mit insgesamt 31 Parametern gut simuliert werden (Abb. 2.70 und 2.71).

Die beiden Basis-SPFs wurden bewusst unter zunächst nicht angepassten Parametereinstellungen für die frei wählbare Drehzahl (n) und die ebenfalls frei wählbare Begasungsrate (q) durchgeführt, um dann im Modell mit den fixen Parametern Reaktionsvolumen $V_{R,L}$, Schlankheitsgrad f_S und Rührer-Durchmesserverhältnis f_R sowie den restlichen, systembedingten 26 konstanten Parametern eine Simulation zur Bewertung der freien Parameter durchführen zu können.

Aus den gewonnenen Erkenntnissen ist nun der nächste, der wesentliche Schritt, die Übertragung in den Produktionsmaßstab zu wagen und zu vollziehen. Sei der Produktionsmaßstab der 100 000-Liter-Bioreaktor, so ist zunächst zu prüfen, ob und welche weiteren Freiheitsgrade neben dem Volumen, der Drehzahl und der Begasungsrate verfügbar sind bzw. berücksichtigt werden müssen.

Sofern der Produktionsreaktor noch nicht existiert, also viele Konstruktionsmerkmale (geometrische Faktoren: f_S, f_R, f_H, Ne_0) noch frei wählbar sind, gesellen sich zu den zusätzlich freien Betriebsparametern (Y^{α}_{O2}, p^{ω}) auch noch veränderbare/anpassbare Stoffparameter (Viskosität, Dichte, Henry-Koeffizient/Löslichkeit) in mehr oder weniger weiten/engen Grenzen hinzu.

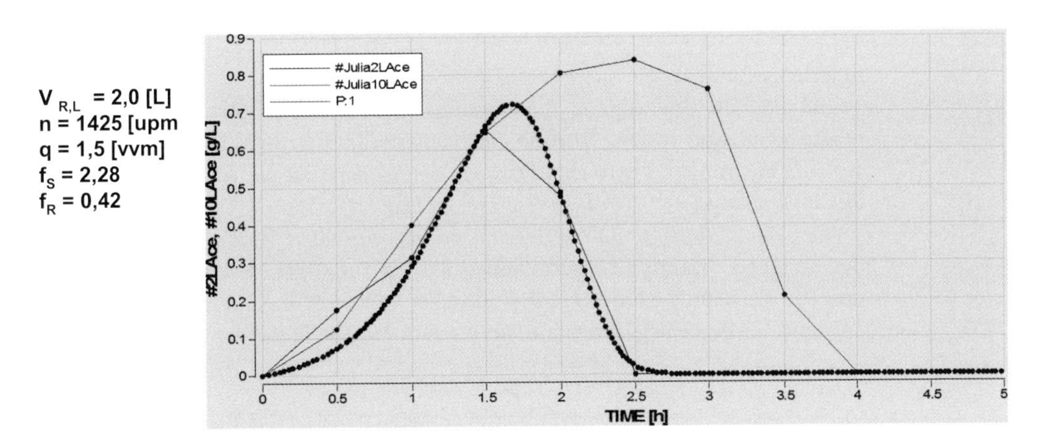

Abb. 2.70 Die Fermentation im 2 Liter-Maßstab wird anhand des ACE-Verlaufes bewertet und zusammen mit dem 10 L-Maßstab (Abb. 2.72) mittels zweier frei verfügbarer (n,q) aus 31 Parametern simuliert.

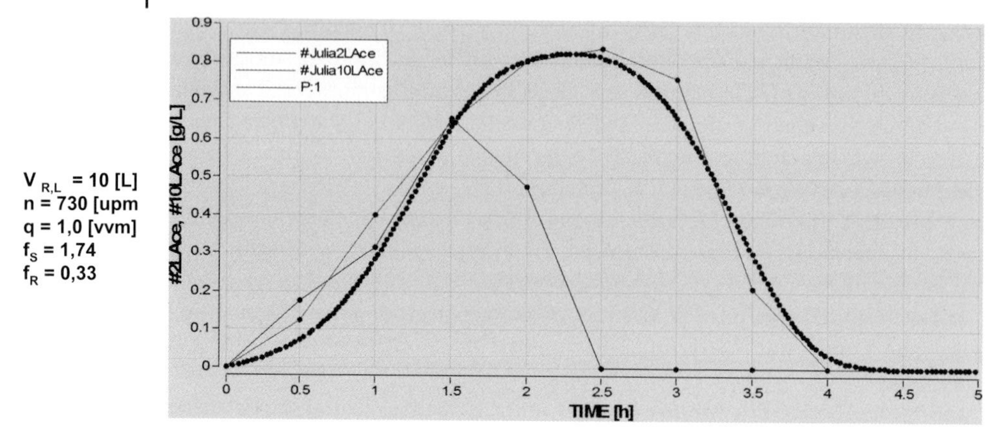

Abb. 2.71 Die Fermentation im 10 Liter-Maßstab wird anhand des ACE-Verlaufes bewertet und zusammen mit dem 2 L-Maßstab mittels zweier (n, q) frei verfügbarer aus 31 Parametern simuliert.

Das gewonnene Modell koordiniert letztendlich 31 Parameter, die sich in die Parameterblöcke

- 5 Geometrieparameter: Volumen, Schlankheitsgrad f_S, Rührer-Durchmesserverhältnis f_R und Newton-Zahl Ne_0, Gaseingabeposition f_H;
- 4 Prozessparameter: Drehzahl n, Begasungsrate q, Kopfraumdruck p^{ω}, Sauerstoffmolenbruch in der Zuluft Y^{α}_{O2};
- 3 Stoffparameter: Viskosität n, Dichte r_L, Henry-Koeffiezient H_{O_2};
- 4 Wachstumsraten $\mu_{1,max}$, $\mu_{2,max}$, $\mu_{3,max}$ auf den drei C-Quellen (Glycerin, FE, ACE) sowie ein Maintenance-Faktor (Erhaltungsstoffwechsel);
- 6 Ausbeutekoeffizienten für die Biomasse (S, F, P, 3 x Sauerstoff);
- 9 Hemm- und Limitierungskoeffizienten sowie wachstumsge-/-entkoppelte Produktbildungsbeschreibung

unterteilen lassen.

Sind für die Übertragung die gewonnenen Ergebnisse im 10-Liter-Maßstab maßgebend, weil sie der Wirtschaftlichkeitsstudie zugrunde gelegt wurden, so verlangt die gewählte Betrachtungsweise die Darstellung der ACE-Kurve im Produktionsmaßstab.

Wie Abb. 2.72 zeigt, gelingt das mit den dargestellten Parametereinstellungen hervorragend. Demnach muss konstruktiv geringfügig der Schlankheitsgrad und das Verhältnis Rührer zu Durchmesser verändert sowie eine Drehzahl von 145 upm bei einer Begasungsrate von 0,4 vvm eingestellt werden.

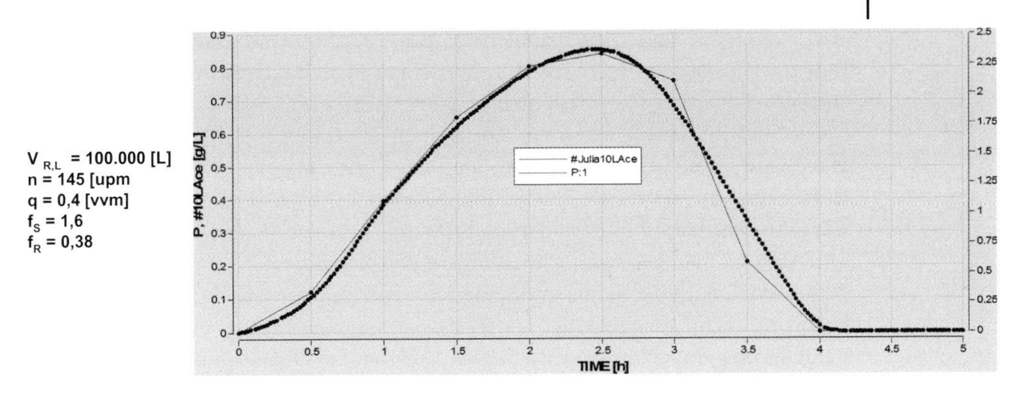

Abb. 2.72 Simulation des Produktionsprozesses 100.000 Liter für die 10 Liter-Ergebnisse

2.7.4 Bilanzierung und Transportmechanismen

2.7.4.1 Bilanzgleichungen

Eines der wichtigsten Handwerkzeuge des Verfahrensingenieurs sind Wärme-, Stoff- und Impulsbilanzen. Sie sachgerecht aufzustellen und mathematisch exakt zu formulieren ist die Basis vieler Problemlösungen. Dabei gilt der Erhaltungssatz für alle drei Bilanzgrößen. Aus diesen Bilanzen lassen sich dann sämtliche für

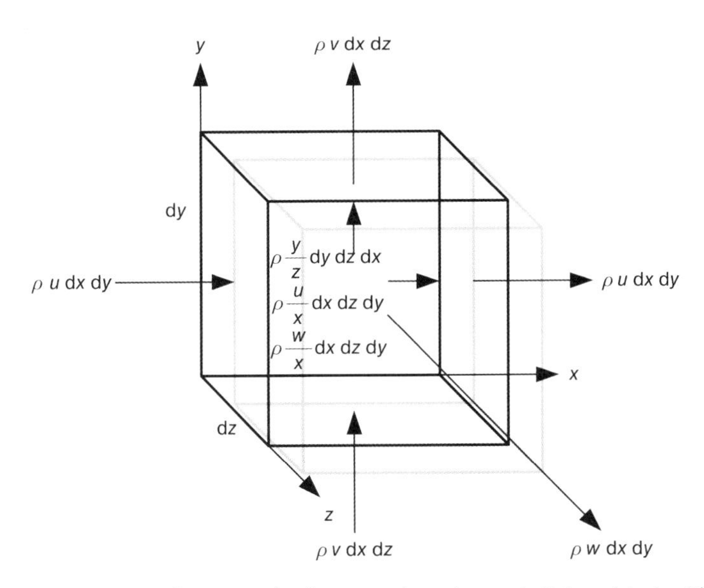

Abb. 2.73 Darstellung eines dreidimensionalen Bilanzelementes in x-, y- und z-Richtung. Das Massenelement $dm = \rho \cdot dV$ strömt mit der Geschwindigkeit u (x-Richtung), v (y-Richtung) bzw. w (z-Richtung) in das Bilanzelement dV ein, erfährt im Element eine Veränderung entlang der einzelnen Richtung und verlässt es mit Berücksichtigung der jeweiligen Veränderung.

eine Auslegung und Dimensionierung von Verfahrensprozessen erforderlichen Daten gewinnen. In einem dafür notwendigen Bilanzrahmen (Abb. 2.73) werden zur Kennzeichnung von Prozessen Massen-, Wärme- (Energie-) und Impulsbilanzen durchgeführt. Die jeweilige Bilanz fragt danach, was in den Bilanzrahmen hineingeht und was ihn verlässt, und die Differenz gibt Aufschluss auf das Geschehen im Innern des Bilanzrahmens. Mögliche Ursachen für die Situation Ein ≠ Aus können sein: Speicherung oder/und Reaktion (Senke/Quelle).

In Abb. 2.73 ist eine solche Situation am Beispiel einer Massenbilanz dargestellt. Diese Darstellung ist so zu interpretieren, dass der konvektive Massenstrom (in kg/s) am Eintritt abzüglich des konvektiven Massenstromes am Austritt gleich der Veränderung im Volumenelement bzw. entlang der einzelnen Achsen ist, wobei hier die Dichte als konstant angenommen wurde und somit nur die Geschwindigkeiten eine Änderung erfahren können. Die Veränderung kommt durch eine Speicherung (Senke, Quelle) oder Umwandlung (Reaktion) zustande (Bilanzgleichung 2.103).

Im Bezug auf das Verhalten von Mengen (Massen (Teilchen), Wärme, Impuls) können drei Arten von örtlichen Veränderungsmechanismen unterschieden werden: der Transport, die Speicherung und die Umwandlung von Mengen. Nennt man die gespeicherte Menge M_S, die des Transportes M_F und die der Umwandlung M_Q, so lässt sich folgende allgemeine Integralbilanz formulieren (summarische Aussage):

$$\frac{dM_S}{dt} = \frac{dM_F}{dt} + \frac{dM_Q}{dt} \qquad \text{(Gleichung 2.103)}$$

An einem infinitesimal kleinen Volumenelement (Abb. 2.73) lässt sich eine Differenzialbilanz (kleines Volumen) aufstellen. Aus der Integralform für ein konstantes Volumen, aber mit einer Inhomogenität $c = f(V)$, erhält man den Zusammenhang:

$$\iiint_{(V)} \frac{\partial c}{\partial t} \, dV = F + Q \qquad \text{(Gleichung 2.104)}$$

Für den spezifischen Flow (Fluss, φ) bzw. Transport und die Wandlung (spezifischer Transport, spezifische Wandlung, r) mit den Funktionen $\varphi = f(A)$ und $r = f(V)$ erhält man die Beziehungen:

$$F = \iint_{(A)} \Phi \cdot dA = \frac{dM_F}{dt} \quad \text{sowie} \quad Q = \iiint_{(V)} r \cdot dV = \frac{dM_Q}{dt} \qquad \text{(Gleichung 2.105)}$$

$$\iiint\limits_{(V)} \frac{\partial c}{\mathrm{d}t}\,\mathrm{d}V = \iint\limits_{(A)} \Phi \cdot \mathrm{d}A + \iiint\limits_{(V)} r \cdot \mathrm{d}V \qquad \text{(Gleichung 2.106)}$$

bzw. nach dem Gauß'schen Satz (überführt ein Flächen- in ein Raumintegral):

$$\iiint\limits_{(V)} \frac{\partial c}{\partial t}\,\mathrm{d}V = \iiint\limits_{(V)} \nabla\Phi \cdot \mathrm{d}V + \iiint\limits_{(V)} r \cdot \mathrm{d}V \qquad \text{(Gleichung 2.107)}$$

und nach Differenziation nach der oberen Grenze:

$$\frac{\partial c}{\partial t} = -\nabla\Phi + r \qquad \text{(Gleichung 2.108)}$$

mit dem Nablaoperator

$$\nabla = \frac{\partial}{\partial x} + \frac{\partial}{\partial y} + \frac{\partial}{\partial z} \qquad \text{(Gleichung 2.109)}$$

2.7.4.2 Transportvorgänge

Transportvorgänge umfassen die Vorgänge Konvektion, Konduktion (Diffusion), Strahlung („Beamen") von Wärme (Energie), Stoff und Impuls. Die konvektiven Vorgänge ordnet man der Grobverteilung zu, während die Konduktion die Feinverteilung von Materie, Wärme und Impuls bewirkt.

Konvektive Transportstromdichte Wie in Abb. 2.74 zu sehen, wird beim konvektiven Transport durch eine von außen erzwungene Strömung mit der Geschwindigkeit w der Transport in Fluidelementen mit der jeweiligen Konzentration c erreicht.

Somit lässt sich für diese Art des Transports der allgemeine Ansatz

$$\vec{\Phi}_{\mathrm{K}} = c \cdot \vec{w} \qquad \text{(Gleichung 2.110)}$$

formulieren.

Strömungsvorgänge In einer Strömung bleibt Materie erhalten, es besteht also Kontinuität. Aus diesem Tatbestand lassen sich die sogenannten Kontinuitätsglei-

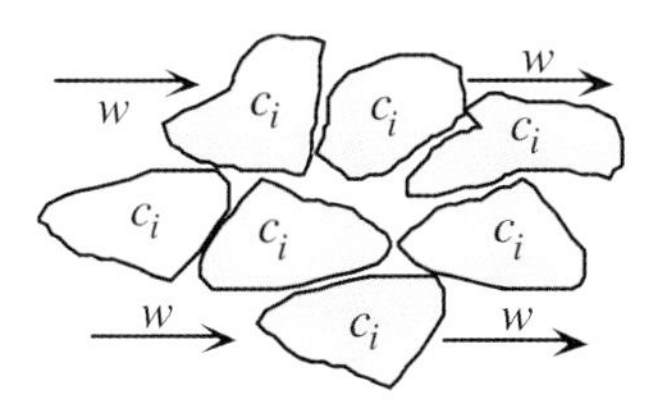

Abb. 2.74 Konvektiver Transport: Der konvektive Transport benötigt eine von außen aufgeprägte Kraft, die Druckdifferenz. Transportiert wird dann mit der Geschwindigkeit w, mit der sich Teilchen mit der Konzentration c in Fluidballen fortbewegen.

chungen formulieren. Für die Betrachtung in eine Richtung, z. B. in x-Richtung, lässt sich somit für eine Massenbilanz in einem definierten Volumenelement $\mathrm{d}V = \mathrm{d}x \cdot \mathrm{d}y \cdot \mathrm{d}z$ folgende Bilanz formulieren:

$$\left(\rho \cdot u + \frac{\partial (\rho \cdot u)}{\partial x} \mathrm{d}x\right) \cdot \mathrm{d}y \cdot \mathrm{d}z - \rho \cdot u \cdot \mathrm{d}y \cdot \mathrm{d}z = \frac{\partial (\rho \cdot u)}{\partial x} \mathrm{d}V$$

(Gleichung 2.111)

In y- und z-Richtung gelten entsprechend:

$$\frac{\partial (\rho \cdot v)}{\partial y} \mathrm{d}V \quad \text{und} \quad \frac{\partial (\rho \cdot w)}{\partial z} \mathrm{d}V$$ (Gleichung 2.112)

Somit ist die Differenz zwischen Eingangs- und Ausgangsstrom gleich der Veränderung (Abnahme, Zunahme) der Masse innerhalb des Volumens $\mathrm{d}V$:

$$\frac{\partial \rho}{\partial t} \mathrm{d}V = \frac{\partial (\rho \cdot u)}{\partial x} \mathrm{d}V + \frac{\partial (\rho \cdot v)}{\partial y} \mathrm{d}V + \frac{\partial (\rho \cdot w)}{\partial z} \mathrm{d}V$$ (Gleichung 2.113)

Mit $\frac{1}{\mathrm{d}V}$ erhält man die bekannte Kontinuitätsgleichung:

$$\frac{\partial \rho}{\partial t} + \frac{\partial (\rho \cdot u)}{\partial x} + \frac{\partial (\rho \cdot v)}{\partial y} + \frac{\partial (\rho \cdot w)}{\partial z} = 0$$ (Gleichung 2.114)

Die Gültigkeit dieser Gleichung erstreckt sich dabei auf stationäre und instationäre Strömungen, zähigkeitsfreie und zähe, kompressible und inkompressible Fluide. Eine vereinfachende Betrachtung liefert die Bernoulli'sche Gleichung für inkompressible und reibungsfreie Fluide, die aus einer Energiebilanz gewonnen werden kann:

$$\frac{p}{\rho} + g \cdot z + \frac{w^2}{2} = \text{const.}$$ (Gleichung 2.115)

Wendet man die Gleichung zwischen zwei Punkten (z_1 und z_2) entlang eines Stromfadens an, so gilt:

$$\frac{p_1}{\rho} + g \cdot z_1 + \frac{w_1^2}{2} = \frac{p_2}{\rho} + g \cdot z_2 + \frac{w_2^2}{2}$$ (Gleichung 2.116)

In einer reibungsbehafteten Strömung treten Druckverluste auf. Berücksichtigt man diese in der Gleichung 2.116, so erhält man:

$$\frac{p_1}{\rho} + g \cdot z_1 + \frac{w_1^2}{2} = \frac{p_2}{\rho} + g \cdot z_2 + \frac{\Delta p}{\rho}$$ (Gleichung 2.117)

wobei für den Druckverlust Δp in einer Rohrströmung

$$\Delta p = \lambda \cdot \rho \cdot \frac{L}{d} \frac{w^2}{2} \qquad \text{(Gleichung 2.118)}$$

geschrieben werden kann. λ ist darin der Widerstandsbeiwert, L die Rohrlänge, d der Rohrdurchmesser und w die Strömungsgeschwindigkeit.

Für Bauelemente und Einbauten, wie Verengungen, Erweiterungen, Ventile, Krümmer etc., verwendet man Widerstandsbeiwerte ζ, die in der Literatur (z. B. [181]) nachzuschlagen sind, um damit den Druckverlust berechnen zu können:

$$\Delta p = \varsigma \cdot \rho \, \frac{w_2}{2} \qquad \text{(Gleichung 2.119)}$$

Ausgehend von dieser Betrachtung lassen sich auch Widerstandskräfte von Körpern berechnen. An die Stelle der ζ-Werte tritt hier der sogenannte c_W-Wert (Abb. 2.75), sodass sich für umströmte Gegenstände die Gleichung

$$F = c_W \cdot \rho \cdot A \frac{w_2}{2} \qquad \text{(Gleichung 2.120)}$$

formulieren lässt. Darin ist A die Projektionsfläche (Schattenfläche) des Körpers (z. B. eines Autos) und ρ die Dichte des umströmenden Mediums (z. B. Luft). Im laminaren Bereich (Stokes'scher Bereich) gilt für eine Kugel:

$$c_W = \frac{24}{\text{Re}} \qquad \text{(Gleichung 2.121)}$$

und im Re-Bereich von $5 \cdot 10^3$ bis $5 \cdot 10^5$ kann der Wert von 0,44 verwendet werden (Abb. 2.75). Außerdem ist in Abb. 2.75 auch der Widerstandsbeiwert von einem Zylinder dargestellt.

Konduktive Transportstromdichte (Diffusion) Liegt in einem gegebenen Raum eine Ungleichverteilung von frei beweglichen Teilchen (Molekülen) vor, so haben diese Teilchen das Bestreben, diese Unterschiede auszugleichen. Die treibende Kraft ist gleichzeitig das durch die Ungleichverteilung hervorgerufene Gefälle (Konzentration, Temperatur, Impuls). Damit lässt sich für die Konduktion (Diffusion) der allgemeine Zusammenhang

$$\vec{\phi}_A = -K \cdot \nabla c \qquad \text{(Gleichung 2.122)}$$

formulieren. Dabei ist der Nablaoperator ∇ wieder durch Gleichung 2.109 definiert. ∇c beschreibt die räumliche Ungleichverteilung und K ist die allgemeine Proportionalitätskonstante, die ein Maß für die Beweglichkeit der betrachteten Elemente (Teilchen, Wärme, Impuls) im vorliegenden System darstellt. Das Mi-

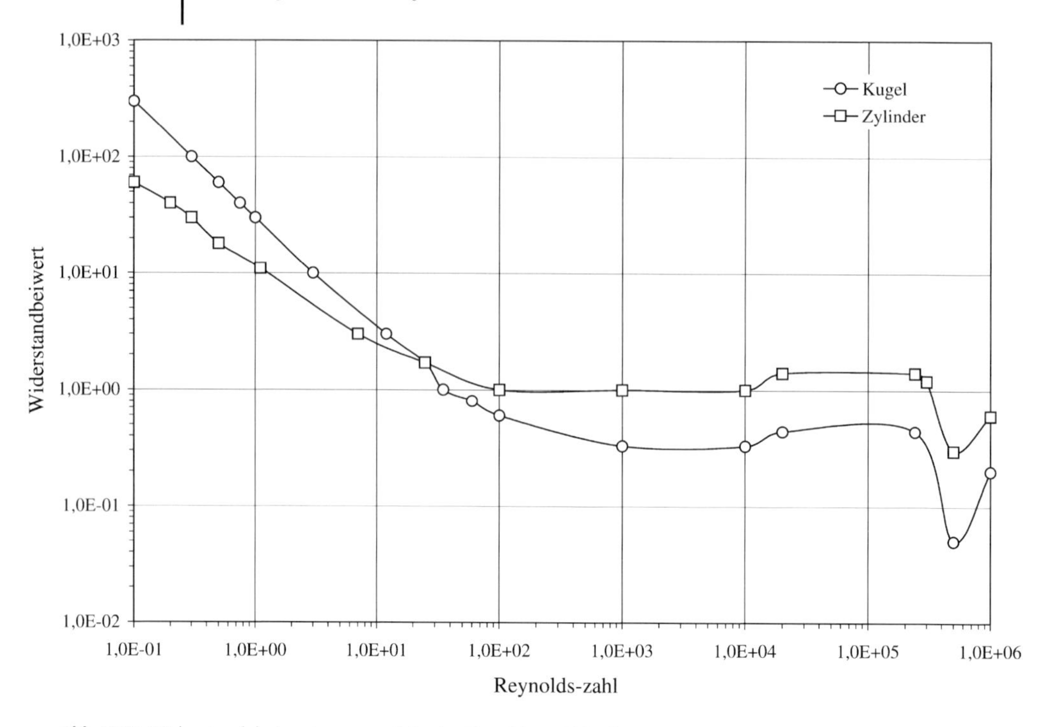

Abb. 2.75 Widerstandsbeiwert von umströmter Kugel bzw. Zylinder.

nuszeichen berücksichtigt, dass vom Standpunkt eines Beobachters bei fallendem, also negativem Gradienten, der Diffusionsstrom in Blickrichtung, also positiv, verläuft und umgekehrt (Abb. 2.76).

Richtet man die Betrachtung allein in x-Richtung, so findet man für die einzelnen konduktiven Transportvorgänge (Teilchen – Masse, Wärme und Impuls)

Teilchen: $\phi_{D_i} = -D\frac{\partial c}{\partial x}$ (1. Fick'sches Gesetz) (Gleichung 2.123)

thermische Energie: $\phi_\lambda = -\lambda\frac{\partial T}{\partial x}$ (1. Fourier'sches Gesetz) (Gleichung 2.124)

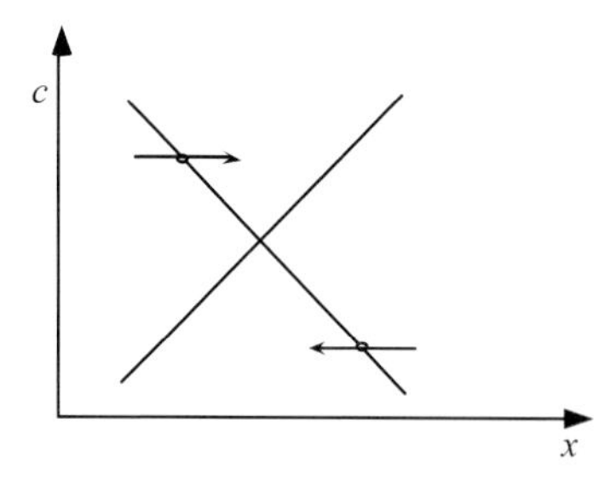

Abb. 2.76 Richtung der Diffusion je nach Gradientenvorzeichen. In Gleichung 2.122 steht das Minuszeichen, weil es das entsprechende Vorzeichen des Konzentrationsgradienten ausgleichen muss, um die Richtung der Diffusion richtig anzeigen zu können.

Impuls (Schubspg.): $\phi_\eta = \tau = -\eta \dfrac{\partial w}{\partial x}$ (Newton'sches Gesetz) (Gleichung 2.125)

Stoffdurchgang (Gas/Flüssigkeit) Zur Beschreibung des Stofftransportes über Phasengrenzen hinweg benutzt man meist die Zweifilmtheorie (Abb. 2.77). Danach werden dem Transport zwei Widerstände entgegengestellt. Diese treten innerhalb der jeweiligen laminaren Grenzschicht auf beiden Seiten der Phasengrenze auf.

$$\dot{n}_{i,g} = \frac{k_{i,g} \cdot a}{R \cdot T}\,(p_{i,g} - p^*_{i,g}) \qquad \text{(Gleichung 2.126)}$$

$$\dot{n}_{i,l} = k_{i,l} \cdot a\,(c^*_{i,l} - c_{i,l}) \qquad \text{(Gleichung 2.127)}$$

$$k_{i,g} = \frac{D_{i,g}}{\delta_g}\,; \qquad k_{i,l} = \frac{D_{i,l}}{\delta_l} \qquad \text{(Gleichung 2.128)}$$

Dabei gilt im stationären Fall, dass der Transport von Teilchen (mol) in beiden Phasen den gleichen Wert besitzen muss. Es gilt dann also:

$$\dot{n}_{i,g} = \dot{n}_{i,l} = \dot{n}_i \qquad \text{(Gleichung 2.129)}$$

Für die übergehende Komponente gilt der Gleichgewichtszustand an der Phasengrenze:

$$p^*_{i,g} = H_i \cdot c^*_{i,l} \ \text{(Henry)} \qquad \text{(Gleichung 2.130)}$$

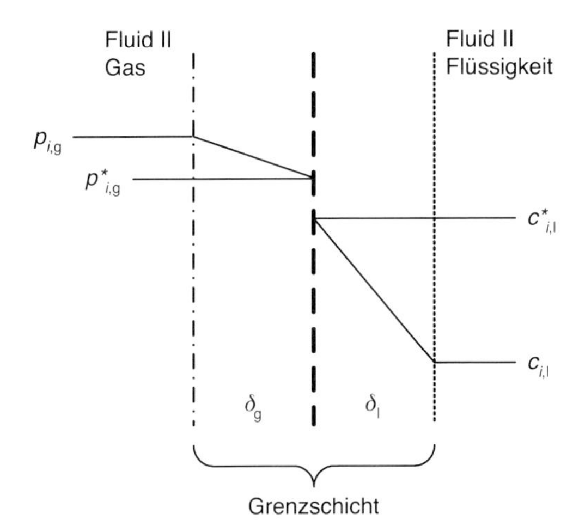

Abb. 2.77 Zweifilmtheorie: Modellvorstellung für den Stofftransport über eine Phasengrenze hinweg.

Somit lässt sich aus Sicht der Gasphase für den Gesamtstoffdurchgangskoeffizienten die Gleichung

$$\dot{n}_i = \frac{1}{\frac{R \cdot T}{k_{i,g}} + \frac{H}{k_{i,l}}} (p_{i,g} - H_i \cdot c_{i,l}) \cdot a \qquad \text{(Gleichung 2.131)}$$

angeben und aus Sicht der Flüssigphase

$$\dot{n}_i = \frac{1}{\frac{1}{H \cdot k_{i,g}} + \frac{1}{R \cdot T \cdot k_{i,l}}} \left(\frac{p_{i,g}}{R \cdot T \cdot H} - \frac{c_{i,l}}{R \cdot T} \right) \cdot a \qquad \text{(Gleichung 2.132)}$$

Es lässt sich somit für den gasseitigen und den flüssigkeitsseitigen Stoffdurchgangskoeffizienten folgender Zusammenhang formulieren:

a) Flüssigkeitsseite

$$k_{t,i.l} = \frac{1}{\frac{1}{H_i \cdot k_{i,g}} + \frac{1}{R \cdot T \cdot k_{i,l}}} \qquad \text{(Gleichung 2.133a)}$$

b) Gasseite

$$k_{t,i,g} = \frac{1}{\frac{R \cdot T}{k_{i,g}} + \frac{H_i}{k_{i,1}}} \qquad \text{(Gleichung 2.133b)}$$

Diffusion in Poren Muss eine Diffusion innerhalb eines porösen Körpers beschrieben werden, ist es erforderlich, die zusätzlichen Widerstände, die durch das reduzierte freie Volumen (Porosität) und durch die Verwinkelung des porösen Körpers vorgegeben werden, zu berücksichtigen. Ausgehend von einer molekularen Diffusion, dargestellt durch das 1. Fick'sche Gesetz unter Berücksichtigung des Porenvolumenanteils (oder Porosität) ϵ_P und des Labyrinthfaktors $1/\tau$, lässt sich für eine Komponente „1" im Fluid „2" der Zusammenhang

$$\dot{n}_1 = -\frac{D_{12} \cdot \epsilon_P}{\tau} \frac{dc_1}{dy} = \dot{n}_1 = -D_{12}^e \frac{dc_1}{dy} \qquad \text{(Gleichung 2.134)}$$

formulieren. Für die Porosität und den Labyrinthfaktor können die Bereiche $0{,}2 < \epsilon_P < 0{,}7$ bzw. $3 < \tau < 7$ (üblich $3 < \tau < 4$) angegeben werden [191]. Damit lässt sich abschätzen, dass der Diffusionskoeffizient in einem porösen Körper im Vergleich zur freien Lösung auf etwas 10 % sinkt.

k_L•a-Bestimmung bei einer Schlauchbegasung Der k_L•a-Wert ist klassisch gesehen das Verhältnis des Diffusionskoeffizienten des betrachteten Stoffes in der flüssigen Phase zur flüssigkeitsseitigen laminaren Grenzschicht an der Blase multipliziert mit dem Verhältnis der gesamten Phasengrenze (Summe aller Blasenoberflächen) zum Reaktionsvolumen. Es gilt also:

$$k_L a = \frac{D_{1,2}}{\delta_L} \cdot \frac{A_{PG}}{V_{RL}}$$ (Gleichung 2.135)

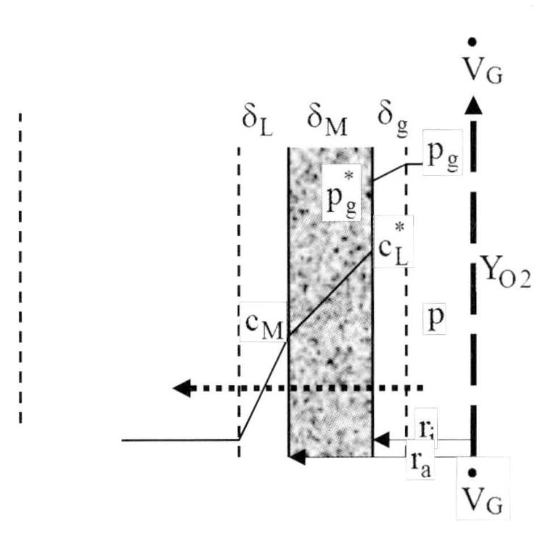

Abb. 2.78 Darstellung des Sauerstofftransports bei der Schlauchbegasung vom Schlauchinneren durch den Schlauch und schließlich ins Medium, *ri*: Innenradius Membranschlauch, *ra*: Außenradius Membranschlauch.

In einer blasenfreien Begasung lässt sich die Zweifilmtheorie nicht so ohne weiteres anwenden. Besser erscheint es hier, den Transport in allen Phasen zu modellieren. Also von der Gasphase, dem Gasvolumenstrom ausgehend zu beschreiben, zum Übergang zur Silikonmembran, zur Diffusion durch die Membran und schließlich zum Übergang von der Membran in das Medium (Abb. 2.78). Dem gesamten Stofftransport stehen somit drei Widerstände entgegen, deren Kehrwerte die Geschwindigkeiten repräsentieren.

$$\frac{l}{k} = \frac{l}{A + B + C}$$ (Gleichung 2.136)

Der Gesamtdurchgangswiderstand wird aus den drei Stufen A, B und C gebildet und lässt sich detailliert wie folgt darstellen:

$$A = \frac{\delta_g}{r_i \cdot D_g} \rightarrow B = \frac{H_{O2} \cdot \ln\left({}^{r_a}/_{r_i}\right)}{R \cdot T \cdot D^e} \rightarrow C = \frac{\delta_L}{r_a \cdot D_L}$$ (Gleichung 2.137)

2.7.4.3 **Wärmeleitung**

Für die molekulare Wärmestromdichte (Energiestromdichte) lässt sich der Ansatz

$$\dot{q}_m = -\lambda \, \frac{dT}{dy} = -a \cdot \rho \cdot c_p \, \frac{dT}{dy}$$ (Gleichung 2.138)

$$\dot{q}_{\mathrm{m}} = -a \cdot \frac{\mathrm{d}q}{\mathrm{d}y}$$
$$q = (\rho \cdot c_p \cdot T) \qquad \text{(Gleichung 2.139)}$$

formulieren mit der Energiestromdichte q in J/m^3. Die Wärmeleitkoeffizienten (λ-Werte) können näherungsweise berechnet [191] oder aus Tabellenwerken (Tab. 7.6) entnommen werden.

Um die Zusammenhänge des Stofftransportes besser verstehen zu können, hilft oft ein Analogieschluss zum Wärmetransport (Tab. 2.48).

Es besteht die Möglichkeit, den konvektiven und konduktiven Wärmetransport analog zum konvektiven und konduktiven Stofftransport darzustellen und innerhalb eines Systems gegebenenfalls experimentell gefundene Zusammenhänge mittels einer Analogiebetrachtung vom einen Vorgang auf den anderen zu übertragen (Abschnitt 2.7.4.4, Gleichung 2.152). Die verbindenden Elemente sind die

Tabelle 2.48 Analogie von Wärme- und Stofftransport.

Wärmetransport	Analogie	Stofftransport
$\dot{Q} = \frac{\mathrm{d}Q}{\mathrm{d}t}$	allgemein	$\dot{n} = \frac{\mathrm{d}n}{\mathrm{d}t}$
$\dot{q} = -\lambda \frac{\partial T}{\partial x}$	konduktiver Transport	$\dot{n} = -D \frac{\partial c}{\partial x}$
$\dot{q} = u \cdot c_p \cdot \rho \cdot T$	konvektiver Transport	$\dot{n} = u \cdot c$
$\dot{Q} = k \cdot A \cdot \Delta T$	Durch-, Übergang	$\dot{n} = k \cdot a \cdot \Delta c$

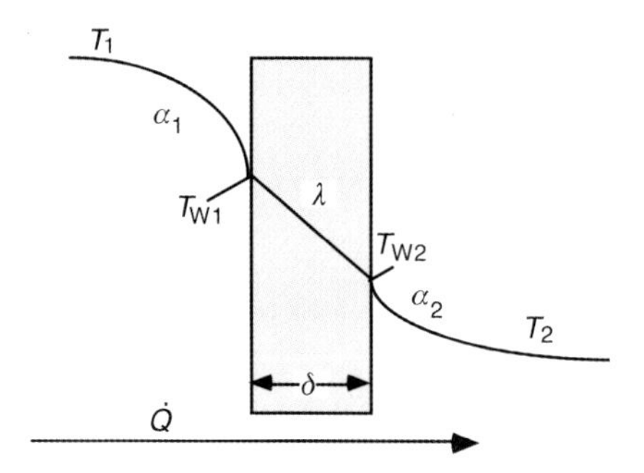

Abb. 2.79 Wärmedurchgang. Die drei Widerstände innerer Wärmeübergang, Wärmeleitung und äußerer Wärmeübergang setzen sich zum Wärmedurchgang k zusammen (Gleichung 2.140).

entsprechenden Kennzahlen, in diesem Fall die Nussel-Zahl für den Wärmetransport und die Sherwood-Zahl für den Stofftransport.

Der Wärmedurchgang setzt sich aus den einzelnen Stufen eines inneren Wärmeüberganges, aus n Stufen der Wärmeleitung und des äußeren Überganges, zusammen. Allgemein formuliert, bedeutet das:

Wärmedurchgang = übergang 1 – $\sum_{i=1}^{n}$ Leitung$_i$ – übergang 2

Hieraus lässt sich die Wärmedurchgangszahl ermitteln (auch Abb. 2.79):

$$\frac{1}{k} = \frac{1}{\alpha_1} + \sum_{i=1}^{n} \frac{\delta_i}{\lambda_i} + \frac{1}{\alpha_2} \qquad \text{(Gleichung 2.140)}$$

2.7.4.4 **Stoff-, Wärme- und Impulstransport an Phasengrenzen**

Der Stoffaustausch zwischen zwei Phasen hat für die heterogene Katalyse eine große Bedeutung. Der Phasengrenzen überschreitende Transport kann dabei über die Phasengrenzen Gas – Feststoff, Gas – Flüssigkeit, Flüssigkeit – Flüssigkeit oder Gas – Katalysator erfolgen. Zusätzlich ist der Stofftransport von einem Wärmetransport (Wärmeübergang) begleitet (Abb. 2.80). Neben diesen beiden Vorgängen tritt bei der Strömung von fluidem Medium stets auch der Impuls (Reibung), ausgedrückt durch den Druckverlust (Δp), auf.

Unmittelbar an der Phasengrenze, im Bereich der laminaren Grenzschicht, kann somit in allen Fällen von einer Diffusion ausgegangen werden, was für den Stoff-, den Wärme- und den Impulstransport zu folgenden Betrachtungen führt:

$$\dot{n}_{i,x} = -D\,\frac{dci}{dy} \quad \text{(für } x, y = 0\text{)} \qquad \text{(Gleichung 2.141)}$$

$$\dot{q}_x = -\lambda\,\frac{dT}{dy} \quad \text{(für } x, y = 0\text{)} \qquad \text{(Gleichung 2.142)}$$

$$\tau_{W,x} = -\eta\,\frac{du}{dy} \quad \text{(für } x, y = 0\text{)} \qquad \text{(Gleichung 2.143)}$$

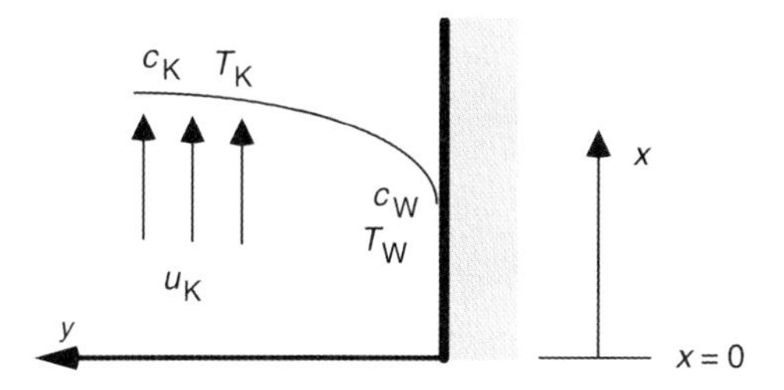

Abb. 2.80 Konzentrations- und Temperaturprofile in Wandnähe.

Nur für geometrisch einfache Verhältnisse sind für die Gleichungen 2.141–2.143 analytische Lösungen möglich. Für den Fall einer parallel und laminar angeströmten Platte lässt sich folgende Lösung angeben [191]:

$$\frac{dc_i}{dy} = \frac{0{,}332}{x} \cdot \sqrt{\mathrm{Re_x}} \cdot \sqrt[3]{\mathrm{Sc}} \cdot (c_\mathrm{W} - c_\mathrm{K}) \quad \text{für } y = 0 \qquad \text{(Gleichung 2.144)}$$

$$\frac{dT}{dy} = \frac{0{,}332}{x} \cdot \sqrt{\mathrm{Re_x}} \cdot \sqrt[3]{\mathrm{Pr}} \cdot (T_\mathrm{W} - T_\mathrm{K}) \quad \text{für } y = 0 \qquad \text{(Gleichung 2.145)}$$

$$\frac{du}{dy} = \frac{0{,}332}{x} \cdot \sqrt{\mathrm{Re_x}} \cdot u_\mathrm{K} \quad \text{für } y = 0 \qquad \text{(Gleichung 2.146)}$$

Unter Einbezug aller sechs vorangegangenen Gleichungen erhält man eine Beziehung für den Stoff- und Wärmeübergangskoeffizienten:.

$$k_{i,\mathrm{x}} = \frac{0{,}332 \cdot D_i}{x} \cdot \sqrt{\mathrm{Re_x}} \cdot \sqrt[3]{\mathrm{Sc}} \qquad \text{(Gleichung 2.147)}$$

$$\alpha_\mathrm{x} = \frac{0{,}332 \cdot l}{x} \cdot \sqrt{\mathrm{Re_x}} \cdot \sqrt[3]{\mathrm{Pr}} \qquad \text{(Gleichung 2.148)}$$

$$\lambda_{\mathrm{R,x}} = \frac{2{,}58}{\sqrt{\mathrm{Re_x}}} \qquad \text{(Gleichung 2.149)}$$

und schließlich folgt mit Einführung dimensionsloser Kennzahlen für den Stoff und Wärmeübergang:

$$\mathrm{Sh} = \frac{k_i \cdot x}{D_i} = 0{,}664 \cdot \sqrt{\mathrm{Re_x}} \cdot \sqrt[3]{\mathrm{Sc}} \qquad \text{(Gleichung 2.150)}$$

$$\mathrm{Nu} = \frac{\alpha \cdot x}{\lambda} = 0{,}664 \cdot \sqrt{\mathrm{Re_x}} \cdot \sqrt[3]{\mathrm{Pr}} \qquad \text{(Gleichung 2.151)}$$

Somit ist zwischen Stoff- und Wärmeübergang eine vollständige Analogie gefunden. Diese bleibt erhalten, solange der Diffusionsstrom in y-Richtung viel kleiner als der konvektive Strom ist. Das bedeutet, wenn der Stoff- bzw. Wärmeübergangskoeffizient bekannt ist, kann der jeweils andere mittels Gleichung 2.152 berechnet werden:

$$\mathrm{Sh} = \mathrm{Nu}\left(\frac{\mathrm{Sc}}{\mathrm{Pr}}\right)^{1/3} \qquad \text{(Gleichung 2.152)}$$

2.7.4.5 **Wandlungsgeschwindigkeiten**

Wandlungsgeschwindigkeiten beschreiben die Schnelligkeit von Veränderungen, etwa wie Teilchen (Ausgangsstoffe) abgebaut oder andere aufgebaut werden, aber auch wie Energie verbraucht oder dabei gebildet wird und Impulse weitergereicht werden. Für die Teilchenwandlung wird meist der formalkinetische Exponentialansatz gemäß Gleichung 2.153 verwendet (hier Abbaureaktion):

$$\text{Teilchen } (N)\text{:} \quad r_\mathrm{N} = -k\,(T) \cdot c^n \quad \text{(Reaktionsgeschwindigkeit) } \frac{\mathrm{d}c}{\mathrm{d}t} \qquad \text{(Gleichung 2.153)}$$

mit $k(T)$ als der Reaktionsgeschwindigkeitskonstanten, c der Konzentration und n der Reaktionsordnung (s. Kapitel 5).

Energetische Wandlungsbilanzen hingegen drückt man durch

$$\text{Energie } (E)\text{:} \quad q_\mathrm{E} = \Delta h \cdot r_\mathrm{N} \qquad \text{(Gleichung 2.154)}$$

aus, während Impulsbilanzen durch die Gleichung 2.155 abgebildet werden:

$$\text{Impuls:} \quad \vec{q} = \rho \cdot \vec{D} \qquad \text{(Gleichung 2.155)}$$

Führt man eine Teilchenbilanz gemäß Gleichung 2.108 durch, so findet man den Zusammenhang:

$$\frac{\partial c_i}{\partial t} = -\nabla \left(\vec{\Phi}_{\mathrm{K},i} + \vec{\Phi}_{\mathrm{D},i} \right) + r_i \qquad \text{(Gleichung 2.156)}$$

Lässt man dabei keine Reaktion (Umwandlung) zu, setzt man also $r_\mathrm{i} = 0$ und betrachtet Transportvorgänge ohne Konvektion, was $\vec{\Phi}_{\mathrm{K},i} = 0$ bedeutet, dann erhält die Stoffbilanz folgenden Ausdruck:

$$\frac{\partial c_i}{\partial t} = -\frac{\partial}{\partial x} \left(0 - D \frac{\partial c_i}{\partial x} \right) = D\, \frac{\partial^2 c_i}{\partial x^2} \qquad \text{(Gleichung 2.157)}$$

Das Ergebnis wird als das 2. Fick'sche-Gesetz bezeichnet und hat die Form:

$$\frac{\partial c_i}{\partial t} = +D\, \frac{\partial^2 c}{\partial x^2} \quad \text{(2. Fick'sches Gesetz)} \qquad \text{(Gleichung 2.158)}$$

Das 1. Fick'sche Gesetz beschreibt den Transportvorgang der Diffusion (Konduktion, Gleichung 2.123), der geprägt ist durch das treibende Gefälle des Konzentrationsgradienten. Das 2. Fick'sche Gesetz (Gleichung 2.158) bringt hingegen die

Veränderung dieses treibenden Gefälles innerhalb einer betrachteten Strecke oder eines betrachteten Raumes zum Ausdruck.

Stoffwandlungen sind ohne den gekoppelten Vorgang des Stofftransportes nicht möglich, zumindest würden sie sehr schnell zum Erliegen kommen, wenn nicht weitere Moleküle nachgeliefert werden würden. Somit ist die separate Betrachtung nur eingeschränkt zulässig. Vielmehr muss die Gesamtsituation betrachtet werden, und im Einzelfall wird immer der langsamste Schritt der geschwindigkeitsbestimmende Schritt für eine Stoffumwandlung sein. Ist die Reaktion langsam, dann ist sie geschwindigkeitsbestimmend, ist es dagegen der Transport, so ist die Reaktion transportlimitiert.

2.7.4.6 Design von verfahrenstechnischen Apparaten

Die Bilanzierung lässt sich in zwei Vorgehensweisen unterteilen, nämlich in einen

- Bilanzraum bei vollkommener Durchmischung (Homogenität), und einen
- Bilanzraum bei einer (teilweisen) räumlichen Inhomogenität (eindimensional).

Die Bilanzierung muss auf den jeweilig vorliegenden Fall angepasst sein, da ansonsten keine korrekte Bilanz zustande kommen kann.

Bilanzraum bei vollkommener Durchmischung Kann der vorliegende Bilanzraum als vollkommen durchmischt angesehen werden, liegt also für die betrachteten Elemente keine Ungleichverteilung vor, so fragt man nach der Veränderung der Menge des betrachteten Elementes „i" im gesamten Raum mit der Zeit, die dafür zuständige Bilanz lautet (Abb. 2.81)

$$\frac{\mathrm{d}(V \cdot c_i)}{\mathrm{d}t} = V\frac{\mathrm{d}c_i}{\mathrm{d}t} + c_i\frac{\mathrm{d}V}{\mathrm{d}t} = \dot{V}^{\alpha} \cdot c_i^{\alpha} - \dot{V}^{\omega} \cdot c_i^{\omega} \pm r \cdot V \qquad \text{(Gleichung 2.159)}$$

Der Term, der die bildenden bzw. die abbauenden Funktionen darstellt, auch Reaktionsterm genannt, bekommt je nach Art das passende Vorzeichen (+: bildend, –: abbauend) und wird in der Regel mit einem Potenzansatz der Art

$$r_i = k \cdot c_i^{\mathrm{n}} \qquad \text{(Gleichung 2.160)}$$

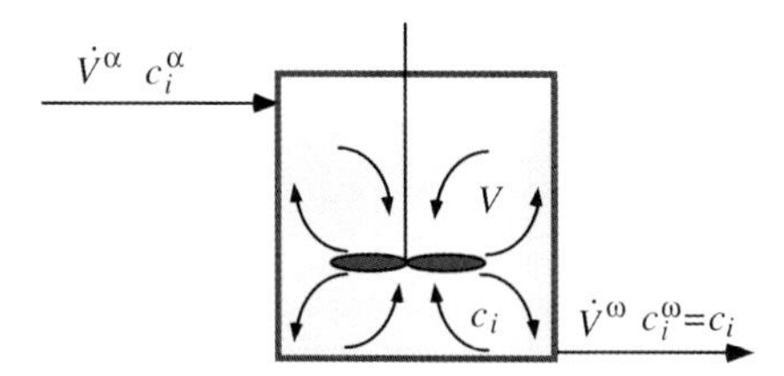

Abb. 2.81 Ein Bilanzraum, in dem vollkommene Durchmischung vorliegt. Die Konzentration aller Komponenten ist überall gleich, also auch am Ausgang ($c_i = c_i^{\omega}$).

beschrieben, wobei k die Reaktionsgeschwindigkeitskonstante und n die Reaktionsordnung darstellt (Abschnitt 5.5.5.3).

Je nach vorliegender Situation wird dann Gleichung 2.159 mit 2.160 angepasst. Bei vorliegendem konstantem Volumen wird der Term dV/dt zu null und damit auch bei Volumenkonstanz der Eingangsstrom gleich dem Ausgangsstrom ($\dot{V}^{\alpha} = \dot{V}^{\omega} = \dot{V}$). Wird zudem noch eine Reaktion 1. Ordnung angenommen, so wird $n = 1$ und mit all diesen Randbedingungen sowie der Tatsache, dass in vollkommen durchmischten Räumen die Konzentrationen im Innern dieses Raumes überall gleich sind, also auch am Ausgang, gilt $c_i = c_i^{\omega}$ und damit die Beziehung:

$$V \frac{dc_i}{dt} = \dot{V}(c_i^{\alpha} - c_i) \pm k \cdot c_i \cdot V \qquad \text{(Gleichung 2.161)}$$

Auf gleiche Art und Weise muss so in jedem Einzelfall vorgegangen werden, wie es nachfolgend für die verschiedenen Betriebsweisen eines Bioreaktors aufgezeigt wird.

Bilanzraum bei räumlicher Inhomogenität Ist die betrachtete Komponente im vorliegenden Bilanzraum nicht gleich verteilt, so muss die Vorgehensweise anders gestaltet werden (Abb. 2.82). In diesem Fall muss das Volumen des Bilanzraumes so weit verkleinert werden, bis wiederum Homogenität angenommen werden kann, und wenn dies erst im infinitesimal kleinen Volumen ist, so führt es zu folgender Differenzialgleichung 2.161. Die Ergebnisse aller Teilbetrachtungen werden anschließend aufsummiert, eben integriert.

$$dV \frac{dc_i}{dt} = -\nabla \left(\vec{\phi}_{K,i} + \vec{\phi}_{D,i}\right) dV \pm r_i \cdot dV \qquad \text{(Gleichung 2.162)}$$

In Gleichung 2.162 repräsentiert $\vec{\phi}$ den Vektor für den räumlichen, flächenbezogenen (spezifischen) Transport in x-, y- und z-Richtung, also in dV, für den konvektiven Anteil („K“) und den Diffusionsanteil („D“) des Stoffes „i“. Das Symbol ∇ repräsentiert den Nablaoperator und steht für:

$$\nabla = \frac{\partial}{\partial x} + \frac{\partial}{\partial y} + \frac{\partial}{\partial z} \qquad \text{(Gleichung 2.163)}$$

Für die anderen Bilanzelemente gilt dasselbe wie im Zusammenhang mit Gleichung 2.162 besprochen.

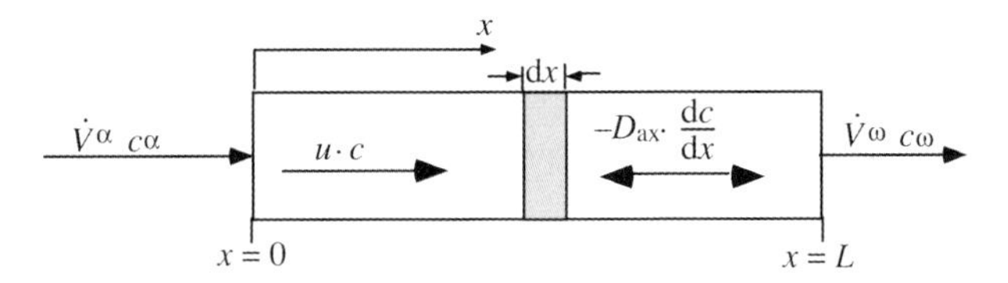

Abb. 2.82 Ein Bilanzraum, der in axialer Richtung (x-Richtung) inhomogen ist, in radialer Richtung jedoch homogen. Es handelt sich um eine eindimensionale Inhomogenität.

Betrachtet man nun eine Inhomogenität nur in einer Richtung, z. B. in axialer Richtung, in Abb. 2.82 dargestellt als x-Richtung, und führt wieder den Potenzansatz für den Reaktionsterm ein, so vereinfacht sich Gleichung 2.162 zu:

$$\frac{\mathrm{d}c_i}{\mathrm{d}t} = -\frac{d}{\mathrm{d}x}\left(u \cdot c_i - D_i \frac{\mathrm{d}c_i}{\mathrm{d}x}\right) \pm k \cdot c_i^n \qquad \text{(Gleichung 2.164)}$$

Die beiden Gleichungen 2.159 und 2.164 stellen so etwas wie zwei Basisgleichungen für die Massenbilanzierung dar. Die eine 2.159 beschreibt den vollkommen durchmischten Bilanzraum und die andere 2.163 den Bilanzraum mit einer eindimensionalen Inhomogenität.

Verfahrensvarianten Verfahrenstechnische Operationen lassen sich auf verschiedene Art und Weise hinsichtlich ihrer Zeitfunktion durchführen. Als die klassische Art kann die sogenannte Batch-Fahrweise eingestuft werden (Abb. 2.83). Diese Fahrweise wird auch diskontinuierlicher Betrieb oder Satzbetrieb genannt. Man versteht darunter, dass zu Beginn eines Prozesses alle erforderlichen Komponenten in einem Apparat (z. B. Reaktor) zusammengeführt werden und dann der Prozess gestartet wird. Bis zum Ende des Prozesses, das in diesem Fall definiert werden muss, laufen fortlaufend Veränderungen im Bezug auf die Zusammensetzung des Gemisches ab, die Konzentrationen (im Falle einer Reaktion), oder zumindest die Verteilung (im Falle eines Mischvorganges) der einzelnen Komponenten verändern sich. Anfangs vorgelegte Stoffe verschwinden mehr oder weniger im Verlaufe einer Reaktion und die Produkte entstehen, oder eine Ungleichverteilung wird im Laufe eines Mischvorganges zur homogenen Mischung. Die Bilanzierung hat einen instationären Charakter.

Chemostat-Fließgleichgewicht Unter der Annahme, dass das Fließgleichgewicht für das Substrat S nach einem Puls wieder erreicht ist, wenn die Ausgangskonzentration von S wieder erreicht ist, lässt sich folgender Ansatz formulieren:

$$\frac{\mathrm{d}S}{\mathrm{d}t} = D \cdot (S^\alpha - S) - \frac{\mu_{\max} \cdot S}{K_S + S} \cdot \frac{X}{Y_{X/S}} \qquad \text{(Gleichung 2.165)}$$

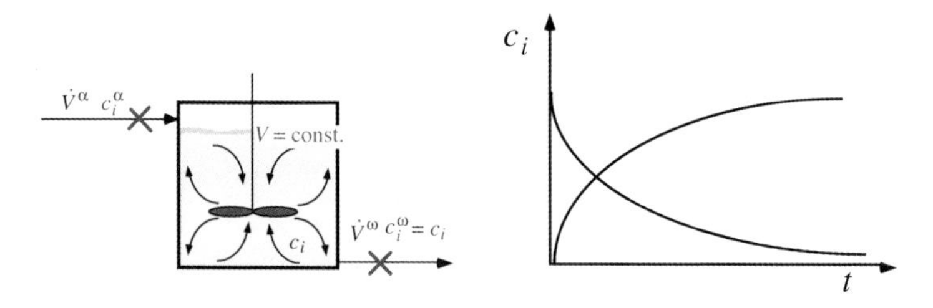

Abb. 2.83 Merkmale einer Batch-Fahrweise: Alle Einsatzstoffe liegen zu Beginn in hohen Konzentrationen vor und Produkte entstehen mit der Zeit.

Leider ist in dieser Gleichung auch *X* eine Funktion von der Zeit, also *X*(*t*):

$$\frac{dX}{dt} = \left(\mu_{max} \cdot \frac{S}{K_S + S} - D\right) \cdot X \qquad \text{(Gleichung 2.166)}$$

Dieses Gleichungssystem lässt sich nur numerisch lösen, z. B. mit MADONNA (s. Vorschlag!).

Durch die Vereinfachung, dass *X* konstant bliebe (das ist zweifach falsch: Zum einen gibt es beim Puls eine Verdünnung, und dann wächst es aufgrund des höheren S schneller, sodass die Effekte sich ein wenig ausgleichen. Also nehmen wir an X = const.) folgt:

$$\int_{S+\Delta S}^{S} \frac{dS}{\left(D \cdot S^{\alpha} - D \cdot S - \mu_{max} \cdot S \frac{1}{K_S + S} \cdot \frac{X}{Y_{X/S}}\right)} = \Delta t \qquad \text{(Gleichung 2.167)}$$

Daraus soll nun $\Delta t = \frac{5}{D}$ werden! Das ist jetzt zu aufwendig, um es „zu Fuß" zu gehen. Deshalb habe ich Ihnen das ganze in MADONNA modelliert und Sie sehen, egal welche $D > D_{krit}$ Sie einstellen, es kommt tatsächlich dieser ominöse Zusammenhang heraus. Für zu niedrige *D* ist dieser Zusammenhang nicht mehr gültig.

Herleitung der optimalen Verdünnungsrate Unter der Zielsetzung einer maximalen Biomasseproduktion P_x (in kg/h) muss nun ein Zusammenhang zur Verdünnungsrate $P_x(D)$ gefunden werden, damit der Ansatz $dP_x(D)/dD = 0$ zum Ziel führen kann. Es lässt sich folgende Betrachtung durchführen:

Bei gebildeter Biomasse *X* (in g/l) erhält man zusammen mit der Verdünnungsrate

$D = \frac{\dot{V}}{V_{R,L}}$ (in $h^{-1)}$ (1) einen geeigneten Ausdruck für die Biomasse-Produktivität: $P_x = D{*}X$ (2).

Diese Funktion erfüllt zwar die erste Forderung *f*(*D*), nicht aber die folgende, denn die Ableitung führt zu *X*= 0! Es muss also ein Zusammenhang *X*(*D*) gesucht werden, und diesem kann zunächst über den Ausbeutekoeffizienten $_{Yxs}$ näher gekommen werden, denn es gilt die Substratbilanz:

$$X = Y_{X/S} \cdot (S^{\alpha} - S) \qquad \text{(Gleichung 2.168)}$$

(Voraussetzung $X^{a} = 0$) und damit:

$$Px = D \cdot Y_{X/S} \cdot (S^{\alpha} - S) \qquad \text{(Gleichung 2.169)}$$

Auch dieser Ausdruck führt noch nicht zum Ziel, denn es fehlt noch ein weiterer Zusammenhang zu *D*. Diesen findet man über die Biomassebilanz unter stationären Bedingungen:

$$0 = D \cdot (0 - X) + \mu_{\max} \cdot \frac{S \cdot X}{K_S + S} \quad \text{(Gleichung 2.170)}$$

oder umgeformt:

$$S = \frac{D \cdot K_S}{\mu_{\max} - D} \quad \text{(Gleichung 2.171)}$$

Eingesetzt in obigen Gleichungen kommt man zum Ziel. Damit folgt:

$$\frac{\mathrm{d}P\mathrm{x}}{\mathrm{d}D} = A'(D) - \frac{B'(D) \cdot C(D) - B(D) \cdot C'(D)}{C(D)^2}$$

$$A(D) = D \cdot Y_{X/S} \cdot S^{\alpha} \rightarrow A'(D) = Y_{X/S} \cdot S^{\alpha}$$
$$B(D) = Y_{X/S} \cdot D^2 \cdot K_S \rightarrow B'(D) = 2 \cdot Y_{X/S} \cdot K_S \cdot D$$
$$C(D) = (\mu_{\max} - D) \rightarrow C'(D) = (-1)$$
$$\frac{\mathrm{d}Px}{\mathrm{d}D} = Y_{X/S} \cdot S^{\alpha} - \frac{2 \cdot Y_{X/S} \cdot K_S \cdot D \cdot (\mu_{\max} - D) + Y_{X/S} \cdot D^2 \cdot K_S}{(\mu_{\max} - D)^2} = 0$$

also (Gleichung 2.172)

Auflösen nach D ist direkt nicht möglich, es führt zu einer quadratischen Gleichung:

$$Y_{X/S} \cdot S^{\alpha} \cdot (\mu_{\max} - D)^2 - 2 \cdot Y_{X/S} \cdot K_S \cdot D \cdot (\mu_{\max} - D) + Y_{X/S} \cdot D^2 \cdot K_S = 0$$
$$D^2 - 2 \cdot \mu_{\max} \cdot D + \frac{S^{\alpha} \cdot \mu_{\max}^2}{(K_S + S^{\alpha})} = 0$$
$$D_{\mathrm{opt}} = \mu_{\max} \cdot \left(1 - \left(\frac{K_S}{K_S + S^{\alpha}}\right)^{1/2}\right)$$

(Gleichung 2.173)

Quadratische Gleichungen haben immer eine positive und eine negative Lösung. Hier ist die negative Lösung nicht sinnvoll und braucht nicht betrachtet zu werden.

Quadratische Gleichungen:

$$x^2 + p \cdot x + q = 0$$
$$x_{1/2} = -\frac{p}{2} \pm \sqrt{\left(\frac{p}{2}\right)^2 - q} \rightarrow D_{1/2} = \mu_{\max} \pm \sqrt{\mu_{\max}^2 - \frac{S^{\alpha}}{K_S + S^{\alpha}}}$$
$$p = -2 \cdot \mu_{\max}$$
$$q = \frac{S^{\alpha} \cdot \mu_{\max}^2}{K_S + S^{\alpha}}$$
$$D_{1/2} = \mu_{\max} \cdot \left(1 \pm \sqrt{\frac{K_S}{K_S + S^{\alpha}}}\right)$$

(Gleichung 2.174)

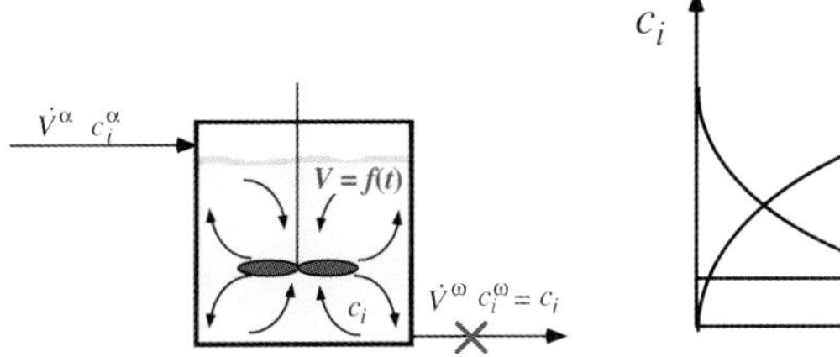

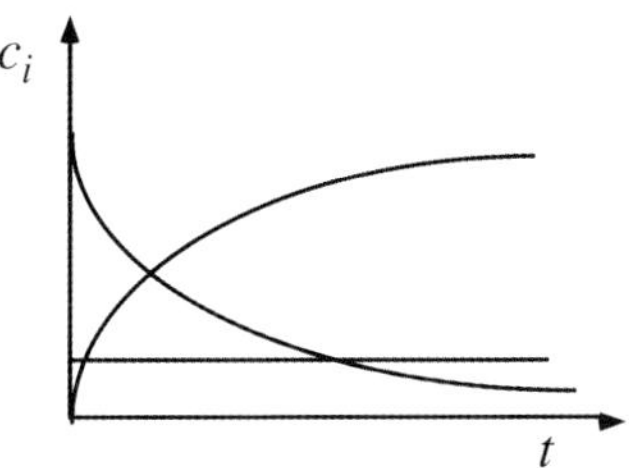

Abb. 2.84 Merkmale einer Fed-Batch-Fahrweise: Einige Einsatzstoffe liegen zu Beginn in hohen Konzentrationen vor, während andere konstant gehalten werden, und Produkte entstehen mit der Zeit.

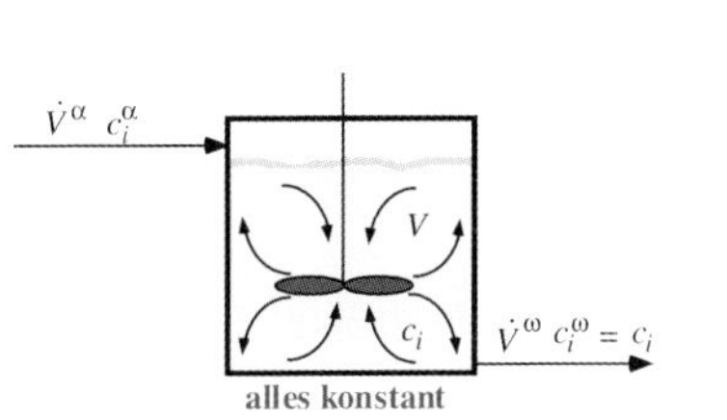

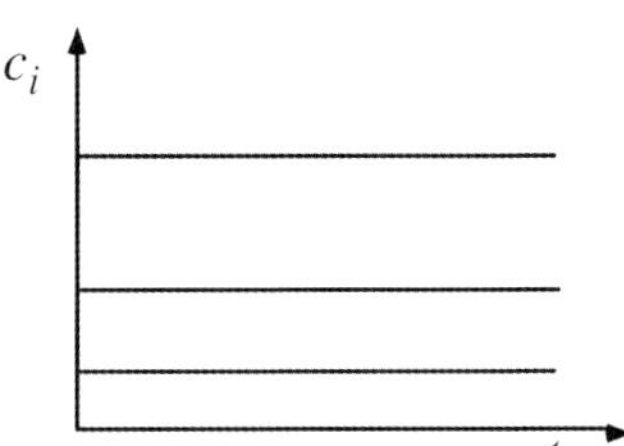

Abb. 2.85 Merkmale einer kontinuierlichen Fahrweise: Alle Bedingungen werden und müssen konstant gehalten werden, ansonsten kann eine kontinuierliche Fahrweise nicht realisiert werden (auch Abb. 2.82 und 6.7).

Es ist nur die „–" -Lösung sinnvoll, weil der Betriebspunkt unterhalb des Auswaschpunktes sein muss und deshalb $D < \mu_{max}$ gefordert ist.

Können nicht alle Komponenten in der endgültigen Menge vorgelegt werden, so müssen sie während eines Prozesses zugegeben werden. Diese daraus erforderlich werdende Fahrweise nennt man Fed-Batch-Fahrweise oder auch halbkontinuierlichen Betrieb (Abb. 2.84). Besondere Merkmale dabei sind, dass zumindest einige Komponenten in ihrer Mengenverteilung (Konzentrationen) während des gesamten Prozesses konstant gehalten werden müssen, z. B. weil sie inhibierend auf eine gewünschte Reaktionen wirken, und sich das Volumen während des Prozesses ändert, die Bilanzierung läuft auf eine teilweise instationäre Betrachtung hinaus.

Eine weitere Möglichkeit einer Prozessführung bietet die kontinuierliche Fahrweise (Abb. 2.85). Die essenzielle Voraussetzung einer solchen Fahrweise ist die absolute Stationarität, d. h. alles muss während des Prozesses konstant bleiben, denn wenn sich zeitlich etwas ändert, kann der Prozess auf Dauer (kontinuierlich) nicht betrieben werden. Deshalb muss das wesentliche Merkmal eines solchen Prozesses die Konstanz aller Bedingungen sein.

Batch-Fahrweise Um den Batch-Betrieb zu beschreiben, bedarf es der Frage nach den geforderten Zielen. Fragen an einen Batch-Prozess können folgende sein:

- Welche Zeit soll dem Prozess eingeräumt werden, vor allem welche Raum-Zeit-Ausbeute (RZA) wird angestrebt?
- Welche Anfangs- und Endbedingungen sind gegeben?

Zur Beschreibung muss eine Zielgröße ausgewählt werden. Für Reaktoren ist das natürlich der Umsatz einer maßgebenden Komponente von den Ausgangsstoffen (Einsatzstoffen).

Ausgehend von Gleichung 2.159 erhält man mit den erforderlichen Randbedingungen, dass kein Eingangs- und kein Ausgangsvolumenstrom und vollkommene Durchmischung bei konstantem Volumen vorliegen, die Gleichung:

$$V \frac{\mathrm{d}c_i}{\mathrm{d}t} = -k \cdot n_i \cdot V \qquad \text{(Gleichung 2.175)}$$

Nach Variablentrennung, Integration und der Definition der mittleren, hydrodynamischen Verweilzeit

$$\tau \equiv \frac{V}{\dot{V}} \qquad \text{(Gleichung 2.176)}$$

erhält man die Berechnungsgleichung für den Umsatz U_i in einem Batch-Prozess für eine Reaktion 1. Ordnung:

$$(1 - U_i) = \frac{c(t)}{c_0} = e^{-k \cdot t} \qquad \text{(Gleichung 2.177)}$$

Für den allgemeinen Fall der Reaktion n-ter Ordnung ($n \neq 1$) erhält man aus Gleichung 2.158:

$$(1 - U_i) = \frac{c(t)}{c_0} = \left[1 + (n-1) \cdot k \cdot t \cdot c_0^{n-1}\right]^{\frac{1}{1-n}} \qquad \text{(Gleichung 2.178)}$$

Fed-Batch-Fahrweise Für die Planung eines Fed-Batch-Prozesses sind folgende Fragen zu klären:

- Welcher Volumenstrom ist bei konstanter Substratzulauf- und -innenkonzentration einzustellen? Oder welche Zulaufkonzentration ist bei konstantem Volumenstrom einzustellen?
- Welches Anfangsvolumen führt zu welcher Zeit zum gewünschten Endvolumen?

Es gibt bezüglich des Fed-Batch-Prozesses also zwei Verfahrensvarianten, einmal den Volumenstrom konstant zu halten (Abb. 2.87) und zum anderen die Zulaufkonzentration (Abb. 2.86). Praktisch gesehen ist es einfacher, bei konstanter

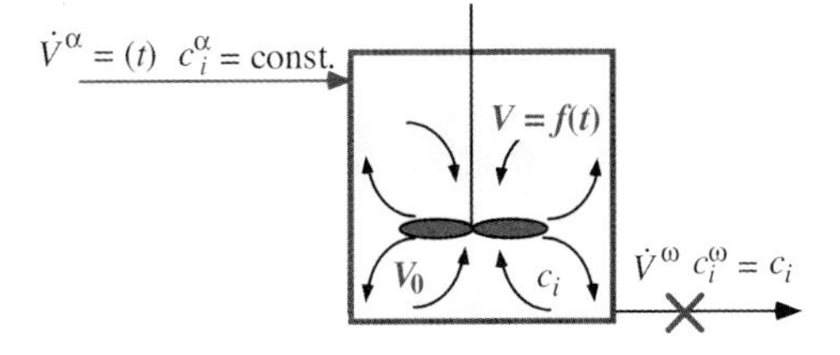

Abb. 2.86 Fed-Batch-Prozess mit variablem Volumenstrom und konstanter Zulaufkonzentration. Im Zulauf wird kein Inokulum dazugegeben.

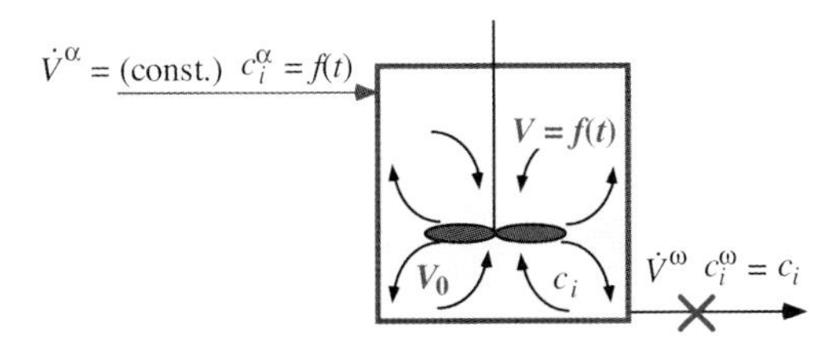

Abb. 2.87 Fed-Batch-Prozess mit konstantem Volumenstrom und variabler Zulaufkonzentration. Im Zulauf wird kein Inokulum dazugegeben.

Zulaufkonzentration aus einem Behälter einen zeitlich gesteuerten Volumenstrom zu fahren. Für diesen Fall soll nun die Auslegung gemacht werden.

Dazu macht es zunächst Sinn, die Biomasse zu bilanzieren. Es geht weder Biomasse in den Bilanzraum hinein, noch verlässt ihn welche, also wird die zeitliche Veränderung alleine durch das Wachstum bewirkt (Gleichung 2.178):

$$\frac{\mathrm{d}(X \cdot V)}{\mathrm{d}t} = \mu \cdot X \cdot V \qquad \text{(Gleichung 2.179)}$$

Löst man Gleichung 2.179, so erhält man für die Entwicklung der Biomasse den Zusammenhang:

$$X(t) = \frac{X_0 \cdot V_0}{V(t)} \cdot e^{\mu \cdot t} \qquad \text{(Gleichung 2.180)}$$

wobei μ die Wachstumsrate (Reaktionsgeschwindigkeitskonstante), X_0 die Inokulumskonzentration und V_0 das Anfangsvolumen repräsentieren. Die Antwort auf die Biomasseentwicklung kann noch nicht gegeben werden, weil die zeitliche Volumenentwicklung noch nicht abgefragt wurde. Dazu bedarf es einer weiteren Bilanz, nämlich der der Substratentwicklung. Die Zielsetzung eines Fed-Batch-Prozesses ist es, die Substratkonzentration konstant zu halten und in diesem Fall auch die Substratzulaufkonzentration. Daraus resultiert folgende Bilanzgleichung:

$$\frac{\mathrm{d}(c_i \cdot V)}{\mathrm{d}t} = \dot{V}^{\alpha} \cdot c_i^{\alpha} - \frac{\mu \cdot X \cdot V}{Y_{X/S}} \qquad \text{(Gleichung 2.181)}$$

mit dem Ausbeutekoeffizienten $Y_{X/S}$ (Abschnitt 6.1.2, Gleichung 6.15).

Löst man diese Gleichung nach den schon genannten Bedingungen auf, so erhält man für den einzustellenden Volumenstrom zusammen mit Gleichung 2.180 den Zusammenhang:

$$\dot{V}^{\alpha\alpha} = \frac{\mu \cdot X_0 \cdot V_0}{(c_i^{\alpha} - c_i)\ Y_{X/S}} \cdot e^{\mu \cdot t} \qquad \text{(Gleichung 2.182)}$$

Mit dieser Bilanz ist nun auch eine Berechnung des aktuellen Volumens gegeben:

$$V(t) = V_0 + \int_0^t \frac{\mu \cdot X_0 \cdot V_0}{(c_i^{\alpha} - c_i)\ Y_{X/S}} \cdot e^{\mu \cdot t} \cdot \mathrm{d}t \qquad \text{(Gleichung 2.183)}$$

Die Lösung dieser Gleichung lautet:

$$V(t) = V_0 + \frac{X_0 \cdot V_0}{(c_i^{\alpha} - c_i)\ Y_{X/S}} \cdot (e^{\mu \cdot t} - 1) \qquad \text{(Gleichung 2.184)}$$

Setzt man nun Gleichung 2.184 in Gleichung 2.180 ein, so erhält man eine Berechnungsgleichung für die Entwicklung der Biomasse:

$$X(t) = \frac{X_0 \cdot e^{\mu \cdot t}}{1 + \frac{X_0}{(c_i^{\alpha} - c_i) \cdot Y_{X/S}} \cdot (e^{\mu \cdot t} - 1)} \qquad \text{(Gleichung 2.185)}$$

Damit ist man in der Lage, sowohl den einzustellenden Volumenstrom (Gleichung 2.182) als auch die Entwicklung der Biomasse (Gleichung 2.180) zu bestimmen.

Eine etwas umständlichere Art, einen Fed-Batch-Prozess zu fahren, wäre, den Volumenstrom konstant zu halten und die Konzentration des Substrates im Zulauf den Erfordernissen anzupassen (Abb. 2.87). Umständlich ist diese Art deshalb, weil es technisch schwieriger ist, eine Gradientenfahrweise einzustellen, als einen Volumenstrom bei konstanter Zulaufkonzentration exakt zu regeln. Die Bilanzgleichung für ein Substrat lautet in diesem Fall:

$$\frac{\mathrm{d}(c_i \cdot V)}{\mathrm{d}t} = \dot{V} \cdot c_i^{\alpha} - \frac{\mu \cdot X \cdot V}{Y_{X/S}} \qquad \text{(Gleichung 2.186)}$$

Auch in diesem Fall ist natürlich das Ziel, die Substratkonzentration konstant zu halten, das bedeutet, dass der Term $\frac{\mathrm{d}c_i}{\mathrm{d}t}$ zu null wird. Somit folgt aus Gleichung 2.186 für die einzustellende Zulaufkonzentration bei vorgegebenem, konstantem Volumenstrom:

$$c_i^{\alpha} = c_i + \frac{\mu \cdot X_0 \cdot V_0}{\dot{V} \cdot Y_{X/S}} \cdot e^{\mu \cdot t} \qquad \text{(Gleichung 2.187)}$$

Die Biomasse entwickelt sich analog zu Gleichung 2.180, jedoch das Volumen wie folgt:

$$V(t) = V_0 + \int_0^t \dot{V} \cdot \mathrm{d}t = V_0 + \dot{V} \cdot t \qquad \text{(Gleichung 2.188)}$$

Damit erhält man für die Biomassenentwicklung den Zusammenhang:

$$X(t) = \frac{X_0 \cdot V_0}{(V_0 + \dot{V} \cdot t)} \cdot e^{\mu \cdot t} \qquad \text{(Gleichung 2.189)}$$

Kontinuierliche Fahrweise Für einen Verfahrensingenieur ist die kontinuierliche Fahrweise eigentlich die anzustrebende Methode, weil damit allumfassende konstante Bedingungen eingestellt werden können, aber auch müssen, denn ein kontinuierlicher Betrieb ist nur bei absolut stationären Bedingungen einzuhalten. Demzufolge sieht die Bilanzgleichung sehr einfach aus, da alle dynamischen Elemente zu null werden. Diese lautet für den Fall eines vollkommen durchmischten Apparates und Volumenkonstanz (Abb. 2.85):

$$\frac{\mathrm{d}(c_i \cdot V)}{\mathrm{d}t} = 0 = \dot{V}(c_i^{\alpha} - c_i) - \frac{\mu \cdot X \cdot V}{Y_{X/S}} \qquad \text{(Gleichung 2.190)}$$

Stellt man Gleichung 2.190 nach dem einzustellenden Volumenstrom um, so erhält man die Berechnungsgleichung:

$$\dot{V} = \frac{\mu \cdot X \cdot V}{(c_i^{\alpha} - c_i) \cdot Y_{X/S}} \qquad \text{(Gleichung 2.191)}$$

Kontinuierliche Prozesse können aber auch in nicht vollkommen durchmischten Apparaten betrieben werden, z. B. in einem Rohrreaktor (Abb. 2.82). Dieser Reaktor wird sehr häufig in kontinuierlich betriebenen Sterilisationsanlagen eingesetzt. Nimmt man die Bedingungen, wie sie in Gleichung 2.164 formuliert wurden, so erhält man mit den zusätzlichen Randbedingungen Reaktion 1. Ordnung, konstante Strömungsgeschwindigkeit und Pfropfenströmung, also $D_i = 0$ und damit der Bodensteinzahl $Bo = \infty$ und stationären Bedingungen den Zusammenhang (Gleichung 2.195 und Abschnitt 5.5.5.5):

$$\int_{c^{\alpha}}^{c^{\omega}} \frac{\mathrm{d}c_i}{c_i} = -\frac{k}{u} \int_0^L \mathrm{d}x \qquad \text{(Gleichung 2.192)}$$

sowie die Lösung mit der Damköhlerzahl der 1. Art (Abschnitt 5.5.5.5):

$$\mathrm{Da_I} = k \cdot \frac{L}{u} = k \cdot \tau \qquad \text{(Gleichung 2.193)}$$

mit der mittleren, hydrodynamischen Verweilzeit $\tau \equiv \frac{V}{\dot{V}}$

$$(1 - U_i) = \frac{c_i^{\omega}}{c_i^{\alpha}} = e^{-\mathrm{Da_I}} \qquad \text{(Gleichung 2.194)}$$

Die Bodensteinzahl drückt das Verhältnis zwischen konvektivem Transport und der axialen Dispersion (Rückvermischung $D_i \triangleq D_{ax}$) aus. Sie ist wie folgt definiert:

$$\mathrm{Bo} = \frac{u \cdot L}{D_{ax}} \qquad \text{(Gleichung 2.195)}$$

Die Bodensteinzahl nimmt demnach für vollkommen durchmischte Systeme den Wert Null und für Systeme ohne Rückvermischung (Pfropfenströmung) den Wert Unendlich an. Liegt die Bodensteinzahl zwischen diesen Grenzwerten, kann in Gleichung 2.164 der Diffusionsterm nicht mehr vernachlässigt werden (hier als axiale Dispersion bezeichnet, weil die Rückvermischung zwar durch einen Diffusionsansatz nach dem 1. Fick'schen Gesetz beschrieben wird, aber nicht allein durch klassische Diffusionsvorgänge bewirkt wird). Unter diesen Bedingungen und den Randbedingungen nach Danckwerts [192]

$$c_i^{\alpha} = c_i - \frac{1}{\mathrm{Bo}} \frac{\mathrm{d}c_i}{\mathrm{d}\chi} \quad \text{bei } \chi \equiv \frac{c_i}{c_i^{\alpha}} = 0 \qquad \text{und}$$

$$\frac{\mathrm{d}c_i}{\mathrm{d}\chi} = 0 \text{ bei } \chi = 1{,}0 \qquad \text{(Gleichung 2.196)}$$

wird aus Gleichung 2.164:

$$(1 - U_i) = \frac{c_i^{\omega}}{c_i^{\alpha}} = \frac{4 \cdot \beta}{(1+\beta)^2 \cdot \exp\left[-\frac{\mathrm{Bo}}{2}(1-\beta)\right] - (1-\beta)^2 \cdot \exp\left[-\frac{\mathrm{Bo}}{2}(1+\beta)\right]} \qquad \text{(Gleichung 2.197)}$$

β repräsentiert dabei die Substitution (Abschnitt 5.5.5.5):

$$\beta = \sqrt{1 + \frac{4 \cdot \mathrm{Da_I}}{\mathrm{Bo}}} \qquad \text{(Gleichung 2.198)}$$

In Abschnitt 5.5.5.5 sind am Beispiel der Inaktivierung die Zusammenhänge der Umsatzberechnung mit der Verweilzeitverteilung und die Bestimmung der Kennzahlen Bo sowie $\mathrm{Da_I}$ dargestellt.

2.7.4.7 **Umsatz, Ausbeute, Selektivität**

Umsatz, Ausbeute, Selektivität und Aufarbeitungswirkungsgrad sind maßgebenden Größen zur Beschreibung von Produktionsprozessen. Deshalb ist es essenziell, sich mit deren Definition auseinanderzusetzen. Der Umsatz beschreibt das Verhältnis aus der Differenz zwischen Ein- und Ausgangsmassenstrom zum

Eingangsmassenstrom, oder wenn der Volumenstrom herausgekürzt wird, das Verhältnis aus der Konzentrationsdifferenz (Ein – Aus) und der Eingangskonzentration. Er muss immer auf eine Eingangskomponente „*i*" bezogen werden. Es gilt:

$$U_i = \frac{c_i^{\alpha} - c_i^{\omega}}{c_i^{\alpha}} \quad \text{(Gleichung 2.199)}$$

Für eine Reaktorkaskade, in der pro Stufe derselbe Umsatz vorliegt, lässt sich für den Gesamtumsatz folgender Ansatz angeben

$$U_i = 1 - (1 - U_{i,\mathrm{St}})^n \quad \text{(Gleichung 2.200)}$$

Die Ausbeute soll ausdrücken, wie viel einer Eingangskomponente (Substrat *S*) wirklich im Produkt (*P*) wieder gefunden wird (Massen-/Mengenverhältnis). Hierfür lässt sich formulieren:

$$A = \frac{P^{\omega}}{S_i^{\alpha}} \quad \text{(Gleichung 2.201)}$$

Schließlich weist die Selektivität (*S*) die gewonnene Produktmenge dem umgesetzten Substrat zu, womit man erhält:

$$S = \frac{P^{\omega}}{S_i^{\alpha} - S_i^{\omega}} \quad \text{(Gleichung 2.202)}$$

Anstelle der Eingangs- und Ausgangswerte können im Falle von Batchprozessen die Anfangs- und Endwerte verwendet werden.

Letztendlich wird der Aufarbeitungswirkungsgrad wie folgt angegeben:

$$\alpha_i = \left(1 - \frac{\text{Verluste\%}}{100}\right) = \frac{\dot{V}_i^{\omega} \cdot P_i^{\omega}}{\dot{V}_i^{\alpha} \cdot P_i^{\alpha}} = \frac{V_i \cdot P_i}{V_{i,0} \cdot P_{i,0}} \quad \text{(Gleichung 2.203)}$$

2.7.5 Zufall und Statistik in der Verfahrenstechnik

Eigentlich sollte man in der Verfahrenstechnik nichts dem Zufall überlassen. Dennoch muss auch in der Verfahrenstechnik in gewissem Umfang damit „gerechnet" werden. Wenn z. B. in einem technischen Apparat keine einheitliche Verweilzeit der am Geschehen beteiligten Teilchen gegeben ist, so muss die Abweichung davon, die Streuung (Verteilung), berücksichtigt werden. Diese sogenannte Verweilzeitverteilung entspricht einer stochastischen Altersverteilung, d. h. die registrierten Ergebnisse sind vom Zufall geprägt.

Kontinuierlich durchströmte Reaktoren bedürfen hinsichtlich ihres Umsatzverhaltens einer besonderen Betrachtungsweise. Es zeigt sich, dass die erreichbaren

Umsätze nicht nur von der Verweilzeit (mittlere hydrodynamische Verweilzeit, Gleichung 5.64), sondern im besonderen Maße von der Verweilzeitverteilung abhängen (Abschnitt 5.5.5.5).

Da das Phänomen der Verweilzeitverteilung für die Darstellung kontinuierlicher Prozesse ein wichtiger Aspekt ist, sollen im Folgenden einige Gedanken allgemeiner Art angestellt werden.

Die Frage nach den Gründen, warum und wann etwas geschieht, ist allgegenwärtig. Mittels Statistiken versucht man, solchen Dingen eine Regelmäßigkeit und eine Erklärung zu verleihen. Doch wie soll es gelingen, eine Erklärung für Ereignisse zu geben, die eigentlich so, wie sie abliefen, überhaupt nicht hätten ablaufen sollen?

Betrachtet man z. B. ein Zufallsexperiment mit einem oder vielen Würfeln, so ist für alle klar, dass es pro Würfel sechs Möglichkeiten eines Ergebnisses gibt, nämlich die Zahlen 1 bis 6 [192]. Die Zufallsvariable X beschreibe die Anzahl der bis zum Erreichen der ersten „6" notwendigen Würfe mit einem idealen Würfel. X kann hier unendlich viele Werte annehmen. Die Wahrscheinlichkeiten ergeben sich zu:

$$p_{\mathrm{i}} = \frac{1}{6}\left(\frac{5}{6}\right)^{i-1} \qquad \text{(Gleichung 2.204)}$$

In diesem Fall handelt es sich um eine diskrete Zufallsvariable, und deren Gesamtheit ist die Verteilung. Zwei Ereignisse sind in diesem Fall unvereinbar, weil jedes Ergebnis eindeutig bestimmt wurde [193]. Die Wahrscheinlichkeiten für das Erreichen eines bestimmten Wertes einer diskreten Zufallsvariable lassen sich aus der Verteilung berechnen. Durch welches Zufallsexperiment die diskrete Zufallsvariable dabei entstanden ist, spielt keine Rolle. Wichtig sind nur die Werte der Zufallsvariablen und die Wahrscheinlichkeiten, mit denen sie angenommen werden.

Nicht immer kann das Versuchsergebnis unmittelbar durch einen Zahlenwert angegeben werden. Ein Beispiel dafür ist die Frage nach der Verweilzeitverteilung von Elementen (Fluidelementen, Teilchen, Molekülen) in einem (Reaktions-)System (Reaktor). Diese Verteilung wiederum bestimmt maßgebend das Umsatzverhalten der Reaktion, also das Ergebnis, auf das es im Falle verfahrenstechnischer Planungen ankommt. Es handelt sich hierbei um eine stetige Zufallsvariable. Im Gegensatz zum Wertevorrat einer diskreten Zufallsvariable, der abzählbar unendlich ist, ist für eine stetige Zufallsvariable der Wertevorrat überabzählbar unendlich.

Zufall ist die Regellosigkeit individueller Ereignisse oder Vorgänge. Diese Ereignisse sind nicht essenziell oder konstitutiv, sondern akzentuell und kontingent. Die Annahme des absoluten Zufalls setzt das Kausalprinzip außer Kraft. Sollte aber nicht eher das Bemühen Vorrang haben, seltsame Phänomene aus wesentlichen Ursachen heraus zu erklären, als sie allein dem Zufall zu überlassen? Es sollte nicht zu den Regeln eines verfahrenstechnischen Denkens gehören, dem Zufall das Feld zu überlassen, doch in diesem Fall scheint eine Ausnahme vorzuliegen.

Trotz individueller Unbestimmbarkeit zeigen vom Zufall beherrschte Phänomene Regelmäßigkeiten, die mathematisch exakt behandelt werden können. Und

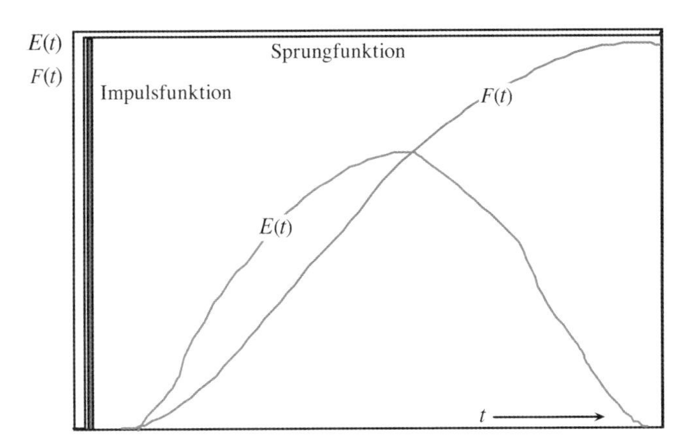

Abb. 2.88 Darstellung der Eingabe- und Ausgangsfunktionen. Eine Sprungfunktion resultiert in eine Exponentialfunktion und eine Impulsfunktion.

dazu gehören die Fragestellungen der Verweilzeitverteilung in reaktionstechnischen Systemen.

Es muss in diesem Fall danach gefragt werden, welchen Einfluss die Altersverteilung von Fluidelementen in einem Reaktionssystem auf das Reaktionsergebnis haben kann. Die Antwort liefert die Frage nach der Verweilzeitverteilung und die daraus resultierende Antwort, die durch Fragefunktionen, wie der Impulsfunktion oder der Sprungfunktion, erhalten werden kann (Abschnitt 5.5.5.5), weil die jeweiligen Antwortfunktionen in Form einer Dichte- oder Summenfunktion nach bewährten statistischen Methoden bewertet werden können.

Antwortfunktionen sind auch sogenannte Verteilungsfunktionen. Und diese wiederum sind in mathematisch definierte Funktionen, wie die Dichte- $E(t)$ und die Summenfunktion $F(t)$, einzuteilen (Abschnitt 5.5.5.5, Gleichungen 5.58 und 5.59). Diese Verteilungsfunktionen sind rein mathematischen Ursprungs und dadurch natürlich etwas erklärungsbedürftig, wenn sie für verfahrenstechnische Betrachtungen herangezogen werden sollen.

Bei der Impulsfunktion wird am Eingang des zu betrachteten Systems „impulsartig" eine Tracerlösung zugegeben und am Ausgang die Ankunft verfolgt. Aus dem Impuls wird eine Verteilungskurve entstehen (Abb. 2.88). Die Verschleppung wird durch unterschiedliche Effekte bewirkt. Einmal sind das alleine strömungstechnische Effekte $f(\text{Re})$ und zum anderen können das auch Effekte sein, die durch die Behinderungen der Strömung erfolgen (Verwirbelungen).

2.7.6
Dimensionsanalyse

Jeder Planung einer neuen Anlage geht in der Industrie eine Reihe von verfahrenstechnischen Versuchen im Labor und Technikum voraus. Dort treten chemische und mikrobiologische Stoffumwandlungen, gekoppelt mit Stoff-, Wärme- und

Impulsaustausch, auf. Diese Vorgänge sind vom Maßstab abhängig und lassen sich nicht direkt vom kleinen Labormaßstab (Modell) auf den Produktionsmaßstab übertragen (Abschnitt 2.7.3). Die physikalischen Zusammenhänge der verfahrenstechnischen Abläufe lassen sich häufig nur mit komplexen Differenzialgleichungen beschreiben, die sich nicht oder nur sehr schwer lösen lassen. Die Anwendung empirischer Gleichungen, die aus den Auswertungen der Versuchsergebnisse gewonnen werden, bleibt stets auf den konkreten Fall beschränkt. Ziel muss es aber sein, allgemeingültige Gesetzmäßigkeiten zu finden. Um dieses Problem zu lösen, bedient man sich in der Verfahrenstechnik der Modelltheorie.

Die Modelltheorie basiert auf der Dimensionsanalyse [193] und der Ähnlichkeitstheorie (Abschnitt 2.7.3.1).

Mit der Ähnlichkeitstheorie können aus Differenzialgleichungen Kennzahlen hergeleitet werden, mit deren Hilfe aus Versuchen Gesetzmäßigkeiten erkennbar werden. Dazu müssen die Differenzialgleichungen nicht gelöst werden. Die am Modell gewonnenen Erkenntnisse sind vom benutzten Maßstab unabhängig und lassen sich mithilfe von Ähnlichkeitsbeziehungen auf technische Apparate übertragen. Grundlage dafür ist die physikalische und geometrische Ähnlichkeit der Ausführungen. Geometrische Ähnlichkeit zweier Körper ist dann gegeben, wenn bestimmte charakteristische Längen der beiden Körper in einem konstanten Zahlenverhältnis zueinander stehen. Physikalische Ähnlichkeit besteht bei konstanten Verhältnissen der physikalischen Messgrößen eines Problems. Dazu gehören z. B. Kräfte, Zeiten, Geschwindigkeiten und Temperaturen. Ähnliche Vorgänge haben gleiche dimensionslose Kennzahlen und sind durch gleiche Werte dieser dimensionslosen Kennzahlen gekennzeichnet (Abschnitt 2.7.3).

Die gesamten Kennzahlen eines Problems nennt man einen Kennzahlensatz. Der funktionale Zusammenhang dieser Kennzahlen wird in Form eines allgemeinen Ansatzes (allgemeine Kriteriengleichung) gegeben. Hier werden die Kennzahlen als Potenzfunktion zusammengefasst [194].

Vor der Anwendung der Modellübertragung sind allerdings folgende Fragen zu beantworten:

- Modellgröße: Wie klein darf das Modell sein? Müssen Zwischenschritte eingelegt werden? Müssen die Versuche in verschieden großen Modellen durchgeführt werden?
- Stoffparameter: Wann können oder müssen Stoffparameter verändert werden? Wann müssen die Messungen mit dem Originalsystem durchgeführt werden?
- Prozessparameter: Nach welchen Gesetzmäßigkeiten werden die Prozessparameter vom Modellversuch auf die Großanlage übertragen?
- Ähnlichkeit: Ist eine vollständige Ähnlichkeit beider Vorgänge überhaupt zu erreichen?

Die aus der Dimensionsanalyse gewonnenen Kennzahlen eignen sich zur Maßstabsübertragung, d. h. zur Übertragung von Erkenntnissen, die im Modellmaßstab gewonnen wurden, in den Produktionsmaßstab. Bei der Zusammenstellung des Kennzahlensatzes ist man bestrebt, möglichst bekannte Kennzahlen mit ihrer

Basisdefinition zu verwenden. Deshalb sind in Tab. 2.49 die wichtigsten Kennzahlen, ihr Symbol, ihre Definition und ihre Bedeutung zusammengestellt.

Relevante Kennzahlen beschreiben den betrachteten Vorgang. Somit haben die Zielkennzahlen im Modell und in der Hauptausführung den gleichen Zahlenwert, müssen also bei der Maßstabsübertragung konstant gehalten werden. Bei der Durchführung der Dimensionsanalyse muss der funktionale Zusammenhang nicht unbedingt erkannt sein. Für die Übertragung des Experiments reicht es aus, wenn die relevanten Kennzahlen über Überlegungen und Versuche hinreichend erkannt sind.

Tabelle 2.49 Die wichtigsten Kennzahlen für die (Bio-) Verfahrenstechnik, ihr Symbol, ihre Definition und ihre Bedeutung.

Bezeichnung	Symbol	Definition	Basisdefinition
Arrhenius-Zahl	Ar	$\frac{E_a}{R \cdot T}$	$\frac{\text{Aktivierungsenergie}}{\text{thermische Energie}}$
Bodenstein-Zahl	Bo	$\frac{w \cdot L}{D}$	$\frac{\text{konvektiver Transort}}{\text{axiale Vermischung}}$
Damköhler-Zahl I	Da_I	$\frac{k \cdot L}{w}$	$\frac{\text{umgewandelte Menge}}{\text{konvekt. transp. Menge}}$
Damköhler-Zahl II	Da_{II}	$\frac{k \cdot L^2}{D}$	$\frac{\text{chemisch umgesetzte Mole}}{\text{durch Diffusion zugeführte Mole}}$
Damköhler-Zahl III	Da_{III}	$\frac{L \cdot k \cdot \Delta H_R}{w \cdot r \cdot c_p \cdot T}$	$\frac{\text{Reaktionswärme}}{\text{Wärmetransport durch Konvention}}$
Damköhler-Zahl IV	Da_{IV}	$\frac{L \cdot k \cdot \Delta H_R}{l \cdot T}$	$\frac{\text{Reaktionswärme}}{\text{Wärmetransport durch Konduktion}}$
Deborah-Zahl	De	$l * \cdot n$	$\frac{\text{biologische Relaxationszeit}}{\text{Zeit der Umgebungsänderungsintervalle}}$
Euler-Zahl	Eu	$\frac{\Delta p}{r \cdot w^2}$	$\frac{\text{Druckkraft}}{\text{Trägheitskraft}}$
Froude-Zahl	Fr	$\frac{w^2}{l \cdot g}$	$\frac{\text{Trägheitskraft}}{\text{Gewichtskraft}}$
Grashof-Zahl	Gr	$\frac{g \cdot d^3 \cdot \delta \cdot \Delta\delta}{\eta^2} = \frac{g \cdot d^3 \cdot \Delta\delta}{\gamma^2 \cdot \delta}$	$\frac{\text{Auftriebskraft}}{\text{Reibungskraft}}$

Tabelle 2.49 (Fortsetzung)

Bezeichnung	**Symbol**	**Definition**	**Basisdefinition**
Hatta-Zahl	Ha	$d\sqrt{\frac{k}{D}}$	$\sqrt{\frac{\text{chemische Reaktionsgeschwindigkeit}}{\text{Transportgeschwindigkeit}}}$
Newton-Zahl	Ne	$\frac{P}{\rho \cdot L^2 \cdot w^3}$	$\frac{\text{aufgebrachte Leistung}}{\text{hydraulische Leistung}}$
Nusselt-Zahl	Nu	$\frac{\alpha \cdot L}{\lambda}$	$\frac{\text{Wärmeübergang}}{\text{Wärmeleitung}}$
Peclet-Zahl	Pe	$\frac{w \cdot L}{\alpha}$	$\frac{\text{konvekt. Energietransport}}{\text{kondukt. Energietransport}}$
Peclet-Zahl	Pe	$\frac{w \cdot L}{D}$	$\frac{\text{konvekt. Stofftransport}}{\text{kondukt. Stofftransport}}$
Prandtl-Zahl	Pr	$\frac{\nu}{a}$	$\frac{\text{kondukt. Impuls}}{\text{Wärmetransport}}$
Reynolds-Zahl	Re	$\frac{w \cdot L}{\nu}$	$\frac{\text{konvekt. Impulstransport}}{\text{kondukt. Impulstransport}}$
Schmidt-Zahl	Sc	$\frac{\nu}{D}$	$\frac{\text{kondukt. Impuls}}{\text{Stofftransport}}$
Sherwood-Zahl	Sh	$\frac{k \cdot L}{D}$	$\frac{\text{Stoffübergang}}{\text{Stoffkonduktion}}$
Sättigungsgrad	ϕ	$\frac{c^{\infty}}{c*}$	$\frac{\text{Konzentration im Kern der Phase}}{\text{Konzentration in der Grenzschicht}}$
Thiele-Modulus	Th; Θ	$\sqrt{\mathrm{Da_{II}}}$	$\sqrt{\frac{\text{chemische Reaktionsgeschwindigkeit}}{\text{Transportgeschwindigkeit}}}$
Weber-Zahl	We	$\frac{w^2 \cdot d \cdot \rho}{\sigma}$	$\frac{\text{Trägheitskraft}}{\text{Grenzflächenkraft}}$
Weissenberg-Zahl	Wn	$\frac{\sigma_1 - \sigma_2}{\tau}$	$\frac{\text{1. Normalspannungsdifferenz}}{\text{Schubspannung}}$

Somit hilft die Dimensionsanalyse, Vorgänge mathematisch zu beschreiben, ohne dass die physikalischen Zusammenhänge endgültig klar sind. Außerdem ist sie ein weiterer Weg zur Gewinnung von Kennzahlen, die helfen, in verschiedenen Maßstäben zu denken. Zu einer Dimensionsanalyse gehören die Zusammenstellung aller stofflichen, geometrischen und prozessbedingten Variablen, die

Aufstellung einer Relevanzliste (Variablen, Parameter) sowie die Erstellung einer Dimensionsmatrix, bestehend aus einer Kern- und einer Restmatrix. Dabei ist für jede abhängige Variable eine gesonderte Matrix zu erstellen. Mittels Lineartransformationen gelangt man schließlich zur Einheitsmatrix und einer verbleibenden Restmatrix. Aus diesen beiden Matrizen lässt sich die Ermittlung der Kennzahlen nachdem Π-Theorem durchführen.

Das Π-Theorem sagt aus, dass sich jede dimensionshomogene und damit umso mehr jede in den Basiseinheiten homogene Gleichung als eine Beziehung zwischen den i Kennzahlen eines vollständigen Satzes darstellen lässt. Dabei ist i gleich der Anzahl n der für das Problem relevanten Größen minus dem Rang r der Dimensionsmatrix [194]

$$\Pi_1 = f\,(\Pi_2,\ \Pi_3 \ldots \Pi_i) \qquad \text{(Gleichung 2.205)}$$

oder

$$f\,(\Pi_1,\ \Pi_2 \ldots \Pi_i) = 0 \qquad \text{(Gleichung 2.206)}$$

Folgende Randbedingungen müssen erfüllt sein:

- für jede Zielgröße → gesonderte Relevanzliste,
- für jede Fragestellung → gesonderte Relevanzliste,
- Relevanzliste nicht überladen,
- nur primär voneinander unabhängige Parameter,
- alle Größen müssen messtechnisch erfassbar sein,
- relevante Naturkonstanten müssen mit aufgenommen werden,
- es dürfen nur Grundeinheiten eingetragen werden,
- die Kernmatrix beinhaltet so viel Parameter wie Grundeinheiten,
- der Rang der Matrix bestimmt die Anzahl der Kennzahlen,
- die Anzahl der Kennzahlen kann durch Kombination verringert werden.

Der Rang der Matrix berechnet sich zu:

Rang = Anzahl relevanter Parameter (inkl. Zielgröße) –
Anzahl Grundeinheiten (Gleichung 2.207)

Zum besseren Verständnis soll ein Beispiel angeführt werden: Bestimmung des Schleppwiderstandes eines Schiffskörpers [194]. Gegeben ist die Geometrie eines Schiffskörpers mit Verdrängungsvolumen. Der Schleppwiderstand ist eine Funktion der Geschwindigkeit v, der Stoffwerte des Wassers (Dichte ρ und kinematische Viskosität ν) und der Erdbeschleunigung g (Bugwellenwiderstand und damit Gravitation). Daraus lässt sich die Relevanzliste $\{F;L;V;\rho;\nu;w;g\}$ mit den Grundeinheiten $\{M;L;T\}$ gewinnen und damit die Dimensionsmatrix gemäß Tab. 2.50.

Die Aufgabe verlangt zwei Lineartransformationen, was zu der in Tab. 2.51 dargestellten Einheitsmatrix mit verbleibender Restmatrix führt.

Tabelle 2.50 Dimensionsmatrix für das Problem des Schleppwiderstandes eines Schiffes.

	ρ	L	w	F	ν	g	V
M	1	0	0	1	0	0	0
L	–3	1	1	1	2	1	3
T	0	0	–1	–2	–1	–2	0

Tabelle 2.51 Einheitsmatrix mit entsprechender Restmatrix für das Problem des Schleppwiderstandes eines Schiffes nach den Lineartransformationen.

	ρ	L	w	F	ν	g	V
	Einheitsmatrix			Restmatrix			
M	1	0	0	1	0	0	0
$3\,M + L + TL$	0	1	0	2	1	–1	3
$-T$	0	0	1	2	1	2	0

In diesem Beispiel ist der Rang der Matrix $r = 7 - 3 = 4$, d. h. aus Tab. 2.51 können vier Kennzahlen gefunden werden. Damit erhält man folgende Kennzahlen:

$$\Pi_1 = \frac{F}{\rho \cdot L^2 \cdot w^2} \rightarrow \mathrm{Ne} \quad \text{(Newton-Kennzahl)}$$

$$\Pi_2 = \frac{\nu}{L \cdot w} \rightarrow \mathrm{Re}^{-1} \quad \text{(Reynolds-Kennzahl)}$$

$$\Pi_3 = \frac{g \cdot L}{w^2} \rightarrow \mathrm{Fr}^{-1} \quad \text{(Froude-Kennzahl)}$$

$$\Pi_4 = \frac{V}{L^3} \qquad \text{(Gleichung 2.208)}$$

Somit kann das betrachtete Problem mit dem Π-Satz $\{\mathrm{Ne}; \mathrm{Re}; \mathrm{Fr}; \frac{V}{L^3}\}$ beschrieben werden. Für das Scale-up ist vor allem die Froude-Zahl, also Π_3, konstant zu halten, weil die Wellenbewegung, und damit der Einfluss der Gravitation, maßgebend sind.

Ein zweites Beispiel soll den Nutzen einer Dimensionsanalyse weiter verdeutlichen (Tab. 2.52). Die Frage nach der Scherbeanspruchung von Mikroorganismen ist allgegenwärtig. Gegeben sei die Situation, dass eine Fermentation mit einem mycelartig wachsenden Pilz, z. B. *Rhizopus delemar*, durchgeführt werden soll. Es liegt klar auf der Hand, dass dieser Pilz in einem Bioreaktor nicht ungehemmt wachsen darf, weil sonst zu viele Mycelelemente zu wenig ver- und entsorgt würden (Abschnitt 6.4, Abb. 6.21). Die Untersuchung und damit auch die Beurteilung dieses Problems ließen sich in physiologischer Kochsalzlösung durchführen, wobei die Extinktion bei 260 nm als Maß für die Zerstörung der Zellen (Freisetzung von Nucleinsäuren) gedeutet werden kann.

Die in diesem Zusammenhang gefundene Ereigniskennziffer [1] liefert die erforderlichen Parameter für die Relevanzliste: Dichte ρ, eine Abmessung (z. B. der Rührerdurchmesser d_R), die Drehzahl n, die molekulare Zähigkeit ν, die Leistung P, die Zeit t, die Häufigkeit oder die Frequenz f und das Ereignis E (Abschnitt 7.3.1, Gleichungen 7.118 und 7.119), in diesem Falle gemessen über die erfolgte Freisetzung von Nucleinsäuren als einem direkten Maß der Zellzerstörung.

Als Ergebnis dieser Untersuchung wurde der Zusammenhang

$$E \sim \mathrm{Re}^{0{,}63}\, \mathrm{Ne}^{\,0{,}69}\, \tau^{\,1{,}66} \qquad \text{(Gleichung 2.209)}$$

gefunden [195]. Als erste Erkenntnis lässt sich daraus ableiten, dass die Reynolds-Zahl, also das Maß für das Verhältnis von Trägheitskräften zu Reibungskräften (Turbulenzgrad), sowie die Newton-Zahl, als Maß für die Dispergierfähigkeit eines Reaktors, die den Sauerstofftransport unterstützt (Kapitel 2.7.3), eine geringere Rolle spielen als die dimensionslose Verweilzeit. Erkennbar ist dieser Zusammenhang durch die empirisch gewonnenen Exponenten in Gleichung 2.164. In der dimensionslosen Verweilzeit τ wiederum stecken die Häufigkeit und die Verweildauer einer mechanischen Einwirkung (Belastung), was in diesem Fall bedeutend sein muss, weil der Exponent im Vergleich zu den anderen beiden Einflussgrößen fast um den Faktor drei höher ist.

Würde sich nun die Frage stellen, welches Rührwerk in einen gegebenen Kessel eingesetzt werden soll, und die Auswahl auf einen besseren „Dispergierer", weil der Sauerstofftransport sehr wichtig erscheint (z. B. einen Scheibenrührer, SR), sowie einen besseren „Mischer" (Inter-MIG-Rührer, I-MIG [1]) beschränkt sein, so ergäbe sich folgende Abschätzung:

Tabelle 2.52 Aus der gewonnenen Relevanzliste, der aufgestellten Kern- und Restmatrix sowie durch eine Lineartransformation gewonnene Einheitsmatrix für die Auswirkung von mechanischen Belastungen auf den Pilz *Rhizopus delemar* [195].

	ρ	d_R	n	ν	P	t	f	E
	Kernmatrix			Restmatrix				
M	1	0	0	0	1	0	0	0
L	−3	1	0	2	2	0	0	0
T	0	0	−1	−1	−3	1	−1	0
	Einheitsmatrix			Restmatrix				
M	1	0	0	0	1	0	0	0
$3\,M + L$	0	1	0	2	5	0	0	0
$-T$	0	0	1	1	3	−1	1	0

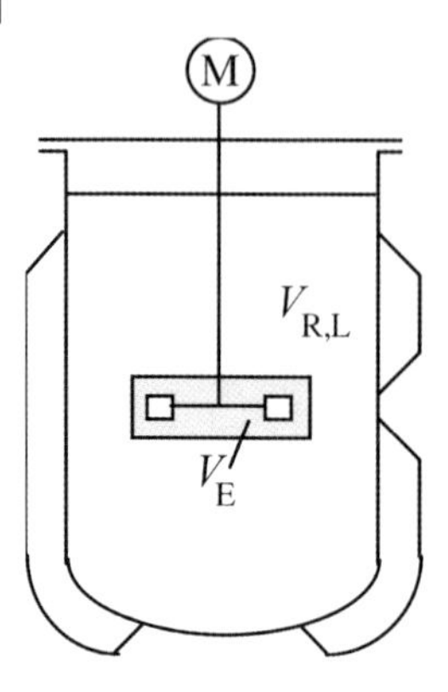

Abb. 2.89 Darstellung des Ereignisvolumens VE, in das vorwiegend die Energie dissipiert wird. Das Produkt aus Häufigkeit und Einwirkdauer ist proportional dem Verhältnis des Ereignisvolumens zum Gesamtreaktionsflüssigkeitsvolumen.

Durch eine Vereinfachung von Gleichung 2.164 erhält man den proportionalen Zusammenhang:

$$E \sim (\text{Re Ne})^{2/3} (\tau)^{15/9} \qquad \text{(Gleichung 2.210)}$$

Aus Abb. 2.89 lassen sich einige Zusammenhänge ableiten. Für die Verweilzeit (Einwirkzeit t) im extrem belasteten Volumenelement V_E (Einwirkvolumen) kann mit dem Volumenstrom der Ansatz:

$$t \propto \frac{V_E}{\dot{V}} \qquad \text{(Gleichung 2.211)}$$

und für die Häufigkeit der Einwirkung f (Frequenz), in die der Volumenstrom und das restliche Volumen (Gesamtvolumen abzüglich Einwirkvolumen) einfließen,

$$f \propto \frac{\dot{V}}{V_{R,L} - V_E} \qquad \text{(Gleichung 2.212)}$$

formuliert werden. Mit der Randbedingung, dass stets $V_{R,L} >> V_E$ gilt, erhält man mit den Gleichungen 2.200 und 2.201 als Ergebnis dieser Betrachtung den Zusammenhang für die dimensionslose Zeit:

$$\tau \propto \frac{V_E}{V_{R,L}} \qquad \text{(Gleichung 2.213)}$$

Da die beiden betrachteten Rührsysteme in etwa dieselbe Rührblatthöhe (h_R) haben, reduziert sich die Gleichung für die dimensionslose Zeit (die Dimensionsgerechtigkeit geht dabei verloren, d. h. die Proportionalitätskonstante hätte in diesem Fall eine Einheit) zu:

$$\tau \propto d_R^2 \qquad \text{(Gleichung 2.214)}$$

Führt man nun alle Betrachtungen zusammen, so erhält man:

$$E \propto [\mathrm{Ne} \cdot d_{\mathrm{R}}^{2}]^{2/3} \cdot [d_{\mathrm{R}}^{2}]^{15/9} \qquad \text{(Gleichung 2.215)}$$

Für die rührwerkunterscheidende Newton-Zahl steht der Zusammenhang:

$$\mathrm{Ne} \propto \frac{1}{n^{3} \cdot d_{\mathrm{R}}^{5}} \qquad \text{(Gleichung 2.216)}$$

Als charakteristische Größen für rührtechnische Aufgaben fungieren die Drehzahl und der Rührerdurchmesser, der auch durch f_{R} (Verhältnis Rührerdurchmesser zu Kesseldurchmesser) ausgedrückt werden kann. Diese Betrachtungen führen letztendlich für die eingangs gestellte Frage zu einem entscheidungsfähigen Ausdruck:

$$E \propto \mathrm{Ne}^{0,44} \cdot f_{\mathrm{R}}^{3,56} \qquad \text{(Gleichung 2.217)}$$

Für die beiden infrage kommenden Rührwerke kann Gleichung 2.217 nun analysiert werden. Diese Gleichung zeigt, dass die Newton-Zahl weniger Einfluss besitzt als das Rührer-/Kesseldurchmesserverhältmis f_{R}. Stellt man nun das Ergebnis in einer Tabelle dar, so findet man, dass der Scheibenrührer für das gestellte Problem um den Faktor sechs günstiger ist (Tab. 2.53).

Ein Ergebnis, das zunächst überrascht, da den Rührwerken mit niedrigen Newton-Zahlen und großen Durchmessern niedrige Schwankungsbreiten der örtlichen Geschwindigkeiten und damit eine schonende Mischwirkung attestiert werden. Allerdings kommt beim Scheibenrührer im Vergleich zu rein bzw. überwiegend axial fördernden Rührorganen noch der Aspekt hinzu, dass durch die ungerichtete Pumpströmung es eher dem Zufall entspricht, wenn ein Mikroorganismus in das Gebiet hoher Scherkräfte kommt, d. h. es ist wahrscheinlich, dass einige Zellen häufig diese Zonen durchlaufen und andere kaum einmal oder nie. Da aber bereits einmal zerstörte Zellen keine zweite Zerstörung durchmachen können, tragen sie keinen weiteren Beitrag zum Messwert bei. Es kommt phänomenologisch zu einer scheinbar schonenderen Behandlung der Zellen. Dieses Ergebnis kann jedoch nicht allgemein übertragen werden. Jedes System muss stets separat untersucht werden.

Tabelle 2.53 Entscheidungstabelle für das günstigste Rührwerk für die gestellte Aufgabe (Tab. 2.52).

Kriterium	I-MIG	SR
f_{R}	0,7	0,33
Ne	0,7	4,6
$E \propto$	0,24	0,04

Literatur

1 Storhas, W.: Bioreaktoren und periphere Einrichtungen; Vieweg Verlag, Wiesbaden, ISBN 3-528-06510-9 (1994).

2 Kutzner, H.-J. : Grundlagen des mikrobiellen Stoffwechsels und mikrobieller Wachstumsprozesse in Mischkulturen in Bezug auf den Einsatz von Spezialbakterien, Vortrag Technische Akademie Esslingen 8. Feb. (1994).

3 Crueger, W.; Crueger, A. (1982) Lehrbuch der angewandten Mikrobiologie. Akademische Verlagsgesellschaft, Wiesbaden.

4 Schulze, R.; Meurer, G.: Das Metagenom als Quelle neuartiger rekombinanter Wirkstoffe und Enzyme, *BIOspectrum* **8**, 498–501 (2002).

5 Rehm, H.-J. : Industrielle Mikrobiologie. Springer-Verlag, Berlin, Heidelberg, New York (1980).

6 Lancini, C.: Screening for new antibiotics. Vortrag Int. School of General Genetics; *Microbial Breeding* **II**, 3.–16.6., Erice/Italien (1980).

7 Nuhn, P.: Enzyminhibitoren als Arzneimittel. *Pharmazie in unserer Zeit* **26**, 127–142 (1997).

8 Aharonowitz, Y.; Cohen, G.: Medikamente. In: Gruss, P.; Herrmann, R.; Klein, A.; Schaller, H. (Hrsg.): *Industrielle Mikrobiologie*, 84–97. Spektrum der Wissenschaft Verlagsgesellschaft, Heidelberg (1985).

9 Hopwood, A. A.: Genetische Programmierung von Mikroorganismen. In: Gruss, P.; Herrmann, R.; Klein, A.; Schaller, H. (Hrsg.): Industrielle Mikrobiologie, S. 84–97, Spektrum der Wissenschaft Verlagsgesellschaft Heidelberg (1985).

10 Schlegel, H.-G.: Allgemeine Mikrobiologie. Georg Thieme Verlag, Stuttgart, New York, ISBN 3-13-444-6065, 6. Auflage (1985).

11 Tosaka, O.; Takinami, K.: Biotechnology of amino acid production. In: Aiba, K.; Chibata, I.; Nakayama, K.; Takinami, K.; Yamada, H. (Eds): Progress in Industrial Microbiology 23, 152. Elsevier, Amsterdam, Oxford, New York, Tokyo.

12 Sahm, H.: Metabolic Design: Die gezielte Entwicklung und Verbesserung von mikrobiellen Produktionsstämmen. *Bioengineering* **9**(4), 38–42 (1993).

13 Fonds der Chemischen Industrie, Karlsstraße 21, 60329 Frankfurt a. M.; Folienserie Nr 20 – Biotechnologie/Gentechnologie (1997).

14 Bailey, J. E.: Towards a science of metabolic engineering. *Science* **252**, 1668–1675 (1991).

15 Engel, H.: Beschreibung, Beurteilung und Gegenüberstellung von Expressionssystemen, Studienarbeit Fachhochschule Mannheim – Hochschule für Technik und Gestaltung (2000).

16 Grünewald, S.: Produktion des humanen Dopamin D2S Rezeptors in Insektenzellen: Biochemische und pharmakologische Charakterisierung sowie Entwicklung eines in vivo Rekonstitutionssystems zur Untersuchung der G Proteinkopplung. Dissertation Eberhard-Karls-Universität Tübingen, Fakultät für Chemie und Pharmazie (1997).

17 Reiser, A.: Untersuchungen zur Fermentation von Escherichia coli zur Gewinnung des rekombinanten Mistellektins. Diplomarbeit Fachhochschule Mannheim – Hochschule für Technik und Gestaltung (1997).

18 Vapnek D.: Choosing a production system for recombinant proteins. In: White MD, Reuveny S, Shafferman A. (eds.). Biologicals from recombinant microorganisms and animal cells. Proceedings of the 34th Oholo Conference, Eilat, Israel. VCH Weinheim (1991).

19 Studier, F. W.; Rosenberg, A. H.; Dunn, J. J.; Dubendorff, J. W.: Use of T7 RNA polymerase to direct expression of cloned genes. *Meth. Enzymol.* **185**, 60–89 (1990).

20 Knippers, R.: Molekulare Genetik 7. Auflage; Thieme Verlag, Stuttgart (1998).

21 Ibelgaufts, H.: Gentechnologie von A bis Z (Cytokinetics Online Pathfinder Encyclopaedia Version 4.0); VCH (1999).

22 Fernandes, J. M.; Hoeffler, J. P.: Gene expressions systems. Verlag Academic Press, ISPN 0-12-253840-4 (1999).

23 Hanning, G.; Makrides, Savvas C.: Strategies for optimizing heterlogous protein expression in Escherichia coli. *Tibtech February*, 54–60 (1998).

24 Verma, R.; Boleti, E. , George, A. J. T.: Antibody engineering: comparison of bacterial, yeast, insect and mammalian expression systems. *Journal of Immunological Methods*, 165–181 (1998).
25 Harrison, R.G.: Observations on the living developing nerve fiber. *Proc. Soc. Exp. Biol. Med.* **4**, 140–143 (1907).
26 Carrel, A.: On the permanent life of tissues outside the organism. *J. Exp. Med.* **15**, 516–528 (1912).
27 Graham, F.L.; van der Eb, A.J.: A new technique for the assay of infectivity of human adenovirus 5 DNA. *Virology* **52**(2), 456–467 (1973).
28 Felgner, P.L.; Gadek, T.R.; Holm, M.; Roman, R.; Chan, H.W.; Wenz, M.; Northrop, J.P.; Ringold, G.M.; Danielsen, M.: Lipofection: a highly efficient , lipid-mediated DNA-transfection procedure. *Proc. Natl. Acad. Sci.* **84**(21), 7413–7417 (1987).
29 Chu, G.; Hayakawa, H.; Berg, P.: Electroporation for the efficient transfection of mammalian cells with DNA. *Nucleic Acids Res.* **15**(3), 1311–1326 (1978).
30 Ausubel, F.M.; Brent, R.; Kingston, R.E.; Moore, D.D.; Seidman, J.G.; Smith, J.A.; Struhl, K. (eds): Short protocols in molecular biology. 5th ed., Vol 1 & 2.; John Wiley & Sons, Hoboken NJ USA (2002).
31 Gresch, O.; Engel, F.B.; Nesic, D.; Tran, T. T.; England, H.M.; Hickman, E.S.; Körner, I.; Gan, L.; Chen, S.; Castro-Obregon, S.; Hammermann, R.; Wolf, J.; Müller-Hartmannm H.; Nix, M.; Siebenkotten, G.; Kraus, G.; Lun, K. (2004). New non-viral method for gene transfer into primary cells. *Methods* **33**(2), 151–163 (2004).
32 Matasci, M.; Hacker, D.L.; Baldi, L.; Wurm, F.M.: Recombinant therapeutic protein production in cultivated mammalian cells: current status and future prospects. *Drug Discovery Today: Technologies* **5**(2-3), e37–e42 (2008).
33 Köhler, G.; Milstein, C.: Continuous cultures of fused cells secreting antibody of predefined specificity. *Nature* **256**(5517), 495–497 (1975).
34 Harris, W.J. In: Spier, R.E.; Griffiths, J.B. (eds): *Animal Cell Biotechnology* **6**, 259–280. Academic Press, London UK (1994).
35 Griffiths, B.: The development of animal cell products: History and overview. In: Stacey, G.; Davis, J. (eds): Medicines from Animal Cell Culture. John Wiley & Sons, Chichester, UK (2007).
36 Lindl, T.: Zell- und Gewebekultur: Einführung in die Grundlagen sowie ausgewählte Methoden und Anwendungen. 4. überarb. und erw. Aufl. Spektrum Akademischer Verlag, Heidelberg-München (2000).
37 Freshney, R.I.: Culture of animal cells. A manual of basic technique. 5th ed. John Wiley & Sons, Hoboken, NJ (2005).
38 Alberts, B.; Johnson, A.; Lewis, J.; Raff, M.; Roberts, K.; Walter, P.: Molecular Biology of the Cell. 5th ed.; Garland Science, Taylor & Francis Group, NY USA (2007).
39 Alberts, B.; Johnson, A.; Lewis, J.; Raff, M.; Roberts, K.; Walter, P.: Molekularbiologie der Zelle 5. Auflage, Wiley-VCH, Weinheim (2011).
40 Wurm, F.M.: Production of recombinant protein therapeutics in cultivated mammalian cells. *Nat. Biotechnol* **22**(11), 1393–1398 (2004).
41 Tjio, J.H.; Puck, T.T. Genetics of somatic mammalian cells. II. Chromosomal constitution of cells in tissue culture. *J. Exp. Med.* **108**(2), 259–268 (1958).
42 Barnes, L.M.; Bentley, C.M.; Dickson, A.J.: Advances in animal cell recombinant protein production: GS-NS0 expression system. *Cytotechnology* **32**, 109–123 (2000).
43 Stacey, G.; Davis, J. (eds): Medicines from Animal Cell Culture. John Wiley & Sons, Chichester UK (2007).
44 Makrides, S.C.: Vectors for gene expression in mammalian cells. In: Makrides, S.C. (ed.): Gene Transfer and Expression in Mammalian Cells. Elsevier Science BV Amsterdam, NL (2003).
45 Girod, P.A.; Mermod, N. In: Makrides, S. C. (ed). Gene Transfer and Expression in Mammalian Cells. Elsevier Science BV Amsterdam, NL (2003).
46 Makrides, S.C.: Components of vectors for gene transfer and expression in mammalian cells. *Prot. Expr. Purif.* **17**, 183–202 (1999).
47 Sautter, K.; Enenkel, B.: Selection of high-producing CHO cells using NPT selection marker with reduced enzyme activity. *Biotechnol. Bioeng.* **89**(5), 530–538 (2005).
48 Barsoum, J. Stable integration of vectors at high copy number for high-level expres-

sion in animal cells. In: Nickoloff, J.A. (ed.): Animal Cell Electroporation and Electrofusion Protocols. Methods in Molecular Biology **Vol. 48**, Humana Press I (1995).

49 Sato, K.; Ito, R.; Baek, K.H.; Agarwal, K.: A specific DNA sequence controls termination of transcription in the gastrin gene. *Mol. Cell. Biol.* **6**, 1032–1043 (1986).

50 Baiker, A. et al.: Mitotic stability of an episomal vector containing a human scaffold/matrix-attached region is provided by association with nuclear matrix. *Natur Cell Biology*. **2**(3), 182–184 (2000).

51 Zamore, P.D. et al.: RNAi: double-stranded RNA directs the ATP-dependent cleavage of mRNA at 21 to 23 nucleatide intervals. *Cell.* **101**, 25–33 (2000).

52 Wurm, F.M.; Jordan, M.: Gene transfer and gene amplification in mammalian cells. In: Makrides, S.C. (ed). Gene Transfer and Expression in Mammalian Cells, Elsevier Science BV, Amsterdam, NL (2003).

53 Orrantia, E.; Chang, P.L. Intracellular distribution of DNA internalized through calcium phosphate precipitation. *Exp Cell Res.* **190**(2): 170–174 (1990).

54 Finn, G.K.; Kurz, B.W.; Cheng, R.Z.; Shmookler, R.J.: Homologous plasmid recombination is elevated in immortally transformed cells. *Mol. Cell. Biol.* **9**(9): 4009–4017 (1990).

55 Oumard, A.; Qiao, J; Jostock, T; Li, J.; Bode, J.: Recommended method for chromosome exploitation: RMCE-based cassette-exchange systems in animal cell biotechnology. *Cytotechnology* **50**, 93–108 (2006).

56 Zheng, H.; Wilson, J.H.: Gene targeting in normal and amplified cell lines. *Nature* **344**,170–173 (1990).

57 Moehle E.A.; Rock, J.M.; Lee, Y.L.; Jouvenot, Y.; DeKelver, R.C.; Gregory, P.D.; Urnov, F.D.; Holmes, M.C.: Targeted gene addition into a specified location in the human genome using designed zinc finger nucleases. Proc. Natl. Acad. Sci. USA **104**(9), 3055–3060 (2007).

58 Urlaub, G.; Chasin, L.A.: Isolation of Chinese hamster cell mutants deficient in dihydrofolate reductase activity. Proc. Natl. Acad. Sci. USA **77**(7), 4216–4220 (1980).

59 Lattenmayer, C.; Loeschel, M., Schriebl, K.; Steinfellner, W.; Sterovsky, T.; Trummer, E.; Vorauer-Uhl, K.; Müller, D.; Katinger, H.; Kunert, R.: Protein-free transfection of CHO host cells with an IgG-fusion protein: selection and characterization of stable high producers and comparison to conventionally transfected clones. *Biotechnol. Bioeng.* **96**(6), 1118–1126 (2007).

60 Le Hir, H.; Nott, A.; Moore, M.J. How introns influence and enhance eukaryotic gene expression. *Trends Biochem. Sci.* **28** (4), 215–220 (2003).

61 Richards, E.J.; Elgin, S.C.: Epigenetic codes for heterochromatin formation and silencing: rounding up the usual suspects. *Cell* **108**(4), 489–500 (2002).

62 Lattenmayer, C.; Trummer, E.; Schriebl, K.; Vorauer-Uhl, K.; Mueller, D.; Katinger, H.; Kunert, R.: Characterisation of recombinant CHO cell lines by investigation of protein productivities and genetic parameters. *J. Biotechnol.* **128**(4), 716–725 (2007).

63 Tuvesson, O.; Uhe, C., Rozkov, A.; Lüllau, E.: Development of a generic transient transfection process at 100 L scale. *Cytotechnology* **56**, 123–136 (2008).

64 Derouazi, M.; Girard, P.; Van Tilborgh, F.; Iglesias, K.; Muller, N.; Bertschinger, M.; Wurm, F.M.: Serum-free large-scale transient transfection of CHO cells. *Biotechnol. Bioeng.* **87**(4), 537–545 (2004).

65 Havenga, M.J.; Holterman, L.; Melis, I.; Smits, S.; Kaspers, J.; Heemskerk, E. van der Vlugt, R., Koldijk, M., Schouten, G.J.; Hateboer, G.; Brouwer, K., Vogels, R.; Goudsmit, J.: Serum-free transient protein production system based on adenoviral vector and PER.C6 technology: high yield and preserved bioactivity. *Biotechnol. Bioeng.* **100**(2), 273–283 (2008).

66 Konstantinov, K.: Monitoring and control of the physiological state of cell cultures. *Biotechnol. Bioeng.* **52**(2), 271–289 (1996).

67 Teixeira, A.P.; Oliveira, R.; Alves, P.M.; Carrondo, M.J.: Advances in on-line monitoring and control of mammalian cell cultures: Supporting the PAT initiative. *Biotechnol. Adv.* **27**(6), 726–732 (2009).

68 Teixeira, A.P.; Portugal, C.A.; Carinhas, N.; Dias, J.M.; Crespo, J.P.; Alves, P.M.; Carrondo, M.J.; Oliveira, R.: In situ 2D fluorometry and chemometric monitoring of mammalian cell cultures. *Biotechnol. Bioeng.* **102**(4), 1098–1106 (2009).

69 Reardon, K.F.; Scheper, T.; Bailey, J.E.: Einsatz eines Fluoreszenzsensors zur Messung der NAD(P)H-abhängigen Kulturfluoreszenz immobilisierter Zellsysteme. *Chem.-Ing.-Tech.* **59**(7), 600–601 (1987).

70 Dahod, S.K.: Redox potential as a better substitute for dissolved oxygen in fermentation process control. *Biotechnol. Bioeng.* **24**(9), 2123–2125 (1982).

71 Hanson, M.A.; Ge, X; Kostov, Y; Brorson, K.A.; Moreira, A.R.; Rao, G.: Comparisons of optical pH and dissolved oxygen sensors with traditional electrochemical probes during mammalian cell culture. *Biotechnol. Bioeng.* **97**(4), 833–841 (2007).

72 Lam, H.; Kostov, Y.: Optical instrumentation for bioprocess monitoring. *Adv. Biochem. Eng. Biotechnol.* **116**, 1–28 (2010).

73 Rao, G.; Moreira, A.; Brorson, K.: Disposable bioprocessing: the future has arrived. *Biotechnol. Bioeng.* **102**(2), 348–356 (2009).

74 Clementschitsch, F.; Bayer, K.: Improvement of bioprocess monitoring: development of novel concepts. *Microb. Cell Fact.* **5**, 19 (2006).

75 Deshpande, R.R.; Wittmann, C.; Heinzle, E.: Microplates with integrated oxygen sensing for medium optimization in animal cell culture. *Cytotechnology* **46**(1), 1–8 (2004).

76 Sitton, G.; Srienc, F.: Mammalian cell culture scale-up and fed-batch control using automated flow cytometry. *J. Biotechnol.* **135**(2), 174–180 (2008).

77 Büntemeyer, H.: Methods for off-line analysis of nutrients and products in mammalian cell culture. In: Pörtner, R. (ed.): Methods in Biotechnology **Vol. 24**: Animal Cell Biotechnology: Methods and Protocols, 2nd ed. Humana Press Inc., Totowa, NJ (2007).

78 Carroll, S.; Naeiri, M., Al-Rubeai, M.: Monitoring of growth, physiology, and productivity of animal cells by flow cytometry. In: Pörtner R (ed.): Methods in Biotechnology **Vol. 24**: Animal Cell Biotechnology: Methods and Protocols, 2nd ed. Humana Press Inc., Totowa NJ (2007).

79 Pörtner, R. (ed.): Methods in Biotechnology **Vol. 24**: Animal Cell Biotechnology: Methods and Protocols, 2nd Ed. Humana Press Inc., Totowa, NJ (2007).

80 U.S. Department of Health and Human Services, Food and Drug Administration: http://www.fda.gov/downloads/Drugs/GuidanceComplianceRegulatoryInformation/Guidances/UCM070305.pdf (2004).

81 Rehbock, C.; Beutel, S.; Bruckerhoff, T.; Hitzmann, B., Riechers, D.; Rudolph, G.; Stahl, F., Scheper, T.; Friehs, K.: Bioprozessanalytik. *Chem.-Ing.-Tech.* **80**(3), 267–286 (2008).

82 U.S. Department of Health and Human Services, Food and Drug Administration: http://www.fda.gov/Drugs/DevelopmentApprovalProcess/Manufacturing/QuestionsandAnswersonCurrentGoodManufacturingPracticescGMPforDrugs/UCM071836 (2003).

83 Rathore, A.S.; Bhambure, R.; Ghare, V.: Process analytical technology (PAT) for biopharmaceutical products. *Anal. Bioanal. Chem.* **398**, 137–54 (2010).

84 Seth, G.; Charaniya, S., Wlaschin, K.F.; Hu, W.S.: In pursuit of a super producer – alternative paths to high producing recombinant mammalian cells. *Curr. Opin. Biotechnol.* **18**, 557–564 (2007).

85 Birzele, F.; Schaub, J., Rust, W.; Clemens, C.; Baum, P.; Kaufmann, H; Weith, A.; Schulz, T.W.; Hildebrandt, T.: Into the unknown: expression profiling without genome sequence information in CHO by next generation sequencing. *Nucleic Acids Res.* **38**(12), 3999 (2010).

86 Chong, W.P.; Goh, L.T.; Reddy, S.G.; Yusufi, F.N.; Lee, D.Y.; Wong, N.S.; Heng, C. K.; Yap, M.G.; Ho, Y.S.: Metabolomics profiling of extracellular metabolites in recombinant Chinese hamster ovary fedbatch culture. *Rapid Commun. Mass Spectrom.* **23**, 3763–3771 (2009).

87 Zehner, P.: Modellbildung für Mehrphasenströmungen in Reaktoren; *Chem.-Ing.-Tech.* **60**, 531–539 (1988).

88 Joeris, K.; Frerichs, J.G.; Konstantinov, K.; Scheper, T.: In-situ microscopy: Online process monitoring of mammalian cell cultures. *Cytotechnology* **38**, 129–134 (2002).

89 Guez, J.S.; Cassar, J.Ph.; Wartelle, F.; Dhulster, P.; Suhr, H.: Real time in situ microscopy for animal cell-concentration monitoring during high density culture in bioreactor. *Journal of Biotechnology* **111**, 335–343 (2004).

90 Höpfner, T.; Bluma, A.; Rudolph, G.; Lindner, P.; Scheper, T.: A review of non-invasive optical-based image analysis systems for continuous bioprocess monitoring. *Bioprocess Biosyst. Eng.* **33**(2), 247–256 (2010).

91 Wiedemann, P.; Guez, J.S.; Wiegemann, H.B.; Egner, F.; Quintana, J.C.; Asanza-Maldonado, D.; Filipaki, M.; Wilkesman, J.; Schwiebert, C.; Cassar, J.P.; Dhulster, P.; Suhr, H.: In situ microscopic cytometry enables noninvasive viability assessment of animal cells by measuring entropy states. *Biotechnol Bioeng* **108**(12), 2884–2993 (2011).

92 Marc, A. et al.: Potential and pitfalls of using LDH release for the evaluation of animal cell death kinetics. In: Spier, R.E. et al. (ed.): Production of Biologicals from Animal Cells in Culture. Oxford, Butterworth, UK, 569–575 (1991).

93 Carvell, J.P.; Dowd, J.E.: On-line measurements and control of viable cell density in cell culture manufacturing processes using radio-frequency impedance. *Cytotechnology* **50**, 35–48 (2006).

94 Eagle, H.: The specific amino acid requirements of mammalian cells (strain L) in tissue culture. *J. Biol. Chem.* **214**, 839 (1955).

95 Eagle, H.: Amino acid metabolism in mammalian cell cultures. *Science* **130**, 432 (1959).

96 Dulbecco, R.; Freeman, G. Plaque formation by the polyoma virus. *Virology* **8**, 396–397 (1959).

97 Ham, R.G.: Clonal growth of mammalian cells in a chemically defined synthetic medium. Proc. Natl. Acad. Sci. USA **53**, 288 (1965).

98 Iscove, N.N.; Melchers, F.: Complete replacement of serum by albumin, transferrin, and soybean lipid in cultures of lipopolysaccharide-reactive B lymphocytes. *J. Exp. Med.* **147**(3), 923–933 (1978).

99 Sinacore, M.S.; Drapeau, D.; Adamson, S.R.: Adaptation of mammalian cells to growth in serum-free media. *Mol Biotechnol.* **15**(3), 249–57 (2000).

100 van der Valk, J.; Brunner, D.; De Smet, K.; Fex Svenningsen, A.; Honegger, P.; Knudsen, L.E.; Lindl, T.; Noraberg, J.; Price, A.; Scarino, M.L.; Gstraunthaler, G.: Optimization of chemically defined cell culture media–replacing fetal bovine serum in mammalian in vitro methods. *Toxicol In Vitro* **24**(4), 1053–63 (2010).

101 Brunner, D.; Frank, J.; Appl, H.; Schöffl, H.; Pfaller, W.; Gstraunthaler, G.: Serum-free cell culture: the serum-free media interactive online database. *ALTEX.* **27**(1), 53–62 (2010).

102 Xue, J.; Douglas, R.M.; Zhou, D.; Lim, J. Y.; Boron, W.F.; Haddad, G.G.: Expression of Na+/H+- and HCO3--dependent transporters in Na+/H+ exchanger isoform 1 null mutant mouse brain. *Neuroscience* **122**(1), 37–46 (2003).

103 Irani, N.; Wirth, M.; van den Heuvel, J.; Wagner, R.: Improvement oft he primary metabolism of cell cultures by introducing a new cytoplasmic pyruvate carboxylase reaction. *Biotechnol. Bioeng.* **66**(4), 238–246 (1999).

104 Gagnon, M.; Hiller, G.; Luan, Y.T.; Kittredge, A., Defelice, J.; Drapeau, D.: High-end pH-controlled delivery of glucose effectively suppresses lactate accumulation in CHO fed-batch cultures. *Biotechnol. Bioeng.* **108**(6), 1328–1337 (2011).

105 Hauser, H.; Wagner, R. (eds): Mammalian Cell Biotechnology in Protein Production, De Gruyter, Berlin, New York (1997).

106 Creighton, T.E.: Proteins, structures and molecular properties. H. Freeman and Company (2002).

107 Copeland, R.A.: Enzymes. Wiley-VCH (2000).

108 Schomburg, D.; Stephan, D. (Hrsg.): Enzymes Handbook, 15–17. Springer-Verlag (1998).

109 Holtzhauer, M. (Hrsg.): Biochemische Labormethoden. Springer-Verlag (1988).

110 Winter, R.; Noll, F.: Methoden der Biophysikalischen Chemie. Teubner-Verlag (1998).

111 Eckert, W.A.; Kartenbeck, J.: Proteine: Standardmethoden der Molekular- und Zellbiologie. Springer-Verlag (1997).

112 Westermeier, R.: Elektrophorese-Praktikum. VCH Verlagsgesellschaft (1990).
113 Lowry, O.H.; Rosebrough, N.J., Randall, R.J.: Protein measurement with the folin phenal reagent. *J. Biol. Chem.* **193**, 265–275 (1951).
114 McDonald, C.E.; Chen, L. L.: The Lowry modification of the folin reagent for determination of proteinase activity. *Anal. Biochem.* **10**, 175–177 (1965).
115 Gornall, A.G., Bardawill, C.J., Maxima, D.: Determination of serum proteins by means of the biuret reaction. *Biol. Chem.* **177**, 751–766 (1949).
116 Bradford, M.: A rapid and sensitive method for the quantification of microgram quantities of protein utilizing the principle of protein – dye binding. *Anal. Biochem.* **72**, 248–254 (1976).
117 Fraunberger, F.: Regelungstechnik – Grundlagen und Anwendung. B. G. Teubner, Stuttgart (1967).
118 Sano, U.: Interrelations among mixing time, power number and discharge flow rate number in buffled mixing vessels. *J. Chem. Eng. Japan* **18**, No. 1 (1985).
119 Behrend, U.; Szperalski, B.: Online Meßtechnik und Datenverarbeitung in einem Mehrzweckfermentationsbetrieb; GVC-DECHEMA-Jahrestagung „Bioverfahrenstechnik" Prozesstechnik in der Biotechnologie – Vortrags- und Diskussionstagung, Bamberg (5/2000).
120 Schick, M.: Aufnahme von Leitfähigkeitsdaten von Mischungen aus inaktiven und nativen Zellsuspensionen in zellbehafteten und zellfreien Medien für die Entwicklung einer Mehrfachsignalsonde; Studienarbeit, Fachhochschule Mannheim – Hochschule für Technik und Gestaltung, Institut für Meß- und Regelungstechnik (1996).
121 Schroth, S.: Aufnahme von Leitfähigkeitsdaten von Mischungen aus inaktiven und nativen Hefen in zellbehafteten und zellfreien Medien für die Entwicklung einer Mehrsignalsonde; Studienarbeit, Fachhochschule Mannheim – Hochschule für Technik und Gestaltung, Institut für Meß- und Regelungstechnik (1995).
122 Kohler, S.: Aufnahme von Leitfähigkeitsdaten von Mischungen aus inaktiven und nativen Zellsuspensionen in zellbehafteten und zellfreien Medien für die Entwicklung einer Mehrfachsignalsonde und zur Steuerung von Zellaufschlußprozessen; Studienarbeit, Fachhochschule Mannheim – Hochschule für Technik und Gestaltung, Institut für Meß- und Regelungstechnik (1997).
123 Roth, M.; Schmitt, B.: Leitfähigkeits-Messung zur Bestimmung von Lebendkeimzahlen am Belebtschlamm; Studienarbeit, Fachhochschule Mannheim – Hochschule für Technik und Gestaltung, Institut für Meß- und Regelungstechnik (1998).
124 Heil, M.: Aufnahme von Filtrationsdaten mit kompressiblen und inkompressiblen Feststoffen für die Entwicklung einer Mehrsignalsonde; Studienarbeit, Fachhochschule Mannheim – Hochschule für Technik und Gestaltung, Institut für Meß- und Regelungstechnik (1995).
125 Schneider, M.: Aufnahme von Filtrationsdaten mit der Kombination von intakten und zerstörten Zellsuspensionen in einer Drucknutsche und im Prototyp der Mehrfachsignalsonde; Studienarbeit, Fachhochschule Mannheim – Hochschule für Technik und Gestaltung, Institut für Meß- und Regelungstechnik (1996).
126 Feist, D.: Aufnahme von Filtrationsdaten mit der Kombination von intakten und zerstörten Zellsuspensionen in einer Drucknutsche; Studienarbeit, Berufsakademie Mannheim (1998).
127 Keller, V.: Aufnahme von Filtrationsdaten mit der Kombination von intakten und zerstörten Hefesuspensionen für die Entwicklung einer Mehrsignalsonde; Studienarbeit, Fachhochschule Mannheim – Hochschule für Technik und Gestaltung, Institut für Meß- und Regelungstechnik (1996).
128 Baumann, K.: Aufnahme von Filtrationsdaten mit der Kombination von intakten und zerstörten Zellsuspensionen in einer Drucknutsche und im Prototyp der Mehrfachsignalsonde; Studienarbeit, Fachhochschule Mannheim – Hochschule für Technik und Gestaltung, Institut für Meß- und Regelungstechnik (1997).

129 Hövelmeyer, K.: Aufnahme von Filtrationsdaten zur Charakterisierung von Biomasse und Belebtschlamm; Studienarbeit Fachhochschule Mannheim – Hochschule für Technik und Gestaltung (2000).

130 Suhr, H., Wehnert, G. et al.: *Biotechnol. Bioeng.* **47**, 106–116 (1995).

131 Bittner, C.; Wehnert, G.; Scheper, T.: *Biotechnol. Bioeng.* **60**, 24–35 (1998).

132 Suhr, H. et al.: *BIOforum* **21**, 595–600 (1998).

133 Bittner, C.: Insitu-Mikroskopie – Ein neues Verfahren zur Online-Bestimmung der Biomasse bei Kultivierungsprozessen. Dissertation, Universität Hannover (1994).

134 Friehs, K.; Keist, S.; Flaschel, E.: Bestimmung von Zellzahl und Zellzustand; GVC-DECHEMA-Jahrestagung „Bioverfahrenstechnik" Prozesstechnik in der Biotechnologie – Vortrags- und Diskussionstagung, Bamberg (5/2000).

135 Storhas, W.; Suhr, H.; Speil, P.; Wehnert, G.: Bioreaktor mit Insitu-Mikroskopsonde und Meßverfahren; Patenanmeldung P 39 33 909.2 (1989).

136 Camisard, V.; Brienne, J.P.; Cassar, J.Ph.; Hammann, J.; Suhr, H.: Inline Characterisation of Cell-Concentration and Cell-Volume in Agitated Bioreactors using In Situ Microscopy: Application to Volume Variation induced by Osmotic Stress; *Biotechnol. Bioeng.* **78**, 1, 73–80 (2002).

137 Guez, J.S.; Cassar, J.P.; Wartelle, F.; Dhulster, P.; Suhr, H.: Real time in situ microscopy for animal cell-concentration monitoring during high density culture in bioreactor; *J. Biotechnol.* **111:3**, 335–343 (2004).

138 Guez, J.S.; Cassar, J.P.; Wartelle, F.; Dhulster, P.; Suhr, H.: The viability of Animal cell Cultures: Can it be Estimated Online by using In Situ Microscopy?; *Process Biochemistry* **45**, 288–291 (2010).

139 Wiedemann, P.; Guez, J.S.; Wiegemann, H.B.; Egner, F.; Quintana, J.C.; Asanza-Maldonado, D.; Filipaki, M.; Wilkesman, J.; Schwiebert, C.; Cassar, J.P.; Dhulster, P.; Suhr, H.: In situ microscopic cytometry enables noninvasive viability assessment of animal cells by measuring entropy states; *Biotechnol. Bioeng.* **108**(12), 2884–2993 (2011).

140 Bluma, A.; Höpfner, T.; Lindner, P.; Rehbock, C.; Beutel, S.; Riechers, D.; Hitzmann, B.; Scheper, T.: In-Situ imaging sensors for bioprocess monitoring: state of the art. *Anal. Bioanal. Chem.* **398**, 2429–2438 (2010).

141 Brückerhoff, T.: Bildbasiertes Inline-Monitoring von Kultivierungsprozessen mit einem optimierten In situ Mikroskopsystem. Dissertation. Leibniz Universität Hannover (2006).

142 Rudolph, G.: Entwicklung und Einsatz inline-mikroskopischer Verfahren zur Beobachtung biotechnologischer Prozesse. Dissertation. Leibniz Universität Hannover (2007).

143 Meiners, M.: *Chemie-Technik*, **11**(12), 1351–1353 (1982).

144 Naue, H.: NAUE GmbH Weiterstadt – Firmenkatalog (2000).

145 Chmiel, H. (Hrsg.): Bioprozeßtechnik. Gustav Fischer Verlag, Stuttgart (1991).

146 Aschenbach, U.; Vieweger, R.: Untersuchung des Einflusses von Salzen auf die Sauerstofflöslichkeit in Wasser und Vergleich zwischen chemischen und physikalischen Meßmethoden; Studienarbeit, Fachhochschule Mannheim – Hochschule für Technik und Gestaltung, Institut für Meß- und Regelungstechnik (1998).

147 Schügerl, K.: Grundlagen der chemischen Technik – Bioreaktionstechnik **Band 1**; Otto Salle Verlag GmbH & Co, Frankfurt a. Main, Verlag – Sauerländer AG Aarau (1985).

148 Mack, M.: Persönliche Mitteilung, Fachhochschule Mannheim, m.mack@fh-mannheim.de (2002).

149 Stadager, Ch.; Ger, S.; Stahl, W.: Regelung von Dekanterzentrifugen mit Fuzzy-Logic; *Chem.-Ing.-Tech.* **66**, 4/94 (1994).

150 Lübbert, A.: Indirekte Online-Messung der Produktkonzentration bei der Produktion rekombinanter Proteine; GVC-DECHEMA-Jahrestagung „Bioverfahrenstechnik" Prozesstechnik in der Biotechnologie – Vortrags- und Diskussionstagung, Bamberg (5/2000).

151 Simutis, R., Lübbert, A.: In: Subramanian, G. (Hrsg.): Bioseparation und Bio-

processing, **Vol. I**. Wiley-VCH, Weinheim (1998).
152 Schuler, H.: Zum Automatisierungsgrad von verfahrenstechnischen Prozessen. *Chem.-Ing.-Tech.* **67**, 5/95 (1995).
153 Roos, E.; Wippermann, B.: Produktivitätssteigerung durch integrierte Produktionstechnik und Verfahrens-Know-How; *Chem.-Ing.-Tech.* **71**, 8/99 (1999).
154 Früh, K. F. (Hrsg.): Handbuch der Prozeßautomatisierung – Prozeßleittechnik für verfahrenstechnische Anlagen; R. Oldenbourg Verlag, München, Wien (1997).
155 Ahrens, W.: CAE-Systeme für die PLT; *Chem.-Ing.-Tech.* **70**, 5/98 (1998).
156 Kersting, F. J.: BLT-Funktionsumfang und Stand der Systeme; *Chem.-Ing.-Tech.* **70**, 8/98 (1998).
157 Rasenat, S.: Persönliche Mitteilung; Fachhochschule Mannheim – Hochschule für Technik und Gestaltung, Institut für Meß- und Regelungstechnik (2000).
158 Westphal, V.: Grundlagen genetischer Algorithmen, Jena (1996).
159 Lantos, A.: Grundlagen der Bioinformatik; Studienarbeit, Fachhochschule Mannheim – Hochschule für Technik und Gestaltung (1999).
160 Bibel, W.: Wissensrepräsentation und Interferenz, Vieweg, Braunschweig (1993).
161 Crueger, W.: Biotechnologie – Lehrbuch der angewandten Mikrobiologie. 3. Auflage, Oldenbourg-Verlag, München, Wien (1989).
162 Falke, J.; Regitz, M.: Römpp Chemilexikon, 2. Auflage, Thieme-Verlag, Stuttgart, New York (1993).
163 Smith, J.E.: Einstieg in die Biotechnologie. 2. Auflage, Hauser-Verlag, München, Wien (1996).
164 Köhler; Hoffmann: Grundriß der Biotechnologie – Grundlagen und ausgesuchte Verfahren. Hauser-Verlag, München, Wien (1992).
165 Sano; Usui: Effects of paddle dimensions and buffle conditions on the interrelations among discharge flow rate, mixing power and mixing time in mixing vessels. *J. Chem. Eng. Japan 20,* No. **4** (1987).
166 Beiff, F.; Kautzmann, R.: Technologie der Hefen, **Band II**. Verlag Hand Carl, Nürnberg (1962).
167 Voet, D.: Lehrbuch der Biochemie, 2. Auflage, VCH-Verlag, Weinheim, (2010).
168 Nienow, A.W.; Warmoeskerken, M.M.; C.G.; Smith, J.M.; Konno, M.: On the flooding/loading transition and the complete dispersal conditions in aerated vessels agitated by a Rushto-turbine. 5th European Conf. On Mixing, Würzburg, West Germany (1985).
169 Broadwater, J.A.; Fox, B.G.: Lactose fedbatch fermentation: a high-yield method suitable for use with the pET system. inNovations (Firmenschrift Fa. Novagen, Inc., Madison) 4 a, 1–3 (1996).
170 Neubauer. P.; Hofmann, K. , Holst, O.; Mattiasson, B.; Kruschke, P.: Maximizing the expression of a recombinant gene in Escherichia coli by manipulation of induction time using lactose as inducer. *Appl. Microbiol. Biotechnol.* **36**, 739–744 (1992).
171 Kaprálek, F.; Jecmen, P.; Sedlácek, J.; Fábry, M.; Zadrazil, S.: Fermentation conditions for high-level expression of the tac-promoter-controlled calf prochymosin cDNA in Escherichia coli HB101. *Biotechnol. Bioeng.* **37**, 71–79 (1991).
172 Kleppmann, W.: Taschenbuch Versuchsplanung. Hanser Fachbuchverlag, Hamburg (1999).
173 Bude, U.: Steigerung der Saccharosemutaseaktivität von Protaminobacter rubrum. Diplomarbeit Fachhochschule Mannheim (1999).
174 Richter, A-K.: Nährmedienoptimierung zur Produktion von Endoinulinase; Diplomarbeit Fachhochschule Mannheim – Hochschule für Technik und Gestaltung (2000).
175 Falkner, K.: Untersuchungen zur Medienoptimierung und Fermentation mit Rhodococcus erythropolis; Diplomarbeit Fachhochschule für Technik Mannheim (1993).
176 Schillinger, A.: Beurteilung der Wirkungsweise des genetischen Algorithmus in GALOP; Studienarbeit Fachhochschule Mannheim – Hochschule für Technik und Gestaltung (2000).
177 Schöneburg, E. et al.: Genetische Algorithmen und Evolutionsstrategien. Addison-Wesley (1996).

178 Plesch, Ch. : Experimentelle Entwicklung von Dosierstrategien zur fermentativen l-Isoleucin-Herstellung aus d,l-2-Hydroxybuttersäure mit Corynebacterium glutamicum; Diplomarbeit; Forschungszentrum Jülich – Fachhochschule Mannheim – Fachhochschule Mannheim – Hochschule für Technik und Gestaltung (1994).

179 Herbst, H.: Xanthanproduktion im Rührfermenter – Maßstabsübertragung und Produktcharakterisierung. Dissertation TU Braunschweig (1989).

180 Büchs, J.; Zehner, P.; Storhas, W.: Scale-up von gerührten niederviskosen Fermentationsprozessen in der industriellen Praxis. GVC/DECHEMA Diskussionstagung der Bioverfahrenstechnik, Lüneburg (1991).

181 Sass, F.; Bouché, Ch.; Leitner, A.: Dubbel – Taschenbuch für den Maschinenbau, 13. Aufl., erster Band, Springer Verlag, Heidelberg, Berling, New York (1970).

182 EKATO-Rührtechnik: Firmenschrift EKATO, 7860 Schopfheim (1980).

183 Fonds der Chemischen Industrie Frankfurt; Folienserie 20; Biotechnologie/Gentechnologie (1989).

184 O'Connel; Mack: Simple turbined in fully buffeld tanks. Chemical Engineering Progress, 358 (1950).

185 Liepe, F.; Mensel, W.; Möckel, H.O.; Platzer, B.; Weißgräber, N.: Verfahrenstechnische Berechnungsmethoden, Teil 4, Stoffvereinigung in fluiden Phasen. VCH Verlagsgesellschaft, Weinheim (1988).

186 Präve, P. (Hrsg.): Jahrbuch der Biotechnologie 1986/1987. Carl Hanser Verlag, München Wien (1986).

187 Zehner, P.: Modellbildung für Mehrphasenströmungen in Reaktoren. *Chem.-Ing.-Tech.* **60**, Nr. 7, 531–539 (1988).

188 Kurpiers, P.; Steiff, A.; Weinspach, P.M.: Zum Überflutungsverhalten ein- und mehrstufiger Rührbehälter. *Synopse 1307; Chem.-Ing.-Tech.* **57**, Nr. 1; 62–63 (1985).

189 www.ansys.com.

190 Storhas, W.: GVC-Dechema-Biotechnologie Jahrestagung, Bremen (2007).

191 Baerns, M.; Hofmann, H.; Renken, A.: Chemische Reaktionstechnik. Georg Thieme Verlag, Stuttgart, New York, ISBN 3-13-687502-8 (1992).

192 Sachs, L.: Angewandte Statistik – Statistische Methoden und ihre Anwendungen. Springer-Verlag, Heidelberg, New York, ISBN 3-540-08813-X (1978).

193 Bosch, K.: Elementare Einführung in die Wahrscheinlichkeitsrechnung. Vieweg & Sohn, Braunschweig, ISBN 3-528-47225-1 (1993).

194 Zlokarnik, M.: Modellübertragung in der Verfahrenstechnik. *Chem.-Ing.-Tech.* **55** Nr. 5, 363–372 (1983).

195 Kochner, A.: Untersuchungen der Auswirkung von mechanischen Belastungen auf die Leistungsfähigkeit von Mikroorganismen; Diplomarbeit, Fachhochschule für Technik Mannheim (1987).

196 NCBI Genome Database, http://www.ncbi.nlm.nih.gov/sites/genome.

3
Mosaik der Bioverfahrensentwicklung

Ein Mosaik setzt sich aus vielen kleinen Elementen zusammen und wird am Ende, wenn alle Teile passend eingefügt sind, zum Ganzen. Ist die Platzierung von Beginn an richtig, so bedarf es keiner Rückkopplung mit anderen Elementen, einmal am richtigen Platz eingefügt, erfüllt ein Element am Ende auch den ihm zugedachten Zweck.

Nach dieser linearen Denkweise (lineare Kausal-Logik) werden meist auch Verfahrensentwicklungen gestrickt. Die Aufgaben werden nacheinander mit denen ihnen zugewiesenen Zielsetzungen abgearbeitet (Abb. 3.1). Zwischen den einzelnen Schritten existieren lediglich Übergabestellen, sogenannte Schnittstellen, und wenn man glaubt, diese in Einklang gebracht zu haben, so ist das Werk vollbracht.

In Wirklichkeit kann dabei im einzelnen Schritt im günstigsten Fall nur ein Suboptimum zustande kommen, denn es fehlen sämtliche Informationen für die Schritte davor, damit die Eingangsbedingungen günstiger werden können, es fehlen Rückkopplungen und Quervernetzungen. Auch oder gerade bei der Verfahrensentwicklung ist eine kybernetische Denkweise angebracht, ja zwingende Voraussetzung (Abb. 3.2). Das wirkliche Optimum lässt sich nur erreichen, wenn alle Randbedingungen (Belange, Anforderungen) an den Ort der Einflussnahme und Rückkopplung immer wieder reflektiert werden.

In Abb. 3.2 sind alle für eine Verfahrensentwicklung im Bereich der Biotechnologie erforderlichen Aufgaben zusammengestellt.

In Tab. 3.1 sind die wichtigen Projektbestandteile, die während der Entwicklung eines biotechnologischen Verfahrens abgearbeitet werden müssen, aufgelistet. Es zeigt sich, dass viele Aufgaben zu einem Zeitpunkt in Angriff genommen werden müssen, zu dem man bei linearer Denkweise nicht im Entferntesten daran denken würde. Auch wenn diese Aufgaben anfangs oft noch nicht in ihrer endgültigen

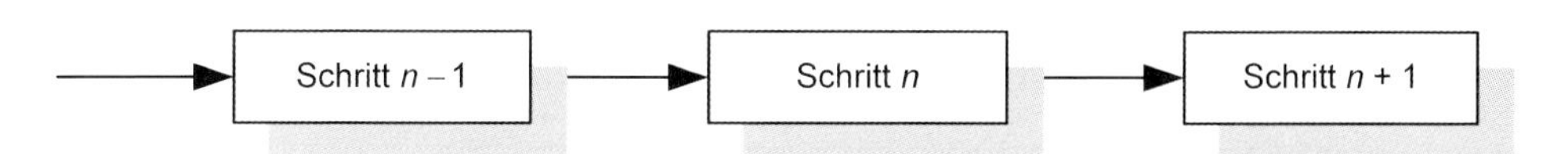

Abb. 3.1 Lineare Kausal-Logik. Schritt für Schritt wird abgearbeitet, ohne jegliche Vorausschau oder Rückmeldung.

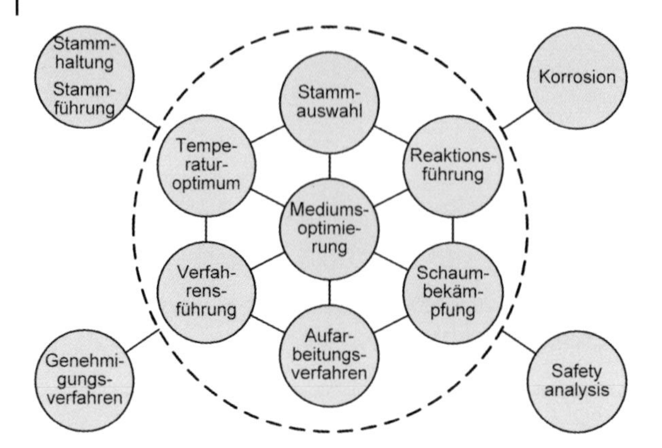

Abb. 3.2 Kybernetische Verbindung von Handlungen als Voraussetzung für die „wahre" Optimierung eines Prozesses. Dazu gehören Scale-up- und vor allem auch vorausschauende Scale-down-Betrachtungen.

Tabelle 3.1 Mosaik der Bioverfahrensentwicklung im Raster der Zeit: Die vielen Aufgaben müssen auch zur richtigen Zeit in Angriff genommen werden, um die erforderliche Rückmeldung für andere Ausarbeitungsschritte geben zu können. Die römischen Ziffern bedeuten Zeiträume, z. B. Jahre, bzw. Bruchteile oder Mehrfaches davon.

Aufgabe/Zeitachse →	I	II	III	IV	V
Stammhaltung/-führung (MCB, WCB)					
Stammentwicklung (Screening)					
Substratauswahl/Alternativen					
Mediumsoptimierung (Versuchsplanung)					
Reaktionsbedingungen (T, p, c_i) (Optimierung)					
Schaumbekämpfung (Strategie)					
Reaktionsführung (Design des Prozesses)					
Modellierung der Reaktion (Kinetikauswahl)					
Aufarbeitungsschema					
Sterilisationsverfahren (Hitze, batch, kontinuierlich)					
Sterilisationsbedingungen (S, M%)					
Reaktorauswahl (Kriterienanalyse)					
Produktqualität, -reinheit, Anforderungen (Haltbarkeit, Beständigkeit)					
GMP-Erfordernisse (Zertifikation)					
Biologische Sicherheit (Einstufung nach GenTG)					
Sicherheitsanalysen					
Werkstoffprüfungen (Korrosion)					
Wirtschaftlichkeit (Studie, Kostenstruktur)					
Sensitivität (MO, p, Θ, ΔT Deborah)					

Fassung vorliegen, so ist es dennoch notwendig, sie immer wieder zu gegebenem frühem Zeitpunkt zu überdenken. Das gerade macht die kybernetische Verfahrensentwicklung aus.

3.1 Verknüpfung aller Aufgabengebiete

Traditionell stehen zu Beginn der Verfahrensentwicklung zunächst im Wesentlichen folgende grundsätzlichen Fragen:

- Welches Synthesepotenzial ist gesucht?
- Woher bekommt man Stämme mit dem gewünschten Synthesepotenzial? Aus der eigenen Stammsammlung, aus einer Stammbank oder aus einem Biotop?
- Welches biologisches System soll Verwendung finden?
- Welche Syntheseleistung wird angestrebt?
- Wie ist die angestrebte Syntheseleistung zu definieren?
- Welche Anforderungen sind an die Endproduktreinheit zu stellen?

Die Frage nach der Art des Synthesepotenzials kann schnell beantwortet werden, es wird vom Produkt, das erzeugt werden soll, vorgegeben. Danach werden Basisstämme ausgewählt. Diese Stämme habe in der Regel keineswegs ein ausreichend ausgebildetes Potenzial.

Im Zentrum der Betrachtung steht also zunächst verständlicherweise der Ort der Stoffumwandlung, die Reaktion (Kapitel 6), denn die günstigste Umsetzung dürfte zunächst auch die besten Voraussetzungen für eine wirtschaftliche Produktbildung bieten.

Allerdings wird die Konzentration allein auf diesen Aspekt kaum zu einem optimalen Prozess führen, denn eine reproduzierbare Reaktion kann nur erfolgen, wenn auch reproduzierbare Startbedingungen geschaffen werden, d. h. alle vorangestellten Schritte müssen in sich konsequent reproduzierbar ablaufen.

Es ist einleuchtend, dass der Stammpflege vom Beginn der Verfahrensentwicklung bis zum Ende und auch während der gesamten Produktionsdauer höchste Aufmerksamkeit gewidmet werden muss. Der Stamm ist das eigentliche Kapital, seine Fähigkeiten lösen die Verfahrensentwicklung aus, er ist der Katalysator für die Stoffumwandlung bzw. -gewinnung. Diese Fähigkeiten sind im Laufe der Stammentwicklung herausgebildet worden und stellen evolutionär gesehen für das genutzte Individuum keinen besonderen Vorteil dar. Es muss also ständig danach getrachtet werden, dass diese herausgebildeten Eigenschaften und Fähigkeiten erhalten bleiben, denn es gibt nichts Schlimmeres für einen biotechnologischen Prozess, als die Situation, dass der Produktionsstamm seinen „Dienst quittiert" (Abschnitt 2.2). Deshalb ist der Stammpflege und -weiterentwicklung während der gesamten Produktionsära höchste Priorität einzuräumen.

Wie eben erwähnt, steht die Stammentwicklung zur Gewinnung eines geeigneten Produktionsstammes an oberster und vorderster Stelle. Dabei wird klassisch nach der Methode „Mutation und Selektion“ verfahren, d. h. es werden fähige Kulturen zunächst zu einer Mutation bewegt, um dann die neuen genetischen Merkmale unter den gewünschten Produktionsbedingungen erneut zu untersuchen und verbesserte Merkmale zu finden (Abschnitt 2.2). Im Grunde genommen entspricht dies einer Zeitrafferevolution in einem Subbiotop.

Zu den modernen Werkzeugen, die zur Gewinnung von Hochleistungsstämmen beitragen, zählt die Molekularbiologie bzw. die Gentechnologie (Abschnitt 2.3). Mit dieser Technologie ist man in der Lage, geeignete Wirtsstämme, die sicher kultiviert werden können, mit genetischer Information zu versehen und sie so in die Lage zu versetzen, Substanzen zu synthetisieren, die von wirtschaftlichem Interesse sind. Aber auch in diesem Fall ist es von entscheidender Bedeutung, dass die neu erzeugte genetische Fähigkeit stabilisiert wird, es ist also auch hier die Stammhaltung sehr wichtig.

Oft möchte man der Versuchung unterliegen, einmal in einem Screeningverfahren gewonnenen (gefundenen) Stämme bei der nachfolgend beginnenden Verfahrensentwicklung ein Substrat zu mischen, das sie zu besonderen „Höchstleistungen“ anspornt. Aber an dieser Stelle sei nochmals erwähnt, dass für viele, vor allem klassische, biotechnologische Prozesse die Substratkosten bei der Herstellung eine dominierende Rolle spielen (Abschnitte 9.1.2 und 10.3.3.8). Aus dieser Sicht empfiehlt es sich in den meisten Fällen, beim Screening das klassische Evolutionsverfahren von vorneherein anzuwenden, indem den Stämmen ein wirtschaftlich vertretbares Medium vorgesetzt wird, aus dem der beste Stamm gefunden werden muss. Die „Reversevolution“ wäre demnach ein Verfahren, wo für einen unter suboptimalen Bedingungen gefundenen Produktionsstamm dessen „Lieblingsspeise“ gesucht wird. Das wäre sicherlich in den meisten Fällen die aus wirtschaftlicher Sicht ungünstigste Variante.

Der nächste Schritt in Tab. 3.1 wäre die Mediumsoptimierung. Wie schon oft erwähnt, kann das nicht der nächste Schritt sein. Vielmehr muss daran im Zusammenhang mit dem Screeningverfahren gearbeitet werden. Sicherlich wird es aber auch so sein, dass die physikalischen Bedingungen, die in den für ein Screeningprogramm infrage kommenden Reaktionsgefäßen herrschen, selten mit den Bedingungen, wie sie in Produktionsreaktoren vorliegen, in Einklang zu bringen sind (Kapitel 4). Es empfiehlt sich also, zu gegebener, früher Zeit den ein oder anderen erfolgversprechenden Stamm in einem Bioreaktor im Maßstab von mindestens 10, besser 100 Litern zu testen (Abschnitt 2.7.3), denn nur so kann erkannt werden, ob die ausgewählten Stämme auch Scale-up-fähig sind und das bis dato gefundene Medium auch im Bioreaktor funktioniert. Es sollte aber an dieser Stelle schon ein Reaktortyp sein, der als Produktionsfermenter infrage kommt. Außerdem sollten physikalisch bedingte Einflüsse auf eine biochemische Reaktion, wie die Mischzeit, den Stofftransport und u. U. auch die mechanische Belastbarkeit beurteilt werden können (Abschnitt 2.7.6).

Die Reaktionsbedingungen führen meist auch zur geeigneten Reaktionsführung. Unter den Bedingungen werden die physikalischen Parameter Temperatur, Druck, Konzentrationen verschiedener Substanzen inklusive des Sauerstoffgehaltes und des pH-Wertes verstanden, während zur Reaktionsführung die Art und

Weise, wie ein Reaktor betrieben wird, nämlich batchweise, fed-batchweise oder kontinuierlich, gehört (Abschnitt 2.7.4). Man sieht gerade hier schon, wie vernetzend alle Parameter zusammenstehen. Die Mediumsoptimierung ist ein wichtiger Bestandteil der Wirtschaftlichkeit und gleichzeitig beeinflusst sie die Reaktionsbedingungen sowie die Reaktionsführung. Am Ende dieser kybernetischen Optimierung steht noch die Frage nach der Schaumbekämpfung, sofern sie eine wichtige Rolle spielt. Sollte allerdings die Schaumproblematik in den Mittelpunkt rücken, weil kaum zu beherrschen, dann wird dieser Sachverhalt wiederum rückwirkend die Substratauswahl, die Mediumsoptimierung und u. U. sogar die Stammentwicklung beeinflussen, denn ein Prozess, der ein unlösbares Schaumproblem hat, kann nicht betrieben werden. Das Schaumproblem wächst mit der Maßstabsvergrößerung, d. h. auch in diesem Fall wird man das wirkliche Ausmaß des Problems erst in einem größeren Reaktor allmählich erkennen. Umso wichtiger ist es immer wieder, gelegentliche Tests in einem 100-l-Bioreaktor zu fahren.

Wenn man diese kybernetische Vorgehensweise konsequent durchhalten möchte, so ergeben sich daraus kaum überschaubare Versuchsmatrizes, die in einen endlos geratenden Entwicklungszeitraum führen würde. Deshalb ist ein solcher Entwicklungsprozess nur mit modernen Hilfsmitteln wirklich konsequent durchzuführen. Dazu gehört neben den in Abschnitt 2.7.2 vorgestellten Hilfen zur Versuchsplanung auch die Modellierung (Kapitel 6). Ein harmonischer Abgleich zwischen Versuchen, Modellen und Modellierung enthält die Möglichkeit, die Verfahrensentwicklung möglichst effektiv zu gestalten.

Zusammen mit der Biochemie ist es die Aufgabe der Aufarbeitung, schon zu Beginn der Verfahrensentwicklung erste Strategien zu entwickeln. Es macht wenig Sinn, wenn eine wunderbare Fermentation, an deren Ende sich das gewünschte Produkt in einer sehr komplexen Brühe befindet, nur schwer oder überhaupt nicht aufgearbeitet werden kann. Für die Aufarbeitungsverfahren ist es auch sehr problematisch, wenn der Prozess keine Stabilität in der Zusammensetzung der Brühe garantiert. Vor allem macht sich da z. B. die Verwendung von Antischaummitteln im Zusammenhang mit dem Einsatz von Membranprozessen bemerkbar, was wiederum der Schaumbekämpfung großes Gewicht verleiht.

Die allermeisten biotechnologischen Reaktionen und sogar Prozesse müssen unter fremdkeimfreien Bedingungen betrieben werden (Kapitel 5). Dazu ist es erforderlich, geeignete Sterilisationsverfahren auszuwählen. Wie ausführlich in Kapitel 5 beschrieben, wird meist feuchte Hitze angewandt. In diesem Fall ist es für die Verfahrensentwicklung biotechnologischer Prozesse sehr wichtig, den späteren Produktionsmaßstab zu kennen, denn von den dort möglichen Sterilisationsbedingungen können über eine Scale-down-Betrachtung die sinnvollen Sterilisationsbedingungen für den Entwicklungsmaßstab (Labor) abgeleitet werden. Weniger effektiv ist es, wenn im Entwicklungsmaßstab Bedingungen angewandt werden, die zu besten Ergebnissen führen, aber nicht in den Produktionsmaßstab übertragen werden können. Also muss man des Öfteren im Entwicklungsmaßstab unterhalb des dort möglichen Optimums arbeiten, damit das Ergebnis auch übertragen werden kann (Abschnitt 2.7.3).

Die Reaktorauswahl begleitet die Verfahrensentwicklung während der gesamten Zeit. Voraussetzung ist in jedem Fall, dass im Entwicklungsmaßstab Reaktoren verwendet werden, die auch vergrößerbar sind (Abschnitt 2.7.3). Ansonsten muss 1:1 vergrößert werden, d. h. das Produktionsvolumen wird durch eine Vielzahl von Kleinreaktoren erreicht. Das ist allerdings nur in den wenigsten Fällen eine machbare und wirtschaftliche Lösung. Ein weiterer Aspekt ist in diesem Zusammenhang die Frage nach der Sensitivität der Mikroorganismen, der Produktionsstämme, hinsichtlich Druckbelastbarkeit als Funktion der Zeit (Flüssigkeitssäule und Kopfraumdruck), Scherbelastbarkeit und Belastbarkeit bezüglich Temperaturschwankungen, z. B. zwischen Reaktorinnenraum und Reaktorwand.

Die Frage nach der Produktqualität bzw. der Produktreinheit muss ebenfalls schon gleich zu Beginn der Verfahrensentwicklung definiert und später immer wieder hinterfragt werden, um eventuell Korrekturen einführen zu können. Die daraus abgeleiteten notwendigen Anforderungen fließen in den Aufgabenbereich der Aufarbeitung ein (Abschnitt 2.7 und Kapitel 7).

Als scheinbar aufschiebbare Aufgaben werden irrtümlich immer wieder Fragestellungen angesehen, die mit der Genehmigung von Produktionsanlagen zusammenhängen. Das kann allerdings erneut zu einem Bumerang werden, denn Verfahrensentwicklungen, die bezüglich wichtiger Auflagen, seien sie aus dem Bereich des GMP (Good Manufacturing Practice), des Gentechnikgesetzes, der Entsorgung (Abfall, Abluft, Abwasser) und der Sicherheit als Ganzes, in eine falsche Richtung liefen, sind oft nicht mehr umkehrbar und der dadurch verlorene Aufwand an Kapital und Zeit schmerzt umso mehr, da er vermeidbar gewesen wäre. Das ungewöhnliche Wort des „Behördenengineerings“ [1] ist hier sicherlich angebracht, was nicht anderes bedeuten soll, als dass die Verfahrensentwickler sich rechtzeitig mit den Randbedingungen für eine Genehmigung eines Produktionsprozesses beschäftigen müssen bzw. sich über sie informieren sollten (Abschnitt 3.5). Die dafür erforderlichen Fragestellungen sind:

- Welcher Gruppe ist das Produkt zuzuordnen?
- Welche Behörde(n) ist(sind) für die Genehmigung zuständig?
- Ist eine Einstufung in eine biologische Sicherheitsstufe erforderlich?

Für die Frage nach der allgemeinen Sicherheit ist sicherlich eine mehrgestaffelte Sicherheitsanalyse ratsam (Kapitel 8). Mehrgestaffelt deshalb, weil damit der Aufwand minimiert werden kann, wenn nach einer frühen Stufe erkannt wird, dass die nachfolgenden Stufen aus Gründen nicht gegebener Gefahren vermieden werden können.

Die Fragen zu den Stoffeigenschaften der Apparaturen und deren Beständigkeit wird sich sehr früh stellen und durch den gesamten Entwicklungsprozess ziehen. Dasselbe muss für die Wirtschaftlichkeitsbetrachtung angeführt werden, denn mittels Short-cut-Methoden durchgeführte Kalkulationen mögen zu Beginn einer Verfahrensentwicklung zwar unscharf sein, werden aber in jedem Fall ein Abbild der Kostenstruktur vermitteln können, das wiederum helfen kann, die Schwerpunkte bei der Verfahrensentwicklung zu früher Zeit sicherer zu setzen (Kapitel 9).

Nach all diesen Betrachtungen ist es eigentlich unverzeihlich, wenn jede Arbeitsgruppe, die an einer Verfahrensentwicklung beteiligt ist, für sich alleine ein Suboptimum anstrebt und dabei lediglich mit einer einzigen Vorgabe, der Schnittstelle, ausgerüstet ist. Es lässt sich leicht einsehen, dass solche Konstellationen nicht als effektiv betrachtet werden können.

3.2 Logistik

Die Logistik ist für die mögliche und damit störungsfreie Bewegung der Stoffströme außerhalb der Anlage bis hin zur Lagerhaltung und von der Lagerung der Produkte bis zum Abtransport zu Kunden verantwortlich. Neben den möglichen Transportmitteln und -wegen sind vor allem auch die Verfügbarkeit sowie die Gebindegrößen zu ermitteln und mittel- bis langfristig abzusichern. Aus der Verfügbarkeit und den kürzesten abgesicherten Lieferzyklen ergeben sich auch die Randbedingungen für die Tanklagerkonzeption sowohl für die Edukte als auch für die Produkte.

Hat man sich einen Überblick über den Gesamtprozess verschafft, dann empfiehlt es sich im frühen Entwicklungsstadium, auch wenn Vieles noch vorläufig und viele Frage noch offen sind, sich schon Gedanken zur Logistik zu machen. Ohne die Sicherheit (zumindest die Möglichkeit), dass sämtliche Stoffströme zum und vom Prozess bewerkstelligt werden können und ob einzelne Stoffe überhaupt in ausreichender Menge zur Verfügung stehen (auf dem Markt erhältlich sind), haftet der Prozessentwicklung ein hohes Risiko an.

Wollte man z. B. in Mitteleuropa, speziell in Deutschland, einen Prozess zur biotechnologischen Herstellung von Industriealkohol [2] etablieren, dann müsste man von vorneherein von einer Jahresmenge von bis zu 100 000 t ausgehen, um in einen wirtschaftlichen Bereich kommen zu können. Eine solche Menge bedarf aber auch einer entsprechenden Menge an Einsatzstoffen, in diesem Fall wären das 200 000 t Glucose im Jahr, die von Hefen in das gewünschte Produkt umgewandelt werden kann. Kristalline Glucose einzusetzen ist in diesem Fall (Standort) sicherlich ausgeschlossen. Dasselbe trifft für hochkonzentrierten Glucosesirup zu (Kapitel 5). Es muss eine andere billigere Quelle sein, also Abfälle. Diese wiederum enthalten, abgesehen von Molke, keine Monosaccharide sondern Polysaccharide wie Stärke oder Cellulose. In diesem Fall würde man in der betrachteten Region sofort an Holzabfälle (Späne, Mehl) denken, weil sehr viel dieser Abfälle anfallen. Doch die Logistik, das Sammeln und der Transport dieser Einsatzstoffe zu einer gedachten Anlage, gestaltet sich so aufwendig, dass eine solche Anlage nie in der Lage wäre, wirtschaftlich Industriealkohol herstellen zu können (Kapitel 10).

In Brauereien und Weinkellereien fallen große Mengen an Abfallhefe an, die für viele biotechnologische Verfahren als Einsatzstoff verwendet werden könnten. Dabei darf aber nicht vergessen werden, dass damit viel Wasser transportiert werden muss, und nur in Einzelfällen wird es sich rechen, eine Aufkonzentrierung vorzunehmen (Kapitel 5 und 7). Andererseits muss eingestanden werden, dass solche Abfälle immer schwieriger zu entsorgen sind und so manche „Sonderangebote" zu verzeichnen sind. Das trifft in gleichem Maße auch für Molke und Melasse zu (Kapitel 10). Solche Angebote müssen allerdings weltweit erkundet werden, um stets den günstigsten Einkauf vorzeigen zu können. Der Moment, in dem die Order getätigt werden soll, ist nicht genau vorhersagbar. Das bedeutet, dass die Lagerhaltung entsprechend dieser Randbedingungen konzipiert werden muss, damit man im Fall eines günstigen Angebotes auch schnell reagieren kann, denn auf einen Monopolisten als Lieferanten kann man sich bestimmt nicht einlassen, das würde ein zu hohes Risiko für das Verfahren darstellen. Da helfen auch keine langjährigen Verträge, denn was danach geschieht, steht wiederum in den Sternen.

Es zeigt sich also, dass der Logistik eine wichtige Bedeutung zukommt, die in nicht wenigen Fällen ein Verfahren sogar als nicht umsetzbar ausweisen. Das macht wieder einmal sehr deutlich, dass in allen Phasen der Verfahrensentwicklung kybernetisch gedacht werden muss. Stets ist zu hinterfragen, welche Veränderungen und Maßnahmen anderer Verfahrensschritte in welcher Weise beeinflussen. Oberstes Ziel bleibt die Gesamtoptimierung eines Prozesses, was nur erreichbar ist, wenn alle Beteiligten Kenntnisse oder zumindest Teilkenntnisse voneinander haben.

Alle Aktivitäten, die zu neuen Substanzen führen und möglicherweise in die Umwelt entlassen werden, bedürfen der sorgfältigen Überprüfung, ob damit eventuell eine Störung des Gleichgewichts der Ökologie hervorgerufen werden kann. Sind diese Substanzen abbaubar? Bis zu welchen Konzentrationen? Ist eine verbleibende Konzentration eventuell bedenklich?

Diese Fragestellungen werden in sogenannten PEC/PNEC-Konzeptionen bearbeitet, d. h. es wird danach gefragt, welche Konzentration einer Substanz wahrscheinlich in der Umwelt verbleibt (PEC, *predicted environmental concentration*) und wie sich diese Konzentration zu einer wahrscheinlich nicht mehr schädlichen Konzentration (PNEC, *predicted non effective concentration*) verhält. Wird ein Verhältnis, das kleiner als eins ist, gefunden, so kann davon ausgegangen werden, dass keine Bedenken bestehen [3].

3.3
Einfluss auf die Ökologie

Der ökologische Aspekt, im Zusammenhang mit biotechnologischen Prozessen und damit der Rückstandsbeseitigung, muss unter zwei Gesichtspunkten beleuchtet werden. Zum einen ist der ökologische Aspekt als solches zu beachten und zum anderen der bakterielle Aspekt.

3.3.1
Bakterieller Aspekt

Das Arbeiten nach den Regeln guter mikrobieller Praxis sorgt von vorneherein für sehr kontrollierte Abläufe in Laboratorien und Produktionsanlagen, dort vor allem in Fermentern. Sämtliche Abgänge und Auslässe sind so aufgebaut, dass im Zuge regulärer Arbeiten „keine" Bakterien (Keime) nach außen, d. h. in die Umwelt gelangen können. Die absolute Aussage „keine" muss so verstanden werden, dass die wenigen Keime, die trotz aller Absicherungen dennoch im Zuge der normalen Produktweiterverarbeitung oder über Gasauslässe unkontrolliert in die Umwelt gelangen könnten, im Sinne hygienischer Überlegungen bedeutungslos sind.

Die Möglichkeit, dass wenige Keime im Normalbetrieb in die Umwelt geraten könnten, ist vom wissenschaftlichen Standpunkt nicht auszuschließen. Für den Wissenschaftler gibt es die Zahl „Null" nicht, und sie wird auch nie nachweisbar sein. Ein Austreten kleinster Mengen Mikroorganismen kann durch nicht mehr detektierbare Leckagen im Mikrometerbereich theoretisch geschehen [4].

Dichtigkeit im absoluten Sinne ist nicht erreichbar. Deshalb muss mit fachlichem und sachlichem Verstand eine technisch erreichbare Dichtigkeit definiert werden. Für eine Gasdichtigkeit wird vom DGMK-Arbeitskreis empfohlen, technische Apparate als dicht anzusehen, wenn deren Masseverlust an Stickstoff während eines Drucktestes kleiner als 0,01 g pro laufendem Meter Dichtlänge und Stunde ist. Hinter dieser nackten Zahl verbirgt sich ein hoher technischer Anspruch [4].

Wie lässt sich eine ähnliche Definition für Bioreaktoren bzw. Biotechnologieanlagen finden, in denen es weniger auf die Gasdichtigkeit ankommt, als vielmehr auf „Bakteriendichtigkeit"?

Nimmt man als Beispiel einen 300-l-Fermenter und schreibt einen Drucktest vor, der folgende Randbedingungen einhalten muss:

- Anfangsdruck des Testes: 1500 mbar
- Temperatur des Testes: Raumtemperatur
- Dauer des Testes: 1 h
- zulässiger Druckabfall: 10 mbar

Dann ergibt sich folgender Sachverhalt: Über die allgemeine Gasgleichung kann man den mittleren Volumenstrom während dieses Drucktests ermitteln:

$$\dot{V} = \frac{V \cdot (p_1 - p_2) \cdot M}{R \cdot T \cdot \rho \cdot t} \qquad \text{(Gleichung 3.1)}$$

Setzt man die Werte ein, dann erhält man für den mittleren Volumenstrom

$$\dot{V} = 7{,}5 \cdot 10^{-7} \mathrm{m}^3/\mathrm{s}$$

Die Geschwindigkeit, mit der das Gas ausströmt, lässt sich mit der Beziehung

$$\Delta p = \xi \cdot \rho \cdot \frac{w^2}{2} \qquad \text{(Gleichung 3.2)}$$

abschätzen. Mit einem Widerstandsbeiwert von etwa $\xi = 1{,}0$ für die Ausströmöffnung erhält man eine abgeschätzte Strömungsgeschwindigkeit von etwa $w = 500$ m/s.

Stellt man die hypothetische Annahme, dass im ungünstigsten Fall die aufgetretene „Leckage“ durch ein einziges „Loch“ stattgefunden hat, dann errechnet sich der Durchmesser dieses „Lochs“ zu:

$$D \approx \left(\frac{4 \cdot \dot{V}}{\pi \cdot w}\right)^{0,5} = 43\mu\text{m} \qquad \text{(Gleichung 3.3)}$$

und durch ein so „großes Loch“ kann sehr wohl das ein oder andere Bakterium entweichen!

In Wirklichkeit jedoch wird ein Druckabfall von etwa 10 mbar nie nur durch eine einzige Undichtigkeit verursacht, sondern in jedem Fall durch die Summe der Gasdiffusion durch die Mikroporen in den Dichtmaterialien. Immerhin besitzt der im Beispiel angesprochene 300-l-Fermenter eine Gesamtdichtlänge von zweimal 6592 mm, also mehr als 12 m.

Wenn man aber versucht, Keime, die eigentlich in einem Fermenter Stoffumsetzungen durchführen sollen und sehr wahrscheinlich auch wollen, außerhalb einer Fermentationsanlage zu suchen, dann wird man sich bei Anlagen, die dem Stand der Technik entsprechen, sehr schwertun, je einen Keim zu finden [5].

Um diese Aussage zu bekräftigen bzw. zu verifizieren, wurden verschiedene Untersuchen durchgeführt. Es wurden das sterilfiltrierte Abgas eines Fermenters überprüft, die Raumluft und auch die Deckeldichtung an einem Fermenter.

Zum Zwecke der Sterilfilterüberprüfung wurde die sterilfiltrierte Abluft eines Fermenters in das sterile Medium eines zweiten Fermenters geleitet. Die Fermentation im ersten Fermenter wurde einige Tage betrieben und nach Abbruch der Fermentation wurde der Kontrollfermenter noch zwei Tage nachinkubiert. Diese Versuche wurden schon mehrfach durchgeführt. Es konnte in keinem Fall je ein Keim im Kontrollfermenter nachgewiesen werden. Das führt zu der Aussage, dass intakte Sterilmembranfilter ein absolutes Keimrückhaltevermögen besitzen.

Aber dennoch muss festgehalten werden, dass sich unter dem Mikroskop auch Membranfilter als „Tiefenfilter“ entpuppen, auch wenn ihre Porenstruktur doch wesentlich einheitlicher ist. Diese einheitlichere Struktur mag vielleicht verantwortlich sein für die hohe Zuverlässigkeit.

Um eventuell während der Fermentation freigesetzte Mikroorganismen zu erfassen, wurden über längere Zeiträume Raumluftmessungen um einen Produktionsfermenter durchgeführt. Die Messung erfolgte mit einem Gerät, das ein definiertes Volumen Raumluft durch sterile Gelatinefilter zieht. Diese Gelatinefilter werden dann auf ein Nährmedium aufgelegt und bei der optimalen Temperatur ein bis zwei Tage inkubiert. Es wurden dabei zwar ständig Keime gefunden (überwiegend Schimmelpilze), aber der Mikroorganismus aus dem Fermenter war in keinem Fall dabei.

Die Überprüfung der Fermenterdeckeldichtung ergab ebenfalls einen negativen Befund, d. h. es wurde nie ein Bakterium aus dem Fermenter gefunden [5, 6].

Wenn nun aber dennoch durch eine Störung in der Integrität des physikalischen Containments größere Keimzahlen in die Umwelt gelangen können, welche ökologische Auswirkung könnte das dann haben?

Zunächst muss festgestellt werden, dass eine ökologische Auswirkung durch in die Umwelt gelangte Mikroorganismen nur dann denkbar wäre, wenn in der Umwelt eine ökologische Nische für diese Zellen bereitstünde oder aber sich diese Zellen gegen die etablierte Konkurrenz durchsetzen können oder durch die neuen Substanzen neue ökologische Nischen geschaffen werden. Das aber ist alles sehr unwahrscheinlich. Da die Konkurrenzzellen sich im Laufe der Evolution optimal an die Gegebenheiten ihres Biotops angepasst haben, hat ein freigesetzter Mikroorganismus keine Überlebenschance, da seine ökologische Nische die künstlichen Bedingungen im Bioreaktor sind. Zusätzlich muss noch erwähnt werden, dass in der Umwelt nahezu nur oligotrophe Bedingungen vorzufinden sind, die einem Produktionsstamm völlig fremd sind. Oligotroph ist die Bezeichnung für geringproduktive Lebensformen, z. B. nährstoffarme, stehende Gewässer und humusarme, magere Böden. Oligotrophe Böden werden nur von wenigen, meist anspruchslosen Arten besiedelt. Die Produktion an organischen Substanzen ist sehr viel kleiner als in eutrophen Biotopen, wie sie in allen industriellen mikrobiologischen Fermentationssystemen vorliegen.

Obwohl die industriellen Mikroorganismen ihre „ökologische Nische" in einem Bioreaktor haben, muss man große Anstrengungen unternehmen, keine Fremdkeime in den Bioreaktor gelangen zu lassen, denn in den meisten Fällen wird der eingedrungene Wildstamm das Rennen machen. Das bedeutet aber dann auch, dass ohne den Schutz, den der Operator für sie aufbaut, Hochleistungsstämme sehr hilflos wären.

Kann dennoch das Abbauverhalten einer Kläranlage durch das Austreten von Mikroorganismen aus biotechnologischen Anlagen verändert werden?

Auch diese Frage lässt sich nur unter Berücksichtigung der spezifischen Parameter Volumen, Produkte und selbstverständlich der verwendeten Mikroorganismen beantworten.

Diese Parameter stehen zudem in engem Zusammenhang mit der Größe und Stabilität der nachgeschalteten Kläranlage. Ein 200-l-*Escherichia-coli*-Ansatz in einer 100 000 m^3 großen Kläranlage wird absolut keine Veränderung bewirken können. Diese Erfahrung ist durch die Klärleistung in kommunalen Kläranlagen, die täglich mehrere Tonnen menschlicher Fäkalien störungsfrei abbauen, gewonnen worden.

Es gibt Indizien dafür, dass selbst pathogene Mikroorganismen keine messbaren Veränderungen im Artengefüge einer Kläranlage bewirken: Über die Fäkalienabläufe gelangen täglich auch pathogene Mikroorganismen in die kommunalen Kläranlagen. Dennoch ist bis heute kein Fall bekannt, wo sich solche Organismen selbst oder solche, die deren Erbgut übernommen haben könnten, hätten durchsetzen können.

Industrielle Abwasserabläufe bieten für Mikroorganismen, oder insgesamt für aktives biologisches Material, noch wesentlich ungünstigere Vermehrungs- bzw. Überlebensmöglichkeiten, da sie vom Milieu her (z. B. pH 2) eine äußerst selten akzeptierte ökologische Nische anbieten.

Die sicherste Aussage lässt sich natürlich treffen, wenn man für den Einzelfall, d. h. für jeden verwendeten Mikroorganismus, Untersuchungen anstellt, wie er sich in der Umgebung verhält. Diese Fragestellungen wurden intensiv untersucht [5].

Für eine *Escherichia-coli*-Kultur wurden solche Untersuchungen zur Überlebensfähigkeit auf sterilem Glas, steriler Gartenerde, sterilem Metall, sterilem Kunststoff und sterilen Keramikfliesen durchgeführt. Dabei hat sich gezeigt, dass diese Zellen ohne Konkurrenzdruck u. U. eine gewisse Zeit überleben können. In keinem Fall aber waren sie vermehrungsfähig. Auf Glas war bereits nach acht Tagen kein Keim mehr nachzuweisen. In allen anderen Fällen waren nach 15 Tagen mindestens 99,999 % der Keime irreversibel inaktiv [5].

3.3.2
Stoffaspekte

Die Einsatzstoffe oder auch Fütterungssubstrate in biotechnologischen Verfahren sind ökologisch gesehen überwiegend unproblematisch. Hierbei ist, wie bei allen Stoffen, nur der Aspekt der Konzentrationsverschiebung zu berücksichtigen, der sehr wohl Beeinträchtigungen von Ökologiesystemen bewirken kann (Tab. 3.2).

Ähnliches gilt auch für die Produkte, wobei hierbei im Einzelfall eine separate Betrachtung sinnvoll erscheint, da diese Substanzen wie alle Chemikalien zu behandeln sind. Biotechnologisch hergestellte Substanzen sind in jedem Fall

Tabelle 3.2 In der Biotechnologie eingesetzte Substrate [7].

Art	Substanzen
Kohlenhydrate	Hexosen
	Disaccharide
	Pentosen
Zuckersäuren	Gluconsäure
	2-Ketogluconsäure
	2,5-Diketogluconsäure
	2-Ketogulonsäure
C_2-Verbindungen	Acetat
	Glycoxylat
C_1-Verbindungen	Methan
	Alkohole
	Kohlendioxid
Kohlenwasserstoffe	Alkane
	Hexadecane
	Tetradecane
Stickstoffquellen	Ammonium
	Nitrit
	Harnstoff
	Luftstickstoff

Tabelle 3.3 Biotechnologische Produkte [7].

Produkte	Fortsetzung
Antibiotika	Impfstoffe
Vitamine	organische Säuren
Steroide	organische Lösungsmittel
Alkaloide	Enzyme
Aminosäure	Biomasseprodukte
Insektizide	Wachstumsfaktoren
Polysaccharide	

biologisch abbaubar (Tab. 3.3). Im Extremfall kann es dazu führen, dass dabei neben CO_2 eine große Schlammenge entsteht (BSB << CSB).

In keiner Gesellschaft dürfen Abwässer, egal welchen Ursprungs, aus privater oder industrieller Quelle, direkt in Vorfluter wie z. B. Flüsse oder Seen, geleitet werden. Die darin enthaltenen Stoffe können Quellen für die Entwicklung von Organismen sein, die sonst keine Gelegenheit hätten, sich durchzusetzen. Gewissermaßen werden auf diese Art und Weise Gleichgewichtsverschiebungen unterstützt.

Das könnte bei entsprechenden Mengen Mikroorganismenarten und auch Substanzen (Produkte) zur Beeinflussung der Ökologie führen, da diese Abläufe in der Regel eine hohe CSB-Belastung mitführen, die eben vom hohen Nährstoffbedarf industrieller Mikroorganismen herrühren (Tab. 3.4).

Ein Beispiel, dass Konzentrationsverschiebungen ständig Veränderungen in gewissen Subökologien bewirken, ist das Besiedeln des Rheins durch wirbellose Tierchen. Anfang 1900 wurden 180 verschiedene Arten dieser Tiere registriert. Durch die zunehmende Industrialisierung und das damit verbundene Einleiten von ungeklärten Abwässern in den Rhein veränderte sich die Zusammensetzung und verringerte sich vor allem die Gesamtzahl, sodass Anfang der 1970er-Jahre nur noch 20–30 verschiedene Arten anzutreffen waren. Dadurch, dass keine ungeklärten Abwässer mehr abgegeben werden, konnte sich dieses ökologische System wieder erholen und heute findet man im Rhein wieder 110–120 Arten, die

Tabelle 3.4 BSB-Belastungen von Abwässern aus biotechnologischen Prozessen [7] .

Herkunft	BSB_5 (in mg/l)
Haushaltsabwässer	bis 350
Mostvorklärtrub	bis 54 000
zerlegte Hefegeläger	bis 500 000
erster Trubabstich	bis 82 000
biotechnologische Abwässer	1000 bis 100 000

allerdings mit den Arten vom Anfang des Jahrhunderts im wesentlichen nicht übereinstimmen.

In der Betrachtung der Stoffaspekte genügt es nicht, alleine nur die Inhaltsstoffe, die über Abwässer und Abgase „still und leise“ in die Umwelt geraten können, einzubeziehen, sondern es müssen auch die angefallenen Feststoffe mit berücksichtigt werden. Wenn aber eine konsequente Feststoffentsorgungskette bis hin zur Deponierung von inertem Rückstand eingehalten wird, dann ist mit Sicherheit eine Einwirkung solcher Reststoffe auf die Ökologie auszuschließen. Unsicherheiten können nur dann entstehen, wenn es nicht möglich ist, die konsequente Entsorgungskette einzuhalten, und letztendlich Stoffe in die Umgebung gelangen, die zu Folgereaktionen führen.

Auf dem Weg bis hin zu problemlos zu lagernden inerten Stoffen ist allerdings darauf zu achten, dass in den verschiedensten Verfahrensschritten über Abgas und Abwasser keine Substanzen in die Umwelt gelangen, die ihrerseits wiederum eine Beeinflussung der Ökologie mit sich bringen. Diese Betrachtungsweise hat aber keinen speziellen Bezug zur Biotechnologie, sondern gilt für alle Bereiche.

Im Gegenteil: Bei Feststoffen aus der Biotechnologie ist festzuhalten, dass sie nach dem Sterilisieren ungefährlich sind, wenn diese Feststoffe organisches Material biotischen Ursprungs sind.

3.4
Ringschlüssel

Das Mosaik der Bioverfahrensentwicklung funktioniert nur dann, wenn es nicht linear, sondern kybernetisch abgearbeitet wird. Bei allen anstehenden Aufgaben ist stets zu fragen, welche anderen Schritte direkt, indirekt oder über mehrere Stufen hinweg betroffen sind. Voraussetzung dafür ist zumindest eine Teilkenntnis aller Beteiligten von den anderen Fachgebieten. Die Molekularbiologin und der Mikrobiologe sollten sich vor Augen führen, dass viel Arbeit unnütz geleistet wird, wenn eine Entwicklung außerhalb des Gesamtrahmens erfolgt. Erkennen lässt sich der festzulegende Rahmen allein im Team, wo alle Anforderungen eingebracht werden, die sämtliche Randbedingungen, beginnend von der Logistik bis hin zum Verkauf des Produktes, beinhaltet. Über allem wacht die Wirtschaftlichkeitsbetrachtung. Sie bestimmt die Schwerpunkte der Entwicklungsstrategien und muss sehr früh innerhalb der Verfahrensentwicklung eingesetzt werden. Es versteht sich von selbst, dass nicht zu einem sehr frühen Stadium der Verfahrensentwicklung wiederkehrend umfangreiche und kostenintensive Projektstudien durchgeführt werden können, um den roten Faden für die Entwicklungsstrategie vorzugeben. Vielmehr müssen zu diesem Zweck geeignete Short-cut-Methoden eingesetzt werden, die zumindest Sensitivitätsanalysen und Kostenstrukturen ermöglichen.

3.5 Behördenengineering: GMP-Richtlinien, Genehmigungsgrundlagen, Gesetze und Verordnungen

3.5.1 Allgemeine Informationen zu GMP

GMP – Good Manufacturing Practice – ist ein Begriff, der 1962 von der US-amerikanischen Food and Drug Administration (FDA) eingeführt wurde. Er steht synonym für eine Sammlung von Verhaltensmaßnahmen und Vorschriften, die bei der Herstellung und beim Umgang bestimmter Produkte (z. B. Arzneimittel, Lebensmittel, Kosmetika, Tierarzneimittel ...) beachtet und eingehalten werden müssen. Die Verpflichtung zur Einhaltung ergibt sich über das entsprechende Gesetz (z. B. Arzneimittelgesetz) oder über zwischenstaatliche Verträge (z. B. PIC, Pharmaceutical Inspection Convention, ein Vertrag zwischen ehemaligen EFTA-Staaten.)

Im EG-Leitfaden einer Guten Herstellungspraxis für Arzneimittel, heute hinterlegt in den „Rules Governing Medicinal Products in the European Union – Volume 4“, werden die Regeln der Guten Herstellungspraxis definiert als:

> „der Teil der Qualitätssicherung, der gewährleistet, dass Produkte gleichbleibend nach den Qualitätsstandards produziert und geprüft werden, die der vorgesehenen Verwendung entsprechen.“

Die Qualitätsstandards sind dabei nach anerkannten Analysenmethoden bestimmbare Kriterien.

Inhaltlich beschäftigen sich die GMP-Regeln mit allen Komponenten, die mit einem pharmazeutischen Herstellungsprozess in unmittelbarem Zusammenhang stehen. Hierzu zählen u.a.: Personal (Qualifikation, Ausbildung), Räumlichkeiten (Layout, Ausstattung, Reinigbarkeit), Ausrüstung (Auswahl, Design, Qualifizierung, Kalibrierung, Wartung), Betriebshygiene (Hygieneplan, -zonen, Reinigung), Dokumentation (Erstellung, Verwaltung, Verteilung), Herstellung (Produktionsablauf, -überwachung), Qualitätskontrolle (Eingangsstoffe, Inprozesskontrolle, Endanalytik), Lagerung (Quarantäne, Freigabeprozedere), Vertrieb (Lotnummern, Verpackung), Beanstandung und Mängel (Produktrückruf, Fehlersuche), Zurückgewiesenes Material (Handhabung, Dokumentation).

Bei der Anwendung der GMP-Regeln gibt es jedoch zwei wesentliche Schwierigkeiten:

- Es gibt nicht „die GMP-Regeln“, sondern eine Vielzahl von GMP-Regeln mit ergänzenden und weiterführenden Leitlinien. Ob und welche GMP-Regeln Anwendung finden, hängt wesentlich ab von der Art des Produktes (Fertigarzneimittel, Wirk- oder Hilfsstoff, Lebensmittel), der Darreichungsform (oral, parenteral), der Spezifikation (steril, keimarm, unsteril), dem Entwicklungsstand (Entwicklung, Produktion), dem Verfahrensschritt (kritisch, unkritisch) und dem Vertriebsort (USA, Europa, Japan). Erst wenn diese Faktoren geklärt sind, können die entsprechenden GMP-Regeln zugeordnet werden

- GMP-Regeln sagen grundsätzlich nur, was gemacht, bzw. eingehalten werden muss, nicht aber wie. So lautet die häufigste Forderung, dass etwas (z. B. die Anlage) so ausgeführt sein soll, dass jegliche Kreuzkontamination mit anderen Produkten oder Substanzen vermieden wird. Wie dies im Detail erreicht wird, hängt vom Erfahrungsschatz des jeweils Ausführenden ab. Dies hat gerade in der Vergangenheit zu vielen Diskussionen geführt, da bei den getroffenen Maßnahmen nicht selten überzogen wird. Es werden mittlerweile auch von verschiedenen Fachgremien und Industrieverbänden fortlaufend weitergehende Ausführungsbestimmungen herausgegeben, die aber aufgrund der Technologievielfalt immer nur begrenzt Antwort auf die Frage „Wie" geben können.

Fazit: GMP-Regeln müssen mit dem entsprechenden Sachverstand fallbezogen ausgewählt, interpretiert und umgesetzt werden, ein nicht einfaches Unterfangen.

3.5.2
Planung, Ausrüstung und Layouten eines Wirkstoffbetriebes unter Maßgabe der Anforderungskataloge

Um die Vorgehensweise einer Betriebsgenehmigung unter dem Aspekt des GMP-Gedankens besser überblicken zu können, soll ein Beispiel dienen [8].

Es soll ein neuer, „moderner" Wirkstoffbetrieb errichtet werden, der maximale Flexibilität hinsichtlich der apparativen Ausstattung und Betriebsweise bietet, der dem neuesten „Stand der Technik" entspricht, unter Einhaltung des vorgegebenen Kosten- und Zeitrahmens, und der natürlich alle aktuellen GMP-Anforderungen erfüllt, d. h. auch den eventuell anstehenden FDA-Inspektionen standhält.

So oder so ähnlich lautet die Aufgabe, die sich derzeit bei vielen Firmen, die Wirkstoffe produzieren, stellt. Neben den üblichen, die Abwicklung eines solchen Projektes betreffenden Schwierigkeiten, zeichnet sich ein ganz neues Problem ab: Die Frage, was unter „GMP-gerecht" zu verstehen ist, welches eigentlich die konkreten GMP-Anforderungen sind und wo diese explizit beschrieben werden.

Zunächst zu der Frage der GMP-Regeln. Hier wird man mit der Tatsache konfrontiert, dass es leider nicht „das GMP-Regelwerk", sondern eine nahezu unüberschaubare Anzahl von GMP-Regelwerken, Leitfäden, ergänzenden Leitlinien und Empfehlungen, herausgebracht von Behörden, nationalen und internationalen Fachverbänden und Organisationen, gibt. Die Auswahl der richtigen GMP-Regeln stellt sich daher als vorrangiges Problem. Welche GMP-Regeln wirklich anzuwenden sind, hängt ganz entscheidend von der Art des Produktes ab, d. h. ob ein Hilfs-, ein Wirkstoff oder gar das fertige Arzneimittel hergestellt wird, von den Spezifikationsanforderungen (z. B. steril oder unsteril), der späteren Darreichungsform und nicht zuletzt auch vom Bestimmungsort. Die Kenntnis der zutreffenden GMP-Regelwerke ist aber Grundvoraussetzung für deren inhaltliche Umsetzung.

Hat man das entsprechende Regelwerk gefunden, geht es im nächsten Schritt um die Realisierung. Bei der Suche nach konkreten, brauchbaren Anleitungen in verschiedenen GMP-Regelwerken wird man allerdings schnell enttäuscht. Formulierungen wie „... sollten der beabsichtigten Verwendung entsprechen ...“ oder „... sollten nicht zu Verunreinigungen beitragen ...“, sind keine Ausnahme, sondern eher die Regel. Problemunabhängige Interpretationen sind kaum möglich, d. h. GMP-Regeln sind sehr allgemein und offen formuliert. Ihr Inhalt lässt sich dabei grob auf zwei wesentliche Kernforderungen reduzieren: Vermeidung von Kreuzkontaminationen und gute und vollständige Dokumentation.

GMP-Regeln sagen also lediglich, was gemacht oder berücksichtigt werden muss, überlassen es jedoch dem Anwender, wie er die einzelnen Anforderungen insbesondere technisch umsetzt. Damit ist aber auch ein Interpretationsfreiraum gegeben, den es gilt, im Hinblick auf Nutzen und Aufwand sinnvoll auszuschöpfen.

Eine Hilfestellung für das weitere Vorgehen bieten hier die von der ISPE herausgegebenen „Baselines“. Sie empfehlen für die Projektverantwortlichen zunächst die folgende einleuchtende Vorgehensweise: Charakterisierung des am Ende des Prozesses stehenden Produktes, Durchführung einer Risikoanalyse mit Identifizierung kritischer Prozessschritte und -parameter und Festlegung der erforderlichen Schutzstufe. Am Ende verweist der Guide jedoch auf die *appropriate design guides*. Fazit: Die ISPE-Guides beschreiben schwerpunktmäßig die Vorgehensweise bei der Abwicklung eines solchen Projektes und nennt auch Faktoren, die das Design von Räumlichkeiten und Ausrüstung beeinflussen, gehen jedoch nicht detailliert auf Design-Kriterien ein.

Was Auswahl und Design von Anlagen und Anlagenkomponenten angeht, bleibt letztlich nur der Rückgriff auf altbekannte Technische Richtlinien und Normen, die allzu oft in Vergessenheit geraten oder nicht genügend genutzt werden. Darüber hinaus sind auch der gesunde Menschenverstand und der technische Sachverstand gefragt. So hängt die Antwort, ob ein Kugelhahn GMP-gerecht ist oder nicht, z. B. davon ab, welche Reinheitsanforderungen mit Blick auf das Produkt gestellt werden (hoch, niedrig), wie die Anlage betrieben wird (Vielzweckanlage oder Monoanlage), ob im zusammengebauten Zustand gereinigt wird oder ob die Anlage hierzu demontiert wird.

Zurückgehend auf die ursprüngliche Aufgabe und das damit verbundene Problem lassen sich jetzt folgende Antworten geben: GMP-gerecht heißt grundsätzlich anforderungsgerecht. Die speziellen Anforderungen ergeben sich dabei aus der Betrachtung des Prozesses in Kombination mit den spezifischen Produktanforderungen und werden hinsichtlich der Lösungsmöglichkeiten in den einschlägigen Normen und Richtlinien beschrieben, die allgemeinen Forderungen sind die GMP-Anforderungen und finden sich in den zugehörigen GMP-Regelwerken. Zusammenfassend ist also eine Vorgehensweise nach „Guter Ingenieur-Praxis“ verlangt.

3.5.3
Empfehlungen und Hilfestellungen zur Validierung

3.5.3.1 Begriffsdefinition und Zielsetzung

Die Validierung ist die dokumentierte Beweisführung bzw. die Summe aller Maßnahmen, die sicherstellen, dass ein hergestelltes Produkt bezüglich aller Sicherheits- und Qualitätsanforderungen zuverlässig und reproduzierbar hergestellt werden kann. Die Validierung beginnt bereits bei der Entwicklung eines Produktionsprozesses, indem die Effektivität jedes einzelnen Verfahrensschrittes aktenkundig unter Beweis zu stellen ist. Ferner umschließt die Validierung die Prüfung aller Roh- und Einsatzstoffe, die Qualifizierung aller Produktionsmittel einschließlich aller Gebäude und Räumlichkeiten, sowie die Validierung aller Kontrollverfahren.

Validierungsteam Ein Validierungsteam sollte aus Experten aller an einer Validierung beteiligten Disziplinen zusammengesetzt sein. Dazu gehören in der Regel Vertreter der Qualitätssicherungseinheit, der Ingenieurabteilung, der Produktion und gegebenenfalls anderer beteiligter Einheiten wie zum Beispiel Qualitätskontrolle, Informationsverarbeitung oder Mikrobiologie.

Vor dem Hintergrund der verschiedenen Entwicklungsphasen eines biotechnologischen Produktes kann im Bereich der Experimentalphase von einer Validierung abgesehen werden, wenngleich bereits hier die grundlegenden Arbeiten, wie beispielsweise solche in Zusammenhang mit der Stammhaltung, schon aus Eigeninteresse nach den Vorgaben späterer Entwicklungsphasen erfolgen sollen.

3.5.3.2 Qualifizierung

Unter dem Begriff Qualifizierung werden die dokumentierten Nachweise der ordnungsgemäßen Planung, der Installation und Funktion des technischen Equipments (Maschine, Anlage) zusammengefasst. Bei der Designqualifizierung (DQ, Design Qualification) wird sichergestellt, dass bereits in der Planungs- bzw. Designphase GMP-Aspekte berücksichtigt werden. Bei der Installationsqualifizierung (IQ, Installation Qualification) wird geprüft, ob alle Komponenten eines Gerätes vorhanden und ordnungsgemäß installiert sind. Bei der Funktionsqualifizierung (OQ, Operational Qualification) wird das Gerät in einem Probelauf betrieben und die ordnungsgemäße Funktion aller Aggregate und aller integralen und peripheren Komponenten überprüft. Im Rahmen der Leistungsqualifizierung (PQ, Performance Qualification) wird das Gerät unter Prozessbedingungen betrieben, um so die Funktionstüchtigkeit unter Prozessbedingungen zu dokumentieren.

3.5.3.3 Durchführung

Für die sensiblen Produktionsstämme muss ein Lagersystem (Stammhaltung) gefunden werden, das deren Stoffwechselleistungen auf Dauer garantiert. Geeignete Lagersysteme sind in Abschnitt 2.2 beschrieben (Master Cell Bank, MCB, oder Working Cell Bank, WCB). Im Einzelfall muss aber in der Verfahrensentwicklung geklärt werden, welche Methode die geeignetste ist. Unter diesem Aspekt ist auch die Zuverlässigkeit der Einrichtungen zu sehen, wie z. B. elektrische Kühleinrichtungen im Vergleich zu Flüssigstickstoff. Eine Qualifizierung von Lagerungssystemen beschränkt sich im Wesentlichen auf die Temperaturverteilung.

Der Weg der Produktionsstämme geht von der WCB über verschiedene Einrichtungen, wie Sicherheitswerkbank, Schüttelkolben, Autoklaven, Inkubationseinrichtungen (Schüttler) und Vorfermenter zum Produktionsreaktor. Alle diese Stufen müssen qualifiziert bzw. validiert werden [8]. Dabei können die Anforderungen den jeweiligen Verfahrensstufen und vor allem den Produkttypen angepasst werden, um den Aufwand mehr dem Nutzen anzunähern. So ist z. B. eine Validierung von Zwischenprodukten oft nicht angebracht, eine Qualifizierung wird meist ausreichend sein. Endprodukte, vor allem biotechnologisch hergestellte Wirkstoffe, hingegen stehen unter strengster Qualitätssicherung.

Der Großteil der industriellen Fermentationen, aber auch der in Forschungslaboratorien betriebenen Fermentationen, wird nach dem Submersverfahren durchgeführt. Der mit Abstand gebräuchlichste Fermenter ist der Rührwerksreaktor [4]. Die Qualifizierung des Bioreaktors erfolgt i. d. R. über das für den Prozess erforderliche Monitoring (Abschnitt 2.6.1.4). Darüber hinaus muss aber auch eine Reinigungsvalidierung vorgenommen werden. Generell sind die Anforderungen an die Reinigbarkeit und die Grenzwerte für Verunreinigungen im Bereich der Aufbereitung und der Fermentation geringer als im Bereich der Aufarbeitung (Kapitel 5) [8].

Zum Nachweis der Sterilisierbarkeit eines Fermenters werden bei der OQ einmalig während des Sterilisierungsvorganges Temperaturmessungen an verschiedenen Punkten im Fermenter durchgeführt. Im späteren Routinebetrieb werden im Rahmen der PQ in regelmäßigen Abständen Sterilhaltetests durchgeführt (Abschnitt 3.5.3.2). Für die Durchführung von Sterilhaltetests im Fermenter werden folgende Empfehlungen gegeben:

Der Sterilhaltetest ist definitionsgemäß der Nachweis, dass durch das Handling des Prozesses ein steriler Fermenter nicht unsteril wird. Folglich muss im Rahmen eines solchen Sterilhaltetests dann auch die gesamte Prozesskette durchlaufen werden (Animpfsimulation mit sterilem Medium, Begasung, Probenahme, Anstechtechnik und Zugabe während der Sterilfahrt, Leistungseintrag, Ernte etc.). Der Sterilhaltetest wird unter Verwendung des Prozessmediums durchgeführt (Kapitel 5) [8].

Neben dem Bioreaktor unterliegen selbstverständlich alle peripheren Einrichtungen, wie Filter, Pumpen, Rohrleitungen, Armaturen, denselben Anforderungen. Allgemein gilt die in Tab. 3.5 zusammengestellte qualitative Aussage. Es sind dabei wichtige Unterschiede hinsichtlich Produktberührung und vor allem hinsichtlich der Gefahr zusätzlicher Verkeimung zu machen. In solchen Fällen ist besonders viel Wert auf eine sachgerechte Sterilkonstruktion zu legen [4]. Ein Aggregat in einer Mehrproduktanlage mit Produktberührung ist als sehr kritisch einzustufen. Die Qualifizierung ist hier sehr wichtig, es müssen also prozessbegleitend viele Proben gezogen werden, um die Verunreinigungen kontrollieren zu können.

Tabelle 3.5 Qualitative Aussage zu den Anforderungen an die Validierungsanforderungen.

Anlagentyp	nicht produkt-berührt	indirekt produkt-berührt	produkt-berührt
Monoanlage (Anlage für ein Produkt), mikrobiell unempfindliches Produkt	unkritisch	unkritisch	bedingt kritisch
Monoanlage, mikrobiell empfindliches Produkt	unkritisch	kritisch	kritisch
Mehrzweckanlage (Anlage für mehrere Produkte), mikrobiell unempfindliches Produkt	unkritisch	kritisch	kritisch
Mehrzweckanlage, mikrobiell empfindliches Produkt	unkritisch	kritisch	sehr kritisch

Die Qualifizierung und Kalibrierung der Messinstrumente ist dann von besonderer Bedeutung, wenn die Instrumentierung als Bestandteil der In-Prozess-Kontrolle als qualitätsbeschreibendes Merkmal Einfluss auf die Produktqualität ausübt.

Dieses Thema ist äußerst wichtig und in zunehmendem Maße für eine zuverlässige Produktqualitätssicherung von Bedeutung, kann aber an dieser Stelle nicht weiter ausgeführt werden. Ausführliche Informationen über die Zusammenhänge der Qualifizierung, Qualitätskontrolle und Validierung sowie die dazugehörige Beratungen können über www.gempex.de bezogen werden. Außerdem können in Abschnitt 3.5.5 angegebene Internetadressen im Einzelfall auch von großem Nutzen sein.

3.5.4
Gesetze zur Regelung der Planung und des Betriebs von bioverfahrenstechnischen Anlagen

Um der Willkür bei der Planung und Errichtung von verfahrenstechnischen Anlagen vorzubeugen, muss der Gesetzgeber bemüht sein, ein lückenloses Gesetzeswerk schaffen, das einerseits keinen Raum für Gefahren schaffende Aktivitäten zulässt, aber andererseits der Innovationskraft legal schaffender Unternehmer nichts in den Weg stellt. Das ist ein sehr schwieriger Spagat und lässt meist eher Anlass zu ablehnender Kritik als zu zustimmender Akzeptanz aufkommen. Es muss, wie so oft, auch in diesem Fall immer der beste Kompromiss gefunden werden.

Für die Planung und den Betrieb von verfahrenstechnischen Anlagen sind eine ganze Reihe von Gesetzen, Verordnungen, technischen Regeln, Verwaltungsvorschriften und Richtlinien zu beachten (Abb. 3.3). Meist ist es nicht ausreichend, sich nur an einem Gesetz bzw. dessen Verwaltungsvorschriften zu orientieren, sondern es müssen auch flankierende Regelungen und Gesetze mit beachtet werden.

Gerade bei der Planung, dem Bau und dem Betrieb einer biotechnologischen Anlage spielen viele Gesetze eine Rolle (Tab. 3.6), die im Einzelfall berücksichtigt

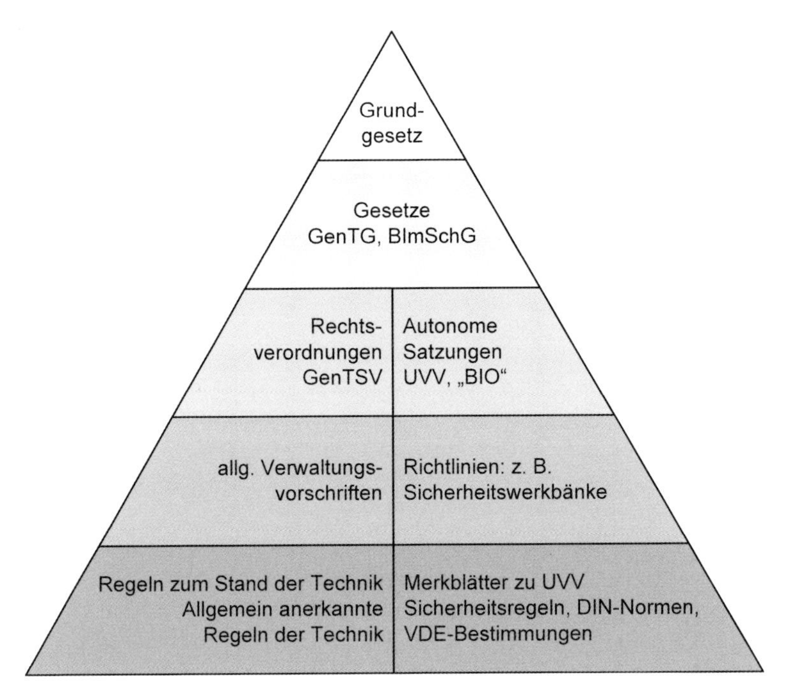

Abb. 3.3 Gesetzespyramide. Ausgehend vom Grundgesetz werden die Gesetze und Vorschriften immer detaillierter bis hin zu anerkannten Regeln, die nicht zwingend vorgeschrieben sind, aber im Zweifelsfalle auch eingehalten werden müssen, weil bei Rechtsstreitigkeiten solche Randbedingungen ebenfalls berücksichtigt werden.

werden müssen. Neben dem Gentechnik-Gesetz (www.ipk-gatersleben.de/deutsch/gentg.html) werden des Öfteren auch noch das Bundesimmissionsschutz-Gesetz (BimSchG), verschiedene Wasserhaushaltsgesetze, Abfallgesetze und andere mehr befragt werden (vgl. Tab. 3.6).

Für die Zulassung von Produktionsverfahren und die Genehmigung zum Bau von verfahrenstechnischen Anlagen zeichnen sich die Gewerbeaufsichtsämter in den Ländern zuständig (www.eurospec.de/german/demo/arb_hilf/kontakt/landes.htm).

3.5.4.1 **Das Gentechnik-Gesetz und die Verwaltungsvorschriften (GentG, GenTSV)**

Seit dem 1.7.1990 und nach der ersten Novellierung seit dem Dezember 1993 bietet das Gentechnik-Gesetz (GentG; www.ipk-gatersleben.de/deutsch/gentg.html) mit der dazugehörigen Gentechnik-Sicherheitsverordnung (GenTSV; www. bba.de/gentech/gentsv.html) die gesetzliche Grundlage für die Durchführung gentechnischer Arbeiten in Deutschland. Das Gentechnik-Gesetz soll den Schutz der Bevölkerung und der Umwelt vor möglichen Gefahren der Gentechik sicherstellen sowie eine sichere Grundlage für die ordnungsgemäße Nutzung der Gentechnologie in Forschung und gewerblicher Nutzung schaffen (Abschnitt 8.3.2). Ergänzt wird das Gentechnik-Gesetz durch:

Tabelle 3.6 Liste der wichtigsten Gesetze, die im Zusammenhang mit der Planung und dem Betrieb einer biotechnologischen Anlage von Bedeutung sein können. Meist wird nicht nur allein ein einziges Gesetz die Vorgaben und Randbedingen regeln können, sondern eine Kombination mehrere Gesetze erforderlich sein.

Gesetz	Abkürzung	Merkmale/Regelungen
Abfall-Gesetz	AbfG	Behandlung des Abfalls aus Gentechnischen Anlagen, Mikroorganismen, Dekontamination
Landesabfall-Gesetz	LAbfG	
Bundes-Immissionsschutz-Gesetz	BImSchG	Schutz vor schädlichen Umwelteinwirkungen
Bundes-Seuchen-Gesetz	BseuG	Verhinderung der Übertragung von Krankheiten
Chemikalien-Gesetz	ChemG	Schutz von Mensch und Umwelt vor schädliche Einwirkungen
Embryonenschutz-Gesetz	EschG	reines Strafgesetz
Gerätesicherheits-Gesetz	GsiG	Schutzpflichten (GS), Überwachung (TÜV), UVV, GewO, techn. Regelwerke z. Arbeitsschutz
Gesetz über die Kontrolle von Kriegswaffen	KriegswaffenG	Herstellung, Inverkehrbringen, Beförderung von Kriegswaffen, Überwachung, Aufzeichnungskontrolle
Landesbauordnung	LBauO	Bauordnungsrecht, Baugenehmigung
Pflanzenschutz-Gesetz	PflSchG	Schutz vor Schadorganismen und Umwelt
Strahlenschutz-Gesetz	StrlSchG	radioaktive Strahlung, Lagerung, Verwendung, Entsorgung
Tierkörperbeseitigungs-Gesetz	TierKBG	unschädliche Beseitigung von TK
Tierschutz-Gesetz	TierSchG	Tierhaltung, Eingriffe an Tieren, Tierversuche
Tierseuchen-Gesetz	TierSeuG	Bekämpfung von Tierseuchen
Wasserhaushalts-Gesetz	WHG	Behandlung von Abwasser, Genabwasser, Schadstofffracht, Herkunft
Landeswasser-Gesetz	LWG	

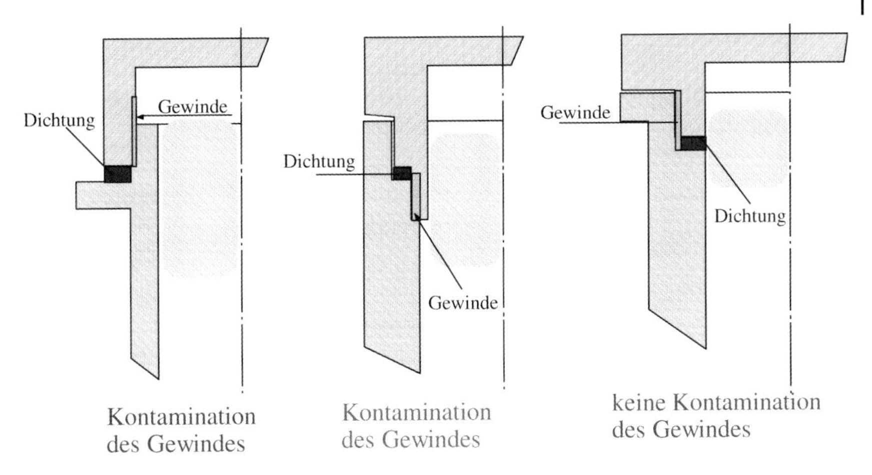

Abb. 3.4 Gewindekonstruktionen bei Laborzentrifugenbechern. Je nach Art der Konstruktion besteht die Gefahr der Kontamination des Gewindes und bei Öffnen des Bedieners. Die beiden linken Ausführungen sind kritisch einzustufen, während die rechte Konstruktion den Anforderungen gerecht wird.

- die ZKBS-Verordnung,
- die Gentechnik-Aufzeichnungsverordnung,
- die Gentechnik-Sicherheitsverordnung,
- die Gentechnik-Anhörungsverordnung,
- die Gentechnik-Verfahrensverordnung,
- die Gentechnik-Bundeskostenverordnung.

Der Inhalt des deutschen Gentechnikrechts wurde maßgeblich durch die folgenden Richtlinien beeinflusst:

- Richtlinie des Rates über die Anwendung genetisch veränderter Mikroorganismen in geschlossenen Systemen (90/219/EWG),
- Richtlinie des Rates über die absichtliche Freisetzung genetisch veränderter Organismen in die Umwelt (90/220/EWG),
- Richtlinie des Rates über den Schutz der Arbeitnehmer gegen Gefährdung durch biologische Arbeitsstoffe bei der Arbeit (90/679/EWG).

Nach der Novellierung 1993 wurden vor allem die zu hoch gesteckten Anforderungen an die Sicherheitsstufen S1 und S2 etwas reduziert, um die Anwendbarkeit zu verbessern.

Zu den für das Gentechnikrecht bedeutsamen Empfehlungen und untergesetzlichen Regelwerken zählen neben den oben aufgelisteten allgemein gültigen technischen Regelwerken (Abb. 3.4 und Tab. 3.6) insbesondere die im Vollzug des Gentechnikrechts wichtigen Empfehlungen des Länderausschusses Gentechnik (LAG) und die Stellungnahmen der Zentralen Kommission für die Biologische Sicherheit (ZKBS).

Für die Genehmigung und Anmeldung von gentechnischen Anlagen liegt die Zuständigkeit bei den Ländern in den zuständigen Behörden, vornehmlich der Gewerbeaufsichtsämter (www.eurospec.de/german/demo/arb_hilf/kontakt/landes.htm). Eine länderübergreifende Vollzugskoordination war von Beginn an wünschenswert, und so schlossen die für den Vollzug des Gentechnikrechts zuständigen Behörden der Länder und der Bundes sich im Länderausschuss Gentechnik (LAG) zusammen. Der LAG setzt sich aus Vertretern der Umwelt- und Gesundheitsministerien sowie für den Arbeitsschutz zuständigen Ministerien zusammen. Die Beschlüsse des LAG haben empfehlenden Charakter. Wenn auch eine Verpflichtung der einzelnen Länder zur Übernahme der Empfehlungen des LAG in den landeseigenen Vollzug nicht besteht, so ist doch davon auszugehen, dass bundesweit die Vollzugspraxis in aller Regel den Beschlüssen des LAG entsprechen wird [9–11].

Die Zentrale Kommission für die Biologische Sicherheit (ZKBS) ist ein vom Gesetzgeber eingesetzte Sachverständigenkommission, die ursprünglich beim Bundesgesundheitsamt eingerichtet werden sollte, jetzt aber am Robert-Koch-Institut etabliert ist (www.ipk-gatersleben.de/deutsch/gentg.html, § 4). Der § 4 des GenTG regelt die Zusammensetzung der ZKBS und ihre Vertretung. Die Kommission prüft und bewertet sicherheitsrelevante Fragen nach den Vorschriften dieses Gesetzes, gibt hierzu Empfehlungen und berät die Bundesregierung und die Länder in sicherheitsrelevanten Fragen der Gentechnik. Bei ihren Empfehlungen soll die Kommission auch den Stand der internationalen Entwicklung auf dem Gebiet der gentechnischen Sicherheit angemessen berücksichtigen. Die Kommission berichtet jährlich der Öffentlichkeit über ihre Arbeit [9, 12–16].

Für die Planung, den Bau und den Betrieb von gentechnischen Anlagen sind insbesondere die Vorgaben des Gentechnik-Gesetzes aus technischer Sicht von Wichtigkeit. Deshalb sollen diese im GentTSV dargelegten Forderungen isoliert und hinsichtlich technischer Machbarkeit auch überprüft werden [17].

3.5.4.2 Bau und Ausrüstung gem. Anh. III–V GenTSV zu den Sicherheitsstufen 1–4

Als Basis für die folgenden Darstellungen dienten das Gesetz zur Regelung der Gentechnik (GenTG) und die „Verordnung über die Sicherheitsstufen und Sicherheitsmaßnahmen bei gentechnischen Arbeiten in gentechnischen Anlagen" (Gentechniksicherheitsverordnung, GenTSV), beide z. B. erhältlich über [18]. Dabei ist der Anhang III, der sich mit gentechnischen Laboratorien und Produktionsbereichen auseinandersetzt, besonders hervorgehoben, während Anhang IV, Sicherheitsmaßnahmen für Gewächshäuser, sowie Anhang V, Sicherheitsmaßnahmen für die Tierhaltungsräume, nur kurz diskutiert werden.

Bauliche Voraussetzungen Raumkonzeption, -gestaltung und Kennzeichnung Vom Bauherrn werden die gewünschten Nutzflächen angegeben, die je nach Nutzungszielsetzung dann eine Reihe von Neben- und Hilfsflächen nach sich ziehen. Außer den gewünschten Nutz- und Büroflächen benötigt ein Labor- und Produktionsgebäude folgende Hilfsflächen:

- Konstruktionsflächen,
- Sanitärflächen, Nebenflächen,
- Verkehrsflächen,
- technische Flächen.

Die Konstruktionsflächen sind Flächen, die für die Statik, also für Stützen, Träger und Wände (tragende und nicht tragende), benötigt werden.

Unter dem Begriff der Verkehrsflächen werden Flure, Treppenhäuser, Aufzüge und eventuell Flächen verstanden, die für die Logistik des Laborgebäudes erforderlich sind (Zwischenlagerung nahe der Haupttransportlinien). In den Laborzonen sollen die Flure mindestens 1,80 m, in den Bürozonen 1,50 m breit sein und innerhalb der Labors, also zwischen zwei Labortischzeilen, werden nach Abzug der Bedienabständen von 0,60 m weitere 0,60 m Abstand gefordert. Die Größe und Anzahl der Treppenhäuser wird durch den Gesetzgeber vorgegeben. Kein Standort in einem Arbeitsraum darf mehr als 35 m von einem Treppenhaus entfernt sein.

Zu den Sanitärflächen zählen WCs, Umkleide- und Waschräume sowie Schleusen. Die Arbeitsstättenrichtlinien regeln unter Berücksichtigung der Personenzahl die Anzahl der WCs und auch die Größe der Umkleide-/Waschräume.

Unter den Nebenflächen sind die Aufenthaltsräume und auch die Lagerräume (für den Hausbedarf) zu verstehen.

Die größte Fläche außer der Labor- und Bürofläche in einem Laborgebäude benötigt die Technik. Die Haustechnik, sprich Medienversorgung, Abwasser, Elektroanlagen, Heizungs- und Klimaanlagen und zentrale Versorgung der Feuerlöschanlagen, befinden sich meist im untersten bzw. verteilt in den obersten Geschossen, wobei die Abluftanlagen immer im Dachgeschoss installiert sind. Die gesamte Technik bestimmt somit in großem Maße die Gebäudefläche, aber auch die Gebäudehöhe. Werden aufgrund der Sicherheitsanforderungen an die Lüftungstechnik höhere „Reinheitsstufen" (hier Sicherheitsstufen) gefordert, so kann durchaus die Technik wesentlich mehr Raum- und Flächenanteile in einem Laborgebäude fordern als für die eigentliche Nutzung übrig bleibt.

Da all diese technischen Einrichtungen Platz und vor allem auch Höhe beanspruchen, führt das dazu, dass die Geschosshöhen von 3,50–4,40 m reichen können. Wenn vom Bebauungsplan keine Höhenbegrenzung vorgegeben ist, so ist das erste Limit die Hochhausgrenze, die bei 22 m liegt. Soll diese Grenze überbaut werden, so verschärfen sich die Sicherheitsauflagen extrem.

Die Nutzfläche kann zusätzlich von der wichtigen Forderung nach Flucht- und Rettungswegen beeinträchtigt werden. Das sind natürlich zunächst die ohnehin vorhandenen Flure und Treppenhäuser, doch für die Laborräume sind je nach Brandgefahr zweite Fluchtwege gefordert. Das sind weitere Wege innerhalb des Gebäudes oder Fluchtbalkone.

Im Zusammenhang mit Raumkonzeption, Raumgestaltung und Kennzeichnungspflicht stellen sich die Fragen, wie Abgrenzungen von Räumen (ab S1), Abschirmung von Arbeitsbereichen (ab S3) und Abdichtung von Räumen zum Zwecke der Raumdesinfektion (ab S3) auszuführen bzw. technisch zu lösen sind, um dem GenTSV gerechtwerden zu können. Sehr schwierig, oder besser ausgedrückt unmöglich, wird eine technische Lösung, wenn „dichte" Wände verlangt werden (ab S4), denn absolute Dichtigkeit gibt es nicht. Deshalb muss in diesem

Zusammenhang nach dem Machbaren gefragt werden und danach, was das wirklich bedeutet. Ist eventuell eine Staffelung nach schwall-, schwaden- und gasdicht vorzunehmen?

Weitere Fragen sind: Wie kann eine deutliche Abgrenzung erreicht werden, wenn ein absolut selbstständiges Gebäude Probleme bereitet? Welche Anforderungen sind an die Konstruktionen von Wänden, Türen und Fenster zu stellen, wenn die Ausbildung von Raumdruckstufen (ab S3) gefordert wird? Auch die Forderung nach bruchsicheren Fenstern (ab S4) ist keinesfalls technisch zu erfüllen, im äußersten Falle ist ein Höchstmaß an Bruchsicherheit erreichbar, wobei dann der Aufwand enorm zunimmt.

Eine Abgrenzung kann schon durch eine Fußbodenmarkierung in Form von Strichen (Linien) oder durch das Anlegen von farbigen Flächen ausreichend vorgenommen werden.

Etwas deutlicher und wirkungsvoller ist das Spannen von Ketten oder eine feste Umrandung aus einem Geländer.

Die Abgrenzung mithilfe von Vorhängen ermöglicht auch eine Versperrung eines Sichtkontaktes, was natürlich mit festen Wänden bis hin zum Mauerwerk am besten möglich ist. Im Einzelfall muss jeweils entschieden werden, welche Abgrenzung für ausreichend erachtet werden kann.

Eine Abschirmung hingegen lässt sich nur durch ausreichend feste Wände erreichen. Auch in diesem Fall muss nach weiteren Forderungen gefragt werden, um beantworten zu können, welche Konstruktion der Situation am ehesten gerecht wird.

Die Forderung nach „ausreichend" großen Räumen lässt sich aus den einschlägigen Richtlinien wie den Arbeitsstättenrichtlinien ableiten. Dort ist festgehalten, welche Forderungen an die Verkehrsflächen, die Fluchtwege, die Arbeitsflächen, Abmessungen verschiedenster Hilfseinrichtungen und an die Raumhöhe zu stellen sind.

Hinsichtlich Raumabdichtung lassen sich sinnvollerweise zwei Fälle unterscheiden. Eine luftdichte Ausführung erlaubt noch kleine Spalte, wie zum Beispiel auch Schlüssellöcher. Im Falle einer erforderlichen Desinfektion sollten diese kleinen Öffnungen aber problemlos abgedichtet (abgeklebt) werden können. Deshalb ist es erforderlich, dazu geeignete Türblattkonstruktionen zu wählen, z. B. stumpf eingeschlagene Türblätter. Außerdem sollte eine spannende Türdichtung ausgeführt sein, das bedeutet, dass die Tür im geschlossenen Zustand umlaufend (auch am Boden) auf einer Dichtung aufliegt.

Der gesteigerte Fall ist die „gasdichte" Ausführung. Dabei sind nicht öffenbare Fenster notwendig. Solche Konstruktionen sind allerdings kompliziert und damit aufwendig zu reinigen. Es sind auch öffenbare Fenster denkbar, dann müssen sie aber mit hochwertigen Dichtungen ausgeführt sein. Die „gasdichte" Ausführung schreibt auch bei der Türdichtung einen höheren Aufwand vor; es sind umlaufende, aufblasbare Dichtungen erforderlich. Des Weiteren wird ein „porenfreies" Mauergefüge gefordert, was durch Beschichtungen, wie Epoxidharz, unterstützt werden kann, und die Stöße müssen mit elastischem Material ausgefugt werden. Dabei ist zu beachten, dass verschiedene Materialien, wie Silicon, ausgasen und bei Zeiten erneuert werden müssen.

Weitere Anforderungen an die bautechnischen Ausführungen entstehen, wenn Druckstaffelungen zwischen den einzelnen Räumen notwendig werden. Die Wände sind vorzugsweise zu betonieren statt zu mauern, wobei die Statik bestimmen muss, welcher Aufwand an die Armierung zu stellen ist. Alternativkonstruktionen aus stabilen Kassetten-Fertigbauelementen sind ebenfalls geeignet. Die Türkonstruktion ist mit drei Schlossfallen und auch Bändern auszuführen. Zur Vermeidung von Unfallgefahren müssen Türen in jedem Fall in Richtung gesteigertem Druck öffenbar sein. Bei den Fenstern sollte das Rahmenmaterial aus Aluminium oder Stahl sein. Kunststoff und andere Materialien eignen sich nicht. Die in der GenTSV geforderten „bruchsicheren" Fenster gibt es nicht. Eine Annäherung an diese Forderung kann durch Verbundsicherheitsglas bzw. durch Mehrfachverbundscheiben mit Folie, Stahlrahmen mit verschraubten Glashalteleisten, oder durch armiertes Drahtsicherheitsglas erreicht werden. Je mehr Bruchsicherheit erreicht wird, umso mehr Durchsichtigkeit geht verloren. Die Sichtverbindung, wie sie in den Arbeitsstättenrichtlinien gefordert wird, kann dadurch allerdings sehr eingeschränkt werden.

Die Nutzung des Kellergeschosses für sicherheitsrelevante Aufgaben, wie die Installation einer Abwasser-Sterilisationsanlage (ASA) und anderer Anlagen, die mit gentechnisch veränderten Mikroorganismen in Berührung kommen, bereitet dann besondere Probleme, wenn der Grundwasserspiegel über den Boden des Geschosses steigen kann.

Eine Lösung, solche Räume dennoch für sicherheitsrelevante Einrichtungen zu nutzen, bietet die Konstruktion einer „Weißen Wanne". Das bedeutet im Einzelnen, dass zunächst eine Wanne erstellt wird, deren Höhe über die Hochwassergrenze reicht. Innen wird sie mit einer sicheren Dichtschicht versehen. In diese Wanne wird das eigentliche Gebäude gestellt. Der Zwischenraum wird ständig auf Dichtigkeit überprüft. Auf diese Art und Weise werden auch Bauten errichtet, die sehr tief in den Boden gebaut werden müssen, um aufgrund der hohen Grundstückspreise die Höhe ausnutzen zu können, denn in diesen Fällen ist diese aufwendige Bauweise immer noch billiger, als ein größeres Grundstück zu finanzieren.

Diese Konstruktion kann bei sachgerechter Ausführung auf Dauer als „dicht" erklärt werden. Sollten dennoch kleinere Undichtigkeit auftreten, dann böte sich noch ein ständiges Abpumpen des Leckagewassers an. Bei einem Versagen der Konstruktion, was nahezu unwahrscheinlich ist, müssen dann die sicherheitsrelevanten Anlagen aus diesem Gebäudeteil entfernt werden, weil das Eindringen von Grundwasser nicht mehr ausgeschlossen werden kann.

Zur Kennzeichnung von sicherheitsrelevanten Bereichen sind zum Teil Schilder entworfen und zur Vorschrift erklärt worden. Das gilt im Allgemeinen für die Kennzeichnungen „Ex-Bereich", „Meldepflicht", „Tragepflicht von Schutzbrillen" („Gesichtsschutz"), „Sicherheitsschuhe", „Gehörschutz", „Handschuhe", „Vollschutz" u. v. m., sowie im Speziellen für „Biogefährdung".

Häufig bleibt es aber dem Betreiber überlassen, entsprechende Kennzeichnungen für Zugangsregelungen, Tragen von spezieller Schutzkleidung, Überschuhen, Mundschutz, Handschuhen, Haarnetz u. a. m. selbst zu entwerfen. Weitere Hinweise sind in den Merkblättern der Berufsgenossenschaft Rohstoffe und chemische Industrie [19] zu finden.

Hilfs- und Zusatzeinrichtungen Unter Hilfs- und Zusatzeinrichtungen werden Waschbecken, Augenbrausen, Notduschen, Schleusen, Desinfektionsanlagen (dazu gehören auch Sterilisatoren und Abwassersterilisationsanlagen), Arbeitstische und Abzüge verstanden. Dabei werden einige Einrichtungen nicht in jeder Sicherheitsstufe vorgeschrieben, z. B. Abwassersterilisationsanlagen und Schleusen. Andere dagegen unterscheiden sich je nach Sicherheitsstufe in ihrer Ausführung

In Sicherheitsstufe 1 können die Waschbecken in Normalausführung, d. h aus Kunststoff oder Stein mit Standardhandbedienung, installiert werden. In der nächst höheren Stufe müssen sie mit Direktspendern ausgestattet sein und in Stufe 3 muss neben dem Waschbecken im Arbeitsbereich noch ein weiteres in einer Schleuse mit automatischem Wasserlauf, ausgelöst über eine Lichtschranke, vorhanden sein. Dort, wo eine Desinfizierbarkeit verlangt wird, reicht es nicht allein aus, dass die Materialien beständig gegen die verwendeten Mittel sind, was für alle Sicherheitsbereiche gilt, sondern die Oberflächen müssen zusätzlich glatt und gut zugänglich sein. Das gewährleistet am besten Edelstahl, der nicht scharfkantig, sondern mit Rundungen verarbeitet ist. Auch wenn es in der Sicherheitsstufe 1 nicht ausdrücklich verlangt ist, so gebietet allein die „gute mikrobielle Praxis" [20] als zusätzliche Ausstattung neben dem Seifenspender auch einen Desinfektionsmittelspender.

Augenbrausen, Notduschen (ersatzweise auch Notbäder) sind vorgeschriebene Standardausstattungen für Laboratorien und Produktionsbereiche, in denen entsprechende Gefahren (Brand, Verätzung) bestehen. In gentechnologischen Anlagen ist dabei darauf zu achten, dass die Abläufe an die Abwassersterilisation anzuschließen sind.

Schleusen sind ab Sicherheitsstufe 3 vorgeschrieben, dabei im Produktionsbereich mit einer zusätzlichen Dusche auszustatten. Neben der Abtrennung von biologischen Sicherheitsbereichen sind Schleusen ebenso notwendig zur Abtrennung von Reinheitsbereichen, wo aber ein ähnliches Ziel verfolgt wird, und zur Abtrennung von Druckstufen.

Die einfachste Ausführung ist dabei eine Druckausgleichskammer. Einfache „Dusch"-Schleusen haben seitlich über die gesamte Höhe, oder auch längs, Luftdüsen angeordnet, über die sterile Luft eingeblasen wird und die Personen quasi mit Luft „duscht". Die Luft wird dabei an der Decke oder besser am Fußboden über einen Sterilfilter abgesaugt und zum Teil im Kreis gefahren. Aufgrund einer turbulenten Mischlüftung ist der Reinigungseffekt nicht besonders hoch einzustufen, weil die starken Wirbel einmal aufgewirbelte bzw. aufgenommene Partikel mit großer Wahrscheinlichkeit wieder zurückbringen können. Besser arbeiten natürlich Schleusen, die einer turbulenten Verdrängungsströmung nahe kommen. Realisierbar sind solche Verhältnisse, indem eine laminare Strömung von oben über einen Sterilfilter in die Kammer gegeben wird und unten seitlich, oder, noch wesentlich besser, über einen Filterboden abgesaugt wird. Um solche Strömungsverhältnisse aufrechterhalten zu können, sind entsprechende Luftgeschwindigkeiten einzuhalten (Anhang: „Vergleich verschiedener Reinraumklassen").

Bei Arbeitstischen und Abzügen ist neben den erforderlichen Abmessungen gemäß Arbeitsstättenrichtlinien und den erforderlichen Energien noch darauf zu achten, dass ab der Sicherheitsstufe 3 die Abgänge (Luft und Abwasser) einer Dekontaminierung zugeführt werden und die Oberflächen, wie bei den Waschbecken auch, den Anforderungen einer Desinfektion genügen.

Auf Sterilisatoren, Desinfektionsanlagen und Abwasser-Sterilisations-Anlagen soll an dieser Stelle nicht eingegangen werden. Sie werden weiter unten behandelt.

Oberflächengestaltung und -ausführung In allen Bereichen, in denen mikrobiell gearbeitet wird, empfiehlt es sich, möglichst glatte, gut reinigbare, desinfizierbare und oberflächendichte Oberflächen zu haben, auch wenn dies erst ab der Sicherheitsstufe 3 gefordert wird. Ein oberflächendichter Belag verhindert das Eindringen ausgelaufener Medien und beugt so einem unkontrollierten Verhalten von Mikroorganismen in der Tiefe eines Mauerwerkes vor.

Der traditionelle Fliesenbelag ist sicherlich gegen alle Anforderungen beständig. Der Schwachpunkt sind die Fugen, die nicht rissfrei zu bekommen und somit ab Stufe 3 nicht mehr erlaubt sind. Um in solchen Fällen den Fußboden nach unten abzudichten, behilft man sich häufig mit einer Folie im Mörtelbett, was aber das Eindringen von Medium in das Mörtelbett bis zur Folie nicht verhindert.

Besser sind da Beläge, wie Beschichtungen aus Epoxidharz, das wie Fliesen sowohl an den Wänden als auch auf den Fußboden aufgebracht werden kann. Die Güte der Oberfläche nimmt dabei mit der Schichtanzahl zu. Ein Nachteil eines solchen Belages ist allerdings die Rutschgefahr. Diese Gefahr kann gemindert werden, indem der obersten Schicht feinkörniges Granulat beigemischt wird. Da sich aber dieses Granulat allmählich aus dem Belag reibt, hat man ständig Partikelbildung im Raum. Ein weiterer Nachteil ist die Splitterungsanfälligkeit.

Eine weitere Möglichkeit sind Kunststoffbeschichtungen. Als sehr gutes Material hat sich PVC herauskristallisiert. Dieses Material ist beliebig verschweißbar und kann problemlos über verschiedene Materialien des Untergrundes hinweg verklebt werden, z. B. über Betonboden und von dort als Aufkantung an Apparaten oder Rohrleitungen empor.

Dieses Material ist zudem auch noch etwas günstiger. Als Nachteil müssen allerdings die geringere mechanische Stabilität (vorsichtiger Umgang ist geboten) und bei ungeeignetem Schuhwerk auch die Rutschgefahr genannt werden. Eine sachgerechte Versiegelung, die von Zeit zu Zeit erneuert werden muss, erhöht die Qualität hinsichtlich Beständigkeit und Rutschfestigkeit eines PVC-Belages.

Raumlufttechnische Anlagen Ventilationssysteme sowie periphere Einrichtungen
Allgemein sind Lüftungsanlagen so auszuführen, dass die Lüftung von Räumen den Anforderungen der Arbeitsstättenverordnung gerecht wird.

Solche Anlagen können entweder Lüftungsanlagen mit einfacher Entfeuchtung (im Sommer), einer zusätzlichen Teilklimatisierung mit ungeregelter Befeuchtung oder einer Vollklimatisierung mit geregelter Befeuchtung sein.

Neben den Zu- und Abluftventilatoren bestehen solche Anlagen z. B. aus einer Mischkammer, einem Staubfilter, einem Vorwärmer, einem Flächenkühler, einem Luftbefeuchter, einem Tropfenfänger und einem Nachwärmer.

Die Umluftfahrweise der Raumabluft ist in allen Sicherheitsstufen zulässig, da ja nur keimfreie oder unbedenkliche Luft in die Klimazentrale zurückkommt. Das gilt nur, solange es sich nicht um chemisch kontaminierte Abluft aus Abzügen handelt (Spuren von Chemikalien). Im Bereich der Sicherheitsstufe 4 ist ohnehin eine gesonderte Klimaanlage vorgeschrieben, sodass von vorneherein Querkontaminationen erst gar nicht denkbar sind. Gerade bei sehr hohen Raumluftwechseln ist eine Teilumluftfahrweise angesagt, weil nur so eine wirtschaftliche und auch umweltrelevante Betriebsweise gesichert ist.

Auf die Funktionen der einzelnen Bauelemente soll hier nicht näher eingegangen werden, weil das zum Thema „Sicherheit in der Biotechnologie" keinen zusätzlichen Beitrag liefert. Näheres ist aus der Literatur zu entnehmen [21].

Für die Verteilung der Luft in den einzelnen Räumen werden Kanalsysteme und Raumeinlasssysteme verwendet. Das Material für die Kanäle sollte möglichst glatt sein (Hygiene), genügend Stabilität aufweisen (Druckschwankungen), nicht brennbar, korrosionsbeständig, u. U. desinfizierbar und damit möglichst dicht sein. Übliche Materialien sind verzinktes Blech, Kunststoff (Polypropylen), Steinzeug und in sehr seltenen Fällen Edelstahl. Die Ausführung erfolgt entweder in rechteckiger oder runder Form.

Für die Belange der gentechnischen Sicherheitsbereiche, in denen unter Umständen eine Desinfektion ganzer Räume und des Kanalsystems ermöglicht werden sollte, ist eine Ausführung anzustreben, die eine möglichst glatte Oberfläche anbieten kann, korrosionsbeständig, auch gegen Desinfektionsmittel, und genügend dicht zu bekommen ist sowie eine runde Formgebung bietet, um möglichst wenig Ablagerungen auftreten zu lassen.

Aus diesen Forderungen wäre Edelstahl das ideale Material. Sind die Kosten nicht tragbar, dann bietet sich eine Kunststoffausführung an. Ist der Aspekt der Gefahren eines möglichen Brandes zu kritisch zu sehen, wäre Steinzeug noch eine Alternative. Dieses Material hat im Wesentlichen den Nachteil, nicht in runder Form ausgeführt zu sein und eine nicht optimale Oberfläche zu besitzen.

Um ganze Räume und auch Kanalsysteme desinfizieren zu können, ist es erforderlich, die Zu- und Abluft zu jedem Raum separat zu führen (eigener Kanal), und im Bedarfsfall müssen Zu- und Abluftkanal kurzgeschlossen werden können. Das Gas kann dadurch im Kreis geführt werden.

Neben den Anforderungen, die von der Behaglichkeit (Arbeitsstättenverordnung) bestimmt werden, müssen alle Einlass- und Auslasssysteme die oben angeführten Belange ebenfalls erfüllen.

Je nach Anforderungen an die Luftqualität in den Räumen wird der Raumbedarf für die Technik im Vergleich zum reinen Arbeitsraum immer größer und kann letztendlich das Drei- bis Vierfache betragen (Anhang).

Filtertechniken für die Raumluftaufbereitung Die Filter für die Luftfiltration werden in Grobstaubfilter (A, B), Feinstaubfilter (C) und Schwebstofffilter (Q, R, S) unterteilt. Die Buchstaben A, B und C geben die Güteklasse der Filter an, während die Buchstaben Q, R und S den Typ des Schwebstofffilters nach DIN 24 184 bezeichnen.

Die Grob- und Feinstaubfilter unterteilt man z. B. noch gemäß SWKI 84 (Schweiz) je nach Abscheideleistung in unterschiedliche Filterklassen.

Über die erforderlichen Filter und auch sonstige Bedingungen zum Erreichen entsprechender Reinraumklassen gibt VDI 2083 Auskunft (ebenso Fed. Standard 209 b (c)). Sehr augenscheinlich lässt sich erkennen, dass der Raumbedarf und damit auch die Investitions- sowie Betriebskosten mit zunehmenden Reinheitsanforderungen dramatisch steigen.

Für gentechnische Laboratorien ab der Sicherheitsstufe 3 muss auch die Abluft über einen HOSCH-Filter geleitet werden. Technisch bewährte Installationen verwenden dabei jeweils zwei HOSCH-Filter (HEPA) in Reihe. Damit hat man ein Höchstmaß an Sicherheit. Diese Sicherheit wiederum ist nur dann gewährleistet, wenn die Filter auch sachgerecht installiert und gewartet sind. Prüfungsvorschriften findet man dazu unter DIN 24 184 „Typenprüfung von Schwebstofffiltern" sowie zu den Schwebstofffiltern unter DIN EN 1822-1 „Klassifikation, Leistungsprüfung, Kennzeichnung", DIN EN 1822-2 „Aerosolerzeugung, Messgeräte, Partikelzählstatistik" und DIN EN 1822-3 „Prüfung des planen Filtermediums".

Die Filtereinsätze müssen im Raum problemlos gewartet und vor allem ausgetauscht werden können. Dabei werden diese Einsätze beim Abnehmen aus dem Filtergehäuse direkt in eine Folie aufgenommen und anschließend eingeschweißt. So können sie dann gefahrlos zu einer Dekontaminierung (Sterilisation) gebracht und entsorgt werden.

Regelungstechnische Einrichtungen Bei Lüftungsanlagen müssen Temperaturen, Luftmengenströme, evtl. Luftfeuchtigkeit und, im Falle der Sicherheitsüberwachung, auch der Differenzdruck zwischen zwei Räumen gemessen, geregelt und z. T. auch alarmiert werden.

In der Sicherheitsstufe 4 ist in jedem Fall bezüglich der Druckdifferenzüberwachung neben einer Anzeige innerhalb und außerhalb der betreffenden Räumlichkeiten auch eine Alarmierung erforderlich.

Die Anforderungen der Reinraumklassen zwingen andererseits zu einer sauberen Luftmengenstrommessung und -regelung, da in jedem Fall der erforderlichen Raumluftwechsel und damit Strömungsgeschwindigkeiten garantiert werden müssen.

Die Einlasstemperatur der Zuluft muss so ausgelegt sein, dass die Wärmequellen, die sich in dem entsprechenden Raum befinden, berücksichtigt werden, d. h. über den Luftwechsel wird zusätzlich die im Raum entstandene Wärme abgeführt.

In eine funktionierende Raumluftführung und -konditionierung darf von außen nicht eingegriffen werden. Fenster und andere in den Arbeitsablauf nicht mit einbezogene Öffnungen dürfen nicht geöffnet werden, da sonst sämtliche Einstellungen Probleme bereiten, insbesondere natürlich auch die Druckdifferenzen in Sicherheitslabors.

Apparate- und maschinentechnische Einrichtungen Sicherheitswerkbänke – Klassifizierung Um Arbeiten mit biologischem Material durchführen zu können, wurden

Arbeitskabinen, sogenannte Sicherheitswerkbänke, in sicherheitstechnisch gestaffelten Konstruktionen entwickelt. Diese Werkbänke wurden in drei Klassen unterteilt.

Die Sicherheitswerkbänke müssen der DIN 12 950 „Laboreinrichtung; Sicherheitswerkbänke für mikrobiologische und biotechnologische Arbeiten“ bzw. speziell für das Arbeiten mit Zytostatika DIN 12 980 „Laborrichtlinien; Zytostatika-Werkbänke“ entsprechen [4].

Eine Anleitung für den sicheren Betrieb einer Sicherheitswerkbank der Klasse 2 gibt das „Merkblatt für das Arbeiten an und mit mikrobiologischen Sicherheitswerkbänken“ der BG Chemie.

Bei der fortschreitenden Weiterentwicklung in allen Bereichen der Naturwissenschaften, oftmals auf neuen und unbekannten Gebieten, ist es absolut erforderlich, alle Personen, die mit potenziell gesundheitsgefährdenden Stoffen (z. B. Cytostatika, Viren, Sporen, GVOs höherer Sicherheitsstufe ≥ 2) in Berührung kommen, auf ein Höchstmaß zu schützen. Für Personen- und Produktschutz muss höchste Sicherheit als Mindestanforderung gelten.

Technische Konzeption der Sicherheitswerkbänke Die unterschiedlichen Sicherheitsstufen fordern der Situation und der daraus resultierenden Einteilung in drei Klassen angepasste Konstruktionen bzw. technische Konzepte.

Die Klasse I ist eine Werkbank, die über die Zugriffsöffnung ständig Frischluft aus dem Raum ansaugt, es handelt sich hierbei also um eine Konstruktion, die alleine den Personenschutz zum Ziel hat.

Die Klasse II bietet sowohl Personen- als auch Produktschutz, denn der aus dem Raum angesaugte Frischluftanteil wird an der Zugriffsöffnung vorbei zusammen mit einem Teil der Strömung aus der Kabine nach unten abgeführt und erst nach erfolgter zweimaliger Sterilfiltration (also steril) in die Kabine geführt. Bei dieser Luftführung entsteht an der Zugriffsöffnung ein Luftvorhang, der das Kabineninnere vom Raum abschirmen soll.

Aus der Kabine wird ein Volumenstrom nach der ersten Sterilfiltration abgegeben, der dem Frischluftanteil entspricht.

Der Luftstrom im Innern sollte laminar sein. Damit vermeidet man Verwirbelungen und Querkontaminationen. Aus diesem Grund werden solche Werkbänke auch gelegentlich Laminar-Flow-Bench (LF-Bench) genannt.

Die Notwendigkeit, eine laminaren Strömung aufrechtzuerhalten, steht selbst schon für die Forderung, in der Kabine möglichst keine störenden Gegenstände oder sogar Wärmequellen unnötig stehen zu haben. Denn diese würden die laminare Strömung stören. Der Aufstellungsort der Werkbank sollte dort gewählt werden, wo wenig Personenverkehr zu erwarten ist, denn vorbeigehende Personen reißen Wirbel mit sich und können dadurch ebenfalls die Strömung im Innern stören.

Die Klasse III ist eine hermetisch geschlossene Werkbankausführung, in der nur über Handschuhe gearbeitet werden kann. Zusätzlich benötigt eine solche Sicherheitswerkbank eine Geräte- und Materialschleuse. Die Schleuse arbeitet vor allem dann mehrstufig, wenn aus der Kabine etwas entnommen werden soll, d. h. die Schleuse wird zwei- bis dreimal über Sterilfilter (Zu- und Abluft) gespült. Unter Umständen kann sogar ein Sterilisationsschritt mittels eines Gases eingeführt werden.

Validierung von Sicherheitswerkbänke Zur Erfüllung ihrer Grundfunktion müssen Sicherheitswerkbänke richtig eingestellt, ausreichend gewartet und sachgerecht bedient werden. Um die erforderliche Funktionalität zu überprüfen, bedient man sich sogenannter Validierungsverfahren oder auch Qualifizierungsverfahren, mit deren Hilfe Funktionsqualifizierungen durchgeführt werden können. Ziel dieser Verfahren muss es sein, zu bestätigen, dass Etwas so ist, wie es sein soll! Nur funktionsqualifizierte Sicherheitswerkbänke garantieren sowohl die betriebliche als auch die Sicherheit im Sinne des GenTSV.

Verfahren zur Validierung von Sicherheitswerkbänken sind unter anderen in den DIN- und ISO-Normen, der EU-Richtlinien und den CEN zu finden. Zurzeit werden viele dieser Richtlinien im Zuge der Globalisierung weltweit angepasst und vereinheitlicht standardisiert.

Ein anerkanntes neues Testverfahren zur Validierung von Sicherheitswerkbänken und Laborabzügen ist das KI-Discus-Testverfahren [22–24]. Durch die Innovation dieses Testverfahrens konnte festgestellt werden, dass die existierenden Bau- und Prüfvorschriften (GS-Zeichen, Typprüfung) für einen adäquaten Personenschutz die Anforderungen nicht in vollem Umfang erfüllen. Das Verfahren berücksichtigt Faktoren wie Anordnung, Nähe von Luftströmungen zur Belüftung, Störungen durch den Arm des Betreibers innerhalb der Werkbank und die Wirkung an Türen, welche ständig geöffnet oder geschlossen werden müssen.

Sterilisatoren und Desinfektionsanlagen Anlagen zur Sterilisation mittels feuchter und trockener Hitze Die Dampfsterilisation hat sich als die wirkungsvollste, am besten reproduzierbare und vor allem ohne weitere Verunreinigung arbeitende Sterilisationsmethode herausgestellt. Wichtig ist dabei, dass die Apparatur, der Sterilisator, so arbeitet, dass auch wirklich die Luft aus der Kammer entfernt wird, d. h. eine reine Dampfatmosphäre (feuchte Hitze) vorliegt.

Für die Dampfsterilisatoren (Autoklaven) stehen mehrere Sterilisationsprogramme zur Verfügung. Dabei unterscheidet man zwischen Programmen, welche die Luft mittels Dampfströmung aus der Kammer verdrängen, und solchen, die mittels Vakuum oder eines fraktionierten Vakuums die Luft entfernen.

Eine weitere Option bietet die Möglichkeit, die sterilisierten Gegenstände zu trocknen.

Ist feuchte Hitze nicht anwendbar, weil das zu sterilisierende Gut das nicht verkraften kann, dann kommt die trockene Hitzesterilisation zum Zuge. Sie ist wesentlich weniger effektiv und muss deshalb bei wesentlich höheren Temperaturen und längerer Verweilzeit durchgeführt werden. Hierbei verwendet man in der Regel heiße Luft (um 180 °C, Abschnitt 3.2).

Die Konstruktion von Sterilisatoren geht von Schnellkochtopf-ähnlichen Apparaturen über tonnenähnliche Konstruktionen bis hin zu Kammersterilisatoren in meist rechteckiger, aber auch runder Ausführung mit Abmessungen von mehreren Metern und Inhalten von Kubikmetern.

Die Konstruktionen von Dampf- und Heißluftsterilisatoren sind ähnlich. Im einen Fall wird der heiße Dampf direkt in die Kammer eingegeben, und im anderen Fall muss die Luft erst über Wärmeaustauscher oder Lufterhitzer aufgeheizt werden, ehe sie in die Kammer eingeleitet wird.

Gas-Desinfektionsanlagen Gasdesinfektionsanlagen sind Apparaturen, die mittels geeigneter Gase zum Zwecke der Desinfektion, aber auch der Sterilisation, von nicht hitzesterilisierbaren Gegenständen (Geräten) eingesetzt werden.

Im Allgemeinen sind diese Kammern so aufgebaut, dass das einströmende Sterilisiergas auch in diesem Fall die Luft zunächst verdrängt und dann durch Wirbel und Druckschwankungen sicherstellt, dass auch Luftpolster entfernt und schwer zugängliche Ecken vom Sterilisiergas umspült werden.

Da es sich bei den Sterilisiergasen in der Regel um relativ kritische Substanzen handelt (darin liegt aber auch ihre besondere Wirksamkeit, z. B. Ethylenoxid), muss dafür gesorgt werden, dass außer dem zu sterilisierenden Gut sonst nichts in Mitleidenschaft gerät. Das bedeutet, dass das aus der Sterilisierkammer ausströmende Gas sicher entsorgt werden muss.

Am sichersten gestaltet sich hierbei eine saubere Verbrennung über eine Fackel, die in die Gas-Desinfektionsanlage verfahrenstechnisch integriert ist. Eine andere Möglichkeit wäre ein Waschturm (Venturiwäscher o. Ä.).

Validierung von Sterilisations- und Desinfektionsanlagen Auch im Zusammenhang mit Sterilisationsanlagen (Autoklaven) muss es möglich sein, die Funktionsfähigkeit der Anlage, des Apparates überprüfen und dessen Zuverlässigkeit nachweisen zu können, denn es muss der Nachweis erbracht werden, dass die Leistung, die verlangt wird, auch wirklich erbracht werden kann oder wurde. Nur funktionsqualifizierte Sterilisations- und Desinfektionsanlagen garantieren sowohl die betriebliche als auch die Sicherheit im Sinne des GenTSV.

Verfahren zur Validierung von Sterilisations- und Desinfektionsanlagen sind unter anderen in den DIN- und ISO-Normen, der EU-Richtlinien und den CEN zu finden (DIN 58 950).

Anerkannte Verfahren zur Validierung von Sterilisations- und Desinfektionsanlagen sind die Messung von Temperaturprofilen (Autoklaven) und die Benutzung von Indikatorsystemen, wie z. B. *Geobacillus stearothermophilus*-Sporen, die in Kapselform bezogen werden können oder als Ausstrich (Desinfektionsanlagen) in den entsprechenden Apparat ausgelegt werden.

Laborgeräte unter dem Aspekt der GenTSV Mikroskope und sonstige Kleingräte im Labor Zur Durchführung der Laborexperimente wird eine Vielzahl von kleineren Hilfsgeräten benutzt. Dazu gehören Pipetten verschiedenster Ausführung, vom Mikroliter-Maßstab bis zum Zig-Milliliter-Maßstab, Spatel, Zellkammern, Zellzählgeräte, Impfösen, Bunsenbrenner, verschiedenste Halterungen und Ablagemöglichkeiten für Eppendorfhütchen und Reagenzgläser bis hin zu Mikroskopen. Unter dem Aspekt der GenTSV und den entsprechenden Sicherheitsstufen stellt sich bei all diesen Geräten die Frage, auf welche Art und Weise und wo können oder werden diese Geräte in Kontakt mit dem biologischen Material kommen, wie ist zu verhindern, dass es weiter verschleppt wird und damit keine Ausbreitungskontamination stattfindet, und wie lassen sie sich sicher dekontaminieren bzw. entsorgen?

Bei Verwendung von Pipettiereinrichtungen mit Pipettierspitzen werden die Pipettierspitzen als Wegwerfmaterial behandelt und nach einem einzigen Einsatz sofort in einen dafür vorgesehenen Plastikbeutel geworfen. Ist der Beutel voll, wird er verschlossen und zur Sammelstelle (Behälter, Fass aus Kunststoff, Stahl oder Edelstahl) biologisch kontaminierter Abfälle gebracht.

Für Pipetten, die mehrfach Anwendung finden, muss neben der Arbeitsstelle ein mit Desinfektionsmittel gefüllter Aufnahmebehälter stehen, in dem die benutzten Pipetten sofort sicher nach Benutzung untergebracht werden können, ehe sie in entsprechenden Reinigungseinrichtungen (Autoklav, Pipettenspüler, Trockenschrank) sachgerecht dekontaminiert und gereinigt werden.

Unter einem Mikroskop werden die besagten biologischen Materialien offen gehandhabt. Es ist also zwingend notwendig, neben den vorgeschriebenen Körperschutzmaßnahmen (Handschuhe, Mundschutz) auch den Ablauf der Mikroskopie den Erfordernissen der GenTSV anzupassen. Dazu gehört, dass neben dem Mikroskop wieder ein Aufnahmegefäß steht, das Desinfektionsmittel beinhaltet (z. B. 70 %iges Ethanol), um dort sofort nach dem Mikroskopieren das kontaminierte Material (Glasplättchen, Pipetten) ablegen zu können. Von dort gelangt der vordekontaminierte Abfall wieder über den Weg von Abfallsammlern und Autoklaven zur sicheren Entsorgung.

Laborzentrifugen In Laborzentrifugen wird das zu zentrifugierende Material in geschlossenen Gebinden eingebracht und nach dem Zentrifugieren mit diesen auch wieder entnommen. Als Behälter werden meist Eppendorfhütchen, Reagenzgläser und spezielle Zentrifugenbecher verwendet. Unter dem Aspekt der GenTSV und den entsprechenden Sicherheitsstufen stellt sich diesem Fall allerdings die Frage, auf welche Art und Weise und wo kann biologisches Material dennoch austreten, oder nach dem Öffnen der Gebinde in Kontakt mit dem Bediener kommen?

Eine häufige Ursache für eine ungewollte Gerätekontamination, die auch zur Gefahr für den Bediener werden kann, ist das Zerbrechen der Gebinde während der Zentrifugation, das vor allem bei Verwendung von Glasgebinden oder spröden Gebinden auftreten kann. Gefördert werden solche missliche Situationen durch nicht sachgerechtes Handhaben der Zentrifugen (Unwucht durch Fehlbestückung). Ist ein solches Mischgeschick geschehen, so ist der anschließenden Desinfizierung größte Aufmerksamkeit zu schenken. Besonders im Bereich der Wellenabdichtung zum Antrieb (Lagerung, Motor) muss sichergestellt sein, dass kein biologisches Material verschwindet und sämtliches desinfiziert werden kann.

Bei Verwendung von verschraubbaren Zentrifugenbecher können nicht sachgerechte Konstruktionen zur Gefährdung des Bedieners durch Kontamination mit dem biologischen Material beim Wiederöffnen des Bechers führen (Abb. 3.4).

Filterapparate im Labor In Laborfiltern müssen ab Sicherheitsstufe 2 die zu filtrierenden Suspensionen ebenfalls in geschlossenen Gebinden eingebracht oder unter einer Sicherheitswerkbank durchgeführt werden. Klassische, offene Vakuumnutschen sind somit nur begrenzt einsetzbar, es kommen vielmehr Drucknutschen im Falle der Dead-end-Filtration (Kuchenfiltration) zum Einsatz. Nach dem Filtrationsvorgang muss der gebildete Filterkuchen, der ja das besagte biologische Material beinhaltet, sicher entfernt und entsorgt werden. Das geschieht ab Sicherheitsstufe 2 mit entsprechender Schutzkleidung unter einer Sicherheitswerkbank (Klasse II oder III), wo das Material sofort in Plastikbeutel(-säcke) abgefüllt wird. Von dort kann es wieder über eine Sterilisation (Autoklaven) der Entsorgung zugeführt werden.

Eine modernere Art der Filtration bietet die sogenannte Cross-flow-Filtration. Im Gegensatz zur Dead-end-Filtration bildet sich hierbei nicht unbedingt ein stetig wachsender Filterkuchen, da die Suspension quer zur Filtrationsrichtung geführt wird. Dabei ist es möglich, die Kuchenbildung, hier Deckschichtbildung genannt, zu kontrollieren und somit konstantzuhalten. Dieses Verfahren kann unter diesen Umständen kontinuierlich betrieben werden. Die abgetrennten Feststoffe im Falle einer Mikrofiltration, bzw. die abgetrennten Makromoleküle im Falle der Ultrafiltration, verbleiben im Retentat (aufkonzentrierte Suspension), das in geschlossenen Behältern aufgenommen und so sicher entsorgt werden kann. Am Ende des Filtrationsvorganges muss auch die Membran dekontaminiert werden. Dazu muss mit entsprechender Schutzkleidung unter einer Sicherheitswerkbank, wie im Falle der Kuchenfiltration, vorgegangen werden.

Probleme können oft durch Blockieren der Filtertücher bzw. der Membranen auftreten. Das führt dann meist zum Abbruch des Prozesses. Die weitere Vorgehensweise ist dann dieselbe wie nach Abbruch eines Prozesses.

Laborpumpen Der verbreitetste Pumpentyp im Labor ist die Schlauchpumpe. Diese gibt es in zahlreichen Ausführungen, doch das Grundprinzip bleibt immer dasselbe. Ein Schlauch wird in eine runde Kammer eingelegt, in der zwei, drei oder mehr Walzen oder Rollen laufen. Dadurch wird der Schlauch gewalkt, es entsteht eine Verdrängung, die wiederkehrend durch die drehenden Walzen entsteht. Das Prinzip entspricht dem einer Verdrängerpumpe (Kolbenpumpe).

Vorteil dieses Pumpenprinzips ist, dass hinsichtlich Steril- und damit auch Sicherheitstechnik keine Bedenken bestehen. Das größte Problem dabei ist allerdings die Schwachstelle „Schlauch“. Durch die starke mechanische Belastung ist die Gefahr, dass ein solcher Schlauch platzt, sehr groß. Da diese Störung kaum auszuschließen ist, muss darauf sorgfältig geachtet werden, indem rechtzeitig die Schläuche ausgetauscht werden und diese Pumpen in Auffangwannen stehen, um auslaufende Flüssigkeit aufzufangen.

Die Gefahr, dass bei anderen Pumpentypen, wie der Zahnradpumpe, der Wälzkolbenpumpe, der Exzenterschneckenpumpe oder der Kreiselpumpe, unkontrolliert plötzlich größere Mengen an Flüssigkeit austreten, besteht nicht. Dennoch kann es im Bereich der dynamischen Dichtungen zu Leckagen kommen, die wiederum in einer Wanne aufgefangen werden müssen. Bei sachgerechter Verwendung von modernen, doppelt wirkenden Gleitringdichtungen (Stand der Technik) ist eine größere Leckage nahezu unwahrscheinlich. Ganz auszuschließen sind Undichtigkeiten, wenn magnetgekoppelte Pumpen eingesetzt werden. Diese sind hermetisch abgeschlossen und garantieren somit, dass nichts nach außen dringen kann.

Etwas anders muss die Situation bei den Pumpen unter den Aspekt der Steril- und damit auch der Sicherheitstechnik gesehen werden. Nach der Benutzung müssen die produktberührten Teile entsprechend der Sicherheitsstufe sicher dekontaminiert werden. Sind die Konstruktionen dafür aber ungünstig, so wird das nicht mit ausreichender Sicherheit geschehen können und das Personal ist somit der Gefahr einer Kontamination ausgesetzt. Die Qualität der Konstruktion aus dieser Sicht wird hauptsächlich durch die Art und Platzierung der dynamischen Abdichtung bestimmt. Bei magnetgekoppelten Pumpen ist es nahezu ausgeschlossen, dass das Personal beim Öffnen der Pumpe nicht kontaminiert wird, es muss also in jedem Fall mit entsprechender Schutzkleidung unter einer Sicherheitswerkbank arbeiten.

Einen besonderen Pumpentyp stellt die Membranpumpe dar. Diese ist im Steril- und Sicherheitsbereich unbedenklich einsetzbar. Da sie wie ein Membranventil aufgebaut ist, weist sie dieselben Vorteile auf, ist somit *in situ* sterilisierbar und damit gefahrlos nach dem Prozess zerlegbar. Großer Nachteil ist allerdings die starke Pulsation.

Zellaufschlussgeräte im Labor Im Laborbereich stehen zum Zwecke des mechanischen Zellaufschlusses mehrere Methoden zur Verfügung. Im Einzelnen sind das der Ultraschall, der Hochdruck und die Kugelmühle. Die verbreitetste Technik ist die Homogenisation bei hohem Druck. Hierbei wird die Zellsuspension auf hohe Drücke (400 bis 800 (2500) bar) gebracht und in einer Düse entspannt. Dabei werden die Zellen aufgerissen. Je höher der Druck eingestellt wird, umso effektiver ist der Aufschlussgrad.

Da in der Aufschlusskammer der wesentlich höhere Druck herrscht, gelangt ein kleiner Leckstrom über die Stopfbuchsenpackung (dynamische Abdichtung) der Plunger nach außen. Es müssen also diese Geräte ebenfalls in einer Auffangwanne unter einer Sicherheitswerkbank stehen.

Daneben lassen sich Zellen auch in einer Rührwerkskugelmühle aufschließen. Dabei werden die Zellen zwischen den sich reibenden Kugeln zerrieben und damit der Aufschluss bewirkt.

Da das Medium nach außen über eine Labyrinthdichtung (Undichtigkeiten) abgedichtet wird, ist dieser Aspekt ebenfalls sicherheitstechnisch zu berücksichtigen.

Hinweis: Lässt sich neben dem mechanischen Aufschluss eine chemische Methode finden, die neben dem Zellaufschluss auch noch eine effektive, kinetisch eindeutig beschreibbare Zellabtötung bewirkt, dann lassen sich die nachfolgenden Aufarbeitungsschritte wesentlich einfacher gestalten, weil keine lebenden Zellen mehr auftreten.

Analysengeräte Eine Reihe von Analysengeräten kommt ebenfalls mit biologischem Material in Berührung. Hier gilt in allen Einzelfällen dieselbe Devise. Es ist dafür zu sorgen, dass eine Kontamination sich nicht unkontrolliert ausbreiten kann, dass eine aufgetretene Kontamination rückgängig gemacht werden kann (Dekontamination) und das Personal nicht zu Schaden kommen kann. Die entsprechenden Hilfsmaßnahmen und -einrichtungen sind entsprechende Arbeitsvorschriften, Schutzkleidung und Sicherheitswerkbänke.

Chromatographieanlagen im Labor Eine wichtige Technik zur Aufreinigung von Proteinen ist die Chromatographie. In einer Säule werden Gele gepackt, die zu bestimmten Proteinen besondere Affinitäten besitzen. Diese Gele sind nicht hitzesterilisierbar. Eine Entkeimung lässt sich nur chemisch erreichen (1 N Natronlauge).

Reaktoren (Fermenter) und Mischer im Labor Als Reaktoren und Mischer im Labor kommen in der Biotechnologie Schüttelkolben (Erlenmeyerkolben), Roller Bottles, Erlenmeyerkolben mit Rührfisch und Spinner Flasks zum Einsatz. Für sehr kleine Volumina (Eppendorfhütchen) werden Vibratoren eingesetzt.

Wie bei allen Laborgeräten gilt auch im Falle der Mischer und Reaktoren, dass kein biologisches Material auslaufen darf. Besteht dennoch die Gefahr, so müssen diese Geräte in Auffangwannen und unter einer Sicherheitswerkbank stehen. Des Weiteren ist in allen Einzelfällen sicher zu stellen, dass nach der Benutzung eine sichere Dekontamination stattfinden kann, damit das Personal nicht kontaminiert werden kann. Ist das nicht sicherzustellen, so muss wieder unter entsprechenden Schutzmaßnahmen gearbeitet werden (Vorschriften, Schutzkleidung, Sicherheitswerkbank).

Die oben genannten Behältnisse (Reaktoren) werden nur bis wenige Hundert Milliliter eingesetzt (manchmal vielleicht bis in den Litermaßstab). Sollen größere Volumina bearbeitet werden, kommen Laborreaktoren (Laborfermenter) zum Einsatz, die bis zu 10, 20 und mehr Liter aufnehmen können. Diese Apparate unterscheiden sich dann zu großtechnischen Apparaten nur in den Abmessungen, aber nicht mehr in der Technik. Der Zentralpunkt unter dem Aspekt der Sicherheit sind wiederum alle Dichtsysteme, allen voran die dynamischen Dichtungen (z. B. doppelt wirkende Gleitringdichtung). Es gilt dieselbe Betrachtung, wie sie schon für Pumpen durchgeführt wurde (Abschnitt 3.5.4.2 Laborpumpen).

Abwasserentsorgungsanlagen (dis- und kontinuierlich) Alle Abgänge, aus denen kontaminierte Flüssigkeit austreten kann, müssen auf eine Abwassersterilisation (ASA) geführt werden. Treten gelegentlich Fälle auf, die üblicherweise keine kontaminierte Flüssigkeit erwarten lassen, dann wendet man eine sicherheitstechnische Ankopplungstechnik an [25]. Dadurch besteht die Möglichkeit, den Inhalt dieser Apparate sicher aufzufangen und in eine Dekontamination zu bringen.

Für eine Abwassersterilisationsanlage bestehen zwei Betriebskonzepte. Einmal kann sie diskontinuierlich und im anderen Fall kontinuierlich arbeiten.

In beiden Fällen muss zunächst vor dem Zulaufbehälter dafür Sorge getragen werden, dass zwischen den einzelnen Zuläufen keine Querkontamination möglich ist. Das geschieht am besten durch eine Art Siphon, dessen flüssiger Inhalt ständig mit Natronlauge auf pH 12 eingestellt ist. Dadurch wird schon eine Keimabtötung bewirkt.

Im Falle der diskontinuierlichen ASA wird der Sterilisator erst gefüllt, und dann läuft das Sterilisationsprogramm ab. In der Zwischenzeit muss der Auffangbehälter genügend Kapazität haben, um die anfallenden Abwassermengen aufnehmen zu können [25].

Im Vergleich zur diskontinuierlichen Anlage hat die kontinuierlich betriebene ASA durchaus einige Vorteile aufzuweisen. Wesentliche Vorteile sind, dass ständig stationäre Bedingungen herrschen (materialschonend) sowie ein geringerer Steueraufwand (nur Standard-Regelungstechnik) erforderlich wird und sie dadurch auch weniger störanfällig ist [25].

3.5.4.3 Anhang IV und V

Die Anforderungen zu den Sicherheitsmaßnahmen für Gewächshäuser (Anhang IV) sowie zu den Sicherheitsmaßnahmen für die Tierhaltungsräume (Anhang V) sind in der GenTSV sehr klar dargestellt. Technische Lösungen weichen von den bisher beschriebenen nicht ab, sind häufiger einfacher zu erreichen.

3.5.5 Wichtige Internetadressen

Nachfolgend sind für viele Belange der Biotechnologie wertvolle Internetadressen aufgeführt (Stand: 2012).

- AAPS American Association of Pharmaceutical Scientists: http://www.aaps.org
- APV Arbeitsgemeinschaft für Pharmazeutische Verfahrenstechnik e. V.: http://apv-mainz.de
- CEFIC-The European chemical industry home page: http://www.cefic.org
- EMA Home: http://www.ema.europa.eu
- ICH Homepage: http://www.ich.org
- IPEC International Pharmaceutical Excipients Council: http://www.ipec-europe.org
- ISPE Online: http://www.ispe.org
- PhRMA – Pharmaceutical Research and Manufacturers of America: http://www.phrma.org
- PIC/S Pharmaceutical Inspection Co-Operation Scheme: http://www.picscheme.org/index.php
- WHO/OMS: World Health Organization: http://www.who.org
- U.S. Food and Drug Administration: http://www.fda.gov

Literatur

1 Wandrey, C.: Beitrag zum Statusbericht des GVC Fachausschusses „Bioverfahrenstechnik". Düsseldorf (1994).
2 Klingeberg, M.: Persönliche Mitteilung. Fa. Südzucker Offstein (2010)
3 Reuschenbach, P.; Storhas, W.; Müller, B.; Feurer, J.: Neuartige Testmethoden für die ökologische Risikobewertung von Stoffen. Bundesministerium für Bildung, Wissenschaft, Forschung und Technologie, Förderzeichen: BMBF 02WU9831(2000).
4 Storhas, W.: Bioreaktoren und periphere Einrichtungen. Vieweg Verlag, Wiesbaden, ISBN 3-528-06510-9 (1994).
5 Sicherheitsforschung in der Biotechnologie. Schriftenreihe des Fonds der Che-

mischen Industrie, Heft 32, Frankfurt (1992).

6 Bauer, A.: Dichtigkeitsuntersuchungen in der Biotechnologie im Hinblick auf die „Freisetzungsproblematik“. Diplomarbeit, Fachhochschule für Technik Mannheim (1991).

7 Gengenbach, R.: Persönliche Mitteilung (2002).

8 Gengenbach, R.: Vortrag anlässlich des CONCEPT – Seminars: „GMP-konforme Herstellung von Wirkstoffen“, am 14./15. Mai in Basel/Freiburg. Dipl.-Ing. R. Gengenbach, BASF AG, Verfahrensentwicklung Hauptlaboratorium (1997).

9 Meffert, R.: Das Gentechnikrecht. Sicherheit in der Gentechnik – Fortbildungskurs für Projektleiter und Beauftragte für die biologische Sicherheit gentechnischer Anlagen, Johannes Gutenberg-Universität Mainz, Zentrale Weiterbildung (2000).

10 Knoche, J.: Gentechnikrecht. Fragen zur Auslegung. *Editio Cantor Verlag (ECV) Pharm. Ind.* **54**, 12 (1992).

11 Knoche, J.: Auslegungsprobleme des Gentechnikrechts. *Lösungen des Länderausschusses Gentechnik, Editio Cantor Verlag (ECV), Pharm. Ind.* **55** (11) 1001–1003 (1993).

12 EuGH NJW, 2021; NVwZ, 353 (1990).

13 EuGH 1987, 3969 (3986) (1987).

14 EuGH GVBI, 689 (1990).

15 Winter, #.: DVBI. 1991, 657; Di Fabio NJW 1990, 949 (Fn 32).

16 EuGHE 1987, 3969 (3985); so acu EuGHE 1987, 2141 (2159).

17 Storhas, W.: Anforderungen an den Produktionsbereich. Sicherheit in der Gentechnik – Fortbildungskurs für Projektleiter und Beauftragte für die biologische Sicherheit gentechnischer Anlagen, Johannes Gutenberg-Universität Mainz, Zentrale Weiterbildung (2000).

18 Bundesministerium der Justiz, http://www.gesetze-im-internet.de/index.html (2012).

19 Merkblätter der BG RCI; http://bgcformulare.jedermann.de/shop/bgi (2012).

20 Essig, A.; Wellinghausen, N.; von Baum, H.; Brax, E.; Spellerberg, B.; Kimmig, P.: MiQ: Qualitätsstandards in der mikrobiologisch-infektiologischen Diagnostik. MiQ Grundwerk Heft 1-25 / MIQ 20: Sicherheit im mikrobiologisch-diagnostischen Labor, Teil I, in *Laborinfektionen – Gesetzliche Regelungen – Sicherheitsmanagement*, (Hrsg. Mauch, H.; Podbielski, A.; Herrmann, M.), ISBN 978-3-437-22616-8 (2005).

21 Rietschel, H.: Lehrbuch für Heizungs- und Klimatechnik. Berlin (1966).

22 BS 5726, „Cabinet reshuffle“; Laboratory Practice, Oct. (1987).

23 COSHH 1657–1988 Air-flows in open fronted containment facilities, Sept. 1989.

24 DIN 12 980 (resp. DIN 12 950), CEN/TC 233/prEN 12 469 Safety Cabinets (1998).

25 Adelmann, S.; Buhk, H.-J.; Eckelbrecht, Th.; Frommer, W.; Hasskarl, H.; Müllner, H.: In: Driesel, A. J. (Hrsg.): Sicherheit in der Biotechnologie – Band 4 Rechtliche Grundlagen. Hüthig Buch Verlag, Heidelberg, ISBN 3-7785-1985-9 (1991).

4
Bioreaktionstechnik in Laborgefäßen

4.1
Allgemeine Betrachtungen

War die Suche nach einem Mikroorganismus mit dem gewünschten Synthesepotenzial sowie die anschließende Stammentwicklung erfolgreich, so steht in der Praxis meist eine Vielzahl von geeigneten „Kandidaten" zur Verfügung. Aus dieser großen Zahl von möglichen Produktionsstämmen müssen nun die Stämme bzw. der Stamm ausgewählt werden, die bzw. der das höchste Leistungspotenzial besitzt. Das einzige anwendbare Kriterium ist dabei die Wirtschaftlichkeit, d. h. der wirtschaftlich günstigste Weg zum marktfähigen Produkt. Genau genommen muss an dieser Stelle schon die Wirtschaftlichkeitsbetrachtung (Sensitivitätsbetrachtung, Kostenstruktur) mit herangezogen werden (Kapitel 3, 9 und 10), um keiner Fehlentwicklung zu unterliegen, denn schon bei der Formulierung des Auswahlkriteriums „Wirtschaftlichkeit" muss der Prozess ganzheitlich betrachtet werden. Nur so sind Rückschläge zu vermeiden bzw. zumindest zu minimieren.

Zunächst muss in Reihenuntersuchungen die Syntheseleistung verschiedener Stämme in Bioreaktoren gegenübergestellt werden. Da eine Vielzahl von mehreren Hundert Kandidaten zu überprüfen sind, müssen Systeme verwendet werden, die möglichst einfach und damit preiswert sind. Die einfachsten und damit auch

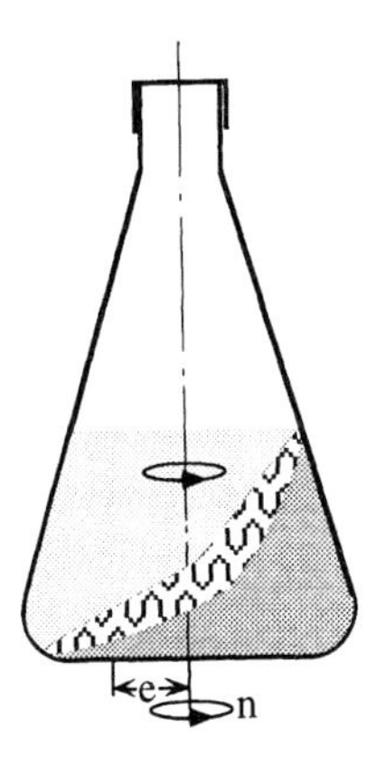

Abb. 4.1 Strömungsverhältnisse (Hydrodynamik) im Schüttelkolben (SK). Die umlaufende Flüssigkeit bildet aufgrund der durch die Exzentrizität des Schüttlers verursachten kreisenden Bewegung des Kolbens ein Rotationsparaboloid.

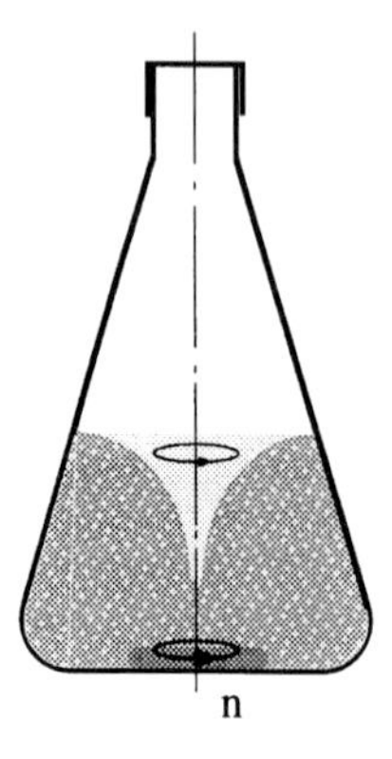

Abb. 4.2 Strömungsverhältnisse (Hydrodynamik) im Magnetfischkolben (MK). Die durch den mittig angebrachten Rührer verursachte rotierende Bewegung der gesamten Flüssigkeit bildet eine Trombenform aus, die nur einen geringen Leistungseintrag erreicht.

billigsten Bioreaktoren sind Glasbehälter bzw. Glaskolben, sogenannte Erlenmeyerkolben (Abb. 4.1 und 4.2), oder auch Bechergläser (Abb. 4.3) mit einem Gesamtvolumen von einigen Hundert bis wenigen Tausend Millilitern (Füllvolumen etwa 10–30 %), die als Massenartikel für Labors preisgünstig in großen Stückzahlen bezogen werden können. Werden diese einfachen Gefäße als Reaktoren eingesetzt, so muss zu Erfüllung der Primäraufgaben eines Reaktors auch in diesem Fall auf ein Volumenelement oder Massenelement Energie pro Zeit, also Leistungsdichte, eingebracht werden. In der Praxis stehen dazu entweder Magnetrühreinrichtungen mit Magnetfischen oder Schüttelkolbeneinrichtungen zur Verfügung [1, 2].

Abb. 4.3 Die Trombenbildung in einem magnetfischgerührten Becherglas. Es bildet sich eine Potenzialströmung aus, die der eines Hurrikans entspricht. Im Zentrum ist die höchste Geschwindigkeit, und nach außen hin nimmt die Geschwindigkeit auf null ab.

In diesem Zusammenhang wird bereits eine wichtige, aber auch sehr schwierige Forderung an die Verfahrenstechnik herangetragen, denn die Ergebnisse im Kolbenreaktor (Schüttelkolben, Abb. 4.1) oder Magnetfischkolben (Abb. 4.2 und 4.3) müssen richtig interpretiert und auf den nächst größeren Labormaßstab (5–50 l) übertragen werden [3, 4]. Eine aus der Modelltheorie abgeleitete, sinnvolle Mindest-Reaktorgröße beginnt aus verfahrenstechnischer Sicht erst bei 50–100 Litern, denn erst ab dieser Größe lassen sich die Ähnlichkeitsgesetze sicher genug anwenden.

Dennoch lassen sich die Kolbenreihenuntersuchungen zur merklichen Reduzierung der in Frage kommenden Stämme auf einige wenige (fünf bis maximal zehn) nicht umgehen. Es besteht also die wichtige Frage: Wie lässt sich die Vorauswahl objektiv und ohne Verlust eines wirklichen Spitzenkandidaten durchführen, und welche Übertragungskriterien für den Laborbioreaktor lassen sich angeben?

Als eine der Schlüsselgrößen zur Charakterisierung und Maßstabsübertragung kann der volumenspezifische Leistungseintrag (P/V) in kW/m^3 oder der massenspezifische Leistungseintrag ϵ (in W/kg) angesehen werden. Während für Rührkessel unterschiedlichster Geometrien viele Literaturdaten zur rechnerischen Abschätzung des Leistungseintrages existieren, besteht für Kolbenreaktoren, in denen der überwiegende Teil biotechnologischer Entwicklungsarbeiten abläuft, in dieser Hinsicht erheblicher Nachholbedarf [5].

Die Leistungsdichte beeinflusst in wesentlichem Maße eines der wichtigsten Maßstabsübertragungskriterien, die Sauerstofftransferrate (OTR). Somit besteht der Bedarf, nicht nur die Leistungsdichte, sondern auch die Sauerstofftransferrate oder besser den spezifischen Sauerstofftransportkoeffizienten, $k_L \cdot a$, zu kennen.

Zumindest bei schnellen biotechnologischen Reaktionen weist der Kolbenreaktor (Schüttelkolben oder Magnetfischkolben) einen besonderen Nachteil auf. In der Regel werden die Kolbenreaktoren (Schüttelkolben oder Magnetfischkolben) zum Zwecke der Temperierung in einem Temperierschrank (oder -raum) aufgestellt und die dort herrschende Temperatur wird der Flüssigkeitstemperatur im Kolbenreaktor gleichgesetzt. Da aber bei exothermen Reaktionen die entstehende Wärme abgeführt werden muss, ist eine Temperaturdifferenz zwischen dem Temperierraum und der Flüssigkeit im Kolbenreaktor erforderlich. Diese Differenz beträgt bei vielen Fermentationen lediglich einige Zehntel bis ein Grad Celsius, kann aber im Extremfall auch fünf bis zehn Grad erreichen. Dann wird es zwingend notwendig, nicht die Schranktemperatur, sondern die Flüssigkeitstemperatur zu übertragen (Abb. 4.4).

Um dem Anwender von Kolbenreaktoren als Reaktionsapparaten der ersten Entwicklungsgeneration eine überschlägige Berechnung des spezifischen Leistungseintrages zu ermöglichen, wurden Korrelationsgleichungen entwickelt [2, 6], die im folgenden Abschnitt vorgestellt werden.

Ebenfalls von Wichtigkeit wären Kenntnisse über andere, den Prozess prägende Parameter, wie Reynolds-Zahl, Mischzeit, Leistungsdichte, OTR und eventuell auch Ereigniskennziffer als Maß für die mechanische Belastung, um bei der Übertragung möglichst erfolgreich zu sein. Erfolgreich bedeutet eigentlich nur, dass die im Modellmaßstab (Labormaßstab, Versuchsmaßstab) erzielten Ergebnisse auch in der Produktion wiedergefunden werden können. Nur dann kann eine verfahrenstechnische Entwicklung als erfolgreich angesehen werden (Abschnitt 2.7.3 und Kapitel 10).

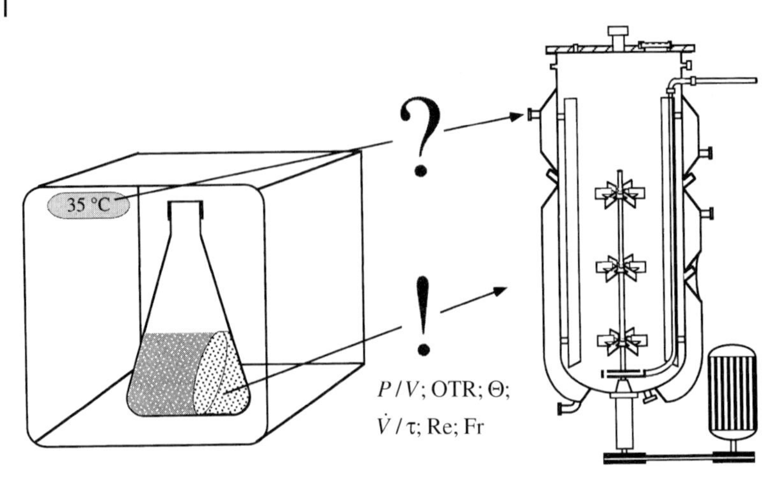

Abb. 4.4 Übertragung der richtigen Temperatur und anderer für die reproduzierbare Fortführung der Prozesse erforderlicher Parameter vom Kleinreaktor (Erlenmeyerkolben, Schüttelkolben) in den Bioreaktor.

4.2 Beschreibung des kleinsten Bioreaktors

4.2.1 Geometrische Zusammenhänge

Die Formen der Glaskolben, die eigentlich aus dem Chemielabor stammen und dort als „Erlenmeyerkolben" seit Jahrzehnten gute Dienste leisten, sind sehr einheitlich. In Abb. 4.5 sind Grundkonstruktionsmerkmale und in Tab. 4.1 die einzelnen Abmessungen bzw. der Bereich der geometrischen Faktoren dargestellt.

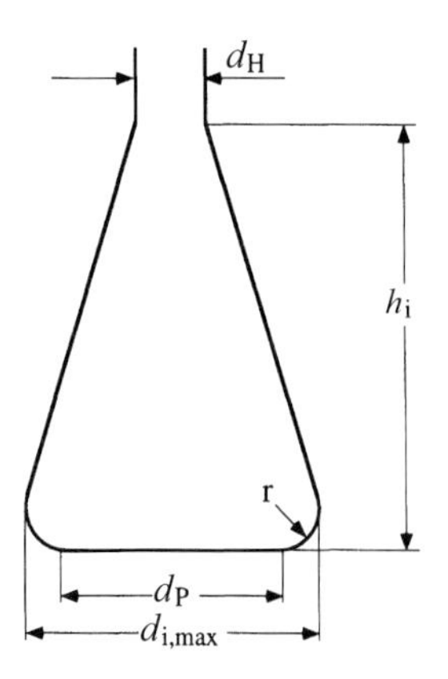

Abb. 4.5 Der kleinste und auch häufigste „Bioreaktor" ist der Kolbenreaktor (Schüttelkolben oder Magnetfischkolben), auch als Erlenmeyerkolben längst in chemischen Labors etabliert. Er ist einfach, preiswert und somit in großen Stückzahlen einsetzbar. Zur Darstellung der geometrischen Verhältnisse müssen die kennzeichnenden Abmessungen bekannt sein. Für die Vergleichbarkeit von Ergebnissen ist geometrische Ähnlichkeit wünschenswert (vgl. Abb. 4.6).

Tabelle 4.1 Geometrien sowie geometrische Verhältnisse verschiedener Erlenmeyerkolben (vgl. Abb. 4.5).

Größe (ml)	$d_{i,max}$ (mm)	d_P (mm)	h_i (mm)	r (mm)	f_D	$f_{S,B}$	f_S	f_B
1000	127	92	176	17,5	0,72	1,39		0,138
500	101	68	139	16,5	0,67	1,38		0,163
300	82	55	120,6	13,5	0,67	1,47	$f(V_{R,L}/$	0,165
250	80	55	104	12,5	0,69	1,30	$V_{R,B})$	0,156
100	60,6	40	81,5	10,3	0,66	1,35		0,170

Zur geometrischen Charakterisierung dieser Erlenmeyerkolben lassen sich folgende geometrische Verhältnisse definieren:

- das Durchmesserverhältnis:

$$f_D \equiv \frac{d_P}{d_{i,max}} \quad \text{(Gleichung 4.1)}$$

- der Bruttoschlankheitsgrad:

$$f_{S,B} \equiv \frac{h_i}{d_{i,max}} \quad \text{(Gleichung 4.2)}$$

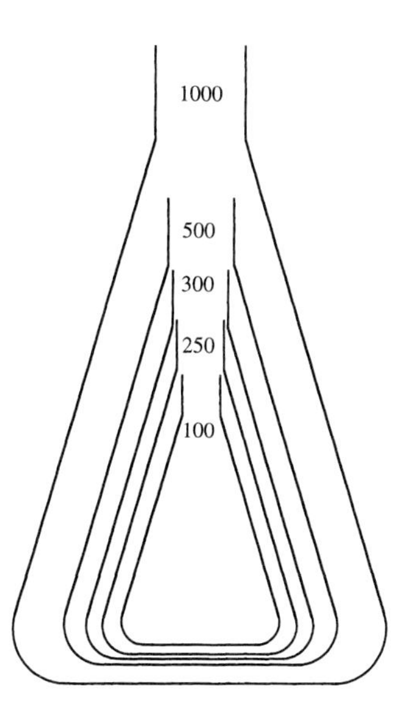

Abb. 4.6 Formen verschiedener Erlenmeyerkolbengrößen von 100–1000 ml Bruttovolumen (Nennvolumen). Die geometrische Ähnlichkeit dieser Kleinbioreaktoren ist augenscheinlich. Damit ist die erste Voraussetzung für die Vergleichbarkeit der Ergebnisse untereinander gegeben. Das Nettofüllvolumen, also das Reaktionsvolumen, beträgt maximal 25 % des Nennvolumens, weil aufgrund der Schüttelbewegung die Flüssigkeit je nach Zähigkeit mehr oder weniger an die Kolbenwand gedrängt wird und somit die Flüssigkeitsoberfläche in der Höhe um das Mehrfache ansteigt. Bei zu großem Flüssigkeitsvolumen läuft man somit in Gefahr, dass die Flüssigkeit bis in den Kolbenhals gerät und den dort angebrachten Sterilfilter befeuchtet oder sogar überschwappt.

- der Schlankheitsgrad:

$$f_S \equiv \frac{h_L}{d_{i,\max}} \qquad \text{(Gleichung 4.3)}$$

- das Radius-Durchmesserverhältnis:

$$f_B \equiv \frac{r}{d_{i,\max}} \qquad \text{(Gleichung 4.4)}$$

Man sieht aus Abb. 4.5 und Tab. 4.1, dass die auf dem Markt befindlichen Erlenmeyerkolben von vorneherein schon der Wunschvorstellung, für die verschiedenen Kolbenreaktorengrößen (Schüttelkolben oder Magnetfischkolben) geometrische Ähnlichkeit zu bieten, nahe kommen.

Eine Voraussetzung für gleiche Strömungszustände beim Schütteln von Flüssigkeiten in Erlenmeyerkolben verschiedener Größe ist die geometrische Ähnlichkeit. Sie liegt dann vor, wenn alle Abmessungen der Kolbenreaktoren in ihrem Verhältnis zueinander gleich sind, oder anders ausgedrückt, alle Verhältnisse bestimmter Abmessungen in verschiedenen Größen konstant sind. Bei Kenntnis der Verhältnisse oder der geometrischen Faktoren (Gleichungen 4.1–4.4), und der Angabe einer Abmessung kann die Größe des Kolbenreaktors (Schüttelkolben oder Magnetfischkolben) festgelegt werden.

Für die handelsüblichen Erlenmeyerkolben wird in Abhängigkeit des maximalen Kolbendurchmessers eine Korrelationsgleichung [2] für das Bruttovolumen angegeben:

$$V_B = 0{,}634 \cdot d_{i,\max}^{2{,}935} \qquad \text{(Gleichung 4.5)}$$

Die berechneten Kolbenreaktorvolumina liegen im arithmetischen Mittel um den Faktor 1,13 über den angegebenen Nennvolumina, dennoch ist die geometrische Ähnlichkeit der Kolben in ausreichender Näherung gegeben.

Da die beiden Kolbenreaktortypen (Schüttelkolben und Magnetfischkolben) über völlig unterschiedliche Leistungseintragskonzepte verfügen, bilden sich auch verschiedene Hydrodynamiken aus. Aufgrund der durch die Exzentrizität des Schüttlers verursachten kreisenden Bewegung des Kolbens bildet die umlaufende Flüssigkeit ein Rotationsparaboloid aus (Abb. 4.1). Die Form hängt von der Exzentrizität des Schüttlers und vom Kolbenradius ab. Somit müsste für die Ausbildung einer ähnlichen Flüssigkeitsverteilung in Schüttelkolben unterschiedlicher Größe das Verhältnis der Exzentrizität des Schüttlers zum Schüttelkolbenradius konstant gehalten werden. Da meist nur Schüttelapparate mit fester Exzentrizität zur Verfügung stehen, können sich in Schüttelkolben unterschiedlicher Größe keine ähnlichen Strömungszustände einstellen. Ein geometrisches Scale-up von kleinen auf große Schüttelkolben ist somit trotz geometrischer Ähnlichkeit nicht möglich.

Neben einer geringfügigen Variation der geometrischen Verhältnisse (Tab. 4.1) lassen sich als weitere Variationen nur noch Schikanen (Stromstörer) in das Glas eindrücken.

4.2.2
Unterscheidung von Kolbenreaktoren hinsichtlich des Energieeintrags

Die Energie kann in den Erlenmeyerkolben auf zwei unterschiedliche Weisen eingetragen werden. Zum einen kann hierfür ein Magnetantrieb genutzt werden, wobei der Kolben auf einem Antrieb steht und von dort die Kräfte über magnetische Felder auf den Magnetfisch im Innern des Kolbens übertragen werden (Abb. 4.2 und 4.3). Dabei können keine zu großen Kräfte übertragen werden, da sonst der Magnetrührer instabil wird und aus dem Feld gerät, womit er seine Rührwirkung verliert. Deshalb laufen solche Rührer in stromstörerlosen Kolben und zeichnen sich durch das charakteristische Bild der Trombenströmung aus. Dieses Erscheinungsbild deutet gleichzeitig darauf hin, dass die mögliche Leistungsdichte auf niedrigstem Niveau angesiedelt ist (Abb. 4.12). Die andere Möglichkeit des Energieeintrages in Erlenmeyerkolben besteht darin, den Kolben auf ein Schüttelblech zu montieren und ihn mit der Exzentrizität e (in m) und der Drehzahl n (in upm) rotieren zu lassen zu schütteln. Das dabei entstehende, charakteristische Strömungsbild unterscheidet sich wesentlich von dem eines magnetfischgerührten Kolbens (Abb. 4.1). Während es sich bei der Trombenströmung im magnetfischgerührten Kolben um eine rotierende Potenzialströmung um die Mittelachse handelt, kann das Strömungsverhalten im Schüttelkolben eher als eine kreisenden Fluidmasse um die Kolbenaußenwand beschrieben werden. Die Hydrodynamik ist somit völlig unterschiedlich und demzufolge gestalten sich auch die makroskopischen Mischvorgänge, die wiederum mit dem gesamten Reaktionsgeschehen gekoppelt sind, verschieden.

Betrachtet man als Schlüsselgrößen zur Charakterisierung und Maßstabsübertragung der Reaktionsergebnisse die Leistungsdichte (volumenspezifischer Leistungseintrag) P/V (in W/l) und die Sauerstofftransferrate OTR (in mol/h), so besteht als vorrangige Aufgabe, diese beiden Parameter im Kolbenreaktor zu bestimmen und vorauszuberechnen.

Von der Art des Energieeintrages her kann der Kolbenreaktor in die Kategorie der Bioreaktoren mit Leistungseintrag durch Rührwerke [1] eingereiht werden.

Betrachtet man das Rührwerk eines Rührwerksreaktors als Pumporgan, das den Volumenstrom $\dot{V}_L$ entgegen eines Druckverlustes Δp fördert, so lässt sich die dafür aufzubringende Leistung mit

$$P_R = \dot{V}_L \cdot \Delta p \qquad \text{(Gleichung 4.6)}$$

angeben. Da im Rührwerksreaktor weder der Volumenstrom noch der Druckverlust bestimmbar sind, muss man auf Parameter zurückgreifen, die diese Größen erzeugen, und das ist neben der Drehzahl n der Rührerdurchmesser d_R [1]. Mit den Zusammenhängen

$$\dot{V}_L\infty \propto n \cdot d_R^3 \quad \text{(Gleichung 4.7)}$$

für den Volumenstrom und

$$\Delta p \propto (n \cdot d_R)^2 \quad \text{(Gleichung 4.8)}$$

für den Druckverlust erhält man schließlich für die Leistungsberechnung von Rührwerken mit der Leistungskennzahl bzw. Newtonzahl Ne als Proportionalitätskonstante:

$$P_R = \mathrm{Ne} \cdot \rho_L \cdot n^3 \cdot d_R^5 \quad \text{(Gleichung 4.9)}$$

Bei der Leistungskenn- oder Newtonzahl unterscheidet man noch zwischen unbegaster Ne_0 und begaster Newtonzahl Ne_b. Außerdem ist sie in starkem Maße vom Rührertyp (Geometrien), von der Froude-Zahl und im laminaren Strömungsbereich von der Reynolds-Zahl abhängig. Sie verhält sich wie ein Widerstandsbeiwert. In der Literatur werden hierfür eine Reihe von empirischen Berechnungsgleichungen angegeben [1].

Die Übertragung dieser Betrachtungen auf den Magnetfischkolben kann direkt erfolgen, weil der Rührfisch als Rührwerk fungiert. Wollte man diese Überlegungen auf den Schüttelkolben übertragen, so würde die Exzentrizität e den Rührerdurchmesser repräsentieren und die Schüttelfrequenz n die Rührerdrehzahl. Dadurch könnte für den Schüttelkolben die Berechnungsgleichung für den Leistungseintrag

$$P_{R,SK} = \mathrm{Ne} \cdot \rho_L \cdot n^3 \cdot e^5 \quad \text{(Gleichung 4.10)}$$

angegeben werden, wenn diese Zusammenhänge wie angedacht übertragbar wären. Die Proportionalitätskonstante hängt in diesem Fall auch wieder von der Bauart des Schüttelkolbens (mit oder ohne Schikanen, geometrische Verhältnisse usw.), der Reynolds-Zahl und der Froude-Zahl ab. Da der Schüttelkolben nicht submers begast wird, muss in diesem Fall nicht zwischen begast und unbegast unterschieden werden.

Die bisher auf diesem Sektor durchgeführten Untersuchen zeigten aber, dass die Exzentrizität nahezu keinen Einfluss hat, sie ist in neueren Berechnungsgleichungen auch nicht mehr aufgeführt [7].

4.3 Leistungseintrag in Kolbenreaktoren

4.3.1 Untersuchungen zum Schüttelkolben (SK)

Die wenigen Arbeiten zur Abschätzung des Leistungseintrages in Schüttelkolben zeigen, dass Leistungsdichten erreicht werden können, die denen in Rührwerksreaktoren entsprechen (Abb. 4.7–4.10). Die Leistungsdichten in klassischen Bioreaktoren erreichen in der Praxis Werte zwischen 0,1 und 5 kW/m^3 [1], die in Schüttelkolben, insbesondere in Schikanenkolben, bei entsprechend hoher Schüttelfrequenz erreichbar sind.

Werden demzufolge für die Kultivierung von Mikroorganismen große Schüttelkolben mit kleinem Füllvolumen und hohen Schüttelfrequenzen verwendet, dann kommt man zu Leistungsdichten, die nicht mehr Scale-up-fähig sind. Bei gegebenem Erlenmeyerkolben und eingestellter Exzentrizität sowie Drehzahl sinkt die erreichbare Leistungsdichte mit zunehmendem Füllvolumen. Das hängt damit zusammen, dass die Reibungsfläche zwischen der Glaswand und der Flüssigkeit zum Füllvolumen reziprok proportional zunimmt.

Mit zunehmender Schüttelfrequenz wird der Energieaufwand für die Rotation der Flüssigkeit größer, damit steigt der Leistungseintrag bzw. die erreichbare Leistungsdichte (Abb. 4.7). Darin findet man wieder die Bestätigung, dass nur so viel Leistung in ein Reaktionsgefäß eingetragen werden kann, wie durch geeignete Einbauten, wie Stromstörer oder Reibungs- bzw. Strömungswiderstände, wieder herausgeholt werden kann [1]. In Abb. 4.9 kommt das deutlich zum Ausdruck. Im Vergleich zwischen Kolben mit und ohne Stromstörer zeigt sich, dass die Kolben mit Stromstörer bei sonst gleichen Bedingungen die 12-fache (± 4) Leistungsdichte erreichen.

In der Praxis wird oft nicht darauf geachtet, welche Exzentrizität der vorhandene Schüttler hat. Lediglich die Drehzahl scheint von Wichtigkeit zu sein. Benutzt man herkömmliche Erlenmeyerkolben, also solche ohne Stromstörer, so ist nach bisheriger Erkenntnis [2] die Exzentrizität, der Schüttelradius, von untergeordneter Bedeutung, was durch Gleichung 4.10 und Abb. 4.8 deutlich zum Ausdruck kommt. Wobei hingegen bei Erlenmeyerkolben mit Stromstörern die Exzentrizität erheblichen Einfluss hat (Abb. 4.8). Des Weiteren ist aus Abb. 4.7 zu erkennen, dass mit zunehmender Kolbengröße bei gleichem relativem Füllvolumen (jeweils 1/10 des Nennvolumens) und gleicher Schüttelfrequenz der Leistungseintrag zunimmt. Das hängt damit zusammen, dass auch die Relativgeschwindigkeit zwischen kreisender Flüssigkeit und Glaswand mit der Kolbengröße zunimmt.

Der Leistungseintrag in Schüttelkolben ohne Stromstörer ist relativ niedrig und kann nur bei sehr hohen Schüttelfrequenzen auf Werte gebracht werden, wie sie in Produktionsbioreaktoren erforderlich sind (Abb. 4.9) [1]. Zur Erfüllung der Primäraufgaben Homogenisieren, Suspendieren und Dispergieren benötigt ein Bioreaktor im Wesentlichen eine ausreichend hohe Leistungsdichte. Wie schon angegeben, liegen übliche Werte von Leistungsdichten eines Bioreaktors für diese gestellten Aufgaben zwischen 0,1 und 1,0, seltener 5 W/kg.

Im klassischen Schüttelkolben, also in Kolben ohne Stromstörer, und bei üblichen Schüttelfrequenzen im Bereich von 100 bis 250 upm erreicht man Leistungsdichten, die im unteren Bereich anzusiedeln sind und unter Umständen zu knapp bemessen sein können. Hierauf ist deshalb in jedem Fall bei der Prozessentwicklung zu achten und dieser Parameter eventuell auch zu variieren. Spätestens bei der anschließenden Übertragung der Reaktionsergebnisse auf den Laborbioreaktor zeigt sich, ob im Schüttelkolben Verhältnisse vorlagen, die auch

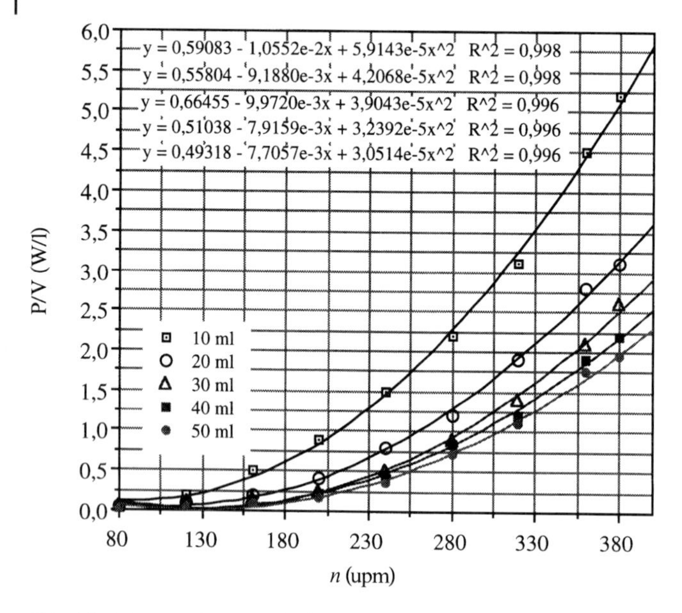

Abb. 4.7 Leistungseintrag im hydrophilen 250-ml-Schüttelkolben ohne Stromstörer bei verschiedenen Füllvolumina (10–50 ml) und einem Schüttelradius (Exzentrizität) von 1,25 cm [8].

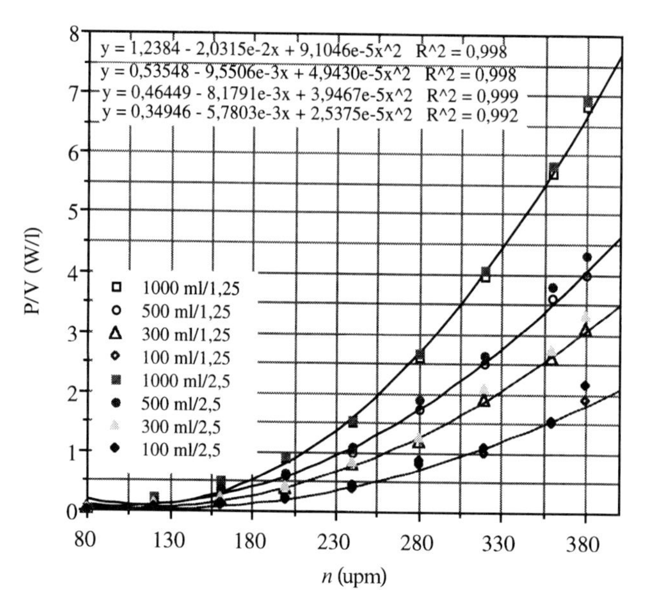

Abb. 4.8 Leistungsdichten in einem Schüttelkolben ohne Stromstörer als Funktion der Schüttelfrequenz bei unterschiedlichem Schüttelradius (1,25 bzw. 2,5 cm). In diesem Fall hat der Schüttelradius keinen Einfluss auf die erzielbare Leistungsdichte.

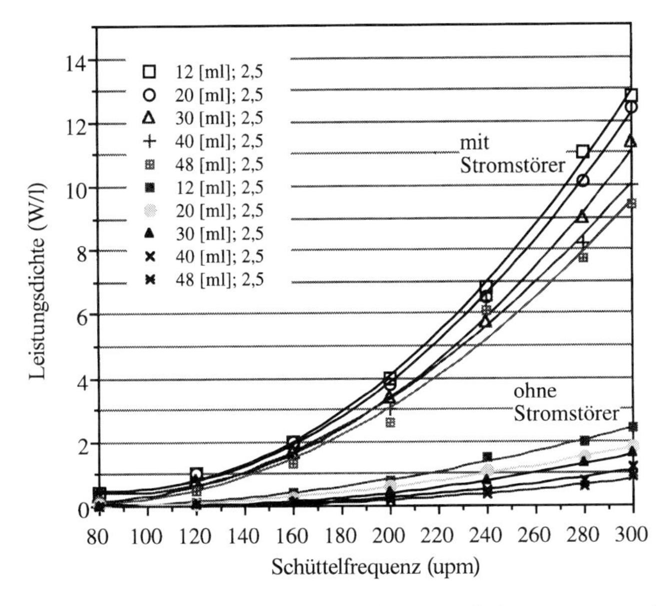

Abb. 4.9 Leistungsdichte bei Schüttelkolben mit und ohne Stromstörer als Funktion der Schüttelfrequenz bei verschiedenen Füllvolumina und einem Schüttelradius von 2,5 cm.

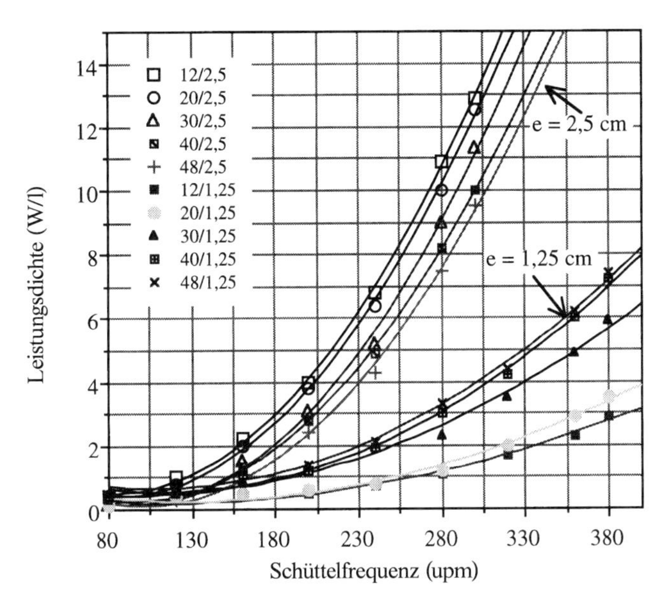

Abb. 4.10 Leistungsdichten in einem 300-ml-Schüttelkolben mit Stromstörer als Funktion der Schüttelfrequenz bei verschiedenen Füllvolumina und unterschiedlichem Schüttelradius von 1,25 bzw. 2,5 cm.

übertragbar sind. Oft wird man aber mit Erstaunen feststellen, dass der Schüttelkolben Ergebnisse produziert, die nur schwer übertragbar sind. Die Beachtung der Leistungsdichte und der Stofftransportmechanismen kann den einen oder anderen Fall lösen helfen.

Setzt man dagegen Schüttelkolben mit Stromstörer ein, dann läuft man bei hohen Schüttelfrequenzen Gefahr, Leistungsdichten zu erreichen, die nicht mehr Scale-up-fähig sind. Wie aus Abb. 4.9 zu entnehmen ist, erreicht man dabei Werte, die über 12 kW/m^3 betragen können. Solche Werte bereiten im Labormaßstab in der Regel keine Schwierigkeiten, können aber in Produktionsbioreaktoren nicht verwirklicht werden. Darüber hinaus muss aus wirtschaftlichen Gründen auch darauf geachtet werden, dass sparsam mit Energie umgegangen wird.

Abbildung 4.10 zeigt den interessanten Sachverhalt, dass bei Schüttelkolben mit Stromstörer im Gegensatz zu Schüttelkolben ohne Stromstörer die Exzentrizität (Schüttelradius) einen merklichen Einfluss auf die erreichbare Leistungsdichte hat (vgl. Abb. 4.8). Die erreichbaren Leistungsdichten unterscheiden sich besonders extrem bei hohen Drehzahlen.

Bei einem Schüttelradius von 2,5 cm findet man in Bezug auf die Abhängigkeit des Füllvolumens denselben Zusammenhang wie in Schüttelkolben ohne Stromstörer. Betrachtet man allerdings die Resultate bei einem Schüttelradius von 1,25 cm, so kehrt sich der Zusammenhang in Bezug zum Füllvolumen um. Bei Kolben mit Stromstörer tritt bei kleinen Schüttelradien zwischen der Drehbewegung des Schütteltisches und der Rotation der Flüssigkeit ein Schlupf auf (vgl. Abb. 4.10). Dieser wird mit steigendem Füllvolumen und größer werdenden Zentrifugalkräften, also größeren Schüttelradien, geringer, da zunehmend größere Mengen der Flüssigkeit über die Stromstörer hinwegrollen können (vgl. Gleichungen 4.12 und 4.13) [2].

4.3.2
Korrelationsgleichungen zur Berechnung der Leistungsdichte

Damit bei der Benutzung von Schüttelkolben der Leistungseintrag abgeschätzt werden kann, wurden aus den bisher vorliegenden Daten, die aus mehreren Hundert Messungen resultieren, Korrelationsgleichungen vorgeschlagen [2].

Lässt man einen Vertrauensbereich von ±30 % zu, so fand Zoels [2] für Schüttelkolben *ohne Stromstörer*, dass 85 % der Messwerte durch die Korrelationsgleichung

$$\left(\frac{P}{V}\right) = 3{,}11 \cdot 10^{-9} \cdot \frac{n^{3{,}1} \cdot r_{\text{Kolben,max}}^{3{,}12}}{V^{0{,}62} \cdot e^{0{,}12}} \qquad \text{(Gleichung 4.11)}$$

bestätigt werden. Dazu wird ein Gültigkeitsbereich von Schüttelfrequenzen n (in min^{-1}) zwischen 80 und 380 upm, von einem Füllvolumen V von 4–160 ml, von Schüttelradien e zwischen 1,25 und 2,5 cm, von maximalem Kolbendurchmesser $d = 2 \cdot r_{\text{Kolben,max}}$ (in cm) zwischen 6 und 12,7 cm für Erlenmeyerkolben mit einem Nennvolumen zwischen 100 und 1000 ml angegeben. Für den 100-ml-

Tabelle 4.2 Reynolds-Zahlen bei üblichen Schüttelfrequenzen (80–380 upm).

Kolbengröße (ml)	Reynolds-Zahlen (–)
1000	34 000–126 000
500	21 000–101 000
300	14 000– 67 000
250	13 000– 64 000
100	8 000– 36 000

Schüttelkolben ist dabei die größte Abweichung festzustellen. Das wird damit begründet, dass im kleinsten Kolben nicht ausreichend turbulente Bedingungen vorgefunden wurden (Tab. 4.2). Hierbei muss berücksichtigt werden, dass der Übergangsbereich von laminaren zu turbulenten Verhältnissen von einer in ruhender Flüssigkeit rotierenden Scheibe bei etwa Re ≈ 50 000 liegt [9].

Aus Gleichung 4.11 lässt sich ablesen, dass die Schüttelfrequenz denselben Einfluss auf die Leistungsdichte hat wie die Rührerdrehzahl im Rührwerksbioreaktor (Gleichung 4.9), ferner der Schüttelradius, dem man in erster Näherung vielleicht die Bedeutung des Rührerdurchmessers zugeordnet hätte, nahezu keinen Einfluss hat, also eigentlich vernachlässigt werden kann. Dafür hat der maximale Kolbendurchmesser (Radius) eine bedeutende Wichtung und die erreichbare Leistungsdichte nimmt mit zunehmendem Füllvolumen merklich ab.

Für Schüttelkolben *mit drei Stromstörern* wird nur eine Korrelationsgleichung für einen Kolben mit einem Nennvolumen vom 300 ml angegeben. Dabei wird ein Vertrauensbereich von ±20 % angegeben, innerhalb dessen die Gleichung 4.12 bei einem Schüttelradius von 2,5 cm

$$\left(\frac{P}{V}\right) = 1{,}17 \cdot 10^{-6} \cdot \frac{n^{2{,}95}}{V^{0{,}24}} \qquad \text{(Gleichung 4.12)}$$

und die Gleichung 4.13 bei einem Schüttelradius von 1,25 cm

$$\left(\frac{P}{V}\right) = 1{,}88 \cdot 10^{-8} \cdot n^{2{,}81} \cdot V^{0{,}82} \qquad \text{(Gleichung 4.13)}$$

90 % der Messwerte repräsentieren. Bemerkenswert ist in diesem Fall, dass der Einfluss des Füllvolumens sich mit kleinerem Schüttelradius umkehrt.

Die angegebenen Gleichungen 4.12 und 4.13 dürfen sicherlich nur zur Abschätzung von Größenordnungen der vorliegenden Leistungsdichten verwendet werden. Dazu gibt es noch viel zu viele nicht genau fassbare Einflussmöglichkeiten, wie z. B. unterschiedliche Geometrien, Oberflächenbeschaffenheit (hydrophob, hydrophil) und die Stromstörerformen. Gerade letztere sind in den meisten Fällen Sonderanfertigungen und somit sehr individuell.

Sind empirische Gleichungen dimensionsungeordnet (Gleichungen 4.11–4.13), so ist beim Umgang mit ihnen größte Sorgfalt geboten. Besser handhabbar sind dagegen dimensionsgerechte Gleichungen. Deshalb ist zur Berechnung des spezifischen Leistungseintrages (Leistungsdichte) in Schüttelkolben ohne Stromstörer die Gleichung

$$\epsilon = 2{,}0 \cdot \frac{n^3 \cdot d_{i,\max}^4}{V_{R,L}^{2/3} \cdot \mathrm{Re}^{0,2}} \qquad \text{(Gleichung 4.14)}$$

zu empfehlen [7]. Darin stellt der Durchmesser den maximalen inneren Erlenmeyerkolbendurchmesser dar (Gleichung 4.5, Abb. 4.5 und Tab. 4.1) und die Reynolds-Zahl ist ebenfalls mit diesem Durchmesser wie folgt definiert:

$$\mathrm{Re} = \frac{n \cdot d_{i,\max}^2}{\nu} \qquad (2.68)$$

Die Proportionalitätskonstante (Anpassungsparameter) in Gleichung 4.12 ist u. U. in Einzelfällen anzupassen. Der hier angegebene Wert wurde über eine quadratische, nichtlineare Anpassung gefunden [7].

In den angegebenen Berechnungsgleichungen für die Leistungsdichte bezieht sich die eingetragene Leistung auf das gesamte Flüssigkeitsvolumen. In Bioreaktoren liegt aber je nach Rührertyp eine mehr oder weniger starke Verteilung

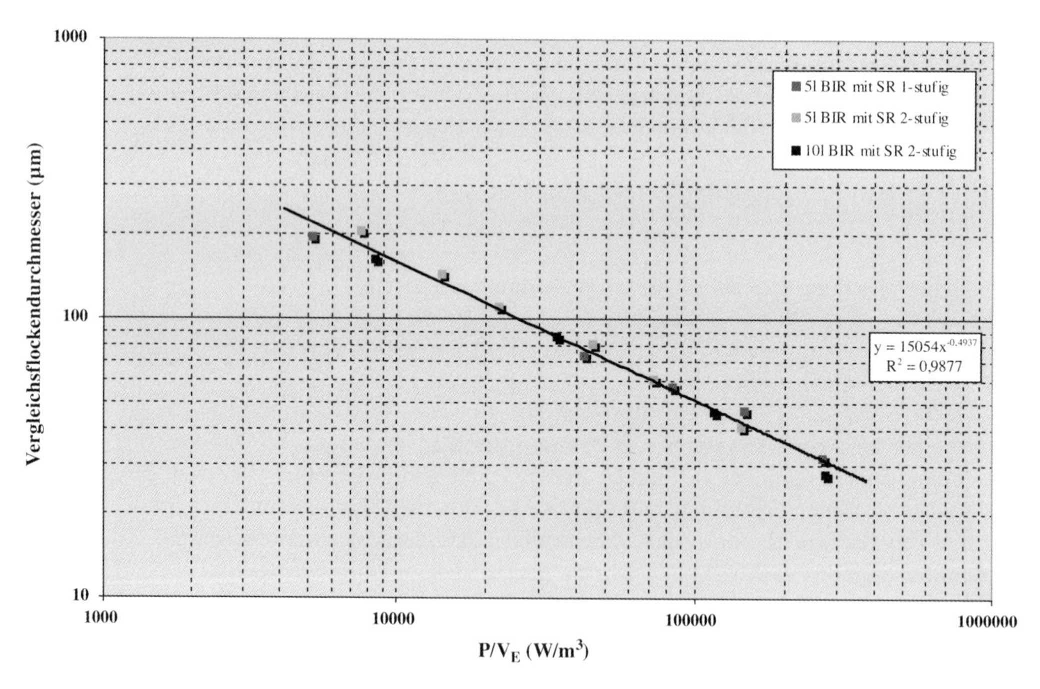

Abb. 4.11 Vergleichsflockendurchmesser, bezogen auf das Einwirkvolumen.

innerhalb des Reaktionsvolumens vor. Das bedeutet, dass zwischen der mittleren Leistungsdichte und einem lokalen Spitzenwert merkliche Unterschiede bestehen können. Diese sind bei einstufigen Rührwerken mit hoher Newton-Zahl, wie dem Scheibenrührer, wesentlich extremer als bei mehrstufigen, großflächigen Rührwerken mit niedriger Newton-Zahl, wie dem MIG- oder Inter-MIG-Rührwerk.

Die hauptsächliche Dispergierwirkung findet im direkten Einwirkvolumen eines Rührers statt, da hier die größten Leistungsspitzen auftreten. Vergleicht man zwei Reaktoren mit gleicher Rührerausstattung, aber unterschiedlichem Volumen bei gleicher mittlerer Leistungsdichte, so findet man, dass im größeren Reaktor eine stärkere Dispergierung statt findet. Bezieht man dagegen die eingetragene Leistung auf das Einwirkvolumen V_E, so findet man in einem Flockensystem eine Bündelung der Meßpunkte auf einer Geraden (Abb. 4.11), und die höhere Dispergierwirkung erklärt sich dadurch, dass im großen Reaktor mehr Gesamtleistung eingetragen wird, was im Einwirkvolumen zu einer höheren örtlichen Leistungsdichte und damit besserer Dispergierung führt [10].

Im Rührwerksbioreaktor können Verhältnisse zwischen lokaler maximaler Leistungsdichte zu durchschnittlicher Leistungsdichte von 100 auftreten, während dieses Verhältnis in Schüttelkolben wesentlich niedriger liegt und etwa bei 2–7 angesiedelt werden kann, wobei die höheren Werte eher den Schüttelkolben mit Stromstörern zugeordnet werden können [2]. Dies deutet darauf hin, dass der Leistungseintrag in Schüttelkolben wesentlich gleichmäßiger erfolgt als bei den meisten Rührwerksbioreaktoren.

Daraus ergeben sich besondere Anforderungen an die Maßstabsübertragung. Laborversuche in Kolbenreaktoren sind Modelluntersuchungen, die anschließend in den Produktionsmaßstab erfolgreich übertragen werden müssen. Zur Durchführung dieses erforderlichen Schrittes müssen in dem verwendeten Behälter die Gesetze der Mikroturbulenz anwendbar sein. Dazu muss die freie Turbulenz voll ausgebildet sein. Das ist dann der Fall, wenn der Maßstab der Makroturbulenz L_M groß ist im Vergleich zum Maßstab der Mikroturbulenz η. In der Literatur [11] wird der Wert

$$L_M/\eta > 150\text{–}200 \qquad \text{(Gleichung 4.15a)}$$

genannt. Des Weiteren wird dafür noch die Randbedingung angegeben, dass die Abmessung der Makroturbulenz mindestens um den Faktor 10 über dem größten Tropfendurchmesser liegt:

$$L_M > 10\ d_{max} \qquad \text{(Gleichung 4.15b)}$$

Für den Maßstab der Makroturbulenz lässt sich für einen Rührwerksreaktor mit der Rührerblatthöhe h_R der Zusammenhang

$$L_M \approx 0{,}4 \cdot h_R \qquad \text{(Gleichung 4.15c)}$$

angeben, der Maßstab der Mikroturbulenz hingegen wird vom Durchmesser der kleinsten energietragenden Wirbel gemäß der Turbulenzausbreitungstheorie nach Kolmogorow mit

$$\eta = \left(\frac{\nu^3}{\epsilon}\right)^{1/4} \qquad (7.122)$$

bestimmt (Abschnitt 7.3). Letztendlich wird für den Rührwerksreaktor das Verhältnis von maximaler Leistungsdichte zu durchschnittlicher Leistungsdichte

$$\frac{\epsilon_{\mathrm{R,max}}}{\epsilon_{\mathrm{R}}} = \frac{c_{\mathrm{D}} \cdot \pi^3 \cdot d_{\mathrm{R}}}{\mathrm{Ne} \cdot h_{\mathrm{R}}} \cdot \frac{V_{\mathrm{R,L}}}{d_{\mathrm{R}}^3} \qquad \text{(Gleichung 4.16)}$$

gefunden [12].

Die entstehende Tropfengröße kann für die Beurteilung der Leistungsdichte, insbesondere der maximalen Leistungsdichte, herangezogen werden [2]. Untersucht man die Dispergierleistung eines Reaktors mit Hilfe eines Zweiphasensystems als Indikator und weist dabei den am häufigsten zustande gekommenen Tropfendurchmesser als das Maß für die Dispergierwirkung aus, so ist der Reaktor mit den kleineren Tropfen auch der bessere Dispergierer und das Dispergiersystem mit der höchsten maximalen Leistungsdichte. Vergleicht man Untersuchungen mit einem solchen Zweiphasensystem (z. B. Laurylethylenoxid LEO 30, BASF AG) in einem Rührwerksreaktor mit denen in einem Schüttelkolben [2], so stellt man fest, dass bei gleicher Leistungsdichte im Rührwerksreaktor die maximalen Tropfendurchmesser kleiner sind (Abb. 4.12). Das deutet darauf hin, dass die maximale Leistungsdichte im Rührwerksreaktor höher ist als im Schüttelkolben.

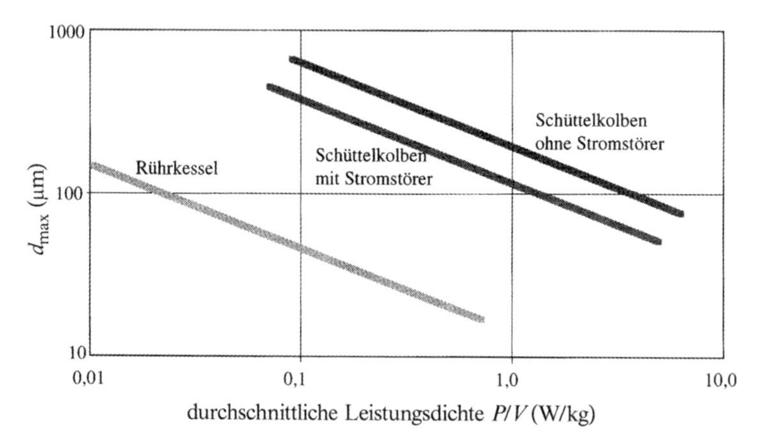

Abb. 4.12 Erreichter, am häufigsten vorkommender Tropfendurchmesser bei einer durchschnittlichen Leistungsdichte beim Rührkessel sowie beim Schüttelkolben mit und ohne Stromstörer. Bei gleicher Leistungsdichte erhält man im Rührkessel einen kleineren Tropfendurchmesser, was auf eine höhere maximale Leistungsdichte hinweist.

4.3.3
Leistungseintrag in ein Becherglas

Im Labor wird meist versucht, in Bechergläsern mit einem Magnetfisch die für die Mischaufgabe erforderliche Leistung einzutragen. Die Flüssigkeit in Magnetfisch-gerührten Bechergläser formt sich unter den gegebenen Bedingungen zu der typischen Rotationsströmung, einer Potenzialströmung, die eine Trombe ausbildet (Abb. 4.2 und 4.3). Dabei sind die zu erreichende Leistung und damit die entscheidende Leistungsdichte gering, sodass der Erfüllung einfachster Aufgaben oft Grenzen gesetzt sind.

Untersuchungen zu diesen Vorgängen sind in der Literatur noch nicht bekannt. Erste Messungen ergaben die in Abb. 4.13 dargestellten Ergebnisse [13].

In Abb. 4.13 ist der Leistungseintrag pro Reaktionsmasse über der Drehzahl aufgetragen. Die Aussagekraft dieser Darstellung ist allerdings limitiert, weil sie maßstabsabhängig ist und allein für die vorliegende Größe des Becherglases gilt.

Die Leistungsdichten können in den üblichen Drehzahlbereichen von etwa 200–400 upm 0,02–0,3 W/kg erreichen. Das sind sehr niedrige Werte, und deshalb muss davon ausgegangen werden, dass in solchen Reaktionsapparaten die Leistungsdichten oft nicht ausreichend sind, um die wichtigsten Primäraufgaben zu erfüllen (Abschnitt 7.3).

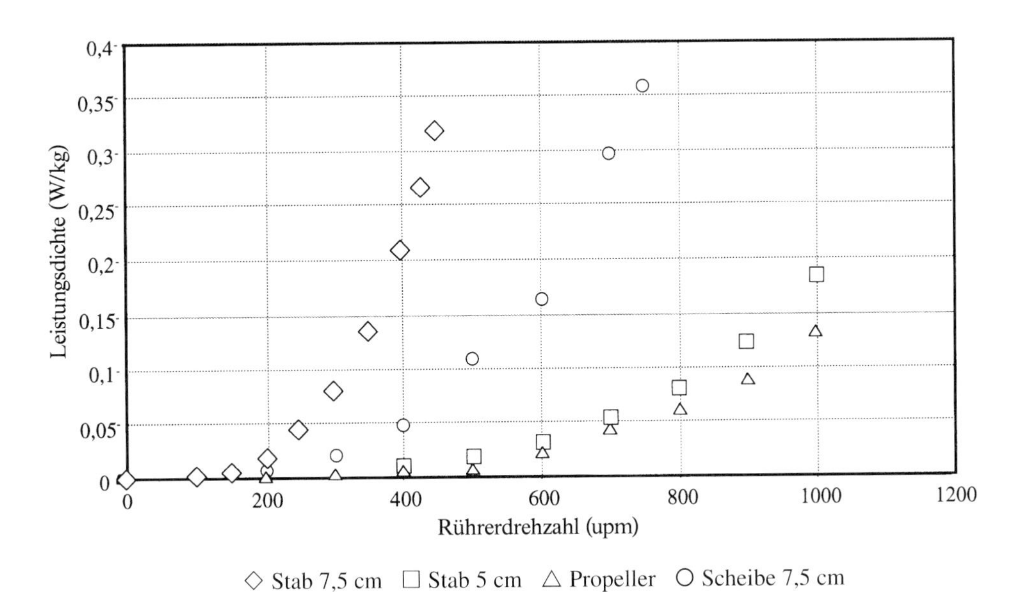

Abb. 4.13 Darstellung des Leistungseintrages in ein Becherglas (1 Liter) über der Drehzahl. Als Rührorgane kamen ein Scheibenrührer, ein Propellerrührer und zwei magnetfischähnliche Rundstäbe zum Einsatz.

Da in magnetfischgerührten, stromstörerlosen Bechergläsern sich in jedem Fall eine Trombe ausbildet (Abschnitt 2.7.3), könnte man annehmen, dass die Form und vor allem die Tiefe der Trombe eine Aussage über den momentan vorherrschenden Leistungseintrag liefern müsste [3], weil die Formgebung der Trombe einen Energieaufwand erfordert. Tendenziell ist das sicherlich der Fall, was Abb. 4.14 für ein mit 1,7 l Wasser gefülltes 2-l-Becherglas deutlich zeigt. Mit den aus dieser Darstellung gewonnenen Daten kann der Zusammenhang

$$\epsilon \text{ (in W/kg)} = 0{,}0355 \cdot T^{1{,}4} \text{ (in cm}^{1{,}4}\text{)} \qquad \text{(Gleichung 4.17)}$$

gefunden werden. Dass eine so einfache Interpretation der gemachten Beobachtung nicht so ohne Weiteres zulässig ist, lässt sich anhand der Abb. 4.15 deutlich veranschaulichen.

Die Trombentiefe und vor allem die Trombenform sind nicht nur eine Funktion des Leistungseintrags, sondern hängen vielmehr auch noch von den Stoffdaten Viskosität und Dichte, damit auch von der Temperatur, und den Becherglasgeometrien ab (Abb. 4.15 und 4.16) [3].

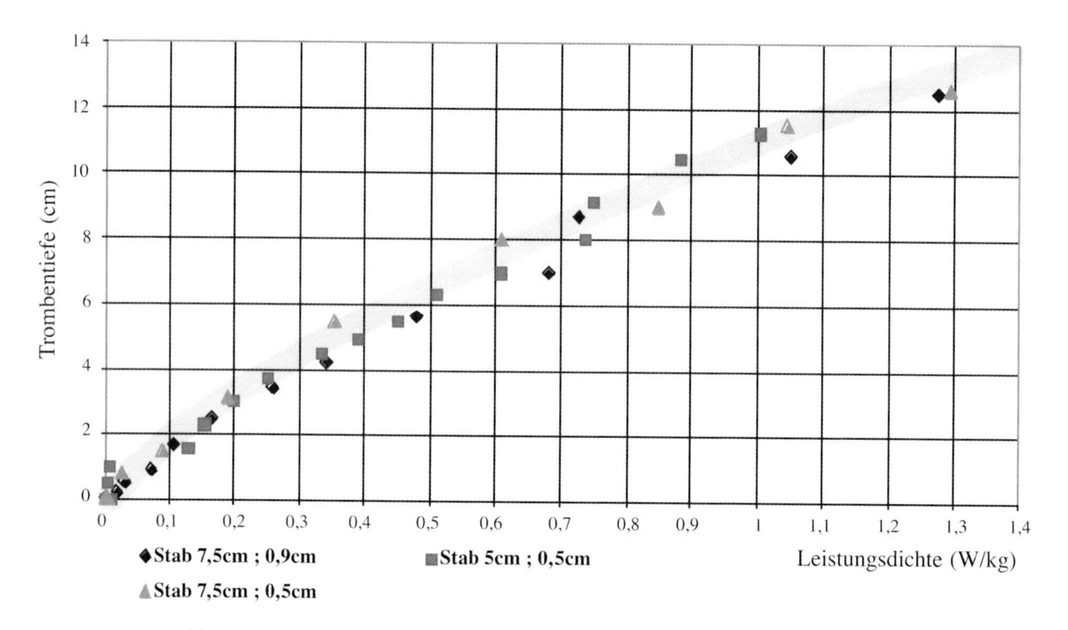

Abb. 4.14 Ausbildung der Trombentiefen in Abhängigkeit der Leistungsdichte in einem mit 1,7 l Wasser gefüllten 2-l-Becherglas und verschiedenen Rührfischen (Rührstäben analog Rührfischen) [3].

Abb. 4.15 Trombenbildung mit Glycerin (η = 1480 mPa • s), 1500 ml, 900 rpm, Rührer 1; bei hohen 4,2 W/kg [3].

Abb. 4.16 Trombenbildung mit 50 % Glycerin (η = 6,05 mPa • s), 1750 ml, 600 rpm, Rührer 1; bei niedrigen ~ 0,3 W/kg [3].

4.4 Sauerstofftransferraten (OTR) in Kolbenreaktoren

Die Sauerstofftransferrate (OTR) ist ein wichtiges Merkmal der Maßstabsübertragung, d. h. die OTR bietet sich als ein Übertragungskriterium an (Abschnitt 2.7.3). Umso wichtiger ist es, auch für den Kolbenreaktor eine Vorstellung vom Mechanismus des Stofftransportes und der quantitativen Größenordnung zu gewinnen.

Für Bioreaktoren, die entweder ihre Leistung aus dem Vordruck eines Gases, aus der Leistung einer Pumpe oder aus der Leistung eines Rührwerkes gewinnen, sind inzwischen fundierte Berechnungsgleichungen bekannt [1]. Es lässt sich für vollkommen durchmischte Systeme folgende Gleichung zur Berechnung der OTR angeben:

$$\mathrm{OTR} = k_\mathrm{L} \cdot a \,(c_\mathrm{L}^* - c_\mathrm{L}) \qquad \text{(Gleichung 4.18)}$$

mit dem treibenden Konzentrationsgefälle, also der Differenz zwischen der Gelöstkonzentration und der Gleichgewichtskonzentration an der Phasengrenze c_L^*und im Phasenkern der Flüssigkeit c_L (Abschnitt 2.7.4), und dem spezifischen Sauerstofftransportkoeffizienten $k_\mathrm{L} \cdot a$.

Demnach ist die Sauerstofftransferrate proportional einem treibenden Konzentrationsgefälle. Dieses treibende Konzentrationsgefälle ergibt sich aus der flüssigkeitsseitigen Sauerstoffkonzentration an der Phasengrenze und der Gelöstsauerstoffkonzentration im Flüssigkeitsphasenkern. Die Proportionalitätskonstante ist der spezifische Stofftransportkoeffizient $k_\mathrm{L} \cdot a$. Dieser wiederum ist allein eine Funktion der mittleren Leistungsdichte sowie der Gasleerrohrgeschwindigkeit u_G und ist durch folgende Beziehung darstellbar:

$$k_\mathrm{L} \cdot a = K \cdot \left(\frac{P}{V}\right)^\mathrm{a} \cdot u_\mathrm{G}^\mathrm{b} \qquad \text{(Gleichung 4.19)}$$

Der Stofftransportkoeffizient k_L setzt sich aus dem Diffusionskoeffizienten D und der laminaren Grenzschichtdicke $\delta_1$zusammen und lässt sich wie folgt berechnen:

$$k_\mathrm{L} = \frac{D}{\delta_1} \qquad \text{(Gleichung 4.20)}$$

Die spezifische Stoffaustauschfläche a stellt das Verhältnis der gesamten Phasengrenze A_PG zum Reaktionsvolumen $V_\mathrm{R,L}$ dar und wird durch folgende Gleichung repräsentiert:

$$a = \frac{A_\mathrm{PG}}{V_\mathrm{R,L}} \qquad \text{(Gleichung 4.21)}$$

Die Gasleerrohrgeschwindigkeit entspricht der gedachten Geschwindigkeit des eingetragenen Gases im leeren Reaktor und wird mit folgender Gleichung definiert:

$$u_G = \frac{\dot{V}_G}{A} \qquad \text{(Gleichung 4.22)}$$

Gleichung 4.22 stellt also das Verhältnis vom Gasstrom zur Querschnittsfläche der Bioreaktors dar.

4.4.1 Sauerstoffeintrag in den Schüttelkolben

4.4.1.1 Korrelationsgleichungen zur Berechnung des Sauerstoffeintrages

Da in Kolbenreaktoren nicht zwangsbegast wird, ist dort die Situation im Vergleich zu begasten Bioreaktoren eine völlig andere. Der Sauerstoff kann nur aus der Gasphase über der Flüssigkeit bezogen werden. Das bedeutet, dass unter Umständen die spezifische Stoffaustauschfläche wesentlich kleiner ist. Doch bei genauerem Hinsehen kann man erkennen, dass im Falle des Schüttelkolbens neben der Flüssigkeitsoberfläche auch die benetzten Kolbenwände zur Sauerstoffaufnahme zur Verfügung stehen (Abb. 4.17).

Das deutet schon darauf hin, dass die Benetzungseigenschaft der Kolbenwand den Sauerstofftransfer beeinflusst. Demnach hat die Art der Kolbenvorbehandlung (Reinigung, Spülung) einen nicht zu unterschätzenden Einfluss. Je nach Mediumseigenschaften kann also eine flächendeckendere hydrophile bzw. hydrophobe Kolbenoberfläche günstiger bzw. ungünstiger sein, zumal die benetzte Oberfläche wesentlich größer ist als die reine Flüssigkeitsoberfläche (A2 > A1).

In der Literatur findet man relativ einheitlich den Zusammenhang [1]:

$$\text{OTR} \sim \left(\frac{P}{V}\right)^{0,3} \qquad \text{(Gleichung 4.23)}$$

Da die Leistungsdichte andererseits proportional zur dritten Potenz der Drehzahl ist, gibt es einen linearen Zusammenhang zur Drehzahl:

$$\text{OTR} \sim n \qquad \text{(Gleichung 4.24)}$$

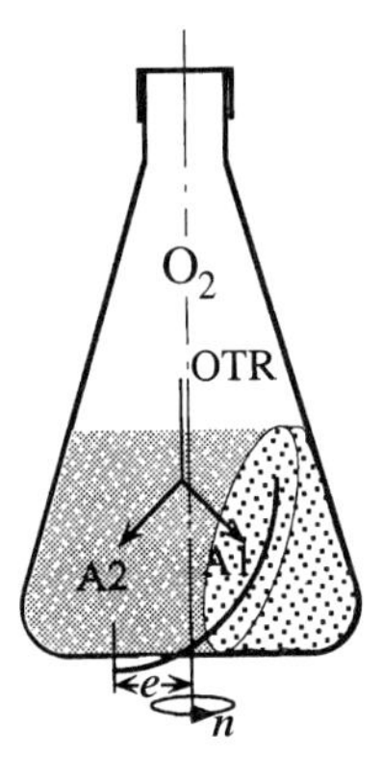

Abb. 4.17 Die gesamte Sauerstoffaustauschfläche in einem Schüttelkolben. Neben der Flüssigkeitsoberfläche A1 steht auch die benetzte Kolbenwand A2 als Stoffaustauschfläche zur Verfügung.

Lässt man einen Vertrauensbereich von ±20 % zu, so kann für gängige Schüttelkolben (z. B. 250 ml mit Füllvolumen von 10–40 ml) folgende Korrelationsgleichung zur Abschätzung der Sauerstofftransferrate OTR (in mol/h)angegeben werden

$$\mathrm{OTR} = 0{,}13 \cdot \left(\frac{P}{V}\right)^{0{,}31} \cdot V^{-0{,}64} \qquad \text{(Gleichung 4.25)}$$

wobei die Leistungsdichte $\left(\frac{P}{V}\right)$ wieder in W/l und das Volumen V in ml eingesetzt werden muss. Stellt man einen Vergleich zu einem Rührwerksbioreaktor an, wo $k_L \cdot a$-Werte bis zu 1000 h^{-1} und mehr erreicht werden, so findet man dort OTR-Werte zwischen 100 und 250 $mol/m^3/h$, während im Schüttelkolben nur etwa 10–50 $mol/(m^3 \cdot h)$ zu erwarten sind.

Vergleicht man die Exponenten über der Leistungsdichte zwischen Rührwerksbioreaktoren und denen beim Schüttelkolben, so fällt auf, dass in Rührwerksreaktoren die Leistungsdichte hinsichtlich der OTR besser genutzt wird als in Schüttelkolben.

Da die OTR-Messungen im Sulfitsystem durchgeführt wurden [2], muss man davon ausgehen, dass die Gelöstkonzentration an Sauerstoff im Medium c_L immer null ist. Somit lässt Gleichung 4.25 zusammen mit Gleichung 4.18 die Berechnung des $k_L \cdot a$-Wertes zu:

$$\frac{0{,}13}{c_L^*} \cdot \left(\frac{P}{V}\right)^{0{,}31} \cdot V^{-0{,}64} = k_L \cdot a \qquad \text{(Gleichung 4.26)}$$

wobei man den $k_L \cdot a$ in 1/h erhält, wenn die Sättigungskonzentration c_L^* in mol/l eingegeben wird.

Es konnte gezeigt werden [2], dass es Methoden gibt, mit denen auch in Schüttelkolben der Leistungseintrag bzw. die Leistungsdichte sowie die Sauerstofftransferrate ausreichend genau bestimmt werden können. In Schüttelkolben ohne Stromstörer nimmt die durchschnittliche Leistungsdichte mit steigender Schüttelfrequenz und geringerem Füllvolumen zu. In diesen Kolben ist die Leistungsdichte nahezu unabhängig von der Exzentrizität. Bei Schüttelkolben mit Stromstörer sind die Ergebnisse bei hohen Exzentrizitäten (2,5 cm) tendenziell ähnlich, nur liegen die Werte um den Faktor 12 (±4) höher. Lediglich bei kleinen Exzentrizitäten (1,25 cm) kehrt sich der Zusammenhang um. Dort nimmt die Leistungsdichte mit kleiner werdendem Füllvolumen ab. Das Niveau der Leistungsdichte in Schüttelkolben liegt in derselben Größenordnung wie bei Rührwerksbioreaktoren. Die Sauerstofftransferrate ist proportional zur Schüttelfrequenz.

Da in Schüttelkolben nicht zwangsbegast wird, kann die Gasleerrohrgeschwindigkeit nicht als Einflussgröße herangezogen werden und trägt somit auch nicht zum Leistungseintrag bei (Abschnitt 7.3.3, Gleichungen 7.123 und 7.124). Die Sauerstoffversorgung geschieht hier nach dem Prinzip der Oberflächenbegasung, wie sie in der Zellkulturtechnik oft benutzt wird, um die störenden Einflüsse der aufsteigenden Blasen in der Submersbegasung zu umgehen (Abschnitt 2.4).

4.4.1.2 Untersuchungen zum Sauerstoffeintrag in Schüttelkolben

Die bisher dargestellten Untersuchungsergebnisse wurden überwiegend in Erlenmeyerkolben der Nenngröße 250–300 ml bei geringem Flüssigkeitsvolumen von maximal 30 % durchgeführt (s. auch [14]). Im Folgenden soll der Sauerstoffeintrag in Schüttelkolben der Nenngröße 1000 ml mit ungewöhnlich großem 50-%-Füllvolumen charakterisiert werden. Es kommt ein Rundschüttler (Braun CERTOMAT) mit einer Exzentrizität von $e = 2{,}5$ cm zum Einsatz. Ein Erlenmeyerkolben (Enghals; DIN 12 380, ISO 1773) mit einem Volumen von 1000 ml wird mit 500 ml vollentsalztem Wasser (VE-Wasser) gefüllt. Um die vereinfachte Form der stationären Methode zur $k_L \cdot a$-Bestimmung anwenden zu können, muss dieses Wasser mit Stickstoff gesättigt sein und unter Stickstoffatmosphäre eingefüllt werden. Die Sauerstoffsonde wurde so im Erlenmeyerkolben befestigt, dass sie nicht als Stromstörer wirken konnte; sie musste allerdings leicht exzentrisch angebracht sein, um die Mindestanströmgeschwindigkeit zu gewährleisten (Abschnitt 2.6.1.4, Abb. 2.65). Die Stickstoffatmosphäre wurde gegen technische Luft ausgetauscht und der Rundschüttler gestartet. Der Anstieg des Sauerstoffgehaltes wurde über die Zeit beobachtet (Abb. 4.18–4.23). Bei der Auswertung war die Anlaufphase des Rundschüttlers zu beachten. Die Versuche wurden mit sechs verschiedenen Schüttlerfrequenzen n doppelt gefahren (75 min^{-1}, 100 min^{-1}, 125 min^{-1}, 150 min^{-1}, 175 min^{-1}, 200 min^{-1}). Die Messtemperatur betrug 20 °C [6].

Nach Integration von Gleichung 4.27 für n = 75 min^{-1} (Abb. 4.18)

$$\frac{\mathrm{d\,DO}}{\mathrm{d}t} = k_L \cdot a\,(100 - \mathrm{DO}) \qquad \text{(Gleichung 4.27)}$$

ergibt sich hier ein sehr bescheidener $k_L \cdot a$-Wert von $4{,}91 \cdot 10^{-4}\,s^{-1}$.

Die Messungen mit der Schüttelfrequenz von $n = 100$ min^{-1} ergaben das in Abb. 4.19 dargestellte Ergebnis.

Trägt man $k_L \cdot a$ über die Schüttelfrequenz (n) auf (Abb. 4.24 als Zusammenfassung der Ergebnisse aus Abb. 4.18–4.23), so erhält man folgende Funktion:

$$k_L \cdot a \cdot 10^3 = 1{,}43 \cdot n - 1{,}3 \text{ (in 1/s)} \qquad \text{(Gleichung 4.28)}$$

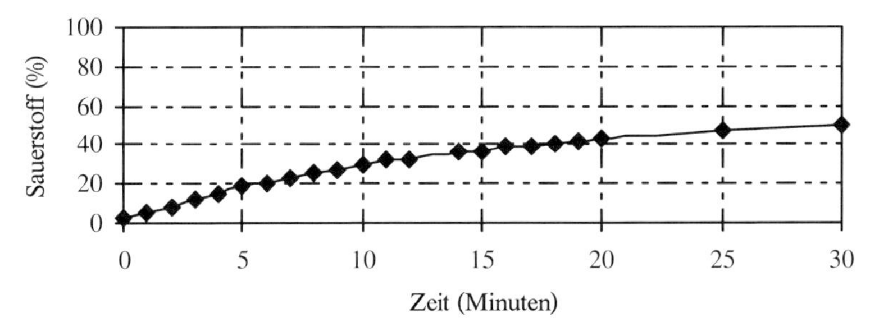

Abb. 4.18 Sauerstoffeintrag im Rundschüttler bei n = 75 min^{-1}. Man erhält einen $k_L \cdot a$-Wert von 4,91 • 10–4 s^{-1}.

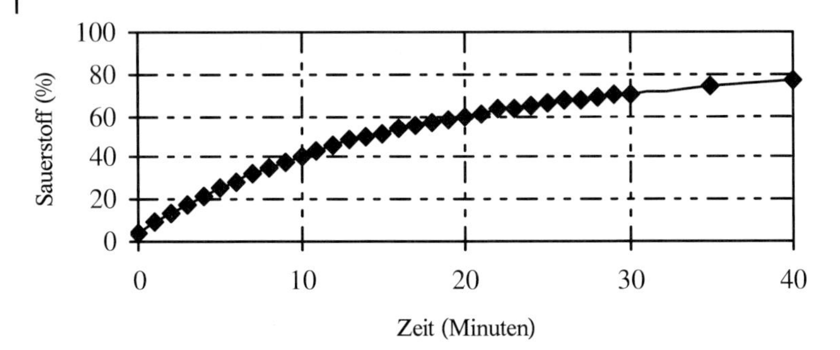

Abb. 4.19 Sauerstoffeintrag im Rundschüttler bei n = 100 min^{-1}. Nach Integration von Gleichung 4.27 ergibt sich hier ein $k_L \cdot a$-Wert von 7,52 • 10–4 s^{-1}.

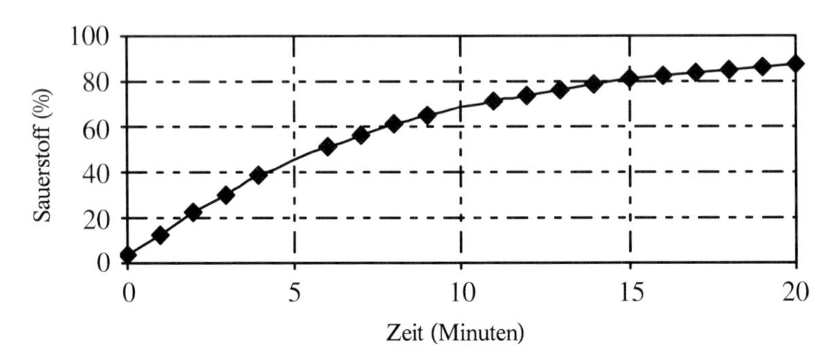

Abb. 4.20 Sauerstoffeintrag im Rundschüttler bei n = 125 min^{-1}. Nach Integration von Gleichung 4.27 ergibt sich hier ein $k_L \cdot a$-Wert von 16,76 • 10–4 s^{-1}.

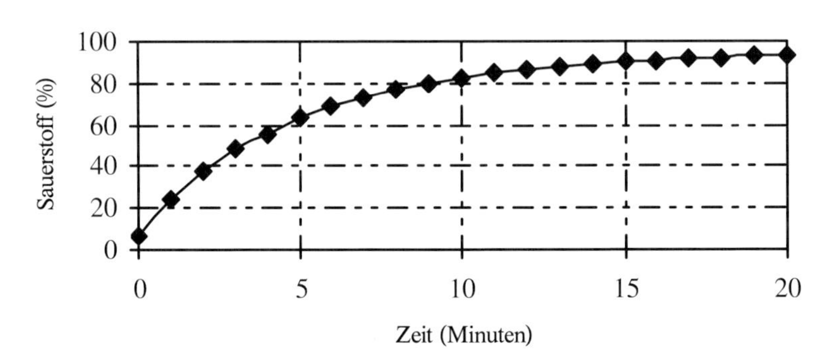

Abb. 4.21 Sauerstoffeintrag im Rundschüttler bei n = 150 min^{-1}. Nach Integration von Gleichung 4.27 ergibt sich hier ein $k_L \cdot a$-Wert von 22,97 • 10^{-4} s^{-1}.

Gemäß der verwendeten Versuchsanordnung (Abb. 4.26) ist auch hier der Gültigkeitsbereich zu beachtet. Die Resultate, die mit Gleichung 4.28 erhalten werden, stimmen dennoch in guter Näherung mit denen von Gleichung 4.26 überein.

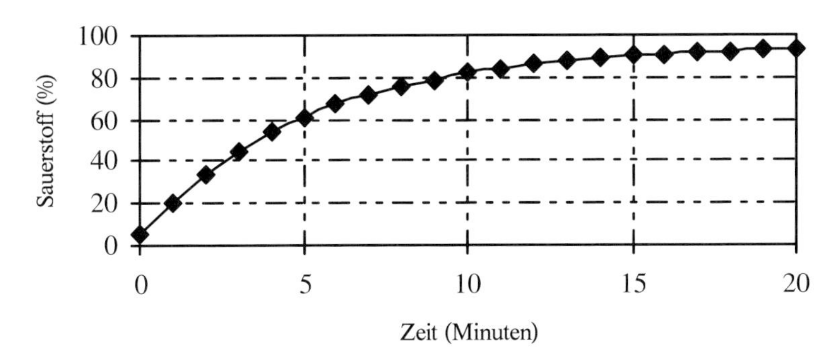

Abb. 4.22 Sauerstoffeintrag im Rundschüttler bei n = 175 min^{-1}. Nach Integration von Gleichung 4.27 ergibt sich hier ein $k_L{\cdot}a$-Wert von 27,69 • 10^{-4} s^{-1}.

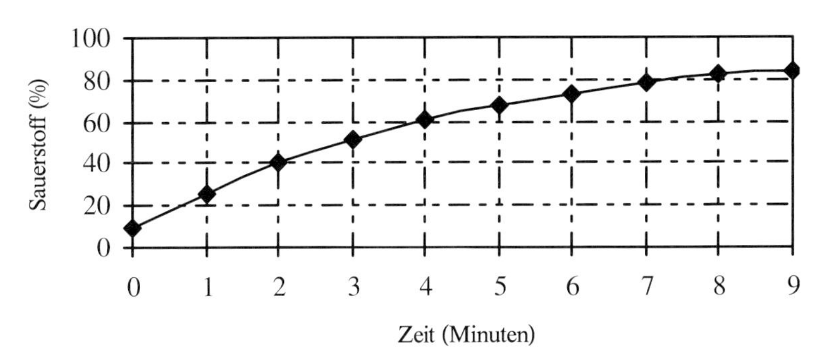

Abb. 4.23 Sauerstoffeintrag im Rundschüttler bei n = 200 min^{-1}. Nach Integration von Gleichung 4.27 ergibt sich hier ein $k_L{\cdot}a$-Wert von 34,92 • 10^{-4} s^{-1} [6].

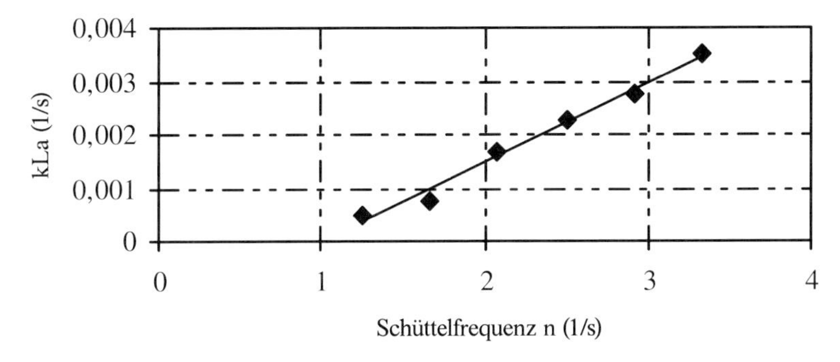

Abb. 4.24 Der $k_L{\cdot}a$-Wert als Funktion der Schüttelfrequenz n für die Sauerstoffabsorption.

4.4.1.3 **Ähnlichkeitstheorie beim Schüttelkolben**

Die Ähnlichkeitstheorie bemüht sich u. a. um die Darstellung von Stoff- und Wärmeübergängen mittels dimensionsloser Kennzahlen (Abschnitt 2.7.4.4, Gleichung 2.152). Dieses bringt bei der Übertragung vom Labor- in den Produktionsmaßstab eine deutliche Vereinfachung und mehr Sicherheit mit sich. Bisher wurde die Ähnlichkeitstheorie nur in gerührten Systemen betrachtet. Im Folgenden soll der Zusammenhang zwischen der Reynolds-, der Sherwood- und Schmitt-Zahl auch für den Schüttelkolben dargestellt werden.

$$\frac{\mathrm{Sh}}{\mathrm{Sc}^{0,5}} \sim \mathrm{Re} \qquad \text{(Gleichung 4.29)}$$

$$\text{Reynolds-Zahl:} \quad \mathrm{Re} = \frac{e^2 \cdot n}{\nu} \qquad \text{(Gleichung 4.30)}$$

$$\text{Sherwood-Zahl:} \quad \mathrm{Sh} = \frac{k_{\mathrm{L}} \cdot a \cdot e^2}{D_{\mathrm{L}}} \qquad \text{(Gleichung 4.31)}$$

$$\text{Schmitt-Zahl:} \quad \mathrm{Sc} = \frac{\nu}{D_{\mathrm{L}}} \qquad \text{(Gleichung 4.32)}$$

Die einzelnen Parameter in den Gleichungen 4.30–4.32 bedeuten:

e: Durchmesser der Schüttlerexzentrizität (in m)
n: Schüttelfrequenz (in s^{-1})
ν: kinematische Viskosität der Flüssigkeit (in m^2/s)
$k_{\mathrm{L}} \cdot a$: flüssigkeitsseitiger spezifischer Stoffübergangskoeffizient (in s^{-1})
D_{L}: Diffusionskoeffizient in der Flüssigkeit (in m^2/s)

Der Diffusionskoeffizient von Sauerstoff in Wasser beträgt bei einer Temperatur von 20 °C: $D_{\mathrm{L}} = 2{,}51 \cdot 10^{-9}\ m^2/s$. Die kinematische Viskosität von Wasser beträgt bei einer Temperatur von 20 °C: $\nu = 1{,}006 \cdot 10^{-6}\ m^2/s$. Der Durchmesser der Schüttlerexzentrizität beträgt 2,5 cm.

Nach Gleichung 4.29 ergibt das im Gültigkeitsbereich folgenden Zusammenhang:

$$\mathrm{Sh}/\sqrt{\mathrm{Sc}} = 11{,}67\mathrm{Re} - 6500 \qquad \text{(Gleichung 4.33)}$$

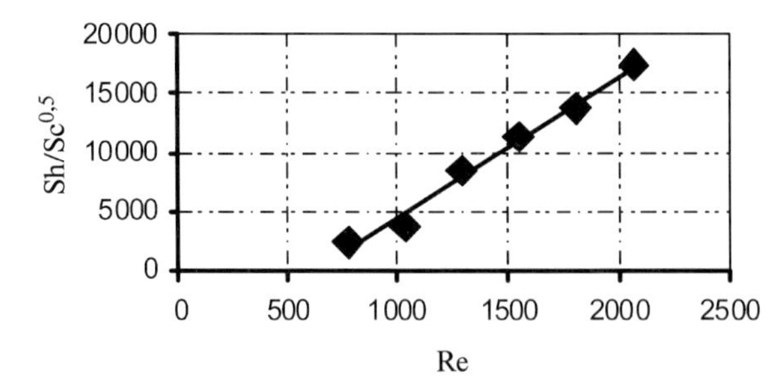

Abb. 4.25 $\mathrm{Sh}/\mathrm{Sc}^{0,5}$ als Funktion von Re; Sauerstoff in Wasser; Schüttelkolben.

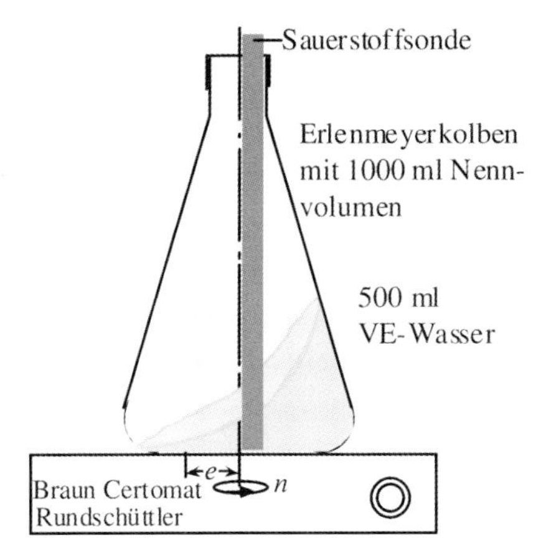

Abb. 4.26 Versuchsaufbau Sauerstoffeintrag im Rundschüttler (Braun Certomat).

In Abb. 4.26 ist der Versuchsaufbau für die oben beschriebenen Schüttelkolbenversuche dargestellt.

4.4.2 Sauerstofftransfer im Magnetfischkolben (Glasflasche)

Untersuchungen in einer magnetfischgerührten Glasflasche, wie sie in Standardtests im Abwasserbereich eingesetzt wird [15], zeigen hinsichtlich des Sauerstoffes ein etwas anderes Verhalten [6]. Die Untersuchung erfolgte in einer 250-ml-Laborflasche (Schott, Gewinde, ISO 4796), welche mit 150 ml VE-Wasser gefüllt war ($V_{R,L}$ = 150 ml); der Schlankheitsgrad beträgt f_S = 0,89. Der verwendete zylindrische Magnetrührer hatte eine Länge von 50 mm und einen Durchmesser von 8 mm. Die Temperatur betrug 20 °C. Der Versuchsaufbau ist in Abb. 4.30 schematisch dargestellt.

Zuerst wurde das VE-Wasser mit Stickstoff gesättigt. Nach dem Eintauchen der Sauerstoffsonde wurde der Rührer gestartet und der Anstieg der Sauerstoffkonzentration über die Zeit in Abhängigkeit der Magnetrührer-Drehzahl beobachtet. Die Untersuchungen wurden bei zwei Drehzahlen durchgeführt.

In Abb. 4.27 sind die Ergebnisse bei $n = 705$ min^{-1} und in Abb. 4.28 bei $n = 1100$ min^{-1} dargestellt.

Bei 705 min^{-1} ist eine starke Trombenbildung zu beobachten, bei 1100 min^{-1} sogar Gasdispersion. Laut [16] besteht ein linearer Zusammenhang zwischen $k_L \cdot a$ und der Rührerdrehzahl, sodass aus den ermittelten zwei Punkten eine Gerade dargestellt werden kann. Die erhaltene Funktion darf selbstverständlich in keinster Weise extrapoliert werden (Gültigkeitsbereich), da selbst beim ruhenden System ein Sauerstoffeintrag an der Oberfläche stattfindet; unterhalb des gemessenen Bereichs befindet sich also ein nichtlinearer Bereich, welcher den Übergang von der ruhenden Oberfläche (reine Diffusion) zur laminaren und später zur turbulenten Konvektion beinhaltet.

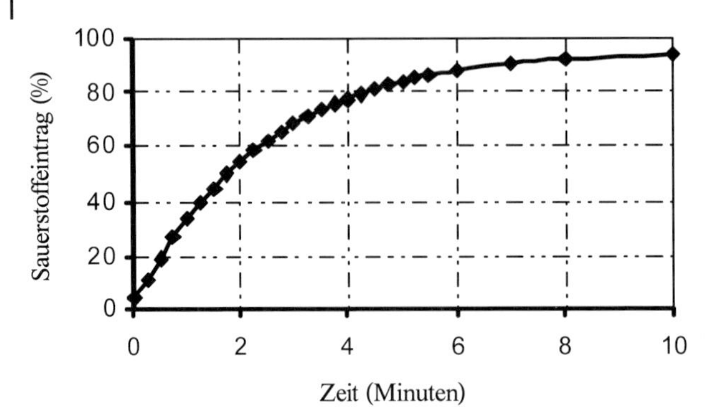

Abb. 4.27 Sauerstoffeintrag bei n = 705 min^{-1}. Nach Integration von Gleichung 4.27 ergibt sich hier ein $k_L \cdot a$-Wert von 6,2642 • 10^{-3} s^{-1} bzw. 22,55 h^{-1}.

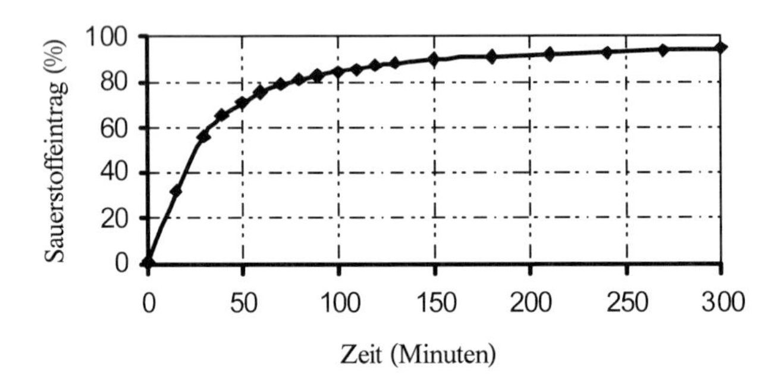

Abb. 4.28 Sauerstoffeintrag bei n = 1100 min^{-1}. Nach Integration von Gleichung 4.27 ergibt sich hier ein $k_L \cdot a$-Wert von 0,024 s^{-1} bzw. 86,4 h^{-1}.

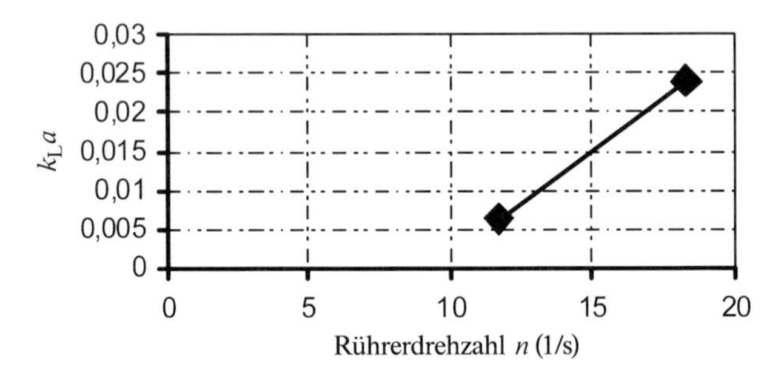

Abb. 4.29 Der $k_L \bullet a$-Wert als Funktion von n; Sauerstoffabsorption.

Trägt man $k_L \bullet a$ über die Rührerdrehzahl n auf (Abb. 4.29), ergibt sich die Funktion:

$$k_L \bullet a = (2{,}714 \cdot n - 24{,}9) \cdot 10^{-3} \text{ (in } s^{-1}) \qquad \text{(Gleichung 4.34)}$$

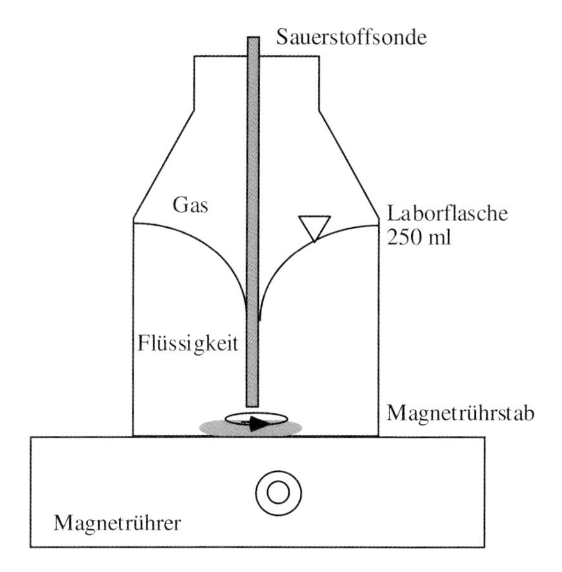

Abb. 4.30 Versuchsaufbau, magnetfischgerührte Glasflasche.

4.4.3
Ähnlichkeitstheorie beim gerührten System (Glasflasche)

Wie in Abschnitt 4.4.1.3 für den Schüttelkolben ausführlich beschrieben, lässt sich analog auch für gerührte Glasflaschen ein Zusammenhang zwischen der Reynolds-, der Sherwood- und Schmitt-Zahl finden. Es gelten auch die Gleichungen 4.29–4.32, lediglich anstelle der Schüttelfrequenz n wird hier die Magnetfischdrehzahl und statt der Exzentrizität e die Rührfischlänge eingesetzt, die 50 mm beträgt.

Nach Gleichung 4.29 ergibt sich der Zusammenhang:

$$Sh/\sqrt{Sc} = 0{,}0486Re - 1100 \qquad \text{(Gleichung 4.35)}$$

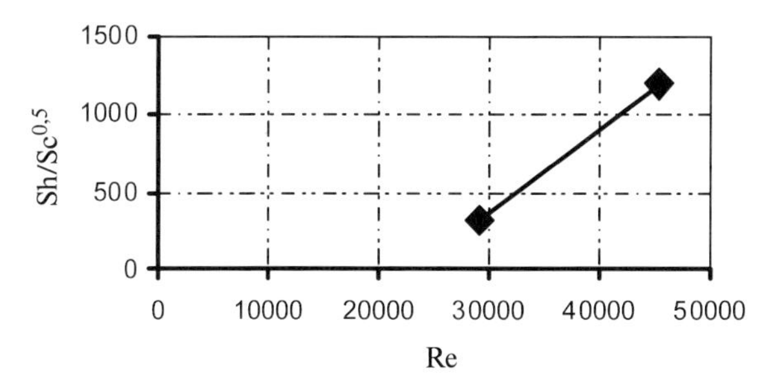

Abb. 4.31 $Sh/Sc^{0,5}$ als Funktion von Re; Sauerstoff in Wasser; gerührtes System (vgl. Abb. 4.29).

Diese Gleichung darf keinesfalls über den Gültigkeitsbereich hinaus extrapoliert werden (Abb. 4.31).

Auch hier gilt, dass unterhalb des gemessenen Bereiches die Linearität nicht mehr gegeben ist, da es sich bei diesem Bereich um den Übergang von der ruhenden Oberfläche (reine Diffusion) zur laminaren und dann zur turbulenten Konvektion handelt.

Literatur

1 Storhas, W.: Bioreaktoren und periphere Einrichtungen. Vieweg Verlag, Wiesbaden, ISBN 3-528-06510-9 (1994).

2 Zoels, B.: Quantifizierung und Optimierung der Screeningparameter im Schüttelkolben. Diplomarbeit Fachhochschule Mannheim – Hochschule für Technik und Gestaltung (1995).

3 Grodde, I.; Hofmann, S.: Untersuchungen zum Leistungseintrag in Magnetfisch gerührten Bechergläsern zur Charakteriesierung der Misch- und Reaktionsabläufe. Studienarbeit; Fachhochschule Mannheim – Hochschule für Technik und Gestaltung (2002).

4 Büchs, J.; Lotter, S.; Milbradt, C.: Out-of-phase operating conditions, a hitherto unknown phenomenom in shaking bioreactors. *Biochemical Engineering Journal* **3475**, 1–7 (2000).

5 Büchs, J.: Introduction to anvantages and problems of shaken cultures. *Biochemical Engineering Journal* **3468**, 1–8 (2000).

6 Storhas, W.; Braun, G.; Woog, S.: Beschreibung der reaktionstechnischen Abläufe im Kleinreaktor zur wirtschaftlichen Übertragung der Forschungsergebnisse in den Produktionsmaßstab. Abschlussbericht (Projekt-Nr. 01 32 98 02) zur Feasibility Study der Karl-Völker-Stiftung an der Fachhochschule Mannheim – Hochschule für Technik und Gestaltung (2001).

7 Büchs, J.; Maier, U.; Milbradt, C.; Zoels, B.: Power consumption in shaking flasks on rotary shaking machines: I. Power consumption measurement in unbaffled flasks at low liquid viscosity. *Biotechnology and Bioengineering* **68**(6) (2000).

8 Abdolzade, A.; Hinz, A.; Koloko, M.; Lorat, Y.: Abschlußbericht zum Biotechnologischen Praktikum. Fachhochschule Mannheim – Hochschule für Technik und Gestaltung (2000).

9 Brauer, H.: Grundlagen der Einphasen- und Mehrphasenströmungen. Verlag Sauerländer (1971).

10 Hüller, T.; Lehr, F.: Etablierung eines Flockensystems zur Beurteilung von mechanischen Beanspruchungen in verschiedenen Reaktorsystemen und Findung von Maßstabsübertragungsregeln. Studienarbeit Fachhochschule Mannheim – Hochschule für Technik und Verwaltung (2002).

11 Möckel, H: Hydrodynamische Untersuchungen in Rührmaschinen. Diss. der Ingenieurhochschule Köthen (1977).

12 Liepe, F.; Mohr, K.-H.; Irmer, M.: Untersuchungen zur flüssig-flüssig-Dispergierung, insbesondere zur Herstellung kleinster Tropfen. *Chem. Techn.* **30**(10), 536–537 (1978).

13 Reuter, M.; Storhas W.: Untersuchungen zum Leistungseintrag in Magnetfisch gerührten Bechergläsern. Laborarbeiten an der Fachhochschule Mannheim – Institut für Technische Mikrobiologie und Bioverfahrenstechnik (2001).

14 Anderlei, T.; Büchs, J.: Devise of sterile online measurement of the oxygen transfer rate in shaking flasks. *Biochemical Engineering Journal* **3478**, 1–6 (2000).

15 Reuschenbach, P.; Storhas, W.; Müller, B.; Feurer, J.: Neuartige Testmethoden für die ökologische Risikobewertung von Stoffen. Bundesministerium für Bildung, Wissenschaft, Forschung und Technologie, Förderzeichen: BMBF 02WU9831(2000).

16 Höcker, H.: Untersuchungen zum Leistungsbedarf und Stoffübergang in Rührreaktoren. Dissertation, Universität Dortmund (1979).

5
Upstream-Processing

Zu den Upstream-Prozessen zählen das sachgerechte Lagern und die Logistik der Einsatzstoffe, das Anmaischen aller Komponenten (Substrate), Konditionierungsprozesse, Reinigungsprozesse (CIP, *cleaning in place*) und Sterilisationsprozesse (SIP, *sterilization in place*), zu denen auch Sterilfiltrationsprozesse gehören.

5.1
Lagerung und Logistik

Zum sachgerechten Lagern müssen entsprechende Einrichtungen (Räume, Tanks, Bunker) für Produktionsanlagen konzipiert werden, um die Einsatzstoffe, ohne dass sie Schaden erleiden, über entsprechende Zeiträume für die Verfahrensprozesse bereitstellen zu können. Die Zeiträume werden vor allem von den Zyklen und Gebinden, in denen diese Stoffe angeliefert werden können (Logistik), bestimmt. Daraus berechnet sich dann auch die erforderliche Lagerkapazität. In der Praxis geht man davon aus, dass in der Regel über Schiene und Straße die kürzeste Frequenz 3–4 Tage beträgt. Dieser kurze Zyklus sollte nur in ganz begründeten Fällen (extreme Kostensituation, Haltbarkeit) gewählt werden. Zyklen von 14 Tagen bis zu 4 Wochen sind eher angebracht, um für unvorhergesehene Situationen gewappnet zu sein.

Solche Überlegungen gelten nur für Substanzen, die ständig abgerufen werden können. Handelt es sich dagegen um Stoffe, die saisonbedingt anfallen, wie Melasse oder auch nachwachsende Rohstoffe allgemein, oder möchte man aus wirtschaftlichen Überlegungen möglichst günstige Angebote auf dem Markt nutzen, dann empfiehlt es sich, ausreichende Lagerkapazität bereitzustellen (Abschnitt 3.2, Zuckerrübenkampagne).

Die Lagerkapazität (brutto) berechnet sich wie folgt:

$$V_{L,B} = \frac{c_E \cdot V_{R,L} \cdot t_Z}{\rho_E \cdot t_{Ch}} \cdot f_B \qquad \text{(Gleichung 5.1)}$$

Darin bedeuten $V_{L,B}$ das Bruttolagervolumen (in m^3), c_E die Konzentration des Einsatzstoffes im Reaktionsvolumen (in g/l), $V_{R,L}$ das Liquidreaktionsvolumen (in m^3), ρ_E die Dichte des Einsatzstoffes (bei Feststoffen das Schüttgewicht, in g/l),

Bioverfahrensentwicklung, 2., vollständig überarbeitete und aktualisierte Auflage. Winfried Storhas

t_Z die Zeitabstände der Lieferzyklen (in h) und t_{Ch} die Bruttofermentationsdauer (Chargendauer: Reaktionszeit + Rüstzeit bzw. Verweilzeit, in h). Dazu kommt noch der Faktor f_B, der das Verhältnis von Brutto- zu Nutzvolumen berücksichtigt (Erfahrungswert f_B = 1,05 ... 1,15).

Speziell bei Lagertanks, in denen flüssige Einsatzstoffe lagern, müssen folgende Fragen beantwortet werden:

- Bei welcher Temperatur muss gelagert werden? Handelt es sich um verderbliche Ware, muss sie kühl gelagert werden. Handelt es sich dagegen um Lösungen, aus denen bei zu niedriger Temperatur Inhaltsstoffe ausfallen können, muss der Einsatzstoff warm gelagert werden.
- Muss der Einsatzstoff unter steriltechnischen Gesichtspunkten gelagert werden?
- Sind von Gesetzes wegen und aus allgemeinen Sicherheitsüberlegungen Tanktassen erforderlich?
- Welche Anforderungen sind an die Fördereinrichtungen (Pumpen, beheizte, gekühlte Leitungen) zu stellen?
- Welche Anforderungen sind an die Mess- und Regelungstechnik zu stellen?

Im Folgenden sollen einige Beispiele für die Lagerung von flüssigen Einsatzstoffen dargestellt werden. Es handelt sich dabei um drei häufige Fälle, die für sich Stell-

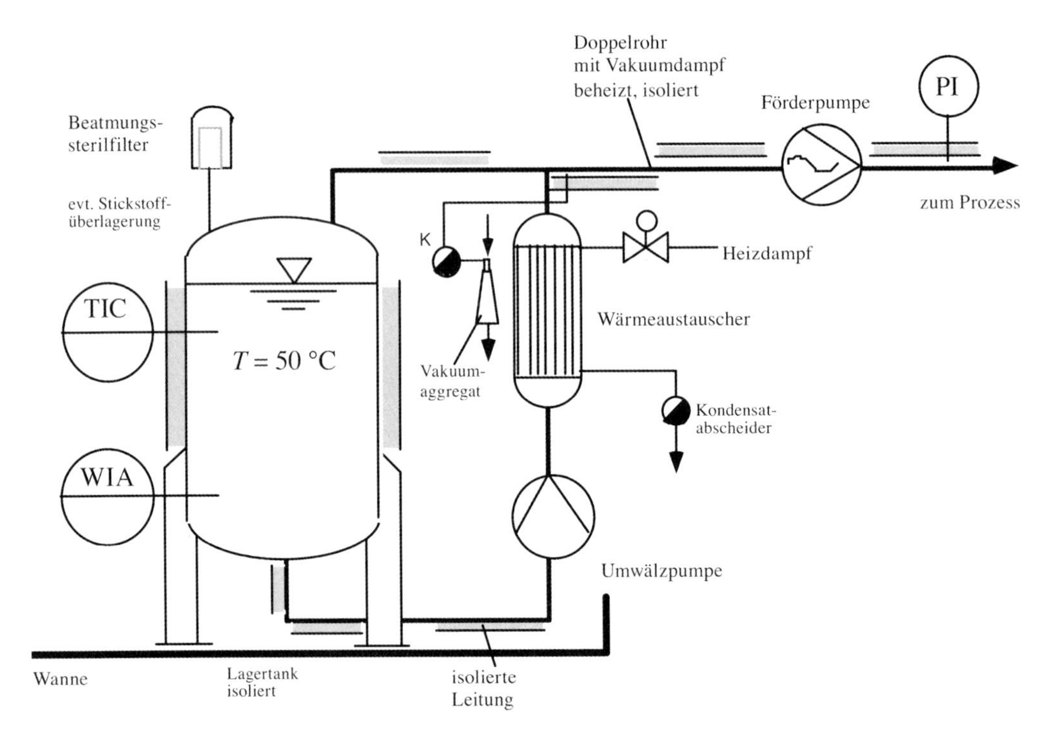

Abb. 5.1 Temperierte Lagerung von flüssigem Glucosesirup (70 %ig, autosteril).

vertreter von drei verschiedenen Stoffgruppen sind, nämlich Glucosesirup (Abb. 5.1), flüssiger Hefeextrakt (Abb. 5.2) und Melasse (Abb. 5.3). Eine weitere häufige, jedoch nicht biotechnologisch spezifische Stoffgruppe sind Lösungsmittel.

Aus 70 %igem Glucosesirup kristallisiert bei zu niedriger Temperatur Glucose aus. Um das zu verhindern, wird der Sirup bei einer Temperatur von 50 °C gelagert. Zum Zwecke der Homogenisierung muss der Inhalt ständig gemischt werden. Das geschieht durch Umpumpen. In der Umpumpleitung ist gleichzeitig ein Wärmeaustauscher installiert, über den bei Bedarf Wärme (Dampf) zugeführt wird (TIC-Temperaturregelung).

Auch die Transferleitung zum Prozess muss temperiert sein. Sehr vorteilhaft ist dabei eine Dampfbeheizung, da diese im Vergleich zu einer Warmwasserheizung über die gesamte Strecke in etwa eine konstante Temperatur erreicht (Alternative: Elektroheizung).

Mittels eines Vakuumaggregates (Wasserstrahler, Dampfstrahler), das am Kondensatausgang des Ableiters angeschlossen ist, kann Vakuumdampf erzeugt werden, sodass Temperaturen unter 100 °C (z. B. 50 °C) eingestellt werden können.

Zu hohe Temperaturen müssen ebenfalls vermieden werden, da sonst der Sirup geschädigt werden könnte, denn Spuren von Verunreinigungen und damit unerwünschte Reaktionen sind immer denkbar.

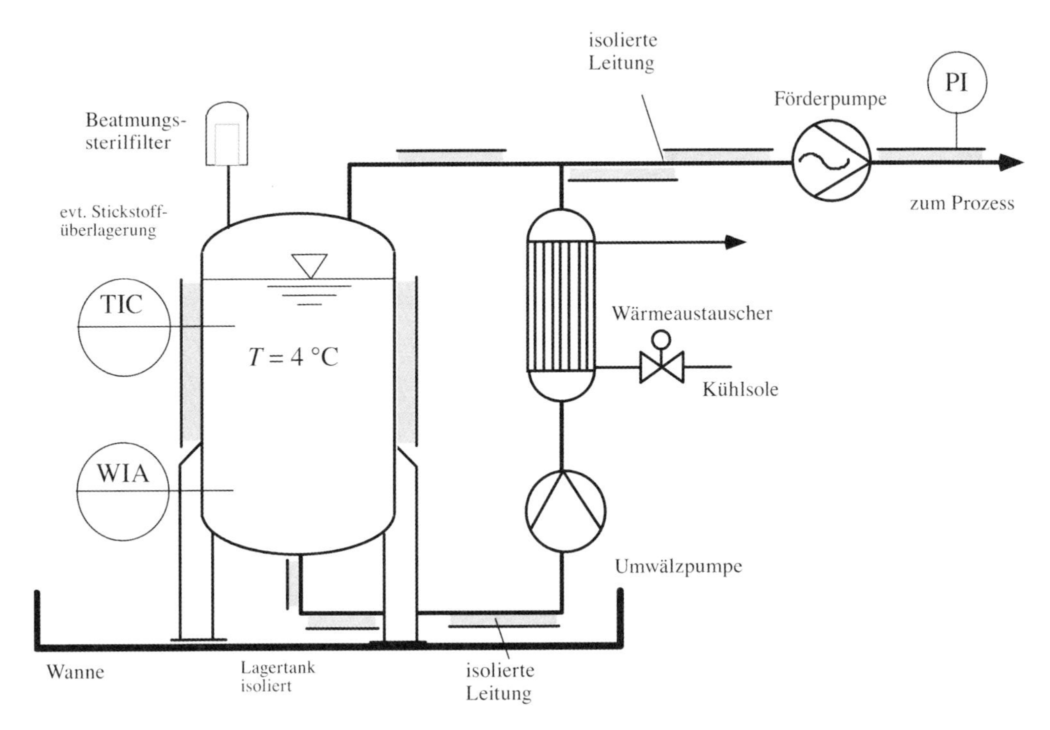

Abb. 5.2 Temperierte Lagerung von flüssigem Hefeextrakt. Die Kühlschranktemperaturen sind notwendig, um die Haltbarkeit zu wahren.

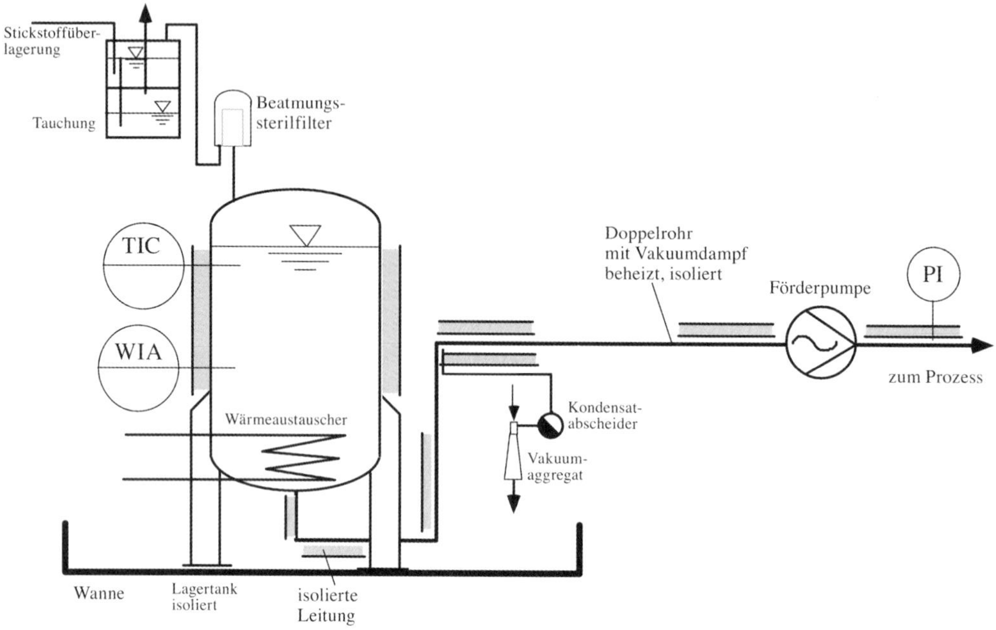

Abb. 5.3 Lagerung von Melasse. Um die Melasse pumpfähig zu halten, muss am Saugstutzen beheizt werden.

Flüssiger Hefeextrakt (TS ≈ 10 w%) wird bei 4 °C gelagert. Der Aufbau der Lagerhaltung ist ähnlich wie für Glucosesirup, mit dem Unterschied, dass der Wärmeaustauscher statt mit Dampf mit Kühlmedium beschickt wird und die Förderleitung in der Regel nur isoliert zu sein braucht (Abb. 5.2).

Die Lagerung von Melasse braucht nicht bei bestimmten Temperaturen durchgeführt zu werden. Da Melasse allerdings in Spuren eine Reihe von Verunreinigungen enthält, die sich hinsichtlich Korrosion sehr kritisch verhalten, empfiehlt es sich, korrosionsfeste Materialien oder zumindest gummierte Stahlbehälter zu verwenden. Der Korrosion kann sehr gut entgegengewirkt werden, wenn der Lagertank mit inertem Stickstoff beatmet wird.

Als Pumpunterstützung der viskosen Melasse (sie kann bei 20 °C bis zu 1000-mal viskoser als Wasser sein; 1 Pa•s), wird in der Nähe des Ansaugstutzens eine Heizung installiert und bei längeren Leitungen auch die Zuführung zum Prozess beheizt, um die Viskosität zu senken (Abb. 5.3).

Tanklager sind gemäß der Tankstättenverordnung auszulegen und müssen auch dem Abwasserabgabengesetz gerecht werden.

Die Logistik ist verantwortlich für die materielle Versorgung, die Materialerhaltung, die Materiallenkung, die Verkehrsführung und damit auch für den Abtransport von Ausgangsstoffen (Produkte, Rückstände). Voraussetzung dafür ist eine angepasste Infrastruktur in Form von Verkehrswegen (Straßen, Schienen, Wasser, Luft) und Energieversorgung. Der Transport von Medien erfolgt in verschiedensten

Gebinden auf den unterschiedlichen Verkehrswegen. Jedoch werden Sack- und Fassgebinde ab wenigen Tonnen unwirtschaftlich. Sobald die zu bewegenden Mengen in den Bereich von einigen Tonnen kommen, sind offene Gebinde vorteilhafter. In der verbreitesten Transportform, dem Straßentransport (Straßentankzug), lassen sich Massen von 5–25 Tonnen transportieren [1]. Das übliche Fassungsvermögen eines Bahnkesselwagens beträgt 20–28 Tonnen und kann bis zu 90 Tonnen annehmen.

Der Einfluss der Logistik auf die Kostenstruktur von Einsatzstoffen, und damit auf den gesamten Prozess, muss rechtzeitig berücksichtigt werden, denn nicht selten stellt der Materialfluss eine schier unüberwindbare (wirtschaftlich) Barriere dar. Wollte man z. B. in der Bundesrepublik eine Alkoholanlage (EtOH) für 20 000 l Alkohol pro Tag errichten, wäre diese dann wirtschaftlicher, wenn rund um die Anlage die Felder angesiedelt sind, auf denen der Rohstoff (z. B. Weizen) wächst und damit kurze Transportwege garantiert sind (Abb. 5.4).

Holzabfallspäne könnten z. B. ein interessanter Ausgangsstoff für die Alkoholherstellung sein (Abschnitt 5.3). Doch allein die erforderliche Logistik aufgrund der vielen dezentralen Quellen und der damit verbundenen langen Wege sowie das geringe spezifische Gewicht (großes Transportvolumen) machten diesen an sich billigen Rohstoff letztendlich uninteressant.

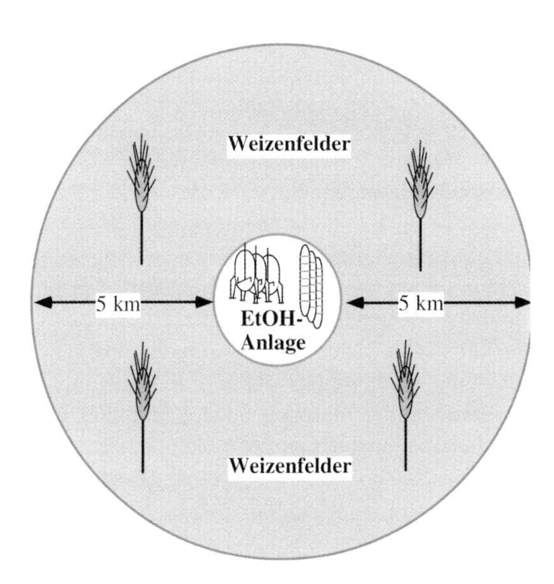

Abb. 5.4 Ethanolherstellung aus Weizen. Das wäre eine wirtschaftliche Anlagenkonzeption für 20 000 l Ethanol pro Tag, aber in einem dicht besiedelten Industrieland wie der Bundesrepublik Deutschland nicht realisierbar. Nur in Flächen- und Agrarstaaten kann ein solches Konzept umgesetzt werden.

5.2 Anmaischprozesse

Beim Anmaischen (Anrühren) von Einsatzstoffen sind im Wesentlichen vier Aspekte zu beachten:

- richtige Zusammensetzung (Einrichtung zur Kontrolle);
- nur Komponenten, die sich in der nachfolgenden Sterilisation nicht stören, sonst getrenntes Anmaischen;
- Sterilisationsprozesse in geeigneten Apparaten (Steriltechnik);
- beim Einrühren von Feststoffen Klumpenbildung vermeiden (feine Dispersion herstellen).

Die richtige Zusammensetzung erreicht man am sichersten, indem man den Ansatzkessel mit der entsprechenden Instrumentierung (Wägeeinrichtung, Aufzeichnung und Dokumentation) ausstattet. Mit einer präzisen Wägeeinrichtung können Masseneingaben bis zu 0,5 % Genauigkeit bezogen auf den Maximalwert verfolgt werden [2]. Dokumentationseinrichtungen, wie sie für jedes moderne Prozessleitsystem (PLS) selbstverständlich sind, helfen auch rückwirkend festzustellen, ob alles in Ordnung war.

Werden im Anmaischprozess auch schon Sterilisationsprozesse integriert, weil der Kessel gleichzeitig als Feedvorlage oder als Nachgabekessel für einen Fed-Batch- oder kontinuierlichen Prozess bzw. als Zugabekessel für einen bereits leer sterilisierten Bioreaktor fungieren muss, dann ist darauf zu achten, dass nur Medien zusammengebracht werden, die während der Sterilisation zu keinen Reaktionsprodukten führen (Bräunungsreaktionen, Maillard-Reaktionen (Abschnitt 5.5) [2]. Als oberstes Gebot gilt, zunächst immer die Kohlenstoffquelle (Glucose) von der Stickstoffquelle zu trennen.

Wird der Anmaischbehälter (Ansatzkessel) gleichzeitig als Sterilisator eingesetzt, versteht es sich von selbst, dass er hinsichtlich Sterilkonstruktionen ebenso durchdacht und sinnvoll konstruiert sein muss wie der Bioreaktor selbst [2].

Ganz besonders sinnvoll sind Anmaischbehälter dann, wenn ein trockener Feststoff (z. B. Kristalle, Mehle) eingefüllt werden muss, der zum Klumpen neigt. Hierbei ist es äußerst wichtig, dass sich keine Klumpen bilden, in denen Einschlüsse entstehen können, wo die Sterilisationsbedingungen nicht erreicht werden. Das kann zum einen dadurch geschehen, dass keine reine Dampfatmosphäre entstehen kann, oder aber das Material des Klumpens so stark isoliert, dass erst gar nicht die erforderliche Temperatur erreicht wird. Ziel muss es in diesem Fall sein, eine möglichst feine Dispersion herzustellen. Dazu muss der Anmaischbehälter entweder über ein geeignetes Dispergierorgan verfügen oder man stellt einen Homogenisator bei. Geeignete Dispergierorgane sind der Zahnscheibenrührer (z. B. die Mizerscheibe®) oder mindestens der im Bioreaktor bewährte Scheibenrührer [2].

5.3 Konditionierungsprozesse

Konditionierungsprozesse sind für diejenigen Einsatzstoffe (Substrate) erforderlich, die in der Art bzw. dem Zustand, in dem sie anfallen, nicht eingesetzt werden können. Konditionierungsprozesse sind Verfahren, die es ermöglichen, inhibierende Substanzen aus Einsatzstoffen zu entfernen oder diese Stoffe erst für eine Stoffumwandlung geeignet machen. Als Beispiel sei hier die Konditionierung von Melasse angeführt, um sie in Ethanolprozesse einsetzen zu können. Melasse fällt als Abfallstoff in der Zuckerindustrie an und enthält noch 50 Gew.% Zucker. Allerdings befinden sich in der Melasse je nach Herkunftsort und Saison noch Spuren von Verunreinigungen, die den Prozess stören können (inhibierende Wirkung auf den Produktionsstamm) oder zumindest keine reproduzierbaren Reaktionsabläufe zulassen. Deshalb muss die Melasse konditioniert werden.

Dieser Prozess läuft wie folgt ab (Abb. 5.5): Vom Melasselagertank (Abb. 5.3) gelangt die Melasse in einen Vorlösungsbehälter, wo sie mit etwas Wasser verdünnt und der pH-Wert mit Schwefelsäure auf 4–5 eingestellt wird. Das Wasser hat dabei eine Temperatur von 80 °C. Durch die Temperaturerhöhung und die Ansäuerung fällt Feststoff aus (je nach Melasseherkunft 5–20 g TS/l). Dieser Feststoff wird anschließend in einem Dekanter oder Separator abzentrifugiert und in einem Schneckendekanter auf 80 % Trockensubstanz (TS) eingedickt. Der Feststoff wird verworfen (sachgerechte Entsorgung), während die Flüssigphase mit dem Zentrifugat wieder zusammengeführt und vor dem Mischer (Rührbehälter oder statischer Mischer), falls erforderlich mit weiterem Verdünnungswasser, auf die endgültige Zusammensetzung eingestellt wird. Die so konditionierte Melasse lässt sich im Prozess ohne Probleme reproduzierbar einsetzen.

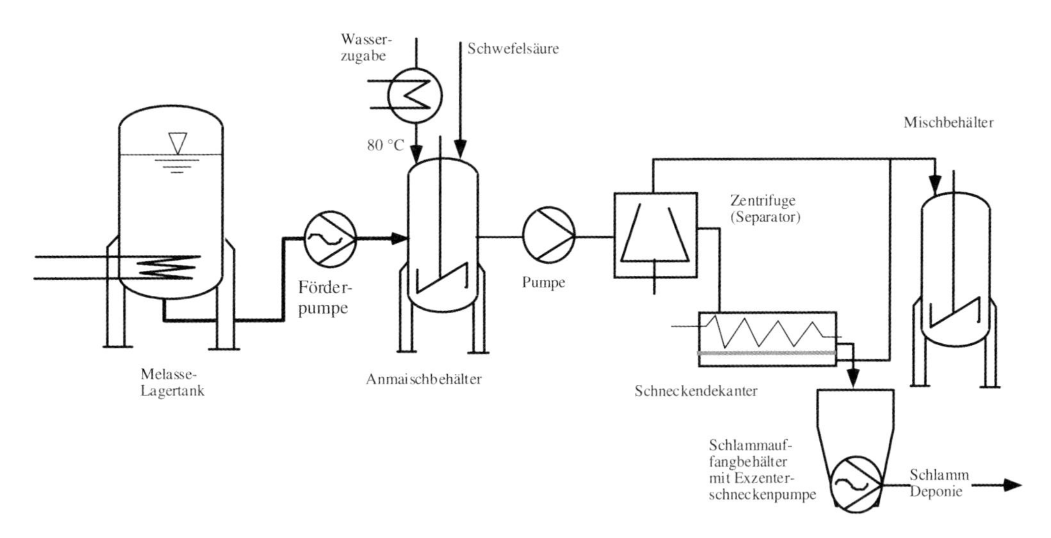

Abb. 5.5 Melasseaufbereitung. Damit die Melasse ohne Inhibierungseffekte für die EtOH-Synthese eingesetzt werden kann, müssen verschiedene Proteine ausgefällt und abgetrennt werden.

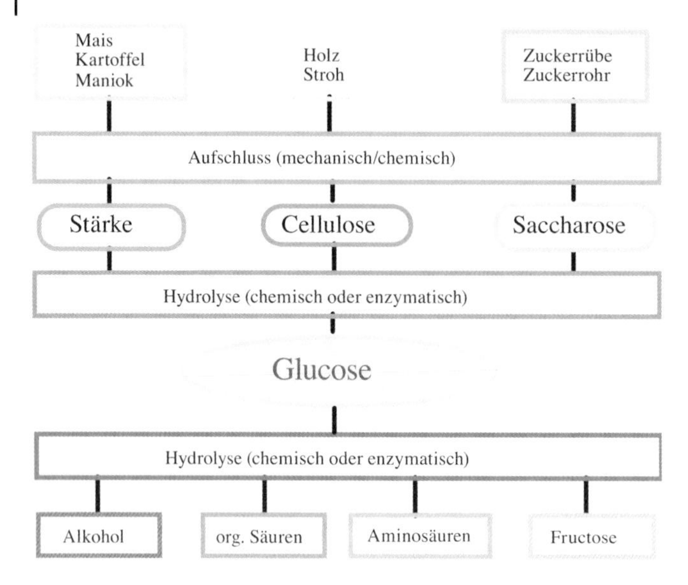

Abb. 5.6 Zur Glucose kann man von verschiedenen Polysacchariden kommen. So ist es möglich, aus wirtschaftlicher Sicht den günstigsten Weg zu wählen.

Eine andere Aufgabe von Konditionierungsprozessen ist die Überführung von Molekülformen in solche, die für Mikroorganismen verwertbar sind. So können z. B. die meisten Mikroorganismen Stärke oder Cellulose nicht direkt verwerten. Die Polysaccharide müssen in Monosaccharide, in Glucose, überführt werden.

Glucose ist für die Biotechnologie eine zentrale Kohlenstoffquelle (Abb. 5.6 und 5.7) und kann von den meisten Mikroorganismen am einfachsten in gewünschte

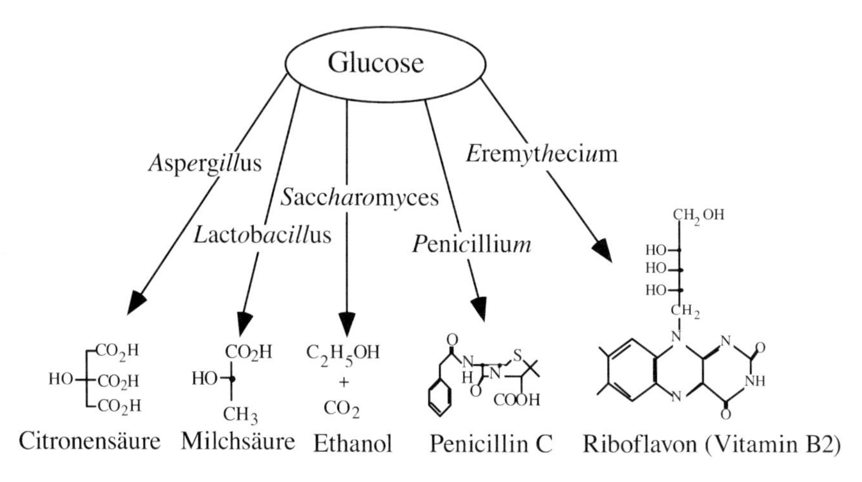

Abb. 5.7 Die vielfältige Kohlenstoffquelle und Edukt Glucose. Beispiele, wie durch den Einsatz bestimmter Mikroorganismen verschiedene Produkte gewonnen werden können.

Produkte wie Alkohol, organische Säuren, Aminosäuren oder Fructose überführt werden [3].

Im Falle der Stärke kann der Abbau zu Glucose mithilfe eines chemischen oder enzymatischen Verzuckerungsverfahrens geschehen [3]. Stärke ist ein Gemisch aus zwei Makromolekültypen, der linearen Amylose und dem verzweigten Amylopektin [3], die beide aus Glucoseeinheiten mit allerdings unterschiedlichen Verknüpfungen (α-1,4- beziehungsweise α-1,6-glycosidisch) aufgebaut sind.

Glucose hat jedoch nur 70 % der Süßkraft von Saccharose (Rüben- oder Rohrzucker), während die zur Glucose isomere Fructose 150 % Süßkraft aufweist. Die Isomerisierung kann durch ein aufwendiges chemisches Verfahren (Alkalibehandlung) oder durch das Enzym Glucose-Isomerase erfolgen.

Die industrielle Verzuckerung von Stärke wird heute in drei enzymatischen Schritten durchgeführt:

- **Verflüssigung**: Partialhydrolyse zu Dextrin im Rührkessel mit α-Amylase aus *Bacillus licheniformis* (*endo*-Spaltung von 1,4-Verküpfungen)
- **Verzuckerung**: Totalspaltung der Glucose im Rührkessel mit Amyloglucosidase aus *Aspergillus niger* (*exo*-Spaltung von 1,4- und 1,6-Verknüpfungen)
- **Isomerisierung**: Isomerisierung von Glucose zu Fructose im Festbett-Reaktor mit immobilisierter Glucose-Isomerase aus *Bacillus coagulans*.

Die für die ersten beiden Schritte benötigten Enzyme werden von den Mikroorganismen in das Medium ausgeschleust und sind so in großen Mengen kostengünstig zu gewinnen. Dagegen ist die Glucose-Isomerase ein intrazelluläres Enzym, sodass die je Zelle produzierbare Menge begrenzt und die Isolierung aufwendiger ist.

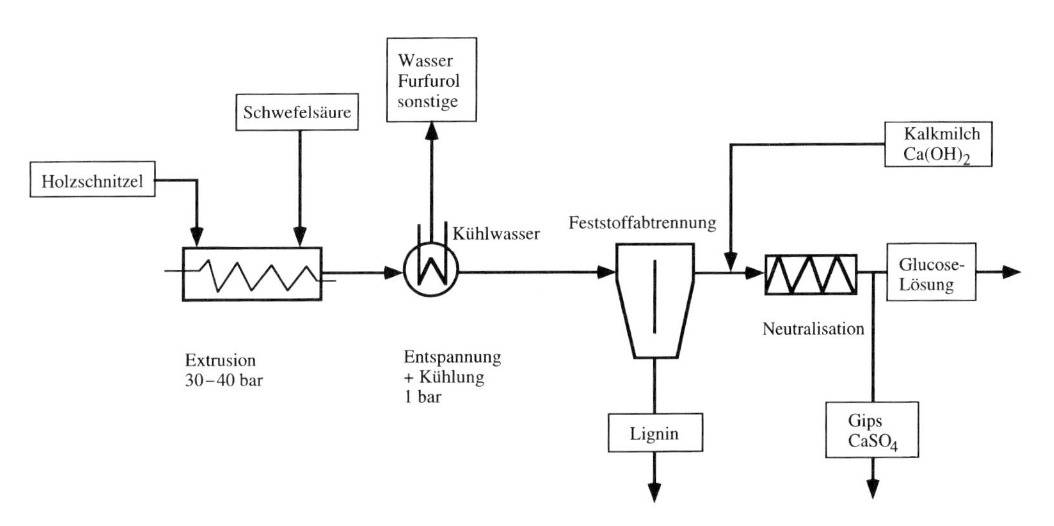

Abb. 5.8 Kontinuierlich betriebene Holzhydrolyse. Ein günstiges Verzuckerungsverfahren von Cellulose (Holzspäne, Stroh) ist die chemische Hydrolyse in einem Extruder mit gegenläufigen Schnecken.

Durch Immobilisierung kann das Enzym mehrfach wiederverwendet und der Kostenanteil am Gesamtprozess gesenkt werden [3].

Ein günstiges Verzuckerungsverfahren von Cellulose (Holzspäne, Stroh) ist die chemische Hydrolyse in einem Extruder mit gegenläufigen Schnecken (Abb. 5.8).

Der Rohstoff wird zunächst in geeigneter Form (1–25 mm) vorzerkleinert bzw. zugeschnitten (Stroh). In einem Anmaischbehälter werden die Holz- oder Strohstücke mit Wasser angeteigt. Dieser Teig wird in den Extruder eingespeist und mit überhitztem Wasserdampf möglichst schnell auf eine Temperatur von 220–250 °C gebracht. Im Extruder herrscht dann ein Druck von 30–40 bar. Vor dem Extruderauslauf wird 2,5 %ige Schwefelsäure (d. h. 1 % Schwefelsäure-Gesamtkonzentration) eingespritzt. Das Reaktionsgemisch wird dann innerhalb der zur Hydrolyse erforderlichen Verweilzeit (10–20 s) zum Auslauf gefördert (Abb. 5.9).

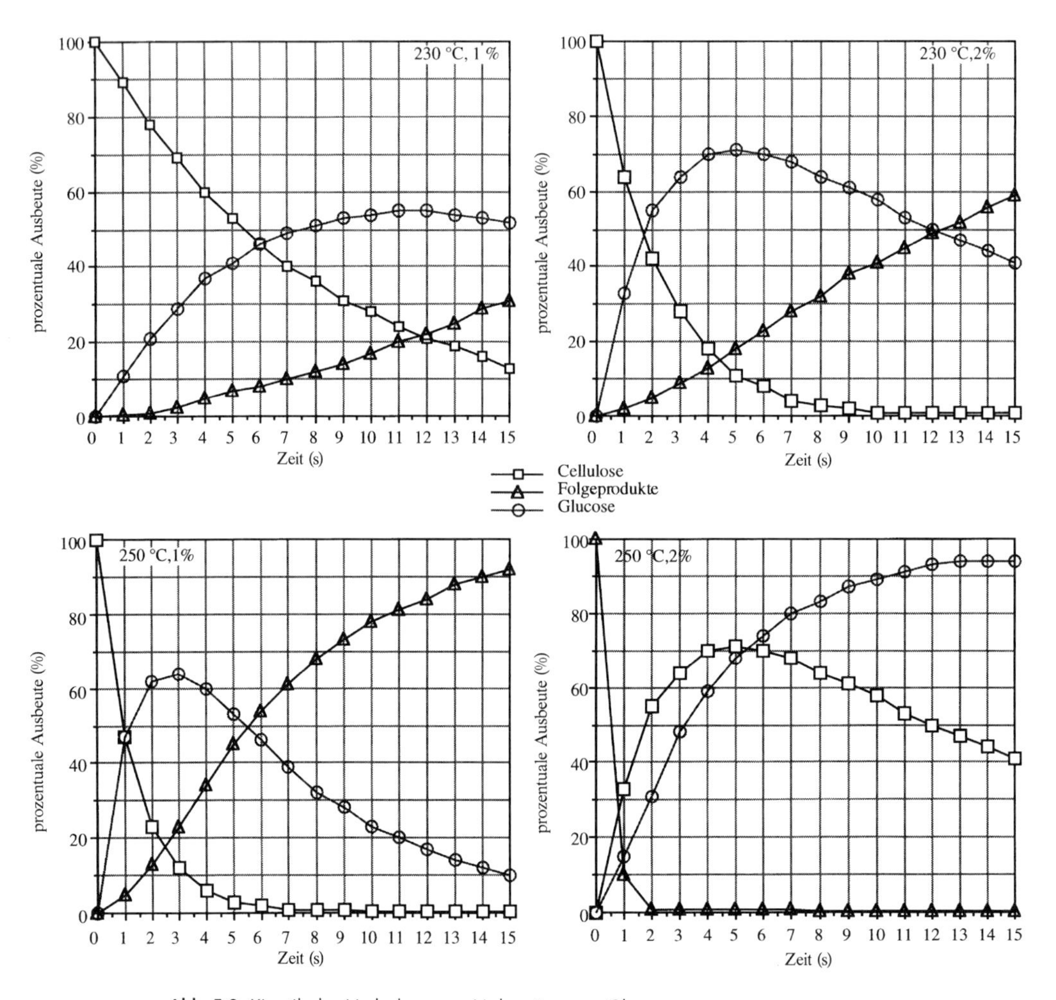

Abb. 5.9 Kinetik der Hydrolyse von Holzspänen zu Glucose.

Cellulose und Hemicellulose hydrolysieren mit 50–60 % Ausbeute zu Hexosen und Pentosen. Nach Ende der Reaktion wird schlagartig entspannt und auf 120 °C abgekühlt. Flüchtige Folgeprodukte der Hydrolyse (Furfurol, Methanol, Essigsäure) destillieren mit dem Wasserdampf ab. Lignin und nicht hydrolysierte Cellulose werden als Feststoff (etwa 0,5 kg pro kg Holz, Feuchtigkeitsgehalt 50 %) abgetrennt. Die verbleibende Lösung wird mit Kalkmilch neutralisiert.

Die Ausbeute an Glucose hängt von den gewählten Bedingungen ab, die bestimmen, in welchem Verhältnis Nutzprodukt und Zersetzungsprodukte anfallen. Die Umsetzung der Cellulose läuft nach folgendem Muster ab: Zunächst wird das Cellulosemonomer D-Glucose gebildet, das unter den Reaktionsbedingungen jedoch nur begrenzte Stabilität aufweist und sich nach und nach zersetzt. Das Problem der Hydrolyse liegt in der innigen Verflechtung von Lignin und Cellulose, die zum Teil chemisch miteinander verbunden sind. Deshalb erfolgt die quantitative Hydrolyse nur unter scharfen Bedingungen.

Die Zuckerausbeute wird von der Art der Säure, der Säurekonzentration, der Temperatur und der Verweilzeit (Reaktionsdauer) beeinflusst. Die gewinnbare Zuckermenge hängt von dem Verhältnis der Reaktionsgeschwindigkeitskonstanten k_1/k_2 ab. Mit steigender Temperatur wächst k_1/k_2 wegen der für beide Reaktionsschritte unterschiedlichen Arrhenius-Konstanten ($k_{10} >> k_{20}$) und Aktivierungsenergien ($E_1 > E_2$) (Abb. 5.9).

Entscheidend ist es, eine Reaktionszeit einzustellen, bei der die Zuckerausbeute optimal ist. Für diese Hydrolyse kann folgende Kinetik angegeben werden:

$$k_1 = 28 \cdot 10^{19} \cdot C_h^{1,78} \cdot \exp\left(\frac{188\,423}{8{,}314 \cdot T}\right) \qquad \text{(Gleichung 5.2)}$$

$$k_2 = 4{,}9 \cdot 10^{14} \cdot C_h^{0,55} \cdot \exp\left(\frac{137\,035}{8{,}314 \cdot T}\right) \qquad \text{(Gleichung 5.3)}$$

Darin bedeuten C_h die Schwefelsäurekonzentration (in Mol%) und T die Temperatur (in K) (Abschnitt 5.5.5.1, Gleichung 5.19).

Hefeextrakt und andere Formen von Abfallhefe werden als Lieferant von Spurenelementen (Aminosäuren, Vitamine, Salze) häufig in Fermentationsprozessen eingesetzt. Dabei kann es von Fall zu Fall notwendig werden, vor allem Abfallhefen vor dem Einsatz noch Konditionierungsprozessen zu unterwerfen. Ziel solcher Prozesse ist es in der Regel, gewisse Abbauprozesse von Peptiden zu bewirken, um den Mikroorganismen optimale Peptidgrößen anbieten zu können. Solche Selbstverdauungsvorgänge (Autolysen) werden durch optimale Temperatureinstellungen, Verweilzeiten und u. U. auch durch Sauerstoffversorgung ausgelöst. Abbildung 5.10 zeigt eine Autolyseapparatur. Das Nettokesselvolumen V_A (in m^3) richtet sich nach dem vorhandenen Reaktionsvolumen V_R (in m^3) und der Konzentration des Substrates c_S (in kg/m^3) und berechnet sich nach folgender Gleichung:

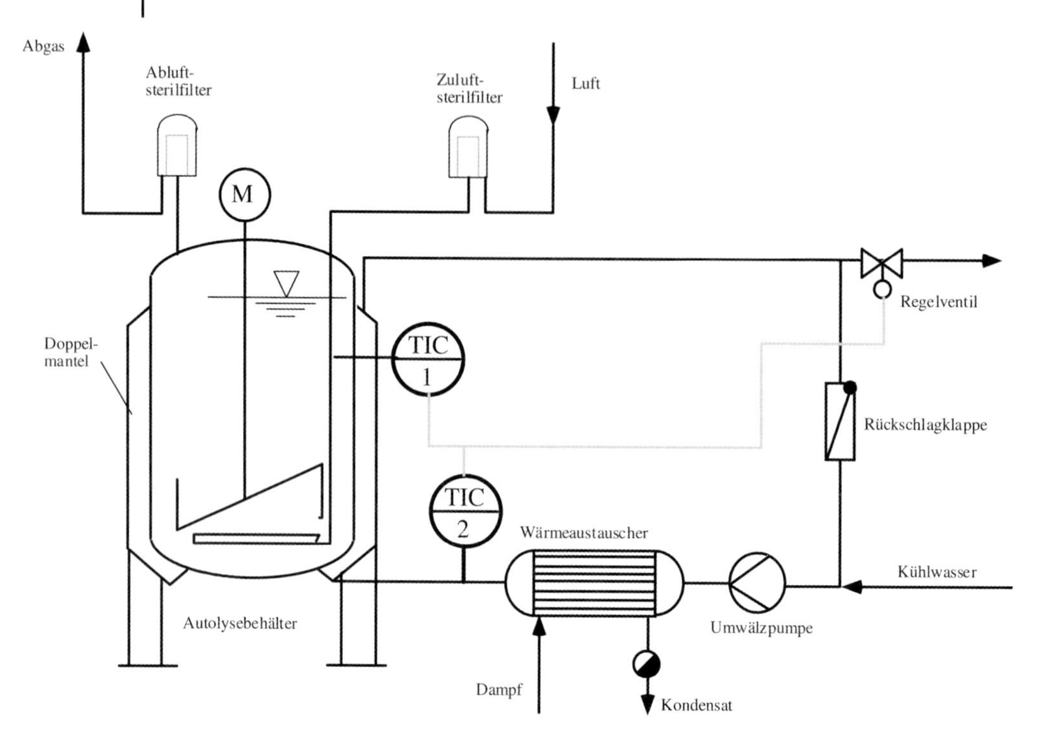

Abb. 5.10 Autolyseapparatur; Beispiel einer technischen Anordnung zur Autolyse von Hefe.

$$V_A = \frac{c_S \cdot V_R}{\rho_S} \cdot f_B \qquad \text{(Gleichung 5.4)}$$

Darin bedeutet außerdem ρ_S die Dichte des Substrates (in kg/m^3) und f_B berücksichtigt wieder das Verhältnis von Brutto- zu Nettovolumen. Die Anzahl der Autolyseapparaturen richtet sich nach der Anzahl der Reaktoren n_R, der Bruttoreaktionsdauer t_R (in h) und der Autolysedauer t_A (in h).

$$n_A = n_R \cdot \frac{t_A}{t_R} \qquad \text{(Gleichung 5.5)}$$

5.4 Reinigungsprozesse (CIP, *cleaning in place*)

Reinigungsprozesse schließen sich zwar häufig an einen Prozess an, sind also augenscheinlich nicht dem Upstream-Processing zuzuordnen, da jedoch diese Reinigung einem Bereitstellungsprozess für den nachfolgenden Hauptprozess darstellt, ist es gerechtfertigt, die Reinigungsprozesse in die vorbereiteten Arbeitsschritte einzuordnen.

Reinigungsprozesse werden der Rüstzeit angerechnet, nehmen also der eigentlichen Produktion Zeit weg und sollten aus diesem Grund so schnell wie möglich durchgeführt werden. Dabei dürfen sie nichts an Effektivität einbüßen, weil sonst die Produktqualität darunter leiden könnte. In modernen, größeren Anlagen der Lebensmittelindustrie, der Pharmaindustrie, oder auch allgemein der Biotechnologie, kann diese Forderung nur durch CIP-Anlagen (*cleaning in place*) eingelöst werden.

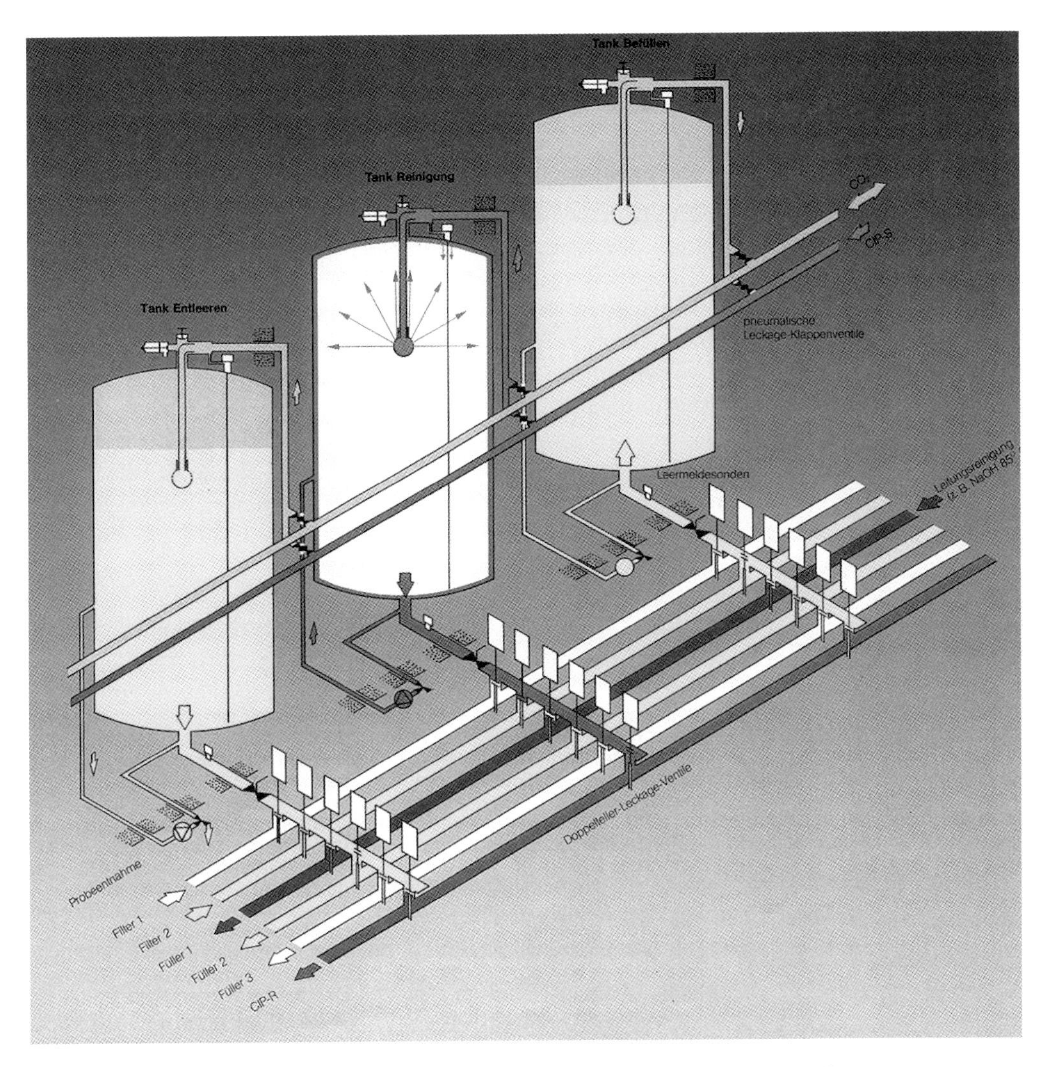

Abb. 5.11 Beispiel einer CIP-Anlage. Damit die einzelnen Medien schnell und verwechslungsfrei zugeschaltet werden können, werden Mehrfachsitzventile eingesetzt (vgl. Abb. 5.12).

Das wesentliche Merkmal dieser Anlagen ist die komplette Installation des Reinigungsprozesses neben dem Produktionsprozess, quasi als Bestandteil des Produktionsprozesses. Durch entsprechende Automatisierung können Reinigungsoperationen direkt den Produktabläufen angeschlossen werden, ohne viel Zeit zu verlieren (Abb. 5.11) [4, 5].

Voraussetzung für effektiv arbeitende Reinigungssysteme sind geeignete Verrohrungen und Armaturen [2].

Zur möglichst totraumfreien Verschaltung aller Kreisläufe setzt man Mehrfachsitzventile ein (Abb. 5.12). Sie erlauben je nach Stellung Teilreinigungen, Komplettreinigungen, Standby-Positionen und Produktdurchlaufpositionen.

Bei der Auswahl der Ventile für Anlagen, in denen hochwertige Produkte gehandhabt werden, ist im besonderen Maße die Reinigungsmöglichkeit der Ventilspindelabdichtungen zu bedenken. In Abb. 5.13 ist zu erkennen, dass die zunächst billigere O-Ring- oder Nutringkonstruktion den Gegebenheiten konstruktiv angepasst werden muss. Die klassische Kammerung dieser Dichtelemente hinterlässt den unerwünschten Totraum, in dem sich Mediums- und Reinigungsmittelreste vor dem Entfernen verbergen können. So kann es zu Produktverschleppung und damit zu unerwünschten Verunreinigungen kommen.

Im ersten Moment scheint die Ausführung mit dem Teflon-Abstreifring die günstigste Konstruktion zu sein, weil die Produktflüssigkeit in die Kammerung geraten kann. Aus Sicht steriler Konstruktionen ist aber eine modifizierte O-Ringdichtung, wo die Kammer so weit wie möglich geöffnet wird, bis hin zu einer Steg- oder Stiftausführung zu bevorzugen.

Um in Behältern die Reinigungswirkung zu erhöhen, werden Sprühköpfe eingesetzt (Abb. 5.14). Sie müssen allerdings so angebracht werden, dass keine Schattenbereiche auftreten, die vom Reinigungsstrahl nicht erreicht werden. Notfalls müssen zur Vermeidung von Schattenbereichen mehrere Sprühköpfe eingesetzt werden, z. B. bei Rührbehältern (Abb. 5.15b).

Als Rohrleitungsmaterial hat sich Edelstahl (Chromnickelstahl nach Werkstoffnummer 1.4301 oder Chromnickelmolybdänstahl nach Werkstoffnummer 1.4401) bewährt. Die Oberflächengüten müssen den Reinigungsanforderungen angepasst werden. Auf dem Markt werden für Rohre und Armaturen metallblanke, geschliffene, elektrolytisch polierte und ziehpolierte Oberflächen angeboten. Maßgebend für die Wahl der Ausführung sind die in der Praxis gestellten Anforderungen. Systeme mit elektrolytisch polierten Oberflächen lassen sich effektiver sowie einfacher reinigen und neigen in der Regel weniger zur Verkrustung [2, 4]. Allerdings muss bei der Wahl der Oberflächengüte auch berücksichtigt werden, welche Medien im Betrieb mit den Oberflächen in Kontakt treten. Wenn etwa Suspensionen mit abrasiven Partikeln gehandhabt werden, ist eine zu aufwendig bearbeitete Oberfläche, z. B. eine elektrolytisch polierte, sehr schnell wieder zerstört und somit nicht sinnvoll.

Die Reinigung von Oberflächen (z. B. Rohrleitungen) setzt voraus, dass die Haftkräfte von Partikeln (Adsorption, „Rautiefe“) durch entgegengerichtete Kräfte überwunden werden. Die wesentlichen entgegengerichteten Kräfte sind (Abb. 5.16) [7]:

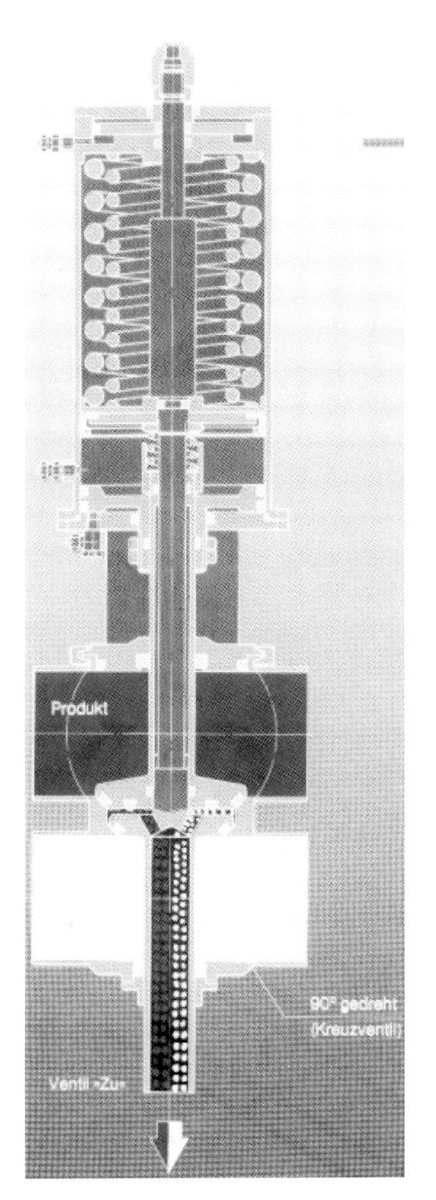

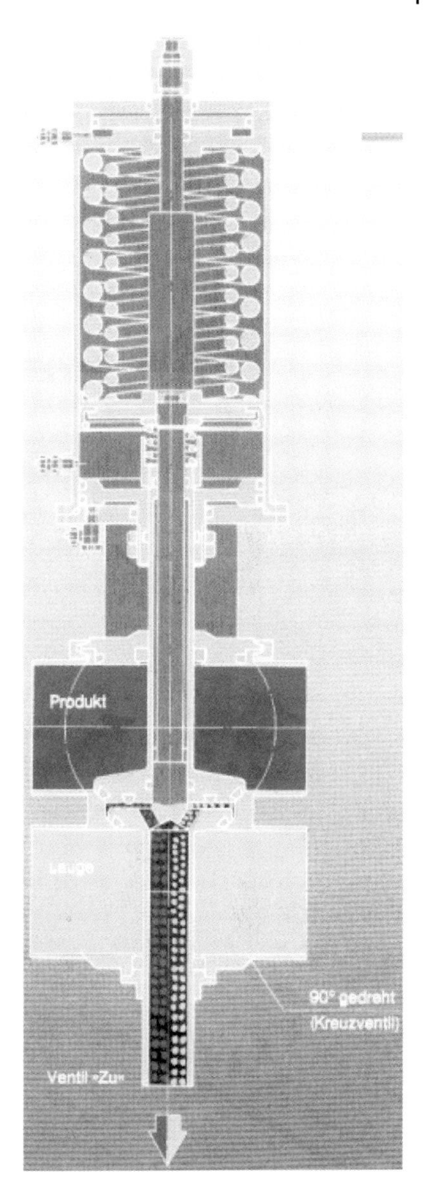

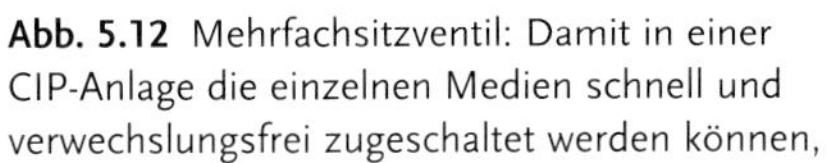

Abb. 5.12 Mehrfachsitzventil: Damit in einer CIP-Anlage die einzelnen Medien schnell und verwechslungsfrei zugeschaltet werden können, werden Mehrfachsitzventile eingesetzt (vgl. Abb. 5.11).

- die Rückdiffusion infolge der Konzentrationsüberhöhung,
- der osmotische Druck,
- die Eigenbeweglichkeit der Partikel als Funktion der Temperatur,
- die Wandschubspannung bei strömendem Medium.

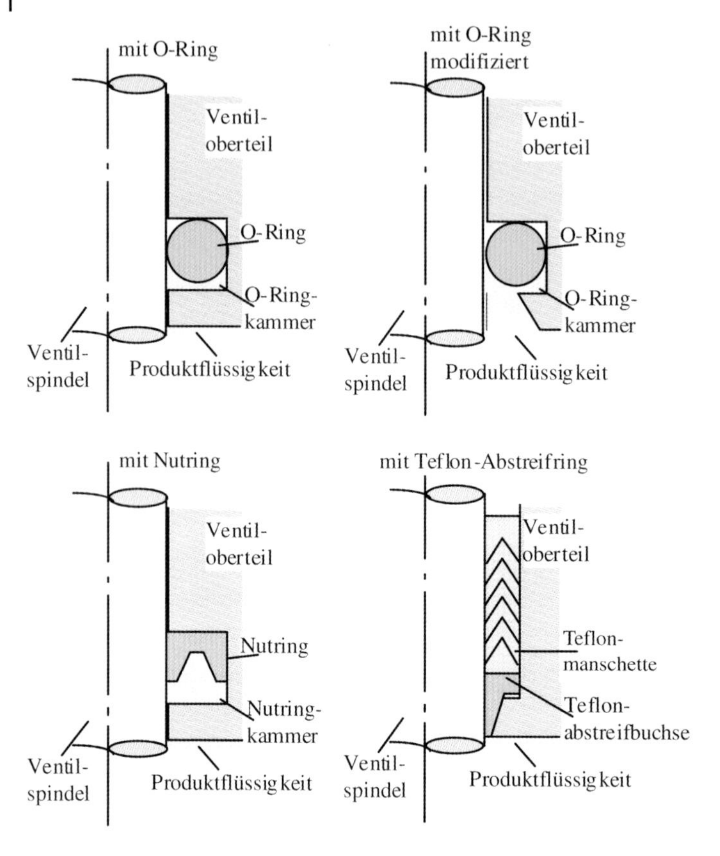

Abb. 5.13 Ventilspindelabdichtungen: Bei der Auswahl der Ventile für hochwertige Produkte ist die Ventilspindelabdichtung genauestens zu bedenken.

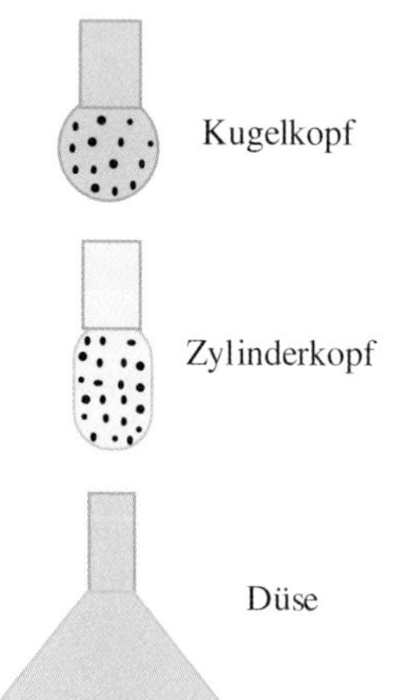

Abb. 5.14 Beispiele von Sprühköpfen. Die Sprühkopfform bestimmt die Sprühgeometrie.

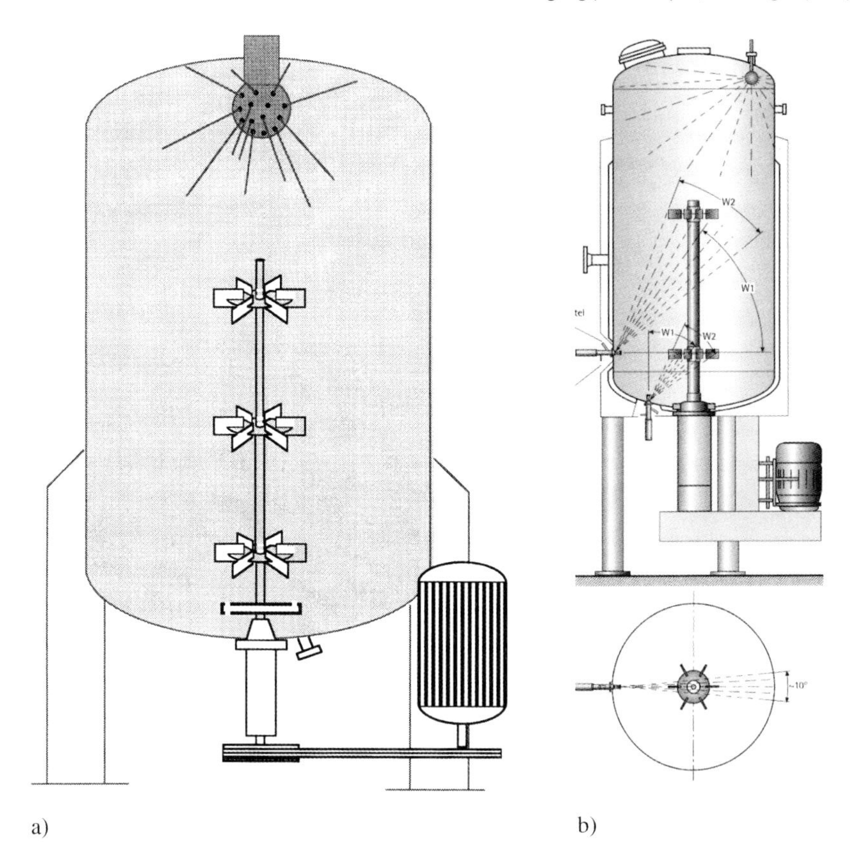

Abb. 5.15 a) Einbaubeispiel eines Sprühkopfes in einem Rührbehälter [6]. b) Sprühkopfausstattung eines Rührbehälters. Durch die Einbauten (Rührwerksschaft mit Rührern) ergeben sich Sprühschatten, die durch die Installation von mehreren Sprühköpfen umgangen werden können. Dadurch werden sowohl alle Behälterwandflächen als auch sämtliche Stellen des Rührwerkes erreicht. Die zu wählenden Sprühköpfen sollten hinsichtlich ihres Sprühwinkels optimal angepasst sein [6].

Die der Haftung entgegenwirkenden Mechanismen kommen bei der Reinigung verstärkt zur Geltung und werden zudem durch chemische Zusätze unterstützt [9].

Die „Haftung" wird durch die Rauigkeit der Oberfläche beeinflusst oder, richtiger ausgedrückt, die Rauigkeit einer Oberfläche beeinflusst die Angriffsmöglichkeiten der entgegengerichteten Kräfte, vor allem der Wandschubspannung.

Für das Rauigkeitsmaß werden verschiedene Definitionen angegeben. Die verbreitetste ist die mittlere Rautiefe R_a, die sich aus dem Oberflächenprofil wie folgt berechnet:

$$R_a = \frac{1}{L} \cdot \int_0^L y(x) \cdot dx \qquad \text{(Gleichung 5.6)}$$

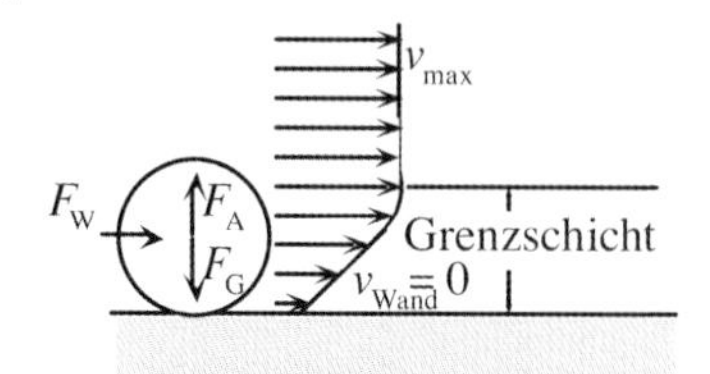

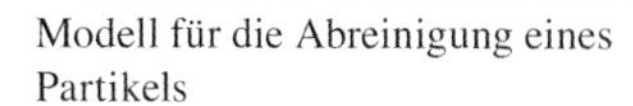
Modell für die Abreinigung eines Partikels

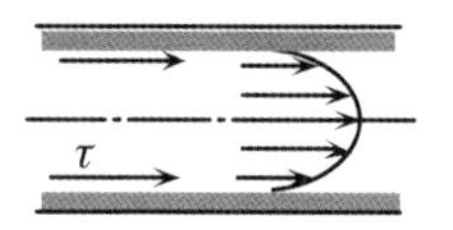

Schubspannung: Abreinigung von Belägen nur bei Druckstößen – Zwei-Phasen-Strömung

Abb. 5.16 Wirkende Kräfte bei der Reinigung [8]. Es wirken die Gewichtskraft FG, die Auftriebskraft FA und die Widerstandskraft FW. Nimmt in Wandnähe der Geschwindigkeitsgradient zu, so steigt die Schubspannung τ und damit die Widerstandskraft.

Dabei ist $y(x)$ der Abstand des örtlichen Profils vom mittleren Profil (Abb. 5.17).

Die mittlere Rautiefe beschreibt aber nur die makroskopische Rauigkeit. Eine glatte Oberfläche besitzt nicht nur eine geringere mittlere Rautiefe, sondern sie zeichnet sich auch durch abgerundete Profilformen, wie sie durch eine elektrolytische Politur erreicht werden, aus. Des Weiteren ist im Mikrobereich auch Riss- und Porenfreiheit zu fordern, um ein Verankern von Substanzen zu verhindern.

Beim freien Ablaufen an Oberflächen ist im Rauigkeitsbereich von $R_a < 3$ µm noch ein deutlicher Einfluss auf die verbleibende Flüssigkeitsmenge zu vermerken. Verringert man zum Beispiel die mittlere Rautiefe von $R_a = 2{,}3$ µm auf $R_a = 0{,}23$ µm, so nimmt die auf der Oberfläche verbliebene Flüssigkeitsmenge um 6 ml/m^2 (destilliertes Wasser) ab [7].

Anders verhält es sich in durchströmten Rohrleitungen. Bei einer üblichen Strömungsgeschwindigkeit von 1 m/s erreicht man bei einer Verringerung der Rautiefe von $R_a = 2{,}3$ µm auf $R_a = 0{,}23$ µm eine Abnahme der Restmenge um 0,01 ml/m^2. Somit sind Oberflächengüten in Rohrleitungen von $R_a = 2$ µm ausreichend [7].

Bei der CIP-Reinigung kann die Erhöhung der Strömungsenergie (Strömungsgeschwindigkeit) den Einfluss der Mechanik (Schubspannung) auf die Reinigungswirkung verbessern. Es wurden in diesem Zusammenhang Gesetzmäßigkeiten gefunden, die die Abhängigkeit der Restmenge nur von der Schubspannung wie folgt darstellen lassen [10]:

$$m_{\mathrm{R}} \propto \tau^{-n} \qquad \text{(Gleichung 5.7)}$$

(z. B. $n = 1{,}39$ für fetthaltige Produkte auf Acrylglas [10])

Die zeitliche Abnahme der Schmutz- oder Restmenge lässt sich verschiedentlich über eine Reaktionsgleichung erster Ordnung beschreiben [11]:

$$-\frac{\mathrm{d}m_{\mathrm{R}}}{\mathrm{d}t} = k_{\mathrm{R}} \cdot m_{\mathrm{R}} \qquad \text{(Gleichung 5.8)}$$

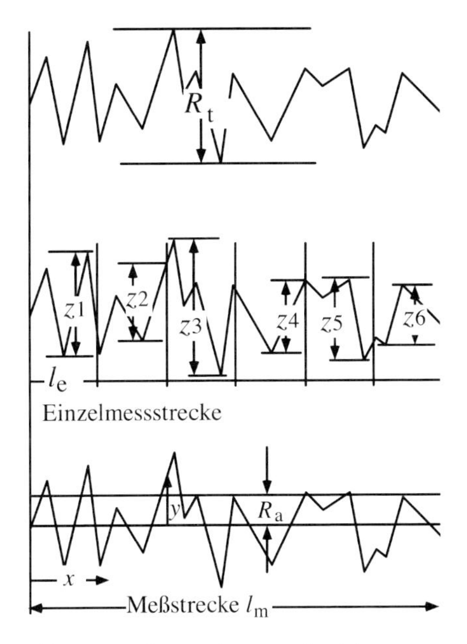

Abb. 5.17 Definition der Rautiefen. Man unterscheidet zwischen absoluter Rautiefe, einer gemittelten Rautiefe und arithmetischer Mittenrautiefe. Definitionen: Rt absolute Rautiefe; Rz gemittelte Rautiefe: Rz = 1/6 (z1 + z2 + z3 + z4 + z5 + z6); Ra arithmetische Mittenrauigkeit, Ra = 1/lm ∫ |y| dx.

Die Temperaturabhängigkeit der Reinigungskonstante k_R kann im Bereich von 20–90 °C für einige Ablagerungen über die Arrhenius-Gleichung

$$k_R = k_{R,0} \cdot \exp\left(-\frac{E_a}{R \cdot T}\right) \qquad \text{(Gleichung 5.9)}$$

bestimmt werden.

Als Reinigungsmittel werden bevorzugt Säuren und Laugen eingesetzt. Säuren dienen zur Ablösung mineralischer Ablagerungen. Vornehmlich werden oxidierende Säuren wie Salpetersäure (HNO_3) und Phosphorsäure (H_3PO_4) verwendet, um mit der Reinigung auch gleichzeitig eine Passivierung der Edelstahloberfläche zu erzielen. Während Salpetersäure steinlösend ist, hat Phosphorsäure eine reinigende Wirkung gegenüber Proteinen. Schwefelsäure (H_2SO_4) wird hauptsächlich zur Entfernung organischer Substanzen eingesetzt. Bei rostfreien Stählen sollen bei über 4 % Schwefelsäure Inhibitoren (z. B. SurTec: 30–50 % Triazinderivate, <10 % 1,3-Diethylthioharnstoff in 5–10 % Schwefelsäure; www.surtec.com) zugesetzt werden, um den Stahl vor korrosivem Angriff zu schützen.

Als Lauge dient überwiegend Natronlauge (NaOH), die Proteine hervorragend abbaut und auflöst. Außerdem greift sie Chromnickelstähle nicht an, Aluminium und Glas (je nach Temperatur) werden jedoch angegriffen.

Wirkung: Durch Zugabe von Silikaten erreicht man eine Stabilisierung der Schmutzverteilung in der Reinigungslösung, sodass erneute Ablagerungen vermieden werden. Eine weitere Möglichkeit besteht in der Zugabe von Natriumtriphosphat, das ebenfalls dispergierend und emulgierend wirkt, außerdem wirkt es zugleich als Komplexbildner Ablagerungen durch Wasserhärte entgegen [7].

Unter Berücksichtigung der Einflussparameter Temperatur und Zeit sowie der chemischen Wirkungsweise der Reinigungsmittel läuft ein vollständiges Reinigungsprogramm im Allgemeinen in folgenden Phasen ab (Tab. 5.1) [7]:

Tabelle 5.1 Verfahrensphasen eines CIP-Prozesses [7].

lfd. Nr.	Phase	Wasserart Konzentration	Temperatur (°C)	Dauer (min)
1	Vorspülung	Stapelwasser	20	5
2	Lauge	$c \propto 0{,}5...1{,}5$ %	80	20...30
3	Zwischenspülung	Frischwasser	15	5
4	Säure	$c \propto 0{,}5...1{,}0$ %	70	20...30
5	Nachspülen	Frischwasser	15	5

Zur Erlangung einer ausreichenden Wandschubspannung sollten Strömungsgeschwindigkeiten von etwa 1 m/s in Rohrleitungen und ca. 0,4 m/s in Plattenapparaten angestrebt werden. Je nach Bedarf können Lauge und Säure entfallen, in umgekehrter Reihenfolge oder als Kurzprogramm vorgesehen werden. Sofern erforderlich, wird in der Nachspülphase eine Desinfektionslösung zugegeben [7].

5.5 Sterilisationsprozesse (SIP, *sterilization in place*)

5.5.1 Allgemeines

In allen Anlagen, in denen keimfrei bzw. fremdkeimfrei oder zumindest keimarm gearbeitet werden soll, müssen Sterilisationsprozesse durchgeführt werden können. Solche Anlagen sind in großen Bereichen der Biotechnologie, der Pharmakologie und der Lebensmitteltechnologie zu finden. Der Sterilisationsprozess verfolgt das Ziel, unerwünschtes aktives biologisches Material irreversibel zu inaktivieren. Dabei stehen mehrere Methoden zur Verfügung [2]. Grundsätzlich lassen sich diese Methoden in zwei Gruppen unterteilen:

- **Keimreduktionsmethoden**, also Methoden, mit denen es in der Regel nicht gelingt, alle Keime zu inaktivieren, d. h. die Überlebendkeimzahl ist größer als eins ($N > 1$). Die Pasteurisierung, eine Hitzebehandlung bei 80 °C, gehört zu den gängigsten Verfahren dieser Art.

- **Absolutsterilisationsmethoden**, also Methoden, mit denen es theoretisch gelingt, eine Überlebendkeimzahl von weniger als eins zu erreichen ($N < 1$).

Zur ersten Gruppe gehören auch Bestrahlungsverfahren mit elektromagnetischen Wellen, wie UV-Licht sowie α-, β- und γ-Strahlung, die mechanische Abrasion, z. B. in Homogenisatoren, und, im kleinen Maßstab, Ultraschall [2]. Lediglich die hochenergetische Bestrahlung (γ-Strahlung) hat überhaupt die Chance, in den Bereich der Sterilisationsverfahren aufgenommen werden zu können, alle anderen sind zu wenig wirksam und sollen im Weiteren auch nicht mehr in die Betrachtungen einbezogen werden.

An erster Stelle der Absolutsterilisationsverfahren steht die trockene oder feuchte Hitzesterilisation. Daneben sind die chemische bzw. enzymatische Sterilisation und die Sterilfiltration zu nennen. Die Hochdrucksterilisation ist aufgrund der erforderlichen hohen Drücke ($p > 2000$ bar) kaum von Bedeutung. Da aber in verschiedenen Bereichen aufgrund der geringeren Nebenwirkungen ein Interesse an dieser Methode besteht, wird daran weiter gearbeitet [12].

Wo es möglich ist, ist aufgrund der hohen Qualität der Sterilfiltermembranen die Sterilfiltration allen anderen Verfahren vorzuziehen, weil garantiert keine Nebenwirkungen zu befürchten sind. Ansonsten müssen die Hitzesterilisation oder die chemische bzw. enzymatische Sterilisation angewandt werden. In beiden Fällen muss aber mit Nebenwirkungen gerechnet werden. Im Falle der Hitzesterilisation sind unerwünschte Nebenreaktionen zu beachten und die Optimierung ist entsprechend auszurichten, während bei der chemischen bzw. enzymatischen Sterilisation durch die erforderliche Zugabe von inaktivierend wirkenden Substanzen kritische Stoffe in das System gelangen.

5.5.2 Sterilfiltration

Dank der zunehmenden Qualität der Membransterilfilter [2] stellen diese inzwischen eine sehr zuverlässige Möglichkeit der Sterilisation von Gasen und Flüssigkeiten dar. Voraussetzung dafür ist allerdings, dass sowohl die Gase als auch die Flüssigkeiten nur gering verschmutzt sind, sonst wird der Aufwand für Vorfiltrationen zu groß und die zunächst erkennbaren Vorteile gehen verloren. Auch für relative saubere Medien sind mehrere Vorfiltrationsstufen erforderlich (z. B. vier Stufen bestehend aus einem 2–5 µm-, einem 0,5–0,7 µm-, einem 0,2 µm- sowie einem 0,1 µm-Filter). Darüber hinaus ist es zwingend notwendig, dass das zu sterilfiltrierende Medium einphasig ist, d. h. keiner der essenziellen Bestandteile darf in fester Form oder einer anderen flüssigen Phase vorliegen.

5.5.3 Chemische und enzymatische Sterilisation

Flüssigkeiten lassen sich auch durch inaktivierende Chemikalien, wie z. B. Phenole, Ethylenoxid, Hyperchloride oder Chloroform und Wasserstoffperoxid, behandeln [13]. Wird mit dieser Methode ein Medium vor der Fermentation fremdkeimfrei gemacht, so ist das nur möglich, wenn die Produktionsstämme gegenüber der jeweiligen Chemikalie resistent sind und keine Beeinträchtigung erfahren. Ist diese Voraussetzung nicht gegeben, dann kann diese Methode nicht angewandt werden oder die Chemikalie muss aus dem Medium entfernt bzw. neutralisiert werden. Da dies in der Regel einen beachtlichen Aufwand erfordert, wird die chemische Inaktivierung für Einsatzstoffe nahezu nie angewandt.

Anders sieht die Situation aus, wenn direkt nach einer Fermentation die Mikroorganismen (Produktionsstamm) inaktiviert werden müssen, z. B. wegen einer höheren Sicherheitseinstufung nach dem Gentechnikgesetz, und im Medium hitzeempfindliche Produkte (Proteine) vorliegen. In diesem Fall hat die chemische Inaktivierung scheinbar Vorteile, weil sie zur gewünschten Inaktivierung bis zu $N < 1$ führen kann, ohne die Proteine zu sehr zu schädigen. Nachteilig bleibt, dass diese zusätzliche(n), meist kritische(n) Substanz(en) nun im Medium ist (sind) und im Laufe der Aufreinigung entfernt werden muss (müssen), was natürlich nur bis zu einer gewissen, wenn auch kleinen, Restmenge gelingen kann (Kapitel 7).

Um die chemische Inaktivierung beschreiben zu können, bedarf es geeigneter Kinetiken. Geht man davon aus, dass bei Temperaturen unter 40 °C die Geschwindigkeitskonstante der thermischen Inaktivierung sowie die natürliche Absterberate gegenüber der Geschwindigkeitskonstanten der Inaktivierung durch die Chemikalie vernachlässigbar klein sind, sowie dass die Chemikalienkonzentration während der Inaktivierung konstant bleibt (z. B. keine Beeinträchtigung durch eine chemische Reaktion), kann folgender reaktionskinetische Ansatz 2. Ordnung gewählt werden:

$$\frac{\mathrm{d}N}{\mathrm{d}t} = -k(T) \cdot c^{\mathrm{a}} \cdot N \qquad \text{(Gleichung 5.10)}$$

Nach Integration mit der Anfangsbedingung $N = N_0$ erhält man:

$$\ln \frac{N}{N_0} = -k(T) \cdot c^{\mathrm{a}} \cdot t \qquad \text{(Gleichung 5.11)}$$

Für die Temperaturabhängigkeit der Reaktionsgeschwindigkeitskonstanten $k(T)$ kann auch hier der übliche Arrheniusansatz

$$k(T) = k_0 \cdot \exp\left(\frac{E_{\mathrm{a}}}{R \cdot T}\right) \qquad \text{(Gleichung 5.12)}$$

gewählt werden (Abschnitt 5.5.5.1). Für die Erstellung dieser Kinetik muss neben der Temperatur zusätzlich die Konzentration der Chemikalie als Parameter untersucht werden. Ansonsten ist die Vorgehensweise dieselbe wie in den Abschnitten 5.5.5.1 und 5.5.5.2 beschrieben. Die Temperatur wird allerdings zwischen 10 °C und maximal 40 °C gewählt, um eine Hitzeschädigung von Wertstoffen (Proteinen) zu umgehen.

5.5.4 Inaktivierung durch Strahleneinwirkung

Ionisierende Strahlen sind dadurch gekennzeichnet, dass ihre Quantenenergie ausreicht, Bindungen in Molekülen aufzubrechen. Die biologische Wirkung ionisierender Strahlen hängt neben dem Milieu und dem vegetativen Zustand der Mikroorganismen nur von der Dosis ab, die Strahlenenergie und die Dosisleistung spielen keine Rolle [14]. Im Fall von Mikroorganismen wird der Milieueinfluss hauptsächlich durch den pH-Wert, die Temperatur und die Wasseraktivität bestimmt. Während die durch ionisierende Strahlung ausgelösten chemischen Veränderungen in einem weiten Dosierbereich annähernd linear mit der Dosis zusammenhängen, ist die Inaktivierung von Mikroorganismen ein komplizierterer Vorgang. Dies hängt einerseits damit zusammen, dass ein einzelner Strahlungstreffer in der Regel einen Mikroorganismus nicht schädigt und darüber hinaus sehr wirksame Reparaturmechanismen für eingetretene Strahlungsschäden zur Verfügung stehen. Andererseits werden die meist in großer Zahl vorhandenen Mikroorganismen unabhängig voneinander geschädigt, sodass mit fortschreitender Bestrahlung und Inaktivierung die Chancen immer kleiner werden, einen noch lebenden Mikroorganismus zu treffen.
Zur Beschreibung der Inaktivierung von Mikroorganismen durch ionisierende Strahlen werden die sogenannte Treffertheorie und der Mehrbereichsansatz vorgeschlagen. Bei der Treffertheorie wird davon ausgegangen, dass ein Mikroorganismus nur dann abgetötet wird, wenn ein Ziel (z. B. die DNA) von mindestens n Treffern erreicht wurde und es sich um statistisch unabhängige Ereignisse handelt. Die Inaktivierung lässt sich dann für ein bestimmtes Milieu mit der Poisson-Verteilung

$$\frac{N}{N_0} = \left[\exp\left(-\frac{D}{D_e}\right)\right] \sum_{m=0}^{n-1} \frac{D}{D_e} \cdot m! \qquad \text{(Gleichung 5.13)}$$

beschreiben [14].

5.5.5 Hitzesterilisation

Die am häufigsten angewandte Sterilisationsmethode ist die Hitzesterilisation mit Dampf. Primäres Ziel der Sterilisation ist die Keiminaktivierung. Dazu müssen entsprechend der Inaktivierungskinetiken und des gewünschten Sterilisationsergebnisses die notwendigen Randbedingungen (Temperatur und Zeit) eingestellt werden.

In der Praxis haben sich hierfür Standardwerte etabliert. Bei einer Temperatur von 121 °C wird in der Regel 10–30 Minuten sterilisiert [2]. Diese Bedingungen tragen jedoch nicht dem Umstand der Mediumsschonung Rechnung, sodass man davon ausgehen kann, dass dies in der Regel nicht die optimalen Bedingungen sind, wenn neben dem Inaktivierungseffekt auch noch die Inhaltsstoffe des Mediums beobachtet werden sollen. Deshalb sind die getrennte Betrachtung von Mediumsinhaltsstoffen und die zu sterilisierenden Keime zu berücksichtigen. Das gilt unter Umständen auch für die Abwassersterilisation, denn bei diesen Bedingungen (T, p, t) können in einem komplexen behandlungsbedürftige Abwässer (bbA) Nebenreaktionen ablaufen, die zu unerwünschten Nebenprodukten führen. Dies geschieht in der Praxis durch die Definition zweier Kriterien [2], das Sterilisationskriterium (Titerreduktion)

$$S \equiv \ln \frac{N_0}{N} = k_0 \cdot \exp\left(-\frac{E_a}{R \cdot T}\right) \cdot t \qquad \text{(Gleichung 5.14)}$$

und das Mediumskriterium (M%, prozentualer Verlust an Mediumsbestandteilen während der Sterilisation) [2]

$$M\% \equiv 100\left(1 - \frac{c}{c_0}\right) = 100\,(1 - C) \qquad \text{(Gleichung 5.15)}$$

die sich während der Sterilisation gegenläufig verhalten. Es muss das Ziel sein, bei erforderlichem Sterilisationskriterium S die Mediumsschädigung M% möglichst klein zu halten.

5.5.5.1 Ermittlung der Inaktivierungskinetik

Für die Ermittlung des Sterilisationskriteriums bestimmt man zunächst die sogenannten Grenzgeraden (Abb. 5.18) [2]. Diese Geraden ordnen den Parametern Temperatur und Zeit genau die Werte zu, bei denen gerade noch keine bzw. gerade eine Sterilität erzielt werden kann. Am Beispiel eines Hefeextraktes (Abb. 5.1) kann erkannt werden, dass es keine exakte Gerade gibt, es handelt sich vielmehr immer um einen Bereich, in dem sowohl sterile als auch unsterile Proben gefunden werden [15]. Zweck dieses Vorgehens ist es, für das Versuchsprogramm ein Parameterfeld zu bestimmen, in dem messbare Ergebnisse, also $N > 1$, zustande kommen. Für die Ermittlung der Kinetik ist ein steriles Ergebnis nicht sinnvoll.

Im nächsten Schritt werden dann die Inaktivierungsgeraden bestimmt (Abb. 5.19). In der Regel können diese Kurven mit einer Reaktionsgleichung 1. Ordnung beschrieben werden:

$$\frac{dN}{dt} = -k \cdot N \qquad \text{(Gleichung 5.16)}$$

$$\ln\left(\frac{N}{N_0}\right) = -k \cdot t \qquad \text{(Gleichung 5.17)}$$

Die Abhängigkeit der Inaktivierungsgeschwindigkeitskonstanten $k(T)$ von der Temperatur ist nach einer von Arrhenius empirisch gefundenen Beziehung (Gleichung 5.5) darstellbar. Aus zwei ermittelten Inaktivierungsgeraden wird nun bei einer bestimmten Zeit jeweils der Wert für N/N_0 abgelesen, und damit ist man in der Lage, die Arrhenius-Konstante und die Aktivierungsenergie zu bestimmen:

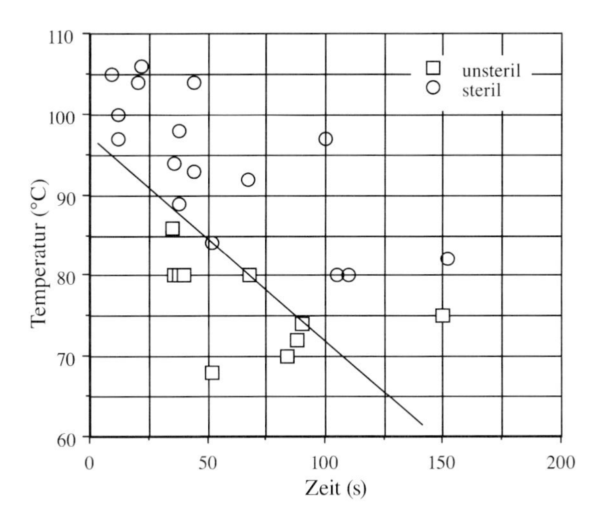

Abb. 5.18 Grenzgeraden zur Ermittlung des Sterilbereiches am Beispiel der natürlichen Population in einem Hefeextrakt. Da für die Erstellung einer Sterilisationskinetik zählbare Keime überleben müssen (N > 1), wird zunächst der Grenzbereich zwischen steril und unsteril ermittelt. Daraus kann dann die Versuchsmatrix für die Kinetikversuche erstellt werden. Die Abbildung zeigt, dass ein steriles Ergebnis in manchen Medien mit wesentlich niedrigeren Temperaturen und kürzeren Zeiten als die Standardbedingungen erreicht werden kann [2].

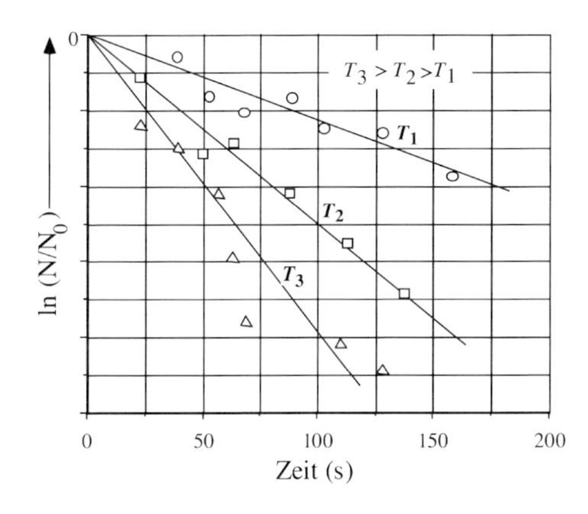

Abb. 5.19 Messreihen zur Ermittlung der kinetischen Parameter zur Beschreibung einer Sterilisation (Inaktivierungskinetik). Die Messungen müssen mindestens bei zwei verschiedenen Temperaturen und mehreren Zeiten durchgeführt werden, damit die Arrhenius-Konstante k_0 und die Aktivierungsenergie *Ea* ermittelt werden können. Aufgrund der vielen Fehlermöglichkeiten bei der Auswertung der Messreihen müssen viele Messpunkte ermittelt werden, damit man genügend Sicherheit für die Ausgleichsgeraden erhält.

Für die jeweilige Temperatur lassen sich aus der experimentell gewonnenen Kinetik und dem allgemeinen Zusammenhang

$$\ln \frac{N}{N_0} = -k_i\,(T_1) \cdot t \qquad \text{(Gleichung 5.18)}$$

die dazugehörigen Reaktionsgeschwindigkeitskonstanten ermitteln:

$$k_1 = k_0 \cdot \exp\left(-\frac{E_a}{R \cdot T_1}\right) \quad \text{bzw.} \quad k_2 = k_0 \cdot \exp\left(-\frac{E_a}{R \cdot T_2}\right) \qquad \text{(Gleichung 5.19a, b)}$$

Die Aktivierungsenergie berechnet sich somit zu:

$$E_a = \frac{R \cdot \ln\,(k_1/k_2)}{\frac{1}{T_2} - \frac{1}{T_1}} \qquad \text{(Gleichung 5.20)}$$

womit man dann die Arrhenius-Konstante k_0 erhält:

$$k_0 = \frac{k_2}{\exp\left(-\frac{E_a}{R \cdot T_2}\right)} = \frac{k_1}{\exp\left(-\frac{E_a}{R \cdot T_1}\right)} \qquad \text{(Gleichung 5.21)}$$

In den Gleichungen 5.16 bis 5.21 bedeuten N die Endkeimzahl, N_0 die Anfangskeimzahl, t die Sterilisationszeit (in h), k die Reaktionsgeschwindigkeitskonstante (in h^{-1}), k_0 die Arrhenius-Konstante (in der Literatur oft mit A bezeichnet) und E_a die Aktivierungsenergie (in J/mol), T die absolute Temperatur (in K) und R die universelle Gaskonstante, 8,314 J/mol · K. Der k_0-Wert ist sowohl für das nasse als auch das trockene Verfahren gleich [19]. Typische Werte dafür liegen zwischen 10^{35} und 10^{37} s^{-1}. Die Aktivierungsenergien unterscheiden sich. Beim trockenen Verfahren liegen sie üblicherweise zwischen 50 000 und 100 000 J/mol, während sie beim nassen Prozess zwischen 170 000 und 340 000 J/mol annehmen [13]. In Tab. 5.2 sind weitere Daten aus der Literatur zusammengestellt. Man kann sehr schnell erkennen, dass eine doch beträchtliche Streuung vorliegt. Das ist in der sehr stark mit Fehlerquellen behafteten und aufwendigen Versuchstechnik zu vermuten.

Bei der Aufnahme einer Inaktivierungskinetik wird es sich zeigen, dass die Messpunkte nicht sehr präzise auf einer Geraden zu liegen kommen, sodass bei zu wenigen Messpunkten u. U. die Ermittlungsgenauigkeit leidet. Speziell in diesem Fall zeigt es sich, dass das Messen von Ereignissen, Zuständen oder auch Zustandsgrößen in hohem Maße von der Wahrscheinlichkeit begleitet ist, mit der ein Ereignis mittels der Beobachtungen erkannt bzw. gefunden werden kann.

Die Anzahl der überlebenden Keime N ist gleichbedeutend mit der Wahrscheinlichkeit einer nicht geglückten Sterilisation P_{unsteril} [2]. Im Falle einer wahrscheinlich erfolgreichen Sterilisation sollte N immer kleiner 1 sein. Da es aber keine nichtganzzahligen Keime geben kann, hilft die Hinzunahme der Wahrscheinlich-

Tabelle 5.2 Zusammenstellung einiger kinetischer Daten für Inaktivierungskinetiken von Mikroorganismen.

Quelle	Typ/ Ordnung	E_a (J/mol)	k_0 (s^{-1})	Bemerkung (*S* Sterilisationskriterium; *M* Mediumskriterium)
[13]	S/1	> 84 000	$1{,}21 \cdot 10^{21}$	vegetative Zellen allgemein
[13]	S/1	283 416	$4{,}93 \cdot 10^{37}$	*Geobacillus stearothermophilus* (FS 1518)
[13]	S/1	288 540	$9{,}5 \cdot 10^{37}$	*Bacillus subtilis* (FS 5230)
[13]	S/1	288 540	$1{,}66 \cdot 10^{38}$	*Clostridium sporogenes* (PA 3679)
[15]	S/1	315 000	$4{,}6 \cdot 10^{40}$	*Bacillus subtilis*
[16]	S/1	125 888	$5{,}6 \cdot 10^{19}$	*Escherichia coli* (DSM 613)
[13]	S/1	282 400	$4{,}93 \cdot 10^{37}$	*Bacillus stearothermophilus*
[13]	S/1	100 400	$4{,}93 \cdot 10^{37}$	*Bacillus stearothermophilus* (trockensteril)
[17]	S/1	417 060	$4{,}57 \cdot 10^{56}$	*Bacillus subtilis*
[13]	S/1	84 000	$2 \cdot 10^{19}$	vegetative Zellen maximal
[18]	M%/2	101 400	$1 \cdot 10^{10}$	Thiamin (Vitamin B2) in Milch
[17]	S/1	417 060	$4{,}57 \cdot 10^{56}$	*Bacillus-subtilis*-Sporen
[12]	S/1	286 000	$4{,}31 \cdot 10^{38}$	*Bacillus-cereus*-Sporen; in Wasser
[12]	S/1	367 000	$1{,}46 \cdot 10^{50}$	*Bacillus-cereus*-Sporen; in Luft $\phi = 1{,}0$
[12]	S/1	413 100	$2{,}63 \cdot 10^{50}$	*Bacillus-cereus*-Sporen; in Luft $\phi = 0{,}2$
[12]	S/1	375 130	$4{,}2 \cdot 10^{49}$	*Bacillus licheniformis*; Konz., pH 6,68
[12]	S/1	362 830	$2{,}6 \cdot 10^{48}$	*Bacillus licheniformis*; Magermilch, pH 6,68
[12]		289 000	$1{,}9 \cdot 10^{37}$	thermophile Sporen
[12]		240 000	$4{,}46 \cdot 10^{30}$	mesophile Sporen
[12]	M%/–	50 000	–	allgemein
[12]	S/–	300 000	–	allgemein
[12]		500 180	$1{,}92 \cdot 10^{69}$	Gattung *Alicyclobacillus*

keit, um beschreiben zu können, wie viele Keime überleben. Wenn also $N = 10^{-2}$ gesetzt wird, dann bedeutet das, dass von 100 Ansätzen einer unsteril bleibt. Damit würde von vornherein durch ungenügende Sterilisation eine Kontaminationsrate von 1 % zugelassen werden.

Wenn die Inaktivierungskinetiken einer Reaktion 1. Ordnung gehorchen, und das tun sie in der Regel immer, dann erhält man im halblogarithmischen Diagramm für verschiedene Temperaturen einzelne Geraden. Deshalb stellt man die Inaktivierungskinetiken im halblogarithmischen (Abb. 5.20) und nicht im linearen Diagramm dar.

5.5.5.2 Modell für eine Mischkulturkinetik

Wenn eine Kurve ermittelt wird, die im halblogarithmischen Diagramm keine Gerade ergibt, wie in Abb. 5.20 gezeigt, dann bedeutet das, dass keine Monokultur, sondern eine Mischkultur vorliegt. Bei komplexen Nährmedien, wie z. B. Maisquellwasser (MQW), ist das in der Regel immer der Fall. Dort findet man viele verschiedene Keime, von solchen im vegetativen bis zu Keimen im Ruhezustand (Sporen), von hitzelabilen bis zu hitzeresistenten Keimen.

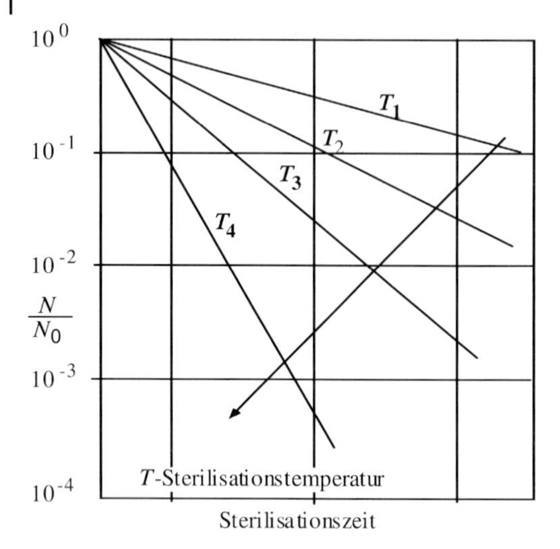

Abb. 5.20 Darstellungsform der Inaktivierungskurven bei vier verschiedenen Sterilisationstemperaturen.

In Tab. 5.3 sind beispielhaft einige weitere technische Einsatzstoffe sowie eine Vorkultur und eine Hauptkultur eines großtechnischen industriellen Prozesses mit ihrer durchschnittlichen Keimbelastung aufgeführt. Die jeweiligen Keimzahlen wurden mittels der nachfolgend aufgeführten Modellvorstellung ermittelt (Gleichungen 5.21, 5.22 und 5.28).

Die Situation, wie sie in Abb. 5.21 und Abb. 5.22 dargestellt ist, lässt sich so erklären: Bei der Bestimmung der Anfangskeimzahl N_0 werden alle lebenden Keime erfasst, unabhängig von ihrer Hitzeresistenz. Bei beginnender Sterilisation sterben jetzt die hitzelabilen Keime wesentlich schneller ab als die hitzeresisten-

Tabelle 5.3 Keimbelastung verschiedener Stoffe und Fermentationsmedien.

Medium	Gesamtkeimzahl (Keime/ml)	„Labis" (Keime/ml)	„Resis" (Keime/ml)
Hefeextrakt	10^5–10^9	10^4–10^9	10^0–10^1
Sojamehl	10^4–10^9	10^3–10^7	10^1–10^4
MQW	10^2–10^6	10^2–10^5	10^1–10^4
Lardwater	10^5–10^7	10^3–10^6	10^2–10^5
Melasse	10^5–10^7	10^2–10^5	10^2–10^5
Hauptkultur[1)]	10^2–10^5	10^2–10^5	10^0–10^2
Vorkultur[1)]	10^2–10^5	10^2–10^5	10^0–10^2
Vollmilch [19]	10^1–10^4	10^1–10^4	10^0–10^1

1) eines industriellen Prozesses

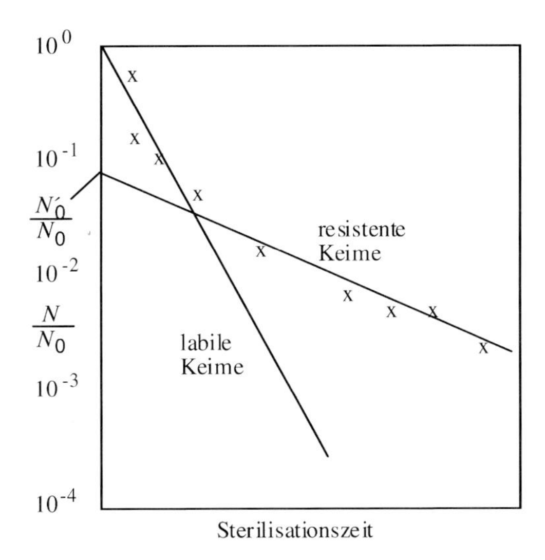

Abb. 5.21 Inaktivierungskinetik einer Mischkultur bei einer Sterilisationstemperatur.

ten, sodass am Beginn ein starker Abfall der Keimzahlen zu verzeichnen ist. Diese Messpunkte dürfen nun jedoch nicht einer Kurve (Ausgleichsgerade) zugeordnet werden, sondern müssen getrennt betrachtet werden. Auf die „sichere Seite" begibt man sich, indem man alle Punkte von der größten Zeit beginnend in Richtung kleinerer Zeit nimmt, die noch vertretbar eine Gerade ergeben, und diese Gerade dann bis zur Ordinate verlängert (Abb. 5.21).

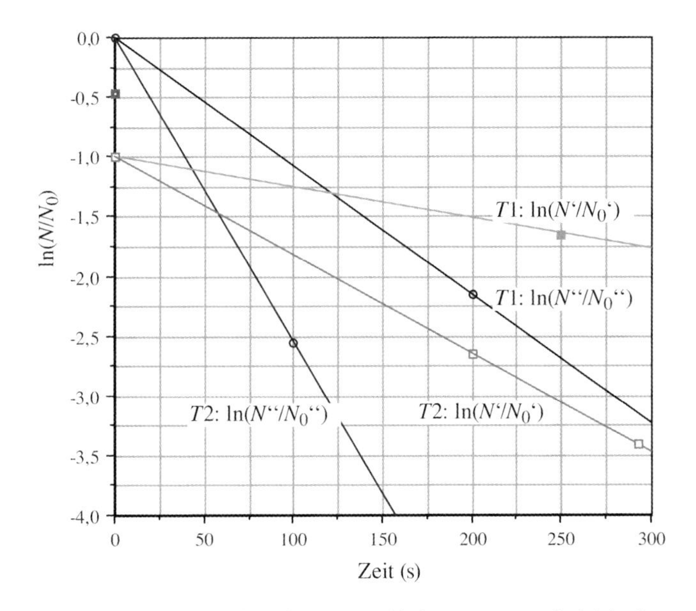

Abb. 5.22 Sterilisationskinetik einer Mischkultur. resistente ('), labile ('') Keime.

Mit größter Sicherheit ist dies dann die Inaktivierungskinetik der hitzeresistenten Mikroorganismen. An der Stelle, wo die Gerade die Ordinate schneidet, ist der Wert der hitzeresistenten Anfangskeimzahlen abzulesen, denn der dort ablesbare Wert für N/N_0 muss im Falle der hitzeresistenten Keime z. Z. $t = 0$ (Ordinatenschnittpunkt) gleich eins sein (Abb. 5.22).

Das bedeutet gleichzeitig, dass $N = N_0'$ ist, wenn N_0' die Anfangskeimzahl der hitzeresistenten Keime darstellt. Fasst man zur Vereinfachung analog alle anderen Keime zu den hitzelabilen zusammen, dann folgt aus den angestellten Überlegungen, dass die Anfangskeimzahl der hitzelabilen Keime $N_0'' = N_0 - N_0'$ sein muss. Somit erhält man zwei Inaktivierungskinetiken, eine für die hitzeresistenten Keime (N'/N_0') und eine andere für die hitzelabilen Keime (N''/N_0'').

Die Frage ist nun, welcher Gruppe von Keimen nun die einzelnen Geraden zuzuordnen sind? Es ist logisch, dass die steileren Geraden den „Labis“ und die flacheren den „Resis“ zuzuordnen sind. Doch beginnt die gemeinsame Kurve wirklich im Nullpunkt mit der Steigung der „Labigerade“ und endet sie mit der Steigung der „Resigerade“? Die Antwort soll folgende mathematische Beweisführung erbringen:

Da nur zwei Gruppen von Keimen angenommen werden, muss jeweils die Summe beider die Gesamtkeimzahl ergeben. Das bedeuten also für die Gesamtkeimzahl

$$N = N' + N'' \qquad \text{(Gleichung 5.22)}$$

mit (') für Resis und ('') für Labis.

Da in dieser Modellvorstellung jede einzelne Gruppe als eine Art Monokultur verstanden werden kann, liegt wiederum jeweils eine Kinetik 1. Ordnung vor:

$$N = N_0 \cdot e^{-k\,t} \qquad \text{(Gleichung 5.23)}$$

wobei für N (Keimzahl zur Zeit t), N_0 (Anfangskeimzahl) und k (Reaktionsgeschwindigkeitskonstante) die jeweiligen Werte für die betrachtete Keimgruppe eingesetzt werden müssen.

Damit kann folgende Beweisführung erfolgen:

$$\ln\left(\frac{N}{N_0}\right) = \ln\left(N_0' \cdot e^{-k'\,t} + N_0'' \cdot e^{-k''\,t}\right) - \ln N_0 \qquad \text{(Gleichung 5.24)}$$

Fragt man nach der Steigung, so gilt:

$$\frac{\mathrm{d}\ln\left(\frac{N}{N_0}\right)}{\mathrm{d}t} = \frac{\mathrm{d}}{\mathrm{d}t}\left[\ln\left(N_0'' \cdot e^{-k' \cdot t} + N_0' \cdot e^{-k'' \cdot t}\right) - \ln N_0\right] \qquad \text{(Gleichung 5.25)}$$

$$= -\frac{N'_0 \cdot k' \cdot e^{-k' \cdot t} + N''_0 \cdot k'' \cdot e^{-k'' \cdot t}}{N'_0 \cdot e^{-k' \cdot t} + N''_0 \cdot e^{-k'' \cdot t}} \qquad \text{(Gleichung 5.26)}$$

$$\text{für} \quad \lim_{t \to 0} \frac{-N'_0 \cdot k' \cdot e^{-k' \cdot t} - N''_0 \cdot k'' \cdot e^{-k'' \cdot t}}{N'_0 \cdot e^{-k' \cdot t} + N''_0 \cdot e^{-k'' \cdot t}} = -k'' \qquad \text{(Gleichung 5.27)}$$

weil immer $k' << k''$ und $N_0'' >> N_0'$ sein muss!

Erweitert man Gleichung 5.26 mit dem Term $\frac{e^{k'}}{e^{k'}}$, so wird

$$\lim_{t \to \infty} \frac{-N'_0 \cdot k' \cdot e^{(k'-k') \cdot t} - N''_0 \cdot k'' \cdot e^{(k'-k'') \cdot t}}{N'_0 \cdot e^{(k'-k') \cdot t} + N''_0 \cdot e^{(k'-k'') \cdot t}} = -k' \qquad \text{(Gleichung 5.28)}$$

Damit ist bewiesen, dass im Nullpunkt die Labigerade und bei langen Zeiten die Resigerade der Steigung der gemeinsamen Kurve entspricht, weil die Reaktionsgeschwindigkeitskonstanten k' und k'' gleichbedeutend mit der jeweiligen Geradensteigung sind.

Die Annahme, dass die Hitzelabilen in jedem Fall bei den gewählten Einstellparametern abgetötet werden und damit bei der Ermittlung des Sterilisationskriteriums nicht berücksichtigt zu werden brauchen, ist nur dann haltbar, wenn ausreichend lange Sterilisationszeiten angewandt werden und das Verhältnis der Ausgangskeimzahlen (N_0''/N_0') nicht zu sehr von eins abweicht oder kleiner eins ist. Der exakte Ansatz verlangt die Betrachtung beider Kinetiken und richtet sich allein nach der geforderten Endkeimzahl, die sich aus der Summe beider Gruppen ergibt:

$$N = N' + N'' \qquad \text{(Gleichung 5.29)}$$

Damit lässt sich durch Division der Ansätze für die jeweilige Kinetik

$$\frac{N'}{N'_0} = e^{-k' \cdot t} \quad \text{und} \quad \frac{N''}{N'_0} = e^{-k'' \cdot t} \qquad \text{(Gleichung 5.30a, b)}$$

und unter Berücksichtigung von Gleichung 5.23 (angewandt auf beide Keimgruppen) folgender Zusammenhang finden:

$$\frac{N}{N'} = 1 + \frac{e^{k' \cdot t}}{e^{k'' \cdot t}} \frac{N''_0}{N'_0} \qquad \text{(Gleichung 5.31)}$$

Gleichung 5.31 bringt zum Ausdruck, dass die Kinetik für die hitzeresistenten Keime nur dann allein für die Betrachtung herangezogen werden darf, wenn das Verhältnis N/N′ nahe genug bei eins liegt, also die Endkeimzahl sich nahezu ausschließlich aus hitzeresistenten Keimen zusammensetzt. Fordert man, dass die hitzelabilen Keime nicht mehr als 1 % von der Gesamtkeimzahl betragen dürfen (beliebig festgelegt, es könnten auch 10 % sein), um nicht bei der Betrachtung berücksichtigt werden zu müssen, dann gilt:

$$1 \leq \frac{N}{N'} 60; 1{,}01 \qquad \text{(Gleichung 5.32)}$$

Ist $N/N' > 1{,}01$, dann muss gemäß der oben gemachten willkürlichen Annahme auch die Kinetik der hitzelabilen Keime berücksichtigt werden. Um das herauszufinden wird Gleichung 5.31 umgeformt, und mit den Gleichungen 5.30a, b erhält man:

$$\frac{N_0 - N''_0}{N} = \frac{e^{k' \cdot t}}{1 + \frac{e^{k' \cdot t}}{e^{k'' \cdot t}} \frac{N''_0}{N'_0}} \qquad \text{(Gleichung 5.33)}$$

oder

$$\frac{N_0}{N} = \frac{e^{k' \cdot t}}{1 + \frac{e^{k' \cdot t}}{e^{k'' \cdot t}} \frac{N''_0}{N'_0}} + \frac{N''_0}{N} \qquad \text{(Gleichung 5.34)}$$

Damit findet man für dasselbe Sterilisationskriterium $S = \ln (N_0/N)$ einen weit komplexeren Ausdruck, als er in Gleichung 5.14 dargestellt ist:

$$S = \ln \frac{N_0}{N} = \ln \left[\frac{e^{k' \cdot t}}{1 + \frac{e^{k' \cdot t}}{e^{k'' \cdot t}} \frac{N''_0}{N'_0}} + \frac{N''_0}{N} \right] \qquad \text{(Gleichung 5.35)}$$

Gleichung 5.35 bringt zum Ausdruck, dass die Wahl der Kinetik sowohl von den kinetischen Daten – und damit auch von der Sterilisationsdauer – als auch vom Verhältnis der Ausgangskeimzahlen (N_0''/N_0') abhängt.

Die Betrachtungen lassen sich nun beliebig in ihrer Komplexizität fortsetzen. Geht man nämlich davon aus, dass die Gefahr für einen Prozess, die von „Restkeimen" ausgeht, natürlich auch von deren Verhalten im Prozess abhängt, also vom Wachstumsverhalten (spezifische Wachstumsrate, Abschnitt 6.1), dann müsste dies natürlich auch berücksichtigt werden, denn ein Fremdkeim kann nur Schaden anrichten, wenn er auch das entsprechende Potenzial dafür besitzt (schnelleres Wachstum im Vergleich zum Produktionsstamm) [2]. Da für beide Keimgruppen die Kinetik ermittelt worden ist, kann die Inaktivierung einzeln verfolgt werden.

Bei der Ermittlung der Kinetik geht man nun in beiden Fällen einzeln wie bei der Monokinetik vor (Gleichungen 5.19–5.21).

5.5.5.3 **Mediumskriterium**

Bei der Hitzesterilisation laufen zwei Vorgänge nebeneinander ab. Einmal tritt die erwünschte Keiminaktivierung ein, aber auf der anderen Seite erleidet u. U. auch das Medium Schaden. Dieser Schaden muss auf ein Minimum beschränkt werden, da er zulasten der Wirtschaftlichkeit des Prozesses geht [2].

Im Gegensatz zu Inaktivierungskinetiken gehorchen chemische Reaktionen und damit auch der Abbau bzw. die Bildung von Substanzen nicht immer einer Reaktion 1. Ordnung. In diesem Zusammenhang ist es deshalb wichtig, die verschiedenen Reaktionstypen gegenüberzustellen. Um den Verlauf von Veränderungen Wert gebender Inhaltsstoffe des Nährmediums während eines Sterilisationsprozesses vorausberechnen zu können oder eine gezielte Vorhersage über veränderte Reaktionsverläufe in Abhängigkeit von bestimmten Sterilisationsbedingungen machen zu können, ist es notwendig, reaktionskinetische Daten zur Beschreibung der Vorgänge zu ermitteln. Dabei ist es nicht das Ziel, exakte Reaktionsmechanismen anzugeben, wie es in komplexen Nährmedien ohnehin nur sehr schwer möglich wäre, sondern mithilfe reaktionskinetischer Überlegungen unter vereinfachenden Annahmen die Abläufe von Reaktionen vorauszuberechnen. Die experimentelle Grundlage für die Untersuchung von Abbau- bzw. Bildungsreaktionen ist die Messung der Reaktionsgeschwindigkeit.

Für die experimentelle Erfassung von Geschwindigkeitsgleichungen müssen Reaktionsgeschwindigkeiten bei verschiedenen Temperaturen als Funktion der Reaktandenkonzentrationen bestimmt werden. Die Art der Abhängigkeit der Reaktionsgeschwindigkeit von der Konzentration ist ein Kennzeichen für die betreffende Reaktion. Nach dieser Abhängigkeit erfolgt die Einteilung nach Reaktionsordnungen. Je nach Anzahl der Reaktanden, die mit ihrer Konzentration die Geschwindigkeit der Reaktion bestimmen, handelt es sich um eine Reaktion 0. Ordnung (unabhängig von jeder Konzentration), 1. Ordnung (ein Reaktand), 2. Ordnung (zwei Reaktanden), 3. Ordnung (drei Reaktanden) usw. Die Reaktionsordnung kann für jeden einzelnen Reaktanden Zahlenwerte vom negativen bis zum positiven Bereich annehmen (auch nichtganzzahlige Werte). In der Praxis kann aber mit den Reaktionsordnungen 0, 1, 2 und 3 ausreichend gut gearbeitet werden. Die folgenden Betrachtungen beschränken sich deshalb auf diese ganzzahligen Reaktionsordnungen.

Mathematisch lässt sich dieser Sachverhalt wie folgt formulieren:

0. Ordnung: $$-\frac{\mathrm{d}c}{\mathrm{d}t} = k_0(T) \qquad \text{(Gleichung 5.36)}$$

1. Ordnung: $$-\frac{\mathrm{d}c}{\mathrm{d}t} = k_1(T) \cdot c_{\mathrm{A}_1} \qquad \text{(Gleichung 5.37)}$$

2. Ordnung: $$-\frac{\mathrm{d}c}{\mathrm{d}t} = k_2(T) \cdot c_{\mathrm{A}_1} \cdot c_{\mathrm{A}_2} \qquad \text{(Gleichung 5.38)}$$

3. Ordnung: $$-\frac{\mathrm{d}c}{\mathrm{d}t} = k_3(T) \cdot c_{\mathrm{A}_1} \cdot c_{\mathrm{A}_2} \cdot c_{\mathrm{A}_3} \qquad \text{(Gleichung 5.39)}$$

Die Dimension der temperaturabhängigen Reaktionsgeschwindigkeitskonstanten $k_n(T)$ ist von der Reaktionsordnung n abhängig (vgl. Gleichungen 5.49a–d).

Da die molare Konzentration der Zahl der Moleküle proportional ist (1 mol beinhaltet $6{,}023 \cdot 10^{23}$ Moleküle), lassen sich die Reaktionen, an denen mehrere Stoffe mit einem festen stöchiometrischen Verhältnis ($\nu_{\mathrm{A2}}/\nu_{\mathrm{A1}}$ bzw. $\nu_{\mathrm{A3}}/\nu_{\mathrm{A2}}$) beteiligt sind, über die Beziehung

$$c_{\mathrm{A}_2} = \nu_{\mathrm{A}_2}/\nu_{\mathrm{A}_1} \cdot c_{\mathrm{A}_1} \qquad \text{(Gleichung 5.40)}$$

bzw.

$$c_{A_3} = \nu_{A_3}/\nu_{A_2} \cdot c_{A_2} = \nu_{A_3}/\nu_{A_2} \cdot \nu_{A_2}/\nu_{A_1} = c_{A_1} \qquad \text{(Gleichung 5.41)}$$

darstellen, sodass im Weiteren für die Konzentration $c_{A1} = c$ gesetzt werden kann.

Die oben angeführten Differenzialgleichungen müssen noch integriert werden. Für die einzelnen Reaktionsordnungen ergeben sich dabei mit $C \equiv \frac{c}{c_0}$ folgende Lösungen [2]:

0. Ordnung: aus Gleichung 5.41 folgt:

$$C = \frac{c}{c_0} = 1 - \frac{k_0(T)}{c_0} \cdot t \qquad \text{(Gleichung 5.42)}$$

1. Ordnung: aus Gleichung 5.42 folgt:

$$\ln C = \ln \frac{c}{c_0} = -k(T) \cdot t \qquad \text{(Gleichung 5.43)}$$

2. Ordnung: aus Gleichung 5.43 folgt:

$$\frac{1}{C} = \frac{1}{\frac{c}{c_0}} = 1 + k_2(T) \cdot \frac{\nu_{A_2}}{\nu_{A_1}} \cdot c_0 \cdot t \qquad \text{(Gleichung 5.44)}$$

3. Ordnung: aus Gleichung 5.44 folgt:

$$\frac{1}{C^2} = \frac{1}{\left(\frac{c}{c_0}\right)^2} = 1 + k_3(T) \cdot 2 \cdot \frac{\nu_{A_3} \cdot \nu_{A_2}}{\nu_{A_1}^2} \cdot c_0^2 \cdot t \qquad \text{(Gleichung 5.45)}$$

Alle Gleichungen 5.42–5.45 stellen eine Geradengleichung dar und die Faktoren vor der Zeit t ($k_n(T)$, c_0, ν_{A3}, ν_{A2}, ν_{A1}) entsprechen zusammen der Steigung der Geraden. Da bei konstanter Temperatur alle Faktoren konstant sind und zusammen in jeder Reaktionsordnung dieselbe Dimension (pro Zeit; in s^{-1}) ergeben, werden sie im Folgenden in jeder Reaktionsordnung zu einer gemeinsamen Konstante $k(T)$ zusammengefasst werden.

Für die Ermittlung der Reaktionsordnung einer Reaktion wird das Konzentrationsverhältnis C in der entsprechenden Form (Gleichungen 5.42–5.45) über der Zeit t mit der Temperatur T als Parameter aufgetragen. Es liegt schließlich diejenige Reaktionsordnung vor, bei der die Auftragung eine Gerade ergibt (Abb. 5.23). Aus den Steigungen der Geraden lässt sich die temperaturabhängige Geschwindigkeitskonstante $k(T)$ bestimmen. Die so gewonnene Reaktionsgeschwindigkeitskonstante hat für jede Reaktionsordnung die Dimension Zeit^{-1} (s^{-1}). Für den Einsatz in der Reaktionsgeschwindigkeitsgleichung, muss sie umgeformt werden (Gleichungen 5.49a–d).

Sehr viele Reaktionen verlaufen über eine oder sogar mehrere Zwischenstufen, von denen die langsamste die Geschwindigkeit und somit auch die Reaktions-

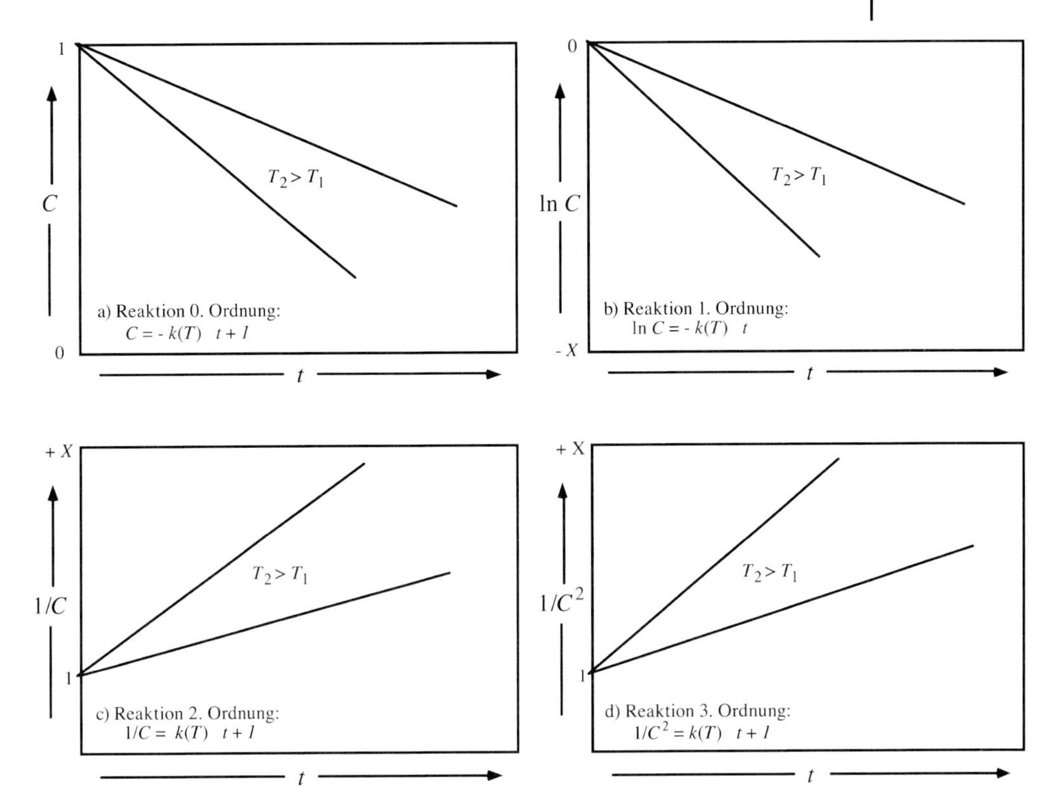

Abb. 5.23 Grafische Grafische Darstellungen der Reaktionsordnungen; $C = \frac{c}{c_0}$

ordnung bestimmt. Deshalb können aus den gemessenen Reaktionsordnungen nur sehr bedingt auch Schlüsse auf das molekulare Geschehen während der Reaktion gezogen werden, da oft nur durch eine Folge von verschiedenen, nach- oder nebeneinander ablaufenden Reaktionsschritten der Eindruck entsteht, es handle sich um die tatsächlich gemessene Reaktionsordnung. So kann eine Reaktion über irgendwelche Umwege gehen, an denen eventuell sogar Stoffe beteiligt sind, die im Geschwindigkeitsgesetz überhaupt nicht auftreten [20].

Die Temperaturabhängigkeit der Reaktionsgeschwindigkeit wird mittels der Geschwindigkeitskonstanten als Funktion der Temperatur zum Ausdruck gebracht. $k(T)$ nimmt mit steigender Temperatur exponentiell zu. Dieser Zusammenhang lässt sich wieder mithilfe der Arrhenius-Gleichung beschreiben:

$$k(T) = k_0 \cdot \exp\left(-\frac{E_a}{R \cdot T}\right) \qquad \text{(Gleichung 5.46)}$$

Logarithmiert man diese Gleichung, so erhält man:

$$\ln\frac{k(T)}{k_0} = -\frac{E_a}{R \cdot T} \qquad \text{(Gleichung 5.47)}$$

Kennt man die Geschwindigkeitskonstanten einer Reaktion bei mindestens zwei verschiedenen Temperaturen (z. B. T_1 und T_2), so lässt sich auch hier, wie in Abschnitt 5.5.5.1 schon für die Sterilisationskinetik gezeigt, die Aktivierungsenergie mit Gleichung 5.48, die der Gleichung 5.20 in anderer Schreibweise entspricht, ermitteln:

$$E_a = \frac{R \cdot T_1 \cdot T_2}{(T_2 - T_1)} \ln\frac{k_2}{k_1} \qquad \text{(Gleichung 5.48)}$$

Auch in diesem Fall kann mithilfe von Gleichung 5.34 mit der errechneten Aktivierungsenergie und einem $k(T)$-Wert die Arrheniuskonstante k_0 ermittelt werden.

Um den gefundenen $k(T)$-Wert wieder in die entsprechende Gleichung für die Reaktionsgeschwindigkeit (Gleichungen 5.41–5.44) einführen zu können, muss er ordnungsabhängig umgeformt werden:

$$k_0(T) = c_0 \cdot k(T) \qquad \text{(Gleichung 5.49a)}$$

$$k_1(T) = k(T) \qquad \text{(Gleichung 5.49b)}$$

$$k_2(T) = \frac{k(T) \cdot v_{A_1}}{c_0 \cdot v_{A_2}} \qquad \text{(Gleichung 5.49c)}$$

$$k_3(T) = \frac{k(T) \cdot v_{A_1}^2}{2 \cdot c_0^2 \cdot v_{A_3} \cdot v_{A_2}} \qquad \text{(Gleichung 5.49d)}$$

5.5.5.4 **Sterilisationsarbeitsdiagramm und Scale-up**

Die Linien für ein konstantes Sterilisations- und Mediumskriterium lassen sich in einem Zeit-Temperatur-Diagramm (ln $t/(1/T)$-Diagramm) darstellen (Abb. 5.24). Trägt man in dieses Diagramm nun beide ermittelten Kurvenscharen ein, dann erhält man im Schnittpunkt der beiden gewünschten Kriterien die optimalen Bedingungen für die Sterilisation. Für die Hitzesterilisation von Fermentationsbrühen gibt es also nur einen optimalen Punkt (Temperatur, Zeit). Aus dem SAD (Abb. 5.24) kann entnommen werden, dass mit zunehmender Temperatur entlang S = const. das Mediumskriterium M% immer niedriger wird. Daraus ist zu schließen: Je höher die Temperatur wird, desto günstiger ist der Sterilisationsprozess. Man wählt also die höchstmögliche Temperatur im Produktionsmaßstab bei noch ein-

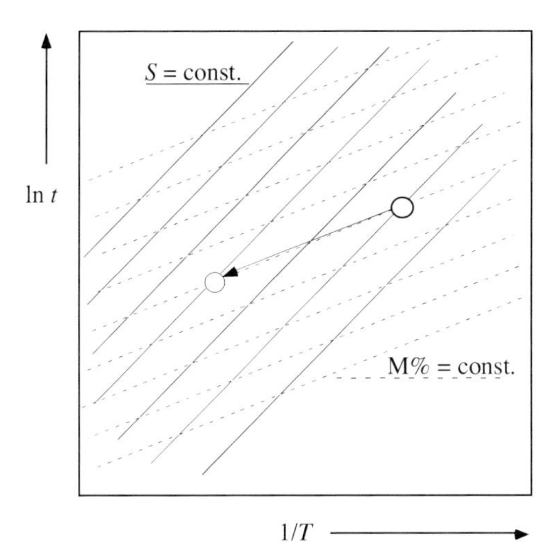

Abb. 5.24 Sterilisationsarbeitsdiagramm (SAD). In dieses Diagramm werden Linien konstanten Sterilisationskriteriums (S = const.) und Linien konstanten Mediumskriterium (M = const.) eingetragen. Der Schnittpunkt des geforderten Sterilisationskriteriums (S) und der noch zulässigen Mediumsschädigung (M) ergibt den Arbeitspunkt (T,t). Da bei der Sterilisation für jeden Maßstab die Absolutkeimzahl maßgebend ist, wird im Großmaßstab das Sterilisationskriterium größer (Gleichung 5.52). Im Scale-up-Falle bedeutet das, dass bei gleichem Mediumskriterium im Großmaßstab das notwendige höhere Sterilisationskriterium einzustellen ist.

zustellender Sterilisationszeit. Es ist aber klar, dass eine solche Optimierung nur mit einer Durchlaufsterilisation durchgeführt werden kann (Abb. 5.25).

Da der Sterilisationserfolg von der absoluten Zahl der Ausgangskeime abhängt und die Konzentration der Sporen im Medium als gleichbleibend angenommen werden kann, ist das Sterilisationskriterium volumenabhängig. Veranschaulichen kann man sich diesen Sachverhalt durch folgendes Beispiel: Fordert man für einen 1-l-Maßstab eine Kontaminationsrate < 0,1 %, dann bedeutet das, dass bei 1000 Sterilisationen höchstens ein unsteriles Ergebnis dabei ist.

Werden hingegen die Trennwände der einzelnen 1-l-Behältnisse entfernt, dann bedeuten die gleichen Sterilisationsbedingungen für den 1000-l-Maßstab, dass statistisch gesehen ständig ein Keim überleben wird, d. h. der Ansatz ist immer unsteril (Abb. 5.26). Deshalb muss das Sterilisationskriterium bei der Vergrößerung der Anlage (beim Scale-up) den veränderten Verhältnissen angepasst werden.

Mathematisch lässt sich die Situation wie folgt formulieren: Bei gleichen Keimdichten gilt für den Kleinmaßstab

$$S = \ln \frac{N_0}{N} = \ln \frac{X_0 \cdot V}{N} \qquad \text{(Gleichung 5.50)}$$

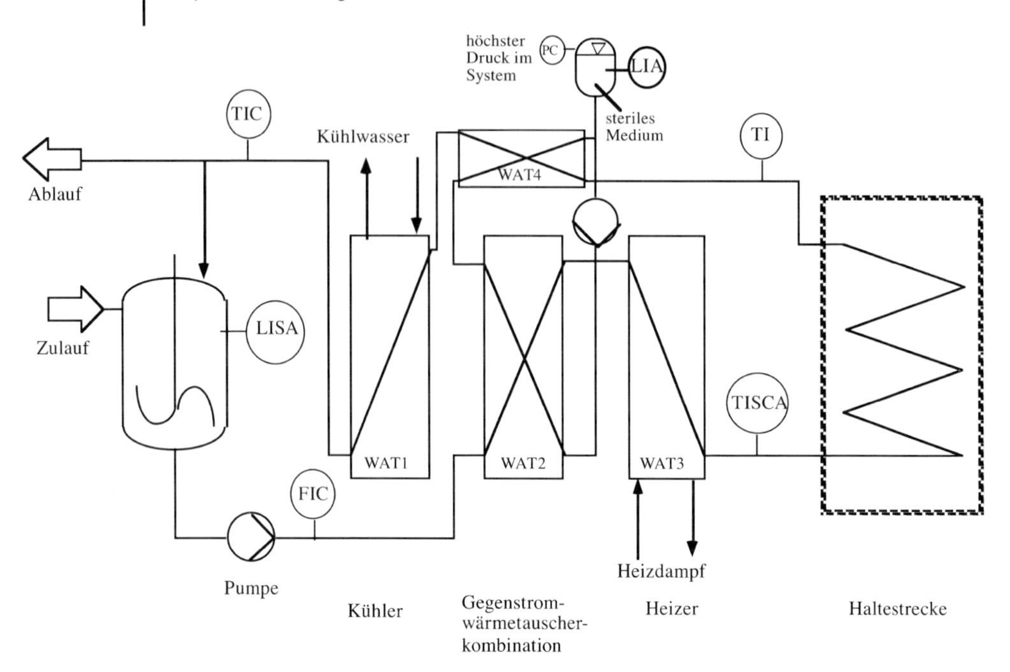

Abb. 5.25 Prinzipbild einer kontinuierlichen Sterilisationsanlage mit steriler Sekundärwärmerückgewinnung. Dadurch kann ausgeschlossen werden, dass schon steriles Medium durch noch unsteriles Medium bei Undichtigkeiten im Wärmeaustauscher WAT3 kontaminiert wird. (TI, Temperaturanzeige; TIC, Temperaturanzeige und Regelung; TICSA, Temperaturanzeige, Regelung, Schaltung und Alarm; PC, Druckregelung; FIC, Mengenstromanzeige und Regelung; LIA, Standanzeige und Alarm; LISA, Standanzeige, Schaltung und Alarm.)

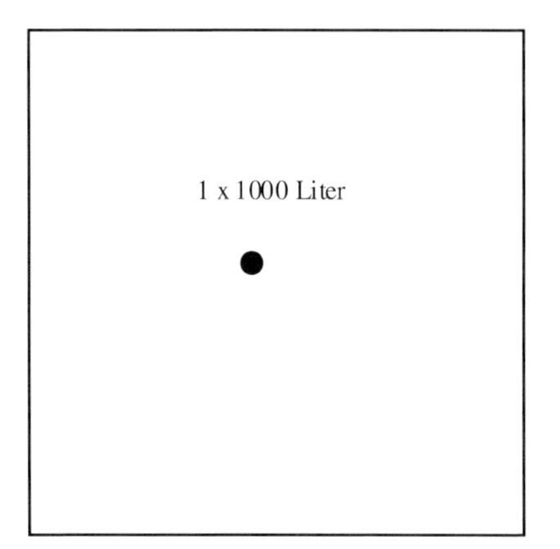

1	2	3	4	5	6	7	8
		1000 x 1 Liter					
993	994	995	996	997	998	999	1000

Abb. 5.26 Das Sterilisationskriterium ist maßstabsabhängig. Beträgt die Wahrscheinlichkeit einer nicht erfolgreichen Sterilisation 10^{-3}, dann wäre von 1000 sterilisierten Einzelgebinden eine statistisch gesehen unsteril. Sind keine Wände dazwischen, so bedeutet das, dass immer ein unsteriles Ergebnis erreicht wird. Deshalb muss für den Großmaßstab das Sterilisationskriterium erhöht werden (Gleichung 5.59).

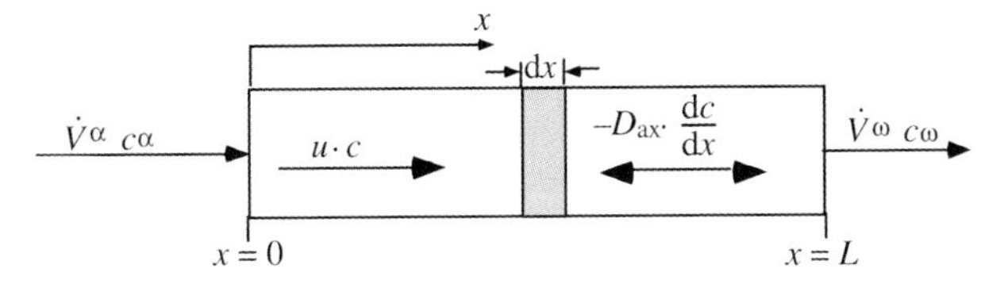

Abb. 5.27 Darstellung des Axialen Dispersionsmodelles zur Beschreibung der Verweilzeitverteilung in einem Rohrreaktor mit eindimensionaler Inhomogenität in x-Richtung.

und ebenso für den Großmaßstab

$$S* = \ln \frac{N_0^*}{N} = \ln \frac{X_0 \cdot V*}{\mathrm{N}} \qquad \text{(Gleichung 5.51)}$$

Da in beiden Maßstäben dieselbe Endkeimzahl und damit die gleiche Wahrscheinlichkeit einer nicht gelungenen Sterilisation anzustreben ist, können die beiden Gleichungen nach N umgestellt und gleichgesetzt werden. Dadurch erhält man

$$S* = S + \ln \frac{V*}{\mathrm{V}} \qquad \text{(Gleichung 5.52)}$$

Das Sterilisationskriterium im Großmaßstab S^* ist also im Vergleich zum Kleinmaßstab um den Wert des natürlichen Logarithmus aus dem Verhältnis beider Volumen zu erhöhen.

5.5.5.5 **Kontinuierliche Sterilisation (Durchlaufsterilisation)**

Wird die Sterilisation nicht batchweise, sondern in einem Durchflussreaktor durchgeführt, so ist das Sterilisationsergebnis, d. h. das Sterilisationskriterium und das Mediumskriterium, von der Verweilzeitverteilung bzw. vom Strömungsverhalten abhängig.

Bei einem durchströmten Reaktor (System) unterliegen die Teilchen einer Altersverteilung, d. h. im Gegensatz zum Batchprozess haben sie nicht alle die gleiche Verweilzeit. Die Streuung bzw. die Verteilung der Verweilzeiten wird durch die Strömungsverhältnisse und die Reaktoranordnung geprägt.

Diese Situation kann u. a. durch das Axiale Dispersionsmodell beschrieben werden. Dieses Modell geht davon aus, dass einem konvektiven Transport ($u \cdot c$) der Teilchen eine axiale Diffusion (Dispersion, $-D_{ax} \cdot \frac{dc}{dx}$) überlagert ist (Abb. 5.27). Der Effekt der Rückvermischung wird mit einem Diffusionsansatz nach dem 1. Fick'schen Gesetz (Abschnitt 2.7.4.2, Gleichung 2.123) beschrieben, aber der Koeffizient als Diffusionskoeffizient bezeichnet, weil er alle beitragenden Effekte vereint.

Die zeitliche Veränderung der Menge einer bestimmten Substanz innerhalb eines betrachteten Systems mit einer eindimensionalen Inhomogenität (x-Richtung) lässt sich dann wie folgt beschreiben:

$$A \cdot \mathrm{d}x \cdot \frac{\mathrm{d}c}{\mathrm{d}t} = -\frac{\mathrm{d}}{\mathrm{d}x}\left(u \cdot c - D_{\mathrm{ax}} \cdot \frac{\mathrm{d}c}{\mathrm{d}x}\right) A \cdot \mathrm{d}x - r \cdot A \cdot \mathrm{d}x \qquad \text{(Gleichung 5.53)}$$

Mit den Randbedingungen stationär, konstante Geschwindigkeit, Reaktion 1. Ordnung und der Normierung $\chi \equiv \frac{x}{L}$ bzw. $C \equiv \frac{c}{c^{\alpha}}$ sowie Einführung der beiden dimensionslosen Kennzahlen

$$\text{Bodenstein-Zahl:} \qquad \mathrm{Bo} \equiv \frac{u \cdot L}{D_{\mathrm{ax}}} \qquad \text{(Gleichung 5.54)}$$

Damköhler-Zahl der 1. Art:

$$\mathrm{Da}_{\mathrm{I,AD}} \equiv \frac{k(T) \cdot L}{u} \qquad \text{(Gleichung 5.55)}$$

erhält man schließlich:

$$0 = -\frac{\mathrm{d}C}{\mathrm{d}\chi} + \frac{1}{\mathrm{Bo}} \frac{d^2 C}{\mathrm{d}\chi^2} - \mathrm{Da}_{\mathrm{I,AD}} \cdot C \qquad \text{(Gleichung 5.56)}$$

Da sich die Damköhler-Zahl der ersten Art im Axialen Dispersionsmodell (AD) im Gegensatz zum Zellenmodel (ZM, Gleichung 5.70) auf das gesamt Systemvolumen bezieht, wird das durch den zusätzlichen Index kenntlich gemacht.

Mit den Randbedingungen $C^{\alpha} = C - \frac{1}{\mathrm{Bo}} \frac{\mathrm{d}C}{\mathrm{d}\chi}$ bei $\chi = 0$ sowie $\frac{\mathrm{d}C}{\mathrm{d}\chi} = 0$ bei $\chi = 1$ ergibt es für Gleichung 5.56 die Lösung [21]:

$$C = \frac{4 \cdot \beta}{(1+\beta)^2 \cdot \exp\left[-\frac{\mathrm{Bo}}{2}(1-\beta)\right] - (1-\beta)^2 \cdot \exp\left[-\frac{\mathrm{Bo}}{2}(1+\beta)\right]} \qquad \text{(Gleichung 5.57)}$$

mit der Substitution

$$\beta = \sqrt{1 + \frac{4\,\mathrm{Da}_{\mathrm{I,AD}}}{\mathrm{Bo}}} \qquad \text{(Gleichung 5.58)}$$

Die eigentliche Verweilzeitverteilung muss letztendlich empirisch bestimmt werden [22]. Dabei bedient man sich Methoden, die gezielt den Teilchenstrom in das System (Reaktor) steuern. Zum einen kann das ein Impuls (Impulsfunktion, δ-Funktion = Dirac-Delta-Funktion) sein und zum anderen eine sprungartige Veränderung (Sprungfunktion). Die Messung und Auswertung der jeweiligen Antwortfunktion gibt Rückschlüsse auf die Verweilzeitverteilung, die wiederum durch geeignete Verteilungsfunktion dargestellt wird.

Die Verweilzeitverteilung entspricht einer stochastischen Altersverteilung, d. h. einem vom Zufall geprägten Ergebnis (Ereignis) mit dem Wert $t \in 0 \ldots \infty$

Verteilungsfunktion $E(t)$ = Dichtefunktion:

$$E(t) \equiv \frac{1}{n_0}\frac{\mathrm{d}n}{\mathrm{d}t} = \frac{c^{(\omega)}(t)}{\int\limits_0^\infty c^{(\omega)}(t)\cdot \mathrm{d}t}$$

Verteilungsfunktion $F(t)$ = Summenfunktion:

$$F(t) \equiv \frac{c^{(\omega)}(t)}{c_\infty^{(\omega)}} = \int\limits_0^t E(t)\cdot \mathrm{d}t$$

Die Verteilungsfunktionen sind gekennzeichnet durch ihre Momente. Das 1. Moment ist der Erwartungswert, im vorliegenden Fall die mittlere arithmetische Verweilzeit $\bar{t}$, und das 2. Moment die Varianz σ^2, was dem Quadrat der Standardabweichung σ entspricht. Die mittlere arithmetische Verweilzeit $\bar{t}$ errechnet sich aus der Summe aller Teilchen mit gleicher Verweilzeit multipliziert mit deren Verweilzeit dividiert durch die Summe aller Teilchen. Mathematisch ausgedrückt bedeutet das für den Fall eines konstanten Volumenstromes:

$$\bar{t} = \frac{\int\limits_0^\infty c^{(\omega)}(t)\cdot t\cdot \mathrm{d}t}{\int\limits_0^\infty c^{(\omega)}(t)\cdot \mathrm{d}t} \qquad \text{(Gleichung 5.59)}$$

$$\text{bzw.}\quad \bar{t} = \int\limits_0^\infty E(t)\cdot t\cdot \mathrm{d}t \qquad \text{(Gleichung 5.60)}$$

$$\text{bzw.}\quad \bar{t} = \int\limits_0^\infty [1 - F(t)]\cdot \mathrm{d}t \qquad \text{(Gleichung 5.61)}$$

Die dimensionsbehaftete Varianz hingegen lässt sich durch folgende Gleichung bestimmen:

$$\sigma_t^2 = \int\limits_0^\infty E(t)\cdot t^2\cdot \mathrm{d}t - \bar{t}^2 \qquad \text{(Gleichung 5.62)}$$

$$\text{bzw.}\quad \sigma_t^2 = 2\int\limits_0^\infty [1 - F(t)]\cdot t\cdot \mathrm{d}t - \bar{t}^2 \qquad \text{(Gleichung 5.63)}$$

Die mittlere arithmetische Verweilzeit $\bar{t}$ ist nur in bestimmten Situationen identisch oder nahezu gleich der mittleren hydrodynamischen Verweilzeit τ. Die mittlere hydrodynamische Verweilzeit τ berechnet sich aus dem Volumenstrom $\dot{V}$, der das Volumen V durchströmt, der Kehrwert davon wird als Verdünnungsrate D bezeichnet

$$\tau = \frac{V}{\dot{V}} = \frac{1}{D} \qquad \text{(Gleichung 5.64)}$$

und für einen Rohrreaktor mit $V = A \cdot L$ bzw. $\dot{V} = A \cdot u$:

$$\tau \equiv \frac{V}{\dot{V}} = \frac{A \cdot L}{A \cdot u} = \frac{L}{u} \qquad \text{(Gleichung 5.65)}$$

Sie ist also eine reine Definition.

Der Weg zur gesuchten Bodenstein-Zahl für Gleichung 5.57 führt über das jeweilige System (offen, halboffen oder geschlossen, Tab. 5.4 [23]), während sich die Damköhler-Zahl gemäß Gleichung 5.55 bzw. 5.70 berechnen lässt. Offen ist ein System, bei dem sowohl am Eingang wie am Ausgang axiale Rückvermischung herrscht, z. B. bei einem Rohrreaktor, bei dem die Strömungen nicht abbrechen. Halboffen ist ein System, bei dem nur an einem Ende die axiale Rückvermischung vorliegt, z. B. bei einer Kaskade im Zulaufkessel. Geschlossen wird ein System bezeichnet, wenn an beiden Enden keine axiale Rückvermischung vorliegt.

Tabelle 5.4 Berechnungsgleichungen der Bodenstein-Zahl für ein offenes, halboffenes und ein geschlossenes System [23].

a) Offenes System

$$1\bar{\Theta} \equiv \frac{\bar{t}}{\tau} = 1 + \frac{2}{\mathrm{Bo}} \rightarrow 1\sigma^2 = \frac{2}{\mathrm{Bo}} + \frac{8}{\mathrm{Bo}^2} \Rightarrow \mathrm{Bo} = \frac{1 \pm \sqrt{1 + 8 \cdot \sigma^2}}{\sigma^2}$$

b) Halboffenes System

$$1\bar{\Theta} \equiv \frac{\bar{t}}{\tau} = 1 + \frac{1}{\mathrm{Bo}} \rightarrow \sigma^2 = \frac{2}{\mathrm{Bo}} + \frac{3}{\mathrm{Bo}^3}$$

c) Geschlossenes System

$$1\bar{\Theta} \equiv \frac{\bar{t}}{1\tau} = 1 \rightarrow 1\sigma^2 = \frac{2}{\mathrm{Bo}} + \frac{2}{\mathrm{Bo}^2} \left[1 - \exp\left(-\mathrm{Bo}\right)\right]$$

Für den Fall, dass im Strömungsrohr eine Pfropfenströmung (nur theoretisch möglich, alle Teilchen haben die gleiche Verweilzeit) eingestellt werden kann, erhält man eine Bodenstein-Zahl von Bo = ∞, was gleichbedeutend damit ist, dass die axiale Dispersion (Absatz 5.5.5.5, Gleichung 5.53) im Vergleich zur Konvektion vernachlässigt werden kann. Gleichung 5.53 vereinfacht sich dann für den stationären Fall, konstanter Geschwindigkeit u und einer Reaktion 1. Ordnung zu:

$$0 = -u \cdot \frac{\mathrm{d}u}{\mathrm{d}x} - k(T) \cdot c \qquad \text{(Gleichung 5.66)}$$

Diese Gleichung lässt sich nun in den Grenzen c^α und c^ω zwischen dem Eingang $x = 0$ und dem Ausgang $x = L$ integrieren. Das Ergebnis nach dimensionsloser Umgestaltung mit $C = \frac{c}{c^\alpha}$ lautet:

$$C = e^{-\mathrm{Da}_{\mathrm{I,AD}}} \qquad \text{(Gleichung 5.67)}$$

Das zweite Extrem neben dem Zustand Bo = ∞ ist die vollkommene Rückvermischung, wie sie theoretisch z. B. in einem durchströmten Rührwerkskessel (das Rührwerk bewirkt eine hohe Rückvermischung) erreicht werden kann. In diesem Fall nimmt die Bodenstein-Zahl den Wert Bo = 0 an und die Bilanz ergibt folgende Situation:

$$V \cdot \frac{\mathrm{d}c}{\mathrm{d}t} = \dot{V}^\alpha \cdot c^\alpha - \dot{V}^\omega \cdot c^\omega - k(T) \cdot c^n \cdot V \qquad \text{(Gleichung 5.68)}$$

Für die Randbedingungen stationär, volumenbeständig $(\dot{V}^\alpha = \dot{V}^\omega = \dot{V})$ und 1. Ordnung wird aus Gleichung 5.68

$$C = (1 + \mathrm{Da}_{\mathrm{I,ZM}})^{-1} \qquad \text{(Gleichung 5.69)}$$

wobei die Damköhler-Zahl der ersten Art im Zellenmodel (ZM)

$$\mathrm{Da}_{\mathrm{I,ZM}} = k(T) \cdot \tau \qquad \text{(Gleichung 5.70)}$$

ist. Die hydrodynamische mittlere Verweilzeit ist auf das Volumen einer Zelle (eines Kessels) beschränkt, also auf das n-tel des Gesamtvolumens.

Ordnet man von solchen vollkommen durchmischten Reaktoren mehrere der gleichen Größe in Reihe an, so erhält man eine Reaktorkaskade. Führt man für jeden dieser n Reaktoren die eben dargestellte Bilanz durch, so erhält man jeweils den Ausdruck, wie er durch Gleichung 5.69 repräsentiert wird. Multiplikativ aneinander gereiht, ähnlich der Kesselanordnung, ergibt das den Zusammenhang:

$$C = (1 + \mathrm{Da}_{\mathrm{I,ZM}})^{-n} \qquad \text{(Gleichung 5.71)}$$

Nun sind alle möglichen Umsatzverhalten aufgrund der Verweilzeitverteilung dargestellt. Ein Vergleich an einem Beispiel soll die Auswirkungen auf das Reaktionsergebnis aufzeigen:

Da die Damköhler-Zahl der ersten Art Da_I das Verhältnis von Reaktionsgeschwindigkeit zur konvektiven Stofftransportgeschwindigkeit darstellt, bestimmt sie ebenso das Ergebnis wie die Bodenstein-Zahl, die das Verhältnis von konvektivem Stofftransport zur axialen Dispersion ausdrückt (Absatz 5.5.5.5, Gleichung 5.53). Mit diesen beiden dimensionslosen Kennzahlen lassen sich das Sterilisationskriterium und damit der Einfluss der Strömungsverhältnisse sehr übersichtlich veranschaulichen.

In Abb. 5.28 ist das Sterilisationskriterium S über der Damköhler-Zahl mit der Bodenstein-Zahl bzw. den Kesselzahlen aufgetragen. Die Damköhler-Zahl lässt sich durch die mittlere hydrodynamische Verweilzeit τ beeinflussen. Längere Verweilzeit bedeutet größere Damköhler-Zahl und damit auch höheres Sterilisationskriterium. Deutlich lässt sich jedoch erkennen, dass die Wirkung einer gesteigerten Damköhler-Zahl auf das Sterilisationskriterium von den Strömungsverhältnissen abhängt. Für eine Bodenstein-Zahl gegen unendlich, was den Batchbedingungen bei idealem Temperatur-Zeit-Profil ohne Aufheiz- und Abkühlzeit entspricht, ergibt sich der beste Effekt, während für $\mathrm{Bo} = 0$ eine gesteigerte Damköhler-Zahl kaum Wirkung zeigt, das erreichbare Sterilisationskriterium bleibt niedrig bis nicht zufriedenstellend bzw. nicht ausreichend. Daraus lässt sich ableiten, dass die Durchflusssterilisation mit einem vollkommen durchmischten Haltebehälter kaum zu einem sterilen Ergebnis führen kann.

Diese Beobachtung lässt sich auf die Kaskadenanordnung mit gleich großen, jeweils vollkommen durchmischten Zellen (Kesseln) übertragen. Damit nun jedoch die Kaskadenanordnung mit dem Rohrreaktor direkt verglichen werden kann, muss die hydrodynamische, mittlere Verweilzeit aus dem Axialen Dispersionsmodell für die Kaskade durch die Anzahl der Kessel (Zellen) dividiert werden. Mit anderen Worten: Die zu vergleichende Damköhler muss in der Kaskade auf die Kesselzahl bezogen werden, da man sonst aufgrund der durchgeführten Herleitung eine viel zu große Verweilzeit und damit keine vergleichbaren Damköhler-Zahlen hätte. Gleichung 5.71 wird somit zu:

$$C = \left(1 + \frac{\mathrm{Da}_{\mathrm{I,AD}}}{n}\right)^{-n} \quad \text{(Gleichung 5.72)}$$

Damit kann die Kaskade mit dem Rohreaktor verglichen werden und die Strömungsverhältnisse für Bodenstein-Zahl gegen unendlich ($\mathrm{Bo} = \infty$) führen ebenso wie die Anordnung mit einer Kesselzahl gegen unendlich ($n = \infty$) in Falle der Kaskade zum gleichen Ergebnis.

Allerdings kann auch eine Kaskadenanordnung mit fünf Kesseln in Reihe noch längst keine vergleichbaren Sterilisationskriterien bieten, wie sie in einem Rohrreaktor bei Bodenstein-Zahlen über 50 erzielt werden können (Abb. 5.28), denn während eine Kaskadenanordnung von fünf Kesseln relativ aufwendig ist und in der Praxis daher seltener zu finden sein wird, kann eine Bodenstein-Zahl von 50 in einem Rohrreaktor problemlos erreicht werden.

Über die Beziehung

$$\mathrm{Bo} = n - 1 + \sqrt{n^2 + n - 2} \quad \text{(Gleichung 5.73)}$$

bzw. $$n = 1 + \frac{\mathrm{Bo}^2}{2 \cdot \mathrm{Bo} + 3} \quad \text{(Gleichung 5.74)}$$

können sowohl eine gefundene Bodenstein-Zahl in eine Zellenzahl (Anzahl gedachter, vollkommen durchmischter, gleich großer idealer Rührkessel/Zellen)

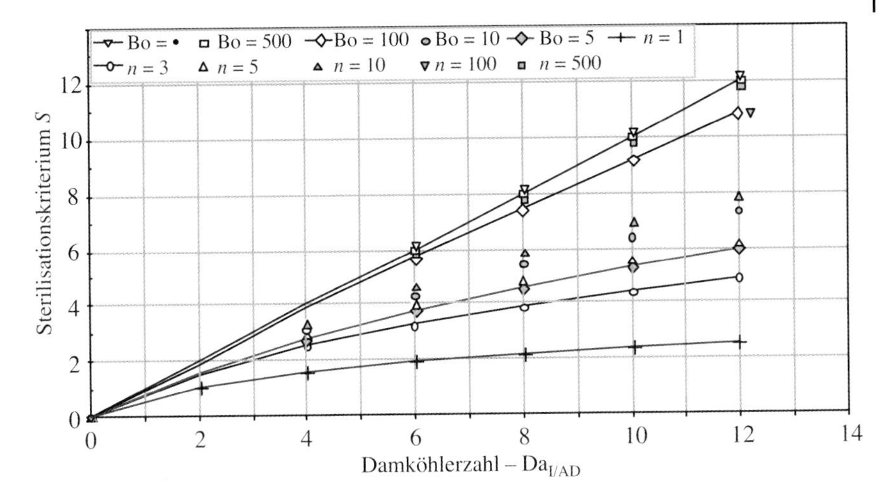

Abb. 5.28 Sterilisationskriterium als Funktion der Damköhler-Zahl, der Reaktionsführung, ausgedrückt durch die Bodenstein-Zahl und die Anzahl der Kessel einer Kaskadenanordnung.

als auch eine Kesselzahl (Zellenzahl) in eine Bodenstein-Zahl überführt werden. Bei der Überführung einer Bodenstein-Zahl in eine Zellenzahl ist allerdings darauf zu achten, dass der Sachverhalt von Gleichung 5.72 berücksichtigt wird, da ansonsten im Falle der Kaskade mit einer zu großen Verweilzeit τ gerechnet wird und der Vergleich dann falsch ist.

In der Praxis zeigt sich, dass fast in allen Medien, die zu sterilisieren sind, Mischkulturen vorliegen. Ein Modell zur Beschreibung von Mischkulturkinetiken unterteilt alle Keime in zwei Gruppen, in hitzelabile und hitzeresistente Keime. Die Steigung der gemeinsamen Inaktivierungskurve beginnt im Nullpunkt mit der Steigung der „Labigerade" und endet mit der Steigung der „Resigerade". Damit lassen sich die beiden Kinetiken bestimmen (Abschnitt 5.5.5.2).

Bei der Übertragung von Sterilisationsprozessen in den technischen Maßstab muss darauf geachtet werden, dass neben der Anpassung des maßstabsabhängigen Sterilisationskriteriums auch das Temperatur-Zeit-Profil ähnlich verläuft. Neben dem eigentlichen Sterilisationskriterium S muss auch der Effekt beim Aufheizen S_H und beim Abkühlen S_K berücksichtigt werden. Dazu bietet sich die Durchflusssterilisation im Rohrreaktor als auch in einer Kaskade an. Die Kaskade zeigt sich im Vergleich zum Rohrreaktor im Nachteil, wenn im Rohrreaktor ausreichend hohe Bodenstein-Zahlen (Bo > 50) eingestellt werden können.

5.6 Virusinaktivierung bei Pharmazeutika

Bei der Herstellung von biopharmazeutischen Produkten muss der Gefahr von viralen Kontaminationen Rechnung getragen werden. Gerade weil Produktionssysteme aus humanem oder tierischem Ursprung sind, wie Zellkulturen, Mediumsbestandteile oder Blut, ist eine Virusinfektion ein stets begleitendes Risiko. Als mögliche Kontaminanten wurden bereits das Hepatitis-B-Virus (HBV), das Hepatitis-C-Virus (HCV) oder das humane Immundefizienz-Virus (HIV) ausgemacht. Es muss bei der Herstellung von Pharmazeutika gelingen, alle möglichen Kontaminanten zu beseitigen bzw. zu inaktivieren oder zumindest auf ein sicheres Mindestmaß zu reduzieren [24].

Es gibt bisher keinen sicheren Nachweis, dass eine Produktion frei von Viruskontaminanten ist, es bleiben Methoden der sicheren Inaktivierung. Eine mögliche Methode ist die Sterilfiltration mittels Mikrofiltrations- oder Ultrafiltrationsmembranen (Abschnitt 7.1.1.1 und Abb. 7.1). Diese Verfahren sind sehr effektiv und nicht durch chemische Veränderungen begleitet, allerdings unterhalb von 50-nm-Partikeln nicht mehr zuverlässig. Da es aber gerade im Bereich von 20–25 nm Viren abzutrennen gilt, wie Polio- und Parvoviren, scheiden diese Verfahren aus, zumal in diesen Größen schon damit gerechnet werden muss, dass auch schon große Moleküle, also eventuell Substrate, Einsatzstoffe oder Produkte, abgeschieden werden [24].

Chemische Methoden wären in bestimmten Fällen auch denkbar, doch erweisen sie sich in weiten Bereichen als nicht effektiv genug. Weshalb man an eine thermische Inaktivierung denken möchte. Bisherige Untersuchungen bei 60 °C zeigten, dass mit einer Einwirkdauer von bis zu zehn Stunden eine Virentiterreduktion von fünf Zehnerpotenzen erreichbar ist, doch muss man befürchten, dass bei einer derart langen Einwirkdauer auch viele Wert- und Wirkstoffe darunter leiden und zerstört werden. Diese Zerstörung kann durch Zugabe von Stabilisatoren, wie Natriumcitrat, Saccharose oder der Aminosäure Glycin, reduziert werden [24].

Alternativ böte sich die kontinuierliche Sterilisation in Verbindung mit einem Sterilisationsarbeitsdiagramm an (Abschnitt 5.5.5.4, Abb. 5.23 und Abschnitt 5.5.5.5). Mit einer entsprechenden apparativen Ausstattung lassen sich sehr kurze Aufheiz- und Abkühlzeiten in Verbindung mit hohen Sterilisationstemperaturen einstellen [2]. Die Nachteile in solchen Anlagen sind in Form von Foulingprozessen zu befürchten (Abschnitt 7.4.3), was sehr schnell zu ungünstigen Bedingen führen kann.

Die Anwendung einer UV-Bestrahlung verspricht ebenfalls Erfolg bei der Virusinaktivierung. Nachteilig macht sich hier die mögliche Bildung von freien Radikalen bemerkbar, was negative Auswirkungen auf die Produkte hat (Aggregation, Verluste von biologischer Aktivität, Zerstörung von Proteinen). Es konnte gezeigt werden, dass mit einer Dosis von 1000 J/m^2 eine Inaktivierung von infektiösen Partikeln um mehr als sechs Zehnerpotenzen erreicht werden kann [25].

Die Anwendung von härteren β- und γ-Strahlungen ist zur Vireninaktivierung ebenfalls möglich. Die Einschränkungen sind in diesem Fall eher in den zu treffenden Sicherheitsvorkehrungen und den daraus resultierenden Kosten zu sehen.

Die Immun-Affinitätschromatographie mit immobilisierten Antikörpern wird ebenfalls zur Virenabtrennung eingesetzt, allerdings können nur bekannte Viren in Verbindung mit den zu ihnen passenden Antikörpern erfasst werden. Weniger komplex ist in diesem Zusammenhang die Methode der Ionenaustausch-Chromatographie, wie sie ohnehin in vielen Aufarbeitungsprozessen integriert ist.

Diese Betrachtungen zeigen, dass es verschiedene Verfahren zur Virusentfernung bzw. -inaktivierung gibt, doch keines über allen steht. Im Einzelfall empfiehlt es sich, die passendste Kombination von mehreren Methoden zu adaptieren. So können auch oft erforderliche und gut ausgearbeitete Aufarbeitungsschritte selbst schon zur Virenbeseitigung dienen. Solche Methoden sind z. B. Extraktionen (Abschnitt 7.8), Chromatographien (Abschnitt 7.12) oder Filtrationen (Abschnitt 7.1). In Kombination mit der ein oder anderen beschriebenen Inaktivierungsmethode führt das zu einer ausreichenden Virusreduktion im Bereich von 18 Zehnerpotenzen. Letztendlich wird die Produktlösung entscheidend die Verfahrenskombination mitbestimmen.

Literatur

1 Technischer Informationsdienst Maizena Industrieprodukte: Transport, Lagerung und innerbetriebliche Förderung von Glucosesirup. CA/4; Maizena Industrieprodukte GmbH Hamburg (1988).

2 Storhas, W.: Bioreaktoren und periphere Einrichtungen. Vieweg Verlag, Wiesbaden, ISBN 3-528-06510-9 (1994).

3 Fonds der Chemischen Industrie Frankfurt: Folienserie 20, Biotechnologie/Gentechnik. Postfach; Frankfurt/Main (1989).

4 Hielscher, C.: Aufbau und Arbeitsweise von Reinigungsanlagen. Automatisierung der Reinigung. Journal für Pharmatechnologie, ISSN 0931-9700; CONCEPT Heidelberg; Best. Nr. 1049 (1988).

5 Reuter, H.: Konstruktion und Gestaltung von Verarbeitungsanlagen im Hinblick auf die Reinigung. Journal für Pharmatechnologie (1990).

6 Bioengineering AG: Firmenprospekt das Nachwachsende Buch. Bioengineering AG, CH-8613 Wald (2000).

7 Nassauer, J.: Adsorption und Haftung an Oberflächen und Membranen. Freising-Weihenstephan (Eigenverlag) Druck; M. Schadel GmbH & Co. KG, Bamberg (1985).

8 [5.13] Sommer, K.: Hygienische Aspekte bei der Gestaltung von Apparaturen und Bauteilen für die Lebensmittel- und Pharmaindustrie. Hochschulkurs, Technische Universität München – Lehrstuhl für Maschinen- und Apparatekunde (1996).

9 Wagemann, W.: Chemie und Wirkung von Reinigungsmitteln im Zusammenspiel mit modernen CIP-Programmen. *Journal für Pharmatechnologie* (1990).

10 Grasshoff, A.: Modellversuche zur Ablösung fest verkrusteter Milchbeläge von Erhitzerplatten im Zirkulationsverfahren. *Kieler Milchwirtschaftliche Forschungsberichte*, Bd. **35**, Heft 4, S. 493–519 (1991).

11 Reuter, H.: Reinigung und Desinfizieren im Molkereibetrieb. *Chem.-Ing.-Techn.*, **55**(4) 293–301 (1991).

12 Rademacher, B.: Hochdrucksterilisation. Technische Universität München – Lebensmittelverfahrenstechnik (2000).

13 Jackson, A. T.: Verfahrenstechnik in der Biotechnologie. Springer-Verlag, Berlin, Heidelberg, New York, ISBN 3-540-56190-0 (1993).

14 Schubert, H.: Ehlermann, D.: Lebensmittelbestrahlung. *Chem.-Ing.-Techn.* **6**, 365–384 (1988).

15 Brenneisen, R.: Diplomarbeit. FH Darmstadt (1988).

16 Zutavern, K.: Aufnahme einer Sterilisationskinetik mit *E. coli*; Studienarbeit, Fachhochschule Mannheim (1993).

17 Leicht, S.: Sterilisationskinetik des Sporenbildners *Bacillus subtilis*; Studienarbeit, Fachhochschule Mannheim (2001).

18 Horak, P.: Über die Reaktionstechnik der Sporenabtötung und chemischer Veränderungen bei der thermischen Haltbarmachung von Milch zur Optimierung von Erhitzungsverfahren, Dissertation, TH München-Weihenstephan (1980).

19 Jackson, A. T.: Verfahrenstechnik in der Biotechnologie. Springer Verlag, Berlin

Heidelberg New York London Tokyo Hong Kong Barcelone Budapest (1993).
20 Fink, R.: Über lagerungsbedingte Veränderungen von UHT-Vollmilch und deren reaktionskinetische Beschreibung. Dissertation, Technische Universität München, Fakultät für Brauwesen, Lebensmitteltechnologie und Milchwirtschaft Weihenstephan (1984).
21 Wehner, J. F.; Wilhelm, R. H.: *Chem. Eng. Sci.* **6**, 89 (1956).
22 Batzler, J.: Untersuchungen zum Verhältnis von Reaktionswärme zum Sauerstoffverbrauch bei mikrobiellen Stoffumsetzungen. Diplomarbeit, Fachhochschule für Technik Mannheim (1990).
23 Baerns, M.; Hofmann, H.; Renken, A.: Chemische Reaktionstechnik. Georg Thieme Verlag, Stuttgart New York, ISBN 3-13-687502-8 (1992).
24 Henzler, H.-J.; Kaiser, K.: Avoiding viral contamination in biotechnological and pharmaceutical processes. Nature Biotechnology **16** (1998).
25 Chin, S. et al.: Photochem. *Photobiol.* **65**, 432–435 (1997).

6 Stoffumwandlung

6.1 Bildung der Biokatalysatoren (Zellwachstum)

Voraussetzung für biotechnologische Reaktionen ist die Bereitstellung der Biokatalysatoren in Form von lebenden Zellen, statischen Zellen oder Bestandteilen aus Zellen (Enzyme). Da biotechnologische Reaktionen häufig sehr komplex sind und meist nicht bekannt ist, welche Zwischenreaktionen durch welche Enzyme katalysiert werden, müssen in diesen Fällen immer ganze Zellen eingesetzt werden. Nur bei einfachen Reaktionen genügt es, die zuständigen Enzyme alleine einzusetzen. Solche Enzyme immobilisiert man sinnvollerweise, um sie wiederverwendbar einsetzen zu können. So bereitgestellte Biokatalysatoren können wie die in der chemischen Reaktionstechnik üblichen Katalysatoren eingesetzt werden. In den meisten Fällen müssen Biokatalysatoren allerdings vor der Reaktion oder parallel zur Reaktion gewonnen werden, d. h. es ist notwendig, die Bildung der Biokatalysatoren zu beschreiben, um die Reaktion selbst vorausberechnen zu können.

6.1.1 Vermehrungsmechanismen

Die einfachste Form der Vermehrung von Biokatalysatoren ist die Zweiteilung von Bakterien (Abb. 6.1). Ihre Vermehrung entspricht also einer geometrischen Progression

$$2^0 \rightarrow 2^1 \rightarrow 2^2 \rightarrow 2^3 \rightarrow \ldots \rightarrow 2^n$$

Liegen zu Beginn einer betrachteten Wachstumsphase N_0 Zellen vor, so werden daraus nach n Teilungen

$$N = N_0 \cdot 2^n \qquad \text{(Gleichung 6.1)}$$

Zellen.

Im arithmetischen Diagramm (Abb. 6.2) zeigt die Wachstumskurve den typischen exponentiellen Verlauf. Gleichung 6.1 lässt sich logarithmieren, dannerhält man:

Bioverfahrensentwicklung, 2., vollständig überarbeitete und aktualisierte Auflage. Winfried Storhas

$$\lg N = \lg N_0 + n \lg 2 \quad \text{oder} \quad \lg N = \lg N_0 + \frac{\lg 2}{t_D}\, t \qquad \text{(Gleichung 6.2)}$$

und im halblogarithmischen Diagramm (Abb. 6.3) eine Gerade mit log N_0 als Abszissenschnittpunkt bei $t = 0$ und mit n als Steigung.

Während des exponentiellen Wachstums ist die spezifische Wachstumsrate

$$\mu = \frac{1}{X} \cdot \frac{dx}{dt} \rightarrow X = X_0 \cdot e^{\mu \cdot t} \qquad \text{(Gleichung 6.3a, b)}$$

Eine Verdoppelung durch Zellteilung ergibt

$$2 \cdot X_0 = X_0 \cdot e^{\mu \cdot t_d} \qquad \text{(Gleichung 6.4)}$$

mit t_d als Verdopplungszeit. Damit lässt sich die spezifische Wachstumsrate auch durch

$$\mu = \frac{\ln 2}{t_d} \qquad \text{(Gleichung 6.5)}$$

ausdrücken. Teilen sich z. B. die Zellen pro Stunde 3-mal, so bedeutet das für die spezifische Wachstumsrate $\mu = \ln 2/(1/3) = 2{,}1\ \text{h}^{-1}$.

Zur Bestimmung der Wachstumsrate μ sind die wesentlichen Betrachtungen schon in Abschnitt 2.6.1.4 durchgeführt worden.

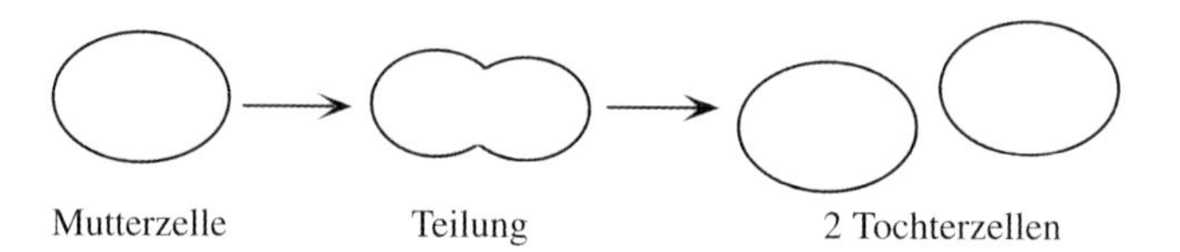

Abb. 6.1 Vermehrung durch Zellteilung.

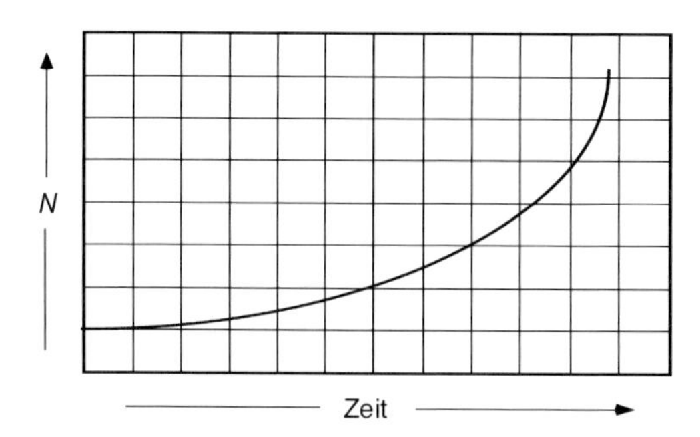

Abb. 6.2 Arithmetische Auftragung des Zellwachstums.

Im Falle der Vermehrung durch Zellteilung (Zweiteilung, Abb. 6.3) ist die Zellmasse direkt proportional zur Zellzahl. Anders gestaltet sich der Sachverhalt, wenn eine andere Art der Zellmassenvermehrung vorliegt. Pilze vermehren ihre Zellmasse durch Verzweigen und Verlängerung der Hyphenzweige und wachsen, wenn sie daran nicht gehindert werden, zu einem Hyphenknäuel (Pellet) heran (Abb. 6.4).

Um in diesem Fall die Biokatalysatorbildung zu beschreiben, besteht die Möglichkeit, ein Mycel bzw. einen Mycelbaum durch zwei Größen zu charakterisieren [1]. Das sind die Gesamtlänge aller Hyphen L des betrachteten Mycelbaumes sowie die Gesamtzahl seiner Hyphenspitzen N. Da die einzelnen Hyphen nur an ihren Spitzen, also apikal, und nach einer kurzen Anfangsphase mit konstanter Geschwindigkeit α wachsen, gilt für die Zunahme der Gesamtlänge aller Hyphen mit der Zeit:

$$\frac{\mathrm{d}L}{\mathrm{d}t} = \alpha \cdot N \qquad \text{(Gleichung 6.6)}$$

α ist hierin die Wachstumsrate, also die Zunahme der Hyphenlänge pro Hyphenspitze HSp und Zeit (in m/(HSp • s)).

Die Bildung neuer Hyphenspitzen kann durch

$$\frac{\mathrm{d}N}{\mathrm{d}t} = \beta \cdot L \qquad \text{(Gleichung 6.7)}$$

mit der Verzweigungsrate β (in HSp/s • m) beschrieben werden.

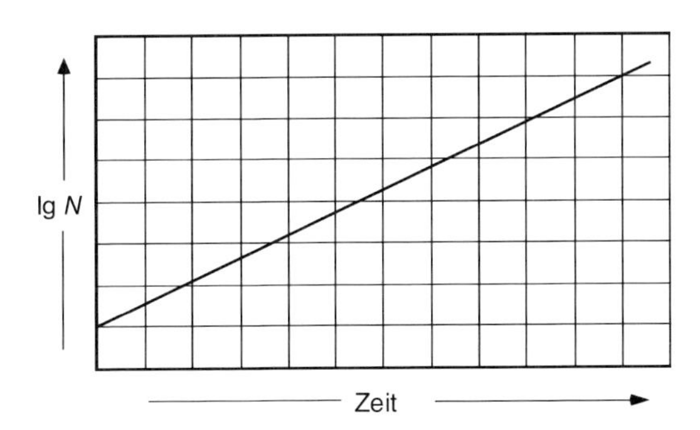

Abb. 6.3 Halblogarithmische Auftragung des Zellwachstums.

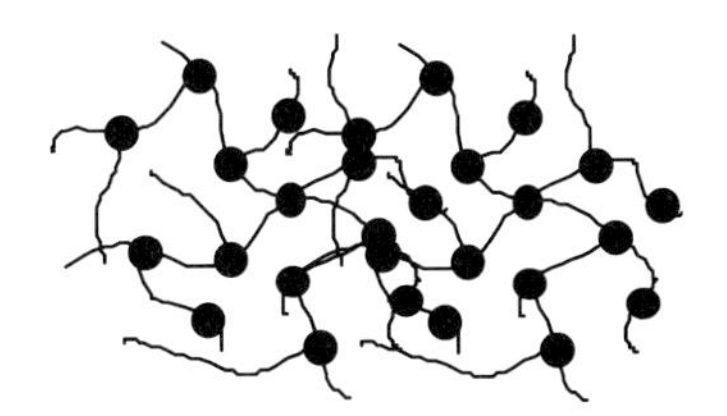

Abb. 6.4 Vermehrung durch Hyphenwachstum.

Eine weitere, in der Mikrobiologie zur Charakterisierung von Mycelien verwendete Kennzahl ist die *hyphal growth unit*, HGU. Diese ist definiert als Verhältnis aus Gesamthyphenlänge zu Gesamtspitzenzahl eines Mycelbaumes:

$$\text{HGU} = \frac{L}{N} \quad \text{(in m/HSp)} \qquad \text{(Gleichung 6.8)}$$

Unter der Voraussetzung einer konstanten HGU ergibt sich als Lösung des Differenzialgleichungssystems [2]:

$$L = L_0 \cdot \exp\left(\sqrt{\alpha \cdot \beta} \cdot t\right) \qquad \text{(Gleichung 6.9)}$$

und

$$N = N_0 \cdot \exp\left(\sqrt{\alpha \cdot \beta} \cdot t\right) \qquad \text{(Gleichung 6.10)}$$

Damit lässt sich die HGU unmittelbar aus den Modellparametern berechnen:

$$\text{HGU} = \sqrt{\frac{\alpha}{\beta}} \qquad \text{(Gleichung 6.11)}$$

Um den Zusammenhang zwischen der Zellteilung und dem Hyphenwachstum hinsichtlich der spezifischen Wachstumsrate μ herstellen zu können, wird ein konstanter Hyphendurchmesser angenommen. Dadurch lässt sich die Zunahme der Biomasse (= Volumen · Dichte = Länge · Durchmesser · Dichte) allein durch die Längenzunahme darstellen und mit der Differenzialgleichung

$$\frac{\mathrm{d}L}{\mathrm{d}t} = \mu \cdot L \qquad \text{(Gleichung 6.12)}$$

beschreiben.

Die Lösung dieser Differenzialgleichung

$$L = L_0 \cdot e^{\mu \cdot t} \qquad \text{(Gleichung 6.13)}$$

beschreibt die exponentielle Zunahme der Gesamthyphenlänge und damit auch der Biomasse mit der Zeit. Gleiches gilt analog auch für die Gesamtzahl aller Hyphenspitzen N.

Daraus ergibt sich mit Gleichung 6.9 eine Beziehung für die Wachstumsrate μ:

$$\mu = \sqrt{\alpha \cdot \beta} \qquad \text{(Gleichung 6.14)}$$

Das hier zitierte Modell beschreibt quantitativ das unlimitierte Wachstum eines einzelnen Mycelbaumes. Es enthält jedoch keinerlei Information über die Geometrie des Wachstums, d. h. die Morphologie des Mycelbaumes oder komplexerer

Gebilde wie Pellets, noch über mögliche Substratlimitierungen, die insbesondere in größeren Hyphenagglomeraten Einfluss auf das Mycelwachstum haben (Abschnitt 6.4, Abb. 6.17).

Sowohl die Streptomyceten als auch viele mycelförmig wachsende Pilze bilden in submerser Kultur dichte Mycelkugeln, die Pellets genannt werden. Die Morphologie des Mycelwachstums ist bei diesen Mikroorganismen Ursache für die Bildung kugelförmiger Pellets. Das Zusammenspiel von Verzweigungsfrequenz, Verzweigungswinkel und Krümmung der wachsenden Hyphen ergibt Mycelstrukturen, die nach einiger Zeit makroskopisch als Pellets erscheinen [1].

Nach Metz [3] wird zwischen koagulierenden und nicht koagulierenden Typen unterschieden. Während bei ersteren mehrere Sporen koagulieren und diese dann nach und nach auskeimen, entwickelt sich bei letzteren ein aus einer einzigen Spore gebildeter Mycelbaum zum Pellet.

6.1.2 Phasen der Biokatalysatorbildung (Zellwachstum)

Die Bildung der Biokatalysatoren (Zellen) durchläuft im Zuge einer Batchbetrachtung sieben verschiedene Phasen (Abb. 6.5) [4]:

1) *Lag*-Phase: Impft man einen Reaktor, egal welcher Größe, mit Inokulum an, so benötigen diese Zellen erst einmal eine gewisse Zeit, um sich an die neuen Bedingungen zu gewöhnen und u. U. ihren gesamten Enzymapparat an die neuen Gegebenheiten anzupassen. In dieser Adaptionsphase nimmt die Zellzahl nicht zu, wohl aber die Biomasse, da die Zellen wachsen.
2) Positive Beschleunigungsphase: Nicht allen Zellen gelingt die Anpassung gleich schnell, sodass einige die Adaptionsphase schon hinter sich gebracht haben, während andere noch damit beschäftigt sind. Die Kultur befindet sich in einem Übergangsstadium von der *Lag*- zur *Log*-Phase.
3) *Log*-Phase: Die Zellmasse nimmt hier wegen des ungehinderten Wachstums (keine Limitierung, μ = const.) exponentiell zu, das gilt im Falle einzelliger Systeme auch für die Zellzahl (Gleichung 6.1). Unlimitiert heißt in diesem Fall, dass keine Substanz im Medium während des Verbrauches unter einen Wert sinkt, der eine Abnahme von μ bewirken würde. Ob eine noch nicht erkannte Limitierung vorliegt, kann nicht erkannt werden. Liegen eine oder mehrere Substanzen beim Eintritt in die *Log*-Phase im Bereich inhibierenden Konzentrationen vor, so verlängert sich scheinbar die positive Beschleunigungsphase (Abb. 6.5).
4) Negative Beschleunigungsphase: Verschwinden aus dem Medium nach und nach essenzielle Mediumsbestandteile, dann verlangsamt sich die durchschnittliche Geschwindigkeit der Biomassebildung. Obwohl die Zellteilung noch unverändert ist, werden die Zellen spezifisch leichter.
5) Stationäre Phase: Gehen die Biomassebildungs- und Absterbegeschwindigkeit in ein Gleichgewicht über, dann befindet sich die Kultur in der stationären Phase. Diese Phase kann unterschiedlich lang sein, sie gestaltet sich dann vor

allem lang, wenn die absterbenden und lysierenden Zellen Inhaltsstoffe freisetzen, die von den wachsenden Zellen benötigt werden.

6) Beginnende Sterbephase: Sind die Biomassebildung und die Absterberate nicht mehr im Gleichgewicht, weil immer mehr Mediumsbestandteile fehlen, dann tritt die Kultur in eine Übergangsphase ein, der sich die letzte Phase anschließt.
7) Absterbephase: Das Medium ist inzwischen so sehr verarmt, dass sich weder Zellzahl noch Zellmasse vermehren kann. Die Zellen sterben aus Nährstoffmangel oder auch aufgrund von Metaboliten (Gifte) allmählich ab.

Die Identifizierung der Wachstumsphasen erfolgt meist mithilfe der Zellmassen bzw. Zellkonzentrationen X (in g/l oder Zellen/ml). Da sich während des Wachstums auch andere Größen ändern, ist es prinzipiell möglich, die Wachstumsphasen durch diese zu charakterisieren. Die zwei wichtigsten Größen sind die Massenbrüche von RNA/Zelle und DNA/Zelle.

Die DNA (Desoxyribonucleinsäure), die RNA (Ribonucleinsäure) und die Proteine sind an der Übertragung der genetischen Information beteiligt. Die Information führt von der DNA der Elternzelle zur DNA der Tochterzellen und verläuft in einer gegebenen Zelle von der DNA über die RNA zum Protein.

Während der Anlauf- oder *Lag*-Phase nimmt der RNA-Gehalt der Zellen zu und ihr DNA-Gehalt ab (Abb. 6.6). Beide sind während der exponentiellen Wachstumsphase konstant. Im Übergang zur stationären Phase nimmt der Gehalt an RNA ab und an DNA zu. In der stationären Phase sind sie konstant.

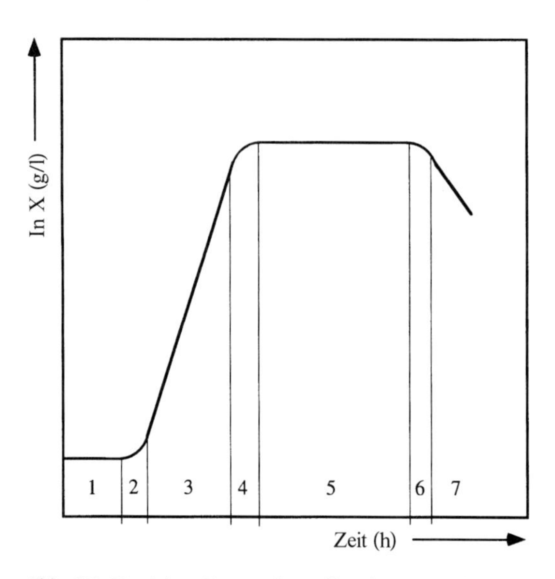

Abb. 6.5 Die sieben Phasen des Zellwachtums: Phase 1, die *Lag*-Phase; Phase 2, die positive Beschleunigungsphase; Phase 3, die *Log*-Phase; Phase 4, die negative Beschleunigungsphase; Phase 5, die stationäre Phase; Phase 6, die beginnende Sterbephase; Phase 7, die Sterbephase.

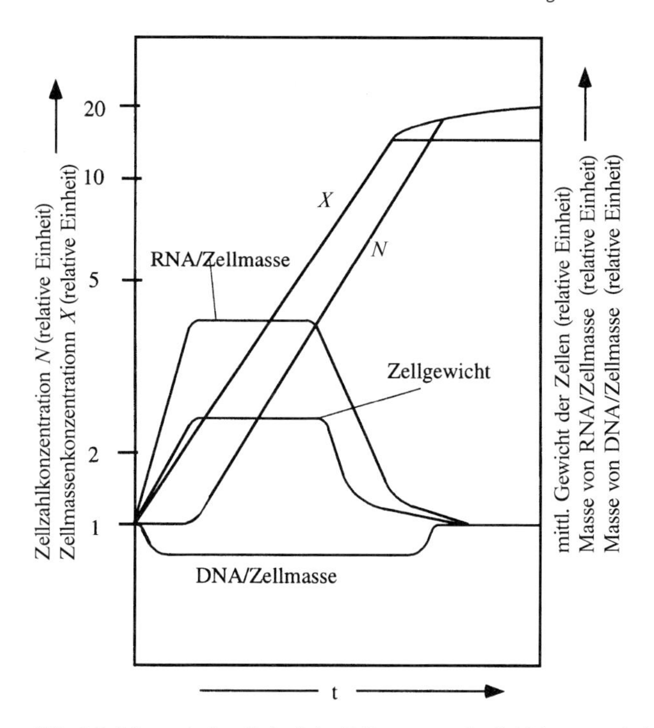

Abb. 6.6 Schematischer Verlauf der Zellmassenkonzentration, des Zellgewichts, der DNA- und RNA-Gewichtsanteile in der Zelle als Funktion der Kultivierungszeit (auf der Ordinate ist dabei eine relative Einheit aufgetragen) [4].

Während der Anlaufphase (*Lag*-Phase) muss sich die Zelle durch RNA- und Protein-(Enzym-)synthese erst auf die neuen Wachstumsbedingungen einstellen. Während dieser Zeit erfolgt keine Vermehrung der Zellen, daher nimmt der DNA-Gehalt ab. Während der Wachstumsphase vermehren sich die Zellen (hoher DNA-Gehalt) und auch Protein wird synthetisiert (hoher RNA-Gehalt). Im Übergang zur stationären Phase werden die Proteinsynthese und die Vermehrungsrate reduziert, somit vermindern sich sowohl RNA- als auch der DNA-Gehalt [4].

Neben den Änderungen der Zell- bzw. Zellmassenkonzentrationen kann man auch die Änderung des Verbrauches eines essenziellen Substrates zur Charakterisierung der Kultivierung heranziehen. Solange keine Produkte in größeren Mengen gebildet werden, besteht zwischen der Geschwindigkeit des Zellwachstums r_x und der Geschwindigkeit r_S des Verbrauches an Substrat S eine enge Beziehung:

$$-r_S = \frac{1}{Y_{X/S}} \cdot r_X \qquad \text{(Gleichung 6.15)}$$

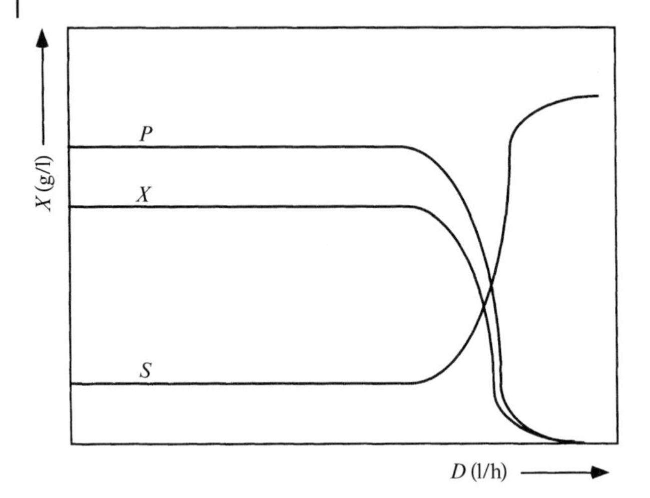

Abb. 6.7 *X-D*-Diagramm zur Darstellung eines kontinuierlich betriebenen Prozesses (Abschnitt 2.7.4.6 und Abb. 2.83). Mit zunehmender Verdünnungsrate *D* (Gleichung 5.64) kommt man an den Punkt, wo die spezifische Wachstumsrate von der Verdünnungsrate „überholt" wird. Es kommt zum „Auswaschen" der Zellen, und damit fällt auch die Produktkonzentration ab, während die Substratkonzentration bis zum Zulaufwert ansteigt (Abschnitt 2.7.4.6).

wobei die verbindende Größe $Y_{X/S} = -\frac{dX}{dS}$ der Ausbeutekoeffizient des Wachstums in Bezug auf das Substrat ist. Die Zellmasse kann dabei, wie die Substratkonzentration auch, in g/l angegeben werden.

Daher verläuft die Änderung des Substratabbaues während der Wachstumsphase ohne Produktbildung der Änderung der Zellmassen- bzw. Zellkonzentration in etwa parallel.

Die verschiedenen Wachstumsphasen lassen sich auch in kontinuierlicher Kultur durch die Aufnahme der Zellmassenkonzentration *X* als Funktion der Verdünnungsrate anhand des *X-D*-Diagrammes (Abb. 6.7) studieren, wobei jeder Betriebspunkt unabhängig von den vorausgehenden Betriebspunkten zu sehen ist. In solchen Systemen setzt ein Absterben aus Substratmangel erst dann ein, wenn pro Zeiteinheit der für die Erhaltung (*maintenance*), also für die Energiegewinnung erforderliche Substratanteil nicht mehr ausreichend zur Verfügung steht.

6.1.3
Modelle zur Beschreibung des Wachstums

Das Wachstum von Mikroorganismen ist zunächst an das Vorhandensein von Wasser gebunden. Aus dem Wasser versorgen sich, oder besser, werden die Mikroorganismen (Zellen) mit allen erforderlichen Nährsubstanzen versorgt [5]. Voraussetzung dafür sind funktionierende Transportmechanismen (Stofftransport), wie sie zusammen mit den daraus resultierenden Nebeneffekten in Abschnitt 2.7.4 beschrieben sind. Die Stoffe müssen zunächst in Wasser gelöst werden, weil Mikroorganismen sie nur in dieser Form aufnehmen können. In umgekehrter Richtung gilt dasselbe für die Metaboliten.

Will man nun das Wachstum der Mikroorganismen beschreiben, dann muss berücksichtigt werden, dass zusätzlich zu den komplexen Versorgungsmechanismen noch die vielfältige Varianz der biologischen Population die Situation verkompliziert. Die biologische Population besteht nämlich nicht aus einheitlichen Individuen, sondern aus sehr vielen Zellen, die sich in Stadien unterschiedlicher Entwicklungsmöglichkeiten befinden. Die Differenzierung kann sowohl physiologischer als auch morphologischer oder gar genetischer Art sein.

In ihrer Gesamtheit repräsentieren die Organismen die Verteilung ihrer Zustände (Größe, Art, Aktivitäten, genetischer Status). Die Zustandsverteilungen müssen durch einen Durchschnittszustand ersetzt werden, da sonst eine Beschreibung unmöglich ist.

Aus diesen Betrachtungen folgt deutlich, dass zur Beschreibung von Wachstumsprozessen differenziert vorgegangen werden muss und je nach Notwendigkeit das Modell in seinen Schwerpunkten angepasst werden.

Das aktive Material liegt nicht immer in Form einzelner Zellen, sondern auch in Zellverbänden (Pilze → Pellets) oder auf Trägern (immobilisierte Zellen oder Carrierzellen) vor. Um solche Zustände der Katalysatorgestaltung besser beschreiben zu können, bedient man sich vorteilhafterweise der Biomasse oder der Biomassekonzentration. Man vernachlässigt dabei also die Teilung der Gesamtbiomasse in einzelne Zellen und kommt somit zu den **nicht segregierten** Modellen [4]. Zusätzlich ordnet man diese Modelle in nicht strukturierte Modelle ein, weil sie davon ausgehen, dass alle Individuen zumindest im Mittel auf sämtliche Einwirkungen von außen gleich reagieren.

Die Anwendung solcher Modelle setzt ein **balanciertes Zellwachstum** voraus, d. h. alle extensiven Eigenschaften des wachsenden Systems ändern sich mit der Zeit in derselben Art und Weise [4]. Das trifft in jedem Fall in den vollkommen durchmischten Reaktoren zu, doch je größer die Bioreaktoren werden (z. B. $V \geq 100$ l), desto weiter entfernen sie sich von einem vollkommen durchmischten Reaktor. Dadurch ändern sich die extensiven Eigenschaften der Zellen auf dem Weg durch den Reaktor und auch zeitlich, d. h. das Wachstum ist nicht mehr balanciert.

Strukturierte Modelle müssen Informationen über den Zustand der Zelle enthalten, die man beispielsweise durch die Konzentration der Schlüsselkomponente charakterisieren kann. Aufgrund dieser Betrachtungen zeigt es sich, dass der Aufwand zur Beschreibung von Wachstumsprozessen dem Nutzen angepasst werden muss.

Im Rahmen dieses Buches kann nicht auf alle möglichen Ansätze eingegangen, sondern im Folgenden nur einige Ansätze diskutiert werden. Sehr umfangreiche Betrachtungen finden man in der Literatur [4, 6, 7].

6.1.3.1 Nicht strukturierte, verteilte Modelle

In der exponentiellen Phase des Wachstums gelten die Berechnungsgleichungen 6.1 und 6.3, wenn die spezifische Wachstumsrate zeitlich konstant ist. Die maximale spezifische Wachstumsrate kann nur dann erreicht werden, wenn weder Mangel an Substraten herrscht noch ein schädlicher Überschuss (Inhibierung) vorliegt.

Bei vorliegender Substratlimitierung benutzt man bei Einzellern häufig das Monod-Modell [4]. Danach lässt sich für die spezifische Wachstumsrate μ (in h^{-1}) die Beziehung

$$\mu = \mu_{\max} \frac{S}{K_S + S} \qquad \text{(Gleichung 6.16)}$$

angeben, mit $\mu_{\max}$ (in h^{-1}) als maximaler spezifischer Wachstumsrate in Bezug auf das Substrat S (in g/l) und K_S (in g/l) als der Sättigungskonstante (Modellparameter). Die Monod-Gleichung 6.16 ist empirisch aufgestellt worden und ähnelt der Michaelis-Menten-Kinetik (Abschnitte 6.2.2 und 6.3.2, Gleichungen 6.32 und 6.41).

Für die Reaktionsgeschwindigkeit lässt sich damit die Gleichung:

$$\frac{dX}{dt} = \mu \cdot X = \frac{S \cdot X}{K_S + S} \qquad \text{(Gleichung 6.17)}$$

formulieren.

Lineweaver-Burk-Diagramm In der Praxis erhält man mit dieser Methode beispielsweise fünf Substratkonzentrationen S_1–S_5, denen jeweils zwei Biomassenwerte, beziehungsweise eine Differenz, zugeordnet werden können. Diese Werte ermittelt man meist mithilfe eines Batch-Prozesses. Hier bleibt zwar die Substratkonzentration während des Zeitintervalls nicht konstant, was aber vernachlässigt wird. Eine genauere Alternative wäre ein Fed-Batch-Prozess, bei dem die Substratkonzentration während des gesamten Vorgangs konstant bleiben würde. Diese Fahrweise führt allerdings mit sich, dass mehrere Fermentationen durchgeführt werden müssen, um unterschiedliche Substratkonzentrationen zu erreichen, was teuer und höchst zeitintensiv wäre.

Nachdem die Werte für die Biomasse vorliegen, wird μ durch die zeitliche Änderung der Biomasse bestimmt [8]:

$$\frac{\Delta X}{\Delta t} = \mu * X \qquad \text{(Gleichung 6.18)}$$

Durch Umformung ergibt sich die untenstehende Gleichung, mit der nun fünf Werte für die spezifische Wachstumsrate berechnet werden können:

$$\mu = \frac{\Delta X}{\Delta t} * \frac{1}{X} \qquad \text{(Gleichung 6.19)}$$

Zur Ermittlung von $\mu_{\max}$ und K_S wird eine Lineweaver-Burk-Auftragung zu Rate gezogen. Die Monod-Gleichung wird dazu in eine doppelt reziproke Schreibweise

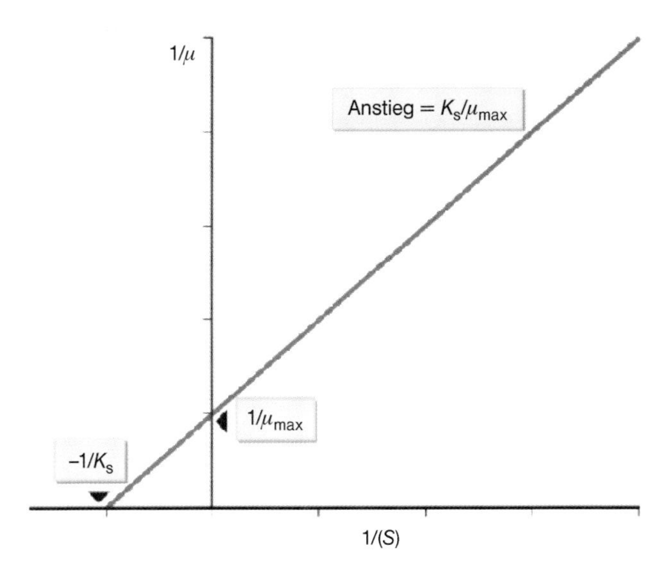

Abb. 6.8 Lineweaver-Burk-Darstellung zur Ermittlung von μ_{max} und K_S. Mithilfe des Diagramms können die Fermentationsparameter ermittelt werden. Hierzu wird eine Lineweaver-Burk-Auftragung erstellt. Die doppelt reziproke Auftragung von $1/\mu$ gegen $1/S$ ergibt eine Gerade mit der Steigung K_S/μ_{max}, dem Ordinatenabschnitt $1/\mu_{max}$ und dem Abszissenabschnitt $-1/K_S$ [9].

gebracht, sodass das sich daraus ergebende Diagramm (Abb. 6.8) am Ordinatenabschnitt den Wert von $1/\mu_{max}$ und am Abszissenabschnitt den Wert von $-1/K_S$ wiedergibt.

$$\frac{1}{\mu} = \frac{1}{\mu_{max}} + \frac{K_S}{\mu_{max}} * \frac{1}{S} \qquad \text{(Gleichung 6.20)}$$

Eine andere Möglichkeit zur Bestimmung von K_S ist die Auftragung von μ gegen S. Die maximale spezifische Wachstumsrate kann hier grafisch ermittelt werden, indem eine Kurvenabschätzung vorgenommen wird. Für K_S ergibt sich der $½\mu_{max}$ zugeordnete S-Wert. Da die Kurvenabschätzung allerdings sehr ungenau ist, wird die oben beschriebene Möglichkeit zur Ermittlung der beiden Fermentationsparameter meist bevorzugt [10].

Ist bei der Umsetzung eine Inhibition zu vermuten, wird mithilfe der Messreihe 2 schließlich die Inhibitionskonstante ermittelt. Hierzu wird ein Fed-Batch-Prozess durchgeführt. Die Vorgehensweise ist der ersten Messreihe sehr ähnlich: Bei konstanter Inhibitorkonzentration werden mithilfe fünf verschiedener Substratkonzentrationen S_1–S_5,Werte für die spezifischen Wachstumsraten μ_1–μ_5 berechnet. Für die unkompetitive Hemmung ergibt sich so:

$$\mu = \mu_{max} * \frac{S}{K_s + (1 + \frac{1}{K_I}) * S} \qquad \text{(Gleichung 6.21)}$$

Was in der doppelt reziproken Schreibweise wie folgt aussieht:

$$\frac{1}{\mu} = \frac{K_s + (1 + \frac{1}{K_I}) * S}{\mu_{max} * S} = \frac{K_S}{\mu_{max}} * \frac{1}{S} + \frac{(1 + \frac{1}{K_I})}{\mu_{max}} \qquad \text{(Gleichung 6.22)}$$

Auch hier wird eine Lineweaver-Burk-Auftragung benötigt (Abb. 6.9), um die Werte der gewünschten Parameter zu erhalten. Es wird folglich $1/\mu$ gegen $1/S$ aufgetragen und der x-Achsenabschnitt mithilfe von $1/\mu = 0$ ermittelt.

Durch Umstellen dieser Gleichung kann anschließend K_I ermittelt werden.

$$K_I = \frac{I}{1 + \frac{1}{K_S * S}} \qquad \text{(Gleichung 6.23)}$$

Durch Kombination der beiden Messreihen wurden die drei zu bestimmenden Fermentationsparameter μ_{max}, K_S und K_I ermittelt. Mit ihnen ist es nun möglich, einen geeigneten Rahmen für die Parameter in einer Simulation zu finden und mithilfe dieser den Prozess zu optimieren.

Die in der Monod-Kinetik enthaltene Substratlimitierung kann in der Darstellung gemäß Abb. 6.10 erkannt werden. Für sehr niedrige Konzentrationen geht demnach die spezifische Wachstumsrate gegen null und nähert sich mit steigender Substratkonzentration der maximalen spezifischen Wachstumsrate.

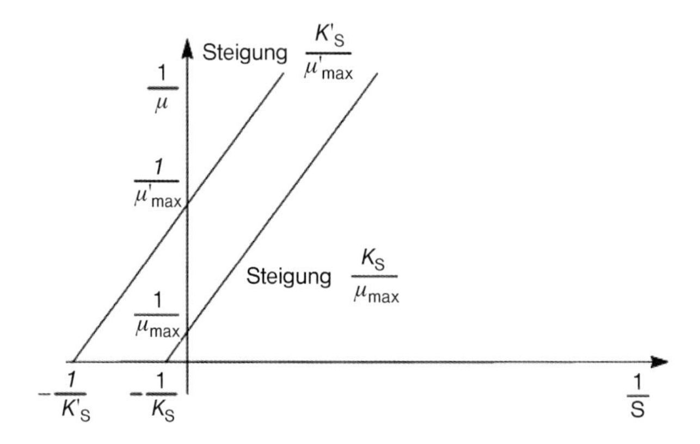

Abb. 6.9 Ermittlung von α_{max} und K_S in einer gehemmten Umsetzung mithilfe der Lineweaver-Burk-Auftragung. Ähnlich wie in Abb. 6.8 werden mithilfe einer Lineweaver-Burk-Auftragung wichtige Fermentationsparameter ermittelt. Diesmal wird allerdings eine Inhibition vermutet und die Fed-Batch-Fahrweise genutzt. Durch die reziproke Schreibweise der Formel entsteht eine Gerade mit der Steigung K_s/μ_{max}. Der Ordinatenabschnitt gibt den Wert für $1/\mu_{max}$, der Abszissenabschnitt den für $-1/K_S$ an [11].

Kann das Substrat sowohl als limitierender als auch als inhibierender Faktor auftreten, so wird Gleichung 6.24 um den Inhibierungsterm erweitert. Man erhält mit der Inhibierungskonstanten K_I (in g/l):

$$\mu = \mu_{max} \frac{S}{K_S + S + \frac{S^2}{K_I}} \qquad \text{(Gleichung 6.24)}$$

Die Beschreibung der Substratlimitierung auf die spezifische Wachstumsrate nach Gleichung 6.24 stellt gleichzeitig einen Spezialfall des Hemmtyps (Gleichung 6.27 mit $I = S$) dar. Dazu kommen noch weitere Fremdstoff-gesteuerte Hemmtypen, die die unterschiedlichen Wirkungen der (Produkt-)Inhibierung beschreiben [12].

Man unterscheidet drei Hemmtypen. Diese werden zunächst werden im vorliegenden Zusammenhang für die spezifische Wachstumsrate und im Abschnitt 6.3.1 für die „Enzymhemmung“ (Abb. 6.11) vorgestellt:

- die kompetitive Hemmung (Typ 1),
- die nichtkompetitive Hemmung (Typ 2),
- die unkompetitive Hemmung (Typ 3).

Kompetitive Hemmung: Der Inhibitor ähnelt dem Substrat und konkurriert mit demselben. Der gebildete Komplex (XIP – Zelle-Inhibitor-Produkt) kann entweder überhaupt nicht mehr oder nur sehr langsam sich in eine aktive (freie) Zelle und das Produkt aufteilen, sodass die Reaktionsgeschwindigkeit herabgesetzt wird. Als besonderer Fall der kompetitiven Hemmung kann die Produkthemmung angesehen werden. Hierbei verdrängt das Produkt das Substrat vom Reaktionsort. Durch Erhöhung der Substratkonzentration kann die Hemmwirkung reduziert bzw.

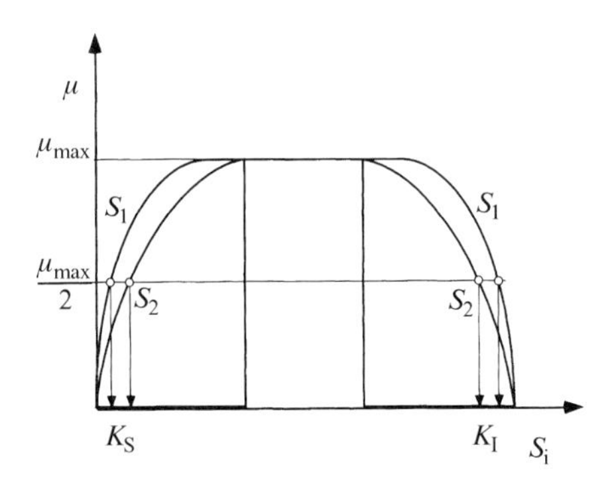

Abb. 6.10 Darstellung inhibierender und limitierender Situationen für verschiedene Substratkonzentrationen (hier zwei). Für niedrige Substratkonzentrationen geht die spezifische Wachstumsrate gegen null, mit steigenden Konzentrationen nähert sie sich dem maximalen Wert. Würde die Konzentration mindestens einer dieser Konzentrationen zu Beginn der *Log*-Phase, also wenn alle Zellen „so weit wären“, im Bereich der Inhibierung liegen, dann verlängerte sich künstlich die positive Beschleunigungsphase.

aufgehoben werden. Die kompetitive Hemmung repräsentiert den Hemmtyp 1 und kann mit Gleichung 6.25 beschrieben werden:

$$\mu = \mu_{\max} = \frac{S}{K_S \cdot \left(1 + \frac{I}{K_I}\right) + S} \qquad \text{(Gleichung 6.25)}$$

In Gleichung 6.25 stellt K_I die Inhibierungskonstante des Inhibitors (in g/l) und P die Produktkonzentration (in g/l) dar.

Nichtkompetitive Hemmung: Der Inhibitor beeinflusst die freie Zelle oder den XS-Komplex an einer Stelle, die nicht mit der Substratregion identisch ist. Es können somit zwei inaktive Komplexe entstehen (XI und XSI). Diese Hemmung kann nicht durch Substraterhöhung aufgehoben werden. Diese Hemmung ist der Hemmtyp 2. Er wird durch Gleichung 6.26 dargestellt.

$$\mu = \mu_{\max} \frac{1}{1 + \left(\frac{I}{K_I}\right)} \frac{S}{K_S + S} \qquad \text{(Gleichung 6.26)}$$

Hemmtyp 3 repräsentiert die **unkompetitive Hemmung** und wird durch Gleichung 6.27 dargestellt.

$$\mu = \mu_{\max} \frac{S}{K_S + \left(1 + \frac{I}{K_I}\right) \cdot S} \qquad \text{(Gleichung 6.27)}$$

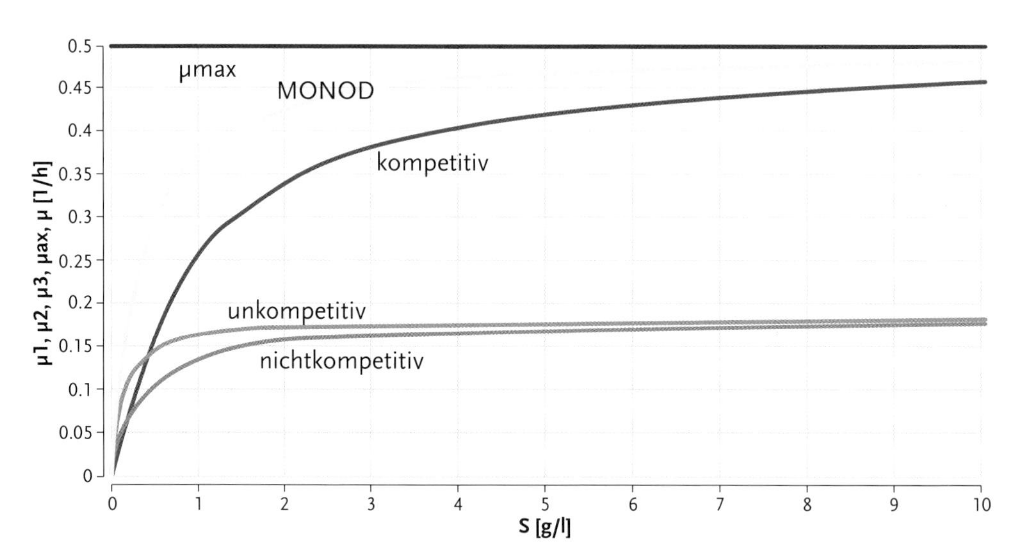

Abb. 6.11 Darstellung der verschiedenen Hemmtypen. Für einen Ks-Wert von 0,35 [g/l] und einen I-Wert von 1,7 [g/l] repräsentieren μmax die maximale Wachstumsrate (0. Ordnung), die MONOD-Kinetik (Limitierung), den Hemmtyp 1 (kompetitiv), den Hemmtyp 2 (nichtkompetitiv) und den Hemmtyp 3. Die ungehemmte Reaktion entspricht der MONOD-Kurve. Die gehemmte Reaktion verläuft je nach Hemmtyp. (unkompetitiv).

Der Inhibitor formt aus dem XS-Komplex einen XSI-Komplex, der dann katalytisch inaktiv ist. Bei diesem Hemmtyp wird r_{max} gesenkt. Die Hemmung ist durch Erhöhung der Substratkonzentration nicht abstellbar. Zu diesem Typ zählt auch die Substrathemmung.

Mit einem Potenzansatz (Gleichung 6.28) lässt sich eine weitere Variante des Hemmtyps 3 beschreiben. Die Hemmung durch das Produkt führt bei Erreichen einer bestimmten kritischen Produktkonzentration zum völligen Stillstand des Wachstums:

$$\mu = \mu_{max} \frac{S}{K_S + S} \left(1 - \frac{P}{P_{max}}\right)^n \qquad \text{(Gleichung 6.28)}$$

In Gleichung 6.28 muss der Exponent angepasst werden. In der Literatur können noch weitere Gleichungen gefunden werden [4, 13, 14].

Wird die spezifische Wachstumsrate von mehreren Komponenten beeinflusst, so reihen sich die Ansätze multiplikativ aneinander. Für zwei Substrate und Hemmtyp 0 kann z. B. formuliert werden:

$$\mu = \mu_{max} \frac{S_1}{K_{S1} + S_1} \frac{S_2}{K_{S2} + S_2} \qquad \text{(Gleichung 6.29)}$$

oder allgemein für beliebig viele Substrate:

$$\mu = \mu_{max} \prod_{i=1}^{n} \frac{S_i}{K_{Si} + S_i} \qquad \text{(Gleichung 6.30)}$$

Im Allgemeinen kann neben der Wachstumsstimulierung jederzeit auch ein Sterbeanteil vermutet bzw. beobachtet werden. Im Modell wird dieser Term vorzugsweise direkt von der spezifischen Wachstumsrate abgezogen. Es wird:

$$\frac{dX}{dt} = r_x = (\mu - m - d) \cdot X \qquad \text{(Gleichung 6.31)}$$

Es liegt auf der Hand, dass die Sterberate in einer genetisch frischen Kultur weniger und mit zunehmendem Alter verstärkt auftritt. Da die Verstärkung mit einem Mangel an Substraten einhergehen könnte, evtl. sogar einhergehen wird, könnte man einen Modellansatz mit dem Substrat verknüpfen. Nun steckt eine Abnahme der Substratkonzentration aber schon über der Monod-Kinetik in der Wachstumsrate (Abb. 6.15), also wäre das doppelt angewandt! Besser wäre ein genetischer Ansatz, im einfachsten Fall über die Teilungshäufigkeit n.

$$n = \frac{t}{t_D} \quad \left(t_D = \frac{\ln 2}{\mu}\right) \qquad \text{(Gleichung 6.32)}$$

Die Substratkonzentration hat einen direkten Einfluss auf die Wachstumsrate μ. Somit ist es notwendig, diese zu jedem Zeitpunkt des Prozesses zu kennen. Über eine Bilanzgleichung kann man dieser Forderung gerecht werden.

$$\frac{dS}{dt} = r_S = -\sum_{i=1}^{n} \frac{r_{xi}}{Y_{xi/S}} - \sum_{i=1}^{m} \frac{r_{Pj}}{Y_{Pj/S}} - mX \qquad \text{(Gleichung 6.33)}$$

6.2 Beschreibung der Produktbildung

6.2.1 Allgemeines

Die Produktbildung durch die Mikroorganismen ist stets mit ihrem Wachstum verbunden. Auch bei Produkten, die nicht unmittelbar durch den Wachstumsprozess entstehen, muss zunächst durch die Zucht ein bestimmter physiologischer Zustand der Zellen geschaffen werden. Da das Ziel einer Fermentation eine möglichst große Produktausbeute ist, wird eine hohe Zelldichte im Reaktor angestrebt. Der Zwang zur optimalen Prozessführung hat dabei wesentlich zur Entwicklung von mathematischen Modellen für Wachstum und Produktbildung beigetragen [15].

Die Mikroorganismen bilden ihre Stoffwechselprodukte in verschiedenen Stoffwechsel- und Wachstumsphasen. Deshalb ist es schwierig, hierfür allgemeingültige Modelle aufzustellen. Nach einem Vorschlag von Gaden werden die wichtigsten Fermentationsprodukte in drei Klassen eingeteilt [15]:

- primäre Stoffwechselprodukte,
- indirekte Stoffwechselprodukte,
- sekundäre Stoffwechselprodukte.

Um entsprechende Gleichungen zur Beschreibung der Produktbildung formulieren zu können, muss die Einflussgröße bekannt sein, welche die Produktbildung direkt kontrolliert. In vielen Fällen wählt man die Kohlenstoffquelle als geeignete Größe. Als sekundäre Einflusssgrößen gibt es außerdem die Akkumulation von Hemmstoffen, die Änderung der Atmosphärenbedingungen und die Tötung der Mikroorganismen. Als abhängige Variable stehen die Produktkonzentration, die Biomassekonzentration und die Konzentrationen der limitierenden Substrate zur Auswahl.

Handelt es sich um mikrobiologische Reaktionen (unter ihnen sollen Zellwachstum, Substrat-, O_2-Verbrauch und Produktbildung verstanden werden), bei denen auch Produkt gebildet wird, so hat man es mit einer Vielzahl von unterschiedlichen Systemen zu tun, die sich nur schwer in Klassen einteilen lassen. Von den vielen Vorschlägen sei der von Gaden [15] vorgestellt. Dieses Modell teilt den Zusammenhang von Produktbildung und Substratverbrauch in drei Typen ein:

- **Typ I:** Produktbildung hängt vom Substratverbrauch direkt ab und ist ihm weitgehend proportional. Die Gesamtänderung der freien Energie ist negativ: $\Delta G < 0$.
- **Typ II:** Produktbildung hängt vom Substratverbauch nur indirekt ab. Die Gesamtänderung der freien Energie ist negativ: $\Delta G < 0$.
- **Typ III:** Produktbildung hängt vom Substratverbrauch nicht ab. Die Gesamtänderung der freien Energie ist positiv: $\Delta G > 0$

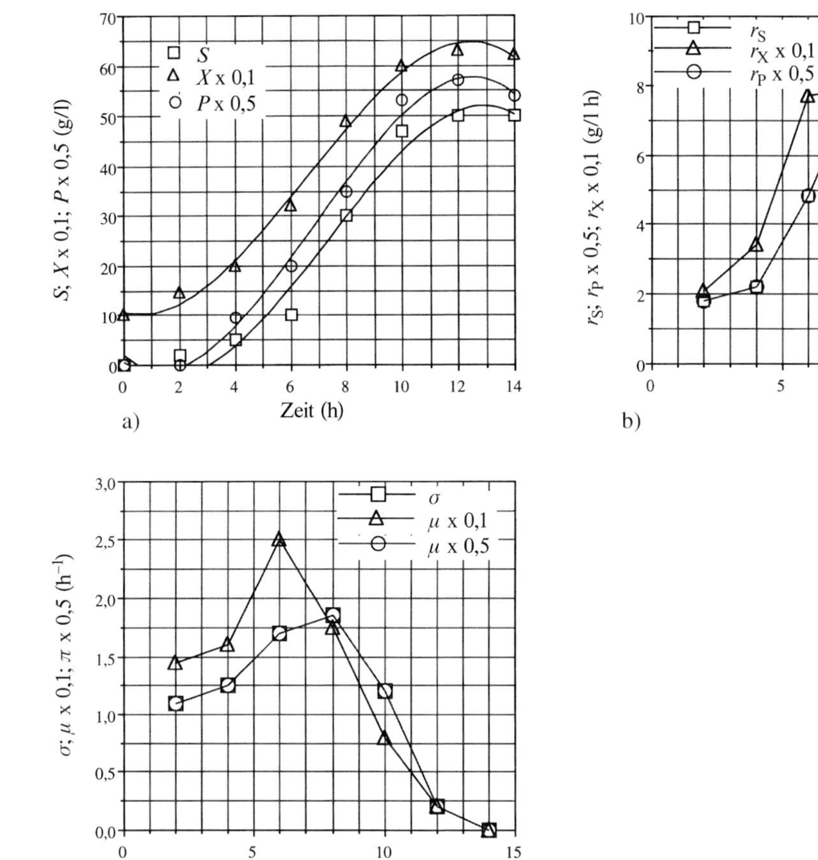

Abb. 6.12 Die Alkoholproduktion, ein typischer Vertreter des Typs I der Produktbildung [15]. a) Zellmasse, Produktkonzentrationen und verbrauchtes Substrat; b) Wachstums , Produktbildungs- und Substratverbrauchsgeschwindigkeite; c) spezifische Geschwindigkeiten als Funktion der Zeit [4].

Die Unterteilung erfolgt somit in drei Reaktionstypen, wobei danach differenziert wird, in welcher Phase das (Haupt-)Produkt entsteht:

Typ I: Das Hauptprodukt erscheint als Ergebnis des primären Energiestoffwechsels durch direkte Oxidation des Substrates, z. B. Glucose zu Ethanol, Gluconsäure oder Milchsäure (Abb. 5.6 und 5.7). Der Verlauf des Wachstums, des Substratverbrauches und der Produktbildung ist sehr ähnlich. Die Geschwindigkeiten r_X, r_S und r_P und die spezifischen Geschwindigkeiten $\mu = r_X/X$, $\sigma = r_S/X$ und $\pi = r_P/X$ durchlaufen jeweils ein Maximum als Funktion der Zeit. Die Lagen der Maxima sind nahezu gleich (Abb. 6.12).

Typ II: Das Hauptprodukt entsteht indirekt aus dem primären Energiestoffwechsel. Dementsprechend sind Produktbildung, Substratverbrauch und Zell-

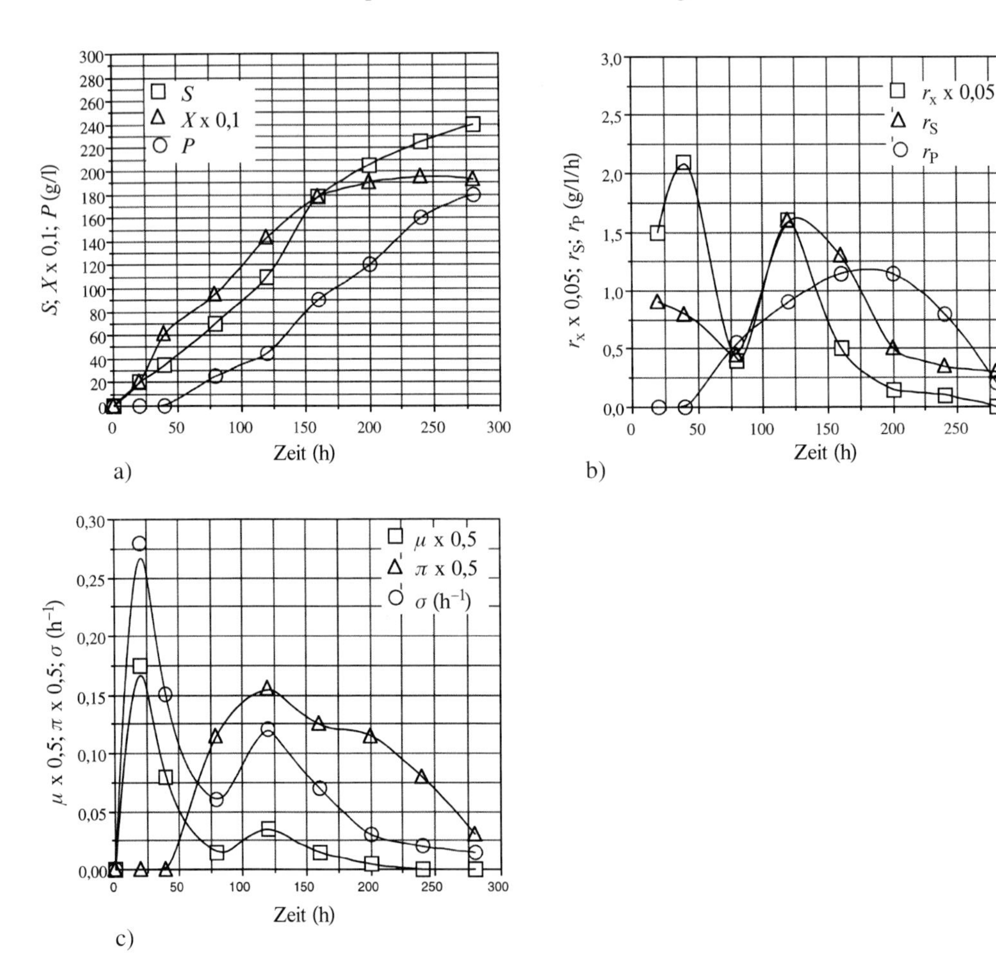

Abb. 6.13 Produktion von Citronensäure, ein typischer Vertreter des Typs II der Produktbildung nach Gaden: a) Zellmassen- und Produktkonzentration sowie Substratumsatz $S = (S_0 - S_{akt})$; b) Wachstums-, Produktbildungs- und Substratverbrauchsgeschwindigkeiten; c) spezifische Geschwindigkeiten als Funktion der Zeit

wachstum indirekt voneinander abhängig. Da die Reaktionsgeschwindigkeiten sehr komplex sind und oft mehrere Maxima besitzen, ist die Beziehung zwischen ihnen nicht leicht zu erkennen. In Abb. 6.13 ist die Produktion von Citronensäure als Beispiel aufgeführt. Die Geschwindigkeiten r_X und r_S durchlaufen zwei Maxima, r_P hat jedoch nur ein Maximum. Die Verhältnisse werden deutlicher, wenn man den Verlauf der spezifischen Raten betrachtet. Im ersten Teil der Kultivierung hängen Wachstum und Substratverbrauch eng zusammen, die Kurven verlaufen parallel, da die Produktbildung unwesentlich ist (Wachstumsphase). In der zweiten Phase (Produktionsphase) sind der Substratverbrauch und die Produktbildung ausgeprägt, das Wachstum ist geringfügig. In dieser Zeit durchlaufen r_S/X und r_P/X jeweils in derselben Zeit ein Maximum. Das ist der Hinweis, dass S und P

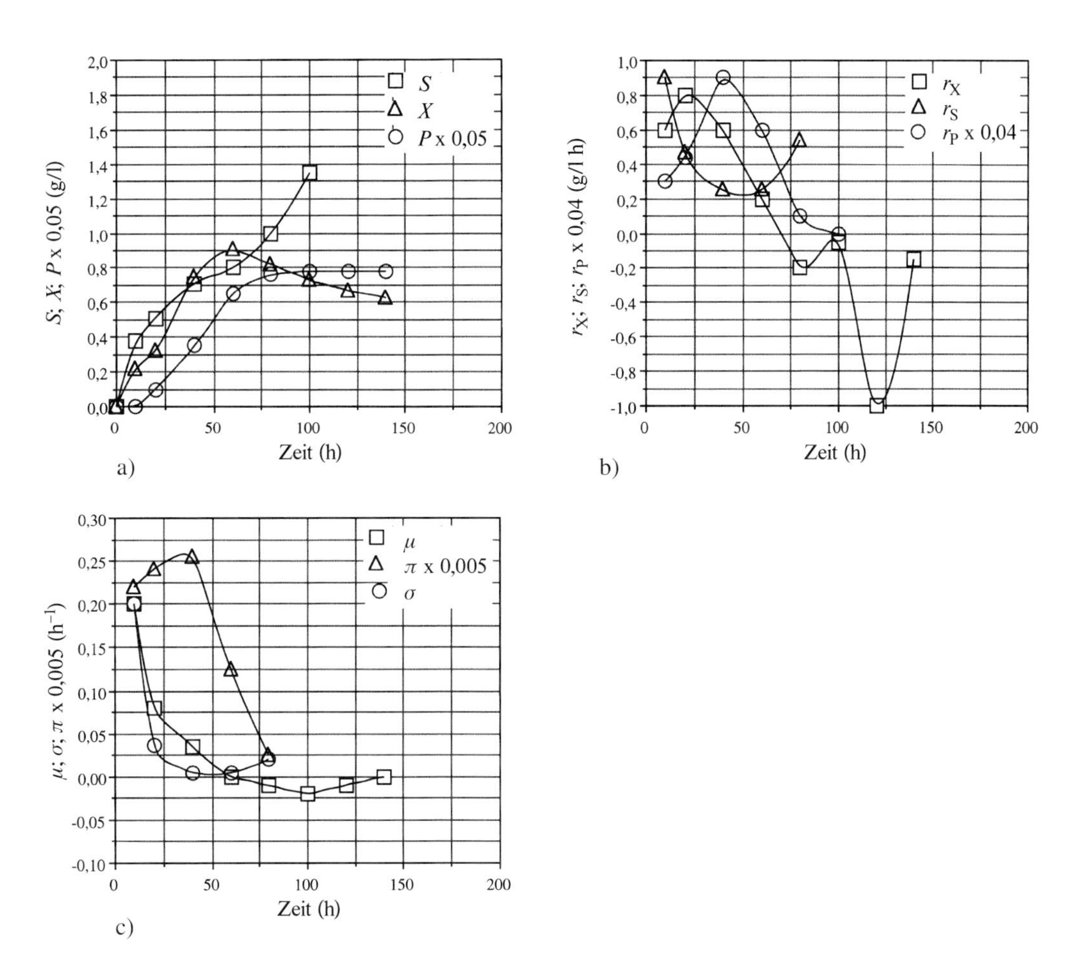

Abb. 6.14 Die Penicillinproduktion, ein typischer Vertreter des Typs III nach Gaden: a) Zellmassen- und Produktkonzentration und verbrauchtes Substrat; b) Wachstums , Produktbildungs- und Substratverbrauchsgeschwindigkeit; c) spezifische Geschwindigkeiten als Funktion der Zeit

miteinander gekoppelt sind. Auch eine geringere Kopplung mit r_X/X liegt vor, was aus dem schwachen Maximum von r_X/X zu erkennen ist. Die Lage dieses Maximums stimmt mit denen der anderen überein.

Typ III: In diese Gruppe gehören alle mikrobiologischen Reaktionen, bei denen aus einfachen Ausgangsstoffen komplexe Moleküle wie z. B. Antibiotika (Abb. 6.14, Penicillin) Vitamine usw. synthetisiert werden. Trotz der Vielfalt dieser Reaktionen kann man aus dem zeitlichen Verlauf der spezifischen Geschwindigkeiten zwei klare Bereiche unterscheiden:

1) **Wachstumsphase:** Zellwachstum herrscht vor. Zwischen Wachstum und Substratverbrauch besteht eine enge Beziehung. Der Verlauf von r_X/X und r_S/X ist sehr ähnlich (Abb. 6.14), die Produktbildung ist geringfügig.
2) **Produktionsphase:** Produktionsbildung herrscht vor. Wachstum und Substratverbrauch sind geringfügig. Die spezifische Wachstumsgeschwindigkeit kann sogar negative Werte annehmen.

6.2.2 Produktbildungsraten

Die Produktbildungsrate ist in vielen Fällen der vorhandenen aktiven Biomassekonzentration proportional. Es lässt sich dann folgender einfache Ansatz formulieren

$$\frac{\mathrm{d}P}{\mathrm{d}t} = r_P = \pi \cdot X \qquad \text{(Gleichung 6.34)}$$

wobei π die spezifische Produktbildungsrate (in h^{-1}; Reaktionsgeschwindigkeitskonstante 1. Ordnung, Abschnitt 5.5.5.3) ist, die meist nicht konstant, sondern eine Funktion der Wachstumsrate, der Substrat- und Produktkonzentration sowie des inneren Zustandes der Zellen ist (Abb. 6.12–6.14). Analog zur Biomassebildung kann auch ein Ansatz für die Produktbildungsgeschwindigkeit formuliert werden:

$$r_P = X \cdot \pi_{\max}\left(1 - \frac{P}{P_{\max,P}}\right)\frac{S}{K_S + S + \frac{S^2}{K_I}} \qquad \text{(Gleichung 6.35)}$$

Ist die Biomassekonzentration X ebenfalls nicht konstant, so muss für X Gleichung 6.23 mit einer der Berechnungsgleichungen 6.16 bzw. 6.25–6.31 für die spezifische Wachstumsrate eingesetzt werden.

Die Kinetik der Produktbildung kann also sehr komplex sein, weil die Produktbildung sowohl synchron zum und während des Wachstums in verschiedenen Phasen einsetzen als auch nach Abschluss der Wachstumsphase stattfinden kann. Ein flexibles Modell, das diesen Umstand ausreichend genau berücksichtigt, liegt Gleichung 6.36 zugrunde [12]:

$$\frac{\mathrm{d}P}{\mathrm{d}t} = (\alpha \cdot \mu + \beta) \cdot X \qquad \text{(Gleichung 6.36)}$$

Gleichung 6.36 berücksichtigt zunächst, dass die Produktbildung der Biomassekonzentration (in g/l oder Zellen/ml) proportional ist. In der Proportionalitätskonstante stecken schließlich noch ein wachstumsgekoppelter Term und ein Verstärkungsfaktor β für die Biomasse. Dieser Anpassungsparameter berücksichtigt zugleich, dass der Mikroorganismus einen Teil des Substrates nicht in das Produkt umsetzt, sondern für den Erhaltungsstoffwechsel (*maintenance*, in h^{-1}) verbraucht. Über den Ausbeutekoeffizient $Y_{X/P}$ (Gleichung 6.15) wird die Bedeutung des wachstumsgekoppelten Anteils gewichtet.

Die Herstellung von Sorbose ist ein Beispiel für einen Prozess, bei dem die Produktbildungsrate nicht der vorhandenen Biomassekonzentration proportional ist, sondern der Wachstumsrate, also rein wachstumsgekoppelt ist:

$$\frac{\mathrm{d}P}{\mathrm{d}t} = \alpha \cdot \frac{\mathrm{d}X}{\mathrm{d}t} \qquad \text{(Gleichung 6.37)}$$

α nimmt dabei komplett die Identität der Produktbildungsrate (-ausbeute) an. Dasselbe gilt für β in Gleichung 6.36, welches in Gleichung 6.34 π entspricht. Die Verwendung verschiedener Formelzeichen erklärt sich lediglich aus dem unterschiedlichen Ansatz.

Häufig wird die Produktbildungsrate auch als Summe eines wachstumsgekoppelten und eines wachstumsunabhängigen Terms dargestellt [16]:

$$\frac{\mathrm{d}P}{\mathrm{d}t} = \alpha \cdot \frac{\mathrm{d}X}{\mathrm{d}t} + \beta \cdot X \qquad \text{(Gleichung 6.38)}$$

Nach der Beziehung 6.36 ist die Produktbildungsrate eine Funktion der Biomassekonzentration und der Wachstumsrate, was z. B. auch für die Milchsäuresynthese zutrifft.

6.3 Enzymkatalysierte biotechnologische Reaktionen

Es gibt generell zwei Möglichkeiten, einen Reaktionsprozess zu beschleunigen:

- Temperaturerhöhung,
- Katalysatoreinwirkung.

Die Katalysatoreinwirkung beruht auf der Erniedrigung der Aktivierungsenergie der jeweiligen Reaktion.

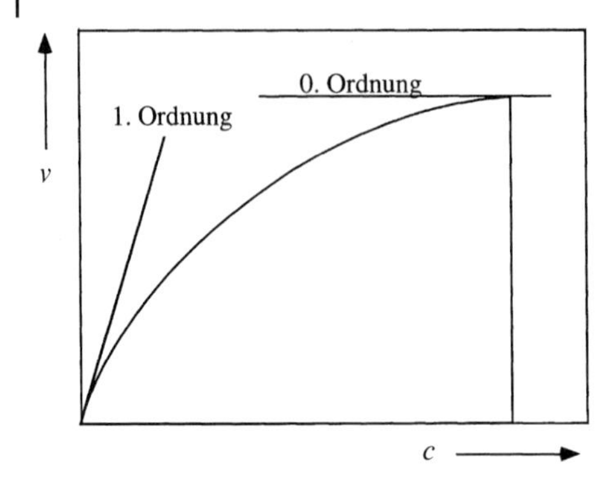

Abb. 6.15 Verlauf einer Enzymkinetik. Umsatzgeschwindigkeit in Abhängigkeit der Substratkonzentration v_0 = Anfangsgeschwindigkeit $\left[\frac{mol}{l \cdot s}\right]$ c_S = Substratkonzentration $\left[\frac{mol}{l}\right]$

Der Katalysator beteiligt sich an der Reaktion und liegt nach der Reaktion wieder in der ursprünglichen Form vor. Dabei ist der Katalysatorverbrauch (z. B. durch Zersetzung) nicht berücksichtigt.

Bei Enzymreaktionen kommt noch ein zusätzlicher Effekt hinzu, die Substratsättigung. Bei niedriger Substratkonzentration ist die Umsatz- bzw. Reaktionsgeschwindigkeit proportional der Substratkonzentration (Reaktion 1. Ordnung). Bei höherer Substratkonzentration verhält sie sich nicht mehr proportional, sondern nach gemischter Ordnung. Bei hoher Substratkonzentration bleibt die Reaktionsgeschwindigkeit konstant und wird von der Substratkonzentration unabhängig (Reaktion 0. Ordnung, vgl. Gleichung 6.41 und Abb. 6.15).

Für die in Abb. 6.15 dargestellte Kinetik kann die folgende vereinfachende Reaktionsgleichung angenommen werden:

$$E + S \rightleftarrows ES \rightleftarrows EP \rightarrow E + P \qquad \text{(Gleichung 6.39)}$$

Häufig wird der Reaktionsablauf auch mittels eines aktivierten Zwischenproduktes angegeben:

$$E + S \rightleftarrows ES^{*} \rightarrow E + P \qquad \text{(Gleichung 6.40)}$$

Dabei wird angenommen, dass mit E und P keine Rückreaktion stattfindet.

Alle Enzyme zeigen diesen Effekt. Sie unterscheiden sich nur in ihrer Substratkonzentrationsabhängigkeit. Eine Erklärung für dieses Phänomen gaben L. Michaelis und M. L. Menten durch die Beschreibung eines Enzym-Substrat-Komplexes.

Die Michaelis-Menten-Gleichung, wie sie in etwas anderer Form in Abschnitt 6.3.2 hergeleitet ist (Gleichung 6.50), beschreibt die Anfangsgeschwindigkeit einer Enzym-Substrat-Reaktion als Funktion der charakteristischen Enzymgrößen K_M und v_{max} der jeweiligen Substratkonzentration (c_s):

$$v = \frac{v_{\max} \cdot c}{K_M + c} \qquad \text{(Gleichung 6.41)}$$

K_M gibt die Konzentration eines Substrates an, bei der das Enzym das Substrat mit halbmaximaler Geschwindigkeit umsetzt. Wenn auch diese Konstante eine charakteristische Größe für das Enzym darstellt, so gilt dies jedoch nur für ein spezielles Substrat. Ein Enzym hat somit für jedes Substrat eine eigene K_M. v_{max} ist die maximale Geschwindigkeit, mit der ein Enzym ein Substrat umsetzen kann.

Zur Ermittlung der beiden charakteristischen Größen benutzt man verschiedene Darstellungsmethoden der experimentellen Daten:

Lineweaver-Burk-Darstellung: $v^{-1} = f(c^{-1})$ (Gleichung 6.42)

Eadie-Hofstee-Darstellung: $v = f(v/c_S)$ (Gleichung 6.43)

Hanes-Woolf-Darstellung: $c/v = f(c)$ (Gleichung 6.44)

6.3.1 Inhibierung von Enzymen (Enzymhemmung)

Wie in Abschnitt 6.1.3.1 bei der Beschreibung des Zellwachstums schon erläutert, treten auch bei Enzymreaktionen Inhibierungen auf.

Die Suche nach Inhibitoren liefert Informationen über Substratspezifität, Enzymmechanismus und Beteiligung von funktionellen Gruppen im katalytischen Zentrum des Enzyms.

Man spricht von reversibler und irreversibler Inhibierung, wobei die letztere eine weitere Nutzung des Enzyms ausschließt. Zu den reversiblen Inhibierungen zählt man die folgenden Varianten:

6.3.1.1 Kompetitive Inhibierung

Dabei konkurriert der Inhibitor mit dem Substrat um das katalytische Zentrum des Enzyms und bildet einen Enzym-Inhibitor-Komplex. Das Enzym wird durch den Inhibitor nicht verändert. Experimentell kann man die kompetitive Inhibierung daran erkennen, dass durch Substratkonzentrationserhöhung die Inhibierung reduziert wird (Verdrängung des Inhibitors durch Substratmoleküle). In der Lineweaver-Burk-Darstellung verändert sich K_M, während v_{max} konstant bleibt.

6.3.1.2 Unkompetitive Inhibierung

Bei dieser Inhibierung reagiert der Inhibitor mit dem Enzym-Substrat-Komplex und mit dem unbeladenen Enzym. Der Inhibitor unterbindet auch nicht die Reaktion zwischen Enzym und Substrat. Durch die Erhöhung der Substratkonzentration nimmt der Grad an Inhibierung zu, da mehr beladene Enzymmoleküle vorliegen. In der Lineweaver-Burk-Darstellung verändern sich sowohl K_M als auch v_{max}.

6.3.1.3 Nichtkompetitive Hemmung

Ein nichtkompetitiv reagierender Inhibitor bindet an das Enzym – aber nicht im katalytischen Zentrum – oder verändert die dreidimensionale Struktur des Enzyms, evtl. durch Komplexierung eines Cofaktors (z. B. Metallions). Außerdem kann der Inhibitor auch an einen schon gebildeten Enzym-Substrat-Komplex binden. In der Lineweaver-Burk-Darstellung bleibt K_M konstant, während v_{max} sich verändert.

6.3.1.4 Substratinhibierung

Bei dieser Inhibierung stellt man sich vor, dass ein weiteres Substratmolekül am gebildeten Enzym-Substrat-Komplex bindet und eine Strukturveränderung auslöst.

Durch Erhöhung der Substratkonzentration wird die Inhibierung verstärkt, d. h. die Reaktionsgeschwindigkeit reduziert.

6.3.1.5 Allosterische Inhibierung (Hemmung)

Diese Hemmung von Enzymen wird oft auch als Endprodukthemmung, Feedback-Hemmung oder Rückkopplungshemmung bezeichnet. Allosterische Enzyme besitzen neben ihrem katalytischen Zentrum noch eine andere Stelle, an der der Inhibitor, Effektor oder Modulator reversibel und nicht kovalent binden kann. Diese allosterischen Enzyme werden zur Regulation von Stoffwechselvorgängen verwendet.

Irreversible Inhibitoren binden meist kovalent im katalytischen Zentrum des Enzyms. Sie sind überwiegend strukturanalog zu den Substraten. Sie werden eingesetzt, um Aminosäuren im katalytischen Zentrum des Enzyms zu markieren oder um störende Fremdaktivitäten auszuschalten.

Nachfolgend eine kleine Auswahl an irreversibel bindenden Inhibitoren:

- substituierte Maleinimide, substituierte Thioharnstoffe oder Thiouracile zur kovalenten Bindung an Cystein im katalytischen Zentrum von Enzymen;
- Iodacetamid, Diisopropylfluorphosphat oder 4-(2-Aminoethyl)-benzolsulfonylfluorid („Breitbandinhibitor") zur Blockierung von Serin in Enzymen;
- als klassischer Inhibitor für Chymotrypsin gilt 1-Chlor-3-tosylamino-4-phenylbutan-2-on;
- für Enzyme, die Metallionen als Cofaktoren enthalten, bietet sich Ethylendiamintetraessigsäure (EDTA) zur Komplexierung des Metallions an.

6.3.2 Homogene Enzymkatalyse

Homogen katalysierte Reaktionen laufen im Volumen ab, d. h. die Reaktionspartner und die Katalysatoren sind in der gleichen Phase (flüssige Katalysatoren, z. B. Enzyme). Die Enzyme (Katalysatoren) bilden zusammen mit den Edukten Übergangskomplexe zur Erniedrigung der Aktivierungsenergie.

Die Ausbildung eines Komplexes zwischen Reaktand und gelöstem Katalysator (z. B. auch Enzym) führt, wie anhand Abb. 6.14 und der Gleichungen 6.39 und

6.40 vorab angesprochen, in etwas anderer Schreib- und Betrachtungsweise zu folgender Gleichung:

$$\mathrm{A} + \mathrm{Kat}^{\mathrm{frei}} \rightleftarrows \mathrm{A} \cdot \mathrm{K} \rightarrow \mathrm{B} + \mathrm{Kat}^{\mathrm{frei}} \quad \text{(Gleichung 6.45)}$$

Die freie Katalysatorkonzentration c_K mit $c_{K,0}$ = Anfangskatalysatorkonzentration bildet zusammen mit den Edukten einen Komplex ($c_{A \cdot K}$ = Komplexkonzentration):

$$c_{K,0} - c_{A \cdot K} = c_K \quad \text{(Gleichung 6.46)}$$

Da $c_{K,0} \ll c_A$ und damit auch $c_{A \cdot K} \ll c_A$, folgt:

$$c_A - c_{A \cdot K} \approx c_A \quad \text{(Gleichung 6.47)}$$

Gleichgewichtskonstante: $K = \frac{c_{\mathrm{Komplex}}}{c_{\mathrm{freier\ Katalysator}} \cdot c_{\mathrm{Reaktand}}}$

$$K = \frac{c_{A \cdot K}}{(c_{K,0} - c_{A \cdot K}) \cdot c_A} \quad \text{(Gleichung 6.48)}$$

Umstellen nach Komplexkonzentration ergibt:

$$c_{A \cdot K} = \frac{c_A \cdot K \cdot c_{K,0}}{(1 + K \cdot c_A)} \quad \text{(Gleichung 6.49)}$$

Für die Produktbildungsgeschwindigkeit r_B gilt schließlich ($\frac{\mathrm{d}c_B}{\mathrm{d}t} = k_B \cdot c_{A \cdot K}$):

$$r_B = k_B \cdot c_{A \cdot K} = \frac{k_B \cdot K \cdot c_{K,0} \cdot c_A}{1 + K \cdot c_A} = \frac{k_B \cdot c_{K,0} \cdot c_A}{1/K + c_A} = k_B \cdot c_{K,0} \frac{c_A}{1/K + c_A} \quad \text{(Gleichung 6.50)}$$

Gleichung 6.50 entspricht, wie in Abschnitt 6.3 anhand Gleichung 6.41 schon erwähnt, der Michaelis-Menten-Kinetik. Bei genauerem Hinsehen sieht sie der Monod-Kinetik sehr ähnlich (Gleichung 6.16).

6.3.2.1 Auslegung einer Enzymreaktion: Bestimmung der Enzymanfangsmenge

Voraussetzung Gewünschte RZA (STY) = Umsatz ($S_0 - S(t)$) in gewisser Zeit t:

$$\mathrm{STY} = \frac{S_0 - S(t)}{t} \quad \text{(Gleichung 6.51)}$$

Für diese Raum-Zeit-Ausbeute sucht man nun die erforderliche Anfangsmenge eines Enzyms $c_{K,0}$:

$$c_{K,0} = \frac{k_i}{k_{\max}} \frac{\int_{S(t)}^{S_0} f(S,P) \cdot dS}{\eta \cdot (1 - e^{-k_i \cdot t})} \quad \text{(Gleichung 6.52)}$$

mit:

h = Porennutzungsgrad
k_i = Inaktivierungskonstante (1/s)
k_{max} = maximale Enzymaktivität (1/s)

Die umgekehrte Integration (von Endwert zu Anfangswert) ist wohl eingeführt, um keine negativen Zahlenwerte zu erhalten!

Herleitung Die Veränderung der maximalen Reaktionsgeschwindigkeit erfolgt mit der Zeit und mit der Substratkonzentration. Dieser Sachverhalt lässt sich wie folgt beschreiben:

$$\frac{\mathrm{d}\left(v_{max,0} \cdot \int_0^t e^{-k_i \cdot t} \cdot \mathrm{d}t\right)}{\mathrm{d}S} = \frac{1}{\eta} \cdot \frac{S}{K_S + S} \qquad \text{(Gleichung 6.53)}$$

Die Zeitabhängigkeit der Aktivität wird also durch Integration der Zeitfunktion berücksichtigt, der Porennutzungsgrad trägt der Schwächung der ungebremsten Reaktionsgeschwindigkeit durch Diffusionshemmung Rechnung und die Substratlimitierung wird hier durch die Michaelis-Menten-Kinetik dargestellt.

Integriert man diese Funktion:

$$\left(v_{max,0} \cdot \int_0^t e^{-k_i \cdot t} \cdot \mathrm{d}t\right) = \frac{1}{\eta} \cdot \int_{S_0}^{S} \frac{S}{K_S + S} \cdot \mathrm{d}S \qquad \text{(Gleichung 6.54)}$$

$$v_{max,0} = \frac{k_i}{\eta} \cdot \frac{\left[(S_0 - S) - K_S \cdot \ln\left|\frac{S_0 + K_S}{S + K_S}\right|\right]}{(1 - e^{-k_i \cdot t})} = k_{max} \cdot c_{K,0} \qquad \text{(Gleichung 6.55)}$$

erhält man die Bestimmungsgleichung für die Anfangskonzentration des Enzyms! Gleichung 6.55 wurde mit „–" multipliziert.

$$c_{K,0} = \frac{k_i}{k_{max}} \cdot \frac{\left[(S_0 - S) - K_S \cdot \ln\left|\frac{S_0 + K_S}{S + K_S}\right|\right]}{\eta \cdot (1 - e^{-k_i \cdot t})} = \frac{k_i}{k_{max}} \cdot \frac{\left[\mathrm{STY} \cdot t - K_S \cdot \ln\left|\frac{S_0 + K_S}{S + K_S}\right|\right]}{\eta \cdot (1 - e^{-k_i \cdot t})}$$

(Gleichung 6.56)

Bei der Diskussion der Gleichung muss man folgende Randbedingungen beachten:

1) für $t \to 0$ geht die Enzymkonzentration gegen unendlich, und das ist richtig, denn wollte man den gewünschten Umsatz spontan erreichen, bräuchte man so viel Enzym!

2) wäre keine Enzymdenaturierung gegeben, also $k_i \to 0$, dann bliebe Gleichung 6.57 übrig, weil der Grenzwert der k_i-Terme gegen eins geht (Gleichung 6.58).

$$c_{K,0} = \frac{1}{k_{max}} \cdot \frac{\left[(S_0 - S) - K_S \cdot \ln\left|\frac{S_0+K_S}{S+K_S}\right|\right]}{\eta} \quad \text{(Gleichung 6.57)}$$

Grenzwertbestimmung für den k_i-Term:

$$\lim_{k_i \to 0}\left[\frac{k_i}{1 - e^{-k_i \cdot t}}\right] = 1 \quad \text{(Gleichung 6.58)}$$

6.3.3 Heterogene Enzymkatalyse

Um die Wiederverwendung von Enzymen auf einfache Art und Weise sicherzustellen, aber auch um den Einsatzbereich (Temperatur- und pH-Stabilität) von Enzymen zu erweitern, werden diese auf porösen Trägern fixiert (Immobilisierungstechnik). Dazu verwendet man poröse Partikel, auf deren Oberfläche die Enzyme fixiert werden.

Da diese Träger (Carrier) nicht konvektiv durchströmt werden können, finden die Edukte (Substrate, Einsatzstoffe) ihr Ziel einzig und allein per Diffusion. Zur Darstellung dieser Vorgänge muss die Porendiffusion betrachtet werden. Dazu betrachtet man zunächst eine einzelne Pore (Abb. 6.16 und 6.17):

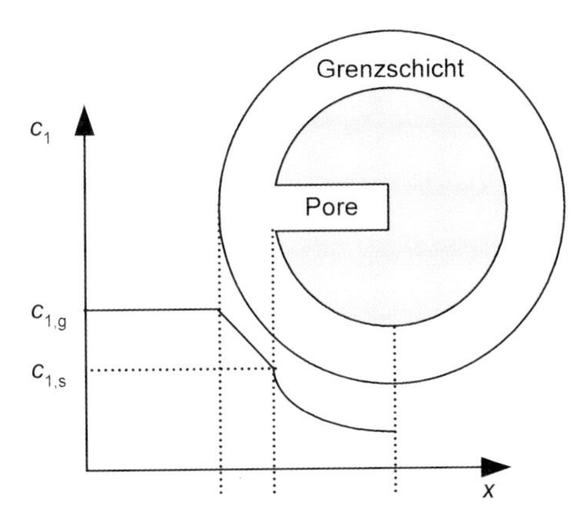

Abb. 6.16 Konzentrationsverlauf eines Reaktanden von der äußeren Phase (z. B. Gasphase) bis zum inneren einer porösen Katalysators. In der Gasphase herrscht konvektiver Stofftransport, d. h. dort kann von einer konstanten Konzentration ausgegangen werden. Innerhalb der laminaren Grenzschicht um das Partikel und innerhalb des Partikels erfährt der Stofftransport Widerstände.

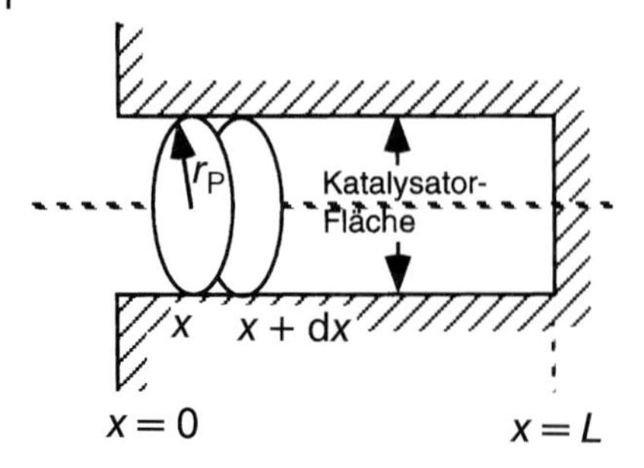

Abb. 6.17 Stoffbilanz in einer zylindrischen Einzelpore für einen stationären Zustand, wobei kein radialer Konzentrationsgradient angenommen wird.

6.3.3.1 Zylindrische Einzelpore

Der zu reagierende Stoff kann schon zu Beginn in das Innere des Feststoffes diffundieren.

Im Innern herrscht ein Konzentrationsgradient, der eine Funktion der Damköhler-Zahl ist: $f(\mathrm{Da}_{II})$. Bei grobporigen und feinkörnigen Trägermaterialien treten für sehr kleine Damköhler-Zahlen der zweiten Art (Da_{II}) in der Pore keine Gradienten auf.

Bei feinporigen und grobkörnigen Feststoffen sind große Da_{II}-Zahlen und damit auch Konzentrationsgradienten zu erwarten! Dieser Sachverhalt führt zu sehr komplexen mathematischen Darstellungen [17]. Deshalb sind für den Einzelfall vereinfachende Modelle, wie z. B. die Betrachtung der Einzelpore, notwendig.

Vorzeichenbetrachtung Zunächst soll jedoch dargestellt werden, wie man bei der Bilanzierung im inhomogenen Feld, also unter Berücksichtigung von Konzentrationsgradienten, das korrekte Vorzeichen findet. Dies bedarf einer gründlichen Analyse der Situation. Das gilt insbesondere für nicht-lineare Gradienten (Abb. 6.18).

In Abb. 6.18 sind vier mögliche Verläufe solcher Kurven mit unterschiedlichen Gradienten zu sehen: zwei konkave und zwei konvexe Kurvenverläufe, jeweils

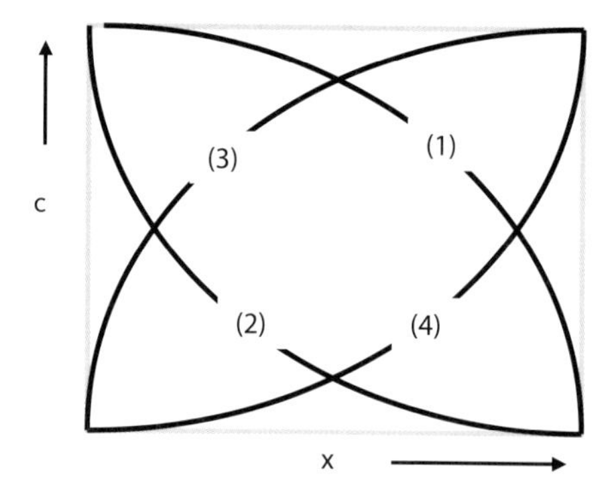

Abb. 6.18 Vorzeichendeutung für die erste und zweite Ableitung.

Tabelle 6.1 Vorzeichen für die vier verschiedenen Kurvenverläufe und für die 1. und 2. Ableitung der Kurvenfunktion.

Abteilung	Formel	(1)	(2)	(3)	(4)
1.	$\frac{\partial c}{\partial x}$	–	–	+	+
2.	$\frac{\partial 2c}{\partial x^2}$	–	+	–	+

einmal steigend (3) und (4) und einmal fallend (1) und (2). Dafür lassen sich für die jeweilige Kurve die in Tabelle 6.1 zusammengefassten Vorzeichen für eine 1.- und 2. Ableitung entnehmen.

Deutung: Die Kurven (1) und (2) weisen über den gesamten Verlauf ein Gefälle auf. Deshalb ist die erste Ableitung in beiden Fällen negativ.

Bei den Kurven (3) und (4) ist es gerade umgekehrt; d. h. es liegt für die erste Ableitung jeweils ein positiver Verlauf vor.

Wird die erste Ableitung im Verlauf der Kurve immer kleiner (3), dann nimmt die zweite Ableitung ständig ab, ist also negativ. Dasselbe trifft für die Kurve (1) zu.

Wird dagegen die erste Ableitung im Verlauf der Kurve immer größer, so ist die zweite Ableitung positiv (1) und (3).

Aus der Stoffbilanz, nach der die Stoffmenge, die in das betrachtete Volumenelement hinein strömt, minus der, die herausströmt, gleich derjenigen sein muss, die im Volumenelement bleibt (also Diffusionsstrom hinein – Diffusionsstrom heraus = Verbrauch), findet man folgende Bilanzgleichung:

$$\frac{\mathrm{d}n_1}{\mathrm{d}t} = 0 = -D_1 \cdot \pi \cdot r_\mathrm{P}^2 \frac{\mathrm{d}c_1}{\mathrm{d}x} - \left[-D_1 \cdot \pi \cdot r_\mathrm{P}^2 \left(\frac{\mathrm{d}c_1}{\mathrm{d}x} + \frac{\mathrm{d}^2 c_1}{\mathrm{d}x^2}\,\mathrm{d}x\right)\right] - r_\mathrm{S} \cdot \mathrm{d}A \qquad \text{(Gleichung 6.59)}$$

Mit einer Reaktion n-ter Ordnung lässt sich für die Reaktionsgeschwindigkeit

$$r_\mathrm{S} = k_\mathrm{S} \cdot c_1^n \qquad \text{(Gleichung 6.60)}$$

schreiben und es wird aus Gleichung 6.59:

$$0 = \frac{\mathrm{d}^2 c_1}{\mathrm{d}x^2} - \frac{2 \cdot k_\mathrm{S} \cdot c_1^n}{r_\mathrm{P} \cdot D_1} \qquad \text{(Gleichung 6.61)}$$

bzw. mit den dimensionslosen Größen $c_1/c_{1,\mathrm{s}}$ und x/L findet man:

$$0 = \frac{\mathrm{d}^2(c_1/c_{1,\mathrm{s}})}{\mathrm{d}(x/L)^2} - L^2 \frac{2 \cdot k_\mathrm{S} \cdot c_{1,\mathrm{s}}^n}{r_\mathrm{P} \cdot D_1 \cdot C_{1,\mathrm{s}}} \left(\frac{c_1}{c_{1,\mathrm{s}}}\right)^n \qquad \text{(Gleichung 6.62)}$$

In Gleichung 6.62 wird der folgende Ausdruck als Thiele-Modulus Φ bezeichnet:

$$\Phi = L\sqrt{\frac{2 \cdot k_S \cdot c_{1,s}^n}{r_P \cdot D_1 \cdot c_{1,s}}} = \frac{r_S \text{ ohne Porendiffusionshemmung}}{\text{Diffusion in der Pore}}$$

(Gleichung 6.63)

Nach Integration von Gleichung 6.62 mit den Randbedingungen:

$$x/L = 0;\ c_1/c_{1,s} = 1$$

$$x/L = 1;\ c_1/c_{1,s} = c_{1,L}/c_{1,s} \quad \text{und} \quad \frac{d(c_1/c_{1,s})}{d(x/L)} = 0$$

erhält man mit einer Reaktion erster Ordnung ($n = 1$, Abb. 6.19):

$$\frac{c_1}{c_{1,s}} = \frac{\cosh\left[\Phi(1 - x/L)\right]}{\cosh \Phi}$$ (Gleichung 6.64)

Die von außen beobachtbare Reaktionsgeschwindigkeit nennt man effektive Porenreaktionsgeschwindigkeit $r_{s,\text{eff}}$. Mit der örtlichen Reaktionsgeschwindigkeit $r_s(x)$:

$$r_{s,\text{eff}} = \frac{1}{L}\int_{x=0}^{L} r_s(x) \cdot dx$$ (Gleichung 6.65)

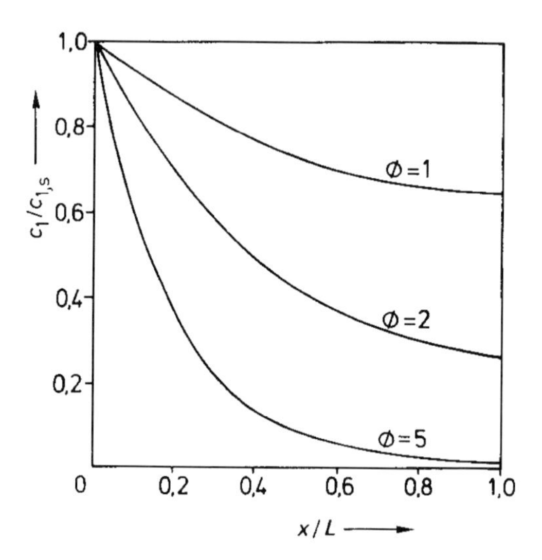

Abb. 6.19 Abhängigkeit der dimensionslosen Konzentration $c_1/c_{1,s}$ in Abhängigkeit von der dimensionslosen Porenlänge x/L für verschiedene Werte des Thiele-Modulus Φ bei einer Reaktionsordnung von n = 1 [17].

und für eine Reaktion erster Ordnung ($n = 1$) erhält man:

$$r_{\mathrm{s,eff}} = \frac{1}{L} \int_{x=0}^{L} k_{\mathrm{s}} \cdot c_1(x) \cdot \mathrm{d}x \qquad \text{(Gleichung 6.66)}$$

Nach Einsetzen von Gleichung 6.64 in Gleichung 6.66 erhält man:

$$r_{\mathrm{s,eff}} = \frac{1}{L} k_{\mathrm{s}} \cdot c_{1,\mathrm{s}} \int_{x=0}^{L} \frac{\cosh\left[\Phi(1 - x/L)\right]}{\cosh \Phi} \mathrm{d}x \qquad \text{(Gleichung 6.67)}$$

Die Lösung der Differenzialgleichung 6.67 ergibt:

$$r_{\mathrm{s,eff}} = k_{\mathrm{s}} \frac{\tanh \Phi}{\Phi} c_{1,\mathrm{s}} \qquad \text{(Gleichung 6.68)}$$

Aus dem Verhältnis der beobachtbaren Reaktionsgeschwindigkeit zur wirklichen Reaktionsgeschwindigkeit an der Katalysatoroberfläche kann man einen Porennutzungsgrad definieren (Abb. 6.20):
Porennutzungsgrad:

$$\eta = \frac{r_{\mathrm{s,eff}}}{r_{\mathrm{s}}} = \frac{k_{\mathrm{s}} \frac{\tanh \Phi}{\eta} c_{1,\mathrm{s}}}{k_{\mathrm{s}} \cdot c_{1,\mathrm{s}}} = \frac{\tanh \Phi}{\Phi} \qquad \text{(Gleichung 6.69)}$$

Für kleine und große Werte des Thiele-Modulus lassen sich für Gleichung 6.69 Vereinfachungen angeben:

- für $\Phi < 0{,}3$: → $\eta = 1$
- für $\Phi > 3$: → $\eta = 1/\Phi$

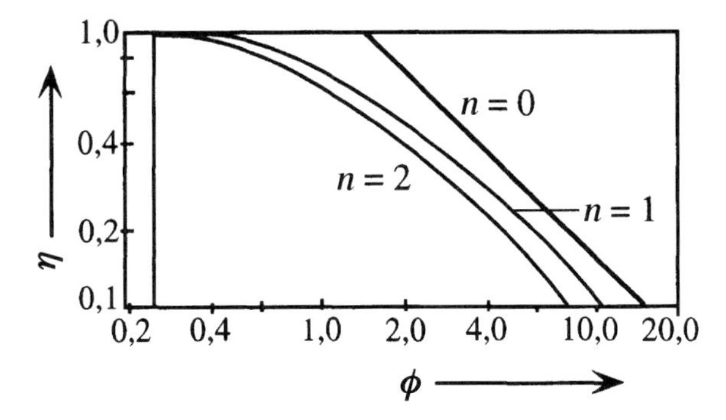

Abb. 6.20 Abhängigkeit des Nutzungsgrades η einer katalytisch wirksamen Einzelpore vom Thiele-Modulus Φ für verschiedene Reaktionsordnungen [17].

Poröse Katalysatoren Es wird angenommen, dass der Katalysator pseudohomogen und kugelig ist. Folgende weitere Randbedingungen seien Voraussetzung für die nachfolgenden Stoffbilanzen:

- Ficksche Diffusion: $\dot{n}_1 = -D_1^e \frac{dc_i}{dx}$
- Reaktion, wo nur chem. Reaktion und Porendiffusion von Komponente 1 maßgebend ist, d. h. kein Stoffübergangsproblem;
- Ansatz für Reaktionsgeschwindigkeit

$$r = k_s = S_V \cdot c_1^n \qquad \text{(Gleichung 6.70)}$$

- Katalysatorkugel ist isotherm und es herrscht stationärer Zustand.

Führt man nun eine Stoffbilanz für eine Schale mit differenzieller Dicke dx durch und betrachtet nur den stationären Zustand, so erhält man:

$$\frac{dn_1}{dt} = 0 = +D_1^e \cdot 4 \cdot \pi \cdot (x + dx)^2 \frac{dc_1}{dx} - D_1^e \cdot 4 \cdot \pi \cdot x^2 \left(\frac{dc_1}{dx} - \frac{d^2 c_1}{dx^2} dx \right) - k_S \cdot S_V \cdot c_1^n (4 \cdot \pi \cdot x^2 \cdot dx) \qquad \text{(Gleichung 6.71)}$$

Da die Werte dx sehr klein sind, können alle dx^2 und Differenzialgleichungen höherer Potenz vernachlässigt werden. Führt man noch eine Normierung ein, d. h. werden alle Längen auf den Partikeldurchmesser r_P und alle Konzentrationen auf die Konzentration $c_{1,S}$ an der äußeren Katalysatoroberfläche bezogen, so erhält man aus Gleichung 6.71:

$$k_S \cdot S_V \cdot c_1^n = \frac{2}{x} \cdot D_1^e \cdot \frac{dc_1}{dx} + D_1^e \cdot \frac{d^2 c_1}{dx^2} \qquad \text{(Gleichung 6.72)}$$

$$r_P^2 \frac{k_S \cdot S_V \cdot c_{1,S}^{n-1}}{D_1^e} \frac{c_1^n}{c_{1,S}^n} = \frac{2}{x/r_P} \frac{d(c_1/c_{1,S})}{d(x/r_P)} + \frac{d^2(c_1/c_{1,S})}{d(x/r_P)^2} \qquad \text{(Gleichung 6.73)}$$

Der Ausdruck auf der linken Seite vor dem Konzentrationsverhältnis ist der Thiele-Modulus im Quadrat. Mit einer Reaktionsordnung von $n = 1$ erhält man für Gleichung 6.73 folgende Lösung:

$$\frac{c_1}{c_{1,S}} = \frac{\sinh \left[\Phi \frac{x}{r_P} \right]}{\frac{x}{r_P} \sinh \Phi} \qquad \text{(Gleichung 6.74)}$$

Die mittlere effektive Reaktionsgeschwindigkeit, die auf das Katalysatorvolumen bezogen ist, lässt sich wie folgt beschreiben:

$$r_{\text{eff}} = 3 \cdot k_S \cdot S_V \cdot c_{1,S} \int_0^{r_P} r(x) \cdot 4 \cdot \pi \cdot x^2 \cdot dx \qquad \text{(Gleichung 6.75)}$$

Mit Reaktionsordnung $n = 1$ erhält man folgenden Ausdruck:

$$r_{\text{eff}} = \frac{1}{V_K} \int_0^{r_P} \frac{\sinh\left[\Phi \frac{x}{r_P}\right]}{\frac{x}{r_P} \sinh \Phi} \cdot \left(\frac{x}{r_P}\right)^2 d\left(\frac{x}{r_P}\right) \qquad \text{(Gleichung 6.76)}$$

Nach Integration erhält man:

$$r_{\text{eff}} = \frac{3}{\Phi} \cdot k_S \cdot S_V \cdot c_{1,S} \left(\frac{1}{\tanh \Phi} - \frac{1}{\Phi}\right) \qquad \text{(Gleichung 6.77)}$$

Der effektive Diffusionskoeffizient lässt sich durch den eigentlichen Diffusionskoeffizienten der betrachteten Komponente in einem bestimmten Medium, den Lückengrad bzw. die Porosität ϵ_P und den Labyrinthfaktor $1/\tau$ ausdrücken

$$D^e = \frac{D \cdot \epsilon_P}{\tau} \qquad \text{(Gleichung 6.78)}$$

wobei die Werte von ϵ_P in der Praxis zwischen 0,2 und 0,7 und von τ zwischen 3 und 7 (meist zwischen 3 und 4) liegen [17].

6.4 Sauerstoffversorgung eines Mycel-Pellets

Der Sauerstofftransfer bzw. die Sauerstofftransferrate muss dem eigentlichen Sauerstoffbedarf angepasst werden. Der Sauerstoffbedarf einer Zelle lässt sich wie folgt formulieren:

$$Q_{O_2} = \frac{\mu \cdot X}{Y_{X/O}} + \sum_{i=1}^{n} v_i \frac{X}{Y_{P_i/O}} + m_O \cdot X \qquad \text{(Gleichung 6.79)}$$

Der Weg des Sauerstoffs führt aus der Gasblase (z. B. Luft) zunächst zur Phasengrenze. Dort gibt es gemäß dem Henry'schen Gesetz einen Konzentrationssprung. Der nächste Weg (Widerstand) ist die laminare Grenzschicht auf der Flüssigkeitsseite der Phasengrenze. Der Weg durch den Phasenkern der Flüssigkeit erfolgt in der Regel per konvektiven Stofftransport, also sehr schnell, und somit gibt es dort keinen Konzentrationsgradienten. An der Oberfläche des Pellets angekommen

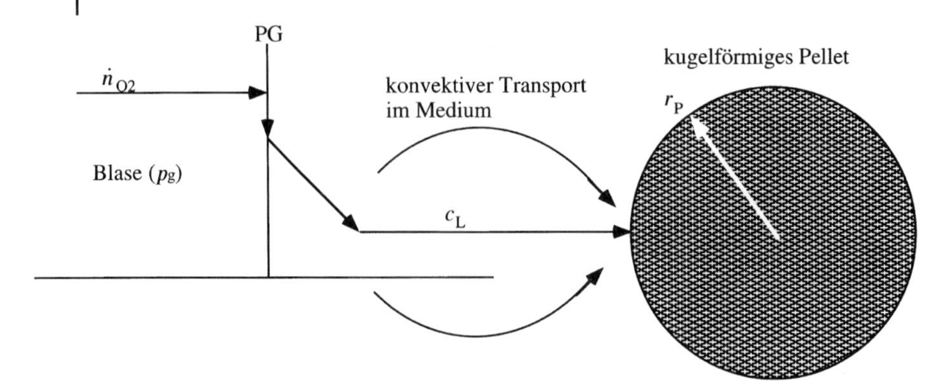

Abb. 6.21 Der Weg des Sauerstoffs aus der Gasblase über die Grenzschicht durch die Flüssigkeit in das Mycelpellet.

beginnt dann der beschwerliche Weg des Sauerstoffs in das Pellet hinein (Abb. 6.21). Dieser Transport erfolgt per Diffusion. In diesem porösen Pellet ist der Transport mit dem Verbrauch, der Reaktion des Sauerstoffs gekoppelt.

Aus der Bilanzbetrachtung erhält man erneut die Beziehung (Gleichung 6.71 bzw. 6.72):

$$\frac{\partial c}{\partial t} = D^{e}\left(\frac{\partial^2 c}{\partial x^2} + \frac{2}{x}\frac{\partial c}{\partial x}\right) - q_{O_2} \cdot X \qquad \text{(Gleichung 6.80)}$$

Unter stationären Bedingungen lässt sich formulieren:

$$D^{e}\left(\frac{\partial^2 c}{\partial x^2} + \frac{2}{x}\frac{\partial c}{\partial x}\right) = q_{O_2} \cdot X \qquad \text{(Gleichung 6.81)}$$

Mit den Randbedingungen

Pelletmitte: $x = 0;\ \frac{dc}{dx} = 0$

Pelletoberfläche: $x = r_P;\ c = c_0$

und der Michaelis-Menten-Kinetik für den Sauerstoffverbrauch

$$q_{O_2} = q_{O_{2,max}} \cdot \frac{c}{K_M + c} \qquad \text{(Gleichung 6.82)}$$

kann zwar Gleichung 6.81 geschlossen noch nicht gelöst werden, aber als Näherungslösung über einen numerischen Weg mit den dimensionslosen Größen

$$C \equiv \frac{c}{c_0}\,; \qquad \chi \equiv \frac{x}{r_P} \qquad \text{(Gleichung 6.83a, b)}$$

erhält man schließlich;

$$\frac{\partial^2 C}{\partial \chi^2} + \frac{2}{x}\frac{\partial C}{\partial \chi} = r_P^2\, q_{O_2,\max} \cdot \frac{X}{K_M \cdot D^e}\,\frac{C}{1 + c_0/k_M\, C} \qquad \text{(Gleichung 6.84)}$$

$r_P^2\, q_{O_2,\max} \cdot \frac{X}{K_M \cdot D^e}$ stellt dabei wieder das Quadrat des Thiele-Modulus dar. Die effektive Reaktionsstromdichte lässt sich schließlich wie folgt darstellen:

$$\left(q_{O_2,\max} \cdot X\right)^e = \frac{A_P}{V_P} \cdot D^e \left(\frac{dc}{dx}\right)_{x=x_P} \qquad \text{(Gleichung 6.85)}$$

Sie ist die Stoffstromdichte, die phänomenologisch von außen beobachtet werden kann, wobei das örtliche Geschehen nicht dargestellt werden kann.

6.5 Modellierung und Simulation

Bei allen Verfahrensentwicklungen sind Untersuchungen in Modellmaßstäben im Labor- und Technikumsmaßstab (Pilotmaßstab) erforderlich (Abschnitte 2.7.3 und 8.2). Die Kosten für diese Experimente sind zum Teil beträchtlich hoch und nehmen mit dem Maßstab z. T. exponential zu. Deshalb wird schon, seit es ausreichend Rechnerkapazitäten gibt, versucht, einzelne Prozessstufen bis hin zu kompletten Verfahren im Rechenmodell zu simulieren. Diese Werkzeuge sind aber immer nur so wertvoll, wie das vorhandene Wissen vom Prozess in die Modellstruktur integriert werden kann. Je besser der Prozess bekannt ist, desto leistungsfähiger kann ein Modell werden. Aber ein mathematisches Modell wird nie die experimentellen Modelluntersuchungen komplett ersetzen können. Einerseits sind also die experimentellen Modelluntersuchungen für die Verfahrensentwicklung zwingend erforderlich, doch könnte andererseits ein leistungsfähiges Rechnermodell Kosten sparen helfen, indem Experiment und Simulation in Symbiose schneller und kostengünstiger zum Ziel führen.

6.5.1 Voraussetzungen

Ausgehend von all den vielen vorgeschlagenen Modellen bietet es sich an, Softwareentwicklungen zu unterstützen, mit deren Hilfe man Versuchsergebnisse auf schnellem Wege einem Modell zuordnen kann oder auf vorhandene Tools zurückzugreifen.

Als mehr oder weniger kostengünstige käufliche Tools können u. a. MADONNA [18], MATLAB, PRESTO, ISIM (veraltet), ESP (OLI Systems), MODELMAKER, ACSL-OPTIMIZER, SPEEDUP oder eventuell auch ASPEN PLUS genannt werden. Eigenentwicklungen sind in der Regel sehr zeitaufwendig und damit für die Industrie nur dann angebracht, wenn auf dem Markt kein passendes System angeboten wird.

Das gestaltet sich an Hochschulen anders, denn dort sind die Finanzmittel knapp, das Personal in Form aufstrebender Studierender jedoch günstig, sodass auch an Eigenentwicklungen gearbeitet werden muss, auch um den Lerneffekt zu unterstützen. Dabei können alle an Instituten ohnehin verfügbaren Programmierungswerkzeuge, wie BASIC, PERL, FORTRAN, PROG C und C^{++}, DELPHI, PASCAL und viele andere mehr herangezogen werden, aber auch etablierte und eingeführte Laborsysteme, wie LabVIEW [19], können zum Zwecke der Programmierung eingesetzt werden. LabVIEW (Laboratory Virtual Instrument Engineering Workbench) ist eine auf der grafischen Programmiersprache G basierende Ent-

Tabelle 6.2 Modelle für die Beschreibung der spezifischen Wachstumsrate als Basis für einen „Modellbaukasten".

Modelltyp	Gleichung	Hinweis/Bemerkung
Monod-Kinetik	$\mu = \mu_{\max} \dfrac{S}{K_S + S}$	Typ 0
Kompetetive Hemmung	$\mu = \mu_{\max} \dfrac{S}{K_S \left[1 + \left(\frac{I}{K_I}\right)\right] + S}$	Typ 1
Inkompetetive Hemmung	$\mu = \mu_{\max} \dfrac{S}{\left[1 + \left(\frac{I}{K_I}\right)\right] + (K_S + S)}$	Typ 2
Unkompetetive Hemmung	$\mu = \mu_{\max} \dfrac{S}{S \left[1 + \left(\frac{I}{K_I}\right)\right] + K_S}$	Typ 3
Moser	$\mu = \mu_{\max} \dfrac{S^n}{K_S + S^n}$	modifizierter MONOD-Typ
Aiba	$\mu = \mu_{\max} \dfrac{S \cdot \exp\left(\frac{S}{K_S}\right)}{K_S + S}$	
Modell 1	$\mu = \mu_{\max} \dfrac{1 + \frac{S}{K_1}}{1 + \frac{S}{K_2}}$	
Andrews	$\mu = \mu_{\max} \dfrac{S}{K_S + X + \frac{S^2}{K_I}}$	
Teissier	$\mu = \mu_{\max} \left[\exp\left(-\dfrac{S}{K_I}\right) - \exp\left(-\dfrac{S}{K_S}\right)\right]$	

wicklungsumgebung. LabVIEW ist eine in der Programmentwicklung eingesetzte Anwendung, die ähnlich wie C oder BASIC eine moderne Umgebung zur Programmentwicklung schafft und mit LabWindows/CVI von National Instruments vergleichbar ist. Von diesen Anwendungen unterscheidet sich LabVIEW jedoch in einem wichtigen Aspekt. Andere Programmiersysteme verwenden Programmiersprachen auf Textbasis zum Erstellen von Codezeilen, während LabVIEW die grafische Programmiersprache G benutzt, um Programme in Blockdiagrammform zu erstellen. G ist die leicht einsetzbare Programmiersprache für den grafischen Datenfluss, die LabVIEW zugrunde liegt. Mit G werden wissenschaftliche Berechnungen, die Überwachung und Steuerung einzelner Prozesse und der Einsatz von Test- und Messanwendungen erleichtert. Darüber hinaus gibt es eine Vielzahl von anderen Anwendungsmöglichkeiten für G [19].

Zur Beschreibung von Reaktionsabläufen bedient man sich verschiedener Modellvorstellungen. Diese Modelle müssen einerseits handlich genug sein, aber andererseits die Situation ausreichend repräsentativ beschreiben helfen. Die Reaktionstechnik benötigt Modelle für die Darstellung der Reaktionen für den Substratabbau, die Biomasse- und Produktbildung (Abschnitte 6.1.1 bis 6.3.2), die Transportvorgänge von Stoffen und Wärme (Tab. 6.2 sowie Abschnitte 2.7.4.2, 6.3.3 und 6.4) sowie insbesondere die Werkzeuge der Bilanzierung (Abschnitt 2.7.4.1). Dabei muss vor allen Dingen auch die gegenseitige Beeinflussung dieser Vorgänge beschreibbar sein. Die Modelle müssen dem Reaktionstechniker die ausreichenden Informationen für die Beurteilung der vorliegenden Stoffumwandlung liefern.

6.5.2
Experimentalmethoden und Simulation auf einem PC/MAC

Drei einfache Beispiele, ein Batch- und ein Fed-Batch-Prozess sowie in Abschnitt 6.5.3 ein kontinuierlicher Prozess sollen die Vorgehensweise der Modellierung auf einem PC/MAC veranschaulichen [20, 21].

6.5.2.1 Batch-Fermentation

Die Batch-Fahrweise (Abschnitt 2.7.4.6, Abb. 2.82) zeichnet sich dadurch aus, dass bei (meist) konstantem Volumen sich nahezu alle Konzentrationen verändern, Substratkonzentrationen nehmen ab und Produktkonzentrationen nehmen zu. Mit dem in Tab. 6.3 aufgeführten Gleichungssatz ist das Batch-Modell erstellt worden, wobei für die Simulation in MADONNA diese Gleichungen analog wie in Tab. 6.3 gezeigt überführt werden müssen.

Mit den in Tab. 6.3 angegebenen Bilanzgleichungen kann mit dem Programmpaket MADONNA [18] eine dynamische Simulation wie in Abb. 6.22 dargestellt durchgeführt werden.

Wie zu erwarten ist, wachsen die Zellen auf dem Substrat hoch, wobei die Substratkonzentration abnimmt und gleichzeitig die Produktkonzentration zunimmt bis zu dem Punkt, an dem das Substrat verbraucht ist.

Tabelle 6.3 Gleichungen für die Erstellung eines Batch-Fermentationsprozesses.

Gleichungen	Bemerkungen
$\frac{dX}{dt} = \mu_{max} \cdot \frac{S \cdot X}{K_S + S} = r_x$	Biomassebilanz mittels Monod-Kinetik, also ohne Substrat- oder Produktinhibierung und mit nur einer Substratabhängigkeit (Gleichung 6.17)
$\frac{dS}{dt} = -\frac{r_x}{Y_{X/S}} = r_s$	Substratbilanz, mit der Biomasse über den Ausbeutekoeffizient gekoppelt (Gleichung 6.15)
$\frac{dP}{dt} = (\alpha \cdot \mu + \beta) \cdot X = r_p$	Produktbildung nach dem wachstumsge- und -entkoppelten Modell (Gleichung 6.38)

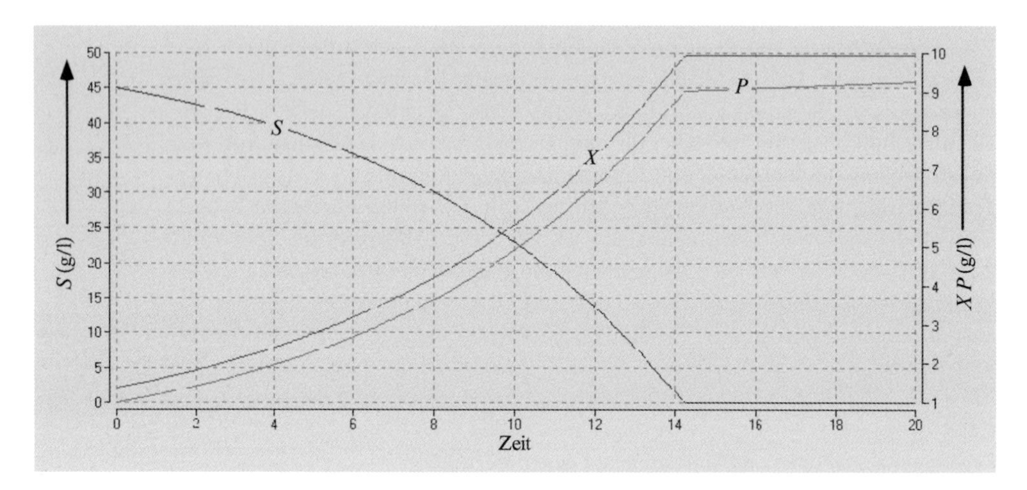

Abb. 6.22 Konzentrationsverläufe für einen Batch-Prozess berechnet in MADONNA [18]. Parameter: $\mu_{max} = 0{,}14\ h^{-1}$; $\alpha = 5{,}0$; $\beta = 0{,}03\ h^{-1}$; $Y_s = 0{,}19$; $K_s = 0{,}15$ g/l.

6.5.2.2 Fed-Batch-Fermentation

Bei der Fed-Batch-Fahrweise (Abschnitt 2.7.4.6, Abb. 2.82) bleibt das Volumen nicht konstant und der Volumenstrom (Variante A, Abb. 2.84) oder die Substratzulaufkonzentration (Variante B, Abb. 2.85) müssen den Anforderungen angepasst werden.

Mit den in Abschnitt 2.7.4.6 genannten Randbedingungen sowie den dafür aufgestellten Bilanzgleichungen 2.179, 2.190 und 2.184 lässt sich zusammen mit den reaktionstechnischen Zusammenhängen nach den Gleichungen 6.16, 6.17 und 6.38 in einer Simulationssoftware eine Modellierung erstellen. Etwas praxisnäher kann die Simulation gestaltet werden, wenn eine Einschwingphase modelliert wird, in dem der Feedstart auf einen späteren Zeitpunkt gelegt wird. Mit dem Paket MADONNA [18] kann diese dynamische Simulation wie in Tab. 6.4 (vgl. auch Parametereinstellungen) und Abb. 6.23 dargestellt betrieben werden.

Nach dem Start der Fermentation läuft der Prozess wie ein Batch-Prozess an (Abb. 6.22). Die Substratkonzentration fällt ab, gleichzeitig nehmen im gleichen

Maße die Biomasse- und die Produktkonzentration zu. Zum Zeitpunkt des Feedstarts, hier zur Stunde 23, wird natürlich die Substratkonzentration erhöht, die Biomassekonzentration und die Produktkonzentration kurzzeitig verdünnt, um dann wieder im gleichen Maße wie zuvor anzusteigen, bis das Substrat verbraucht ist.

Tabelle 6.4 Programm in MADONNA zur Simulation eines Fed-Batch-Prozesses.

Programm	**Bemerkungen**
METHOD RK4 STARTTIME = 0 STOPTIME = 50 DT = 0.01	Die Integrationsmethode muss vorgegeben werden, hier wurde ein Runge-Kutta-Typ verwendet.
{mass balances} d/dt(v) = if time >= zugabezeit then Volstrom+f else f {total balance} d/dt(vx) = rx*v-md*x {for cells} d/dt(vs) = if time >= zugabezeit then Volstrom*s0+rs*v else f*s0+rs*v {for substrate} d/dt(vp) = rp*v {for product}	Die Massenbilanzen für die Biomasse, das Substrat und das Produkt. Da das Volumen nicht konstant bleibt, muss auch eine Volumenbilanz angegeben werden.
{kinetics} x = vx/v s = vs/v p = vp/v u = um*s/(ks+s) rx = u*x rs = −rx/y rp = (k1+k2*u)*x d = f/v yield = v*x	Die Kinetiken beschreiben die Biomasse-, die Produktbildung und den Substratabbau, gekoppelt über den Ausbeutekoeffizienten. Als Wachstumskinetik fungiert das Monod-Modell. Die Produktbildung wird durch den wachstumsgekoppelten k_2 und wachstumsentkoppelten Anpassungsparameter k_1 beschrieben.
{constants} um = 0.3 ks = 0.1 k1 = 0.03 k2 = 0.08 y = 0.8 s0 = 10 f = 0 zugabezeit = 23 Volstrom = 2.3 md = 0	Als Konstanten werden angegeben: spez. Wachstumsrate (in 1/h), Monod-Konstante (in g/l), k_1 (in 1/h), k_2(–), Ausbeutekoeff. (–), Eingangssubstratkonzentration (in g/l). Der überlagerte Volumenstrom *f* ist eine Hilfsgröße, der eigentliche Volumenstrom wird zur Zeit „Zugabe“ gestartet. Die Sterberate ist zu null gesetzt.
{initial conditions} INIT v = 1 INIT vx = 0.01 INIT vs = 10 INIT vp = 0	Eingangs- (Anfangs-)bedingungen für das Vo lumen und die Reaktionsgeschwindigkeiten.

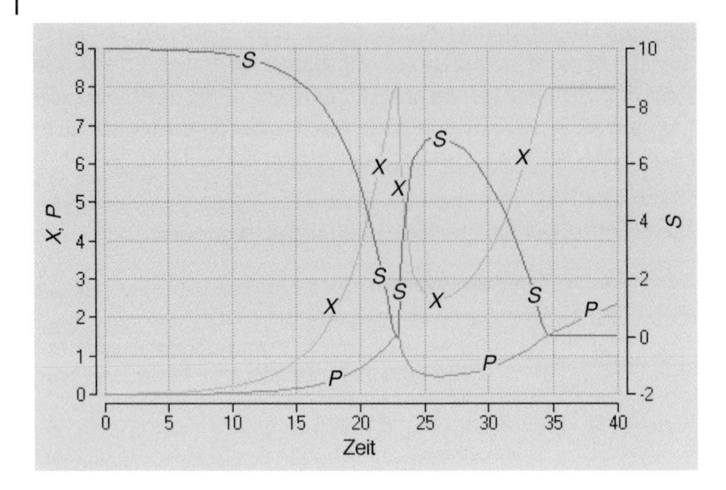

Abb. 6.23 Konzentrationsverläufe für einen Fed-Batch-Prozess berechnet in MADONNA [18, 20, 21]. (*X* Biomasse; *S* Substrat; *P* Produkt.)

6.5.3 Stabilitätsprüfung von Gleichgewichtspunkten

Sucht man für einen kontinuierlichen Fermentationsprozess nach der Einschwingphase nach einem geeigneten Betriebspunkt, so ist zu überprüfen, ob dieser auch stabil ist. Anderenfalls wird der Prozess ständig aus dem Gleichgewicht laufen und nicht oder nur sehr mühselig betreibbar sein. Deshalb ist es erforderlich, mögliche Gleichgewichtspunkte hinsichtlich ihrer Stabilität zu überprüfen.

Werden die Steady-state-Werte für das Differenzialgleichungssystem mit den Gleichungen 6.87 und 6.88 über ein iteratives Suchverfahren, z. B. mit der Newton-Raphson-Methode, berechnet [22],

$$\vec{x}_{k+1} = \vec{x}_k - J^{-1}(\vec{x}_k) \cdot \vec{F}(\vec{x}_k) \qquad \text{(Gleichung 6.86)}$$

$\vec{x}_k$: Startvektor
$\vec{x}_{k+1}$: Startvektor der nächsten Iteration
$J^{-1}(\vec{x}_k)$: inverse Jacobi-Matrix
$\vec{F}(\vec{x}_k)$: Funktionsvektor

Die Anzahl der möglichen Lösungen variiert dabei in Abhängigkeit der verwendeten Kinetik (z. B. Monod: zwei, Andrews: drei; vgl. Tab. 6.2 und Gleichung 6.16). Welche dieser Lösungen nun die „Richtige“ ist, kann meist sehr schnell erkannt werden, da keine negativen oder komplexen Lösungen in diesem Fall möglich sind. Können die berechneten Werte nicht augenscheinlich eliminiert werden, scheinen also mehrere davon plausibel für das Ergebnis, so muss die Überprüfung anders erfolgen. Dies geschieht mit der Eigenwertberechnung, welche zur Prüfung des Systems auf Stabilität dient. Bei der Betrachtung von dynamischen Abläufen ist die Berechnung der Eigenwerte notwendig. Sie bestimmen, wie schnell ein dynamisches System auf Veränderungen antwortet und sind in einer Differenzialgleichung die Werte der Konstanten oder Parameter, für die allein die Gleichung lösbar ist. Die Berechnung der Eigenwerte ermöglicht eine Analyse der Stabilität eines Kinetikproblemes [22, 23].

Anhand von Beispielen mit der Monod- und Andrews-Kinetik soll dies veranschaulicht werden (Tab. 6.2).

Die allgemeinen Differenzialgleichungen für die Biomasse- (X) und Substratbilanz (S) lauten (Abschnitt 2.7.4):

$$\frac{dX}{dt} = \mu(S) \cdot X - D \cdot X \qquad \text{(Gleichung 6.87)}$$

$$\frac{dS}{dt} = D \cdot (S_f - S) - \frac{\mu(S) \cdot X}{Y_{XS}} \qquad \text{(Gleichung 6.88)}$$

Das Differenzialgleichungssystem wird nun im stationären Zustand berechnet. Hierfür können entsprechende Softwareprogramme (z. B. Matlab) genutzt werden [21]. Es gilt:

$$\vec{F}(\vec{x}) = \begin{bmatrix} F_1(X,S) \\ F_2(X,S) \end{bmatrix} = 0 \qquad \begin{aligned} F_1 &= \mu(S) \cdot X - D \cdot X \\ F_2 &= D \cdot (S^\alpha - S) - \frac{\mu(S) \cdot X}{Y_{XS}} \end{aligned} \qquad \text{(Gleichung 6.89)}$$

Da man mehrere mögliche Lösungen erhält, müssen diese nun auf Stabilität geprüft werden. Dazu wird das nichtlineare Differenzialgleichungssystem in ein lineares Differenzialgleichungssystem überführt.

$$\dot{\vec{x}} = A \cdot \vec{x} + B \cdot \vec{u} \qquad \text{(Gleichung 6.90)}$$

$$\vec{y} = C \cdot \vec{x} \qquad \text{(Gleichung 6.91)}$$

Die einzelnen Vektoren stehen für (Index $_S$ = im Steady-state):

$$\underset{\text{Zustandsvektor}}{\vec{x} = \begin{bmatrix} X - X_S \\ S - S_S \end{bmatrix}} \qquad \underset{\text{Steuer}-/\text{Eingabe}-\text{Vektor}}{\vec{u} = \begin{bmatrix} D - D_S \\ S^\alpha - S^\alpha_S \end{bmatrix}} \qquad \underset{\text{Ausgabe}-\text{Vektor}}{\vec{y} = \begin{bmatrix} X - X_S \\ S - S_S \end{bmatrix}} \qquad \text{(Gleichung 6.92)}$$

und die Matrizen für Systemmatrix (Gleichung 6.89):

$$A = \begin{bmatrix} \frac{\partial F_1}{\partial x_1} & \cdots & \frac{\partial F_1}{\partial x_n} \\ \cdots & & \\ \frac{\partial F_n}{\partial x_1} & \cdots & \frac{\partial F_n}{\partial x_n} \end{bmatrix} \Rightarrow \begin{bmatrix} \frac{\partial F_1}{\partial X} & \frac{\partial F_1}{\partial S} \\ \frac{\partial F_2}{\partial X} & \frac{\partial F_2}{\partial S} \end{bmatrix} = \begin{bmatrix} \mu_S - D_S & X_S \cdot \mu_S \\ -\frac{\mu_S}{Y_{XS}} & -D_S - \frac{\mu_S \cdot X_S}{Y_{XS}} \end{bmatrix} \qquad \text{(Gleichung 6.93)}$$

Eingabematrix (Gleichung 6.72)

$$B = \begin{bmatrix} \frac{\partial F_1}{\partial u_1} & \cdots & \frac{\partial F_1}{\partial u_n} \\ \cdots & & \\ \frac{\partial F_n}{\partial u_1} & \cdots & \frac{\partial F_n}{\partial u_n} \end{bmatrix} \Rightarrow \begin{bmatrix} \frac{\partial F_1}{\partial D} & \frac{\partial F_1}{\partial S^\alpha} \\ \frac{\partial F_2}{\partial D} & \frac{\partial F_2}{\partial S^\alpha} \end{bmatrix} = \begin{bmatrix} -X_S & 0 \\ S^\alpha - S_S & -D_S \end{bmatrix} \quad \text{(Gleichung 6.94)}$$

Ausgabematrix

$$C = \begin{bmatrix} 1 & 0 \\ 0 & 1 \end{bmatrix} \quad \text{(Gleichung 6.95)}$$

In der Matrix-Gleichung 6.93 stehen die Ableitungen der Funktionen F_1 und F_2 (Gleichung 6.89). Das bedeutet, dass die Ableitung der spezifischen Wachstumsrate gesucht ist.

μ'_S: Partielle Ableitung der Wachstumsrate μ nach der Substratkonzentration S für einen allgemeinen Fall, für die Monod- und die Andrews-Kinetik.

Allgemein $$\mu'_S = \frac{\partial \mu_S}{\partial S} \quad \text{(Gleichung 6.96)}$$

Monod $$\mu'_S = \frac{\mu_{max} \cdot K_S}{(K_S + S)^2} \quad \text{(Gleichung 6.97)}$$

Andrews $$\mu'_S = \frac{\mu_{max}}{\left(K_S + S + \frac{S^2}{K_I}\right)} - \frac{\mu_{max}}{\left(K_S + S + \frac{S^2}{K_I}\right)^2} \cdot S \cdot \left(1 + \frac{2 \cdot S}{K_I}\right) \quad \text{(Gleichung 6.98)}$$

Vereinfacht $$\mu'_S = \mu_{max} \cdot K_I \cdot \frac{(K_S \cdot K_I - S^2)}{(K_S \cdot K_I + S \cdot K_I + S^2)^2} \quad \text{(Gleichung 6.99)}$$

Die partielle Ableitungen von μ'_S aus der Gleichung 6.98 oder 6.99 kann anschließend direkt in Gleichung 6.108 zur Berechnung des Eigenwerts eingesetzt werden. Für die Stabilitätsprüfung muss das Differenzialgleichungssystem nicht vollständig gelöst werden, es ist ausreichend, die zugehörige Systemmatrix A (Jacobi-Matrix) und deren Eigenwerte zu berechnen [23–25].

6.5.3.1 **Berechnung der Eigenwerte [21]**

Allgemeine Berechnung der Eigenwerte λ:

$$\det(\lambda E - A) = \lambda^2 - tr(A) \cdot \lambda + \det(A) = 0 \quad \text{(Gleichung 6.100)}$$

Für die Spur und die Determinante folgt:

$$tr(A) = \mu_S - D_S - D_S - \frac{\mu'_S \cdot X_S}{Y_{XS}} \qquad \text{(Gleichung 6.101)}$$

$$\det(A) = -(\mu_S - D_S) \cdot \left(D_S + \frac{\mu'_S \cdot X_S}{Y_{XS}} \right) + \frac{\mu'_S \cdot X_S \cdot \mu_S}{Y_{XS}} \qquad \text{(Gleichung 6.102)}$$

Im Steady-state gilt $\mu_S = D_S$

$$tr(A) = -D_S - \frac{\mu'_S \cdot X_S}{Y_{XS}} \qquad \text{(Gleichung 6.103)}$$

$$\det(A) = \frac{\mu'_S \cdot X_S \cdot \mu_S}{Y_{XS}} \qquad \text{(Gleichung 6.104)}$$

Die Lösung für λ ist

$$\lambda = \frac{tr(A) \pm \sqrt{(tr\ A)^2 - 4 \cdot \det(A)}}{2} \qquad \text{(Gleichung 6.105)}$$

und da $D_S = \mu_S$:

$$\lambda = \frac{-\mu_S - \frac{\mu'_S \cdot X_S}{Y_{XS}} \pm \sqrt{\left(-\mu_S - \frac{\mu'_S \cdot X_S}{Y_{XS}}\right)^2 - \frac{4 \cdot \mu'_S \cdot X_S \cdot \mu_S}{Y_{XS}}}}{2} \qquad \text{(Gleichung 6.106)}$$

Vereinfachung

$$\lambda = \frac{-\mu_S - \frac{\mu'_S \cdot X_S}{Y_{XS}} \pm \mu_S - \frac{\mu'_S \cdot X_S}{Y_{XS}}}{2} \qquad \text{(Gleichung 6.107)}$$

Die Lösungen für λ: $\lambda_1 = -\lambda_S;\ \lambda_2 = -\frac{\mu'_S \cdot X_S}{Y_{XS}};\ X_S \neq 0$ (Gleichung 6.108)

Durch Einsetzen der entsprechenden Kinetik in μ'_S und den zugehörigen stationären Werten können nun die Eigenwerte berechnet werden. Erhält man für die Eigenwerte negative, reelle Ergebnisse, ist der gefundene Wert stabil.

Da $\mu_S = D_S$ gilt, nimmt eine Lösung immer einen negativen Wert an. Die zweite Lösung ist nur dann positiv, wenn μ'_S negativ ist. Da μ'_S für das Monod-Modell positiv ist, ist die Lösung so lange stabil, bis der erlaubte Bereich verlassen wird: $D < \mu_S(S_S)$.

Für die Andrews-Kinetik kann μ'_S einen negativen oder einen positiven Wert annehmen, sodass die Lösung entweder stabil oder instabil ist [23, 25].

Dies lässt sich auch durch eine weitere Überlegung für die Kinetik von Andrews herleiten.

$S = K_S$, dann gilt: $$\mu_S = \frac{\mu_{max}}{2 + \frac{K_S}{K_I}}$$ (Gleichung 6.109)

$S = K_I$, dann gilt: $$\mu_S = \frac{\mu_{max}}{2 + \frac{K_S}{K_I}}$$ (Gleichung 6.110)

Daraus folgt für das Substrat:

$$S = \sqrt{K_S \cdot K_I}$$ (Gleichung 6.111)

(zwei Lösungen möglich)und für das Wachstum μ_S

$$\mu_S = \frac{\mu_{max}}{2 \cdot \sqrt{\frac{K_S}{K_I}} + 1}$$ (Gleichung 6.112)

Gleichgewichtspunkte für verschiedene Verdünnungsraten D (Tab. 6.4 und 6.5)
Folgende Parameter wurden verwendet
μ_{max} = 0,6 [h^{-1}]; Y_{XS} = 0,33; K_S = 3,1 [g/l]; K_i = 23 [g/l]; S^α = 30 [g/l], D = 0,15–0,60 [h^{-1}]

Ergebnisse Monod [21]

Ergebnisse Andrews
Mit $X_0 = 0$ und $S_0 = S^\alpha$ erfolgt ein Auswaschen der Biomasse.
Mit $X_0 \neq 0$ wird sich eines der berechneten Gleichgewichte einstellen.

Tabelle 6.5 Ergebnisse der Gleichgewichtspunkte und Prüfung auf Stabilität. Stabil X = Ja, O = Nein, – = negativer Wert oder Komplex.

D	Steady-state1 X; S	Eigenwert λ_1; λ_2	Stabilität	Steady-state2 X; S	Eigenwert λ_1; λ_2	Stabilität
0,15	0; 30	0,0992 –0,150	O	9,559 1,033	–0,1505 –3,039	X
0,30	0; 30	–0,051 –0,300	X	8,877 3,100	–0,3 –1,01	X
0,45	0; 30	–0,450 –0,208	X	6,831 9,300	–0,0733 –0,450	X
0,60	0; 30	–0,351 –0,600	X	–	–	–

Tabelle 6.6 Ergebnisse der Gleichgewichtspunkte und Prüfung auf Stabilität. Stabil X = Ja, O = Nein, – = negativer Wert oder Komplex.

D	Steady-state 1 X; S	Eigenwerte λ_1; λ_2	Stabilität	Steady-state 2 X; S	Eigenwerte λ_1; λ_2	Stabilität	Steady-state 3 X; S	Eigenwerte λ_1; λ_2	Stabilität
0,15	0; 30	0,099 –0,15	O	–12,52 67,95	–0,061 –0,15	–	9,554 1,049	–0,150 –3,01	X
0,30	0; 30	–0,0508 –0,3	X	3,529 19,31	0,0564 –0,3	O	8,681 3,693	–0,300 –0,725	X
0,45	0; 30	–0,450 –0,201	X	–	–	–	–	–	–
0,60	0; 30	–0,351 –0,600	X	–	–	–	–	–	–

6.5.3.2 **Dynamisches Modell**

Wird das Differenzialgleichungssystem für die Andrews-Kinetik dynamisch gelöst, so führt der instabile Bereich zu einem der zwei möglichen stabilen Zustände. Aus Tab. 6.6 ist zu erkennen, dass bei einer Verdünnungsrate von 0,3 zwei stabile und eine instabile Lösungen zu erwarten sind. In einem *S*-*X*-Phasendiagramm (Abb. 6.24) wird dies deutlich. Dabei wird die Substratkonzentration gegen die Biomassekonzentration aufgetragen [16, 23, 25].

Je nachdem, mit welchen Initialisierungswerten die Berechnung durchgeführt wurde, stellt sich eines der stabilen Gleichgewichte ein. Werden niedrige Biomassekonzentrationen und hohe Substartkonzentrationen verwendet, so findet ein Auswaschen der Zellen statt. Ab einer bestimmten Biomassekonzentration wird sich das andere stabile Gleichgewicht einstellen. Die Situation, in der das instabile Gleichgewicht nicht erreicht wird, ist in Abb. 6.25 dargestellt.

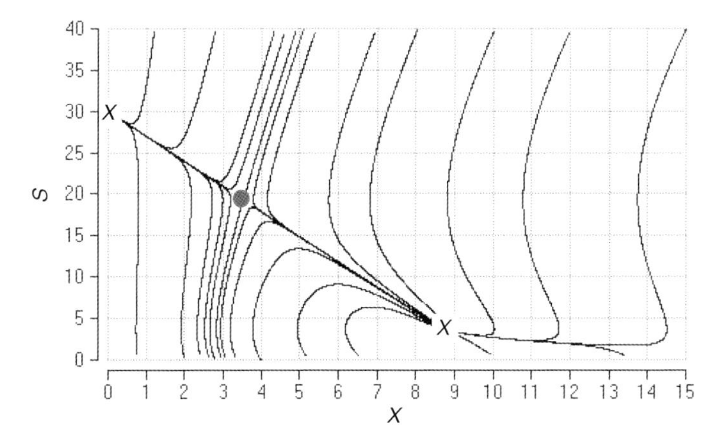

Abb. 6.24 *S*-*X*-Phasendiagramm [18]. *D* = 0,3, *X* = stabil, *O* = instabil [21].

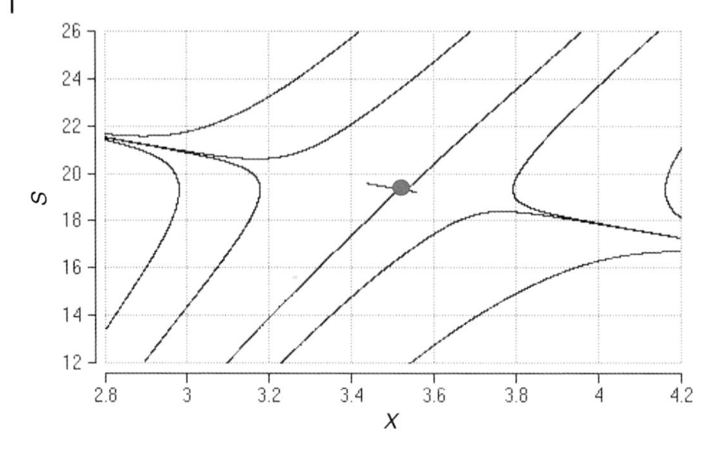

Abb. 6.25 *S-X*-Phasendiagramm [18]. Es liegt ein instabiler Bereich vor (3,53; 19,31) [21].

Literatur

1 Buschulte, T. K.; Yang, H.; King, R.; Gilles, E. D.: Form, action and growth of pellets of Streptomyces. Proc. Biochemical Engineering – Stuttgart, Gustav Fischer Verlag, Stuttgart (1990).

2 King, R.: Mathematische Modelle mycelförmig wachsender Mikroorganismen. Band 103 der Reihe 17; VDI Forschungsberichte, Düsseldorf (1994).

3 Metz, B.: From pulp to pellet – an engineering study on the morphology of moulds. Dissertation, Technische Hogeschool Delft (1976).

4 Schügerl, K.: Grundlagen der chemischen Technik – Bioreaktionstechnik. Band 1; Otto Salle Verlag GmbH & Co, Frankfurt a. Main, Verlag – Sauerländer AG Aarau (1985).

5 Schlegel, H.-G.: Allgemeine Mikrobiologie. Georg Thieme Verlag, Stuttgart, New York, ISBN 3-13-444-6065, **6**. Auflage (1985).

6 Moser, A.: Bioprocess technology. Springer-Verlag, ISBN 3-540-96603-X Wien (1988).

7 Ingham, J.; Dunn, I. J.; Heinzle, E.; Prenosil, J. E.: Chemical engineering dynamics. Wiley-VCH, Weinheim, New York, Chichester, Brisbane, Singapore, Toronto, ISBN 3-527-29776-6 (1995).

8 Schlegel, H.: Allgemeine Mikrobiologie. Georg Thieme Verlag Stuttgart, New York, 7. Auflage (1992).

9 Ditzer, J.; Tschuch, C.; Fasser, S.: Abschlußbericht zum Biotechnologischen Praktikum; Fachhochschule Mannheim – Hochschule für Technik und Gestaltung (2000).

10 Kumar, V.; Ramakrishnan, S.; Teeri, T.T.; Knowles, J.K.; Hartley, B.S.: Saccharomyces cerevisiae cells secreting an Aspergillus niger beta-galactosidase grow on whey permeate. *Biotechnology. Nature Publishing Company*, **10**(1), 82–85.

11 Ramakrishnan, S.; Hartley, B.S.: Fermentation of lactose by yeast cells secreting recombinant fungal lactase. *Applied and Environmental Microbiology*, **59**(12), 4230–4235.

12 Fitzner, U.; Wasmund, R.: Mathematische Modelle biotechnologischer Prozesse – eine Übersicht. *Chemie für Labor und Betrieb*, **31**(9) (1980).

13 Wuchner, H.; Heiler, H.; Egerer, E.: Simulation mikrobiologischer Wachstumsmodelle in der Biotechnologie. *BioEngineering*, **8**(2) (1992).

14 Wolf, K. H.: Kinetik in der Bioverfahrenstechnik. B. Behr's Verlag GmbH & Co., ISBN 3-925673-90-3 (1991).

15 Gaden, E. L. Jr.: *J. Biochem. and Microbiol. Techn. and Eng.* **1**, 413–429 (1959).

16 Dunn, I. J.; Heinzle, E.; Ingham, J.; Prenosil, J. E.: Biological reaction enginee-

ring. VCH-Verlag, Weinheim, ISBN 3-527-285-11-3 (1992).

17 Baerns, M.; Hofmann, H.; Renken, A.: Chemische Reaktionstechnik. Georg Thieme Verlag, Stuttgart New York, ISBN 3-13-687502-8 (1992).

18 Berkley: MADONNA 8.0.1, www.berkley-madonnde.com (2001).

19 LabVIEW, www.ni.com (2012).

20 Dunn, I. J.; Heinzle, E.; Prenosil, J. E.: Biological reactor computer simulation and experimental methods. *Swiss Biotech* 5 (1992).

21 Kalinic, P.: Diplomarbeit Fachhochschule Mannheim – Hochschule für Technik und Gestaltung (2002).

22 Douglas F.: Numerische Methoden. L. Burden Spektrum Akademischer Verlag (1994).

23 Bequette, B. W.: Process dynamics – modeling, analysis and simulation. Prentice Hall PRT Upper Saddle River, New Jersey (1998).

24 Scheibl, H.-J.: Numerische Methoden für Ingenieure. Expert-Verlag, 2 überarbeitete Aufl. (1994).

25 Otto, J.: Mathematik zur Prozesssimulation. Vorlesungsskript Masterkurs Verfahrenstechnik WS 02/03, FH Mannheim für Technik und Gestaltung (2002).

7
Downstream-Processing

Nach der Reaktion liegt das gewünschte Zielprodukt in einem sehr komplexen Gemisch (der Kulturbrühe) vor. Die Aufgabe der Aufarbeitung (Downstream-Processing) besteht nun darin, dieses Produkt mit möglichst wenig Verlust aus dem Gemisch zu isolieren. Um das gewünschte Ziel zu erreichen, bedarf es in der Regel einer Kette von einzelnen Aufarbeitungsstufen, die in der richtigen Sequenz aneinandergereiht werden müssen, um die effektivste Reinigung zu erlangen.

Die für biotechnologische Verfahren wichtigen Unit Operations sind im Wesentlichen mechanische und thermische Trennverfahren sowie Verfahren zur Desintegration von Zellen. Die Aufgaben bestehen in der Zellabtrennung, dem Zellaufschluss, der Abtrennung weiterer Feststoffbestandteile, der Aufkonzentrierung bzw. der Abtrennung von nieder- bis hochmolekularen Stoffen mit der Zielsetzung, eine bestimmte Substanz, das gewünschte Produkt, in ausreichend reiner Form zu isolieren. Verfahrensoperationen, die diesem Ziel dienen, sind Zentrifugation, Filtration mit den Spezialformen Ultrafiltration und Mikrofiltration, Extraktion, Dialyse, Renaturierung und Chromatographie, aber auch Destillation bzw. Rektifikation mit der Spezialform der Pervaporation.

Es würde den Rahmen dieses Buches bei Weitem sprengen, all diese Verfahrensoperationen ausführlich zu beschreiben. Deshalb werden die klassischen Verfahren nur in aller Kürze dargestellt, indem ein Abriss der Aufgaben- und Funktionsprinzipen gegeben wird, die Verfahrens- und Betriebsweisen angesprochen, die wesentlichen Berechnungs- und Auslegungsdaten vorgestellt, Bauarten und Auswahlkriterien zusammengestellt sowie Einsatz- und Auslegungsbeispiele gegeben werden. Die für die Vertiefung vorgeschlagenen Literaturstellen werden an entsprechender Stelle erwähnt. Für die thermische Verfahrenstechnik kann aber besonders das Werk von Klaus Sattler „Thermische Trennverfahren" empfohlen werden [1, 2].

Bioverfahrensentwicklung, 2., vollständig überarbeitete und aktualisierte Auflage. Winfried Storhas

7.1 Mechanische Trennung

7.1.1 Filtration – Mikrofiltration

7.1.1.1 Aufgaben- und Funktionsprinzipien

Die Grundaufgabe besteht in der Abtrennung von Stoffen mit unterschiedlichem Aggregatzustand, d. h. es müssen zwei- oder mehrphasige Stoffgemische mit mindesten einem Feststoffanteil oder im Falle einer homogenen Gasphase einem Flüssiganteil vorliegen, gelöste Stoffe können mit diesen Prinzipien nicht entfernt (abgetrennt) werden. Es kann also fest aus flüssig, fest aus gasförmig oder flüssig aus gasförmig abtrennen. Dies geschieht über mehr oder weniger poröse Schichten, indem bestimmte Partikelgrößen nicht passieren können bzw. der Großteil der Partikel, was zu einer Reduzierung des Feststoffanteils in der Suspension führt. Der Grad der Reduzierung wird als Abscheidegrad bezeichnet.

Als Filterschichten, Filtrationsmittel und Filterhilfsmittel werden folgende Materialien in verschiedenen Funktionen eingesetzt:

- Sand, Kies, Kohle, Granulate, Gele, Tücher, Gewebe, Membranen,
- Kombinationen (Filterhilfsmittel),
- Mehrfachfilterschichten,
- Precoat – Doubleprecoat aus Grobschichten ergeben,
- Tiefenfiltration (Abb. 7.3) meist verwendet als
- Vorfiltration (mehrstufig).

Die Abtrennungsmethoden können gemäß Abb. 7.1 eingeteilt werden.

Bei der Tiefenfiltration werden die in der Suspension kolloidal oder feindispers verteilten Feststoffe in einer porösen Filterschicht zurückgehalten. Es geschieht

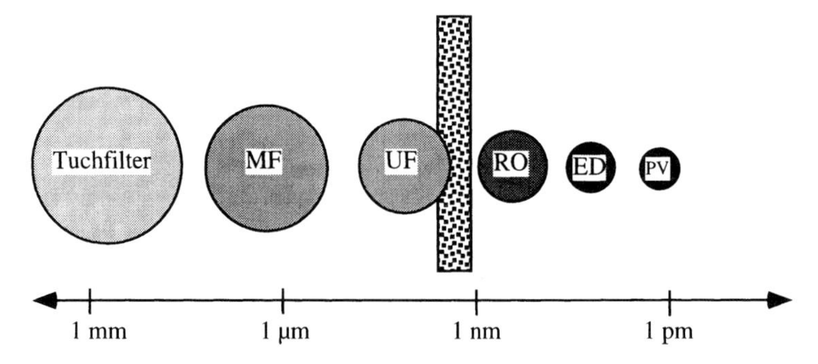

Abb. 7.1 Eingruppierung der Filtration: Die Filtertücher und die Membranen der Mikrofiltration (MF) haben Poren. Ab der Ultrafiltration (UF) wird es schwierig, noch von Poren zu sprechen. Der Transport durch die Membran ist eine Lösungsdiffusion, weil keine Partikel zurückgehalten werden, sondern große, gelöste Moleküle (RO Umkehrosmose; ED Elektrodialyse; PV Pervaporation).

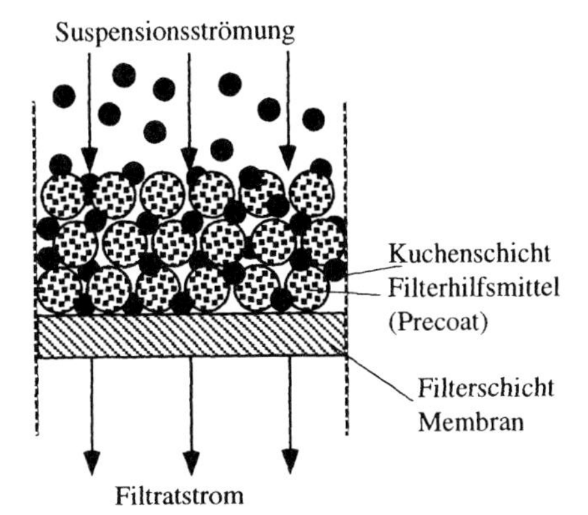

Abb. 7.2 Precoat mit Filterhilfsmittel(n) zum Aufbau einer Tiefenfiltration. Die Abscheidung der Partikel erfolgt überwiegend in der Tiefe der Filterschicht. Hier überwiegt R_M, d. h. $R_M \gg r_C \cdot h_K$. Während ohne Filterhilfsmittel gilt: $R_M \ll r_C \cdot h_K$, d. h. im gebildeten Filterkuchen steckt der höchste Filterwiderstand.

keine Abscheidung an der Oberfläche, sondern ein Eindringen des Feststoffes in die Filtermatrix (Abb. 7.2). Eine Kuchenentnahme zur Gewinnung des reinen, abgeschiedenen Stoffes ist daher nicht möglich.

7.1.1.2 **Verfahrens- und Betriebsweisen**

Damit die Tiefenfiltration zur Wirkung kommt, sollten folgende Bedingungen erfüllt sein:

- Partikelgröße der Feststoffe << Porenweite des Filters, ist dies nicht der Fall, kommt es nach kurzer Zeit zum Umschlag in die Kuchenfiltration;
- Feststoffvolumenkonzentration $c_V < 0{,}5$ %.

Der Vorgang der Partikelabscheidung kann hinsichtlich seiner Wirkungsweise in zwei Schritte unterteilt werden:

- Transport der Feststoffteilchen im Inneren der Filterschicht an die Oberfläche des filteraktiven Materials. Dieser Transport ist beendet, sobald es zum Kontakt des Partikels mit dem Filtermittel kommt.
- Durch verschiedene Haftungsmechanismen bedingte, permanente Ablagerung der Partikel in der Filterschicht nach dem Kontakt Partikel – Filtermaterial.

Je nach Filtrationsgeschwindigkeit unterscheidet man zwischen Langsamfiltern, die mit Filtrationsgeschwindigkeiten von durchschnittlich 0,1 m/h betrieben werden, Feinfiltern mit ca. 1 m/h und Schnellfiltern mit ca. 10 m/h Filtrationsgeschwindigkeit. Ein solcher Schnellfilter, wie er z. B. zur Trinkwasseraufbereitung eingesetzt wird, besitzt im Prinzip eine filterwirksame Schicht, die aus einer aus feinkörnigem Material aufgebauten Schüttung (Quarzsand, Anthrazit, Filterkoks, Aktivkohle) besteht. Die

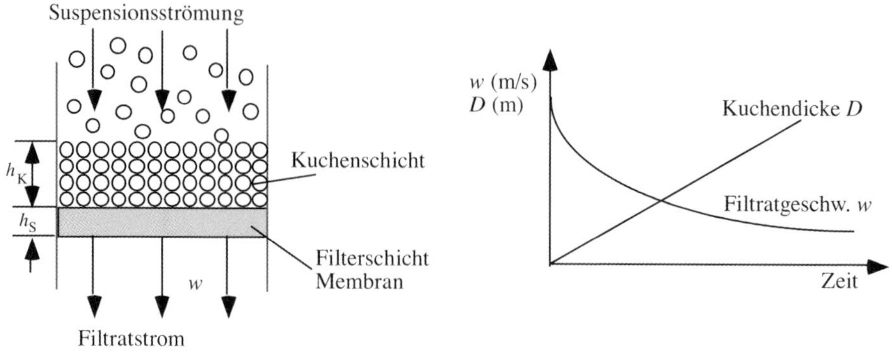

Suspensionsströmung
h_K
h_S
Kuchenschicht
Filterschicht
Membran
w
Filtratstrom
w (m/s)
D (m)
Kuchendicke D
Filtratgeschw. w
Zeit

Abb. 7.3 Dead-end-Filtration – statische Filtration – Kuchen- oder Tiefenfiltration mit Filterhilfsmitteln (vgl. Abb. 7.3). Mit zunehmender Zeit wächst der Kuchen, damit geht die Filtrationsgeschwindigkeit bei konstantem Druck zurück.

Körnung liegt in der Regel zwischen 0,5–4 mm. Die Höhe der Schüttung variiert zwischen 0,5 und 2,5 m. Je feinkörniger das Material der Schüttung ist, desto höher ist der Reinigungseffekt, wodurch geringere Schichthöhen erzielt werden. Allerdings bringt dies den Nachteil einer geringeren Trübstoffaufnahmekapazität mit sich.

Im Wesentlichen werden zwei Filtrationsführungen unterschieden:

- Dead-end-Filtration (Kuchenfiltration, Tiefenfiltration, Abb. 7.3),
- Cross-flow-Filtration (Querstromfiltration, Abb. 7.4).

Im Falle der Kuchenfiltration ist der Kuchen die diskontinuierliche Phase und die fluide Phase die kontinuierliche Phase. Die Anströmung erfolgt senkrecht zur Membran. Es muss ein Druck zum Durchpressen des Filtrates aufgebracht werden. Dabei wächst die Kuchenschicht mit der Zeit und damit auch der Widerstand. Das treibende Gefälle ist die Druckdifferenz (Abb. 7.3). Die Druckdifferenz Δp kann mit Gleichung 7.1 beschrieben werden:

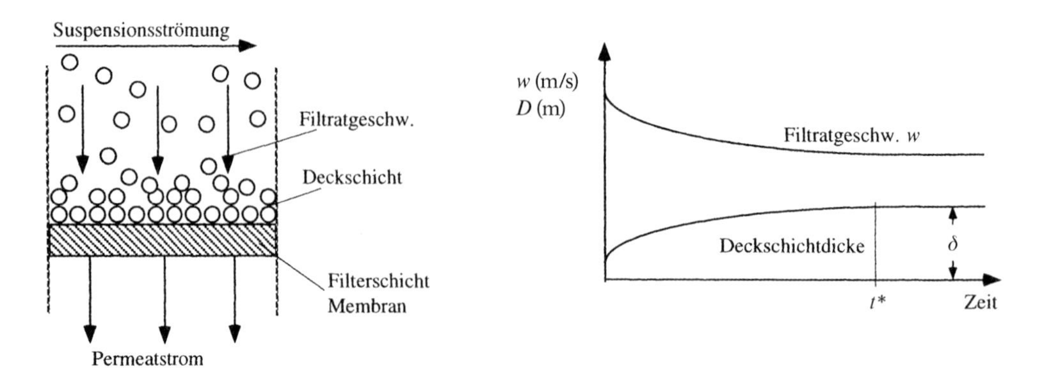

Abb. 7.4 Cross-flow-Filtration – dynamische Filtration – Querstromfiltration – Deckschichtkontrolle.

$$\Delta p = w \cdot \eta_L \cdot (R_M + r_C\, h_K) \qquad \text{(Gleichung 7.1)}$$

Durch Umstellung von Gleichung 7.1 erhält man für die Filtergeschwindigkeit w unter Vernachlässigung des Filtertuchwiderstandes ($R_M \rightarrow 0$):

$$w = \frac{\Delta p}{\eta_L \cdot r_C \cdot h_K} \qquad \text{(Gleichung 7.2)}$$

In Gleichung 7.1 bedeuten w die Anströmgeschwindigkeit (in m/s), η_L die dynamische Viskosität der homogenen Phase (in Pa · s), R_M den Filtertuchwiderstand (Membranwiderstand, in m^{-1}), r_C den spezifischen Widerstand des sich bildenden Kuchens (in m^{-2}) und h_K schließlich die Kuchenhöhe (in m). Beide Widerstände gewinnt man aus dem Experiment. Da die Kuchenhöhe sich mit der Zeit verändert, ändert sich auch der Filtrationswiderstand des Kuchens.

Im Falle der Filterhilfsmittelverwendung überwiegt der Filterhilfsmittelwiderstand, während ohne Filterhilfsmittel der Widerstand des Kuchens dominiert.

Mögliche Betriebsweisen sind die semikontinuierliche und die kontinuierliche Fahrweise. Letztere führt in bestimmten Zeitabständen immer wieder zum Kuchenaufbau, wozu sich eine Unterbrechung mit notwendigem Kuchenaustrag anschließt. Der Kuchenaustrag kann manuell erfolgen oder aber mit mechanischen Austragshilfen. Soll ein Verfahren mit ununterbrochenem Suspensionsstrom etabliert werden, muss die Filtrationsstufe mindestens doppelt ausgeführt werden.

Das Prinzip der Querstromfiltration hat in den letzten 20 Jahren ein breites Einsatzfeld in der Bioverfahrenstechnik gefunden. Diese Verbreitung ist die Folge der durch die besondere Strömungsführung bedingten Kontrolle der Filtrationswiderstände, die es erlaubt, auch Systeme mit hohen spezifischen Kuchenwiderständen oder kompressiblem Verhalten, wie es bei biotechnologischen Suspensionen des Öfteren auftritt, zu filtrieren. Die Querstromfiltration, die oft auch Crossflow-Filtration (CFF) genannt wird, lässt sich wie folgt charakterisieren (Abb. 7.5):

- Abscheidung des Feststoffes an der Oberfläche,
- kein Eindringen des Feststoffes in die Filtermatrix,
- keine Kuchenbildung, sondern

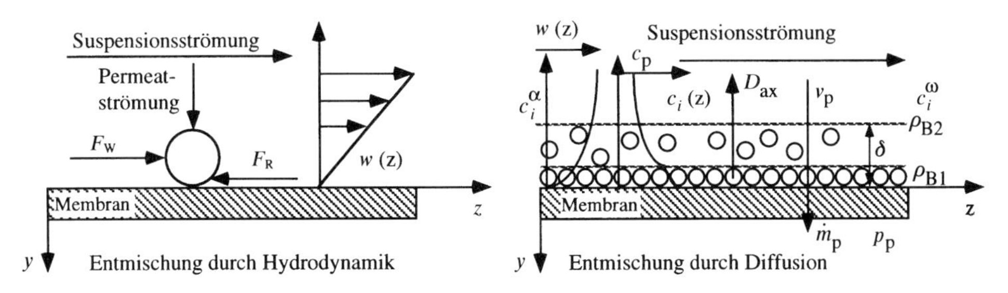

Abb. 7.5 Deckschichtkontrolle bei der Querstromfiltration.

- Deckschichtbildung
- nur Aufkonzentrierung möglich.

Bei der Querstromfiltration ist ein kontinuierlicher oder auch ein Batch-weiser Betrieb denkbar. Die kontinuierliche Querstromfiltration setzt allerdings eine stationäre Deckschichtkontrolle voraus. Ist das nicht erreichbar, muss in bestimmten Zeitabständen die Membran gereinigt und damit der Filtrationsvorgang unterbrochen werden.

Zwei Besonderheiten im Bereich biotechnologischer Verfahren stellen die Sterilfiltration von Flüssigkeiten und Gasen mit Membranfiltern dar [3].

7.1.1.3 **Berechnungs- und Auslegungsdaten**

Zur Auslegung eines Schnellfilters ist es notwendig, die Konzentration c einer bestimmten Partikelart sowie die Filterbeladung unter gegebenen Eingangsbedingungen als Funktion der Filterschichttiefe z und der Filterlaufzeit t zu kennen. Von der Beladung hängt logischerweise auch der Druckverlust über die Filtersäule ab.

Zur Beschreibung der Vorgänge benötigt man eine Massenbilanz für den Feststoff sowie einen Kinetikansatz. Um den Filter beschreiben zu können, werden weiterhin die Bedingungen:

- die Trübstoffabscheidung sei hinreichend gut,
- der maximale Druckverlust über der Filtersäule falle mit dem Punkt der maximal möglichen Beladung zusammen

eingeführt.

Die Massenbilanz hat die Form

$$u \cdot \frac{\partial c_v}{\partial z} + \frac{\partial(\epsilon \cdot c_v + \sigma)}{\partial t} = 0 \qquad \text{(Gleichung 7.3)}$$

Der linke Term in Gleichung 7.3 stellt die Änderung der Konzentration mit der Filterbetttiefe z dar, während der rechte Term die Feststoffabscheidung σ in der Porenflüssigkeit $\epsilon \cdot c_v$ repräsentiert.

Zur Lösung der die Zusammenhänge beschreibenden Differenzialgleichungen müssen zahlreiche Vereinfachungen gemacht und Annahmen getroffen werden, die an dieser Stelle allerdings nicht ausformuliert werden sollen [4].

Die maßgebenden filtrationstechnischen Größen der Filterauslegung sind:

- der zu beherrschende Volumenstrom,
- die Kuchenbildungsgeschwindigkeit $f(c_S)$,
- der zulässige Druckverlust f (Medium, Festigkeit),
- die Kuchenrestfeuchte f (Weiterverwendung).

Die Grundgleichung zur Beschreibung der kuchenbildenden Filtration geht von der Berechnungsgleichung für einen Volumenstrom $\dot{V}$(in m^3/s) durch ein poröses System nach Darcy aus (auch Gleichung 7.1):

$$\dot{V} = \frac{A \cdot \Delta p}{\eta \cdot R} \qquad \text{(Gleichung 7.4)}$$

In Gleichung 7.4 repräsentiert R den Widerstand des porösen Körpers (in m^{-1}), A die Fläche (in m^2), Δp den Druckverlust (in N/m^2) und η die dynamische Viskosität des Fluids (in Pa · s).

Gültigkeit hat die Darcy-Gleichung nur bei laminarer Strömung, was als praxisrelevant bezeichnet werden kann. Des Weiteren wird in Gleichung 7.4 die Schwerkraft vernachlässigt, und es wird eine Inkompressibilität des Kuchens vorausgesetzt. Ansonsten würde der Kuchenwiderstand eine Funktion des Druckes, besser der Druckdifferenz, werden, d. h. der Gesamtwiderstand ist eine Funktion des Druckverlustes $R = f(\Delta p)$.

Bezieht man den Volumenstrom auf die Fläche, so erhält man die Leerrohrgeschwindigkeit:

$$w = \frac{\Delta p}{\eta_L \cdot R} \qquad \text{(Gleichung 7.5)}$$

Der Gesamtwiderstand R setzt sich aus den einzelnen Widerständen zusammen:

$$R = \sum_{i=1}^{n} R_i$$

$$R = r_C \cdot h_K + R_M \qquad \text{(Gleichung 7.6)}$$

Setzt man Gleichung 7.6 in 7.5 ein, so erhält man mit der dynamischen Flüssigkeitsviskosität η_L die Gleichung:

$$w = \frac{\Delta p}{\eta_L \cdot (r_C \cdot h_K + R_M)} \qquad \text{(Gleichung 7.7)}$$

In Gleichung 7.7 ist die Kuchendicke ebenso eine Funktion der Zeit $h_K = f(t)$ wie die Fließgeschwindigkeit $w = f(t)$, wenn der Druck konstant gehalten wird: Δp = const.

Der Filtertuchwiderstand wird meist sehr klein sein ($R_M \to 0$), so führt das zu Gleichung 7.2. Aufgrund der Vereinfachung gilt Gleichung 7.8 erst ab der Zeit, zu der der Filterkuchen angewachsen ist ($h_K > 0$).

Die Annahme, dass der spezifische Filterkuchenwiderstand proportional zur Kuchenhöhe ist ($r_C \sim h_K$), ist für einen inkompressiblen Kuchen durchaus zulässig, doch in der Praxis oft als nicht real einzustufen.

Der spezifische Durchströmungswiderstand charakterisiert ein Haufwerk (Filterkuchen) und ist eine Funktion der Porosität, der Struktur, der Verteilung und der Oberflächenbeschaffenheit. Eine Berechnung des spezifischen Durchströmungswiderstandes birgt große Unsicherheiten und kann daher als nicht möglich eingestuft werden. Somit kann der spezifische Durchströmungswiderstand ebenso wie der Tuchwiderstand nur aus einem Experiment gewonnen werden.

Für die Herleitung der Grundgleichung der Kuchenbildung werden folgende Randbedingungen für den Kuchen vorausgesetzt: Die Zusammensetzung der Suspension ist gleichbleibend (homogen), ebenso wird die Porosität als homogen und konstant im gesamten Kuchen angenommen ($\neq f(t,x,y,z)$ und = const.) und der Kuchen ist inkompressibel. Mit diesen Randbedingungen kann die Kuchendicke proportional zur Filtratmenge angenommen werden:

$$h_K = \frac{\kappa}{A} \cdot V_L \qquad \text{(Gleichung 7.8)}$$

Die Proportionalitätskonstante κ, das sogenannte spezifische Kuchenvolumen $\left[\frac{V_K}{V_L}\right]$, lässt sich aus einer Massenbilanz gewinnen:

$$A \cdot h_K(1-\epsilon) \cdot \rho_S = (V_L + A \cdot h_K \cdot \epsilon) \cdot \rho_L \cdot c \qquad \text{(Gleichung 7.9)}$$

mit der Definition für die Porosität:

$$\epsilon \equiv \frac{V_L}{V} \qquad \text{(Gleichung 7.10)}$$

In Gleichung 7.9 steht links die Feststoffmenge und rechts die Flüssigkeitsmenge multipliziert mit dem Massenverhältnis (c, Gleichung 7.12).

Aus Gleichungen 7.8 und 7.9 folgt schließlich ein Zusammenhang für das spezifische Kuchenvolumen κ:

$$\kappa = \frac{c \cdot \rho_L}{(1-\epsilon) \cdot \rho_S - \epsilon \cdot c \cdot \rho_L} \qquad \text{(Gleichung 7.11)}$$

Zur Beschreibung des Filtrationsvorganges sind verschiedene Konzentrationsmaße bzw. -verhältnisse möglich.

In Gleichung 7.12 ist das Verhältnis der Feststoffmasse zur Flüssigkeitsmasse dargestellt:

$$c = \frac{\text{kg Feststoff}}{\text{kg Flüssigkeit}} \qquad \text{(Gleichung 7.12)}$$

In Gleichung 7.13 ist das Verhältnis der Feststoffmasse zum Flüssigkeitsvolumen angegeben:

$$C_V = \frac{\text{kg Feststoff}}{\text{Liter Suspension}} \qquad \text{(Gleichung 7.13)}$$

In Gleichung 7.14 ist das Verhältnis der Feststoffmasse zur Suspensionsmasse verwendet:

$$C_g = \frac{\text{kg Feststoff}}{\text{kg Suspension}} \qquad \text{(Gleichung 7.14)}$$

Aus den Gleichungen 7.12–7.14 kann die gemeinsame Beziehung 7.15 gewonnen werden:

$$C_V = \frac{\rho_L \cdot C_g}{1 - \left(1 - \frac{\rho_L}{\rho_S}\right) \cdot C_g} \qquad \text{(Gleichung 7.15)}$$

Die Durchlässigkeit Pc beschreibt die Eigenschaft des Kuchens (der Schicht). Sie ist wie folgt definiert:

$$\text{Pc} \equiv \frac{\bar{x}^2}{K(\epsilon)} \qquad \text{(Gleichung 7.16)}$$

Die Porosität lässt sich durch die Restfeuchte ersetzen. Diese ist wie folgt definiert:

$$\text{RFo} \equiv \frac{m_L}{m_L + m_S} \qquad \text{(Gleichung 7.17)}$$

Es gilt somit mit Gleichung 7.17 für die Porosität:

$$\epsilon = \frac{\text{RF}_0 \cdot \rho_S}{\text{RF}_0 \cdot \rho_S + (1 - \text{RF}_0) \cdot \rho_L} \qquad \text{(Gleichung 7.18)}$$

Mit der trockenen Kuchendichte ρ_{kt}

$$\rho_{kt} = (1 - \epsilon) \cdot \rho_S \qquad \text{(Gleichung 7.19)}$$

wird aus Gleichung 7.11:

$$\kappa = \frac{\frac{\rho_L}{\rho_{kt}}}{\frac{1 - C_g}{C_g} \cdot \frac{\text{RF}_0}{1 - \text{RF}_0}} \qquad \text{(Gleichung 7.20)}$$

Mit einer Beziehung für die Strömungsgeschwindigkeit und der Gleichung 7.2 findet man einen Zusammenhang zwischen der Strömungsgeschwindigkeit w und der Kuchenaufbaugeschwindigkeit:

$$w = \frac{dV}{A \cdot dt} \quad \textit{bzw.} \quad w = \frac{dh}{\kappa \cdot dt} \qquad \text{(Gleichung 7.21)}$$

Damit erhält man die Grundgleichung der kuchenbildenden Filtration:

$$\frac{dh}{dt} = \frac{\kappa \cdot \Delta p}{\eta_L \cdot (r_C \cdot h_K + R_K)} \qquad \text{(Gleichung 7.22)}$$

Es existieren nun mehrere Integrationsmöglichkeiten von Gleichung 7.22. Zunächst kann das bei konstantem Filtrationsdruck, also bei p = const. erfolgen, was zur Integralgleichung 7.23 und den nachfolgenden Lösungen führt:

$$\Delta p \int_0^{t_1} dt = \frac{\eta_L}{\kappa} \int_0^{h_K} (r_C \cdot h_K + R_M) \cdot dh \qquad \text{(Gleichung 7.23)}$$

sowie

$$\Delta p \cdot t_1 = \frac{\eta_L}{\kappa} \cdot \left(r_C \cdot \frac{h_K^2}{2} + R_M \cdot h_K \right) \qquad \text{(Gleichung 7.24)}$$

Schließlich kann man daraus die Entwicklung der Kuchenhöhe nach der Zeit t_1 finden:

$$h_K = \sqrt{\left(\frac{R_M}{r_C}\right)^2 + \frac{2 \cdot \kappa}{\eta_L \cdot r_C} \cdot \Delta p \cdot t_1} - \frac{R_M}{r_C} \qquad \text{(Gleichung 7.25)}$$

Für den Feststoffdurchsatz bezogen auf den trockenen Kuchen nach n Zyklen erhält man die Berechnungsgleichung:

$$\dot{m}_S = n \cdot h_K \cdot \rho_{kt} \cdot A \qquad \text{(Gleichung 7.26)}$$

mit $R_M \to 0$ in Gleichung 7.20 folgt:

$$\dot{m}_S = n \cdot n\, \rho_{kt} \cdot A \sqrt{\frac{2 \cdot \kappa}{\eta_L \cdot r_C} \cdot \Delta p \cdot t_1} \qquad \text{(Gleichung 7.27)}$$

Über die Feststoffkonzentration in der Suspension erhält man schließlich den konstant gehaltenen Filtratstrom $\dot{V}_F$:

$$\dot{V}_F = \frac{\Delta p \cdot A}{\eta_L \cdot \left(r_C \cdot \frac{\kappa}{A} \cdot \dot{V}_F \cdot t_1 + R_M\right)} \qquad \text{(Gleichung 7.28)}$$

Aus Gleichung 7.25 kann durch Umformung der zeitliche Verlauf des Druckverlustes berechnet werden. Nimmt man an, dass der Widerstand im Filtertuch vernachlässigbar ist ($R_M \to 0$), so kann der Filterkuchenwiderstand r_C aus dem

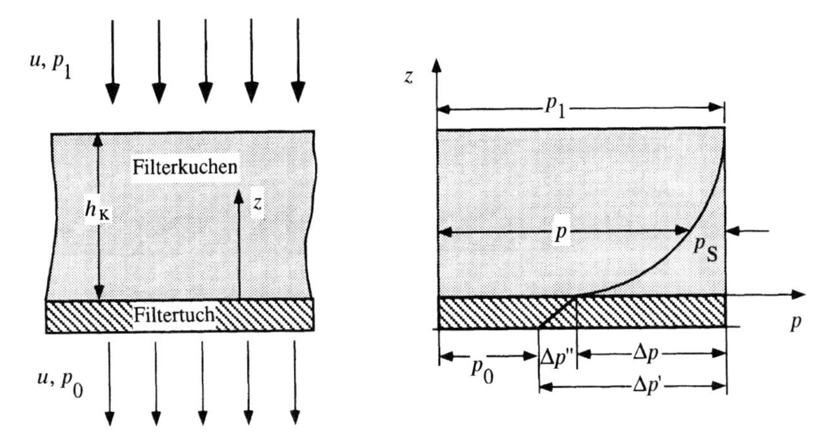

Abb. 7.6 Verhalten des Druckes über Kuchen und Tuch.

Experiment bestimmt werden:

$$r_C = \frac{\Delta p}{h_K \cdot w \cdot \eta_L} \qquad \text{(Gleichung 7.29)}$$

Erweitert man die Betrachtungen auf einen homogenen, kompressiblen Filterkuchen mit der Annahme, dass die Porosität vom örtlichen Druck abhängt ($\epsilon = f(p_S)$), auch Abb. 7.6), so lässt sich folgende Herleitung durchführen:

Aus Abb. 7.6 lässt sich der Zusammenhang gemäß Gleichung 7.30 ablesen:

$$p_S = p_1 - p \qquad \text{(Gleichung 7.30)}$$

Für einen bestimmten Feststoff gilt:

$$p_S = f\ (z, h_K, \Delta p) \qquad \text{(Gleichung 7.31)}$$

Aus einer dimensionsanalytischen Betrachtung lassen sich schließlich die Zusammenhänge gemäß der Gleichungen 7.32 und 7.33 finden:

$$p_S = \Delta p \cdot f\left(\frac{z}{h_K}\right) \qquad \text{(Gleichung 7.32)}$$

$$p_S = \Delta p \cdot \left(1 - \frac{z}{h_K}\right) \cdot m \qquad \text{(Gleichung 7.33)}$$

Für die mittlere Filtrationsgeschwindigkeit $\bar{w}$ hat die Gleichung von Darcy in der Literatur breite Anerkennung gefunden. In differenzieller Form lässt sich diese Gleichung wie folgt angeben:

$$\bar{w} = \frac{P_C}{\eta_L} \cdot \frac{dp}{dx} \qquad \text{(Gleichung 7.34)}$$

Die Durchlässigkeit ist dabei eine Funktion der Porosität, also $P_c = f(\epsilon)$ (Gleichung 7.16), und die Porosität wiederum hängt vom örtlichen Filtrationsdruck ab. Es gilt also:

$$\epsilon = f(p_S) \qquad \text{(Gleichung 7.35)}$$

Aus Gleichung 7.34 folgt für die mittlere Filtrationsgeschwindigkeit:

$$\bar{w} = -\frac{P_C(p_S)}{\eta_L} \cdot \frac{dp_S}{dx} \qquad \text{(Gleichung 7.36)}$$

Nach Integration über die Kuchendicke:

$$\bar{w}\,\eta_L \int_0^{h_K} dx = \int_0^{\Delta p} P_c(p_S) \cdot dp_S \qquad \text{(Gleichung 7.37)}$$

erhält man Gleichung 7.38:

$$\bar{w}\,\eta_L\,h_K = \int_0^{\Delta p} P_c(p_S) \cdot dp_S \qquad \text{(Gleichung 7.38)}$$

Bildet man den Mittelwert für P_C über die gesamte Kuchenhöhe, so ergibt sich der Zusammenhang:

$$\bar{w} = \frac{P_C}{\eta_L} \cdot \frac{\Delta p}{h_K} \qquad \text{(Gleichung 7.39)}$$

bzw.

$$\bar{P}_C = \frac{1}{\Delta p} \int_0^{\Delta p} P_C(p_S)\,dp_S = \bar{P}_C(\Delta p) \qquad \text{(Gleichung 7.40)}$$

Eine völlig andere Kuchenstruktur liegt vor, wenn die mittlere Porosität $\bar{\epsilon}$ und die Durchlässigkeit $\bar{P}_C$ eine Funktion vom Filtrationsdruck sowie von der Kuchenhöhe oder der Zeit sind. Das trifft zu, wenn die Poren im Filterkuchen nach und nach verstopfen oder durch Ausgasung im Filterkuchen Gasblasen zur Verstopfung führen.

Der Zusammenhang zwischen Kuchendicke und Filtratmenge bei ähnlicher Kuchenstruktur ist durch Gleichung 7.41 gegeben

$$h_K = \frac{\gamma \cdot \rho_L}{(1-\epsilon) \cdot \rho_S - \epsilon \cdot \gamma \cdot \rho_L} \cdot \frac{V_L}{A} = \kappa(\Delta p) \cdot \frac{V_L}{A} \qquad \text{(Gleichung 7.41)}$$

Mit dem Mittelwert der Durchlässigkeit führt Gleichung 7.41 zu einer Gleichung für den kompressiblen Kuchen:

$$\frac{dV_L}{dt} = \frac{A}{\eta_L} \cdot \frac{\Delta p}{\left(\frac{\kappa \cdot V_L}{\bar{P}_C \cdot A}\right) + R_M} \qquad \text{(Gleichung 7.42)}$$

In Gleichung 7.42 sind das spezifische Kuchenvolumen κ und die Durchlässigkeit $\bar{P}_C$ eine Funktion des Druckverlustes (Δp), nicht aber eine Funktion des Druckverlustes ($\Delta p'$).

Es bestehen nun mehrere Integrationsmöglichkeiten von Gleichung 7.41. Zunächst kann die Durchführung bei konstantem Druck erfolgen. Dabei unterteilt man den Filtrationsvorgang in zwei Bereiche, in eine Anfangsphase, bei der für den Druckverlust $0 < \Delta p < \Delta p'$ gilt, und in einen Bereich bei größerer Kuchendicke, wo die Druckverluste, die Durchlässigkeit und die Proportionalitätskonstante konstant sind (Δp, $\Delta p'$, $\bar{P}_C$, κ = const.). Zu Gleichung 7.42 lässt sich noch der Zusammenhang:

$$\Delta p = \Delta p' - \Delta p'' = \Delta p' - \frac{R_M \cdot \eta_L}{A} \cdot \frac{dV_L}{dt} \qquad \text{(Gleichung 7.43)}$$

angeben. Die Gleichung 7.25 und 7.26 gelten auch in diesem Fall.

Eine zweite Integrationsmöglichkeiten besteht darin, die Betrachtung bei konstantem Volumenstrom ($\dot{V}$ = const.) durchzuführen. Es gilt für den zeitlichen Druckanstieg:

$$\Delta p = \frac{\dot{V}^2 \cdot \eta_L \cdot \kappa(\Delta p)}{A^2 \cdot \bar{P}_C(\Delta p)} \cdot t_1 \qquad \text{(Gleichung 7.44)}$$

sowie für den Druck $\Delta p''$:

$$\Delta p'' = \frac{\dot{V} \cdot \eta_L \cdot R_M}{A} \qquad \text{(Gleichung 7.45)}$$

Den Wert für den Druckverlust Δp trägt man in Gleichung 7.46 ein. Zur Bestimmung muss allerdings $\Delta p'$ bekannt sein. Somit kann eine Lösung nur durch Iteration herbeigeführt werden.

Mittels der Grapfik in Abb. 7.7 und der nachfolgenden Gleichungen 7.46–7.48 können der Kuchen- und der Tuchwiderstand bestimmt werden.

Mit Gleichungen 7.9 und 7.25 findet man:

$$V_L \cdot \left(\frac{\kappa \cdot V_L}{P_C} + 2 \cdot R_M \cdot A\right) = \frac{2 \cdot A^2 \cdot \Delta p \cdot t_1}{\eta_L} \qquad \text{(Gleichung 7.46)}$$

Mit den Abkürzungen

$$c_0 = \frac{R_M \cdot \eta_L}{A \cdot \Delta p} \quad \text{und} \quad c_1 = \frac{\kappa \cdot \eta_L}{2 \cdot P_C \cdot A^2 \cdot \Delta p} \qquad \text{(Gleichung 7.47)}$$

folgt daraus eine Geradengleichung:

$$\frac{t_1}{V_L} = c_0 + c_1 \cdot V_L \qquad \text{(Gleichung 7.48)}$$

Dividiert man die Filtrationszeit durch das Filtratvolumen und trägt diesen Wert über V_L auf, so können aus dieser Geraden c_0 (Schnittpunkt der Ordinaten) der Filterkuchenwiderstand R_M, und c_1 (Steigung der Geraden), d. h. das Verhältnis κ / P_c bzw. r_c, gefunden werden (Abb. 7.7).

Um die Querstromfiltration (CFF) beschreiben zu können, muss man Darstellungen finden, die die Permeation widerspiegeln. Zur Beschreibung der Membranpermeation lässt sich das Gesetz nach Gernedel anwenden [5]. Nach der dabei vorgeschlagenen, stark vereinfachten Betrachtungsweise kann man sich eine Porenmembran als eine kontinuierliche Phase vorstellen, innerhalb derer es eine Anzahl n zylindrischer, gerader Durchgangsporen gibt. Für die Permeation durch eine solche Schicht gilt das Hagen-Poiseuille'sche Gesetz:

$$w = \frac{dp^2 \cdot \epsilon_0 \cdot \Delta p_m}{32 \cdot \eta_P \cdot \Delta X_M} \qquad \text{(Gleichung 7.49)}$$

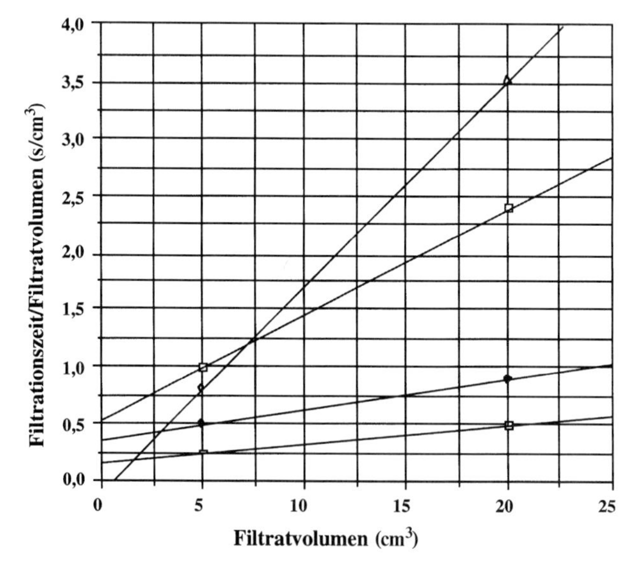

Abb. 7.7 Grafik zur Ermittlung des Filterwiderstandes.

In Gleichung 7.49 bedeuten:

w: Permeationsgeschwindigkeit (Filtrationsgeschwindigkeit, in m/s)
dp: Porendurchmesser (in m)
ϵ_0: Volumenporosität der Struktur (–)
Δp_{tm}: transmembrane Druckdifferenz (in Pa)
η_p: dynamische Permeatviskosität (in Pa · s)
ΔX_M: Membrandicke (in m)

Die Randbedingungen für die Gültigkeit sind:

- zylindrische Durchgangsporen,
- keine Dead-end-Poren,
- keine Wechselwirkungen zwischen permeierendem Medium und der Schicht,
- vollständige Benetzung der Struktur.

Durch die Einführung der Dichte des Permeats ρ_P folgt:

$$w \cdot \rho_p = \dot{m}_p = \frac{\Delta p_{tm} \cdot \rho_p}{32 \cdot \eta_p} \cdot \frac{dp^2 \cdot \epsilon_0}{\Delta X_M} \qquad \text{(Gleichung 7.50)}$$

mit der spezifischen Permeationsleistung $\dot{m}_p$ in kg/(m^2 · h).

Der Term $\frac{dp^2 \cdot \epsilon_0}{\Delta X_M}$ hat dabei die Qualität eines reziproken Widerstandes.

Gernedel hat 1975 diesen Sachverhalt erkannt und die nach ihm benannte Gleichung

$$\dot{m}_p = \frac{\Delta p_{tm}}{32 \cdot \nu_p} \cdot \frac{1}{R_M} \qquad \text{(Gleichung 7.51)}$$

mit R_M als dem Membranwiderstand aufgestellt.

In der Praxis spielt der Widerstand der unbeeinflussten Membran jedoch nur zu Beginn der Filtration eine Rolle. Durch den Betrieb als Filtermedium stellt sich nach kurzer Betriebszeit eine sogenannte Deckschicht ein, die als Sekundärmembran wirkt und den Stoffaustausch kontrolliert.

Diese Deckschicht beinhaltet zusätzliche Widerstände, die die Permeation beeinflussen. In Erweiterung der Gernedel-Gleichung kann man, ähnlich der Kuchenfiltration, diese Widerstände in folgendem Ausdruck fassen:

$$\dot{m}_p = \frac{\Delta p_{tm}}{32 \cdot \nu_p} \cdot \frac{1}{R_M + \sum_{i=1}^{n} R_i} \qquad \text{(Gleichung 7.52)}$$

In der Summe $\sum_{i=1}^{n} R_i$ sind alle Widerstände enthalten, die zusätzlich zum reinen Permeationswiderstand der Membran die Permeation im Betrieb behindern.

Dies sind z. B.

- elektrostatische Anlagerungen (Doppelschichten) $R_{a,el}$,
- hydrophobe Wechselwirkungen $R_{a,h}$,
- mechanische Rückhaltung (Siebeffekt) R_d,
- Deckschichtbildung.

Zur Berechnung der einzelnen Widerstände und ihrer Auswirkungen auf den Stofftransport gibt es zahlreiche Ansätze, die sich meist auf die physikalisch-chemischen Grundlagen des Zustandekommens der Widerstandsphänomene beziehen oder sehr speziell die Dynamik ihres Aufbaus und ihrer Veränderung beschreiben.

Im Rahmen dieses Buches werden lediglich die allgemein anerkannten Modelle des deckschichtkontrollierten Stoffaustauschs, und zwar die Modelle der

- diffusiven Entmischung und der
- hydrodynamischen Entmischung

diskutiert.

Innerhalb des Modells der diffusiven Entmischung geht man davon aus, dass nicht die eigentliche Membran, sondern die sich bereits beim Anlaufvorgang bildende Deckschicht den Stoffaustausch kontrolliert. Die während des Filtrationsvorgangs an der Membran abgelagerten Spezies unterliegen zwei Gruppen von Kräften:

- fixierende Kräfte – Adhäsion, Adsorption, Anpressung (durch die Permeatströmung),
- ablösende Kräfte – Diffusion, Hydrodynamik.

Zum Zeitpunkt $t = t_1$, der nach der Einlaufphase liegen soll, finden wir die in Abb. 7.8 dargestellte Situation vor. In einem durch Membranen begrenzten Strömungskanal seien zum Zeitpunkt $t = t_1$ alle Einlaufvorgänge abgeschlossen, wobei $t_1 > t^*$.

Es soll gelten:

$$\begin{matrix} c_i^\alpha = \text{const.} \\ c_i^\omega = \text{const.} \end{matrix} \quad \times \quad c_i^\omega < c_i^\alpha = \text{const.}$$

$$\dot{m}_p = \text{const.}; \quad \Delta p_{tm} = \text{const.}$$

Aus diesen Bedingungen folgt zwangsläufig, dass ein Mechanismus vorhanden sein muss, der bereits abgelagertes Material in die Strömung zurücktransportiert bzw. Material an der Deposition hindert.

Betrachtet man die „Partikelgrößenkollektive", die in der CFF zur Abtrennung vorliegen, so ist ersichtlich, dass im Bereich der Ultrafiltration für diesen Mechanismus nur ein diffusiver Vorgang infrage kommt. Die Rückdiffusion aus der

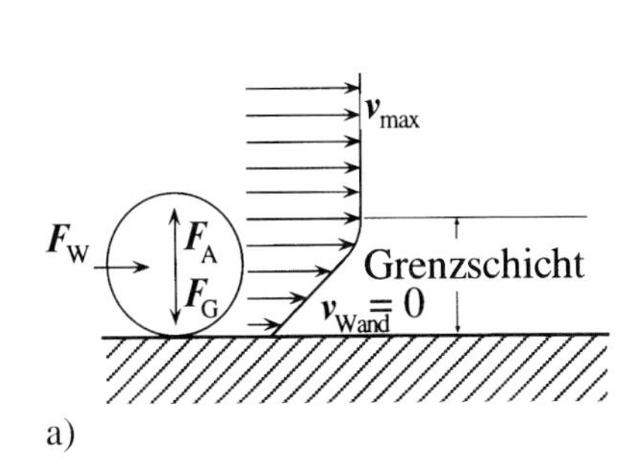

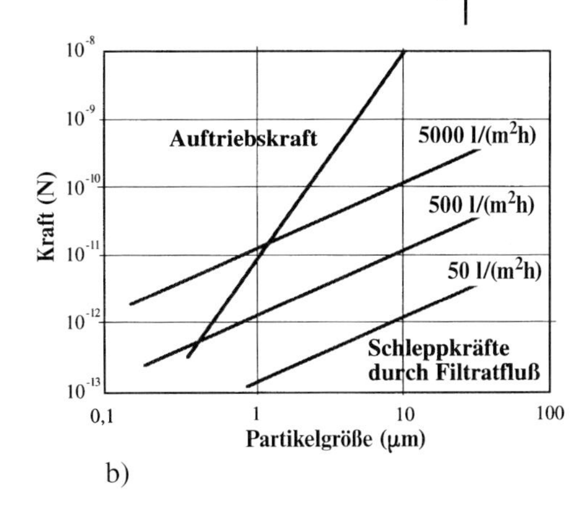

Abb. 7.8 Kräfte an einem strömenden Partikel.

Grenz- bzw. Gelschicht in den Strömungskanal erfolgt entlang eines durch die Filtration in Richtung der Membran aufgebauten Konzentrationsgradienten. Für einen Zeitpunkt $t_1 > t^*$ gilt folgende Stoffbilanz:

$$\dot{m}_{\text{konvektiv}} \rightarrow \text{Membran} = \dot{m}_{\text{diffusiv}} \leftarrow \text{Membran}$$

Die zeitliche Änderung der Komponente B, $\mathrm{d}B/\mathrm{d}t$, wird beschrieben zu (Abschnitte 2.2–2.6, Gleichungen 2.110, 2.122, 2.157, 2.162 und 2.163):

$$\frac{\mathrm{d}B}{\mathrm{d}t} = \rho_{\mathrm{B}} \cdot (\nabla \vec{v}) - \nabla \phi_{\mathrm{D,B}} + r_{\mathrm{B}} \qquad \text{(Gleichung 7.53)}$$

Darin sind

Konvektionsterm $\quad \rho_{\mathrm{B}} \cdot (\nabla \vec{v}) \qquad$ (Gleichung 7.54)

Diffusionsstrom $\quad \nabla \vec{\phi}_{\mathrm{D,B}} \qquad$ (Gleichung 7.55)

und r_{B} die Quellen (Bildung) bzw. Senken (Verbrauch) für B.

Da im Falle der Membranpermeation lediglich die Richtung senkrecht zur Membran (y-Richtung) zu betrachten ist, reduziert sich der Nabla-Operator (∇, Gleichung 2.109) zu $\partial B/\partial y$.

Sind weiterhin keine Quellen noch Senken für die betrachtete Komponente B vorhanden, d. h. $r_{\mathrm{B}} = 0$, so kann unter Anwendung des Fick'schen Gesetzes geschrieben werden:

$$\frac{\partial}{\partial y} \cdot (\rho_{\mathrm{B}} \cdot v) = \frac{\partial}{\partial y} \cdot \left(-\rho_{\mathrm{B}} \cdot D_{\mathrm{AB}} \cdot \frac{\partial w_{\mathrm{B}}}{\partial y} \right) \qquad \text{(Gleichung 7.56)}$$

mit dem

Konvektionsterm $\frac{\partial}{\partial y} \cdot (\rho_B \cdot v)$ (Gleichung 7.57)

Diffusionsterm $\frac{\partial}{\partial y} \cdot \left(-\rho_B \cdot D_{BA} \cdot \frac{\partial w_B}{\partial y}\right)$ (Gleichung 7.58)

Trifft man die Annahme, dass sich im betrachteten Membranabschnitt die Dichte ρ_B und der Diffusionskoeffizient D_{AB} (Diffusion der Komponente B im Kontinuum A) nicht mit der Konzentration ändern, so folgt:

$$v \cdot \frac{\partial \rho_B}{\partial y} = -D_{BA} \cdot \frac{\partial^2 \rho_B}{\partial y^2} \quad \text{(Gleichung 7.59)}$$

Um diese Differenzialgleichung zu lösen, benötigen wir das Konzentrationsprofil der Komponente B vor der Membran.

Mit den Randbedingungen

$$y = 0 \rightarrow \rho_B = \rho_{B,2}$$
$$y = \delta \rightarrow \rho_B = \rho_{B,1}$$

folgt für das Konzentrationsprofil:

$$\frac{\rho_B - \rho_{B,2}}{\rho_B - \rho_{B,1}} = \frac{[\exp(v \cdot y / D_{BA})] - 1}{1 - [\exp(v \cdot \delta / D_{BA})]} \quad \text{(Gleichung 7.60)}$$

Die Aufstellung einer Stoffbilanz an der Stelle 2, der Membranoberfläche, liefert:

$$v \cdot \rho_{B,2} - D_{AB} \cdot \left(\frac{\partial \rho_B}{\partial y}\right)_2 = v \cdot \rho_{B,3} \quad \text{(Gleichung 7.61)}$$

Setzt man dies in das Konzentrationsprofil ein, so ergibt sich:

$$\frac{\rho_{B,1} - \rho_{B,3}}{\rho_{B,2} - \rho_{B,3}} = \exp(v \cdot \delta / D_{BA}) \quad \text{(Gleichung 7.62)}$$

Mit dem Stoffübergangskoeffizienten k

$$k = D_{AB}/\delta = \mathrm{Sh} \cdot D_{BA}/d \quad \text{(Gleichung 7.63)}$$

folgt daraus:

$$\frac{\rho_{B,1} - \rho_{B,3}}{\rho_{B,2} - \rho_{B,3}} = \exp(v/k) \quad \text{(Gleichung 7.64)}$$

Durch die Anwendung der Kontinuitätsbedingung $v_y = -v_p$ kann die Permeationsgeschwindigkeit v_p berechnet werden zu:

$$v_p = k \cdot \ln \frac{\rho_{B,2} - \rho_{B,3}}{\rho_{B,1} - \rho_{B,3}} \qquad \text{(Gleichung 7.65)}$$

Da für eine geeignete Membran zur Zeit $t > t^*$ gilt: $\rho_{B,3} = 0$, kann auch geschrieben werden:

$$v = u_p = k \cdot \ln \frac{\rho_{B,2}}{\rho_{B,1}} \qquad \text{(Gleichung 7.66)}$$

oder, da für kleine Konzentrationen $\frac{\rho_{B,2}}{\rho_{B,1}} = \frac{w_{B,2}}{w_{B,1}}$ gilt,

$$v = v_p = k \cdot \ln \frac{w_{B,2}}{w_{B,1}} \qquad \text{(Gleichung 7.67)}$$

Der Stoffübergangskoeffizient k berechnet sich zu:

$$k = D_{AB}/\delta = \text{Sh} \cdot D_{BA}/d \qquad \text{(Gleichung 7.68)}$$

Die Berechnung der Sherwood-Zahl in Abhängigkeit von der Re-Zahl erfolgt über:

a) laminar $0{,}1 < \text{Re} \cdot \text{Sc} \cdot dh/l < 10^4$ (Gleichung 7.69)

$$\text{Sh} = (5{,}32^{-2} + \text{Re} \cdot \text{Sc} \cdot dh/l)^{1/3} \qquad \text{(Gleichung 7.70)}$$

b) turbulent $\text{Re} \cdot \text{Sc} \cdot dh/l > 10^4$

$$\text{Sh} = 0{,}023\ \text{Re}^{7/8} \cdot \text{Sc}^{1/4} \qquad \text{(Gleichung 7.71)}$$

Die mittels des Modells der diffusiven Entmischung berechneten Permeatflüsse liegen, bezogen auf den Bereich der Mikrofiltration, ca. um den Faktor 10 zu niedrig.

Daraus ist zu folgern, dass im Bereich der CFF-Mikrofiltration ein anderer Mechanismus für die Deckschichtkontrolle verantwortlich ist.

Um die hydrodynamische Entmischung im Scherfeld zu beschreiben, geht man davon aus, dass sich die Membran im Gleichgewicht befindet, das Geschehen also zu einem Zeitpunkt $t = t^*$ betrachtet wird. Es existiere eine Deckschicht der Höhe h_{DS} und die transmembrane Druckdifferenz sei Δp_{tm}. In diesem Zustand greifen an einem in Membrannähe strömenden Partikel verschiedene Kräfte an. Diese Kräfte sind:

- Auftriebskraft F_y,
- Kraft der CF-Strömung F_{CF},
- Kraft der Permeatströmung F_p.

Da sich die Vorgänge, die zur Deckschichtbildung beitragen, in der Nähe der Membran, also in der laminaren Grenzschicht abspielen, kann man die Voraussetzung einer geringen Reynolds-Zahl als erfüllt betrachten. In diesem Fall lassen sich die Strömungskräfte nach Stokes berechnen.

In diesem Zusammenhang ist es vonnöten, die Kräfte an einem in Membrannähe strömendem Partikel zu betrachten. Dazu gehören die Schleppkraft und die Wandschubspannung. Die Schleppkraft F_p, die durch die Permeatströmung auf den Partikel wirkt, berechnet sich zu:

$$F_p = 3 \cdot \pi \cdot \eta \cdot x \cdot v_p \qquad \text{(Gleichung 7.72)}$$

Die Kraft der membranparallelen Überströmung ist wird durch die Wandschubspannung beeinflusst. Daraus resultiert eine Erhöhung der Kraft gegenüber den mithilfe der Stokes-Beziehung berechneten Werten. Nach Experimenten von Rubin wird diese Erhöhung durch einen Faktor 2,11 wiedergegeben. Es gilt also:

$$F_{CF} = 2{,}11 \cdot F_{Stokes} = 6{,}33 \cdot \pi \cdot \eta \cdot x \cdot v_R \cdot (x/2) = 3{,}16 \cdot \pi \cdot \tau_w \cdot x^2 \qquad \text{(Gleichung 7.73)}$$

Es ist festzuhalten, dass die beiden Kraftbestimmungsgleichungen nur dann gelten, wenn keine Wechselwirkungen zwischen den Partikeln entstehen. Für höhere Konzentrationen ist diese Bedingung nicht erfüllt. Deshalb muss ein Korrekturfaktor, der die Stokes-Beziehungen mit der Konzentration der relevanten Komponente ψ_S korreliert, $\lambda(x,\psi_S)$ eingeführt werden. Es gilt somit:

$$F_{Stokes} = 3 \cdot \pi \cdot \eta \cdot \mathrm{d}p \cdot v_p \cdot \lambda\,(x,c_S) \qquad \text{(Gleichung 7.74)}$$

Für monodisperse Systeme (x = const.) wird daraus $\lambda(\psi_S)$. Dieser Korrekturwert berechnet sich nach Brinkmann zu [6]:

$$\lambda(c_S) = \frac{4 + 3 \cdot c_S + 3 \cdot \sqrt{8 \cdot c_S - 3 \cdot c_S^2}}{(2 - 3 \cdot c_S)^2} \qquad \text{(Gleichung 7.75)}$$

Für polydisperse Systeme ergibt sich [7]:

$$\lambda\,(x,c_S) = 1 + a \cdot \frac{x}{2} + \frac{1}{3} \cdot \left(a \cdot \frac{x}{2}\right)^2 \qquad \text{(Gleichung 7.76)}$$

Der Wert a ist eine Funktion der Volumenkonzentration und wird gemäß eines Vorschlags berechnet zu [7]:

$$a\,(c_S) = \frac{6 \cdot \pi \cdot m_2 + \sqrt{36 \cdot \pi^2 \cdot m_2^2 + 24 \cdot \pi \cdot m_1 \cdot \left(1 - \frac{2}{3} c_S\right)}}{(2 - 3 \cdot c_S)} \qquad \text{(Gleichung 7.77)}$$

Die Werte m_n werden aus der Partikelgrößenverteilung $q_3(x)$ berechnet zu:

$$m_n = \frac{6 \cdot c_S}{2^n \cdot \pi} \cdot \int \frac{q_3(x)}{x^{3-n}} \cdot dx \qquad \text{(Gleichung 7.78)}$$

Die Auftriebskraft F_y ist bedingt durch die asymmetrische Anströmung der Partikel. Dieser Effekt ist zum ersten Mal von Saffmann beschrieben worden [8]. In der Literatur findet man eine weitere Gleichung [8]:

$$F_y = 0{,}761 \cdot \frac{\tau_w^{1,5} \cdot x^3 \cdot \sqrt{\rho_l}}{\eta_l} \qquad \text{(Gleichung 7.79)}$$

In Abb. 7.8 ist die Krafteinwirkung auf ein Partikel, das in der Nähe der Membran strömt, dargestellt. Die Berechnung basiert auf den Annahmen $\eta = 1 \cdot 10^{-3}$ Pa · s, $\rho_l = 1000$ kg/m^3, $\psi_S = 1$ kg/m^3 und $\tau_w = 50$ Pa.

Abbildung 7.8 zeigt im Besonderen, dass das Verhältnis zwischen Auftriebskraft F_A und der durch die Permeatströmung hervorgerufenen Schleppkraft in Richtung Membran für den Transport des Partikels zur Deckschicht verantwortlich ist (auch Abb. 7.9).

Bei höheren spezifischen Filtrationsleistungen ist die Schleppkraft größer als die Auftriebskraft, das Partikel wird also abgelagert. Größere Partikel haben eine größere Auftriebskraft als kleinere, sodass eine Art klassierende Deckschichtbildung erfolgt. Welche Partikel abgelagert werden, entscheidet also das Verhältnis zwischen Auftriebs- und Schleppkraft.

Zusätzlich zu den hydrodynamischen Kräften wirken auf ein abgelagertes Partikel auch die sogenannten Haft- und Bindekräfte. Die Abschätzung der Haftkräfte nach Happel (vgl. Tiefenfilter) kann im Bereich der CFF infolge der zu stark einschränkenden, bei Happel angenommenen Vereinfachungen nicht in Betracht gezogen werden [9]. Die wirkenden Kräfte werden nach dem van-der-Waals-Ansatz und der Reibungstheorie bestimmt.

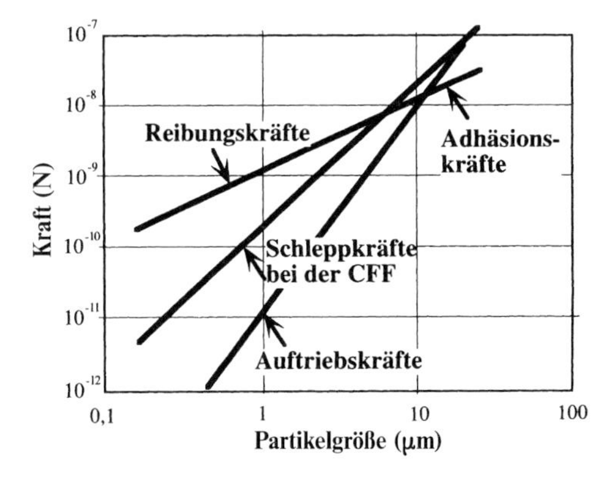

Abb. 7.9 Kräfte an einem abgelagerten Partikel (I und II) [10].

Der Ansatz nach van der Waals lautet:

$$F_{\mathrm{vdW}} = \frac{\bar{h}\,\omega \cdot x}{32 \cdot \pi \cdot a^2} \qquad \text{(Gleichung 7.80)}$$

mit $h\,\bar{\omega}$: Lifschitz-van-der-Waals-Konstante
a: Abstand, der zur Adhäsion führt (0,4 nm)

Reibung, hervorgerufen durch die Anpressung des Partikels bedingt durch die Filtratströmung:

$$F_{\mathrm{R}} = \mu \cdot (F_{\mathrm{p}} + F_{\mathrm{vdW}}) \qquad \text{(Gleichung 7.81)}$$

Der Reibungskoeffizient besteht aus einem Rollreibungs- und einem Gleitreibungsanteil. Er ist stoff-, membran-, filtrationssystemspezifisch und muss experimentell ermittelt werden. Zur Abschätzung kann der Coulomb'sche Reibungskoeffizient herangezogen werden. In der folgenden Abb. 7.9 sind die Verhältnisse für den bereits dargelegten hydrodynamischen Zustand dargestellt. Der Reibungskoeffizient beträgt $F_{\mathrm{R}} = 1$, die Lifschitz-van-der-Waals-Konstante $\bar{h}\,\omega = 10^{-20}$J und die Adhäsions-Distanz a = 0,4 nm.

In den Abb. 7.8 und 7.9 wird deutlich, dass im Bereich kleiner Partikelgrößen die fixierenden Kräfte (Adhäsion und Reibung) die hydrodynamischen Kräfte kompensieren. In diesem Bereich werden abgelagerte Partikel nicht mehr in die Strömung zurückgeführt.

Die Abschätzung der Kräfte an einem strömenden bzw. abgelagerten Partikel zeigt, dass die Deckschichtbildung ein meist irreversibler Prozess ist. Die einmal abgeschiedenen Partikel können meist nicht wieder in die Kernströmung zurückgeführt werden. Die Möglichkeit der Rückführung besteht lediglich für große Partikel oder Agglomerate, da in diesem Fall die Auftriebskraft, verbunden mit den Scherkräften, die fixierenden Kräfte übersteigt. Aus Experimenten mit monodispersen Partikelsystemen und solchen mit sehr enger Größenverteilung können folgende wichtige Ergebnisse gewonnen werden:

- Der Aufbau der Deckschicht ist ein kontinuierlicher Prozess, der nicht reversibel ist.
- Er ist abhängig vom Verhältnis der Auftriebskraft zur Schleppkraft der Permeatströmung.
- Eine Rückführung in die Kernströmung ist lediglich für große Partikel möglich: Klassierung innerhalb der Deckschicht; Erhöhung des Widerstandes.

Zur Berechnung der Auftriebsgeschwindigkeit $w_1(x)$ geht man davon aus, dass die Permeationsrate null ist. Es gilt:

$$v_1(x) = 0{,}0856 \cdot \frac{\tau_w^{1,5} \cdot \rho_1^{0,5}}{\eta_1^2} \cdot \frac{x_{krit}^2}{\lambda\left(x_{krit}, c_{S,M}\right)} \qquad \text{(Gleichung 7.82)}$$

Als $\psi_{S,M}$, die Konzentration der Partikel in der Nähe der Deckschicht, wird zweckmäßigerweise die erwartete Maximalkonzentration der Aufkonzentrierung angenommen. Der Faktor $\lambda(x_{krit}, \psi_{S,M})$ wurde bereits bei der Schleppkraft der Permeatströmung F_p berechnet.

Ist die aus Gleichung 7.82 hervorgehende Auftriebsgeschwindigkeit geringer als eine momentan anstehende Permeationsgeschwindigkeit, so werden Partikel in der Deckschicht abgelagert.

Zu Beginn der Filtration ist die Permeationsgeschwindigkeit w_p lediglich abhängig vom Membranwiderstand R_M und der angelegten transmembranen Druckdifferenz Δp_{tm}.

Zu diesem Zeitpunkt ist sie, bezogen auf Δp_{tm}, maximal. Hervorgerufen durch den konvektiven Transport der Partikel zur Membran, ihre Rückhaltung und Ablagerung tritt eine Deckschichtbildung ein. Dadurch verändert sich der Durchströmungswiderstand, in dem zum Membranwiderstand der Deckschichtwiderstand addiert werden muss. Somit sinkt bei konstantem Δp_{tm} die Permeationsgeschwindigkeit. Dies wiederum hat zwei Auswirkungen:

- Der konvektive Transport abscheidefähigen Materials zur Deckschicht verringert sich.
- Der spezifische Deckschichtwiderstand r_{DS} steigt in Folge der „Deckschichtklassierung".

Der damit hervorgerufene Kreislauf dauert an, bis die Permeationsrate so gering geworden ist, dass die dann überwiegende Auftriebskraft den weiteren Partikeltransport zur Deckschicht unterbindet. Die mathematische Beschreibung dieses Vorgangs ist (vgl. d'Arcy):

$$v_p = \frac{\Delta p_{tm}}{\eta_p \cdot \left[R_M + R_{DS}(t)\right]} \qquad \text{(Gleichung 7.83)}$$

Der Deckschichtwiderstand R_{DS} ist von der Dicke der Deckschicht und ihrer Struktur abhängig. Der zeitliche Verlauf kann mit der Gleichung:

$$R_{DS}(t) = \int_0^{\delta(t)} r_{DS}(y)\,dy \qquad \text{(Gleichung 7.84)}$$

berechnet werden. Dabei wird das Integral des sich mit der Filtrationszeit verändernden, spezifischen Deckschichtwiderstandes über die differenzielle Höhenänderung der Deckschicht dy gebildet. Der spezifische Deckschichtwiderstand r_{DS} kann mithilfe der Carman-Kozeny-Beziehung (Gleichung 7.85) abgeschätzt werden, wobei die Porosität der Deckschicht als konstant angenommen wird. Diese Annahme ist gerechtfertigt, da sich bei der Ablagerung immer feinerer Partikel mit zunehmender Filtrationszeit auch eine größere Anzahl an Zwischenräume bildet:

$$r_{DS} = \frac{160 \cdot (1-\epsilon)^3}{x_{32}^2 \cdot \epsilon^3} \qquad \text{(Gleichung 7.85)}$$

In dieser Gleichung tritt der Sauter-Durchmesser x_2 auf, der sich aus der Summenverteilung der Partikel für $Q_3(x_{krit.})$ und der Dichtverteilung $q_3(x)$ ergibt [4]. Es folgt:

$$x_{32} = \frac{6 \cdot F(x_{krit})}{\int\limits_0^{x,krit} \frac{E(x)}{x} \cdot dx} \qquad \text{(Gleichung 7.86)}$$

Wie bereits erläutert, ist x_{krit} die Partikelgröße, die sich bei den gegebenen hydrodynamischen Bedingungen gerade noch auf der Membran/Deckschicht ablagern kann. Die sich ergebende Deckschichthöhe ist aus der abgelagerten Masse $m_{DS}(t)$ und der Porosität der Deckschicht zu berechnen:

$$\delta(t) = \frac{m_{DS}(t)}{\rho_S \cdot (1-\epsilon)} \qquad \text{(Gleichung 7.87)}$$

Die Masse $m_{DS}(t)$ wird berechnet zu:

$$m_{DS}(t) = \int\limits_0^t \dot{m}_{zu}(t) \cdot dt \qquad \text{(Gleichung 7.88)}$$

Der Massenstrom in Richtung der Deckschicht $\dot{m}_{zu}(t)$ ist gekoppelt mit dem Permeatstrom und begrenzt durch dp_{krit}. Daraus folgt:

$$\dot{m}_{zu}(t) = v_p(t) \cdot \frac{\rho_S \cdot c_S}{\rho_S - c_S} \cdot Q_3(v_{krit}) \qquad \text{(Gleichung 7.89)}$$

Die Differenzialgleichungssysteme zur Beschreibung der Deckschicht sind nicht explizit lösbar, sie können nur numerisch ausgewertet werden. Das Verständnis der Zusammenhänge ist jedoch für den Betrieb einer CFF-Einrichtung von großem Nutzen.

Die Hauptaufgabe der Auslegung des Trennschrittes (CFF) ist die Bestimmung der Permeationsleistung $\dot{m}_p$ und ihrer Abhängigkeiten von den Betriebsbedingungen, der Mebran/Modul-konfiguration und dem Produktsystem.

7.1.1.4 Bauarten der einzelnen Typen

Die Bauarten von klassischen Dead-end-Filtern lassen sich im Wesentlichen in drei Kategorien einteilen (Abb. 7.10), nämlich in:

- Nutsche (einfache Vakuumnutsche),
- Drucknutsche (Druckfilter) mit und ohne Glätteinrichtung,
- Rahmenfilterpresse,

während sich die Bauarten von Dead-end-Filtern mit Austragshilfen eher in nachfolgende Grundprinzipien (Abb. 7.11) unterteilen lassen:

- rotierende Filterscheiben (FUNDA-Filter),
- fibrierende Filterfinger,

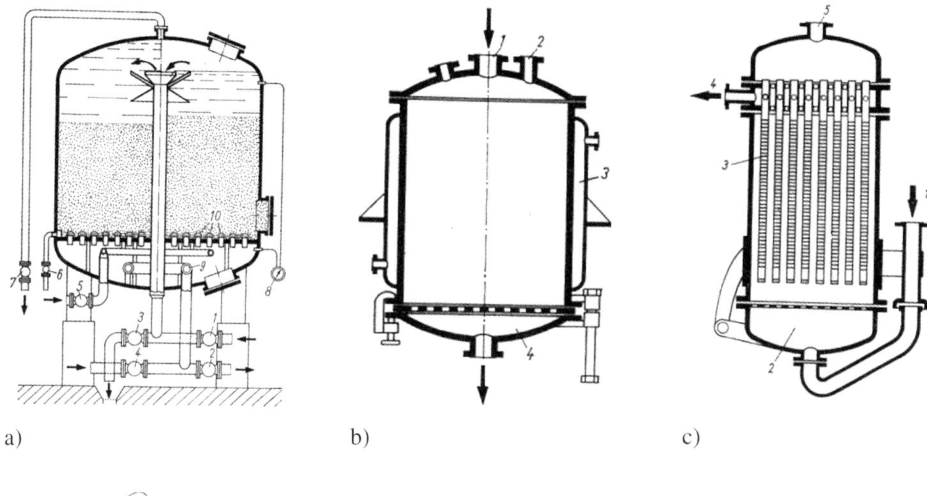

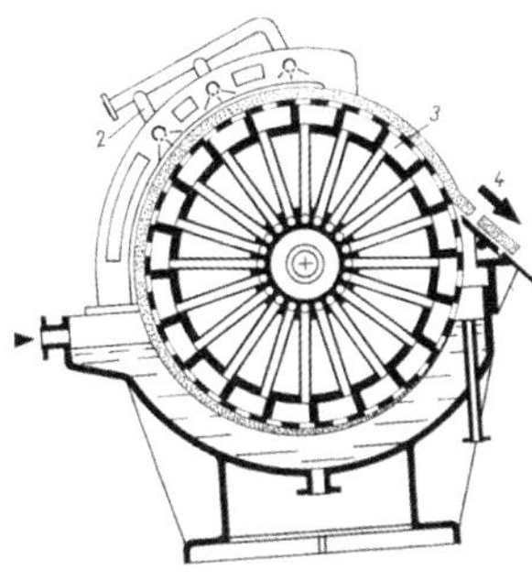

Abb. 7.10 Bauarten von Dead-End-Filtern, wie sie in der klassischen Verfahrenstechnik zur Anwendung kommen. Sofern keine besonderen Ansprüche an die Steriltechnik zu stellen sind, können sie auch in biotechnologischen Prozessen eingesetzt werden. a) Druck(sand)filter; b) Drucknutsche; c) Druckkerzenfilter; d) Vakuumtrommelzellenfilter.

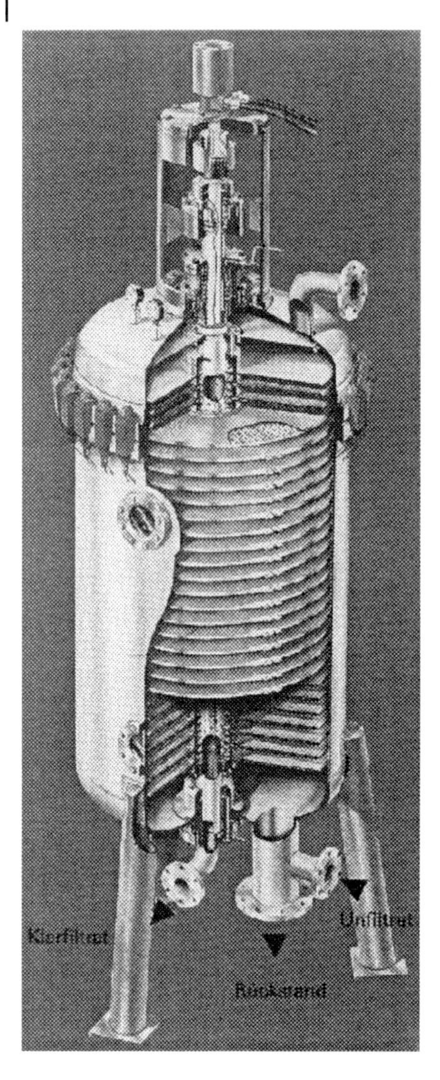

Abb. 7.11 Geschlossener, selbstreinigender Scheibenfilter, FUNDA-Filter. Dieser Filter muss diskontinuierlich betrieben werden. Die Suspension wird von unten eingegeben, auf den Filterscheiben wird der Feststoff zurück gehalten, es baut sich ein Filterkuchen auf. Der Klarlauf wird kontinuierlich abgezogen. Durch Rotation kann der Filterkuchen abgeschleudert und ausgetragen werden (Fa. STAWAG, CH-8952 Schlieren). Für steriltechnische Fahrweise ist dieser Filter nicht einsetzbar. Abhilfe könnten u. U. Modifikationen an den statischen und dynamischen Dichtsystemen schaffen.

- Druckfilterkerzen,
- Vakuumtrommelfilter (Schabeinrichtung) (Innen-, Außenzellen).

Das Prinzip der Cross-flow-Filtration hat bisher eine große Vielfalt an Bauarten hervorgebracht. Als die am meist eingesetzten Prinzipien seien hier genannt (Abb. 7.12):

- *Hollow-fiber*-Modul (Hohlfaser-Modul),
- Spiralmodul,
- Plattenmodul,
- Platten-Tangentialmodul,
- Rotationsmembranmodul.

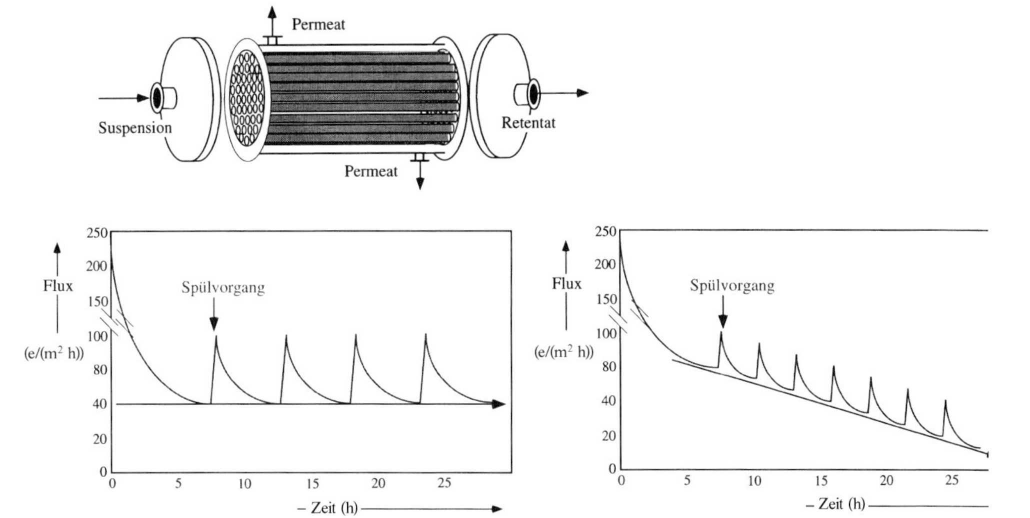

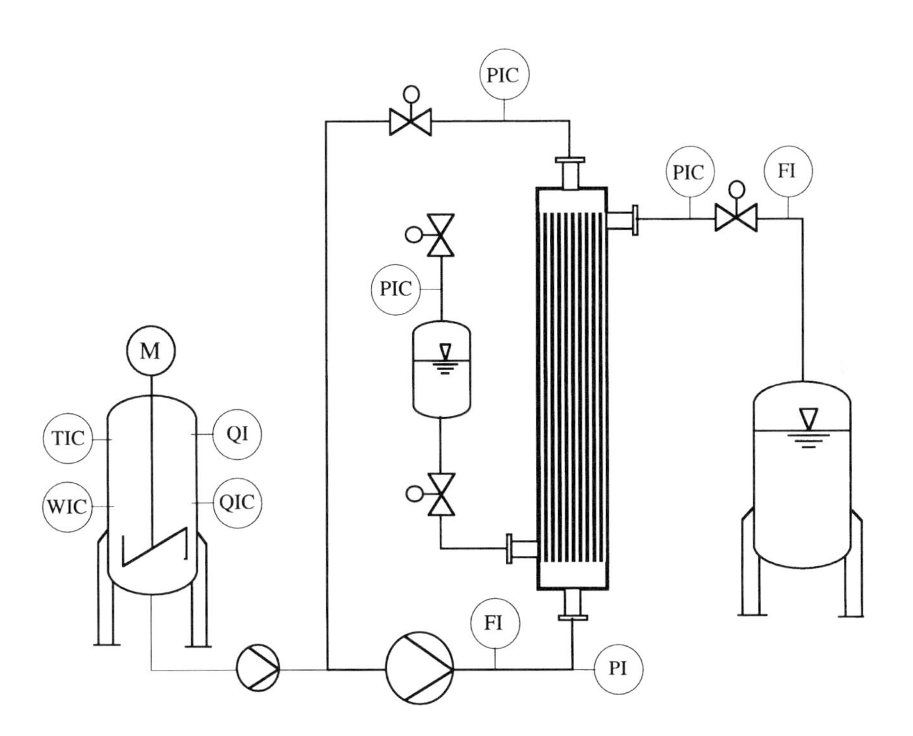

Abb. 7.12 a) Hohlfaser-Modul (Cross-flow-Filter) und Betriebsweisen mit stationärer und mit instationärer Deckschichtkontrolle, b) Installierter Hollow-fibre-Modul in einer kompletten Cross-flow-Filtrationsanlage mit Suspensionsvorlage, Permeatgefäß und Rückspülmöglichkeit während des Betriebes. Des Weiteren ist die erforderlich Mess- und Regelausstattung gezeigt.

Natürlich handelt es sich dabei nur um beispielhafte Angaben. Weiterführende Hinweise können in der Literatur gefunden werden [11].

7.1.1.5 Auswahlkriterien, Einsatzbeispiele, Auslegungsbeispiele

Für die Verwirklichung von Filtrationstechniken sind im Wesentlichen folgende Verfahrensauswahlkriterien zu nennen: Zunächst ist die Feststoffmenge zu erwähnen, denn sie bestimmt die Apparategröße. Die Feststoffart fordert gewisse Materialien hinsichtlich Korrosivität und Abrasion. Das Filtertuch, das Feststoffhandling, die erforderliche Restfeuchte, die Kuchenkonsistenz, die Kuchenweiterverarbeitung hinsichtlich Entsorgung und das Kuchenmaterial bezüglich Gefahreneinstufung bedürfen besonderer Betrachtung.

7.1.2 Sedimentation

7.1.2.1 Aufgaben- und Funktionsprinzipien

Mit dem Sedimentationsverfahren führt man die Abtrennung von Feststoffen mit höherer Dichte unter Ausnutzung der Gravitation, also unter Wirkung der Schwerkraft, durch.

Das Funktionsprinzip verlangt das Gleichgewicht der Kräfte Auftrieb, Gewicht und Widerstand. Da die geklärte Flüssigkeit nach oben aus dem Apparat abgeleitet und der Feststoff unten aus dem Apparat genommen wird, muss die aus dem Kräftegleichgewicht abgeleitete Verweilzeit gefunden und ein Strömungsfeld mit Turbulenzarmut erreicht werden, da ansonsten Feststoffe mit dem Klarlauf mitgerissen werden könnten.

7.1.2.2 Verfahrens- und Betriebsweisen

Als Betriebsweise kommen sowohl die Batch-weise, die Semibatch-weise als auch die kontinuierliche Fahrweise in Betracht. Das selten verwendete Batchverfahren arbeitet nach einem Dreischrittprinzip: Einfüllen der Suspension, Verweilzeit für den Trennvorgang und Absaugen des Überstandes und anschließender Feststoffentleerung oder umgekehrt. Im Semibatchbetrieb verweilt eine gewisse Menge an Überstand im Sedimentationsapparat. Es wird schubweise Suspension nachgegeben und mit Erreichen einer maximalen Feststoffmasse diese abgenommen, während die Flüssigkeit, wie beim Batchprozess auch, nach jedem Sedimentationsvorgang entnommen wird. Beim kontinuierlichen Verfahren wird am tiefsten Punkt der Eindickkammer der Dickschlamm und oben der Klarlauf auch kontinuierlich abgezogen.

7.1.2.3 Berechnungs- und Auslegungsdaten

Die Absetzgeschwindigkeit eines Partikels im laminaren Strömungsfeld lässt sich über eine Kräftebilanz herleiten (Gleichgewicht Abb. 7.13, Gleichungen 7.90 und 7.93).

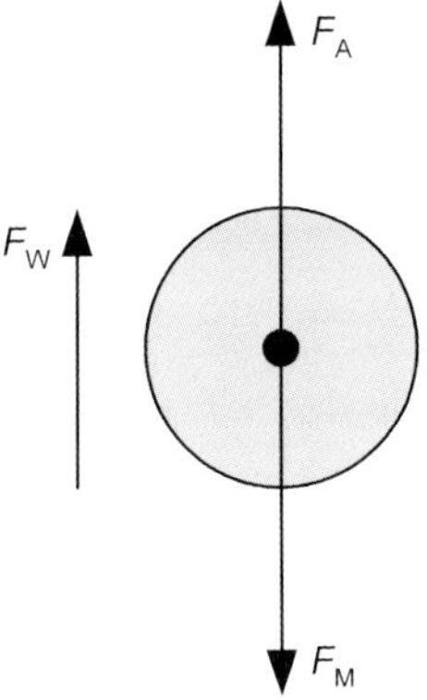

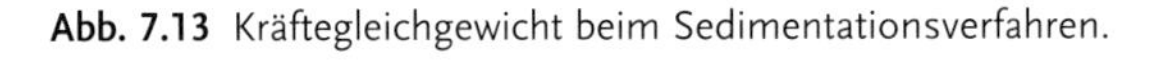
Abb. 7.13 Kräftegleichgewicht beim Sedimentationsverfahren.

$$F_{\mathrm{A}} = V \cdot \rho_{\mathrm{L}} \cdot g = \frac{d^3 \cdot \pi}{6} \cdot \rho_{\mathrm{L}} \cdot g \qquad \text{(Gleichung 7.90)}$$

$$F_{\mathrm{M}} = V \cdot \rho_{\mathrm{S}} \cdot g = \frac{d^3 \cdot \pi}{6} \cdot \rho_{\mathrm{S}} \cdot g \qquad \text{(Gleichung 7.91)}$$

$$F_{\mathrm{W}} = \zeta \cdot \frac{\mathrm{d}^2 \pi}{4} \cdot \frac{w_{\mathrm{S}}^2}{2} \cdot \rho_{\mathrm{L}} \qquad \text{(Gleichung 7.92)}$$

Für laminare Strömung gilt $\zeta = \frac{24}{\mathrm{Re}}$.

$$w = \frac{d^2 \cdot (\rho_{\mathrm{S}} - \rho_{\mathrm{L}})}{18 \cdot \nu \cdot \rho_{\mathrm{L}}} \cdot g \qquad \text{(Gleichung 7.93)}$$

Für die Absetzgeschwindigkeit im turbulenten Feld wird folgende empirische Gleichung angegeben [12]:

$$w = \varphi \cdot \mathrm{Re} \cdot \frac{\nu}{d} \qquad \text{(Gleichung 7.94)}$$

wobei ϕ der Sphärizitätsgrad ist (Tab. 7.1) und die Reynolds-Zahl mit der Archimedes-Zahl

$$\mathrm{Ar} \equiv \mathrm{Re}^2 \cdot \mathrm{Fr}^{-1} \cdot \frac{\Delta\rho}{\rho_{\mathrm{L}}} = \frac{d_{\mathrm{P}}^3 \cdot g \cdot \Delta\rho}{\nu^2 \cdot \rho_{\mathrm{L}}} \qquad \text{(Gleichung 7.95)}$$

über die in Tab. 7.2 gegebenen Zusammenhänge verknüpft ist. Die Archimedes-Zahl bildet ein Maß für die auf ein Teilchen wirkende Auftriebskraft im Verhältnis zur Trägheitskraft (Abschnitt 2.7.3.2, Gleichungen 2.52 und 2.56)

Der Sphärizitätsgrad ist ein Maß für die Abweichung der Partikel von der Kugelform und ist das Verhältnis der Oberfläche einer Kugel mit dem gleichen

Tabelle 7.1 Sphärizitätsgrad in Abhängigkeit von der Teilchenform.

Teilchenform	kugelig	gerundet	eckig	länglich	plattförmig
ϕ	1,0	0,8	0,7	0,6	0,4

Tabelle 7.2 Zusammenhang zwischen Reynolds-Zahl und Archimedes-Zahl.

Ar-Bereich	< 9,0	9,0...84 000	> 84 000
Re	$\frac{\text{Ar}}{18}$	$\left(\frac{\text{Ar}}{13{,}9}\right)^{0{,}7}$	$1{,}73 \cdot \text{Ar}^{0{,}5}$

Volumen wie der Partikel zur Oberfläche des Partikels. Demzufolge muss $0 \leq \phi \leq 1{,}0$ sein, weil die Kugelform die kleinstmögliche Oberfläche eines gegebenen Volumens besitzt. Da diese Definitionsgleichung nur für geometrisch definierte Formen zur Berechnung des Squärizitätsgrades verwendet werden kann, sind für unregelmäßige Partikelformen in Tab. 7.1 Anhaltswerte angegeben.

Die Absetzleistung kann ebenfalls über eine empirische Gleichung bestimmt werden:

$$\dot{m} = k \cdot \frac{\rho \cdot A \cdot w}{1 - \left(\frac{\mu_A}{\mu_E}\right)} \qquad \text{(Gleichung 7.96)}$$

In Gleichung 7.96 ist μ_A der Massenanteil in der Ausgangssuspension, μ_E der Massenanteil im Eindickzustand und k ein dimensionsloser Erfahrungswert $\approx 0{,}75$.

Die Sedimentation findet vor allem in der Schlammaufkonzentrierung in Kläranlagen (Vorentschlammung, Nachklärung, Schlammrückführung) sowie in der Kristallisation bei der Kristallanreicherung Anwendung [12].

7.1.2.4 **Bauarten von Sedimentationsanlagen**

Der feststoffbehaftete Reaktionsstrom (Suspensionsstrom) strömt unterhalb der Flüssigkeitsoberfläche in das Becken (Abb. 7.14, 7.15). Aufgrund der Schwerkraft und der Dichtedifferenz sinken die schwereren Partikel zum Boden des Beckens. Die Dichteunterschiede sollten groß genug sein, ansonsten benötigt man lange Verweilzeiten bzw. langsame Strömungsgeschwindigkeiten und damit große Behälter. Die übliche Bauform sind Rundbecken von 2–20 m im Durchmesser. Im Freien sind bis zu 200 m Durchmesser Stand der Technik.

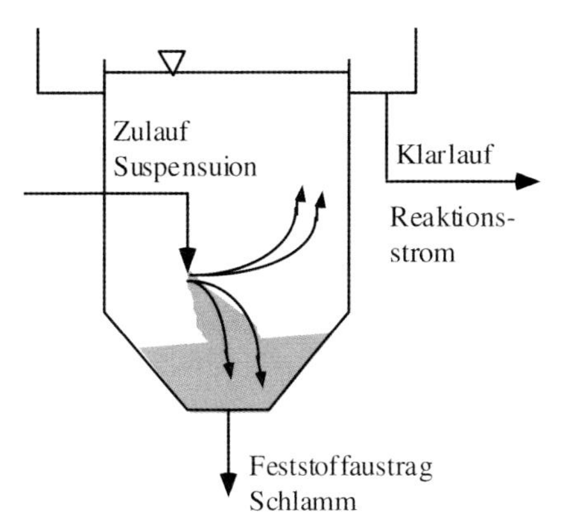

Abb. 7.14 Absetzbecken: Der feststoffbehaftete Reaktionsstrom (Suspensionsstrom) strömt unterhalb der Flüssigkeitsoberfläche in das Becken. Aufgrund der Schwerkraft sinken die schwereren Partikel zu Boden des Beckens. Die Dichteunterschiede sollten groß genug sein, sonst benötigt man lange Verweilzeiten und damit große Behälter. Rundbecken von 2–20 m und im Freien bis zu 200 m sind Stand der Technik.

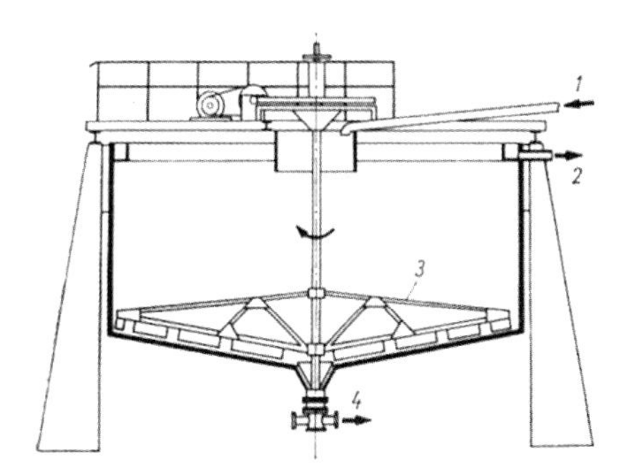

Abb. 7.15 Einkammer-Eindicker, eine Apparatur, die im Wesentlichen in Kläranlagen zum Einsatz kommt. In biotechnologischen Anlagen, die einen steriltechnischen Betrieb erfordern, ist diese Bauart kaum anzutreffen.

7.1.3 **Flotationsprinzip**

Die Flotationstechnik kann bei vielen Trennaufgaben eine günstige Alternative zu klassischen Trennverfahren wie der Filtration und der Sedimentation im Schwerebzw. Zentrifugalfeld (Zentrifugation, Hydrozyklone) darstellen. Die Flotation als ein mechanisches Verfahren zur Trennung von Fest/Flüssigsystemen ist mit der Bildung von Gasblasen und bestimmten oberflächenaktiven Eigenschaften der Feststoffe verknüpft. Will man einen Feststoff aus einer wässrigen Phase mittels Flotation abtrennen, so muss dieser mindestens teilweise einen hydrophoben Oberflächencharakter haben. Durch diese Eigenschaft hat er dann das Bestreben,

Phasengrenzen „aufzusuchen“ und die hydrophoben Enden aus der wässrigen Phase herauszustrecken. Wird diese geeignete Grenzfläche durch eine Gasblase in der wässrigen Phase gebildet, so lagern sich diese Feststoffe automatisch an die Phasengrenze an und werden durch die aufsteigenden Blasen an die Oberfläche der wässrigen Phase getragen. Von dort können sie aufkonzentriert abgeräumt werden. Durch diese Voraussetzung werden gezielt nur solche Feststoffe erfasst, die auch hydrophob sind oder zumindest hydrophobe Stellen besitzen, nicht aber solche, die hydrophil sind, denn diese umgibt aufgrund der guten Benetzbarkeit ein geschlossener Flüssigkeitsfilm, der verhindert, dass diese Feststoffe von der Blase aufgenommen werden können. Damit ist eine selektive Trennung möglich.

Ein Maß für die Benetzbarkeit ist der Benetzungsrandwinkel Θ (Abb. 7.16). Dieser ergibt sich aus dem Kräftegleichgewicht an der Kontaktfläche der drei beteiligten Phasen. Bei einem Benetzungswinkel von 0° bleibt der Feststoff von Wasser umhüllt und ist damit für eine Flotation nicht geeignet. Eine technisch zufriedenstellende Flotation wird erst ab einem Benetzungswinkel von $\Theta \geq 40°$ erreicht. Der Randwinkel kann durch die Zugabe von Chemikalien beeinflusst werden. Um sehr hydrophile Feststoffe flotieren zu können, werden Flotationshilfsmittel verwendet, die der Partikeloberfläche die gewünschten hydrophoben Eigenschaften verleihen. Die meisten längerkettigen Substanzen besitzen ein hydrophobes und polares Ende. Durch Zugabe solcher Substanzen wird sich das polare Ende an die polare Oberfläche des Feststoffes anlagern, sodass das hydrophobe Ende nach außen ragt und somit die Neigung, zur Blasengrenzfläche zu wandern, annimmt. Je nach polarem Ende unterscheidet man anionische, kationische und nichtionische Flotationshilfsmittel. Häufig werden Fettsäuren, Sulfonate, Xanthate oder Amine verwendet.

Die Flotation eignet sich zur Abtrennung von kleinen Feststoffpartikeln aus einem wässrigen Milieu bei Feststoffgehalten <10 g/l und Partikelgrößen <500 μm.

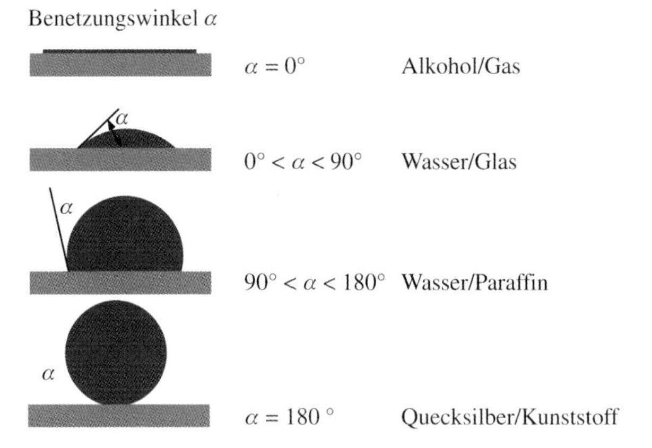

Abb. 7.16 Benutzungswinkel von verschiedenen Flüssigkeiten auf unterschiedlichen Oberflächen. Alkohol zerläuft auf Glas komplett, der Winkel ist 0°. Wasser bleibt dagegen auf Glas als flacher Tropfen erhalten, während es auf Paraffin als großer Tropfen liegen bleibt. Quecksilber benetzt auf Kunststoff überhaupt nicht, der Benetzungswinkel ist 180°.

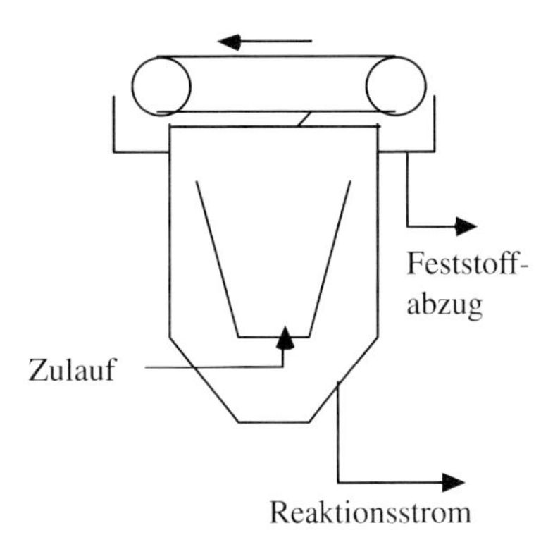

Abb. 7.17 Grundprinzip der Flotation: Der mit einem Gas gesättigte Zulauf (Suspension) wird im unteren Innenraum entspannt, die Blasen steigen mit den Feststoffen auf.

Der optimale Größenbereich ist natürlich zusätzlich noch von der Dichtedifferenz abgängig. Bei einem $\Delta\rho \geq 2$ g/cm^3 folgt $20 \leq d_P \leq 100$ µm, bei $\Delta\rho \leq 2$ g/cm^3 folgt $50 \leq d_P \leq 300$ µm. Kleinere Teilchen, wie zum Beispiel Mikroorganismen, können nach vorheriger Flockung mit Sedipur erfolgreich und wirtschaftlich flotativ abgetrennt werden.

Nach der Art der Blasenerzeugung kann man vier Flotationsverfahren unterscheiden: Bei der mechanischen Flotation werden die Luftblasen mittels Rührenergie mit einem Rotor-Stator-System erzeugt, bei der pneumatischen Flotation werden die Gasblasen über poröse Membranen (Fritten), in denen das verdichtete Gas entspannt wird, gebildet, bei der Druckentspannungsflotation wird Luft in den Zulauf gepresst und bei der Entspannung entstehen die feinen Blasen, und bei der Begasungsflotation schließlich wird der Apparat durch ein selbst ansaugendes Rührorgan mit den erforderlichen Blasen versorgt.

Grob gesehen stellt die Flotation eine Umkehrung der Sedimentation dar. Da dieses Verfahren aber nicht so einfach zu optimieren ist, fand es in der Verfahrenstechnik bisher noch nicht so sehr Verbreitung, lediglich in der Abwassertechnik tritt die Flotation gelegentlich an die Stelle einer Sedimentation.

Die Flotationstechnik macht sich den Sachverhalt zunutze, dass sich Feststoffpartikel bevorzugt an der Phasengrenze „gasförmig-flüssig" anlagern.

Reichert man nun den Reaktionsstrom unter Druck mit Gas an und entspannt den Strom im Flotationsbehälter, dann entstehen kleine Bläschen, die aufsteigen und auf dem Weg zur Flüssigkeitsoberfläche Feststoffpartikel mitnehmen. Diese reichern sich an der Oberfläche der Flüssigkeit an und können zurückgeführt werden.

Auch dieses Verfahren wird in der Abwasserbehandlung eingesetzt. Dort kann das ohnehin vorhandene gelöste Kohlendioxid zum Flotationseffekt herangezogen werden.

7.1.4
Zentrifugation

7.1.4.1 Aufgaben und Funktionsprinzipien

Auch die Zentrifugation dient zur Abtrennung von Stoffen mit unterschiedlichem Aggregatzustand und Dichteunterschied in zwei- und mehrphasigen Stoffgemischen. Demzufolge können Feststoffe aus Flüssigkeiten, aber auch zwei flüssige Phasen voneinander getrennt werden.

Das Funktionsprinzip besteht darin, dass die Suspension in ein Zentrifugalfeld gebracht wird, dadurch wirken Zentrifugalkräfte, die quasi die Sedimentation beschleunigen. Während bei der Sedimentation nur die Erdbeschleunigung wirk, kommt bei der Zentrifugation durch die Zentrifugalkräfte die z-fache Erdbeschleunigung zum Wirken. Diese Wirkung kann auch in sogenannten Filtrationszentrifugen, Sedimentationszentrifugen und Zentrifugalseparatoren zur Anwendung kommen.

Auf diesem Trennprinzip basiert auch ein Zyklon. In diesem Apparat werden die Zentrifugalkräfte durch Umlenkung eines Stromes (Gas: 10...30 m/s) erreicht, indem durch tangentiales Einströmen in einen Zylinder, den Zyklon, die erforderliche Rotationsbewegung erreicht wird.

Der Aufbau eines Zyklons ist denkbar einfach (Abb. 7.19). In ein zylindrisches Rohr, das nach unter konisch zuläuft, wird am oberen Ende die Suspension über einen hochkant stehenden Rechteckkanal tangential zugeführt. Die hohe lineare Eintrittsgeschwindigkeit wird im Rohr in eine Kreisbewegung überführt und es kommt aufgrund vorherrschender Dichteunterschiede zur Separation, das leichte Fluid (Gas) verlässt den Zyklon in der Mitte über ein Tauchrohr und die schwereren Komponenten werden im Konus gesammelt bzw. abgeleitet.

7.1.4.2 Verfahrens- und Betriebsweisen

Der Flüssigkeitsstrom wird in der Zentrifuge auf Rotation gebracht, die entstehenden Fliehkräfte (Zentrifugalkräfte) wirken auf die Partikel, sodass durch den Dichteunterschied zwischen zwei Phasen (Partikel – Flüssigkeit; Flüssigkeit – Flüssigkeit) eine Trennung erfolgt.

Eine satzweise Zentrifugation wird z. B. in Kammerseparatoren durchgeführt. In diesem Fall fährt man so lange Suspension zu und nimmt gleichzeitig den Klarlauf kontrolliert ab, bis der Schlammraum gefüllt ist. Dann muss die Maschine geöffnet werden und die Schlammkammer wird entleert. Weitere Maschinen dieses Typs sind die Trommelzentrifuge und die Röhrenzentrifuge.

Bei einer sogenannten halbkontinuierlichen Betriebsweise wird die flüssige Phase kontinuierlich, die feste Phase diskontinuierlich entnommen, während die Suspension kontinuierlich zugegeben wird (vgl. selbst austragender Separator, Düsenseparator (selbst austragend); Schälzentrifuge, Stülpzentrifuge u. v. m.).

In kontinuierlich betriebenen Zentrifugen liegt ein vollkommen stationärer Zustand vor, d. h. alle Phasen strömen kontinuierlich zu bzw. ab. Der bekannteste Bautyp für dieses Verfahrensprinzip ist der Dekanter, den es auch als Dreiphasenmaschine gibt (zwei flüssige Phasen und eine Feststoffphase).

7.1.4.3 Berechnungs- und Auslegungsdaten

Die maßgebenden Daten für die Auslegung von Zentrifugen sind:

- der zu beherrschende Volumenstrom (Suspension, Schlamm),
- die Zentrifugalkräfte, Beschleunigungsziffer und Dichteunterschiede,
- das Feststoffverhalten und die Klärzeit,
- die Feststoffrestfeuchte *f*(Weiterverwendung) und
- die Differenzierung: hydraulische Leistung – Klärleistung,
- die äquivalente Klärfläche.

Durch die Drehzahl und die damit verbundene Rotation wirken Zentrifugalkräfte auf alle Masseteilchen. Damit kommt man zu Grundgleichung der Zentrifugation:

$$F_Z = m\,(2\,\pi\,n)^2\,r_0 \qquad \text{(Gleichung 7.97)}$$

In Gleichung 7.97 bedeuten F die Kraft (in N), m die Masse (in kg), n die Drehzahl der Trommel (in 1/s) und r_0 den Teilchenabstand von der Drehachse (Abb. 7.18).

Wie in der Verfahrenstechnik meist üblich, wird auch hier eine beschreibende dimensionslose Kennzahl eingeführt, die dimensionslose Beschleunigungsziffer Z (Trennfaktor, Abschnitt 2.7.6). Diese Kennzahl ist als Abwandlung der Froude-Zahl zu deuten, sie stellt das Verhältnis von Zentrifugal- zu Erdbeschleunigung dar.

$$Z = \frac{(2\,\pi\,n)^2\,r_0}{g} \qquad \text{(Gleichung 7.98)}$$

Solche Beschleunigungskennziffern liegen in der Praxis für „Normalzentrifugen“ zwischen 500 und 4000, bei „Superzentrifugen – Ultrazentrifugen“ können dagegen bis 100 000 erreicht werden. Die höchsten Werte im Produktionsmaßstab bei etwa 10 000. Die sehr hohen Werte können nur für kleine Laborzentrifugen erreicht

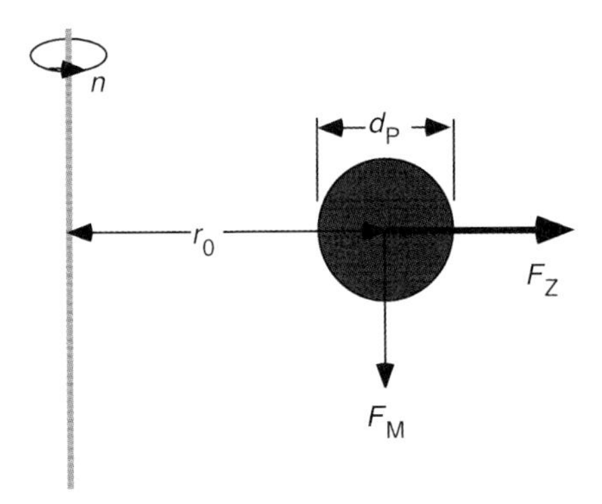

Abb. 7.18 Ein Partikel im Zentrifugalfeld: Dadurch, dass die Massen auf hohe Rotationsdrehzahlen gebracht werden, wirken Zentrifugalkräfte. Im Vergleich zur Zentrifugalkraft sind in diesem Fall die Gewichtskraft und auch die Auftriebskraft vernachlässigbar

werden. Dazu müssen die Rotoren im Vakuum betrieben werden, da sie sonst zu heiß werden würden (Abschnitt 10.3.3).

Die mittlere Klärzeit lässt sich mit der Gleichung

$$t = \frac{r_0 - r_i}{w} \qquad \text{(Gleichung 7.99)}$$

berechnen. Darin bedeuten $r_0 - r_i$ den Absetzweg (in m) und w die Sinkgeschwindigkeit (Absetzgeschwindigkeit) des Teilchens (in m/s; Gleichung 7.96).

Die Maßstabsübertragungsregel für Zentrifugen fordert eine konstante Sinkgeschwindigkeit. Daraus lässt sich zusammen mit dem Volumenstrom die erforderliche äquivalente Klärfläche bestimmen. Am Beispiel eines Separators im β-Galactosidase-Prozess wurde diese Berechnung durchgeführt (Abschnitt 10.3.3.1, Gleichungen 10.44 und 10.47)

Für den Zyklon berechnet sich die Beschleunigungsziffer mit der Umfangsgeschwindigkeit w zu:

$$z = \frac{w^2}{g\, r_0} \qquad \text{(Gleichung 7.100)}$$

und die Absetzzeit zu:

$$t = \frac{2\,\pi\, r_0}{w} \cdot i \qquad \text{(Gleichung 7.101)}$$

mit i als der Anzahl der Umläufe im Zyklon.

Das kleinste Teilchen, das in einem Zyklon abgeschieden werden kann, ist durch Gleichung 7.102 festgelegt:

$$d_{P,\min} = \sqrt[3]{\frac{v \cdot \rho_L \cdot (r_0 - r_i)^2}{i \cdot w \cdot \rho_P}} \qquad \text{(Gleichung 7.102)}$$

dabei ist r_i der Tauchrohrradius (Abb. 7.19). Der praktische Bereich liegt zwischen 2 und 300 µm.

7.1.4.4 **Bauarten der einzelnen Typen**

Bei der Vorstellung der einzelnen Bautypen wird je nach Trennprinzip unterschieden. Folgende Trenntypen sind die gängigsten:

- Filtrationszentrifugen,
- Sedimentationszentrifugen,
- Zentrifugalseparatoren,
- Vollmantelschneckenzentrifuge (Dekanter).

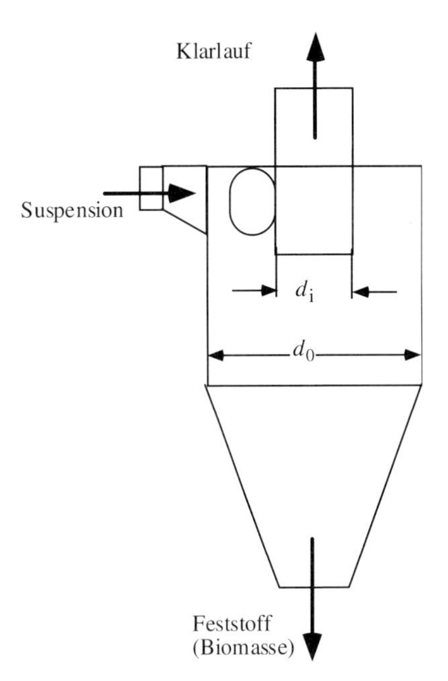

Abb. 7.19 Zyklonbauart: Die Suspension strömt im oberen Teil des Zyklons mit hoher Geschwindigkeit tangential in das runde Gehäuse ein und erfährt dadurch eine Rotation. Dadurch treten Zentrifugalkräfte auf, und es erfolgt aufgrund der Dichteunterschiede eine Trennung von verschiedenen Phasen.

Die Filtrationszentrifugen (Filter- oder Siebzentrifugen) besitzen eine perforierte Trommel, nach dem Aufbau des Kuchens erfolgt der Kuchenaustrag von Hand oder mithilfe einer Schälvorrichtung. Das kann sowohl diskontinuierlich als auch kontinuierlich (Schneckenaustrag) erfolgen.

Die Absetzschleudern und Separatoren besitzen Vollmanteltrommeln. Auch sie können im chargenweisen oder kontinuierlichen Betrieb gefahren werden.

7.1.5 Ultraschallseparation

Die Technik der akustischen Zellrückhaltung ist eine interessante Variante und verspricht im Bereich der Zellkulturtechnik einige Probleme herkömmlicher Systeme zu lösen [13]. Der Aufbau eines Ultraschallseparators ist in Abb. 7.21 gezeigt. Auf mechanisch komplizierte Bauteile kann bei diesem System verzichtet und eine Ablagerung von Zellen und Proteinen kann ausgeschlossen werden. Die Zellen werden keinen schädigenden Scherkräften ausgesetzt und werden durch einen entgegengerichteten, zirkulierenden Umwälzstrom rasch wieder in das homogene Reaktionsvolumen zurückgeführt [14].

Das Prinzip der Ultraschallseparation basiert auf der Bildung loser Zellaggregate in einem Ultraschallwellenfeld und deren anschließende Sedimentation. Im Gegensatz zu anderen Zellrückhaltesystemen ist der akustische Filter, der in der Resonatorkammer erzeugt wird, nur ein virtuelles Hindernis. Es kommt weder zu einem Kontakt zwischen Filtermedium und Zellen, wie bei Cross-flow- oder Spin-Filtern, noch existiert eine mechanische Konstruktion wie etwa bei kontinuierlichen Zentrifugen.

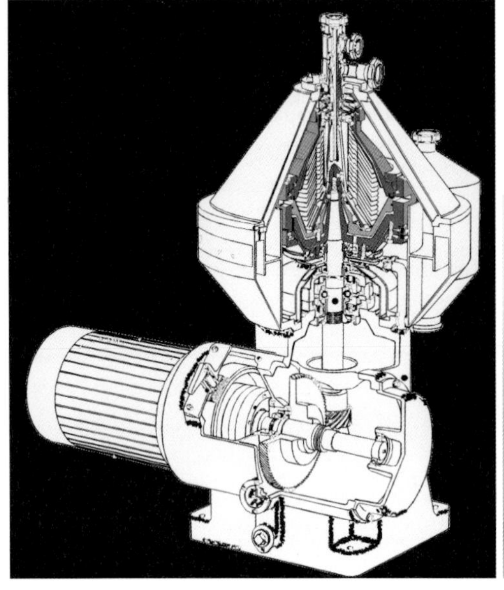

a) b)

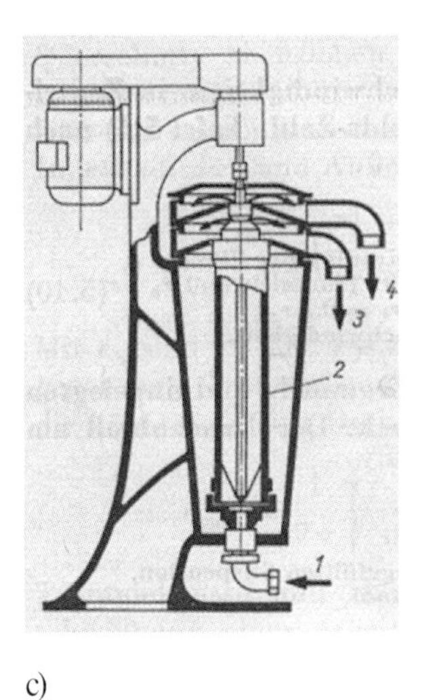

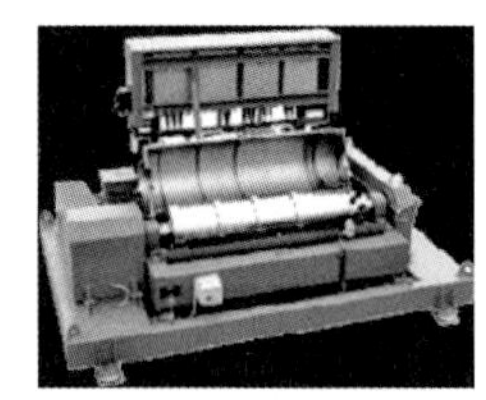

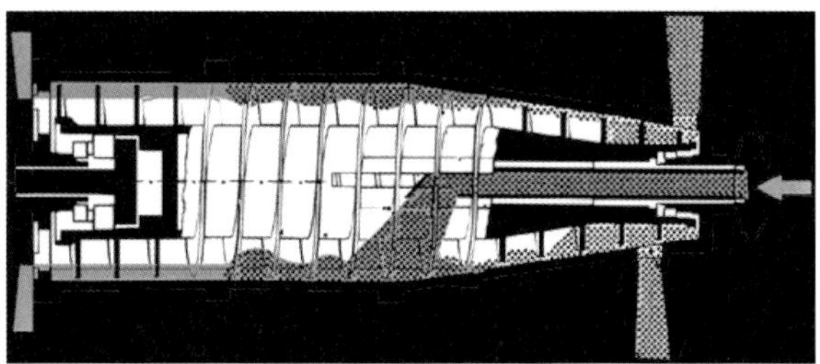

c) d)

Abb. 7.20 Zentrifugenbauarten: a) Tellerseparator Schnitt (Alfa Laval); b) Tellerseparator, Aufbau (Alfa Laval); c) Röhrenzentrifuge [13]; d) Dekanter (Alfa Laval).

Unter Ultraschallwellen versteht man Schallwellen mit Frequenzen über 20 000 Hz. Durch die Wechselwirkung von Molekülen breiten sie sich als wellenförmige Druck- bzw. Dichteschwankungen in elastischen Medien wie Gasen, Flüssigkeiten

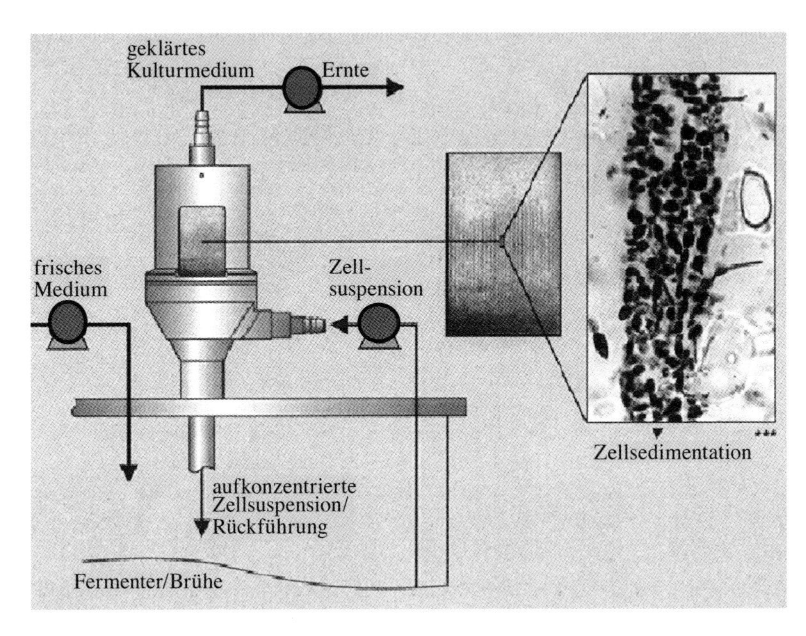

Abb. 7.21 Aufbau und Funktion eines Ultraschallseparators (BioSep ADI 1050) [15].

oder Festkörpern aus. Die Moleküle werden dabei parallel zur Ausbreitungsrichtung der Welle ausgelenkt. Es wird nur die Störung weitergeleitet, sie selbst bleiben an ihrem Ort und schwingen um ihre Ruhelage. Diese Form der Wellenausbreitung bezeichnet man als Longitudinalwelle [18]. Entspricht der Abstand zwischen der Schallquelle und einem Reflektor einem Vielfachen der halben Wellenlänge, wird die Welle reflektiert und es entsteht ein stehendes Ultraschallwellenfeld (Abb. 7.22).

Die Summe der Kräfte, die in einem Ultraschallfeld auf ein suspendiertes, rundes und kompressibles Partikel bzw. eine Zelle einwirken, lassen sich in drei einzelne Kräfte aufsplitten [17]. In der Abb. 7.23 sind diese einzelnen Kräfte, die primäre Strahlungskraft F_{PRI}, die Bernoulli-Kraft F_B, die sekundäre Strahlungskraft F_{SEC} und die daraus resultierende Kraft F_{TO} eingezeichnet.

Die primäre Strahlungskraft treibt die einzelnen Partikel, abhängig von deren Dichte und Kompressibilität, parallel zur Ausbreitungsrichtung zu den Druck-

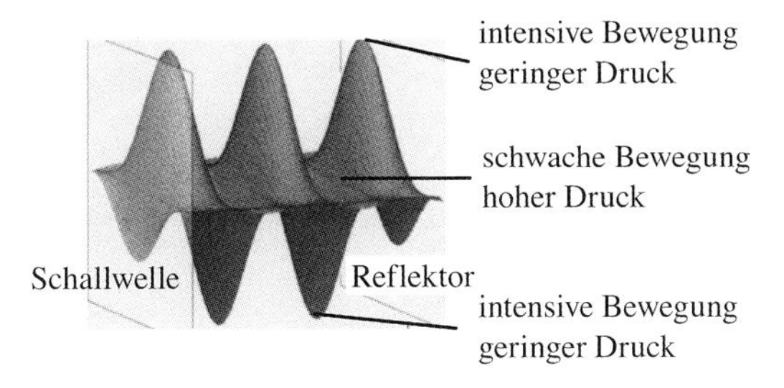

Abb. 7.22 Kräftefeld einer stehenden Ultraschallwelle [15]. Die Zellen akkumulieren in Ebenen mit niedrigem Druck [16].

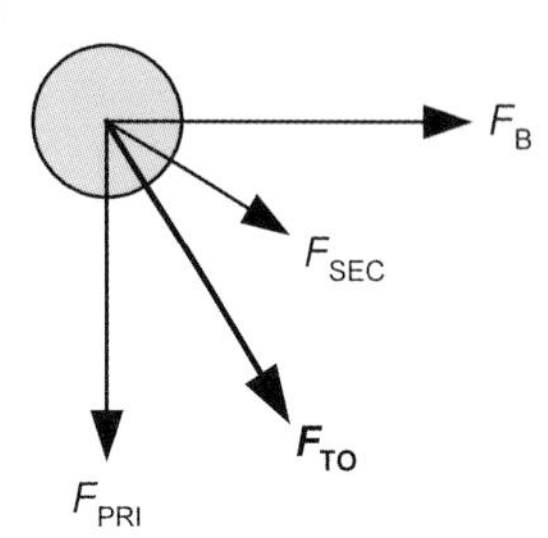

Abb. 7.23 Wirkende Kräfte auf ein Partikel im Ultraschallfeld (F_{PRI} primäre Strahlungskraft; F_{SEC} sekundäre Strahlungskraft; F_B Bernoulli-Kraft; F_{TO} resultierende Kraft.)

knoten oder -bäuchen der stehenden Wellen (Abb. 7.24). Im Fall von Säugerzellen, die dichter als das Medium sind, akkumulieren die Zellen in Ebenen, die senkrecht zu den Druckknoten der Schallwelle stehen. Bei einer Resonanzfrequenz von 2,1 MHz liegen diese Ebenen etwa 300 μm voneinander entfernt.

Ein reales Wellenfeld ist nicht homogen, sondern zeigt sowohl longitudinal als auch lateral Abweichungen vom Idealzustand. Aus den letzteren resultiert die Bernoulli-Kraft, die in Richtung des positiven Geschwindigkeitsgradienten wirkt. Im Gegensatz zu der primären Strahlungskraft ist die Bernoulli-Kraft in den Bewegungsknoten der stehenden Welle gleich null. Sie wirkt also nur auf Partikel, die sich wie Säugerzellen an den Bewegungsbäuchen ansammeln.

Um jedes einzelne Partikel, das sich als Hindernis in dem Ultraschallfeld befindet, baut sich ein Streufeld auf. Durch die Interaktion eines Partikels mit dem gesamten Streufeld seiner umgebenden Partikel wird die Aggregation der enggepackten Partikel verstärkt. Diese Kraft nennt man sekundäre Strahlungskraft. Sie hat nur auf Partikel einen Einfluss, deren Abstand im Vergleich zu ihrem Radius sehr klein ist.

Während zu Beginn des Prozesses der Einfluss der primären Strahlungskraft dominiert und die Partikel zu einem Ort mit relativ hoher Geschwindigkeit und

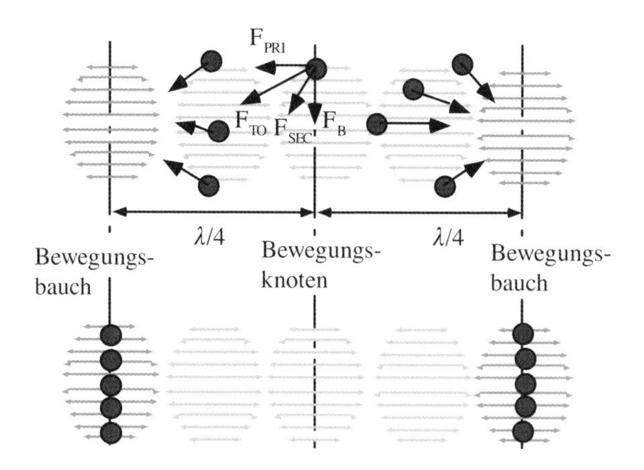

Abb. 7.24 Bewegung suspendierter Partikel in einer stehenden Welle [17]. (F_{PRI} primäre Strahlungskraft; F_{SEC} sekundäre Strahlungskraft; F_B Bernoulli-Kraft; F_{TO} resultierende Kraft).

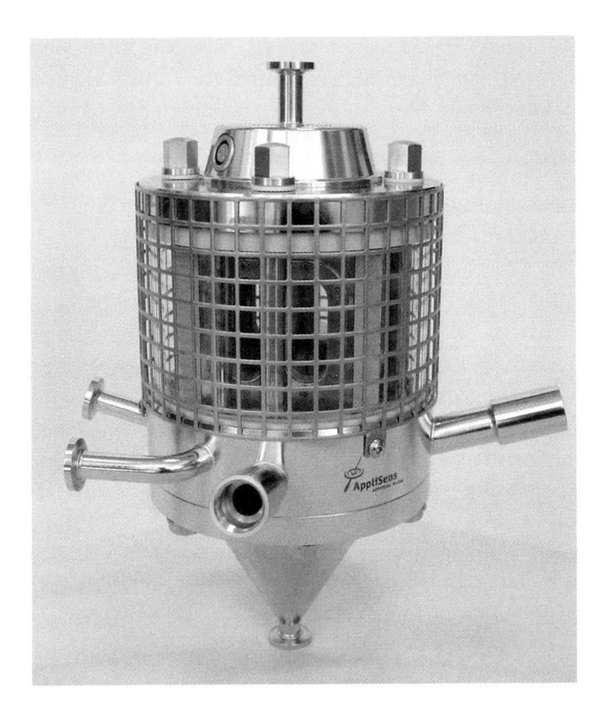

Abb. 7.25 Bauart eine Ultraschallseparators. Typ BioSep ADI 1050, AppliSens [14].

niedrigem Druck treibt, verstärken anschließend die Bernoulli- und die sekundären Strahlungskräfte den Zusammenhalt eng beieinander liegender Partikel. Die Größe der gebildeten losen Aggregate nimmt zu, und sobald die Gravitationskraft überwiegt, sedimentieren die Zellaggregate zurück in den Fermenter.

Ein Ultraschallseparator kann 90–99 % der Zellen aus dem abfließenden verbrauchten Medium zurückhalten (Abb. 7.25). Durch das Schauglas lassen sich die Ebenen, in denen die Zellen aggregieren und sedimentieren, beobachten. Ein zirkulierender Umlaufstrom, der der Ernte entgegen gerichtet verläuft, unterstützt die Sedimentation der Zellen und verkürzt dadurch ihre Aufenthaltszeit außerhalb der homogenen Zellsuspension.

7.2 Zerteilung von Stoffen

7.2.1 Aufgaben und Funktionsbeschreibung

Die Verfahrensaufgabe „Zerteilen von Partikeln (Feststoffen)“ ist in allen Verfahrensstufen zu finden. Im Bereich der Aufbereitung (Upstream-Processing) wird dieses Modul eingesetzt, um Feststoffe, wie Sojamehl o. Ä., in Nährmedien leichter einmischen (anmaischen) zu können (Abschnitt 5.2). Das ist insbesondere für den nachfolgenden Sterilisationsprozess von Bedeutung, weil größere Partikel Räume anbieten können, in denen Sporen einen Sterilisationsprozess überleben können (Abschnitt 5.5.5).

Der Prozess der Partikelzerkleinerung ist des Weiteren immer dann notwendig, wenn zu große Partikel in Einsatzstoffen, aber auch Produkten, vorliegen oder der jeweilige Stoff pulverförmig verlangt wird.

Werden in der Fermentation Zellen eingesetzt, die das gewünschte Produkt in der Zelle, also intrazellulär, anhäufen, so muss das Produkt nach der Reaktion aus der Zelle heraus geholt werden (z. B. Enzym- oder Proteinfreisetzung). Dazu müssen die Zellen aufgeschlossen, also zerstört werden (Zellaufschluss, Abschnitt 7.2.1.1). Der Zweck der Zerkleinerungsoperation ist es also, günstigere Bedingungen für die Weiterverarbeitung des Stoffes, dessen Anwendung, dessen Transport, dessen Umsetzung (Reaktion, Oberfläche) zu schaffen.

Die physikalischen Effekte, die zu diesem Zweck genutzt werden, sind mechanische Kräfte, die durch Prall, Reibung, Spannung, Druck, Pressung, Kavitation oder Schall aufgebracht werden können. In den dafür konstruierten Maschinen und Apparaten werden in der Regel mehrere dieser Wirkkräfte erzeugt. Das außen sichtbare Merkmal ist wiederum der spezifische Leistungseintrag, es wird also bei dieser Aufgabenstellung ganz besonders darauf ankommen, im Wirkraum die erforderliche Energie einbringen zu können. Die möglichst effektive Nutzung der eingebrachten Energie hinsichtlich Zerkleinerungswirkung ist dabei ein wichtiges Entscheidungskriterium für das zu wählende Verfahren.

Das Verfahrensziel dieser Operation ist allgemein in der Feststoffaufbereitung angesiedelt. Deshalb ist das Haupteinsatzgebiet im Bereich des Upstream-Processing speziell bei den Anmaisch- und Konditionierungsprozessen zur Vermeidung von zu großen Feststoffen oder Feststoffverbänden zu finden. Aber auch in späteren Phasen des Downstream-Processing, wenn gröbere Feststofffraktionen den Verfahrensablauf stören könnten oder aber das Produkt selbst als feiner Feststoff angeboten werden soll, müssen oft mechanische Zerkleinerungsoperationen durchgeführt werden. Man findet diese Operationen auch in Verbindung mit Sprühgranuliertrocknern, wo im Bypass Grobteile zermahlen (zerkleinert) und in den Prozess zurückgeführt werden (Abschnitt 7.10).

Genauso wichtig wird diese Technologie aber auch in der frühen Downstream-Phase, wenn ein intrazelluläres Produkt vorliegt, das aus einer Zelle isoliert werden soll. In diesem Fall muss die Zelle aufgeschlossen werden, wobei hierbei weniger die Zerkleinerung betrachtet wird, sondern vielmehr der reine Aufschlussvorgang. Es kommt nur darauf an, die Zelle zu öffnen und die inneren Zellbestandteile, speziell das gesuchte Molekül, meist ein Protein, in die Kulturbrühe freizusetzen.

Unabhängig von Feststoffen ist dieses Verfahrensprinzip auch bei der Dispergierung von einer flüssigen Phase in einer anderen flüssigen Phase gefragt. Muss zum Zwecke des Stofftransportes eine nicht lösliche Flüssigkeit zur Erzeugung einer großen Oberfläche fein dispergiert werden, z. B. bei der Versorgung mit Öl als Kohlenstoffquelle einer Fermentation, oder soll sie sich nicht mehr entmischen, wie das Fett in der Milch, so setzt man diese Technologie ebenfalls ein. Im Zusammenhang mit der Milch ist der Begriff der „Homogenisierung" gebräuchlich, auch wenn der Primärvorgang eher der Dispergierung zuzuordnen ist.

Die Ergebnisse dieser Operation sollten im wahrsten Sinne des Wortes „aufschlussreich" sein.

7.2.1.1 Aufgabe der Desintegration

Aufgrund der überragenden Bedeutung der Zerkleinerungsverfahren in der Biotechnologie zum Zwecke des Zellaufschlusses sollen im Folgenden zwei dieser Techniken näher beleuchtet werden.

Die Desintegration wird eingesetzt, um die strukturelle Integrität einer Mikroorganismen-Einheit (Zelle) aufzuheben und damit die zellinternen Substanzen freizusetzen. Diese Aufgabe fällt immer dann an, wenn die gebildeten Produkte, meist Proteine, nach der Expression in der Zelle verbleiben. Dabei spielt es keine Rolle, ob diese Proteine schon in der gewünschten nativen Form oder inaktiv als Inklusionsbody vorliegen.

Diese Zerstörung, die in der Regel nur partiell erfolgt, zeigt dabei mehrere Folgen (Abb. 7.26):

- Unterbrechung des Stoffwechsels, Tod der Zelle;
- Aufbruch der Zellwand;
- Erzeugung von Zelltrümmern;
- Freisetzung der relevanten Komponenten (Wertprodukt);
- Austritt von Zellinhaltsstoffen.

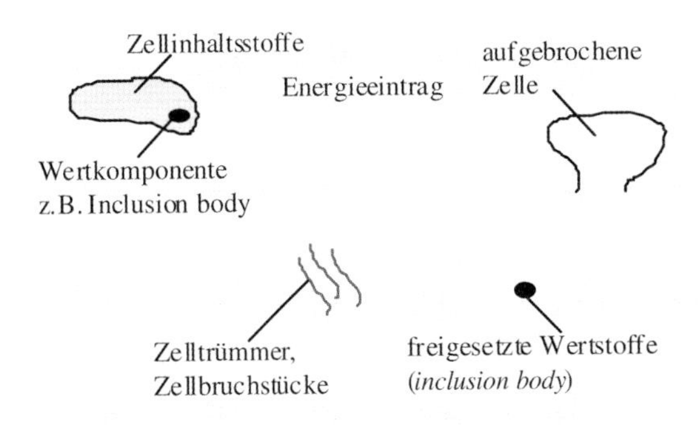

Abb. 7.26 Schematische Darstellung der Desintegration einer Zelle. Um die gewünschte Substanz freizusetzen, wird gezielt Energie eingetragen. Dabei wird die Zelle meist partiell aufgerissen. Es entstehen Zellbruchstücke und das Zellinnere geht nach außen in die Lösung.

7.2.1.2 an den Zellaufschluss

Bei der Festlegung des Anforderungsprofils für die Desintegration tritt ein Widerspruch zwischen der Forderung, die Zellen quantitativ aufzuschließen, und der Forderung nach möglichst wenigen Zellbruchstücken auf.

Dieses Problem besteht jedoch nur vordergründig, da die Mikroorganismen-Einheit im Sinne der Wertproduktfreisetzung bereits dann als aufgeschlossen gilt, wenn z. B. ihre Zellwand aufgebrochen ist und die relevante Komponente austreten kann. Es liegt uns also nicht daran, die Zelle in kleine Bruchstücke zu zerlegen, sondern daran, gerade so viel Desintegration zu betreiben, wie zur Wertproduktfreisetzung notwendig ist. Je mehr Zelltrümmer entstehen, umso problematischer kann sich die Aufarbeitung gestalten. Die Zelltrümmer lassen sich z. B. nur sehr schwer aus einer Suspension abtrennen, die ein gelöstes Wertprodukt enthält.

Um dem Idealfall der Desintegration möglichst nahe zu kommen, werden deshalb die folgenden Forderungen aufgestellt:

- Aufschlussgrad nahe 100 %,
- Wertprodukt quantitativ freigesetzt,
- Austritt an Zellinhaltsstoffen,
- keine Wertproduktschädigung.

7.2.2
Verfahren und Betriebsweisen

Die Ergebnisse eines Zerkleinerungsprozesses sind Partikel- oder Tropfengrößenverteilungen um einen angestrebten Erwartungswert herum, d. h., man bekommt, wie zu erwarten, eine Partikelgrößenverteilung. Die Enge der Verteilung lässt sich über das Verfahren direkt kaum steuern, das kann in der Regel nur über eine Kombination mit einer Sichtung geschehen. In Tab. 7.3 sind für einige Zerkleinerungsverfahren die zu erwartenden Größtkorndurchmesser sowie näherungsweise auch Größenbereiche angegeben.

Tabelle 7.3 Zerkleinerungsverfahren mit Zerkleinerungsgrad und Größtkorndurchmesser.

Vorgang	Zerkleinerungsgrad α (Gleichung 7.103)	Größtkorndurchmesser
Grobbrechen	3...6	>50 mm
Feinbrechen	4...10	5...50 mm
Schroten	5...10	0,5...5 mm
Feinmahlen	10...50	50...500 µm
Feinstmahlen	> 50	5...50 µm
Kolloidmahlen	> 50	< 5 µm
Homogenisieren	> 50	10...0,1 µm
Zellaufschluss	1	50...1 µm

Wie schon angeführt, ist der Zellaufschluss nicht direkt in die Operation Zerkleinern einzustufen, denn in diesem Fall kann der Zerkleinerungsgrad $\alpha = 1$ werden, während er gemäß der Definitionsgleichung 7.103 >1 wird.

Von der Verfahrensführung her ist sowohl eine diskontinuierliche als auch eine kontinuierliche Betriebsweise möglich.

7.2.2.1 Aufschlussmethoden

Einen Überblick über die heute gängigen Aufschlussmethoden gibt Tab. 7.4.

7.2.2.2 Desintegration mittels Druckentspannung im Hochdruckhomogenisator (HDH)

Der Hochdruckhomogenisator ist das in der großtechnischen Aufarbeitungspraxis am häufigsten eingesetzte Desintegrationsgerät. Sehr häufig findet man dieses Gerät auch zum Zwecke der Dispergierung, wie z. B. von Fett in Wasser bei der „Homogenisierung" von Milch.

Das Prinzip des Hochdruckhomogenisators beruht auf einer durch die spontane Druckabsenkung hervorgerufenen Kavitation, die mit starken Spannungskräften (Schubspannung (Scherung), Normalspannung), zur Zellzerstörung führt. Beim Zerfall der Kavitationsdampfblasen entstehen Drücke von bis zu 10^5 bar, die letztendlich für die Zerstörung der Zelle verantwortlich sind.

Die Suspension wird meist mit geringem Vordruck der Kolbenpumpe zugeführt, die sie auf den Homogenisationsdruck spannt. In der Homogenisiereinheit setzt das Ventil diesen Druck in Geschwindigkeit, Scherung, Normal- und Zugspannungskräfte um. Dabei entsteht eine stark kavitierende Strömung. Diese Vorgänge dauern je nach Druck ca. 200–250 Millisekunden. Daraus erklärt sich, dass der Durchsatz, bei gleichbleibender Druckdifferenz in der Homogenisiereinheit, in weiten Grenzen ohne Einfluss auf die Desintegration ist.

Tabelle 7.4 Übliche Desintegrationsmethoden.

Mechanische Methoden	Nichtmechanische Methoden
• Ultraschall • Gefrierdispersion • Nassvermahlung • Druckentspannung	• chemische Methoden • Säure/Lauge • Salze • – Lösungsmittel • biologische Methode: • Enzyme • Phagen • physikalische Methoden • osmotischer Druck • Gefrieren und Auftauen • Gefriertrocknen

Die Haupteinflussgrößen auf die Desintegration im Hochdruckhomogenisator sind theoretisch:

- Homogenisationsdruckdifferenz,
- Passagenzahl,
- Design des Homogenisierventils,
- Konzentration der Zulaufsuspension,
- Temperatur.

7.2.2.3 Desintegration durch Prall-Druck-Zerkleinerung in einer Rührwerkskugelmühle (RKM)

Die Rührwerkskugelmühle wurde zur Nassvermahlung von Pigmenten in der Farbstoffproduktion entwickelt. Allerdings laufen die dort eingesetzten Mühlen mit niedrigerer Drehzahl als die zur Desintegration genutzten Apparate in der Bioverfahrenstechnik.

Die Technik der Rührwerkskugelmühle ermöglichte erstmals, die Farbstoffmoleküle auf relativ einfachem Weg zu aktivieren, ihnen also eine bestimmte Energiemenge innerhalb ihrer Verweilzeit in der Mühle mitzuteilen. Diese Energiemenge hing von der Geometrie der Mühle und dem Energieeintrag über die Rührelemente ab.

Dies war der Ansatzpunkt zum Einsatz in der Bioverfahrenstechnik. Man konstruierte RKM, die mit wesentlich höherer Drehzahl laufen und folglich bei geeigneter Mahlraum- und Rührelementegeometrie in der Lage sind, hohe Energiedissipationswerte in der Mahlkörperschüttung zu erzeugen.

Die Drehzahlen der zur Desintegration genutzten Rührwerkskugelmühle liegen, abhängig von ihrer Größe, zwischen 1000 min^{-1} und 4500 min^{-1}.

7.2.2.4 Prinzip der Prall-Druck-Zerkleinerung

Mittels der Rotation des Rührwerks wird kinetische Energie auf die Mahlkörper übertragen (Abb. 7.27). Diese Übertragung geschieht sowohl durch den direkten Stoß zwischen den Rührwerkselementen und den Mahlkörpern als auch durch Reibung und Volumenverdrängung. Das Resultat der Beschleunigungsvorgänge ist eine statistische Bewegung der Mahlkörper innerhalb der Schüttung.

Die Kennzeichen der Bewegung der Mahlkörper in der Schüttung sind u. a.:

- Kollisionen der Mahlkörper untereinander,
- Differenzgeschwindigkeit zwischen benachbarten, nicht kollidierenden Mahlkörpern,
- starke Scherung im Zwischenraum aneinander vorbei driftender Mahlkörper,
- örtliche, schnell veränderliche Druckgradienten durch extrem schnelle Volumenverdrängungseffekte.

Die in der Suspension befindlichen Zellen werden maßgeblich durch die Druckgradienten, gepaart mit der sehr hohen Scherung, zerstört.

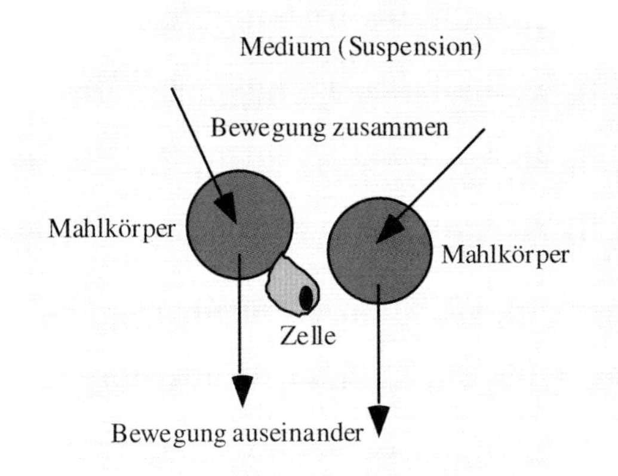

Abb. 7.27 Ablauf der Prall-Druck-Zerkleinerung, wie sie in einer Kugelmühle stattfindet. Das Verhältnis von Zelle zu Mahlkörper ist $\frac{d_{MK}}{d_Z} \geq 500$.

7.2.2.5 **Einflussgrößen auf die Desintegration in der Rührwerkskugelmühle**

In der Literatur sind ca. 40 verschiedene Einflussparameter bekannt, die mittelbar oder unmittelbar auf die Desintegration in der Rührwerkskugelmühle einwirken. Dazu zählen auch alle Faktoren, welche die Übertragung der kinetischen Energie vom Rührwerk auf die Mahlkörper mitbestimmen.

Die Variation dieser Parameter dient dem Ziel, die Energieübertragung möglichst optimal, d. h. verlustminimiert zu gestalten. In unserem Falle, als Anwender der Rührwerkskugelmühle, gehen wir davon aus, dass diese Faktoren seitens der Hersteller bedacht worden sind und uns eine Mühle nach dem „Stand der Technik" zur Verfügung steht.

Diese mittelbaren Einflussgrößen lassen sich zu der Gruppe „Design von Mahlraum und Rührwerk" zusammen fassen, womit sich die Zahl der relevanten Einflussfaktoren auf acht verringert. Es bleiben also die Einflussgrößen:

- Rührelementeumfangsgeschwindigkeit,
- Größe der Mahlkörper,
- Mahlkörperfüllgrad,
- Dichte der Mahlkörper,
- Design von Mahlraum und Rührwerk,
- Volumenstrom der Zulaufsuspension,
- Konzentration der Biomasse,
- Temperatur

auf die Desintegration in der Rührwerkskugelmühle.

7.2.3
Berechnungs- und Auslegungsdaten

7.2.3.1 Allgemeine Betrachtungen

Da stets mehrere Kräfte gleichzeitig wirken, ist eine Berechnung des komplexen Vorganges des Zerkleinerns nur schwer möglich. Die einzige Grundlage sind Versuche im Labor. Aus den Versuchen im Kleinmaßstab wird das geeignete Verfahren ausgewählt und ausgelegt. Die Auslegungsparameter sind im Wesentlichen die einzubringende Energie pro Zeiteinheit und Arbeitsraum (Leistungsdichte) sowie die Einwirkdauer. Die Einwirkdauer ist dabei mit Verweilzeit, Verweilzeitverhalten oder wiederkehrende Zyklen einer Operation gleichzusetzen.

Für die Zielsetzung „Zerkleinern" wird der sogenannte Zerkleinerungsgrad benutzt. Er ist wie folgt definiert

$$\alpha = \frac{D}{d} = \frac{\text{Größtkorndurchmesser im Aufgabegut}}{\text{Größtkorndurchmesser nach dem Zerkleinern}}$$

(Gleichung 7.103)

Gleichung 7.103 drückt aus, in welchem Verhältnis die größten Körner vor dem Zerkleinerungsvorgang zur größten Korngröße nach dem Vorgang stehen. Der Wert muss also immer größer eins sein, wenn man von der Ausnahme des Zellaufschlusses absieht, wo eine Zerkleinerung nicht das eigentliche Ziel ist, sondern lediglich das Aufreißen der Zellen. Dadurch können die verbliebenen Hüllen in der gleichen Größenordnung wie die Ausgangszellen erscheinen, wodurch der Zerkleinerungsgrad 1 ergibt.

Der Leistungseintrag beim Hochdruckhomogenisator lässt sich direkt an der aufgetretenen Temperaturerhöhung ablesen. Formuliert man den Leistungseintrag als einen hydraulischen Leistungseintrag, so erhält man gemäß Gleichung 7.123:

$$P_L = \dot{V} \cdot \Delta p \qquad \text{(Gleichung 7.104)}$$

Dieser Leistungseintrag ist gleich bedeutend mit der erkennbaren und messbaren Wärmezunahme. Diese lässt sich gemäß

$$\dot{Q} = \dot{m}_L \cdot c_p \cdot \Delta T \qquad \text{(Gleichung 7.105)}$$

berechnen. Setzt man Gleichungen 7.104 und 7.105 gleich, so erhält man nach Umformung:

$$\dot{V}_L \cdot \rho_L \cdot c_p \cdot \Delta T = \dot{V}_L \cdot \Delta p \qquad \text{(Gleichung 7.106)}$$

Durch Einfügen der Stoffwerte für Wasser (ρ_L = 1000 kg/m^3, c_p = 4,2 J/(g K)) in Gleichung 7.106 erhält man pro 100 bar Druckdifferenz eine Temperaturerhöhung um 2,4 °C.

7.2.3.2 Aufschlussgrad bei der Desintegration

Zur Bestimmung des Aufschlussgrades eignen sich mehrere Methoden. Die einzige Methode, die derzeit die direkte Messung der Quantität der aufgeschlossenen Zellen erlaubt, ist die mikroskopische Auszählung.

Da dies jedoch aufwendig und zeitintensiv ist, wird der Aufschlussgrad meist über die Bestimmung der Menge an freigesetzter Wunschkomponente im Vergleich zur maximal möglichen Menge dieser Komponente ermittelt.

Aufschlussgrad A: $$A = \frac{N}{N_0} \cdot 100 \quad \text{(in \%)} \qquad \text{(Gleichung 7.107)}$$

oder $$A = \frac{R}{R_m} \cdot 100 \quad \text{(in \%)} \qquad \text{(Gleichung 7.108)}$$

Als Bestimmungsmethoden für den Aufschlussgrad kommen die

- die mikroskopische Beurteilung (subjektive Feststellung des „Zerstörungsgrades"), und
- die Beurteilung der Wertproduktfreisetzung (100 % bedeutet Totalaufschluss, kombiniert mit einer mikroskopischen Kontrolle, d. h. Kalibrierung der Konzentration des Wertproduktes auf den Aufschlussgrad, in Betracht.

7.2.3.3 Homogenisationsdruckdifferenz Δp

Die Homogenisationsdruckdifferenz Δp ist der wichtigste während des Prozesses veränderbare Einflussparameter auf die Desintegration im Hochdruckhomogenisator.

Die heute handelsüblichen Hochdruckhomogenisator stellen Druckdifferenzen von bis zu 140 MPa zur Verfügung.

Diese hohen Druckdifferenzen sind notwendig, da die Zellwand der Mikroorganismen meist sehr stabil ist, um den in ihrem natürlichen Umfeld auf sie einwirkenden Einflüssen zu widerstehen. Dazu zählen insbesondere die osmotischen Drücke. Eine Ausnahme im Hinblick auf die Stabilität der Mikroorganismen bilden die Zellkulturen, die im Vergleich mit Bakterien, Hefen und Pilzen außerordentlich strukturinstabil sind.

Allgemein kann gesagt werden, dass der im Hochdruckhomogenisator aufgebaute Vordruck am Homogenisierventil proportional zu dem erzielten Effekt der Desintegration ist. Das heißt, je größer die Homogenisationsdruckdifferenz Δp, desto mehr Zellen werden bei sonst identischen Bedingungen bei einem Durchgang durch den Hochdruckhomogenisator (Passage) desintegriert.

Es ist jedoch zu beachten, dass zur Erzielung eines Desintegrationseffektes eine Mindestdruckdifferenz notwendig ist. Diese ist von der Art des Mikroorganismus abhängig und kann nicht vorausberechnet werden.

In der Terminologie der Reaktionstechnik gesprochen, gehorcht die Desintegration im Hochdruckhomogenisator einem Gesetz erster Ordnung (Abschnitt 5.5.5.3 und Kapitel 6).

Die bestimmende Gleichung lässt sich, geschrieben in Form der Freisetzung eines Wertproduktes, formulieren zu:

$$\log\left(\frac{R_m}{R_m - R}\right) = n \cdot k \cdot \Delta p^a \qquad \text{(Gleichung 7.109)}$$

Hierin bedeuten

R_m: max. freigesetzte Menge an Wertprodukt (nach Vorversuchen durch Analytik festgelegt; Einheit je nach gemessener Parameter),
R: Momentanwert der Freisetzung (in "),
n: Passagenzahl (1),
K: Geschwindigkeitskonstante der „Reaktion" $\left[\frac{1}{bar^a}\right]$
Δp: Homogenisationsdruckdifferenz (in bar)
a: Einflussexponent (Anpassungsparameter) (1)

Der Einflussexponent a ist mikroorganismenspezifisch und nur abhängig von den die Strukturstabilität beeinflussenden Parametern des Mikroorganismus (z. B. Membrandefekt, Vorschädigung). Der Aufschlussgrad im Hochdruckhomogenisator ist aber neben den in Gleichung 7.109 berücksichtigten Parametern (Druck, Zyklenzahl) auch durch die verwendete Ventilkonstruktionen bestimmt [4].

Versuche zur Freisetzung von Enzymen aus Bäckerhefe haben gezeigt, dass das Messerkantenventil den höchsten Wirkungsgrad besitzt, gefolgt von Kegelventil und Flachventil. Abbildung 7.28 zeigt einen Kreislaufversuch mit *Saccharomyces cerevisiae* (Bäckerhefe)zur Enzymfreisetzung unter Nutzung dieser drei verschiedenen Ventiltypen.

7.2.3.4 **Zulaufkonzentration**

Der Einfluss der Zulaufkonzentration auf die Homogenisation ist in weiten Bereichen von sehr untergeordnetem Einfluss. So konnte für das System Bäckerhefe im Bereich zwischen 300 und 600 g/l BFM keine Beeinflussung der Geschwindigkeitskonstanten K nachgewiesen werde.

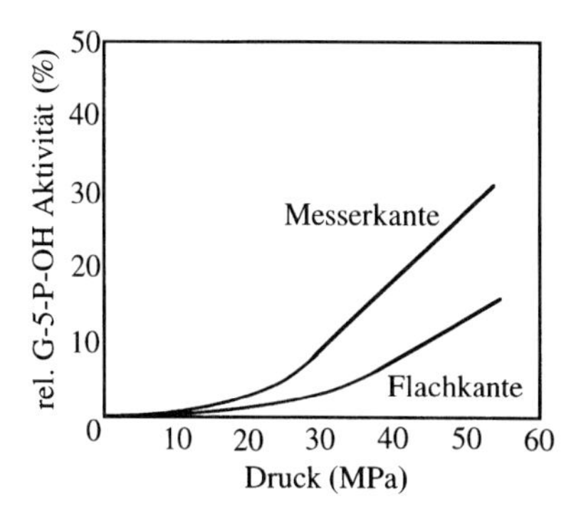

Abb. 7.28 Kreislaufversuch zur Freisetzung von Enzymen aus Bäckerhefe (Saccharomyces cerevisiae). Es wurden Flach , Kegel- und Messerkantenventile eingesetzt. Es zeigt sich, dass die Ventilkonstruktion einen merklichen Einfluss auf den Wirkungsgrad des Aufschlusses haben kann.

Es ist jedoch zu bedenken, dass hohe Biomassekonzentrationen infolge der erhöhten Viskosität der Suspension weitreichende Einflüsse auf die Verfahrens- und Apparatetechnik haben. So z. B.:

- hohe Δp in Rohrleitungen und Armaturen,
- hohe Viskosität (ν, η : laminare Strömungen),
- stark begrenzte Beweglichkeit der Einzelpartikeln in der Strömung,
- Beeinflussung der Sedimentation und Filtration,
- Beeinflussung der Stofftransportkinetiken.

7.2.3.5 Temperatur

Der Einfluss der Temperatur auf die Geschwindigkeitskonstante ist vorhanden. Er kann jedoch meist nicht genutzt werden, da die freigesetzten Produkte in der Regel temperatursensibel sind. Die Energie, die zum Aufschluss gebraucht wird, findet man am Ausgang als Wärmemenge wieder. Es gilt der Zusammenhang bezüglich der Energiebilanz, wie er durch Gleichung 7.106 schon zum Ausdruck gebracht wurde. Diese Temperaturerhöhung um 2,4 °C pro 100 bar und Zyklus muss bei der Verfahrensplanung bedacht werden, zumal in der Praxis die Drücke wesentlich höher angesetzt werden. Sie liegen bei etwas 400–1000 bar, sodass die Temperaturerhöhung auf 10–24 °C pro Zyklus ansteigt.

Während man zwischen den Zyklen einen Kühlschritt etablieren kann, um so schnell negative Temperatureinflüsse wieder auszuräumen, ist der Temperatursprung während eines Durchlaufes nicht zu verhindern, weil eine direkte Kühlung am Ort des Wärmeeintrags technisch nur bedingt möglich ist. Sollte demzufolge eine kurzzeitige Temperaturerhöhung über einen bestimmten Wert hinaus für das Produkt (für den Prozess) nicht vertretbar schädlich sein, so muss der Prozess mit einer niedrigeren Druckstufe und höheren Zyklenzahlen ausgelegt werden (Abb. 7.29).

7.2.3.6 Auslegung des Hochdruckhomogenisators

Die Auslegung eines Hochdruckhomogenisators erfolgt nach der benötigten Homogenisationsdruckdifferenz und dem notwendigen Durchsatz [4]. Wichtig ist weiterhin die Abschätzung des Energieeintrags, der über elektrische Energie zur Verfügung gestellt werden muss. Da der Hochdruckhomogenisator im Prinzip eine Pumpe ist, entspricht die benötigte Leistung einer hydraulischen Leistung (Abschnitt 2.7.3.4, Gleichung 2.91) und kann über die Druckerhöhung und den Volumenstrom berechnet werden (Gleichung 7.110):

$$P_{\mathrm{el}} = \Delta p \cdot \dot{V} \cdot \frac{1}{\eta_{\mathrm{mech.}}} \cdot \frac{1}{\eta_{\mathrm{el.}}} \qquad \text{(Gleichung 7.110)}$$

In dieser Gleichung bedeuten:

$P_{\mathrm{el.}}$: notwendige elektrische Leistung (in W)
Δp: Homogenisationsdruckdifferenz (in Pa)
$\dot{V}$: angestrebter Durchsatz (in m^3/s)

$\eta_{mech.}$: mechanischer Wirkungsgrad (ca. 0,6–0,7)
$\eta_{el.}$: elektrischer Wirkungsgrad (0,8–0,9)

7.2.3.7 Rührelementeumfangsgeschwindigkeit

Im Falle zentrisch angeordneter Rührelemente berechnet sich die Umfangsgeschwindigkeit zu [4]:

$$u_u = d_R \cdot \pi \cdot n \qquad \text{(Gleichung 7.111)}$$

Darin bedeuten:

u_u: Rührelementeumfangsgeschwindigkeit (in m/s)
d_R: Durchmesser des Rührelements (in m)
n: Drehzahl des Rührwerks (in min^{-1})

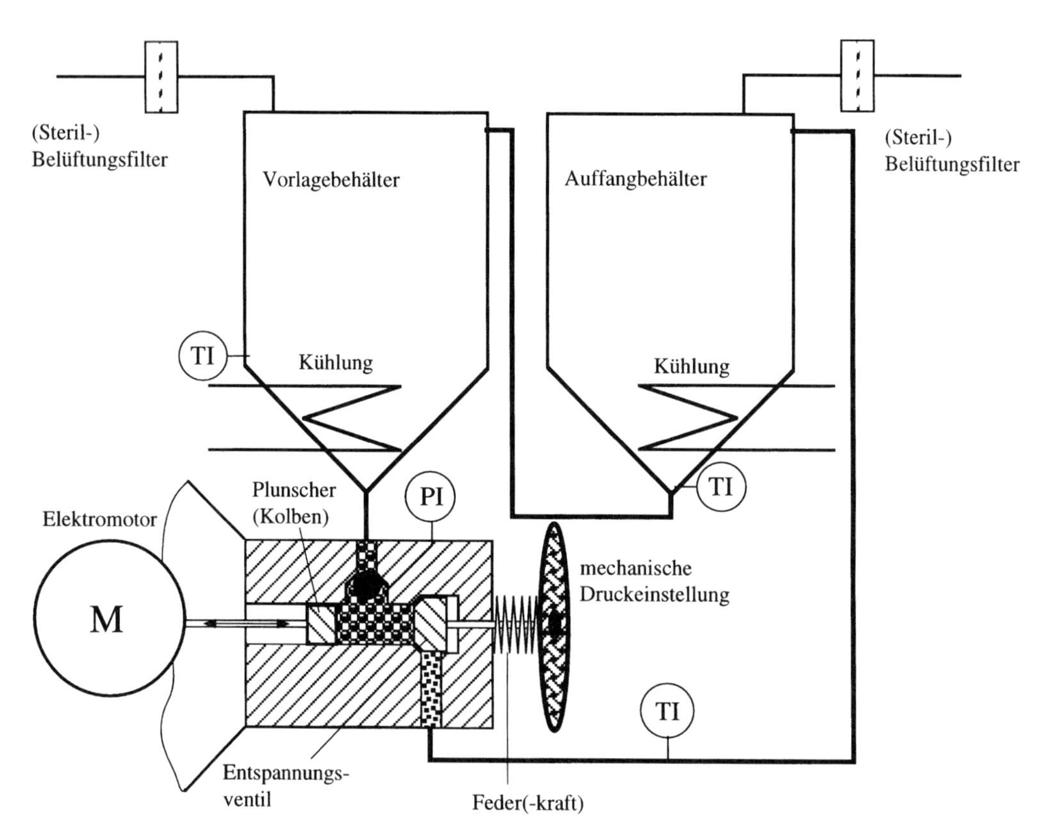

Abb. 7.29 Prinzipieller Aufbau eines Hochdruckhomogenisators. Ein Motor treibt einen in der Regel mehrstufigen Pluncher (Kolbenpumpe) an. Dieser bringt die Suspension auf hohe Drücke (einige Hundert Bar). Der Druck wird durch ein Entspannungsventil gehalten, das von einer mechanisch vorgespannten Feder die Gegenkraft erfährt.

Im Falle nicht zentrisch angeordneter Rührelemente berechnet sich die Umfangsgeschwindigkeit zu:

$$u_u = \bar{d}_R \cdot \pi \cdot n \qquad \text{(Gleichung 7.112)}$$

mit $\bar{d}_R$ als „mittlerem" Durchmesser des Rührelements.

$$\bar{d}_R = 2\sqrt{d_{RW}^2 + d_R^2/4} \qquad \text{(Gleichung 7.113)}$$

Der Durchmesser d_{RW} repräsentiert in Gleichung 7.113 den Abstand zwischen der höchsten und der tiefsten Position eines exzentrisch angeordneten Rührelementes.

Für die Praxis der Aufarbeitung relevant ist die Feststellung der Abhängigkeit der Desintegrationsqualität von der Rührelemente-Umfangsgeschwindigkeit. Die Effekte, die mit der Veränderung der Rührelemente-Umfangsgeschwindigkeit einhergehen, sind folgende [4]:

- Anzahl der Kollisionsereignisse Mahlkörper/Mahlkörper,
- differenzgeschwindigkeitsinduzierte Scherung,
- Geschwindigkeit der Volumenverdrängung, d. h. Änderungsgeschwindigkeit der Druckgradienten,
- Erwärmung des Mahlraums,
- Antriebsleistung,
- Mahlkörperverschleiß.

Generell kann gesagt werden, dass sich der Betrag der die oben genannten Effekte charakterisierenden Größen mit steigender Rührelementeumfangsgeschwindigkeit und damit mit dem Leistungseintrag erhöht. Jedoch gibt es für diese Steigerung auch Grenzen. Das soll am Beispiel der Anzahl der Kollisionsereignisse erläutert werden.

Die Anzahl der Kollisionsereignisse steigt mit der Rührelemente-Umfangsgeschwindigkeit an, da die Geschwindigkeit der Mahlkörper steigt und somit die Wahrscheinlichkeit des Treffens zweier oder mehrerer Mahlkörper zunimmt. Die Anzahl der Kollisionsereignisse als Funktion der Rührelemente-Umfangsgeschwindigkeit nimmt qualitativ den in Abb. 7.30 gezeigten Verlauf.

Aus dem Diagramm ist ersichtlich, dass eine Mindestumfangsgeschwindigkeit notwendig ist um eine Fluidisierung der Mahlkörperschüttung zu erreichen (Übergang zur homogenen Verteilung im Mahlraum). Ist diese Geschwindigkeit überschritten, setzt die Steigerung der Kollisionsereignisse mit zunehmender Rührelementeumfangsgeschwindigkeit ein. Gleichzeitig mit der Rührelementeumfangsgeschwindigkeit und der Geschwindigkeit der Mahlkörper steigt auch die radiale Komponente der Mahlkörpergeschwindigkeit. Mit der Zunahme der Radialkomponente verdichtet sich die Mahlkörperschüttung in radialer Richtung, was der Fluidisierung und der weiteren Steigerung der Kollisionsereignisse entgegenwirkt. Überschreitet der Betrag der Radialkomponente den Schwellenwert einer kritischen

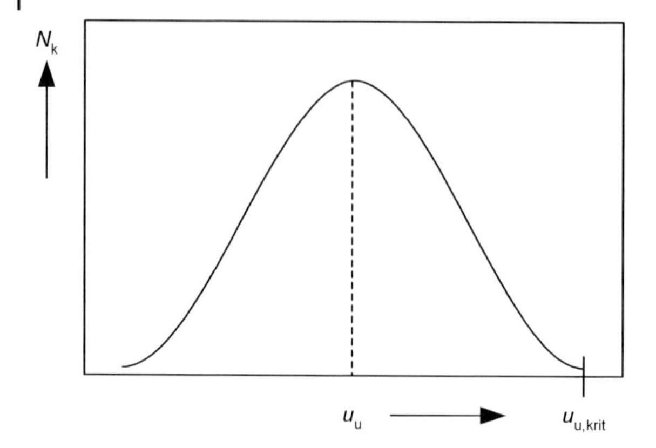

Abb. 7.30 Qualitativer Verlauf der Anzahl der Kollisionsereignisse als Funktion der Umfangsgeschwindigkeit des Rührers.

Umfangsgeschwindigkeit $u_{u.krit}$, so kommt die Fluidisierung zum Erliegen. Die Mahlkörper bewegen sich dann als quasi-Festkörper, dessen Außenradius dem Innenradius der Mühle entspricht. An diesem Punkt finden keine Kollisionsereignisse mehr statt. Sinngemäß gilt gleiches für alle oben aufgeführten Effekte.

7.2.3.8 Größe der Mahlkörper

Die Effekte der Veränderung der Mahlkörpergröße sind in Abb. 7.31 dargestellt [4]. Wird der Mahlkörperdurchmesser abgesenkt, so steigt unter der Voraussetzung gleichen Mahlkörperfüllgrades sowie gleicher Rührelemente-Umfangsgeschwindigkeit der Energieinhalt der Schüttung, da sich die mittlere Mahlkörpergeschwindigkeit erhöht.

Damit einher geht auch die Erhöhung der Stoßhäufigkeit zwischen den Mahlkörpern.

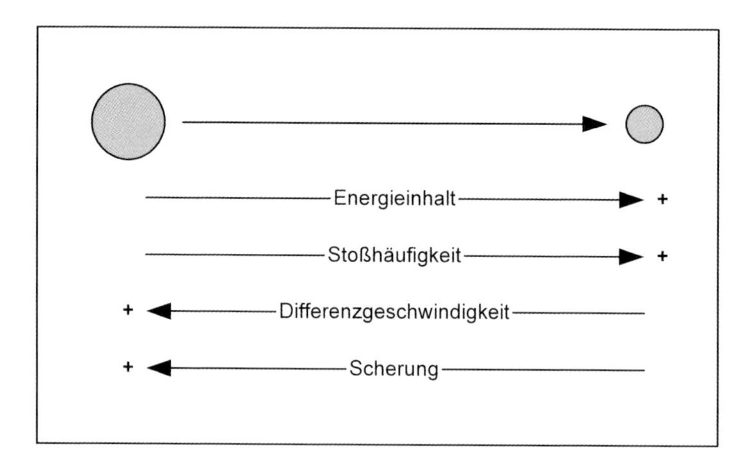

Abb. 7.31 Effekte der Veränderung der Mahlkörpergröße (gleicher Füllgrad vorausgesetzt).

Im Gegensatz dazu nimmt jedoch die Differenz der Geschwindigkeiten der einzelnen Mahlkörper untereinander ab, d. h. das Kollektiv bewegt sich gleichförmiger. Dadurch verändert sich auch die differenzgeschwindigkeitsinduzierte Scherung zu kleineren Werten. Die Optimierung der Mahlkörpergröße bezogen auf den aufzuschließenden Mikroorganismus kann nur durch das Experiment erbracht werden.

7.2.3.9 Dichte der Mahlkörper ρ_{MK}

Der Einfluss der Mahlkörperdichte ist abhängig von der Viskosität des Systems und seinen Fließeigenschaften. Im Falle eines niedrigviskosen, newtonschen Systems ist die Dichte der Mahlkörper von sehr geringem Einfluss. Zeigt das System nichtnewtonsche Eigenschaften oder ist es hochviskos, ist ein Dichteeinfluss gegeben. In diesem Fall führt die Dichteerhöhung bei gleichem Mahlkörperdurchmesser zu höheren Mahlkörpergeschwindigkeiten.

Diese Abhängigkeit ist begründet im erhöhten Reibungswiderstand, den der Partikel bei seiner Bewegung durch das Medium erfährt. Ein Mahlkörper höherer Dichte und somit größerer Masse nimmt einen größeren Impuls auf und kann dadurch höhere Geschwindigkeiten in der Suspension erzielen.

Die heute meist verwendeten Mahlkörpermaterialien mit ihren Dichten sind:

- Glas mit einer Dichte von $\rho_{MK} \approx 2700\ \mathrm{kg/m^3}$
- Zirkonoxid mit einer Dichte von $\rho_{MK} \approx 5400\ \mathrm{kg/m^3}$
- Stahl mit einer Dichte von $\rho_{MK} \approx 7600\ \mathrm{kg/m^3}$

7.2.3.10 Mahlkörperfüllgrad

Der optimale Mahlkörperfüllgrad ist abhängig vom Mahlkörperdurchmesser. In der Praxis nimmt man Füllgrade zwischen 80 und 85 % v/v des Mahlraumvolumens an. Die Definition des Mahlkörperfüllgrades lautet:

$$\epsilon_{MK} = \frac{V_{MK}}{V_{MR}} = \frac{V_{MK}}{V_L + V_{MK}} \qquad \text{(Gleichung 7.114)}$$

Ist der Füllgrad zu hoch, so ist die freie Beweglichkeit der Mahlkörper nicht mehr gegeben. Das führt zu einer Vergleichmäßigung der Bewegung der Körper und setzt damit die geschwindigkeitsdifferenzinduzierten Vorgänge sowie die Anzahl der Kollisionen herab, woraus ein geringerer Aufschlussgrad resultiert. Durch die vermehrte Reibung der Mahlkörper aneinander kommt es zudem zu einer überproportionalen Erwärmung der Schüttung und des Systems und zu einem erhöhten Mahlkörperverschleiß.

Liegt der Füllgrad zu niedrig, so sinkt die Stoßhäufigkeit und damit ebenfalls die Aufschlussqualität.

7.2.3.11 Design von Rührwerk und Mahlraum

Die Optimierung der Konstruktion von Rührwerk und Mahlraum dient den Zielen [4]:

- Verlustminimierung beim Energieeintrag,
- strömungstechnische Optimierung,
- Erzeugung einer linearen Abhängigkeit der Desintegration: f (Energieeintrag).

Die Forderung nach einer möglichst verlustfreien Übertragung der Energie vom Rührwerk auf die Mahlkörper kann durch geometrische Optimierung der Rührelemente und des Mahlraums erfüllt werden. Diese Veränderungen sind jedoch immer im Zusammenhang mit der strömungstechnischen Optimierung zu sehen. Es ist eine Geometrie anzustreben, die eine Verweilzeitverteilung mit hoher Bodenstein-Zahl realisiert. Das bedeutet für die Rührwerkskugelmühle, dass die Strömung im Mahlraum in Richtung auf die Pfropfenströmung verändert werden muss. Der Idealzustand kann allerdings nicht erreicht werden, da es sich um einen realen „Reaktor" handelt, dessen Bodenstein-Zahl zwischen der des ideal durchmischten Rührkessels und der des idealen Strömungsrohres liegt (Abschnitt 5.5.5.5).

Beide Optimierungsziele, verlustarmer Energieeintrag und Strömungsform, dienen letztlich der Erzeugung einer guten linearen Abhängigkeit des Desintegrationsergebnisses vom Energieeintrag.

7.2.3.12 Volumenstrom

Generell kann gesagt werden, dass der Einfluss des Volumenstroms auf das Desintegrationsergebnis umso größer ist, je höher die Bodenstein-Zahl des Systems ist.

Betrachtet man die beiden Grenzfälle wenn alle Teilchen die gleiche Verweilzeit im Mahlraum haben, also keine Rückvermischung vorliegt, und wenn eine komplette Rückvermischung vorliegt, so erhält man folgende Situation:

Bo → ∞ (keine Rückvermischung) Nimmt die Bodenstein-Zahl sehr große Werte an, d. h. nähert sich das System dem idealen Strömungsrohr, so wird über den Durchsatz direkt die Verweilzeit τ bestimmt.

Es gilt:

$$\tau = \frac{V_{\mathrm{MR}} - V_{\mathrm{MK}}}{\dot{V}^{\alpha}} \qquad \text{(Gleichung 7.115)}$$

In Gleichung 7.115 bedeuten:

τ: mittlere, hydrodynamische Verweilzeit in der Rührwerkskugelmühle
V_{MR}: Mahlraumvolumen
V_{MK}: Mahlkörpervolumen
V^{α}: Zulaufstrom

Bo = 0 (vollkommene Rückvermischung) Im Falle des ideal durchmischten Rührkessels gibt es keine einheitliche Verweilzeit τ. Das Verweilzeitspektrum $E(t)$ wird über die Gleichung (Abschnitte 2.7.5 und 5.5.5.5)

$$E(t) = \frac{1}{\tau} \cdot e^{-\frac{t}{\tau}} \qquad \text{(Gleichung 7.116)}$$

bestimmt.

In Gleichung 7.116 bedeuten:

- $E(t)$: Verweilzeitverteilungsfunktion (Dichtefunktion, in 1/s)
- τ: mittlere, hydrodynamische Verweilzeit (Raumzeit-Parameter, in s)
- t: Zeitvariable (in s)

Über den Durchsatz und das Flüssigkeitsvolumen lässt sich lediglich die mittlere hydrodynamische Verweilzeit τ berechnen.

Bei den in der Praxis eingesetzten Rührwerkskugelmühlen wird der Wert der Bodenstein-Zahl, wie bei jedem realen Reaktor, zwischen diesen beiden Extremwerten liegen. Die Bestimmung der Verweilzeitverteilung ist deshalb mittels einer experimentellen Erfassung des Verweilzeitverhaltens, z. B. mittels der Tracer-Methode, möglich (Abschnitt 2.7.5).

Um in der Rührwerkskugelmühle eine hohe Bodenstein-Zahl zu erzielen, könnte z. B. eine quasi-Parzellierung der Mühle mittels auf der Rührwelle aufgesetzter Scheiben erfolgen. Dadurch würde die Verweilzeitverteilung nach dem Zellenmodell (Abschnitte 2.7.5 und 5.5.5.5) berechenbar. Es gilt dann:

$$E_{\mathrm{n}}(t) = \frac{1}{(n-1)!\tau} \cdot \left(\frac{t}{\tau}\right)^{n-1} \cdot e^{-\frac{t}{\tau}} \qquad \text{(Gleichung 7.117)}$$

mit der Zellenzahl n.

7.2.3.13 Zulaufkonzentration und Temperatur

In Bezug auf die Abhängigkeiten der Desintegration von der Zulaufkonzentration und der Temperatur gelten die in Abschnitt 2.5.2.3 getroffenen Festlegungen.

7.2.3.14 Auslegung der Rührwerkskugelmühle

Ist im Rahmen der Labor- und Technikumsausarbeitung des Verfahrens der Schritt Desintegration in der Rührwerkskugelmühle mit entwickelt worden, so sind Daten hinsichtlich der minimalen Verweilzeit der Suspension, des notwendigen Energieeintrags und der Mühlengeometrie bekannt. Ein notwendiges Scale-up erfolgt unter Anwendung der Ähnlichkeitsgesetze der Mechanik und der Strömungsmechanik.

Die im Labor bzw. Technikum notwendige Energiedissipation kann dort über Messungen der in Suspension und Kühlmedium abgeführten Wärmeströme abgeschätzt werden. Dazu sind entsprechende Messreihen unumgänglich.

Das Verweilzeitspektrum muss, will man in Labor- und Produktionsmaßstab identische Ergebnisse erzielen, beibehalten werden; es muss also bekannt sein.

7.2.4
Bauarten von Zerkleinerern

7.2.4.1 Hochdruckhomogenisatoren

Die Forderung, dass zum Zwecke der Zerkleinerung entsprechende Kräfte aufzu- bzw. einzubringen sind, kann durch verschiedene Konstruktionen erfüllt werden. Die daraus resultierenden Maschinen sind Backenbrecher, Rundbrecher, Walzenbrecher, Hammerbrecher, Schneckenbrecher, Wälzmühlen, Kugelmühlen, Prallmühlen, Strahlmühlen, Kolloidmühlen und Hochdruckhomogenisatoren. Die diversen Herstellerfirmen bieten hierzu vielfältige Modellreihen an.

Abbildung 7.32 zeigt das Prinzip des Hochdruckhomogenisators in vereinfachter Form. Nachdem mit einem Plunscher die Suspension auf hohen Druck gebracht wurde, wird sie in einer Düse entspannt und je nach Partikelgröße führt diese mechanische Belastung zu einer mehr oder weniger umfangreichen Zerstörung der Teilchen (Zellen, Flocken, Kristalle). Die Drücke können mittlerweile Werte von mehreren Hundert Bar bis etwas über Tausend Bar ausmachen. Einige Apparate sind sogar in der Lage Drücke bis 3000 bar zu erzeugen [19].

Der Hochdruckhomogenisator besteht im Wesentlichen aus einer Hochdruckpumpeneinheit, in der Regel eine dreiköpfige Kolbenpumpe, und der Homogenisiereinheit. In Abb. 7.33 ist das Prinzip schematisch dargestellt [4].

Das Design des Homogenisierventils hat Auswirkungen auf die Aufschlusswirkung und vor allem auch auf die Standzeit, denn dieses Ventil ist hohem Verschleiß unterworfen. Das Homogenisierventil hat die Aufgabe, die Druckdifferenz Δp zu gewährleisten und den Druck in kinetische Energie, Scherung, Kavitation etc. umzuwandeln. Diese Umwandlung wird durch die Geometrie des Ventils stark beeinflusst. Es würde den Rahmen dieses Buches sprengen, die

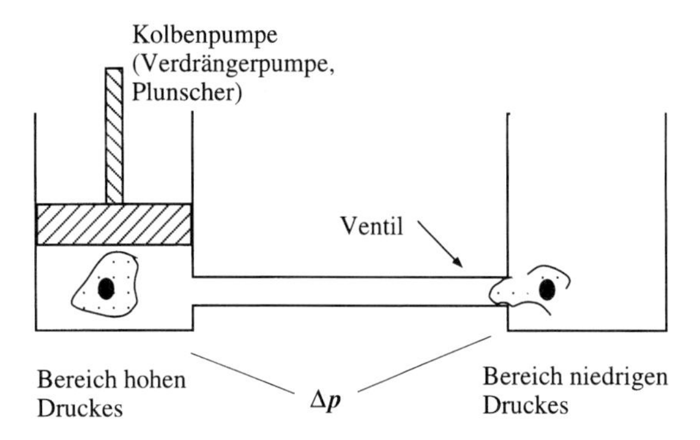

Abb. 7.32 Prinzipieller Aufbau eines Hochdruckhomogenisators (HDH). Nachdem die Suspension mit einem Plunscher verdichtet wurde, wird sie in einem Ventil entspannt. Dadurch treten eine Reihe von Kräften auf (Spannungskräfte, Beschleunigungskräfte, Kavitationskräfte), die zur Zerstörung der Partikel führen.

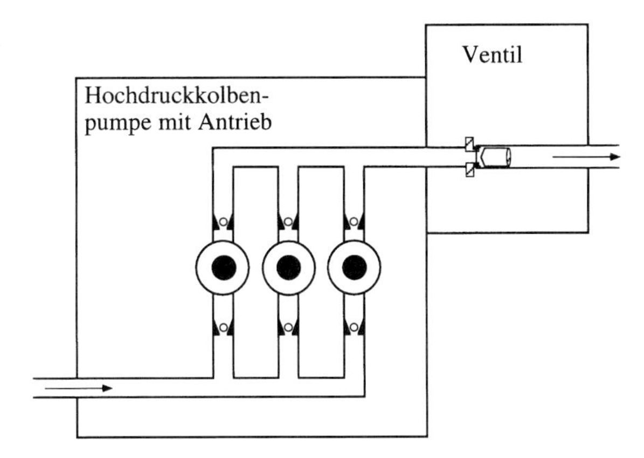

Abb. 7.33 Bauprinzip eines Hochdruckhomogenisators.

Grundsätze der Konstruktion der Ventile durchzusprechen. Stattdessen seien die zurzeit wichtigsten Grundtypen der Homogenisierventile seien nur angeführt. Es sind dies drei Typen (Abb. 7.34–7.36):

- Flachventil,
- Kegelventil,
- Messerkantenventil.

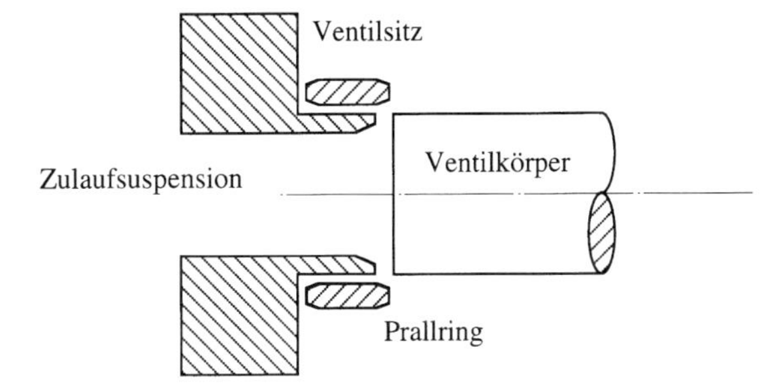

Abb. 7.34 Flachventil in einem Hochdruckhomogenisator.

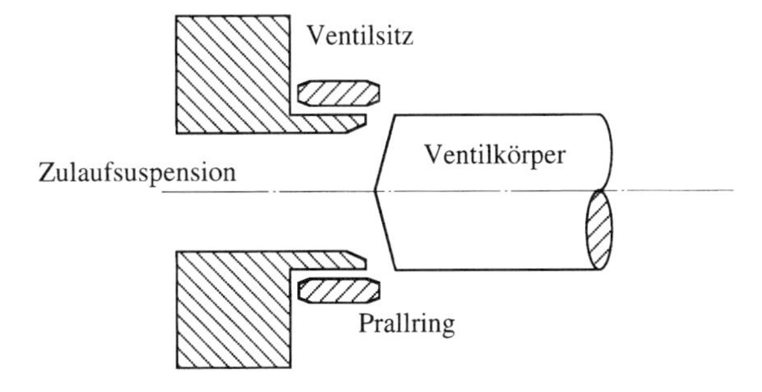

Abb. 7.35 Kegelventil in einem Hochdruckhomogenisator.

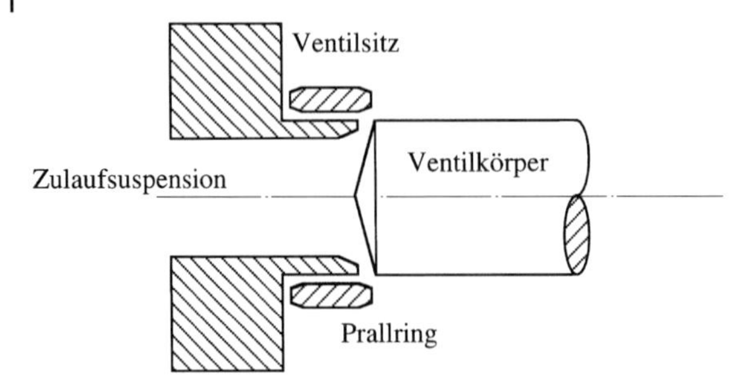

Abb. 7.36 Messerkantenventil in einem Hochdruckhomogenisator.

7.2.4.2 Bauprinzip

Das Bauprinzip der Rührwerkskugelmühle wird in Abb. 7.37 schematisch dargestellt [4].

7.2.5 Auswahlkriterien, Beispiele

7.2.5.1 Allgemeiner Überblick über Zerkleinerungstechniken

Die einzelnen Maschinen und Apparate kommen wie nachfolgend gezeigt zum Einsatz [4]:

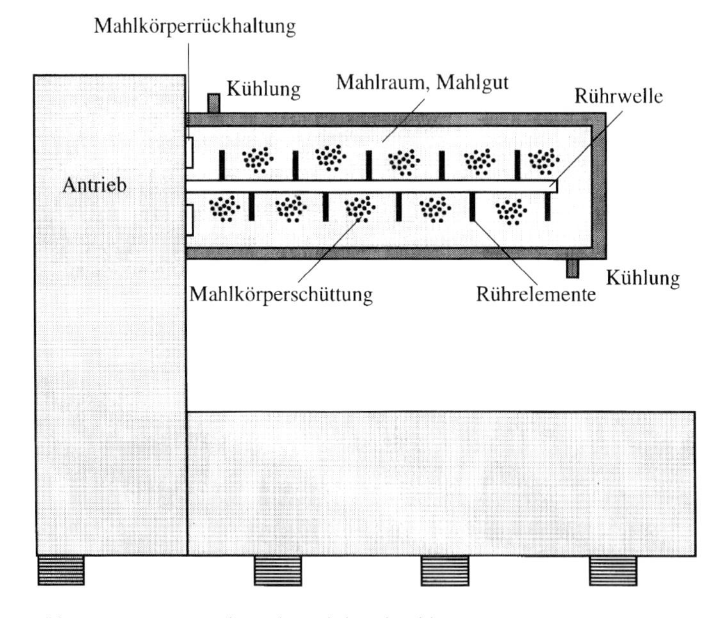

Abb. 7.37 Bauprinzip der Rührwerkskugelmühle.

- Backenbrecher: Feinbrechen und Granulieren harter bis mittelharter Stoffe,
- Hammerbrecher: Grob- und Feinbrechen sowie Feinmahlen harter bis weicher Stoffe,
- Ringmühlen: Feinmahlen mittelharter bis weicher Stoffe,
- Kugelmühlen: Fein- und Feinstmahlen aller Feststoffe sowie Zellaufschluss; Kugeldurchmesser 0,01–200 mm,
- Strahlmühlen: Feinst- und Kolloidmahlen harter bis weicher Stoffe,
- Hochdruckhomogenisator: Zellaufschluss und Homogenisierung zweier nicht mischbarer Flüssigkeiten (z. B. Fett in Milch, organisches Lösungsmittel in Wasser).

7.2.5.2 **Praktische Beispiele zum Zellaufschluss**

Für das System *Saccharomyces cerevisiae* hat der Einflussexponent in Gleichung 7.110 etwa den Wert 2,9. Das bedeutet, dass der Aufschluss der Bäckerhefe leicht möglich ist. Im Vergleich dazu liegt der Exponent für die Desintegration von *Escherichia coli* bei etwa 1–1,5, und sagt aus, dass die Desintegration von *Escherichia coli* einen relativ hohen Energieeintrag benötigt (Abschnitt 10.3.2) [4].

7.3 Vereinigung von Stoffen

7.3.1 Aufgaben und Funktionsbeschreibung

In vielen verfahrenstechnischen Maschinen und Apparaten gehört die Vereinigung von Stoffen zu den vorrangigen Aufgaben. Dazu sind in erster Linie Anmaischbehälter, Neutralisationsapparate (Konditionierungsbehälter; Abschnitte 5.2 und 5.3) und Reaktoren (Kapitel 6) zu zählen. Das Zusammenführen von Stoffen, z. B. in einem Bio-Reaktor, aber auch der Temperaturausgleich werden allgemein als „Mischen" bezeichnet.

Hinter dieser Aufgabe verbirgt sich bei genauerer Betrachtung eigentlich ein Spektrum von Aufgaben, die man auch als die Primäraufgaben eines Mischapparates oder eines Reaktors bezeichnen kann. Im Allgemeinen zählt man zu diesen Primäraufgaben die

- Homogenisieraufgaben,
- Suspendieraufgaben,
- Dispergieraufgaben,
- Stoffaustauschaufgaben.

Unter Homogenisieren wird dabei das gleichmäßiges Verteilen von in sich mischbaren Flüssigkeiten und der Temperaturausgleich in einem System verstanden, während man unter Suspendieren das gleichmäßige Verteilen von Feststoffen in einer Flüssigkeit meint. Das so gebildete Gemenge wird dann auch Suspension genannt.

Eine im Zusammenhang mit Stofftransportvorgängen über eine Phasengrenze hinweg sehr wichtige Operation ist das Dispergieren. Darunter ordnet man das Zerteilen von in sich nicht mischbaren Flüssigkeiten oder von Gas in Flüssigkeit in kleine Tropfen bzw. Blasen ein. Je kleiner die entstandenen Tropfen bzw. Blasen werden, umso größer werden dann die resultierende Phasengrenz- und damit die Stoffaustauschfläche. Über diese Fläche erfolgt der Stoffaustausch, also der Stofftransport aus den Tröpfchen bzw. Blasen in das (Reaktions-)Gemisch. Die maßgebenden verfahrenstechnischen Parameter sind dabei die Energiedissipation (Energiedichte, spezifischer Leistungseintrag; P/V in kW/m^3 oder ϵ in W/kg) sowie für den Fall eines Stofftransportes (z. B. Sauerstoff) aus einer Gasphase (z. B. Luft) in eine Flüssigphase (z. B. wässriges Nährmedium) die Gasleerrohrgeschwindigkeit u_G (in m/s).

Während es zur Erfüllung der Primäraufgaben alleine darauf ankommt, ausreichend Energie einzutragen, also unabhängig vom Apparatetyp, solange dieser die geforderte Energie aufbringen kann, stehen daneben Aufgaben an, welche die Wahl des Apparatetyps und Funktionsprinzips stark beeinflussen. Es handelt sich dabei um die sogenannten Sekundäraufgaben. Darunter sind folgende Aufgaben zu verstehen:

- die Berücksichtigung mechanischer Belastungen auf Partikel, Flocken oder Mikroorganismen;
- das Mediumsverhalten hinsichtlich Schaum oder Rheologie, also Fließverhalten;
- und, speziell für biotechnologische Verfahren, die Steriltechnik.

In alle Apparate muss, wie oben gezeigt, Energie eingetragen werden, um die erwünschten Funktionen zu erreichen. Als Begleiteffekt dieser Forderung ist zwangsläufig das Auftreten von Schwankungsgeschwindigkeiten innerhalb eines Fluids zu sehen, d. h. also, dass verschiedene Fluidelemente relativ unterschiedliche Geschwindigkeiten haben. Haben also zwei Fluidelemente eine unterschiedliche Bewegungsform (Richtung und/oder Geschwindigkeit), so treten an den Berührungsstellen Schubspannungs- oder Normalkräfte auf. Alle Teilchen, die zwischen solche Berührungsflächen (Grenzflächen) geraten, werden mit diesen Kräften, die oft global als „die Scherkräfte“ zusammengefasst werden, belastet. In der Aufarbeitungstechnik sind diese Begleiterscheinungen z. T. gewünscht, wie in der Zerkleinerungstechnik und beim Zellaufschluss (Abschnitt 2.7.2), aber des Öfteren schädlich, wie bei der Polymerisation, der Kristallisation, der Fällung und der Fermentation von scherempfindlichen Zellen (Zellkulturtechnik), wo das Kristallwachstum gestört wird oder eine Flocken- oder Zellzerstörung auftreten kann.

Um Scherbeanspruchungen von Teilchen in ihrer nachteiligen Wirkung abschätzen zu können, bietet die Turbulenzausbreitungstheorie von Kolmogorow einen Ansatz.

Zunächst macht es Sinn, die Auswirkungen von mechanischen Belastungen auf einen Partikel in Form einer Ereigniskennziffer auszudrücken [3]. Diese sollte in Abhängigkeit der Einflussgrößen eine messbare Auswirkung, ein Ereignis, repräsentieren. Ein solches Ereignis könnte eine reine Partikelzerstörung bzw. -zerkleinerung, ein Aufreißen von Partikeln bzw. Zellen oder ein Nachlassen von Aktivität (Enzymaktivität, Zellwachstum, Raum-Zeit-Ausbeute einer Reaktion) sein. Danach wäre folgende Definition sinnvoll:

$$E = \frac{\text{Scherung} \cdot \text{Dauer} \cdot \text{Häufigkeit}}{\text{Widerstand} \cdot (\text{Wirbel-/Partikeldurchmesser})} \qquad \text{(Gleichung 7.118)}$$

und in Formelsprache:

$$E = \frac{\frac{\mathrm{d}w}{\mathrm{d}x} \cdot (\nu + \epsilon_t) \cdot \rho_L \cdot t \cdot f}{\sigma \cdot f\left(\frac{\eta}{d_P}\right)} \qquad \text{(Gleichung 7.119)}$$

Die Schubspannung für laminare Strömung kann gemäß der Definition nach Newton verstanden werden

$$\tau_1 = \nu \cdot \rho \cdot \frac{\partial w}{\partial y} \qquad \text{(Gleichung 7.120a)}$$

wobei ν den molekularen Ausgleichskoeffizienten des Impulses (üblicher Weise als die kinematische Viskosität bezeichnet), $\nu \cdot \rho$ den molekularen Transportkoeffizienten des Impulses und $\partial w/\partial y$ den Geschwindigkeitsgradienten (Schergeschwindigkeit D) zwischen zwei Fluidelementen (Stromfäden) repräsentiert. Die Gültigkeit des Newton'schen Gesetzes ist auf laminar strömende Fluide und Newton'sche Fluide beschränkt.

Für den turbulenten Fall gilt für die Impulsstromdichte:

$$\tau_t = \rho \cdot \epsilon_t \cdot \frac{\partial w}{\partial z} \qquad \text{(Gleichung 7.120b)}$$

Hierbei ist ϵ_t der turbulente Ausgleichskoeffizient des Impulses und $\rho \cdot \epsilon_t$ der turbulente Transportkoeffizient des Impulses [20]. Im Falle hoher Turbulenzen ist der molekulare Ausgleichskoeffizient des Impulses wesentlich kleiner als der turbulente Ausgleichskoeffizient.

Für den turbulenten Ausgleichskoeffizienten des Impulses kann der Ansatz

$$\epsilon_t = l^2 \cdot \left|\frac{\mathrm{d}w}{\mathrm{d}z}\right| \qquad \text{(Gleichung 7.121)}$$

formuliert werden [20].

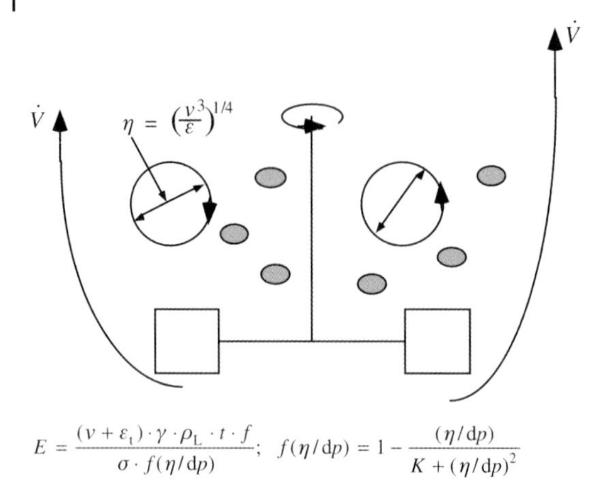

Abb. 7.38 Darstellung der Kolmogorow-Wirbel- und der Partikelgröße am Beispiel eines Rührwerksapparates. Die eingetragene Energie muss weitergetragen werden. Das geschieht, indem von der Eingabestelle die Energie in Form von kinetischer Energie in Wirbeln weitertragen wird (vgl. Abb. 7.39).

Die mittlere Weglänge l ist die Weglänge, die die durch den Energieeintrag erzeugten Wirbel bis zu ihrem Verschwinden zurücklegen (Abb. 7.38).

Eine weitere Einflussgröße auf die Auswirkung mechanischer Belastungen ist das Größenverhältnis zwischen Wirbel und Partikel (Mikroorganismus). In turbulenter Strömung verstärken Instabilitäten in der Hauptströmung existierende Streuungen und produzieren primäre Wirbel, welche eine Wellenlänge oder eine Abmessung (Durchmesser) besitzen, die ähnlich der der Hauptströmung ist [21]. Die großen primären Wirbel sind ebenso instabil und zerbrechen in kleinere und wieder kleinere Wirbel, bis sie alle ihre Energie durch Reibungsströmung dissipiert haben (Abb. 7.39).

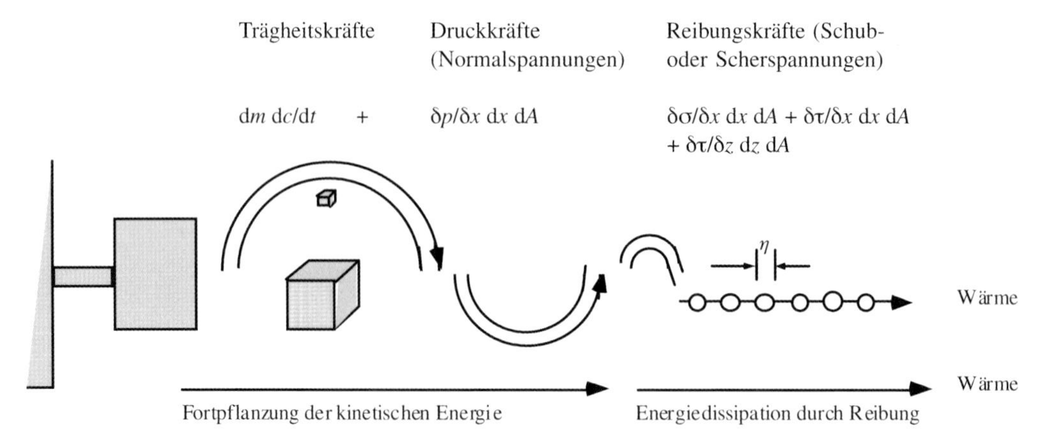

Abb. 7.39 Schematische Abbildung für das Modell der Dispergierkräfte [22].

Es liegen hohe Reynolds-Zahlen in der Hauptströmung vor, sodass die gesamte kinetische Energie in den großen Wirbeln weitergetragen wird, bis schließlich die gesamte Energie in Form von Dissipation in den kleinsten Wirbeln erfolgt. Unter Annahme einer isotropen Turbulenz ($\bar{u}^2 = \bar{v}^2 = \bar{w}^2$) und einer Reynolds-Zahl für die kleinsten Wirbel Re < 1,0 fand Kolmogorow über eine Dimensionsanalyse eine Berechnungsgleichung für die kleinsten Wirbel im System, die er *micro eddies* nannte:

$$\eta = \left(\frac{\nu^3}{\epsilon}\right)^{1/4} \qquad \text{(Gleichung 7.122)}$$

Das Verhältnis dieser Wirbelabmessung zu den Partikelgrößen lässt nun eine Beurteilung der möglichen Auswirkungen von mechanischen Belastungen zu:

- $\eta << d_p$: Sind die Partikel viel größer als der Kolmogorow-Wirbel, so sind die vorherrschenden Kräfte die Trägheitskräfte, die eine zerstörerische Wirkung ausüben können.
- $\eta \approx d_P$: Sind die Partikel in der gleichen Größenordnung wie die Kolmogorow-Wirbel, so dominieren die Reibungskräfte, die eine zerstörerische Wirkung ausüben können. Dieses Maß ist gleichzeitig die Grenzbetrachtung für die Beurteilung von mechanischen Belastungen, egal, ob sie erwünscht sind, wie z. B. beim Zellaufschluss, oder nicht erwünscht sind, wie z. B. bei der Zellkultivierung oder einer Kristallisation.
- $\eta >> d_P$: Sind die Partikel viel kleiner als die Kolmogorow-Wirbel, so ist in der Regel keine Schädigung zu erwarten.

Bei all diesen Betrachtungen spielt die eigentliche Widerstandsfähigkeit der Partikel eine wichtige Rolle. Das macht die Beurteilung der Situation besonders schwierig, weil dazu kaum quantitative Aussagen möglich sind. Im Vergleich zu Bakterien wird man Zellkulturen wesentlich sensitiver gegenüber mechanischen Belastungen einstufen, ohne einen quantitativen Bemessungswert angeben zu können.

Neben der am weitesten verbreiteten Aufgabe des Mischens zur Stoffvereinigung sind der Knetvorgang und das Vermengen von Bedeutung. Unter Kneten versteht man die Vereinigung fester, plastischer und flüssiger Stoffe zu plastischen, teigigen oder zähen Gemischen. Die Knetorgane bewegen sich dabei gegeneinander oder gegen ruhende Flächen. Die angestrebte Wirkung wird durch Stauchen, Zerteilen und bei Bedarf durch Gasauspressen erreicht.

Unter Vermengen kann die Vereinigung pulvriger und/oder körniger Feststoffkomponenten verstanden werden. Diese Verfahrensaufgabe soll zu weitgehend einheitlichen, schüttbaren Gemengen führen. Genau genommen gehört hierzu auch das Umschaufeln, wo durch Fallbewegungen und Aufwirbeln Vermischung herbeigeführt wird (Betonmischer oder auch Festbettreaktor bei der Bodensanierung).

Das Vereinigen von Stoffen ist Grundvoraussetzung für die zentrale Aufgabe in der Verfahrenstechnik, die Stoffumwandlung. Die Stoffumwandlung, auch Reaktion genannt, hat die Umwandlung von Ausgangsmolekülen in Zielmoleküle zum Ziel. Unterstützt wird diese Stoffumwandlung bei biotechnologischen Verfahren durch biologische Katalysatoren, komplette Mikroorganismen oder einzelne Enzyme (Kapitel 5 und 6).

7.3.2
Verfahren und Betriebsweisen

Unter dem Begriff „Vereinigung von Stoffen" sind im Wesentlichen die verschiedensten Mischverfahren einzuordnen. Diese Mischaufgaben ordnet man den Primäraufgaben zu (Abschnitt 7.3.1) und unterteilt sie wie beim dafür erforderlichen Leistungseintrag auch in:

- **pneumatisches Mischen**: Energieeintrag durch Gasvordruck (Luft, Dampf, Gas; Abschnitt 7.3.3, Gleichungen 7.123 und 7.124),
- **hydraulisches Mischen**: Energieeintrag durch Umwandlung von kinetischer Energie, hydrodynamischer Energie (Umpumpen des Fluids); Einsatz von statischen Mischern (Abschnitt 7.3.3, Gleichungen 7.125–7.129),
- **mechanisches Mischen**: Energieeintrag in das System durch Rührwerke und Einbauten (Abschnitt 7.3.3, Gleichungen 7.130–7.136).

Die Prozesse können sowohl in kontinuierlicher, semikontinuierlicher und auch als diskontinuierlicher Betriebsweise betrieben werden.

7.3.3
Berechnungs- und Auslegungsdaten

Die für die Mischaufgaben erforderliche Energie pro Zeit (Arbeit in entsprechender Zeit, also Leistung) kann in verfahrenstechnische Apparaturen auf verschiedene Art und Weise eingetragen werden. Zum einen kann das durch die Vorspannung eines erforderlichen Gases geschehen, pneumatischen Leistungseintrag, oder durch hydraulischen Leistungseintrag mittels Pumpen und schließlich durch Einbauten auf mechanische Art. Die Herleitung dieser Gleichungen ist in Abschnitt 2.7.3.4 dargestellt (Gleichungen 2.79–2.90).

Die Situation für den pneumatischen Leistungseintrag ist in Abb. 7.40 und 7.41 dargestellt. Das im unteren Bereich des Apparates einströmende Gas ist vorgespannt (verdichtet) und gibt die mitgebrachte Energie während seines Aufenthaltes an das System ab. Je weiter entfernt die Flüssigkeitssäule über der Eintrittsstelle endet, desto mehr Leistung kann eingetragen werden (Gleichung 2.89).

In der Praxis wird meist die vereinfachte Berechnungsgleichung angewandt, die nur von der potenziellen Energie des Gases ausgeht ($p_1/p_2 \leq 2$; Abschnitt 2.7.3.4):

$$P_G \approx \dot{V}_G \cdot \rho_L \cdot g \cdot H' \quad \text{(Gleichung 7.123)}$$

oder der auf die Masse bezogenen spezifischen Leistungseintrag mit Gleichung 2.90:

$$\epsilon_G = u_G \cdot g \cdot H'/H \quad \text{(Gleichung 7.124)}$$

Für den hydraulischen Leistungseintrag gilt die Gleichung (Abschnitt 2.7.3.4, Gleichungen 2.91 und 2.92):

$$P_L = \dot{V}_L \cdot \Delta p \quad \text{(Gleichung 7.125)}$$

bzw. der kinetische Anteil, der im Reaktor wirklich ankommt,

$$P_{L,K} = \dot{m}_L \cdot \frac{w_2^2}{2} \quad \text{(Gleichung 7.126)}$$

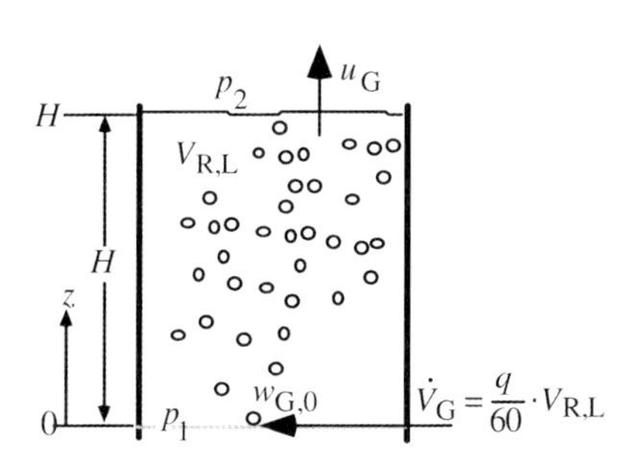

Abb. 7.40 Der pneumatische Leistungseintrag resultiert aus dem Vordruck eines Gases. Die Eingabestelle H' des Gases bestimmt auch direkt den zu erreichenden Leistungseintrag. Diese Stelle unterscheidet sich in der Regel von der tiefsten Stelle und damit muss zunächst zwischen der Flüssigkeitssäule H und der Eingabetiefe H' unterschieden werden.

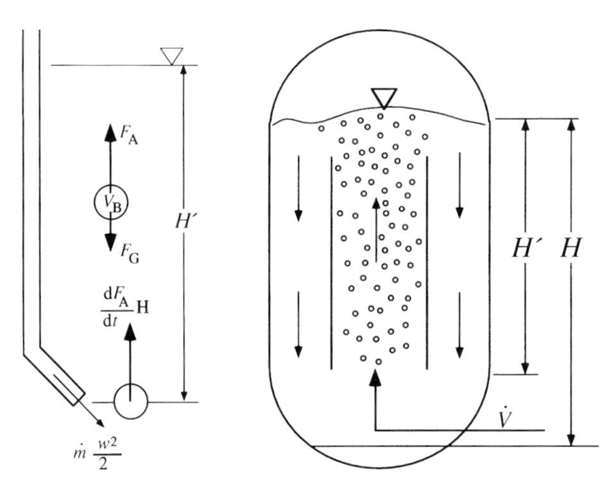

Abb. 7.41 Leistungseintrag über den Vordruck des Gases durch Expansionsarbeit und kinetische Energie. Die Gewichtskraft ist im Vergleich zur Auftriebskraft vernachlässigbar klein, weil sich die Dichten um den Faktor 1000 unterscheiden.

Die Differenz zwischen den beiden Leistungen (Gleichungen 7.125 und 7.126) entspricht der Verlustleistung aus den Rohrreibungsverlusten und den Verlusten aus den Strömungswiderständen der verschiedenen Einbauten (Gleichung 7.128). Diese Leistungsdifferenz muss nicht unbedingt als „verlorene“ Leistung eingestuft werden, denn sie kann genutzt werden, indem innerhalb der Rohrstrecke Stoffe eingemischt werden, bevor das Medium wieder in den Reaktor eintritt (Abb. 7.42).

Wird diese Leistung auf das Reaktionsvolumen bezogen, so erhält man für die Leistungsdichte des kinetischen Anteils:

$$\left(\frac{P}{V}\right)_{L,K} = \frac{\dot{m}_L}{V} \cdot \frac{w_2^2}{2} \qquad \text{(Gleichung 7.127)}$$

Die Differenz zwischen dem Gesamtleistungsaufwand und der verbleibenden Leistung, die im Reaktor ankommt, kann zunächst scheinbar nicht genutzt werden, weil sie dem Druckverlust in den Leitungen geopfert werden muss, doch für Mischleistungen zum Einmischen von Einsatzstoffen oder Neutralisationsmitteln (Säure, Lauge) kann diese genutzt werden.

Mit der Berechnungsgleichung für den Druckverlust, z. B. in einem Rohr, erhält man schließlich den Zusammenhang:

$$\left(\frac{P}{V}\right)_{L} = \frac{\dot{V}_L}{V} \cdot \Delta p = \frac{\dot{V}_L}{V} \cdot \rho \cdot \sum_{i=1}^{n} c_{wi} \cdot \frac{L_i}{d_i} \cdot \frac{w_i^2}{2} \qquad \text{(Gleichung 7.128)}$$

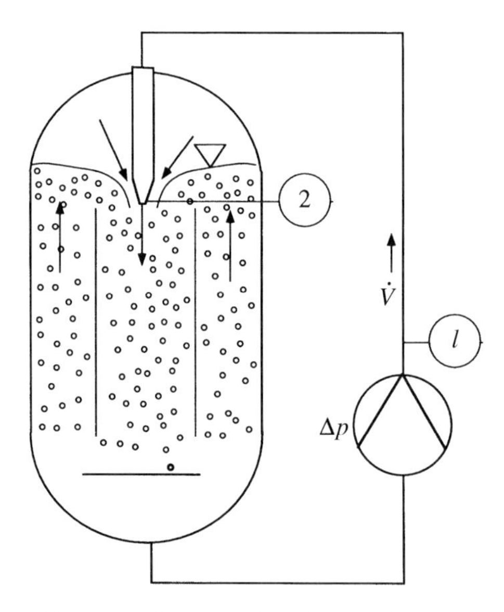

Abb. 7.42 Strahldüsenreaktor als Beispiel eines hydraulisch betriebenen Reaktors (Mischapparates).

Gleichung 7.128 gilt auch für statische Mischer und andere Rohrleitungseinbauten, wie Krümmer, Armaturen und Erweiterungen, man muss nur jeweils den Widerstandsbeiwert ξ der entsprechenden Einrichtung in die Gleichung 7.129 einsetzen:

$$\left(\frac{P}{V}\right)_{\mathrm{L}} = \frac{\dot{V}_{\mathrm{L}}}{V} \cdot \Delta p = \frac{\dot{V}_{\mathrm{L}}}{V} \cdot \rho \cdot \sum \xi \cdot \frac{w_i^2}{2} \qquad \text{(Gleichung 7.129)}$$

Eine weitere und in der Technik am weitesten verbreitete Technik des Leistungseintrags bedient sich mechanischer Einbauten, der sogenannten Rührwerke (Abb. 7.43, Abschnitt 2.7.3.4). Das Rührwerk kann erneut als Pumporgan aufgefasst werden, das einen entsprechenden Volumenstrom entgegen eines Widerstandes, eines Druckverlustes, fördert. Damit erhält man:

$$P_{\mathrm{R}} = \dot{V}_{\mathrm{L}} \cdot \Delta p \qquad \text{(Gleichung 7.130)}$$

Im Gegensatz zu einem hydraulisch betriebenen Apparat kann der erzeugte Volumenstrom nicht so einfach gemessen werden, man kann aber die proportionalen Zusammenhänge

$$\dot{V}_{\mathrm{L}} \sim n \cdot d_{\mathrm{R}}^3 \qquad \text{(Gleichung 7.131)}$$

$$\Delta p \sim \rho \cdot w^2 \qquad \text{(Gleichung 7.132)}$$

$$V_{\mathrm{L,R}} \sim d_{\mathrm{R}}^3 \qquad \text{(Gleichung 7.133)}$$

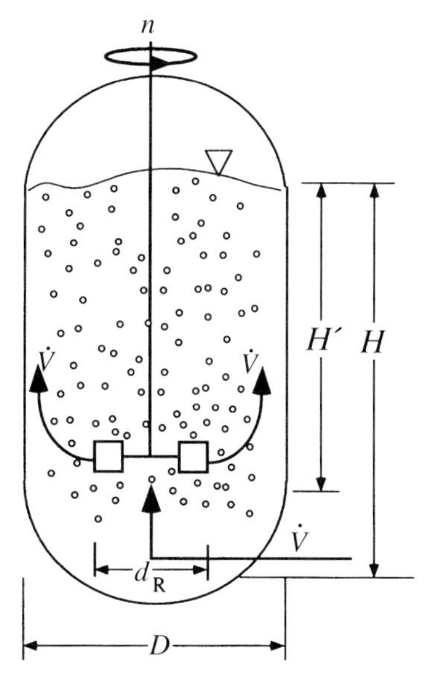

Abb. 7.43 Energieeintrag im Rührkessel. Die Rührer wirken wie eine Pumpe und fördern einen bestimmten Volumenstrom entgegen eines Widerstandes (Druckverlustes). Die Leistungsberechnung erfolgt dann im Ansatz wie für den hydraulischen Leistungseintrag.

formulieren. Mit den Gleichungen 7.130–7.133 erhält man schließlich für die Leistungsberechnung eines Rührwerkes den proportionalen Zusammenhang:

$$P_R \sim \rho \cdot n^3 \cdot d_R^5 \qquad \text{(Gleichung 7.134)}$$

bzw. für den volumenbezogenen spezifischen Leistungseintrag

$$\frac{P}{V} \sim \rho \cdot n^3 \cdot d_R^2 \qquad \text{(Gleichung 7.135)}$$

wobei eine Art Widerstandsbeiwert, die sogenannte Newton-Zahl, die Proportionalitätskonstante ist. Damit erhält man für die Berechnung des Leistungseintrages von Rührwerken die Gleichung:

$$\frac{P}{V} = \mathrm{Ne} \cdot \rho \cdot n^3 \cdot d_R^2 \qquad \text{(Gleichung 7.136)}$$

Die Newton-Zahl ist in Gleichung 7.136 die Proportionalitätskonstante und von der Geometrie, der Reynolds-Zahl (Re), der Froude-Zahl (Fr) und der Begasungskennzahl (Q) abhängig (Abschnitt 2.7.3.4).

Knet- und Vermengleistungen berechnen sich ebenfalls nach obigen Gleichungen, wobei die Newton-Zahl im Einzelfall ermittelt werden muss. Ein für die Übertragung eines Modellversuches häufig verwendeter Modellansatz ist in diesem Fall:

$$\frac{P*}{P} = \lambda^3 \qquad \text{(Gleichung 7.137)}$$

Ein Beurteilungsmaß für einen „Stoffvereiniger" ist die Mischzeit (Abb. 7.44). Dies ist die Zeit, die benötigt wird, um eine Teilmenge einer Komponente im Gemisch gleichmäßig (homogen) zu verteilen. Ohne ein Maß für die Güte dieser Verteilung anzugeben, ist eine zugeordnete Mischzeit allerdings nicht viel wert. Deshalb bedarf es der Definition einer Mischgüte. Am häufigsten wird eine Mischgüte angestrebt, deren relative Standardabweichung ±5 % von einem angestrebten Idealzustand beträgt. Das entspricht der sogenannten 95-%-Mischgüte. Die dafür erforderliche Mindestleistung in einem Rührwerksmischer lässt sich mit folgender Gleichung bestimmen [23]:

$$P_R = \frac{300 \cdot \rho \cdot D^5}{\theta^3} \qquad \text{(Gleichung 7.138)}$$

oder, wenn Gleichung 7.138 umgestellt wird, kann eine rührsystemunabhängige, in allen Maßstäben erreichbare Mischzeit angegeben werden (Abschnitt 2.7.3.3 und 2.7.3.5) [24]:

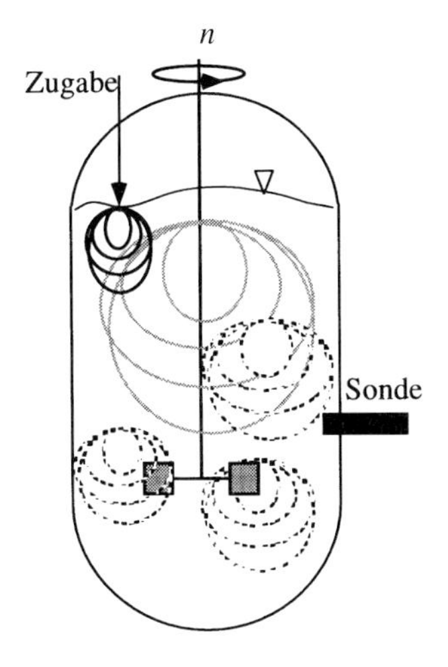

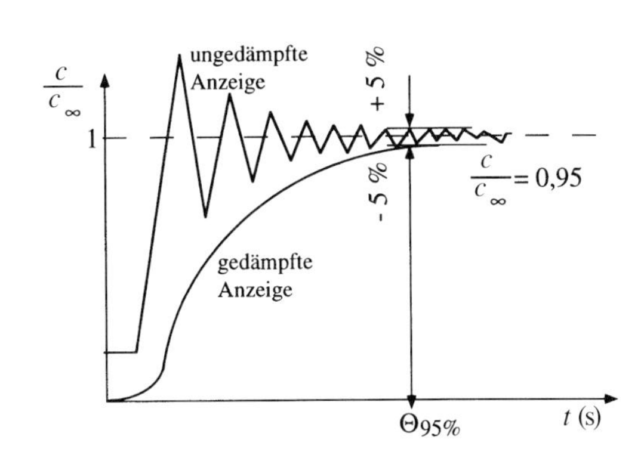

Abb. 7.44 Mischzeitbestimmung (Zugabe der einzumischenden Komponente und Ansprechverhalten der Sonde).

$$\theta_{95} = \sqrt[3]{\frac{300 \cdot \rho_L \cdot D^5}{P_R}} \qquad \text{(Gleichung 7.139)}$$

In Abb. 7.45 ist der Zusammenhang dargestellt, aus dem Gleichung 7.138 gefunden wurde. Dieser Zusammenhang wird auch als Mischzeitcharakteristik bezeichnet.

Voraussetzung für eine gut funktionierende Reaktion ist ein ausreichend schnell und umfangreich ablaufender Stoff- und Temperaturausgleich (Homogenisierung, Stofftransport). Es müssen sowohl Stoffe zusammengeführt, also zur Reaktion gebracht werden, als auch Metaboliten (Reaktionserzeugnisse) auseinander gebracht, verteilt werden.

Die reaktionskinetischen Grundlagen sind im Zusammenhang mit dem Mediumskriterium in Abschnitt 5.5.5.3 ausreichend umfangreich beschrieben.

7.3.4
Bauarten von Mischsystemen

Unter klassischen Mischern werden in der Regel Rührapparate verstanden. Das beginnt beim einfachen Rührwerkskessel (Abb. 7.43), der im Wesentlichen mit niederviskosen Medium umgehen muss, und wo ohne großen (Leistungs-/Energie-)Aufwand eine für viele Zwecke ausreichende Verteilung einzumischender Komponenten erreicht wird. Für einfache Mischaufgaben kann man mit Leistungsdichten von $\epsilon_R \leq 0{,}1$ (in W/kg) rechnen.

Sollen hingegen in hochviskosen Medien oder Gemengen ein gleichmäßiges Verteilen verschiedener Komponenten erfolgen, so benötigt man angepasste Rühr-

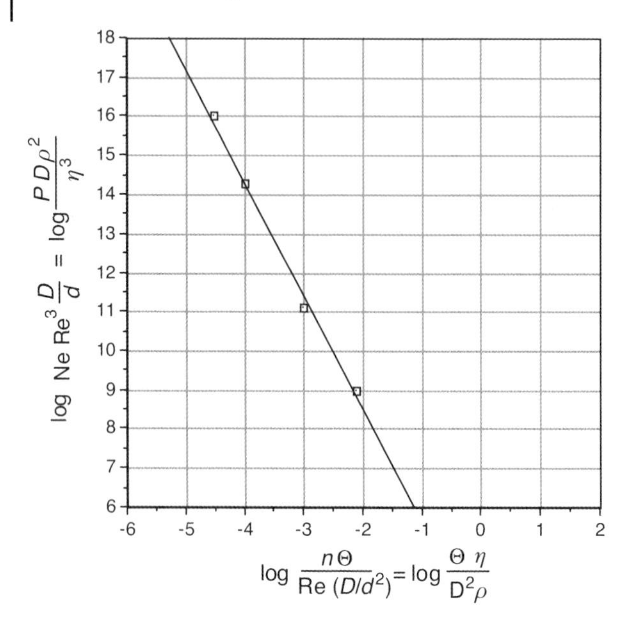

Abb. 7.45 Mischzeitcharakteristik.

werke, meist mehrstufige mit größeren Durchmessern oder wendelartige Systeme mit Knetwirkung. Der im Laborbereich oft eingesetzte **Stabmixer**, auch als „Wunderstab" bezeichnet, eignet sich auch als Homogenisator (Emulgator).

Das Mediumsverhalten, das durch die Rheologie $f(\tau,\eta,D)$ (das Fließverhalten) gekennzeichnet ist, sowie Schaumbildung bzw. Schaumverhalten des Mediums spielen bei der Mischaufgabe in biotechnologischen Medien eine wichtige Rolle.

Die in der Praxis am häufigsten anzutreffenden Mischapparate sind (Abb. 7.46):

- statische-Mischer (Kenics-Mischer),
- Blasensäule, Airlift (Mammutpumpenprinzip),
- Strahldüsenapparat, Wirbelschicht,
- Rührwerkskessel – Umwurfsystem, DAT-System,
- Kneter, Vermenger, Mischer.

7.3.5 Auswahlkriterien, Beispiele

Das Operationsziel der Vereinigungsprozesse ist die möglichst gleichmäßige Verteilung von löslichen und unlöslichen Substanzen in einem Trägermedium. Dazu muss ein Apparat oder eine Einrichtung gewählt werden, die in der Lage ist, die erforderliche Energiedichte, oder besser die notwendige Leistungsdichte, aufzubringen. Die Auswahl orientiert sich zunächst an dieser Forderung, wobei man versucht, diese mit dem geringsten Aufwand zu erfüllen.

a)

Rührwerk (verschiedene Rührwerke) mit entsprechenden Energieeintrag (vgl. Abb. 7.42 bis 7.44)

b)

Statischer Mischer (Kenics) → vgl. Abb. 7.47

c)

d)

Abb. 7.46 Verschiedene Ausführungen von Mischern (Mischsystemen). a) Klassischer Rührwerksapparat; b) Kenics-Mischer, statischer Mischer; c) Kneter, Vermischer von Feststoffen; d) Feststoffmischer, Spezialausführung „REFLECTOR2" der Firma LIPP [25].

Einfache Mischaufgaben (Homogenisieraufgaben), die mit weniger als 0,1 W/kg Leistungsdichte auskommen, kann man schon in einer Rohrstrecke erreichen, indem man die einzumischenden Komponenten im Rohr zusammenführt. Als einfach Faustregel gilt, dass bis zu einer ausreichend gut erzeugten Vermischung eine Wegstrecke von etwa zehn Rohrdurchmessern und die daraus resultierende mittlere hydrodynamische Verweilzeit ausreichend sind. Verkürzt werden kann dieser Weg durch Einbauten, sogenannte statische Mischer (Abb. 7.47 sowie Abb. 7.46b). Diese bewirken einen höheren Druckverlust und damit bei gleichem Volumenstrom eine höhere Leistungsdichte (Gleichung 7.130), was zu einer schnelleren Vermischung, also kürzeren Rohrstrecke, bei gleicher Mischgüte führt.

Meist werden für Mischaufgaben in Flüssigkeiten allerdings Rührwerksapparate eingesetzt und die Zielsetzung der Vermischung durch den Eintrag von Rühr-

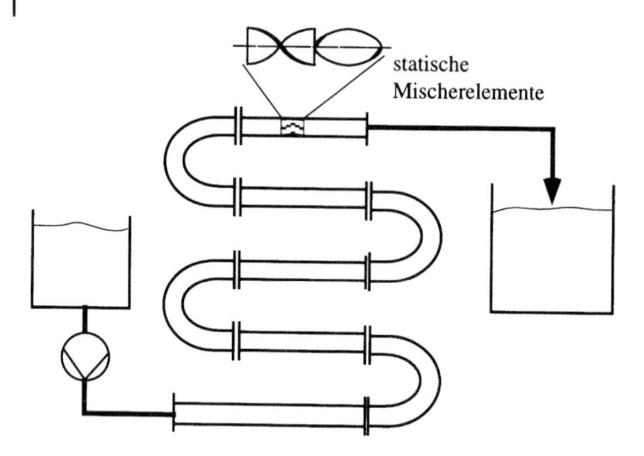

Abb. 7.47 Statisches Mischerelement in einer Rohrleitung zum Einmischen von Substanzen in einen Mediumsstrom.

energie erreicht (Abb. 7.43; 7.44). Aber auch andere Formen des Energieeintrags, wie sie in den Abb. 7.41 und 7.42 dargestellt sind, eignen sich, sofern die aufzubringende Leistungsdichte ausreichend ist. Für einfache Homogenisieraufgaben reichen 0,1 W/kg aus (Abschnitt 2.7.3).

Hat man die Aufgabe, Feststoffe zu vermengen (vermischen), so ist die Apparatur wiederum eine Art Rührwerksmischer (Betonmischer), die konstruktiven Details müssen sich aber den Erfordernissen anpassen. Eine komfortable Lösung stellt dafür der REFLECTOR dar (Abb. 4.46d).

7.4 Wärmeübertragung

7.4.1 Aufgaben und Funktionsbeschreibung

Der Transport von Wärme ist in der Verfahrenstechnik eine weit verbreitete Notwendigkeit. Wärme, wie auch Masse, kann konvektiv, also über erzwungene Strömungsvorgänge, als auch konduktiv (diffusiv) infolge von Temperaturgradienten erfolgen. Über Grenzen hinweg, also beim Überschreiten von verschiedenen Materialien oder Bauteilen einer Anlage, müssen mehrere in Reihe geschaltete Transportvorgänge zusammen betrachtet werden (Abschnitt 2.7.4.3, Gleichung 2.140). Während in beweg- bzw. mischbaren Fluiden (Gas, Flüssigkeit) in den Phasenkernen der konvektive Transport vorrangig ist, erfolgt in Phasengrenznähe (Wandnähe) der Transfer durch Diffusion.

Dieser Wärmetransfer, oder auch diese Wärmeübertragung, kann nur in Richtung eines Temperaturgefälles ΔT erfolgen, wobei im Gegensatz zum Stofftransport an der Phasengrenze kein Sprung im Temperaturverlauf vorkommen kann.

Tabelle 7.5 Möglichkeiten von Aggregatsübergängen.

fest	↔	flüssig	(erstarren	↔	schmelzen)
flüssig	↔	dampfförmig	(kondensieren	↔	verdampfen)
fest	↔	dampfförmig	(sublimieren	↔	erstarren)

Wärmetransport ist in technischen Abläufen, insbesondere in verfahrenstechnischen Prozessen, erforderlich, wenn eine

- Kühlung oder Erwärmung von Stoffen oder eine
- Änderung des Aggregatzustandes

durch- bzw. herbeigeführt werden soll. Das ist immer dann der Fall, wenn in einem Prozess eine konstante Temperatur aufrecht erhalten werden muss, was bei Reaktionsabläufen nahezu ausschließlich der Fall ist (Temperaturkonstanthaltung, Temperaturgleichverteilung – Temperierung, Homogenisieren, Abschnitt 7.3), und dabei entstehende Wärme abgeführt oder verbrauchte Wärme zugeführt werden muss.

Aggregatänderungen sollen bei der Kristallisation oder beim Schmelzen gezielt herbeigeführt werden, wobei im ersten Fall aus flüssigen Stoffen Feststoff und im anderen Fall aus Feststoffen Flüssigkeiten entstehen sollen (Abb. 7.48).

Beim Verdampfungsprozess läuft die Aggregatsänderung flüssig ↔ dampfförmig in beiden Richtungen ab (Verdampfen ↔ Kondensation), weil über den dampfförmigen Aggregatzustand zunächst eine Trennung von Komponenten erfolgen kann und anschließend die fraktionierten Komponenten wieder verflüssigt und separat gewonnen werden. Einen selteneren Fall stellt der direkte Übergang von einem Feststoff in die Dampfform dar, doch bei der Lyophilisation (Gefriertrocknung) wird dieser Vorgang zur schonenden Trocknung genutzt, indem die gefrorene Flüssigkeit bei niedrigen Drücken ohne Umweg über den Aggregatzustand „flüssig“ in die Dampfphase überführt wird (Tab. 7.5 und Abb. 7.48).

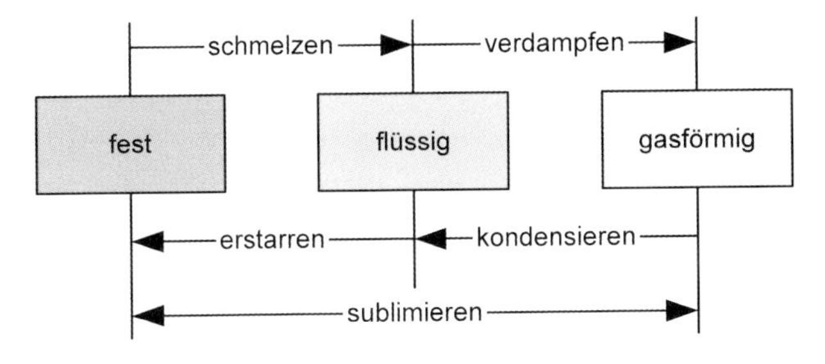

Abb. 7.48 Aggregatzustände und Aggregatübergänge von Stoffen.

7.4.2
Verfahren und Betriebsweisen

Die Wärmeübertragung kann durch Leitung (Konduktion), Konvektion oder Strahlung erfolgen. Die konvektive sowie die konduktive Übertragung können nur in einem Medium als Träger erfolgen, während die Strahlung auch einen leeren Raum, ein Vakuum, überwinden kann (Abschnitt 2.7.4).

Wärme wird meist indirekt übertragen, d. h. zwischen den Räumen, die Wärme austauschen, befindet sich eine Trennwand, die sogenannte Wärmeaustauschfläche. Beim direkten Wärmeaustausch, z. B. beim direkten Einleiten von Dampf in einen Raum, ist die Trennwand nicht erforderlich, dafür wird in den Raum unter Umständen Fremdstoff (z. B. Kondensat) eingetragen. Somit ist eine direkte Wärmeübergabe nur dann möglich, wenn dieser Fremdstoff nicht den Prozess stört, was z. B. bei der Sterilisation von wässrigen Medien der Fall ist. Das zusätzliche Kondensat muss allerdings bei der Wasserbilanz berücksichtigt werden.

Die indirekte Wärmeübertragung zwischen zwei Räumen kann im Gleichstrom (Abb. 7.49a), im Gegenstrom (Abb. 7.49b), im Kreuzstrom (Abb. 7.49c) oder im Kreuzgegenstrom (Abb. 7.49d) erfolgen.

Bei der Überführung von Stoffen von einem Aggregatzustand in einen anderen besteht jeweils die Möglichkeit der Trennung von Stoffgemischen, wenn die einzelnen Komponenten unterschiedliche Schmelz-, Erstarrungs-, Verdampfungs-, Sublimations- oder Kondensationspunkte haben.

Um den Vorgang des Schmelzens durchführen zu können, muss Wärme zugeführt werden. Dabei wird der Aggregatzustand von fest nach flüssig verändert. Der umgekehrte Vorgang des Erstarrens erfordert eine Wärmeabfuhr, also eine Kühlung.

Soll der Aggregatzustand direkt vom festen in den gasförmigen überführt werden, so muss der Vorgang des Sublimierens durchgeführt werden, wie er beim Lyophilisationsprozess (Gefriertrocknung) erforderlich ist.

Der Vorgang des Verdampfens wird bei der thermischen Trennung von Stoffgemischen ausgenutzt (Abschnitt 7.5). Dabei wird der Aggregatzustand von flüssig in gasförmig überführt. Der gegenläufige Prozess ist die Kondensation, hierbei werden gasförmige Stoffe in flüssige umgewandelt. Diese Umkehrung der Verdampfung wird ebenfalls bei der thermischen Trennung von Gemischen benötigt, wenn die gasförmig getrennten Einzelsubstanzen zur Gewinnung verflüssigt werden müssen.

7.4.3
Berechnungs- und Auslegungsdaten

Den zu übertragenden Wärmestrom erhält man aus einer Wärmebilanz (Abschnitt 2.7.4). Es gilt hierbei, dass die abgegebene Wärme gleich der aufgenommenen Wärme und damit gleich der transportierten Wärme ist:

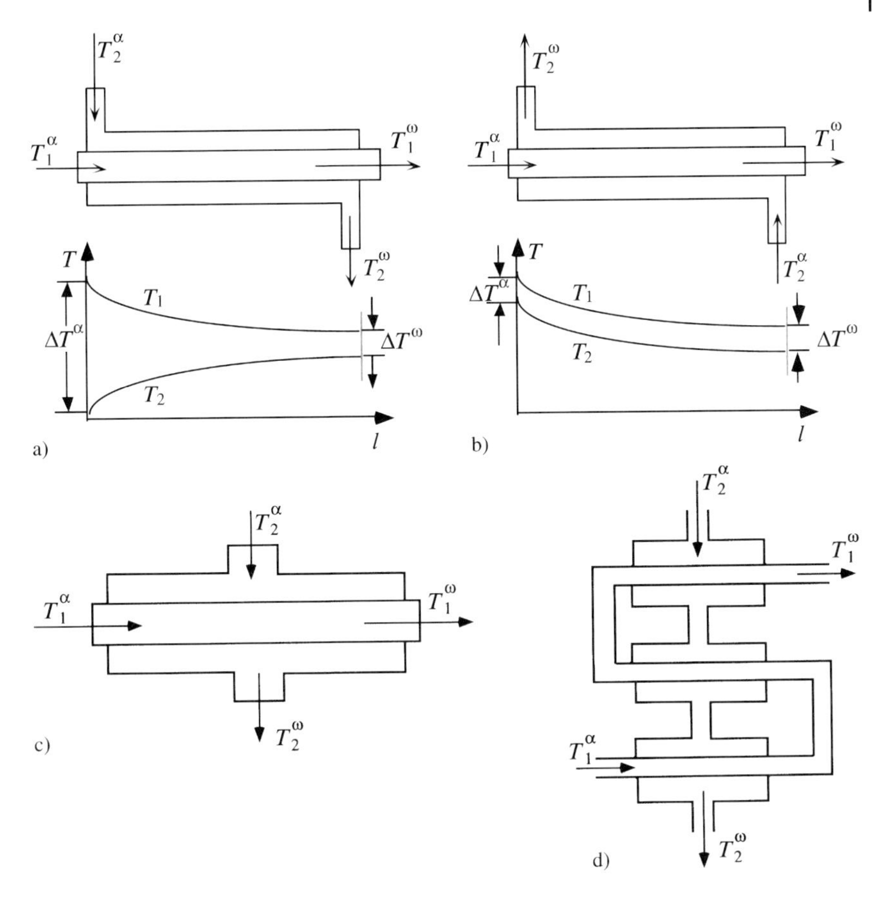

Abb. 7.49 a) Gleichstromwärmeaustausch; b) Gegenstromwärmeaustausch. c) Kreuzstromwärmeaustausch; d) Kreuzgegenstromwärmeaustausch

$$\dot{Q}_{\text{Abgabe}} = Q_{\text{Aufnahme}} \rightarrow \dot{Q}_{\text{Transport}} = \dot{Q}_{\text{Aufnahme/Abgabe}}$$

Beim Wärmetransport innerhalb verfahrenstechnischer Operationen treten sowohl die etwas einfacher scheinenden stationären als auch instationäre Abläufe auf. Beim stationären Wärmetransport gilt, dass die aus einem Raum mit gleich verteilter Temperatur (z. B. einem Reaktor) abgegebene Wärme gleich der in einem fließenden Wärmeträgermedium aufgenommene Wärme ist:

$$\dot{Q} = k \cdot A \cdot \Delta T_{\text{m}} = \dot{m} \cdot c_{\text{p}} \cdot \Delta T \qquad \text{(Gleichung 7.140)}$$

Dabei gilt für die Temperaturdifferenz des strömenden Wärmeträgermediums:

$$\Delta T = (T^{\omega} - T^{\alpha}) \qquad \text{(Gleichung 7.141)}$$

Für die mittlere (logarithmische) Temperaturdifferenz zwischen den beiden Temperaturdifferenzen (Temperatur des Raumes – austretende Mediumstemperatur; ΔT^{ω}) einerseits sowie (Temperatur des Raumes – eintretende Temperatur: ΔT^{α}) andererseits gilt (Abb. 7.50):

$$\Delta T_{\mathrm{m}} = \frac{\Delta T^{\omega} - \Delta T^{\alpha}}{\ln \frac{\Delta T^{\omega}}{\Delta T^{\alpha}}} \qquad \text{(Gleichung 7.142)}$$

Bei Aufheiz- oder Abkühlvorgängen, wie vor bzw. nach einer Batch-weisen Sterilisation, handelt es sich um einen instationären Vorgang. Beim Aufheizvorgang mit Dampf entspricht die Wärmeabgabe aus dem Dampf der Wärmeaufnahme des Mediums im betrachteten Raum. Geht man auch hier wieder von einer Gleichverteilung der Temperatur im Raum aus und weiterhin davon, dass der Dampf alleine durch Kondensation bei konstanter Temperatur die Wärme abgibt (das Kondensat muss über Kondensatableiter schnell abgeführt werden), so erhält man:

$$\dot{Q} = k \cdot A \cdot (T_{\mathrm{D}} - T) = \sum m_i \cdot c_{\mathrm{p}_i} \cdot \frac{\mathrm{d}T}{\mathrm{d}t} \qquad \text{(Gleichung 7.143)}$$

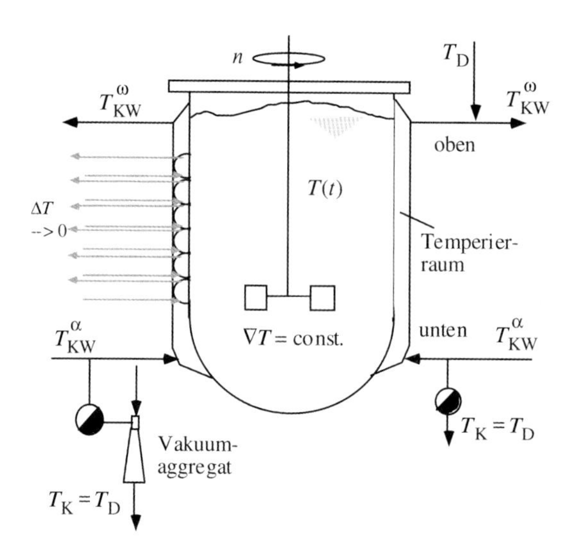

Abb. 7.50 Instationärer Wärmetransport: Beim Aufheizvorgang in einem Kessel wird Dampf von oben eingeleitet und das Kondensat unten über einen Kondensatabscheider abgeleitet (das Kühlmedium ist dabei abgeschaltet). Geschieht das schnell genug, so entspricht die Kondensattemperatur in etwa der des Dampfes. Beim Abkühlvorgang wird unten das kältere Medium eingegeben und oben abgeführt (der Dampf ist dabei abgestellt). In diesem Fall lässt sich nur sehr schwer eine im gesamten Temperierraum konstante Temperatur einstellen. Zur Vereinfachung kann eine über Raum und Zeit gemittelte Temperatur des Kühlmediums abgeschätzt und gemäß Gleichung 7.147 eine Abkühlzeit näherungsweise berechnet werden. Anstelle der Dampftemperatur steht in diesem Falle die gemittelte Kühlmediumstemperatur

Gleichung 7.143 weist aus, dass alle Massen in dem betrachteten Raum aufgeheizt werden, in einem Reaktor also neben dem Medium auch der Kessel und alle Einbauten, doch wenn ein wasserähnliches Medium vorliegt, kann man wegen der hohen Wärmekapazität von Wasser die Wärmebilanz alleine auf das Medium beziehen und vereinfachend schreiben:

$$\dot{Q} = k \cdot A \cdot (T_\mathrm{D} - T) = m \cdot c_\mathrm{p} \cdot \frac{\mathrm{d}T}{\mathrm{d}t} \qquad \text{(Gleichung 7.144)}$$

Der Wert der Wärmekapazität von Stahl beträgt nur ein Zehntel derer von Wasser, die Dichte ist andererseits um den Faktor acht höher, doch unter dem Strich machen die Stahlteile im Vergleich zum Medium wärmebilanztechnisch nicht mehr als 1–2 % aus (bei kleinen Kesseln etwas mehr als bei großen).

Nach Variablentrennung erhält man aus Gleichung 7.144 das Integral:

$$\int_{T_0}^{T(t)} \frac{\mathrm{d}T}{[T_\mathrm{D} - T(t)]} = \frac{m \cdot c_\mathrm{p}}{k \cdot A} \int_0^t \mathrm{d}t \qquad \text{(Gleichung 7.145)}$$

und schließlich die Lösung zur Berechnung der Aufheizzeit t_H:

$$t_H = \frac{m \cdot c_p}{k \cdot A} \ln \frac{T_D - T_0}{T_D - T(t)} \qquad \text{(Gleichung 7.146)}$$

In den Gleichungen 7.140–7.147 bedeuten k den Wärmedurchgangskoeffizienten (in $\mathrm{W/m^2/K}$), A die Wärmeaustauschfläche (in $\mathrm{m^2}$) und c_p die spezifische Wärmekapazität (in kJ/kg). T_0 ist jeweils die Starttemperatur.

Den Abkühlvorgang kann man im Grunde genommen genauso betrachten, doch ist in diesem Fall eine konstante Kühlmitteltemperatur kaum realisierbar, denn Vakuumdampf ist bei Temperaturen unter 30 °C allmählich zu aufwendig und eine Kühlmediumszu-/-ablaufunterteilung in winzigste Abschnitte, um ein $\Delta T \to 0$ zu erreichen, ist technisch ebenso nicht sinnvoll (Abb. 7.50 linke Seite, Vakuum alternativ zur Unterteilung).

$$t_K = \frac{m \cdot c_p}{k \cdot A} \cdot \ln \frac{T(t) - T_{KW}}{T_0 - T_{KW}} \qquad \text{(Gleichung 7.147)}$$

Um nun dennoch eine Abschätzung der Abkühlzeit auf einfache Art und Weise vornehmen zu können, wird zur Vereinfachung eine über Raum und Zeit gemittelte Temperatur des Kühlmediums bestimmt.

Zur Verdeutlichung der Temperaturverhältnisse und der Möglichkeit, eine gemittelte Mediumstemperatur zu finden, soll Abb. 7.51 dienen. In der linken Abbildung ist die Situation klar, denn sowohl die Innentemperatur als auch die Außentemperatur sind über dem jeweiligen Raum (der Höhe) konstant, die

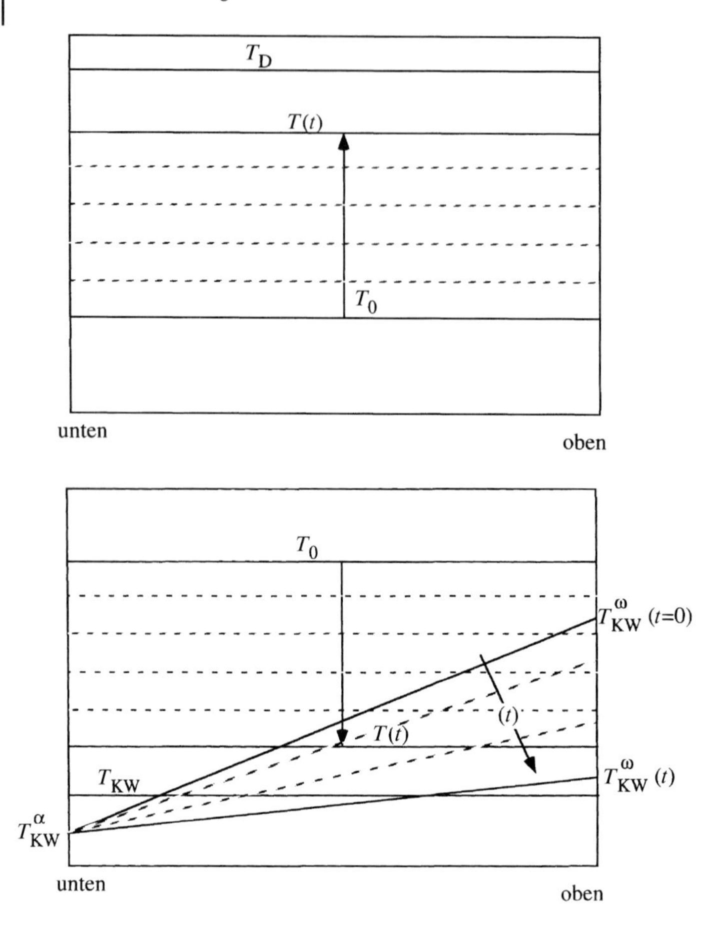

Abb. 7.51 Diagramme zur Bestimmung der Temperaturdifferenzen als das treibende Gefälle des Wärmetransportes (vgl. Abschnitt 2.7.4, Abb. 7.50 und Gleichungen 7.149 ff.).

Temperaturdifferenz kann zu jeder Zeit exakt bestimmt werden. Dagegen zeigt das rechte Bild, dass sich die Auslauftemperatur des Kühlmediums sowohl örtlich als auch zeitlich ändert, und um die vereinfachende Gleichung 7.147 zur Abschätzung der Abkühlzeit verwenden zu können, muss eine doppelt gemittelte mittlere Kühlmediumstemperatur bestimmt werden.

Dazu stehen mehrere Wege zur Verfügung. Eine einfache Betrachtungsweise ist die Unterteilung der Abkühlzeit in n gleiche Abschnitte Δt. Man erhält:

$$\Delta t = \frac{t_K}{n} \qquad \text{(Gleichung 7.148)}$$

Macht man diese Abschnitte endlich klein und lässt in dieser kurzen Zeitachse einen linearen Abfall der Innentemperatur zu, dann lässt sich zu einer bestimmten Zeit t_i die Differenzengleichung:

$$m \cdot c_{\mathrm{p}} \cdot \frac{T(t_i) - T(t_i - \Delta t)}{\Delta t} = k \cdot A \cdot \left[\frac{[(T(t) - T_{\mathrm{KW}}^{\alpha}) + [T(t) - T_{\mathrm{KW}}^{\omega}(t_i)]]}{2}\right]$$

(Gleichung 7.149)

schreiben (Abb. 7.51).

Bezieht man die Wärmeaufnahme des Wärmeträgermediums (KW) in die Bilanz mit ein, setzt also die Wärmeabgabe des Mediums mit der Wärmeaufnahme des Kühlmediums gleich, so findet man mit Erfahrungswerten als Randbedingungen:

- der Schlankheitsgrad des Apparates ist groß: f_{S} >> 0,25 d. h.Wärmeaustauschfläche nur seitliche Mantelfläche;
- das Verhältnis der Abmessung des vom Kühlmedium durchströmten Rohres zum Kesseldurchmesser ist $\frac{S_{\mathrm{WT}}}{D} \approx 0{,}04$;
- die Reynolds-Zahl ist hoch (turbulent): Re ≥ 15 000;
- das Verhältnis vom Kühlwassermassenstrom (in m^3/h) zur Mediumsmasse beträgt $\frac{\dot{m}_{\mathrm{KW}}}{m_{\mathrm{L}}} \approx 2 \cdot f_{\mathrm{S}}$ (in 1/h);
- die Viskosität des Kühlmediums entspricht etwa der von Wasser: $\nu_{\mathrm{KW}} \approx 10^{-6}$ (in m^2/s);

den Zusammenhang:

$$\frac{[T(t) - T_{\mathrm{KW}}^{\alpha}] - [T(t) - T_{\mathrm{KW}}^{\omega}(t)]}{T_{\mathrm{KW}}^{\alpha} - T_{\mathrm{KW}}^{\omega}(t)} = 0{,}3 \cdot \left(\frac{c_{\mathrm{p,KW}} \cdot \rho_{\mathrm{L}}}{k}\right) \cdot f_{\mathrm{S}}^{2/3} \cdot V_{\mathrm{L}}^{1/3}$$

(in kJ • h/(J•s)) (Gleichung 7.150)

und schließlich für die Temperaturänderung im Zeitintervall Δt:

$$\Delta T = \Delta t \cdot \left(\frac{\dot{m}_{\mathrm{KW}}}{m_{\mathrm{L}}}\right) [T_{\mathrm{KW}}^{\alpha} - T_{\mathrm{KW}}^{\alpha}(t)]$$ (Gleichung 7.151)

Zur Berechnung des Wärmeüberganges bzw. des Wärmedurchganges dient der Kennzahlensatz {Nu, Re, Pr, Pe, Gr, St} (Abschnitt 2.7.6) gemäß den Definitionsgleichungen 7.152 –7.157:

Nußelt: $$\mathrm{Nu} = \frac{\alpha \cdot d}{\lambda}$$ (Gleichung 7.152)

Reynold: $$\mathrm{Re} \equiv \frac{w \cdot d}{\nu}$$ (Gleichung 7.153)

Prandtl: $$\mathrm{Pr} \equiv \frac{\nu}{a}$$ (Gleichung 7.154)

Péclet: $$\mathrm{Pe} \equiv \mathrm{Re} \cdot \mathrm{Pr}$$ (Gleichung 7.155)

Grashof: $$Gr \equiv \frac{g \cdot d^3 \cdot \rho \cdot \Delta\rho}{\eta^2} = \frac{d^3 \cdot g}{\nu^2}\frac{\Delta\rho}{\rho} \rightarrow \text{bzw.} \rightarrow Gr \equiv \frac{d^3 \cdot \beta \cdot \Delta T \cdot g}{\nu^2}$$

(Gleichung 7.156)

Stanton: $\mathrm{St} \equiv \dfrac{\mathrm{Nu}}{\mathrm{Re} \cdot \mathrm{Pr}}$ (Gleichung 7.157)

In Tab. 7.6 sind einige Berechnungsgleichungen aus der Literatur zusammengestellt, weitere und einen guten Überblick zum Wärmetransport rund um den Bioreaktor findet man in der Literatur [27].

Alle Definitionsgleichungen beinhalten die Wärmeübergangskoeffizienten α, die Wärmeleitzahl λ, den Wärmedurchgangskoeffizienten k oder die sie beeinflussenden Parameter. Die wichtigste Kenngröße ist die Nußelt-Zahl, die sowohl die Übergangs- als auch die Wärmeleitzahl beinhaltet.

Man findet in der Literatur viele Berechnungsgleichungen zur Abschätzung der verschiedenen geometrischen Verhältnisse. Beispielhaft sind einige zusammen mit den Gültigkeitsbereichen in Tab. 7.6 angegeben.

Da im Bereich der Wärmeübertragung das sogenannte „Fouling“, eine nicht sehr genau vorhersagbare mikrobielle Belagbildung, den Wärmedurchgangskoeffizienten maßgebend beeinflusst, arbeitet man in der Praxis oft mit Richtwerten, die

Tabelle 7.6 Berechnungsgleichungen für die Nußelt-Zahl [26].

Gleichung	Gültigkeit
$\mathrm{Nu} = 0{,}0362 \cdot \left(\frac{d_i}{L}\right)^{0{,}054} \cdot \mathrm{Pe}^{0{,}786}$	in Rohren, $\mathrm{Pr} \approx 1$, $\mathrm{Re} > 10^5$
$\mathrm{Nu} = 0{,}0362 \cdot \mathrm{Re}^{0{,}786} \cdot \mathrm{Pr}^{0{,}45} \left(\frac{d_i}{L}\right)^{0{,}054}$	in Rohren, $0{,}7 < \mathrm{Pr} < 10$
$\mathrm{Nu} = 0{,}037 \cdot \left[1 + \left(\frac{d_i}{L}\right)^{2/3}\right] \cdot (\mathrm{Re}^{0{,}75} - 180) \cdot \mathrm{Pr}^{0{,}42} \cdot \left(\frac{\eta_i}{\eta_w}\right)^{0{,}14}$	für Flüssigkeiten, Gase und Dämpfe
$\mathrm{Nu} = \left[3{,}65 + \frac{0{,}068 \cdot \frac{Pe \cdot d_i}{L}}{1 + 0{,}045 \cdot \left(\frac{Pe \cdot d_i}{L}\right)^{2/3}}\right] \cdot \left(\frac{\eta_i}{\eta_w}\right)^{0{,}14}$	für Flüssigkeiten, Gase und Dämpfe
$Gr \equiv \frac{g \cdot d^3 \cdot \rho \cdot \Delta\rho}{\eta^2} = \frac{d^3 \cdot g}{\nu^2}\frac{\Delta\rho}{\rho} \rightarrow \text{bzw.} \rightarrow Gr \equiv \frac{d^3 \cdot \beta \cdot \Delta T \cdot g}{\nu^2}$	freie Strömung an einem waagrechten Rohr, γ Volumenausdehnungs koeffizient (in K^{-1}) $\beta_{H2O(20°C)} \approx 0{,}13 \ldots 0{,}21 \cdot 10^{-3}$
$\mathrm{Nu} = 0{,}53 \cdot \sqrt[4]{\mathrm{Gr} \cdot \mathrm{Pr}}$	freie Strömung an einem waagrechten Rohr; $10^3 < \mathrm{Gr} \cdot \mathrm{Pr} < 10^9$
$\alpha = 0{,}943 \cdot 7{,}75 \cdot \sqrt[4]{\frac{r \cdot \rho^2 \cdot \lambda^3}{\eta \cdot H\,(T_S - T_W)}}$	Kondensation an einer senkrechten Wand
$\alpha = 0{,}725 \cdot 7{,}75 \cdot \sqrt[4]{\frac{r \cdot \rho^2 \cdot \lambda^3}{\eta \cdot d_a\,(T_S - T_W)}}$	Kondensation am waagrechten Rohr

allerdings meist sehr ungünstige Verhältnisse simulieren. Solche k-Werte liegen bei Verdampfern zwischen 300 und 500 $W/m^2 \cdot K$, bei Kondensatoren mit organischen Dämpfen zwischen 200 und 300 $W/m^2 \cdot K$ und bei Wasserdampf bei etwa 1400 $W/m^2 \cdot K$. In einem Rührkessel können bei kondensierendem Dampf 350 $W/m^2 \cdot K$, bei einem Wärmeträger allerdings nur 80–120 $W/m^2 \cdot K$ angegeben werden, wobei eine Halbrohrschlange im Vergleich zu einem Doppelmantel (ungeführter Wärmeträgerstrom) günstiger abschneidet [3, 27]. Diese Erfahrungswerte liegen weit unter denen, die nach den obigen Gleichungen berechnet werden, weil dort die Belagbildung nicht berücksichtigt wird.

7.4.4 Bauarten von Wärmeaustauschern

Da der Wärmeaustausch in der Regel zwischen zwei getrennten Räumen erfolgt, also über eine Trennwand hinweg, und sich Unterschiede in der Strömungsführung der in beiden Räumen befindlichen Medien ergeben, bestimmen diese beiden Randbedingungen die Basisvariationen von Wärmeaustauschern (Abb. 7.52 und 7.53).

Ein weit verbreiteter Typ ist der Rohrbündelwärmeaustauscher. Es handelt sich um einen relativ kompakten Austauschertyp (großes Verhältnis von Wärmeaustauschfläche zu umbautem Volumen; m^2/m^3). Die Rohre sind dabei in gebündelter Form angeordnet. Das kann entweder mit geraden Durchlaufrohren (einfacher Durchgang mit Eingang am deinen und Ausgang am anderen Ende, Abb. 7.52) oder aber mit Umlenkrohren. Im Falle der geraden Rohre sind diese an beiden Enden in einen Flansch eingeschweißt (seltener gelötet, gepresst, gewalzt, ge-

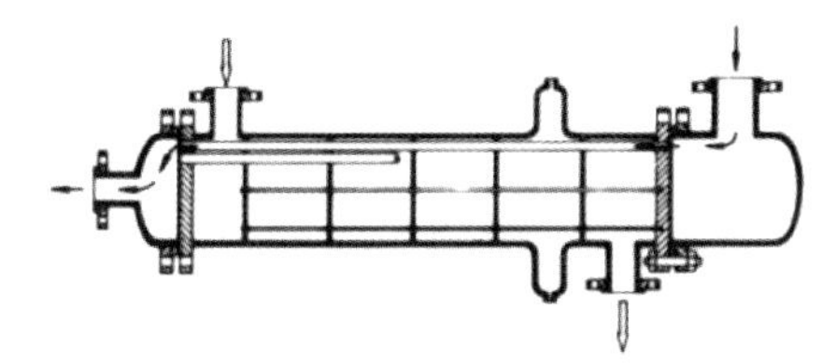

Abb. 7.52 Rohrbündelwärmeaustauscher mit Durchlaufrohre, die an beiden Enden eingebunden sind (geschweißt, gelötet, gewalzt, gepresst, geschraubt).

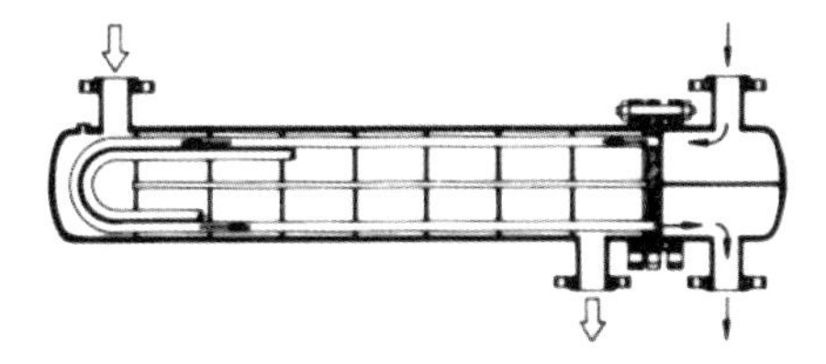

Abb. 7.53 Rohrbündelwärmeaustauscher mit Umlenkrohren, die an beiden Enden eingebunden sind (geschweißt, gelötet, gewalzt, gepresst, geschraubt). Die Rohrbündel lassen sich ausbauen.

schraubt), während bei der Konstruktion mit umgelenkten Rohren die Rohre auf der einen Hälfte des Austauschers bis zum Ende geführt, dort umgelenkt und auf der anderen Hälfte wieder zurückgeführt werden (Abb. 7.53). Dieser Typ hat also an einem Ende sowohl den Eingang als auch den Ausgang der Rohre.

Somit lassen sich die Rohrbündel problemlos ausbauen. In beiden Fällen befindet sich um die Rohre herum das zweite Medium (meist das Wärmeträgermedium und in den Rohren das Prozessmedium).

Eine etwas aufwendigere Konstruktion stellt der Spiralwärmeaustauscher dar (Abb. 7.54). Im Gegensatz zum Rohrbündelaustauscher hat dieser wesentlich weniger Verbindungsstellen (geschweißt oder gedichtet), somit ist er sicherer, wenn Querkontaminationen zwischen beiden Medienseiten vermieden (minimiert) werden sollen. Das wäre z. B. ein erklärtes Ziel für Wärmeaustauscher in kontinuierlichen Sterilisationsanlagen (Abschnitt 5.5.5.5).

Es sehr preiswerte und auch sehr kompakte Variante eines Wärmeaustauschers ist der Plattenwärmeaustauscher (Abb. 7.55). Bei diesem Konstruktionsprinzip wird lediglich eine Vielzahl speziell geformter Platten aufeinander gepresst und abgedichtet. Zum einen braucht man eine umlaufende Dichtung zwischen allen Platten, um die Dichtigkeit nach außen zu gewährleisten, und zum anderen müssen Bohrungen (vier Bohrungen für zwei Medien), die durch alle Platten gehen, alternierend so gedichtet oder offen gelassen werden, dass das jeweilige Medium in den dafür vorgesehenen Zwischenraum strömt. Dieser Austauscher ist sehr flexibel erweiterbar, hat aber den großen Nachteil, dass die vielen Dichtungen ein hohes Risiko der Querkontamination beider Medien bergen.

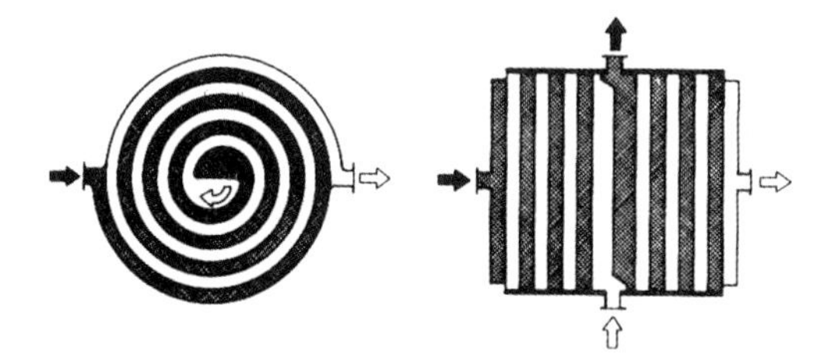

Abb. 7.54 Spiralwärmeaustauscher, ein Wärmeaustauscher mit wenigen Möglichkeiten zur Querkontamination beider Medien. Dieser Typ ist allerdings merklich teurer und auch das Flächen/Raumverhältnis ist ungünstiger.

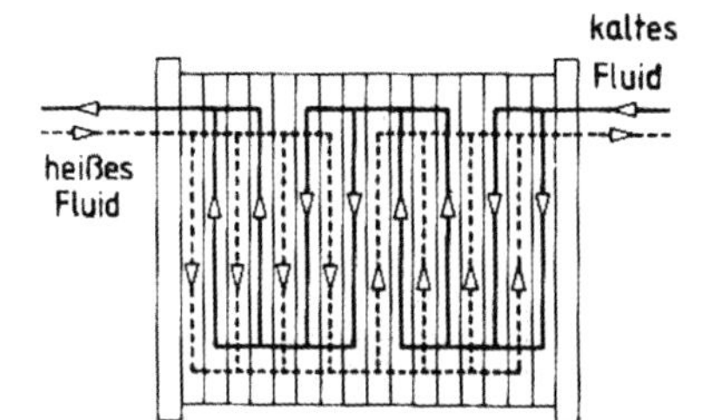

Abb. 7.55 Plattenwärmeaustauscher, ein preiswerter, kompakter und flexibler Wärmeaustauscher. Der Nachteil sind die vielen Dichtungen, die ein hohes Risiko der Querkontamination in sich bergen.

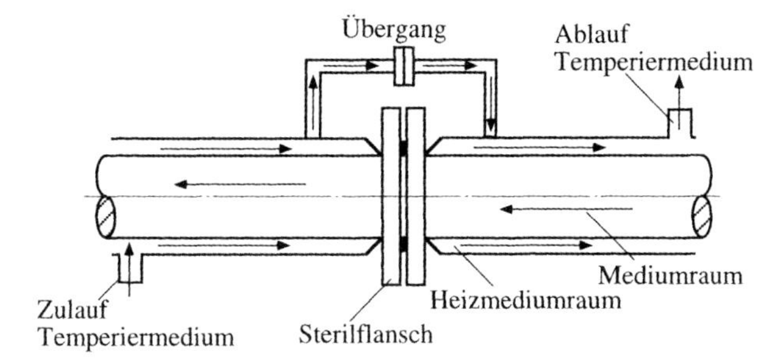

Abb. 7.56 Doppelrohrwärmeaustauscher, ein selten eingesetzter Typ, weil er ein ungünstiges Flächen/Volumenverhältnis aufweist. Allerdings findet man ihn oft dort, wo Querkontaminationen ausgeschlossen werden müssen, wie bei der kontinuierlichen Sterilisation (Abschnitt 5.5.5.5).

Eine Austauschertyp mit einer geringen Querkontaminationswahrscheinlichkeit ist der Doppelrohrwärmeaustauscher (Abb. 7.56), im Grunde genommen ein sehr einfaches, aber sehr betriebssicheres Konstruktionsprinzip. Es werden im wahrsten Sinne des Wortes nur zwei Rohre ineinander geschoben und verschweißt. Dabei stellt die Schweißverbindung keine Stelle dar, wo eine Querkontamination stattfinden kann, sondern lediglich die Stelle, aus der das Wärmeträgermedium bei defekter Schweißnaht austreten kann.

7.4.5 Auswahlkriterien, Beispiele

Die Auswahl des besten bzw. geeignetsten Austauschertyps lässt sich am besten durch Gegenüberstellung der Vor- und Nachteile treffen (Tab. 7.7). Welcher Wärmeaustauschertyp für den Einzelfall der geeignetste ist, lässt sich erst nach

Tabelle 7.7 Gegenüberstellung verschiedener Wärmeaustauschertypen zur besseren Übersicht und Auswahl.

Typ	Vorteile	Nachteile
Plattenwärmeaustauscher	kostengünstig, platzsparend, hohe k-Werte	Totzonen, Undichtigkeiten, Querkontaminationen, keine Zwangsführung (Verweilzeitverteilung groß, partielle Verstopfung)
Rohrbündelwärmeaustauscher	stabile Bauart (robust, hoher Druck, hohe Temperatur), reduzierte Totzonen, verbreitete Konstruktion	Undichtigkeiten über Schweißnähte, keine Zwangsdurchströmung (Verweilzeitverteilung groß, partielle Verstopfung), z. T. Totzonen
Spiralwärmeaustauscher	Zwangsführung (günstiges Verweilzeitverhalten, geringe Verstopfungsneigung), nur stirnseitige Dichtung (kaum Querkontamination)	hohe Kosten, aufwendige Konstruktion, Platzbedarf
Doppelrohrwärmeaustauscher	absolute Zwangsführung, Undichtigkeiten kaum zu erwarten, Querkontamination nicht möglich	hohe Kosten, Platzbedarf, lange Verweilzeit

einer Einzelanalyse feststellen. Der preiswerteste Austauschertyp ist der Plattenwärmeaustauscher, doch findet man in der Praxis den Rohrbündelwärmeaustauscher sehr häufig, da die große Erfahrung, die man mit diesem Typ gemacht hat doch zu Buche schlägt.

Die restlichen Wärmeaustauscher findet man seltener, im Bereich der kontinuierlichen Sterilisationsanlagen allerdings setzt sich der Doppelrohrwärmeaustauscher immer mehr durch. Der große Vorteil dieses Wärmeaustauschertyps liegt in der garantierten Sicherheit, mit der Querkontaminationen ausgeschlossen werden, was in diesem Falle die platzraubende Bauweise als Nachteil wettmacht.

In der Regel wird immer das Preis/Leistungsverhältnis die Auswahl prägen. In biotechnologischen Anlagen, wo häufig steriltechnische Aspekte hinzu kommen, werden vor allem Wärmeaustauscher eingesetzt, die helfen, geringere Kontaminationsraten zu erreichen (Kapitel 9), denn diese können ein Produkt wirtschaftlich enorm belasten.

7.5 Thermische Trennung – Destillation, Rektifikation

7.5.1 Aufgaben und Funktionsbeschreibung

Mittels thermischer Trennmethoden ist die Möglichkeit gegeben, eine Vereinzelung von flüssigen Gemischen durch fraktioniertes Verdampfen zu erreichen [1, 2]. Dabei unterscheidet man:

- Destillieren: Flüssigkeitsgemisch wird zum Sieden gebracht; es entstehen Dämpfe, die wiederum durch Kondensieren zurückgewonnen werden;
- Rektifizieren: Gegenstromdestillation, der Dampf steigt nach oben, die Flüssigkeit fällt nach unten, angestrebt wird eine große Phasengrenzfläche, um einen guten Wärme- und Stoffaustausch zu erreichen.

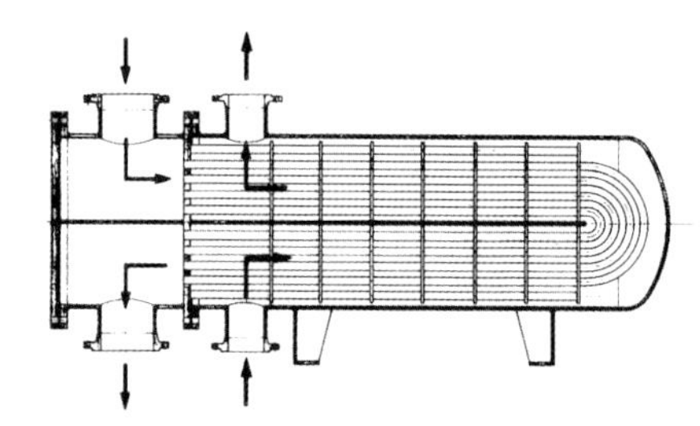

Abb. 7.57 Haarnadel-Rohrbündelwärmeaustauscher, ein oft eingesetzter, kompakter und flexibler Wärmeaustauscher. Der Nachteil besteht darin, dass die Rohre nicht einfach zu reinigen sind. Als Vorteil ist die einfache Austauschbarkeit der Rohre anzuführen.

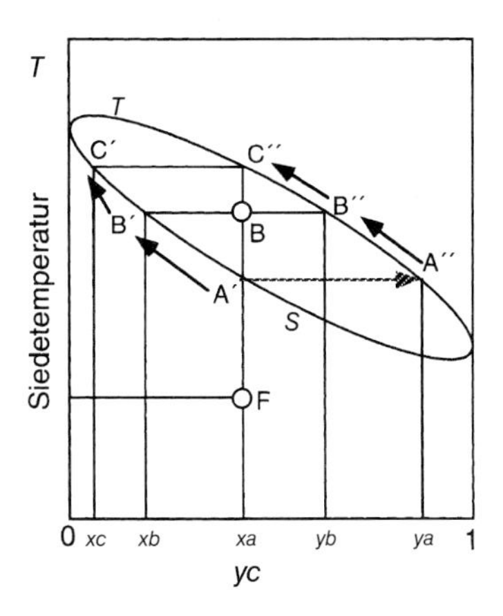

Abb. 7.58 Siedediagramm eines Zweistoffgemisches annähernd ideal, vollkommen löslich für p – const. Erwärmung vom Ausgangspunkt F bis zur Siedelinie S: Alles bleibt noch flüssig. Weitere Wärmezufuhr bis A", Zweiphasengebiet bis zu reinem Dampf in Punkt C. In Punkt B liegen xb und yb vor. (0 reine schwerflüchtige Komponente; 1 reine leichtflüchtige Komponente; x Flüssigkonzentration; y Dampfkonzentration.)

Die Voraussetzung für eine thermische Trennung sind unterschiedliche Siedepunkte der Komponenten und eine ausreichende thermische Beständigkeit der zu trennenden Stoffe.

Die Trennmöglichkeit eines Zweistoffgemisches ist in Abb. 7.58 dargestellt. Dieses Siedediagramm eines Zweistoffgemisches zeigt die Möglichkeiten eines annähernd idealen, vollkommen löslichen Zweistoffgemisch bei konstantem Druck auf. Im Punkt 0 liegt die reine schwerflüchtige Komponente vor, im Punkt 1 liegt die reine leichtflüchtige Komponente vor, x ist die Flüssigkeitskonzentration und y die Dampfkonzentration der jeweiligen Komponente.

Bei einer Erwärmung vom Ausgangspunkt F bis zur Siedelinie S im Punkt A' bleibt alles noch flüssig. Bei weiterer Wärmezufuhr wird das Zweiphasengebiet erreicht, z.B. im Punkt B. Bis zu reinem Dampf in Punkt C" muss weiterhin Energie zugeführt werden. In den Punkten B' und B" liegen Mischungsverhältnisse xb und yb vor.

7.5.2
Verfahren und Betriebsweisen

In einer einfachen, einstufigen Verdampfung lassen sich Teilverdampfungen durchführen. Die Einrichtung besteht lediglich aus einer Verdampfereinheit und einem Kondensator. Diese Apparatur eignet sich für das Abtrennen von leichtflüchtigen Substanzen oder zur Gewinnung von vollentsalztem Wasser. Die leichtflüchtigen Substanzen gehen in den Gasraum über und reichern sich im Destillat an, während die schwerflüchtigen Substanzen im Blasenrückstand aufkonzentriert werden (Abb. 7.59).

Will man eine Fraktionierung von Substanzen durchführen, die einen unterschiedlichen Siedepunkt besitzen, so fährt man den Verdampfer mit einem gestuften Temperaturprofil (Abb. 7.60 und 7.61). Eine solche Fahrweise wird auch als offene Verdampfung oder Destillation bezeichnet [12].

Destillationsprozesse, die mit Rücklaufströmen arbeiten, bei denen also schon einmal gewonnenes Destillat in die Kolonne zurückgeleitet wird, nennt man Rektifikation. Diese sogenannten Gegenstromdestillationen ermöglichen ein Höchstmaß an Trennleistung. Je größer der Rücklaufstrom, desto leistungsstärker ist die Trennleistung einer solchen Einheit. Die Rücklaufmengen können dabei ein Mehrfaches des Ablaufes betragen (z. B. ein Rücklaufverhältnis von $\nu = 10$ bei der Gewinnung von Ethanol aus einer Kulturbrühe, Gleichung 7.159).

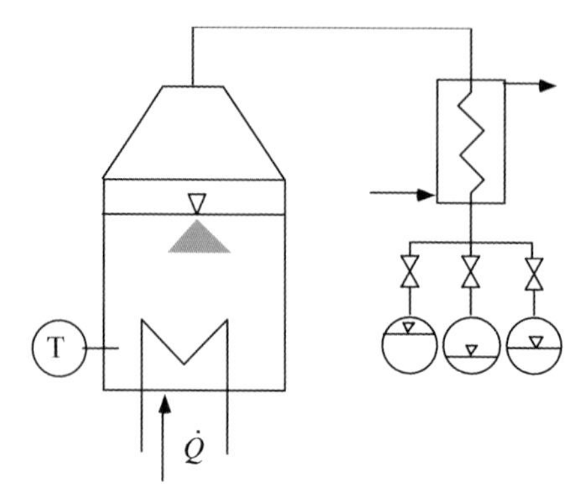

Abb. 7.59 Teilverdampfung, z. B. zur Gewinnung von destilliertem Wasser; leichtflüchtige Komponenten reichern sich im Destillat an, schwerflüchtige im Blasenrückstand.

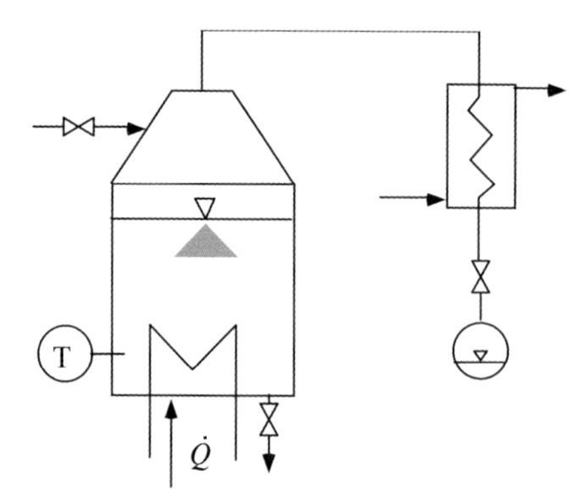

Abb. 7.60 Offene Verdampfung, auch Destillation genannt.

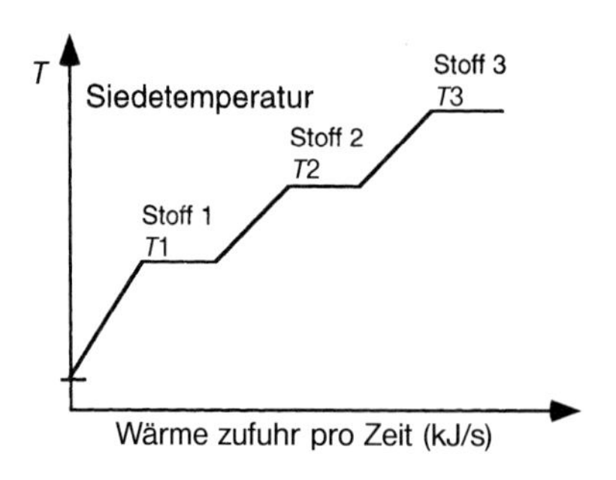

Abb. 7.61 Temperaturverlauf der offenen Verdampfung (Destillation).

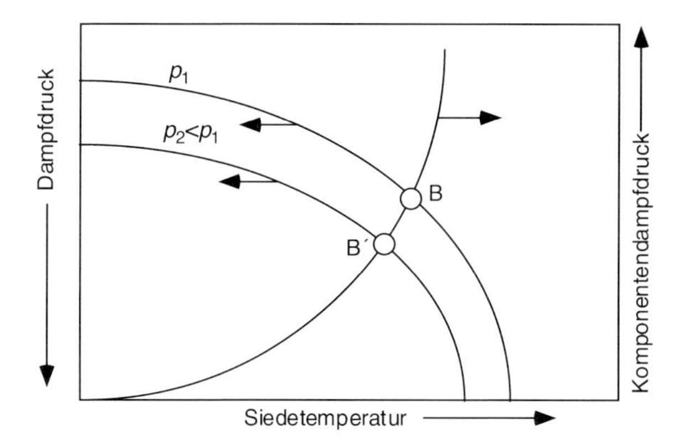

Abb. 7.62 Die Destillation von ineinander unlöslichen Komponenten wird mittels einer sogenannten Trägerdampfdestillation durchgeführt. Bei gegebenem Gesamtdruck und einer Siedetemperatur von $T_S < T_{S,\text{reine Komponente}}$ erfolgt eine schonende Destillation.

Die Dampfmengen der einzelnen Komponenten sind abhängig von den jeweiligen Sättigungsdrucken und den Molmassen: Das ergibt ein Massenverhältnis der Komponente 2 zur Komponente 1 von [12]:

$$\frac{m_2}{m_1} = \frac{(p_S)_2 \cdot M_2}{(p_S)_1 \cdot M_1} \qquad \text{(Gleichung 7.158)}$$

Zur destillativen Trennung von Gemischen aus ineinander unlöslichen Verbindungen wird die Trägerdampfdestillation angewandt (Abb. 7.62). Um eine schonende Destillation durchführen zu können wird bei gegebenem Gesamtdruck bei einer Temperatur unter der Siedetemperatur der reinen Komponente gearbeitet.

Die Rücklaufmenge bei einer Rektifikation wird durch das Rücklaufverhältnis ν ausgedrückt. Es bezieht die Rücklaufmenge auf den Zulaufstrom (Abb. 7.63, Gleichung 7.159):

$$\nu \equiv \frac{\dot{L}}{\dot{E}} \qquad \text{(Gleichung 7.159)}$$

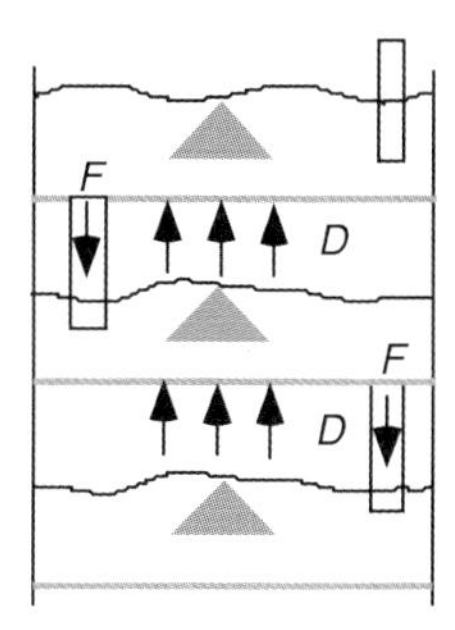

Abb. 7.63 Rektifikation (Gegenstromdestillation). Dampf- und Flüssigkeitsphase strömen im Gegenstrom – Einbauten sorgen für innigen Kontakt beider Phasen (Stoff- und Wärmeaustausch). Die beiden Phasen stehen nicht im Phasengleichgewicht, das wird aber angestrebt (durch Stoff- und Wärmetransport). Ein Teil der verdampften Menge muss kondensiert und zurückgeführt werden [1, 2].

Die Destillationen können sowohl diskontinuierlich als auch kontinuierlich durchgeführt werden, während für Rektifikationsprozesse ausschließlich die kontinuierliche Betriebsweise in Frage kommt. Im Sinne der optimalen Verfahrensführung sind kontinuierlich betriebene Fahrweisen ohnehin zu bevorzugen (Abschnitt 2.7.4.5).

Durch eine entsprechende Anordnung von Kolonnen zur Stofftrennung von Mehrstoffgemischen lassen sich alle Stoffe einzeln gewinnen (Abb. 7.64). Für ein Dreistoffgemisch müssen zwei Kolonnen installiert werden, so dass die Komponente A in der ersten Kolonne und die beiden verbliebenen Komponenten in der zweiten Kolonne getrennt werden.

Der Kolonnenteil unterhalb der Zulaufstelle wird als Abtriebskolonne bezeichnet, der Bereich oberhalb ist die Verstärkungskolonne. Entsprechend wird eine Kolonne, deren Zulauf am oberen Ende erfolgt, als reine Abtriebskolonne und bei einem Zulauf am unteren Ende als reine Verstärkungskolonne bezeichnet (Abb. 7.64). Reine Abtriebskolonnen bzw. Verstärkungskolonnen sind in der Praxis kaum anzutreffen, weil die Gemische nicht nur aus nahezu reinen Leichtsiederkomponenten bzw. Schwersiederkomponenten bestehen.

Statt der Kolonnenfahrweise sind Destillationen natürlich auch in in Reihe geschalteten Verdampferkesseln oder Verdampferapparaten denkbar. Gerade bei Stoffsystemen, deren schwerflüchtige Phase zu einer zähen Paste wird, müssen Apparate verwendet werden, die für Stoffe mit dieser Rheologie konstruiert sind, wie z. B. ein „Sambay-Verdampfer" (Abschnitt 7.5.4).

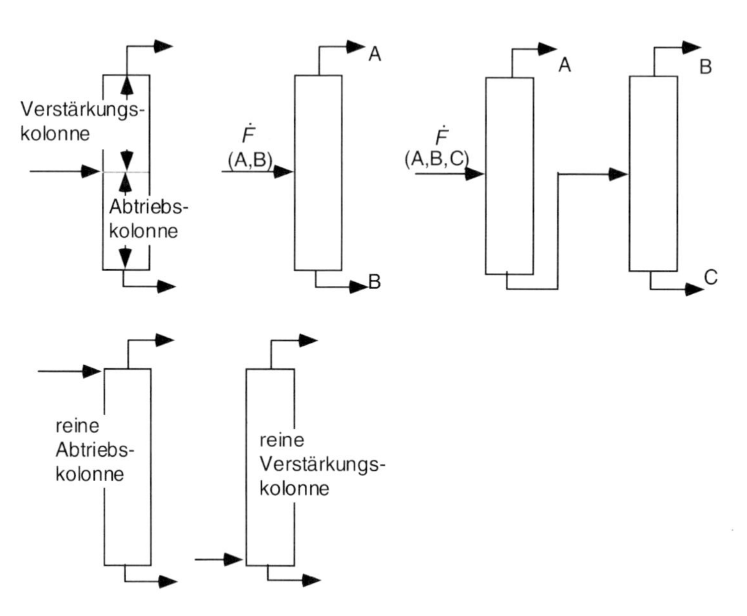

Abb. 7.64 Verschiedene Kolonnenanordnungen zur Trennung von Mehrstoffgemischen. Demnach sind für die Trennung eines Dreistoffgemisches zwei Kolonnen erforderlich [28].

7.5.3 Berechnungs- und Auslegungsdaten

Zur Auslegung von Destillations- bzw. Rektifikationsprozessen bedient man sich sogenannter Gleichgewichtskurven, deren Verlauf von der Art des Stoffgemisches abhängt (Abb. 7.65). Gemische aus ineinander unlöslichen Stoffen kann man einfacher in einer Settler-Apparatur trennen, indem man ihnen einfach genug Zeit zur Trennung einräumt. Ein Zweistoffgemisch aus ineinander vollkommen löslichen Komponenten ergibt einen geschlossenen Kurvenverlauf, während ein solches Gemisch mit Minimumdampfdruck bei niedrigen Konzentrationen zunächst einen geringeren Dampfanteil ergibt. Das gleiche Gemisch mit Maximaldampfdruck verhält sich folgerichtig umgekehrt, bei niedrigen Konzentrationen erscheint in der Dampfphase zunächst mehr Anteil. Außerdem erscheint hier der Effekt der Azeotropie, d. h. die Gleichgewichtskurve kreuzt die Diagonale. Die Trennung dieser Gemische über den azeotropen Punkt hinaus ist in einer normalen Destillation oder Rektifikation nicht mehr möglich. Ähnlich sieht es bei

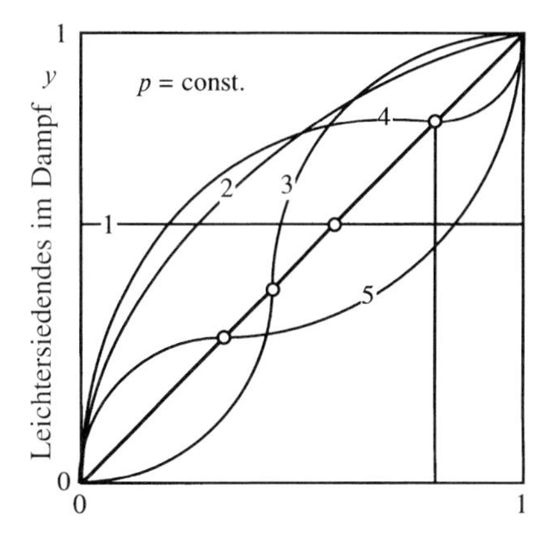

Abb. 7.65 Gleichgewichtskurven für p = const. im y,x-Diagramm: 1 vollkommen unlösliches Zweistoffgemisch; 2 vollkommen lösliches Zweistoffgemisch; 3 vollkommen löslich, mit Minimumdampfdruck; 4 vollkommen löslich, mit Maximumdampfdruck; 5 teilweise lösliche Zweistoffgemisch.

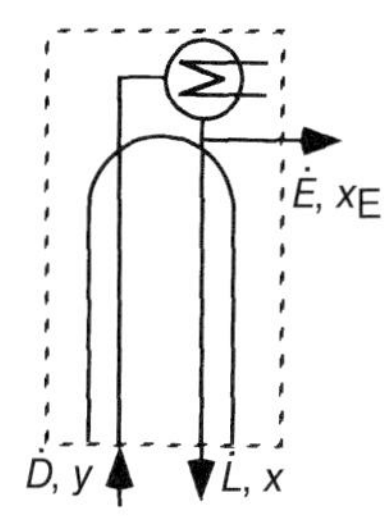

Abb. 7.66 Massenbilanz zur Ermittlung der Verstärkungsgeraden einer Destillationskolonne. Diese ist notwendig, um im oberen Teil die theoretisch erforderliche Bodenzahl (Stufenzahl) zu berechnen. Das bestimmt je nach Einbauten die Kolonnenhöhe [1, 2].

teilweise ineinander löslichen Gemischen aus, nur liegt hier der azeotrope Punkt bei wesentlich niedrigeren Konzentrationen (Abb. 7.65) [12].

Im Falle vollkommen unlöslicher Gemische verhält sich jede Komponente, als wären die anderen nicht vorhanden. Bei rektifikativen Trennungen ist die Rücklaufmenge eine wichtige Betriebsgröße (Gleichung 7.159). Um die Verstärkungsgerade zu beschreiben, wird für den oberen Kolonnenteil für jede Komponente eine Massenbilanz durchgeführt (Abb. 7.66). Gleiches wird für den unteren Teil einer Kolonne durchgeführt, um die Abtriebsgerade beschreiben zu können (Abb. 7.67, 7.68). Die beiden gewonnenen Geradengleichungen werden in Abb. 7.69 eingetragen, damit die Auslegung der Kolonnen durchgeführt werden kann. Die Massenbilanz der Verstärkungskolonne lautet allgemein:

$$\dot{D} = \dot{L} + \dot{E} \qquad \text{(Gleichung 7.160)}$$

und für jede einzelne Komponente:

$$\dot{D}\, y = \dot{L}\, x + \dot{E}\, x_{\mathrm{E}} \qquad \text{(Gleichung 7.161)}$$

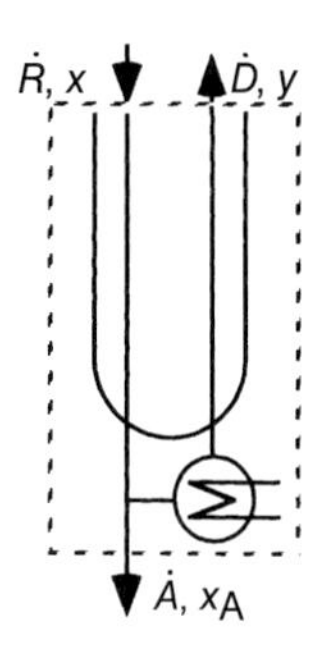

Abb. 7.67 Massenbilanz für eine Abtriebsgerade zur Gewinnung der Geraden im Abtriebsteil einer Destillationskolonne. Diese ist notwendig, um im unteren Teil die theoretisch erforderliche Bodenzahl (Stufenzahl) zu berechnen, die je nach Einbauten die Kolonnenhöhe im unteren Bereich, also unterhalb des Zulaufs bestimmt.

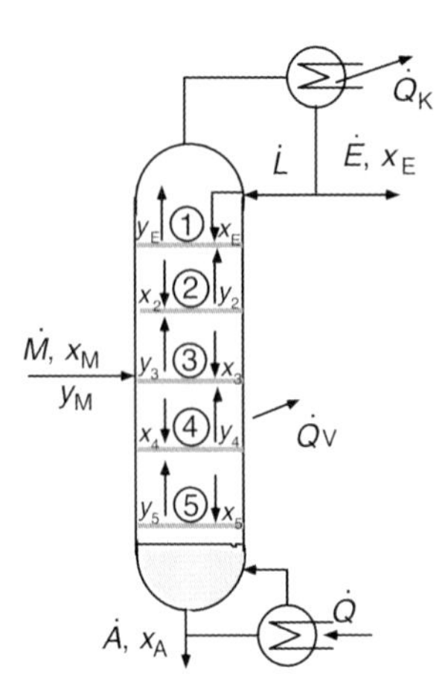

Abb. 7.68 Gesamtdarstellung einer Rektifikationskolonne für die Massenbilanzierung.

Somit erhält man für jede Gasphasenkonzentration in Abhängigkeit des Rücklaufverhältnisses v und der Zulaufkonzentration der Komponente den Zusammenhang:

$$y = \frac{v}{v+1} x + \frac{x_E}{v+1} \qquad \text{(Gleichung 7.162)}$$

Für den Abtriebsteil einer Destillationskolonne führt man dieselbe Bilanz durch und erhält damit die Geradengleichung für den unteren Teil einer Kolonne. Die Komponenten, die in diesem Fall eine Rolle spielen, sind der Rücklaufstrom von oben nach unten, der Dampfstrom von unten nach oben und der Auslaufstrom vom Sumpf. Man erhält aus diesen genannten Strömen die Bilanz:

$$\dot{R} = \dot{D} + \dot{A} \qquad \text{(Gleichung 7.163)}$$

oder, mit den Konzentrationen in der jeweiligen Phase,

$$\dot{R}\, x = \dot{D}\, y + \dot{A}\, x_A \qquad \text{(Gleichung 7.164)}$$

mit der Definition des internen Rücklaufverhältnisses, bestehend aus dem Verhältnis aus Rücklauf und Auslaufstrom:

$$v^* = \frac{\dot{R}}{\dot{A}} \qquad \text{(Gleichung 7.165)}$$

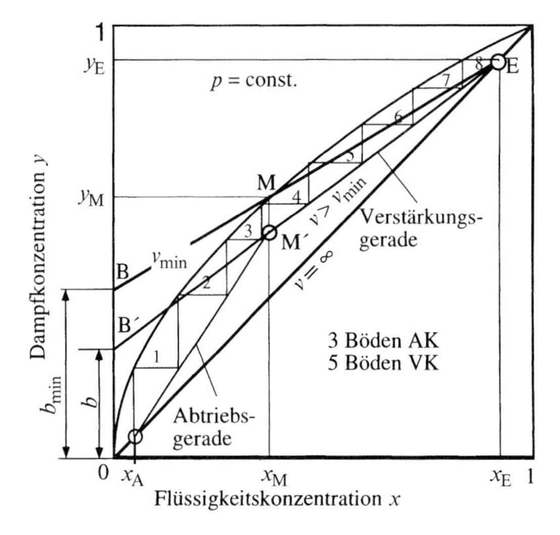

Abb. 7.69 Diagramm zur Bestimmung der theoretisch erforderlichen Bodenzahlen einer destillativen Trennung von Mehrstoffgemischen [1, 2].

Ebenso wie aus der Massenbilanz im Verstärkungsteil einer Kolonne gewinnt man auch im Abtriebsteil einer Kolonne eine Berechnungsgleichung für den Gehalt einer Komponente im Gasteil (y, Gleichung 7.166):

$$y = \frac{v^*}{v^* - 1} x - \frac{x_A}{v^* - 1} \qquad \text{(Gleichung 7.166)}$$

Damit ist man in der Lage, die erforderlichen Stufenzahl einer destillativen (rektivikativen) Trennung eines flüssigen Stoffgemisches zu bestimmen. Wann sind nun solche Trenntechniken in der Biotechnologie gefragt? Ein Beispiel wurde schon mehrfach genannt, die biotechnologische Gewinnung von Ethanol als Grundchemikalie oder als Endprodukt. Des Weiteren sind alle Produkte gemeint, die thermisch belastbar sind und einen unterschiedlichen Siedepunkt aufweisen. Sollte die thermische Belastung ein Problem darstellen, so bietet die Rektifikationstechnologie die Möglichkeit, unter Vakuum, und damit bei niedrigen Temperaturen, solche Trennungen durchzuführen. Der Energieaufwand nimmt dann zwar zu, aber für viele Aufarbeitungsprozesse wäre damit eine Lösung gefunden.

Aus all den Betrachtungen lässt sich ein Mindestrücklaufverhältnis ableiten. Dieses wird bestimmt durch die Konzentrationen der betrachteten Komponente im Zulaufbereich der Kolonne sowohl in der flüssigen wie auch in der Gasphase und den über die Kolonne gemittelten Werten in beiden Phasen:

$$v_{min} = \frac{x_E - y_M}{y_E - x_M} \qquad \text{(Gleichung 7.167)}$$

Das gilt für das Mindestrücklaufverhältnis bei einer theoretischen Stufenzahl gegen unendlich, also $N_{th} \to \infty$.

In der Praxis liegen die Werte für das Rücklaufverhältnis um den Faktor z höher und es lassen sich folgenden Werte angeben:

$$v = z\, v_{min} \qquad \text{(Gleichung 7.168)}$$

$z = 1{,}1 \ldots 5$	übliche Trennaufgaben
$z \geq 10$	schwierige Trennaufgaben
$z = 1{,}6$	Spiritusindustrie

Zur praktischen, also zur in die reale Kolonne umgesetzten Bodenzahl ist wiederum ein Zuschlag erforderlich. Dieser wird meist mit dem Quotienten s berücksichtigt, der in Gleichung 7.169 eingeführt und nachfolgend benannt ist:

$$N = \frac{N_{th}}{s} \qquad \text{(Gleichung 7.169)}$$

Der Bodenwirkungsgrad s liegt in der Regel zwischen 0,2 und 0,8, er muss aber aus Experimenten bestimmt werden.

Weitere wichtige Größen sind die Dampfgeschwindigkeit und die Flüssigkeitsbelastung. Die Dampfgeschwindigkeit berechnet sich aus:

$$w_D = \frac{\dot{D}}{r_D} \qquad \text{(Gleichung 7.170)}$$

Ein weiterer wichtiger Faktor bei der Auslegung von Rektifikationskolonnen ist die relative Flüchtigkeit. Sie bringt das Verhältnis der Konzentrationen einer Komponente in der Dampfphase y zur Flüssigphase x, und ist folgendermaßen definiert:

$$\alpha = \frac{y}{x}$$
$$\alpha_{1,2} = \frac{y_1\, x_2}{x_1\, y_2} = \frac{y_1\,(1 - x_1)}{(1 - y_1)\, x_1} = \frac{p_1}{p_2} \qquad \text{(Gleichung 7.171)}$$

Zur Abschätzung kann folgende Näherungsformel benutzt werden:

$$\log \alpha = \frac{22 \cdot \Delta T}{4{,}57 \cdot T} \qquad \text{(Gleichung 7.172)}$$

wobei ΔT die Siedetemperaturdifferenz und T die Temperatur im arithmetischen Mittel darstellen.

Die theoretische Stufenzahl einer destillativen Stofftrennung lässt sich nach Gleichung 7.173 berechnen:

$$N_{th} = \frac{\log \frac{x_E(1-x_A)}{x_A(1-x_E)}}{\log \alpha_{1,2}} - 1 \qquad \text{(Gleichung 7.173)}$$

und das Mindestrücklaufverhältnis für eine Rektifikation bei einer theoretischen Bodenzahl gegen unendlich nach Gleichung 7.174:

$$v_{min} = \frac{1}{\alpha - 1} \cdot \left(\frac{x_{E1}}{x_{M1}} - \alpha \cdot \frac{x_{E2}}{x_{M2}} \right) \qquad \text{(Gleichung 7.174)}$$

Bei destillativen Trennaufgaben stellen azeotrope Gemische einen Sonderfall dar (Abb. 7.70). Das Kennzeichen des azeotropen Punktes ist, dass die entsprechende Komponente sowohl in der flüssigen als auch in der gasförmigen Phase in gleicher Konzentration vorliegt ($x_E = y_E$) und die relative Flüchtigkeit den Wert 1 annimmt, also:

$$\alpha_{az} = \frac{y_1\, x_2}{x_1\, y_2} = 1 \qquad \text{(Gleichung 7.175)}$$

ist.

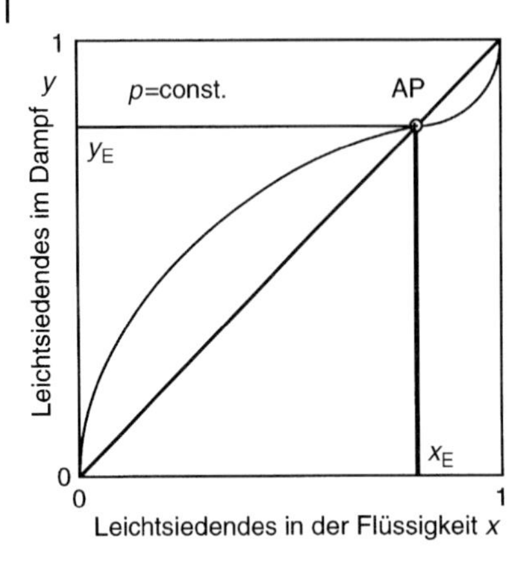

Abb. 7.70 Phasendiagramm eines Gemisches, das einen azeotropen Punkt aufweist, wie z. B. beim Ethanol-Wasser-Gemisch.

Um eine Trennung eines solchen Gemisches über den azeotropen Punkt hinaus zu erreichen, muss der azeotrope Punkt beeinflusst werden. Das kann durch die Veränderung des Arbeitsdruckes (AP) geschehen, der in diesem Fall wandert oder ganz verschwindet. Oder man gibt eine Zusatzkomponente zum binären Gemisch, was man eine extraktive Destillation nennt. Auch in diesem Fall verschwindet der azeotrope Punkt und die Zusatzkomponente bildet einen azeotropen Punkt mit der Komponente A und/oder B. In diesem Fall hat die Komponente einen beträchtlich höheren Siedepunkt, aber ist mischbar mit A und B. Eine dritte Möglichkeit bietet die Zugabe einer Zusatzkomponente zu A und B, die mit A oder B einen tief siedenden azeotropen Punkt bildet. Diese Komponente wäre anschließend durch Destillation wieder abtrennbar.

7.5.4 Bauarten von Destillations- und Rektifikationsapparaten

Grundsätzlich wäre es denkbar, eine destillative Stofftrennung in einer Verdampferkaskade zu fahren. Die Kaskadenzahl n müsste dann der erforderlichen Stufenzahl N entsprechen. Da aber eine solche Anordnung viel zu aufwendig wäre, findet man in der Praxis neben dem reinen Verdampfer das Apparatekonzept einer Destillation (Rektifikation) in Form einer Kolonnenbauweise (Abb. 7.64 und 7.68).

Dazu zählen Körper, die eine ungeordnete Packung ergeben und solche, die eine geordnete Anordnung erfordern. Die sogenannten Füllkörper sind die am häufigsten verwendeten Einbauten. Je einfacher sie gestaltet sind und je regelloser sie angeordnet sei können, umso preiswerter wird die Lösung. In diesem Zusammenhang sind z. B. sogenannte Pallringe zu zählen (Abb. 7.71). Diese können aus Kunststoffarten oder Metall gefertigt sein. Darüber hinaus gibt es noch viele, zum Zwecke der Erzielung höherer Stoffaustauschflächen z. T. etwas aufwendigere Ausführungen, wie Satteltypen, Kugelformen mit unterschiedlichen Hohlraumanteilen, Zylinderformen usw. (Abb. 7.71 und 7.72).

Der Durchmesser einer solchen Kolonne wird durch die Dampfbelastung (Geschwindigkeit) und die Höhe durch die erforderlichen Trennstufen bestimmt. Eine

Abb. 7.71 Füllkörperbautypen, wie sie zur Schaffung von großen Kontaktflächen in Destillationsprozessen (Rektifikation), aber auch in Extraktionsprozessen (Abschnitt 7.8) notwendig sind.

besondere Variationsmöglichkeit bieten die zur Schaffung ausreichender Phasenkontaktflächen erforderlichen Einbauten (Füllkörper wie Raschigringe, Bodenkonstruktionen wie Glockenböden, Siebböden, Gewebepackungen).

Ungeordnete Packungen und Bodenkonstruktionen sind in der Regel nur geeignet, wenn wenig oder besser kein Feststoff im System vorkommt. Ist das der Fall,

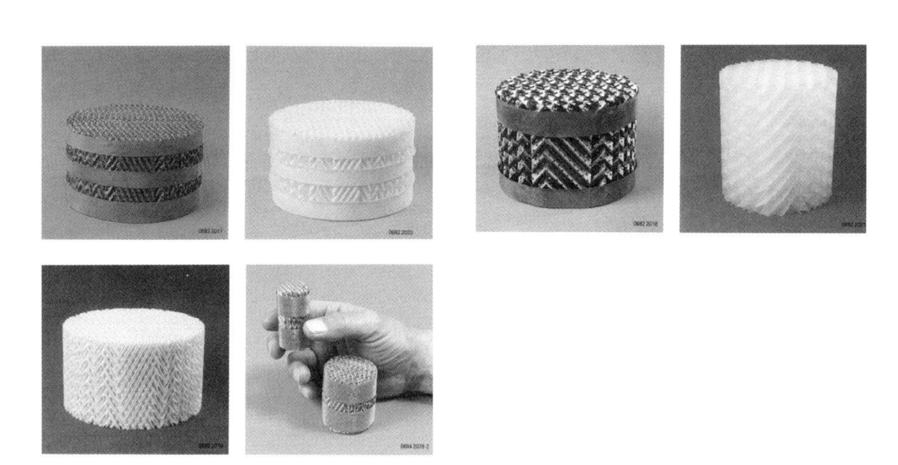

Abb. 7.72 Geordnete Packungen für Destillationsaufgaben (Fa. Sulzer).

dass eine Suspension thermisch getrennt werden soll, so müssen geordnete Packungen oder einige eventuell geeignete Bodenkonstruktionen verwendet werden.

7.5.5
Auswahlkriterien, Beispiele

Die wichtigsten Kriterien wurden in Abschnitt 7.5.4 schon beschrieben. Zunächst wird versucht werden, die preisgünstigste Lösung zu finden, diese wird durch

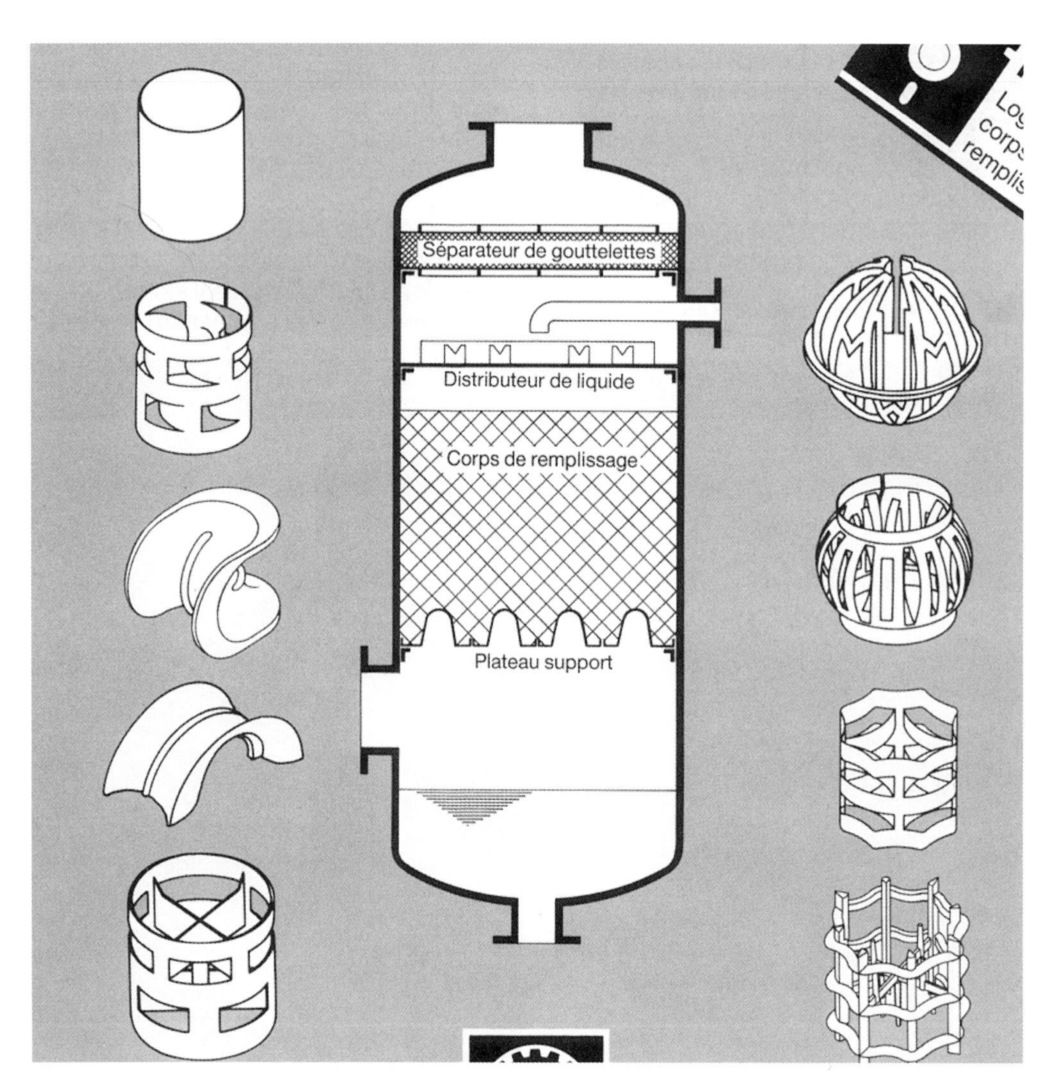

Abb. 7.73 Grundprinzip einer Destillationskolonne mit einigen möglichen Einbauhilfen zur Erlangung einer ausreichend großen Phasengrenzfläche (Stoffaustauschfläche, auch Abb. 7.71 und 7.72).

Kolonnen mit einfachen, ungeordnete Packungen erreicht. Ist allerdings der Feststoffanteil zu hoch, so bleibt nur eine aufwendigere geordnete Packung, um der Verstopfungsgefahr auszuweichen.

In Abb. 7.74 ist ein Beispiel gezeigt, wie mit verschiedenen Einbauten eine Optimierung der Lösung gefunden werden kann. Gerade die aufwendigen und teuren Spezialeinbauten (Abb. 7.72) führen aber häufig zu besseren Trennergebnissen und vor allem auch kleineren Kolonnenhöhen, weil die Trennstufenzahl pro Meter wesentlich höher ist.

Destillative Stofftrennung ist auf die Prozesse beschränkt, bei denen die beteiligten Stoffe die thermische Belastung mitmachen, denn man muss immer bis zum entsprechenden Siedepunkt die Temperatur erhöhen. Zwar kann der Einsatzbereich aus dieser Sicht durch die Anwendung der Vakuumfahrweise oder der Pervaporation erweitert werden, doch sind dadurch erhebliche Mehrkosten zu erwarten, die nur von *high-price*-Produkten getragen werden können.

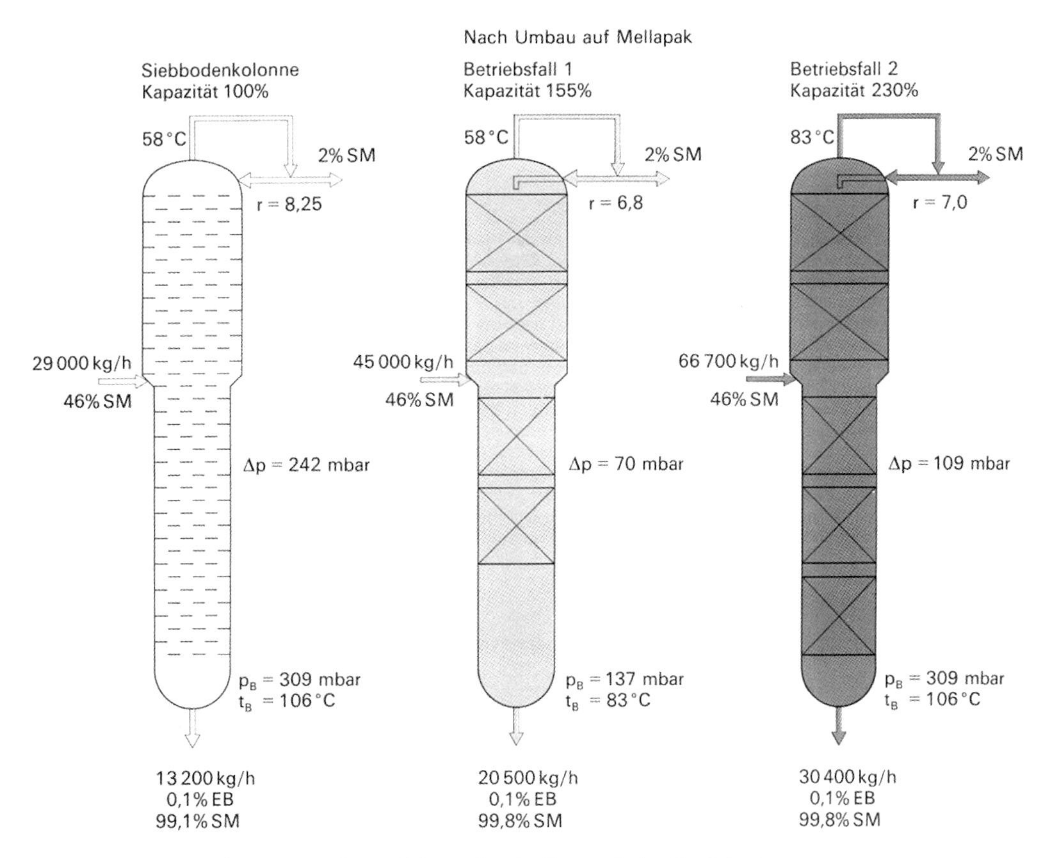

Abb. 7.74 Drei Beispiele einer Destillationskolonne für eine Trennaufgabe (Fa. Sulzer).

Klassische biotechnologische Produkte hingegen werden seit Langem erfolgreich mittels Destillation aufgereinigt. Dazu zählen Alkohole, insbesondere Ethanol, aber auch alle Hilfszusatzstoffe, wie Extraktionsmittel (Abschnitt 7.6).

Für die Ausarbeitung destillativer Trennverfahren stehen zunächst heuristische Regeln zur Verfügung, dem Problem kann aber auch mit thermodynamischen Denkweisen begegnet werden. Die Anwendung der heuristischen Regeln leidet unter deren mangelnder Eindeutigkeit. Bereits die beiden Hauptregeln

- „führe den leichtesten Trennschritt zwischen den einzelnen Komponenten durch",
- „strebe eine möglichst äquimolare Auftrennung des Zulaufgemisches in das Kopf- und das Sumpfprodukt an",

belegen dies. Sie beziehen sich auf verschiedene Parameter, wie Stoffeigenschaften sowie Mengenverhältnisse, und können sich im Einzelfall widersprechen. Bei der praktischen Anwendung müssen die heuristischen Regeln daher für die speziellen Anwendungsfälle detailliert angepasst und nach Möglichkeit quantifiziert werden [28]. Die Destillation ist ein thermodynamischer Vorgang, der durch die Größen Entropie und Exergie zu beschreiben ist.

7.6 Absorption

7.6.1 Aufgaben und Funktionsbeschreibung

Unter Absorption versteht man die volumetrische Aufnahme von Gaskomponenten in Flüssigkeit, aber auch von Licht in Gas und Flüssigkeit. Der Vorgang der Absorption ist mit energiegekoppelten Vorgängen zu beschreiben und zählt somit ebenso wie die Destillation (Rektifikation), die Extraktion und die Adsorption zu den thermischen Trennverfahren.

Mit der Technik der Absorption wird die Trennung homogener Gasgemische vorgenommen. Dabei lösen sich Gaskomponenten in einem flüssigem Lösungsmittel, der sogenannten Waschflüssigkeit oder dem Absorbens. Ein typisches Einsatzgebiet im Bereich des Umweltschutzes ist die Abgasreinigung (insbesondere [1, 2]). Im Falle biotechnologischer Prozesse ist dabei das Abgas der Fermentation einer besonderen Betrachtung zu unterziehen, da es aufgrund seiner Beladung mit aromatischen Komponenten (Mercaptanen) häufig zu Geruchsbelästigungen führen kann. Um das zu vermeiden, muss es behandelt werden. Das Verfahren der Absorption ist oft dafür geeignet.

Der Vorgang der Absorption setzt Lösungswärme, die sogenannte Absorptionswärme, frei. Andererseits muss beim umgekehrten Vorgang der Desorption diese Energie wieder aufgebracht werden. Im Gegensatz zum Löslichkeitsverhalten vieler Komponenten in Lösungsmitteln findet man bei niedriger Temperatur und höherem Druck eine steigende Absorptionsfähigkeit. Damit geht eine zunehmende Wärmeentwicklung einher.

Begleitet die Absorption ein chemischer Vorgang, so spricht man von einer Chemiesorption. Hierbei gehen die absorbierten Komponenten (Absorbate) eine chemische Bindung mit der Waschflüssigkeit, dem Absorbens, ein. Sind die Komponenten chemisch *nicht* gebunden, so nennt man diese Absorptiv, wenn sie hingegen chemisch gebunden sind, werden sie Absorpt genannt.

Der physikalische Vorgang ähnelt dem der Rektifikation, d. h. diese Technologie eignet sich ebenfalls für die teilweise Zerlegung von Dampf- und Gasgemischen. Das im Absorbens aufgenommene Absorbat muss anschließend zurückgewonnen werden. Die Gewinnung des Absorbats kann durch eine Gleichgewichtsverschiebung, also Verschlechterung der Absorptionsbedingungen, erfolgen. Geeignete Maßnahmen sind Entspannung, Strippen oder thermisches Austreiben bei steigender Temperatur und niedrigem Druck. Dabei wird das Absorbat aus dem Absorbens verdrängt. Im Falle eines umwelttechnischen Verfahrens entspricht diese Freisetzung des Absorbats gleichzeitig der Regeneration des Absorbens. Die Umkehrung der Absorption wird auch Desorption genannt. Die im Desorbens (z. B. Dampfkondensat) aufgenommenen Komponenten (Desorbate) müssen einer Weiterverarbeitung zugeführt werden. Sind es Schadstoffe, die z. B. aus einem Abgas stammen, so schließt sich die eigentliche Entsorgung an. Dies kann in einer biologischen Klärstufe oder aber auch durch Verbrennung erfolgen. Im Falle einer prozessintegrierten Absorption müssen die Desorbate aus wirtschaftlichen Gründen zurückgeführt werden (Rückführung, Aufreinigung).

Im Bereich der Umwelttechnik ist die Entfernung unerwünschter Komponenten, z. B. aus (Ab-)Gasen, das Ziel. Diese nasse Gasreinigung wird häufig in Kombination mit einer nassen Feinentstaubung (Umweltschutz) betrieben. Dabei gilt in allen Fällen, dass hierbei zunächst nur eine Verlagerung des Problems erfolgt. Die eigentliche Entsorgung muss sich anschließen.

7.6.2 Verfahren und Betriebsweisen

Die apparativen Ausführungen und Betriebsweisen der Absorption ähneln denen der Rektifikation (Gegenstromdestillation). Das Gas und die Flüssigkeit fließen in der Regel im Gegenstrom durch den Apparat (meist eine Kolonne). Es sind aber auch Gleichstromfahrweisen möglich. Der am häufigsten verwendete Apparat ist auch bei der Absorption die Kolonne (Abschnitt 7.5). Um die erwünschte Oberfläche, oder eben die notwendige Phasengrenzflächen, zu erreichen, werden Einbauten verwendet (Abschnitt 7.5, Abb. 7.71–7.73). Solche Einbauten sind auch in diesem Fall z. B. Siebböden, Glockenböden, aber auch Packungen und Schüttungen (Ringe, Zylinder, poröse Körper) sorgen für intensive Vermischung und eine große Phasengrenzfläche zwischen Gas und Flüssigkeit. Über Ungleichgewichte der Stoffverteilung erfolgt schließlich der Stofftransport aber auch der aufgrund der Absorptionswärme notwendige Wärmetransport. Das System strebt das Gleichgewicht an, wodurch der Vorgang der Absorption in Gang gehalten wird (Abb. 7.75).

Der Vorgang der Absorption kann wie folgt beschrieben werden (Abb. 7.76): Das beladene Gas (Rohgas, RG) strömt unten in die Absorptionskolonne (AS) ein und im Gegenstrom von oben strömt das Absorbens (Lösungsmittel, L) durch die

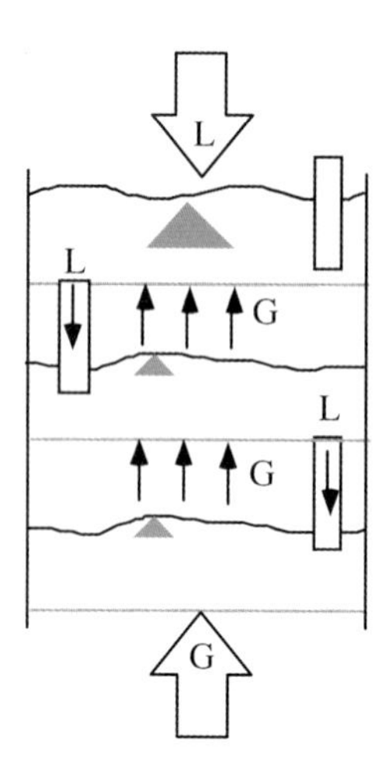

Abb. 7.75 Bilanzelement in einer Absorptionskolonne. Die Bilanzierung basiert auf der Betrachtung der beiden Phasen Gas (G) und Flüssigkeit (L). Der Vorgang der Absorption hat dabei das Ziel, aus einer Phase, meist aus der Gasphase, bestimmte Komponenten in die andere Phase zu überführen. Wie bei allen Stoffaustauschvorgängen ist dabei eine möglichst große Phasengrenzfläche (Stoffaustauschfläche) erforderlich. Die Phasengrenzfläche, also die Fläche zwischen den beiden Phasen wird erreicht, indem die disperse (verteilte) Phase, die Gasphase, in möglichst kleine Blasen dispergiert wird. Dazu ist ein bestimmter Energieaufwand erforderlich, der pro Zeit einzubringen ist. Somit ist eine ausreichend hohe Leistung, oder besser eine auf den Raum oder die Masse bezogene Leistungsdichte, aufzubringen.

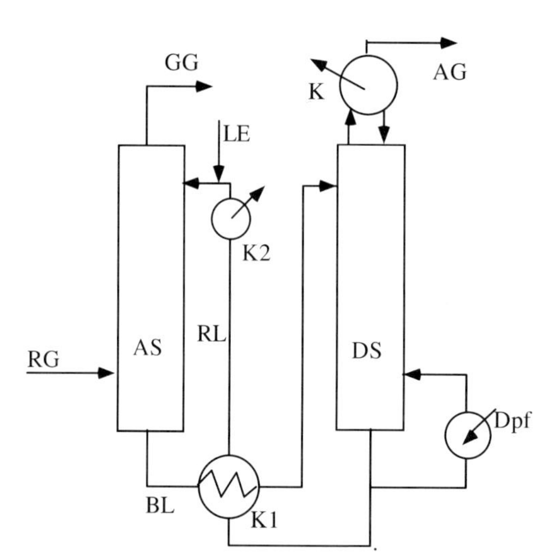

Abb. 7.76 Ablauf einer kontinuierlich betriebenen Absorption mit integrierter Desorption. Das Rohgas (RG) strömt zunächst in die Absorptionskolonne (AS). Im Gegenstrom kommt von oben das Absorbens (Waschflüssigkeit, LE). Am Kopf der Absorptionskolonne erscheint das gereinigte Gas (GG), während im Sumpf das beladene Absorbens (BL) ankommt. Im Wärmeaustauscher K1 wird das beladene Absorbens aufgeheizt und in der Desorptionskolonne (DS) regeneriert. Vom Sumpf der Desorptionskolonne fließt das Lösungsmittel zurück zur Absorptionskolonne und wird hinter dem Kühler K2 durch frisches Absorbens (LE) ergänzt.

Kolonne. Am Kopf verlässt das gereinigte Gas (GG) die Absorptionskolonne (AS), während im Sumpf das beladene Absorbens (BL) ankommt. Dieses Absorbens muss wieder vom Absorbat befreit werden (Regeneration im Falle einer umwelttechnischen Anwendung). Dies geschieht, indem durch Aufheizen des Absorbens im Wärmeaustauscher K1 (Gegenstrom mit Wärmerückgewinnung) die Gleichgewichte wieder verschoben werden. Anschließend strömt das Absorbens von oben in die Desorptionskolonne, die mit Dampf (Dpf) beheizt wird. Am Kopf der Desorptionskolonne kommt Restabgas (AG) an. Das gereinigte und teilkondensierte (in K1) Absorbens (RL) wird zur Absorptionskolonne über den Wärmeaustauscher (Kühler, K2) zurückgefahren und durch Frischabsorbens (LE) ergänzt.

7.6.3
Berechnungs- und Auslegungsdaten

Bei der Auslegung einer Absorption zur Abtrennung einer Gaskomponente i verfolgt man bilanztechnisch im wesentlichen die Zielgrößen Absorbensmengenstrom (Lösungsmittelmenge) $\dot{L}$, die Stufenzahl (theoretisch, praktisch) und damit die Kolonnenhöhe, den Kolonnenquerschnitt, den man über Gasbelastung erhält, und die Daten für die Wärmeaustauscherauslegung (Abb. 7.77). Dabei wird über eine Massenbilanz festgelegt, welche Stoffströme erforderlich sind. Die Daten für die Auslegung der Wärmeaustauscher erhält man über eine Wärmebilanz.

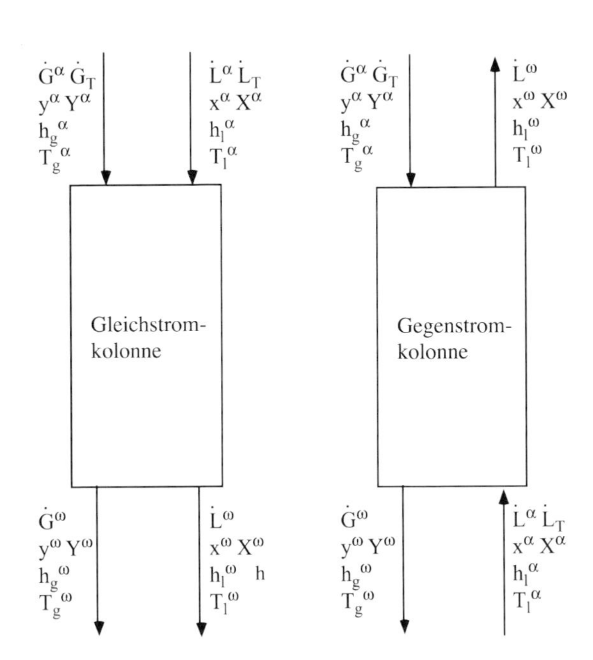

Abb. 7.77 Bilanzrahmen für eine Gleich- und Gegenstrom-Absorptionskolonne. Darin bedeuten: G Gasstrom; L Absorbensstrom; y Anteil Gas; x Anteil Absorbens; Y Beladung Gas; X Beladung Absorbens; h_g, h_l Enthalpie; T_g, T_l Temperatur; α Eingang; ω Ausgang.

Zunächst kann die Aufgabe einer Absorption auf drei Stoffströme projiziert werden, nämlich auf den inerten Trägergasstrom $\dot{G}_T$, auf den Absorbensstrom (Hilfsmittelstrom) $\dot{L}_T$ des reinen Absorbens und auf den Strom der Gaskomponente i (Absorbat). Der Trägergasstrom $\dot{G}_T$ wird konstant eingestellt.

Die Zielsetzung ist der Gleichgewichtszustand, der durch das Henry'sche Gesetz beschrieben wird. Sind die Konzentrationen der Komponenten ausreichend niedrig, so gibt dieses Gesetz lineare Zusammenhänge aus und man spricht von einem sogenannten idealen Lösungsverhalten. Das Henry'sche Gesetz lässt sich, wie in Abschnitt 2.7 schon geschehen, wie folgt formulieren:

Die Gelöstkonzentration einer Komponenten i in der Flüssigkeit steht mit dem Partialdruck dieser Komponenten in der Gasphase im Gleichgewicht:

$$x_i = \frac{p_i}{H} = \frac{p \cdot y_i}{H} \qquad \text{(Gleichung 7.176)}$$

Der Partialdruck lässt sich dabei aus Gesamtdruck und Molanteil (Molenbruch) der betrachteten Komponente ermitteln. Daraus lässt sich auch die phasenübergreifende Betrachtung

$$\frac{Y}{1+Y} = \frac{H_i}{p} \cdot \frac{X}{1+X} \qquad \text{(Gleichung 7.177)}$$

herleiten, wobei die Y-Werte die Molenbrüche und die X-Werte die Massenverhältnisse sind, die jeweils der Gas- bzw. der Liquidphase zugeordnet sind. Das verknüpfende Element ist die Löslichkeit ausgedrückt durch den reziproken Wert des Henry-Koeffizienten, der in dieser Betrachtung in die Einheit bar · mol/mol umgerechnet werden muss (Dichte Flüssigkeit/Molmasse Gaskomponente). Der Henrykoeffizient ist vom Stoffsystem geprägt und zusätzlich von der Temperatur abhängig (Abb. 7.78 und Tab. 7.8).

Mithilfe der Molenbrüche und der Massenverhältnisse lässt sich bezüglich des Gasstromes der erforderliche Lösungsmittelstrom (Absorbensstrom) bestimmen. Dabei muss es für eine bilanztechnische Betrachtung immer darauf ankommen, dass eine Massen- bzw. Teilchenausgewogenheit erzielt werden kann (Abb. 7.77 und Abschnitt 2.7.4) [12].

Der Lösungsmittelstrom steht zum Gasstrom im Verhältnis der Beladungsdifferenzen. Bei genauerer Betrachtung erkennt man, dass Gleichung 7.178 nichts anderes als den Massen- oder Teilchenstrom auf beiden Phasenseiten darstellt.

$$\dot{L}_T = \frac{\dot{G}_T \cdot (Y^{\alpha} - Y^{\omega})}{X^{\omega} - X^{\alpha}} \qquad \text{(Gleichung 7.178)}$$

Ebenso ist der Trägergasstrom über die Gasbeladung am Eingang dem Gaseingangstrom zuzuordnen (Gleichung 7.179). Meist wird allerdings diese Beladung null sein, sodass der Trägergasstrom gleich dem Eingangsstrom ist.

Tabelle 7.8 Henry-Koeffizient von verschiedenen Dämpfen und Gasen in Wasser (in bar · l/mol).

Gas/Dampf	bei 25 °C	bei 50 °C
Acetylen	23	38
Ammoniak	0,017	0,05
Chlor	11	17
Ethan	553	910
Ethylen	210	340
Kohlendioxid	30	52
Kohlenmonoxid	1057	1390
Luft	1315	1550
Methan	753	1055
Sauerstoff	800	1075
Schwefelwasserstoff	10	16
Stickstoff	1577	2070
Stickstoffmonoxid	524	715
Wasserstoff	1290	1400

$$\dot{G}_{\mathrm{T}} = \frac{\dot{G}^{\alpha}}{1 + Y^{\alpha}} = \dot{G}^{\alpha}(1 - Y^{\alpha}) \qquad \text{(Gleichung 7.179)}$$

Dieselbe Betrachtung kann auch für den Lösungsstrom durchgeführt werden (Gleichung 7.180 und Abb. 7.79), wobei hier die Eingangsbeladung im Lösungsmittel herangezogen und die Beladung sicherlich nicht Null sein wird, weil genau diese reduziert werden soll. Dabei ist es nicht entscheidend, ob ein Wertstoff oder eine Verunreinigung (Schadstoff) aus dem Gasstrom entfernt werden soll [12].

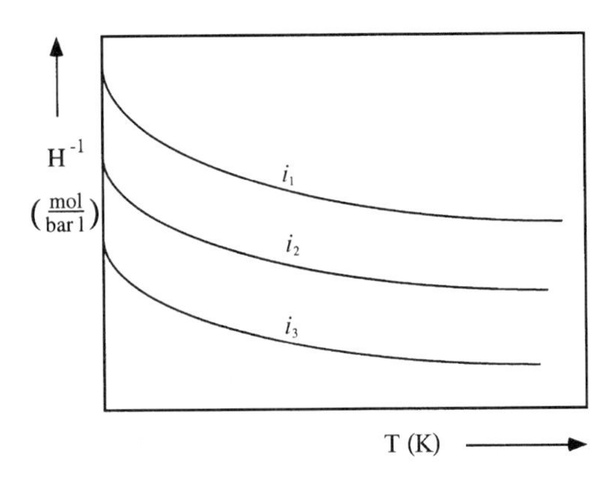

Abb. 7.78 Das Henry'sche Gesetz, das die Löslichkeit einer Komponente zum Ausdruck bringt. Dieses Lösungsvermögen hängt vom Partialdruck der Komponente in der Gasphase, aber auch von der Temperatur ab (auch Tab. 7.7; H Henrykonstante; T Temperatur; i1, i2, i3 Komponente 1,2,3.)

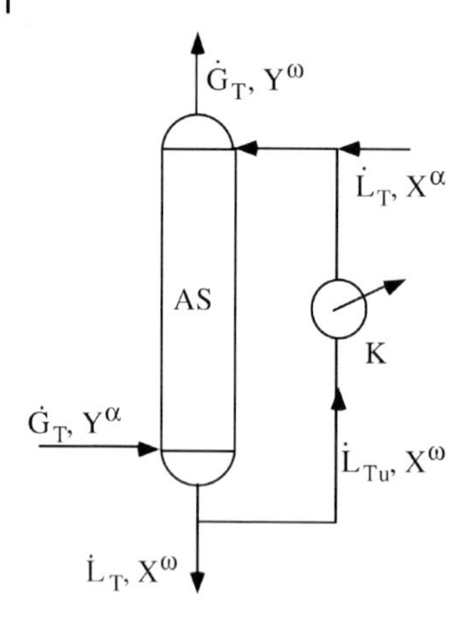

Abb. 7.79 Bilanzrahmen für die Betrachtung einer Absorptionskolonne.

$$\dot{L}_{\mathrm{T}} = \frac{\dot{L}^{\alpha}}{1 + X^{\alpha}} = \dot{L}^{\alpha}(1 - X^{\alpha}) \qquad \text{(Gleichung 7.180)}$$

Die Menge an zuzuführendem frischem Absorbens wird durch die Beladungsverschiebungen und die Rückführung an Lösungsmittel (Gleichungen 7.181, 7.182 und Abb. 7.79) bestimmt. Diese Gleichungen stammen aus einer Bilanz des zu gewinnenden Stoffes aus der Gasphase in die Flüssigphase und sagen nichts anderes aus, als dass die Menge an Stoff, die aus der Gasphase abgegeben wird, in der Flüssigphase weiter transportiert wird.

$$\dot{L}_{\mathrm{T}} = \frac{\dot{G}_{\mathrm{T}} \cdot (Y^{\alpha} - Y^{\omega})}{(1 + r)\,(X^{\omega} - X_1^{\alpha})} \qquad \text{(a)}$$

$$\text{mit} \quad X_1^{\alpha} = \frac{\dot{L}_{\mathrm{Tu}} \cdot X^{\omega} + \dot{L}_{\mathrm{T}} \cdot X^{\alpha}}{\dot{L}_{\mathrm{Tu}} + \dot{L}_{\mathrm{T}}} \qquad \text{(b)} \qquad \text{(Gleichung 7.181)}$$

Das Rezirkulationsverhältnis drückt dabei das Verhältnis von rückgeführtem Lösungsmittelstrom zum frischen Lösungsmittelstrom aus.

$$r = \frac{\dot{L}_{\mathrm{T,u}}}{\dot{L}_{\mathrm{T}}} \qquad \text{(Gleichung 7.182)}$$

In der Absorptionsapparatur wird das Absorpt beladen. Für die Auslegung einer solchen Operation ist es von Bedeutung, welche Beladung das Lösungsmittel (Absorpt) erfährt. Gleichung 7.183 bringt die Absorptbeladung zum Ausdruck:

$$X_1^\alpha = \frac{(X^\alpha + r \cdot X^\omega)}{r+1} \qquad \text{(Gleichung 7.183)}$$

Zur Auslegung der Kolonne gehört zunächst die Festlegung des Kolonnenquerschnittes (Gleichung 7.184). Dieser lässt sich über eine zulässige Gasleerrohrgeschwindigkeit $w_{g,zul}$ und den größtmöglichen Effektivvolumenstrom $\dot{V}_{g,max}$ bestimmen. Damit kann der Kolonnenquerschnitt festgelegt werden [12]

$$A_Q = \frac{d^2\pi}{4} = \frac{\dot{V}_{g,max}}{w_{g,zul}} \qquad \text{(Gleichung 7.184)}$$

Letztendlich muss noch die Stufenzahl festgelegt werden, damit in Verbindung mit den gewählten Einbauten (Schüttung, Packung, Böden, auch Abschnitt 7.5.5) die Kolonnenhöhe gefunden werden kann. Aus einer Bilanzgleichung folgt für die örtliche Beladung Y

$$Y = \frac{\dot{L}_T}{\dot{G}_T} \cdot X + Y_\omega - \frac{\dot{L}_T}{\dot{G}_T} \cdot X^\alpha \qquad \text{(Gleichung 7.185)}$$

woraus man Verlauf der Gleichgewichtskurve erhält.

$$\frac{Y}{1+Y} = \frac{H_i}{p} \cdot \frac{X}{1+X} \qquad \text{(Gleichung 7.186)}$$

Das Lösungsmittelverhältnis, also das Verhältnis von Lösungsmittelstrom zu Gasstrom, legt die Steigung der Bilanzgeraden, wie sie in Abb. 7.80 dargestellt ist, fest. Daraus kann das erforderliche Mindestlösungsmittelverhältnis gefunden werden, wobei die Beladungsdifferenz in der Gasphase und vor allem auch die maximale Beladung im Lösungsmittel die entscheidende Rolle spielen.

$$v_{min} = \frac{\dot{L}_T}{\dot{G}_T} = \frac{Y^\alpha - Y^\omega}{X^\omega_{max} - X^\alpha} \qquad \text{(Gleichung 7.187)}$$

Das Verhältnis von Lösungsmittelrücklaufverhältnis zu Steigung der Gleichgewichtslinie wird Absorptionsfaktor A genannt. Dieser Wert wird konstant gehalten und berechnet sich nach Gleichung 7.188:

$$A = \frac{v}{m} = \frac{\dot{L}_T/\dot{G}_T}{H_i/p} \qquad \text{(Gleichung 7.188)}$$

Mit diesen Zusammenhängen lässt sich schließlich eine theoretische Trennstufenzahl N_{th} angeben [12].

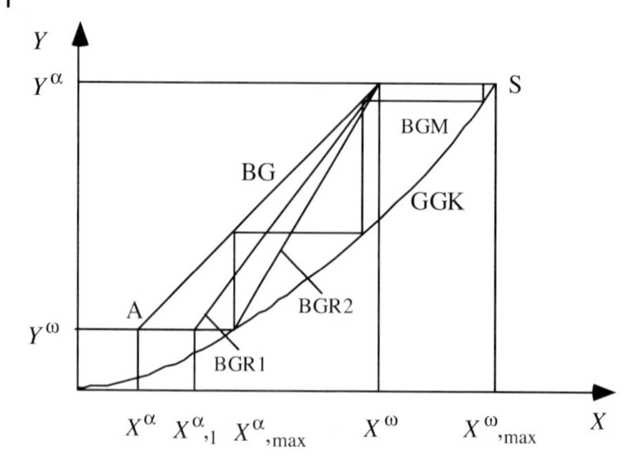

Abb. 7.80 Arbeitsdiagramm mit Gleichgewichtskurve sowie verschiedenen Bilanzgeraden von Gegenstromabsorbern. (BG Bilanzgerade (einmaliger Durchlauf; $r = 0$; $v = \tan \kappa$); BGM Bilanzgerade (einmaliger Durchlauf; $r = 0$; $v = v_{min} = \tan \kappa_{min}$); BGR1 Bilanzgerade (Absorbensrezirkulation; $r = r$); BGR2 Bilanzgerade (Absorbensrezirkulation; $r = r_{max}$); GGK Gleichgewichtskurve.)

$$N_{\mathrm{th}} = \frac{\ln \left[\frac{Y^{\alpha} - m \cdot X^{\alpha}}{Y^{\omega} - m \cdot X^{\alpha}} \cdot \left(1 - \frac{1}{A}\right) + \frac{1}{A}\right]}{\ln A} \qquad \text{(Gleichung 7.189)}$$

In der Praxis wird die Verstärkungswirkung des theoretischen Bodens in der Regel nicht erreicht. Es sind also mehr Böden einzubauen, als es die theoretische Bodenzahl aussagt. Die praktisch auszuführende Stufenzahl liegt etwas höher und berücksichtigt Stufenwirkungsgrade (oder auch das Verstärkungsverhältnis). Dieser Sachverhalt wird durch den Faktor s berücksichtigt. Die Zahlenwerte für s liegen in der Praxis zwischen 0,2 und 0,8 und müssen in den meisten Fällen für den gegebenen Fall durch Versuche bestimmt werden. Gelegentlich kann man auf Literaturwerte zurückgreifen. Der Wirkungsgrad oder das Verstärkungsverhältnis wird dabei nicht alleine durch die Art der Einbauten, sondern auch durch das Stoffsystem bestimmt. Bei Absorptionsvorgängen wird dieser Wert oft sehr niedrig, zwischen 0,2 und 0,4, ausfallen [1].

$$N_{\mathrm{P}} = \frac{N_{\mathrm{th}}}{s} \qquad \text{(Gleichung 7.190)}$$

Analog kann für Stripper verfahren werden, wo ein Stoff aus einem Lösungsmittel mittels eines Gasstromes entfernt wird, indem das Gas durch das Lösungsmittel geleitet wird und der Stoff in die Gasphase übertritt.

$$\frac{X^{\omega} - X^{\alpha}}{\frac{Y^{\alpha}}{m} - X^{\alpha}} = \frac{\left(\frac{1}{A}\right)^{N_{\mathrm{th}}+1} - \frac{1}{A}}{\left(\frac{1}{A}\right)^{N_{\mathrm{th}}-1} - 1} \qquad \text{(Gleichung 7.191)}$$

7.6.4 Bauarten von Absorbern

Im Grunde genommen kommen für das Verfahrensprinzip der Absorption alle Arten von Gas/Flüssigkeits-Kontaktapparaturen infrage (auch Abschnitte 7.5, 7.7 und 7.8). Dazu zählen alle Kolonnenbauarten, wie sie auch bei Rektifikationsoperationen eingesetzt werden (Abschnitt 7.5.4), sowie alle Misch- und Reaktionsapparaturen.

Im Einzelnen können das Rieselfilmkolonnen, Sprühwäscher, Venturiwäscher (Strahlwäscher), Bettabsorber ohne und Bettabsorber mit Belebung sein. Es sind sowohl die Gegenstrom- als auch die Gleichstromfahrweise möglich (Abb. 7.81 und 7.82).

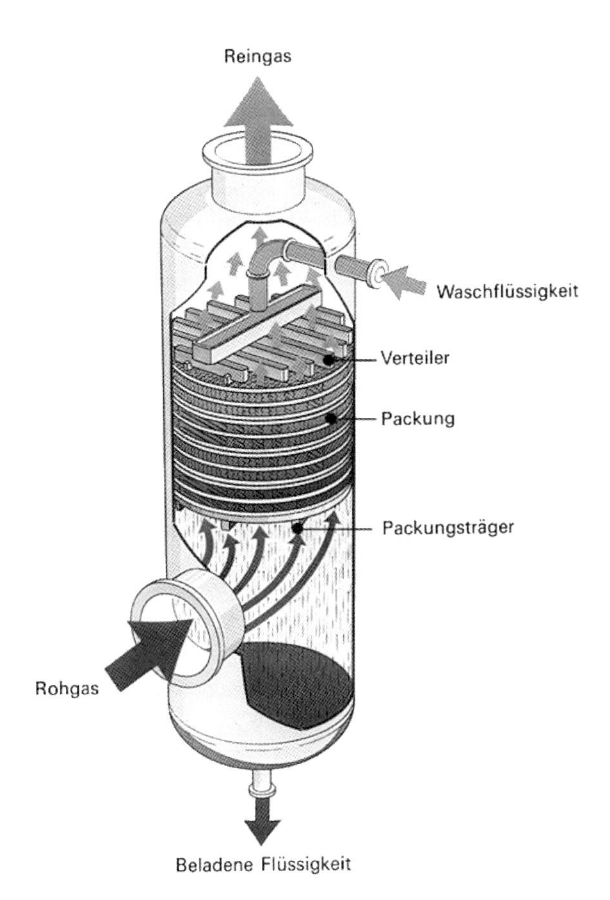

Abb. 7.81 Gegenstromabsorptionskolonne (Fa. Sulzer, CH-8401 Winterthur).

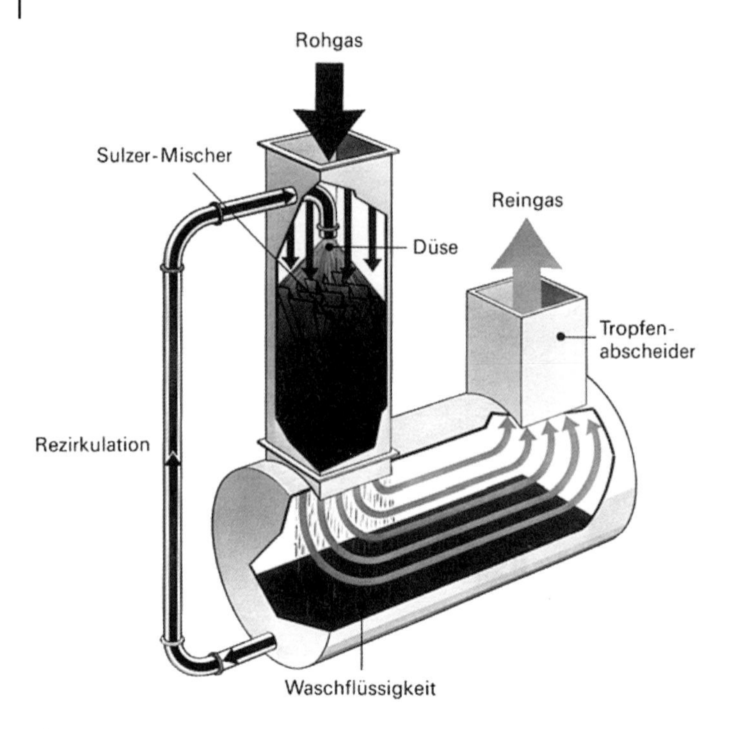

Abb. 7.82 Gleichstromgaswäscher für die Gasabsorption und die Nassabscheidung von Staub (Fa. Sulzer, CH-84021 Winterthur).

7.6.5 Auswahlkriterien, Beispiele

Folgende Kriterien werden für die Auswahl und Auslegung einer Absorption herangezogen:

- Abgasmenge → Baugröße,
- Abgasbeladung → Schmutzfracht, Weiterverarbeitung (TA-Luft),
- Abgasart → Entsorgung, Sicherheit,
- Waschmittelart, -menge → hohe Selektivität!,
- Bodenzahlen → Kolonnenhöhe H,
- Absorptionsfaktor → Auswaschgrad.

Das aus biotechnologischen Prozessen stammende Abgas ist meist eine an Sauerstoff ($Y^{\omega}_{O_2} \approx 0{,}13\ldots0{,}19$) und mit Metaboliten wie z. B. Kohlendioxid ($Y^{\omega}_{CO_2} \approx 0{,}01\ldots0{,}08$) angereicherte Luft.

Als möglicher Einsatz für die Absorption können folgende Aufgaben genannt werden:

- Abgaswäsche (Staub, luftfremde Stoffe, Geruchsstoffe),
- Pressluftreinigung (Staub, Öl),
- Produktgewinnung aus einem Gasstrom (flüchtige Substanzen).

Als Waschmittel (Flüssigphase) kann sehr häufig Wasser verwendet werden. Sollen organische Waschmittel in Betracht gezogen werden, dann kommen nur solche mit niedrigen Dampfdrücken in Frage, da die Reingasbeladung sich nach der TA-Luft richten muss.

7.7 Adsorption

7.7.1 Aufgaben und Funktionsbeschreibung

Bei der Adsorption erfolgt die Stofftrennung durch Anlagerung der aus einem Gas-, Dampf- oder Flüssigkeitsstrom zu trennenden Stoffe an eine Feststoffoberfläche, dem sogenannten Adsorbens (Mz: Adsorbenzien). Liegt eine reine Physisorption vor (ausschließlich physikalische Bindungskräfte, wie elektrostatische Wechselwirkungen, van-der-Waals-Kräfte), so ist der abgetrennte Stoff das Adsorptiv, findet hingegen eine Chemiesorption statt, ist also der Stoff kovalent gebunden, so nennt man ihn Adsorbens. In den verdichteten Formen auf der Adsorbensoberfläche spricht man schließlich vom Adsorbat als Gesamtheit (insbesondere [1] und [2]).

Die Effektivität einer Adsorption hängt im Wesentlichen von der verfügbaren Adsorptionsfläche, also der Oberfläche des Adsorbens ab. Man strebt demnach an, Adsorbenzien mit großer Oberfläche einzusetzen (z. B. Zeolithe oder Aktivkohle: $A = 800–1200\ m^2/g$, wobei die Masse von einem Gramm Aktivkohle in zwei Würfel mit einer Kantenlänge von 10 mm unterzubringen ist).

Da es sich bei der Adsorption ebenfalls um ein thermisches Trennverfahren handelt, spielt die Wärmebilanzierung eine wichtige Rolle. Die Wärmefreisetzung wird geprägt durch die Adsorptionswärme (Benetzungswärme), durch die Kondensationswärme bei kondensierendem Dampf und durch die Reaktionswärme, wenn eine kovalente Bindung beteiligt ist (Chemiesorption). Die Adsorptionswärmen liegen etwa bei dem 1,5- bis 2-Fachen der Kondensationswärmen und können mit einer Größenordnung von 40 kJ/mol beziffert werden.

Übliche Adsorbenzien sind Aktivkohle, Zeolithe, Kieselsäuregel (Kieselgur) und Metallsalze wie Aluminiumhydroxid.

In Abb. 7.83 findet man eine Darstellung des Adsorptionsvorganges und der dabei beteiligten Komponenten. Grundsätzliche Voraussetzung ist zunächst eine Oberfläche, auf der eine adsorptive Anheftung vonstatten gehen kann. Diese Oberfläche bietet das Adsorbens, meist ein poröser Partikel (z. B. Aktivkohle), zu dem die freien (mobilen) Moleküle, das Adsorptiv, transportiert werden müssen. Das geschieht im Phasenkern des umgebenden Mediums per Konvektion, im Bereich der laminaren Grenzschicht per Grenzschichtdiffusion und innerhalb des Partikels per Porendiffusion jeweils gemäß des 1. Fick'schen Gesetzes (Abschnitt 2.7.4.2). Auf der Oberfläche des Adsorbens ist dann das nicht mehr mobile (nicht mehr freie) Adsorbens (Adsorptiv, Abb. 7.83) über verschiedene Kräfte gebunden (van der Waals, elektrostatisch, kovalent).

Der Vorgang der Adsorption kann wie eine chemische Reaktion dargestellt werden. Das Adsorptiv bzw. das Adsorbend tritt mit der Oberfläche des Adsorbens in Wechselwirkung und geht entweder eine physikalische oder chemische Bindung ein. Dieser Vorgang ist als Gleichgewichtszustand mit dem gegenläufigen Prozess der Desorption zu verstehen. Während der Prozessführung müssen die Bedingungen so gewählt werden, dass das Gleichgewicht möglichst weit auf der gewünschten Seite liegt. Bei der Abtrennung eines Stoffes also auf der Seite der Adsorption und zum Zwecke der Rückgewinnung auf der Desorptionsseite:

$$\text{Adsorbens} + \text{Adsorptiv} \underset{\text{Desorption}}{\overset{\text{Adsorption}}{\rightleftarrows}} \frac{\text{Adsorptiv}}{\text{Adsorbens}} = \text{Adsorbat} \qquad \text{(Gleichung 7.192)}$$

Die Adsorbierbarkeit steigt mit steigender Siedetemperatur des Adsorptives, die Desorption hingegen wird durch niedrigen Druck und hohe Temperatur (z. B. mit Dampf) begünstigt.

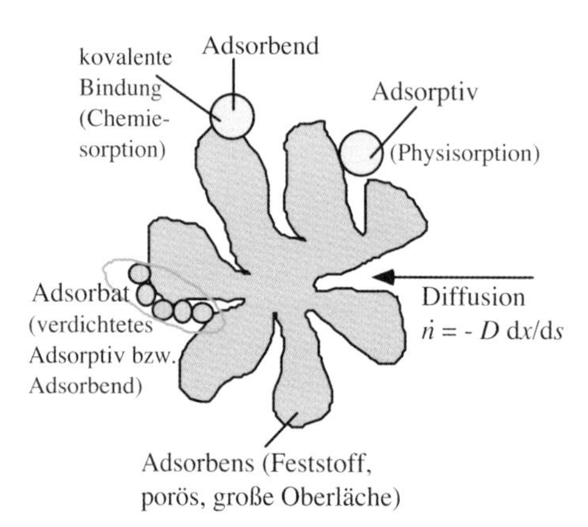

Abb. 7.83 Vorgang der Adsorption: Grundsätzliche Voraussetzung ist zunächst eine Oberfläche, auf der eine adsorptive Haftung erfolgen kann. Diese Oberfläche bietet das Adsorbens, ein poröser Feststoff (z. B. Aktivkohle), zu dem die freien (mobilen) Moleküle, das Adsorptiv, transportiert werden müssen. Das geschieht im Phasenkern des umgebenden Mediums per Konvektion, im Bereich der laminaren Grenzschicht per Grenzschichtdiffusion und innerhalb des Partikels per Porendiffusion jeweils gemäß des 1. Fick'schen Gesetzes (Abschnitt 2.7.4.2). Auf der Oberfläche des Adsorbens ist dann das nicht mehr mobile (nicht mehr freie) Adsorptiv über verschiedene Kräfte gebunden (van der Waals, elektrostatisch) bzw. Adsorbend (kovalent).

7.7.2 Verfahren und Betriebsweisen

Während der Adsorption wird das Adsorbens bis zur Grenze beladen, dann müsste unterbrochen werden, weil erst das Adsorbens wieder gereinigt werden muss. Soll ein Adsorptionsprozess kontinuierlich betrieben werden, bietet sich aus diesem Grund eine 2-Säulen-Fahrweise an (Abb. 7.84), d. h. während eine Kolonne als Adsorptionssäule betrieben wird, läuft die zweite Kolonne als Desorptionssäule, befindet sich also in der Regenerationsphase.

Der Ablauf einer Adsorption lässt sich wie folgt beschreiben: Der Rohstrom wird z. B. von unten durch Säule 1 (umkehrbar) in die Adsorptionsapparatur geleitet. Da

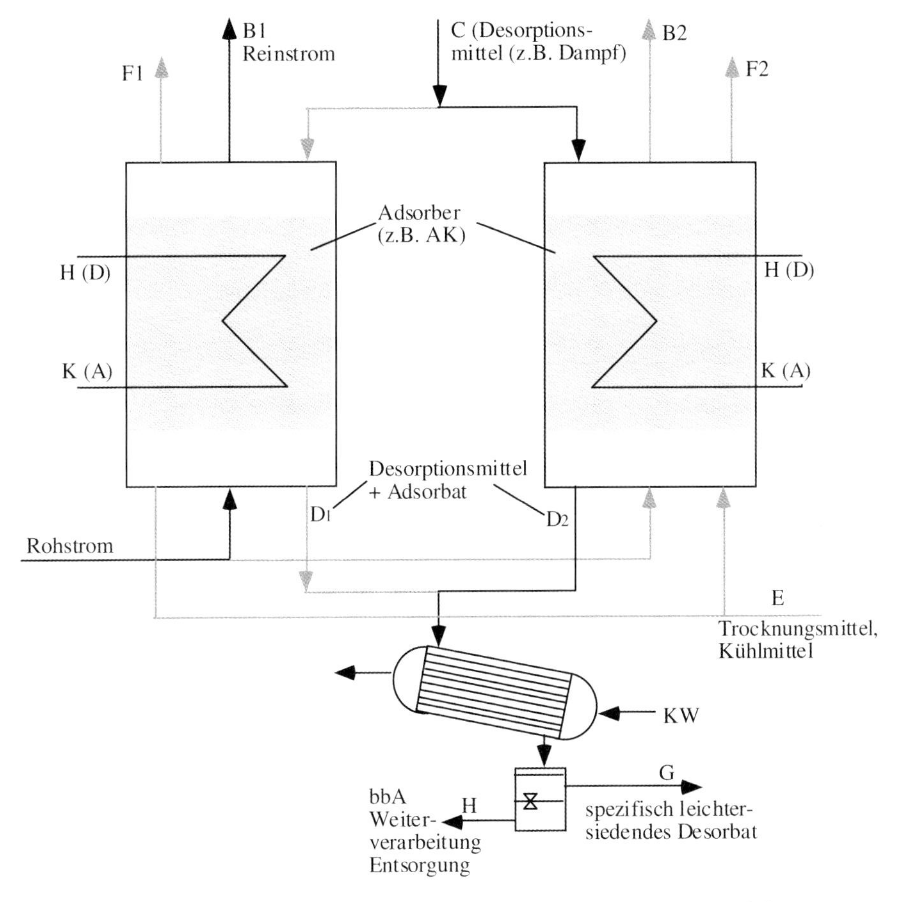

Abb. 7.84 Prinzip einer 2-Kolonnen-Adsorptionsanlage (2-Säulenfahrweise). Während sich eine Kolonne in der Adsorption befindet, ist die andere in der Regeneration (Desorption). Im nachgeschalteten Kondensator wird der Gasstrom (Dampf-Gasgemisch) kondensiert und über eine Phasentrennung werden die Komponenten zurück gewonnen.

die Adsorptionswärme eine Temperaturerhöhung bewirkt und damit das Gleichgewicht auf die nicht erwünschte Seite verschiebt, muss die Adsorptionswärme (+ Reaktionswärme) über einen Kühler abgeführt werden. Am anderen Ende der Apparatur verlässt der gereinigte Strom (Reinstrom) die Säule 1 z. B. am Kopf. Dieser Vorgang läuft bis zur Beladungsgrenze, dann schließ sich die Regeneration, die Desorption z. B. in der Säule 2 (z. B. mit Dampf) an.

Die Desorption erfolgt mittels eines Desorptionsmittels. Dieses wird zusammen mit dem Desorbat über einen Kondensator (KW) geleitet, nach der Kondensation erfolgt eine Phasentrennung, das Desorbat kann zurückgeführt oder zur Entsorgung in das Abwasser gegeben werden. Des Weiteren wären noch Verbrennung und in seltenen Fällen eine Deponierung denkbar.

Neben halbkontinuierlichen Festbettadsorbern sind auch kontinuierliche Festbett- sowie Fließbett- und Wirbelschicht-Adsorptionsverfahren entwickelt worden. In diesen Fällen muss das beladene Adsorbens kontinuierlich aus der Anlage gefahren und frisches hinzu gegeben werden.

In Abb. 7.85 ist der Vorgang der Adsorption dargestellt. Bei gut eingestellten Adsorbern bildet sich eine sehr enge Adsorptionszone, die durch die Säule wandert. Ist die Säule beladen, so kann am Austritt der Kolonne eine Durchbruchskurve aufgenommen werden (Abb. 7.86). Ein langsamer Anstieg bedeutet eine schlecht und ein spontaner Durchbruch eine gut eingestellte Kolonne.

Bei einer schlecht eingestellten Adsorptionskolonne kann die Beladungskapazität nicht ausgenutzt werden, die Kolonne muss öfters in den Regenerationszyklus (Desorptionszyklus), und darunter leidet die Wirtschaftlichkeit.

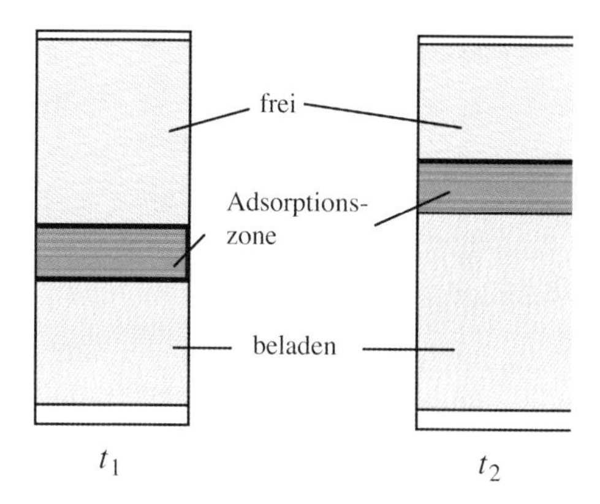

Abb. 7.85 Wandern der Adsorptionszone durch eine Adsorptionssäule (Kolonne). Je enger diese Zone ist, desto besser ist die Adsorptionssäule eingestellt (auch Abb. 7.86).

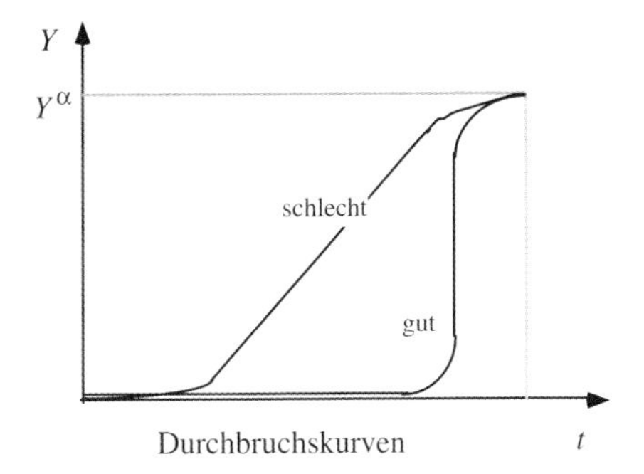

Abb. 7.86 Durchbruchskurven bei einer Adsorptionskolonne. Ein langsames Ansteigen eines Ausgangswertes deutet auf eine schlecht eingestellte Adsorptionskolonne hin und umgekehrt.

7.7.3 Berechnungs- und Auslegungsdaten

Die Zielgrößen der Auslegung sind:

- Adsorbensmenge (Feststoffmenge),
- Beladungskapazität → Kolonnenhöhe,
- Strömungsgeschwindigkeit →Kolonnenquerschnitt,
- Wärmebilanz →Wärmeabfuhr, Wärmetauscher.

Die gesamte Adsorptionswärme setzt sich aus der Benetzungswärme, der Kondensationswärme und der Reaktionswärme zusammen:

$$\dot{Q}_{\text{Ads}} = \dot{Q}_{\text{Ben}} + \dot{Q}_{\text{Kon}} + \dot{Q}_{\text{Reak}} \qquad \text{(Gleichung 7.193)}$$

Die Benetzungswärme macht dabei in etwa das 1,5 bis 2,0-Fache der Kondensationswärme aus.

Aus einem Experiment kann die Adsorptions-Druck-Isotherme gewonnen werden. Dabei wird die Kolonne mit der Komponente i mit dem Partialdruck p_i und bei konstanter Temperatur (adiabat)beladen. Dabei wird die spezifische Beladung, also die Mole der Komponente i bezogen auf ein Gramm Adsorbens, gemessen und über den Partialdruck und der Temperatur als zusätzlichen Parameter aufgetragen (Abb. 7.87).

Die Strömungsgeschwindigkeit der Gasphase in technischen Adsorbern, ausgedrückt durch die Gasleerrohrgeschwindigkeit, ist in der Regel $u_G = 0{,}1...0{,}6$ m/s und die Schichthöhen liegen sinnvoller Weise zwischen $H = 1$ und 2 m.

Für das Verhältnis von Adsorbatmasse zum Gesamtgasdurchsatz gilt in allem Maßstäben der Zusammenhang nach Gleichung 7.194:

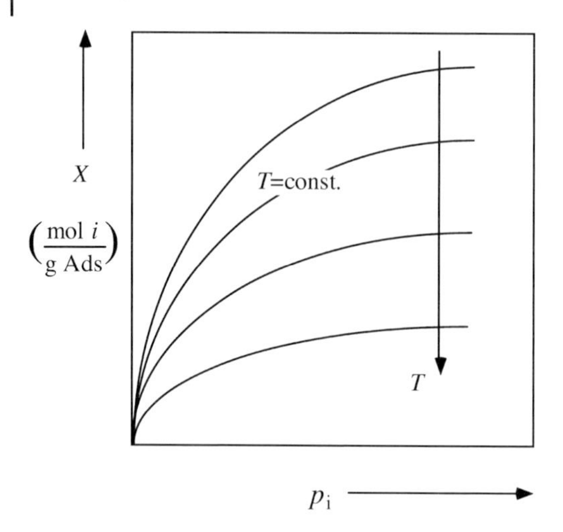

Abb. 7.87 Aufnahme einer Adsorptions-Druck-Isotherme: Beladung der Komponente $i = f$ (Partialdruck p_i) bei konstanter Temperatur (adiabat), d. h. $\frac{dT}{dt} = 0$.

$$\frac{m_a}{m_g} = \left(\frac{K}{u_G}\right) \cdot \left[4 \cdot \frac{H}{d} \cdot \left(1 - \frac{\rho_b}{\rho_0}\right)\right] \cdot \left(\frac{\rho_a}{\rho_G}\right) \qquad \text{(Gleichung 7.194)}$$

In Gleichung 7.194 bedeuten: ρ_1 die Dichte des nat. Adsorbens, ρ_0 die Dichte des luftfreien Adsorbens, ρ_a die Dichte des Adsorbates, ρ_g die Dichte des Gases, m_a die Masse des Adsorbates (in kg), m_g die Masse des Gesamtgasdurchsatzes(in kg), K die Adsorptionsgeschwindigkeit (in m/s9, u_G die Gasleerrohrgeschwindigkeit (in m/s), H die Höhe der Säule (in m) und d den Porendurchmesser (ebenfalls in m).

Bei der Übertragung der Ergebnisse aus dem Modellmaßstab bedient man sich der physikalischen Ähnlichkeit, dann kann Gleichung 7.194 sowohl für den Modellmaßstab als auch für den technischen Maßstab angewandt werden.

Für die Auslegung einer Adsorptionskolonne sind folgende Daten wichtig:

- $\dot{G}_\alpha$ (gesamter Gaseingangsstrom),
- t_g (Beladungszeit),
- Y^α (Eintrittsbeladung, Gas),
- Y^ω (max. zulässige Austrittsbeladung, Gas),
- MTZ (Massentransferzone); bei $t = 0$ beginnt MTZ bei $z = 0$.

Während der Beladungszeit t_g nimmt die Adsorptionsmasse S_T (in kg) insgesamt die Adsorptivmasse m_i (in kg) auf (Gleichung 7.195):

$$m_i = \dot{G}_T \cdot (Y^\alpha - Y^\omega) \cdot t_g = S_T \cdot (X^\omega - X^\alpha) \qquad \text{(Gleichung 7.195)}$$

d. h. die Adsorptivmasse berechnet sich aus der Adsorbensmasse und der Differenz aus Endbeladung und Anfangsbeladung bzw. aus dem Gasstrom, der Beladungszeit und der Differenz zwischen Ausgangs- und Eingangsbeladung des Gases.

Die erforderliche Schütthöhe kann aus der notwendigen Adsorbensmasse, der Schüttdichte der Adsorbensmasse und dem Kolonnenquerschnitt bestimmt werden (Gleichung 7.196):

$$H = \frac{S_T}{\rho_b \cdot A_Q} = \frac{\dot{G}_T \cdot (Y^\alpha - Y^\omega) \cdot t_g}{\rho_b \cdot A_Q \cdot (X^\omega - X^\alpha)} \qquad \text{(Gleichung 7.196)}$$

In Gleichung 7.196 bedeutet ρ_b die Schüttdichte der Adsorbensmasse und A_Q den freien Querschnitt.

Eine wichtige charakteristische Größe zur Beschreibung einer Adsorptionskolonne ist der Gasbeladungsfaktor F, wie er auch zur Beschreibung von Destillationskolonnen üblich ist. Er setzt sich aus der Gasgeschwindigkeit und dem Wurzelwert der Gasdichte zusammen (Gleichung 7.197):

$$F = u_G \cdot \sqrt{\rho_G} = 0{,}2 \ldots 0{,}4 \frac{\mathrm{m}}{\mathrm{s}} \sqrt{\frac{\mathrm{kg}}{\mathrm{m}^3}} \rightarrow \sqrt{\mathrm{Pa}} \qquad \text{(Gleichung 7.197)}$$

Der zu überwindende Druckverlust Δp kann nach Gleichung 7.198 berechnet werden:

$$\frac{\Delta p}{Z} = \frac{k_1 \cdot (1-\epsilon)^2 \cdot h_G \cdot u_G}{\epsilon^3 \cdot d_P^2} + \frac{k_2 \cdot (1-\epsilon) \cdot \rho_G \cdot u_G^2}{\epsilon^3 \cdot d_P} \qquad \text{(Gleichung 7.198)}$$

Die schüttungsspezifische Konstante k_1 hat häufig den Wert 150...(200), während die schüttungsspezifische Konstante k_2 häufig den Wert 1,75 besitzt [12].

Die wärmetechnische Auslegung erfordert wieder die Wärmebilanz (Energiebilanz, Gleichung 7.199).

$$\dot{G}^\alpha \cdot h_G^\alpha + t_g + S_T \cdot h_s^\alpha + Q_{Ads} = Q + \dot{G}^\alpha \cdot h_g^\omega \cdot t_g + S_T \cdot h_s^\omega \qquad \text{(Gleichung 7.199)}$$

Sind die Bedingungen adiabat, so gilt $Q = 0$.

Als Auslegungsrichtwerte können die Daten aus Tab. 7.9 angegeben werden.

7.7.4
Bauarten von Adsorbern

Rein theoretisch ist eine diskontinuierliche Adsorption auch in einem Rührwerksbehälter durchführbar, indem man die Adsorption und die Desorption nacheinander mit den dafür optimalen Bedingungen durchführt. Doch der am häufigsten verwendete Apparat ist eine Kolonne bzw. eine Säule. Diese kann auf verschiedene Art und Weise betrieben werden. Die Bauform eines Adsorbers wird im Wesentlichen durch die Fahrweise bestimmt (Batch, kontinuierlich etc.) [1].

Folgende Bauarten sind häufig im Einsatz (auch Abschnitt 7.6.4):

- Festbettadsorber (Säule, Behälter),
- Fließbettadsorber,
- Wirbelschichtadsorber,
- Sondertyp: Chromatographiesäule (Abschnitt 7.12).

7.7.5
Auswahlkriterien, Beispiele

Das Prinzip der Adsorption wird zur Gewinnung von wertvollen bzw. Entfernung von schädlichen Dämpfen und Gasen bei geringer Konzentration eingesetzt. Beispiele dafür sind die Entfernung unerwünschter, störender Komponenten aus Gasolin, aus Erd-, Synthese- und Raffineriegasen (z. B. Benzol aus Koksofengasen).

Des Weiteren findet sie in der Lösungsmittelrückgewinnung, der Entfärbung, der Wasseraufbereitung und der Abwasserbehandlung Anwendung. Dort kann es zur Entfärbung und Geruchsbefreiung von geklärtem Abwasser dienen.

Welches Adsorbens für ein vorhandenes Adsorptiv gewählt wird, hängt in erster Linie vom Adsorptionsvermögen ab. Auslegungsrichtwerte sind beispielhaft in 7.9 angegeben.

Im Vergleich zu Aktivkohle liegen hinsichtlich Beladung die anderen Adsorbenzien nicht viel weiter davon entfernt. Es kann ein Gesamtbereich von 5–30 g pro 100 g Adsorbens angegeben werden.

Anwendung kann die Adsorption in der Reinigung von Wasser, Gasen (Luft), zur Trocknung von Gasen mittels Zeoliten und vor allem auch zur Abgasbehandlung, um Geruchskomponenten zu beseitigen (reduzieren).

Tabelle 7.9 Auslegungsrichtwerte für einen mit Aktivkohle betriebenen Adsorber.

Adsorbens	Aktivkohle, Körnung 4 mm
Beladung	5–20 g/100 g Adsorbens
Schütthöhe	0,5–2,0 m
Gasleerrohrgeschwindigkeit	0,1–0,5 m/s
Druckverlust	20–50 mbar/m
Taktzeit (Adsorption + Desorption)	8–24 h
Wasserdampf	1,7–4,0 t/t Desorbat
Kühlwasser	35–60 m^3/t Desorbat
Elektrische Energie	35–100 kWh/t Desorbat
Aktivkohle	0,5–1 kg/t Desorbat

7.8 Extraktion

7.8.1 Aufgaben und Funktionsbeschreibung

Die Operation der Extraktion wird zur Überführung eines löslichen Stoffes aus einer Phase in eine andere Phase eingesetzt. Bei Flüssigkeitsgemischen besteht das System aus unlöslichen Phasen. Des Weiteren kann eine Phase auch ein Feststoff sein.

Der Vorteil dieser Verlagerung eines Stoffes in eine andere Phase kann zum einen die einfachere Gewinnung der betreffenden Komponente aus der anderen Phase sein, z. B. durch Destillation, weil der Energieaufwand geringer ist, oder aber es kann eine wesentlich höhere Konzentration bei gleichzeitiger Aufreinigung erreicht werden, denn es erleichtert den Prozess enorm, wenn bei der Verlagerung des Wertstoffes in eine andere Phase gleichzeitig die meisten Nebenprodukte und Verunreinigung in der alten Phase zurückbleiben. Eine dritte Motivation könnte eine günstigere Situation für reaktionstechnische Aufgaben sein.

Es gibt auch den Fall, dass alle oder zumindest mehrere dieser genannten Vorteile vorliegen. Bei der fermentativen Herstellung von Milchsäure liegt am Ende der Fermentation die Milchsäure in einer wässrigen Suspension vor und kann elegant mittels einer Alkoholextraktion (Isopropanol, Abschnitt 10.2) extrahiert werden; die Milchsäure geht quantitativ in die Alkoholphase, während alle restlichen Inhaltstoffe, auch die Feststoffe (Zellreste), in der wässrigen Phase verbleiben.

Eine der Phasen liegt als homogene, also gleich verteilte Phase vor, während die andere(n) dispers in Tropfenform oder/und Partikelform anzutreffen ist (sind). Eine wichtige Randbedingung ist, dass die betreffenden Komponenten zum zugesetzten flüssigen Lösungsmittel im Vergleich zur Ausgangslösung ein günstigeres Lösungsverhalten besitzt (Verteilungskoeffizient K^*, Tab. 7.10 und Gleichung 7.205).

Tabelle 7.10 Verteilungskoeffizient K^* verschiedener Substanzen zwischen Wasser und einem geeigneten Extraktionsmittel.

	Wertsubstanz	**Extraktionsmittel**	**K^* (Gleichung 7.205)**
Wässrige Brühe	Propionsäure	Methyl-*tert*-butylether	≈ 4,0
Wässrige Brühe	β-Galactosidase	PEG/Wasser/Salz-Lösung	→ 250
Wässrige Brühe	Aspartase	PEG/Wasser/Salz-Lösung	6,0
Wässrige Brühe	Fumarase	PEG/Wasser/Salz-Lösung	3,2
Wässrige Brühe	Leucin-Dehydrogenase	PEG/Wasser/Salz-Lösung	10,0
Wässrige Brühe	Glucose-Isomerase	PEG/Wasser/Salz-Lösung	3,0
Wässrige Brühe	Formaldehyd-Dehydrogenase	PEG/Wasser/Salz-Lösung	11,0
Wässrige Brühe	Alkohol-Dehydogenase	PEG/Wasser/Salz-Lösung	8,2
Wässrige Brühe	Penicillin-Acylase	PEG/Wasser/Salz-Lösung	2,5

Das Lösungsmittel wird auch Extraktionsmittel oder Solvent genannt. Die entstehenden unlöslichen Flüssigkeitsgemische am Ausgang der Extraktionsapparatur unterteilen sich in die vom Wertstoff befreite Raffinatphase und in die Wertstoff tragende Extraktphase, die durch eine einfache Phasentrennung separiert werden können.

Bei der Feststoffextraktion handelt es sich um das Herauslösen von Komponenten aus einem festen Stoff mit Lösungsmittel.

Das Ziel einer Extraktion ist die Reinigung bzw. Gewinnung eines Wertstoffes durch Überführung in ein geeignetes Lösungsmittel mit niedrigerem Siedepunkt, damit durch kostengünstige Rektifikation eine Aufkonzentrierung erfolgen kann. Das lässt sich am besten bei niedrigen Temperaturen und intensivem Kontakt zweier Flüssigphasen erreichen. Dazu wird durch intensives Durchmischen (Dispergieren durch Rühren, Pulsieren, Pumpen) über einen entsprechenden Energieeintrag (Leistungsdichte, Abschnitt 2.7.3.4) die Ausbildung einer möglichst großen Phasengrenzfläche angestrebt. Der Solvent reichert sich dabei mit der (den) Zielkomponente(n) an.

Der wesentliche Parameter einer erfolgversprechenden Extraktion ist der Verteilungskoeffizient (Gleichung 7.205 und Tab. 7.8). Damit sich eine Phasentrennung ergeben kann, muss eine Mischungslücke (Löslichkeitslücke) gegeben sein, d. h. die Auswaschflüssigkeit (Extraktions-, Lösungsmittel, Solvent) muss mit den beiden ineinander löslichen Komponenten des Einsatzgemisches ein Entmischungsgebiet bilden. Das Extraktionsmittel sättigt sich beim Kontakt infolge Diffusion mit der Komponente i, die im Lösungsmittel löslich ist (analog zum Sauerstofftransport, Abschnitte 2.7.4.2 und 2.7.4.4).

7.8.2 Verfahren und Betriebsweisen

Das klassische Prinzip einer Extraktion ist das Mixer-Settler-System (Abb. 7.88 und 7.89). Der Mixer-Settler (Mischer-Abscheider)-Extraktor unterteilt dabei die beiden wichtigen Funktionsweisen

- Schaffung einer großen Phasengrenze durch Dispergierung einer Phase (Tropfen) mittels Leistungseintrag zum Zwecke eines effektiven Stofftransportes von der homogenen in die disperse Phase (oder auch umgekehrt),

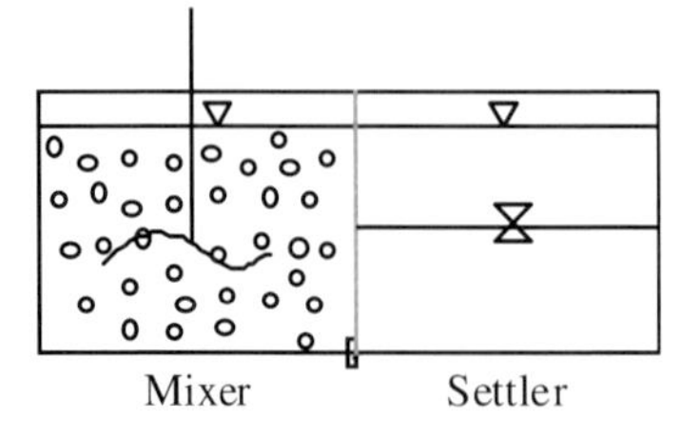

Abb. 7.88 Grundprinzip einer Extraktionsanlage bestehend aus einem Mixerteil und einem Settlerteil. Im Mixer wird Energie (Leistungsdichte) eingetragen, um die erforderliche Dispergierung und damit eine ausreichend große Phasengrenze (Stoffaustauschgrenze) zu erreichen, und im Settler wird das System beruhigt, um eine möglichst gute Trennung der Phasen zu erreichen

- Schaffung einer Beruhigungszone zum Zwecke der Phasentrennung und einer möglichst effektiven Separierung der beiden Phasen und damit des Wertstoffes in unterschiedliche Anlagenbereiche oder sogar in verschiedene Apparate.

Der Mixer kann dabei ein Mischapparat (Rührwerkskessel) sein und der Settler ein Behälter mit möglichst großer Beruhigungszone (niedrige Strömungsgeschwindigkeiten, wenig Wirbel, geringer Energieeintrag), um eine schnelle und ausführliche Trennung beider Phasen zu ermöglichen.

In Abb. 7.89 ist das Prinzip des Mixer-Settlers als kontinuierliches Verfahrensprinzip dargestellt. Die Mixeraufgabe können dabei Rührwerkskessel, Pumpen oder sogar Zentrifugen, z. B. Separatoren, erfüllen. Die Settleraufgabe übernehmen Beruhigungskessel oder wiederum Separatoren [12].

In dem in Abb. 7.89 dargestellten Extraktionsverfahren ist die Stufenzahl direkt anhand der vorhandenen Mixer-Settler-Einheiten erkennbar. Es handelt sich um eine dreistufige Extraktion, weil drei Mixer und drei Settler verschaltet sind. Der produktführende Strom G durchläuft die Anlage linear. Vor der ersten Stufe (I) wird dem Zulauf Lösungsmittel aus der Topphase der zweiten Stufe (II) zugegeben und im ersten Mixer intensiv vermischt. Es trifft ein bereits angereicherter Lösungsmittelstrom auf die maximale Konzentration im Produktstrom. Damit kann das Lösungsmittel maximal angereichert werden. Im ersten Settler erfolgt die erste Phasentrennung, die Topphase, die jetzt voll beladen ist, verlässt als Extrakt die Anlage und die Bottomphase, jetzt schon abgereichert, fließt in die zweite Stufe (II). Zuvor wird jedoch die Topphase der dritten Stufe (III) beigemischt. Bevor die Bottomphase aus der zweiten Stufe in die dritte Stufe gelangt, wird sie mit frischem Lösungsmittel L zusammen gebracht. Die Bottomphase aus der dritten Stufe sollte weitestgehend an Wertstoff abgereichert sein und verlässt dort als Raffinat R die Anlage.

Die Phasentrennung kann in geeignet konstruierten Gefäßen automatisch ohne Fremdenergie durchgeführt werden (Abb. 7.90). Um die Phasentrennung zu verbessern, kann ein Demister vor den Phasenabscheider geschaltet werden.

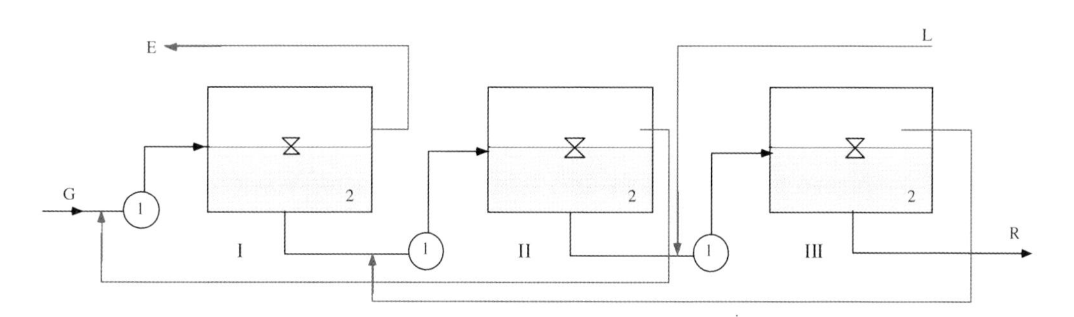

Abb. 7.89 Prinzip des Mixer-Settler: 1 Mixer (Mischer, z. B. Pumpe); 2 Abscheider (Settler); I, II, III praktische Extraktionsstufen; G Rohgemisch; E Extraktphase; R Raffinatphase; L frisches Lösungsmittel (Solvent).

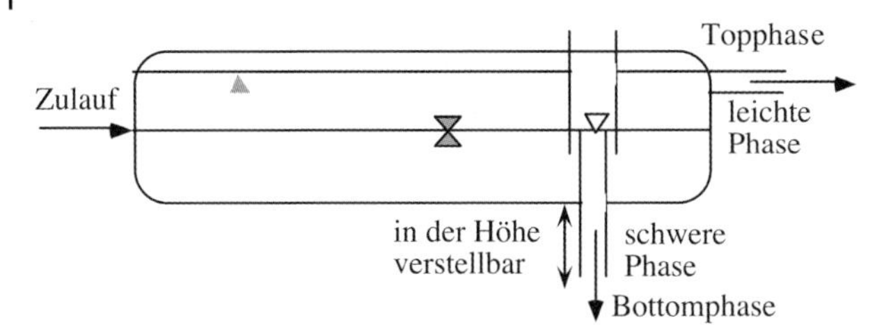

Abb. 7.90 Automatisch arbeitender Phasenabscheider. Die Zulaufsuspension(emulsion) muss beruhigt werden, damit schnell eine Phasentrennung stattfinden kann. Die Konstruktion sorgt dann selbst für die getrennte Ableitung von Top- und Bottomphase.

Weit häufiger sind in der Praxis Extraktionsanlagen nach dem Kolonnenprinzip anzutreffen. In aller Regel lassen sich diese viel platzsparender konzipieren und bei hohen Stufenzahlen auch viel preiswerter, weil man den Energieeintrag auf einen einzigen Antrieb reduzieren kann (Abb. 7.91 und 7.92). Der Energieeintrag (Leistungsdichte) zur Erzielung der erforderlichen Dispergierung und der damit verbundenen großen Phasengrenzfläche kann mit eingebauten Lochscheiben (Siebböden) erreicht werden, indem man diese mit der Drehzahl n dreht oder mit der Frequenz f und dem Hub pulsieren lässt.

Der Rohlösungszulauf erfolgt am Kopf und der Lösungsmittelzulauf im Sumpf der Kolonne. Die rotierenden bzw. schwingenden Scheiben (Lochscheiben) liefern die erforderliche Durchmischung, es kommt zum intensiven Phasenkontakt und zum erwünschten Stoffaustausch (Abb. 7.91).

Im Sumpf verlässt die verarmte Raffinatphase (R) die Anlage, während am Kopf der Abzug der angereicherten Extraktphase (E) erfolgt. Um eine ausreichend gute Phasentrennung im Sumpf erreichen zu können, muss eine Beruhigungszone (Phasengrenzlinie) eingerichtet werden, damit die Phasentrennung auch klar zu erkennen ist. Mulmbildung ist zu vermeiden, da ansonsten die Trennung nicht sauber durchführbar ist und der Raffinatabzug nicht optimal verläuft.

Anstelle bewegter Einbauten ist es oft wesentlich günstiger, einen Pulsator in die Kolonne zu integrieren. Der so geschaffene Pulsationsextraktor ist mechanisch wesentlich weniger störanfällig. Die Pulsation und damit den Leistungseintrag übernimmt eine einseitig arbeitende Pumpe (Membranpumpe mit geschlossenem Saugstutzen). Durch die starr eingebauten Lochbleche erfolgt die Dispergierung, indem die disperse Phase durch die Löcher gepresst wird und somit die Tropfen immer wieder zerkleinert werden.

Die Trägerlösung (Rohlösung, T) wird im Gegenstrom zum Lösungsmittelstrom L vom Kopf nach unten geleitet. Sie ist wieder die homogene Phase, während der Lösungsmittelstrom vom Sumpf als disperse Phase nach oben strömt und dabei möglichst viel an Wertstoff aus der Trägerphase aufnimmt.

Im Sumpf erfolgt wieder eine Phasentrennung. Diese darf nicht durch den Lösungsmittelzulauf oder durch Mulmbildung (mehrphasige nicht genau definierte Emulsion, eventuell auch schaumartige Strukturen) gestört werden. Um die für den Raffinatabzug wichtige saubere Phasentrennung beobachten zu können, wird häufig an dieser Stelle ein Schauglas installiert.

Am Kopf erfolgt der Abzug der Extraktphase, die sich bis dorthin möglichst stark mit dem Wertstoff angereichert hat. Die dafür erforderliche Stufenzahl wird über die Länge der Kolonne erreicht. Da die Extraktphase nicht alleine aus einer reinen, mit Wertstoff angereicherten Lösungsmittelphase besteht, sondern meist auch noch Trägerphase mitgerissen wird, muss auch die rohe Extraktphase einer Phasentrennung unterworfen werden. Oft trennt sich diese allerdings nicht sehr leicht oder zu langsam, sodass mit Demistern, sogenannten Koaleszenzunterstützern (Koalisierfil-

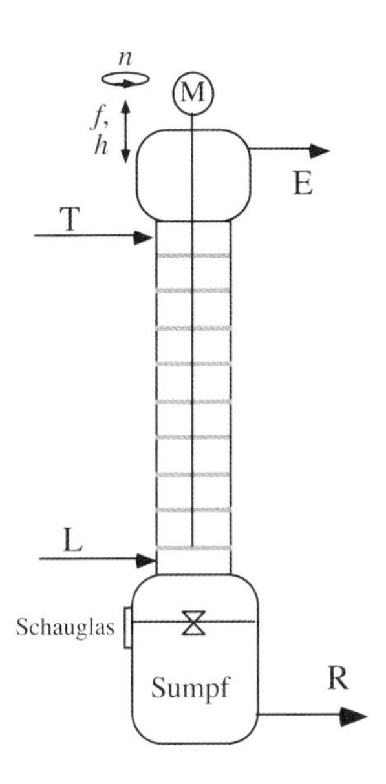

Abb. 7.91 Eine häufige Konzeption einer Extraktionsanlage, die Kolonnenbauweise mit Siebbodeneinbauten (Scheiben). Zum Energieeintrag für die Dispergierung kann man diese Siebböden im sogenannten Rotationsscheibenextraktor mit der Drehzahl *n* drehen oder im sogenannten Scheibenschwingextraktor bzw. der Karrkolonne mit der Frequenz *f* und dem Hub *h* pulsieren lassen. Der Kolonnenteil stellt in diesem Fall den Mixer dar und im Sumpf der Kolonne erfolgt die Phasentrennung, wo das Raffinat abgezogen wird. Das Extrakt verlässt die Kolonne am Kopf. Über die Höhe werden der Kolonne die erforderlichen Trennstufen verliehen. Anstelle der Lochscheiben sind auch Rührer vorstellbar. (T Rohlösung; L Solvent; R Raffinat; E Extrakt; *n* Drehzahl; *f* Frequenz; *h* Amplitude).

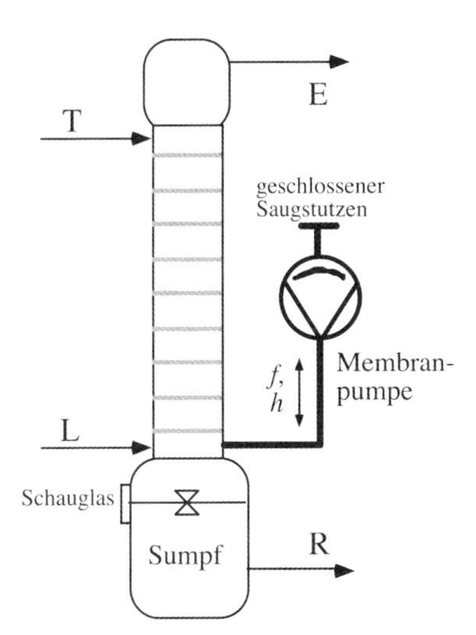

Abb. 7.92 Pulsationsextraktor: Dieser Extraktor bezieht die Energie für die Dispergierung zur Erzielung einer ausreichen großen Phasengrenzfläche von einer pulsierenden Pumpe, z. B. einer Membranpumpe, deren Saugseite geschlossen ist. Die Lochbleche sind starr eingebaut. Im Sumpfbereich erfolgt wiederum die Phasentrennung, die über ein Schauglas beobachtet werden kann. Die Trägerphase (T), auch homogene Phase, strömt im Gegenstrom vom Kopf der Kolonne nach unten und das Lösungsmittel (L), auch disperse Phase, vom Sumpf nach oben. Der Zulauf darf nicht zu nahe an der Phasengrenze sein, da diese sonst gestört werden kann. Das Extrakt verlässt die Kolonnen wieder am Kopf und das Raffinat am Sumpf. (T Rohlösung; L Solvent; R Raffinat; E Extrakt; *n* Drehzahl; *f* Frequenz; *h* Amplitude.)

ter), nachgeholfen werden muss. Das sind einfache Gehäuse mit benetzungsfähigen großen Oberflächen, wie z. B. Stahlwolle oder Tiefenfilterkerzen.

7.8.2.1 Wässriges Zweiphasensystem

Setzt man einer Wasserphase ein Polymer wie Dextran und/oder Polyethylenglycol (PEG) zusammen mit Salzen (Sulfate, Phosphate) zu, so kann es zu einer sogenannten Unverträglichkeit zweier verschiedener Polymerspezies kommen. Beim Überschreiten von Grenzkonzentrationen kommt es dann zu Ausbildung von zwei Phasen, die als Hauptkomponente Wasser enthalten (Abb. 7.93). Mit einem PEG/Dextran-System lässt sich gut eine Partikelfraktionierung und mit einem PEG/Salz-System eine Proteintrennung durchführen [29].

Im System PEG/Dextran ist die Oberphase (Topphase, TP) stets die PEG-reiche Schicht, während im System PEG/Salz das Salz die Unterphase (Bottomphase, BP) dominiert [30].

Die Verteilung von Proteinen und biologischen Partikeln in einem wässrigen Phasensystem wird durch die Wechselwirkungen der Moleküle oder Partikel mit ihrer Umgebung in den Phasen bestimmt, wozu im Wesentlichen ionische, hydrophobe und van der Waalsche Kräfte beitragen, die freie Grenzflächenenergie ist dabei maßgebend [31].

Die Gesamtsumme der Wechselwirkungen bedingt schließlich die Verteilung auf einem minimalen Energieniveau.

Die Verteilung von Proteinen wird durch die Molmasse, ihre Ladung und ihrer Konformation geprägt. Bei Partikeln, wie Zellen oder Zellorganellen, sind die Verhältnisse anders, sie bewegen sich aufgrund der Oberflächeneigenschaften (hydrophob, hydrophil) zur Phasengrenze.

Neben dem Verteilungskoeffizienten K^* (Gleichung 7.206) kann insbesondere für die Partikelverteilung auch ein Verteilungsverhältnis G

$$G = \frac{K * \cdot V_{\mathrm{TP}}}{V_{\mathrm{BP}}} \qquad \text{(Gleichung 7.200)}$$

angegeben werden.

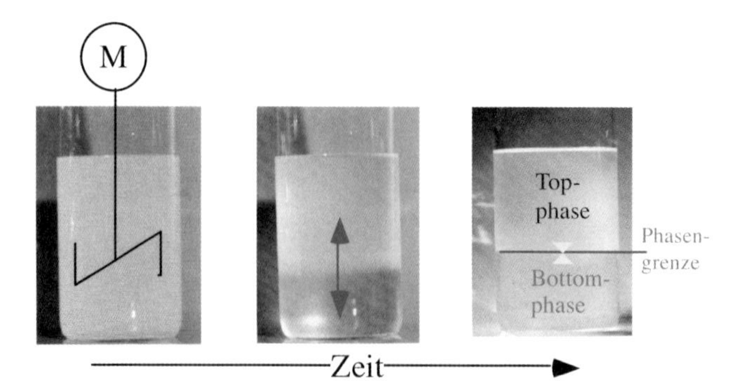

Abb. 7.93 Extraktionsvorgang: Dispergieren und intensiver Kontakt der Phasen zum Stoffaustausch, Beruhigung und Phasentrennung in Unter- und Oberphase (Top- und Bottomphase) [29].

Mit der Wahl des Stoffsystems kann eine Substanz (Protein) entweder in die Oberphase (Topphase, TP – PEG/Phosphat) oder in die Unterphase (Bottomphase, BP – Phosphat/NaCl) verlagert werden. In Vorversuchen wird die Trennfähigkeit eines solchen Systems untersucht. Dazu werden verschiedene Verhältnisse von PEG und Phosphat bzw. von Phosphat und Salz (NaCl) zusammen mit der Probe hergestellt und die resultierenden Phasensysteme untersucht. Nach den Kriterien „beste Phasentrennung" und „größter G-Wert" wird schließlich der Extraktionsprozess definiert (Abschnitt 10.3.2.3 und [32]).

7.8.2.2 Hochdruck-Mehrphasengleichgewichte

Homogene flüssige Mischungen aus Wasser und einem vollständig wasserlöslichen organischen Lösungsmittel, wie Aceton, Propionsäure oder 1-Propanol, lassen sich durch Aufpressen eines Gases (z. B. Kohlendioxid) in zwei koexistierende flüssige Phasen zerlegen (Abb. 7.94), die u. U. mit einer dritten gasförmigen Phase im Gleichgewicht stehen. In diesem Dreiphasengleichgewicht ist die schwere Phase der beiden flüssigen Phasen wasserreich, die leichte flüssige Phase ist reich an Lösungsmittel und ihr Gasgehalt ist stark druckabhängig.

Dieses Verfahren ist relativ aufwendig und deshalb auch nur für hochwertige Produkte rentabel. Der durch das Aufpressen des Gases erzeugte Flüssigkeit-Flüssigkeits-Phasenzerfall eröffnet grundsätzlich die Möglichkeit, auch vollständig wasserlösliche Lösungsmittel zur Flüssig-Flüssig-Extraktion von organischen Wertstoffen aus wässrigen Lösungen zu nutzen, wodurch auch sehr „milde" Lösungsmittel Anwendung finden können.

Gase weisen bei höheren Drücken und bei Temperaturen in der Nähe ihres kritischen Zustandes Eigenschaften auf, die denen flüssiger Lösungsmittel gleichkommen. Dafür sind viele Gase anwendbar, doch Kohlendioxid hat den breitesten Einsatz gefunden, weil es toxikologisch unbedenklich, chemisch inert, nicht brennbar und in großen Mengen kostengünstig verfügbar ist.

Die Lösungsfähigkeit eines komprimierten Gases hängt stark von der Dichte ab, die in der Nähe des kritischen Zustandes durch kleine Druck- und/oder Temperaturänderungen in weiten Grenzen einstellbar ist. Damit verbunden sind eine Variation der Löslichkeit von Stoffen sowie die Selektivität. Die Viskosität und der Diffusionskoeffizient von Fluiden sind um Größenordnungen besser als jene von Flüssigkeiten, sodass Fluide hervorragend in feste Materialien eindringen, Substanzen lösen und abtransportieren können. Kohlendioxid besitzt im kritischen Punkte (T_c = 304,1 K= 31 °C; p_c = 73,8 bar) eine Dichte von 0,469 kg/l.

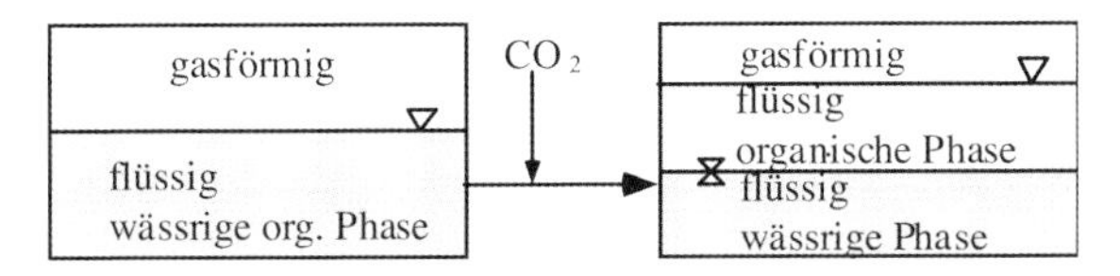

Abb. 7.94 Hochdruck-Mehrphasensystem. Durch Aufpressen von CO_2 zerfällt die Lösung aus Wasser und einem Lösungsmittel in zwei Phasen.

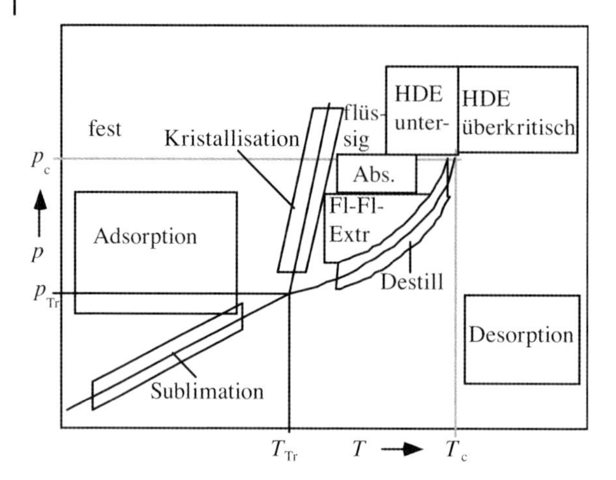

Abb. 7.95 Zustandsdiagramm für Kohlendioxid.

Der kritische Punkt ist im Zustandsdiagramm (Abb. 7.95) dadurch ausgezeichnet, dass oberhalb dieses Punktes nicht mehr zwei flüssige Flüssigkeiten und ein Gas unterschieden werden können. Dieser Zustand wird daher Fluid genannt [34].

Großtechnische Anwendungen sind auf dem Gebiet der Naturstoffextraktion die Entfernung von Coffein, die Gewinnung von Hopfenextrakt und die Entfernung von Pestiziden aus Reis. In der Pharmaindustrie setzt man die überkritische CO_2-Extraktion zur Entfernung von restlichen Lösungsmitteln aus den Produkten, zur Enzymextraktion, z. B. Lipase aus Schweinepankreas, ein. Dabei kann oft eine erhebliche Verbesserung der Aktivität des Enzymes verzeichnet werden.

7.8.3 Berechnungs- und Auslegungsdaten

Für die Auslegung solcher Extraktoren bedient man sich erneut der Bilanziertechniken (Abb. 7.96 und Abschnitt 2.7.4.1).

Die Gesamtbilanz verlangt, dass die einströmenden Mengen gleich den ausströmenden Mengen sind (Gleichung 7.201):

$$L^{\alpha} + F = R^{\omega} + E^{\omega} \qquad \text{(Gleichung 7.201)}$$

Des Weiteren mit dem Träger als Bezugskomponente muss aus Sicht der Stoffbilanz gelten:

$$L^{\alpha} \cdot y_{\mathrm{T}}^{\alpha} + T = R^{\omega} \cdot x_{\mathrm{T}}^{\omega} + E^{\omega} \cdot y_{\mathrm{T}}^{\omega} \qquad \text{(Gleichung 7.202)}$$

Bei völliger Nichtmischbarkeit von Träger (T) und Solvent (L) lässt sich mit den zugehörigen Beladungen X und Y schreiben:

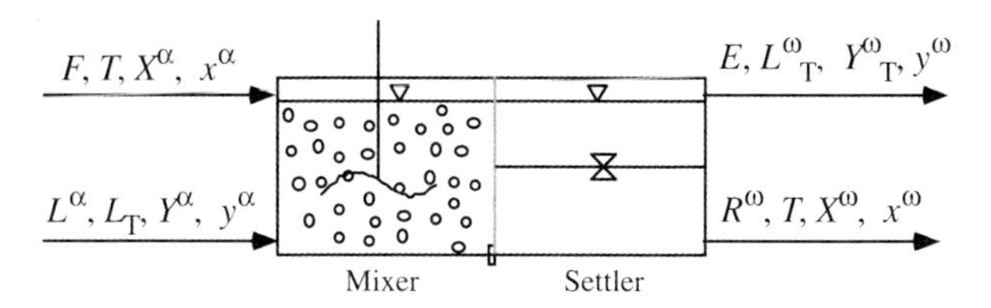

Abb. 7.96 Bilanzrahmen eines Extraktors bestehend aus Mixer und Settler. (F Zulaufmenge; L^α Zulauf Aufnehmer; R^ω Raffinatmenge; E Extraktmenge).

$$T \cdot X^\alpha + L_T \cdot Y^\alpha = T \cdot X^\omega + L_T \cdot X^\omega \qquad \text{(Gleichung 7.203)}$$

Die Trägermenge hängt mit dem Gesamtzulauf (F) und der Eingangsbeladung im Trägerstrom zusammen. Es gilt:

$$T = \frac{F}{1 + X^\alpha} \qquad \text{(Gleichung 7.204)}$$

Analog dazu lässt sich für die Solventmenge schreiben:

$$L_T = \frac{L^\alpha}{1 + Y^\alpha} \qquad \text{(Gleichung 7.205)}$$

Das Verhältnis der einzelnen Beladungen im Austrittsstrom in den jeweiligen Phasen entspricht dem Verteilungskoeffizienten K^*. Dieser lässt sich somit wie folgt berechnen:

$$K^* = \frac{Y^\omega}{X^\omega} \qquad \text{(Gleichung 7.206)}$$

Oft wird im Lösungsmittelzulauf kein Wertstoff vorliegen, also $Y^\alpha = 0$ gelten. Unter dieser Randbedingung erhält man mit dem Verteilungskoeffizienten den Zusammenhang zwischen der Beladung im Ablauf und im Zulauf der Trägerflüssigkeit. Führt man dazu noch den Extraktionsfaktor ϵ ein (Gleichung 7.207), so lässt sich dieses Verhältnis folgendermaßen ausdrücken:

$$X^\omega = X^\alpha \cdot \frac{T}{T + K^* \cdot L_T} = \frac{1}{1 + \epsilon} \qquad \text{(Gleichung 7.207)}$$

$$\epsilon = \frac{K^* \cdot L_T}{T} = v \cdot K^* \qquad \text{(Gleichung 7.208)}$$

In Gleichung 7.208 tritt das Lösungsmittelverhältnis als neue Definitionsgröße auf. Es gilt:

$$v = \frac{\epsilon}{K^*} = \frac{L_T}{L} \qquad \text{(Gleichung 7.209)}$$

Die Mischung vom Gesamtträgerstromzulauf F und vom Lösungsmitteleinlauf L^α ergibt den Mischungspunkt M (Abb. 7.97a).

Aus diesem Diagramm kann auch das Hebelgesetz abgelesen werden. Es gilt:

$$\frac{\overline{\mathrm{FM}}}{M \cdot L^\alpha} = \frac{L^\alpha}{F} \qquad \text{(Gleichung 7.210)}$$

Zur Darstellung der Verteilungsverhältnisse von Stoffgemischen verwendet man des Öfteren auch das Gibbs'sche Dreieck (Abb. 7.98).

Die Arbeitsweise einer einstufigen Flüssig-Flüssig-Extraktion bis zum Verteilungsgleichgewicht im Gibbs'schen Dreieck ist in Abb. 7.99 dargestellt. Es sind das Einphasengebiet (EP), das Zweiphasengebiet (ZP), die Binodalkurve (BK) und die Konode (KO) zu erkennen. Des Weiteren sind das Zulaufgemisch (F), die beiden Raffinate (R und R^*) sowie die beiden Extrakte (E und E^*) eingetragen.

Enthält der Zulauf F kein Lösungsmittel (Abb. 7.97), so wandert der Punkt F auf der Strecke $\overline{\mathrm{AC}}$nach F'. Die Zustandspunkte R^{ω} und E^{ω} liegen auf der Binodalkurve und der Konode. Die Voraussetzung dafür ist ein eingestelltes Verteilungsgleichgewicht.

Betrachtet man die Situation, dass S mit T und L völlig mischbar ist, so folgt:

F und L bilden im Bereich $\overline{\mathrm{AB}}$ kein Binärgemisch und M zerfällt in die zwei Phasen $\overline{\mathrm{AM}}$ und $\overline{\mathrm{BM}}$. Durch isotherme Zugabe von Lösungsmittel S erreicht man in M′ ein homogenes Ternärgemisch, wobei M′ den Sättigungspunkt darstellt. Die

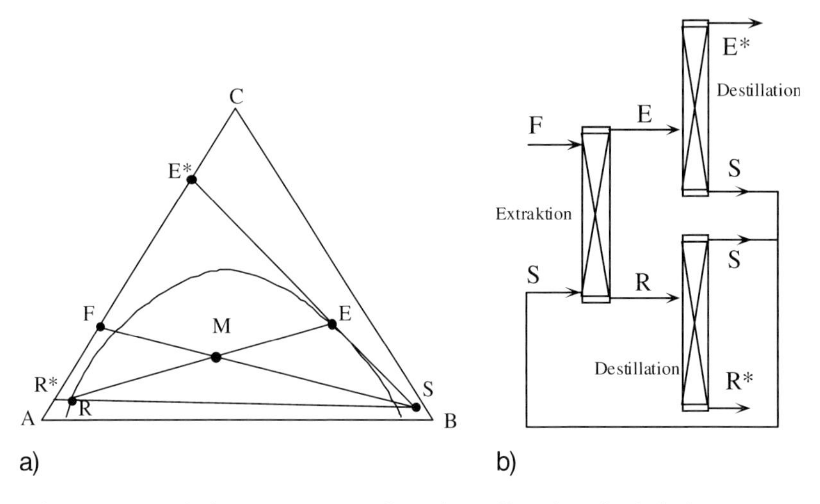

Abb. 7.97 a) Dreiecksdiagramm zur Darstellung der Stoffverteilung; b) Fließschema einer Extraktion mit zwei Destillationen passend zum Dreiecksdiagramm in Teil a.

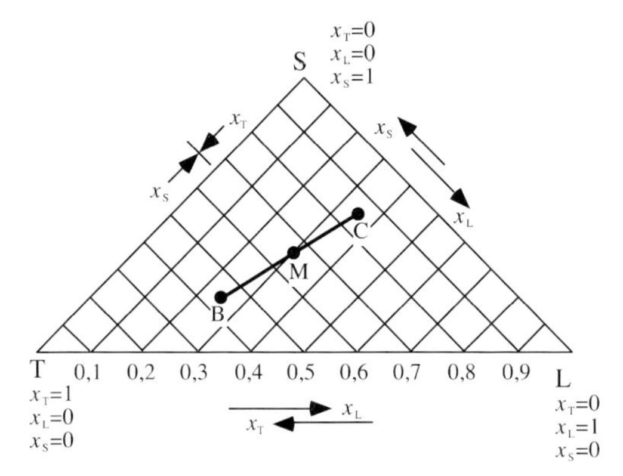

Abb. 7.98 Gibbs'sches Dreieck zur Darstellung der Stoffverteilung für die Auslegung von Extraktionsprozessen. Hebelgesetz der Phasen: Zwei Gemische B (Menge n_1) und C (Menge n_2) werden zusammengegeben, der Zustandspunkt liegt auf der Verbindungsgeraden $\overline{BC}$ $\frac{n_1}{n_2} = \frac{\overline{MC}}{\overline{BM}}$.

Binodalkurve (BK) wird auch Löslichkeitskurve oder Löslichkeitsisotherme genannt.

Die Mischung R zerfällt in zwei konjugierte Flüssigphasen mit C und D, die Linie $\overline{CD}$ stellt die Konode dar. Je mehr Lösungsmittel S in den konjugierten Phasen vorliegt, desto kürzer wird die Konode und desto näher kommen jene an K heran.

Mithilfe eines Arbeitsdiagrammes (Abb. 7.100) kann die theoretische Stufenzahl ermittelt werden. In dieses Diagramm müssen die Gleichgewichtskurve, die Bilanzlinie sowie die jeweiligen Eingangs- und Ausgangsbeladungen eingetragen werden. Ähnlich wie bei der Rektifikation kann dann über eine Treppenfunktion die Anzahl der theoretischen Stufen bestimmt werden.

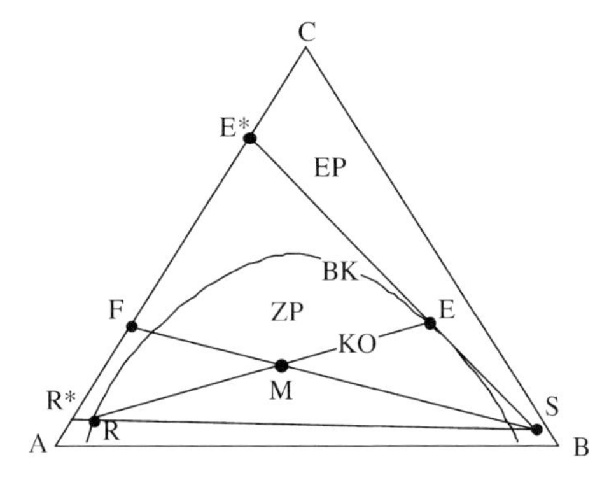

Abb. 7.99 Arbeitsweise einer einstufigen Fluid-Fluid-Extraktion bis zum Verteilungsgleichgewicht im Gibbs'schen Dreiecksdiagramm: EP Einphasengebiet; ZP Zweiphasengebiet; BK Binodalkurve; KO Konode (auch Abb. 7.97a,b).

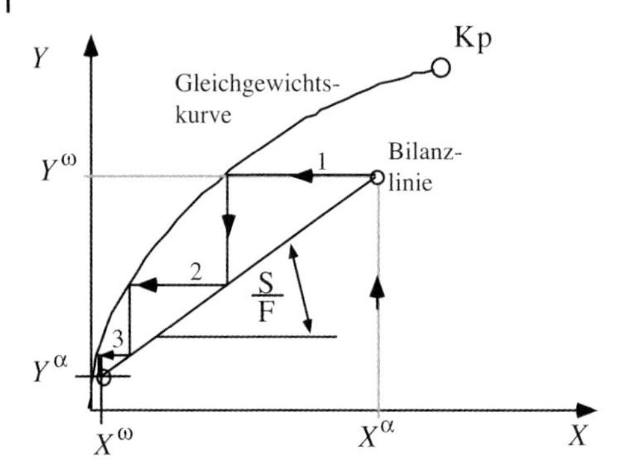

Abb. 7.100 Ermittlung der theoretischen Stufen im Arbeitsdiagramm. Eingetragen werden die Gleichgewichtskurve, die Bilanzlinie und die Beladungen an Ein- und Ausgang für das Lösungsmittel und den Trägerstrom.

7.8.4
Bauarten von Extraktoren

Für Mixer-Settler-Systeme kommen folgende Apparate und Apparatekombinationen in Betracht:

- Rührwerkskessel – Beruhigungskessel,
- Rührwerkskessel – Phasenabscheider,
- Pumpe – Separator (Abb. 7.101),
- Pumpe – Phasenscheider.

Bei Beruhigungskesseln und Phasenabscheidern erfolgt die Phasentrennung allein durch Gravitationskräfte, ein großer Dichteunterschied begünstigt dadurch die Trennung. Beim Einsatz eines Separators helfen bei der Phasentrennung die

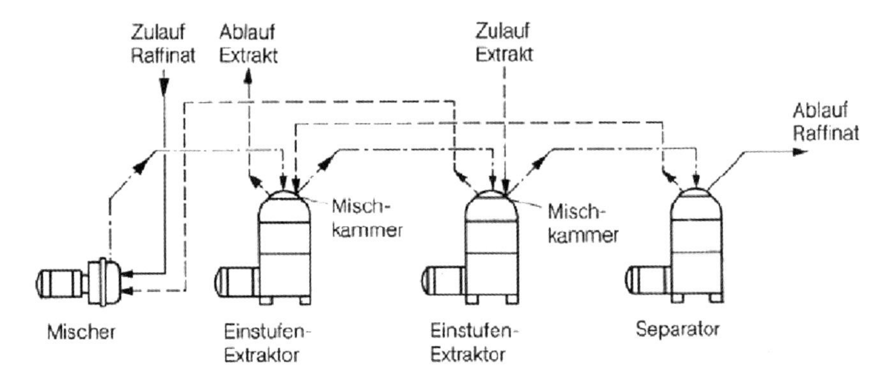

Abb. 7.101 Extraktionsvorgang: Dispergieren und intensiver Kontakt der Phasen zum Stoffaustausch, Beruhigung und Phasentrennung in Unter- und Oberphase (Top- und Bottomphase) [35].

Zentrifugalkräfte kräftig mit, die Trennung zu beschleunigen, beträchtliche Zeitersparnis ist die Folge, die aber die erheblichen Mehrkosten ausgleichen muss (Abb. 7.101) [35].

Des Weiteren eignen sich für Kolonnenkonzeptionen alle Arten von Gas/Flüssigkeits-Kontaktapparaturen, wie sie in den Abschnitten 7.5, 7.6 und 7.7 schon ausführlich vorgestellt wurden. Gemeint sind damit alle Kolonnenbauarten sowie alle Misch- und Reaktionsapparaturen (Abschnitte 7.3, 7.5, 7.6 und 7.7).

7.8.5
Auswahlkriterien, Beispiele

In biotechnologischen Brühen aus Fermentationsprozessen befindet sich neben dem gewünschten Produkt (dem Wertstoff) meist noch eine ganze Reihe von Nebenprodukten in gelöster, aber auch in fester Form. Die gelösten Substanzen sind Reste des Mediums, und bei den Feststoffen handelt es sich meist um Mikroorganismen, aber auch um Nährmediumsreste aus komplexen Nähmedien oder um Neutralisationsprodukte, wie z. B. Gips (Calciumsulfat) aus der pH-Kontrolle (Neutralisation einer Säure) mittels Calciumcarbonat und anschließender Freisetzung mittels Schwefelsäure.

Gerade Feststoffe werden bei der Auswahl des Verfahrens eine wichtige Rolle spielen, denn häufig lässt der Gesetzgeber die Entfernung von Feststoff aus einem Prozessstrom und anschließender Resuspendierung zwecks Entsorgung über das Abwasser nicht zu. Wenn der Feststoff aus dem Prozessstrom z. B. durch Filtration entfernt wurde, muss er als Feststoff entsorgt werden, und damit bleibt nur die Deponie. Dieser Weg ist aber sehr steinig, denn die Auflagen verlangen meist eine aufwendige Konditionierung des zu deponierenden Stoffes, oder aber diese Art der Entsorgung lässt sich erst gar nicht durchführen.

Gelänge es also, die gesamte Brühe über einen Extraktor zu leiten und dort sowohl die Extraktion als auch die Verteilung des Feststoffes und alle anderen Nebenprodukte ausschließlich auf die Raffinatphase durchzuführen, so hätte das Verfahren erhebliche Vorteile. Machbar könnte eine pulsierte Siebbodenkolonne mit nachgeschalteter Destillation in einer Kolonne mit einer geordneten Packung sein. Durch die Siebböden und die geordnete Packung kann der Feststoff jeweils ohne Verstopfungen zu erzeugen durchwandern.

Ein Beispiel für diese Art von Stofftrennung kann die Extraktion von Carbonsäuren aus einer wässrigen Phase in Gegenwart von Gips und Biomasse mithilfe eines Alkohols als Lösungsmittel sein. Der Verteilungskoeffizient von Milchsäure in Wasser und *i*-Butanol liegt etwa bei 1,0.

Da sich das Zweiphasengebiet bei tiefen Temperaturen auf Kosten des Einphasengebiet vergrößert, die Binodalkurve also nach außen wächst, erweist es sich als vorteilhaft, auch niedrige Temperaturen zu wählen. Da sich dabei aber die Diffusion verlangsamt, muss ein Kompromiss gefunden werden.

Bei der Auswahl des Lösungsmittels sind folgende Randbedingungen zu beachten:

- hohe Selektivität des Aufnehmers (Lösungsmittel),
- große Kapazität (Beladung) des Aufnehmers,
- geringe Mischbarkeit von Abnehmer und Abgeber (geringer Aufwand bei der Regeneration des Aufnehmers),
- leichte Phasentrennung, damit leichte Abtrennbarkeit, d. h. möglichst große Dichteunterschiede.

In Abschnitt 10.3 ist das β-Galactosidase-Verfahren inklusive zweier Extraktionsstufen beschrieben, die auch einen Extraktionsprozess nutzen. Anhand der dortigen Beispiele wird aufgezeigt, welche Vorgehensweise bei der Auswahl des geeigneten Extraktionssystems zu empfehlen ist.

7.9 Kristallisation

7.9.1 Aufgaben und Funktionsbeschreibung

Der Prozess der Kristallisation hat die Gewinnung fester Kristalle aus Lösungen, die sogenannte Korn- oder Massenkristallisation, oder aus Schmelzen zum Ziel. Das Kristallisat gewinnt man dabei aus einem amorphen Zustand der jeweiligen Lösung durch Phasenumwandlung. Dabei wird die Stofftrennung bzw. Stoffreinigung sowie die Formgebung des Produktes angestrebt. Die Formgebung soll die Handhabung des Produktes bei einer eventuellen Weiterverarbeitung verbessern helfen.

Neben der Kristallisation aus Schmelzen oder Lösungen besteht auch noch die Möglichkeit der Desublimation aus Dampfphasen, um zu kristallförmigen Produkten zu kommen. Es werden also sämtliche Aggregatübergänge ausgenutzt, wie sie in Abschnitt 7.4 schon kurz beschrieben wurden (auch Tab. 7.4, Abb. 7.44).

Die einzustellenden Betriebsbedingungen sind der Druck, die Temperatur und die Konzentrationen, z. B. die Übersättigung der Zielgröße. Unter Umständen müssen Zusätze, sogenannte Hilfsstoffe, wie Kristallisationskeime eingesetzt werden, um den gewünschten Kristallisationsprozess einzuleiten und entsprechende Kristalle zu erhalten.

Es gibt verschiedene Kristallisationsverfahren. Dazu gehöre im Wesentlichen folgende:

- Eindampfung → Verdampfungskristallisation,
- Kühlen→ Kühlungskristallisation,
- Entspannungsverdampfung → Vakuumkristallisation,
- Frieren (Ausfrieren)→ Ausfrierkristallisation.

Die Kristallisation als eine besondere Art der thermischen Stofftrennung des Systems fest/flüssig hat für die Gewinnung von Massenkristallen eine große verfahrenstechnische Bedeutung. Das gilt auch für die Bioverfahrenstechnik, zumal eine Reihe von biotechnologischen Produkten in Kristallform (Feststoff) anfallen (Riboflavin, Ascorbinsäure, vgl. Kapitel 10).

Die Feststoffteilchen innerhalb eines Kristallverbandes wachsen in polyedrischer Gestalt aus einer Nährphase (Lösung, Schmelze). Am weitesten verbreitet ist die Lösungs- oder Fällungskristallisation, bei der überwiegend von einer echten Lösung löslicher Feststoffe in einem flüssigen Lösungsmittel, wie Wasser, Alkohol oder anderer organischer Lösungsmittel, ausgegangen wird.

Beim Kristallisationsvorgang überführt man einen gelösten Feststoff in ein Kristallisat. Meist wird eine hohe Reinheit oder eine bestimmte Form und Körnung verlangt, was oft nur durch mehrfache Umkristallisation erreicht werden kann. Ist es das Ziel, das Lösungsmittel zu reinigen, also von gelösten Bestandteilen zu befreien, so wird die Form der abzutrennenden Kristalle lediglich durch das Verfahren der Abtrennung bestimmt (Abschnitt 7.1).

Durch Kristallisation kann man auch verschiedene lösliche Feststoffe trennen, indem man das Feststoffgemisch auflöst und eine der Komponenten auskristallisiert.

7.9.2 Verfahren und Betriebsweisen

Welches Kristallisationsverfahren am zweckmäßigsten ist (Abb. 7.102, 7.103), hängt vom Steigungsverhältnis der Löslichkeitslinien dk/dT im betrachteten Temperaturintervall ab (Abb. 7.104). Bei positiver Steigung (in Abb. 7.104 Linien 1–3) führt man die Kristallisation vornehmlich exotherm durch. Die warme konzentrierte Ausgangslösung wird unter Ausnutzung des günstigsten Konzentrationsgefälles in Kontaktwärmeüberträgern (Abschnitt 7.4) oder durch Vakuumkühlung so tief wie erforderlich, abhängig von der Temperatur-Löslichkeits-Linie, abgekühlt [12].

Außer der spezifischen Wärme des Lösungsmittels und des gelösten Feststoffes ist der negative Betrag der Lösungswärme entsprechend der ausgeschiedenen Kristallisatmenge mit abzuführen. Bei kristallhaltigem Kristallisat ist außerdem die Bindungswärme des Hydratsalzes zu berücksichtigen.

Beim endothermen Kristallisationsvorgang, vorzugsweise bei negativer oder geringer Steigung der Temperatur-Löslichkeits-Linie anzuwenden (in Abb. 7.104 Linien 4–6), wird das Lösungsmittel teilweise verdampft, dadurch die Lösung übersättigt und das Kristallisat ausgeschieden, womit lediglich die Löslichkeit des Feststoffes bei Verdampfungstemperatur maßgebend ist [12].

Wenn bei herabgesetztem Druck verdampft wird (Vakuumverdampfung, Vakuumkristallisation), um bei niedrigeren Temperaturen und meist auch bei niedrigeren Konzentrationen schonender arbeiten zu können, muss Verdampfungswärme zu- und Kondensationswärme für die Kondensation der anfallenden Lösungsmitteldämpfe abgeführt werden. Der Eindampfgrad hängt von der Löslichkeit von Fremdsalzen, die u. U. nicht im Kristallisat auftauchen sollen, ab. In diesem Fall muss der Eindampfvorgang vorzeitig abgebrochen werden und das

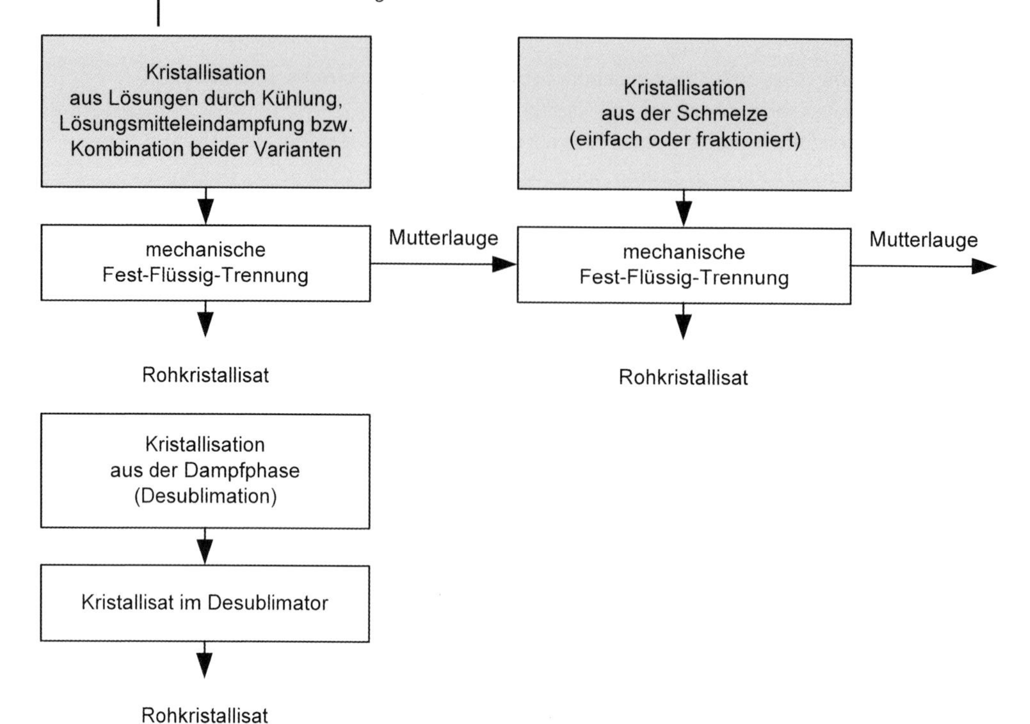

Abb. 7.102 Schematische Darstellung verschiedener Kristallisationsverfahren, aus einer Lösung durch Kühlung oder Lösungsmitteleindampfung, aus einer Schmelze oder aus einer Dampfphase. Es sind sowohl diskontinuierliche als auch kontinuierliche Fahrweisen möglich.

Kristallisat aus der Restlösung gewonnen werden. Bei der endothermen Verdampfungskristallisation müssen neben der Verdampfungswärme für das Lösungsmittel die negative Lösungswärme entsprechend der ausgeschiedenen Kristallisatmenge und bei Hydratsalzen auch deren Bindungswärme in Rechnung gestellt werden. Die Siedepunktverschiebung nach den auftretenden Konzentrationen ist zu berücksichtigen [12].

Beim allmählichen Abkühlen einer Lösung bilden sich die ersten Kristallkeime erst, wenn die Sättigungstemperatur ausreichend unterschritten ist. Der Übersättigungsbereich T_s–$T_ü$ ist konzentrationsabhängig und umso größer, je kleiner dk/dT ist (Abb. 7.105). Stoffe mit hoher Molmasse weisen ein größeres Übersättigungsgebiet auf. Zwischen Sättigungsgrenze S und Übersättigungslinie Ü kann man für den Gleichgewichtszustand eines Kristallisationsablaufes den metastabilen Bereich in eine Zone, in der Impfkristalle stärkeres Wachstum ohne wesentlich neue Keimbildung zeigen, und eine Zone mit noch mäßig beginnender Neukeimbildung unterteilen. Im labilen Bereich hingegen tritt kein Anwachsen der Kristalle, sondern nur noch spontane Keimbildung in großer Menge auf (Abb. 7.105).

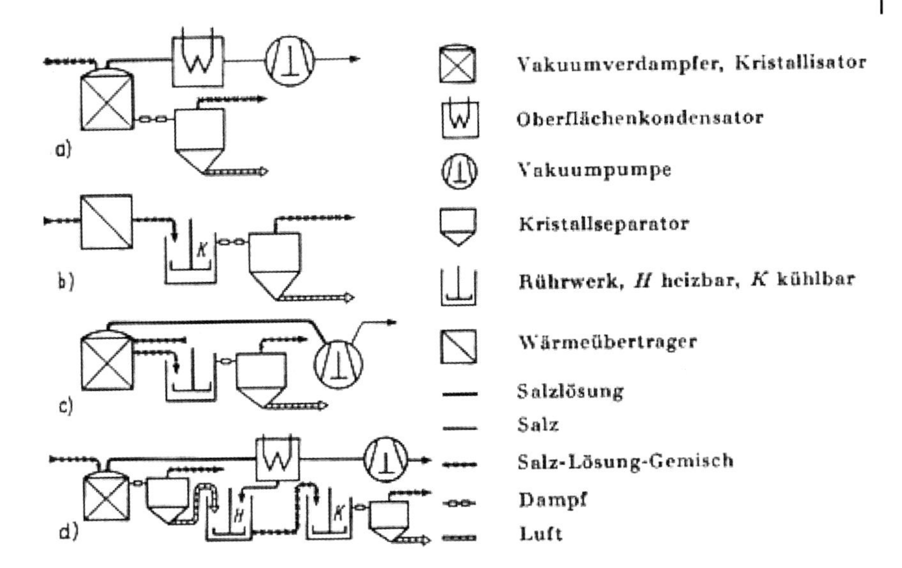

Abb. 7.103 Schaltbilder von Kristallisationsanlagen [12]: a) endotherme Kristallisation; b) exotherme Kristallisation mit Vorkühler; c) endotherme Vorkristallisation, exotherme Nachkristallisiation; d) Umkristallisation wie c) [12].

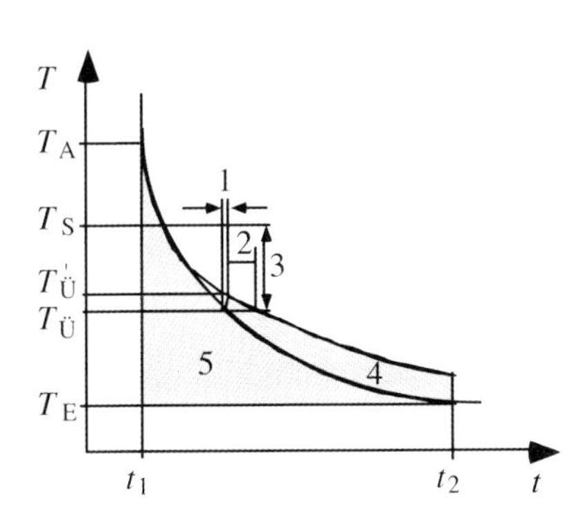

Abb. 7.104 Zeitlicher Temperaturverlauf bei einer diskontinuierlichen Kristallisation: 1 Keimbildungszone; 2 Kristallwachstumszone; 3 metastabiler Übersättigugsbereich; 4 Kristallisationswärme; 5 spezifische Wärme.

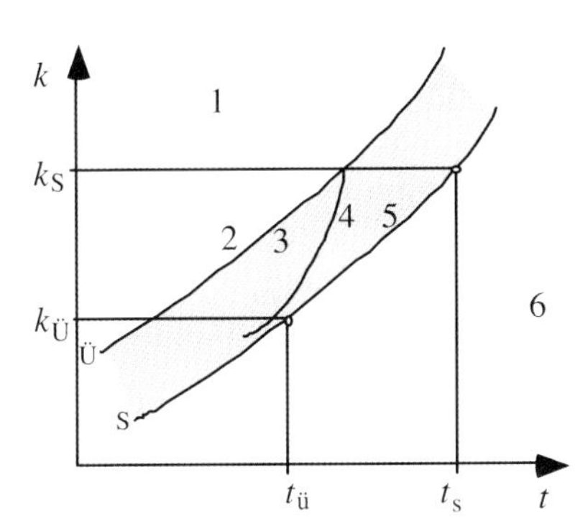

Abb. 7.105 Übersättigung bei exothermer Kühlungskristallisation: 1 labiler Lösungsbereich; 2 spontane Keimbildungszone; 3 Keimbildungszone; 4 Kristallisationsverlauf; 5 Wachstumszone (Impfzone); 6 stabiler Lösungsbereich (Untersättigungsgebiet); Ü Übersättigungslinie; S Sättigungslinie; k_S–$k_Ü$ metastabiles Übersättigungsgebiet; t_s–$t_ü$ Unterkühlung.

Es kommen sowohl diskontinuierliche als auch kontinuierliche Fahrweisen in Betracht. Allerdings sollte ein Kristallisationsvorgang so gelenkt werden, dass der labile Bereich vermieden wird. Das ist bei einer diskontinuierlichen Fahrweise nur durch verzögerte Temperaturabsenkung oder langsame Lösungsmittelverdampfung erreichbar. Günstigere Verhältnisse bietet die kontinuierliche Fahrweise, bei der durch Rühren und Impfkristalle im Schwebezustand ein Gleichgewicht unterhalb des metastabilen Bereiches leichter eingehalten werden kann. Je breiter das kritische Übersättigungsgebiet ist, umso günstiger sind die Voraussetzungen, möglichst grobkörnige Kristalle zu erhalten.

7.9.3
Berechnungs- und Auslegungsdaten

Für Auslegung von Kristallisationsapparaturen ist zunächst erneut eine Stoffbilanz erforderlich (Abschnitt 2.7.4). Die Gesamtmassenbilanz für die Lösung (L) beinhaltet das Lösungsmittel (W), den gelösten Wertstoff (K) und die gelösten Beistoffe (V). Daraus lässt sich die Basismassenbilanz gewinnen:

$$L = W + K + V \qquad \text{(Gleichung 7.211)}$$

Durch den Kristallisationsvorgang wird der gelöste Stoff teilweise mit einem bestimmten Wirkungsgrad als abgeschiedener Stoff K_{gew} gewonnen; dabei gilt die einfache Massenbilanz:

$$K_{gew} = \Delta W + K_{rest} + \Delta V \qquad \text{(Gleichung 7.212)}$$

Die temperaturabhängige Sättigungskonzentration zeigt direkt, welchem Verfahrensprinzip der Kristallisation das vorliegenden Problem unterliegt. Besitzt die Kurve eine positive Steigung, so handelt es sich um ein exothermes Verfahren und im umgekehrten Falle um einen endothermen Prozess (Abb. 7.106).

In Tab. 7.11 sind Richtwerte für die Auslegung von Kristallisationsprozessen zusammengestellt [36]. Sie zeigen, dass auch Leistungseintrag erforderlich ist, obwohl dieser eine mechanische Belastung für die jungen Kristalle bedeutet.

Tabelle 7.11 Richtwerte für die Auslegung und den Betrieb von Kristallisationsprozessen aus Lösungen [12].

Parameter	Einheit	Kühlungs- od. Vakuumkrist.		Verdampfungskristallisation	
		diskontinuierl.	kontinuierl.	diskontinuierl.	kontinuierl.
Leistungsdichte ε	W/kg	0,25–1,00	0,25–1,00	0,25–1,00	0,25–1,00
Abkühlgeschwindigkeit	K/h	5–20	/	/	/
Abkühl-/Abdampfzeit	h	2–8	/	2–8	/
mittlere hydrodyn. VWZ	h	/	1–5	/	1–5
Brüden/Vorlage	kg/kg	0,05–0,15	/	0,20–0,70	/
Brüdenstrom/Feedstrom	kg/h/kg/h	/	0,05–0,15	/	0,20–0,70
Feststoffgehalt in Susp.	kg/kg	bis 0,5	bis 0,5	0,2–0,5	0,2–0,5

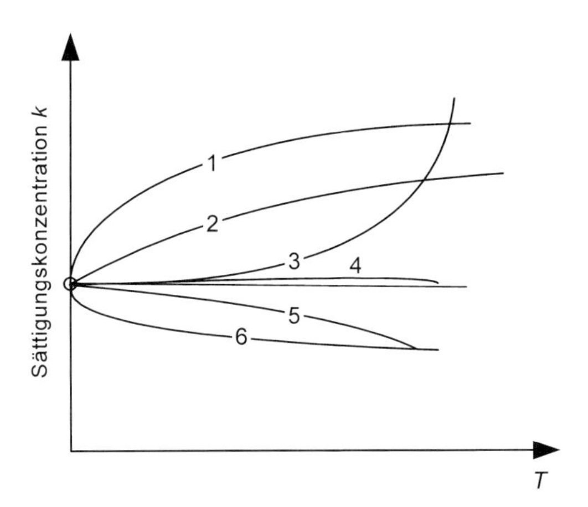

Abb. 7.106 Charakteristische Temperatur-Löslichkeits-Linien: 1–4 exotherme Verfahren, $dk/dT > 0$; 5 und 6 endotherme Verfahren, $dk/dT < 0$.

Der sensible Prozess der Kristallisation lässt sich am besten in einem Konzentrations-Temperatur-Diagramm darstellen. Hierbei können die Gebiete der stabilen, der metastabilen und der labilen Bereichen dargestellt werden (Abb. 7.107 und 7.108). Für die Prozessauslegung muss der labile, also der kritische Bereich vermieden werden (Abb. 7.108).

Da die Temperatur in größeren Apparaten nicht exakt gleichmäßig eingehalten werden kann (Homogenität), unterliegt der Wirkungsgrad eines Kristallisationsprozesses den auftretenden Temperaturschwankungen. Es ist erforderlich, den Prozess nahe am stabilen Punkt zu fahren, sodass es passieren kann, dass man in den metastabilen Bereich rutscht.

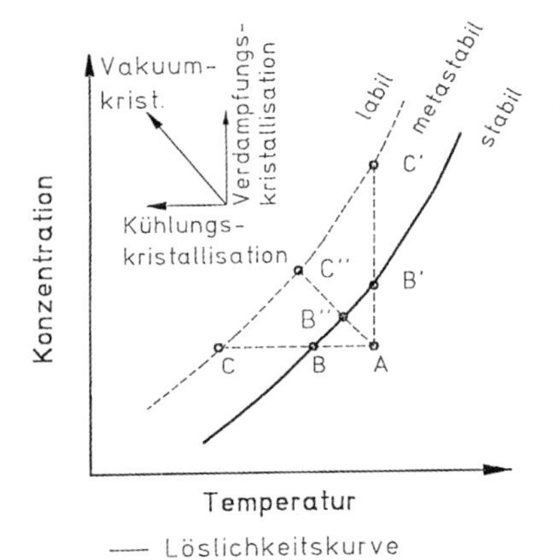

Abb. 7.107 Darstellung der Konzentration-Temperaturverhältnisse zur Veranschaulichung der Kristallisation.

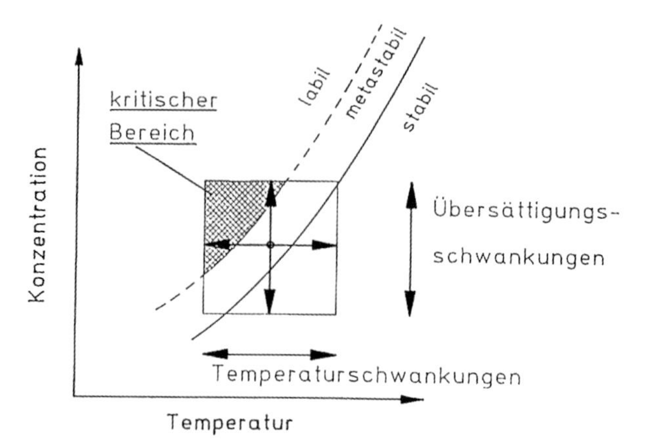

Abb. 7.108 Visualisierung des Arbeitsbereiches einer Kristallisation im Temperatur-Konzentrations-Diagramm.

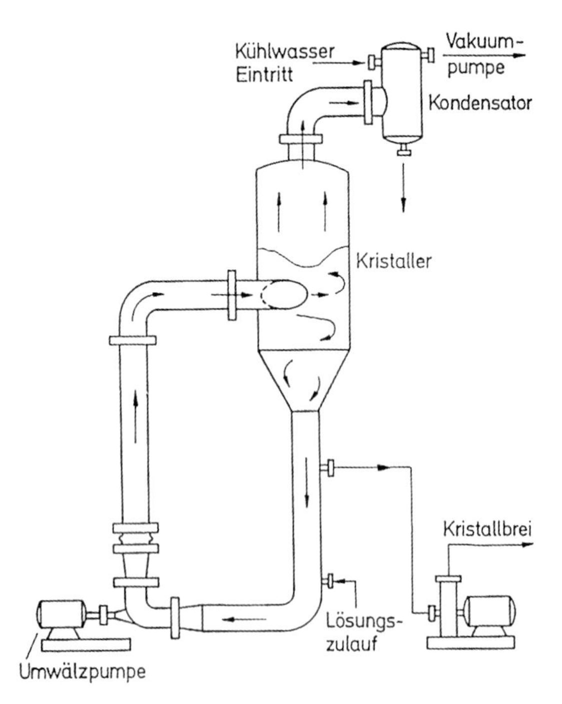

Abb. 7.109 Zwangsumlaufkristaller, benötigt kein Rührwerk, sodass die Pumpe die erforderliche Umwälzung alleine bewirkt, was zu einer beträchtliche mechanischen Belastung der Kristalle führen kann (Abschnitt 4.3.2, Gleichung 4.16).

7.9.4
Bauarten von Kristallisatoren

Wie bisher gezeigt werden konnte, kommt es bei Kristallern darauf an, gewünschte Kristalle und Kristallformen in möglichst einheitlicher Ausführung zu gewinnen. Diese Fragestellung rückt sehr nahe an die Problematik der Scherbanspruchung von Zellen heran, denn auch hier verlangt der Prozess den Eintrag der erforderlichen Leistung, möchte aber andererseits keine mechanische Zerstörung der behutsam gewonnenen Kristalle in Kauf nehmen (Abschnitt 4.3.2, Gleichung 4.16).

Geeignete Apparaturen bzw. Anlagenkonzeptionen sind:

- Rührkessel mit Kühlung und/oder Eindampfeinrichtungen,
- Absetzbecken – Fallfilmverdampfer – Wärmeaustauscher (Spiral-, Rohrbündel-).

also technische Einrichtungen, die Mischvorgänge (Homogenisierung), Wärmeaustauschvorgänge (Wärmezu- und -abfuhr in Wärmeaustauschern, Abschnitt 7.4) und auch Feststofftrennvorgänge (Abschnitt 7.1) vereinen können. In den Abb. 7.109–7.111 sind drei Beispiele von Kristallern skizziert [36].

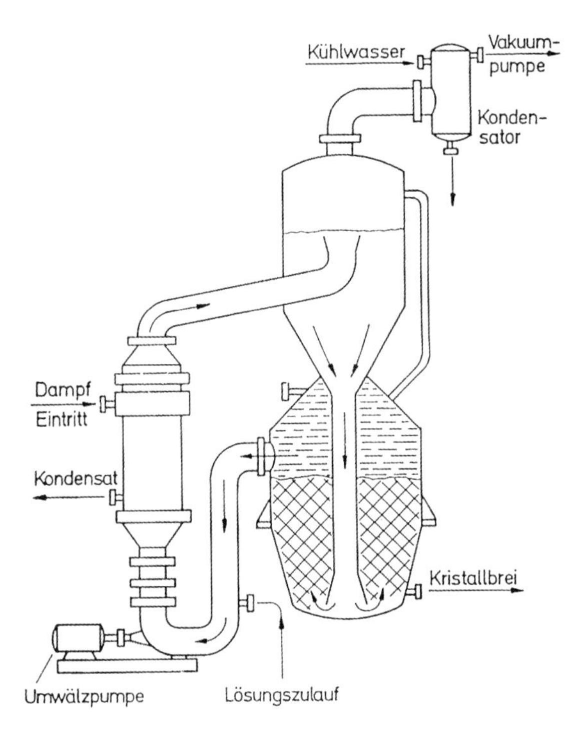

Abb. 7.110 Fließbettkristaller, in dem die Kristalle schonend im Fließbett separiert werden, sodass sie nicht in die Umwälzung gelangen. Das bedeutet, dass die gewonnenen Kristalle von mechanischer Belastung verschont bleiben.

Der Zwangsumlaufkristaller in Abb. 7.109 benötigt kein Rührwerk, sodass die Pumpe die erforderliche Umwälzung alleine bewirkt, was zu einer beträchtliche mechanischen Belastung der Kristalle führen kann. Diese mechanische Belastung kann mithilfe der Turbulenztheorie von Kolmogorow abgeschätzt werden (Abschnitt 4.3.2, Gleichung 4.16).

Im Fließbettkristaller werden die Kristalle schonend im Fließbett separiert, sodass sie nicht in die Umwälzung gelangen (Abb. 7.110). Das bedeutet, dass die gewonnenen Kristalle von mechanischer Belastung weitgehend verschont bleiben, ein wichtiges Ziel der Kristallisation.

Der Leitrohrkristaller mit Feinkornauflösung ist in Abb. 7.111 dargestellt. Die Suspendierung erfolgt durch einen schonend wirkenden Propellerrührer, dessen Hauptförderrichtung axial Richtung erfolgt. Im Gegensatz zu einem Umwurfbioreaktor [3] ist der äußere Bereich weit größer, sodass dort eine Beruhigung erfolgt und damit die Kristallbreiabtrennung vereinfacht wird, ohne zu sehr die bereits gewonnene Kristallstruktur zu beschädigen.

Da der Propellerrührer eine niedrige Newtonzahl besitzt, ist seine Hauptwirkung auf die Hydrodynamik ausgerichtet und nicht zu sehr auf die Dispergierung, was dem Erhalt und der schonenden Förderung der bereits gewonnenen Kristallen entgegenkommt. Im Bereich außerhalb des Innenleitrohres ist im Gegensatz zum

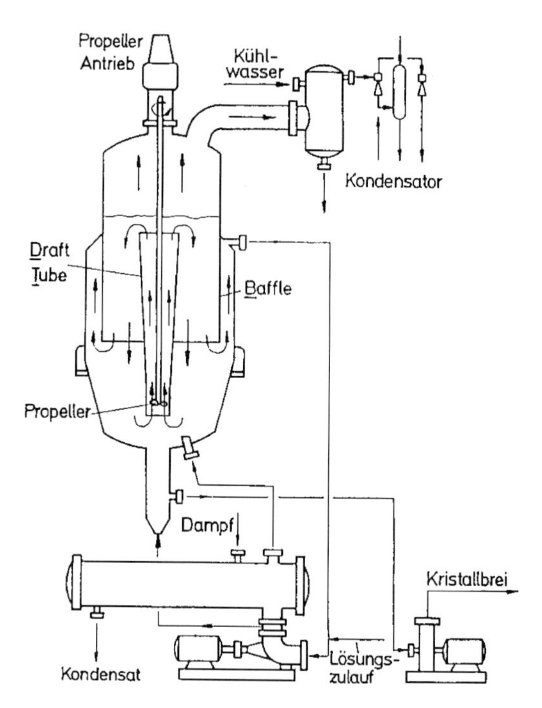

Abb. 7.111 Leitrohrkristaller mit Feinkornauflösung. Die Suspendierung erfolgt durch einen schonend wirkenden Propellerrührer, dessen Hauptförderrichtung axial ist. Im Gegensatz zu einem Umwurfbioreaktor ist der äußere Bereich weit größer, sodass dort eine Beruhigung zur Kristallbreiabtrennung möglich wird.

Umwurfbioreaktor [3] bewusst eine Beruhigungszone etabliert, um die Kristallbreiabtrennung zu vereinfachen. Im Wärmeaustauscher unterhalb des Kristallers kann zurückgeführtes Feinkorn wieder aufgelöst und in den Prozess zurückgeführt werden.

7.9.5 Auswahlkriterien

Das Prinzip der Kristallisation scheint sehr schnell einzuleuchten, doch befasst man sich mit dieser Technologie näher, so muss man rasch feststellen, dass sie zu den komplexesten und damit am schwierigsten erfassbaren verfahrenstechnischen Operationen gehört. Damit ist von vorne herein eine rein theoretische Vorhersage und Berechenbarkeit ausgeschlossen, das Experiment wird das Maß der Dinge bis zum Produktionsmaßstab sein.

Die mannigfaltigen Einflussgrößen beim Kristallisationsvorgang bedingen eine Vielzahl von Kristallisatorbauarten. Es gibt aber keinen Universalkristallisator. Wenn alle beeinflussenden Faktoren ermittelt sind, wird anhand des Lösungsverlaufes das jeweilige Verfahren festgelegt. Dabei spielt die Wechselbeziehung Keimbildung-Kristallwachstum eine wesentliche Rolle. Selbst günstige Wachstumsbedingungen führen nicht zu größeren Kristallen, wenn plötzlich Abkühlung oder Erschütterungen die Keimzahl zu sehr erhöhen. Deshalb sind in jedem Fall langsame Temperatursenkungen angesagt.

7.10 Trocknung

7.10.1 Aufgaben- und Funktionsprinzipien

7.10.1.1 Einführung

Unter dem Begriff „Trocknung" wird hier nur die Thermische Trocknung verstanden. Kennzeichnend für die Thermische Trocknung ist das Verdampfen der zu entfernenden Flüssigkeit. Diese wird unter Zufuhr von Wärme verdampft und als gasförmige Phase vom Produkt getrennt.

Bedingt durch den Phasenwechsel des Lösungsmittels werden recht große Wärmeströme umgesetzt. Daraus resultieren hohe Energiekosten sowie aufwendige Apparate und Maschinen. Dies führt dazu, dass die Trocknungsstufe sehr oft die teuerste Einheit im Feststoffteil eines Verfahrens ist.

Neben der eigentlichen Trocknung laufen im Produkt meist weitere physikalische und chemische Vorgänge ab, die dessen Eigenschaften erheblich beeinflussen können. Als wissenschaftlich untersuchtes Beispiel sei die Arbeit von Schultz und Schlünder genannt [37]. Die Trocknungsstufe hat also fast immer maßgeblichen Einfluss auf die Produktqualität.

7.10.1.2 Funktionsprinzipien

Es ist üblich, die verschiedenen Trocknerbauarten nach der Art der Energiezufuhr zu unterteilen. Bei den konvektiven Trocknern erfolgt die Energiezufuhr durch heiße Gase. Bei den Kontakttrocknern wird die Energie durch Kontakt des Produkts mit beheizten Oberflächen zugeführt. In Strahlungstrocknern gelangt die Energie per Strahlung wie z. B. Mikrowellen oder infrarote elektromagnetische Wellen an das Produkt.

Mischformen der Energiezufuhr sind möglich. Insbesondere werden konvektive Trockner teilweise mit zusätzlichen Heizflächen ausgestattet. Ein Teil der Wärme wird dann per Kontakt zugeführt. Der Apparat und seine Hilfsapparate können so kleiner und kostengünstiger gebaut werden.

Die Energiezufuhr durch Strahlung spielt nur eine sehr untergeordnete Rolle. Diese Energieform ist teuer. Außerdem lassen sich die Produkttemperaturen nur schwer limitieren, was zu Sicherheitsproblemen führen kann.

Neben der Art der Energiezufuhr ist die Form des Produkts im Trocknungsapparat von Bedeutung. Das Produkt kann als Festbett, in fluidisierter Form oder verteilt als viele Einzelpartikeln vorliegen.

Das Festbett kann durch Kontakt (Abb. 7.112) oder durch heiße Gase beheizt werden. Bevorzugt werden die Gase durch das Festbett hindurch geleitet (Abb. 7.113). Ist dies nicht möglich, so kann das Festbett auch überströmt werden (Abb. 7.114). Die Festbetten können kontinuierlich oder intermittierend durchmischt werden.

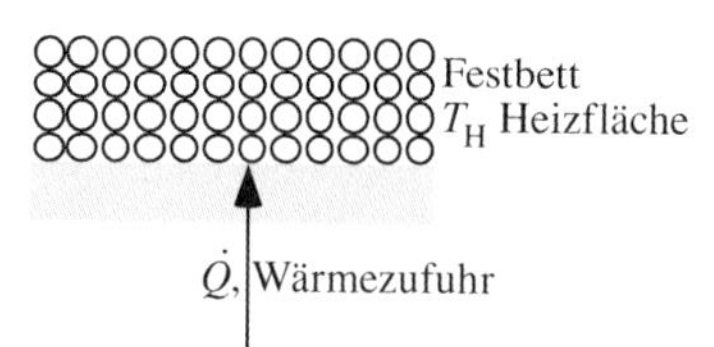

Abb. 7.112 Festbett, Wärmezufuhr durch Kontakt.

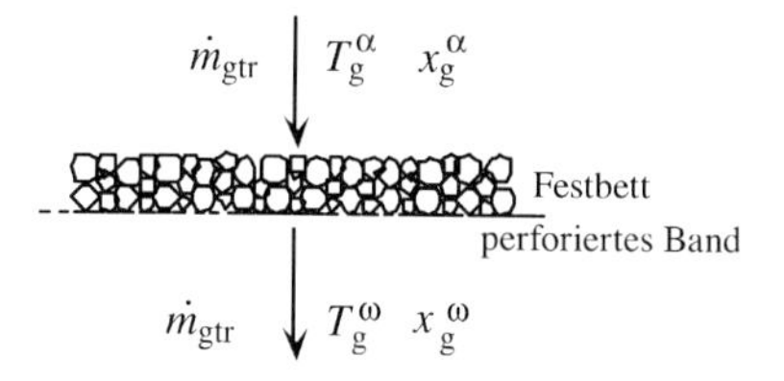

Abb. 7.113 Durchströmtes Festbett.

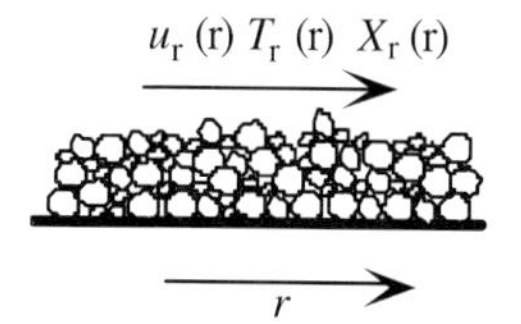

Abb. 7.114 Überströmtes Festbett.

Die Trocknung im fluidisierten Zustand (Wirbelbett) ist besonders effektiv, da die gesamte Oberfläche aller Partikeln für Wärme- und Stofftransport zur Verfügung steht (Abb. 7.115 und Abb. 7.123).

Ein spezielles Verfahren im Wirbelbett besteht darin, das Produkt in Lösung auf die wirbelnden Partikel aufzusprühen und gleichzeitig mit heißem Gas zu trocknen (Abb. 7.116). Es ergeben sich dann meist Porenstrukturen in den Partikeln, die zu sehr gutem Auflöseverhalten bzw. bei Suspensionen zu sehr gutem Dispergierverhalten führen.

Schließlich gibt es auch Apparate, in denen die Partikel so weit voneinander entfernt sind, dass sie als Einzelpartikel trocknen (Abb. 7.117). Es lassen sich, je nach Apparatetyp, Verweilzeiten des Produkts im Bereich von ca. 10 s bis mehrere Stunden (im Extremfall Tage) erreichen.

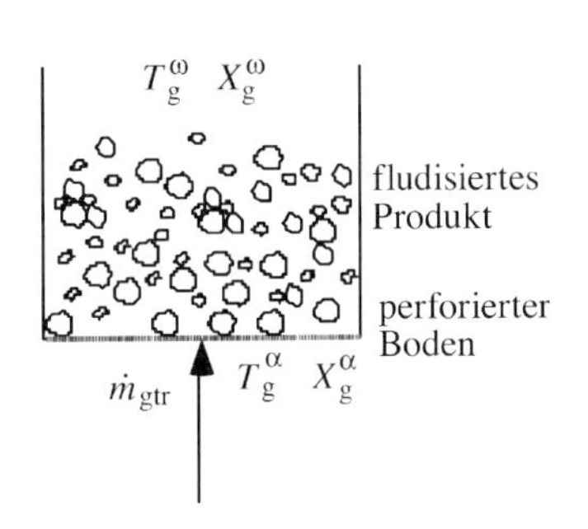

Abb. 7.115 Fluidisierter Zustand im Wirbelbett.

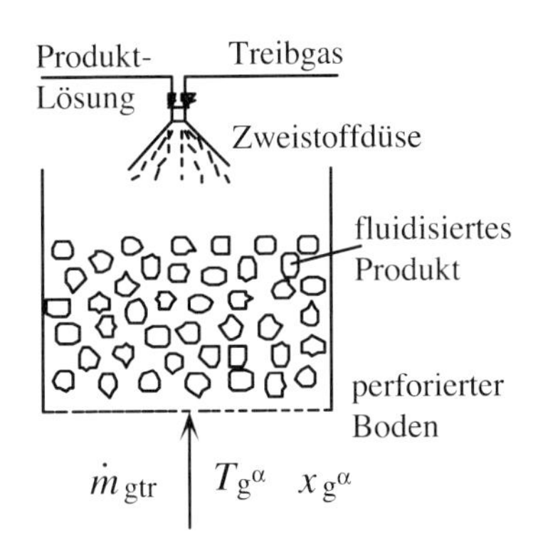

Abb. 7.116 Prinzip des Sprühwirbelbetts.

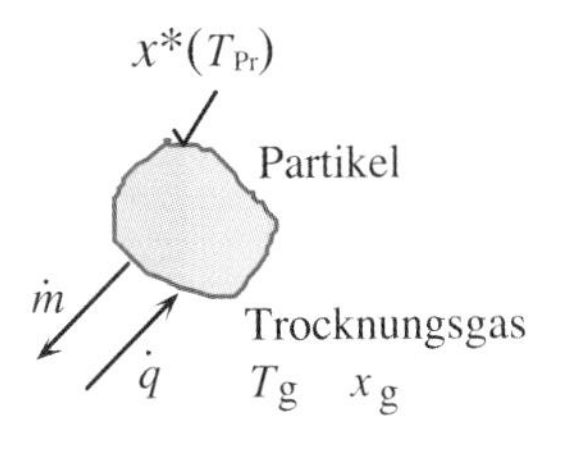

Abb. 7.117 Trocknung von Einzelpartikeln.

7.10.1.3 Allgemeine Literaturhinweise zur Trocknungstechnik

Eine eingehende Diskussion des gesamten Themenkomplexes findet der Leser in dem Buch „Industrial Drying" [38]. Weitere Werke zum Thema Trocknungstechnik sind die Bücher von Krischer/Kast [39] und Kröll/Kast [40] sowie [42].

7.10.2 Verfahrens- und Betriebsweisen

7.10.2.1 Konvektionstrocknung

Bei konvektiven Trocknern spielt naturgemäß die Versorgung mit Heißgas und die „Entsorgung" des Abgases eine wesentliche Rolle für die Kosten. Abbildung 7.118 zeigt ein Beispiel für eine sogenannte Geradeausfahrweise mit Luft. Ein (oder zwei) Eingangsfilter werden bei biotechnologischen Produkten immer notwendig sein, ebenso wie ein Abluftfilter, um Produktstäube abzuscheiden. Es hat sich bewährt, zwei Gebläse zu verwenden, da dann das Druckniveau im Trocknungsapparat relativ zum Umgebungsdruck frei gewählt werden kann.

Bei staubexplosionsfähigen und lösungsmittelhaltigen Produkten kann eine Inertisierung des Gases notwendig werden. Im Zweifelsfall empfiehlt es sich, einen Sicherheitsexperten hinzuzuziehen. Es wird dann entweder mit Stickstoff oder anderen nicht reaktionsfähigen Gasen getrocknet. Es kann auch eine „Inertisierung von Luft" durch einen integrierten Brenner verwendet werden. In jedem Falle muss das Gas dann im Kreis gefahren werden. Abbildung 7.119 zeigt ein

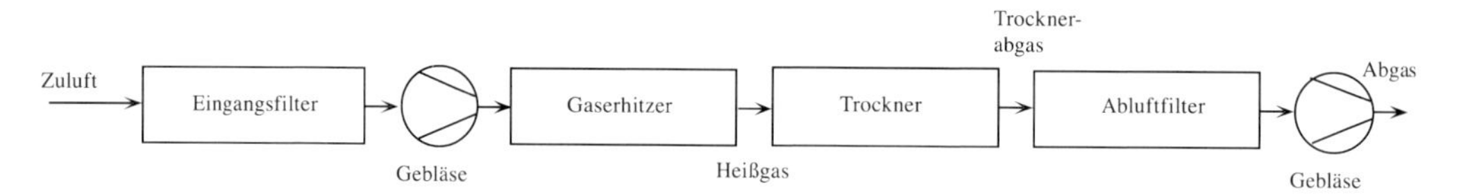

Abb. 7.118 Gasführung bei Geradeausfahrweise.

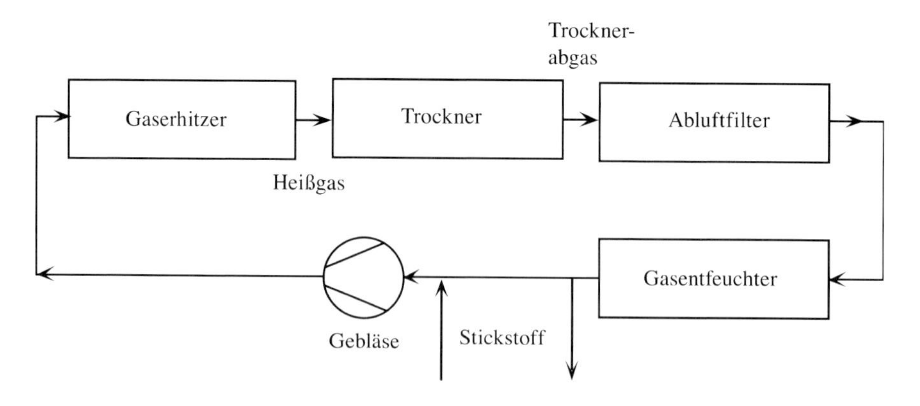

Abb. 7.119 Gasführung bei Kreisgasfahrweise.

Beispiel für Inertisierung mit Stickstoff. Zufuhr von Stickstoff und Abfuhr des Kreislaufgases dienen der Einstellung des Drucks im Kreis und der Ausschleusung von Sauerstoff, der durch Undichtigkeiten in den Gaskreislauf eindringt.

7.10.2.2 **Kontakttrocknung**

Während konvektive Trockner meist etwa bei Normaldruck laufen, werden Kontaktapparate sehr häufig im Vakuum betrieben.

Es werden meist ein Brückenfilter zur Abtrennung von Feststoffstäuben und immer eine Vakuumpumpstation benötigt. Die Betriebsweise ist im Gegensatz zu den konvektiven Trocknern sehr häufig diskontinuierlich (wegen des Ein- und Austrags von Produkt).

7.10.2.3 **Gefriertrocknung**

Eine besonders schonende, aber auch kostenintensive Trocknung stellt die Gefriertrocknung dar, die fast immer in Vakuumkontaktapparaten durchgeführt wird. Hierzu wird das Lösungsmittel eingefroren und das Produkt in gefrorenem Zustand getrocknet. Hierzu ist es erforderlich, dass der Anlagendruck unterhalb des Gleichgewichtsdrucks am Tripelpunkt des Lösungsmittels liegt. Bei Wasser sind dies 6,1 mbar. Das Lösungsmittel sublimiert dann. Das Heizmedium darf nicht wärmer sein als die Temperatur am Tripelpunkt, da sonst ein Aufschmelzen erfolgen kann.

Erfahrungsgemäß ist die Temperaturführung beim Einfrieren des Produkts von entscheidender Bedeutung für die Qualität des Endprodukts.

7.10.3
Berechnungs- und Auslegungsdaten

7.10.3.1 **Grundlagen**

Die Produktfeuchte z und die Trocknungsgeschwindigkeit $\dot{m}$ sind definiert als:

$$Z = M_W / M_{Pr} \qquad \text{(Gleichung 7.213)}$$

Dabei ist M_W die Masse an Wasser und M_{Pr} die Masse des trockenen Feststoffs.

$$\dot{m} = (\mathrm{d}M_W / \mathrm{d}t) / A \qquad \text{(Gleichung 7.214)}$$

Die Trocknungsgeschwindigkeit m ist also ein flächenspezifischer Massenstrom. Durch Einsetzen von Gleichung 7.213 in Gleichung 7.214 ergibt sich:

$$\dot{m} = (M_{Pr} / A) \cdot (\mathrm{d}z / \mathrm{d}t) \qquad \text{(Gleichung 7.215)}$$

In Abb. 7.120 ist ein typischer Trocknungsverlauf gezeigt, wie man ihn experimentell ermitteln kann. Obwohl die physikalischen Ursachen bei konvektiver Trocknung und bei Kontakttrocknung unterschiedlich sind, ergeben sich ähnliche Verläufe.

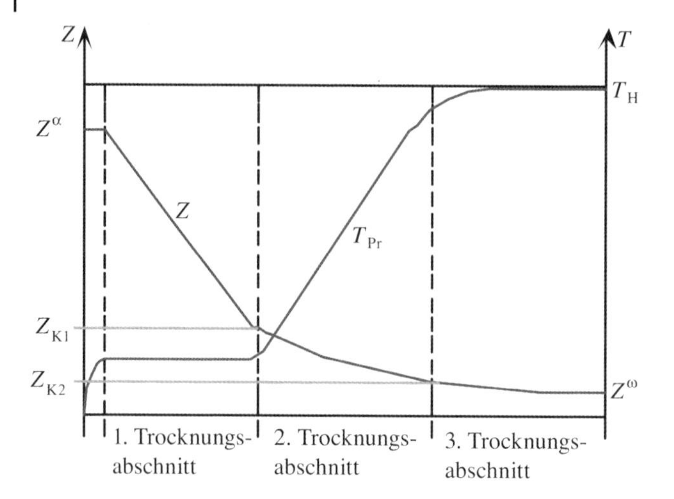

Abb. 7.120 Typischer Trocknungsverlauf.

Einer kurzen Anwärmphase des Produkts schließt sich eine Phase an, bei der das Produkt mit konstanter Geschwindigkeit m trocknet. Die Funktion $z(t)$ ist linear fallend. Gleichzeitig ist die Temperatur des Produkts konstant. Beim Erreichen einer für das Produkt charakteristischen Feuchte z_{k1} endet der erste Trocknungsabschnitt und die Temperatur beginnt zu steigen, um bei einer zweiten charakteristischen Feuchte z_{k2} nahezu die Temperatur des Heizmediums zu erreichen. In diesem zweiten Trocknungsabschnitt fällt gleichzeitig die Trocknungsgeschwindigkeit m stetig. Der dritte Trocknungsabschnitt durchläuft den Feuchtebereich der sorptiven Bindung (des Lösungsmittels an das Produkt) und ist gekennzeichnet durch eine weiter fallende Trocknungsgeschwindigkeit. Als Restfeuchte des Produkts kann bestenfalls die sorptive Gleichgewichtsfeuchte zum gasförmigen Zustand erreicht werden.

Die Erklärung für dieses Verhalten muss für die drei Trocknungsabschnitte und für die Art der Energiezufuhr einzeln gegeben werden.

7.10.3.2 Vakuumkontakttrocknung

Trocknungsabschnitt Das Produkt geht auf die Siedetemperatur des Lösungsmittels entsprechend dem Systemdruck. Die Temperatur kann aus der Dampfdruckkurve abgelesen werden. Der Vorgang ist rein wärmeübergangskontrolliert. Der Wärmestrom Q kann geschrieben werden als:

$$\dot{Q} = k \cdot A \cdot (T_{\mathrm{H}} - T_{\mathrm{Pr}}) \qquad \text{(Gleichung 7.216)}$$

Die Energiebilanz lautet dabei:

$$\dot{Q} = \dot{m} \cdot A \cdot \Delta h_{\mathrm{v}} \qquad \text{(Gleichung 7.217)}$$

Gleichsetzen der Gleichungen 7.216 und 7.217 liefert die Trocknungsgeschwindigkeit:

$$\dot{m} = k \cdot (T_{\mathrm{H}} - T_{\mathrm{Pr}}) / \Delta h_{\mathrm{v}} \qquad \text{(Gleichung 7.218)}$$

Trocknungsabschnitt Es wird angenommen, dass steigende Wärmetransportwiderstände zur Verlangsamung der Trocknungsgeschwindigkeit und zum Temperaturanstieg führen [43, 44]. Laut einer groß angelegten Umfrage in der chemischen Industrie besteht hier noch erheblicher Forschungsbedarf.

Trocknungsabschnitt Dieser Vorgang ist durch die Diffusion der Lösungsmittelmoleküle aus den feinen Poren des Feststoffs kontrolliert. Je geringer die Feuchte ist, desto stärker ist die sorptive Bindung, desto kleiner ist das treibende Konzentrationsgefälle für den Stofftransport.

7.10.3.3 Konvektive Trocknung

Trocknungsabschnitt Die Oberfläche des Produkts wird durch kapillare Leitung ständig feucht gehalten. Alle anderen Transportprozesse finden nur im Trocknungsgas statt. Es stellt sich ein Fließgleichgewicht ein. Alle Betrachtungen gelten für konstanten Luftzustand, also an einer Stelle des Apparats. Durch die infolge des Wärmeübergangs zufließende Wärme

$$\dot{Q} = \alpha \cdot A \cdot (T_{\mathrm{G}} - T_{\mathrm{Pr}}) \qquad \text{(Gleichung 7.219)}$$

findet an der Phasengrenze Verdampfung statt. Der entstehende Dampf wird durch Stoffübergang in das Gas transportiert. Der flächenspezifische Massenstrom ist:

$$\dot{m} = k \cdot (c^{*}(T_{\mathrm{Pr}}) - c_{\mathrm{G}}) \qquad \text{(Gleichung 7.220)}$$

$c^{*}(T_{\mathrm{Pr}})$ ist die Raumkonzentration des Lösungsmitteldampfes direkt an der Phasengrenze und kann mittels Dampfdruckkurve und idealem Gasgesetz berechnet werden. Die Energiebilanz an der Phasengrenze lautet:

$$\dot{Q} = \dot{m} \cdot A \cdot \Delta h_{\mathrm{v}} \qquad \text{(Gleichung 7.221)}$$

Einsetzen von Gleichungen 7.219, 7.220 in Gleichung 7.221 ergibt eine Berechnungsgleichung für die Produkttemperatur:

$$\alpha \cdot (T_{\mathrm{G}} - T_{\mathrm{Pr}}) = k \cdot (c^{*}(T_{\mathrm{Pr}}) - c_{\mathrm{G}}) \cdot \Delta h_{\mathrm{v}} \qquad \text{(Gleichung 7.222)}$$

Da $c^{*}(T_{\mathrm{Pr}})$ eine nichtlineare Funktion ist, muss Gleichung 7.222 iterativ gelöst werden. α und β können mit Korrelationen für überströmte Einzelkörper berechnet werden [46]. Da das Verhältnis α/β praktisch nicht von der Strömungsgeschwindigkeit des Gases abhängt, braucht man diese für die Berechnung nicht so genau zu kennen. Keine Größe in dieser Gleichung hängt von der Zeit ab. Damit ist die Produkttemperatur zeitlich konstant. Daraus folgt, dass Wärme- und Stoffstrom ebenfalls zeitlich konstant sein müssen. Es soll hier darauf hingewiesen werden, dass diese Produkttemperatur ohne Weiteres weit über 100 °C unter der Gastemperatur liegen kann!

Sind die Poren hinreichend entleert, so bricht der kapillare Transport zusammen und der erste Trocknungsabschnitt endet.

Trocknungsabschnitt Durch das Ansteigen der Transportwiderstände für den Wärme- und vor allem für den Stofftransport im Feststoff sinkt die Trocknungsgeschwindigkeit und die Temperatur steigt an. Die Verläufe sind sehr stoffspezifisch.

Trocknungsabschnitt Dieser Vorgang ist ähnlich wie bei der Vakuumkontakttrocknung durch die Diffusion der Lösungsmittelmoleküle aus den feinen Poren des Feststoffs kontrolliert. Je kleiner die Feuchte ist, desto stärker ist die sorptive Bindung, desto kleiner ist das treibende Konzentrationsgefälle für den Stofftransport.

7.10.3.4 Scale-up-Methoden und Produkteigenschaften

Die Beschreibung von Wärme- und Stofftransport bei der Trocknung realer Produkte erfordert einen Kompromiss zwischen theoretischer Modellbildung und experimentellen Informationen. Die Grenzen der Modellbildung liegen in der Beschreibung der Produktbewegung im Apparat. Aus diesem Grund können die allermeisten Trocknungsapparate nicht aus dem Labormaßstab in den Produktionsmaßstab mit der notwendigen Genauigkeit hochgerechnet werden.

Die Hochrechnung in den Produktionsmaßstab erfolgt am besten auf der Basis von Versuchen im Technikumsmaßstab (Ausnahmen: Trockenschränke und Bandtrockner). Je nach Apparatetyp ist eine bestimmte Mindestgröße des Versuchsapparats notwendig. Bei der Übertragung in den Produktionsmaßstab sind bestimmte Parameter konstant zu halten. Der Grund dafür liegt nicht nur auf der thermischen Seite, sondern auch in der Übertragbarkeit der Produkteigenschaften. Die eigentliche Hochrechnung erfolgt dann meist linear über charakteristische Größen, meist Flächen. Im Folgenden wird darauf noch an verschiedenen Stellen eingegangen.

Das Scale-up aus dem Labormaßstab hat dennoch eine große Bedeutung, weil eine optimale Verfahrensentwicklung möglichst frühe Kostenschätzungen braucht. Hier sind die Anforderungen an die Genauigkeit der Scale-up-Methoden deutlich geringer als bei der konkreten Auslegung von Produktionsapparaten.

Zum einen sind nicht für alle Apparatetypen geeignete Rechenmethoden vorhanden, zum anderen ist die Modellbildung dann so kompliziert, dass es den Rahmen dieser Abhandlung sprengen würde, diese zu behandeln. Bei der Behandlung der Apparatetypen werden Literaturzitate für Berechnungsmethoden angegeben, soweit dies sinnvoll erscheint. Oftmals bieten die entsprechenden Apparatebauer das Scale-up für ihre Apparate mit speziellen Computerprogrammen an.

Die thermische Seite bestimmt nicht nur die spezifische Verdampfungsleistung und somit die erforderliche Apparategröße und die Wirtschaftlichkeit des Trocknungsverfahrens, sondern auch teilweise die Produktqualität. Wie eingangs dieses Kapitels gezeigt, können die Temperaturverhältnisse beim Trocknen sehr extrem sein. Die Temperatur des Produkts kann sich während der Trocknung in weiten Grenzen ändern. Dies hängt von der Prozessführung ab. Man kann sich daher sehr leicht vorstellen, dass die physikalischen und chemischen Prozesse, die parallel mit der Trocknung ablaufen, stark von der Prozessführung abhängen. Die Kenntnis der thermischen Vorgänge spielt also bei der Ausbildung und Bewertung von Produkteigenschaften eine wichtige Rolle.

Mit den angegebenen Gleichungen lassen sich die Beharrungstemperaturen im ersten Trocknungsabschnitt berechnen. Die obere Grenze ist die Temperatur des Heizmediums. Die Verläufe dazwischen muss man experimentell ermitteln. Bei der konvektiven Trocknung hängt die Produkttemperatur im ersten Trocknungsabschnitt von der Feuchte des Gases ab, bei der Vakuumkontakttrocknung vom Systemdruck. Durch geschickte Wahl der Prozessführung wie zum Beispiel Gleichstrom, Gegenstrom oder Kreuzstrom mit verschiedenen Gaszuständen in verschiedenen Zonen eines Apparats lässt es sich erreichen, dass man ein Produkt schnell und dennoch schonend trocknen kann. So kann ein thermisch empfindliches Produkt im ersten Trocknungsabschnitt mit sehr hohen Gastemperaturen getrocknet werden, weil die Beharrungstemperatur des Produkts weit unter der Gastemperatur liegen kann. Erst gegen Ende der Trocknung muss dann die Gastemperatur zurückgenommen werden. Viele Produkte sind auch nur in bestimmten Feuchtebereichen „empfindlich“.

7.10.4 Bauarten von Trocknern

7.10.4.1 Einleitende Bemerkungen

Die Vielzahl an verschiedenen Trocknertypen ist enorm. Es kann daher hier nur eine Auswahl vorgestellt werden. Bei jedem Apparat wird angegeben, mit welcher charakteristischen Größe hochgerechnet werden kann und welche Größen in Versuchs- und Produktionsanlage gleich sein müssen, d. h. „konstant zu halten“ sind. Die Angaben in Klammern hinter den charakteristischen Größen beschreiben die minimale Größe eines Scale-up-fähigen Versuchsapparats. Die Art der Hochrechnung wird weiter unten in Abschnitt 7.10.5.3 beschrieben.

7.10.4.2 Konvektive Trockner

Einer der erst zu nennenden Trockner ist der Umlufttrockenschrank. Im Umlufttrockenschrank wird das Produkt meist auf einzelnen Blechen getrocknet, die übereinander angeordnet sind. Das Produkt wird mechanisch schonend getrocknet. Die Betriebsweise des Apparats ist diskontinuierlich. Typische Verweilzeiten sind mehrere Stunden.

Das Scale-up wird über die charakteristischen Größen, wie die Fläche der Bleche, die vom Labortrockenschrank aus hochgerechnet werden, durchgeführt. Konstant zu halten sind die Lufttemperatur, die Luftfeuchte, die Schüttungshöhe und die mittlere hydrodynamische Verweilzeit.

Konvektive Bandtrockner In Abb. 7.121 ist ein konvektiver Bandtrockner mit überströmtem Produkt dargestellt. Das Produkt wird auf ein Endlosband aufgegeben, beim Durchlaufen des Tunnels getrocknet und schließlich abgeworfen.

In Abb. 7.122 ist ein Querschnitt durch einen Bandtrockner mit durchströmter Produktschüttung gezeigt. Derartige Apparate werden in Modulbauweise angeboten, sodass der Trockner für ein bestimmtes Produkt nach dem Baukastenprinzip zusammengestellt werden kann. In jedem Modul können andere Gastemperaturen eingestellt werden. Das Feuchtprodukt sollte im Fall des durchströmten Festbetts von einem Granulator auf das Band abgeworfen werden. Konvektive Bandtrockner sind mechanisch schonend. Sie werden bevorzugt kontinuierlich betrieben. Diskontinuierlicher Betrieb ist aber möglich. Die typische Verweilzeit beträgt ca. 0,5 h.

Das Scale-up von konvektiven Bandtrocknern richtet sich nach der charakteristischen Größe einer Bandfläche (Minumum ca. 0,3 m^2). Außerdem sind die Zugastemperatur, die Zugasfeuchte, die mittlere Gasgeschwindigkeit, die Schüttungshöhe und die mittlere hydrodynamische Verweilzeit konstant zu halten.

Für konvektive Bandtrockner existieren Wärme- und Stofftransportmodelle [47], die ausgehend von Laborversuchen (Bandfläche ca. 0,01 m^2) eine genaue Hochrechnung ermöglichen. Da mit diesen Modellen Zonenfahrweisen mit unterschiedlichen Gaszuständen simuliert werden können, bieten sie sehr gute Optimierungsmöglichkeiten.

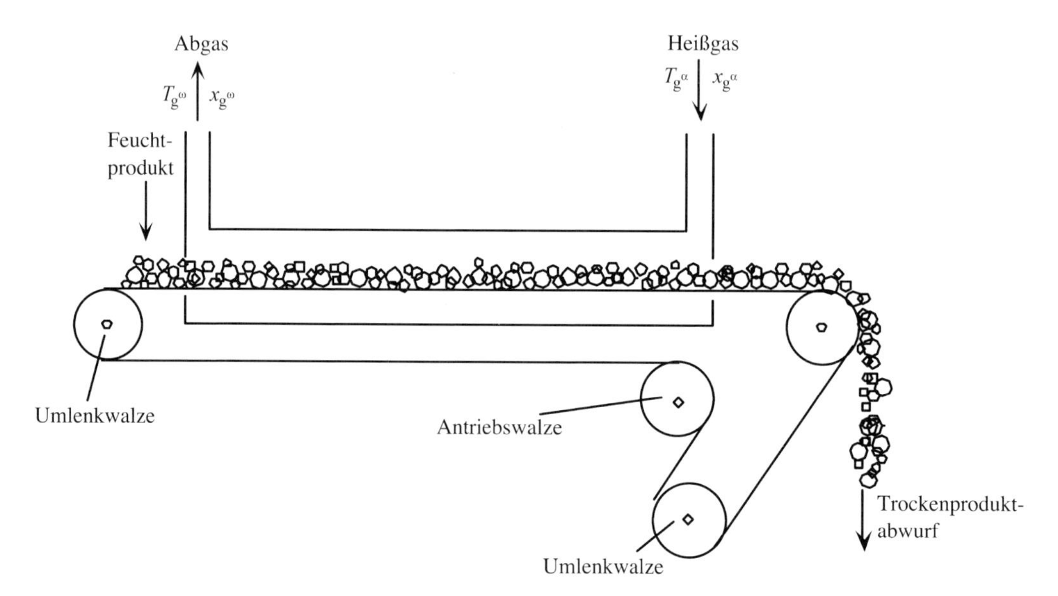

Abb. 7.121 Bandtrockner, Produkt überstömt.

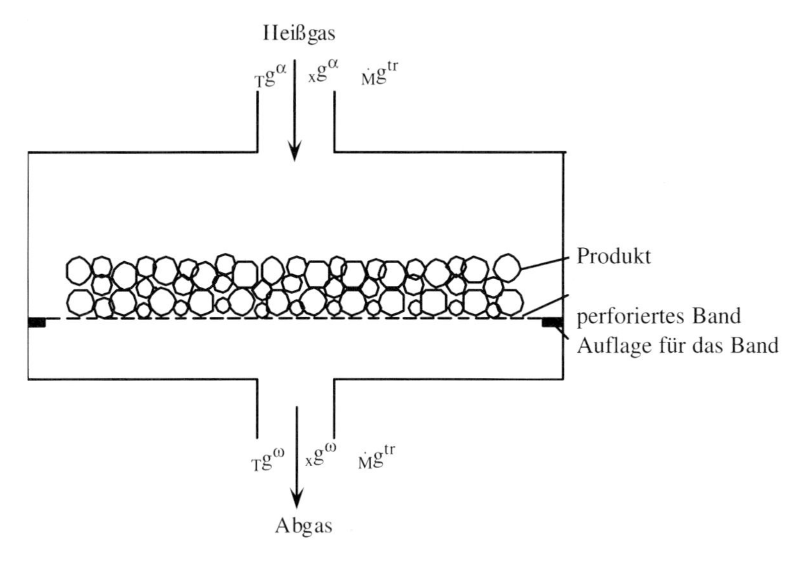

Abb. 7.122 Bandtrockner, Produkt durchströmt.

Wirbelbetttrockner In Abb. 7.123 ist ein Wirbelbett dargestellt. Das Trocknungsgas tritt von unten durch einen perforierten Boden in den Produktraum und fluidisiert das Produkt. Der Apparat kann mit der Verweilzeitverteilung des Rührkessels gebaut werden (Rundbett) oder aber auch mit enger Verweilzeitverteilung als Rinne mit

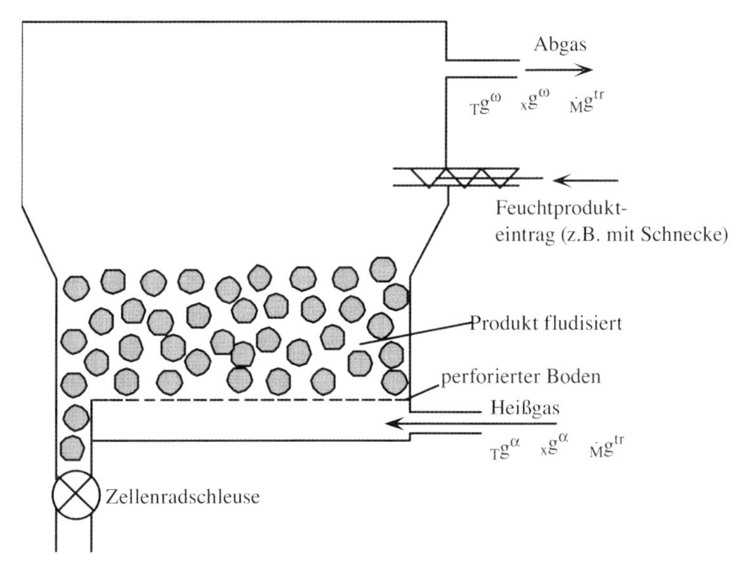

Abb. 7.123 Wirbelbett (kontinuierlich).

Zonenblechen. Oft werden bei feinen Produkten unter ca. 500 μm zusätzliche Heizplatten eingesetzt. Der Apparat kann sowohl kontinuierlich als auch diskontinuierlich betrieben werden. Typische Verweilzeiten betragen ca. 0,5 h.

Das Scale-up des Wirbelbettes erfordert die charakteristische Größe Bettfläche (mindestens 0,5 m^2). Die Zugastemperatur, die Zugasfeuchte, die Gasgeschwindigkeit und den flächenspezifischen Produktinhalt sowie die Verweilzeit sind konstant zu halten [48].

Mithilfe einer zusätzlichen Düse kann die eingangs beschriebene Sprühgranulation aber auch eine Beschichtung im Sprühwirbelbett durchgeführt werden. Diese Verfahren haben eine große Zahl an Parametern. Das Scale-up ist sehr gewissenhaft durchzuführen. Dann sind die Verfahren aber gut und betriebsstabil betreibbar. Die Betriebsweise ist kontinuierlich bei der Sprühgranulation und diskontinuierlich beim Beschichten. Hierbei zählen als konstant zu haltende Scale-up-Kriterien die charakteristischen Größen wie die Zugastemperatur, die Zugasfeuchte, die Gasgeschwindigkeit, der flächenspezifische Produktinhalt und die mittlere hydrodynamische Verweilzeit. Des Weiteren ist zu beachten, dass der Düsenabstand vom Produkt und der Druck des Zerstäubungsgases bzw. die Tropfengröße (eventuell mehrere Düsen) eine Rolle spielen. Nicht zu vergessen ist der Zustand der Produktlösung, insbesondere die Konzentration und logischerweise die Temperatur. Andererseits müssen der Abstand der Düse vom Produkt und der aufgegebene Druck gewährleistet sein.

Sprühturm Abbildung 7.124 und Abbildung 7.127 zeigen einen Sprühturm. Das Trocknungsgas wird über einen Gasverteilerboden meist von oben zugeführt. Die Produktlösung wird meist mit einer Zweistoffdüse versprüht und im Gleichstrom getrocknet. Das Produkt wird am besten mit einem Schlauchfilter (ohne Zyklon!) vom Gas getrennt. Der Sprühturm produziert feines Pulver bis ca. 150 μm Durchmesser. Es wird auch über Gegenstromfahrweisen berichtet. Der Autor rät davon aber ab, weil es zu Produktanwehungen an der Düse kommen kann. Der Apparat kann nur kontinuierlich betrieben werden. Typische Verweilzeiten sind 10–30 s.

Die Übertragungskriterien sind in diesem Fall das Konstanthalten der charakteristischen Größen Zugastemperatur, Zugasfeuchte sowie mittlere hydrodynamische Verweilzeit (Durchmesser des Versuchsturms mindestens 0,8 m bei Verwendung einer Zweistoffdüse und 1,2 m bei Verwendung einer Einstoffdüse).

Fluidized Spray Drier Es ist noch eine Kombination von Sprühturm und Wirbelbett in einem Apparat denkbar, dem sogenannten *Fluidized Spray Drier* FSD. Der untere Teil des Sprühturms ist als Wirbelbett ausgebildet. Es wird Heißgas von oben und unten zugeführt. Das Abgas wird seitlich abgezogen. Der Apparat ist sehr gut geeignet für Produkte, die bei mittleren Feuchten kleben. Fallen klebende Teilchen auf die Wirbelschicht, so bilden sich große Agglomerate, die dann im Wirbelbett durchgetrocknet werden. Die Verweilzeiten des Produkts in den zwei Zonen des Apparats sind wie bei Sprühturm und Wirbelbett. Der Apparat kann nur kontinuierlich betrieben werden. Das Scale-up erfolgt wie bei Sprühturm und Wirbelbett.

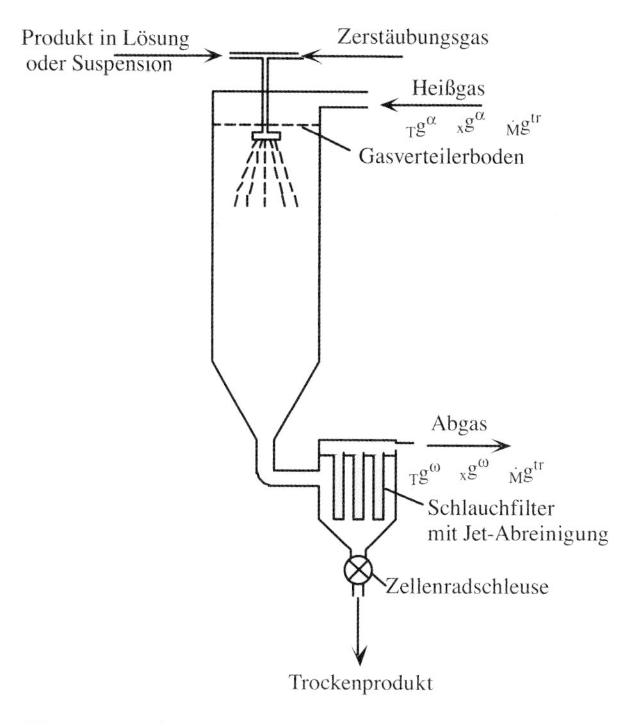

Abb. 7.124 Sprühturm.

7.10.4.3 **Kontakttrockner**

Im Vakuumtrockenschrank wird das Produkt meist auf einzelnen beheizten Flächen getrocknet, die übereinander angeordnet sind. Das Produkt wird thermisch und mechanisch schonend getrocknet. Die Betriebsweise des Apparats ist diskontinuierlich. Typische Verweilzeiten sind mehrere Stunden.

Beim Scale-up sind die charakteristischen Größen wie die Fläche der Heizplatten (Laborvakuumtrockenschrank), die Heiztemperatur, der Druck, die Schüttungshöhe und die Verweilzeit konstant zu halten.

In Abb. 7.125 ist ein Vakuumkontaktbandtrockner gezeigt. Im Rezipienten sind meist mehrere Endlosbänder übereinander angeordnet. Die Bänder liegen auf Heizplatten. Das Produkt wird auf der linken Seite auf die Bänder aufgegeben und nach der Trocknung rechts wieder abgeworfen. Der Vakuumkontaktbandtrockner ist thermisch und mechanisch schonend. Der Apparat kann sowohl kontinuierlich als auch diskontinuierlich betrieben werden. Typische Verweilzeiten sind ca. 0,5–2 h.

Vergrößerbar sind solche Trockner wiederum unter Beachtung der charakteristischen Größen wie die Bandfläche (ca. 0,01 m^2) sowie bei Konstanthaltung der Heiztemperatur, des Drucks, der Verweilzeit und der Schüttungshöhe.

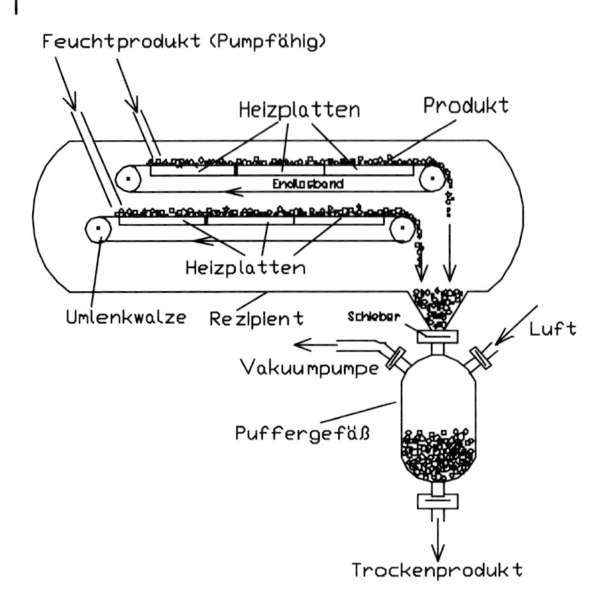

Abb. 7.125 Vakuumkontaktbandtrockner (kontinuierlich).

Um das Vakuum aufrecht erhalten zu können, müssen alle kontinuierlich betriebenen Vakuumapparate für den Produktstrom am Ein- und Ausgang mit einer Schleuse bestückt sein.

In Abb. 7.125 ist am Trockenproduktaustrag eine solche Schleuse gezeigt. Das Trockenprodukt wird schwallweise über ein Puffergefäß vom Vakuum zum Umgebungsdruck gebracht. Das eintretende Feuchtprodukt ist hier pumpfähig und dichtet die Zuleitung selbst ab. Es gibt auch Kontaktbandtrockner, die bei Normaldruck betrieben werden [49].

In Abb. 7.126 ist ein Vakuumschaufeltrockner gezeigt. Die Welle ist mit Schaufeln zum Durchmischen des Produkts bestückt. Der Apparat wird am Mantel und meist auch über die Welle beheizt. Der Apparat ist thermisch schonend. Er wird bevorzugt diskontinuierlich betrieben. Die typische Verweilzeit beträgt mehrere Stunden. Es gibt aber auch Apparatekonstruktionen für kontinuierlichen Betrieb. Die typische Verweilzeit liegt dann meist im Bereich von Minuten. Das Scale-up benötigt in diesem Fall die charakteristische Größe der Heizfläche im 1. und 2. Trocknungsabschnitt (Minimum von 0,2–1 m^2, je nach Größe des Produktionsapparats und Betriebsweise). Die Verweilzeit im 3. Trocknungsabschnitt, die Heiztemperatur, der Druck, die Froude-Zahl und der Füllgrad sind konstant zu halten [43, 44, 50]. Eine Berechnungsmethode für den ersten und zweiten Trocknungsschritt geben Schlünder und Mollekopf [43].

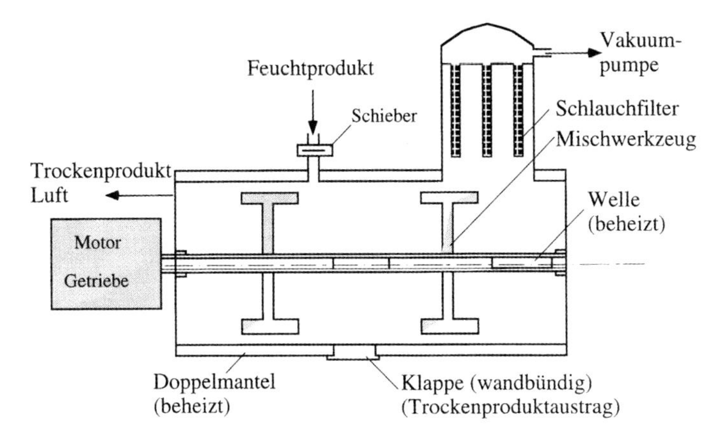

Abb. 7.126 Vakuumschaufeltrockner (diskontinuierlich).

7.10.5
Auswahlkriterien, Vorgehen und Auslegung

7.10.5.1 **Auswahlkriterien**

Bei der Entwicklung und Überarbeitung von Trocknungsverfahren spielen die Produkteigenschaften eine zentrale Rolle [53]. Die Auswahl eines geeigneten Apparatetyps muss zunächst daran orientiert sein, dass die Eigenschaften des Feuchtprodukts „verarbeitet" und die des Trockenprodukts eingestellt werden können. Das gilt auch für Betriebsparameter wie Druck, Temperatur usw.

Nur diejenigen Apparate, die diese erste Hürde genommen haben, kommen für Trocknungsversuche in Betracht. Hier spielen thermische Daten, wie Verdampfungsleistung, und Energieverbrauch, eine entscheidende Rolle, weil sie die Wirtschaftlichkeit stark beeinflussen. Selbstverständlich müssen auch alle anderen Kriterien erfüllt sein. So wird man beispielsweise für ein toxisches Produkt einen in sich geschlossenen Apparat vorziehen.

Für ein ganz bestimmtes Produkt, das in einer festgelegten Verfahrenskette hergestellt wird, gibt es eine optimale Lösung für die Trocknungsstufe. Der Fall, dass verschiedene Trocknungsverfahren „genau gleich gut" sind, kommt in der Praxis kaum vor.

7.10.5.2 **Vorgehen bei der Verfahrensentwicklung**

Nicht nur das Verfahren wird an seiner Wirtschaftlichkeit gemessen, sondern auch die Verfahrensentwicklung. Hierbei ist oft die Zeit für eine Verfahrensentwicklung wichtiger als die Kostenseite. Um zu einer schnellen und effizienten Verfahrensentwicklung zu kommen, empfiehlt es sich, eine gestufte Vorgehensweise zu wählen, die mit der Verwertung verfügbarer Informationen beginnt, über das Messen physikalischer Daten und über Trocknungsversuche im Labor zu Technikumsversuchen führt. In jeder dieser Stufen wird die Zahl der denkbaren Varianten (für einen Außenstehenden erstaunlich) stark eingeengt. Auf diesem

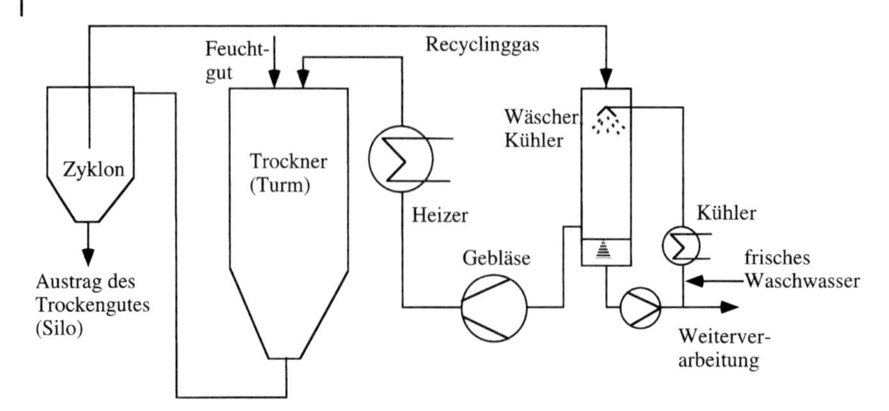

Abb. 7.127 Ein Wirbelschicht-Sprühtrockner-Anlage.

Weg kann mit relativ wenig Aufwand an Geld und Zeit das optimale Verfahren gefunden werden.

Eine detaillierte Beschreibung für ein solches Vorgehen findet man in [51, 52]. In diesen Arbeiten wird auch dargelegt, wie dieses Vorgehen auch ohne eigene experimentelle Einrichtungen sinnvollerweise ausgeführt werden kann.

Es ist ein weit verbreiteter Irrtum, man könne einen optimalen Apparat dadurch finden, dass man ein bestehendes Trocknungsverfahren für ein Produkt gleichen Namens kopiert. Dies ist nur dann möglich, wenn auch alle anderen Apparate, Betriebsbedingungen und Edukte (!) des gesamten Verfahrens identisch sind. Da dies sehr selten der Fall ist, führt ein solches Vorgehen nicht zur optimalen Problemlösung.

7.10.5.3 Scale-up über charakteristische Größen

Die Art der Hochrechnung über charakteristische Größen wird am Beispiel einer charakteristischen Fläche A für einen kontinuierlich betriebenen Apparat gezeigt:

$$A_{\text{Produktion}} = A_{\text{Versuch}} \cdot \frac{\text{Durchsatz}_{\text{Produktion}}}{\text{Durchsatz}_{\text{Versuch}}} \qquad \text{(Gleichung 7.223)}$$

Zusätzlich ist noch zu berücksichtigen, dass das Feuchtprodukt erwärmt und das Trockenprodukt abgekühlt werden muss. Bei diskontinuierlichen Apparaten müssen noch Zeiten für Befüllen und Entleeren vorgesehen werden.

Ein Sicherheitszuschlag von 20 % ist in den meisten Fällen sinnvoll. Bei schwierigen Produkten kann auch ein größerer Sicherheitszuschlag notwendig sein.

In Abschnitt 7.10.4 sind alle charakteristischen Größen und alle bei der Hochrechnung konstant zu haltenden Parameter für die vorgestellten Apparate angegeben. Bei den Scale-up-Methoden über charakteristische Größen sind die Anfangs- und Endfeuchten des Produkts immer konstant zu halten, nicht zuletzt, um die Übertragbarkeit der Produkteigenschaften zu gewährleisten. Es ist selbstredend, dass Geometrie und Verfahrensweise im Technikumsversuch so wie später in der Produktionsanlage sein müssen. Die einzige Ausnahme findet man bei den kontinuierlich betriebenen Vakuumkontaktbandtrocknern. Sie können mittels diskontinuierlicher Laborversuche hochgerechnet werden.

7.11 *In-vitro*-Refolding

7.11.1 Aufgaben und Funktionsbeschreibung

Der Aufbau von Proteinen kann durch die vier Strukturebenen Primärstruktur, Sekundärstruktur, Tertiärstruktur und Quartärstruktur beschrieben werden (Tab. 7.12).

Die Sequenz der Aminosäuren, deren Peptidbindungen und Disulfidbrücken (beides kovalente Bindungen) legen die Primärstruktur fest.

Der Anteil einer jeden Aminosäure und ihre Position in der Kette bestimmen zusammen mit den Umgebungsbedingungen die Sekundarstruktur. Drei Sekundärstrukturen sind vielen Proteinen gemeinsam (Abb. 7.128):

- α-Helix,
- β-Faltblatt,
- Zufallswicklung.

Tabelle 7.12 Strukturelemente zur Beschreibung des Proteinaufbaus.

Primärstruktur	Sekundärstruktur	Tertiärstruktur	Quartärstruktur
Aminosäuresequenz, Peptidbindungen, → Primärstruktur	Aminosäureanteil, Position in Kette (Umgebungsbedingungen) → 3 Sekundarstrukturen (Abb. 7.128): α-Helix, β-Faltblatt, Zufallswicklung + externe Ω-Loops + starre Drehungen	→ thermodynamisch stabile Struktur des Proteins • Disulfidbrücken zwischen freien Cystein-Resten (Cystein = Aminosäure mit –SH-Gruppe), • *cis-trans*-Stellung Prolin-Reste (Prolin = Aminosäure mit chiralem Charakter • van-der-Waals-Wechselwirkungen + Wasserstoffbrücken-Bindungen	→ komplexe Proteine (hoch spezifische Enzyme) → mehrere Polypeptidketten (Untereinheiten, β-Galactosidase: 4 Untereinheiten zu je ~ 160 000 Da)

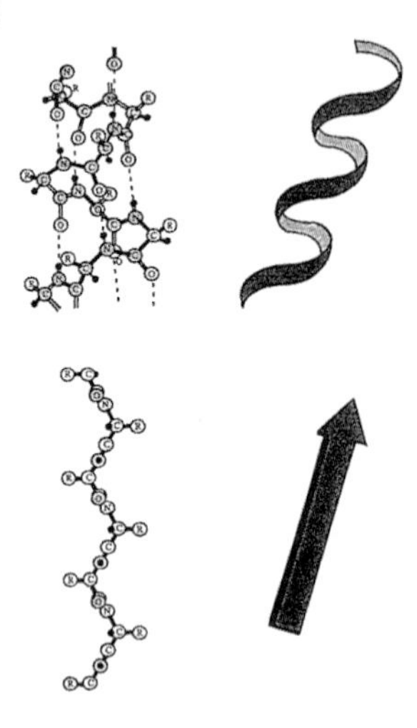

Abb. 7.128 Modelle von Proteinsekundärstrukturen. Das linke obere Bild repräsentiert eine α-Helix, darunter ein β-Faltblatt und rechts oben eine Zufallswicklung. Zusätzlich treten noch externe Ω-Loops und starre Drehungen auf. Die Struktur eines Protein bestimmt auch dessen physiologische Aktivität [53, 54].

Zusätzlich treten z. B. externe Ω-Loops und starre Drehungen auf. Bedingt durch Disulfidbrücken zwischen freien Cystein-Resten (Cystein: eine Aminosäure mit einer –SH-Gruppe), den *cis-trans*-Stellungen der eventuell vorhandenen Prolin-Reste (Prolin: eine Aminosäure mit chiralem Charakter), van-der-Waals-Wechselwirkungen und Wasserstoffbrücken-Bindungen entsteht die Tertiärstruktur eines Proteins. Dies ist die thermodynamisch stabile Struktur des Proteins.

Im Falle komplexer Proteine, wie z. B. einiger hoch spezifischer Enzyme, können mehrere Polypeptidketten als Untereinheiten an der Struktur des Gesamtmoleküls beteiligt sein (β-Galactosidase: 4 Untereinheiten zu je ~ 160 000 Da). Die Anordnung dieser Untereinheiten bezeichnet man als Quartärstruktur.

Mit der heute zur Verfügung stehenden Technologie kann die endgültige Konformation eines Proteins, ausgehend von einer bekannten Primärstruktur (der Aminosäuresequenz), nicht bestimmt werden.

Zur Bestimmung dieser Konformation sind umfangreiche Untersuchungen notwendig, die z. B. die Nutzung der Kristall-Röntgenstrukturanalyse (*X-ray crystallography*) oder der multidimensionalen NMR beinhalten.

Da diese Techniken nicht auf Routinebasis durchgeführt werden können, muss während der Produktion eines Wertproteins dessen Zustand durch verschiedene „einfachere" Analysenmethoden überwacht werden, um so seine korrekte Zusammensetzung, Struktur und biologische Aktivität zu sichern. Eine Zusammenstellung von Analysenmethoden ist in Tab. 7.13 gegeben.

Normalerweise nimmt ein Protein von den statistisch möglichen Konformationen nur eine einzige ein. Diese ist die thermodynamisch stabilste und beinhaltet die geringste freie Enthalpie H.

Tabelle 7.13 Methoden zur Bestimmung von Proteineigenschaften [55].

Methode	Struktur/detektierte Zusammensetzung	Protein (mg/ml)
Spektroskopische Techniken		
Absorption		
0. Ordnung	Bruttostrukturänderung, sensitiv für aromatische Aminosäuren und Disulfide	0,1–1,0
Spektrum	geringfügige Verschiebungen in der räumlichen Orientierung aromatischer Aminosäuren	
second derivative		
Fluoreszenz		
unisotropisch	Molekülgröße, fluorophore Umgebung	0,01–1,0
Polarisation	Änderung in der fluorophoren Umgebung	
Quenchung	fluorophore Zugänglichkeit, Quenchlösung erforderlich	
hydrophobe Sonde	Exposition hydrophober Sektionen, Fluoreszenzsonnde erforderlich	
Chromatographie		
Gelfiltration	Molekülgröße, hydrodynamischer Radius	> 0,01
Ionenaustausch	Exposition geladener Gruppen, Deamidation	
Hydrophobe Interakt.	Proteolyse und Exposition hydrophober Regionen	
Reversphase	Oxidation von Methionin, Exposition hydrophober Regionen	
Affinität	spezifische Konformationen von Epitopen	
Aktivität		
biologische Aktivität	aktive oder bindende Stelle	variabel
Antikörper	multiple Konformationsepitope	
Liganden	spezifische Bindungskonformation	
Inhibitoren	Inhibitor-Bindungsstellenformation	
Verschiedenartig		
Differenzialkalorimeter	Bruttokonformationsänderung	0,10–1,0
Elektronenspinresonanz	Größe der Proteine	–1,0
NMR	dreidimensionale Struktur	> 10
Röntgenstrukturanalyse	dreidimensionale Struktur (Feststoff)	Kristalle

Wie bereits erwähnt, wird die Tertiärstruktur durch Disulfidbrücken und schwache, nichtkovalente Wechselwirkungen innerhalb des Proteinmoleküls stabilisiert. Zu diesen schwachen Interaktionen gehören Wasserstoffbrücken, ionische Wechselwirkungen zwischen geladenen Gruppen, van-der-Waals-Kräfte und hydrophobe Wechselwirkungen. Die sogenannten schwachen Interaktionen sind, obwohl die freie Reaktionsenthalpie ΔG bei ihrer Entstehung nur zwischen –3 und –30 kJ/mol beträgt, wesentlich an der Stabilisierung der Struktur beteiligt, da die Anzahl dieser Wechselwirkungen in einem Proteinmolekül relativ hoch ist [56].

Analoge Proteine verschiedener Spezies sowie Proteine mit ähnlichen Funktionen können eine Vielzahl an differierenden Sequenzen aufweisen, haben jedoch häufig ein gemeinsames Faltungsmuster.

Als Beispiel sollen die Globine (Globuline) dienen, zu denen Myoglobine und Hämoglobine zählen. Die biologische Aufgabe dieser Proteine ist unter anderem der Sauerstofftransport in Wirbeltieren.

Die dreidimensionale Struktur der Hauptkette des Pottwal-Myoglobins besitzt große Ähnlichkeit mit den Strukturen der α- und β-Ketten des humanen Hämoglobins, obwohl die Aminosäuresequenzen wenig übereinstimmend sind. Die drei Ketten stimmen nur an 24 von 141 Positionen überein [57].

Im Gegensatz dazu können Proteine mit ähnlichen Aminosäuresequenzen sehr unterschiedliche Strukturen einnehmen [56, 57].

Die Tatsache, dass sich Proteine mit unterschiedlicher Funktion und Sequenz ein ähnliches Faltungsmuster teilen, legt den Schluss nahe, dass die Anzahl der Faltungsschemata weitaus geringer ist als die Anzahl der Proteine. Es wird vermutet, dass nur ca. 1000 Faltungsmuster existieren [58], was darauf hinweist, dass die Funktion eines Proteins sowohl von der räumlichen Gestalt als auch von der Sequenz der Aminosäuren in der dreidimensionalen Struktur abhängig ist [56, 57].

Die Proteinsynthese in lebenden (vitalen) Organismen ist meist durch eine hohe Geschwindigkeit gekennzeichnet. So ist z. B. eine Zelle des Bakteriums *Escherichia coli* bei 37 °C fähig, ein Protein aus 100 AS in nur 5 s zu synthetisieren.

Wäre der Prozess der Proteinfaltung vom Zufall bestimmt und müssten alle möglichen räumlichen Anordnungen der Aminosäurekette getestet werden, so wäre die Bildung eines nativen, biologisch aktiven Proteins mit der oben genannten Geschwindigkeit nicht realisierbar. Der Weg der Proteinfaltung muss daher zielgerichtet und in der Aminosäuresequenz zugrunde gelegt sein [56].

Der genaue Ablauf der Proteinfaltung ist noch ungeklärt. Es existieren verschiedene Theorien, die aus experimentellen Untersuchungen an Beispielsystemen hervorgegangen sind und den Prozess der Faltung beschreiben [56].

7.11.1.1 **Gründe für Refolding**

Ist die native Konformation eines Proteins bekannt, kann der Biotechnologe verschiedene Wege der Produktion dieses Proteins einschlagen. Die heute am häufigsten verwendeten Produktionsorganismen sind *Escherichia coli*, *Saccharomyces cerevisiae* und *Chinese-hamster-ovary-* (CHO)-Zellen. Da die meisten auf der Basis von rekombinanter DNA enthaltenden Organismen produzierten Proteine eukaryotischen Ursprungs sind, ist die CHO-Zelle der Produktionsorganismus, der die geringsten Strukturabweichungen erwarten lässt. Diese gute, bisweilen 100 %ige, Übereinstimmung des rekombinanten Proteins mit dem Originalprotein beruht dabei auf der Fähigkeit der korrekten posttranslationalen Modifikation der Polypeptidkette in der CHO-Zelle. Nachteil einer Expression des Zielproteins in CHO-Zellen sind die relativ hohen Kosten, die durch ein hoch spezifisches Medium, relativ geringe Raum-Zeit-Ausbeuten und teurere Aufarbeitungs- und Reinigungsschritte entstehen. Eine Alternative besteht in der Expression in Hefezellen, die das Protein zwar in der richtigen Art synthetisieren und prozessieren, aber in der Regel keine korrekte Glykosylierung zur Verfügung stellen, da im Vergleich zu den Eukaryoten hier Mannose anstelle von Glucose in die Kohlenhydratstruktur eingebaut wird und diese nicht native Struktur im menschlichen Organismus als Fremdkörper angesehen und eliminiert wird.

Daher ist das Glykosylierungsmuster gerade in Hinblick auf die biologische und immunologische Aktivität von gewissen Proteinen (sog. Glykoproteinen) von sehr großer Bedeutung, da die Oberflächenstrukturen hier zur Erkennung und Signaltransduktion von großer Bedeutung sind. Speziell die für die Krebstherapie rekombinant hergestellten Proteine müssen eine exakte Glucanstruktur aufweisen, um ihre therapeutische Wirkung in vollem Umfang zu entfalten, z. B. Kontakt von Antikörpern mit der Krebszelle und das damit verbundene Einschleusen von Toxinen in das Zellinnere.

Da die Kosten für ein kommerziell in einer CHO-Zelle hergestelltes therapeutisches Glykoprotein zwischen 1 und 3 Millionen US-Dollar pro Kilogramm liegt, wird in der Zukunft auch verstärkt die Produktion in Pilzen (speziell in *Aspergillus*) von Interesse sein, da mit Produktionskosten von 200–300 US-Dollar pro Kilogramm eine erhebliche Kostenreduzierung erfolgen könnte. Allerdings müssen

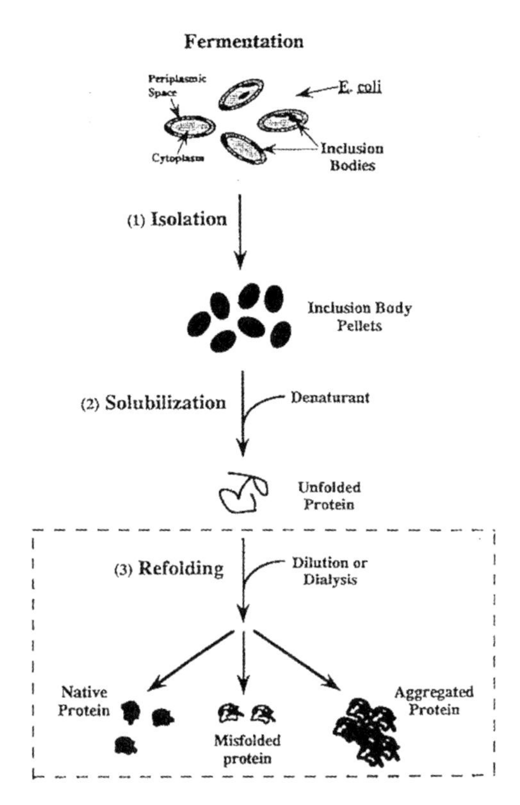

Abb. 7.129 Gewinnung eines nativen Proteins aus Escherichia coli. In der Zelle fällt das Fremdprotein aus und sammelt sich als inaktives Proteinknäuel, der sogenannte inclusion body, an. Dieses intrazelluläre Protein muss freigesetzt (Zellaufschluss, Abschnitt 7.2), isoliert und letztendlich wieder aktiviert (renaturiert) werden (auch Abschnitt 10.2) [55].

noch industriell nutzbare Verfahren zur Glykosylierung dieser rekombinanten Proteine entwickelt werden [59], um diesen finanziellen Vorteil zu nutzen [60].

Wird eine posttranslationale Glykosylierung nicht benötigt, um die erforderlichen Eigenschaften zu erzielen, so kann das Protein in Prokaryoten wie z. B. *Escherichia coli* produziert werden. Infolge der dann nicht nativen Zusammensetzung des Proteins sowie anderer nicht mit dem Ursprungsorganismus kompatiblen Bedingungen bei der Proteinexpression kann es dabei zu einer nicht nativen, inaktiven Struktur des Proteins im Produktionsorganismus kommen.

In der Regel tritt dann ein sog. *inclusion body* im Wirtsorganismus auf, der eine Zusammenballung des rekombinant produzierten Proteins in relativ hoher Reinheit enthält. Tritt dies ein, so muss während des Downstream-Processing eine Renaturierung (Refolding) vorgesehen werden. Der Ablauf eines solchen Prozesses ist in Abb. 7.129 wiedergegeben.

Die fermentative Überproduktion eines rekombinanten Proteins in *Escherichia coli* führt häufig zu einer Bildung von *inclusion bodies* in der Zelle. Diese „Einschlusskörper" bestehen aus unlöslichen Aggregaten des Zielproteins. Zur Gewinnung des Proteins muss der *inclusion body* aus der Zelle freigesetzt und in Lösung gebracht werden. Daran anschließend erfolgt das sogenannte Refolding.

7.11.2
Verfahren und Betriebsweisen

7.11.2.1 Der Verlauf einer *In-vitro*-Renaturierung

Aus experimentellen Untersuchungen zur Proteinfaltung zeichnen sich übereinstimmende Charakteristika des Faltungsverlaufes ab. Diese werden in sog. Energieprofilen dargestellt (Abb. 7.130). Der Weg zum aktiven Protein verläuft über verschiedene Zwischenstadien (Intermediate), die durch Energiebarrieren voneinander getrennt sind.

Ausgehend vom ungefalteten Zustand (U) verläuft der Faltungsweg zum *molten globule* (MG) und dann zur nativen Struktur (N). Dabei sind verschiedene Energiebarrieren zu überwinden.

Bei typischen Faltungsexperimenten beginnt sich die denaturierte Polypeptidkette nach der Überführung in ein stabilisierendes Millieu innerhalb von Millisekunden zu strukturieren. Meist kommt es zu einer teilweisen Ausbildung der Sekundärstruktur und der Bildung einiger hydrophober Cluster. Danach entsteht das sogenannte *molten globule* als Intermediat mit relativ großer thermodynamischer Stabilität. In diesem Zustand ist die Sekundärstruktur bereits relativ stabil, die Tertiärstruktur jedoch noch instabil. Das Protein ist als *molten globule* nahezu so kompakt wie im nativen Zustand. Der Übergang des *molten globule* in den nativen Zustand ist durch eine hohe Energiebarriere gekennzeichnet, die den limitierenden Faktor der Renaturierungsrate darstellt [61]. Die Abb. 7.130 zeigt qualitativ das Energieprofil einer Proteinfaltung *in vitro*.

Eine Erklärung für die Stabilität des MG und die Höhe der Energiebarriere zum nativen Zustand besteht in der sich nachteilig auf die Entropie auswirkenden Starrheit der Seitenketten in diesem Zustand. Der Weg durch den Faltungsprozess

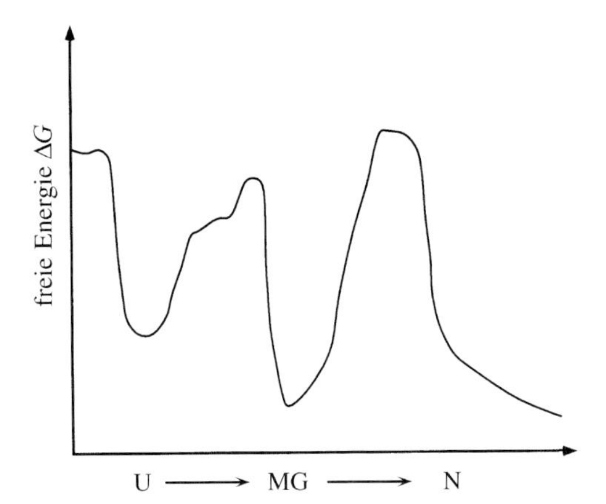

Abb. 7.130 Energieprofil einer Proteinfaltung [61].

ist nicht bei allen Proteinen gleich. Einige Proteine durchlaufen die Faltung in einer Sequenz hintereinander geschalteter Teilschritte, während andere Kinetiken zeigen, die auf parallele Sequenzen hinweisen. Dieser Sachverhalt ist in Abb. 7.131 dargestellt [61].

Im Teil a) der Abb. 7.131 ist ein Weg mit früher Konvergenz zu einem Hauptfaltungsweg dargestellt. Hierbei folgen alle Moleküle im Wesentlichen dem gleichen Faltungsweg und zeigen gleiche Intermediate auf. Teil b) zeigt dagegen multiple parallele Faltungswege mit später Konvergenz. Dabei durchlaufen die Moleküle unterschiedliche Faltungswege und zeigen unterschiedliche Intermediate auf. Welcher Weg gewählt wird, hängt wahrscheinlich von der Endstruktur und der Heterogenität im ungefalteten Zustand ab.

Letztlich werden die Faltungswege der Proteine durch die Topographie der Energielandkarte zwischen dem ungefalteten und gefalteten Zustand bestimmt. Das typische Bild solcher Energielandkarten zeigt relativ wenige große aber viele kleine Barrieren (Abb. 7.132). In Realität besitzt die Energielandkarte dreidimen-

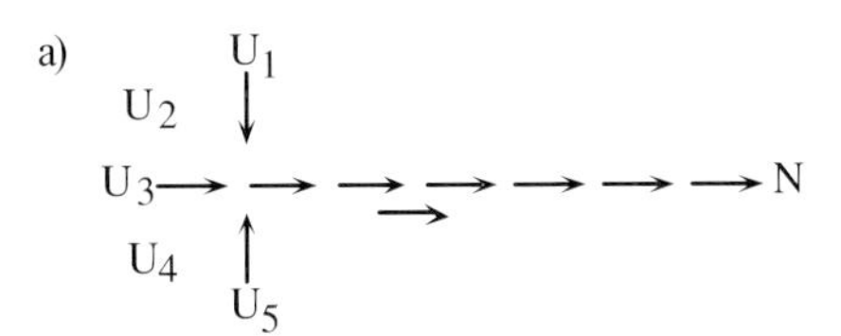

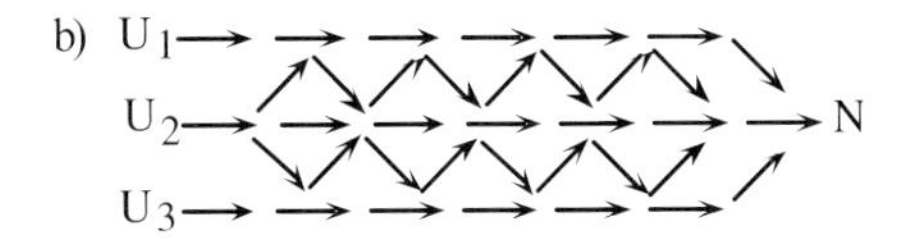

Abb. 7.131 Wege einer Proteinfaltung [61].

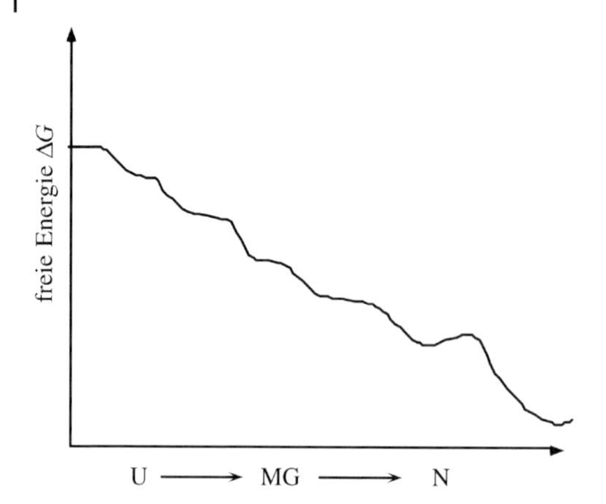

Abb. 7.132 Energieprofil einer Proteinfaltung. Die Faltungswege der Proteine werden durch die Topographie der Energielandkarte zwischen dem ungefalteten und gefalteten Zustand bestimmt. Das typische Bild solcher Energielandkarten zeigt relativ wenige große, aber viele kleine Barrieren [61].

sionale Struktur. Vorteilhaft für eine Faltung sind Topographien ohne ausgeprägte Minima, da hierbei keine dramatischen, die Faltungsrate limitierenden Energiebarrieren zu überwinden sind.

7.11.3 Berechnungs- und Auslegungsdaten

7.11.3.1 Kinetische Konkurrenz zwischen Faltung und Aggregation

Die Aggregation der teilweise gefalteten Proteine bei der Renaturierung ist eine oft beobachtete Nebenreaktion. Bei der *in-vitro*-Faltung ist häufig ein Rückgang der Menge an korrekt gefaltetem Protein mit der Steigerung der Konzentration an eingesetzten denaturierten Polypeptidketten zu erkennen. Dieser Ausbeuteverlust korreliert mit der Zunahme an unlöslichen Aggregaten. Vermutet wird, dass diese Aggregate durch Interaktionen von denaturierten Polypeptidketten oder teilweise gefalteten Übergangsstrukturen untereinander entstehen. Da aus Experimenten hervorgeht, dass diese Aggragationsreaktionen 2. oder höherer Ordnung sind, während die korrekte Faltung den Gesetzen einer Reaktion 1. Ordnung gehorcht, ist eine kinetische Konkurrenz vorprogrammiert. Mit steigender Konzentration denaturierter Polypeptidketten nimmt die Aggregationsgeschwindigkeit zu, während die Faltungsgeschwindigkeit konstant bleibt. Dadurch überwiegt die Aggregation bei höheren Konzentrationen an denaturierten Polypeptidketten [62].

7.11.3.2 Molekulare Chaperone

Um die Aggregation teilweise gefalteter Proteine *in vivo* zu vermeiden, bedienen sich eukaryotische Organismen sogenannter Chaperone. Dies sind meist Proteine, die in geeigneter Weise an Faltungsintermediate binden und diese so stabilisieren.

Nach der Entdeckung dieser Systeme glaubte man zunächst, dass die Chaperone lediglich auftreten, um den Organismus bei Stresszuständen, wie z. B. Hitze, zu schützen. Sogenannte Hitzeschockproteine (Hsp, *heat shock proteins*), wurden als Chaperone identifiziert und nach ihrem ungefähren Molekulargewicht in kDa in Familien eingeteilt: Hsp 60, Hsp 70, Hsp 90. In experimentellen Studien konnte gezeigt werden, dass sich molekulare Chaperone, wie z. B. Hsps, auch unter physiologisch normalen Bedingungen an Faltungsintermediate anlagern, diese stabilisieren und nach der erfolgreichen Faltung, bzw. einem erfolgreichen Faltungsteilschritt, wieder dissoziieren. Eine verminderte Präsenz oder die Nichtfunktion des Chaperonsystems, so wird vermutet, kann zur Ausprägung von Krankheiten, die mit fehlgefalteten Proteinen einhergehen, führen [41].

Neben den Hsps existieren in Pro- und Eukaryoten zahlreiche weitere Proteine, die an Faltungsintermediate binden und diese stabilisieren. Man kann zwei Gruppen molekularer Chaperone unterscheiden:

- **Nicht katalytische Chaperone:** Diese Gruppe von Molekülen wirkt wie beschrieben stabilisierend, aber nicht katalytisch auf den Faltungsprozess. Das bedeutet, die Reaktionsgeschwindigkeiten der einzelnen Schritte werden durch die Chaperone nicht beeinflusst.
- **Katalytische Chaperone:** Vertreter dieser Gruppe sind katalytisch wirksam. Am bekanntesten sind PDI (Protein-Disulfid-Isomerase) und PPI (Peptidyl-Prolyl-*cis-trans*-Isomerase). PDI katalysiert die korrekte Ausbildung der Disulfidbrücken und PPI die langsame Prolin-Isomerisierung.

In Abb. 7.133 ist der Mechanismus der Chaperon-unterstützten Faltung schematisch aufgezeigt

In Teil a) der Abb. 7.133 sind drei mögliche Einwirkungen von nicht katalytischen Chaperonen auf den Faltungsweg gezeigt. Die ungefaltete Proteinkette kann

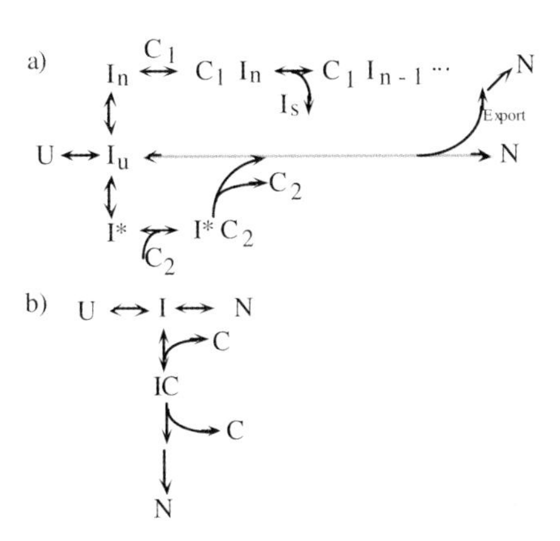

Abb. 7.133 Chaperone in der Proteinfaltung; a) stellt drei mögliche Einwirkungen von nicht katalytischen Chaperonen auf den Faltungsweg dar und b) zeigt die Einwirkung der katalytischen Chaperone PDI und PPI [61].

Tabelle 7.14 Molekulare Chaperone in der Proteinfaltung.

Name	Vorkommen	vorgeschlagene Funbktion
Nicht katalytische Chaperone		
Chaperonin 60	Mitochondrien	Bindung an partiell gefaltete Pro-
Hsp 60	*Escherichia coli*	teine oder Aggregate
groEL		
Charperonin 10	Mitochondrien	Abtrennung von Proteinen des Cha-
Hsp 10	*Escherichia coli*	peronins 60
groES		
Hitzeschockprotein 70		Bindung an partiell gefaltete Pro-
Hsp 70	Cytoplasma in Eukaryoten	teine und Translokation
Dank	Cytoplasma in *Escherichia coli*	auch in der DNA-Replikation aktiv
BiP	Cytopl./ER in Eukaryoten	Bindung an partiell gefaltene Pro-
SecB	Cytoplasma in *Escherichia coli*	teine und Translokation/bindet zur
SRP	Cytoplasma in Eukaryoten	Führungssequenz und erleichtert
		die Translokation
Katalytische Chaperone		
Protein-Disulfid-Isomerase (PDI)	endoplasmatisches Reticulum	erleichtert den Austausch der Dis-
		ulfidbindung
Peptidyl-Prolyl-*cis*-*trans*-Isomerase	endoplasmatisches Reticulum	mögliche Rolle in der Glykosylie-
		rung
		erleichtert Prolin-Isomerisierung

sich teilweise zu einem instabilen Intermediat I_u falten. Dieses Intermediat hat die prinzipielle Möglichkeit, sich zu einem Aggregat zu entwickeln (I_n), sich falsch weiter zu falten (I*) oder zu einem nativen Protein zu falten (N). Molekulare Chaperone können an das Aggregat I_n binden (C_1I_n) und die Dissoziation der Aggregate ermöglichen, wobei teilweise gefaltete, stabile Intermediate I_s abgespalten werden. Weiterhin kann durch eine Bindung eines Chaperons an ein fehlgefaltetes System (I^*C_2) der Faltungsfehler behoben und ein stabileres Intermediat freigesetzt werden. Eine letzte vorstellbare Einwirkung der Chaperone besteht in der Bildung eines Komplexes IC_3, der den Export des partiell gefalteten Proteins ermöglicht. Teil b) der Abb. 7.133 stellt die Einwirkung der katalytischen Chaperone PDI und PPI dar. Diese können Komplexe mit teilweise gefalteten Intermediaten bilden und den Übergang zu einer höheren Faltungsstufe katalysieren. Eine Auswahl an molekularen Chaperonen ist in Tab. 7.14 gegeben.

7.11.3.3 **Synthetische Faltungshilfsmittel**

In der Vergangenheit wurden viele verschiedene Verfahren entwickelt, um die Auswirkungen der Anwesenheit molekularer Chaperone zu simulieren.

Die weitaus meisten dieser Techniken beruhen auf der „Vereinzelung" der Proteinmoleküle bei gleichzeitiger Schaffung eines für die Faltung günstigen Umfelds. Dadurch soll erreicht werden, dass die Faltung regelgerecht erfolgt, ohne dem Protein die Möglichkeit zu geben, mit anderen, gleichartigen Molekülen Interaktionen einzugehen, die sich negativ auf den Faltungsprozess auswirken.

Hier sind vor allem zu nennen:

- **Reverse Mycellen**: Einschluss einzelner Proteinmoleküle in denaturiertem Zustand in Mycellen; danach Entzug des Denaturans. Problem: nicht möglich für hydrophobe Proteine, da hier eine Interaktion mit dem Mycellenbildner (Detergens) eintritt.
- **Immobilisierung**: Anbindung der denaturierten Proteinmoleküle an Ionentauscherharze mit anschließender Verdrängung des Denaturans und Elution des gefalteten Proteins. Problem: Eventuell treten durch die Fixierung des Proteins Bewegungshindernisse im Molekül auf, die einer regelgerechten Faltung entgegenstehen.

Ein alternativer Ansatz zur „Vereinzelung" ist die signifikante Erhöhung der Faltungsrate, die simultan zu einer Verminderung der Aggregatbildung im Zustand des Intermediats führen muss.

7.11.3.4 Konformationsspezifische Liganden

Eine Erhöhung der Faltungsrate, die auch als eine Verschiebung des Gleichgewichts zugunsten des nativen Proteins angesehen werden kann, lässt sich, belegt durch verschiedene Faltungsstudien, zum Beispiel mit konformationsspezifischen Liganden bzw. mit Antikörpern, die auf das native Protein gerichtet sind, erzielen.

Es existiert die Vorstellung, dass z. B. Antikörper, die auf Epitope des nativen Proteins gerichtet sind und sterisch mit diesem interagieren, sich bereits während der Faltung an die entstehenden Epitope anlagern und somit stabilisierend auf das Intermediat wirken.

Das Risiko eines solchen Vorgehens liegt in der Möglichkeit, dass durch die Anbindung des Antikörpers an das teilweise gefaltete Protein und die damit eventuell verbundene Verringerung der Molekülbeweglichkeit die weitere Faltung behindert wird.

Konformationsspezifische Liganden oder Cofaktoren, die ebenfalls zur Beschleunigung der Faltung eingesetzt werden, interagieren nach derzeitigem Wissensstand mit dem nativen Protein und verlagern somit das oben genannte Gleichgewicht.

Die Nutzung konformationsspezifischer Liganden bzw. Antikörper ist deshalb in detaillierten Experimenten am relevanten Proteinsystem zu überprüfen.

Abbildung 7.134 zeigt mögliche Faltungswege in Gegenwart konformationsspezifischer Liganden und Antikörper. Der grundlegende Faltungsweg in Abb. 7.134 führt, ausgehend vom ungefalteten Protein (U), zu einem kompakten, wenig native Struktur beinhaltenden Intermediat (I_1). Dieses Intermediat faltet sich in einem geschwindigkeitsbestimmenden Schritt zu einem dem nativen Zustand ähnlichen Intermediat (I_n) und weiter zu einem „aktiven" Intermediat (I_a), bei dem bereits das aktive Zentrum des Proteins vorliegt. Aus diesem Intermediat kann dann das native Protein (N) entstehen.

In Teil a) der Abb. 7.134 ist die Einwirkung von Antikörpern (Ab), die auf das native Protein gerichtet sind, dargestellt. Diese binden an das Intermediat (I_n) und

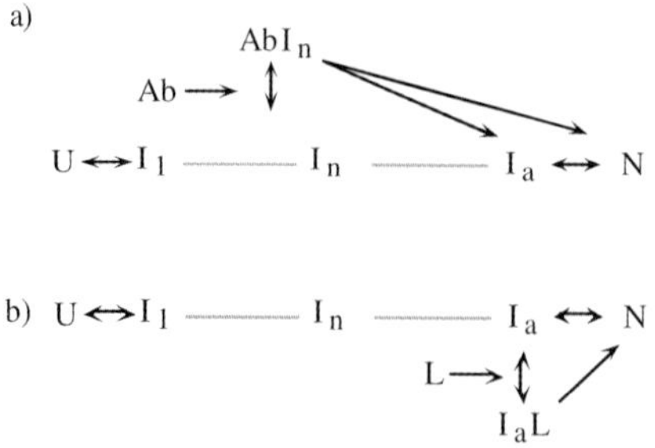

a)
$Ab \rightarrow AbI_n$
$U \leftrightarrow I_1$ — I_n — $I_a \leftrightarrow N$

b) $U \leftrightarrow I_1$ — I_n — $I_a \leftrightarrow N$
$L \rightarrow I_aL$

Abb. 7.134 Wirkung spezieller Liganden nach [61].

stabilisieren es als Komplex (Ab I_n). Nach weiteren Faltungsschritten kann das Protein als höher gefaltetes Intermediat (z. B. I_a) oder als natives Protein aus dem Komplex freigesetzt werden. Teil b) der Abb. 7.134 zeigt die Wirkung spezifischer Liganden auf aktive Zentren des Proteins.

Auch hier ist das zugrunde liegende Prinzip die Stabilisierung eines oder mehrerer Intermediatzustände durch Komplexbildung.

7.11.3.5 **Lösungsmittelzusätze (Cosolvents)**

Ein weiterer Alternativansatz zur Verbesserung des Faltungsergebnisses ist die Arbeit mit sog. Cosolvents. Diese Moleküle haben die Aufgabe, das Umfeld des Proteins, also das Lösungsmittel (meist Puffer), zielgerichtet zu verändern und so zur Stabilisierung der Faltungsintermediate bzw. zur Erhöhung der Ausbeute an aktivem Protein beizutragen.

Eine Gruppe von Substanzen, die hier Einsatz finden, sind Zucker (z. B. Sucrose, Glycerol, Glucose). Der Effekt, der mit der Zuckerzugabe erreicht werden soll, beruht hauptsächlich auf der verstärkten Hydratisierung der Proteine, die in der Regel eine kompaktere Struktur bedingt. Allerdings sind die Faltungsstudien hier relativ widersprüchlich, sodass derzeit zwar von einer durch Zuckerzugabe verminderten Präzipitationsneigung, aber nicht in jedem Fall von einer erhöhten Ausbeute an nativem Protein ausgegangen werden muss.

Eine weitere Klasse von Cosolvent-Molekülen sind solche, die aufgrund unspezifischer Wechselwirkungen wie z. B. Wasserstoffbrücken-Bindungen an das Protein binden. Hierzu zählen vor allem wasserlösliche Polymere und Detergenzien, die durch ihre Anbindung an die zu faltenden Strukturen den Faltungsweg verändern.

Die heute am intensivsten untersuchte Substanz in dieser Gruppe ist das Polymer PEG (Polyethylenglycol), dessen Hydrophobizität proportional zum Polymerisationsgrad ist. Der Effekt des PEG beruht dabei auf einer Funktion, die mit der eines molekularen Chaperons vergleichbar ist. PEG-Moleküle binden an Faltungsintermediate und stabilisieren diese, wodurch eine Aggregation unterdrückt wird.

Dem Ziel der Stabilisierung der Übergangsstrukturen (Intermediate) während des Faltungsprozesses dienlich sind viele weitere Lösungsmittelzusätze, die von

Tabelle 7.15 Lösungsmittelzusätze beim Refolding.

Komponente	Wirkmechanismus	benötigte Menge
Polyole und Zucker		
Glycerol, Arabitol, Sorbitol, Mannitol, Xylitol, Glucose, Fructose, Glucosylgycerol	Stabilisierung der Hydratationshülle, Schutz vor Aggregationen durch „Kompaktierung" des Moleküls	10–40 % w/w
Polymere		
Dextrane, PEG, Polyvinylpyrrolidon, Levane	Stabilisierung durch unspez. Bindung, Anpassung des Hydratationsverhaltens, Wirkung ähnlich der molekul. Chaperone	1–10 g/l
Aminosäuren und Derivate		
Glycin, Alanin, Prolin, Taurin, Glutamat, Trimethylamin *N*-oxid	Stabilisierung durch elektrostat. Interaktionen mit dem Protein	20–250 mM
Ionische Komponenten		
Citrate, Sulfate, Acetate, Phosphate, quartäre Amine	Abschirmung von Ladungen durch große Anionen im Bereich niedriger Konzentrationen. Achtung: hohe Konz. führen zur Präzipitation	20–400 mM
Chloride, Nitrate, Thiocyanate	Ladungsabschirmung; weniger bedeutend als große Anionen, aber geringere Aussalzkapazität	20–400 mM
Harnstoff, Guanidiniumhydrochlorid	Denaturanten, stabilisieren im ungefalteten Zustand. Auflösung der unspezifischen Wechselwirkungen Achtung: Denaturierung, Linearisierung	2–8 M
Redoxsysteme		
2-Mercaptoethanol,	je nach Zusammensetzung und Konz. Reduktionsmittel (–SH) oder	0,1–5 mM
Dithiothreitol (DTT), Glutathion	Oxidationsmittel (–S–S–)	6 M
Denaturierung/Oxidation	Reduktionsmittel	8 M
Guanidinchlorid	Reduktionsmittel	0,3 mM
Harnstoff	Oxidationsmittel	3 mM
Renaturierung/Re-Oxidation		
2-Hydroxyethyldisulfid und 2-Mercaptoethanol (allgemein: niedermolekulare Thiolreagenzien in reduzierter und oxidierter Form)		

Fall zu Fall ausgewählt werden müssen. Es kann kein allgemeingültiges Rezept ausgestellt werden, da sich jedes System sehr individuell verhält. Einen Überblick gibt Tab. 7.15.

7.11.3.6 *In-vitro*-Protein-(Rück-)faltung

Im Folgenden wird ein Verfahrensgang zur Isolierung und Renaturierung eines rekombinanten, als *inclusion body* (IB) vorliegenden Proteins erläutert (Abb. 7.135).

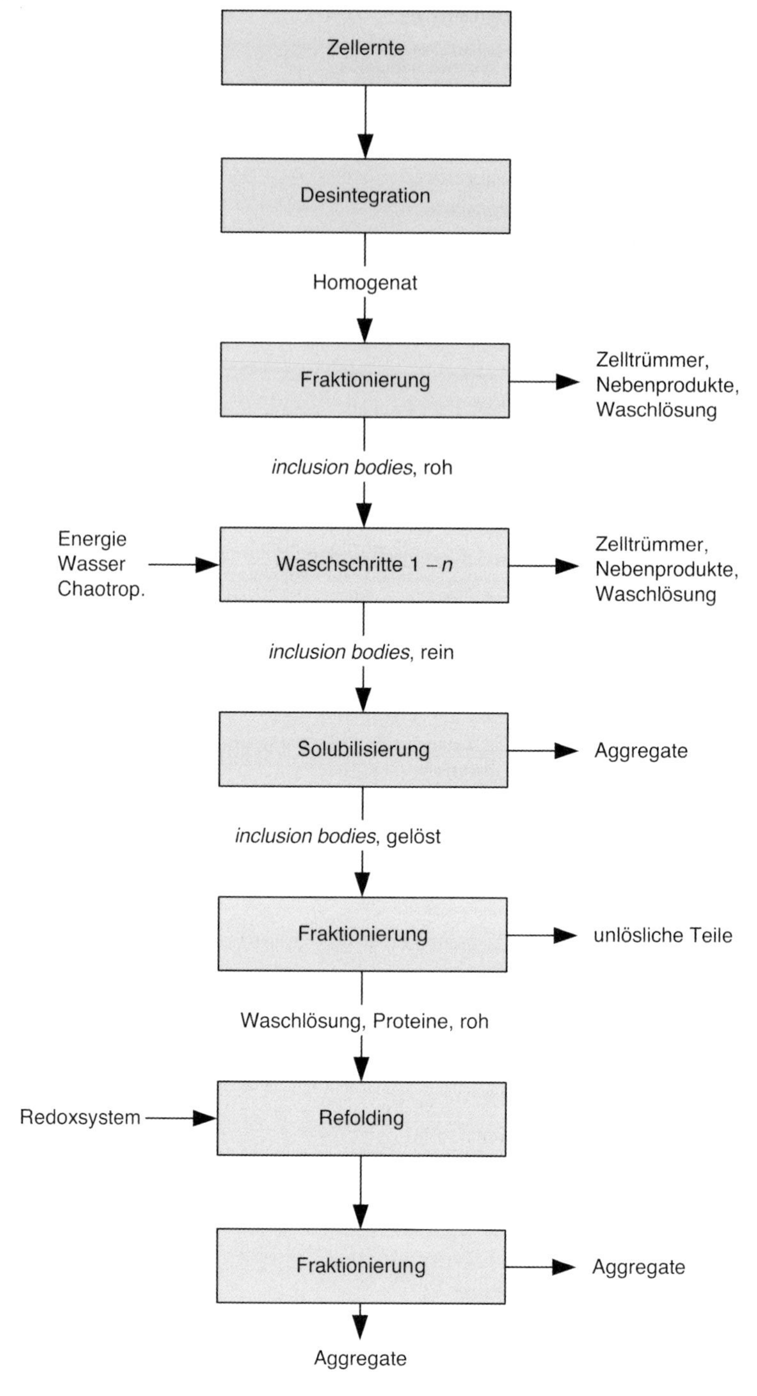

Abb. 7.135 Verfahren zur Gewinnung eines Proteins aus inclusion bodies (IB).

Der Startpunkt ist dabei die Bildung des *inclusion body* in *Escherichia coli* während einer Fermentation. Die Fermentationsbrühe wird anschließend in einem Erntekessel aufgenommen und gleichzeitig auf etwa 4–10 °C heruntergekühlt.

Da das Protein in Form von *inclusion bodies* intrazellulär vorliegen, müssen die Zellen aufgeschlossen werden (Abschnitt 7.2). Im nächsten Schritt werden die Zellbruchstücke, ein Großteil der Nebenprodukte und Mediumsreste von den *inclusion bodies* getrennt. Das kann aufgrund der relativ hohen Dichte der *inclusion bodies* vorteilhaft im Zentrifugalfeld, z. B. in einem Separator (Abschnitt 7.2), geschehen. Viele der verbliebenen Verunreinigung versucht man nun durch Waschungen mit Pufferlösungen zu beseitigen.

Im Beisein von chaotropen Lösungsmitteln wie Guanidiniumhydrochlorid oder Ammoniak werden die *inclusion bodies* aufgelöst, die verbliebenen unlöslichen Bestandteile abgetrennt (Filtration, Abschnitt 7.2) und schließlich in einem Redoxsystem renaturiert. Eine letzte Fraktionierung hat den endgültigen Reinheitsgrad der Proteinlösung zum Ziel. Die letzten beiden Schritte sind meist mit sehr geringen Wirkungsgraden begleitet, das hat zum einen den Grund, dass bei der Renaturierung (Refolding) Zufallsereignisse mitspielen, und zum anderen die finale Reinheitsanforderung, die z. B. in einer Chromatographie erreicht werden soll, das Verwerfen vieler zu sehr verunreinigter Fraktionen verlangt.

7.11.4 Bauarten von Refolding-Operationen

Das Refolding wird dadurch initiiert, dass dem im chaotropen Puffer (Guanidiniumhydrochlorid) befindlichen, gelösten Protein zur Konformationsausbildung zum aktiven Protein die chaotrope Substanz entzogen wird. Es folgt eine Stabilisierung der denaturierten Proteinketten, indem die Proteinlösung in einen Puffer ohne chaotrope Substanz (Guanidiniumhydrochlorid-frei) eingetropft wird. Ein wichtiger Einflussparameter ist dadurch der Verdünnungseffekt im Augenblick des Kontaktes der denaturierten Proteine mit dem Faltungspuffer, wobei ein zunehmender Verdünnungsfaktor eine günstigere Faltung verspricht.

In der Praxis werden zur Erzielung dieser Forderung nahezu ausschließlich Rührkessel und erforderliche Puffer eingesetzt. Um Oxidationen zu vermeiden, werden neutrale Gase (Stickstoff, Argon) zur Überlagerung verwendet. Das Refolding wird dann in Schritten durchgeführt, indem die Lösung der gelösten Proteine tropfenweise in den Faltungspuffer zugegeben wird.

Andere Anlagenkonzepte sind in der Praxis nicht bekannt, obwohl sicher feststeht, dass der kritische Punkt der Operation die Zugabe des solubilisierten Proteins zum Puffer, der erste Kontakt und der im Mikromaßstab stattfindende Misch- und Entmischungsvorgang sind. Das ist ein sicherer Hinweis, dass Scale-up-Probleme gegeben sind.

Als Alternative böte sich eine Konzeption mit einem statischen Mischelement in einem Rohrreaktor und den entsprechenden Puffer an (Abschnitt 7.3.5, Abb. 7.47). Damit können für das Refolding folgende Einrichtungen angegeben werden:

- Rührkessel mit Kühlung und Puffer mit Überlagerung (Stickstoff, Argon),
- Rohrreaktor mit Mischzelle (statischer Mischer) und Puffer mit Überlagerung.

7.11.5 Einige Aspekte aus kommerziellen Verfahren

Die Bildung von *inclusion bodies* (IB) ist nicht in jedem Fall als negativ zu betrachten. Die Unlöslichkeit der so vorliegenden Proteine bietet einige Vorteile:

- das Protein ist stabilisiert und geschützt vor proteolytischen Effekten,
- der *inclusion body* enthält sehr reines Zielprotein hoher Konzentration (75–95 %),
- der *inclusion body* ist leicht zu isolieren und zu handhaben.

Abbildung 7.135 zeigt schematisch ein Verfahren zur Gewinnung eines rekombinanten Proteins das in *Escherichia coli* als *inclusion body* vorliegt.

Im Folgenden sind exemplarisch einige Aspekte des Downstream-Processing für die Aufreinigung eines rekombinanten Proteins, ausgehend von einem *inclusion body*, wiedergegeben. Die einzelnen angeführten Schritte sind nicht als allgemeingültig zu verstehen, sondern sollen lediglich Anhaltspunkte einer möglichen Vorgehensweise geben.

Folgende Prozessstufen sind meist erforderlich.

- Isolierung der *inclusion bodies*: Die Isolierung der *inclusion bodies* ist der erste Schritt der eigentlichen Proteingewinnung. Es ist darauf zu achten, dass die *inclusion bodies* sauber von den Zelltrümmern getrennt werden. Dies geschieht im Allgemeinen durch Fraktionierung im Zentrifugalfeld. Verschleppte Zelltrümmer stören den weiteren Prozess durch den Eintrag von Fremdproteinen, Lipiden, Lipoproteinen (LP) und sehr schwer löslichen Lipopolysacchariden (LPS). Da eine Kontamination meist unvermeidbar ist, müssen sich 1–*n* Waschschritte an die Isolierung der *inclusion bodies* anschließen.
- *Inclusion-body*-Waschschritte: Zum Waschen werden in der Regel schwache Detergenzien eingesetzt, die in der Lage sind, LP und LPS abzureinigen. Je effizienter die Waschung erfolgt, desto eindeutiger sind die Randbedingungen der folgenden Solubilisierung. Selbstverständlich ist hier auf ein wirtschaftliches Optimum zu achten.
- Solubilisierung der *inclusion bodies*: Die Erwartung hinsichtlich einer 100 %igen Solubilisierung werden in der Regel nicht erfüllt. Dafür gibt es viele Gründe, die häufig bereits in der Proteinexpression zu suchen sind. Besonders Glykoproteine, die aufgrund der Expression in einem prokaryotischen Wirtsystem nicht glykosyliert werden, können hier zu Schwierigkeiten führen. Die Konzentration an Denaturans und die Proteinkonzentration sowie die Temperatur und der pH-Wert sind dabei von entscheidender Bedeutung. Nicht solubilisierte Proteine sind vor dem nächsten Arbeitsschritt abzutrennen, da sie sich extrem störend auf die Faltung auswirken.

- Fraktionierung des Proteingemisches: Im Falle des Vorhandenseins signifikanter Mengen an Fremdprotein kann eine Fraktionierung, z. B. durch Ultrafiltration, sinnvoll sein. Die Ultrafiltration in diesem Verfahrensschritt ist allerdings nicht trivial, da wir es mit sich atypisch verhaltenden Proteinen zu tun haben. In der Regel kann eine Fraktionierung hier unterbleiben.
- Refolding: Über das Refolding ist bereits vieles ausgesagt worden. Wichtig ist,
  - dass aus einer verdünnten Lösung gearbeitet wird (niedrige Protein-Ziel-Konzentration),
  - die entstehenden Agglomerate minimiert und ggf. entfernt werden (z. B. durch Zentrifugation),
  - die Faltung überwacht bzw. gesteuert wird, z. B. durch das Redoxpotenzial.

In den verschiedenen Firmen existieren unterschiedliche Faltungsphilosophien. Dies kann von einer konventionellen Batch-Variante über die absatzweise Faltung bis hin zur kontinuierlichen Faltung reichen.

In jedem Fall ist die Proteinrückfaltung ein für jedes Protein individueller Prozess, der ausgehend von den allgemein anerkannten Verfahrenseckwerten immer wieder neu gestaltet und optimiert werden muss.

7.12 Proteinaufreinigung und Chromatographie

Die Zielsetzung einer jeden Aufreinigung (Aufarbeitung – Downstream-Processing) ist die Darstellung eines möglichst reinen Produktes. Je näher diese Produkte zur direkten Anwendung am Menschen gelangen, gemeint sind im speziellen Medikamente, umso höher wird dieser Anspruch gesetzt. Alle bisher beschriebenen Verfahren zur Reinigung bzw. zur Gewinnung von Stoffen haben an die Ausbeuten den Anspruch, mindestens 90 % zu erreichen. Das ist immer dann zu erfüllen, wenn die Reinheitsanforderungen nicht zu hoch gestellt sind (< 98 %). Die Reinheit von hochwertigen Produkten muss jedoch weit darüber hinaus gehen und nahe 100 % erreichen. Es ist einleuchtend, dass der Anspruch an Reinheit gleichzeitig einen Ausbeuteverlust zur Folge hat, denn die Verunreinigungen gruppieren sich in der Regel um den Wertstoff herum, und wenn man sie entfernen will, so wird auch Wertstoff verlorengehen.

Eine spezielle Form der Verunreinigung ist im Hinblick auf die Arzneimittelsicherheit das Auftreten von Viren. Daher kommt speziell bei gentechnisch hergestellten Medikamenten dem Nachweis der Abreicherung potenziell in der Zellkultur enthaltenen Viren eine besondere Bedeutung zu. Dieser Entfernung wird innerhalb der Prozessoptimierung in Form von sogenannten Virusvalidierungsstudien Rechnung getragen. Die Abreicherungsstudien werden durch bakterielle Modellviren simuliert, die in Form und Größe den tatsächlichen Viren sehr ähnlich sind.

Neben den üblichen Sterilfiltrationsverfahren zur Virusabreicherung kommen in jüngster Vergangenheit immer mehr unterstützende Verfahren, wie beispielsweise die Bestrahlung des aufgereinigten Produktes mit UV-Strahlung bzw. das Kurzzeiterhitzen (wenige Millisekunden, Abschnitt 5.6) durch Mikrowellenstrahlung auf. Diese Verfahren können den eigentlichen Abreinigungsschritt zurzeit noch nicht ersetzen, jedoch für eine weitere Sicherheit gegen das mögliche Auftreten von Viren sorgen [60].

Die Chromatographie basiert darauf, dass die Beweglichkeit von Molekülen in einem Gelbett (oder Festbett oder zweite Flüssigphase) stark von deren Beschaffenheit, vor allem von deren Größe abhängt. Damit kann man auf ein sehr einfach erscheinendes Prinzip zur Trennung von Stoffgemischen zurückgreifen. Dieses wird sowohl in der Analytik (Protein-/Spurenanalytik), als auch im Labor und im Produktionsmaßstab angewandt. Der Einsatz der präparativen Chromatographie im Produktionsmaßstab zur Trennung von Stoffgemischen ist unter den Randbedingungen der Bioverfahrensentwicklung die wichtigere Anwendung und soll nachfolgend etwas beleuchtet werden. Auf den analytischen Einsatz chromatographischer Methoden wurde in Abschnitt 2.5.4 näher eingegangen.

7.12.1 Aufgaben und Funktionsbeschreibung

Die Chromatographie ist eine sehr leistungsfähige und verbreitete Trennmethode. Sie wurde erstmals vom russischen Botaniker Tswett 1903 zur Trennung von Blattfarbstoffen angewendet (griech. *chroma*, Farbe).

Die Chromatographie ist eine Technik zur Trennung von gelösten Molekülen. Dazu müssen die in einer Lösung vorliegenden Komponenten bestimmte Wechselwirkungen aufweisen, die im Einzelfall unterschiedlich sind oder variiert werden können. Zum Zweck der Trennung wird ein Gel von dieser Lösung durchströmt, wobei verschiedene Effekte die Auftrennung bewirken (Abschnitte 7.12.2.1–7.12.2.7). Da das Gel meist in einer Kolonne bzw. Säule (Abschnitt 7.12.4) fixiert bleibt und die Lösung, aus der die Komponenten getrennt werden sollen, durch die Apparatur strömen muss, spricht man von einer stationären (das Gel) und von einer mobilen Phase (das Lösungsmittel).

Es sind verschiedene Verfahren und Technik im Einsatz, doch unabhängig davon, welches Prinzip zur Anwendung gelangt, ist die Grundlage der chromatographischen Trennung immer die gleiche. Wird nur eine mobile Phase eingesetzt, so erfolgt die Trennung dadurch, dass die einzelnen Komponenten in der mobilen Phase mit unterschiedlichen Geschwindigkeiten wandern. So müssen am Ausgang nacheinander verschiedene Fraktionen aufgefangen werden, um die gesuchte Komponente isolieren zu können (Abb. 7.136 und 7.137). In bestimmten Fällen können einzelne Komponenten so fest an die stationäre Phase binden, dass sie im Gelbett verbleiben. Dieses Problem kann nur gelöst werden, indem nachfolgend eine andere mobile Phase eingesetzt wird, die diese Wechselwirkungen aufhebt und somit eine Elution der gebundenen Komponenten bewirkt. Da nicht alle gebundenen Stoffe gleichzeitig aus dem Gel eluiert werden sollen, sondern nach und nach, um wiederum in Fraktionen die gesuchte Komponente in möglichst reiner Form gewinnen zu können, muss das Elutionsmittel variiert werden.

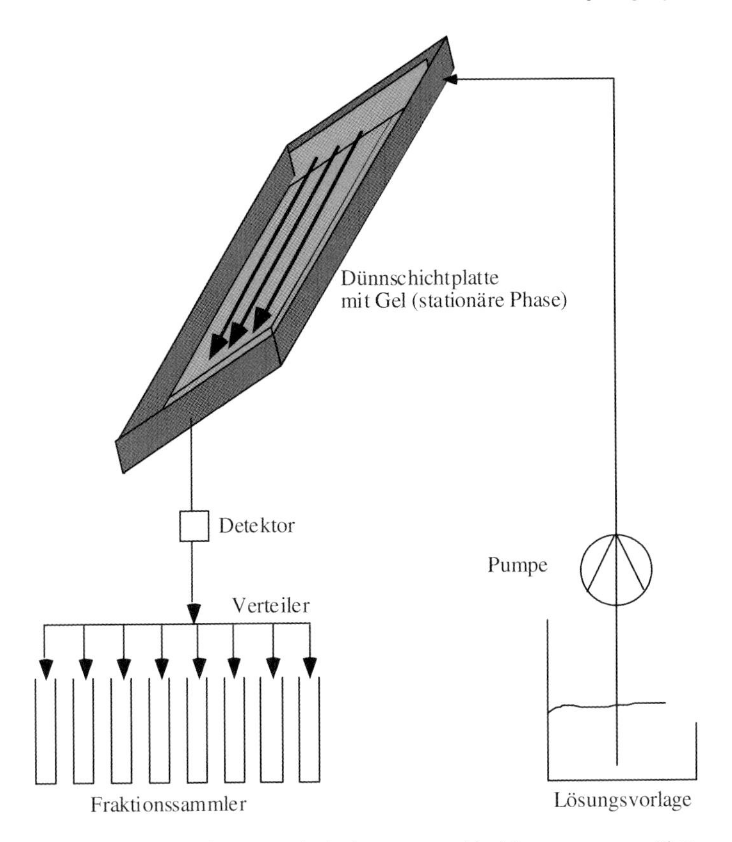

Abb. 7.136 Prinzip der Dünnschichtchromatographie. Hierzu setzt man Platten, z. B. aus Kunststoff, Aluminium oder Glas, ein, die eine dünne, feinkörnige Gelschicht tragen.

Dies kann durch stufenweise Veränderung einer Salzkonzentration oder auch kontinuierlich durch eine Gradientenfahrweise erfolgen.

Da die Trennleistung stark von der homogenen Verteilung der Lösung abhängt, ist apparatetechnisch eine möglichst gleichmäßige Verteilung schon am Eintritt anzustreben und innerhalb des Apparates eine hohe Homogenität der stationären Phase (Abschnitt 7.12.3). Das wiederum verlangt eine sehr enge Verweilzeitverteilung, also eine hohe Bodensteinzahl (Abschnitt 2.7.5).

7.12.2
Verfahren und Betriebsweisen

Im Wesentlichen unterscheidet man zwei Verfahren: die Dünnschichtchromatographie (Abb. 7.136) und die Säulenchromatographie (Abb. 7.137, auch Abschnitt 7.12.3), wobei aus Kapazitätsgründen für die präparative Chromatographie die Säulenchromatographie eher in Frage kommt und in der Analytik oder im Labormaßstab beide Verfahren in etwa gleich oft Anwendung finden.

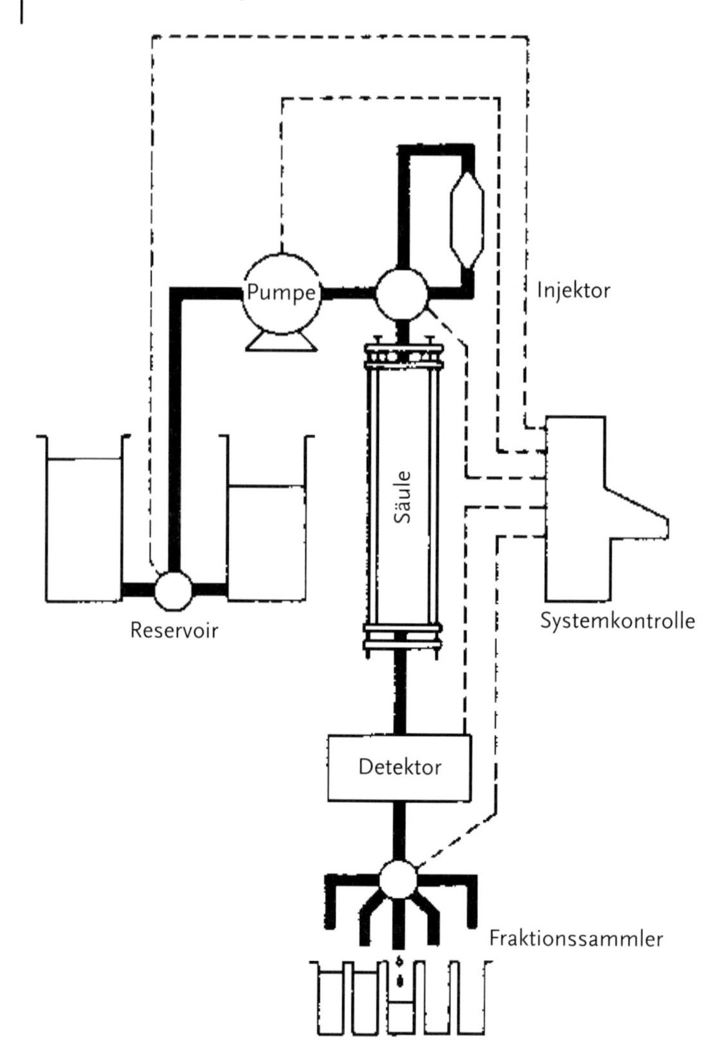

Abb. 7.137 Prinzip der Säulenchromatographie. Hierbei werden Kolonnen (Säulen) mit geeigneten Gelen gefüllt und die Lösung durch die Kolonne gepumpt.

Bei der Dünnschichtchromatographie setzt man als zentrales Element eine rechteckige Platte aus Kunststoff, Aluminium oder Glas ein, die mit der stationären Phase, z. B. einem passenden Gel, beschichtet ist.

Des Weiteren kann noch zwischen Gaschromatographie und Flüssigkeitschromatographie unterschieden werden, wobei in diesem Zusammenhang gerade im analytischen Bereich die Begriffe HPDC (Hochdruck-Dünnschichtchromatographie), GC (Gaschromatographie) und HPLC (Hochdruck-Flüssigkeitschromatographie) Verwendung finden [63]. Für die präparative Trennung von Stofflösungen in der Bioverfahrenstechnik spielt die Flüssigkeitschromatographie die überragende

Tabelle 7.16 Zusammenstellung der üblichen Chromatographieverfahren. Die Flüssigkeitschromatographie umfasst mehrere unterschiedliche Techniken, die sich jeweils verschiedene Charakteristiken der zu trennenden Komponenten in Verbindung mit geeigneten physikalischen/chemischen Effekten zunutze machen.

Chromatographie-Verfahren	Trenung nach	stationäre Phase	mobile Phase	Anwendung zur Trennung von
Adsorptions-	Adsorption	polar, große spez. Oberfläche	apolar	funktionellen Gruppen – Isomerisierung
Ionenaustausch-	Ladung	hydrophob, ionische Gruppen	wässrig	Aminosäuren, Stoffwechselprod.
Gelfiltration/-permeation	Molekülgröße, Molekulargewicht	porös	wässrig oder organisch	Gruppen, Fraktionierung, Molekulargewichten
Affinitäts-	spezifische biologische Aktivität	speziell Matrix/Liganden	wässrig	Molekülklassen Proteinen/Lipiden
Verteilungs-	Löslichkeit in stationärer Phase	fest, porös und polare Benetzungsflüssigkeit	polar/apolar, unlöslich in stat. Phase	funktionellen Gruppen – Alkylrest
Reverse-Phase-	Hydrophobie	apolar	polar	kleinen Molekülen, Peptiden
hydrophobe Wechselwirkung	Hydrophobie	apolar	polar	großen Proteinen

Rolle [64]. Alle Verfahren basieren auf einer der sechs in Tab. 7.16 aufgelisteten Methoden. Die ersten vier Verfahren in Tab. 7.16 verwenden als stationäre Phase einen Feststoff oder ein Gel (in diesem Fall spricht man von der Matrix) und als mobile Phase eine Flüssigkeit, während die letzten beiden Verfahren einer Flüssig-Flüssig-Chromatographie entsprechen, die als stationäre Phase zwar auch einen Feststoff nutzt, bei der die Wechselwirkungen zu den Komponenten in der mobilen Phase allerdings eine Benetzungsflüssigkeit auf der stationären Phase übernimmt.

7.12.2.1 Adsorptionschromatographie

Bei der Adsorptionschromatographie verwendet man als stationäre Phase ein polares Material mit hoher, spezifischer Oberfläche. Beispiele dafür sind Silicate, Magnesiumoxid oder Aluminiumoxid. Die mobile Phase ist ein apolares Material, wie z. B. Heptan oder Tetrahydrofuran.

Die Trennwirkung beruht auf der unterschiedlichen Adsorption verschiedener oder gleicher funktioneller Gruppen in verschiedenen Stellungen an der stationären Phase.

Zur Anwendung kommt die Adsorptionschromatographie im Wesentlichen bei der Trennung von Stoffen mit unterschiedlichen funktionellen Gruppen und bei der Isomerentrennung.

Ungeeignet ist dieses Verfahren allerdings für die Trennung von Stoffen mit gleichen funktionellen Gruppen und unterschiedlichem Alkylrest, z. B. Butanol, Pentanol oder Octanol.

7.12.2.2 **Ionenaustauschchromatographie**

Bei der Ionenaustauschchromatographie erfolgt die Trennung nach der Ladung. Sie ist die am häufigsten eingesetzte Methode in der Proteinaufreinigung. Positiv oder negativ geladene Gruppen von Proteinmolekülen gehen mit an der Matrix kovalent gebundenen funktionellen Gruppen (Ladungsträger der Matrix) elektrostatische Wechselwirkungen ein. Je nach Stärke und Dichte ihrer Ladung werden die Proteine unterschiedlich stark gebunden und können anschließend durch kontinuierliche Erhöhung der Ionenstärke eluiert werden [60]. Man verwendet hier als stationäre Phase Materialien, die ionische Gruppen enthalten, wie z. B. $-NR_3^{\oplus}$ (Anionenaustauscher) oder $-SO_3^-$ (Kationenaustauscher), die mit den ionischen Gruppen der zu trennenden Stoffe in Wechselwirkung treten (Abb. 7.138).

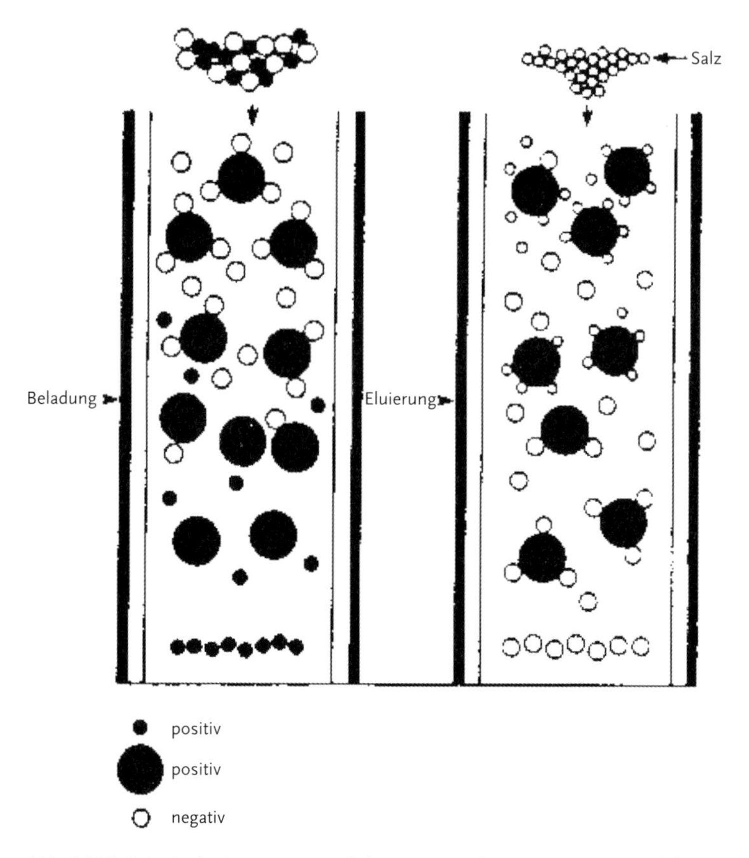

Abb. 7.138 Prinzip der Ionenaustauschchromatographie: Die Trennung erfolgt je nach Ladung. Nach der Beladung erfolgt die Elution durch Veränderung der Ladungsverhältnisse.

Die Matrix, also das Grundgerüst der stationären Phase, ist aus folgenden Materialien aufgebaut (alles Produkte der Firma Amersham Biosciences, vormals Pharmacia Biotec):

- Dextran, z. B. Sephadex®,
- Agarose z. B. Sepharose® CL-6B,
- quervernetzte Cellulose z. B. DEAE Sephacel®.

Die kostengünstigen Cellulose-Ionenaustauscher bilden wegen ihrer geringen mechanischen Stabilität Bruchstücke, sog. Fines, die die Säule verstopfen.

Die fortschreitende Entwicklung der Matrixtechnologie hat es ermöglicht, speziell bei dem Material Agarose auch sehr eng vernetzte Strukturen zu schaffen, mit deren Hilfe sehr schnelle, hochauflösende Ionenaustauschchromatographie mit hohen Beladungen möglich geworden ist. Diese neuen Matrices werden verstärkt im Labor als auch im Produktionsmaßstab eingesetzt. Als Beispiel sei hier die Sepharose Fast Flow® der Firma Amersham Biosciences genannt.

Die funktionelle Gruppe einer Matrix, die kovalent an den Grundkörper gebunden ist, bestimmt die Ladung eines Ionenaustauschergels. Weiterhin sind diese Gruppen verantwortlich dafür, ob es sich um einen schwachen oder starken Ionenaustauscher handelt.

Diese Bezeichnung beschreibt nicht die Stärke der Bindung zwischen Gegenion und Grundmatrix (z. B. zwischen $-SO_3^-$ und Na^+-Ionen), sondern definiert den Ionisierungszustand des Ionenaustauschers in Abhängigkeit des pH-Wertes. Starke Ionentauscher bewahren ihren Zustand praktisch über den gesamten pH-Bereich, schwache ändern dagegen ihren Zustand mit dem pH-Wert.

Für praktische Anwendungen bedeutet dies, dass schwache Ionentauscher in der Lage sind, über weite pH-Bereiche Protonen abzugeben, sie besitzen – im Vergleich zu den starken – eine Pufferkapazität. Damit gibt es bei starken Ionenaustauschern nur eine Art der Interaktion, nämlich die der elektrostatischen Wechselwirkung, während bei schwachen auch Nebeneffekte, wie Wasserstoffbrücken-Bildung, die Trennergebnisse beeinflussen und u. U. die Reproduzierbarkeit verschlechtern können.

Da starke Austauscher keine Pufferkapazität besitzen, lassen sie sich leichter und schneller äquilibrieren.

Funktionelle Gruppen von Anionenaustauschern sind:

- Diethylaminoethyl (DEAE) $-OCH_2CH_2N^+H(CH_2CH_3)_2$
- Quartäres Amoniumethyl (QAE) $-OCH_2CH_2N^+(C_2CH_5)_2CH_2CH(OH)CH_3$
- Quartäres Amonium (Q) $-CH_2N^+(CH_3)_3$

Funktionelle Gruppen von Kationenaustauschern sind:

- Carboxymethyl (CM) $-OCH_2COO^-$
- Sulfopropyl (SP) $-(CH_2)_3SO_3^-$
- Methyl-Sulfonat (S) $-CH_2SO_3^-$

Die funktionelle Gruppe der Sulfonate (S) und Sulfopropylgruppen (SP) sind über einen pH-Bereich zwischen 2 bis 12 komplett negativ geladen. Diese starken Kationenaustauscher werden überwiegend bei der Entwicklung eines Aufreinigungsverfahrens von Proteinen eingesetzt, deren isoelektrische Punkte unter 7,0 liegen oder unbekannt sind.

Schwache Ionenaustauscher, wie beispielsweise Diethylaminoethyl (DEAE, Anionenaustauscher) und Carboxymethyl (CM, Kationenaustauscher), sind dagegen in einem engeren pH-Bereich (pH 2–9 bzw. 6–10) komplett geladen und werden für kleine Proteine und Polypeptide eingesetzt (Molekulargewicht <30 kD). Ein weiteres Beispiel für einen Anionenaustauscher wäre Fractogel® EMDTMAE-650(M) in der Chloridform der Firma Merck [62].

Zur Anwendung kommt die Ionenaustauschchromatographie im Wesentlichen bei der Trennung von Aminosäuren oder Stoffwechselprodukten aus Fermentationen. Bei diesem Verfahren müssen zwei wichtige Spezialfälle angeführt werden:

- **Ionenpaarchromatographie** – bietet die Möglichkeit der gleichzeitigen Trennung von Neutralstoffen, Säuren und Basen;
- **Ionenchromatographie** – bietet die Möglichkeit der Trennung von Ionen starker Säuren und Basen (insbesondere anorganischen).

Die Elution kann durch zwei Methoden erfolgen: Abhängig vom pH-Wert oder der relativen Anzahl basischer und saurer Aminosäuren tragen alle Proteine eine positive oder negative Ladung. Dadurch können sie an den entgegengesetzt geladenen Gruppen der stationären Phase über ionische Anziehung gebunden werden.

Somit kann entweder durch pH-Wertveränderungen (Nettoladungsänderung) – es kommt zu einer Abschwächung oder einem Verlust der Bindungskräfte – oder durch Anhebung der Salzkonzentration (Konkurrenzreaktion) eluiert werden, wobei es in diesem Fall zu einer Verdrängung der Proteine durch die Salzionen kommt.

Die Gele müssen hydrophile Partikel mit kovalent gebundenen, geladenen Gruppen sein. Gebräuchliche Gruppen sind DEAE (Diethylaminoethyl-) als Anionenaustauscher und CM (Carboxymethyl-) als Kationenaustauscher [65].

7.12.2.3 **Gelchromatographie (Gelfiltration)**

Die Gelchromatographie wird auch Gelfiltration oder Größenausschlusschromatographie bzw. im Englischen *size exclusion chromatography* genannt.

Bei der Gelchromatographie erfolgt die Trennung nach der Molekülgröße (Molekulargewicht). Die Trennung beruht darauf, dass die Moleküle, je größer sie sind, umso schneller („ungehinderter") die Säule (das Gel) passieren können, weil sich die großen Moleküle nicht zu sehr im Labyrinth der stationären Phase verirren, während kleine Moleküle weit im Innern der Poren innerhalb der Partikel (Gele) verschwinden und deshalb länger in der Säule verweilen (Abb. 7.139).

Grundlage dieses Verfahrens ist also der Transportmechanismus der Diffusion (Abschnitt 2.7.4.2), denn da in den Poren der stationären Phase noch keine der

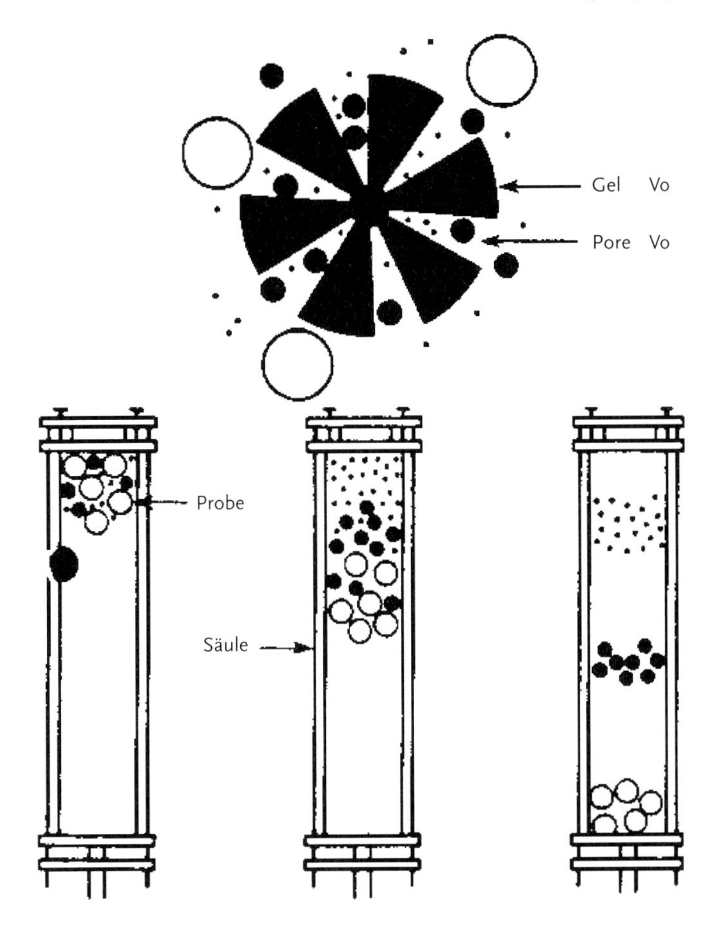

Abb. 7.139 Prinzip der Gelfiltration (size exclusion chromatography): Die Trennung erfolgt über das Molekulargewicht, sodass die großen Moleküle früher am Austritt ankommen.

aufgegebenen Moleküle vorhanden sind, kommt es über das treibende Konzentrationsgefälle zu deren Transport ins Innere. Da die großen Moleküle im Gegensatz zu den kleineren nicht in die kleineren Poren eindringen können, kommt es zu einer für die Trennung entscheidenden Verteilung der Molekülgruppen, differenziert nach ihrem Molekulargewicht, man bezeichnet dies auch als umgekehrten Siebeffekt (große Moleküle durchlaufen die Säule schneller als kleinere)

Für die stationäre Phase ist deshalb in jedem Fall die Porosität der Teilchen (Gele) von großer Bedeutung. Man kann z. B. Gele mit einer Porosität wählen, die die größten Moleküle komplett ausschließen. Ein entsprechendes Beispiel wäre Sephacryl® S-300 High Resolution der Firma Amersham Biosciences, das sich zur Trennung von globulären Proteinen im Molekularbereich von 10^4–10^6 sehr gut eignet (Kapitel 10, β-Galactosidase). Als mobile Phase können wässrige Lösungsmittel verwendet werden, dann spricht man von einer Gelfiltration, aber auch organische Lösungsmittel (Gelpermeation).

Zur Anwendung kommt die Gelchromatographie im Wesentlichen bei der Gruppentrennung, der Fraktionierung und eventuell auch zur Bestimmung des Molekulargewichts. Typisch hierfür ist die Abtrennung von Salz oder Ethanol aus einer Proteinlösung. In der Biopharmazie wird dieses Chromatographieverfahren als letzter Aufreinigungsschritt (*final polishing step*) vor der Endabfüllung (*fill and finish*) eingesetzt, da bei diesem Prozessunterschritt das Volumen schon sehr reduziert ist (das Volumen ist ja bei dieser Chromatographie der geschwindigkeitsbestimmende Schritt, da es direkt die Fließgeschwindigkeit und Auflösung bestimmt) und der Elutionspuffer ideal auf den darauffolgenden Prozesschritt angepasst werden kann. Bei der Fraktionierung werden Proteine ähnlicher Größe getrennt.

In der Praxis zeigt sich aber, dass eine sinnvolle Trennung erst dann gegeben ist, wenn sich die Molmassen um mindestens 10 % unterscheiden [63].

7.12.2.4 **Affinitätschromatographie**

Bei der Affinitätschromatographie erfolgt die Trennung durch biologische Affinitäten, wobei hierbei der bindende Ligand „seine" Komponente selektiv aus dem Gemisch adsorbiert [65]. Da die meisten Proteine hoch spezifische Bindungsstellen in ihrer Struktur für ein oder mehrere Moleküle, die sogenannten Liganden, haben, eignet sich dieses Verfahren sehr gut für die Trennung dieser Molekülklasse. Die stationäre Phase muss demnach in diesem Fall eine spezielle Matrix mit speziellen, spezifisch wirkenden, kovalent gebundenen Liganden an der Oberfläche sein. Der fixierte Ligand kann dann sehr spezifisch eine Komponente oder eine Komponentengruppe aus der mobilen Phase binden, je nachdem, welcher Ligand an der stationären Phase fixiert ist.

Andere unspezifische Verbindungen/Verunreingungen werden durch Waschen von der Säule entfernt.

Soll z. B. ein Enzym mit hoher Spezifität aus der mobilen Phase herausgeholt werden, so muss der Ligand einzig und allein dieses Enzym erkennen und spezifisch binden. Der Ligand kann dabei ein Substrat, ein Substratanaloges, ein Inhibitor oder ein spezifischer Antikörper sein. Da derartige Liganden in der Praxis nur schwierig und kostspielig im großen Maßstab erhältlich sind und zudem häufig die Enzymbindungsfähigkeit verlieren, werden im präparativen Maßstab doch eher gruppenspezifische Liganden verwendet, die zusammen mit einer Vielzahl kommerziell gefertigter Träger zur Verfügung stehen.

Solche gruppenspezifischen Liganden, die mit einer Gruppe von Enzymen in Wechselwirkung stehen, sind z. B. immobilisierte **Cofaktoren** wie 5-AMP oder NAD^+ oder Farbstoffe (Triazin-Farbstoffe, z. B. Cibacronblau zur Aufreinigung von Interferonen).

Bei der Aufreinigung von monoklonalen Antikörpern wird als Matrix überwiegende das mit der Sepharose kovalent gebundene Protein A eingesetzt. Dieses Protein wird hauptsächlich durch Fermentation der Pilze *Staphylococcus aureus* oder *Streptococcus* sp. hergestellt. Als Alternative dazu kann rekombinant hergestelltes Protein A eingesetzt werden, das aufgrund des *C*-terminalen Cysteins

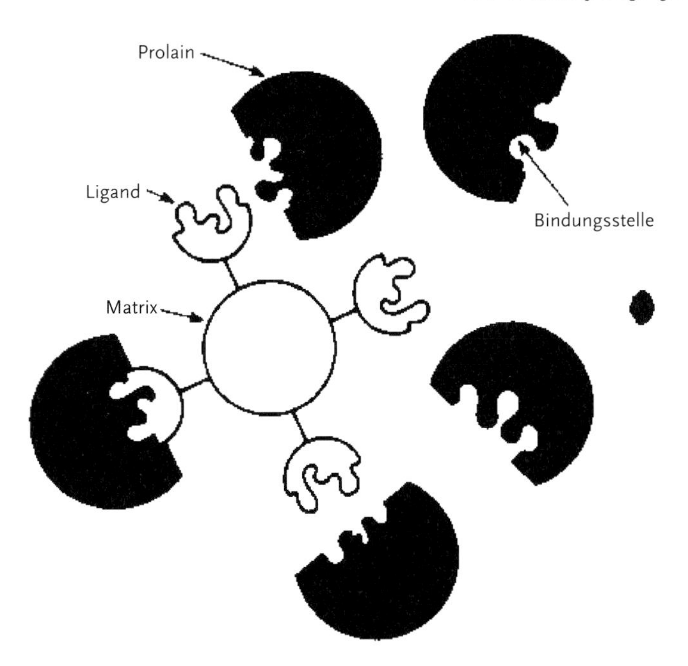

Abb. 7.140 Prinzip der Affinitätschromatographie: Spezifische oder gruppenspezifische Liganden binden sehr gezielt die gewünschte(n) Komponente(n) [65].

eine Einfachbindung mit der Grundmatrix ausbildet und so eine höhere Bindungskapazität ermöglicht. Beide Modifikationen besitzen eine hohe Affinität zu der Fc-Region des Immunoglobulins G.

Eine Fraktionierung kann hierbei wiederum durch eine geeignete Elution erfolgen, indem die unterschiedlichen Affinitäten der verschiedenen Enzyme zum Liganden genutzt werden. Bei der Elution arbeitet man entweder mit spezifischen Cofaktoren oder Substraten, die um das Enzym (Protein) mit der immobilisierten Affinitätsstelle konkurrieren (spezifische Elution), oder mit pH-Wert- und Ionenstärkeänderungen, die die Protein-Träger-Wechselwirkung stören.

Anwendung findet die Affinitätschromatographie im Wesentlichen bei der Trennung von Proteinen, Lipiden, Rezeptoren, Immunglobulinen und Zellen. Sie wird häufig zur Konzentrierung sehr verdünnter Lösungen, sowie zum Trennen von nativen und denaturierten Makromolekülen eingesetzt.

7.12.2.5 Verteilungschromatographie

Bei der Verteilungschromatographie handelt es sich um ein Flüssig-Flüssig-Chromatographieverfahren. Die stationäre Phase ist also kein reiner Feststoff (oder Gel), sondern ein festes, poröses Trägermaterial, das mit einer polaren Flüssigkeit getränkt oder benetzt ist. Die mobile Phase kann polar oder apolar sein, darf sich aber nicht in der stationären Phase lösen.

Die Trennwirkung wird bei diesem Verfahren dadurch erreicht, dass die Substanzen, die am stärksten in der Flüssigkeit der stationären Phase in Lösung gehen, am spätesten eluiert werden.

Die bevorzugten Anwendungen liegen in der

- Trennung von Stoffen mit unterschiedlichen funktionellen Gruppen und
- der Trennung von Stoffen mit gleichen funktionellen Gruppen und unterschiedlichem Alkylrest.

7.12.2.6 **Reverse-Phase-Chromatographie (RPC)**

Die Reverse-Phase-Chromatographie ist eng mit der Hydrophoben Wechselwirkungs-Chromatographie (HIC) verwandt. Die Trennwirkung beider Chromatographiearten beruht auf den Wechselwirkungen zwischen unpolaren Gruppen (hydrophoben Bereichen an der Oberfläche der aufzureinigenden Biomolekülen und hydrophoben Liganden (Alkylgruppen), die kovalent an die Gelmatrix gekoppelt sind). Im Vergleich zur HIC sind aber bei der RPC an die Grundmatrix der stationären Phase mehr Substituenten gebunden. Dadurch ist die Bindung von Protein an die RPC-Matrix sehr stark ausgeprägt und eine Elution erfordert ein unpolares Lösungsmittel. Außerdem besteht dadurch eine verstärkte Denaturierungsgefahr.

Die Reverse-Phase-Chromatographie eignet sich besonders für kleine Moleküle und Peptide, bei denen eine Denaturierung (im Sinne einer Veränderung der tertiären Struktur eines Proteins) kein Problem darstellt. Dagegen findet die Hydrophobe Wechselwirkungschromatographie besonders bei der Trennung von großen Proteinen Anwendung, die in einer im Vergleich zur RPC polareren und weniger denaturierenden Umgebung stattfindet. Die Polarität kann durch die geringere Ligandendichte und durch den Zusatz von Salzen in der stationären Phase gesteigert werden.

Bei der RPC wird die stationäre Phase durch ein sehr apolares Material und die mobile Phase durch ein relativ polares Lösungsmittel gebildet. Die Differenzierung der Trennwirkung geschieht über unterschiedlich starke hydrophobe Wechselwirkungen der verschiedenen Substanzen mit der ungeladenen Matrix, an der entsprechende Gruppen gebunden sind, wie z. B. Kohlenstoffketten oder Phenylringe (Abb. 7.141). Wird die Ionenstärke in der Lösung mit einem neutralen Salz erhöht, steigt die Stärke der hydrophoben Wechselwirkung und damit gleichzeitig die Beladung. Gleiches sucht sich Gleiches, d. h. durch die polare Umgebung werden die hydrophoben Verbindungen aneinander gedrängt. Für die selektive Elution (Trennung) der adsorbierten Komponenten müssen die Bedingungen in der mobilen Phase umgekehrt werden (von polar zu unpolar, daher der Ausdruck *reversed phase*). Dies geschieht dadurch, dass die hydrophoben Wechselwirkungen kontinuierlich (isokratisch) oder stufenweise (Gradientenelution), wie bei der Ionenaustauschchromatographie, gesenkt werden. Dazu stehen die folgenden Methoden zur Verfügung [65]:

- Reduktion der Ionenstärke durch Erniedrigung der Salzkonzentration,
- Einführung eines chaotropen Ions (Abschnitt 7.11),
- Erhöhung des pH-Werts im Puffer,
- Verringerung der Polarität des Puffers, z. B. durch Zugabe von Ethylenglycol oder Acetonitril bei gleichbleibendem pH-Wert,
- Zusatz eines Detergens.

Gewöhnlich wird die Elution mit organischen Lösungsmitteln durchgeführt.

Angewandt wird die Reverse-Phase-Chromatographie vor allem bei der Trennung von Substanzen, die hydrophobe und hydrophile Gruppen tragen, aus wässrigen Lösungen. Da Proteine generell hydrophobe Stellen an ihren Oberflächen besitzen, sind sie prädestiniert, mit diesem Verfahren aus einer Lösung isoliert zu werden. Deshalb ist dieses Verfahren für biotechnologische Prozesse oft sehr wertvoll.

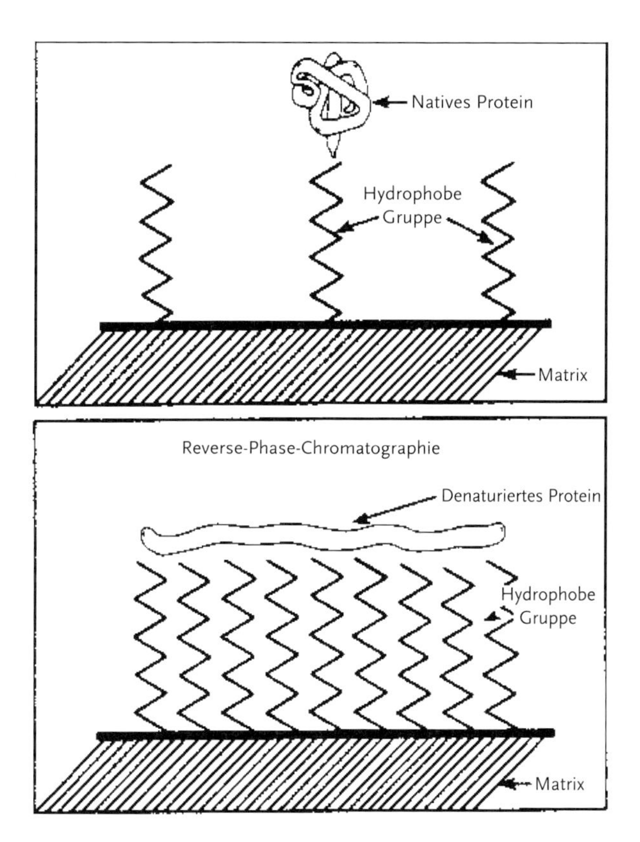

Abb. 7.141 Prinzip der Reverse-Phase-Chromatographie (Hydrophobe Wechselwirkungschromatographie) [65].

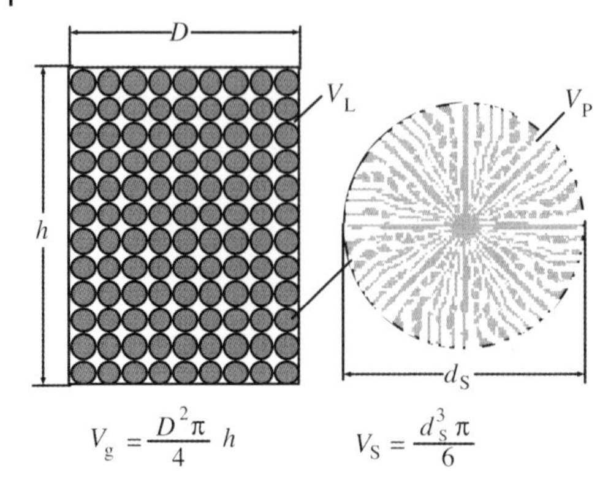

Abb. 7.142 Prinzipbild einer Packung (Schüttung). Poröse Partikel sind in einer Säule homogen eingebracht. Zur theoretischen Betrachtung benötigt man neben dem Gesamtvolumen V_g das Feststoffvolumen V_S, das Lückenvolumen V_L und das Porenvolumen V_P.

In der biopharmazeutischen Wirkstoffherstellung werden durchschnittlich bei einem Aufreinigungsprozess 2,5 Chromatographieschritte eingesetzt. Dabei entfallen etwa 40 % auf die Affinitätschromatographie (hauptsächlich bei der Aufreinigung von Monoklonalen Antikörpern, MAKs), weitere 40 % auf die Ionenaustauschchromatographie, den Rest (ca. 20 %) bildet die Gelfiltration (SEC), die aber wegen der sehr hohen Material bzw. Herstellkosten im Pilot- und Produktionsmaßstab und geringen Beladungen immer stärker von der Hydrophoben Interaktionschromatographie (HIC) verdrängt wird [60].

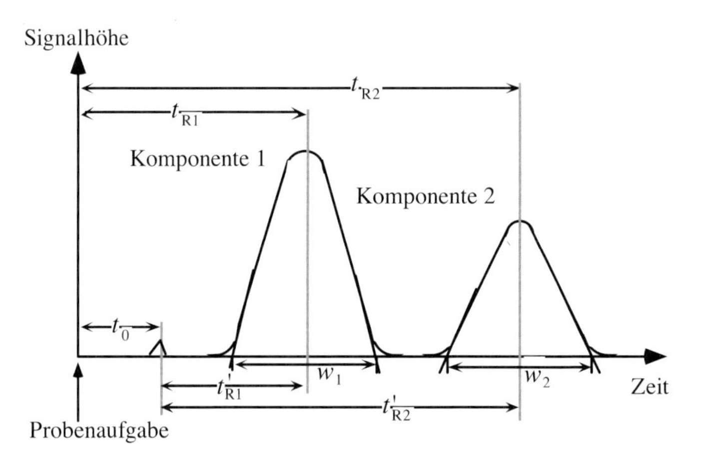

Abb. 7.143 Das Chromatogramm eines Chromatographielaufes, das man mittels eines Detektors am Ausgang eines Chromatographieapparates erhält (Abb. 7.136 und 7.138). Aus diesem Diag-ramm kann die Auftrennung des Stoffgemisches erkannt und damit eine Fraktionierung gesteuert werden.(tR Retentionszeit (Verweilzeit); t0 Totzeit; w Basisbreite des Peaks), Impulseingangsfunk-tion vorausgesetzt, vgl. Abschnitt 2.7.5).

7.12.2.7 Elutionsvolumen

Das Elutionsvolumen variiert von Verfahren zu Verfahren. Während es bei der Gelfiltration allein dem externen Lückenvolumen V_L entspricht, also dem von der stationären Phase komplett ausgeschlossenem Volumen ohne das Porenvolumen V_P (Abb. 7.142), ist es bei den anderen Chromatographiemethoden das gesamte freie Volumen, das nicht vom Feststoff (*solid*) beansprucht wird, also $V_L + V_P$.

Im Falle der Gelfiltration ist das Elutionsvolumen gleichzeitig auch das Ausschlussvolumen V_0, das sich aus der Totzeit t_0 (Abb. 7.143) berechnen lässt:

$$V_0 = \dot{V}_{mP} \cdot t_0 \qquad \text{(Gleichung 7.224)}$$

wobei $\dot{V}_{mP}$den Volumenstrom der mobilen Phase darstellt. Das Ausschlussvolumen beinhaltet allerdings jedes Volumenelement, in dem die mobile Phase fließt, also auch Volumina außerhalb der Säule (Leitungen, Ventile, Detektorzellen).

7.12.3 Betrieb von Chromatographieanlagen

Bevor eine Chromatographieanlage in Betrieb genommen werden kann, sind insbesondere für die Trennapparatur sorgfältige Vorbereitungsmaßnahmen erforderlich. Im Falle einer Säulenchromatographie mit Gelen ist es zwingend notwendig, eine homogene Packung herzustellen, um das Ziel, die höchstmögliche der Auslegung der Säule zugrunde liegende Trennstufenzahl, zu erreichen. Nicht zuletzt verweisen Lieferanten von solchen Anlagen darauf und geben präzise Vorschriften für das Packen von Säulen an. Unsachgemäßes Packen führt unweigerlich zum Verlust von Trennleistung.

Für eine sachgerechte Packung einer präparativen Chromatographiesäule sind bestimmte Regeln zu beachten:

- Befüllen der Säule mit einer Gelsuspension, deren Konzentration nicht zu niedrig ist (keine Schwarmsinkgeschwindigkeit, Korngröße bestimmt die Sinkgeschwindigkeit → Entmischung und inhomogene Packung);
- Befüllen der Säule mit einer Gelsuspension, deren Konzentration nicht zu hoch ist (Behinderung in der Kompressionszone → lockere Packung und inhomogen) [63, 66];
- Befüllen der Säule mit einer Gelsuspension, deren Konzentration günstig ist (z. B. 21,5 % (w/w) → Schwarmsinkgeschwindigkeit, alle Teilchen sedimentieren gleichmäßig → homogene Packung);
- Verdichten der Packung (Schüttung), indem mit konstantem Volumenstrom eine Pufferlösung durchgepumpt wird (z. B. 8,0 m/h);
- Beenden der Verdichtung, wenn ein bestimmter Druckverlust erreicht ist (z. B. 0,41 bar) [67].

Weiterhin ist insbesondere bei der Gelfiltration darauf zu achten, dass die Gelsuspension vor dem Packen sorgfältig entgast wird. Darüberhinaus muss die leere

Trennsäule absolut vertikal montiert sein und nicht in der Nähe von extremen Wärmequellen stehen (durch unkontrollierten Wärmewechsel könnten Gasblasen im Gelbett entstehen). Vor der endgültigen Inbetriebnahme wird schließlich die Säule noch daraufhin überprüft, ob die zu erwartenden bzw. vorhergesagten Stufenzahlen erreicht werden können.

7.12.4
Berechnungs- und Auslegungsdaten

Über das Ergebnis einer Chromatographie gibt das Chromatogramm, das am Ausgang eines Chromatographieapparates von einem Detektor (Photometer) aufgenommen wird, Auskunft (Abb. 7.143). Durch die Detektion kann die zeitliche Folge der verschiedenen Fraktionen erkannt werden und damit ein Fraktionssammler angesteuert werden. In welcher Fraktion sich dann letztendlich die gewünschte Komponente überwiegend befindet, muss anschließend mit einer speziellen Analytik geprüft werden. Meist findet man in den Nachbarfraktionen ebenfalls die gesuchte Komponente (Produkt); dann entscheidet der Grad der gewünschten (erforderlichen) Reinheit, welche Fraktionen zusammengeführt werden können.

Wie in Abschnitt 7.12.5 noch ausgeführt, sind präparative Chromatographieanlagen nahezu ausschließlich in Kolonnenbauweise anzutreffen. Deshalb wird in diesem Abschnitt nur dieser Verfahrenstyp besprochen.

Aus dem Chromatogramm lassen sich viele wichtige Informationen ableiten. Zum einen die einzelnen Verweilzeiten (hydrodynamische/arithmetische Verweilzeit sind identisch, weil hohe Bodenstein-Zahlen notwendigerweise vorliegen, Abschnitt 2.7.5), in der Peakmitte der jeweiligen Komponente gemessen (Abb. 7.143) und zum anderen die Totzeit der Säule, die nichts anderes als die mittlere arithmetische Verweilzeit der mobilen Phase darstellt. Das aus der Retentionszeit und der Säulentotzeit gebildete Verhältnis stellt den Kapazitätsfaktor k' dar. Dieser ist somit definiert als:

$$k' = \frac{t'_{\mathrm{R}}}{t_0} \qquad \text{(Gleichung 7.225)}$$

In der Praxis liegen die Werte für den Kapazitätsfaktor bei $1 \le k' \le 5$, wobei Werte in Richtung 1 zu empfehlen sind, denn bei ausreichend kurzen Laufzeiten wird das Trennergebnis den Anforderungen genügen. Kapazitätsfaktoren über 5 bedeuten, dass der gesuchte Peak erst nach der 5-fachen mittleren hydrodynamischen Verweilzeit austritt, was zu wirtschaftlich uninteressanten, langen Prozesszeiten führen kann.

Inwieweit die Fronten (sichtbar durch die Peaks) durch reine Komponenten repräsentiert werden, hängt von der Trennfähigkeit, der Trennschärfe der Säule ab. Ein Maß für die diesbezügliche Qualität liefert der Trennfaktor:

$$\alpha = \frac{k'_2}{k'_1} \qquad \text{(Gleichung 7.226)}$$

Da bei einem symmetrischen Peak die halbe Basisweite w gleich der doppelten Standardabweichung σ ist, gilt für die Basisbreite eines Peaks (Abb. 7.143, Gauß-Gestalt)

$$w = 4 \cdot \sigma \qquad \text{(Gleichung 7.227)}$$

Die eigentliche Maßgabe einer Apparate- oder Maschinenauslegung ist also, die kennzeichnenden Parameter zu finden. Im Falle einer Chromatographiesäule sind das, wie bei fast allen Trennapparaten in der thermischen Verfahrenstechnik (Abschnitte 7.5–7.8), ganz einfach die inneren Abmessungen. Da auch in diesem Fall solche Apparate sinnvollerweise in zylindrischer Form ausgeführt werden, sind der Durchmesser und die Höhe zu finden.

Wie alle thermischen Trennverfahren ist auch die Chromatographie auf die Einstellung von Gleichgewichten angewiesen, denn erst dann ist der Trennvorgang in jeder Stufe abgeschlossen. Ein spontanes Gleichgewicht stellt sich in der Praxis nicht ein, es ist also dem Vorgang eine gewisse Zeit einzuräumen, damit der Stofftransport bis zum Gleichgewicht vonstatten gehen kann.

Eine solche Gleichgewichtseinstellung erfolgt jeweils in einer theoretischen Stufe. Kennt man die erforderliche Anzahl der Gleichgewichtseinstellungen, die bis zum Erreichen des vorgegebenen Zieles notwendig sind, also die Stufen- oder Bodenzahl, so findet man über die Kenntnis, welche Länge im vorliegenden Trennapparat eine Stufe benötigt, die Gesamthöhe. Die Definition der Bodenzahl lautet:

$$n_{\mathrm{th}} = \frac{t_{\mathrm{R}}^2}{\sigma^2} \qquad \text{(Gleichung 7.228)}$$

wobei σ^2 die Varianz repräsentiert (Abb. 7.143 und Abschnitte 2.7.5 sowie 5.5.5.5).

Bei Schüttungen, zu denen auch Chromatographiesäulen zu zählen sind, wird häufig eine Kennzahl benutzt, die die Länge L innerhalb der Schüttung, die eine Stufe n_{th} benötigt, angibt (Gleichung 7.228). Diese Kennzahl nennt man HETP (*height equavilent of a theoretical plate*), sie ist wie folgt definiert:

$$\mathrm{HETP} = \frac{L}{n_{\mathrm{th}}} \quad \text{(in m)} \qquad \text{(Gleichung 7.229)}$$

Die Trennstufenhöhe hängt von der Strömungsgeschwindigkeit ab. Das leuchtet zunächst sofort ein, da zur Gleichgewichtseinstellung eine bestimmte Zeit benötigt wird. Aber die Zusammenhänge sind etwas komplexer, weil über die Geschwindigkeit natürlich auch der für die Stofftransportvorgänge erforderliche Leistungseintrag erfolgt (Abschnitt 7.3). In der sogenannten van-Deemter-Kurve

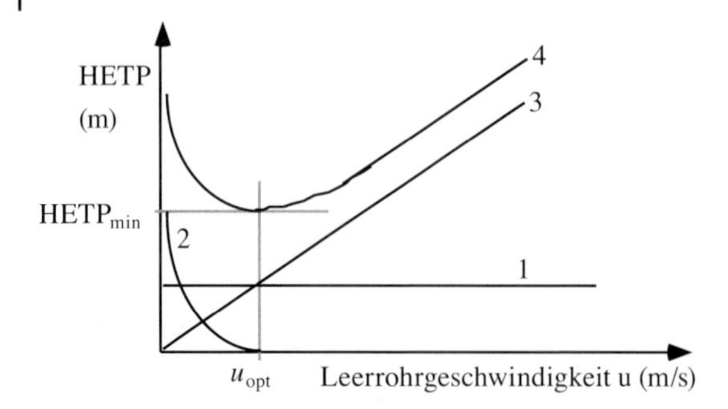

Abb. 7.144 Die van-Deemter-Kurve zur Bestimmung von HETP (*height equivalent of a theoretical plate*). (1 Anteil der Streudiffusion, *f* (Verteilung); 2 Anteil der Längsdiffusion (geht gegen null); 3 Anteil des Stoffaustausches (Stoffdurchgang); 4 Resultierende van-Deemter-Kurve.)

(Abb. 7.144) sind alle gegenläufigen Zusammenhänge vereinigt, und diese Kurve erlaubt, die HETP abzulesen.

HETP lässt sich aus dem in einer Versuchssäule gewonnenen Chromatogramm nach folgender Gleichung, die aus den Gleichungen 7.227–7.229 resultiert, berechnen:

$$\mathrm{HETP} = \frac{L}{16} \cdot \left(\frac{w}{t_{gR}}\right)^2 \qquad \text{(Gleichung 7.230)}$$

Da unter den vorliegenden Bedingungen die Leerrohrgeschwindigkeit u ebenfalls feststeht, kann mit dem über das Produktionsziel vorgegebenen Volumenstrom der Säulenquerschnitt berechnet werden:

$$A = \frac{\dot{V}}{u} \qquad \text{(Gleichung 7.231)}$$

Bei der präparativen Chromatographie werden üblicherweise Partikel mit Durchmessern von 5, 7 oder 10 µm eingesetzt. Größere Körner werden nur für einfache Trennungen verwendet. Aus wirtschaftlichen Gründen werden die präparativen Trennungen auch mit Volumenüberladung gefahren, wodurch die Peaks breiter werden. Diese Volumenüberladung darf aber nur so weit gesteigert werden, bis sich die Peaks zu berühren beginnen. Der Grad dieser Maßnahme wird von den Qualitätsanforderungen mitbestimmt.

Eine Maßstabsvergrößerung (Scale-up) in der Chromatographie bedeutet im Wesentlichen die Vergrößerung des Kolonnendurchmessers, um die Leerrohrgeschwindigkeit konstant zu halten. Die Höhe der Kolonne bleibt dagegen konstant, weil damit die theoretische Stufenzahl (Bodenzahl n_{th}, Gleichung 7.228) beibehalten wird. Je größer der Durchmesser einer Säule wird, umso mehr muss auf ein gut funktionierendes Verteilersystem bei der Aufgabe und der Entnahme der Flüssigkeit geachtet werden (Abb. 7.145 und 7.146).

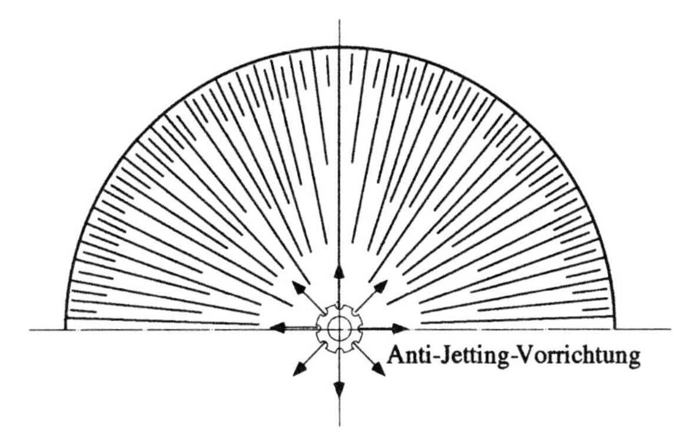

Abb. 7.145 Draufsicht auf das Flussverbreiterungssystem (AMICON, Millipore) zur Unterstützung der sachgerechten (gleichmäßigen) Anströmung der Packung.

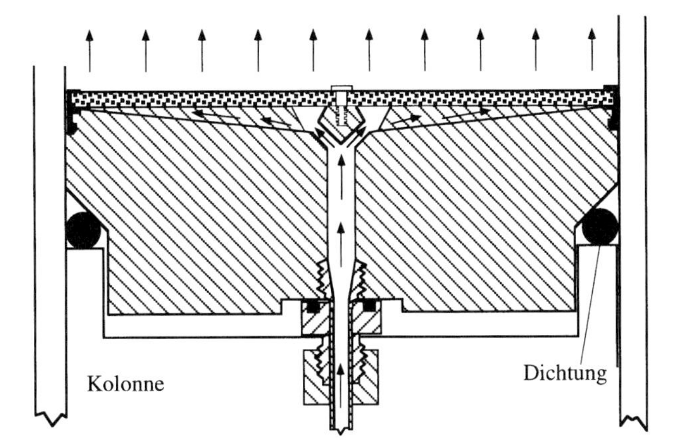

Abb. 7.146 Schnittbild des Flussverbreiterungssystems (AMICON, Millipore) zur Unterstützung der sachgerechten (gleichmäßigen) Anströmung der Packung.

7.12.5
Bauarten von Chromatographieanlagen

Produktionsanlagen mit integrierter Chromatographie als Aufarbeitungsstufe werden in aller Regel nach dem Säulenverfahren konzipiert. Dabei gibt es mehrere Konzeptionen. Das sind im Einzelnen:

- klassische Kolonne (Säule, Abb. 7.147),
- Stack-Aufbau (Abb. 7.148),
- membrangestützte Chromatographieeinheit (Membranscheiben, Abb. 7.149),
- Chromatographie-*hollow-fibre*-Kerzen (Abb. 7.150),
- *extended-bed adsorbtion* (EBA, Abb. 7.151).

Die verschiedenen Konstruktionen bzw. Apparatekonzeptionen wurden nicht zuletzt auch aus dem Grund gewählt oder gesucht, weil die Qualität der Packung maßgebend für die Leistungsfähigkeit der Chromatographieanlage ist. Gerade bei immer größeren Apparaten oder eben erforderlichen Volumina in der präparativen Chromatographie spielt das eine wichtige Rolle.

Ist eine Säule oder ein Stack sachgerecht gepackt, so muss ferner sichergestellt werden, dass die Packung gleichmäßig angeströmt und durchströmt wird. Für die gleichmäßige Durchströmung sorgt die sachgerechte Packung, doch für die sachgerechte Anströmung müssen an der Eintritts- und an der Austrittsstelle geeignete Verteiler installiert sein (Abb. 7.145 und 7.146).

Geeignete Konstruktionen müssen in der Lage sein, den in einer einzigen Leitung ankommenden Volumenstrom am Eintritt schnell zu verteilen und am Austritt schnell zu sammeln. Die physikalische Randbedingung dafür ist, dass der Druckverlust in Flussrichtung wesentlich größer als der radiale ist. Die in den Abbildungen 7.145 und 7.146 vorgeschlagenen Konstruktionen garantiert dies, auch für große präparative Säulen. Ist das Verhältnis von Säulenlänge L zum Durchmesser D (L/D) zu klein, so treten Probleme bei allen vorgeschlagenen Konstruktionen auf. Es muss vorausgesetzt werden, dass auf eine gewisse Druck-

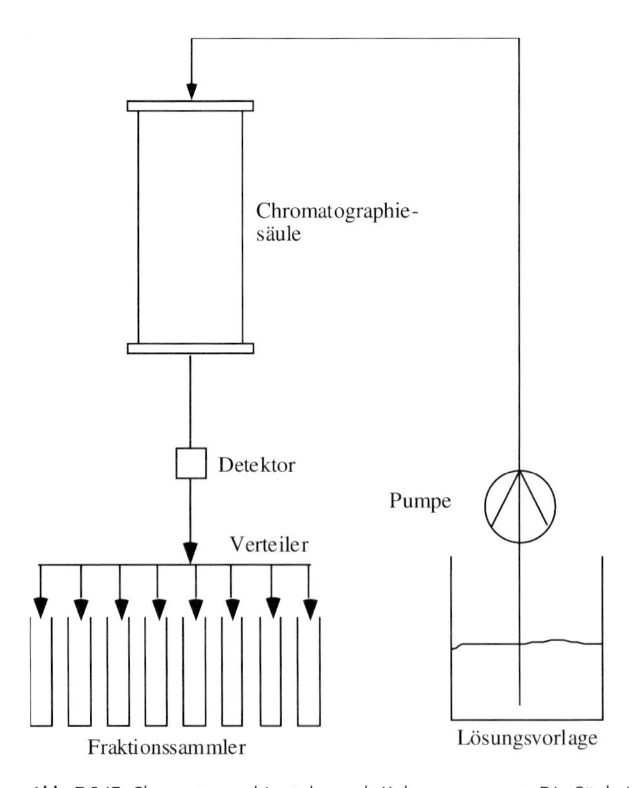

Abb. 7.147 Chromatographiesäule, auch Kolonne genannt. Die Säule ist mit Chromatographiegelen gepackt. Da die gesamte Säule gepackt werden muss, ist das in diesem Fall schwieriger.

beständigkeit der Packung geachtet wird. Ist die Säulenlänge im Vergleich zum Säulendurchmesser zu klein, führt das zu einem ungleichmäßigen Fluss.

Die klassische Chromatographiesäule (Abb. 7.147) ist immer noch der am häufigsten anzutreffende Bautyp. Die herkömmlichen Gele lassen sich gut einsetzen und es ist viel Erfahrung vorhanden. Wird die Säule zu groß, so lässt sich das Volumen in Stacks unterteilen (Abb. 7.148). Dadurch umgeht man zu hohe Gelsäulen und zu hohe Druckbelastungen. Außerdem laufen zu lange Säulen auch Gefahr, Inhomogenität aufzuweisen.

Neuere Entwicklungen zielen darauf ab, das Gelbett vorzufertigen und als Modul in einen beliebigen Apparat und ein Apparategerüst einzusetzen (*prepacked columns*). Der Vorteil, den man sich davon verspricht, liegt auf der Hand. Die Qualität der „Packung" kann auf höchsten Stand gebracht werden und ist nicht mehr so vielen menschlichen Einflüssen unterworfen.

Systeme, die unter diesem Aspekt entwickelt wurden, sind zum einen die membrangestützte Chromatographieeinheit, die mit Membranscheiben ausgestattet ist (Abb. 7.149). Die Membranscheiben werden zu Stapeln zusammenmontiert und in den Behälter eingebaut. Dieses Prinzip erlaubt einen sehr schnellen

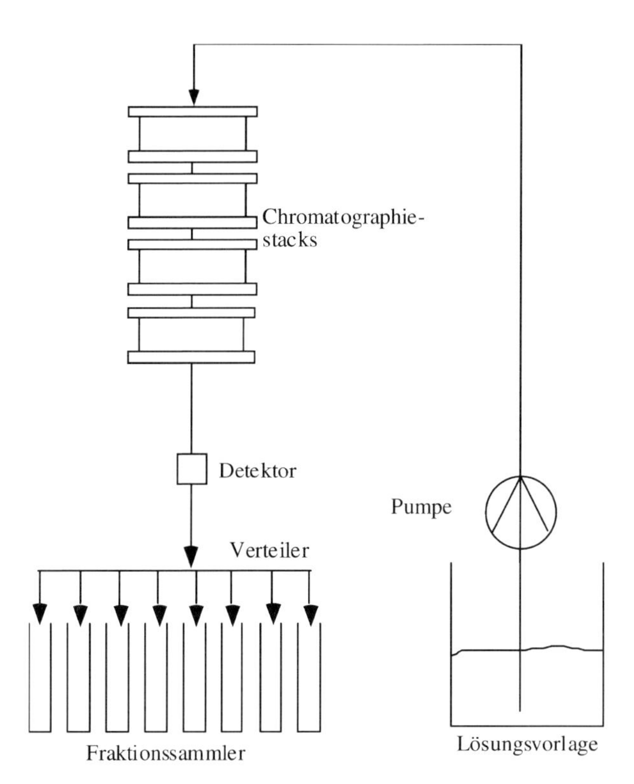

Abb. 7.148 Chromatographiestacks. Da das gesamte Volumen unterteilt ist, ist das zu packende Volumen geringer und es dadurch leichter möglich, eine homogene Packung herzustellen.

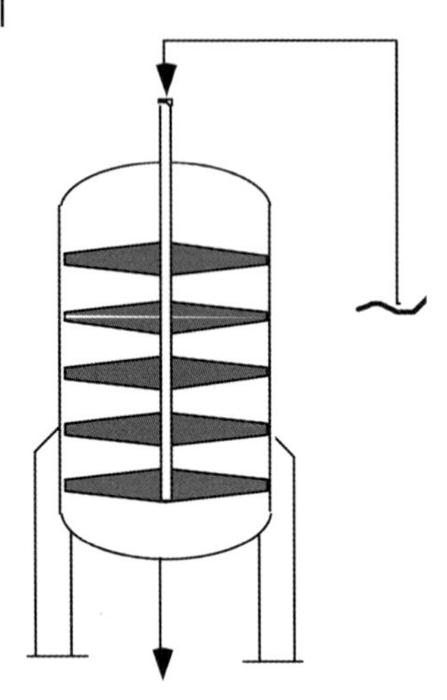

Abb. 7.149 Membrangestützte Chromatographieeinheit. In den Chromatographieapparat werden vormontierte Filterscheiben eingebracht

Austausch, ohne dass man Gefahr läuft, dass sich plötzlich die Trennleistung der Chromatographieanlage verschlechtert.

Eine andere neuere Technologie beruht auf der Verwendung von *hollow fibres* (Hohlfasern, Chromatographie-*hollow-fibre*-Kerzen (Abb. 7.150). Diese sind wie die bereits aus der mechanischen Feststofftrennung bekannten Module aufgebaut. Die Fasern allerdings sind mit bestimmten Gelen beschichtet, um als Ionenaustauschchromatographiemodul verwendet werden zu können.

Die einleitenden Reinigungsschritte auf dem Weg zu einem reinen Protein sind traditionell Adsorptionschromatographien in einem gepackten Bettadsorber. Das setzt eine Vorreinigung voraus, da sonst die Schüttung (Packung) sehr schnell verstopft. Die Standardtechnik dafür sind die Zentrifugation und die Mikrofil-

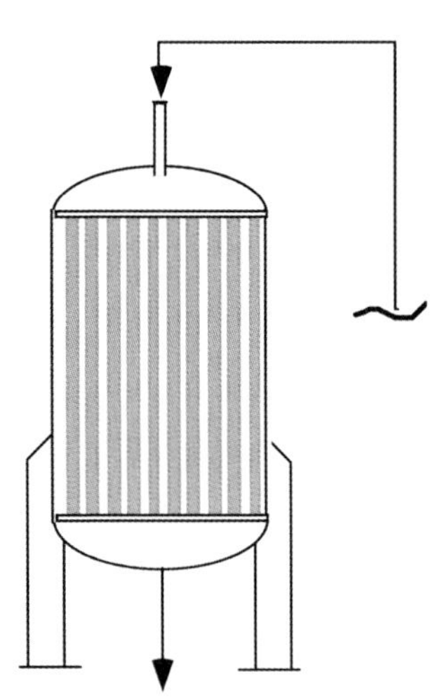

Abb. 7.150 Chromatographie-hollow-fibre-Modell. Anstelle der Filterscheiben wird in diesem Typ das Prinzip der Hohlfasermodelle angewendet.

tration (Abschnitt 7.2). Meist führt keine der beiden Methoden zu einer ausreichend guten Abtrennung von Zellen und Zellbruchstücken, sodass eine Kombination beider Methoden notwendig wird. Solche kombinierten Verfahren treiben in der Regel die Investitions- und Betriebskosten hoch und führen zu zusätzlichen Ausbeuteverlusten. Das legt eine direkte Adsorption des Proteines aus der Rohlösung (Fermentationsbrühe) nahe, weil dadurch die Prozessdauer und die Aufarbeitungsverluste reduziert werden können.

Die *expanded-bed*-Adsorption (EBA) vereinigt diese Forderungen (Abb. 7.151). Bei dieser Technologie handelt es sich im Gegensatz zur mehrstufigen Chromatographie in gepackten Kolonnen um einen einstufigen Trennprozess, wie im Fall einer Extraktion auch eine Mixer-Settler-Apparatur betrieben wird (Abschnitt 7.8.2, Abb. 7.86). Die gesamten Aufreinigungsschritte im Rahmen des Downstream-Processing (*capture* ≡ Abtrennen von zellbehaftetem Medium, *intermediate purification* ≡ Waschung zur Entfernung von unspezifischen Bindungen, Zellbruchstücken, sowie Kontaminanten und *polishing* ≡ Endreinigung) erfolgen in ein und derselben Säule.

Im Vergleich zu den herkömmlichen zwei bis drei aufeinanderfolgenden Chromatographieschritten ist dadurch eine stark verkürzte Rüst- bzw. Prozesszeit und eine gesteigerte Ausbeute realisierbar.

Das bedeutet allerdings große Gelmengen und geringe Gelausnutzung. Das Prinzip der *expanded-bed*-Adsorption beruht auf folgendem Ablauf (Abb. 7.151):

- Das Adsorbens wird durch einen aufwärts gerichteten Fluss expandiert und equilibriert, bis eine stabile Wirbelschicht mit einer zwei- bis dreifachen Bettausdehnung erreicht ist. In diesem Schritt ist der Kolonnenadapter am oberen Kolonnenende.
- Die Rohlösung wird mit demselben aufwärts gerichteten Fluss durch die Kolonnen gegeben, die Zielproteine binden an das Gel, während die Verunreinigungen die Kolonne ungehindert passieren.

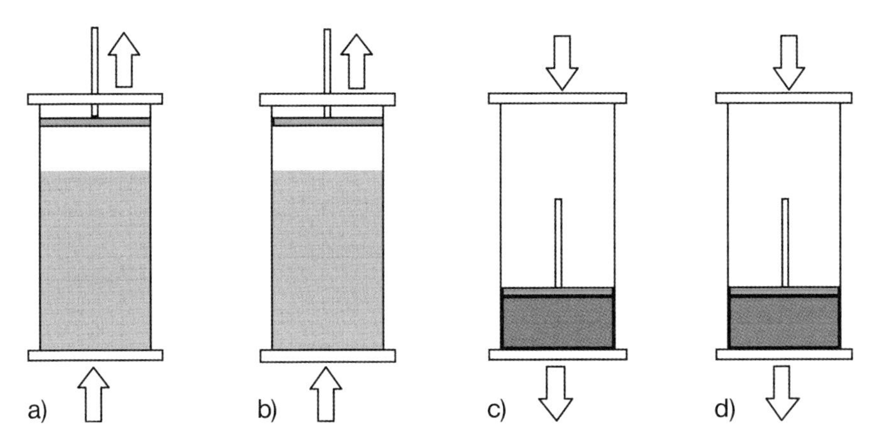

Abb. 7.151 Extended-bed-Adsorption (EBA): a) Wirbelschichtaufbau; b) Grobwaschung; c) Elution; d) Regeneration.

- Leicht gebundene Materialien, wie verbliebene Zellen und Zellbruchstücke oder andere Partikel, werden im nächsten Schritt mit einem neutralen Puffer ausgewaschen
- Der Fluss wird eingestellt, die Gelpartikel sedimentieren zu einem Festbett, und der Kolonnenadapter wird auf das Gelbett geschoben
- Mit einem geeigneten Puffer (Abschnitt 7.12.2) werden die gebundenen Zielproteine durch einen nach unten gerichteten Fluss eluiert. Die Proteinlösung wird in der Regel in weiteren chromatographischen Schritten feingereinigt.
- Die nachfolgende Regeneration erfolgt mit einem abwärts gerichteten Fluss eines speziellen Puffers. Dem kann sich noch eine CIP-Reinigung (z. B. mit einer Natronlaugelösung, Abschnitt 5.4) anschließen, um unspezifisch gebundene, ausgefallene oder denaturierte Substanzen zu entfernen.

Als Matrices werden beispielsweise von der Fa. Amersham Biosciences folgende Materialien eingesetzt:

- STREAMLINE® DEAE (IEC; schwacher Anionenaustausher),
- STEAMLINE® SP (IEC; schwacher Kationenaustauscher),
- STREAMLINE® SP XL (IEC; starker Kationenaustauscher mit hoher Kapazität),
- STREAMLINE® Q XL (IEC; starker Anionenaustauscher mit hoher Kapazität),
- STREAMLINE® rProtein A (Affinitätschromatographie).

Abb. 7.152 Eine Vier-Stack-Kolonnenchromatographieanlage in einer Insulinproduktionsanlage [67]. Jede Kolonne besteht aus sechs Einzelstacks zu je 16 l (Abb. 7.148).

Die Grundmatrix der stationären Phase besteht aus einem stark vernetzten Agarose Derivaten mit 4–6 % Agarose. Diese umhüllt einen inerten, kristallinen Quarzkern, der eine bestimmte spezifische Dichte aufweist und damit für ein ideales Fluidisierungsverhalten der Matrix sorgt. Dieses Verhalten ist sehr wichtig, damit beim eigentlichen *capture*-Schritt eine ideale Umströmung der kugelförmigen Matrixbestandteile erfolgen kann und eine möglichst große bindende Oberfläche zur Verfügung gestellt wird. Gleichzeitig ist durch diese Fluidisierung gewährleistet, dass Zellen bzw. Zelltrümmer ungehindert durch die Matrix treten können.

Die bei der EBA-Technologie eingesetzten Säulen besitzen Durchmesser von 25 mm über 50, 200 und 600 bis 1000 mm. Weiterhin werden auch speziell auf den Anwendungsfall zugeschnittene Säulendurchmesser, sogenannte STREAMLINE® CD (*customer design*) angeboten.

Zur Validierung der Chromatographieprozesses mittels EBA-Technologie sind von der Fa. Amersham Biosciences automatisierte Systeme, sogenannte EBA-Bioprozessanlagen, entwickelt worden, die auch für den Pilot- bzw. Produktionsmaßstab eingesetzt werden können. Dabei wird der Prozess mittels UV-, pH- und Leitfähigkeitsmessung charakterisiert und über eine Software (UNICORN®) gesteuert. Eine schonende Förderung des zellbehafteten Mediums innerhalb der

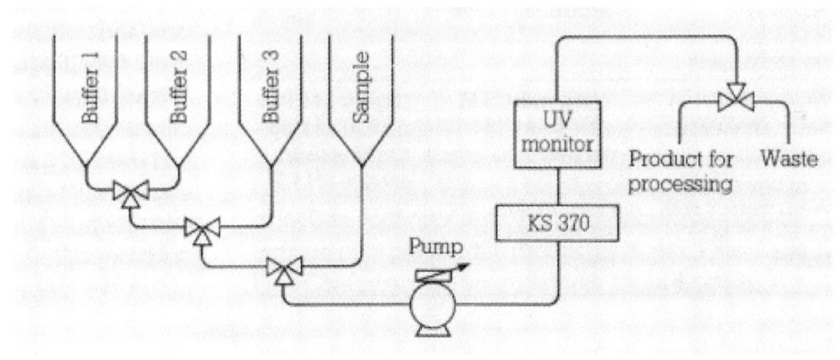

Abb. 7.153 Eine Ionenaustauschanlage im Großmaßstab, bestehend aus 150 , 200- und 300-l-Puffertanks, einer 100-l-Vorlage sowie einer 16-l-Säule, mit dazugehörigem Schema [67].

Anlage wird dabei durch Kolbenmembranpumpen gewährleistet. Damit wird gleichzeitig der Entstehung von Zellbruchstücken und dem Austreten von intrazellulären Substanzen, die einen schädigenden Charakter auf das Wertprodukt haben können, entgegengetreten.

Eine wichtige Regelgröße des Prozesses ist die Strömungsgeschwindigkeit innerhalb der Säule, die zum einen Einfluss auf das Fluidisierungsverhalten und damit auf die Beladungsfähigkeit der Matrix hat, zum anderen natürlich aber auch das Austragsverhalten der Matrixbestandteile aus der Säule beeinflusst. Die Höhe der fluidisierten Matrix wird über einen sogenannten Gelbettsensor gesteuert, durch dieses Regelglied wird die Fördermenge der Zulaufpumpe gesteuert und damit eine optimale Gelbetthöhe gewährleistet und ein Austrag des sehr teuren Säulenmaterials verhindert.

Um mögliche Luftblasen beim Aufbringen auf die EBA-Säule zu vermeiden, sind generell Blasenfallen vor den Eintritt in die Säule geschaltet. Damit wird einer Lunkerbildung innerhalb des Gelbetts vorgebeugt und eine Gleichverteilung der Strömung realisiert.

7.12.6
Auswahlkriterien, Beispiele

Bei der Suche nach dem geeigneten Chromatographiesystem spielen mehrere Randbedingungen eine Rolle. Diese sind in Tabelle 7.16 übersichtlich zusammengestellt. Je nach vorliegendem Stoffsystem kann daraus das geeignete Verfahren gewählt werden. Meist wird es sich zeigen, dass eine chromatographische Methode nur in Kombination mit vorbereitenden Verfahrensschritten, wie Zentrifugation, Mikro- und Ultrafiltration eingesetzt werden können.Die Expanded-Bed-Adsorption verspricht in dieser Hinsicht eine Vereinfachung, doch wird es in der Praxis auf Modellversuche ankommen, um die Entscheidung treffen zu können.

Die Abbildungen 7.152 und 7.153 zeigen zwei Chromatographieanlagen. Die Mehr-Stack-Chromatographie-Anlage in Abb. 7.152 ist zum Zwecke der Insulinreinigung mit einem Gesamtbettvolumen von etwa 380 Litern erstellt worden, während Abb. 7.153 eine Anlage mit den erforderlichen Puffervorlagen und dem Produktbehälter zeigt.

Literatur

1 Sattler, K.: Thermische Trennverfahren – Grundlagen, Auslegung, Apparate. ISBN 3-527-30243-3, Wiley-VCH Weinheim, New York, Chichester, Brisbane, Singapore, Toronto (2001).
2 Sattler, K.; Feindt, H.-J.: Thermal separation processes – principles and design. VCH-Verlagsgesellschaft Weinheim, ISBN3-527-28622-5 (1995).
3 Storhas, W.: Bioreaktoren und periphere Einrichtungen. Vieweg Verlag, Wiesbaden, ISBN 3-528-06510-9 (1994).
4 Kopf, M.: Down-Stream-Processing in der Biotechnologie. Seminar Nr. H050040402, Haus der Technik, Essen (2002).
5 GeRNedel, CH.: Dissertation TU München (1980).
6 Altmann, J.; Ripperger, S.: Beitrag zur Modellierung der Deckschichtbildung bei der Querstrommikrofiltration. *Chem.-Ing.-Tech.* **69**(4) 468–472 (1997).
7 Altmann, J.; Ripperger, S.: Beitrag zur Modellierung der Deckschichtbildung bei der

Querstrommikrofiltration. *Chem.-Ing.-Tech.* **69**(4) 468–472 (1997).

8 Altmann, J.; Ripperger, S.: Beitrag zur Modellierung der Deckschichtbildung bei der Querstrommikrofiltration. *Chem.-Ing.-Tech.* **69**(4) 468–472 (1997).

9 Altmann, J.; Ripperger, S.: Beitrag zur Modellierung der Deckschichtbildung bei der Querstrommikrofiltration. *Chem.-Ing.-Tech.* **69**(4) 468–472 (1997).

10 Altmann, J.; Ripperger, S.: Beitrag zur Modellierung der Deckschichtbildung bei der Querstrommikrofiltration. *Chem.-Ing.-Tech.* **69**(4) 468–472 (1997).

11 Rippberger, S.; Altmann, J.: Untersuchungsmethoden und Ergebnisse zur Deckschichtbildung bei der Querstromfiltration. Filtrieren und Separieren 4, 9, 149–155 (1995).

12 Berendt, G.; Fronius, S.; Häußler, W.; Kortum, H.; Tränkner, G.: Taschenbuch Maschinenbau. Band 2: Energieumformung und Verfahrenstechnik. VEB Verlag Technik, Berlin (1967).

13 Brosi, C.: Etablierung einer Hochzelldichte-Perfusionskultur im Rührreaktor mit akustischer Zellrückhaltung und Adaption von rCHO-Zellen an eine serumfreie Suspensionskultur. Diplomarbeit Fachhochschule Mannheim – Hochschule für Technik und Gestaltung (2002).

14 AppliSens: User Manual BioSep ADI 1015. applisens@applicon.com (2000).

15 Berg, van den H.; Oudshoorn, A.; Keijzer, T.; et al.: High density cell cultures in perfusion: A perspective for economic production of antibodies? Biotech International (2001).

16 Applisens, User Manual BioSep ADI 1015 2001

17 Hager, F.; Benes, E.: A summary of all forces acting on spherical particles in a sound field. In: Ultrasonics International 91. Oxford: Butterworth-Heinemann Ltd. (1991).

18 Tipler, P. A.: Physik. Spektrum Akademischer Verlag, Heidelberg (1994).

19 Schröder, A.P.V.: Persönliche Mitteilung (2000).

20 Brauer, H.: Grundlagen der Einphasen und Mehrphasenströmungen. Verlag Sauerländer (1971).

21 Shinnar, R.; Church, J. M.: *Industrial and engineering chemistry* **52**(3) (1960).

22 Appelt, H.: Untersuchung der Auswirkung mechanischer Belastungen auf die Stabilität eines nicht-biologischen Testsystems. Diplomarbeit, TH Köthen (1992).

23 Mersmann, A.: Stoffübergang. Springer Verlag Berlin, Heidelberg, New York, Tokio (1986).

24 Laufhütte, H.-D.; Mersmann, A.: Die lokale Energiedissipation im turbulent gerührten Fluid und ihre Bedeutung für die verfahrenstechnische Auslegung von Rührwerken. *Chem.-Ing.-Tech.* MS 1423 (1985).

25 LIPP Mischtechnik GmbH, Mannheim, http://www.lippmischtechnik.de (2012).

26 Hausen: Vorlesung, Universität Hannover (1960).

27 Wolf, K.-H.: Rührfermenter-Dimensionierung. Vulkan-Verlag, Essen, ISBN 3-8027-2195-0 (2000).

28 Kaibel, G.: Gestaltung destillativer Trennungen unter Einbeziehung thermodynamischer Gesichtspunkte. Dissertation Technische Universität München, Fakultät für Maschinenwesen (1987).

29 Pfeifer & Langen Dormagen: Wäßrige Phasensysteme auf Dextran-Basis. Firmen-Broschüre; D-41539 Dormagen (1986).

30 Hustedt, H.; Menge, U.; Kroner, K.-H.; Papamichael, N.: Bioengineering. Sonderdruck (1987).

31 Huddleston, J.; Veide, A.; Köhler, K.; Flanagan, J.; Enford, S.-O.; Lyddiatt, A.: The molecular basis of partitioning in aqueous two-phase systems. Elsevier Science Publishers Ltd (UK) 0167 – 9430/91 (1991).

32 Trasch, H.; Claus, G.; Große, D.; Koch, C.; Kopf, M.; Reuter, M.; Storhas, W.: Praktikumsskript für das Biotechnologische Praktikum (BTP). Fachhochschule Mannheim, Institut für Technische Mikrobiologie und Bioverfahrenstechnik (2002).

33 Adrian, T.: Hochdruck-Mehrphasengleichgewichte in Gemischen aus Kohlendioxid, Wasser, einem wasserlöslichen organischen Lösungsmittel und einem Naturstoff. Dissertation Universität Kaiserslautern Fachbereich Maschinenbau und Verfahrenstechnik (1997).

34 Gamse, T.; Marr, R.: Einsatzmöglichkeiten überkritischer Fluide in der Bioverfahrens-

technik – ein Überblick. Tagungsband der GVC/Dechema Vortrags- und Diskussionstagung „Downstream Processing/Separation of Bioproducts", Bad Honeff (2002).
35 Brunner, K.H.: Separatoreinsatz in der Biotechnologie, Sonderdruck aus „Chemische Technik", **4**, (1983)
36 Jancic, S. J.; Grootscholten, P. A. M.: Industrial crystallization. D. Reichel, Dordrecht (1984).
37 Schultz, P.; Schlünder, E. U.: Influence of additives on crust formation during drying. *Chem. Eng. Process.* **28**, 133–142 (1990).
38 Liedy, W.: Industrial drying – Lehrbuch der Trocknungstechnik. Erscheinen geplant für (2004).
39 Krischer, O.; Kast, W.: Die wissenschaftlichen Grundlagen der Trocknungstechnik. Springer-Verlag, ISBN 3-540-08280-8 (1978).
40 Kröll, K.; Kast, W.: Trocknen und Trockner in der Produktion. Springer-Verlag, ISBN 3-540-18474-4 (1989).
41 Kröll, K.: Trockner und Trocknungsverfahren. **2. Auflage**, Axel Springer Verlag (1978).
42 Mujumdar, A.-S.: Handbook of industrial drying. Dekker, New York, ISBN 0-8247-7606-2 (1987).
43 Schlünder, E. U.; Mollekopf, N.: Vacuum contact drying of free flowing mechanically agitated particulate material, *Chem. Eng. Process.* **18** (2) 93–111 (1984).
44 Tsotsas, E.; Schlünder, E. U.: Vacuum contact drying of free flowing mechanically agitated multigranular packings. *Chem. Eng. Process.* **20** (6) 339–349 (1986).
45 Liedy, W.: Persönliche Mitteilung (2002).
46 VDI-Wärmeatlas, Springer Verlag, Heidelberg (2002).
47 Fritz, W.: Vorausberechnung der Trocknungsgeschwindigkeit in Gewebebanddtrocknern, *Chem.-Ing.-Tech.* **54**(4), 383–385 (1982).
48 Liedy, W.; Hilligardt, K.: A contribution to the scale-up of fluidized bed driers and conversion from batchwise to continuous operation. *Chem. Eng. Process.* **30**, 51–58 (1991).
49 Janosik, M.; Liedy, W.: Kontaktbandtrockner – Eine wirtschaftliche Lösung bei häufigem Produktwechsel. *Chem.-Ing.-Tech.* **63**(11), 1135–1137 (1991).
50 Thurner, F.: Scale-up of contact driers. *Drying. Technol.* **12** (6) 1367–1385 (1994).
51 Liedy, W.: Anforderungen und Möglichkeiten bei der Verfahrensentwicklung in der Trocknungstechnik – Ein Vergleich der realisierbaren Vorgehensweisen bei unterschiedlichen experimentellen Möglichkeiten. *Chem.-Ing.-Tech.* **69**(5), 632–639 (1997).
52 Schultz, P.; Hilligardt, K.: Vorgehen bei der Trocknerauswahl. *Chem.-Ing.-Tech.* **65** (3), 271–274 (1993).
53 Creighton (1984).
54 Richardson (1981).
55 Cleland, J. L., Wang, D. I. C.: In: Biotechnology, **3**, Wiley-VCH, Weinheim (1993).
56 Transport, Lagerung und innerbetriebliche Förderung von Glucosesirup. CA/4; Technischer Informationsdienst Maizena Industrieprodukte GmbH Hamburg (1988).
57 Geankopolis, C.J.: Mechanical-Physical Separation Processes, Transport Processes and Unit Operations, Prentice Hall (1993).
58 Reuter, H.: Konstruktion und Gestaltung von Verarbeitungsanlagen im Hinblick auf die Reinigung. *Journal für Pharmatechnologie* (1990).
59 Alan Dove: The bittersweet promise of glycobiology. *Nature Biotechnology* **19**, October (2001).
60 Woog, S.: Persönliche Mitteilung, stefanwoog@aol.com (2002).
61 Nassauer, J.: Adsorption und Haftung an Oberflächen und Membranen. Freising-Weihenstephan (Eigenverlag) Druck; M. Schadel GmbH & Co. KG, Bamberg (1985).
62 Hielscher, C.: Aufbau und Arbeitsweise von Reinigungsanlagen. Automatisierung der Reinigung. Journal für Pharmatechnologie, ISSN 0931-9700; Best.-Nr. 1049, CONCEPT Heidelberg; (1988).
63 Faust, T.: persönliche Mitteilung (1986).
64 Kopf, M.: BAV – Biotechnologische Aufarbeitungsverfahren. Vorlesungsskript an der Fachhochschule Mannheim – Hochschule für Technik und Gestaltung (2001).
65 Firmenschrift der Firma AMICON, Millipore (1990).
66 Koglin, B.: Experimentelle Untersuchungen zur Sedimentation von Teilchenkomplexen in Suspensionen. *Chem.-Ing.-Tech.* **44**(8) (1972).
67 Prospekt der Firma Pharmacia: Amersham Biosciences Europe www.amershambioscheines.com (2002).

8 Integrierte Prozesse und Verfahrensentwicklung

In Upstream-Processing, Reaktionsführung und Downstream-Processing werden die einzelnen Unit Operations (Verfahrensstufen) einzelnen optimiert, auch wenn dringend empfohlen wird, in jedem Stadium der Prozessentwicklung jeweils über den Rand des eigenen Aufgabenspektrums hinauszuschauen, um Einflüsse und Rückkopplungen von vorgeschalteten und auf nachfolgende Operationen jederzeit berücksichtigen zu können (Kapitel 3). Die ganzheitliche Prozessbetrachtung lässt sich erst gewinnen, wenn der gesamte Prozess mit seinen Vernetzungen und Kreisläufen (Rückströmen) als integrale Gesamtheit betrachtet wird bzw. werden kann. Gerade Rückführungen, die in jedem Prozess unerlässlich sind, bedürfen besonderer Beobachtung, weil sie die Gefahr der Aufkonzentrierung (Aufschaukeln) störender Substanzen mit sich bringen können. Deshalb ist es das wesentliche Ziel der integrierten Darstellung, möglichst detaillierte Mengen- und Energiebilanzen aufzustellen und sie in Fließschemata darzustellen (auch Abschnitt 10.3.3).

8.1 Aufbau und Darstellung eines Prozesses

Würde man zur Beurteilung der Bedeutung einzelner Prozessstufen eines Bioverfahrensprozesses die Literatur als Wichtung heranziehen, so entstünde der Eindruck, als wäre es zunächst nur wichtig, den Reaktionsschritt und einige interessante Aufarbeitungsschritte in gewohnter linearer Denkweise zu untersuchen und zu optimieren. Der Rest erscheint sich von selbst zu ergeben.

Das kann und wird meist ein fataler Trugschluss sein. Genauso, wie es zwingend geboten ist, bei der Prozessentwicklung die einzelnen Arbeitsschritte(-gruppen) kybernetisch harmonisierend wirken zu lassen (Abschnitt 3.1), muss der Prozess in allen Stufen funktionsgerecht geplant und ausgearbeitet werden.

Beginnend bei einer stabilen (zuverlässigen) und funktionierenden Logistik, inklusive der Lagerhaltung, über ein effektives und reproduzierbares Upstreaming (Aufbereitung) zu einer wohl abgestimmten Reaktionsstufe mit nachfolgendem Downstream-Processing bis hin zum passenden Finishing, muss ein integrierter verfahrenstechnischer Prozess verfügen. Nur dadurch kann eine optimale Konsistenz des fertigen Produktes (Lagerung, Haltbarkeit, Weiterverarbeitung) erreicht werden (Abb. 8.1).

Zu den logistischen Fragestellungen gehört die Suche nach geeigneten Quellen für mögliche Einsatzstoffe für den Prozess. Neben der Kosten-Nutzen-Betrachtung werden ebenso die Verfügbarkeit, eine gleichbleibend garantierte Zusammensetzung und die Qualitätssicherung wichtig sein. Mit Verfügbarkeit ist nicht alleine der Umstand gemeint, dass der ausgewählte Stoff in bestimmten Zeitabständen immer wieder abgerufen, sondern auch, dass er problemlos jederzeit angeliefert werden kann. Je nach Anlieferungsart und -weg (Wasser, Schiene, Straße) ist dabei auch nach den Gebindegrößen zu fragen (Abschnitt 5.1). Die Antwort auf diese Fragen fließt direkt in die Planung und Auslegung der Lagerhaltung ein.

Bei der Lagerhaltung sind im Wesentlichen zwei Aspekte zu berücksichtigen. Einmal muss sie den chemischen und physikalischen Belangen der Stoffe selbst Rechnung tragen (Haltbarkeit, Konsistenz, Korrosion bezüglich Lagerraum) und andererseits vom Volumen her den Lieferzyklen gerecht werden (Abschnitt 5.1).

Upstream-Processing wird erforderlich, wenn die ankommenden Einsatzstoffe nicht direkt in die Reaktionsstufe einfließen können. Das trifft immer dann zu, wenn Konzentrationen angepasst, Sterilisationen durchgeführt, Konsistenzänderungen vorgenommen oder störende (hemmende) Inhaltsstoffe beseitigt (ausgeschleust) werden müssen. Vor allem, wenn man gezwungen ist, aus Kostengründen auf komplexe Nährmedien zurückzugreifen, kommt dem letzten Punkt eine wichtige Bedeutung zu (Abschnitt 5.5.5).

Die Bedeutung der Reaktionsstufe und des Downstream-Processing steht außer Zweifel. Hier ist lediglich des Öfteren eine nicht ausreichend kybernetisch angesetzte Entwicklung anzumahnen (Kapitel 6 und 7).

Das Finishing hat den „letzten Schliff" des Produktes als Zielsetzung. Welche Lagerhaltung, welche Haltbarkeit und welche Weiterverarbeitungsschritte sind zu fordern? Diese Fragen müssen gestellt und als Antwort in das Finishing umgesetzt werden.

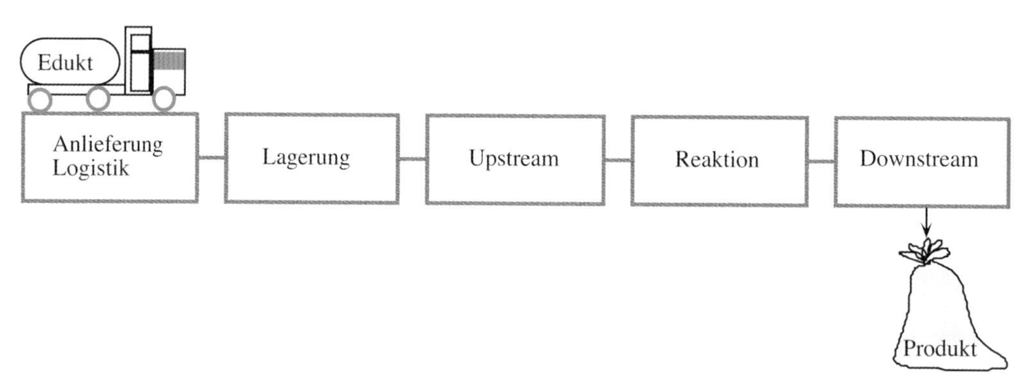

Abb. 8.1 Einfaches Übersichtsschema eines Gesamtprozesses. Der Gesamtprozess reicht von der Logistik, d. h. der Anlieferung und Lagerung der Einsatzstoffe (Edukte), bis hin zum Abfüllen des konditionierten Produktes.

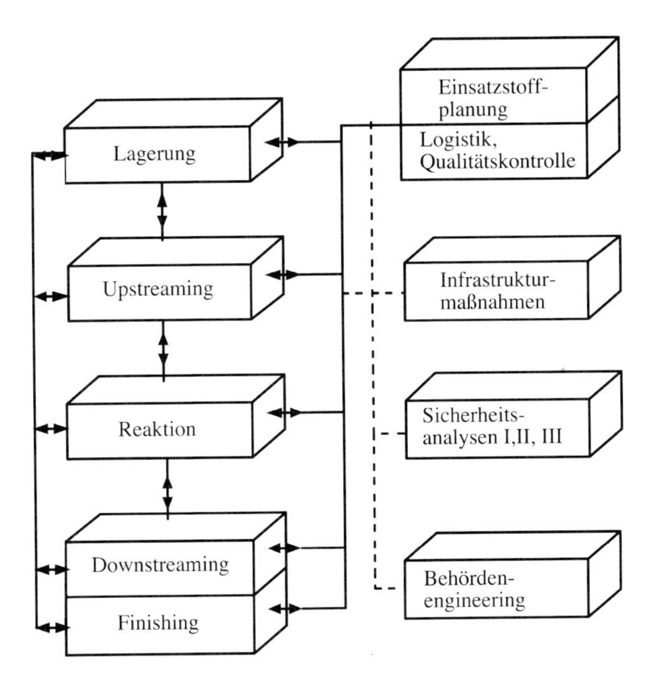

Abb. 8.2 Blockschema eines verfahrenstechnischen Prozesses. Neben der Lagerung, dem Up- und Downstreaming sowie der Reaktion sind die Logistik (Anlieferung der Einsatzstoffe) und die Durchführung von Sicherheitsbetrachtungen sowie das „Behördenengineering" von Wichtigkeit.

Zur Entwicklung einer Gesamtverfahrenskonzeption muss als allererstes ein Blockschema erstellt werden (Abb. 8.2). Mit diesem Schema schafft man sich den ersten Gesamtüberblick. Deshalb müssen alle essenziellen Anlagengruppen zusammengestellt werden, ohne dass schon jetzt jedes Detail bedacht sein muss. Die blockweise Zusammenstellung der Aufgabengruppen gestattet nun, Schritt für Schritt die Details anzudenken, wobei „Schritt für Schritt" nicht eine strikt lineare Denkweise andeuten soll, sondern ebenso rück- und seitwärts gerichtete Blicke einbezieht. Auch wenn üblicherweise die Logistik in dieses Schema nicht einbezogen wird, so ist es doch sehr sinnvoll, sie zumindest aus der Sicht der erforderlichen Stoffe und Stoffgruppen sowie der Qualitätssicherung zu berücksichtigen. Sind bei komplexen Einsatzstoffen (Melasse, Abfallhefe, Maisquellwasser) Schwankungen in der Zusammensetzung zu erwarten, so sind die einzelnen Prozessstufen darauf abzustimmen, sie müssen „vorbereitet" sein. Daraus ergeben sich schnell Fragen hinsichtlich einer erforderlichen Flexibilität, vor allem im Upstreaming, aber auch bei den Prozessen, wo weitere Einsatzstoffe direkt in die Reaktion eingeschleust werden sollen. Das Blockschema baut sich also chronologisch, ausgehend von Fragestellungen zur Logistik, wie der Lagerhaltung (Tanklager, Bunkern, Lagerräume etc.), über die Verfahrensschritte der Aufbereitung, der Fermentation und schließlich der Aufarbeitung auf. Letztendlich muss der gesamte Weg der Stoffe und Energien durch die Anlage bis zu ihrem Verlassen in

Richtung sachgerechter Entsorgung oder aber zum gewünschten Produkt aufgezeichnet werden.

Ein Blockschema sollte nicht nur verfahrensspezifische Merkmale ausweisen, sondern auch schon gesamtverfahrensüberschauend angelegt sein. Neben den zentralen Blöcken der verfahrensinternen Operationen (Lagerung, Upstreaming, Reaktion, Downstreaming) müssen auch schon die flankierenden Blöcke eingefügt werden. Wenn auch ein vernetztes Denken zu Beginn einer Prozessentwicklung eher hemmende Wirkung haben kann, so sollte der Blick auf alle Einflussgrößen in Richtung eines ganzheitlichen Optimums stets gewahrt sein und bleiben, um jederzeit, nach Verlassen des zunächst vermeintlich optimalen Pfades, den Weg zum Optimum schnell wieder zurückzufinden.

Sollte es z. B. erforderlich oder sinnvoll sein, zum Zweck der Ausarbeitung bzw. Analyse der Stoffumwandlung des Stoffwechsels von Mikroorganismen besondere Einsatzstoffe zu verwenden, die aus wirtschaftlicher Sicht zunächst auszuschließen wären, so hilft es der Verfahrensentwicklung, wenn der Weg zurück offen bleibt.

Eine weiterführende Form des Blockdiagrammes ist die Darstellung in Form eines Fließbildes. Die einzelnen Operationen und Funktionen werden wieder als Blöcke dargestellt. Zwischen den Verbindungslinien werden hier allerdings bereits die Mengenströme aufgeteilt und in ihren einzelnen Komponenten aufgeführt (Abb. 8.3 und Tab. 8.1).

Sollten innerhalb der einzelnen Verfahrensoperationen und -stufen Rückführungen vorgesehen sein, so müssen diese ebenfalls im Diagramm aufgenommen werden. Diese Fließmengendarstellungen erlauben eine exakte Bilanzierung des Verfahrens (Prozesses) und sind gleichzeitig notwendige Grundlage für die Auslegung aller Apparate und Maschinen (Kapitel 7 und Abschnitt 10.3.2).

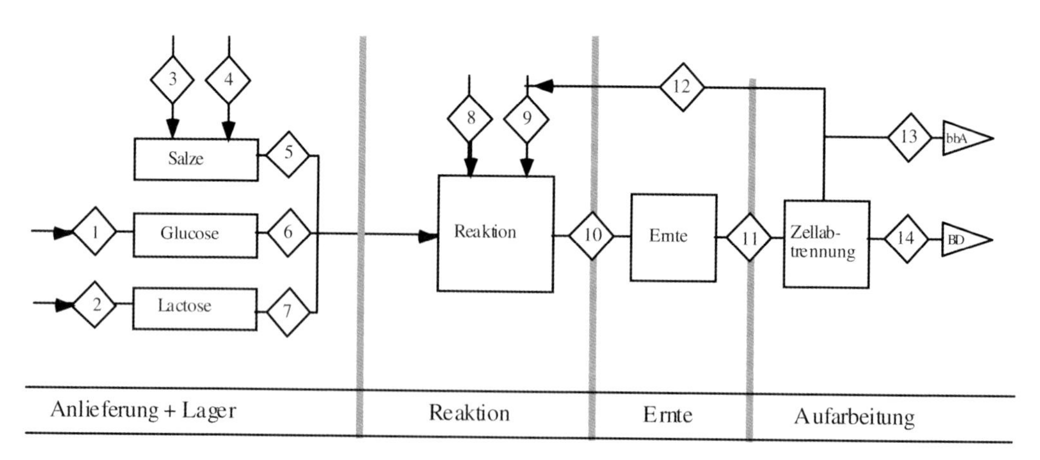

Abb. 8.3 Verfahrensblockdiagramm. Das Blockdiagramm als Ausgangspunkt für die Massenbilanzierung eines Verfahrens (Auszug). Jeder Eingangs- und Ausgangsstrom wird mit einer Raute versehen, um den Strom zu nummerieren. In einer weiteren Darstellung (siehe Fließmengenschema Tab. 8.1) werden sämtliche Ströme in ihren Einzelkomponenten dargestellt.

Tabelle 8.1 Fließmengenschema. Für einen verfahrenstechnischen Prozess ist ein Fließmengenschema, zugehörig zum Blockdiagramm gemäß Abb. 8.3, erforderlich (Auszug).

Stoff	Formel	Einheit	Strom Nr. 1	Strom Nr. 2	Strom Nr. 3	Strom Nr. 4	Strom Nr. 5	Strom Nr. usw.
Glucose	$C_6H_{12}O_6$	kg/h	xxx					
Lactose		kg/h		xxx				
Salze		kg/h			xxx		xxx	
Wasser	H_2O	kg/h	x.xxx	x.xxx		x.xxx	x.xxx	x.xxx
NN	–	kg/h						xxx
Produkt	–	kg/h						xxx

Letztendlich werden dann alle Maschinen und Apparate in einem Verfahrensfließbild zusammengestellt (Abb. 8.4 und Tab. 8.2). Zur Erstellung von Verfahrensfließbildern sind Symbole für die entsprechenden Operationen und Funktionen erforderlich. Die wichtigsten Symbole, Funktionen und Bezeichnungen sind in Tab. 8.2 zusammengestellt.

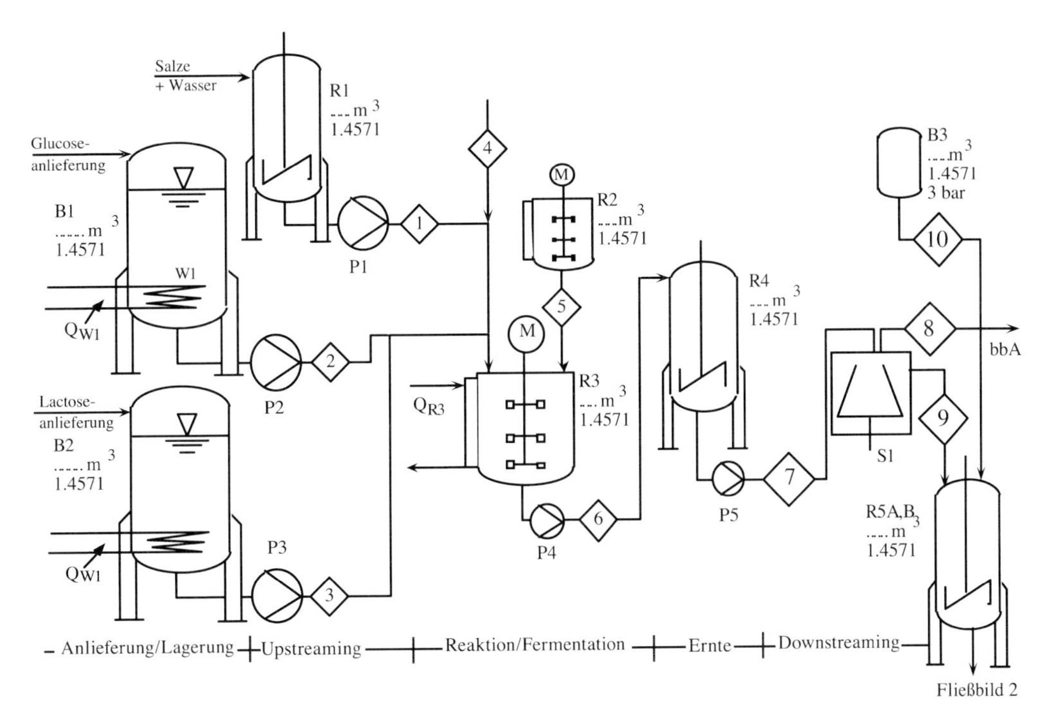

Abb. 8.4 Verfahrensfließbild für die Zuordnung aller Maschinen und Apparate in einem Verfahren. Daraus sind sowohl Apparatedaten (Größe, Druck, Material) als auch zusammen mit dem Fließmengenschema Tab. 8.1 und Abb. 8.3 die Stoffströme zu entnehmen.

In diesem Fließbild wird die passende Zuordnung aller Einrichtungen vorgenommen, die Mengenströme werden erneut dokumentiert und die daraus gewonnenen Auslegungsdaten vermerkt. Diese Darstellung liefert letztendlich die Basis für die Erstellung einer umfassenden Geräte- und Apparateliste und damit die Voraussetzung für eine fundierte Kostenschätzung (Abschnitt 9.1.2).

Außerdem bietet das Verfahrensfließbild (Abb. 8.4, Tab. 8.2) die Möglichkeit, sich ein übersichtliches Bild über alle Massenströme zum Prozess, innerhalb eines Prozesses und aus dem Prozess heraus zu verschaffen. Damit können sehr einfach

Tabelle 8.2 Symbolverzeichnis. Auszug für Bezeichnungen, Symbole und Funktionen zur Erstellung von Verfahrensfließbildern.

Bezeichnung	Kurzbez.	Symbol	Funktionen
Behälter, Apparat	Bx		Lagern, Puffern, Pumpvorlage
Rührapparat, Mischapparat, Reaktor	Rx	M M	Mischen, Anmaischen, Reaktion/Fermentation, Energieeintrag
Zentrifuge, Trennapparat, Zentrifugalkräfte	Sx		Abtrennen von Feststoffen aus Suspensionen
Filterapparat, Dead-end-Filtr., Cross-flow-Filtration	Fx		Abtrennen von Feststoffen aus Suspensionen, MF-Partikel, UF-Makromoleküle
Kolonnen	Kx		Extraktion, Destillation, Rektifikation, Chromatographie
Pumpen Verdichter	Px		Fördern von Flüssigkeiten, Suspensionen, Gasen (Vakuum)

die produktmassenbezogenen Eingangsstoffe für die Ergebnisdarstellung zur Ermittlung der Produktionskosten bestimmt werden, Kapitel 9). Man braucht nur die jeweiligen Eingangsströme <EX> durch den Massenstrom des Produktausgangsstromes <AX> zu dividieren.

Des Weiteren können problemlos die Mediumseinkaufslisten (Einsatzstofflisten) und auch der Entsorgungsplan erstellt werden. Der Entsorgungsplan wird günstigerweise, wie beim Verfahrensfließbild, in einem Massenbilanzierungsschema dokumentiert, um ähnlich wie bei den Einsatzstoffen auch die produktbezogenen Entsorgungsmengen an Abwasser, Kohlenstofffracht, Salz- und Säurefracht sowie eventuelle Massen für die Deponierung für die Kostenkalkulation ermitteln zu können (Kapitel 9).

Zwei anfangs scheinbar noch unwichtige Dinge einer Gesamtbetrachtung stellen meist die Frage nach der Infrastruktur (Tab. 8.3) und der Anlagensicherheit dar. Für die Standortfrage ist die Situation bezüglich Infrastruktur von hoher Priorität. Welche Energien, welche Mengen, vor allem deren Spitzenwerte, und bei welchen Zustandsgrößen (Druck, Temperatur) werden sie voraussichtlich benötigt?

Stehen sie am geplanten bzw. an den infrage kommenden Standorten zur Verfügung oder müssen Energieversorgungseinrichtungen ebenfalls eingeplant werden? Ein „Ja" zöge sofort die Frage nach den sinnvollen Überkapazitäten nach sich, wenn zukünftig am selben Standort noch weitere Anlagen hinzukommen sollten.

Tabelle 8.3 Festlegung der erforderlichen Infrastruktur.

Energieversorgung

- Strom
- Gase (Druckluft (Druckstufen), Erdgas, Sauerstoff, Stickstoff, Kohlendioxid, Sondergase)
- Wärme (Dampf (Druckstufen), Warmwasser, Heizung)
- Kühlenergie (Flusswasser, Kühlturm, Kaltwassersatz - „Sole")
- Wasserversorgung (Prozesswasser, Reinigungswasser, vollentsalztes (VE-) Wasser, Reinstwasser)

Entsorgung

- Klärwerk (kommunal, industriell, Abwasser)
- Deponie (Feststoffe, Deponiefähigkeit, Mengenregelung)
- Sonderdeponie (Sondermüll)
- Rückstandsverbrennung (Feststoffe, Flüssigkeiten (Ab-)Gase)

Zentrale Serviceeinrichtungen

- Werkstätten (Wartung, Reparatur)
- Zentrallager (Ersatzteillagerung, Ersatzteilhaltung)
- Verwaltung (Personal, allgemeiner Service, Bestellungen, Beschaffungen)

Flankierende Baumaßnahmen

- Bauplatzerschließung (Kanalsysteme, öffentliche Anbindung)
- Straßen, Brücken (Verkehrsregelung, Ampelanlagen, Containerlogistik)
- Schienenanbindung (Schienenverlegung, Anbindung an öffentliches Schienennetz)
- Hafen (Anlegeplätze, Löscheinrichtungen)
- Parkplätze (Personal, Kunden PKW, Anlieferung, Logistik, LKW)

Ein ähnliches Bild ergibt sich für die Entsorgungssituation, wobei hierbei die Anforderungen zunehmend strenger werden. In jedem Fall wird aus einer verfahrenstechnischen Anlage behandlungsbedürftiges Abwasser herauskommen. Das bedeutet, dass in jedem Fall schon eine Kläranlage vorhanden sein muss. In diesem Zusammenhang wird frühzeitig die Frage zu klären sein, ob die zusätzliche hydraulische Fracht von der vorhandenen Kläranlage verkraftet werden und vor allem, ob die Inhaltsstoffe im zukünftigen Abwasser auch problemlos abgebaut werden können.

Die weiteren Entsorgungstechniken können ebenfalls ein wichtiger Standortfaktor sein, wenn Substanzen der entsprechenden Kategorie anfallen. Kann das ausgeschlossen werden, so entschärft sich der Entsorgungspunkt.

Die „flankierenden Baumaßnahmen" sind eigentlich der Erschließung des Baugebietes zuzuordnen und sollten bei einem ausgewiesenen Bauplatz keine großen Probleme mehr bereiten, es sei denn, die Verkehrsanbindung ist mit der erforderlichen Logistik nicht in Einklang zu bringen, weil die Infrastruktur für die günstigste Anlieferung nicht vorhanden ist.

8.2 Vorgehensweise bei der Verfahrensentwicklung

8.2.1 Phasen der Bioverfahrensentwicklung

Basis einer jeden Verfahrensentwicklung muss die Idee für ein neues Produkt sein. Es reicht natürlich nicht, nur an eine neue Substanz zu denken, sondern es bedarf einer Analyse, ob diese Substanz auch einen Markt finden kann (Abschnitt 1.2). Diese immens wichtigen Strategieüberlegungen sind in einem Unternehmen dem Marketing zugeordnet. Ein funktionierendes Marketing wird den Weltmarkt im Auge haben und immer wieder auf Bedarfslücken aufmerksam machen können. Daraus entwickeln sich dann Produktideen und, wenn dann noch der potenzielle Mark erkannt werden kann, so sollte einer zielstrebigen Entwicklung nichts mehr im Wege stehen. Vorrangige Fragen richten sich zunächst an das verfügbare Potenzial auf dem Markt, also die Kapazität, die Produktmenge, die auf den verfügbaren Markt gebracht werden kann und natürlich die Preisvorstellungen.

Zunächst ist es von entscheidender Bedeutung, dass der Weltmarkt nach eventuell ähnlich gelagerten Ideen abgefragt wird, denn wenn schon Patentansprüche in die gleiche Richtung existieren, so muss erst geklärt werden, ob eine Entwicklung überhaupt lohnenswert ist. Das bedeutet, dass eine umfangreiche Literatur- und Patentstudie zwingend geboten ist. Schon zu diesem Zeitpunkt ist eine Standortanalyse sehr sinnvoll, denn die Einsatzstoffbesorgung (Logistik) und alle anderen prozessbegleitenden Einrichtungen müssen wirtschaftlich harmonieren.

Dann beginnt die Suche nach dem erforderlichen Synthesepotenzial (Abschnitt 2.2). Es muss ein Enzym oder eben ein Mikroorganismus gefunden werden, das/der die erforderliche Katalyseeigenschaft besitzt und zum gewünschten Produkt führt. Ein passendes Biotop könnte die adäquate Quelle sein. Aber heutzutage leisten moderne Stammsammlungen sehr gute Dienste, die es wert sind, zumindest bei der ersten Suche nach Ansatzpunkten auch genutzt zu werden (Tab. 2.1). Anschließend folgt die eigentliche Entwicklung des Bioprozesses (Tab. 8.4).

Ist ein Stamm gefunden, der das gesuchte Synthesepotenzial besitzt, so wird er in der Regel nicht das erforderliche Potenzial hinsichtlich der wirtschaftlichen Daten aufweisen. Demzufolge schließt sich dann eine mehr oder weniger intensive Stammoptimierungsphase (Screeningphase) an. In die Beurteilungsmatrix des Screenings müssen jetzt schon Parameter einfließen, die am Ende zum optimalen Prozess beitragen. Deshalb ist in dieser Phase schon die erste Kostenanalyse durchzuführen, d. h. es sollte eine Kostenstruktur erstellt werden, aus der zumindest die Sensitivität ersichtlich ist, um die Schwerpunkte für die Prozessentwicklung in allen Ebenen setzen zu können. Natürlich wird es sehr schwer sein, in einer so frühen Phase gesamtprozessüberschauend zu analysieren, doch der Versuch zahlt sich aus, denn im Screeningverfahren müssen die Eigenschaften und die Fähigkeiten der zu suchenden Produktionsstämme definiert werden und diese Randbedingungen sollten die Merkmale des zu findenden Produktionsstammes sein.

Tabelle 8.4 Phasen der Bioverfahrensentwicklung. Die Phasen1 bis 12 stellen von unten nach oben den Fortschritt der Verfahrensentwicklung dar. Die Studien für die Kostenschätzung lassen sich hier wie folgt einordnen: In den Phasen 1–4 Orientierungsstudien (Short-cut-Studien), in den Phasen 4–9 Verfahrensstudien und in den Phasen 9–12 Projektstudien.

	Entwicklungsphase	**Randbedingungen/Voraussetzungen**
12	Umsetzung in den Produktionsmaßstab	
11	Detaillierte Anlagenplanung/ Projektstudie/Wirtschaftlichkeit	Ausschreibung/Vergabe Entscheidung
10	Genehmigungsverfahren Behördenengineering	Anhörung/Erörterung: f(Anlage, Verfahrens-, Produkttyp)
9	Übertragung in den Pilotmaßstab Übertragungsregeln/Scale-up	
8	Miniplant – linear, integriert Mosaik: Korrosion, Stoffdaten ...	Bilanzen
7	zweite Kostenanalyse, Kostenstruktur Laborversuche/Laborbioreaktor	Sensitivitätsbetrachtung, batchweise – kontinuierlich
6	Schüttelkolbenversuche Mediumscreening	Reaktor-Verfahrenswahl
5	Biochemie Mediumskomponenten	Charakterisierung der Stoffe
4	Stammscreening erste Kostenanalyse, Kostenstruktur	Sensitivitätsbetrachtung
3	Stammsuche Festlegung des Synthesepotenzials	Biotop, Stammsammlungen
2	Patente Literatur	Standortanalyse, -findung: f(Infrastruktur, Logistik, Entsorgung, Kostensituation, politische Stabilität)
1	Idee – Marketing – Markt – Kapazität – Preisvorstellung	

Die Biochemie muss rechtzeitig mit eingeschaltet werden, denn die Substanzmerkmale fließen direkt in die zu wählenden Aufarbeitungstechniken ein. Außerdem spielen alle Mediumsbestandteile für den Fermentationsprozess eine wichtige Rolle.

Im ersten Reaktor, dem Schüttelkolben, werden die ersten Reihenuntersuchungen zur Optimierung der Reaktion durchgeführt. In diesem Stadium der Entwicklung werden die Mediumskompositionen entwickelt (Abschnitt 2.7.1) und auch die besten Stämme ausgewählt. Das bedeutet zugleich, dass gravierende Entscheidungen anstehen, die sich in den folgenden Phasen der Verfahrensentwicklung entscheidend bemerkbar machen. Die Ergebnisse im Schüttelkolben sollen zugleich auch die Vorgabe für den zu wählenden Reaktortyp sein (Kapitel 4). Das bedeutet, dass dieses Geschehen auch richtig gedeutet werden muss, um die maßgebenden Kriterien für die Übertragung in die nachfolgenden Maßstäbe definieren zu können (Abschnitt 2.7.3).

Nach dem Schüttelkolben wird die Reaktion in einen Reaktortyp übertragen, der auch Scale-up-fähig ist. Also ist es jetzt schon von Bedeutung, die speziellen Belange der Stoffumwandlung zu kennen und sie im auszuwählenden Reaktortyp anbieten zu können. Dieser Reaktor muss sämtliche Anforderungen zu einem Optimum vereinen und in den angepeilten Produktionsmaßstab übertragbar sein. Umso wichtiger ist es, schon jetzt erneut den Blick auf die Kostensituation zu lenken, denn alle Entscheidungen für die weitere Prozessentwicklung engen den verbleibenden Spielraum immer mehr ein und wiegen deshalb doppelt schwer. Das gilt im besonderen Maße auch für alle Fragen hinsichtlich Materialauswahl und der gesamten Aufarbeitung. Die Materialfragen müssen in Korrosionsuntersuchungen geklärt werden, was wiederum nur möglich ist, wenn die Mediumszusammensetzungen weitestgehend feststehen. Stehen sie fest, so kann das Stoffdatenpaket festgeschnürt werden und die Auslegungsroutine für sämtliche Prozessstufen festgelegt werden.

In der chemischen Verfahrensentwicklung hat sich die Miniplant-Technik sehr bewährt. Im Detail ist damit die kleinstmögliche identische Abbildung einer möglichen Produktionsanlage gemeint. Die Apparategrößen sollten dabei den Litermaßstab kaum überschreiten. Mit dieser Technologie lässt sich die geplante Produktionsanlage im Kleinmaßstab komplett abbilden und vor allem besteht die Möglichkeit, den Prozess integriert zu betrachten, d. h. es lassen sich sämtliche Stoffströme schließen. Gerade unter dem Aspekt der Stoffbilanzierung ist es sehr wichtig, komplett geschlossene Kreisläufe zu untersuchen und vor allem die Frage nach einer eventuellen Aufkonzentrierung insbesondere von unerwünschten Nebenprodukten (Verunreinigungen, Hemmstoffen) zu beantworten.

8.2.2 Miniplant-Technologie

Sobald im Vorfeld die wichtigsten Randbedingungen (Abschnitt 3.2, Tab. 3.1) erfüllt sind, kann die eigentliche Entwicklung verfahrenstechnischer Prozesse beginnen. Voraussetzungen dafür sollten zumindest sein, dass die Jahreskapazität in etwa feststeht, der Markt grob eingestuft werden kann, ein oder mehrere Stämme zur Verfügung stehen, die aus wirtschaftlicher Sicht über ein ausreichendes Synthesepotenzial verfügen, und Vorstellungen über die Anforderungen an die Produkteigenschaften sowie Produktqualität bestehen. Ist dieser Stand erreicht, zeichnet die traditionelle Entwicklungsstrategie die in Abb. 8.5 skizzierte Vorgehensweise vor. Zunächst werden im Labor mit Laborgeräten (sehr häufig aus Glas) alle Einzeloperationen untersucht, Synthesewege charakterisiert, erste orientierende Versuche durchgeführt und so weit wie möglich optimiert. Da ein Verbund sehr schnell zu einer komplexen und auch zeit- sowie kostenaufwendigen Angelegenheit wird, laufen alle Untersuchungen erst einmal nach dem klassischen Satzbetrieb (diskontinuierlich). Der Labormaßstab (Modell) hat dabei neben dem Stammscreening vor allen Dingen die wichtige Aufgabe, die Fragestellungen hinsichtlich Mediumskompositionen und schreitweise die günstigsten Verfahrensvarianten zu klären.

In Verbindung mit modernen Mitteln der Prozesssimulation [1–3] steht hier in der für die Verfahrensentwicklung wichtigen Phase ein leistungsfähiges Werkzeug zur Verfügung. Je genauer das Experiment mit der Simulation in Einklang gebracht werden kann, umso gezielter kann der folgende Schritt zur Pilotplant oder Miniplant getan werden.

Der Labormaßstab liegt in der Regel bei einigen Litern bis maximal fünf Litern und im Mittel oder im Falle kontinuierlich betriebener Module ausgedrückt in Volumenströmen bei einigen Litern pro Stunde (etwa 1–5 l/h). Die in der chemischen Verfahrenstechnik entwickelte Miniplant-Technik [4] begnügt sich meist mit den kleineren Volumina bzw. Volumenströmen, während biotechnologische Prozesse vorzugsweise in etwas größeren Einheiten untersucht werden sollten. Die Gründe dafür liegen im Wesentlichen in den merklich geringeren Raum-Zeit-Ausbeuten (RZA) und den geringeren Stoffkonzentrationen (Edukte, Produkte).

Im Pilotmaßstab (Technikum) versucht man dann, einen kräftigen Sprung in der Maßstabsübertragung zu überwinden ($V \leq 500$ l, $\dot{V} > 100$ l/h), womit gleichzeitig schon die Frage nach den relevanten Maßstabsübertragungsregeln (Abschnitt 2.7.3

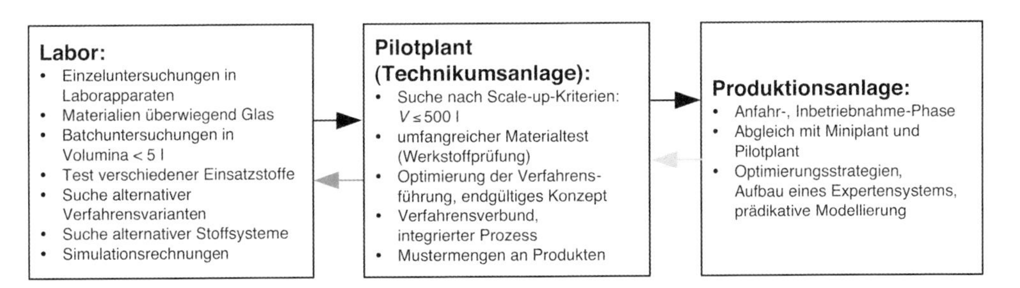

Abb. 8.5 Traditionelle Vorgehensweise bei der Verfahrensentwicklung. Den mehr oder weniger unabhängigen Basiseinzelversuchen im Labormaßstab ($V < 5$ l) schließt sich nun ein Pilot-Maßstab ($V \leq 500$ l) an, in dem die komplette Verfahrensausarbeitung durchgeführt wird. Zwischen allen Ebenen gibt es auch hier eine Rückkopplung, die mit zunehmendem Fortschritt der Entwicklung immer mehr abnimmt

und Abb. 2.65) gestellt wird. Da aber im Labormaßstab in der Regel solche Fragen nur im Ansatz mithilfe der Simulation beantwortet werden können, wird im Pilotmaßstab dieser Aspekt eine wesentliche Aufgabenstellung darstellen. Weitere wichtige Aufgaben bestehen in der endgültigen Materialauswahl – es stehen also umfangreiche Werkstoffprüfungen an –, in der Optimierung der Verfahrensführung, insbesondere im Kontext der integrierten Prozessführung, um vor allen Dingen instationäre Verhaltensweisen bezüglich der Entwicklung von Nebenprodukten erkennen zu können, die einen Gesamtprozess sowohl im Bereich der Reaktionsstufe als auch in verschiedenen Aufarbeitungsstufen empfindlich treffen können. Nicht zu unterschätzen ist schließlich die Aufgabe einer Pilotplant, für den Markt eine ausreichende Menge an Muster zur Markteinführung eines neuen Produkts zu liefern. Sollte dieser Aspekt frühzeitig sogar als sehr wichtig eingestuft werden, so kann er auch den Maßstab der Pilotplant bestimmen.

Die Anlagenkonzeption der Pilotanlage sollte ein Spiegelbild der zukünftigen Produktionsanlage sein. Natürlich ist das zu Beginn der Pilotmaßstabsversuche noch nicht möglich, denn der Prozess muss ja erst zum Optimum entwickelt werden, aber am Ende der Pilotphase entspricht die komplette Anlage der Produktionsanlage. Sind die Pilotversuche abgeschlossen, muss das Verfahrenskonzept abgesichert sein [4]. Der einzig verbleibende Unterschied ist der noch zu überwindende Maßstab, der auf die Kapazität (Durchsatz pro Monat oder Jahr) bezogen mit etwa Faktor 10–1000 angegeben werden kann.

Die Labor- und die Pilotplant-Stufe können wiederum selbst aus mehreren Stufen bestehen. Im Labor kann es sich als vorteilhaft oder sogar als notwendig erweisen, mit einfachen Mitteln schon Teilbereiche des Verfahrens in integrierter Form darzustellen. Ist z. B. soll eine biotechnologische Reaktion mit Zellrückführung vorgesehen, dann ist es unumgänglich, diesen Sachverhalt schon im Laborstadium in integrierter Fahrweise zu betreiben und zu untersuchen. Des Weiteren werden zunächst im Labormaßstab alle Operationen und Verfahrensmodule in Einzelbetriebsweise, vorzugsweise in einer Batchfahrweise, als Standalone-Operation untersucht. Auch diese Vorgabe ist nicht zwingend beizubehalten, wenn z. B. eine kontinuierliche Betriebsweise unumgänglich erscheint oder zum Zweck der Verfahrensoptimierung sehr zu empfehlen ist (Abschnitt 2.7.4). Solche Aktivitäten sind dann schon die Vorstufe für eine modernere Vorgehensweise einer Verfahrensentwicklung, der Schritt zum Einsatz der Mini-Plant.

Je geringer die Maßstabssprünge sind, umso sicherer kann ein Prozess übertragen werden. Andererseits steigen die Kosten reziprok dazu. Die vom Standpunkt der zuverlässigen Verfahrensentwicklung wünschenswerte Konstellation „Laborexperimente – Pilotplant – Produktionsmaßstab“ bringt des Öfteren einen schier unüberwindbaren Kostenblock mit sich. Je nach Maßstabssprung zwischen Pilotplant und Produktionsanlage können allein die Investitionen einer Pilotplant 3–30 % der Produktionsanlage ausmachen, und Tagessätze für einzelne Technikumsapparaturen (Apparaturen im Pilotmaßstab) liegen nicht selten im Bereich von 500–2000 Euro. Diese Kostensituation zwingt den Verfahrenstechniker zur Suche nach alternativen Entwicklungskonzepten. Eine davon ist die Miniplant-Konzeption (Abb. 8.6). Bei dieser Konzeption wird anstelle der Pilotplant-Untersuchungen eine wesentlich kleinere Variante eingeschoben, die möglichst alle Aufgaben der Pilotplant übernehmen soll. Der Maßstab bewegt sich hierbei im wesentlich im Bereich der Laborgrößen, also bei einigen Litern bis maximal fünf Litern und im Mittel oder im Falle kontinuierlich betriebener Module ausgedrückt in Volumenströmen bei einigen Litern pro Stunde (etwa 1 bis 5 l/h). Aus diesem Maßstab heraus ist das Scale-up in den Produktionsmaßstab dann natürlich eine ganz besondere Herausforderung, denn der Faktor liegt dann auf den mittleren Durchsatz bezogen bei etwa 10 000. Im Bereich der reinen Fluidverfahrenstechnik ist dies durchaus etabliert, während in der Feststoffverfahrenstechnik und im Umgang mit hochviskosen sowie nicht-Newton'schen Fluiden das Stoffhandling Probleme bereiten kann [4]. Bei diesem extremen Maßstabssprung ist an die Modellierung und Simulationsrechnung ein erhöhter Anspruch zu stellen, denn nur mit einer leistungsfähigen Simulation wird man diesen Scale-up-Faktor mit wenigen Problemen überwinden können [1–3].

Die Zielsetzung der Miniplant-Technik ist eine experimentelle Absicherung des Verfahrenskonzeptes in integrierten Anlagen, die insbesondere auch die Einflüsse von Rückführungen im Dauerbetrieb ausfindig machen können. Solche Einflüsse sind die Anreicherung von Nebenprodukten, die Auswirkungen auf den Umsatz, auf die Selektivität, auf die Standzeit von Katalysatoren (Biokatalysatoren, immobilisierten Enzymen, Abschnitt 6.3.3), auf die Abtrennbarkeit in einzelnen Aufarbeitungsoperationen (Kapitel 7) und letztendlich sogar auf die Produktspezifikation

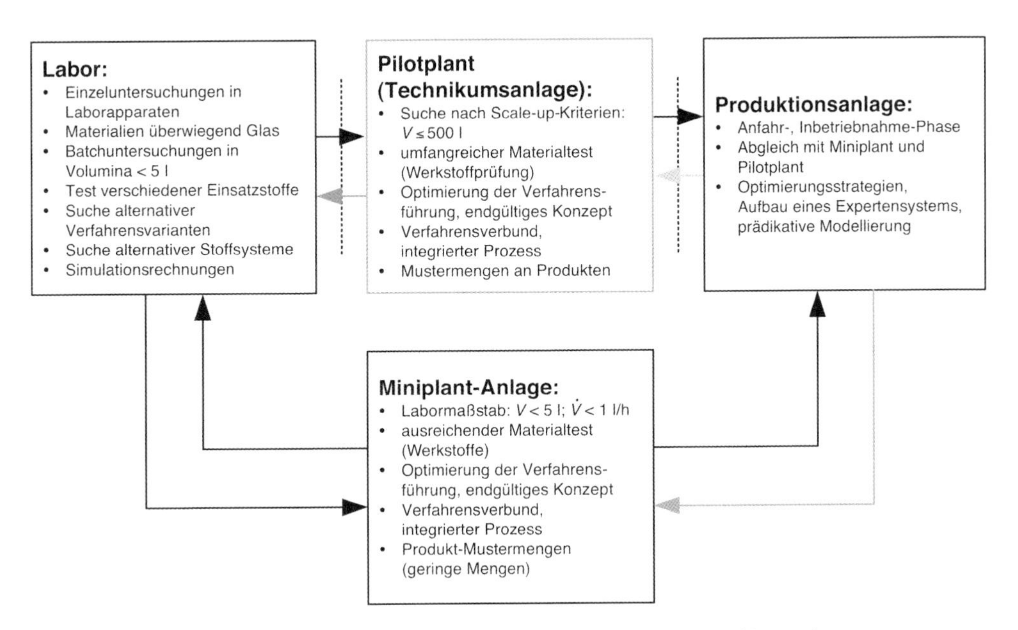

Abb. 8.6 Die weiterentwickelte Vorgehensweise bei der Verfahrensentwicklung. Den mehr oder weniger unabhängigen Basiseinzelversuchen im Labormaßstab ($V < 5$ l) schließt sich ein Pilot-Maßstab ($V > 500$ l) an, in dem die komplette Verfahrensausarbeitung durchgeführt wird. Zwischen allen Ebenen gibt es eine Rückkopplung, die mit zunehmendem Fortschritt der Entwicklung immer mehr abnimmt.

haben können [4]. Des Weiteren muss die Miniplant im Zusammenspiel mit der Modellierung auch die Auslegung von Maschinen und Apparaten, die Werkstoffuntersuchungen mit nachfolgender Materialauswahl, die Erprobung von MSR-Konzeptionen und die Bereitstellung von Mindestmustermengen leisten können. Da die Miniplant die direkte Vorstufe zur Produktionsanlage darstellt, muss sie auch das Training der Betriebsmannschaft, wieder im Zusammenspiel mit einer leistungsfähigen Simulation, ermöglichen.

Die Vorteile einer Miniplant liegen auf der Hand. Man ist damit in der Lage, in kurzer Zeit sehr kostengünstig komplette verfahrenstechnische Anlage abzubilden, die sehr flexibel sind und somit jederzeit modifiziert werden können. Realisiert werden kann diese Situation, indem für alle infrage kommenden Verfahrensmodule fertige Einheiten aufgebaut bereitgestellt werden und wie ein Einschub ein Austausch eines Moduls vorgenommen werden kann (Abb. 8.7). Außerdem bringen solch kleine Anlagen in der Regel keine Logistikprobleme mit

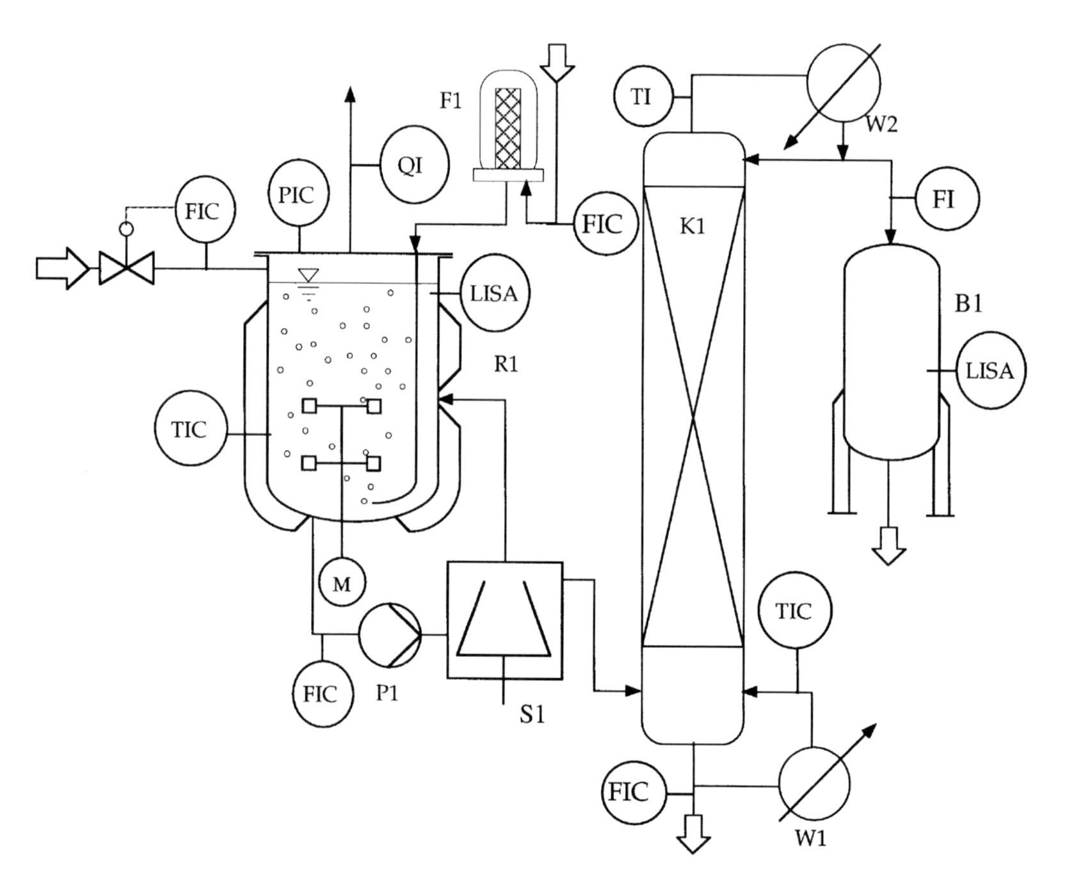

Abb. 8.7 Beispiel einer Miniplant-Anlage, bestehend aus fünf Modulen: einem Reaktormodul (R1, Bioreaktor), einem Filtermodul (F1, Sterilfilter), einem Zentrifugenmodul (S1), einem Kolonnenmodul (K1, Rektifikation) und einem Behältermodul (B1, Pufferbehälter). Die jeweilige MSR-Ausstattung ist dem Modul zugeordnet.

sich und aufgrund der geringen Stoffmengen sind auch keine genehmigungsspezifischen Hürden zu überwinden [4].

Nach den Miniplantversuchen sollten endgültig die maßgebenden Übertragungsregeln bekannt sein, damit die weiteren Entwicklungsphasen in einer Pilotanlage der angestrebten Produktionsanlage schon sehr nahe kommen. Parallel zu den Untersuchungen in der Pilotplant (Technikumsanlage) laufen schon die Genehmigungsverfahren an (Abschnitt 3.5). Je nach Anlagentyp müssen dabei eventuell zu erwartende Anhörungs- bzw. Erörterungsverfahren in Erwägung gezogen werden. Ebenso wichtig sind in diesem Stadium die letzten Überlegungen zur Wirtschaftlichkeit des Verfahrens, was in einer Projektstudie zum Ausdruck gebracht wird (Abschnitt 9.1.1). Stimmen nun weiterhin die wirtschaftlichen Daten, so sollte die Umsetzung in die Produktionsanlage nicht lange auf sich warten lassen.

8.2.3
Auswahl der Prozessführung

Führt man eine Analyse bereits existierender biotechnologischer Verfahren durch, so gewinnt man sehr schnell den Eindruck, als wäre die Batchfahrweise das Mittel der Wahl. Getreu nach dem biologischen Motto: „Es muss alles einen Anfang und ein Ende haben" werden die Prozesse angedacht und entwickelt. Sehr wenige biotechnologische Reaktionen werden kontinuierlich betrieben, wenige, es sei denn gezwungenermaßen, im Fed-Batch-Betrieb. Woran mag das liegen?

Ein wichtiger Faktor ist der Umstand, dass jede biotechnologische Stoffumwandlung von der genetischen Stabilität des Produktionsstammes abhängt. Und da diese Produktionsstämme weit über ihr natürliches Synthesepotenzial überzüchtet wurden, besteht permanent die Gefahr der Rückmutation. Im Falle von rekombinanten Zellen könnte unter nicht kontrollierten Bedingungen das rekombinante Plasmid wieder abgestoßen werden. Genau diese Umstände machen es wünschenswert, biotechnologische Prozesse wiederkehrend in greifbaren Zeitabständen neu zu starten, um mit der Sicherheit eines frischen genetischen Materials arbeiten zu können.

Aus Sicht der modernen Verfahrenstechnik ist eine kontinuierliche Reaktionsführung das Maß der Dinge. Dadurch entfallen einige unwirtschaftliche Phasen, wie zum Beispiel die ständig wiederkehrenden Rüstzeiten für die Befüllung, die Sterilisation, das Ablassen und die Reinigung (Gleichungen 8.5–8.10). Außerdem ist bei einem Batchbetrieb die Einstellung eines optimalen Zustandes nicht möglich, weil sich ständig die Zusammensetzung des Mediums ändert. Zu Beginn herrschen hohe Eduktkonzentration und am Ende hohe Produktkonzentrationen. Das bedeutet, dass in jedem Fall geprüft werden muss, ob eine kontinuierliche Fahrweise infrage kommt. Ließe sich das durchführen, so sollte der Optimierung nichts mehr im Wege stehen. Schon das Bruttoreaktorvolumen würde kleiner werden (Gleichung 8.12). Außerdem wäre es möglich, für den stationären Punkt die optimalen Bedingungen zu wählen. Damit hat man eine Reihe von Vorteilen, die bei einer Batchfahrweise nicht genutzt werden können.

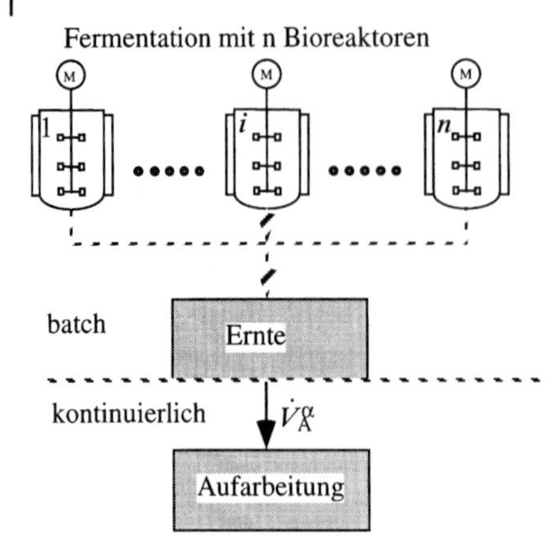

Abb. 8.8 Aufteilung des Gesamtreaktionsvolumens in n Bioreaktoren sowie der Übergang von einer diskontinuierlichen Fermentation zu einer kontinuierlichen Aufarbeitung. Der Erntekessel ist die Übergabestelle.

Ist man dennoch gezwungen, aus den oben genannten Gründen für die Reaktionsstufe (Fermentation) die Batchfahrweise zu wählen, so wird die Aufarbeitung meist kontinuierlich ablaufen (Abb. 8.8), denn viele Trennverfahren lassen sich überhaupt nicht sinnvoll diskontinuierlich betreiben, andere allerdings wiederum nicht kontinuierlich (Kapitel 7). Das bedeutet, dass ab dem Erntekessel oft ein kontinuierlich fließender Strom angeboten werden muss. Wird das Fermentationsvolumen auf mehrere Bioreaktoren aufgeteilt, dann muss die Taktfrequenz so abgestimmt sein, dass der Erntekessel stets genug Vorrat für die kontinuierlich laufende Aufarbeitung bereithalten kann. Der erforderliche kontinuierliche Volumenstrom aus dem Erntekessel heraus lässt sich wie folgt berechnen:

$$\dot{V}_A^\alpha = \frac{K \cdot f_K}{\mathrm{BST} \cdot P \cdot \alpha} \qquad \text{(Gleichung 8.1)}$$

wobei K die angestrebte Kapazität des gewünschten Produktes in kg pro Jahr, der Faktor f_K den Zuschlag für zu erwartende Kontaminationsverluste [5], BST die verfügbaren Betriebsstunden pro Jahr, P die Produktkonzentration in kg pro m^3 und α den Gesamtaufarbeitungswirkungsgrad darstellen.

Die Unterteilung des Gesamtreaktionsvolumens

$$V_{R,L} = \frac{K \cdot f_K \cdot (t_F + t_R)}{\mathrm{BST} \cdot P \cdot \alpha} \qquad \text{(Gleichung 8.2)}$$

in n Bioreaktoren führt zum Einzelreaktionsvolumen:

$$V_{R,L,1} = \frac{V_{R,L}}{n} \qquad \text{(Gleichung 8.3)}$$

Die Wahl der Unterteilung in n Einzelvolumina ist nicht beliebig vorzunehmen, sie wird begleitet von mehreren Auswirkungen. Zum einen hat die Unterteilung direkt Mehrkosten zur Folge, denn die Kosten nur für den apparativen Teil von n Reaktoren stehen zu den Kosten eines einzelnen Bioreaktors wie folgt in Beziehung:

$$K_n = K_1 \cdot n^{0,35} \qquad \text{(Gleichung 8.4)}$$

Darüber hinaus fallen noch Mehrkosten für die Installation sowie die Mess- und Regelausstattung an. Aber auf der anderen Seite können kleinere Reaktoren zu einem sichereren Handling beitragen und besonders bei sehr sensitiven Verfahren geringere Kontaminationen bzw. Fehlchargen nach sich ziehen. Dieselbe Überlegung gilt, wenn der Prozess in eine höhere Sicherheitsklasse (S2, S3; Abschnitt 8.3.2.1) eingestuft ist.

Die maximale Unterteilung lässt sich durch folgende Überlegung ableiten: Verlangt man, dass zeitgleich nur immer eine Verbindung zwischen einem Bioreaktor und dem einzigen Erntekessel besteht, und baut dafür noch einen Sicherheitszuschlag von 20 % ein, so beträgt der Takt zwischen zwei nachfolgend geschalteten Reaktoren:

$$t_T = 1{,}2 \cdot t_A \qquad \text{(Gleichung 8.5)}$$

mit t_T als der Taktzeit und t_A als der Ablasszeit für einen Bioreaktor. Dividiert man nun die Gesamtchargenzeit (Fermentationszeit + Gesamtrüstzeiten: $t_C = t_F + t_R$) durch diese Taktzeit, so erhält man die maximale Reaktoranzahl:

$$n = \frac{t_F + t_R}{t_T} \qquad \text{(Gleichung 8.6)}$$

Die Ablasszeit t_A ist wie die Rüstzeit t_R natürlich auch volumenabhängig. Diese Abhängigkeit kann abgeschätzt werden, wenn man annimmt, dass in allen Maßstäben die Reynoldszahl in etwa gleich ist. Dann findet man folgenden Zusammenhang:

$$t_A = 0{,}33 \cdot V_{R,L}^{2/3} \qquad \text{(Gleichung 8.7)}$$

bzw. für die gesamte Rüstzeit t_R, die sich aus der Befüllzeit t_B (= Ablasszeit t_A), der Aufheizzeit t_{AH}

$$t_{AH} = 0{,}5 \cdot V_{R,L}^{1/3} \qquad \text{(Gleichung 8.8)}$$

der Sterilisationszeit t_S, der Abkühlzeit t_{AK} (= Aufheizzeit t_{AH}), der Ablasszeit t_A und der Reinigungszeit t_{RG} (0,6 · Aufheizzeit) zusammensetzt:

$$t_R = 1{,}3 \cdot V_{R,L}^{1/3} + 0{,}66 \cdot V_{R,L}^{2/3} = t_B + t_{AH} + t_S + t_{AK} + t_A + t_{RG} \qquad \text{(Gleichung 8.9)}$$

Bei traditioneller Vorgehensweise wird die Sterilisationszeit maßstabsunabhängig eingestellt. Es sollte allerdings die Optimierung des Sterilisationsprozesses angestrebt werden. Das erfordert eine kontinuierliche Sterilisationsanlage, um die optimalen Parameter überhaupt erst einstellen zu können (Abschnitt 5.5.5.5). In diesem Fall entfallen die Aufheiz- und Abkühlzeiten, und es muss nur der Zeitanteil für die Leersterilisation des Reaktors berücksichtigt werden, was maßstabsunabhängig mit etwa 30–60 min veranschlagt werden kann. Die Rüstzeit berechnet sich in diesem Fall zu:

$$t_R = t_B + t_S + t_A + t_{RG} \qquad \text{(Gleichung 8.10)}$$

Aus den Gleichungen 8.5–8.9 lässt sich eine geeignete Reaktorzahl und damit eine Unterteilung des gesamten Reaktionsvolumens in n einzelne Reaktoren gewinnen. Diese so gefundene Reaktorenanzahl nimmt allerdings noch keineswegs Rücksicht auf den Reaktortyp und damit auf das noch vertretbare maximale Reaktorvolumen ($V_{R,B}$, Gleichung 8.12). Die Lösung lässt sich allein in einem iterativen Vorgehen finden. Dies sei nachfolgenden anhand eines Beispiels durchgeführt [5]:

Es soll ein aerober Prozess betrachtet werden, der einen hohen Sauerstoffbedarf hat. Das kann durch einen Leistungseintrag von 1,5 kW/m^3 und einer Begasungsrate von 0,5 vvm erreicht werden. Die Situation ist hier vereinfacht dargestellt. Die maßgebende Größe wäre der OTR. Im Produkt werden keine Spuren von Antischaummittelsubstanzen geduldet (z. B. bei der Produktion eines Waschmittelenzymes). Dem stark schäumenden Medium muss also anders begegnet werden. Das Medium bleibt dünnflüssig (ν = 10^{-6} m^2/s; ρ_L = 10^3 kg/m^3) und ist gut suspendierbar, weil kaum Feststoffe enthalten sind. Das Koaleszenzverhalten ist gegenüber reinem Wasser etwas erhöht. Die Zellen sind etwas scherempfindlich. An die Wärmeabfuhr sind hohe Anforderungen gestellt.

Wird eine Jahreskapazität von 400 t bei einer verfügbaren Betriebsstundenzahl von 8000 h im Jahr verlangt, werden eine Produktkonzentration am Reaktorausgang von 7,5 g/l und ein Gesamtaufarbeitungswirkungsgrad von 85 % erreicht und ist eine Reaktionszeit von 20 h erforderlich, dann lassen sich folgende Überlegungen daraus ableiten:

Für die Rüstzeit muss zunächst eine Abschätzung vorgenommen werden. Eine Grobabschätzung des Bruttovolumens (Gesamtreaktorvolumen $V_{R,B}$) ergibt:

$$V_{R,B} \approx 3 \cdot \frac{K \cdot f_K \cdot t_F}{BST \cdot P \cdot \alpha} = 3 \cdot \frac{400 \cdot 1{,}06 \cdot 20 \cdot 10^3}{8000 \cdot 7{,}5 \cdot 0{,}85} \approx 500\text{m}^3 \qquad \text{(Gleichung 8.11)}$$

sodass man mit fünf bis sechs Reaktoren rechnen kann. Der Faktor 3 berücksichtigt dabei die noch nicht bekannten Faktoren für den Gas-hold-up, die volumenverdrängenden Einbauten, wie Rührer, Begasungsrohr und Innenleitrohr, die Schaumentwicklung und die Rüstzeit. Das ergäbe näherungsweise dann pro Reaktor ein Reaktionsvolumen von $V_{R,L} \approx 50$ m^3. Nach Gleichung 8.9 lässt sich damit eine Rüstzeit abschätzen: t_R = 14...16 Stunden, zur Sicherheit wird der höhere Wert gewählt (diese Annahme muss später überprüft werden). Anhand einer Kriterientabelle [5] lässt sich eine Reaktorauswahl vornehmen, sodass letztendlich ein Umwurfreaktor für das vorliegende Verfahren gewählt werden kann (Abschnitt 10.3.1, Tab. 10.6).

Zur Ermittlung des Reaktorvolumens (Gleichung 8.12) müssen noch Faktoren für die Kontaminationsrate f_K, für die Schaumneigung f_F, für den Gas-hold-up f_G und für die Einbauten f_E gewählt werden [5]. Da die Kontaminationsgefahr als gering eingestuft werden kann, wird ein f_K-Wert von 1,06 gewählt. Aufgrund des starken Schaumverhaltens wird ein Faktor von $f_F = 1{,}3$ angenommen, für den Gas-hold-up lässt sich ein Wert von $f_G = 1{,}32$ finden und schließlich wird für den Einbautenfaktor ein Zuschlag von 10 % angenommen ($f_E = 1{,}10$ für die Einbauten Propellerrührwerk mit kurzer Welle, Innenleitrohr und Begasungsrohr).

Mit den so gewählten Faktoren und der Brutto-Raum-Zeit-Ausbeute von

$$\mathrm{RZA_B} = \frac{P}{t_F + t_R} = 0{,}21 \cdot 10^{-3} \quad (\text{in t/(m}_3 \bullet \text{h))} \qquad \text{(Gleichung 8.12)}$$

erhält man für das Gesamtreaktorvolumen:

$$V_{R,B} = \frac{K \cdot f_F \cdot f_K \cdot f_G \cdot f_E}{\mathrm{BST} \cdot \mathrm{RZA_B} \cdot \alpha} = \frac{400 \cdot 1{,}3 \cdot 1{,}06 \cdot 1{,}32 \cdot 1{,}1}{8000 \cdot 0{,}21 \cdot 10^{-3} \cdot 0{,}85} = 560\mathrm{m}^3 \qquad \text{(Gleichung 8.13)}$$

Da der Umwurfreaktor gewählt wurde, kann eine vorgeschlagene Maximalgröße von etwa 100 m^3 angegeben werden [5]. Das ergibt letztendlich eine Wahl von sechs Reaktoren zu je 93 m^3 Gesamtreaktorvolumen (Abb. 8.9).

Dieses Vorgehen entspricht dem primären Weg, zu einer passenden Anzahl von Bioreaktoren zu gelangen. Dabei ist es den Planern natürlich noch freigestellt, die Maximalgröße im Rahmen gegebener Toleranzbereiche nach oben oder unten zu korrigieren (abhängig von Steriltechnik, Sicherheit, Reaktionsführung).

Nach Gleichung 8.9 lässt sich nun bei einer Reaktorgröße von 93 m^3 mit einem Reaktionsvolumen von 49,5 m^3 die angenommene Rüstzeit überprüfen. Man erhält einen Wert von 14,7 h, sodass die getroffene Annahme bestehen bleiben kann und die Rüstzeit mit 16 h festgelegt wird. Wäre die Annahme zu sehr abweichend von der Kontrolle gewesen, müsste das Bruttovolumen und damit auch die Anzahl der Reaktoren korrigiert werden.

Die Anzahl der Bioreaktoren muss jetzt noch mit der nachfolgenden Ernteeinheit und der Aufarbeitung in Einklang gebracht werden (Abb. 8.10). Bei einer Gesamtfermentationszeit von 36 h und 6 Bioreaktoren zu je 49,5 m^3 Reaktionsflüssigkeit (Fermenterbrühe) bedeutet das, dass alle 6 h 49 500 l Kulturbrühe geerntet werden, im Mittel also 8250 l/h. Bei einer nachfolgenden kontinuierlich arbeiteten Aufarbeitungsanlage würde damit dieser Volumenstrom einfließen. Mit Gleichung 8.7 lässt sich eine Ablasszeit von 4,5 h ermitteln.

Mit den Gleichungen 8.5–8.7 und 8.9 lassen sich die Ablasszeit ($t_A = 4{,}5$ h) sowie die Taktzeit ($t_T = 5$ h) berechnen. Damit erhält man mit der gesamten Rüstzeit ($t_R = 16$ h) über Gleichung 8.6 ebenfalls eine sinnvolle Reaktorenzahl von $n = 6$–8

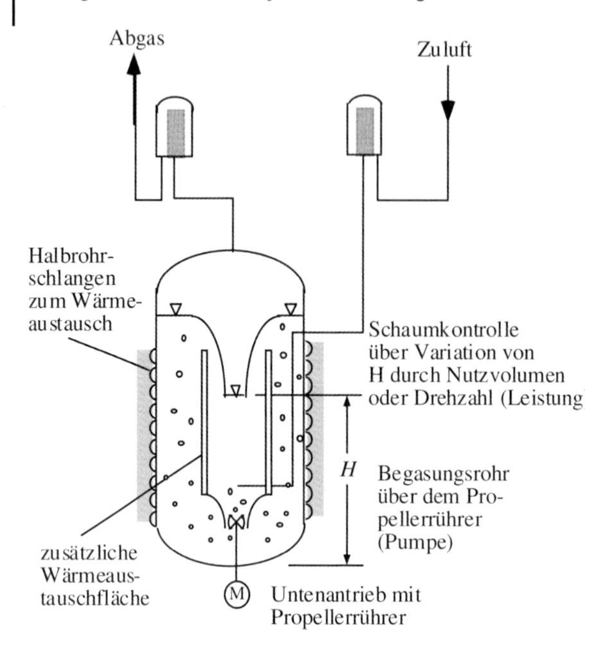

Abb. 8.9 Ausgewählter Bioreaktor für das Fallbeispiel [5]. Umwurfbioreaktor mit unten angetriebenem Propellerrührer (Pumpe).

Größe:	93 m^3
Anzahl:	6 Stück
Kontaminationsfaktor:	fK = 1,05
Schaumfaktor:	fF = 1,30
Schlankheitsgrad:	fS = 3,0
Material:	1.4571
Berechnungstemperatur:	200 °C
Berechnungsdruck:	4 bar
Oberflächen (Schliff):	240 Korn

Stück. Da über das maximale Reaktionsvolumen bereits $n = 6$ gefunden wurde, kann diese Anzahl festgelegt werden.

Bei sechs Bioreaktoren lässt sich die Ernte auf einen einzigen Erntekessel bündeln. Aus Gründen einer gewissen Pufferung bietet es sich an, diesen Erntekessel mit einem etwa 20–30 % größeren Volumen im Vergleich zu einem Reaktor auszustatten. Bei einem maximalen Füllgrad von 80 % wäre dies dann ein Bruttovolumen von $V_{E,B} = 80$ m^3.

Ein anderes Beispiel zeigt Abb. 8.11. In diesem Fall sind die Fermentation mit vier Zeiteinheiten, die Taktzeit mit einer Zeiteinheit und die restliche Rüstzeit mit zwei weiteren Zeiteinheiten angegeben. Die Summe aus der Rüstzeit (drei Zeiteinheiten) und der Fermentationszeit ergibt sieben Zeiteinheiten und damit nach Gleichung 8.5 sieben Reaktoren.

Eine solche Planung mag in vielen Phasen stark durch Routinearbeiten geprägt sein, doch alle Etappen begleiten logische und klare Denkweisen (Tab. 8.4), die in erster Linie auch nach der Zielsetzung des Ganzen zu fragen haben, insbesondere im Kontext von Nutzen und Gefahren, also nach der Sicherheit in allen Bereichen!

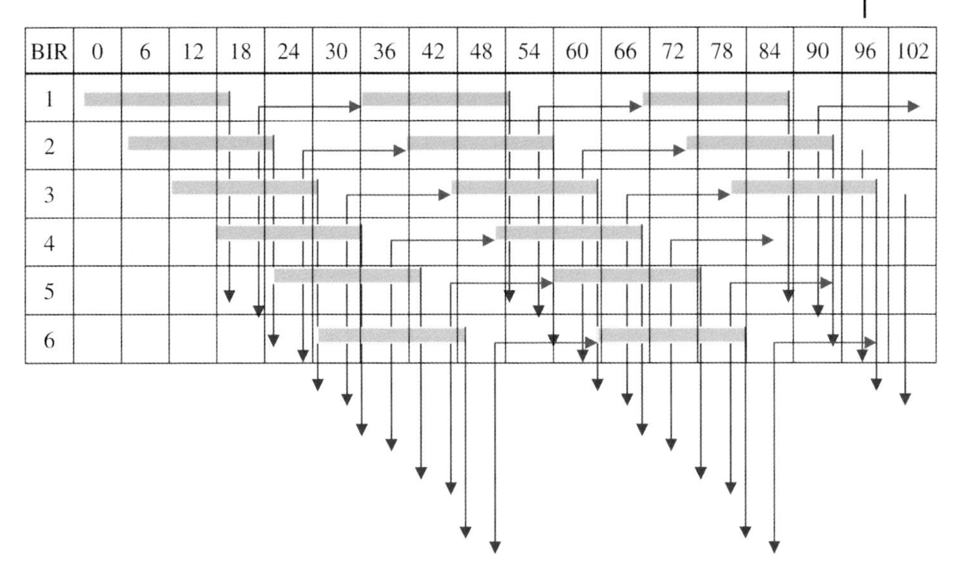

Abb. 8.10 Chargenplanung für sechs Bioreaktoren bei einer Chargenzeit von 36 Stunden. Der waagrechte Balken repräsentiert die Fermentationszeit, die beiden senkrechten Pfeile die Ablassdauer (etwa 4 Stunden) und der waagrechte Pfeil die restliche Rüstzeit.

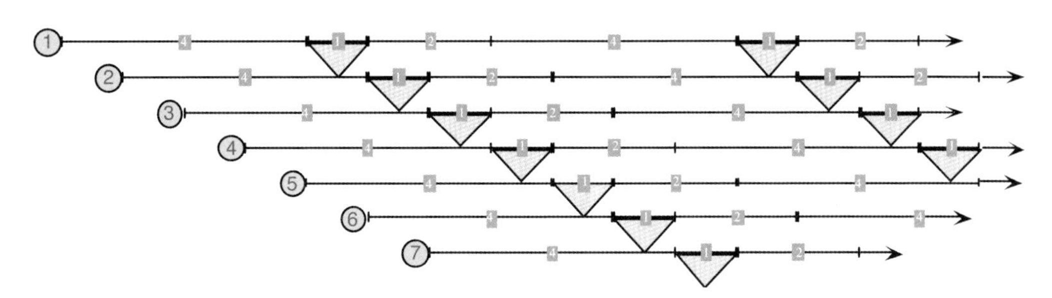

Abb. 8.11 Bestimmung einer sinnvollen Reaktorenzahl anhand der unterschiedlichen Zeiteinheiten (ZE) für die Fermentation (4 ZE), die Ablass- bzw. die Taktzeit (1 ZE) und die restliche Rüstzeit (2 ZE). Eine komplette Charge beansprucht demnach 7 Zeiteinheiten, und mit Gleichung 8.5 kommt man schließlich auf 7 Reaktoren.

8.3 Sicherheitsaspekte bei der Verfahrensentwicklung

8.3.1 Nutzen und Gefahren der Gentechnologie

Zum Beispiel sei der wichtigste zukunftsweisende Aspekt, die Gentechnologie, genannt. Wenn die Gentechnologie für die Entwicklung von biotechnologischen Verfahren eingesetzt werden soll, dann stünde zu gegebener Zeit die Frage an, ob denn neben dem zu erwartenden Nutzen auch Gefahren denkbar sind. Es mag verwundern, dass an dieser Stelle diese Frage angesprochen werden soll, wenn doch der Gentechnologie ein eigenes Kapitel gewidmet ist (Abschnitt 2.3). Der Grund ist darin zu sehen, dass zunächst ein Gentechnologe wohl einen wesentlich anderen Standpunkt vertreten wird als ein Verfahrenstechniker oder ein Sicherheitsingenieur und andererseits gerade in der fachgebietsübergreifenden Diskussion der Stellenwert einer Disziplin für einen verfahrenstechnischen Prozess eher gefunden werden kann.

Sich in einer Diskussion nur mit den Gefahren einer Sache auseinanderzusetzen ohne den Vergleich zum Gegenpol, dem Nutzen – dem Vorteil – anzustellen, ist eigentlich nicht sehr sinnvoll, weil Gefahren, die keinen Nutzen haben, in jedem Fall vermieden werden, auch wenn ihr Potenzial noch so gering sein mag. Haben hingegen Aktivitäten neben den Gefahren entsprechenden Nutzen, dann müssen beide Potenziale abgewogen werden und die Gegenüberstellung muss schließlich die Antwort für die Rechtfertigung der Aktivitäten liefern. Letztendlich werden nur diejenigen auf die Idee kommen, das Autofahren zu verbieten, die den großen Nutzen der Mobilität und der damit verbundenen Möglichkeiten nicht in Anspruch nehmen müssen (möchten), obwohl jedem das große Risikopotenzial einleuchtet. Jährlich Hunderttausende Tote und die Umweltbelastung sind ein deutliches Signal.

Bevor man also Gefahren der Biotechnologie und insbesondere der Gentechnologie aufspürt, sollte man zunächst mal auf die Suche nach dem Nutzen, den man davon erhalten kann, gehen.

Krankheiten sind die dominierenden Geißeln der Menschheit. Trotz vieler Erkenntnisse und Erfahrungen in der Medizin gelingt es in den überwiegenden Fällen, bestenfalls Auswirkungen zu bekämpfen, meist sogar sie nur zu unterdrücken, aber keinesfalls Ursachen zu beheben. Viele Krankheiten, so wurde in den letzten Jahren erkannt, werden durch Gendefekte hervorgerufen. Dazu gehören so weit verbreitete „Geißeln" wie die Diabetes, Bluterkrankheiten (Sichelzellen-Anämie), erhöhter Blutdruck, Bluterkrankungen und auch Gicht (begleitet durch einen defekten Purinstoffwechsel).

Krankheiten, die zwar durch Gendefekte verursacht werden, deren Auswirkung aber erkennbar durch einen Mangel an bestimmten Substanzen hervorgerufen wird, lassen sich durch die Bereitstellung dieser Substanzen zumindest kontrollieren und beherrschen. Solche Arzneien, die den körpereigenen Substanzen entsprechen, können nur aus dem menschlichen Körper selbst isoliert, oder aber mithilfe der Gentechnologie gewonnen werden. Die erstgenannte Möglichkeit scheidet in der Regel aus, weil die erforderlichen Mengen keinesfalls aus Blutkonserven isoliert werden können. Das Beispiel Tumor-Nekrosefaktor (TNF) macht das deutlich: In einem Liter Blut findet man 0,000 000 000 1 ($\triangleq 10^{-10}$) g TNF, während in einem Liter Kulturbrühe nach einer *Escherichia-coli*-Fermentation drei *Gramm* erreicht werden können. Dies gilt vor allem auch für Substanzen, die zwar vom Körper gebildet werden, aber bei „aktuellen Störungen" in zu geringen Mengen anfallen, sodass es nicht reicht, die „Störung" zu beheben. In diesen Fällen ist es wünschenswert, ja notwendig, zusätzliche körpereigene Substanzen von außen zuzuführen. Die Gentechnologie eröffnet den Weg zu diesen aussichtsreichen Substanzen. Ein großes

Potenzial der Gentechnologie ist die Möglichkeit, im Bereich der Krankhei-tenursachenforschung ganz neue und erfolgreiche Wege zu gehen.

Dem gegenüber stehen die möglichen Gefahren. Welche Gefahren sind denkbar? Zunächst muss festgestellt werden, dass in den Fällen, wo nicht offensichtlich erkennbares gefährliches Material gehandhabt wird, primär kein Gefahrenpotenzial auszumachen ist. Das sogenannte verbleibende „Restrisiko" liegt in den hypothetischen Fallstudien, dass „man ja nie wüsste, welche Mutanten (neue Krankheitserreger) sich aus neukombinierten Nucleinsäuren entwickeln könnten und wie sich freigesetzte gentechnisch veränderte Mikroorganismen verhalten würden".

Diesen nicht vollkommen entkräftbaren Argumenten kann man nur mit entsprechenden Sicherheitskonzepten entgegenwirken. Diese Sicherheitskonzepte sind mehrstufig aufgebaut und stellen an oberste Stelle das „Biologische Containment", d. h. ein höchst unwahrscheinliches gefährliches biologisches Material. Dahinter ist ein abgestuftes „Physikalisches Containment" aufgebaut, das aus sicheren Anlagen (Stand der Technik), zusätzlichen Sicherheitseinrichtungen (Auffangwannen, Abwasser- und Abgasbehandlung, Validierungs- und Wartungskonzepte) und organisatorischen Sicherheitsmaßnahmen (Personalunterweisung, -schulung, Betriebs- und Sicherheitsanweisungen, Zugangsberechtigungen und Umsetzung der Sicherheitsanalysen) besteht.

Letztendlich muss ein sorgfältiges Abwägen von „Pro" und „Kontra" im Einzelfall die Entscheidung für Zustimmung oder Ablehnung liefern. Durch das Gentechnikgesetz (GenTG, s. u.) ist auch der entsprechende Rahmen eines Genehmigungsverfahrens gegeben, indem das „Für" und „Wider" jeweils abgewogen wird.

8.3.2 Sicherheitsbetrachtung

Sicherheitsbetrachtungen sind die Simulation von sicherheitsrelevanten Situationen wie sie u. U. in der betrachteten Anlage vorkommen können. Dabei werden Statements aufgestellt, die durch mehrstufige Konzepte (Sicherheitskonzepte) entkräftet werden müssen. Je schwerwiegender ein Statement eine sicherheitsrelevante Situation darstellt, umso deutlicher müssen die Gegenmaßnahmen ausfallen.

Sicherheitsbetrachtungen werden in der Regel mehrstufig durchgeführt. In der Stufe 1 werden zunächst nur allgemeine Betrachtungen über die Gesamtanlage angestellt, um den Grad des Gefahrenpotenzials, das von dem betrachteten Prozess ausgehen kann, abzuschätzen. Im Wesentlichen wird danach gefragt, welche Substanzen (Einsatzstoffe, Hilfsmittel, Produkte) gehandhabt werden, welche Bedingungen und Milieuverhältnisse auftreten oder auftreten können (Drücke, Temperaturen, Explosionen, Aggressivität, Stoffkonzentrationen), ob das Umfeld durch das Zustandekommen eines unerwünschten Zustandes zu Schaden kommen kann und wie hoch die Wahrscheinlichkeit eines solchen unerwünschten Zustandes ist.

In der Stufe 2 werden dann Schwerpunkte auf solche Situationen gelegt, die in Stufe 1 nicht vollkommen geklärt werden konnten und auch die Frage geklärt, ob eine weitere Betrachtung, die Sicherheitsbetrachtung 3, erforderlich ist.

In die Stufe 3 schließlich tritt man nur ein, wenn ganz besonders gefährliche Situationen denkbar sind. Im letzten Schritt der Sicherheitsbetrachtung werden dann sehr umfangreiche, technisch sehr aufwendige Konzepte entwickelt, um das Risiko eines Störfalles auf ein dem Stand der Technik entsprechendes Minimum zu bringen.

Von Beginn der Sicherheitsbetrachtung an werden natürlich schon sämtliche Belange eingebrachte, die aus Sicht eines zu erwartenden Genehmigungsverfahrens anstehen. Aus Sicht biotechnologischer Prozesse kommen dafür das Bundesimmissionsschutzgesetz (BImSchG), die Technischen Arbeitsregeln Luft (TA-Luft) und natürlich das Gentechnikgesetz (GenTG) in Betracht (Abschnitt 3.5.4.1). Diese Gesetze und Richtlinien geben vor, unter welchen Auflagen die Anlagen, die unter den vorgegebenen Randbedingungen errichtet werden sollen, stehen.

8.3.2.1 Konzept einer Sicherheitsbetrachtung

Das Sicherheitskonzept einer biotechnologischen Anlage wird durch das Verfahren, die Stoffeigenschaften und den Standort bestimmt. Die Rahmenbedingungen für eine solche Betrachtung liefern verschiedene Gesetze, Verwaltungsvorschriften und im Wesentlichen eigentlich der Sinn eines jeden Verfahrensentwicklers, das Streben nach höchst möglicher Sicherheit.

Die Planung einer verfahrenstechnischen Anlage wird von wirtschaftlichen, verfahrenstechnischen, betrieblichen und sicherheitstechnischen Überlegungen, Prüfungen und Entscheidungen geprägt. Das ist ein fortwährender und ineinandergreifender Prozess. Im Sinne einer konsequenten, systematischen und umfassenden Durcharbeitung eines Prozesses ist es erforderlich, die wesentlichen sicherheitstechnischen Überlegungen von Zeit zu Zeit entsprechend dem Planungsfortschritt und den Entscheidungsnotwendigkeiten darzulegen und in einem Kreis von Fachleuten zu diskutieren. Im zeitlichen Ablauf einer Anlagenplanung lassen sich drei sicherheitstechnische Schwerpunkte festhalten:

- Darlegung und Entscheidung, ob der vorgesehene Standort aus sicherheitstechnischer Sicht geeignet ist,
- Erarbeitung des sicherheitstechnischen Konzeptes und Darlegung für eine Begutachtung durch Fachleute mit Betriebserfahrung ohne projektspezifische Kenntnisse,
- Überprüfung der Planungsunterlagen auf sicherheitstechnische Konsistenz im Sinne einer sicherheitstechnischen Selbstkontrolle.

Die resultierenden Ergebnisse solcher Arbeiten stuft man in die Sicherheitsbetrachtungen 1, 2 und 3 ein. Dabei ist strikt zwischen „Sicherheitsbetrachtung“ und „Sicherheitsanalyse“ zu unterscheiden, weil der Begriff der „Sicherheitsanalyse“ in der Störfall-Verordnung verankert ist und im Zuge einer routinemäßigen Anlagenplanung nicht verwendet werden sollte.

Entsprechend der Aussagenotwendigkeit sind die Sicherheitsbetrachtungen der einzelnen Stufen so einzuordnen, dass Stufe 1 vor der Ausarbeitungsfreigabe, Stufe 2 vor dem Behördenengineering und Stufe 3 in angemessener Frist nach der Projektgenehmigung vorliegt.

Sicherheitsbetrachtung Stufe 1 In der 1. Stufe müssen die wesentlichen Gefahrenpotenziale, die vom geplanten Verfahren ausgehen können, aufgezeigt, die Aufgaben für das sicherheitstechnische Grundkonzept formuliert und die Festlegung, ob noch sicherheitstechnische Einzelprobleme zu untersuchen sind, getroffen werden. Ganz wichtig ist die Darlegung, dass der vorgesehene Standort für das Verfahren geeignet ist.

Zunächst beginnt man damit, das Verfahren im Überblick, unter Betonung der sicherheitstechnisch wichtigen Daten und Fakten, wie Bedingungen für eine sichere Reaktionsführung und Randbedingungen für unerwünschte Nebenreaktionen, zu diskutieren. Es sollte z. B. die Frage geklärt werden, wie sich Temperatur und Druck entwickeln, wenn während der Fermentation ein kompletter Energieausfall (auch Steuerenergie) stattfindet. Können z. B. die Mikroorganismen das verbliebene Substrat im nun geschlossenen System weiter verarbeiten (Gärung) und steigen dadurch die Temperatur und der Druck zunehmend an? Bis zu welcher Temperatur und bis zu welchem Druck kann das gehen?

Als Arbeitsunterlagen müssen bereits einfache, vorläufige Blockschemata erstellt werden (Abb. 8.3) und, wenn vorhanden, sind zusätzlich auch schon vorläufige Fließbilder (Abb. 8.4) von großem Nutzen, denn damit können auch die Stoffmengen (Tab. 8.1) zumindest in Form von groben Abschätzungen erkannt und eingestuft werden. Des Weiteren wären einem Fließbild auch Drücke und Temperaturen zu entnehmen, die jedoch im Falle biotechnologischer Prozesse, auch im Falle von Betriebsstörungen, weit geringere Werte annehmen als in chemischen Verfahren und deshalb oft sicherheitstechnisch unbedenklich sind.

Der Stoffaspekt ist als Erstes zu beleuchten (Abschnitt 3.3). Dazu zählen alle Einsatzstoffe (Substrate, Spurenelemente; Abschnitt 2.7.1 und Tab. 8.5), die Hilfsstoffe (Lösungsmittel, Puffer, Antischaummittel, Neutralisationsmittel usw.), Rückstände (Biomasse, Nebenprodukte, Kontaminationen usw.) und die Produkte selbst. Falls schon bekannt oder zumindest ansatzweise erkennbar, sollten die jeweiligen umweltbelastenden Einflüsse zusammengestellt und einer ersten sicherheitstechnischen Abwägung zugeführt werden.

Tabelle 8.5 Beispielhafte Stoffliste für die Sicherheitsbetrachtung Stufe 1.

Lfd. Nr.	Stoffe	Eigenschaften	Betriebsbedingungen	Anlageninhalt
1...n	Name	Giftigkeit	Druck	Gesamtinhalt
	Aggregatszustand	Kanzerogenität	Temperatur	in Teilanlage 100...200
	Rheologie/	Wassergefährdung	pH-Wert	... n00
	Fließeigenschaften	exotherme Zersetzung	Sterilfahrweise	
	besondere Merkmale	Flammpunkt	Sterilisationsmethode	
		Zündtemperatur	Sterilisationsbedingung	
		Schmelzpunkt		
		Siedetemperatur		

Das Grundkonzept einer Sicherheitsbetrachtung sollte im Wesentlichen die wichtigsten sicherheitstechnischen Vorkehrungen in jenen Anlagenteilen umfassen, die wesentliche Gefährdungspotenziale enthalten und zu besonderen Gefahrenquellen werden können. Die Art der Gefahrenquelle sollte erläutert sein und, wenn möglich, das Zustandekommen beschrieben werden. Die Vorkehrungen, die daraus abgeleitet werden können, sind:

- angepasstes bautechnisches Konzept der Gesamtanlage, vom Tanklager bis zum Finishing;
- Notentleerung- und Notentspannungssysteme, Ankopplung an Dekontaminationsanlagen (Abwassersterilisationsanlagen – ASA);
- Konstruktion und Dimensionierung von Apparaten (Bioreaktoren), insbesondere im Hinblick auf Dichtigkeit und Druck (Abschnitt 3.3.1);
- sicherheitstechnische Einrichtungen, wie die Druckabsicherung durch eine Berstscheibe oder ein Sicherheitsventil, sowie die sichere Ableitung zur Dekontaminationsanlage (ASA); hier gilt insbesondere die Vermeidung von Absperrmöglichkeiten, sodass Sicherheitseinrichtungen nicht umgangen (ausgeschaltet) werden können;
- Frage nach Sonderwerkstoffen und deren Handhabung von der Beschaffung, Bearbeitung, Benutzung bis zur Entsorgung, die für das gewählte Verfahren infrage kommen
- steuertechnisches Konzept zum sicheren Herunterfahren der Anlage bei Betriebsstörungen, in Ergänzung dazu eine Simulationssoftware zur Simulation von Betriebsstörungen und Analyse der Auswirkungen.

Zur Wahl des Standortes sind die sicherheitstechnischen Belange und die daraus resultierenden Erfordernisse der Umgebung abzuleiten. Als Diskussionsgrundlage muss ein Lageplan zur Verfügung stehen.

Die Unterlagen für die Sicherheitsstufe 1 sind von den Projektverantwortlichen, in der Regel vom Projektleiter, vom biologischen Projektleiter, vom biologischen Sicherheitsbeauftragten und vom Projektingenieur in schriftlicher Form zu erarbeiten, zu diskutieren und zu verabschieden. Die wesentlichen Punkte, die darin festgehalten werden sollen, sind:

- Ist der vorgesehene Standort für die vorgesehene Anlage geeignet, und wenn ja, unter welchen Randbedingungen bzw. zusätzlichen Auflagen?
- Sind aufgrund der gewonnenen Erkenntnisse und hergeleiteten Auflagen weitere Sicherheitsbetrachtungen erforderlich (Stufe 2 und/oder Stufe 3)?

Die Erkenntnisse und Anforderungen an den Prozess sind in die Verfahrensentwicklung frühzeitig einzubinden (Modell-/Labormaßstab, Miniplant, Pilotplant).

Sicherheitsbetrachtung Stufe 2 In der Stufe 2 soll das Sicherheitskonzept zur Beherrschung der Gefahrenquellen, die potenziell im vorliegenden Verfahren stecken, dargestellt und so detailliert erläutert werden, dass es von Fachleuten ohne projektspezifische Kenntnisse begutachtet werden kann.

Die zu treffenden Sicherheitsmaßnahmen werden bestimmt von Art, Eigenschaften und Menge der zu handhabenden Stoffe, insbesondere von biologisch aktivem Material, von Art und Bedingungen des Prozesses und der besonderen Standortsituation. Insofern erfordert jede Anlage ihr eigenes maßgeschneidertes Sicherheitskonzept. Im Wesentlichen muss die Sicherheitsbetrachtung Stufe 2 die nachstehend aufgeführten Punkte vorlegen bzw. ausfüllen:

- Lageplan mit Angabe der Gebäudeumrisse und Abstände zu anderen Anlagen oder Siedlungen;
- Angabe zur Bauausführung in den einzelnen Bereichen, Forderungen aus den Gesetzen (BimSch-, GenTech-Gesetz, Arbeitsstättenverordnung, -richtlinien) wie Abschirmung, Abgrenzung, Gasdichte oder luftdichte Raumkonstruktionen;
- Ausschleusung von Abfällen, verwechslungsfreie Sortierung und Zwischenlagerung innerhalb der Anlage;
- nach den Sicherheitsanforderungen ausgerichtete Zuweisung der Maschinen- und Apparatestandorte innerhalb des Anlagenkonzepts;
- allgemeine Sicherheitsanforderungen wie Fluchtwege und Lage von Treppenhäusern;
- Ausführung von Schleusen, Dekontaminationseinrichtungen (ASA, (Durchreiche-)Sterilisatoren (Autoklaven), Belüftung/Klimatisierung sowie Konzeption zur kompletten Raumdesinfektion inklusive der Lüftungsschächte/-kanäle, Messwarte(n) und Schalträumen;
- besondere Maßnahmen zur Lagerung von sicherheitsrelevanten Stoffen (biologischem Material), Organisation und Unterbringung der Stammsammlung (Master Cell Bank, Working Cell Bank, Abschnitt 2.2.4);
- Bautechnische Sondermaßnahmen wie Auffangwannen, oberflächendichte Fußbodenbeläge, gas-/luftdichte Wandausführungen;
- Steuerungskonzept für mögliche und unvorhersehbare Betriebsstörungen zum sicheren Herunterfahren einer Anlage per Hand und/oder automatisch, Absicherung des MSR-Konzeptes durch Redundanz (Abschnitt 2.6.2.2);
- Maßnahmen zur Erreichen einer ausreichenden Dichtigkeit (Dichtigkeitsprüfung, Druckprüfung; Abschnitt 3.3.1).

All die betroffenen sicherheitsrelevanten Anlagenteile werden in einem Schema dargestellt. Das hilft, den Überblick zu bewahren und die Diskussionen leichter, ohne Missverständnisse zu führen. Dazu müssen sie allerdings alle Abschalteinrichtungen und installierten Sicherheitsvorkehrungen sowie deren Aufgaben und Funktionen ausweisen.

Sicherheitsbetrachtung Stufe 3 In einer Stufe 3 der Sicherheitsbetrachtung soll das bereits erarbeitete Sicherheitskonzept mit den vorhandenen Planungsunterlagen, insbesondere den Fließmengenschemata, in Einklang gebracht werden. Diese Überprüfung soll im Sinne einer sicherheitstechnischen Selbstkontrolle durchgeführt werden.

In der chemischen Industrie sind in diesem Zusammenhang schon verschiedene Regeln vorgeschlagen worden [6, 7], unter anderem die sogenannte PAAG-Methode [7]. Diese legt fest:

- Prognose,
- Auffinden der Ursachen,
- Abschätzen der Auswirkungen,
- Gegenmaßnahmen.

Die PAAG-Methode wird auf jedes Anlagenelement/-teil angewandt und verlangt im ersten Schritt (1) eine möglichst genaue Funktionsbeschreibung des zu untersuchenden Anlagenteils. Im nächsten Schritt (2) ist daraus für jede der nacheinander zu betrachtenden Anlagenkomponenten (Rohrleitung, Armatur – Ventile, Kondensatabscheider, Schaugläser, Rückschlagklappen, etc. –, Maschine, Apparat) die Sollfunktion genau zu formulieren (auch „Validierung", Abschnitt 3.5.3). Durch Projektion von Leitwerten (3) auf die jeweilige Sollfunktion werden dann im folgenden Schritt (4) hypothetische Abweichungen von dieser Sollfunktion (hypothetische Störung) postuliert.

In der kreativen Phase (5) wird von der hypothetischen Störung ausgehend nach möglichen Ursachen für eine entsprechende reale Störung gesucht. Lässt sich daraus eine realisierbare Störung herleiten, werden im nächsten Schritt (6) die Auswirkung und die Tragweite überprüft. In Schritt (7) werden die bereits getroffenen oder gegebenenfalls noch zu treffenden Maßnahmen zur Abwendung der postulierten Störungen und daraus resultierende Aktivitäten festgelegt. Die in Abschnitt 8.3.2.2 zusammengestellten Statements sollen als Beispiel für eine biotechnologische Anlage dienen.

Im Stadium der Sicherheitsbetrachtung Stufe 3 muss der Entwicklungs- und Planungsstand des Verfahrens schon weit fortgeschritten, eine Verwirklichung nahezu sicher sein, denn der Aufwand kann beträchtlich sein und ist nur zu rechtfertigen, wenn die Anlage auch realisiert wird.

In der Stufe 3 stehen besonders wichtige, sicherheitsrelevante Details im Mittelpunkt, die in Stufe 1 bereits erkannt und in Stufe 2 präzisiert worden sind. Die Entscheidung darüber, welche Details zur Sprache kommen, muss das Projektteam fällen.

Im Allgemeinen muss davon ausgegangen werden, dass die verwendeten Maschinen und Apparate im Zuge des gesamten Herstellungsprozesses die vorgeschriebenen Prüfverfahren durchlaufen haben. Zu diesen Prüfverfahren gehört z. B. die Druckbehälterverordnung, die sehr detailliert bestimmt, welche Prüfungen und Nachweise von der Konstruktionszeichnung bis hin zum fertig installierten Apparat in der Anlage zu erbringen sind. Darüber hinaus ist darauf zu achten, dass sämtliche Anlagenteile über entsprechende Herstellerbescheinigungen verfügen, um so die Zuverlässigkeit sowohl aus verfahrenstechnischer als auch aus sicherheitstechnischer Sicht zu belegen.

Für die exakte Abwicklung von Sicherheitsbetrachtungen können keine allgemeingültigen Vorgehensweisen oder Regeln ausgegeben werden, sie muss in jedem Einzelfall vom Projektteam selbst festgelegt werden und wird meist auch vom jeweiligen Verfahren, vom Anlagentyp und von den einzusetzenden Medien bis hin zum biologischen Material geprägt.

Den sichtbaren Ausdruck der Sicherheitsbetrachtung Stufe 3 stellt ein Testat, dass die Betrachtung nach bestem Wissen und Gewissen durchgeführt wurde, dar.

8.3.2.2 **Sicherheitsbetrachtung in Form von Störfallszenarien**

Eine Sicherheitsbetrachtung führt man am besten mit Störfallszenarien in Form von Statements durch. Nachfolgend sollen beispielhaft sechs solcher denkbaren Betriebsstörungen rund um einen Bioreaktor vorgestellt werden:

STATEMENT I: Bersten des Bioreaktors ist nicht möglich!

Argumente: Bei steigendem Druck erfolgt eine Druckalarmierung, gleichzeitig wird die Zuluft vom Prozessleitsystem automatisch abgeschaltet. Fällt das Prozessleitsystem aus, geht der Bioreaktor in Sicherheitsstellung, d. h. die Zuluft ist in jedem Fall abgesperrt.

Sollte der Druck trotz abgeschalteter Zuluft weiter steigen, z. B. durch eine Gärung, kann der Kessel über die Notentspannung entspannt werden. Die Notentspannung ist direkt auf die Dekontamination geschaltet.

Sind alle bisherigen Maßnahmen nicht erfolgreich, schützt die Berstscheibe als sicheres Mittel den Kessel vor zu hohem Druck. Die Berstscheibe befindet sich in einer Rohrleitung, die direkt zur Dekontamination führt.

Der höchste denkbare Überdruck bei 80 °C (bei dieser Temperatur und einigen Minuten Einwirkdauer überleben keine *Escherichia-coli*-Zellen, Abschnitt 5.5.5.1) liegt bei 5,5 bar, der Auslegungsdruck des Bioreaktors beträgt $p_{ü} = 6{,}0$ bar (abgepresst wurde der Kessel bei $p = 7{,}8$ bar).

Für die ordnungsgemäße Abnahme eines Druckbehälters sind eine Werksbescheinigung und TÜV-Abnahme für die Berstscheibe, sämtliche Herstellerbescheinigungen, Nachweise von Oberflächenrissprüfungen, Röntgenprüfungen, Materiallisten, Abnahmezeugnisse und Werksbescheinigungen aller Materialien, Maschinenelemente, Apparateteile und Apparate erforderlich.

Jeder Apparat unterliegt einer Abnahmeprüfung nach § 9 der Druckbehälterverordnung vor Inbetriebnahme durch die Eigenüberwachung (innerbetrieblicher oder externer TÜV). Für den ordnungsgemäßen Zustand sorgen ständig wiederkehrende Prüfungen durch den Sachverständigen und den Sachkundigen [5].

Das Führen der Druckbehälterkarte für jeden Druckbehälter gemäß Druckbehälterverordnung durch den Sachkundigen garantiert zusätzliche Sicherheit, und damit sollte eine absolute Sicherheit gewährleistet sein.

STATEMENT II: Der Abgasfilter ist 100 %ig zuverlässig!

Argumente: Die Validierung garantiert, dass der Filter bis zum Blockieren mit *Pseudomonas diminuta* beaufschlagt werden kann (in Wasser), ohne dass ein Keim durchgeht. Die Validierungsvorschriften sind mit einem Filtrationstest korreliert und garantieren einen zuverlässigen Filter mit 100 % Abscheiderate [5].

Die Validierungskorrelation wurde mit *Pseudomonas diminuta* in Wasser durchgeführt und mit Viren bzw. Bakteriophagen in Aerosol, d. h. die Filtration von *Escherichia coli* in Abgas ist um ein Mehrfaches abgesichert. Unterhalb der zulässigen Betriebsbedingungen $\Delta p < 4{,}1$ bar bei $T < 80$ °C verliert der Filter seine Funktionsfähigkeit nicht. Die eingestellten Bedingungen am Reaktor erlauben aber $\Delta p > 2{,}5$ bar nicht und bei 80 °C und einigen Minuten Einwirkdauer überleben keine *Escherichia-coli*-Zellen (Abschnitt 5.5.5.1).

Umfangreiche Herstellerangaben sowie unabhängige Prüfungen belegen die Zuverlässigkeit der Sterilfilter.

STATEMENT III: Der Heizkreis kann nicht außer Kontrolle geraten!

Argumente: Wenn die Umwälzpumpe nicht läuft, wird der Heizdampf automatisch gesperrt und der Funktionszustand der Pumpe angezeigt. Eine Temperaturmessung im Heizkreis gibt ab einer gewissen Temperatur Alarm und schaltet sofort den Heizdampf aus. Eine zweite, unabhängige Temperaturmessung schaltet ebenfalls den Heizdampf ab.

Ein geprüftes und von einer Spezialwerkstätte eingestelltes sowie verplombtes Sicherheitsventil spricht beim Überschreiten des zulässigen Druckes an und entspannt das Temperiermittel in den drucklosen Rücklauf des Kühlmittels, der Kreis bleibt geschlossen.

Es erfolgt eine regelmäßige Überwachung und Prüfung des Sicherheitsventiles. Nachdem ein Ventil angesprochen hat, wird es in jedem Fall in der Werkstätte von Fachpersonal neu eingestellt und wieder verplombt.

STATEMENT IV: Undichtigkeiten, durch die Keime entweichen können, sind im Normalbetrieb weitestgehend ausgeschlossen!

Argumente: Der Bioreaktor wird vor jeder Fermentation einer ausgiebigen Vorbereitung mit einer umfangreichen Druckprüfung unterzogen (Abschnitt 3.3.1; Gleichung 3.3, adäquater Durchmesser). Der Bioreaktor wird nur dann freigegeben, wenn der Druckabfall innerhalb 1 h 10 mbar nicht überschreitet. Diese Prüfung wird durch Computerausdrucke dokumentiert.

Nach bestandenem Test werden alle statisch dichtenden Elemente verplombt.

Nach jeder Revision, mindestens aber alle acht Wochen, wird ein dreitägiger Drucktest durchgeführt. Der Druckabfall darf 50 mbar nach drei Tagen nicht überschreiten (Abschnitt 3.3.1).

Die Position der O-Ringe wird nach dem Test nicht mehr verändert und die zulässigen Betriebsbedingungen für die O-Ringe (35 bar, 145 °C) werden während der Fermentation nicht überschritten. Daher ist die Dichtigkeit des Bioreaktors auch während der Fermentation gewährleistet.

Eine Qualitätssicherung der O-Ringe wird durch Liefervorschriften erreicht. Im Einzelnen sind das folgende Angaben: Herstellerdaten, Kennzeichnung, Herstelldatum, Lagerstabilität und Chargennummer. Eine weitere Qualitätssicherung garantiert der Hersteller durch Herstell- und Lagersicherheit, und zwar durch farbige Kennzeichnung, getrennte Lagerhaltung sowie separate Fertigungsstraßen.

Interne Wartungsvorschriften, wie Vorsorgewartung und Generalwartung in definierten Zeitabständen, wo die Dichtringe überprüft bzw. konsequent ausgetauscht werden, sorgen für absolut zuverlässige Dichtelemente.

Die Betriebssicherheit ist gegeben, weil die O-Ringe bei Drücken <35 bar nicht aus ihrer Nut gedrückt werden können und die zulässige Temperatur von 145 °C nie überschritten wird.

STATEMENT V: Die Membranventile sind sichere Absperrungen und außerdem bedeuten Undichtigkeiten von Membranventilen keine Unsicherheit für die Anlage!

Argumente: Die Membranventile werden in die Dichtigkeitsprüfung vor jeder Fermentation mit einbezogen und damit überprüft.

Ist ein Membranventil dennoch innerlich undicht, so ist ihm in jedem Fall entweder am Bioreaktor oder aber über die Dekontaminationsanlage noch ein validierter Sterilfilter nachgeschaltet.

Eine Qualitätssicherung der Membranen wird durch Liefervorschriften erreicht. Im Einzelnen sind das folgende Angaben: Herstellerdaten, Kennzeichnung, Herstelldatum, Lagerstabilität und Chargennummer. Eine weitere Qualitätssicherung garantiert der Hersteller durch Herstell- und Lagersicherheit, und zwar durch farbige Kennzeichnung, getrennte Lagerhaltung sowie separate Fertigungsstraßen.

Interne Wartungsvorschriften, wie Vorsorgewartung und Generalwartung in definierten Zeitabständen, wo die Membranen überprüft bzw. konsequent ausgetauscht werden, sorgen für absolut zuverlässige Membranen.

STATEMENT VI: Die doppelt wirkende Gleitringdichtung stellt ein sehr sicheres Element dar und eine Undichtigkeit nach außen ist höchst unwahrscheinlich!

Argumente: Bis es bei einer Betriebsstörung der Gleitringdichtung zu einer Undichtigkeit und einem Austritt von Brühe vom Kesselinnern bis nach außen kommen kann, müssen mehrere Störungen gleichzeitig auftreten:

- **Defekt nach außen!** Es tritt zunächst Überlagerungsflüssigkeit (Kondensat) nach außen. Bei größerem Verlust erfolgt ein merklicher Druckabfall, dadurch wird ein Alarm ausgelöst und das Rückwerk abgeschaltet (zusätzliche Sicherung durch Kondensatüberwachung). Es erfolgt der Abbruch der Fermentation und Ablassen des Inhaltes in die Dekontamination mit anschließender *In-situ*-Sterilisation des Bioreaktors.
- **Defekt nach innen!** Es tritt die Überlagerungsflüssigkeit nach innen. Wie oben, aber bei Überfüllung des Bioreaktors ohne nennenswerten Druckabfall im Überlagerungsgefäß, spricht die Schaumsonde an, es erfolgt Alarm, dann der Abbruch und das Ablassen in die Dekontamination mit anschließender *In-situ*-Sterilisation des Bioreaktors.
- **Defekt nach außen und nach innen!** Das Kondensat läuft sowohl nach außen auf den Boden als auch nach innen in den Bioreaktor. Der Druckabfall im Überlagerungsgefäß bedeutet Alarm und nachfolgender Rührwerksabschaltung. Der Bioreaktor wird in die Dekontamination entleert und anschließend wird der Bioreaktor leer *in situ* sterilisiert.

Es kann also nur Medium aus dem Kessel nach außen treten, wenn sowohl die primär- als auch die sekundärseitige Gleitringdichtung gleichzeig defekt sind und die Leckagen so groß sind, dass der nachströmende Dampf zusammenbrechen sollte.

Gleitringdichtungen gehen im Allgemeinen nicht plötzlich kaputt, sondern es zeichnet sich allmählich ein Verschleiß ab. Durch Überlagerung mit einem Inertgas (Stickstoff) wird die langsame Abnahme der Überlagerungsflüssigkeit durch die Standüberwachung rechtzeitig erkannt, und somit kann ein Austausch der Dichtungen beizeiten geplant und vorgenommen werden.

8.4 Prozessintegrierter Umweltschutz

8.4.1 Definition des Prozessintegrierten Umweltschutzes

„Ursachen beseitigen statt Auswirkungen zu bekämpfen!" Diese fundamentale Devise aller Schadensbekämpfungsmaßnahmen ist mit Blick auf den Umweltschutz im besonderen Maße zu befolgen. Wie anders als eine Fehlentwicklung lassen sich all die Aktionen bezeichnen, die zur Abwasserreinigung, zur Rückstandsverbrennung und zur Deponierung von Müll und Sondermüll angestrengt werden, wenn im Vorfeld nicht alles im Rahmen technischer und wirtschaftlicher Möglichkeiten versucht wurde, die Umweltbelastungen aus einem verfahrenstechnischen Prozess heraus zu vermeiden?

In diesem Zusammenhang hat der Begriff des „Integrierten Umweltschutzes" an Bedeutung gewonnen. Darunter versteht man ganz einfach, dass schon im Verfahrenskonzept Anstrengungen unternommen werden, erst gar keine Stoffströme entstehen zu lassen, die nach dem Verlassen der Prozesses einer Entsorgung zugeführt werden müssen, also Rückstände zu vermeiden (Abb. 8.12). Dazu zählen Verfahrensoperationen, mit denen man zunächst die Einsatzstoffe möglichst komplett umsetzt und so wenig wie möglich Nebenprodukte erhält, oder es werden Zusatzoperationen integriert, mit denen man verbliebene Wertstoffe aus dem Prozessstrom herausholt und zurückführt. Die verfahrenstechnische Aufgabe besteht darin, zunächst Prozessoperationen zu wählen, die diesem Ziel von vorneherein sehr nahe kommen oder aber den Prozess mit Verfahrensoperationen zu ergänzen, mit denen die Rückstände aus einem Prozess minimieren lassen.

Durchführbar sind solche Verfahrensmodifikationen zum Zwecke des Umweltschutzes natürlich nur, wenn dadurch die Wirtschaftlichkeit nicht beeinträchtigt wird. Die Mehrinvestitionen und der zusätzliche Energie- und/oder Personalaufwand lassen sich nur rechtfertigen, wenn die Wirtschaftlichkeit nicht darunter leidet. Integrierter Umweltschutz muss sich lohnen, sonst kann er in einem verfahrenstechnischen Prozess keine Berücksichtigung finden.

Allerdings können dafür auch gesetzliche oder sogar betriebsinterne Auflagen dienen, die Regelungen für Abgaben beinhalten und jedem Rückstand für dessen Entsorgung Kosten zuweisen und damit das Verfahren, den Herstellprozess, belasten (Abschnitt 9.1.2, Tab. 9.4). Auf diese Weise wird jedem Verfahrensentwickler ein bilanztechnisches Element eingeräumt, das es ihm erlaubt, dem Aspekt des Umweltschutzes einen wirtschaftlichen Bezug zu verleihen und damit in

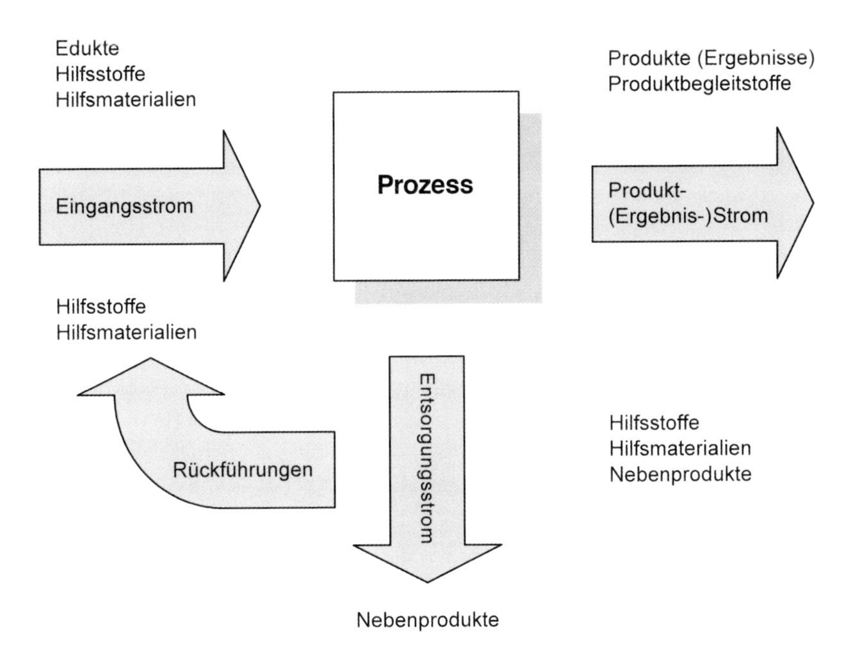

Abb. 8.12 Stoffströme in verfahrenstechnischen Prozessen. Im Sinne des prozessintegrierten Umweltschutzes ist die Zielsetzung, alle Wertstoffe möglichst komplett auszunutzen, im Bedarfsfalle zurückführen, also keine Rückstände entstehen zu lassen [8].

Relation zu allen anderen kostenverursachenden Faktoren zu stellen. Voraussetzung für das Funktionieren einer solchen Methode ist allerdings, dass zumindest standortbezogen alle Verfahrensentwickler dieselben Randbedingungen eingeräumt bzw. auferlegt bekommen.

8.4.2
Wärmeverbund als Integrationselement

Biologisch katalysierte Stoffumwandlungen (Reaktionen) laufen sehr gezielt, geordnet, aber relativ langsam ab. Vergleicht man die Raum-Zeit-Ausbeuten (Reaktionsgeschwindigkeiten) mit denen von chemischen Reaktionen, so findet man nicht selten, dass chemische Reaktionen um den Faktor 100 und mehr schneller ablaufen (Kapitel 6) [5].

Ein weiterer auffallender Unterschied ist das Temperaturniveau. Während die allermeisten chemischen Reaktionen bei Temperaturen weit über 100 °C ihr Optimum besitzen, liegt das Temperaturniveau bei biochemischen Reaktionen zwischen 30 und 60 °C. Selten werden höhere und noch seltener niedrigere Temperaturen verlangt.

Die auf die Produktmasse bezogenen Reaktionswärmen hingegen liegen in der Regel um den Faktor 2–4 höher als bei chemischen Reaktionen. Bei der Ethanolsynthese z. B. werden pro Kilogramm erzeugtes Ethanol im biotechnologischen

Prozess 1100 Kilojoule freigesetzt, während es im chemischen Prozess nur 500 Kilojoule sind, und bei der Essigsäuresynthese gibt die biochemische Reaktion pro Kilogramm Essigsäure 8300 Kilojoule frei, während es im chemischen Verfahren nur 2300 Kilojoule sind.

In der wirtschaftlichen Analyse (Abschnitt 9.1.2, Tab. 9.3 und 9.4) eines Verfahrens ist auch die Rubrik „Energieversorgung" vertreten. Zwar wird in vielen Fällen die Sensitivitätsbetrachtung ergeben, dass die Energie nicht den wesentlichen Anteil an den gesamten Produktionskosten trägt (z. B. bei der Ethanolherstellung 9 %; Tab. 9.4), doch auch in diesem Sektor kann und wird sich eine Investition auszahlen, die zur Senkung des Energiebedarfs führt. Außerdem ist dies gleichzeitig ein Beitrag zum prozessintegrierten Umweltschutz.

Die Wärmeintegration ist also ein wichtiges Element bei der Planung von verfahrenstechnischen Prozessen. Dabei muss die thermische Energie in all ihren Formen betrachtet und zugeordnet werden. Wärmeintegrationsmaßnahmen bieten i. d. R. bereits ab einem zu übertragenden Wärmestrom von 500–1000 kW einen prüfenswerten wirtschaftlichen Anreiz [9, 10].

Eine mögliche Methode zur Identifizierung von Wärmeintegrationspotenzialen ist die Pinch-Methode [11]. Diese Methode bedient sich der Erstellung von zusammengesetzten Wärmestrom-Temperatur-Kurven für wärmeaufnehmende und wärmeabgebende Ströme. Die resultierenden Kurven werden *composite curves* genannt. Das wichtigste Resultat einer solchen Wärmeintegrationsbetrachtung ist die Kenntnis des theoretischen Mindestbedarfs an externer Energie, also der Energiemenge, die mindestens von außen in den Prozess eingeführt werden muss (Heiz- und/oder Kühlleistung – *cold* und *hot target*). Außerdem erhält man auch die minimale erforderliche Temperaturdifferenz zwischen den wärmeübertragenden Medien.

Die Wärmeintegrationsmethode nach Linnhoff (Pinch-Methode) lässt sich in drei Schritte unterteilen (Abb. 8.13):

- Problemanalyse und Datenregeneration,
- Vorgabe der Zielsetzung: geringster Energieaufwand, niedrigste Investitionskosten,
- Design des Verfahrens durch passende Verfahrensvarianten.

Die Wärmeintegration setzt sich zusammen aus:

- warmen Strömen, die gekühlt werden müssen,
- kalten Strömen, die erwärmt werden müssen,
- Energieströmen, Heizdampf, Kühlwasser etc.

Zur Veranschaulichung der Vorgehensweise soll das Beispiel in Abb. 8.14 dienen. Zwei Reaktoren und eine Kolonne sind im Verfahrensverbund zusammen geschaltetem. Einem Eingangsstrom bei 30 °C mit einem Wärmestrom von 162 kW steht ein Ausgangsstrom bei 40 °C mit einem Wärmestrom von 180 kW gegenüber. Es wird eine Mindesttemperaturdifferenz von 10 °C angestrebt.

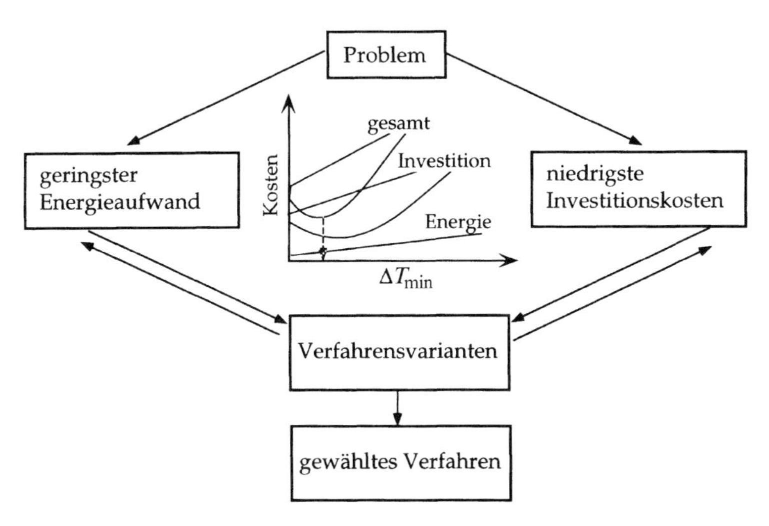

Abb. 8.13 Das Prinzip der Wärmeintegration (Wärmeverbund) nach der Pinch-Methode (Linnhoff-Methode). Es ist in drei Ebenen unterteilt und sucht über die Mindesttemperaturdifferenz das wirtschaftlichste Verfahren.

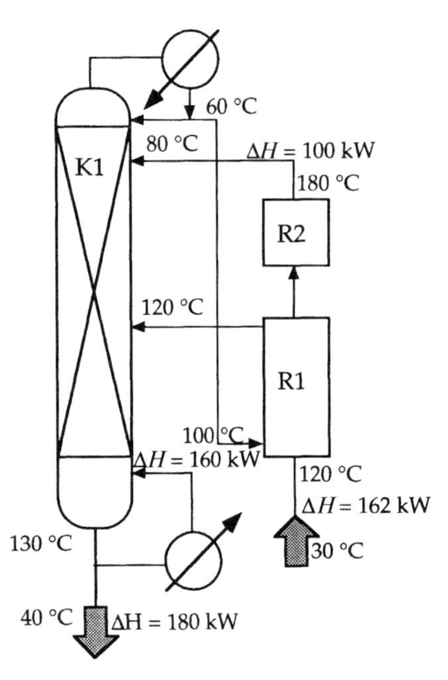

Abb. 8.14 Verfahrensbeispiel für die Durchführung der Pinch-Methode nach Linnhoff zur Wärmeintegration. Die Zielsetzung ist aus wärmetechnischer Sicht der wirtschaftlichste Prozess.

Aus den angegebenen Daten lassen sich eine warme *composite curve* und eine kalte *composite curve* mit dem dazugehörigen *T,H*-Diagrammen erstellen (Abb. 8.15 und 8.16).

Die beiden einzelnen *composite curves* werden nun gemeinsam in einem *T,H*-Diagramm (Abb. 8.17) eingetragen und die kalte *composite curve* wird so weit verschoben, bis der Pinch-Punkt die vorgegebene Mindesttemperaturdifferenz ausweist.

Für die vorgegebene Mindesttemperaturdifferenz von 10 °C ergibt sich eine Mindestwärmemenge von 48 kW, die zuzuführen, und eine von 6 kW, die abzuführen ist. Ein optimaler Wärmeverbund ist so ausgelegt, dass die zuzuführende Wärmemenge auch gleichzeitig den Mindestwärmebedarf und die abzuführende Wärmemenge den Mindestaufwand darstellt.

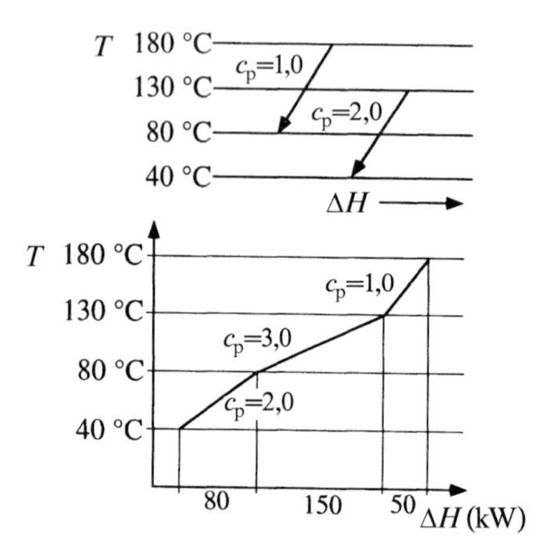

Abb. 8.15 Warme *composite curve* mit *T,H*-Diagramm.

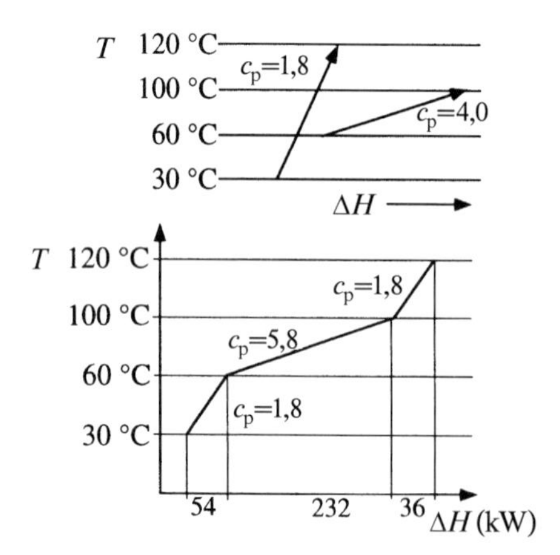

Abb. 8.16 Kalte *composite curve* mit *T,H*-Diagramm.

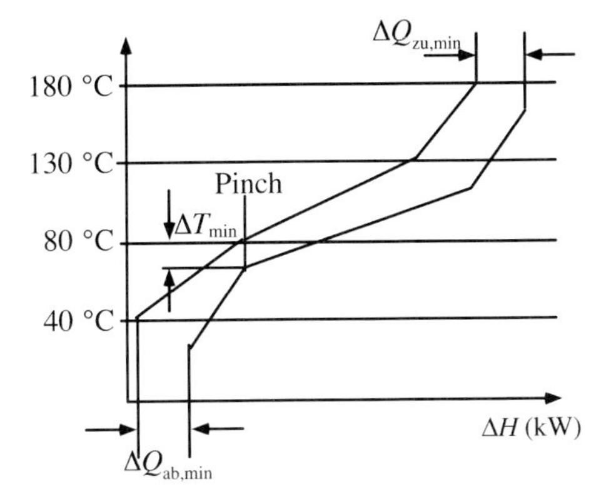

Abb. 8.17 Die resultierende *composite curve*. Die kalte *composite curve* wird so weit nach links verschoben, bis an der Stelle der kleinsten Temperaturdifferenz die vorgegebene Mindesttemperaturdifferenz erreicht wird.

Neben der hier vorgestellten Vorgehensweise sind noch andere Darstellungsformen möglich (z. B. Wärmeaustauscherverbund *grid representation*) [11]. Die andere Darstellungsform muss aber zum selben Ergebnis führen.

8.4.3 Prozesstechnische Integrationselemente

8.4.3.1 Recycling als Umweltschutzmaßnahme

Werden zusätzliche verfahrenstechnische Operationen (Module) in den Prozess integriert, um schon direkt im verfahrenstechnischen Prozess Elemente des Umweltschutzes zu verankern, so entspricht das der prozesstechnischen Integration. Auch hier gilt wieder die zweigestufte Vorgehensweise: Vermeidung und dann erst Bekämpfung! Die ersten Maßnahmen müssen dafür sorgen, dass erst gar keine Rückstände anfallen oder deren Menge zumindest merklich verringert wird. Der zweite Schritt beschäftigt sich dann mit der sicheren Entsorgung von Rückständen. Das höchste Ziel der Entsorgungstechnik ist, und so wird es vom Gesetzgeber auch gefordert, Rückstände erst gar nicht anfallen zu lassen, oder sie zumindest zurückzuführen (Recycling) [8].

Prozessintegriertes Recycling kann mit Verfahrensoperationen durchgeführt werden, mit denen man Wertstoffe aus den Stoffströmen, insbesondere aus den Stoffströmen, die aus dem Prozess ausgeschleust werden sollen, zurückgewinnen kann. Die am häufigsten verwendeten Operationen sind Destillationsverfahren, Extraktionsverfahren oder Membranverfahren (Abb. 8.18).

Mit angepassten Membranen kann man z. B. sehr selektiv bestimmte Komponenten aus einem Prozess ausschleusen und andere im Prozess belassen. Nur diejenigen Komponenten, die verbraucht werden, müssen nachgegeben werden.

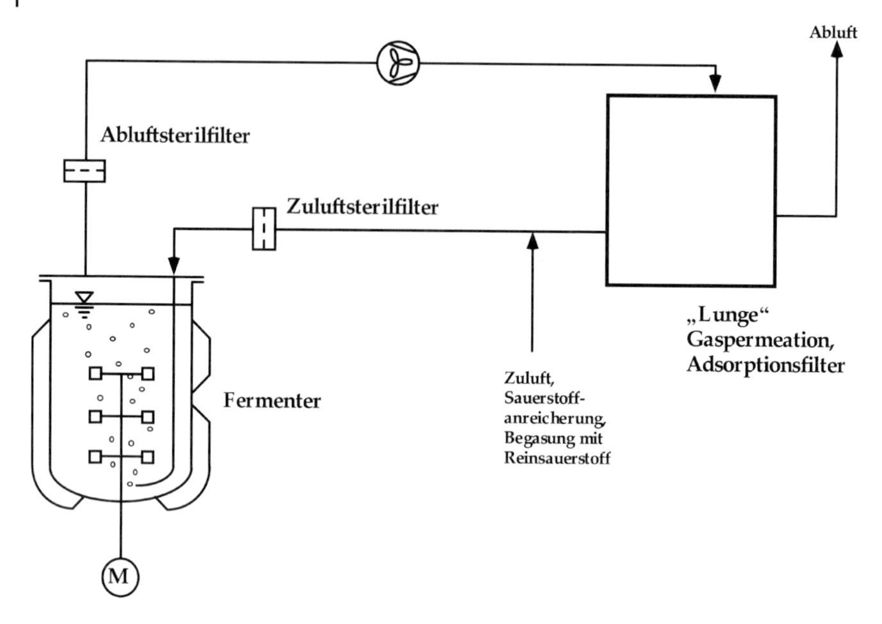

Abb. 8.18 Recycling von Abgas in einem Bioprozess. Aus dem Gasstrom werden nur die Komponenten herausgeholt, die sich anreichern würden, die verbrauchten Komponenten (Sauerstoff) werden nachgeliefert und der größte Teil des Gases wird im Kreis gefahren.

8.4.3.2 Abwasserentsorgung

Behandlungsbedürftiges Abwasser muss grundsätzlich hinsichtlich der biologischen Abbaubarkeit der Inhaltsstoffe geprüft werden (Kapitel 3). Das geschieht in sogenannten Standardtestmethoden. Zu diesen Methoden gehören die respiratorischen Tests (Sapromat, OxiTop), der Zahn-Wellens-Test, die Die-away-Tests, der Sturmtest und der Head-space-Test. Alle Tests sind in den OECD-Richtlinien (Guides) hinsichtlich ihrer Anwendung beschrieben, um die Vergleichbarkeit der Ergebnisse zu gewährleisten [12].

Neuere Entwicklungen gehen inzwischen viel weiter [13]. Man hat sich das Ziel gesetzt, aus den Testmethoden nicht nur die Frage nach der Abbaubarkeit zu beantworten, sondern auch herauszufinden, wie weit eine Substanz wahrscheinlich in der Umwelt abgebaut werden kann (PEC, *predicted environmental concentration*) und wie die verbleibende Konzentration zu einer nicht mehr wirksamen Konzentration (PNEC, *predicted no effect concentration*), also zum Verhältnis PEC/PNEC einzustufen ist. Im Unterschied zu den Standardtests, bei denen die Untersuchungen im Bereich von bis zu mehreren Hundert Milligramm pro Liter laufen, sind die PEC-Konzentrationen eher im Bereich Mikrogramm pro Liter anzusiedeln. Daher sind andere Abbaukinetiken zu erwarten (Kapitel 5).

Die Antwort auf die Frage nach der biologischen Abbaubarkeit wird nicht immer zufriedenstellend genug ausfallen. Von Fall zu Fall muss u. U. eine Vorbehandlung des Abwassers erfolgen, es muss also dezentral behandelt werden. Das kann in einer Spezialklärstufe mit Spezialisten, die eine spezielle Substanz bevorzugt abbauen, geschehen oder durch Aufkonzentrierung mittels Ultrafiltration, Umkehrosmose o. ä. und anschließender Ausschleusung, zum Beispiel zur Verbrennung. Abwässer ab einer TOC-Beladung von mehr als 8000 mg BSB/l sind günstiger zu verbrennen als biologisch zu klären.

Laut dem Abfallbeseitigungsgesetz (AbfG) darf ein einmal isolierter Feststoff nicht mehr resuspendiert werden, um ihn einfacher über das Abwasser entsorgen zu können (Kapitel 10, Beispiel Milchsäure). Dieser Stoff muss auf eine Deponie gebracht werden. Meist können die aus einem Prozess anfallenden Feststoffe nicht direkt deponiert werden, sie müssen hinsichtlich ihrer Deponierfähigkeit erst einmal konditioniert werden. Als einfachste Verfahren wären ein Waschvorgang zu nennen, um z. B. den pH-Wert zu korrigieren, eine Nachreaktion zu einer inerten Substanz durchzuführen, oder Salze herauswaschen.

Die zulässige Salz- und Säurefracht wird in der Regel zwischen Behörde und Unternehmen standortabhängig im Einzelfall geregelt. Sind an einem Standort mehrere Prozesse anzutreffen, so wird es dem Betreiber überlassen, wie die Frachten intern auf die einzelnen Prozesse verteilt werden, die Behörde gibt lediglich eine zulässige Höchstfracht an.

8.4.3.3 **Abgasbehandlung**

Bei allen aeroben Prozessen tritt Abgas als Rückstand auf. In der Regel sind auch hier die Inhaltsstoffe unbedenklich, doch nicht selten die Geruchsbelästigung ein Problem. Ganz besonders unangenehm wird die Situation, wenn Schwefelverbindungen, wie Mercaptane, auftreten, die schon in geringsten Spuren zu einer enormen Geruchsbelästigung führen (Kapitel 10, Beispiele Riboflavin und Carbonsäuren). Abhilfe kann nur eine Abgasbehandlung bringen. Das Problem mit einer reinen Verdünnung lösen zu wollen, wird in diesen Fällen selten gelingen. An erster Stelle wäre hier eine Verbrennung in einer Fackel oder besser in einer Muffelfackel zu nennen. Bei dieser Methode wird neben der Beseitigung der Geruchskomponenten auch noch zusätzlich sämtliches biologisches Material einer sicheren Inaktivierung zugeführt. Es lassen sich grob drei Bauarten für Fackeln unterscheiden (Abb. 8.19):

- Freiflammenfackel,
- Schirmfackel,
- Muffelfackel.

Die einfachste Ausführung ist die Freiflammenfackel. Dabei stellt die Rohrfackel quasi ein Basismodell dar. Diese einfache Bauart ist nur für Störbetrieb und nicht rußende Systeme geeignet, d. h. wenn Helligkeit und auch der Lärm in Kauf genommen werden können.

Eine etwas aufwendigere Bauart stellt die Injektorstabfackel dar. Der zum Rohr tangential ausströmende Dampf erzeugt am Rohr Unterdruck und lenkt sich so um das Rohr herum, wobei dabei zusätzlich Luft angesaugt wird. Das führt zu einer weich brennenden (leisen) Flamme.

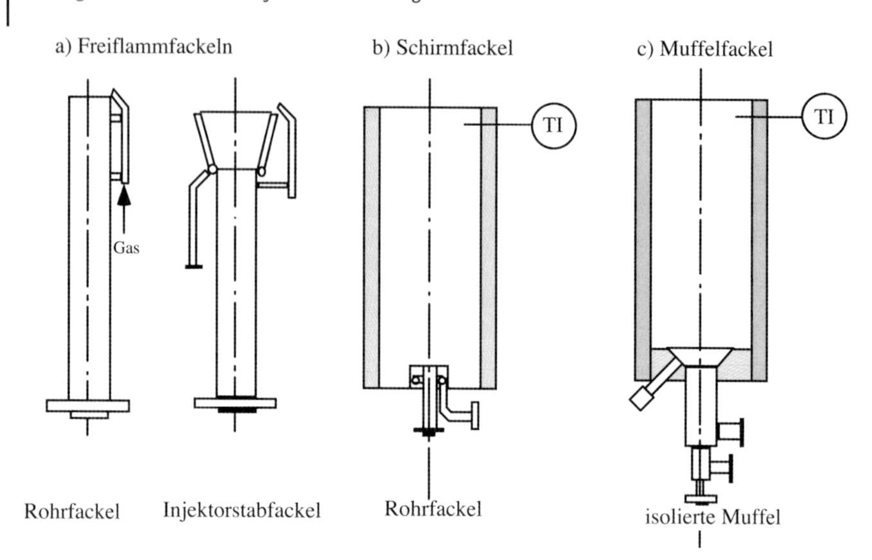

Abb. 8.19 Bauarten von Fackeln zur Beseitigung von Gerüchen und Inaktivierung von biologischem Material in Abgasen.

Bei den bisher angesprochenen Fackeln ist das Abgas gleichzeitig das Brenngas. Die Rohrfackel ist schon für den Dauerbetrieb geeignet, weil die Flamme außen nicht sichtbar ist und das Rohr schalldämpfend wirkt. Erdgas, über einen Ring zugegeben, kann die Flamme unterstützen. Die Rohrfackel mit Zentralinjektor hat die gleiche Arbeitsweise, nur besteht zusätzlich die Möglichkeit, durch einen zentralen Gasstrahl eine Entrußungswirkung zu erzielen.

Alle bisher besprochenen Fackeln saugen die Luft frei an. Bei den Muffelfackeln dagegen wird die Luft zugegeben und über die Temperaturen das Stützgas geregelt. Das macht auch zugleich den Unterschied zwischen der Muffelfackel und den anderen Fackeln aus.

Die Vielzahl der Fackeltypen macht die richtige Auswahl nicht leicht. Dennoch lassen sich entsprechende Kriterien aus der Aufgabenstellung gewinnen, die dann zu der bestmöglichen Lösung führen. Die nachfolgende Auswahlmatrix verleiht eine Übersicht.

Die Nachteile dieser Methode sind die hohen Betriebskosten, denn es wird Erdgas und u. U. auch noch Sauerstoff benötigt, weil das Abgas an Sauerstoff verarmt ist.

Eine Methode, Abgas von geruchsbelästigenden Komponenten zu befreien, besteht darin, das Gas über ein Torfbett zu leiten, in dem diese Substanzen absorbiert werden (Abb. 8.20) [8]. Mithilfe von Mikroorganismen werden diese organischen Substanzen in Biomasse, Kohlendioxid und Wasserdampf überführt, sodass im Wesentlichen geruchsfreies Abgas in die Atmosphäre entweicht.

Eine weitere Möglichkeit, durch biologische Reinigung aus einer großen Abluftmenge Schadstoffanteile, die in niedriger Konzentration vorliegen, zu entfernen, besteht darin, trägerfixierte Mikroorganismen in Festbett- oder Wirbelschichtreak-

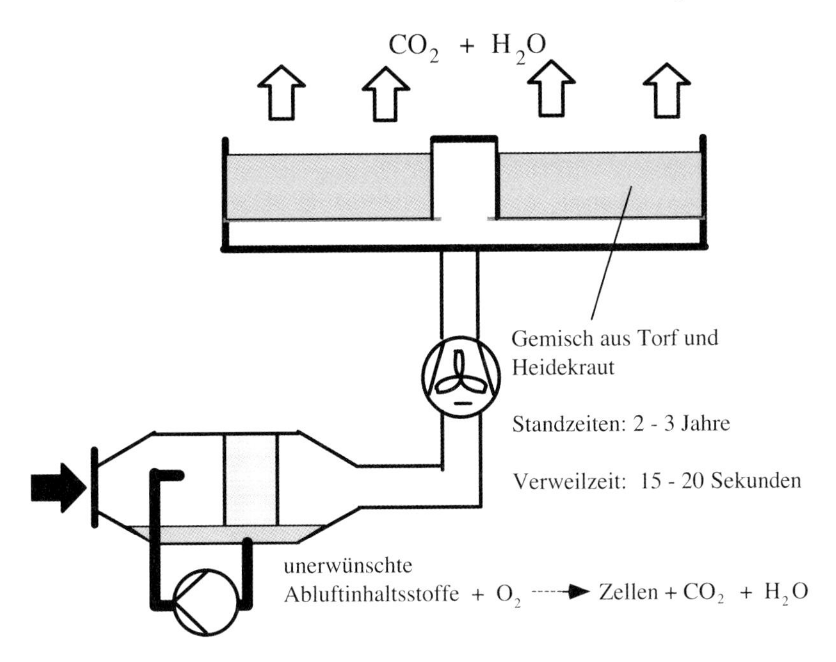

Abb. 8.20 Biofilter zur Abgasbehandlung, insbesondere zur Geruchsbeseitigung.

toren zu verwenden, die von feuchter Abluft oder vom Waschwasser der Abluft umströmt werden. Dabei werden die Schadstoffe entweder in einen dünnen, die Mikroorganismen umgebenden Wasserfilm extrahiert (absorbiert) oder am Trägermaterial adsorbiert. Anschließend erfolgt der mikrobielle Abbau [8].

Ähnlich arbeitet die biokatalytische Abluftreinigung. Die in der Abluft enthaltenen Schadstoffe werden in einem Absorber (Gaswäscher) mit Wasser im Gegenstrom ausgewaschen. Ein Teil des Waschwassers wird kontinuierlich abgezogen; nach Abtrennen von Feststoffpartikeln in einem Abscheider erfolgt die biologische Oxidation mit trägerfixierten Mikroorganismen in einem Wirbelbettreaktor. Das gereinigte Wasser wird in den Gaswäscher zurückgeführt und erneut mit Schadstoff beladen [8].

Die Mikroorganismen im Klärschlamm bzw. in den Bioreaktoren und Anlagen stellen eine Anreicherung natürlich selektionierter Populationen dar. Jeder Organismus dieser Population ist in der Lage, den Abbau verschiedener Bestandteile des Abwassers oder der Abluft durchzuführen. Bisher ist das Zusammenwirken aller Organismen erforderlich, um das gewünschte Endergebnis zu erhalten. Den Gentechnikern könnte es gelingen, noch wirkungsvollere Mikroorganismen zu konstruieren, um die Ausbeute an Biogas zu erhöhen und die Abbauzeit zu verkürzen (Abschnitt 2.3).

Wie am Beispiel der trägerfixierten Mikroorganismen schon gezeigt wurde, kann man Schadstoffe aus (Ab-)Gasen entfernen, indem man den Gasstrom durch eine Flüssigkeit leitet, in der die Schadstoffe absorptiv aufgenommen werde. Das Waschmittel muss dabei nicht immer nur Wasser, sondern kann auch ein anderes

Lösungsmittel sein. Die Übernahme von Komponenten aus der Gasphase in die Flüssigphase erfolgt dabei nicht beliebig schnell, sondern nach einem Gleichgewicht, dessen Einstellung eine bestimmte Kontaktzeit zwischen Gas und Flüssigkeit erfordert. Diese erforderliche Kontaktzeit wird umso kleiner, je größer die angebotenen Stoffaustauschflächen, d. h. die Phasengrenzflächen sind. Zu diesem Zweck haben Waschkolonnen (Waschtürme) bestimmte Einbauten, wie Füllkörper oder Siebböden. Die Verlagerung der Schadstoffe von einer Gasphase in eine Flüssigphase löst das Entsorgungsproblem noch nicht, es muss sich die eigentliche Problemlösung noch anschließen. Das kann auf verschiedene Weise geschehen. Wenn es sich beim Absorbens um Wasser handelt, kann das mit Schadstoff beladene Wasser zu einer Abwasserbehandlungsanlage (Kläranlage) geleitet werden. Darüber hinaus sind folgende Trennoperationen denkbar: Thermische Trennung (Destillation); Fällung mit anschließender Zentrifugation und Verbrennung oder Deponierung sowie direkte Verbrennung (Kapitel 7).

Literatur

1 ASPEN PLUS/BATCH PLUS. Software-Pakete, Aspen (www.aspen.plus.com) (2001).
2 HYSIM; Software-Paket, Hyprotech (www.software.aeat.com).
3 SuperPro Designer; Software-Paket, INTELLIGEN INC. (www.intelligen.com) (2012).
4 Buschulte, T.; Heimann, F.: Verfahrensentwicklung durch Kombination von Prozeßsimulation und Miniplant-Technik. *Chem.-Ing.-Tech.* **67**, 718–724 (1995).
5 Storhas, W.: Bioreaktoren und periphere Einrichtungen. Vieweg Verlag, Wiesbaden, ISBN 3-528-06510-9 (1994).
6 ICI Broschüre: Hazard and operability studies. Chemical Industry Safety and Health Council of the Chemical Industries Association, London (1992).
7 Berufsgenossenschaft Rohstoffe und chemische Industrie (BG RCI) (2011).
8 Driesel, A. J. (Hrsg.); Dittmar, K.; Gail, L.; Lehmann, J.; Sittig, W.; Storhas, W.; Wallhäußer, K. H.: Sicherheit in der Biotechnologie – Band 3 Technische Grundlagen. Hüthig Buch Verlag, Heidelberg, ISBN 3-7785-1985-9 (1991).
9 Aust, E.; Scholl, S.: Wärmeintegration als Element der Verfahrensausarbeitung. *CIT* **71**, 674–689 (1999).
10 Uhlenbruck, S.; Vogel, R.; Lucas, K.: Wärmeintegration bei Batch-Prozessen. *CIT* **71**, 700–704 (1999).
11 Linnhoff, B.; Townsend, D. W.; Boland, D.: A user guide of process integration for efficient use of energy. Institude of Chem. Eng., England (1988).
12 OECD Guidelines for the testing of chemicals, **Bd. 1** und **2** (1993).
13 Reuschenbach, P.; Storhas, W.; Müller, B.; Feurer, J.: Neuartige Testmethoden für die ökologische Risikobewertung von Stoffen. Bundesministerium für Bildung, Wissenschaft, Forschung und Technologie, Förderzeichen: BMBF 02WU9831 (2000).

9
Wirtschaftlichkeitsbetrachtungen

9.1
Methoden zur Kostenanalyse eines Verfahrens

Ein Produktionsverfahren muss in der Lage sein, den gesteckten wirtschaftlichen Rahmen zu erfüllen, d. h. die getätigten Investitionen sowie die laufenden Betriebskosten müssen gedeckt sein und es muss noch der kalkulierte Gewinn erreicht werden. Dazu ist es notwendig, vor der Erstellung einer Produktionsanlage eine möglichst genaue Vorhersage des wirtschaftlichen Rahmens machen zu können, d. h. aber auch, dass Kostenschätzungen in verschiedenen Phasen der Entwicklung eine wichtige Basis für die Entscheidungsfindung sowohl über die Richtung als auch über den Projektfortgang insgesamt darstellen. Je nach Qualität einer Kostenschätzung kann das dazu führen, dass bei zu optimistischer Schätzung schlechte Projekte gefördert oder zumindest in die falsche Richtung werden, oder aber bei konservativer Schätzung gute Projekte eventuell nicht weiter verfolgt werden. Deshalb sind insbesondere Schätzungen im Frühstadium hinsichtlich ihres Vertrauensbereiches sorgfältig zu hinterfragen. Leider zeigt die Erfahrung, dass mit zunehmender Entwicklung und damit besserem Kenntnisstand auch höhere Kosten resultieren. Die Gründe liegen darin, dass ursprüngliche Vorstellungen vom Gesamtprozess fast immer die optimistischere Variante hinsichtlich Raum-Zeit-Ausbeuten, Mediumzusammensetzung und Aufarbeitungskonzeptionen bis hin zu Materialfragen voraussetzen.

9.1.1
Strukturen von Kostenschätzungsmethoden

Zum Zweck der Kostenschätzung werden Studien durchgeführt, deren Aufwand/Nutzenverhältnis vom Wissensstand des Verfahrens stark geprägt wird. Deshalb werden auch verschiedene Formen dieser Prozessstudien verwendet. In jedem Stadium der Entwicklung sollte der Aufwand für eine solche Studie dem vorliegenden Wissenstand zum Prozess angepasst sein. Somit wird in der Frühphase eine Short-cut-Methode ausreichend informativ sein, um die weiterführende Verfahrensentwicklung zu dirigieren, und in späteren Phasen müssen dann gestaffelt mehr oder weniger aufwendige Prozessstudien durchgeführt werden. Die Short-cut-Methode verlangt noch nicht endgültige Verfahrenskonzepte, im Gegenteil, mit ihr soll eigentlich früh erkannt werden, welche Verfahrensoperationen oder Verfahrensvarianten die günstigere Lösung versprechen. Für Prozessstudien hingegen sollte der Prozess, abhängig vom Entwicklungsstand, weitestgehend bekannt sein, d. h. ein möglichst endgültiges Verfahrenskonzept vorliegen. Während Short-cut-Methoden ausschließlich mit Richtwerten und Faktoren arbeiten, basieren Prozessstudien auf detaillierten Angeboten für eine eventuell erforderliche Infrastruktur, das Gebäude, die einzelnen Apparaturen und Anlagenelemente, wie Prozessleitsystem, mess- und elektrotechnische Einrichtungen, Rohrleitungssysteme mit den erforderlichen Armaturen und Hilfseinrichtungen (Rohrbrücken), bis hin zum Tanklager und den notwendigen Planungsaufwand. Letztendlich verbleiben Unsicherheiten, weil keine Garantien für die Stabilität des Marktes aufzutreiben sind. Dazu sind die Kapazität, die Preise des Produktes, der Ausgangsstoffe, der Energien und der Entsorgung sowie Personalkosten zu zählen. Dieses Restrisiko muss in einer letzten Studie abgeschätzt und bei der Entscheidungsfindung berücksichtigt werden.

In der Literatur gibt es zum Thema „Kostenschätzung – Schätzmethoden – Projektstudien“ nur spärliche Informationen. Das liegt im Wesentlichen daran, dass Forschungseinrichtungen den Zwang zur Effektivität zu wenig spüren und Industrieunternehmen sich nicht in ihre Karten schauen lassen. Die in der Literatur [1] beschriebenen Methoden lassen sich in vier Hauptkategorien einteilen:

- **Kapazitätsmethoden**: Sie gehen von der Produktionskapazität oder vom Durchsatz aus und arbeiten mit Kapitalumschlagskoeffizienten [2], spezifischen Kapitalbedarfszahlen [2, 3], Degressionsexponenten [2], produktspezifischen Kostenstrukturen [3, 4] oder Durchschnittskosten von Funktionseinheiten [5–7].
- **Strukturmethoden** [8, 9]: Die Anlagen werden in Hauptgruppen (Maschinen und Apparate) und in Nebengruppen untergliedert (Bau, Rohrleitungen, elektrotechnische Einrichtungen, mess- und regeltechnische Einrichtungen). Die Kosten für Maschinen und Apparate werden einzeln, die Kosten für die Nebenpositionen mithilfe von Zuschlagsfaktoren ermittelt.
- **Methoden mit spezifischen Daten** [10]: Die Kosten für die Nebenpositionen werden mithilfe von Kenndaten bestimmt. Die Kenndaten beschreiben dabei den Umfang der Anlagenausrüstung und kennzeichnen auch die spezifischen Kosten.
- **Kalkulationsmethoden**: Die Kosten der Nebenpositionen werden auf der Grundlage von Materialauszügen detailliert kalkuliert.

Die Kapazitätsmethoden erlauben größenordnungsmäßige Abschätzungen ohne besonderen Planungsaufwand. Sie werden für erste Überlegungen benutzt. Die Strukturmethoden haben sich hingegen für Kostenschätzungen allgemein durchgesetzt, weil sie ausreichend sichere und übersichtliche Daten für die wesentlichen Entscheidungen über den Projektfortgang liefern. Die Methoden, die mit spezifischen Daten arbeiten, stellen eine wichtige Ergänzung zu den Strukturmethoden dar. Die Kalkulationsmethoden setzen einen hohen Planungsgrad voraus und werden deshalb hauptsächlich zur Kostenkontrolle benutzt.

Bei den meisten Schätzmethoden stehen die Kosten für die Maschinen und Apparate im Mittelpunkt. Wo schon möglich, werden sie aus zugänglichen Daten einzeln geschätzt. Diese Daten resultieren meist aus bereits abgewickelten Projekten (Abwicklungen, Angeboten oder Anfragen), die sinnvollerweise in Datenbanken gespeichert werden. Liegen solche Datenbanken nicht vor, so müssen sie aufgebaut werden, indem eben zu allen möglichen Maschinen und Apparaten Richtangebote (möglichst viele) eingeholt werden. Aus solchen Daten lassen sich über Regressionsanalysen relativ zuverlässige Schätzgleichungen für einzelne Maschinen und Apparate gewinnen. Diese Gleichungen des Typs

$$K \text{ (in €)} = f\,(\text{Größe}(Y), \text{Typ, Material, Druck, Temperatur}) \qquad \text{(Gleichung 9.1)}$$

benutzen die kennzeichnenden Merkmale eines Apparates/Maschine, wie die Größe (Volumen, Volumenstrom, Durchsatz, Fläche ...), den Maschinen/Apparatetyp, die erforderlichen Materialqualitäten sowie Druck und manchmal auch Temperatur. Eine solche Gleichung sieht dann wie folgt aus:

$$K = f_{\mathrm{M}} \cdot f_{\mathrm{R}} \cdot Y^{a} \qquad \text{(Gleichung 9.2)}$$

f_{M} wird vom Material, f_{R} vom Typ und a vom Typ sowie von Druck und Temperatur bestimmt [1]. Die restlichen Anlagenteile, wie Bau, Rohrleitungen, Elektrotechnik, Mess- und Regelungstechnik sowie die gesamte Montage werden mithilfe von Kostenstrukturen und spezifischen Daten geschätzt.
Die Strukturmethoden arbeiten im einfachsten Fall mit Gesamtfaktoren (Anlagenfaktor, Gleichung 9.9). Diese Faktoren hängen im Wesentlichen vom Mittelwert der Maschinen- und Apparatekosten, der Anzahl der Apparate/Maschinen und dem Installationsaufwand (Automatisierungsgrad) sowie vom Planungsaufwand ab (Gleichung 9.9). Die Genauigkeit kann ±30 % erreichen.

Das Arbeiten mit Gesamtfaktoren hat den Nachteil, dass Maschinen/Apparatekosten zunächst einzeln ermittelt werden müssen, deren Summe aber dann mit einem vermeintlich groben Faktor multipliziert wird. Mehr Genauigkeit, allerdings verbunden mit mehr Aufwand und höherem Kenntnisstand zum Verfahren, bringen Schätzungen mithilfe von Anlagenfaktoren, die über getrennt ermittelte Einzelfaktoren gefunden werden [1]. Auch bei dieser Vorgehensweise dienen die Maschinen/Apparatekosten als Basis und werden zu 1,0 gesetzt (Tab. 9.1). Die Einzelfaktoren lassen sich ähnlich wie schon beschrieben über Regressionsanalysen ermitteln. In Tab. 9.1 ist die Unterteilung in Gruppen mit den Einzelfaktoren zusammengestellt. Aufaddiert erhält man schließlich den Anlagenfaktor. Die Genauigkeit einer solchen Schätzung liegt bei ±20 %.

Der in Tab. 9.1 dargestellte Wertebereich für den Anlagenfaktor kann vor allem nach oben merklich verlassen werden. Der Grund liegt darin, dass sich die Schätzmethoden auf den mittleren Apparatewert beziehen und dieser wiederum von der Anzahl, also von der Vollständigkeit der Apparateliste, abhängt. Für das Beispiel des Ethanolprozesses ist in Tab. 9.7 (Abschnitt 9.2.6) die Apparateliste aufgestellt. Es zeigt sich, dass für eine große Anlage mit großen, aber relative wenigen Apparaten

Tabelle 9.1 Struktur zur Ermittlung des Anlagenfaktors über Einzelfaktoren für „normale" Anlagentypen, d. h. wenn die Maschinen- und Apparatekosten nicht zu sehr nach unten bzw. nach oben abweichen ($10 < \Phi < 50$ T€) und nicht außergewöhnliche Installationen erforderlich werden (Materialien, Sicherheit (Schutzzonen), Reinraumklassen, Steuerungsaufwand ...).

Gruppe	Bestandteile	Einzelfaktor Abhängigkeit
Bau	Rohrbrücken, Kanäle, Straßen, Gebäude, Apparategerüste	$0{,}6 \le f_B \le 1{,}5$ $f(1/\Sigma_{MA}$, Ausführung)
Baunebenarbeiten	Bauhilfsarbeiten, Dämmung, Anstrich, Heizung – Lüftung – Klima	$0{,}5 \le f_{BN} \le 1{,}0$ $f(f_B$, Klima)
Maschinen und Apparate	spez. Einrichtungen, maschinen-, apparate-, transport-, lager-, energietechnische Einrichtungen	1,0
Rohrleitungsmaterial		$0{,}3 \le f_{RL} \le 0{,}5$ $f(n$, Material)
elektrotechnisches Material	elektrische Energieversorgung, elektrotechnische Einrichtungen, Elektromotore	$0{,}6 \le f_{EL} \le 1{,}5$ $f(n)$
Mess- und regeltechnisches Material	Mess- und regeltechnische Geräte, mess- und regeltechnisches Material	$0{,}7 \le f_{MR} \le 2{,}5$ $f(n$, Automat., Installat)
Montage	Materialprüfung, Schweißüberwachung, Gerüste, Maschinen/Apparate, Rohrleitung, elektrotechnische, mess- und regeltechnische Einrichtungen, Bau- und Montagehilfen	$1{,}4 \le f_I \le 2{,}0$ $f(n$, Automat., Installat.)
Anlagenfaktor		$4{,}0 \le f_A \le 9{,}0$

der mittlere Apparatepreis mit T€ 75 sehr hoch wird und der Anlagenfaktor gemäß Gleichung 9.9 zum unteren Wert tendiert ($f_A \le 5$). Das andere Extrem zeigt das β-Galactosidaseverfahren (Abschnitt 10.3.3). Hier handelt es sich um viele kleine Apparate, sodass der mittlere Apparatepreis weit nach unten ($\Phi = 1$ T€) rutscht und der Anlagenfaktor auf über 20 schnellt. Allgemein lässt sich festhalten, dass die Schätzungen immer unsicherer werden, je mehr sich der mittlere Apparatewert aus dem Bereich $10 < \Phi < 50$ T€ entfernt und außergewöhnliche Installationen erforderlich werden (Materialien, Sicherheit (Schutzzonen), Reinraumklassen, Steuerungsaufwand ...).

Bei hohem Kenntnisstand werden Methoden verwendet, die von spezifischen Daten ausgehen. Dazu gehören Kenndaten, die den Umfang der Anlagenausrüstung gut beschreiben können. Entsprechend genau muss dabei die zu planende Anlage bekannt sein, weil schon Informationen über umbauten Raum oder überbaute Fläche, das Rohrleitungsmaterial, deren Länge und die Anzahl der Armaturen bis hin zu den Maschinen und Apparaten im Detail verlangt werden. Des Weiteren müssen genaue Vorstellungen über Bauausführung, Ausstattung (Klimaanlage etc.) und die mess- und regeltechnischen Einrichtungen (Prozessleitsysteme, Automatisierungsgrad) existieren. Die erzielbare Genauigkeit liegt dann immerhin bei ±15 %.

Weitere Steigerungen sind dann Genehmigungsschätzungen mit einer erzielbaren Genauigkeit von ±10 % und schließlich die Hochrechnung für schon in der Abwicklungsphase befindliche Anlagen, wo bis zu ±3 % erzielt werden können [1]. In Tab. 9.2 sind nochmals alle angeführten Schätzmethoden zusammengestellt.

Tabelle 9.2 Zusammenstellung aller vorgestellten Schätzverfahren [1].

Projektphase	Schätzstufe	Genauigkeit (%)	Entwicklungsgrad (%)	Methode
	Überschlag/Short-cut	±40	< 0	Kapazitätsmethode
Planung	Studienschätzung	±20 %	1–2	Einzelfaktoren
	Ausarbeitungsschätzung	±15 %	3–6	Kostenstrukturen
Ausarbeitung	Genehmigungsschätzung	±10 %	10–20	Kostenstrukturen mit spez. Daten
Abwicklung	Hochrechnung	±3 %	bis 80 %	Kalkulationsmethode

9.1.2 Produktionskostenschätzung

All die bisherigen Bemühungen liefen darauf hinaus, den erforderlichen Investitionsaufwand, das einzusetzende Kapital, zu ermitteln. Das ist zwar eine sehr wichtige Information, aber die entscheidende Frage besteht doch darin, ob das eingesetzte Kapital auch die gewünschten Früchte trägt. Die Antwort kann nur eine Betrachtung der Produktionskosten, der Kosten also, die die Herstellung des Produktes verursacht, bringen. Die Kenntnis des Marktwertes gibt dann die endgültige Information über die wirtschaftliche Situation des Verfahrens (Kapitel 10).

Dazu ist es von großem Vorteil, die Einflussfaktoren zu differenzieren, d. h. also, die Kosten zu strukturieren. Eine für einen biotechnologischen Prozess sinnvolle Unterteilung der Kostenarten auf das zu produzierende Produkt ist in Tab. 9.3 zusammengestellt.

Die Gesamtkosten lassen sich dabei sehr einfach aus der Addition aller Einzelkosten berechnen:

$$K_{\mathrm{p}} \text{ (in €/kg Produkt)} = A + B + C + D + E + F + G \qquad \text{(Gleichung 9.3)}$$

Tabelle 9.3 Kostenstruktur eines biotechnologischen Produktionsprozesses zur Ermittlung der Produktionskosten.

Gruppe	Kostenart	Wichtung	Bemerkungen
A	Ausgangsstoffe	+++	Wahl entscheidend
B	Entsorgung	++	zunehmende Bedeutung
C	Energie	++	Standortfrage
D	Wartung/Reparatur	+	Anlagentyp, Produktgruppe (GMP)
E	Nebenkosten	+	Standort, Organisationsaufwand
F	Personal	+++	Standort, Verfahrenstyp
G	Investition	++	Standort, Verfahrenstyp

Die einzelnen Ausgangsstoffkosten (A) ergeben sich aus der Menge der erforderlichen Substanzen, die man dem ■Blockdiagramm 8-3 bzw. dem ■Verfahrensfließbild 8-4 entnehmen kann, und deren spezifischen Kosten. In der Summe macht somit der Kostenblock A

$$A = \sum_{i=1}^{n} m_{\mathrm{R}i} \cdot k_{\mathrm{R}i} \qquad \text{(Gleichung 9.4)}$$

wobei $m_{\mathrm{R}i}$ die auf die zu erzielende Produktmasse bezogene Ausgangsstoffmasse darstellt (Substratmasse/Produktmasse) und $k_{\mathrm{R}i}$ den spezifischen Einkaufspreis des Substrates. Je nach Entwicklungsstadium sind die genaue Zusammensetzung des Mediums und die erforderlichen Zusatz- und Hilfsstoffe mehr oder weniger sicher. Es sollte aber stets nach den Hauptkomponenten und nach deren Ersatzstoffen gefragt werden, um die wirtschaftlich günstigste Lösung (Zusammensetzung) finden zu können. Verschiedenste Mediumsbestandteile können aus unterschiedlichen Quellen bezogen werden, als reine Substanzen oder aber in komplexen Nährmedien, was oft merkliche Preisunterschiede ausmacht. Die häufigste C-Quelle, Glucose, kann z. B. als kristalline Ware, als 50- oder 70 %iger Sirup oder in Melasse geliefert werden. Bezogen auf den Glucosepreis sind hierbei spürbare Unterschiede zu erwarten. Den Aufwand an dieser Stelle zu erhöhen lohnt sich dann, wenn erste Sensitivitätsanalysen diesen Punkt als besonders belastend ausweisen. Oft wird man sich vertraglich für längere Zeit an einen einzigen Lieferanten binden. Das hat für diesen Zeitraum den großen Vorteil der gesicherten Kalkulation, aber den Nachteil, dass günstige Marktentwicklungen oder auch Sonderangebote auf dem (Welt-)Markt nicht genutzt werden können. Eine weitere Gefahr besteht u. U. darin, mit einem einzigen Lieferanten in eine gewisse Abhängigkeit mit nachfolgender Preisschraube zu geraten.

Der Entsorgungsterm ist ein immer mehr an Bedeutung gewinnender Faktor. Zu der ausschließlich hydraulischen Fracht (Abwasserstrom in m^3) kommen noch deren Beladung an gelöstem Kohlenstoff (kg C) und Deponiekosten der abgetrennten Feststoffe (kg TS) hinzu. Des Weiteren sind Salz- und Säurefrachten zu berücksichtigen, die im Einzelfall mit den Genehmigungsbehörden zu spezifizieren sind.

Laut gültigem Abwasserabgabegesetz sind von jedem Abwassereinleiter grundsätzlich für die Parameter

- CSB (oxidierbare Stoffe),
- Phosphor,
- Stickstoff,
- AOX (adsorbierbare organisch gebundene Halogene),
- Schwermetalle (Hg, Cd, Cr, Ni, Pb und Cu),
- Giftigkeit gegenüber Fischen (G_F)

Abgaben zu bezahlen, sofern diese Parameter auf das Abwasser zutreffen. Dabei richtet sich die Höhe nicht nach den tatsächlich eingeleiteten Schadstofffrachten, sondern nach dem Einleiterecht, wie es im Abwasserbescheid des Einleiters festgeschrieben ist. Da die Bescheidswerte auch maximale Einleitesituationen, z. B. aufgrund extrem hoher Produktionsauslastungen, abdecken müssen, liegt die zu zahlende Abwasserabgabe immer über dem Betrag, der aufgrund der tatsächlich eingeleiteten Schadstofffracht zu zahlen wäre. Die Schadstofffracht errechnet sich aus der im Bescheid festgelegten Schadstoffkonzentration multipliziert mit der Jahresschmutzwassermenge, die ebenfalls im Abwasserbescheid begrenzt ist [11].

Ähnlich wie bei den Einsatzstoffen werden auch diese Kosten (B) kalkuliert. Es gilt:

$$[k_{\text{bbA}} \cdot m_{\text{bbA}} + k_{\text{C}} \cdot m_{\text{C}} + k_{\text{Dep}} \cdot m_{\text{Dep}}] \qquad \text{(Gleichung 9.5)}$$

Gleiches gilt für die Energiekosten (C):

$$f_{\text{E}} \cdot \sum_{i=1}^{m} m_{\text{E}i} \cdot k_{\text{E}i} \qquad \text{(Gleichung 9.6)}$$

Es müssen wieder die auf die einzelnen Produkte bezogenen Frachten bzw. Energiemengen bekannt sein oder zumindest abgeschätzt werden können. Dies erfolgt wieder über eine Bilanzierung anhand des Blockdiagrammes bzw. des Verfahrensfließbildes (Abb. 8.3 und 8.4). Über die Kosten der einzelnen Entsorgungslasten sind genaue Angaben nur schwer zu machen. Sie richten sich nach den Kostensätzen der Kommunen und sind damit sehr standortabhängig. Die Abwasserkosten für die hydraulische Fracht liegen zwischen 0,1 und 0,3 €/m^3 (der hohe Wert gilt, wenn die Kohlenstofffracht schon berücksichtigt wurde), für die Kohlenstofffracht werden etwa 0,5–3 €/kg angesetzt und die Deponiekosten können im Bereich von 0,5–5 €/kg angesetzt werden (Tab. 9.4). Je nach Standort werden schon mal betriebsintern höhere Kosten angesetzt, um die Planer zu effektiveren Verfahren hinsichtlich der Umweltfragen zu zwingen. Das erleichtert den Blick in die Zukunft und garantiert bei immer schwieriger zu bekommenden Entsorgungsanlagen, vor allem auch Deponieflächen, eine saubere und sichere Produktion.

Die Energiemengen müssen anhand der Verfahrensoperationen berechnet werden, und mit den Energieverrechnungspreisen erhält man in diesem Fall die produktbelastenden Preise. Auch hier gilt: Es wird umso schwieriger sein, genaue Aussagen zu treffen, je früher das Stadium der Verfahrensentwicklung ist.

Für den Aufwand, der durch Wartung und Reparatur die Produktion *D* belastet, sind in der Regel feste Faktoren im Umlauf. Diese beziehen sich, wie auch die Abschreibungskosten *G*, auf den Wert der Anlage, richten sich also nach dem Investitionswert. Demzufolge müssen die Investitionskosten bekannt sein. Ausreichend genaue Werte werden sich wiederum erst allmählich im Laufe der Verfahrensentwicklung ergeben, sodass man sich im frühen Stadium, also bei der Anwendung von Strukturmethoden, mit groben Schätzungen inklusive der Annahme von Vertrauensbereichen (Maximum, Minimum) begnügen muss. Genauere Schätzungen sind dann wieder von höherer Bedeutung, wenn die Investitionen in verstärktem Maße die Produktkosten belasten. Dies kann aus der Kostenstruktur (Sensitivitätsanalyse) abgelesen werden.

Die Nebenkosten *E* werden durch eine Vielzahl von erforderlichen Aufgaben rund um den Betrieb verursacht. Das sind Verwaltungskosten, Reinigungskosten, Mietkosten, Kosten für Büromaterial, Werbung, allgemeine Materialkosten, Kommunikationskosten u. a. m. Alle diese Kosten können nur sehr schwer einzeln erfasst werden. Somit werden sie in allen Schätzmethoden, gelegentlich mit Ausnahme der Kalkulationsmethoden, mittels Faktoren abgeschätzt. Einfluss auf diese Faktoren haben die Kostengruppen Investition (Abschreibung *G*), Energie *C* und Personal *F*.

Tabelle 9.4 Ergebnisdarstellung einer Produktionskostenschätzung. Als Beispiel sind Zahlenwerte aus einem einfachen Ethanolverfahren ($K = 50\,000$ t/a) aufgeführt. Alle Preise und Kosten sind beispielhaft und nicht in jedem Fall real. Außerdem wurden geringe Auf- und Abrundungen vorgenommen.

Kostenart	**Menge/100kg**	**€/kg**	**T€/Jahr**	**€/100kg**	%
Ausgangsstoffe					
Melasse (kg)	472	0,20	47 200	95	
Trinkwasser (kg)	174	0,03	2 610	5	
Schwefelsäure (kg)	5	0,40	1 000	2	
Sauerstoff (kg)	11	0,10	500	1	
Summe			51 360	103	52
Entsorgung					
Kohlenstoff (kg)	75	0,5	18 750	38	
Abwasser (kg)	433	0,3	6 500	13	
Deponie (kg)	10	0,1	500	1	
Summe			25 750	52	30
Energie					
Dampf (kg)	510	0,03	7 700	15	
Kühlwasser (m^3)	36	0,05	900	2	
Strom (kWh)	7	0,10	400	1	
Summe			9 000	18	9
Personal					
4 WS			fiktiv	4	
2 TS			fiktiv	1	
1 AT			fiktiv	1	
Summe				6	3
Werkstatt	5 % von Investition		380	1	
Nebenkosten	*f* (Energie, Pers., Invest.)		4 500	8	6
Abschreibung	10 % von Investition		800	2	
Produktionskosten			**95 000**	**190**	**100**

Das Personal lässt sich in Gruppen untergliedern. Dabei wird hauptsächlich zwischen einer reinen Tätigkeit am Tag und einer Tätigkeit im Schichtbetrieb unterschieden. Also beeinflusst die Art und Weise des Anlagenbetriebs den Personalbestand, das gilt sowohl für die Prozessführung wie auch für den Tageszeitbetrieb. Dieser geht vom reinen Fünf-mal-acht-Stundenbetrieb pro Woche bis zum 24-Stundenbetrieb das ganze Jahr. Die Mannschaft besteht somit aus Tagschichtarbeitern (Meister, Handwerker, Servicepersonal), den Tagschichtangestellten (Laborpersonal), den Wechselschichtarbeitern (Anlagenbetreuer) und der Betriebsleitung. Die Personalkosten berechnen sich aus der Anzahl der einzelnen Mitarbeiter pro Gruppe multipliziert mit den jährlichen Personalkosten. Um den gleichen Bezug zum Produkt bzw. zur Produktmenge wie in den anderen Gruppen herzustellen, dividiert man noch durch die Jahreskapazität K (Masse an herzustellendem/hergestelltem Produkt pro Jahr, auch Tab. 9.5).

Der Abschreibungsanteil G wird durch die Investition bestimmt. Im frühen Stadium nimmt er meist einen mittleren Wert von 10–15 % der Investition an. Im späteren Entwicklungsstadium wird dann zwischen einzelnen Apparategruppen, Anlageneinrichtungen und Gebäudeanteilen differenziert. Die Abschreibung von hochwertigen oder kurzlebigen (schneller Entwicklungsstatus) Einrichtungen wird kurz sein und bei 3–8 Jahren liegen, während robuste und etablierte Einrichtungen in 8–15 Jahren und Gebäude in bis zu 30 Jahren abgeschrieben werden. In Prozent entsprechen das Abschreibungen von 33,3 % (3 Jahre) bzw. 3,3 % (30 Jahre).

Letztendlich können dann in der Ergebnisdarstellung (Tab. 9.4) die Produktionskosten (Produktkosten) kalkuliert werden und es kann eine Sensitivitätsbetrach-

Tabelle 9.5 Kostengruppen innerhalb einer Kostenstrukturierung von verfahrenstechnischen Produktionsprozessen.

Gruppe	Gleichung	Abhängigkeiten	Eingriffsmöglichkeiten
A Ausgangsstoffe	$\sum_{i=1}^{n} m_{Ri} \cdot k_{Ri}$	Reaktionsbedingungen, Katalysator (MO), Hauptausgangsstoffe, Standort	Spurenelemente sparen durch MO-Wahl, Standort wählen
B Entsorgung	$[k_{bbA} \cdot m_{bbA} + k_C \cdot m_C + k_{Dep} \cdot m_{Dep}]$	Ausgangsstoffmengen, Ausgangsstoffarten, Ausbeutegrad, Konzentrationen	wie unter A, Weiterverarbeitung zu Wertprodukten, Rückführung in den Prozess
C Energie	$f_E \cdot \sum_{i=1}^{m} m_{Ei} \cdot k_{Ei}$	Verfahren, Reaktionsbedingungen, Standort	Energieverbund, wie unter A, günstigsten Standort wählen
F Personal	$f_E \cdot K^{-1} \cdot (k_{TSA} \cdot n_{TSA} + k_{TS} \cdot n_{TS} + k_{WS} \cdot n_{WS} + k_{AT} \cdot n_{AT})$	Verfahren, Fahrweise, Standort	arbeitsarmes Verfahren, kontinuierliches Verfahren, Standort
G Investition	$[(f_E - 1) + f_A + f_W] \cdot \left(f_{Zub} \cdot \sum_{i=1}^{q} f_{Mi} \cdot f_{Ri} \cdot V_{Ri}^{0,55}\right) \cdot K^{-1}$	Verfahren, Reaktionsgeschwindigkeit, Ausbeute, Konzentrationen	preisgünstige Apparate, kleines Reaktionsvolumen, keine Rührbehälter

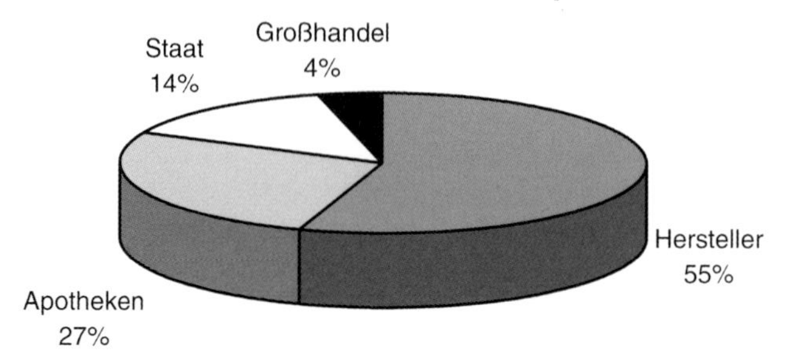

Abb. 9.1 Die Aufteilung des Markt- (Verkaufs)preises pharmazeutischer Produkte in Prozent (Stand 2000) [12].

tung durchgeführt werden. Die Produktionskosten sind nur ein Bruchteil des Marktpreises, wie das Beispiel von Arzneimitteln in Abb. 9.1 zeigt. Die Kosten für die Produktion eines Wirkstoffes stellen nur den Basisblock des Kaufpreises dar (Abb. 9.1) [12]. Am Beispiel von Arzneimittelpreisen zeigt sich, dass durch die reine Herstellung eines Produktes etwa die Hälfte der Kosten verursacht wird, in den Apotheken und im Staatssäckel versickert die andere Hälfte.

Nach Ermittlung des Statistischen Bundesamtes ist die Kostenstruktur pharmazeutischer Produkte ähnlich gelagert (Abb. 9.2). Der Aufwand für die erforderlichen Einsatzstoffe liegt mit 40 % an erster Stelle, aber sogleich gefolgt von den Personalkosten mit 30 %.

Aus Tab. 9.4 kann entnommen werden, dass die biotechnologische Herstellung von Ethanol bei einer Kapazität von 50 000 Tonnen im Jahr Kosten von 1,70 € pro Kilogramm Produkt verursacht. Das sind die reinen Produktionskosten, es kommen noch die ganzen Marketingkosten, wie Vertrieb und Werbung, hinzu, sodass ein erforderlicher Marktpreis bei mindestens 3 € pro Kilogramm liegen müsste.

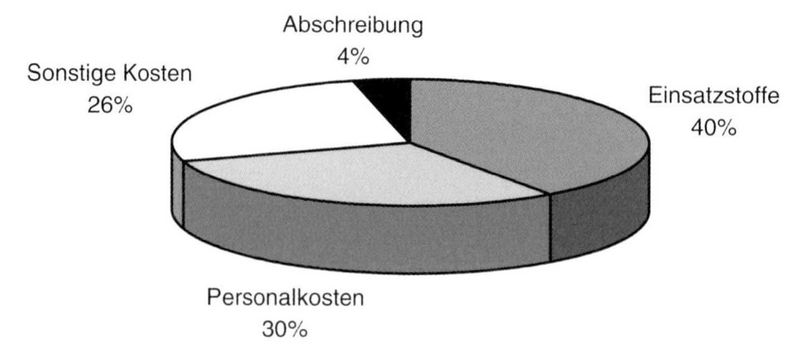

Abb. 9.2 Die Kostenstruktur pharmazeutischer Produkte in Prozent (Stand 1998) [12].

Für Personal, Werkstattkosten, Nebenkosten und Abschreibung werden die jährlich anfallenden Kosten ermittelt und durch die produzierte Produktmenge geteilt, wieder mit 100 multipliziert und der Wert dann in die zweite Spalte von rechts eingetragen.

Die rechte Spalte zeigt den prozentualen Anteil der entsprechenden Kostenposition. Daran kann auch eine gewisse Sensitivität der Kostenstruktur abgelesen werden. Die Ausgangsstoffe werden mit 52 % als die dominierenden Kostenverursacher auswiesen, gefolgt von den Entsorgungskosten. Es wäre also ratsam, Verbesserungen an diesen beiden Positionen vorzunehmen, während z. B. mit den Personalkosten (3 %) nahezu keine Einsparungen erreicht werden könnten. Wäre es z. B. möglich, die Entsorgungskosten um die Hälfte zu senken, dann bedeutete das 15 % weniger Produktionskosten. Einsparungen bei Personal und Investition würden kaum Auswirkungen haben. Das könnte darauf hinweisen, dass sich mehr Investitionen im Bereich des integrierten Umweltschutzes auszahlen.

Voraussetzung für die Erstellung von Tab. 9.4 sind u. a. die Kenntnis der Apparatekosten, der Investitionskosten (Tab. 9.7) sowie der erforderliche Personalbedarf (Tab. 9.6).

In diesem speziellen Fall eines Primärstoffwechselproduktes mit direkter Substratverbrauchsabhängigkeit (Gaden Typ I, Abschnitt 6.2), kann auf den Substratverbrauch nur bedingt eingewirkt werden, weil die Ausgangssubstanz (Glucose in Melasse) stöchiometrisch mit dem Produkt Ethanol zusammenhängt (Gleichung 9.7).

$$C_6H_{12}O_6 \rightarrow 2\ C_2H_5OH + 2\ CO_2) \qquad \text{(Gleichung 9.7)}$$

Tabelle 9.6 Zusammenstellung der Aufgaben zur Ermittlung der Mitarbeiterzahlen. Die erforderlichen Mitarbeiterzahlen werden vom Umfang der einzelnen Aufgaben bestimmt. Deshalb kommt bei einer allgemeinen Betrachtung dieser Art ein breites Spektrum zustande. (WA Wechselschichtplätze, so viele Mitarbeiter sollten rund um die Uhr anwesend sein. Bedingt durch Freischicht, Urlaub und Krankheit müssen Wechselschichtstellen mehrfach belegt sein. TS Tagschichtarbeiter, TSA Tagschichtangestellter, AT außertariflicher Mitarbeiter = Leiter).

Aufgabe	WA	TS	TSA	AT
Gesamtleitung: übergeordnete Organisation, Koordination mit anderen Gruppen (Forschung, Marketing, technische Serviceeinheiten, Behörden)				0,5–2
Betriebslabor: produktionsbegleitende Forschung			2–5	
Logistik: Lagerverwaltung (Feststofflager, Tanklager), Akquisition		0,2–0,4		
Qualitätssicherung: Eingangskontrolle, Produktkontrolle, GMP-Dokumentation		0,2–0,3	1–2	
Anlagenbetreuung in der Lagerhaltung und Aufbereitung	0,5–2	0,1–0,2		
Anlagenbetreuung in der Fermentation	0,5–3,5	0,2–0,3		
Anlagenbetreuung in der Aufarbeitung und Finishing	0,5–5,5	0,2–1,0		
Anzahl der Mitarbeiter	1,5–11	1,0–2,2	3–7	0,5–2

Tabelle 9.7 Apparateliste für eine Ethanolanlage (Tab. 9.4). Diese Apparateliste ist erforderlich, um die Anzahl der Apparate und die durchschnittlichen Apparatekosten zu ermitteln. Die angegeben Preise entsprechen nicht aktuellen Angeboten und müssen im Einzelfall alle überprüft werden.

Anz.		Bezeichnung	Daten	T€
1	B1	Lagertank (Melasse)	7800 m³ – St – drl	350
1	B2	Puffertank	5 m³ – 1,4571 – 3 bar	15
1	B3	Puffertank	5 m³ – 1,4571 – 3 bar	15
1	B4	Lagertank (Ethanol)	4000 m³ – St – drl	225
1	R1	Mischtank	15 m³ – 1,4571 – 3 bar	75
1	R2	Mischtank	15 m³ – 1,4571 – 3 bar	75
1	R3	Reaktor	88 m³ – 1,4571 – 3 bar	175
1	S1	Separator	50 000 l/h	175
1	S2	Dekanter	3000 l/h	75
1	F1	Filter	50 m² – 1,4571 – 3 bar	75
1	K1	Destillationskolonne	D2,5 × H32m – St – n = 35	125
8	P	Pumpen		50
19	–	–	durchschnittliche Apparatekosten	75

Es bleibt in diesem Fall der geringe Einfluss über die Ausbeute (95 % → 99 %), die im Wesentlichen durch die Nachzucht an Hefe zum Ausgleich des Aktivitätsverlustes bestimmt ist.

In der Entsorgung steckt wesentlich mehr Potenzial. Es zeigt sich hier, dass die zunächst günstigere Ausgangsposition für Glucose in Melasse durch den hohen zu entsorgenden BSB-Anteil mehr als zunichte gemacht wird. Eine Sensitivitätsanalyse der Kostenstruktur führt zum Optimum, indem man mehrere Varianten von Glucosequellen, eventuell auch über den Weg Stärke oder Cellulose (Abschnitt 5.3, Abb. 5.6 und 5.7), mit den Resultaten (Ergebnistabelle) vergleicht. Detailliertere Analysen der Ergebnisdarstellungen werden in Kapitel 10 für konkrete Beispiele vorgenommen.

Versucht man eine starke Vereinfachung der Kostenrechnung bis hin zu einer einzigen Gleichung durchzuführen (Tab. 9.5) und lässt nur noch die Kapazität (Jahrestonnage t/a) als Variable übrig, so gewinnt man den Zusammenhang:

$$K_P \sim I/K \qquad \text{(Gleichung 9.8)}$$

d. h. die Kapazität K nimmt umgekehrt proportional Einfluss auf die Produktionskosten (Abb. 9.3).

Die Anlage wird zunächst für Volllast ausgelegt und auch die Kalkulation durchgeführt. Sollte allerdings ein Teillastbetrieb erforderlich sein, so wirken auf die Produktionskosten die einzelnen Kostenarten unterschiedlich, da sich die Kosten aus variablen Kosten und Fixkosten zusammen setzen. Zu den variablen Kosten zählen die Ausgangsstoffe, teilweise die Energie (direkter Verbrauch), teilweise die Entsorgung (direkte Abgabe) und teilweise die Nebenkosten (so weit von der Energie beeinflusst). Die Fixkosten bestehen aus der Investition (Abschreibung), den War-

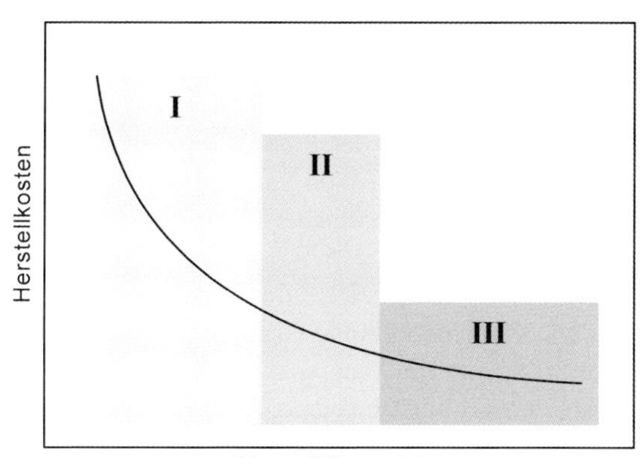

Abb. 9.3 Abhängigkeit der Produktionskosten von der (Jahres)Kapazität K (t/a). Gemäß Gleichung 9.8 ist der Zusammenhang reziprok proportional. Man erkennt, dass für wirtschaftlich sinnvolle Verfahren die Kapazität mindestens im Feld II, besser in III liegen muss.

tungs- und Reparaturkosten, den Personalkosten und den verbleibenden Teilen der Neben-, der Energie- (Grundabgaben) und Entsorgungskosten (Grundabgaben).

Für die Bioverfahrensentwicklung ist es von größtem Interesse, in einem möglichst frühen Stadium die maßgebenden Einflussfaktoren auf die Produktionskosten eines Produktes zu erfahren. Produktentwicklungen müssen also schon im frühen Stadium wirtschaftlichen Fragestellungen standhalten. Anders betrachtet bedeutet das, dass von Beginn einer jeden Entwicklung an schon der wirtschaftliche Aspekt berücksichtigt werden muss. Nur so kann es gelingen, schon beim Screening, bei der Stammauswahl, bei der Mediumsgestaltung und so weiter gezielt auf die Prozessentwicklung Einfluss zu nehmen. Ansonsten wird es zu keiner erfolgversprechenden Entwicklung kommen. Demzufolge spielen die Kapazitätsmethoden hierbei im Vergleich zu den restlichen Kostenschätzungsmethoden zunächst die wichtigere Rolle. Da in den frühen Stadien noch wenig über den Prozess bekannt ist, müssen oft viele Annahmen getroffen werden, und um den Aufwand der Kostenschätzungen sowie Sensitivitätsbetrachtungen auch dem Nutzen gerecht zu gestalten, benutzt man auch sogenannte Short-cut-Methoden im Zusammenwirken mit der Analyse von Vertrauensbereichen (*worst case, best case*).

9.2 Wirtschaftlichkeitsbetrachtung mittels Short-cut-Methoden

9.2.1 Möglicher Aufbau einer Short-cut-Methode

In jeder Phase der (Produkt-)Prozessentwicklung sollten die Bemühungen auf den Gesamtprozess ausgerichtet sein. Daraus leitet sich die Möglichkeit ab, aus den im

Labor gewonnenen Daten eine Wirtschaftlichkeitsbetrachtung durchzuführen. Das Ziel ist es dabei, die Produktionskosten für eine bestimmte Menge (Masse oder Unit) zu ermitteln. Die in diesem frühen Stadium der Verfahrensentwicklung gewonnenen Erkenntnisse über die Kostenstruktur der Produktionskosten stellen in der Rückkopplung eine äußerst wichtige Möglichkeit zur weiteren Versuchsplanung dar, denn es ist erkennbar, wo aus wirtschaftlicher Sicht die effektivsten Optimierungspotentiale liegen.

Vom Aufwand her gerechtfertigt sind im Frühstadium der Verfahrensentwicklung nur einfache Strukturmethoden, Short-cut-Methoden. Diese Short-cut-Methoden stehen bisher für Gesamtprozesse nur sehr begrenzt zur Verfügung und überstreichen in sich einen weiten Bereich der Genauigkeit. Wenn andererseits die verfügbaren Daten noch zu unsicher sind, wird mit aufwendigen Methoden bestenfalls eine höhere Genauigkeit vorgetäuscht. Die meisten Short-cut-Methoden beschäftigen sich hauptsächlich mit einer Operation (Modul). Ein Beispiel dafür ist eine Short-cut-Methode zur Auslegung von Destillationskolonnen mit Seitenströmen [13]. Der Kerngedanke dieser Methode liegt dabei in der Unterscheidung zwischen einer Primärtrennung, die einen Mindestdampfstrom erfordert, und einer sekundären Trennung, welcher dieser Dampf zur Verfügung steht. Der Grundgedanke einer jeden Short-cut-Methode sind noch zulässige Vereinfachungen, die die erforderlichen Einflussdaten reduzieren und dennoch eine ausreichend genaue Abschätzung einer Auslegung erlauben.

Bei einer Short-cut-Methode für einen Gesamtprozess mit der Hauptzielrichtung der Kostenanalyse werden die Kostengruppen A und B (Tab. 9.5) auf die gleiche Art und Weise bestimmt wie bei den anderen Methoden, lediglich die Unsicherheit hinsichtlich der genauen Mediumszusammensetzung, der Entsorgungsmengen und der spezifischen Kosten ist größer, sodass bei den Komponenten, bei denen die größte Unsicherheit zu verspüren ist, die *worst-best-case*-Analyse durchgeführt werden muss. Bei den Energien muss, wie nachfolgend gezeigt, eine grobe Abschätzung durchgeführt werden. Die Gruppen D und E werden den Gruppen F und G zugeordnet und durch Faktoren vertreten.

Exakte Zahlenwerte können für die vielen Faktoren in Tab. 9.5 nicht angegeben werden, wohl aber mehr oder weniger eingeengte Bereiche:

- f_E: Dieser Faktor berücksichtigt einen Teil der Gruppe E, er liegt zwischen 1,2 und 1,4.
- f_A: Der Anlagenfaktor hilft, ausgehend vom Reaktionsteil die Investition auf die Gesamtanlage hochzurechnen, berechnet wird er mit Gleichung 9.9 oder aus Tab. 9.1.
- f_W: Dieser Faktor berücksichtigt den Wartungs- und Reparaturaufwand, er liegt je nach Anlagentyp zwischen 0,04 (0,05) und 0,08.
- f_{Zub}: Dieser Faktor stellt den Zubehörfaktor für Nebenaggregate (Pumpen, Ventile, Meßgeräte, etc.) dar, er liegt je nach Umfang zwischen 1,3 und 2,0 (extrem 3,0).
- f_{Mi}: dieser Faktor stellt den Materialfaktor (bezogen auf den Reaktor) dar, er beträgt bei Edelstahl etwa 13 000 und bei Stahl 3000.

- f_{Ri}: Dieser Faktor stellt den Typenfaktor dar, er liegt je nach Apparatetyp (bezogen auf den Reaktor) für den Behältertyp 1,0 und für den Rührwerksbehältertyp 1,5.

Zu ermitteln sind die Produktionskosten für eine bestimmte Mengeneinheit (g, kg, Unit usw.) bei bekannter oder anzunehmender Jahresproduktionsleistung (Kapazität in t/a, kg/a, g/a bzw. U/a usw. [14]) und Betriebsstundenzahl (in h/a; Abschnitt 10.2 und [14]).

Zur Anwendung einer Short-cut-Methode zur Ermittlung der Kostenstruktur bietet sich folgende Vorgehensweise an:

- Erstellung der vorläufigen Fließmengenschemata nach einem vorläufigen, möglichen Verfahrenskonzept,
- Ermittlung der Apparategrößen (Dimensionierung) und -anzahl,
- Ergänzung der Fließbilder (Apparategrößen und -anzahl),
- Erstellung einer Apparateliste und Berechnung der Investitionskosten,
- Berechnung des Energieaufwandes (Strom, Luft, Kühlwasser, Dampf),
- Ermittlung der Abwasserströme aus dem Fließmengenschemata,
- Ermittlung der Ausgangsstoffmengen,
- Erstellung der Ergebnistabelle.

Um an die genauen Apparatekosten zu kommen, müßten eigentlich Angebote zu den einzelnen Apparaturen eingeholt werden. Dieser Aufwand ist in diesem frühen Stadium meist viel zu groß. Deshalb werden Preislisten(-diagramme) bzw. Berechnungsgleichungen aus gewonnenen Erfahrungswerten zusammengestellt und als tendenzielle Richtgrößen eingesetzt (Abschnitt 9.1.1). Sollte der ein oder andere Richtwert für einen Apparat oder eine Apparategruppe in Wirklichkeit merklich von der Realität abweichen, dann lässt sich aus der Sensitivitätsanalyse (Kostenstruktur) erkennen, für welchen Apparat oder Apparategruppe sich der größere Aufwand genauere Kosten zu beschaffen lohnt.

Die Gesamtinvestition hängt mit den durchschnittlichen Apparatekosten und der Anzahl der Apparate zusammen, d. h. je teurer der durchschnittliche Apparat ist, umso kleiner wird der Anlagenfaktor, und je mehr Apparate zu installieren sind, umso größer wird dieser sein. Der Anlagenfaktor kann mittels empirisch gewonnener Gleichungen, denen ein beträchtliches Maß an zusammengestellten Angeboten, Literaturdaten und abgerechneten Anlagen zugrunde liegen, berechnet werden. Eine mögliche Struktur einer solchen Schätzgleichung ist Gleichung 9.9:

$$f_A = \left(1 + \frac{f_I \cdot n^{0,15}}{(2 \cdot \Phi)^{0,4}}\right) \cdot f_P \qquad \text{(Gleichung 9.9)}$$

In Gleichung 9.9 bedeuten n die Anzahl der Apparate und Φ die durchschnittlichen Apparatekosten. In dieser Gleichung müssen auch der Gebäudeanteil, der Installationsaufwand, geprägt durch die Materialgüten, der Instrumentierungs- und Automatisierungsumfang sowie die Ingenieurleistungen (Planungsaufwand), gewisse Nebenkosten (Summe vieler Zusatzkosten, wie Gebäudereinigung, Reisekosten, Bürokosten für Verwaltung etc.) berücksichtigt werden. Des Weiteren ist noch der Posten „Unvorhergesehenes" (UVG), hervorgerufen durch gegebene Unsicherheiten, zu berücksichtigen.

In Gleichung 9.9 sind diese Einflüsse durch die Faktoren f_I (Investitionsfaktor: Wert etwa 10 ± 2) und f_P (Planungsfaktor: Wert etwa 1,3 ± 0,2) berücksichtigt. Für die grobe Abschätzung der Gesamtinvestition muss lediglich die Summe der Apparatekosten mit dem Anlagenfaktor multipliziert werden:

$$I = \Sigma_{MA} \cdot f_A \quad (\text{in } €) \qquad \text{(Gleichung 9.10)}$$

Zur Erstellung einer Kostenstruktur mithilfe einer Short-cut-Technik für ein Verfahren müssen nun tatsächlich alle bereits bekannten Einflussbereiche/-faktoren einzeln sequenziell abgearbeitet werden. In Kapitel 3 ist schon diskutiert worden, dass lineares Denken meist in die Sackgasse führt, dennoch ist es im Zusammenhang mit Short-cut-Methoden zunächst angebracht, erst einmal einfache Schritte zu wagen und die daraus gewonnenen Erkenntnisse abzuwägen, um dann erneut eine durch bessere Daten gestützte Analyse (Schätzung) durchzuführen.

Es gibt, wie oben beschrieben, mehrere Wege zu einer schnellen Kostenanalyse. Das wesentliche Merkmal einer solchen Analyse muss deren Aussagefähigkeit sein. Es kommt bestimmt nicht auf die Genauigkeit hinsichtlich des Endergebnisses (genauer Produktionspreis eines Produktes!) an, sondern die Aussage muss bestmöglich die Kostenstruktur, die Sensitivität der Kosten verursachenden Schritte/Operationen eines Verfahrens darstellen, um die Verfahrensentwicklung zu jedem – möglichst frühen – Zeitpunkt in die richtige Richtung lenken zu können.

9.2.2 Ermittlung der Ausgangssubstanzmengen

Alle Stoffe, die für das Verfahren benötigt werden, also alle Eingangsstoffe, kann man im Blockdiagramm bzw. Fließbild oder auch Fließmengenschema (Abb. 8.3, 8.4) finden. Bezieht man diese Stoffe auf eine identische Zeiteinheit, z. B. auf den gemittelten Stundenwert, so erhält man einen Massenstrom pro Stunde, der im Falle von Batch-Prozessen fiktiv ist. Die gesuchte Größe für die Ergebnisdarstellung (Tab. 9.4) ist die auf die produzierte Produktmenge bezogene Stoffgröße. Diese kann ermittelt werden, indem man den Eingangsstoffstrom durch den Produktstrom, der die Anlage verlässt, dividiert:

$$m_{Ri} = \frac{\text{Eingangsmenge (in kg/h)}}{\text{Produktstrom/Ende (in kg/h)}} \cdot 100 \quad (\text{in kg}^E/100\ \text{kg}^P) \qquad \text{(Gleichung 9.11)}$$

Der Bezug auf 100 kg Produkt wird meist bei weniger teuren Produkten gewählt. Bei teuren Produkten bezieht man dann den Preis auf 1 kg.

9.2.3 Entsorgungsbilanz

Auf dieselbe Art und Weise verfährt man bei der Entsorgungsbilanz. Wieder erhält man aus dem Blockdiagramm (Abb. 8.3) die nötige Information. Alle herauskommenden Ströme, die einer Entsorgungseinrichtung zugeführt werden müssen, werden registriert, wieder auf eine Zeiteinheit bezogen und durch den herauskommenden Produktstrom dividiert. Man erhält schließlich:

$$m_{Ai} = \frac{\text{Entsorgungsstrom (in kg/h)}}{\text{Produktstrom/Ende (in kg/h)}} \cdot 100 \quad (\text{in kg}^{E}/100\ \text{kg}^{P})$$

(Gleichung 9.12)

(mit i = bbA, C bzw. Deponie)

9.2.4 Abschätzung des Energiebedarfes

9.2.4.1 Abschätzung des Dampfbedarfes

Für die Sterilisation der Bioreaktoren wird folgende Wärmemenge

$$Q_D = m \cdot c_P \cdot \Delta T \qquad \text{(Gleichung 9.13)}$$

und damit die Dampfmenge

$$m_D = \frac{Q_D}{r} \quad \text{(in kg Dampf/Charge)} \qquad \text{(Gleichung 9.14)}$$

gebraucht mit m (kg Mediumsmasse mit ρ = 1 kg/l); c_p = 4,2 kJ/(kg · K); ΔT = 100 K; r = 2200 kJ/kg.

Für den restlichen Dampfbedarf wird die Dampfmenge je nach Anlagen- und Verfahrensumfang um 20–30 % erhöht. Diese Erhöhung berücksichtigt nur Kleinverbraucher, wie die Sterilisation von Vorfermentern, Vorlagen u. ä., sowie Dampffallen (Leitungen, die unter Dampf stehen). Großverbraucher, wie Destillations- und Rektifikationsanlagen oder sämtliche Apparate in der Aufarbeitung, die ebenfalls sterilisiert werden müssen, bedürfen einer eigenständigen Betrachtung.

Die gesamte Dampfmenge rund um die Fermentation (Reaktionsstufe) beträgt dann etwa:

$$m_{D,g} = m_D \cdot 1{,}3 \qquad \text{(Gleichung 9.15)}$$

Bei einer Chargendauer von $t_{Ch} = t_F + t_R$ gibt das einen Dampfstrom von:

$$\dot{m}_D = \frac{m_{D,g}}{t_F + t_R} \quad \text{(in kg Dampf/h)} \qquad \text{(Gleichung 9.16)}$$

und damit einen Dampfbedarf von:

$$m_D = \frac{\dot{m}_D}{(X)} \cdot 100 \quad \text{(in kg Dampf/100 kg Produkt)} \qquad \text{(Gleichung 9.17)}$$

mit (*X*) – letzter Strom (Produktstrom; kg/h).

Diese Abschätzung muss für jeden größeren Dampfverbraucher durchgeführt werden. Die Addition aller ermittelten Dampfmengen, je nach Klarheit der Situation noch mit einem Sicherheitszuschlag von maximal 30 % versehen, führt zur Gesamtmenge. Diese wird genauso behandelt wie zuvor die Ausgangsstoffe und die Entsorgung:

$$m_{Ei} = \frac{\text{Dampfstrom } \frac{\text{kg}}{\text{h}}}{\text{Produktstrom/Ende } \frac{\text{kg}}{\text{h}}} \cdot 100 \quad \text{(in kg/100 kg Produkt)}$$

(Gleichung 9.18)

9.2.4.2 Abschätzung des Strombedarfes

Der Strombedarf resultiert aus der erforderlichen Leistung aller Maschinen, die meist elektrisch bereitgestellt wird (Elektromotoren). Bei der Berechnung der Rührwerksleistung des Bioreaktors ist die Kenntnis der Newtonzahl im begasten Zustand notwendig. Bei allen anderen Rührkesseln kann eine Leistungsdichte angenommen werden (0,1 ... 1,0 W/kg, je nach Aufgabe [14]):

Rührwerke:

Homogenisieren	→	$\epsilon_R = 0{,}1$ W/kg
Suspendieren	→	$\epsilon_R = 0{,}3$ W/kg
Dispergieren	→	$\epsilon_R = 1 \ldots 3$ W/kg

Im Folgenden sollen nur beispielhaft einige Aggregate dargestellt werden:

Pumpen: Die Leistung einer Pumpe berechnet sich aus dem Förderstrom und der Förderhöhe:

$$P = \dot{V} \cdot \Delta p \qquad (\Delta p = 0{,}5 \ldots 1{,}5 \text{ bar}). \qquad \text{(Gleichung 9.19)}$$

Es kann ganzjährig (z. B. BST = 7000 Stunden) mit dem Mittelwert gerechnet werden.

Zellaufschluss (Homogenisator oder Mühle): Analog zur Berechnung der Leistung bei Pumpen gilt auch für Hochdruckhomogenisatoren, dass sich die Leistung aus dem Förderstrom und dem Druckverlust (Förderhöhe) ergibt. Zusätzlich müssen noch die Zyklen berücksichtigt werden.

$$P = \dot{V} \cdot \Delta p \cdot z \qquad \text{(Gleichung 9.20)}$$

Als übliche Zyklenzahlen können 3–4 Zyklen angegeben werden und die Druckdifferenzen sollten mindestens Δp = 300 ... 500 bar betragen, wobei neue Maschinen Drücke weit über 1000 bar bis zu 3000 bar ermöglichen (Abschnitt 7.2.2).

Cross-flow-Filtration: Auch im Falle der Cross-flow-Technik wird derselbe Ansatz zur Leistungsberechnung verwendet:

$$P = \dot{V} \cdot \Delta p \qquad \text{(Gleichung 9.21)}$$

Dabei kann in erster Näherung eine zehnfache Umwälzmenge bezogen auf den Zulauf ($\dot{V}$= 10 • Zulauf) bei einem Druckverlust von Δp = 1 ... 2 bar angenommen werden.

Man bildet aus allen gewonnenen Werten eine Summe und verfährt wie in allen Positionen; so erhält man für den Strombedarf:

$$\text{Strom} = \frac{P_{\Sigma} \cdot 7000}{(t_F + t_R)} \cdot 100 \quad \text{(in kWh/100 kg Produkt)} \qquad \text{(Gleichung 9.22)}$$

9.2.4.3 Abschätzung des Kühlwasserbedarfes

Der Kühlwasserbedarf resultiert aus den anfallenden Wärmemengen in den Apparaten und Maschinen. Die Wärmemengen sind z. T. Reaktionswärmen (Reaktionsenthalpien), aber auch eingetragene Leistungen über Rührwerke und Pumpen, die von den Prozessen gefordert werden und zur Erwärmung beitragen. Eine weiterer, in bioverfahrenstechnischen Anlagen nicht unwesentlicher Teil sind die Kühlwassermengen, die erforderlich sind, um die Medien nach einer Sterilisation wieder auf eine niedrigere Temperatur (z. B. Fermentationstemperatur) herunter zu kühlen.

Die Wärme muss auf irgendeinem Wege in die Umwelt abgegeben werden. Dies kann geschehen, indem sie an Flusswasser oder über ein Kühlwerk (Kühlturm) an die Luft weitergegeben wird. Anlagenintern werden aufgrund der erforderlichen Temperaturniveaus anstelle von Wasser (kaum noch Flusswasser) meist Wärmeträgermedien verwendet, die sowohl im Minusbereich als auch bei hohen Temperaturen ausreichend gute Wärmetransporteigenschaften, Temperaturstabilität und sogar einen Korrosionsschutz aufweisen. Eine mögliche Mischung besteht aus Wasser und Propylenglycol (oder Ethylenglycol). Ein Verhältnis von 50:50 deckt einen Temperaturbereich von etwa –10 °C bis 140 °C und mehr ab.

Der aufzubringende Kühlwasserstrom lässt sich somit wie folgt abschätzen (Abschnitt 2.7.4):

$$m_{KW} = \frac{Q_D \cdot 1{,}3 + \Sigma\, Q_E}{c_p \cdot \Delta T_{KW}} \qquad \text{(Gleichung 9.23)}$$

Der Ausdruck $Q_D \cdot 1{,}3$ entspricht der gesamten Dampfmenge $Q_{D,g}$, und $\Sigma\, Q_E$ ist die Summe der elektrischen Wärmen. Die mittlere Temperaturdifferenz kann mit ΔT_{KW} = 5–15 K angenommen werden. Damit lässt sich für den Kühlwasserbedarf formulieren:

$$KW = \frac{m_{KW} \cdot 7000}{(t_F + t_R)} \cdot 100 \quad \text{(in kg Kühlwasser/100 kg Produkt)}$$

(Gleichung 9.24)

9.2.5 Personalplanung

Für die Personalplanung „Kochrezepte" auszugeben ist nicht möglich. Sicherlich wird die Zahl der Mitarbeiter von der Anlagengröße abhängen, wobei die Apparategröße oder das Apparatevolumen weniger als die Anzahl und vor allem die Art (Apparatetyp, Maschinentyp) und die Fahrweise (Batch, kontinuierlich) der Maschinen und Apparate zu beachten sind.
Der Aufwand, den ein Unternehmen (Arbeitgeber) in einen Mitarbeiter zu investieren hat, steht natürlich erst dann im rechten Licht, wenn er dessen Wertschöpfung gegenübergestellt wird. Dabei sind durchaus Branchenunterschiede auszumachen (Abb. 9.4) [15]. Die Werte in der Chemie und Pharmazie, wo überwiegend die Bioverfahrenstechnik angewandt wird, liegen mit 57 000 € bzw. 62 000 € an der Spitze.

Zunächst wird man sicherlich die Aufgaben zusammenstellen und aus dieser Übersicht die erforderlich Unterstützung ableiten (Tab. 9.6).

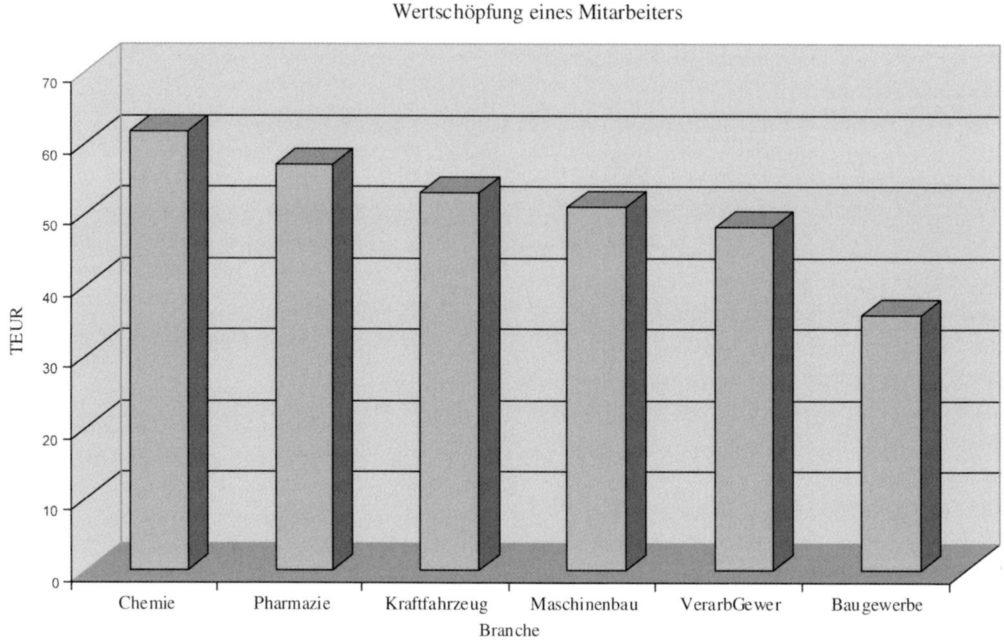

Abb. 9.4 Die Wertschöpfung in T€ eines Mitarbeiters in verschiedenen Branchen (Stand 1998) [15].

Wechselschichtarbeitsplätze (WA) müssen rund um die Uhr besetzt sein. Das bedeutet, bedingt durch Freischicht, Urlaub und Krankheit, eine Mehrfachbelegung. Die Mindestzahl pro WA sind drei Mitarbeiter, dies kann aber je nach Standort, Anlagentyp und Aufgabenspektrum bis zu sechs oder sieben Mitarbeitern ansteigen. In der Ergebnisdarstellung (Tab. 9.4) wird jeweils nur der Arbeitsplatz ausgewiesen, nicht die Gesamtmitarbeiterzahl (WA).

Allgemeine Leistungen, wie Verwaltung und sämtliche technische Serviceleistungen, werden oft nicht innerhalb des Verfahrens geführt, sondern im Posten „Nebenkosten" verrechnet, weil solche Aufgaben auch von Fremdfirmen übernommen werden können.

9.2.6 Short-cut-Apparateauslegung zur Apparatekostenschätzung

Im Mittelpunkt der gesamten Apparatedimensionierung steht die Reaktionsstufe. In ihr laufen alle Einsatzstoffe (Ausgangskomponenten) für die Stoffumwandlung (Fermentation) zusammen, und aus dieser Stufe werden die gewünschten Produkte in entsprechenden Massenströmen der Aufarbeitung zugeführt. Deshalb muss zunächst das Reaktionsvolumen (Fermentervolumen) bestimmt werden [14]:

Bioreaktor (Fermenter): Für die Massenbilanz, die Stoffströme, ist zunächst das reine Flüssigkeitsvolumen V_{RL} erforderlich. Es lässt sich aus

$$V_{\mathrm{R,L}} = \frac{K \cdot f_{\mathrm{K}}}{\mathrm{BST} \cdot \mathrm{RZA_B} \cdot \alpha} \qquad \text{(Gleichung 9.25)}$$

bestimmen, wobei die Brutto-Raum-Zeit-Ausbeute wie folgt berechnet wird:

$$\mathrm{RZA_B} = \frac{P}{t_{\mathrm{F}} + t_{\mathrm{R}}} = \frac{P \cdot \dot{V}}{V_{\mathrm{R,L}}} = \frac{P}{\tau} \qquad \text{(Gleichung 9.26)}$$

Für die Investition ist allerdings das Bruttovolumen erforderlich. Dies ergibt sich aus [14]:

$$V_{\mathrm{R,B}} = V_{\mathrm{R,L}} \cdot f_{\mathrm{F}} \cdot f_{\mathrm{G}} \cdot f_{\mathrm{E}} \qquad \text{(Gleichung 9.27)}$$

die Faktoren stehen für Schaum, Gas-hold-up und Einbauten (F = Schaum, G = Gas-hold-up; E = Einbauten) [14]. Je nach gewähltem Bioreaktortyp und resultierendem Bruttovolumen ergeben sich daraus dann

$$n = \frac{V_{\mathrm{R,B}}}{V_{\mathrm{R,b,max}}\,(\mathrm{Typ})} \qquad \text{(Gleichung 9.28)}$$

Reaktoren (auch Gleichung 8.6 sowie Abb. 8.10 und 8.11) [14].

Vorfermenter: Jeder Bioreaktor benötigt einen Vorfermenter. Wird allerdings das Gesamtvolumen in mehrere Bioreaktoren unterteilt, so hängt es von den einzelnen

Fermentationszeiten von Vor- und Hauptkultur ab (Sequenz), ob jedem Produktionsreaktor ein Vorfermenter zugeordnet werden muss, oder ob ein Vorfermenter mehreren Produktionsreaktoren dienen kann. Im frühen Stadium der Verfahrensentwicklung tut man gut daran, in dieser Frage zunächst etwas großzügiger zu sein, denn viele Anlagenelemente werden noch aus mangelnder Kenntnis nicht berücksichtigt.

Meist wird in der Praxis das Vorfermentervolumen zu 10 % des folgenden Bioreaktors gesetzt. Es gilt also:

$$V_{\mathrm{R,L,Vor},n} = 0{,}1 \cdot V_{\mathrm{R,L,H}} \qquad \text{(Gleichung 9.29)}$$

$$V_{\mathrm{R,L,Vor},n-1} = 0{,}1 \cdot V_{\mathrm{R,L},n} \qquad \text{(Gleichung 9.30)}$$

usw. bis

$$V_{\mathrm{R,L,Vor},1} = 0{,}1 \cdot V_{\mathrm{R,L},2} \qquad \text{(Gleichung 9.31)}$$

Es werden so viele Vorfermenter gebraucht, bis eine Größe erreicht ist, die aus dem Labor mit einem Schüttelkolben angeimpft werden kann. Diese Größe wird mit etwa 50–100 l angegeben, sodass gilt: $50 \leq V_{\mathrm{R,L,Vor},1} \leq 100$ l.

In der Praxis zeigt sich allerdings meist, dass in größeren Schritten überimpft werden kann, z. B. 1:50, 1:100 und mehr. Bei phasenverschoben laufenden Produktionsreaktoren gelingt es bei Batchfermentationen auch des Öfteren, aus einem fertigen Reaktor mit 5–10 % Inhalt einen startklaren Reaktor zu beimpfen.

All diese Details sollen im Frühstadium noch nicht voll ausgeschöpft (s. o.), sondern als „Reserve in der Hinterhand" behalten werden.

Tanklager: Die Größe des Tanklagers wird durch die Art der Anlieferung bestimmt. Je nachdem, ob der Stoff über die Straße (Tanklastzüge, Silo-LKW; bis 25 Tonnen), über die Schiene (bis 90 Tonnen) oder auf dem Wasser (einige Tausend Tonnen) angeliefert wird, müssen entsprechende Aufnahmevolumen vorhanden sein. Aus den angelieferten Massen erhält man zusammen mit den Dichten bzw. den Schüttdichten bei Feststoffen die notwendigen Mindestvolumina. Des Weiteren ist es wichtig zu wissen, in welchen Zeitabständen geliefert werden kann. Zyklen von 4–14 Tagen als kürzeste Lieferabstände sind angemessen.

Daraus berechnet sich mit einem 20 %igen Zuschlag auf das Nettovolumen das Gesamtvolumen (brutto) der Tanks bzw. der Bunker:

$$V_{\mathrm{L}} = \frac{m_{\mathrm{Verbr}} \cdot t_{\mathrm{Lief}}}{\rho} \geq V_{\mathrm{Lief}} \cdot 1{,}2 \qquad \text{(Gleichung 9.32)}$$

Für die Dichte ist der maximale Wert (Temperatur, Schüttung) für die jeweilige Flüssigkeit bzw. den Feststoff einzusetzen. Die Druckstufe ist meist Normaldruck und die Temperatur liegt bei der Umgebungstemperatur. Ausnahmen stellen natürlich all die Medien dar, die einer speziellen Lagerhaltung unterliegen müssen (Kühlung um 4 °C, Heizung z. B. um 40–50 °C, Kapitel 5).

Lagertanks und Silos können Hunderte bis Tausende Kubikmeter und Bunker gar bis Zehntausende Kubikmeter messen. Gängige Materialien sind Stahl, Edelstahl, Kunststoff und Beton.

(Rühr-)Behälter: Die Dimensionierung von Behältern mit und ohne Rührwerk hängt von ihrer Einbindung in das Verfahren ab. Sind sie direkt in einen kontinuierlichen Prozess eingebunden, so berechnet sich das Volumen aus der erforderlichen Verweilzeit

$$V_{R/B} = \dot{V} \cdot \tau \cdot (1{,}1 \ldots 1{,}2) \qquad \text{(Gleichung 9.33)}$$

mit dem Füllfaktor von 10–20 % Zuschlag

Sind sie dagegen in der Peripherie, um konditionierte Medien bereitzuhalten, die in definierten Abständen zugegeben werden müssen, so richtet sich das Volumen nach dem durchschnittlichen Volumenstrom $\dot{V}_m$ und dem Zeitabstand Δt:

$$V_{R/B} = \dot{V} \cdot \Delta t \cdot (1{,}1 \ldots 1{,}2) \qquad \text{(Gleichung 9.34)}$$

Behälter in der Aufbereitung unterliegen z. B. solchen Funktionen (Ansatzkessel). Dort dienen diese Behälter zum Anmaischen oder Zusammenrühren mehrerer Komponenten (flüssig–flüssig, fest–flüssig), zum Zwecke der Vorabhomogenisierung oder Suspendierung und/oder separater Sterilisation. Oft werden Ansätze für mehrere Chargen angesetzt. Entsprechend größer muss der Behälter sein. Im Falle kontinuierlicher Prozesse übernehmen sie die Aufgabe einer Vorlage, aus der steril zudosiert werden kann. Weitere Einsatzgebiete sind: Kristallisation, Dialyse/Wäscher in Verbindung mit Cross-flow, Renaturierung und einfachen Puffern.

Nachfolgend sollen ohne Anspruch auf Vollständigkeit Schnellabschätzungen für Apparateauslegungen gezeigt werden (s. auch die entsprechenden Abschnitte in Kapitel 7):

Erntekessel: Das Volumen wird mit 20 % Zuschlag im Vergleich zum Bioreaktor gewählt. Bei mehreren Bioreaktoren muss über die Sequenzanalyse ermittelt werden, ob mehrere Erntekessel erforderlich sind, es genügt, einen zu vergrößern, oder ob ein einziger Standardbehälter reicht (Abschnitt 8.2.3, Abb. 8.10 und 8.11).

$$V_E = 1{,}2 \cdot V_{R,L} \qquad \text{(Gleichung 9.35)}$$

Puffer vor Pumpen: Die Pumpe soll 1–2 Stunden versorgt sein (Störungsbehebung)

$$V_{Puffer} = \dot{V} \cdot (1 \ldots 2) \qquad \text{(Gleichung 9.36)}$$

Pumpen: Auslegung auf aktuelle maximale Volumenströme laut Fließmengenschema (Gleichung 9.19).

Cross-flow-Filter: Abschätzung des Fluxes im Labor (in $1/(m^2 \cdot h)$ und auf den Produktionsmaßstab übertragen oder 50–150 $1/(m^2 \cdot h)$ annehmen.

Chromatographiekolonnen: Geometrische Ähnlichkeit zum Modellmaßstab annehmen. Wird der Durchmesser größer als 2 m, dann soll das erforderliche Volumen auf mehrere Kolonnen aufgeteilt werden.

Wärmeaustauscher: Die Fläche der Wärmeaustauscher berechnet sich zu:

$$A = \frac{\dot{Q}}{k \cdot \Delta T_m} \qquad \text{(Gleichung 9.37)}$$

wobei $\dot{Q}$ die ab- bzw. zuzuführende Wärmemenge (in W), k der Wärmedurchgangskoeffizient (500–1000 W/(m^2 · K)) und ΔT_m die mittlere Temperaturdifferenz (5–15 K) ist.

Verdampfer: Es wird geometrische Ähnlichkeit zum Modellmaßstab angenommen. Wird der Durchmesser größer als 2 m, dann soll das erforderliche Volumen auf mehrere Kolonnen aufgeteilt werden.

Destillations-/Rektifikationskolonnen: Geometrische Ähnlichkeit zum Modellmaßstab annehmen. Wird der Durchmesser größer als 2 m, dann soll das erforderliche Volumen auf mehrere Kolonnen aufgeteilt werden.

Extraktionskolonnen: Geometrische Ähnlichkeit zum Modellmaßstab annehmen. Wird der Durchmesser größer als 2 m, dann soll das erforderliche Volumen auf mehrere Kolonnen aufgeteilt werden. Wegen der zu übertragenden Bodenzahl sollen die Höhe und die Dampfbelastung konstant bleiben.

Ab-/Adsorptionskolonnen: Geometrische Ähnlichkeit zum Modellmaßstab annehmen. Wird der Durchmesser größer als 2 m, dann soll das erforderliche Volumen auf mehrere Kolonnen aufgeteilt werden.

Die Apparateliste dient dazu, die Anzahl der erforderlichen Maschinen und Apparate (n = 19) sowie die durchschnittlichen Apparatekosten (Φ = 75 T€ zu ermitteln. Damit kann mit Gleichung 9.9 sowie Abb. 9.3 der Anlagenfaktor f (n, Durchschnitt) mit $f_A = 5$ ermittelt werden. Daraus folgt für das verwendete Beispiel der Ethanolanlage eine Investition von 7 500 T€. Diese Investitionen sind in der Ergebnisdarstellung (Tab. 9.4) berücksichtigt.

Literatur

1 Prinzing, P.; Investitionskosten-Schätzung für Chemieanlagen. *Chem.-Ing.-Tech.* **57**(1), 8–14 (1985).

2 Kölbl, H.; Schulze, J.: Projektierung und Vorkalkulation in der chemischen Industrie. 1. Aufl., 224–235; Springer-Verlag, Berlin, Heidelberg, New York (1960).

3 Gallagher, J. T.: Chem., Engng. Dec (1967).

4 Guthrie, K. M.: Chem. Engng. June (1970).

5 Zernik, F. C.; Buchanan, R. I.: Chem. Engng. Progr. **59** (1963).

6 Wilson, G. T.: Chem. Engng. Process. Technol. **16** (1971).

7 Berger, D.: Chem.-Ing.-Tech. **51** (1975).

8 Lang, H. J.: Chem. Engng. June (1948).

9 Burger, W.: Chem.-Ing.Tech. **51** (1979).

10 Groen, B.; Tan, K. D.: Chem.-Ing.-Tech. **52** (1980).

11 Fritzmann, J.: GUU/W – BASF AG Ludwigshafen. Johannes.fritzmann@basf-ag.de, persönliche Mitteilung (2000).

12 Mack, M.: Bioverfahrensentwicklung – Grundlagen für die Entwicklung biotech-

nologischer Prozesse, Seminar Haus der Technik Essen (HDT) (2002).

13 Meiers, R.; v. Watzdorf, R.; Marquardt, W.: Näherungsverfahren zur Auslegung von Destillationskolonnen mit Seitenströmen. *Chem.-Ing.-Techn.* **67**, Mai (1995).

14 Storhas, W.: Bioreaktoren und periphere Einrichtungen. Vieweg Verlag, Wiesbaden, ISBN 3-528-06510-9 (1994).

15 Verband Forschender Arzneimittelhersteller e. V. Berlin: Statistik – Die Arzneimittelindustrie in Deutschland. Neusser Werbedruck, Remscheid (2001).

10 Verfahrensbeispiele

10.1 Einleitung

Geleitet von der Produktidee und der nachfolgenden Marktanalyse zur Festlegung der Randbedingungen oder auch in umgekehrter Reihenfolge wird das passende Verfahren entwickelt. Dies ist der Idealzustand. In der Praxis läuft dieses Prozedere etwas weniger gerichtet ab, denn vor allem eine zuverlässige Marktanalyse ist kaum zu erstellen. Man kann sich durchaus vorstellen, dass das ein oder andere Produkt gebraucht werden könnte, doch welche Akzeptanz dann wirklich erreicht wird, inwieweit sich auch die Konkurrenz an der Entwicklung des gleichen Produktes beteiligt und Konkurrenzprodukte aus dem Feld geschlagen werden können und müssen, kann selten klar dargelegt werden. Es bleiben stets Unsicherheiten, was den Marktumfang (Kapazität) und die Preisgestaltung (Verkaufspreis = erzielbarer Gewinn!) betrifft (Abschnitt 9.1.2). Zu kleine Anlagen und Anlagen im Teillastbetrieb hangeln sich im günstigsten Fall am Rande der Wirtschaftlichkeit entlang (Abschnitt 9.1.2, Abb. 9.3). Zu konservative Einschätzungen bieten etwas mehr Sicherheit, verhindern aber die Möglichkeit, auf den Markt zu reagieren. Zu optimistische Entscheidungen hingegen bergen die Gefahr der Überdimensionierung und damit nicht ausgelasteter Anlagen in sich.

Zur Darstellung bioverfahrenstechnischer Prozesse ist ein durchdachter und strukturierter Leitfaden sehr hilfreich (Tab. 10.1–10.4). Eigentlich sollte alles von

Tabelle 10.1 Leitfaden für die Sammlung verfahrenstechnischer Daten. An erster Stelle steht die Produktidee. Was und wie viel soll produziert werden? Es folgt der komplette Prozess der Verfahrensentwicklung.

Stichworte	Offene Fragen
Produktidee	
• Hintergrund	• Wofür ist dieses Produkt? (Qualität, Status)
• Markt	• Welchen Markt hat es?
• Wirtschaftlichkeit (Preis)	• Welcher Preis ist erzielbar (€/kg)?
• Kapazität (Jahresmenge)	• Welche Kapazität (Produktmenge pro Jahr) kann der Markt aufnehmen (kg/a)?

Tabelle 10.2 Basis einer jeden verfahrenstechnischen Entwicklung in der Biotechnologie ist die Stammsuche bzw. die Stammentwicklung.

Stichworte	Offene Fragen
Stammsuche • Wildstamm, Eukaryoten, Prokaryoten, Zellkulturen • Screening des Wildstammes oder *genetic engineering* (Einsatz der Molekularbiologie) • Expressionssystem	• Welches Synthesepotenzial ist gefragt? • Wo und wie wird gesucht (Biotyp, Stammsammlung, Internet)? • Welche Screeningstrategie wird gewählt? • Welches rekombinante Expressionssystem wird verwendet? • Wie wird es entwickelt (Expressionssystem, Wirtsstamm, Vektor, Plasmid, Restriktionsenzym, Ligase ...)?

Tabelle 10.3 Die Festlegung des Verfahrenskonzeptes ist der nächste und umfangreichste Schritt. Alle Angaben zur Logistik bis hin zur Konditionierung des Produktes müssen Berücksichtigung finden.

Stichworte	Offene Fragen
Verfahrenskonzept • Logistik • Lagerung, Aufbereitung, Reaktion, Aufarbeitung • Verfahrens-/Betriebsweise • Entsorgung • Behördenengineering	• Mengen an Einsatzstoffen (Lagerung) und Reaktion (g/l)) • Mediumssterilisation (getrennt, kontinuierlich), Methode? Fermentationsdauer, Verweilzeit (h), Ausbeute (%), Produktkonzentration(en), Neben- (g/l)? Fermentationsbedingungen (T, p, pO_2, pH ...)? • Alle Schritte der Aufarbeitung, Ausbeuten? • Behördliche Randbedingungen: GMP, FDA, GenTG, Validierung?

Tabelle 10.4 Die Qualitätssicherung überdeckt das gesamte Verfahren sowohl anlagentechnisch als auch zeitlich. Wiederkehrende gute Qualität schafft Kundenvertrauen und sichert dem Produkt den Markt.

Stichworte	Offene Fragen
Qualitätssicherung	
• Anforderungen an das Produkt	• Reinheit, welcher Nachweis ist zu führen und wie?
• Randbedingungen für das Verfahren	• Maßnahmen zur ständigen Qualitätsüberprüfung treffen
• Produktvertrauen des Kunden	• Wie kann die Kundenzufriedenheit erreicht werden und vor allem erhalten bleiben?

Bioverfahrensentwicklung, 2., vollständig überarbeitete und aktualisierte Auflage. Winfried Storhas

einer dominanten Produktidee ausgehen, die sämtliche erforderlichen Schritte der Stammsuche und der Verfahrenskonzeption wie im Sog nach sich zieht. Doch solche Idealvorstellungen sind in der Praxis nahezu nie anzutreffen.

Eine Produktidee muss vom Markt kommen, es muss ein Bedürfnis vorhanden sein oder eines geweckt werden können. Um die wirtschaftlichen Randbedingungen, welche sehr gezielt in die Verfahrensentwicklung einfließen müssen (Kapitel 9), festzulegen, muss herausgefunden werden, welche Kapazität (Menge) für welchen Preis auf den Markt gebracht werden kann.

Die Verfahrensentwicklung beginnt mit der Suche nach einem geeigneten, leistungsfähigen Stamm. Wie in Abschnitt 2.2 schon ausführlich dargestellt, ist das mit einer Suche in Stammsammlungen (Tab. 2.1) oder Biotopen allein nicht getan. Ist ein Stamm gefunden, der das gewünschte Synthesepotenzial besitzt, so muss dessen Fähigkeit erst bis zu einer wirtschaftlichen Leistungsfähigkeit gesteigert werden (Abschnitt 2.2). Notwendige Leistungssteigerung der Raum-Zeit-Ausbeute um das Hundert-, Tausend- oder sogar das Zehntausendfache ist in aller Regel die Voraussetzung für einen wirtschaftlichen biotechnologischen Prozess (vgl. Penicillin in Abschnitt 2.2).

Im nächsten und umfangreichsten Schritt muss das Verfahrenskonzept entwickelt werden. Sämtliche Operationen müssen in der passenden Reihenfolge zusammengestellt und ausgearbeitet werden. Das beginnt bei der Verfügbarmachung der Rohstoffe, der Frage, wie und wo diese beschafft (Logistik), gelagert und aufbereitet werden können bzw. müssen (Upstream-Processing, Kapitel 5), setzt sich mit der Konzeptionierung der Reaktionsstufe (Kapitel 6) fort und endet letztendlich mit der Konditionierung (Downstream-Processing und Finishing, Kapitel 7).

Immer wichtiger werden die Belange der Qualitätssicherung, die zusehends als das Maß für eine zuverlässige und reproduzierbare Produktqualität angesehen wird. Dies ist nicht allein eine Frage, die an das Endprodukt zu stellen ist, sondern schon in jedem einzelnen Prozessschritt beantwortet werden muss. Streng genommen bedeutet Qualitätssicherung die sichere, reproduzierbare Durchführung des Prozesses in allen Stufen und ist meist direkt oder zumindest indirekt mit der Wirtschaftlichkeit verknüpft.

Die Anforderungen werden in sogenannten GMP-Richtlinen, FDA-Guidelines und auch Validierungskonzepten vorgegeben und dokumentiert. Für Anlagen, die Produkte herstellen, die direkt am Menschen Anwendung finden, wie z. B. Medikamente, werden von behördlicher Seite besondere Auflagen erteilt (Abschnitt 3.5, „Behördenengineering“).

Forderungen dieser Art, wie sie in Tab. 10.1–10.4 zusammengestellt sind, mögen schnell erhoben sein, doch deren Einhaltung macht sicherlich oft Schwierigkeiten, zumindest immense Arbeit, insbesondere was die Marktsituation anbetrifft (Tab. 10.1). Es sind dabei mehrere Situationen zu unterscheiden: Das Produkt hat:

- bereits einen Markt; es soll gegen eine vorhandene, etablierte Konkurrenz angegangen werden, ohne dass zunächst wesentliche Vorteile gegenüber den Konkurrenzprodukten zu benennen wären, ein Verdrängungswettbewerb steht an, der meist nur über den Preis zu gewinnen ist;

- bereits einen Mark, aber im Vergleich zu den Konkurrenzprodukten sieht man im neuen Produkt Vorteile für den Verbraucher (technisch günstigere Anwendung, umweltfreundlicher, weniger Nebenwirkungen);
- noch keinen Markt, es steht in Konkurrenz zu etablierten Produkten, die andere Anwendungskonzepte verfolgen. Das neue Produkt soll durch verbesserte, verbraucherfreundlichere Konzepte die eingeführten Produkte der Konkurrenz verdrängen;
- keinen Markt, es muss erst das Bedürfnis danach geweckt, also eine Marktnische gesucht bzw. geschlossen werden. Es ist für eine bestimmte Anwendung noch alleinstehend auf dem Markt, der Marktpreis muss sich entwickeln.

Unter den angeführten Betrachtungen und Gesichtspunkten werden im Folgenden verschiedene biotechnologische Prozessformen beschrieben. Zunächst werden die möglichen biotechnologischen Prozessstrukturen in allgemeiner Form erläutert, abhängig von der Art und Weise, wie das Produkt von den Biokatalysatoren (Zellen) bereitgestellt wird (Abschnitt 10.2). Nachfolgend wird am Beispiel der β-Galactosidase eine komplette Ausarbeitung nach einem Short-cut-Prinzip, ausgehend von den zu generierenden Labor- bzw. Modelldaten bis zur wirtschaftlichen Darstellung des Produktionsprozesses, durchgeführt (Abschnitt 10.3).

10.2 Allgemeine Prozessschemata

Je nach Art und Weise, wie das Produkt in der Fermentation anfällt, ergeben sich im Wesentlichen drei Verfahrensstrukturen. Der häufigste Fall ist der, dass das gewünschte Produkt aus dem Überstand der Fermentationsbrühe aufgearbeitet werden muss (Tab. 10.5).

Die zweite Verfahrensweise hat die Aufgabe, ein intrazellulär gelöstes Produkt aufzureinigen, und die dritte Struktur geht von einem unlöslichen, inaktiven Protein aus, dem sogenannten *inclusion body*, innerhalb der Zelle, das isoliert, renaturiert und gereinigt werden muss. Daraus ergeben sich drei grundlegend unterschiedliche Verfahrensverläufe, die im Folgenden dargestellt sind.

Des Weiteren ist es natürlich auch möglich, dass extrazellulär exprimierte Substanzen zunächst in Lösung gehen und ab einer gewissen Übersättigung auskristallisieren, also als extrazelluläre Feststoffe vorliegen (z. B. das Vitamin Riboflavin). Eine Sonderposition nehmen unter diesem Gesichtspunkt Produkte ein, die selbst die Biomasse sind, wie Bäckerhefe, *single cell protein* (SCP) oder Bti (*Bacillus thuringensis isrealensis*, ein Insektizid).

10.2.1 Upstream- und Reaktionsmodule

Das Grundschema des Upstream- und Reaktionsmoduls (Fermentation) ist in allen Fällen nahezu identisch (Abb. 10.1). Einer Mediumsvorbereitung (Kapitel 5)

Tabelle 10.5 Verfahrensstrukturen und Beispiele biotechnologischer Prozesse je nach Art und Weise der Produktexpression (intrazellulär, extrazellulär, gelöst oder ungelöst oder die Biomasse ist selbst das Produkt).

Das Produkt wird exprimiert				
extrazellulär gelöst	**intrazellulär gelöst**	**intrazellulär ungelöst (*inclusion body*, IB)**	**extrazellulär ungelöst**	**Biomasse**
Aminosäuren (Lysin, Methionin)	β-Galactosidase	*Bacillus thuringensis isrealensis* (Bti)**	Riboflavin	*Bacillus thuringensis isrealensis* (Bti)**
Ascorbinsäure oder Zwischenstufen*	div. Enzyme (Lipase, Protease, Esterase)*	Insulin*	monoklonale Antikörper*	Bäckerhefe
Carbonsäuren	Hirudin	Interferone*		*single cell protein* (SCP)
Enzyme (Lipase, Protease)*	Interferone*	monoklonale Antikörper*		
Ethanol	Tumor-Nekrosefaktor (TNF)	Mistellectin		
Erythropoetin (EPO)				
Fructo-Oligosaccharide				
Gluconsäure				
Hyaluronsäure				
Lysin				
Milchsäure				
monoklonale Antikörper*				
tissue plasminogen activator (tPA)				
Xanthan				
Citronensäure				

* verfahrensbedingt;
** abhängig von Konfektionierung (Art der Produktdarstellung)

folgt die Sterilisation, die von der Anzucht der Inokula begleitet wird. Die Anzahl der Vorkulturfermentationen hängt vom Animpfverhältnis und dem Maßstab der Hauptfermentation ab. In der Regel geht man zunächst von einem Animpfverhältnis von 1:10 aus. In der Praxis zeigt es sich aber, dass Schritte von 1:100 bis 1:1000 meist möglich sind.

Ist das Inokulum bis zur letzten Vorkulturfermentation bereitgestellt, kann die Hauptfermentation gestartet werden. Bei Batchprozessen wiederholt sich dieses Prozedere vor jeder Charge. Für kontinuierlich betriebene Prozesse wird angestrebt, diesen Ablauf nur sehr selten durchführen zu müssen. Es gibt aber auch einige Prozessvarianten, wo mehrere Male (5–10 Mal) nach einer Batchfermentation etwa 10 % im Bioreaktor als Inokulum für die nachfolgende Fermentation zurückgehalten wird. Nach einer bewährten Zyklenzahl wird mit frischem Inokulum erneut eine Periode gestartet.

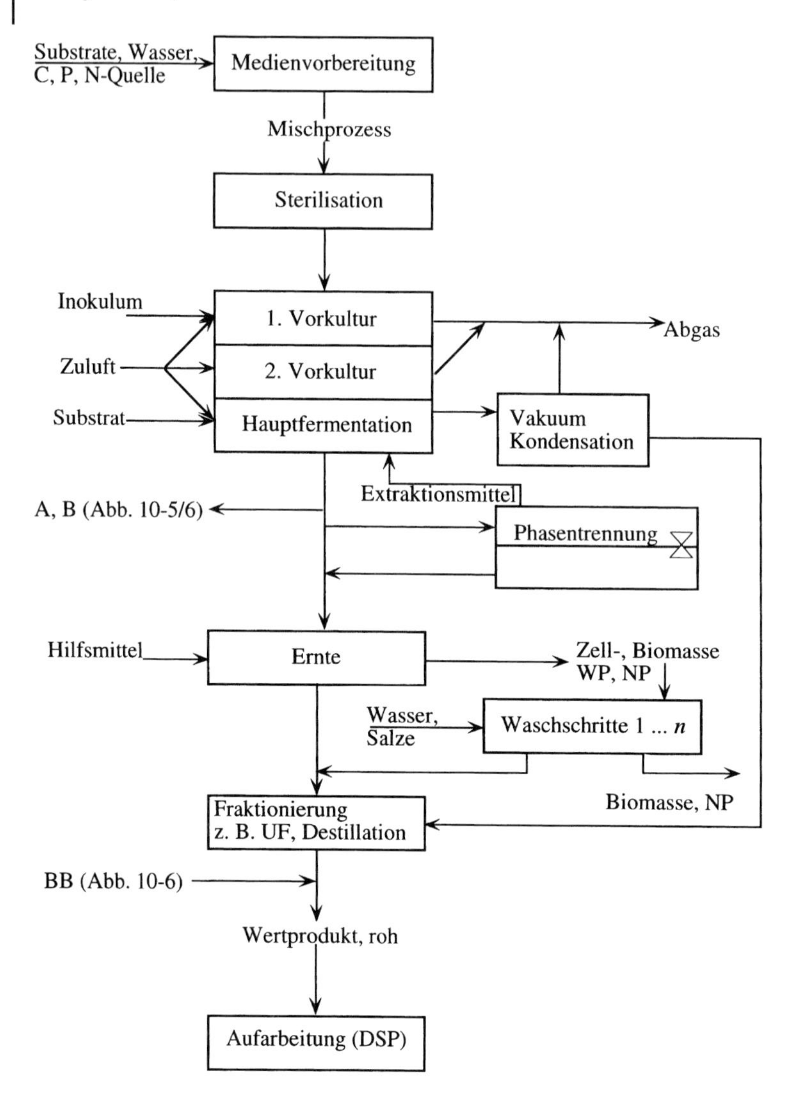

Abb. 10.1 Allgemeines Blockschema des Upstream- und Reaktionsmoduls eines biotechnologischen Prozesses.

Dies findet man in klassischen Prozessen z. B. beim Reichsteinverfahren, in der Sorbit-Sorbose-Stufe der Vitamin-C-Herstellung oder bei vielen Fermentationen mit Zellkulturen (Abschnitt 2.4).

Ist das Produkt flüchtig, so besteht bei anaeroben Bedingungen die Möglichkeit, die Fermentation unter Vakuum durchzuführen, um während der Synthese gleichzeitig Produkt unter Nutzung der zugeführten Wärmen, wie Reaktionswärme und Rührenergie, abzuziehen. Das kann z. B. bei der Ethanolherstellung angewandt werden (Abb. 10.2). Bei 35 °C und einem Druck von 0,14 bar stellt sich bei 5 %

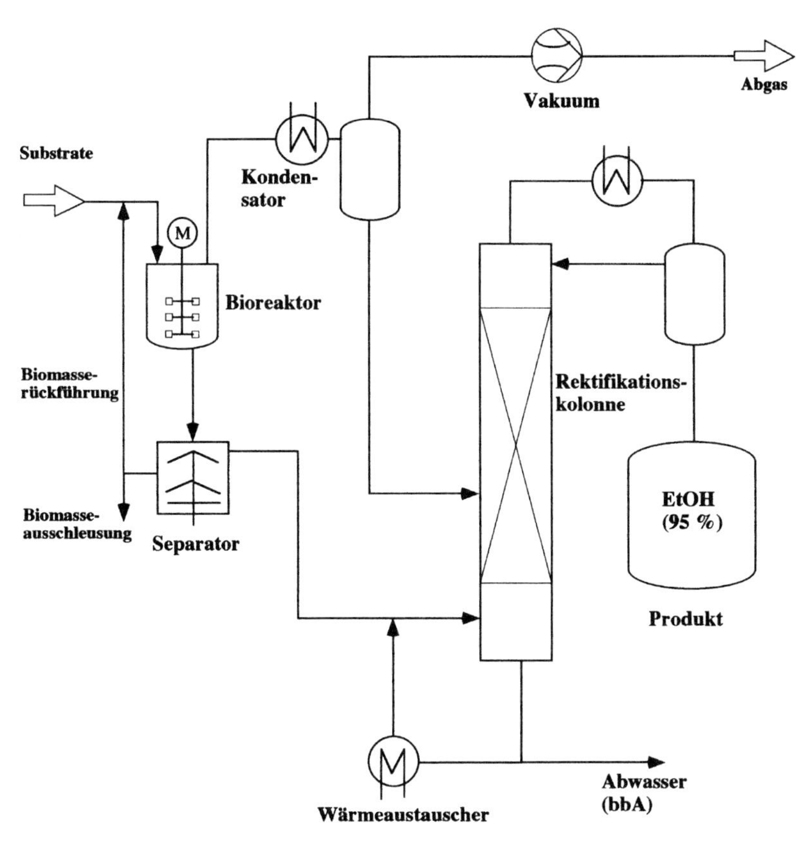

Abb. 10.2 Kontinuierliche Herstellung von Ethanol als Spezialfall für eine integrierte Aufarbeitung. Diese bei 35 °C betriebene, anaerobe Fermentation kann man unter Vakuum bei 0,14 bar fahren und damit unter Ausnutzung der zugeführten Wärme (Rührenergie und Reaktionswärme) schon während der Fermentation Produkt abziehen (60 % Ethanol im Kopfraum bei 5 % in der wässrigen Phase).

Ethanol in der Flüssigkeit im Dampfraum eine Ethanolkonzentration von 60 % ein, der Rest ist Wasser. Neben der Nutzung der eingetragenen Wärmemengen wird in diesem Fall auch eine Produkthemmung vermieden.

Eine weitere Variante dieser prozessintegrierten Aufarbeitung ist die Extraktion während der Fermentation mit einem nicht hemmenden Extraktionsmittel (höherer Alkohol) und beigestellter Phasentrennung und Rückführung des Extraktionsmittels (Abb. 10.1).

Der Fermentation schließt sich dann die Ernte an, wo schon die ersten Aufarbeitungsschritte durchgeführt oder zumindest vorbereitet werden (Abschnitt 8.2.3).

10.2.2
Produktion eines gelösten, extrazellulär exprimierten Produktes

Wenn die Zelle sowohl Substrate ungehindert von außen nach innen aufnehmen kann, die daraus resultierenden Metaboliten inklusive der gesuchten Produkte ebenso ungehindert nach außen abgibt und diese dabei in Lösung bleiben, so spricht man von der Produktion eines gelösten, extrazellulären Produktes (Abb. 10.3 und 10.4). Beispiele dafür sind die Produktion von Ethanol, Milchsäure, Gluconsäure, Carbonsäuren, Xanthan (Biopolymer), Lipase, Milchsäure oder monoklonale Antikörper.

Die Aufgabe besteht nun darin, den Wertstoff in eine feststofffreie Phase zu überführen (Extraktion; Abschnitt 7.8) oder die Suspension von Feststoff zu befreien, also auch von der Biomasse, und dann aus der wässrigen Lösung die Aufarbeitung fortzuführen.

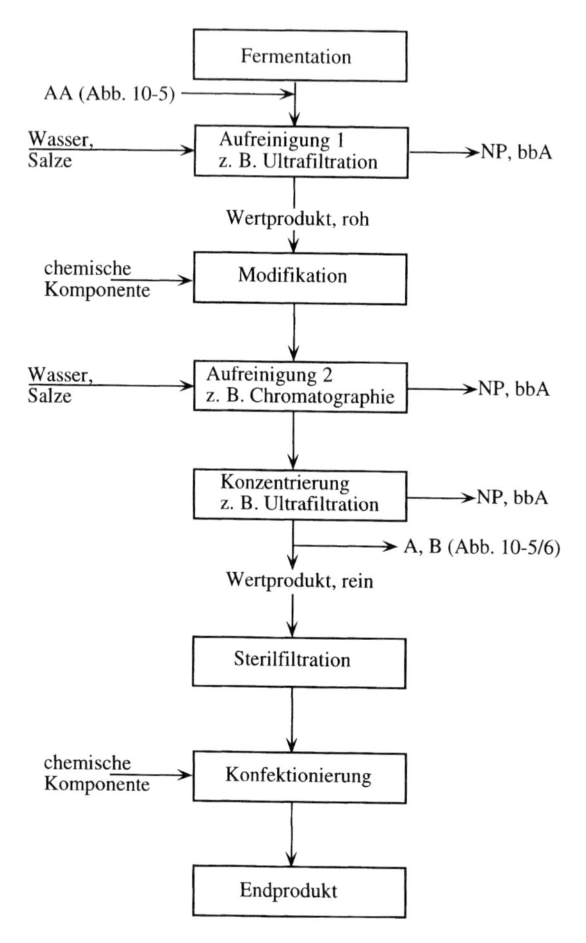

Abb. 10.3 Allgemeines Blockschema eines Downstream-Moduls eines biotechnologischen Prozesses für ein extrazelluläres, gelöstes Produkt.

Dazu stehen die verschiedensten mechanischen Feststofftrennverfahren zur Verfügung (Abschnitt 7.1). Welches das geeignetste ist, muss im Laborversuch (Modellmaßstab) untersucht werden.

Spezielles Beispiel: Gewinnung von monoklonalen Antikörpern

Antikörper gewinnen zusehende Bedeutung für die Diagnostik und auch in der gezielten Therapie. Darüber hinaus wird ihre Anwendung in der präparativen Chromatographie zur Gewinnung hochreiner Proteine zusehends einen höheren Stellenwert einnehmen. Dennoch ist der Markt noch schwer einzuschätzen. Jahresmengen von wenigen Gramm bis in den Kilogrammbereich sind realistisch.

Monoklonaler Antikörper (MAK) bezeichnet einen Antikörper, der von einem Klon einer einzigen Hybridomazelle gebildet wird und dementsprechend identische und homogene Bindungs- sowie Effektoreigenschaften besitzt [1].

Die Hybridoma-Zellen werden unter verschiedenen Bedingungen kultiviert (Abschnitt 2.4). Meist sind sie ursprünglich adhärente Zellen und benötigen somit Flächen zum Aufwachsen, wie z. B. auf Trägern (Carriern). Diese von Zellen bewachsenen Träger werden in Festbett- oder Wirbelschichtreaktoren eingesetzt. Daneben werden Zellen gezüchtet, die in Suspension kultiviert werden können. Mit dieser Technik können im Bioreaktor Antikörperkonzentrationen von 10–100 µg/ml erreicht werden (Abschnitt 2.4).

Eine mögliche verfahrenstechnische Produktionsanlage zur Gewinnung monoklonaler Antikörper zeigt Abb. 10.4. Da es in diesem Prozess auf die hohe Reinheit des Produktes ankommt, sind besonders die vielen chromatographischen Prozessstufen auffallend.

Der hohe Anspruch an die Reinheit der Produkte hat zwangsläufig eine geringe Ausbeute zur Folge, da nach einem chromatographischen Trennschritt nur die wenigen Fraktionen mit den höchsten Produktkonzentrationen verwendet werden (Abschnitt 7.12). Die Prozesse zur Gewinnung von monoklonalen Antikörpern haben im Upstream- und im Fermentationsbereich viele Ähnlichkeiten mit anderen Fermentationsprozessen. Vorangeschaltet ist eine Mediumspräparation, die obligate Sterilisation der Medien folgt. Welche Methode zur Anwendung kommt, hängt im Wesentlichen von den Medien ab. Sollte eine Hitzsterilisation möglich sein, so dürfte sie in aller Regel eingesetzt werden.

Parallel dazu laufen auch in diesem Fall die Vorkulturfermentationen für die Bereitstellung der Inokula.

Anschließend wird in der Reaktionsstufe, der Fermentation, die Produktbildung durchgeführt. Die nachfolgende, meist sehr umfangreiche Aufarbeitung wird oft mit Feststoffabtrennungen eingeleitet. Um dabei schnell einen möglichst hohen Aufreinigungsgrad zu erreichen, werden mittels Fälloperationen Fremdproteine sowie Immunglobuline ausgefällt und mit abgetrennt. An erster Stelle von chromatographischen Reinigungsschritten wird die Gelfiltration zur Fraktionierung der Proteingruppen hinsichtlich ihres Molekulargewichts vorgenommen. Im Folgenden werde dann weitere Chromatographiemethoden wie die Ionenaustauschchromatographie und verschiedene spezifische Affinitätschromatographien eingesetzt.

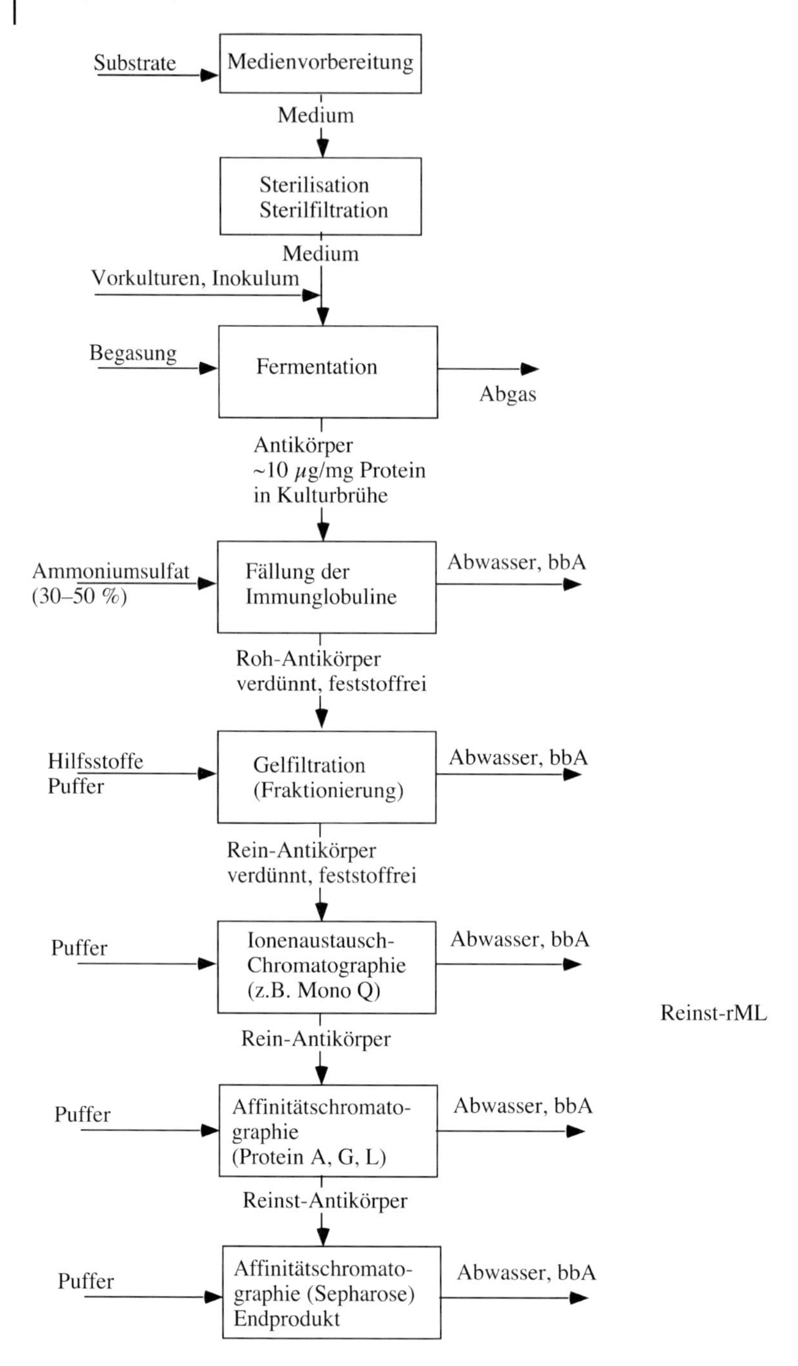

Abb. 10.4 Allgemeines Blockschema für die Gewinnung eines monoklonalen Antikörpers [1].

10.2.3
Produktion eines gelösten, intrazellulär exprimierten Produktes

Wenn die Zelle Substrate ungehindert von außen nach innen aufnehmen kann, aber die daraus resultierenden Metaboliten zum Teil insbesondere die gesuchten Produkte nicht nach außen abgibt und diese im Inneren in Lösung bleiben, so spricht man von der Produktion eines intrazellulären, gelösten Produktes (Abb. 10.5). Beispiele dafür sind die Produktion von Tumor-Nekrosefaktor (TNF), β-Galactosidase, Hirudin, Interferone.

Spezielles Beispiel: Herstellung von β-Galactosidase

Als Beispiel für ein gelöstes, intrazellulär anfallendes Produkt kann das Enzym β-Galactosidase angeführt werden. Als Produktionsstamm kommen nicht rekombinante Mikroorganismen wie *Escherichia coli, Aspergillus niger, Aspergillus oryzae* oder *Saccharamyces lactis* infrage. Da dieses Verfahren viele Elemente der Bioverfahrenstechnik vereinigt, wird es in Abschnitt 10.3 ausführlich behandelt, sodass an dieser Stelle nur das allgemeine Schema für diesen Verfahrenstyp in Abb. 10.5 dargestellt werden soll.

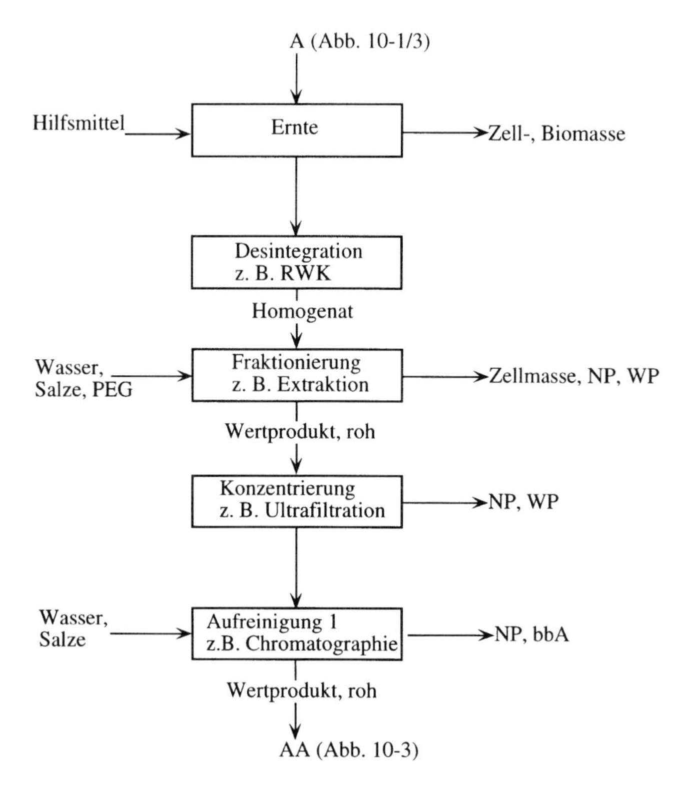

Abb. 10.5 Allgemeines Blockschema eines Downstream-Moduls eines biotechnologischen Prozesses für ein intrazelluläres, gelöstes Produkt am Beispiel der β-Galactosidase.

10.2.4
Produktion eines ungelösten, intrazellulär exprimierten Produktes

Wenn die Zelle Substrate ungehindert von außen nach innen aufnehmen kann, aber die daraus resultierenden Metaboliten zum Teil, insbesondere die gesuchten Produkte, nicht nach außen abgibt und diese im Inneren ungelöst vorliegen, so spricht man von der Produktion eines *inclusion bodies* (Abb. 10.6). Beispiele dafür sind die Produktion von Viscumin (Mistellektin I), Bti, Interferonen und TNF.

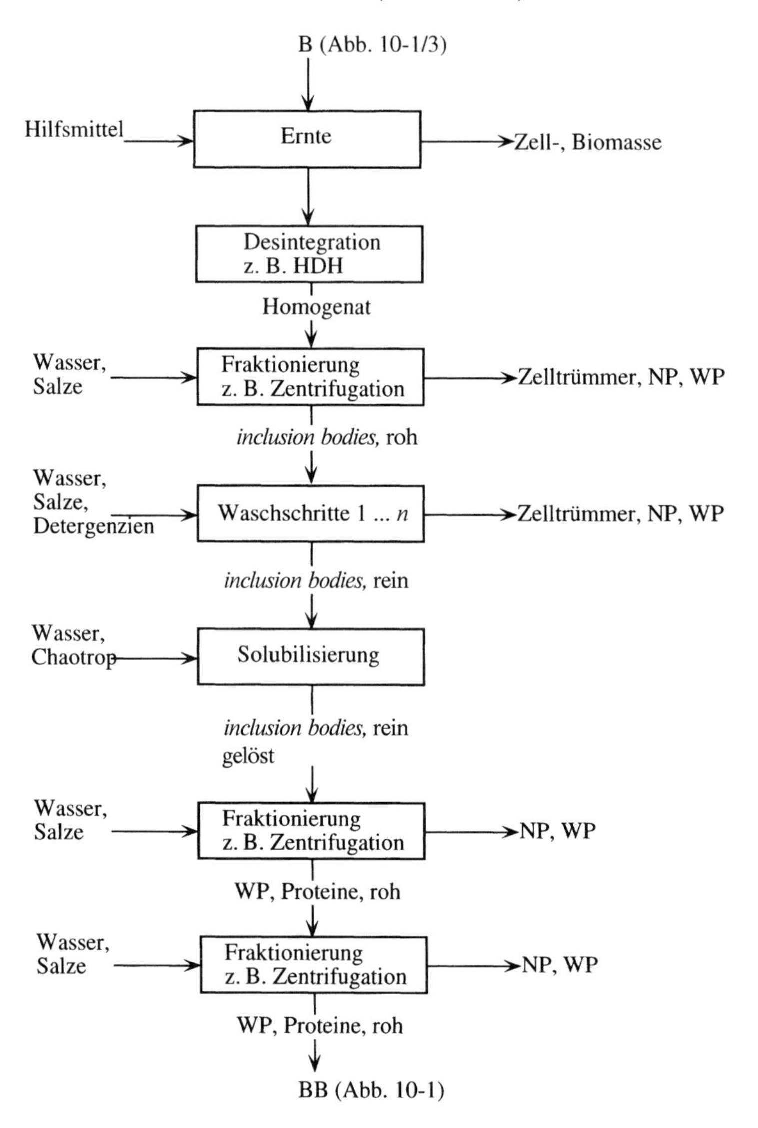

Abb. 10.6 Allgemeines Blockschema eines Downstream-Moduls eines biotechnologischen Prozesses für einen inclusion body.

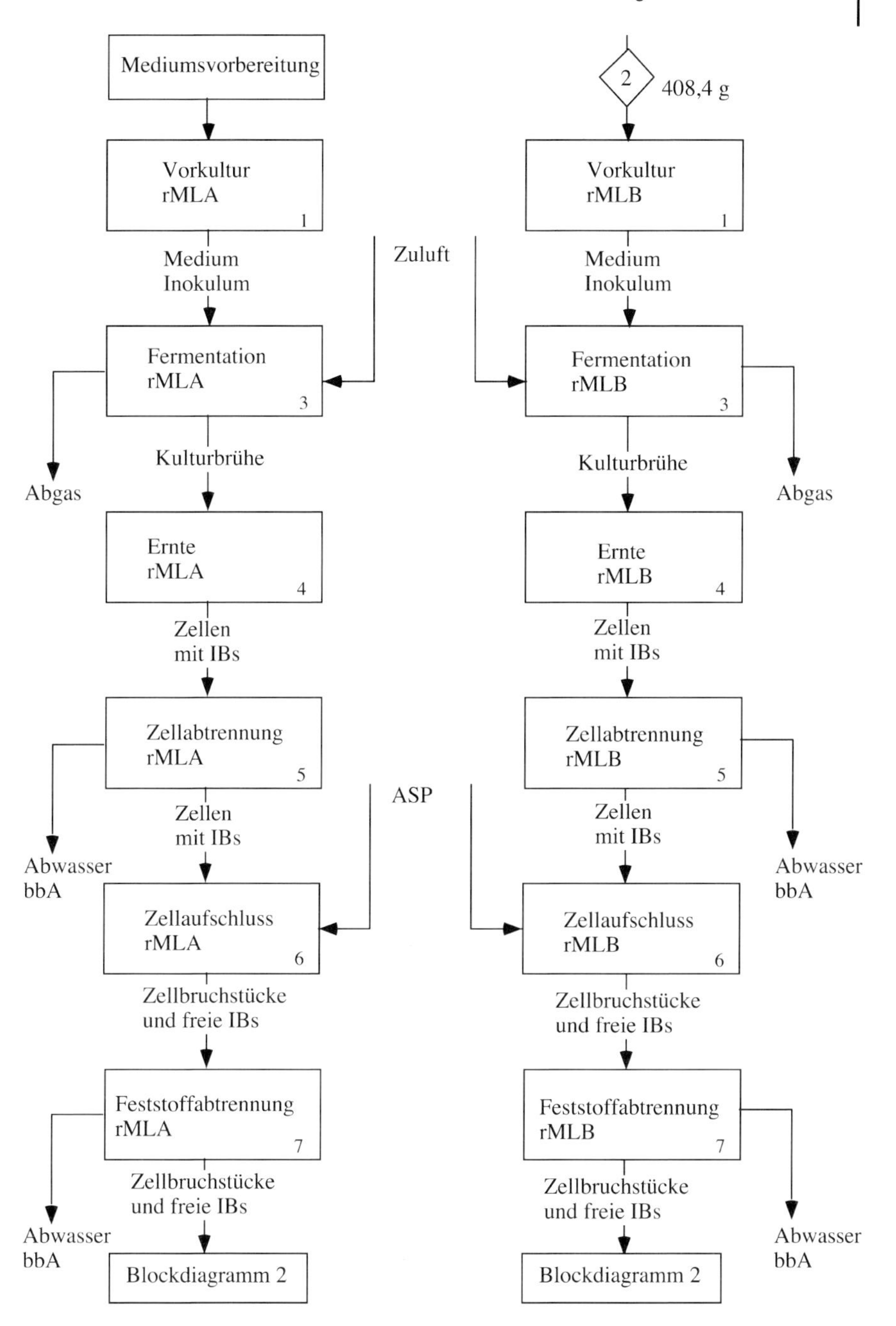
Mediumsvorbereitung
Vorkultur
rMLA
1
Medium
Inokulum
Zuluft
Fermentation
rMLA
3
Abgas
Kulturbrühe
Ernte
rMLA
4
Zellen
mit IBs
Zellabtrennung
rMLA
5
Abwasser
bbA
ASP
Zellen
mit IBs
Zellaufschluss
rMLA
6
Zellbruchstücke
und freie IBs
Feststoffabtrennung
rMLA
7
Abwasser
bbA
Zellbruchstücke
und freie IBs
Blockdiagramm 2
2
408,4 g
Vorkultur
rMLB
1
Medium
Inokulum
Fermentation
rMLB
3
Abgas
Kulturbrühe
Ernte
rMLB
4
Zellen
mit IBs
Zellabtrennung
rMLB
5
Abwasser
bbA
Zellen
mit IBs
Zellaufschluss
rMLB
6
Zellbruchstücke
und freie IBs
Feststoffabtrennung
rMLB
7
Abwasser
bbA
Zellbruchstücke
und freie IBs
Blockdiagramm 2

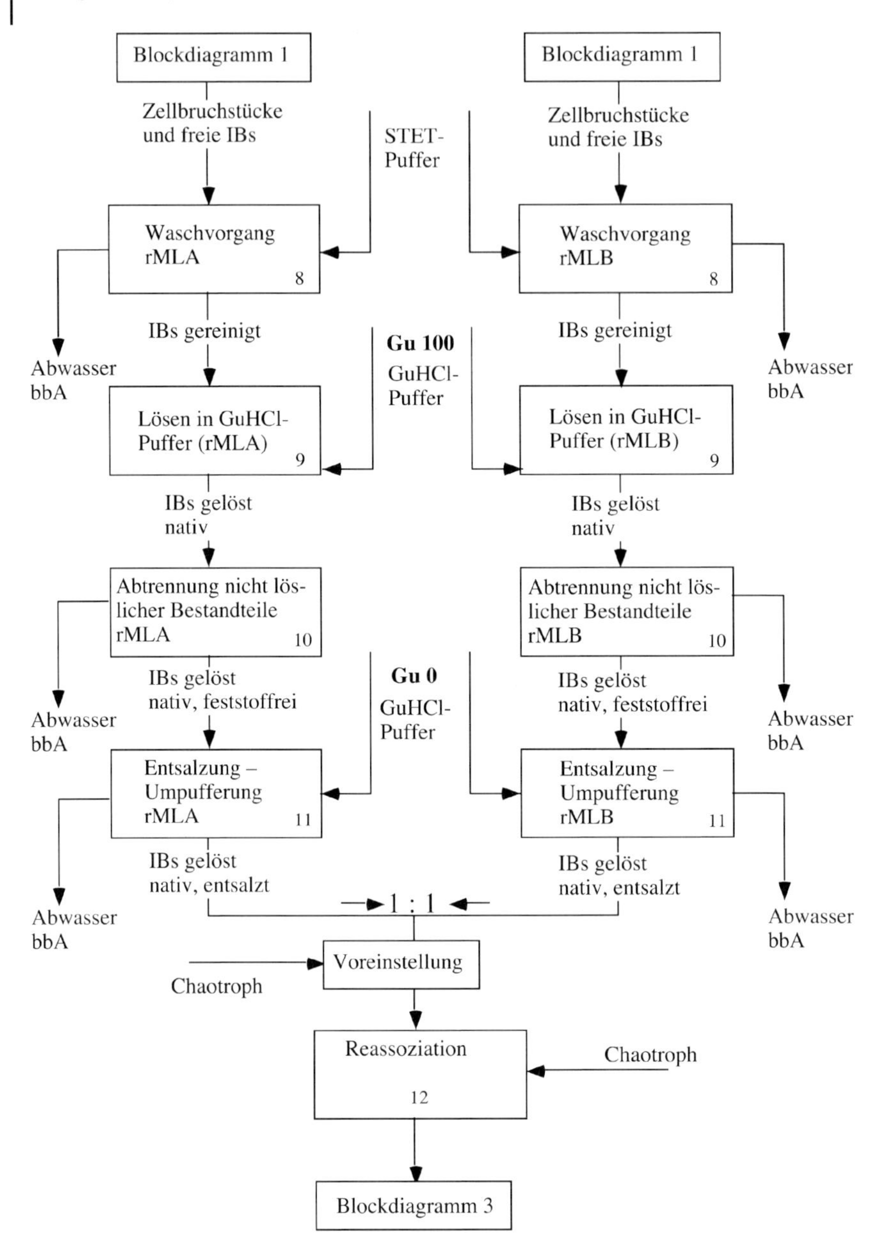

Blockdiagramm 1
Blockdiagramm 1
Zellbruchstücke und freie IBs
STET-Puffer
Zellbruchstücke und freie IBs
Waschvorgang rMLA 8
Waschvorgang rMLB 8
IBs gereinigt
Gu 100
GuHCl-Puffer
IBs gereinigt
Abwasser bbA
Abwasser bbA
Lösen in GuHCl-Puffer (rMLA) 9
Lösen in GuHCl-Puffer (rMLB) 9
IBs gelöst nativ
IBs gelöst nativ
Abtrennung nicht löslicher Bestandteile rMLA 10
Abtrennung nicht löslicher Bestandteile rMLB 10
IBs gelöst nativ, feststoffrei
Gu 0
GuHCl-Puffer
IBs gelöst nativ, feststoffrei
Abwasser bbA
Abwasser bbA
Entsalzung – Umpufferung rMLA 11
Entsalzung – Umpufferung rMLB 11
IBs gelöst nativ, entsalzt
IBs gelöst nativ, entsalzt
1 : 1
Abwasser bbA
Abwasser bbA
Voreinstellung
Chaotroph
Reassoziation 12
Chaotroph
Blockdiagramm 3

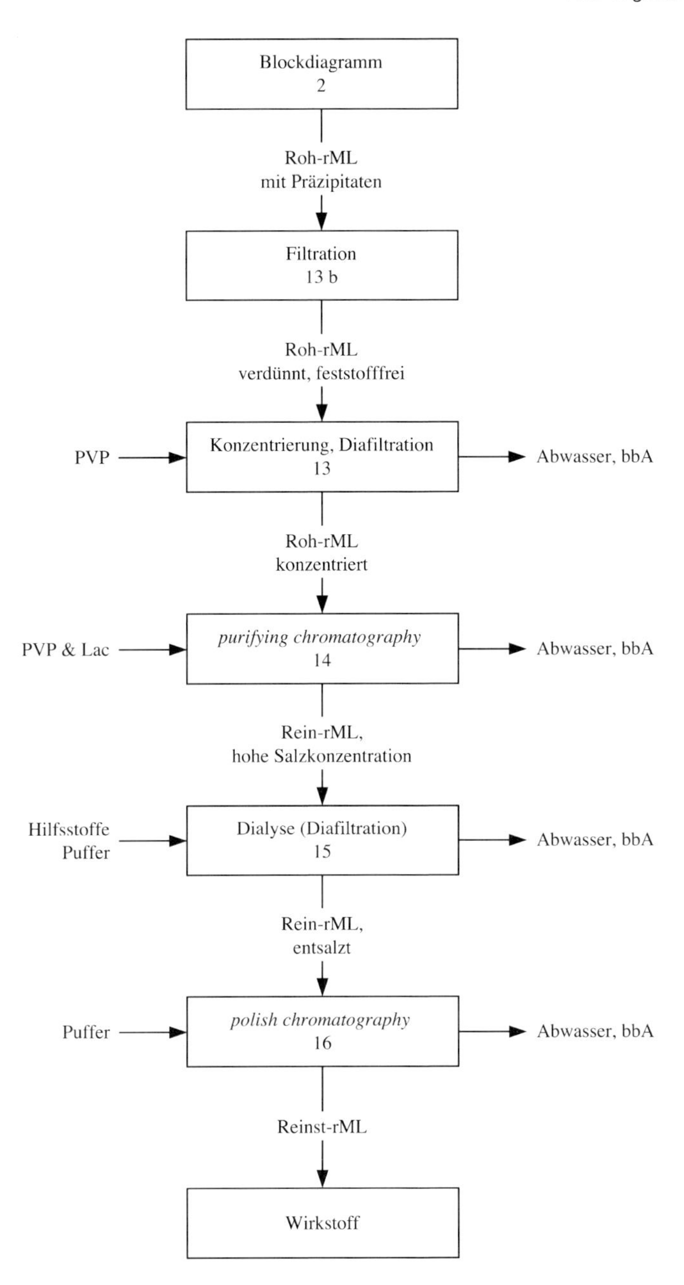

Abb. 10.7 a) Blockdiagramm 1, die Schritte 1–7 bei der Produktion von Viscumin, von der Fermentation bis zur Abtrennung des Überstandes von den inclusion bodies und den Zelltrümmern; b) Blockdiagramm 2, die Schritte 8–12 bei der Produktion von Viscumin, vom Waschen der *inclusion bodies* bis zur Reassoziation (Refoulding, Renaturierung); Blockdiagramm 3, die Schritte 13–16 bei der Produktion von Viscumin, von der Filtration der restlichen Feststoffe (Schlieren) bis zum Reinstprodukt.

Ein spezielles Beispiel, das neben der erforderlichen doppelten *Inclusion-body-*Produktion auch noch den Weg über eine Refouldingoperation aufzeigt.

Spezielles Beispiel: Gewinnung von Viscumin

Viscumin (Mistellektin I) ist ein cytotoxisches Agens, das in der Krebstherapie eingesetzt werden soll und dessen Wirkung vermutlich auf der Anregung einer spezifischen Antwort des Immunsystems beruht [2]. Aus der Pflanze gewonnene Mistelextrakte enthalten neben Mistellektin zahlreiche andere Substanzen. Für die Therapie ist reines Viscumin mit einer exakt definierten Zusammensetzung erforderlich.

Das Viscumin ist ein Holoprotein und besteht aus zwei Proteinketten, von denen jede eine unterschiedliche Funktion besitzt. Jede Kette für sich wird bei diesem von der Firma B.R.A.I.N entwickelten Verfahren in einem *Escherichia-coli-*Stamm exprimiert [1].

Bei der Expression lagern sich die Proteine über intermolekulare Wechselwirkungen spontan zusammen und bilden hochmolekulare, schwerlösliche Komplexe, die *inclusion bodies*. Diese *inclusion bodies* der jeweiligen Ketten müssen bei der weiteren Aufarbeitung gelöst, aufwendig wieder in die richtige räumliche Konformation gebracht und zum Holoprotein zusammengefügt werden (Co-Faltung, Refoulding, Reassoziation). Die Bildung der *inclusion bodies* bietet aber den Vorteil, dass das Viscumin aus *Escherichia coli* recht leicht von Endotoxinen zu reinigen und stabil gegen den Abbau von Proteasen ist [3].

10.2.5
Produktion eines ungelösten, extrazellulär exprimierten Produktes

Wenn die gebildeten Produkte in das Medium ausgeschieden und kristallisieren dort zu Feststoffen, wie z. B. Riboflavin (Vitamin B_2), oder ist die Biomasse selbst das Wertprodukt, so muss sich der Fermentation eine Feststoffaufarbeitung anschließen (Tab. 10.5 und Abb. 10.8). In diesen Fällen wird nach dem Ernteschritt eine mechanische Feststoffabtrennung, also meist eine Zentrifugation (Dekanter oder Separator) oder eine Filtration bzw. Mikrofiltration folgen (Abschnitt 7.1).

Meist wird nach der Fermentation keine sterile Weiterverarbeitung verlangt, sodass die wirtschaftlichste Lösung gewählt werden kann. Ist jedoch eine sterile Aufarbeitung gefordert, so ist das für die Wahl des geeignetsten Apparates ausschlaggebend [4].

Der mechanischen Feststoffabtrennung schließt sich eine Trocknung an, z. B. eine Sprühtrocknung in einem Sprühturm (Abschnitt 7.10).

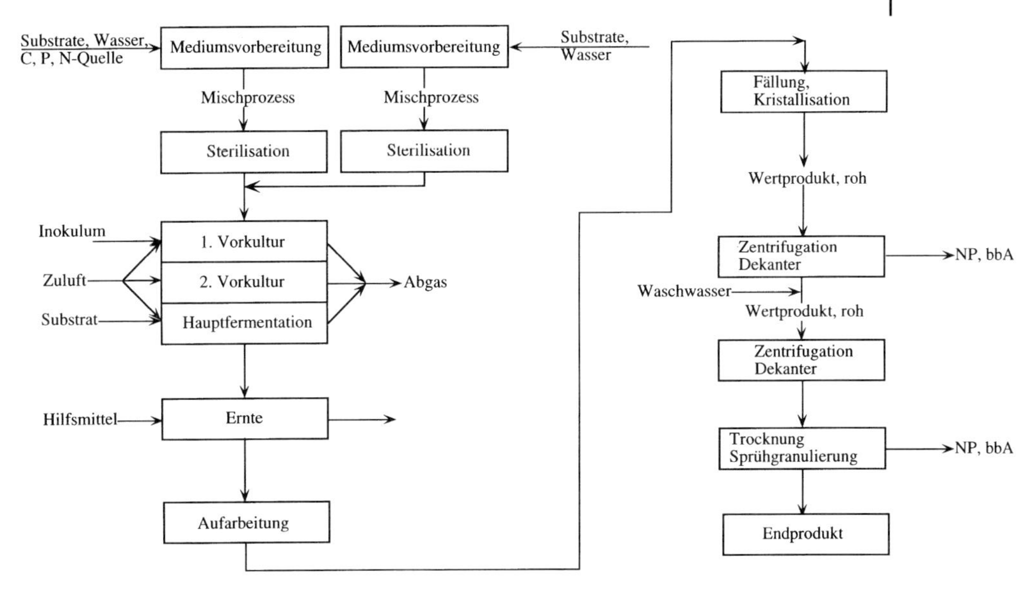

Abb. 10.8 Komplettes Prozessschema zur Herstellung eines biotechnologischen Produktes, das extrazellulär ungelöst im Medium vorliegt oder selbst die Biomasse ist (auch Tab. 10.5).

10.3 Auslegungsbeispiel: β-Galactosidase

Da es im Rahmen dieses Buchprojektes nicht möglich war, einen aktuellen industriellen Prozess in allen Einzelheiten darzustellen, soll ein Prozess, der als Abschlusspraktikum an der Fachhochschule Mannheim in jedem Semester jeweils von mehreren Gruppen durchgeführt wird, stellvertretend dienen. Im Grunde genommen lässt sich damit ebenso der gesamte Ablauf einer Prozessentwicklung veranschaulichen. Um auch dem Scale-up-Gedanken gerecht zu werden, wird eine fiktive Jahreskapazität von 20 000 MU/a festgelegt (Tab. 10.8). Der reale Marktbedarf lässt sich nur mittels umfangreicher Recherchen ermitteln.

Am Beispiel dieses Prozesses zur biotechnologischen Herstellung des Enzyms β-Galactosidase soll nun im Folgenden schematisch eine komplette Prozessausarbeitung und die Übertragung in den Produktionsmaßstab mit dazugehöriger Wirtschaftlichkeitsbetrachtung dargestellt werden.

β-Galactosidase ist ein von *Escherichia coli* und anderen Bakterienarten gebildetes, induzierbares Enzym, das für die Hydrolyse von Lactose und anderen β-Galactosiden zu Glucose und Galactose verantwortlich ist. Die β-Galactosidase wird von dem in der *lac*-Region lokalisierten Gen *lac*Z codiert und mit den anderen Genprodukten dieses Operons gemeinsam reguliert. Die β-Galactosidase ist ein Tetramer, bestehend aus vier identischen Untereinheiten mit einer Molmasse von etwa 135 000 Dalton [5].

Anwendung findet β-Galactosidase zunächst im Labor zur Analytik von Lactose oder enzymkinetische Untersuchungen. Da Lactose von vielen Tieren und auch vielen Menschen nicht verstoffwechselt werden kann und es deshalb bei der Aufnahme von Lactose über die Nahrung es zu Durchfall kommt, spielt β-Galactosidase bei der Futtermittel- und Lebensmittelherstellung eine Rolle (Behandlung von Milch und Milchprodukten).

Die folgenden Ausführungen stützen sich zum größten Teil auf Resultate von drei Studiengruppen [6–8].

10.3.1
Fermentative Herstellung von β-Galactosidase

Bevor die Arbeiten im Modellmaßstab (Labor) beginnen, ist es ratsam, zunächst grundsätzliche Fragen zu beantworten, denn einige Randbedingungen sind schon zwingend in der frühen Entwicklungsphase einzuhalten, da ansonsten Fehlentwicklungen unvermeidlich sind (Abschnitt 10.1).

Zunächst muss ein geeigneter Biokatalysator ausgewählt werden (Abschnitt 2.2). Als natürlich vorkommende β-Galactosidase-Produzenten wurden u. a. bisher *Escherichia coli, Aspergillus niger, Aspergillus oryzae* oder *Saccharomyces lactis* beschrieben. Die Synthese in diesen Mikroorganismen erfolgt meist intrazellulär, wodurch sich ein aufwendigeres Downstream-Processing (Aufschluss und Aufreinigung) ergibt. Interessant wären also vor allem Mikroorganismen, die das Enzym extrazellulär produzieren können, was zu einer einfacheren Aufarbeitung führen kann, insbesondere wenn auch noch die EBA zur Anwendung gelangen kann.

Der *Saccharomyces-cerevisae*-Wildtyp ist nicht in der Lage, β-*Galactosidase* extrazellulär zu produzieren. Die Fähigkeit hierzu kann aber durch Transformationen mit Plasmiden, die das *Aspergillus*-Gen (*lac*A) tragen, das für die Sekretion verantwortlich ist, erreicht werden [9–13]. Im hier beschriebenen Beispiel wurde auf einen *Escherichia-coli*-Stamm von der DSMZ (DSM 613) ohne weitere genetische Modifikation zurückgegriffen.

Als nächstes steht die Frage nach dem Medium an. Der im Regelfall aus dem Screeningverfahren als aussichtsreichster Stamm hervorgegangene Produktionsstamm hat bestimmte Ansprüche an das Medium (Abschnitt 2.7.1.2). Als Kohlenstoffquelle zur Anzucht der Biomasse wird Glucose als geeignet erachtet, die dann später durch den Induktor Lactose ergänzt wird. Findet die Biomasse keine Glucose mehr im Medium, so muss *Escherichia coli* zur Nutzung von Lactose β-Galactosidase bereitstellen, es wird eine sogenannte Diauxie zu beobachten sein (Abb. 10.17). Anstelle von reiner Glucose (im Produktionsverfahren als 70%iger Sirup) gäbe es noch Alternativen (Kapitel 5), doch die Ergebnisstruktur im Falle von β-Galactosidase weist keinen dominanten Kostenfaktor der Einsatzstoffe aus (Ergebnisdarstellung, Tab. 10.31), sodass man auf das Upstreaming und die Unsicherheiten, die komplexe Einsatzstoffe wie Melasse in das Verfahren bringen, verzichten kann. Die Logistik wird somit keine Probleme bereiten.

Tabelle 10.6 Auswahlkriterienmatrix für 12 ausgewählte Bioreaktoren. Die Zahlen beziehen sich auf die jeweilige Reaktornummer in Abb. 10.9 [4].

Kriterium	Einheit	Zuordnung der Reaktoren zum Kriterium											
Viskosität	in Pa · s	>2			<2		<0,4				<0,1		
	Reaktor →	9/11/12			10		3/4/6/7/8				1/2/5		
Pumpfähigkeit des Mediums		s. schlecht			schlecht		gut				sehr gut		
	Reaktor →	9/11/12			10/1		2/4/7/8				3/5/6		
mechanische Belastbarkeit des Mikroorganismus		nicht				etwas				gut			
	Reaktor →	1/2				4/6/9/10				3/5/7/8/11/12			
maximale Reaktorgröße	in m^3	>500	<400		<300		<100			<10		<5	
	Reaktor →	1	9/4/12		2/11		3/5/6/10			7		8	
Feststoffgehalt		sehr hoch	→								sehr gering		
	Reaktor →	9	11	12	10	4	2	1	8	3	6	5	7
Schaumbildungsneigung des Mediums		sehr hoch	→								sehr gering		
	Reaktor →	10	3	9	7	11	2	1	8	12	4	5	6
Homogenisierfähigkeit des Mediums		sehr hoch	→								sehr gering		
	Reaktor →	10	9	11	12	8	3	6	5	4	7	2	1
Wärme- und Stofftransport	Reaktor →	sehr hoch	→								sehr gering		
		3	9	10	11	12	8	7	6	2	4	1	5
Sterilitätsanforderungen		sehr hoch	→								sehr gering		
	Reaktor →	1	2	3	4	8	9	10	11	7	12	6	5
biologische Sicherheit	Reaktor →	sehr hoch	→								sehr gering		
		1	2	3	4	8	9	10	11	7	12	6	5

Ein weiterer Punkt, der vor umfangreichen Entwicklungsarbeiten zu klären ist, ist die Auswahl des geeigneten Reaktors. Dazu kann man sich einer Auswahlmatrix (Tab. 10.6) bedienen [4], die auf zwölf gängige Bioreaktoren zurückgreift (Abb. 10.9).

Für das β-Galactosidase-Verfahren bietet die Kriterientabelle 10-6 nur wenige Ausschlusskriterien, d. h. alle zwölf Bioreaktoren genügen nahezu allen Kriterien. Lediglich die Schaumbildungsneigung und besonders der Wärme- und Stofftransport grenzen die Auswahl ein, sodass der Strahldüsenreaktor (3), der klassische Rührwerksbioreaktor (9), der Umwurfreaktor (10) und der „Freie Turbulenz"-Reaktor (11) in die engere Wahl kommen. Da der Reaktor Nr. 11 für beide Kriterien am schwächsten abschneidet und außerdem aufgrund zweier Rührwerke

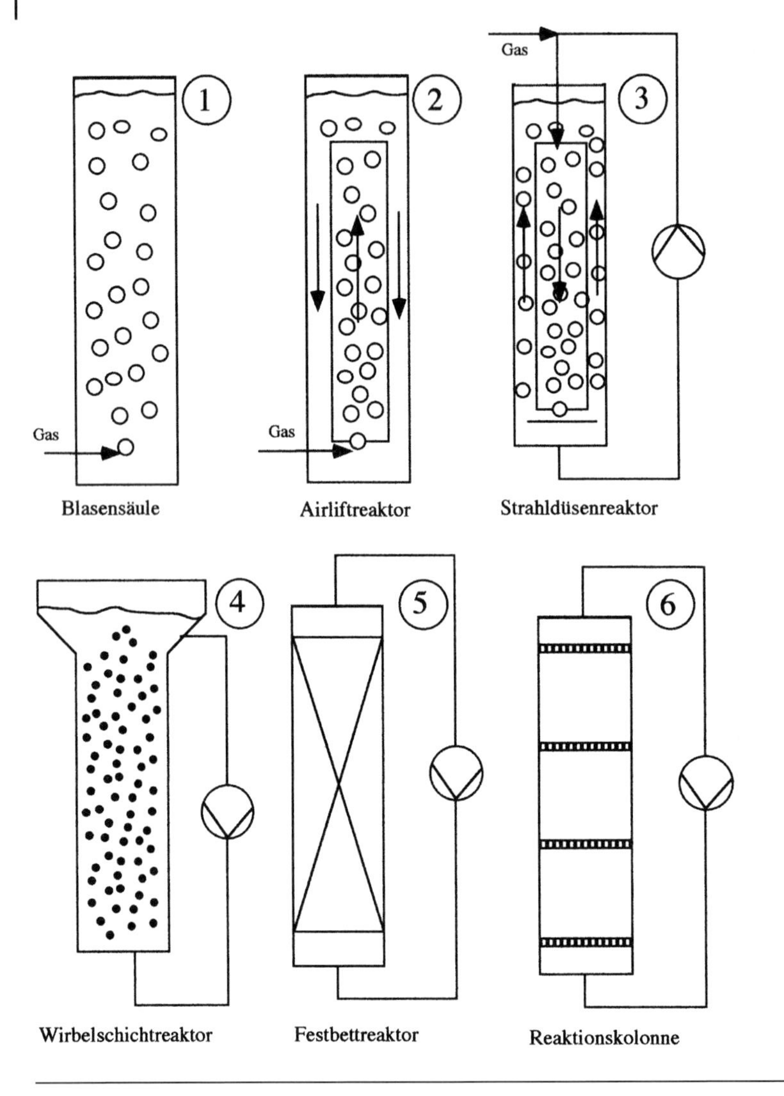

Abb. 10.9 a) Bioreaktoren zur Auswahl für den β-Galactosidase-Prozess. Die Reaktoren 1 und 2 werden pneumatisch und 4–6 hydraulisch betrieben [4]; b) Bioreaktoren zur Auswahl für den β-Galactosidase-Prozess. Die Reaktoren 7 und 8 werden hydraulisch und 9–12 durch bewegte Einbauten betrieben.

kostenintensiver ist, kommt er nicht infrage. Der Umwurfreaktor (10) beherrscht Schaum am besten, da aber das Hauptkriterium der Wärme- und Stofftransfer ist, bleiben die Reaktoren 3 und 9 übrig.

Tatsächlich wäre in diesem Fall der Strahldüsenreaktor zu empfehlen, da aber dieser Reaktortyp in biotechnologischen Laboratorien nur sehr selten zu finden ist

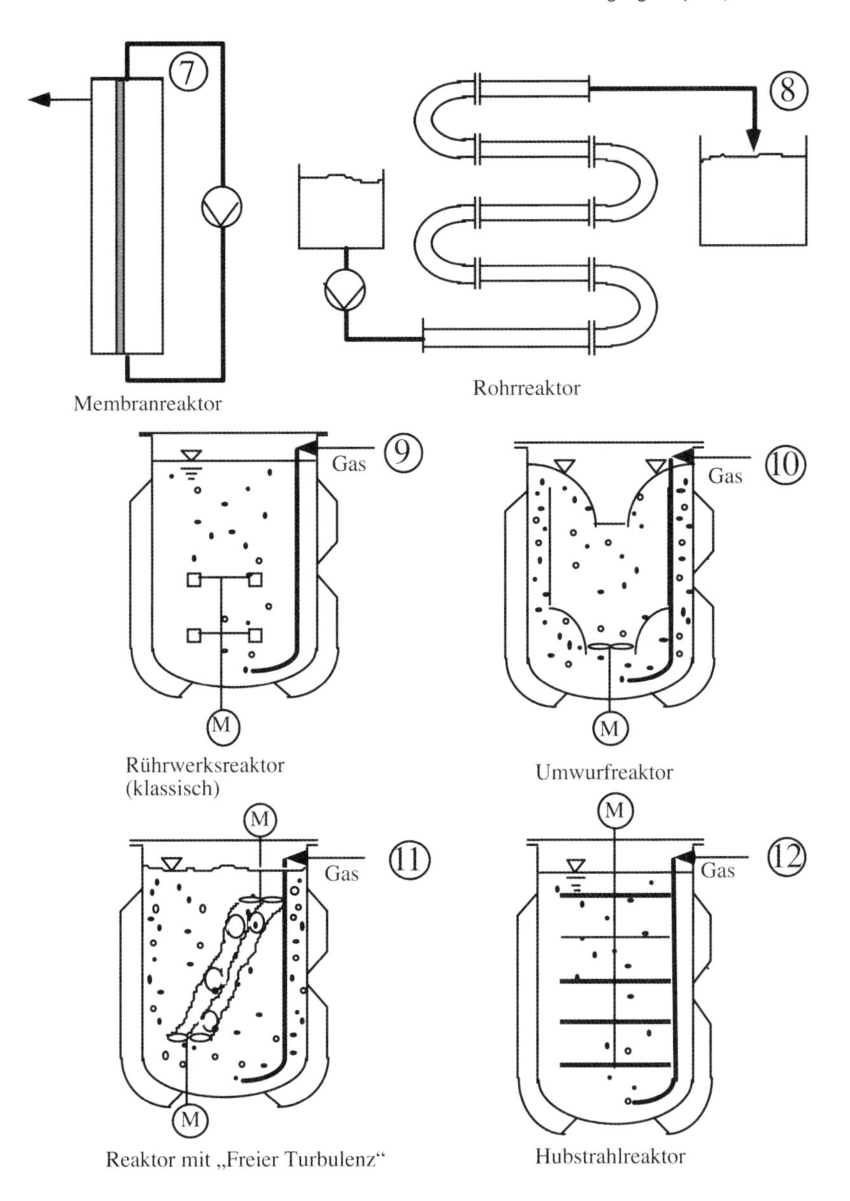

und demzufolge auch als Modellreaktor nicht zur Verfügung steht, wird der klassische Rührwerksbioreaktor gewählt. Zur Schaumbekämpfung wird ein mechanischer Schaumzerstörer (Foamkill [4]) eingesetzt, ebenfalls ein Gerät, das in den meisten gut ausgestatteten Biolaboratorien anzutreffen ist.

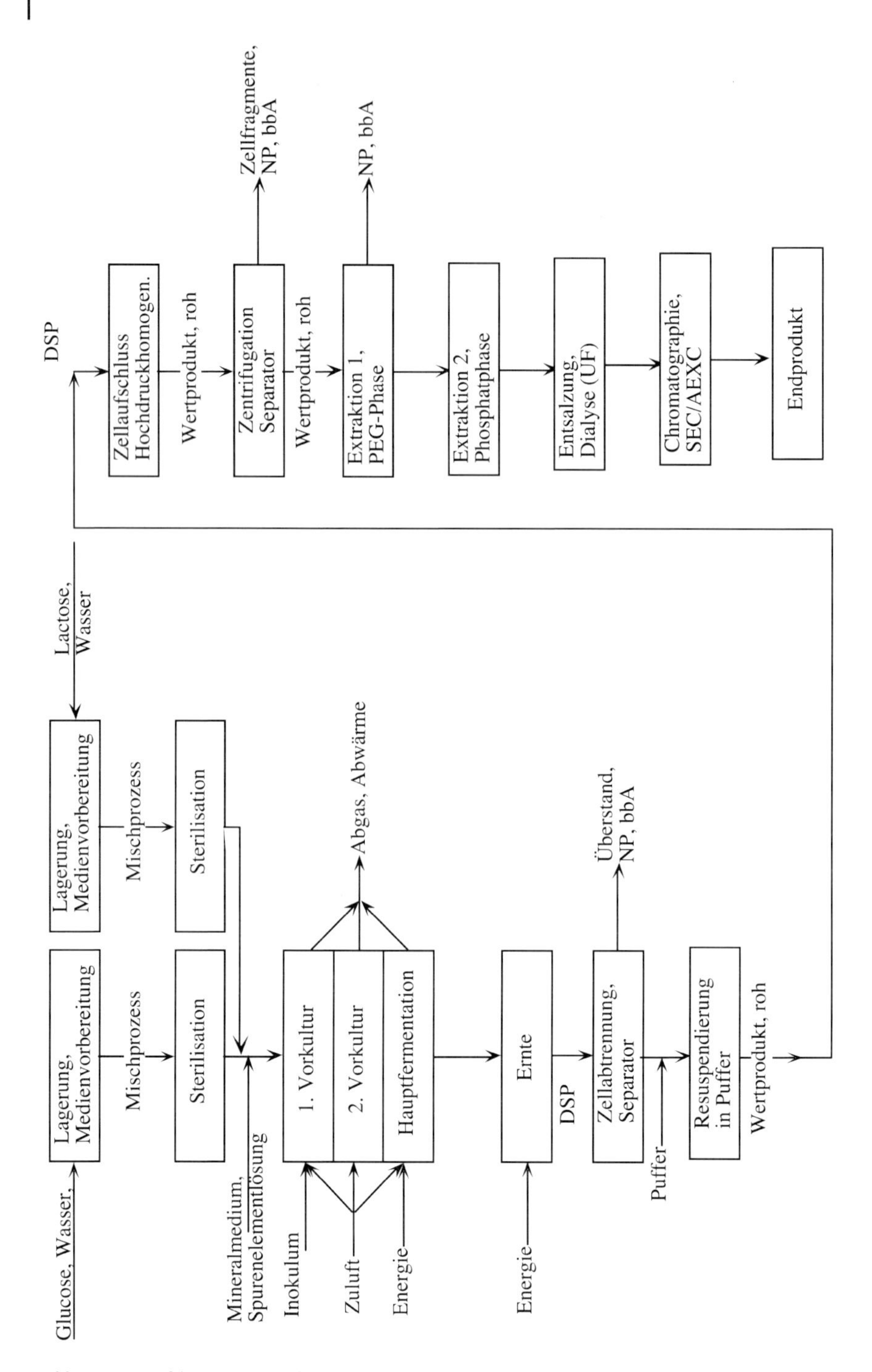

Abb. 10.10 Verfahrensschema für den β-Galactosidase-Prozess.

Um einen Überblick über den gesamten Prozess zu bekommen, empfiehlt es sich, für das Verfahren ein Blockschema zu entwerfen (Abb. 10.10, Kapitel 8 und Abschnitt 10.2). In diesem Blockdiagramm sind sämtliche Verfahrensstufen und auch die Ein- und Ausgangssubstanzen verzeichnet.

Die Logistik sollte kein Problem darstellen, denn die Flüssigsubstrate Glucose sowie Lactose und ebenso Polyethylenglycol (PEG) sind jederzeit in Straßentanks bis zu 25 Tonnen lieferbar (Abschnitt 5.1), die Salze und Spurenelemente bereiten aufgrund der geringen Mengen ohnehin kein Problem.

Da kein komplexes Medium verwendet wird, können die einzelnen Komponenten problemlos separat sterilisiert werden. Eine kontinuierliche Sterilisation ist somit nicht zwingend erforderlich. Wenn Zeit gespart werden soll, sind allerdings zwei Ansatzkessel mehr mit Sterilisationseinrichtung erforderlich.

Das Inokulum wird wie immer im frühen Entwicklungsstadium im Verhältnis 1:10 angesetzt. Da als Modellmaßstab ein 10-l-Bioreaktor zur Verfügung steht (Abschnitt 2.7.3), wird das Inokulum in Schüttelkolben angesetzt und zu einem Liter gepoolt.

Die Bedingungen der Hauptfermentation sind in Tab. 10.8 zusammengestellt. Im Modell müssen nicht nur die günstigsten, übertragbaren Bedingungen für das Verfahren ausgearbeitet werden, sondern es ist ebenso wichtig, das Monitoring zu entwickeln, d. h. diejenigen Messungen, Messmethoden, Analysen und -methoden sowie Verfahrenseingriffe zu definieren, die zur reproduzierbaren Prozessabwick-

Tabelle 10.7 Zuordnung von Mess-, Stell- und Zielgrößen im β-Galactosidase-Prozess. Um die Zielgröße Produktion von β-Galactosidase erreichen zu können, stehen zunächst als Eingriffsgrößen nur die Stellgrößen zur Verfügungen. Über den Weg der direkt oder indirekt erreichten Zustandsgrößen findet man schließlich zu den Zielgrößen.

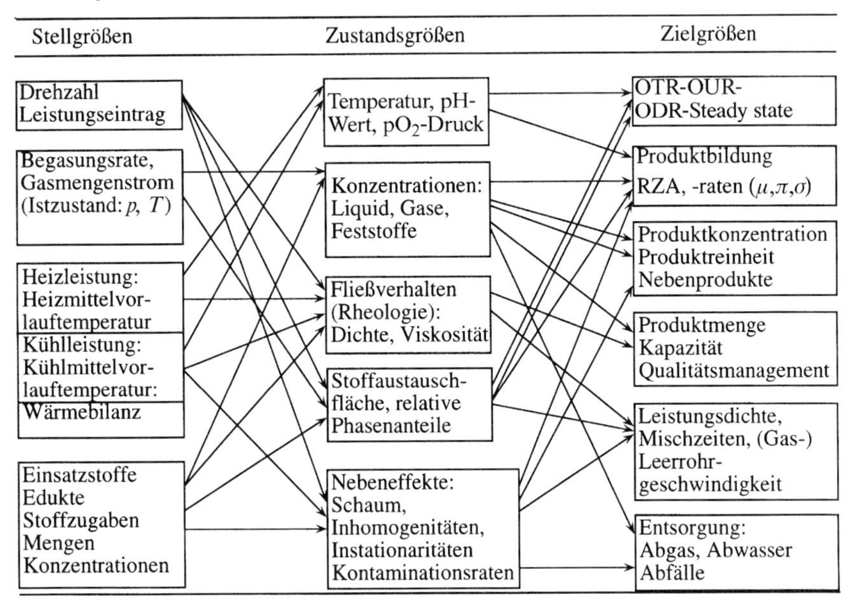

Tabelle 10.8 Zusammenstellung der für die Prozessauslegung relevanten Parameter. Einige davon können erst nachträglich eingetragen werden, nachdem sie im Modellmaßstab ermittelt wurden.

Produkt: β-Galactosidase			**Kapazität: 20 000 MU/a**		
Fahrweise: Batch (diskontinuierlich)			**Stamm: *Escherichia coli* DSM 613**		
Reaktionsparameter			**Einsatzstoffe**		
Parameter	Wert	Dim.	Stoff	(g/l9	(€/kg)
Temperatur	37	° C	Glucose	10,00	1,0
pH	6,8	–	Lactose	20,00	1,25
Druck	1,0	bar	Mineralmedium*	*	0,75
DO, *dissolved oxygen*	>20	%	Spurenelementlösung**	**	10,0
Begasungsrate	0,3	vvm			
Leistungsdichte (n = 1000)	≥ 1,0	W/kg			
Durchsatz (kontinuierlich)	–	l/h			
Produktkonzentration	16,3	U/ml			
Zelldichte	14,3	g/l			
Verweil-/Fermentationszeit	6	h			
Rüstzeit (Gleichung 8.9)	13	h			
Animpfverhältnis	10	%			
Raum-Zeit-Ausbeute (netto)	2,72	U/(l · h)			
Umsatz (Glucose/Lactose)	0,98	–			
Ausbeute	8	%			
Wärmetönung	4,6	W/l			

* Ammoniumsulfat (12,0); Kaliumhydrogenphosphat (1,5); Magnesiumsulfat (0,5); Kaliumsulfat (0,1); Calciumchlorid (0,05); Eisensulfat (0,02); D/L-Methionin (0,0005); PEG2000 (0,1) jeweils g/l.

** 1 ml/l in *: $AlCl_3$ (40); $CoCl_2$ (16); $KCr(SO_4)_2$ (4); $CuCl_2$ (4); H_3BO_3 (2); KJ (40); $MnSO_4$ (40); Na_2MoO_4 (8); $NiSO_4$ (1,8); $ZnSO_4$ (8) jeweils in mg/l.

lung vonnöten sind (Abschnitt 2.6.1.3 und 2.6.1.4). Die Tab. 2.26 ist zu diesem Zweck für die Belange des β-Galactosidase-Prozesses modifiziert worden. Tab. 10.7 zeigt, welche Monitordaten für diesen Prozess relevant sind.

Diese Monitordaten müssen im Modell erarbeitet werden, wobei im Entwicklungsstadium weit mehr Parameter verfolgt werden als im Produktionsprozess. Denn solange noch nicht alle Fragen geklärt sind, bedarf es zunächst mehr Informationen, als später dann erforderlich sind. Die in Tab. 10.8 zusammengestellten Daten bilden die Basis für die Auslegung des Produktionsprozesses.

10.3.1.1 **Prozessbegleitendes Monitoring**

Die Fermentation von *Escherichia coli* im Labormaßstab (Modellmaßstab) zur Ausarbeitung der erforderlichen Auslegungsparameter für die Projektierung findet in einem 10-l-Bioreaktor statt. Dieser Bioreaktor wird mit einem Inokulum aus einem Erlenmeyerkolben (Schüttelkolben, Kapitel 4) beimpft. Der Erlenmeyerkolben wird von einer Stammkultur über eine Agarplatte beimpft.

Während der Fermentation werden die Temperatur, der pH-Wert, der DO sowie die Sauerstoff- und Kohlendioxid-Molenbrüche im Abgas kontinuierlich online aufgezeichnet. Anhand halbstündiger Probenahmen erfolgt die anschließende Offline-Analytik, wo u. a. die Glucose-, Lactose- und Proteinkonzentrationen sowie die Enzymaktivität bestimmt werden.

Bei Elektrolytsonden, wie der pH- und der pO_2-Sonde, die jeweils eine sehr wichtige Information für den laufenden Prozess liefern sollen, lässt oft die Zuverlässigkeit zu wünschen übrig. Berechnet werden die maximale spezifische Wachstumsrate μ_{max} (Gleichungen 2.21 und 2.23) und die Ertrags- oder Ausbeutekoeffizienten $Y_{x/s}$ und $Y_{x/o}$ (Abschnitt 2.6.1.4, Gleichungen 2.29 und 2.36; Abschnitt 6.1.2, Gleichung 6.15, Tab. 6.2). Als charakteristischer Parameter zur Beurteilung der OTR-Leistungsfähigkeit des Bioreaktors wurde der $k_L \cdot a$-Wert zu verschiedenen Zeitpunkten der Fermentation mittels der statischen Methode, also über eine Gasphasenbilanz, bestimmt (Abschnitt 2.6.1.4, Gleichung 2.25). Dabei werden der Gaseintrittsvolumenstrom sowie die Molenbrüche von Sauerstoff und Kohlendioxid im Abgas gemessen. Über eine Auswertesoftware können die gesuchten Parameter direkt abgerufen werden [14].

Deshalb wird z. B. der pH-Wert zur Kontrolle der pH-Elektrode im Fermenter gleichzeitig bei jeder Probenahme mit einem externen Messgerät überprüft. Im Laufe der Fermentation stellt sich eine immer größere Abweichung der beiden pH-Werte ein, wodurch eine Nachregelung der pH- Einstellung am Fermenter notwendig wird. Folgende Daten können im Modellmaßstab zur Charakterisierung des Prozesses ermittelt werden (beispielhafte Werte aus einer Fermentation):

Fermentationsdauer:	365 min
maximale Trübung:	4350 FTU
Zellertrag C_x:	14,29 g/l
Proteinertrag:	8,12 g/l
Produktertrag:	16,30 U/ml
$Y_{x/s}$:	0,476 g/g
$Y_{x/o}$:	1,82 g/g
μ_{max}:	0,9 h^{-1}
OTR $_{max}$:	1,31 10^{-1} mol/(l •h)
$kl \cdot a$ bei 50 %:	1105 h^{-1}
$kl \cdot a$ bei OTR_{max}:	1034 h^{-1}
Zeitpunkt Substratumstellung:	265 min = 4 h 45 min
Zeitpunkt Verbrauch Glucose:	285 min
Zeitpunkt Induktion β-Galactosidase:	100 min

Diese Daten liegen im üblichen Bereich der mit dem verwendeten Mikroorganismus erreichbaren Werte, allerdings ist der Produktertrag eher am unteren Ende. In Tab. 10.9 ist eine Übersicht zur gesamten prozessbegleitenden Offline-Analytik aufgelistet.

Die Nullprobe hat eine Glucosekonzentration von 0,114 mg/ml, dieser Wert wird von allen folgenden Proben der Fermentation abgezogen.

Die Trübung ist nur unter bestimmten Bedingungen und in eingeschränkten Bereichen ein direktes Maß für die Biomasse (Zellzahl). Für den β-Galactosidase-

Tabelle 10.9 Tabellarische Übersicht der Offline-Analytik.

Fermentationsdauer (min)	Trübung (FTU)	Konz. Glucose (mg/ml)	Konz. Lactose (mg/ml)	Proteingehalt (mg/ml)	β-Gal Aktivität (U/ml)	Spez. β-Gal Aktivität (U/mg)
5	66	10,65	20,89	0,30	0,01	0,02
40	77	10,20	20,79	0,20	0,01	0,02
70	112	10,19	20,72	0,30	0,05	0,08
100	180	9,75	20,77	0,45	0,11	0,12
130	270	9,36	20,80	0,90	0,30	0,19
160	364	8,18	20,72	1,05	0,86	0,41
190	750	6,63	20,33	1,90	1,58	0,67
230	1920	4,47	20,00	4,50	2,40	0,26
250	2480	2,53	17,65	5,10	4,87	0,39
265	2160	0,91	16,42	5,80	5,22	0,35
285	2970	0,02	14,08	6,30	13,12	0,80
320	3375	0	6,31	7,00	14,04	0,76
350	3500	0	1,45	8,00	15,58	0,76
365	4350	0	0,09	8,12	16,30	0,74

Prozess lässt sich eine gut brauchbare Korrelation herstellen. Damit können die in Abb. 10.11 und 10.12 gezeigten Verläufe als Entwicklung der Zellzahl interpretiert werden. Die logarithmische Darstellung wird benutzt, um daraus die maximale Wachstumsrate zu ermitteln (Gleichung 2.23).

Die Trübung steigt während der Fermentation an, sie hat zwischen 40 min und 250 min einen exponentiellen Verlauf. Das Maximum beträgt 4350 FTU. FTU steht für Formazin-Trübungsstandard, auf diesen Standard ist das Gerät geeicht. Bei einem Messawert von über 30 FTU werden die Proben mit Saline verdünnt. Der Verbrauch an Lactose beginnt nach ca. 230 min Fermentationszeit. Die spezifische Wachstumsrate wird aus der exponentiellen Phase des Wachstums auf Glucose bestimmt, sie liegt zwischen 100 und 190 min Fermentationszeit (Abb. 10.11).

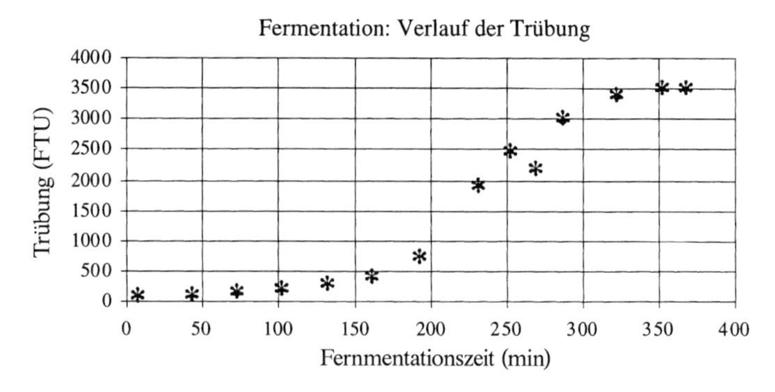

Abb. 10.11 Verlauf der Trübung während der Fermentation in linearer Auftragung. Die Trübung verläuft mit sehr guter Näherung proportional zur Biomasseentwicklung.

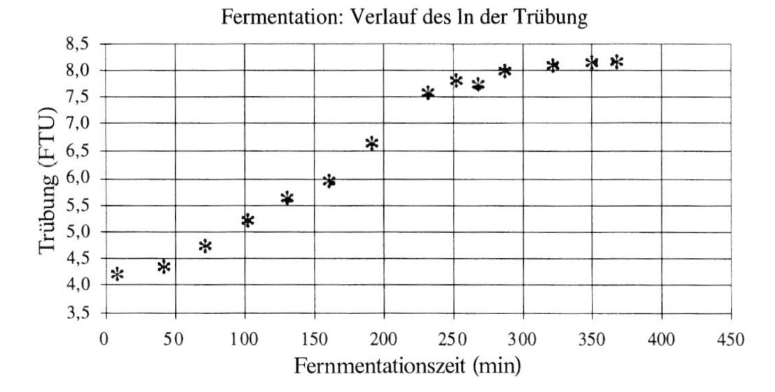

Abb. 10.12 Verlauf der Trübung während der Fermentation in logarithmischer Auftragung. Die Trübung verhält sich mit sehr guter Näherung proportional zur Biomasseentwicklung.

Abbildung 10.13 zeigt der Verlauf der Glucose- und Lactosekonzentration. Es ist deutlich zu erkennen, dass erst die Glucose verstoffwechselt wird, ehe Lactose verwertet werden kann. Dieses Phänomen der gestaffelten Substratverwertung ist die schon mehrfach erwähnte „Diauxie“ (Abb. 10.17).

Nach 285 min Fermentationszeit ist die Glucose im Medium verbraucht. Den Mikroorganismen steht nur noch Lactose als Substrat zur Verfügung. Der Verbrauch an Lactose als Substrat beginnt allerdings schon nach 230 min Fermentationszeit (Abschnitt 10.3.1.6).

Ein wichtiges Merkmal der Biomasse ist ihr Proteinanteil. Deshalb wird nach der Lowry-Methode der Gesamtproteinanteil bestimmt und der Verlauf über der Fermentationszeit aufgetragen (Abb. 10.14 sowie Abschnitt 2.5.4.1 [15]).

Bei der Proteinbestimmung nach Lowry werden die Zellen aufgeschlossen und anschließend das Protein in der Lösung bestimmt. Nach einer Fermentationszeit von 190 min steigt die Proteinkonzentration stark an, ab 365 min bleibt sie konstant.

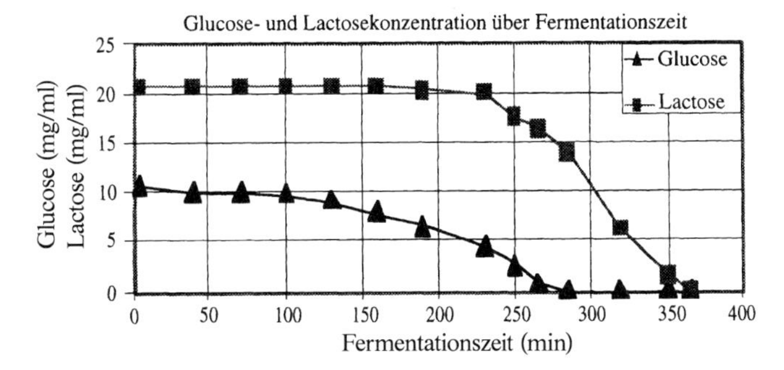

Abb. 10.13 Verlauf der Glucose- und Lactosekonzentration während der Fermentation. Den zeitlich versetzten Verbrauch von zwei Substratarten (C-Quellen) nennt man „Diauxie“ (Abb. 10.17).

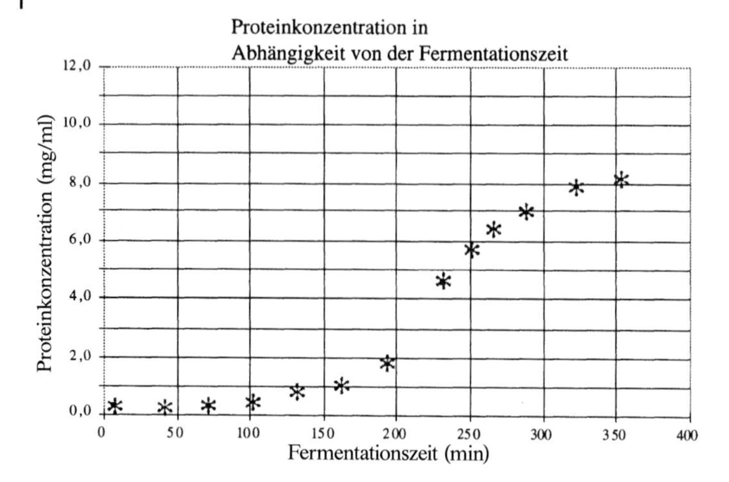

Abb. 10.14 Verlauf der Proteinkonzentration während der Fermentation. Mit der Lowry-Methode wird der Gesamtproteingehalt bestimmt. Die Messung bezieht sich auf eine Rinderserumalbumin-Normierung.

Die wichtigste Kenngröße für einen Prozess ist natürlich die Entwicklung der Zielgröße, des gewünschten Produktes. Im vorliegenden Fall betrifft das die Entwicklung der β-Galactosidaseaktivität und der spezifischen β-Galactosidaseaktivität (Abb. 10.15 und 10.16).

Die Aktivität der β-Galactosidase steigt nach ca. 200 min Fermentationszeit an und erreicht ihr Maximum nach ca. 350 min Fermentationszeit. Die spezifische Aktivität erreicht ihr Maximum nach 285 min Fermentationszeit, danach fällt sie wieder leicht ab, bleibt aber dann fast konstant.

Zwischen 230 min und 265 min Fermentationszeit ist ein Abfall der spezifischen β-Galactosidaseaktivität zu verzeichnen (Abschnitt 10.3.1.6). Mit den in Tab. 10.10 zusammengestellten Parametern kann schließlich die Aktivität nach Gleichung 10.1 berechnet werden.

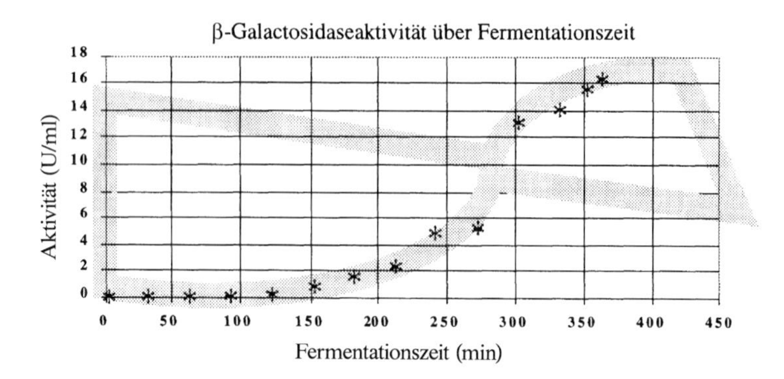

Abb. 10.15 Verlauf der β-Galactosidaseaktivität während der Fermentation.

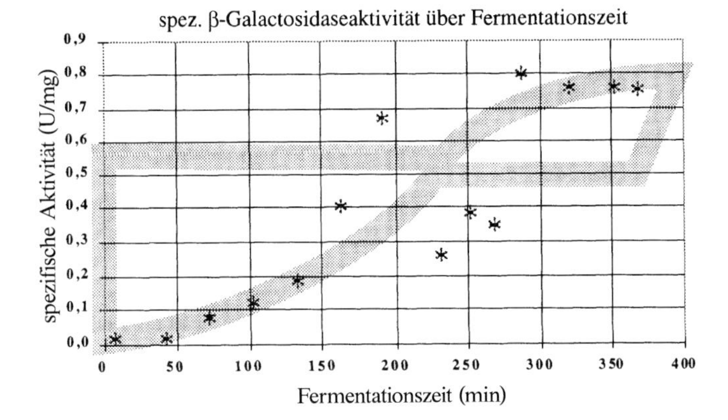

Abb. 10.16 Verlauf der spezifischen β-Galactosidaseaktivität während der Fermentation. Die spezifische β-Galactosidaseaktivität bezieht sich auf den Gesamtproteingehalt.

Tabelle 10.10 Daten zur Berechnung der β-Galactosidaseaktivität.

Parameter	Symbol	Dimension/Einheit/Wert
Aktivität	A	U/ml mit: U = mol/min
Extinktion	E	–
Reaktionszeit	t	min
Schichtdicke der Küvette	d	cm / 1 cm
molarer Extinktionskoeffizient	ϵ	$3{,}5 \cdot 10^6$ cm²/mol (*o*-Nitrophenol)
Gesamtvolumen	V	2,85 ml
Probevolumen	v	0,05 ml

$$A = \frac{\mathrm{d}E}{\mathrm{d}t} \cdot \frac{V}{\epsilon \cdot d \cdot v} \cdot 10^6 \qquad \text{(Gleichung 10.1)}$$

Die spezifische Aktivität wird wie folgt berechnet:

$$\text{Spezifische Aktivität (inU/mg)} = \frac{\text{Aktivität (in U/ml)}}{\text{Protein (inmg/ml)}} \qquad \text{(Gleichung 10.2)}$$

Die berechneten Werte der Aktivität werden durch die jeweilige Proteinmenge (c_E) in mg/ml dividiert, das Ergebnis entspricht der spezifischen β-Galactosidaseaktivität in U/mg.

$$\frac{A}{m} = \frac{\mathrm{d}E}{\mathrm{d}t} \cdot \frac{V}{\epsilon \cdot d \cdot c_E \cdot v} \cdot 10^6 \qquad \text{(Gleichung 10.3)}$$

10.3.1.2 Sauerstoffaufnahmerate (OUR), CO_2-Bildungsrate (CPR) und Respirationskoeffizient (RQ) über Fermentationszeit

Die Atmungsaktivität, ausgedrückt durch den Respirationsquotienten RQ, sagt etwas über die Leistungsfähigkeit oder besser noch über die Bedingungen zur Leistungsbereitschaft der Mikroorganismen aus. Der RQ-Wert ist das Verhältnis aus Kohlenstoffbildungsrate (CPR) zu Sauerstoffverbrauchsrate (OUR; Gleichung 2.28), wobei ein Gleichgewichtszustand zwischen der Sauerstofftransferrate OTR und der OUR abgewartet bzw. angenommen werden muss, denn die OUR ist nicht direkt bestimmbar. In der Praxis wird sich immer ein stationärer Zustand (Steady state) zwischen OTR und OUR einstellen. Ob dabei aber eine ausreichende Sauerstoffversorgung gewährleistet ist, kann nicht sofort erkannt werden. Das bedarf einer weiteren Analyse, indem einfach durch Leistungs- und/oder Gasleerrohrgeschwindigkeitserhöhung die OTR gesteigert wird. Nimmt die OTR im neuen stationären Zustand einen höheren Wert an als vorher, so lag eine Limitierung vor, ist der Wert gleich, so war die Situation nicht limitierend. Es genügt also nicht anzunehmen, dass eine Limitierung erst ab einem gewissen DO-Level, z. B. 20 %, beginnt und vorher nicht vorliegt.

Tabelle 10.11 Zusammenstellung der für die Sauerstoffbilanzierung wichtigen Parameter Sauerstoffaufnahmerate OUR, Kohlendioxidproduktionsrate CPR und der Molenbrüche von Sauerstoff sowie Kohlendioxid im Abgas.

Fermentationsdauer (min)	OUR mmol/(l · h)	CPR mmol/(l · h)	RQ 100	$Y_{O_2}^{(\omega)}$ %	$Y_{CO_2}^{(\omega)}$ %
7	–0,48173	0,53623	–1,11	21,01	0,05
17	–0,41042	0,26813	–0,68	21,01	0,04
30	–0,67835	0,00020	0,00	21,02	0,01
41	–0,53572	–0,55720	1,00	21,02	0,01
53	–0,87492	–0,53569	0,61	21,03	0,04
64	–1,08905	0,26840	–0,25	21,03	0,02
74	–1,28561	–0,26766	0,21	21,04	0,02
84	–1,28561	–0,26766	0,21	21,04	0,21
99	3,46687	4,82433	1,39	20,86	0,47
125	10,09678	11,79381	1,17	20,61	0,66
133	14,51441	16,89086	1,16	20,44	0,99
161	22,01523	25,75155	1,17	20,15	1,37
187	31,87258	35,94909	1,13	19,78	1,37
215	43,21052	48,30809	1,12	19,35	1,83
223	60,24526	64,66203	1,07	18,72	2,44
263	73,13802	80,30583	1,10	18,22	3,02
277	70,941504	87,32229	1,24	18,24	3,27
312	101,7868	101,78680	1,00	17,20	3,83
338	133,5067	131,13445	0,99	16,03	4,93
356	68,07127	70,78756	1,04	18,44	2,67

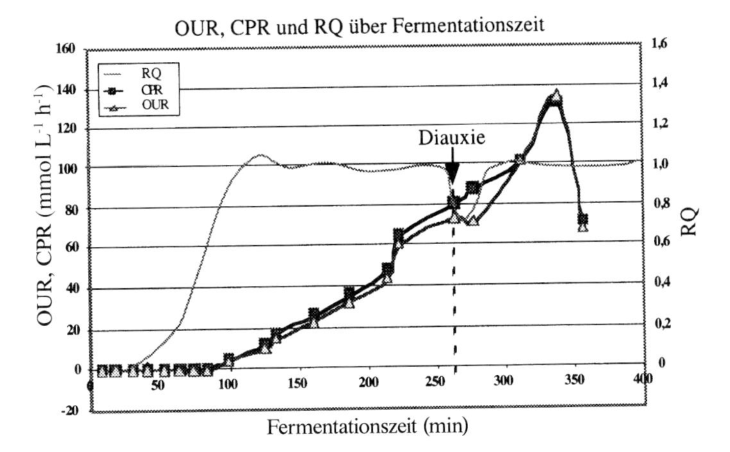

Abb. 10.17 Verlauf der Sauerstoffaufnahmerate OUR, der Kohlendioxidproduktionsrate CPR und des Respirationsquotienten RQ.

Der Wert des Respirationsquotienten RQ lässt sich über eine Kohlenstoffbilanz der C-Quellen erreichen. Im Falle von Glucose muss er bei korrekter Versorgung den Wert 1,0 annehmen (Abschnitt 2.6.1.4, Gleichung 2.30).

In Tab. 10.11 sind die erforderlichen Daten tabellarisch und in Abb. 10.17 grafisch dargestellt.

In der Anfangsphase sind die Werte sehr unsicher, weil zum einen die Mengen noch so gering sind, dass sie sich im Bereich der Messgenauigkeit befinden. So lassen sich auch die negativen Werte erklären. Eine weitere Fehlerquelle ist die Löslichkeit von Kohlendioxid. Da dieses Gas sehr gut in Lösung geht (Abschnitt 7.6.3, Tab. 7.8) und sich zu Beginn noch kein Kohlendioxid in Lösung befindet, wird sämtliches Kohlendioxid zunächst in Lösung gehen, also nicht im Abgas erscheinen. Somit können die Werte erst nach etwa 100 min als zuverlässig betrachtet werden.

Die Sauerstoffaufnahmerate fällt nach 263 min Fermentationszeit und steigt ab 312 min wieder an. Die CO_2-Bildungsrate steigt während der gesamten Fermentation an und lässt keine Abnahme erkennen. Der RQ bleibt ab der 100. Minute annähernd konstant.

Für die Berechnung des Respirationskoeffizienten benötigt man den Quotienten der CO_2-Bildungsrate CPR zur Sauerstoffaufnahmerate OUR:

$$RQ = \frac{CPR}{OUR} \qquad \text{(Gleichung 10.4)}$$

Dabei wird angenommen, dass die OUR mit der OTR im Gleichgewicht stehen, also:

$$\text{OTR} = \text{OUR} = \frac{\dot{V}_{G,n}}{V_{M,n} \cdot V_{R,L}} \cdot \left[Y_{O_2}^{\alpha} - \frac{(1 - Y_{O_2}^{\alpha} - Y_{CO_2}^{\alpha})}{(1 - Y_{O_2}^{\omega} - Y_{CO_2}^{\omega})} \cdot Y_{O_2}^{\omega} \right]$$

(Gleichung 10.5)

und die CPR wird nach

$$\text{CPR} = \frac{\dot{V}_{G,n}}{V_{M,n} \cdot V_{R,L}} \cdot \left[\frac{(1 - Y_{O_2}^{\alpha} - Y_{CO_2}^{\alpha})}{(1 - Y_{O_2}^{\omega} - Y_{CO_2}^{\omega})} \cdot Y_{CO_2}^{\omega} - Y_{CO_2}^{\alpha} \right] \qquad \text{(Gleichung 10.6)}$$

berechnet.

10.3.1.3 Bestimmung der maximalen spezifischen Wachstumsrate μ_{max}

Aus der exponentiellen Phase des Wachstums auf Glucose wird die Wachstumsrate berechnet. Hierzu wird Abb. 10.12 zu Hilfe genommen. Die exponentielle Phase des Wachstums auf Glucose liegt zwischen 70 und 250 min Fermentationszeit. Die Wachstumsrate wird wie folgt berechnet:

$$\mu_{max} = \frac{\ln X_1 - \ln X_0}{t_1 - t_0} \qquad \text{(Gleichung 10.7)}$$

Als Maß für die Zellmasse X wird die Trübung in FTU eingesetzt. Somit erhält man mit $X_0 = 112$ FTU bei $t = 70$ min und $X_1 = 750$ FTU bei $t = 190$ min aus Tab. 10.9:

$$\mu_{max} = \frac{750 - 112}{(190 - 70)\ \text{min}} = 56{,}88\ \text{min}^{-1} = 0{,}948\ \text{h}^{-1}$$

Der maximale spezifische Wachstumskoeffizient beträgt somit 0,948 h^{-1}.

10.3.1.4 Berechnung der Ertragskoeffizienten

Substratausbeutekoeffizient Der Substratausbeutekoeffizient ($Y_{x/s}$) berechnet sich aus dem Quotienten der gebildeten Biomasse (ΔX) und der verbrauchten Substratmenge (ΔS). Zur Bestimmung der Biomasse wird die Biotrockenmasse vor und nach der Fermentation bestimmt. Diese beträgt am Ende der Fermentation 14,29 g/l bzw. im 10-l-Bioreaktor absolut 142,9 g.

Da man davon ausgeht, dass das gesamte Substrat am Ende der Fermentation verbraucht ist, beträgt der Substratverbrauch beider eingesetzter C-Quellen, Glucose (100 g) und Lactose (200 g), $\Delta S = 300$ g. Damit erhält man:

$$Y_{X/S} = \frac{\Delta X}{\Delta S} = \frac{142{,}9\ \text{g}}{300\ \text{g}} = 0{,}476 \qquad \text{(Gleichung 10.8)}$$

Sauerstoffausbeutekoeffizient Der Sauerstoffausbeutekoeffizient ($Y_{x/o}$) ist der Quotient aus Biomassebildung (ΔX) und dem mithilfe der OUR-Kurve (Abb. 10.17) berechneten Verbrauch an Sauerstoff.

$$Y_{X/0} = \frac{\Delta X}{\Delta m_{O_2,10l}} = \frac{X_1 - X_0}{V_{R,L} \cdot \sum OUR(t) \cdot \Delta t} \qquad \text{(Gleichung 10.9)}$$

In Gleichung 10.9 werden die Molmasse von Sauerstoff (O_2, 32 g/mol), das Reaktionsvolumen $V_{R,L}$ = 10 l und die gebildete Biomasse ΔX = 142,9 g ($Y_{x/s}$, Gleichung 10.8) benötigt. Für die Berechnung der Summe $\Sigma\, OUR(t) \cdot \Delta t$ stehen mehrere Möglichkeiten zur Verfügung. Zum einen kann aus den Messdaten eine mathematische Gleichung gesucht (Polynom über EXCEL) und diese dann integriert werden, die Integration wird grafisch durchgeführt, indem man die Fläche unter der OUR-Kurve ausmisst, oder man benutzt ein Planometer und misst damit die Fläche unter der Kurve aus.
Aus der manuellen Auswertung (Abb. 10.17) wird der Wert $\Sigma\, OUR(t) \cdot \Delta t = 0{,}245$ mol/l erhalten.
Die Summe $\Sigma\, OUR(t) \cdot \Delta t$ berechnet sich dann wie folgt:

$$\sum OUR(t) \cdot \Delta t = 0{,}245 \cdot 32 = 7{,}84 g/l \qquad \text{(Gleichung 10.10)}$$

Damit berechnet sich der Sauerstoffausbeutekoefizient zu:

$$Y_{X/0} = \frac{\Delta X}{\Delta m_{O_2,10l}} = \frac{X_1 - X_0}{V_{R,L} \cdot \sum OUR(t) \cdot t_F} = \frac{142{,}9\ g/l}{7{,}84\ g/l \cdot 10\ l} = 1{,}82 \qquad \text{(Gleichung 10.11)}$$

d. h. für die Bildung von 1,82 g Biomasse wird 1 g Sauerstoff benötigt, der von der Gasphase in die Liquidphase transferiert werden muss. Die in technischen Apparaten (Reaktoren) dafür maßgebende Größe ist die spezifische Sauerstofftransferrate $k_L \cdot a$.

10.3.1.5 Berechnung des $k_L \cdot a$-Wertes

Über die Definitionsgleichung für die Sauerstofftransferrate OTR und die Sauerstoffbilanz gelangt man zur Berechnungsgleichung für die spezifische Sauerstofftransferrate:

$$k_L \cdot a = \frac{OTR \cdot H}{p \cdot \left(Y^{\omega}_{O_2} - \frac{DO}{100} \cdot Y^{\alpha}_{O_2}\right)} \qquad \text{(Gleichung 10.12)}$$

In Gleichung 10.12 werden die vorherrschenden Werte für

- den Henry-Koeffizienten für das Medium: $H = 1152$ bar · l/mol = const.,
- den Reaktorinnendruck im Kopfraum: $p_{atm} = 1$ bar und
- den Molenbruch für Sauerstoff in der Zuluft (21,1 %) $Y^{\alpha}_{O_2} = 0{,}211$

eingetragen.

Die Werte für die Molenbrüche des Sauerstoffs im Abgas können aus Tab. 10.11 entnommen werden.

Berechnung des k_L·a-Wertes bei DO = 50 % Die Fermentationszeit in Min wird aus der Schreiberaufzeichnung abgelesen. Sie beträgt bei DO = 50 % 263 min. Anhand dieser Zeit wird der OUR aus der Tab. 10.11 abgelesen. Man findet:

- $Y^{\omega}_{O_2}$= 18,22 % = 0,182 mol/mol
- OUR = 7,31 · 10^{-2} mol · l/h
- DO = 50 %

und damit einen berechneten $k_L \cdot a$-Wert von $k_L \cdot a = 0{,}073 \cdot 1152 = 1105\ h^{-1}$.

Berechnung des k_L·a-Wertes bei OUR_{max} Die Fermentationszeit bei OUR_{max} beträgt 338 min. Der zugehörige Wert wird der Tabelle entnommen. Der DO kann mithilfe der Schreiberaufzeichnung bestimmt werden. Der Molenbruch des Sauerstoffgehaltes im Abgas wird durch Interpolation bestimmt. Folgende Daten werden gefunden:

- DO (7,1 %) = 0,071
- $Y^{\omega}_{O_2}$(16,1 %) = 0,161
- OUR_{max} = 1,31.10^{-1} mol/l · h (aus Tab. 10.11)

Mit diesen Daten lässt sich folgender Wert berechnen:

$$k_L \cdot a = \frac{0{,}131 \cdot 1152}{1{,}0 \cdot \left(0{,}161 - \frac{7{,}1}{100} \cdot 0{,}21\right)} = 1034\ h^{-1}$$

Dieser sehr hohe Wert kann nur dadurch erreicht werden, indem der spezifische Leistungseintrag sowie die Gasleerrohrgeschwindigkeit ebenfalls im oberen Bereich angesiedelt sind.

Da weder die Drehzahl (Leistungseintrag) noch die Begasungsrate (Gasleerrohrgeschwindigkeit) geändert wurde, sollte der $k_L \bullet a$-Wert konstant bleiben, was die Resultate auch scheinbar widergeben. Dennoch ist eine exakte Konstanz des $k_L \bullet a$-Wertes nicht zu erwarten, da von den Mikroorganismen koaleszenzhemmende Substanzen ausgeschieden werden (z.B. Proteine) oder die Zellen selbst als geladene Partikel agieren, welche die Blasengröße beeinflussen.

Deshalb entsteht in der Regele ein $k_L \bullet a$-Anstieg gegen Ende (bei OUR_{max}). In dem gezeigten Beispiel ist das nicht erkennbar.

10.3.1.6 Diskussion der Ergebnisse und Fehlerdiskussion

Schon nach der Anlaufphase wird Lactose als Substrat in geringen Mengen verbraucht. Die Anwesenheit von Glucose unterdrückt die Expression von β-Galactosidase aber nicht zu 100 %. Es wird also immer etwas β-Galactosidase produziert.

Die Diauxie beginnt nach 263 min Fermentationszeit. Diese erkennt man an der sinkenden Sauerstoffaufnahmerate OUR und der CO_2-Bildungsrate. In Abb. 10.17 ist nach dieser Fermentationszeit ein deutlicher Einbruch der OUR zu erkennen. An diesem Punkt erfolgt die Umstellung von Glucose auf Lactose als Substrat (auch Abb. 10.13). Der Respirationskoeffizient fällt nach 277 min stark ab, was auch ein Zeichen für die Diauxie ist. In Abb. 10.13 ist zu erkennen, dass nach 265 min Fermentationszeit nur noch Lactose als Substrat vorhanden ist, es muss also eine Umstellung auf Lactose stattfinden.

Die hohe Konzentration an Protein nach 285 min Fermentationszeit weist auf eine Substratumstellung hin, d. h. die Zellen produzieren vermehrt β-Galactosidase. Nach 365 min findet kein weiterer Anstieg der β-Galactosidase Produktion mehr statt, da nur noch eine geringe Menge an Lactose im Medium vorhanden ist.

Der starke Anstieg an β-Galactosidaseaktivität von ca. 265 min bis 365 min Fermentationszeit zeigt, dass eine Substratumstellung von Glucose auf Lactose stattgefunden hat.

Der Verlauf der spezifischen β-Galactosidaseaktivität steigt nach 100 min Fermentationszeit an und bleibt ab 390 min bis zum Ende der Fermentation konstant. Allerdings ist von 230 min bis 265 min ein Abfall der Aktivität zu erkennen. Diese weist auf eine sinkende Expression von β-Galactosidase hin.

Der $k_l \cdot a$-Wert hängt vom Leistungseintrag, der Gasleerrohrgeschwindigkeit und dem Reaktionsvolumen ab. Da all diese Parameter konstant sein sollten, muss bei beiden Berechnungen

- über $pO_2 = 50$ % und
- über OURmax

der gleiche $k_l \cdot a$-Wert berechnet werden. Die Differenz beträgt 37 h^{-1} und damit weniger als 5 %. Dieser Wert liegt, unter Berücksichtigung der Messungenauigkeit, weit innerhalb des Fehlerbereichs der Bestimmungsmethode.

10.3.2
Aufarbeitung der fermentativ gewonnenen β-Galactosidase

Die Gewinnung von β-Galactosidase lässt sich auf verschiedenen Wegen durchführen. Um die in gelöstem Zustand intrazellulär vorliegende β-Galactosidase in möglichst reiner Form zu gewinnen zu können, sind sechs Aufarbeitungsschritte erforderlich. Zunächst muss nach der Fermentation mit *Escherichia coli* die gewonnene Biomasse durch Zentrifugation abgetrennt werden. Nach Aufnahme in einem Puffer erfolgt der Zellaufschluss, z. B. in einer Kugelmühle oder in einem Hochdruckhomogenisator (Abschnitt 7.2.1). In einer zweistufigen Extraktion wird das Produkt von den Zellen und Zellbruchstücken befreit und gleichzeitig eine Aufkonzentrierung erreicht. Die nachfolgende Entsalzung in einer Ultrafiltrationsanlage (Diafiltration) ist erforderlich, um für die abschließende Chromatographie eine geeignete Lösungen vorliegen zu haben. Das Wertprodukt, das Enzym β-Galactosidase, wird schließlich in einer abschließenden Gelfiltration auf den gewünschten Reinheitsgrad aufgereinigt.

Der ausgewählte Prozess nutzt als Zellaufschlussmethode die diskontinuierliche und kontinuierliche Kugelmühle (Alternative: Hochdruckhomogenisator), als Entsalzung sowie Aufkonzentrierung eine Diafiltration in einer Ultrafiltrationsanlage (Alternative: Dialyse) und in der letzten Stufe eine Gelfiltration (SEC, Alternative: Anionenaustausch-Chromatographie AEX).

10.3.2.1 **Ernte und Abtrennung der Biomasse**

Die Fermentation und Zellernte kann innerhalb von acht Stunden durchgeführt werden. Nach dem Abkühlen der Fermentationsbrühe unter 20 °C wird der Fermenter entleert und die Masse durch Abwiegen bestimmt. Man erhält 8,28 kg, d. h. unter Annahme einer mittleren Dichte der Fermentationsbrühe von 1 kg/l sind nach der Fermentation von den 10 l noch knapp 9 l vorhanden. Der hohe Massenverlust ist vor allem durch die Probenahme zu erklären und nur in geringem Umfang über den Feuchtigkeitsverlust durch den Abgasstrom, wo weniger als 10 % der Verluste abgeschätzt werden können. Bei jeder Probenahme werden ca. 50–80 ml entnommen, was bei 14 Probenahmen die Erklärung bestätigt.

Die Abtrennung der Biomasse von der Fermentationsbrühe (Flüssig-Fest-Trennung) wird mit einem Kammerseparator durchgeführt (Typ LG 205-5, V = 0,8 L, n = 100 upm, z = 7660 g, Abschnitt 7.2.1.1). Die Flussrate wird so eingestellt, dass gerade noch keine Trübung am Auslauf sichtbar ist, was bei 260 ml/min erreicht wird. Der Überstand, also die Flüssigkeit, wird kontinuierlich ausgetragen und die Zellmasse sammelte sich an der Trommelwand. Der Überlauf des Separators weist eine Aktivität von 0,35 U/ml aus. Dies entspricht weniger als 1,5 % der Gesamtaktivität und ist ein klares Indiz dafür, dass noch keine nennenswerte Lyse von Zellen stattgefunden hat.

In Tab. 10.12 sind die Ergebnisse der Separationsstufe zusammengestellt. Zusammenfassend lassen sich folgende Erkenntnisse gewinnen:

- Der Stufenwirkungsgrad der Separation beträgt, auf das Ende der Fermentation nach 365 min und auf die Separation bezogen, 92 %.
- Die Klärung kann als erfolgreich angesehen werden, da im Durchlauf weder besonders viel Protein noch Aktivität nachweisbar ist.

Tabelle 10.12 Zusammenstellung der Daten in der Separationsstufe: Abtrennung der Zellmasse.

Probe Nr.	Aktivität (U/ml)	Proteinkonz. Lowry (mg/ml)	Spezifische Aktivität (U/mg)	Gesamt-aktivität (kU)	Gesamt-protein (g)
365 min Fermentation	16	8,1	0,74	163	81
vor Separation	15	8,1	0,68	150	81
Überlauf	0,35	0,05 (Coomassie)	7	4	0,5
Suspension (3 l)	51	28	1,9	153	84

- Die Biomassemenge kann nicht korrekt angegeben werden, da kein Experiment zur Bestimmung (z. B. Filtrationsexperiment) durchgeführt wurde. Für die Berechnung des Tellerseparators wird die gleiche Porosität der Biomasse während des Abtrennens angenommen. Für die Berechnung der äquivalenten Klärfläche wird der Kammerseparator ausgemessen bzw. die Daten aus der Konstruktionszeichnung entnommen.
- Für die Berechnung des Abwasserstroms beim Durchlauf wird davon ausgegangen, dass sich nur noch Protein in der Durchlaufsuspension des Separators befindet.
- Für die Berechnung des Biomassestroms für die späteren Abwasserströme dient der Wert der Trockenmassebestimmung = 15 g/l.

10.3.2.2 **Zellaufschluss**

Der Zellaufschluss wird mit einer Kugelmühle (DYNO MILL, Typ KDL, 0,6 l, Glasperlen 0,3 mm) in kontinuierlicher und diskontinuierlicher Betriebsweise durchgeführt. Die Drehzahl der Dispergierscheiben wird auf 2000 upm eingestellt.

Im kontinuierlichen Betrieb werden für den kleinsten Volumenstrom die besten Aktivitätswerte gemessen (Abb. 10.18, 10.19 sowie Tab. 10.13). Es werden Proben aus dem Auslauf und aus dem aufgefangenen Pool gezogen. Für die Berechnung der Ausbeute wird die Auslaufprobe verwendet, da in dieser alle Teilchen die gleiche Verweilzeit besitzen.

Als Verweilzeit wird die hydrodynamische, mittlere Verweilzeit τ verwendet. Sie berechnet sich aus dem Nettovolumen der Kugelmühle und dem Volumenstrom (Abschnitt 2.7.5 und 5.5.5.5). Das Nettovolumen wird auf 250 ml festgelegt (Abschnitt 10.3.3).

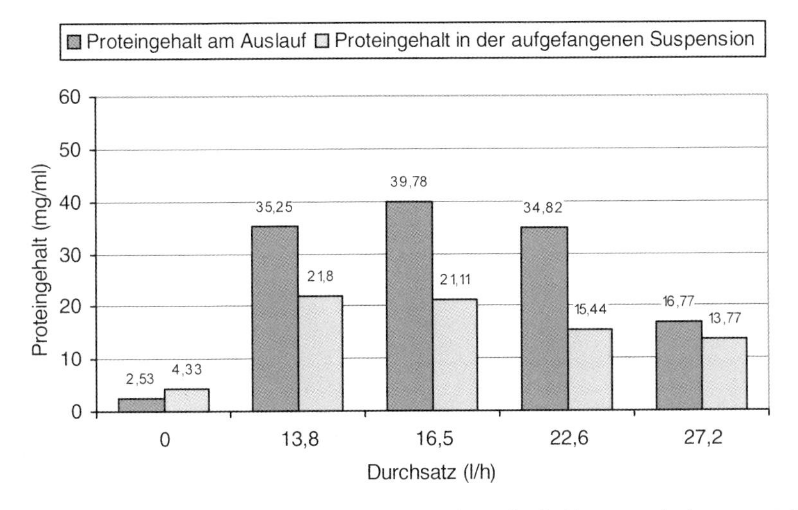

Abb. 10.18 Verlauf des Proteingehaltes während des Zellaufschlusses in der kontinuierlich betriebenen Kugelmühle.

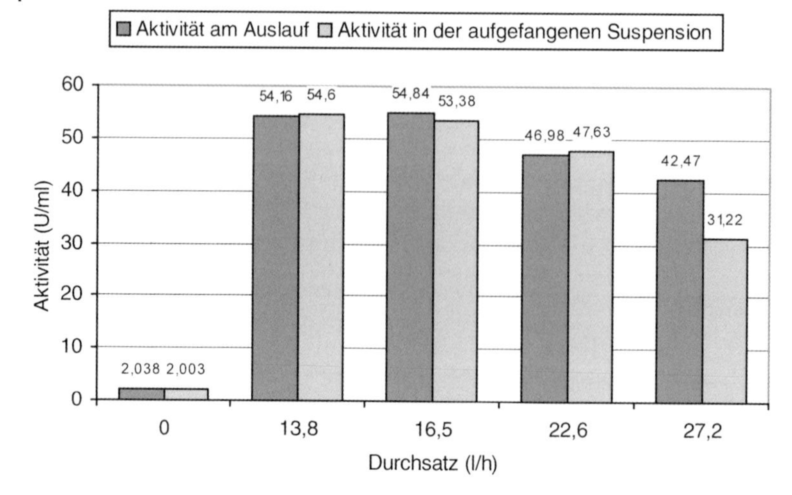

Abb. 10.19 Verlauf der Aktivität während des Zellaufschlusses in der kontinuierlich betriebenen Kugelmühle.

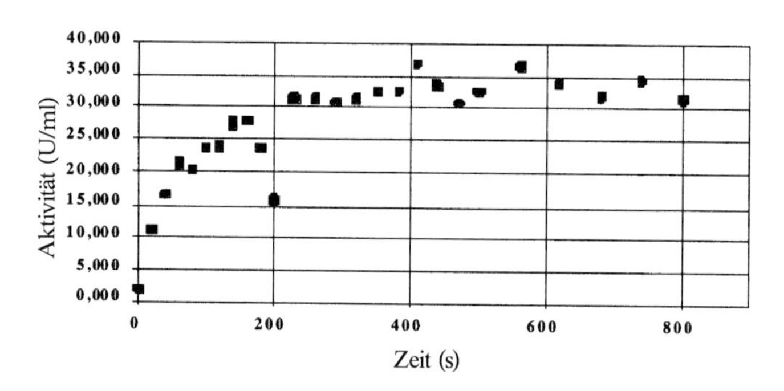

Abb. 10.20 Verlauf der Aktivität während des Zellaufschlusses in der diskontinuierlich betriebenen Kugelmühle.

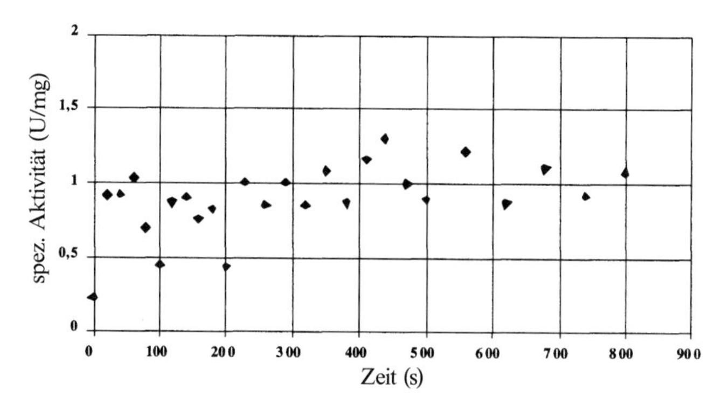

Abb. 10.21 Verlauf der spezifischen Aktivität während des Zellaufschlusses in der diskontinuierlich betriebenen Kugelmühle.

Tabelle 10.13 Ergebnisse der kontinuierlich betriebenen Kugelmühle.

Volumenstrom (ml/min)	VWZ τ (sec)	Aktivität (U/ml)	Erwärmung des Durchlaufs (°C)	Proteinkonzentr. (mg/ml)
230	61	54,2	18,5	35,3
275	54,6	54,8	18,0	39,5
376	41	46,9	18,0	34,8
453	35	42,5	18,5	16,8

Tabelle 10.14 Aktivitäten in der Prozessstufe „Zellaufschluss" mittels einer Kugelmühle.

Probe	Aktivität (U/ml)	$c_{Protein}$ (mg/ml)	Spez. Akt. (U/mg)	Gesamt-vol. (ml)	Teilvol. (ml)	Gesamt-akt. (kU)	Gesamt-protein (g)
Suspension vor Zellaufschluss	51,0	28	0,67	3500	–	153	84
Zellaufschluss Konti bei τ = 57 sec	54,8	39,6	0,5	3500	650	165	118,6

Die Ergebnisse der zweiten Aufarbeitungsstufe (Zellaufschluss) sind in den Abb. 10.18–10.21 und in den Tab. 10.13 und 10.14 dargestellt.

Im Batchbetrieb muss gemäß Abb. 10.20 eine Mindesteinwirkdauer von 200 s eingehalten werden, um nahe einem 100 %igen Aufschluss zu kommen. Abb. 10.21 weist diesen Sachverhalt nicht so deutlich aus, dennoch wird für die Verfahrensausarbeitung und das Scale-up von diesem Anhaltswert ausgegangen.

Bei der kontinuierlich betriebenen Kugelmühle wird als Bewertungsmaß die mittlere hydrodynamische Verweilzeit herangezogen. In den Abb. 10.18 und 10.19 sind die Ergebnisse wiedergegeben.

In Tab. 10.13 sind die Ergebnisse des kontinuierlichen Zellaufschlusses in der Kugelmühle nochmals zusammengestellt. Für die Berechnung der Proteinausbeute und der Aktivität ergibt sich bei der Einstellung τ = 57 s Tab. 10.14. Durch den Zellaufschluss kam es zu keinen Aktivitätsverlusten, der Stufenwirkungsgrad ist gleich 100 %.

10.3.2.3 **Extraktion**

Die Extraktion erfolgt über eine zweistufigen Flüssig-Flüssig-Extraktion (Abschnitt 7.8.1, Tab. 7.10, Abb. 7.93). Hierbei wird mit wässrigen Systemen gearbeitet, da organische Lösungsmittel eine denaturierende Wirkung auf das Enzym haben. Für dieses Extraktionsverfahren ist das Vorhandensein einer Mischungslücke notwendig. Zwischen den miteinander nur begrenzt mischbaren, flüssigen Phasen erfolgt dann der Stoffaustausch, der im Idealfall zum reinen Extrakt und Raffinat führt. Die Verteilung des zu extrahierenden Stoffes zwischen den Lösungen (hier: Kaliumphosphat) und dem Extraktionsmittel (hier: 50 %iges Polyethylenglycol) wird durch den Nernstschen Verteilungssatz bestimmt. Das am besten geeignete Konzentrationsverhältnis wird durch Vorversuche bestimmt. Bei der ersten Extraktion reichert sich das Enzym in der Topphase an. In der zweiten Extraktion erfolgt die Anreicherung bewirkt durch eine veränderte Phosphatkonzentration in der Bottomphase.

Zur Wahl stehen die vier aus dem kontinuierlichen Betrieb der Kugelmühle erhaltenen Fraktionen. Die Aktivität der Fraktionen 3 und 4 ist nahezu gleich hoch, Fraktion 3 wird gewählt (Abb. 10.19).

Zuerst werden die Vorversuche zur 1. Extraktion der β-Galaktosidase aus der wässrigen in die organische PEG-Phase durchgeführt. Die 1. Hauptextraktion wird gemäß den im Vorversuch gefundenen optimalen Bedingungen betrieben. Als optimal gemäß einem maximalen G-Wert erscheinen die Bedingungen der Zusammensetzung in der Fraktion 7 und werden daher auf die 1. Hauptextraktion übertragen (Tab. 10.15).

Anschließend werden die Vorversuche zur 2. Extraktion sowie die 2. Hauptextraktion aus der organischen in die wässrige Phase durchgeführt. Als optimal

Tabelle 10.15 Ergebnisse der Vorversuche zur 1. Extraktion.

Reagenzglas (Nr.)	Vol. Topphase (ml)	Vol. Bottomphase (ml)	Aktivität Top (U/ml)	Akt. Bottom (U/ml)	K-Wert	G-Wert	Vol. × Akt. (U)	pH-Wert
1	–*	–	–	–	–	–	–	7,93
2	–	–	–	–	–	–	–	7,88
3	–	–	–	–	–	–	–	7,90
4	–	–	–	–	–	–	–	7,89
5	6,2	2,8	3,01	0,26	1,18	2,6	78,98	7,89
6	5,4	3,6	10,80	1,09	1,00	1,49	101,03	7,90
7	**5,1**	**4,3**	**43,72**	**0,01**	**424,5**	**503,5**	**223,02**	**7,90**
8	4,2	5,0	46,27	0,08	60,25	50,6	195,05	7,92

* In den Reagenzgläsern 1–4 bildeten sich keine zwei Phasen aus.

Tabelle 10.16 Ergebnisse der Vorversuche zur 2. Extraktion.

Reagenzglas (Nr.)	Vol. Topphase (ml)	Vol. Bottomphase (ml)	Aktivität Top (U/ml)	Akt. Bottom (U/ml)	K-Wert	G-Wert	Vol. × Akt. (U)	pH-Wert
1	5,7	2,8	21,34	38,86	0,55	1,12	108,81	7,15
2	5,2	3,8	24,51	34,15	**0,72**	**0,98**	**129,80**	7,18
3	5,3	3,9	43,92	28,55	1,54	0,40	111,35	7,20
4	4,6	4,4	36,33	14,45	2,51	2,63	63,58	7,21
5	4,6	4,4	52,50	9,04	5,81	6,07	32,80	7,23
6	4,2	4,8	71,31	5,74	12,42	10,87	27,55	7,24
7	4,0	5,0	83,03	4,10	20,25	16,20	20,50	7,25
8	4,0	4,8	85,20	1,14	74,74	62,30	5,47	7,27

Tabelle 10.17 Ergebnisse der beiden Hauptextraktionen.

Name	Volumen (ml)	Aktivität (U/ml)	$c_{Protein}$ (mg/ml)	Spez. Akt. (U/mg)	Gesamtakt. (kU)	Gesamt-prot. (g)
Fraktion 3	500	55,50	21	1,0	28	10,7
1. Extr. Top	340	155,46	0,7	85,4	53	0,23
1. Extr. Bottom	550	1,97	0,24	3,0	11	0,13
K-Wert = 78,99; G-Wert = 48,83						
2. Extr. Top	325	4,77	0,36	4,8	1,5	0,12
2. Extr. Bottom	200	48,03	0,24	73,9	9,6	0,05
K-Wert = 0,49; G-Wert = 0,81						

werden in diesem Fall die Bedingungen aus der Fraktion 2 erklärt und auf die Hauptextraktion übertragen (Tab. 10.16). Die Optimierungsbedingung kleinster K- und G-Wert führt nicht zum Ziel, so wird die Gesamtaktivität in der Bottomphase als Hilfsbeurteilungsgröße herangezogen.

Die Resultate in der 3. Aufarbeitungsstufe „Extraktion" sind in den Tab. 10.14–10.17 zusammengestellt.

Der Stufenwirkungsgrad der beiden Hauptextraktionen beträgt etwa 35 %.

10.3.2.4 **Aufkonzentrierung**

Die Aufkonzentrierung erfolgt mit einem Cross-flow-Modul, dem Plattenmodul (Minitan^{TM}, 4 × 60 cm^2). Es soll in keinem Fall Luft eingesaugt werden, was zu einer Leistungsreduktion des Moduls führt. Die über das Modul eingetragene Energie soll gleich hinter dem Auslauf wieder durch Kühlung herausgeholt werden, um eine Schädigung des Enzyms zu minimieren.

Die Bottomphase der 2. Hauptextraktion kann ohne nennenswerte Trübungsbildung auf 35 ml Retentat mit einem Plattenmodul aufkonzentriert werden. Eine zusätzliche Filtration vor der Chromatographie ist aus diesem Grund nicht erforderlich. Die Ergebnisse sind in Tab. 10.18 zusammengestellt.

Der Stufenwirkungsgrad der Einkonzentrierung beträgt bezogen auf die zweifach verdünnte Bottomphase und das Retentat 61 %. Die Membranen des Platten-

Tabelle 10.18 Ergebnisse der Aufkonzentrierung mittels eines Plattenmoduls.

Name	Volumen (ml)	Aktivität (U/ml)	$c_{Protein}$ (mg/ml)	Spez. Akt. (U/mg)	Gesamtakt. (kU)	Gesamt-prot. (g)
Bottomphase der 2. Extraktion, 2-fach verdünnt	400	39	0,25	57	16	0,11
Retentat	35	225	1,9	44	7,9	0,07
Permeat	370	0,04	0,003	4,4	0,015	0,001

moduls sind nach der Versuchsdurchführung noch intakt, es befinden sich nur ca. 2 % des Gesamtproteins im Permeat.

10.3.2.5 Gelchromatographie

Die Gelchromatographie wird zur Feinreinigung der β-Galactosidase herangezogen (Säulendurchmesser D = 70 mm, Säulenhöhe H = 540 mm, Matrix: Sephacryl® S-300 high resolution). Die Fraktionen 50–61, welche die höchsten Aktivitätswerte aufweisen, werden zu einem Pool vereinigt (insgesamt 100 ml, Abb. 7.136 und Abb. 7.143). Die Proteinbestimmung erfolgt nach Coomassie (Tab. 2.24 [16]).

Abbildung 10.22 zeigt den Verlauf der Aktivität über die gesammelten Fraktionen hinweg. Bis zur 45. und ab der 70. Fraktion ist kein Enzym zu vermuten. Je nach Reinheit müssen mehr oder weniger Fraktionen gepoolt werden, im vorliegenden Fall die Fraktionen 50–61. Würde man ein breiteres Spektrum wählen, wäre das Produkt unreiner und die Verluste wären dafür geringer. Im umgekehrten Falle bekäme man ein reineres Produkt, aber höhere Verluste.

In Tab. 10.19 sind die Daten zur Berechnung des Stufenwirkungsgrades zusammengestellt. Der Stufenwirkungsgrad der Gelchromatographie beträgt, bezogen auf den Aufzug auf die SEC und den Pool aus den Fraktionen 50–61, 42 %. Die

Tabelle 10.19 Ergebnisse für die Berechnung des Stufenwirkungsgrades.

Name	Volumen (ml)	Aktivität (U/ml)	$c_{Protein}$ (mg/ml)	Spez. Akt. (U/mg)	Gesamtakt. (kU)	Gesamt-prot. (g)
Retentat	35	225	1,9	44	7,9	0,07
Aufzug auf die SEC	30	278	1,9	55	8,3	0,06
Pool aus den Frakt. 50–61	100	35	0,14	88	3,5	0,014

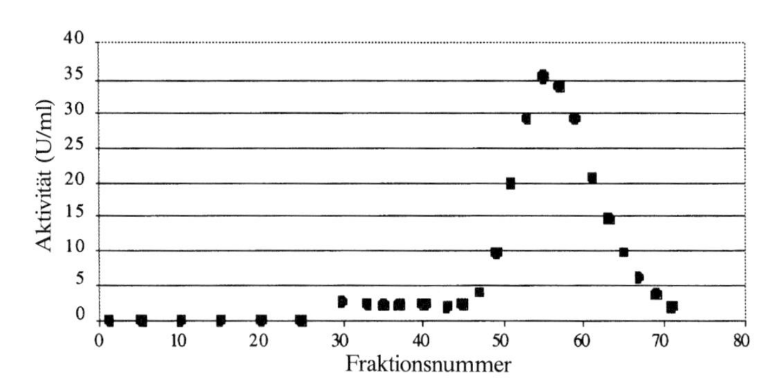

Abb. 10.22 Aktivitätsverteilung innerhalb der aufgefangenen Fraktionen nach der Gelfiltration. Für eine ausreichend hohe Reinheit bei noch vertretbaren Verlusten werden die Fraktionen 50–61 gepoolt.

Verringerung der Gesamtproteinmenge von 0,15 g auf 0,04 g, d. h. auf ca. 1/5, spricht für eine bereits erreichte hohe Reinheit. Die spezifische Aktivität gibt darüber keine Auskunft, da der maximal erreichbare Wert nicht bekannt ist.

10.3.2.6 **Ermittlung der Gesamtausbeute**

Die Ausbeute oder der Aufarbeitungswirkungsgrad über alle Stufen der Aufarbeitung hinweg beeinflusst das Reaktionsvolumen des Bioreaktors (Gleichung 8.2). Um den Gesamtwirkungsgrad (Gesamtausbeute) ermitteln zu können, müssen die Stufenwirkungsgrade festgestellt werden. Mit allen Einzelwirkungsgraden erhält man:

$$\alpha = \prod_{i=1}^{n} \alpha_i \qquad \text{(Gleichung 10.13)}$$

mit

$$\alpha_i = \frac{\dot{V}^{\omega} \cdot P_i^{\omega}}{\dot{V}^{\alpha} \cdot P_i^{\alpha}} \qquad \text{(Gleichung 10.14)}$$

dem Stufenwirkungsgrad (abfließender zu einfließender Produktstrom). In Tab. 10.20 sind alle Stufenwirkungsgrade zusammengestellt und der Gesamtwirkungsgrad mit 8 % ermittelt.

Die in den Abschnitten 10.3.1 und 10.3.2 dargelegten Daten sind nun Grundlage für eine skizzenhafte Projektierung einer Produktionsanlage zur Herstellung von β-Galactosidase. Für die Entscheidung zu einem solchen Schritt ist allerdings die Beleuchtung der wirtschaftlichen Situation erforderlich, um das Risiko der dann erforderlichen Investition in Millionenhöhe abschätzen zu können.

Die Vorgehensweise und die dazu erforderlichen Maßnahmen werden im folgenden Abschnitt 10.3.3 in Form von Short-cut-Techniken skizziert (auch Kapitel 9).

10.3.3
Wirtschaftlichkeit

Die im Modellmaßstab (Labor) gewonnenen Daten sollen im Folgenden in den Produktionsmaßstab in Form einer Projektierung überführt werden. Dazu müssen alle Apparaturen, die für das Verfahren erforderlich sind, auf den Produktionsmaßstab übertragen, das sogenannte Scale-up (Maßstabsübertragung) durchgeführt werden. Es werden vereinbarungsgemäß dort, wo es sinnvoll erscheint, die geometrischen Größen im Produktionsmaßstab mit *) gekennzeichnet, um sie vom Modellmaßstab zu unterscheiden (Abschnitt 2.7.3).

Um letztendlich auch an die Wirtschaftlichkeitsdaten zu kommen, sind des Weiteren Kostenschätzungen, Energiebetrachtungen und Stoffbilanzen erforderlich.

Tabelle 10.20 Ermittlung der Ausbeute. Basierend auf den einzelnen Stufenwirkungsgraden kann die Gesamtausbeute ermittelt werden.

Verfahrensschritt	Name	Volumen (ml)	Aktivität (U/ml)	$c_{Protein}$ (mg/ml)	Spez. Aktivität (U/mg)	Gesamt-aktivität (kU)	Gesamt-protein (g)	Stufenwirkungs-grad (%)	Aus-beute (%)
Zellernte und Separation	nach 365 min Fermentationszeit	10000	16	8,1	2,00	160	81	92	100
	Susp. der abgetrennten Biomasse nach Lagerung über Nacht	3500	51	28	2,04	178,5	98		92
Zellaufschluß	Susp. der abgetrennten Biomasse nach Lagerung über Nacht	3500	51	28	2,04	193	84	100	92
	Zellaufschluss im Kontibetrieb bei $\tau = 54{,}6$ s	3500	55	39,6	1,50	193	118		
Extraktion (1 + 2)	Fraktion 3	500	55	21	2,30	27,5	11	35	32
	zweifach verdünnte Bottomphase der 2. Hauptextraktion	400	39	0,25	130	15,6	0,1		
Aufkonzentrierung	zweifach verdünnte Bottomphase der 2. Hauptextraktion	400	39	0,25	130	15,6	0,1	61	19
	Retentat vor dem Aufzug auf die SEC	35	225	1,9	77,60	7,9	0,07		
Gelchromatographie	Aufzug auf die SEC	30	278	1,9	121	8,3	0,06	42	8
	Pool aus den Fraktionen 50–61	100	35	0,15	233	3,5	0,015		

Spez. Aktivität am Ende: 175 U/mg → $K_U = 2 \cdot 10^{10}$ U/a → $K_{kg} = 155$ kg/a

10.3.3.1 Apparate- und Maschinenauslegung

Verfahrensfließbild 1 (Abb. 10.23a) → am Kapitelende

Im Zentrum eines biotechnologischen Verfahrens steht in den allermeisten Fällen der Bioreaktor (Fermenter), wobei neben dem Hauptfermenter auch Vorfermenter erforderlich sind. Für den ausgewählten Rührwerksbioreaktor (Abschnitt 10.1) muss das Volumen berechnet werden, dabei sind die Randbedingungen und Vorgaben aus Tab. 10.21 zu berücksichtigen.

Das eigentliche, für die Durchführung der Reaktion notwendige Volumen ist das Liquidreaktionsvolumen $V_{R,L}$. Um vom Nettoreaktionsvolumen zum Liquidvolumen zu gelangen, benötigt man den Gesamtaufarbeitungswirkungsgrad und den Kontaminationsfaktor f_K. Bei Annahme eines geringen Kontaminationsrisikos kann über ein Nomogramm [4] ein Wert von $f_K = 1{,}06$ ermittelt werden (geringes Risiko + kurze Fermentationszeit). Für den Wirkungsgrad findet man aus den Laborergebnissen (Tab. 10.20) aufgrund der hohen Verluste den Wert (Abschnitt 7.12):

$$\alpha = 1 - \frac{\text{Aufarbeitungsverluste in \%}}{100} = 1 - \frac{92}{100} = 0{,}08 \qquad \text{(Gleichung 10.15)}$$

womit sich unter Einbezug von Gleichung 8.9 für die Bestimmung der Rüstzeit ein Liquidreaktionsvolumen des Hauptfermenter R1 von

$$\begin{aligned} V_{R,L} &= \frac{K \cdot f_K \cdot (t_F + 1{,}3 \cdot V_{R,L}^{1/3} + 0{,}66 \cdot V_{R,L}^{2/3})}{\text{BST} \cdot P \cdot \alpha} \\ &= \frac{20.000 \cdot 1{,}06 \cdot (6 + 1{,}3 \cdot V_{R,L}^{1/3} + 0{,}66 \cdot V_{R,L}^{2/3})}{7000 \cdot 16 \cdot 0{,}08} \end{aligned} \qquad \text{(Gleichung 10.16)}$$

berechnen lässt. Gleichung 10.16 kann nicht direkt gelöst werden. Formt man sie in das Polynom

$$V_{R,L} - 3{,}08 \cdot V_{R,L}^{1/3} - 1{,}56 \cdot V_{R,L}^{2/3} - 14{,}2 = 0 \qquad \text{(Gleichung 10.17)}$$

um, dann lässt sich mit einer Iterationsmethode für das Reaktionsvolumen u. a. der sinnvolle Wert von $V_{R,L} = 45\ m^3$ finden. Damit kann mittels Gleichung 8.9

Tabelle 10.21 Vorgaben und Randbedingungen für die Reaktorberechnung [4].

Parameter	Abkürzung	Wert	Quelle
Jahreskapazität	K	20 000 MU/a	Tab. 10.8
Fermentationsdauer	t_F	6 h	Tab. 10.8
Rüstzeit	t_R	13 h	Gl. 8.9/10.18
Betriebsstunden	BST	7000 h/a	Tab. 10.8
Produktkonzentration	P	16 kU/l	Tab. 10.20

$$t_R = 1{,}3 \cdot 45^{1/3} + 0{,}66 \cdot 45^{2/3} = 13\ \text{h} \qquad \text{(Gleichung 10.18)}$$

die volumenabhängige Rüstzeit gefunden werden. Das Reaktionsvolumen von 45 m^3, das zu einem Bruttovolumen von maximal 90 m^3 führt, kann vom gewählten Reaktortyp problemlos aufgenommen werden (Tab. 10.6 und Abb. 10.9). Es ist also nur ein Reaktor notwendig. Somit entfallen die Überlegungen zur Unterteilung des Gesamtvolumens in mehrere Reaktoren, wie es in Abschnitt 8.2.3 durchgeführt wurde.

Das ermittelte Reaktionsvolumen bedeutet einen Scale-up-Faktor von $\lambda = 16{,}5$ (Abschnitt 2.7.3). Für das Scale-up-Prozedere müssen die wichtigsten Parameter gefunden werden (Abschnitt 2.7.3.5, Tab. 2.47). Für aerobe Fermentationsprozesse sind vor allem die Kriterien Transport von Sauerstoff in das Medium (OTR) und Rücktransport des Kohlendioxids, die mechanischen Belastungen und die Mischzeiten von Wichtigkeit. Im vorliegenden Fall kann mit Sicherheit ausgeschlossen werden, dass die mechanische Belastung eine Rolle spielen wird, und die Mischzeiten sollten auch nicht relevant sein, da sie ohnehin nicht vom 10-l- in der 45-m^3-Maßstab übertragen werden können (Abschnitt 2.7.3.5, Gleichung 2.96). Es bleibt als maßgebender Scale-up-Parameter die OTR, die wiederum mit der Leistungsdichte und der Gasleerrohrgeschwindigkeit verknüpft ist (Abschnitt 2.6.1.4 und 4.4, Gleichungen 2.24 und 4.19). Aus diesen Überlegungen heraus sind für das Scale-up die folgenden Angaben und Annahmen zu treffen:

- die Ausbeuten bei der Fermentation und der Aufreinigung bleiben konstant;
- der Schlankheitsgrad $f_S = 1{,}09$ und das Rührer-Kesseldurchmesserverhältnis $f_R = 0{,}33$ bleiben wegen der geforderten geometrischen Ähnlichkeit konstant;
- die Leistungsdichte ϵ (in W/kg) bleibt wegen OTR = idem konstant;
- der Einbautenfaktor wird mit $f_E = 1{,}2$ angenommen [4];
- der Schaumfaktor wird wegen des Einsatzes eines Schaumabscheiders (z. B. Foamkill [4]) als niedrig erachtet und mit $f_F = 1{,}1$ abgeschätzt;
- für den Koaleszenzfaktor wird $f_{KZ} = 1{,}1$ gesetzt (nicht koaleszenzgehemmt, da ohne Tenside und dünnflüssig);
- die Begasungsrate im Modellmaßstab $q = 1$ vvm würde im Produktionsmaßstab eine 16-fache Steigerung der Gasleerrohrgeschwindigkeit bedeuten, deshalb wird zunächst u_G = idem festgelegt und nachfolgend der gegenläufigen Forderung OTR/CPR angepasst.

Um den Faktor für den Gas-hold-up f_G bestimmen zu können, wird zunächst der relative Gasgehalt φ_G^* abgeschätzt:

$$\varphi_G^* = \sqrt{\epsilon_g^{0,5} \cdot u_G} \cdot f_{KZ} \qquad \text{(Gleichung 10.19)}$$

wobei die Gesamtleistungsdichte ($\epsilon_g = \epsilon_R + \epsilon_{G,P}$) berücksichtigt wird (Abschnitt 2.7.3.4). Gleichung 10.19 ist eine empirische Gleichung und gilt nur in dem ihr zugedachten Gültigkeitsbereich [4].

Bei vorgegebener Begasungsrate wird die Gasleerrohrgeschwindigkeit wie folgt berechnet:

$$u_G = \frac{q}{60} \cdot H = \frac{q}{60} \cdot \sqrt[3]{V_{R,L} \cdot \frac{4}{\pi} \cdot f_S^2} \qquad \text{(Gleichung 10.20)}$$

Da für das Scale-up geometrische Ähnlichkeit vereinbart wird, bleibt der Schlankheitsgrad konstant. Dieser berechnet sich aus:

$$f_s = \frac{V_{R,L}}{D^3 \cdot \pi} \cdot 4 = \frac{0{,}01 \cdot 4}{\left(\frac{0{,}075}{0{,}33}\right)^3 \cdot \pi} = 1{,}085 = \frac{H^*}{D^*} \qquad \text{(Gleichung 10.21)}$$

Die Flüssigkeitshöhen in Modell und Produktionsmaßstab berechnen sich zu:

$$H = \sqrt[3]{\frac{V_{R,L} \cdot f_S^2 \cdot 4}{\pi}} = \sqrt[3]{\frac{0{,}01 \cdot 1{,}09^2 \cdot 4}{\pi}} = 0{,}247 \text{ m} \qquad \text{(Gleichung 10.22)}$$

bzw. im Produktionsmaßstab zu:

$$H^* = \sqrt[3]{\frac{V_{R,L}^* \cdot f_S^2 \cdot 4}{\pi}} = \sqrt[3]{\frac{45 \cdot 1{,}09^2 \cdot 4}{\pi}} \approx 4{,}1 \text{ m} \qquad \text{(Gleichung 10.23)}$$

Damit kann für den Modellmaßstab die Gasleerrohrgeschwindigkeit bestimmt werden

$$u_G = \frac{q}{60 \text{ s}} \cdot H = \frac{1}{60 \text{ s}} \cdot 0{,}246 = 4{,}1 \cdot 10^{-3} \frac{\text{m}}{\text{s}} \qquad \text{(Gleichung 10.24)}$$

Bei konstanter Gasleerrohrgeschwindigkeit ergibt sich damit für die Begasungsrate im Produktionsmaßstab:

$$q* = \frac{u_G \cdot 60}{H*} = \frac{0{,}0041 \cdot 60}{\sqrt[3]{\frac{45 \cdot 1{,}085^2 \cdot 4}{\pi}}} = 0{,}07 \text{ vvm} \qquad \text{(Gleichung 10.25)}$$

Beim Scale-up die Begasungsrate konstant zu halten ist ab einem Scale-up-Faktor von 2 nicht mehr erfüllbar, da sonst die Gasleerrohrgeschwindigkeit zu hoch wird. Doch wenn die Begasungsrate zu gering wird, kann es zu einem Engpass bei der Kohlendioxidentsorgung über das Abgas kommen. Da bei u_G = idem das zu einer sehr niedrigen Begasungsrate im Produktionsmaßstab führt (Gleichung 10.25), wird diese mit $q^* = 0{,}3$ vvm festgelegt. Damit nimmt die Gasleerrohrgeschwindigkeit auf $u_G^* = 0{,}02 \text{m/s}$ zu. Die dadurch verschärfte Situation hinsichtlich Schaumentstehung sollte mit dem vorgesehenen mechanischen Schaumabscheider beherrschbar sein, und zusätzlich wird aus Sicherheitsgründen eine Antischaummittelvorlage installiert (R7).

Mit diesen Ergebnissen kann die pneumatische Leistungsdichte für den Produktionsmaßstab $\epsilon^*_{G,P}$ beschrieben werden:

$$\epsilon^*_{G,P} = u^*_G \cdot g = 2{,}0 \cdot 10 \frac{m}{s} \cdot 9{,}81 \frac{m}{s^2} = 0{,}1962 \frac{W}{kg} \qquad \text{(Gleichung 10.26)}$$

Die Leistungsdichte über das Rührwerk, ϵ_R, wird wie folgt bestimmt:

$$\epsilon_{R,b} = \frac{P_{R,b}}{V_{R,L} \cdot \rho_L} \qquad \text{(Gleichung 10.27)}$$

Dazu muss zunächst die durch das Rührwerk im begasten Zustand eingetragene Leistung $P_{R,b}$ bestimmt werden (empirische Gleichung, Abschnitt 2.7.3.4):

$$P_{R,b} = P_{R,0} \cdot \frac{1}{\sqrt{1 + 490 \frac{u_G}{\sqrt{g \cdot D}}}} \qquad \text{(Gleichung 10.28)}$$

wobei für die Berechnung der Rührwerksleistung die Basisgleichung

$$P_{R,0} = \mathrm{Ne}_0 \cdot \rho_L \cdot n^3 \cdot d_R^5 \qquad \text{(Gleichung 10.29)}$$

verwendet wird, mit den Werten von Ne = 6,0 für die unbegaste Newtonzahl eines zweistufigen Scheibenrührers und der Flüssigkeitsdichte von etwa ρ_L = 1 kg/l. Damit erhält man:

$$P_{R,0} = 6 \cdot 1000 \cdot \left(\frac{1000}{60\ s}\right)^3 \cdot (0{,}075)^{55} = 65{,}92\ W$$

bzw. für den begasten Zustand im Modellmaßstab:

$$P_{R,b} = 65{,}92 \cdot \frac{1}{\sqrt{1 + 490 \frac{4{,}1 \cdot 10^{-3}}{\sqrt{9{,}81 \cdot 0{,}227}}}} = 43{,}036\ W$$

Das entspricht einer Leistungsdichte im Modellmaßstab von

$$\epsilon_{R,b} = \frac{P_{R,b}}{V_{R,L} \cdot \rho_L} = \frac{43{,}036}{10 \cdot 1{,}1} = 3{,}91 [W/kg]$$

mit

$$\epsilon_{G,P} = u_G \cdot g = 0{,}0041 \cdot g = 0{,}04[\mathrm{W/kg}]$$

Somit können nun mit die Bedingungen für den Produktionsmaßstab formuliert werden:

$$\epsilon_g^* = \epsilon_{G,P}^* + \epsilon_{R,b}^* = 0{,}04 + 3{,}9 = 4{,}0[\mathrm{W/kg}]$$

$$\varphi_\mathrm{G}^* = \sqrt{\epsilon_\mathrm{g}^{*0,5} \cdot u_\mathrm{G}^*} \cdot f_\mathrm{KZ} = \sqrt{4{,}37^{0,5} \cdot 0{,}02} \cdot 1{,}1 = 0{,}225$$

womit man für den Gas-hold-up-Faktor folgenden Wert findet:

$$f_\mathrm{G}^* = 1 + \varphi_\mathrm{G}^* = 1{,}225$$

Damit kann das Volumen für den Produktionsreaktor ermittelt werden:

$$V_\mathrm{R,B}^* = V_\mathrm{R,L}^* \cdot f_\mathrm{F} \cdot f_\mathrm{E} \cdot f_\mathrm{G}^* = 45 \cdot 1{,}1 \cdot 1{,}1 \cdot 1{,}225 = 67\,\mathrm{m}^3 \qquad \text{(Gleichung 10.30)}$$

Der Bioreaktor für die Hauptfermentation, der im Fließbild 1 (Abb. 10.23a) mit R1 bezeichnet ist, besitzt ein Bruttovolumen von 70 m^3. Die Auslegungstemperatur wird auf den Standardwert von 200 °C und der Auslegungsdruck auf 4 bar (Dampfdruck bei 130 °C = 3 bar + Zuschlag) festgelegt [4].

Mit den Betriebsstunden und der Gesamtchargenzeit, die sich aus der Fermentationszeit und der Rüstzeit zusammensetzt, erhält man für die Chargenzahl pro Jahr:

$$\mathrm{Chargenzahl}_\mathrm{max} = \frac{\mathrm{BST}}{\mathrm{t_F} + t_\mathrm{R}} = \frac{7000}{19} = 368\,\frac{\mathrm{Chargen}}{\mathrm{a}} \qquad \text{(Gleichung 10.31)}$$

d. h. im Jahr müssen 368 Fermenterinhalte (reines Flüssigkeitsvolumen $V_{\mathrm{R,L}}$) aufgearbeitet werden, um die geforderten 20 Milliarden Units produzieren zu können.

Im Weiteren wird aufgezeigt, wie bei der Auslegung einer biotechnologischen Anlage vorgegangen werden muss, um alle Maschinen und Apparate auch zu berücksichtigen. Sollten sich rechnerisch sehr kleine Apparate ergeben, wie z. B. Lagerbehälter von nur einigen Litern, dann wird man an diesen Stellen versuchen, durch längere Lieferzeiten technisch handfeste Apparategrößen von mindestens einigen Hundert Litern zu erreichen, oder aber man wendet eine etwas improvisiertere Technik, wie eine Fasswirtschaft, an.

Dieser Hinweis gilt grundsätzlich für alle Maschinen und Apparate und es wird dann im Folgenden nicht mehr an jeder Position darauf hingewiesen. Es muss aber deutlich gemacht werden, wie wichtig es ist, bei der Ermittlung der Apparatekosten jeden noch so kleinen Apparat zu berücksichtigen, weil über den Anlagenfaktor jeder Apparat eine Steigerung seines Einflusses erfährt.

Berechnung der Lagertanks für Glucose und Lactose (B1, B2)

Folgende Angaben und Annahmen liegen der Berechnung zugrunde (auch Abschnitt 5.1, Gleichung 5.1):

- angenommener Lieferzyklus für Glucose und Lactose als 70 %ige Lösung (0,7 kg/kg): alle 4 Wochen, $t_Z = 28\ \text{d} \cdot 24\ \text{h/d} = 680\ \text{h}$
- Dichte der 70 %igen Glucose bzw. Lactoselösung: $\rho_{\text{Glu,70 \%}}$ bzw. $\rho_{\text{Lac,70 \%}} = 1{,}3 \cdot 10^3\ \text{kg/m}^3$ [17]
- Sicherheitszuschlag für Volumen von 15 % $\Rightarrow f_B = 1{,}1{,}5$

Damit errechnet sich die Größe der Lagerbehälter:

$$V_{L,Gluc} = \frac{c_{Gluc} \cdot V_{R,L} \cdot t_Z \cdot f_B}{f_{K,Gluc} \cdot \rho_L \cdot (t_F + t_R)} = \frac{10 \cdot 45 \cdot 680 \cdot 1{,}15}{0{,}7 \cdot 1300 \cdot 19} = 20{,}35 \cdot \text{m}^3$$

(Gleichung 10.32)

$$V_{L,Lac} = \frac{c_{Lac} \cdot V_{R,L} \cdot t_Z \cdot f_B}{f_{K,Lac} \cdot \rho_L \cdot (t_F + t_R)} = \frac{20 \cdot 45 \cdot 680 \cdot 1{,}15}{0{,}7 \cdot 1300 \cdot 19} = 40{,}71 \cdot \text{m}^3$$

(Gleichung 10.33)

Anmerkung: Die Größe der Lagerbehälter richtet sich neben dem Bedarf auch nach den Lieferzyklus (Abschnitt 5.1). Zu kurze Lieferzeiten bergen die Gefahr in sich, u. U. in Engpässe zu geraten, zu lange hingegen erhöhen die erforderliche Lagerkapazität, was sich in den Investitionskosten niederschlägt. Der goldene Mittelweg ist gefragt, aber oft kann auch bei Abnahme größerer Chargen eine günstigere Kondition ausgehandelt werden.

Berechnung des Glucose- und Lactosesterilfilters (F3, F4)

Es liegen folgende Angaben und Annahmen zugrunde:

- Glucose und die Lactose werden durch eine Sterilfiltration entkeimt. Das Filterelement sei im Gehäusepreis und die Austauschelemente später in den Werkstattkosten enthalten.
- Es wird eine einfache, zweistufige Filtration (Vorfilter 5 µm, Sterilfilter 0,2 µm) vorgesehen.
- Beide Medien liegen als 70 %ige Lösung vor, $c_{L/G} = 0{,}7$ kg/kg.
- Die Befüllung beider Substrate soll innerhalb einer halben Stunde erfolgen.

$$\dot{V} = \frac{(c_{\text{Lac}} + c_{\text{Gluc}})}{\rho_{\text{L}} \cdot c_{\text{L/G}} \cdot t_{\text{F}}} \cdot V_{\text{R,L}} = \frac{(20 + 10)}{1300 \cdot 0{,}7 \cdot 0{,}5} \cdot 45 = 3{,}0\ \frac{\text{m}^3}{\text{h}}$$

die angenommene spezifische Filtrationsrate im Vorfilter sei $m_{\text{Fl}} = 0{,}5\ \text{m}^3/(\text{m}^2 \cdot \text{h})$ und im Sterilfilter $\dot{m}_{\text{F2}} = 0{,}2\ \text{m}^3/(\text{m}^2 \cdot \text{h})$.

Damit berechnet sich die zu installierende Filtergröße zu (Vor- und Hauptfilter gleich behandelt):

$$A_{F3} = \frac{(V_{Lac,Charge} + V_{Glu,Charge})}{\dot{m}_F + t_{G/L}} = \frac{(20 + 10) \cdot 45}{1300 \cdot 0{,}7 \cdot 0{,}5} = 3{,}0 \text{ m}^2$$

(Gleichung 10.34)

$$A_{F4} = \frac{(V_{Lac,Charge} + V_{Glu,Charge})}{\dot{m}_F + t_{G/L}} = \frac{(20 + 10) \cdot 45}{1300 \cdot 0{,}7 \cdot 0{,}2} = 7{,}5 \text{ m}^2$$

(Gleichung 10.35)

Berechnung des Salzvorlagebehälters (R6)

Zusätzliche Angaben und Annahmen:

- 5-fach konzentrierte Lösung: $f_{Konz} = 5$
- Herstellung alle 2 Wochen: $t_Z = 14 \text{ d} = 336 \text{ h}$

Die aufsummierte Gesamtsalzkonzentration beträgt aufgerundet $c_{S\Sigma} = 15$ g/l (Tab. 10.8) und die Dichte der Salzlösung $\rho_{SL} = 1{,}05$ kg/l. Die Größe des Rührbehälters R6 berechnet sich damit zu:

$$V_{L,Salz} = \frac{c_{Salz} \cdot V_{R,L} \cdot t_Z \cdot f_B}{f_{K,Salz} \cdot \rho_L \cdot (t_F + t_R)} = \frac{15 \cdot 45 \cdot 336 \cdot 1{,}15}{0{,}075 \cdot 1050 \cdot 19} = 174{,}3 \cdot \text{m}^3$$

(Gleichung 10.36)

Berechnung der Vorkulturfermenter (R2, R3, R4, R5)

Zusätzliche Angaben und Annahmen:

- Die Vorkulturfermenter werden mit Vorkulturmedium betrieben und das Volumen beträgt 1/10 des Folgebioreaktors (Animpfverhältnis 1:10).
- Die beiden ersten Vorkulturfermenter (7 und 70 l) werden analog zum Laborfermenter betrieben und damit von Hand befüllt: Der Fleischextrakt und das Fleischpepton werden im vorgelegten Minimalmedium im Fermenter gelöst. Die Glucoselösung soll aus Trockensubstanz eingewogen werden und in einem Autoklaven sterilisiert werden.

Die Größe der einzelnen Vorkulturfermenter berechnet sich aus (beispielhaft für den größten Vorfermenter R5, die Berechnungen für die restlichen Reaktoren erfolgt analog):

$$\begin{aligned} V_{R5} &= \text{Volumen des Hauptfermenters} \times \text{Animpfverhältnis} \\ &= 70 \cdot \frac{1}{10} = 7 \text{ m}^3 \\ V_{R4} &= 700\ l;\ V_{R3} = 70\ l;\ V_{R2} = 0\ l \end{aligned}$$

(Gleichung 10.37)

Berechnung des Natronlaugevorratsbehälters (B3)

Angaben und Annahmen:

- Die Natronlauge soll für eine Woche aus Festsubstanz (Plätzchen) angesetzt werden, $t_Z = 7$ d = 168 h
- Zum Mischen wird die Pumpe P4 im Kreis gefahren, die dabei entstehende Wärme wird über ein Doppelrohr in der Umpumpleitung abgeführt (W3).
- Aufgrund der Autosterilität wird die Lösung nicht sterilisiert, lediglich das Equipment; der Anschluss erfolgt über eine Dreiergruppe [4].
- Der NaOH-Verbrauch während der Labor-Fermentation beträgt ca. 200 ml.

Damit berechnet sich das Volumen der Vorlage zu (mit dem volumetritschen Scale-up-Faktor von $\lambda^3 = 4500$):

$$V_{\mathrm{NaOH}} = \frac{V_{\mathrm{NaOH,10l}} \cdot \lambda^3 \cdot t_Z \cdot f_B}{(t_F + t_R)} = \frac{0{,}2 \cdot 4500 \cdot 168 \cdot 1{,}15}{19} = 9150\ \mathrm{l} \cong 10\ \mathrm{m}^3 \qquad \text{(Gleichung 10.38)}$$

Berechnung des Säure- und Antischaummittelvorlage (B4, R7)

Zusätzliche Angaben und Annahmen:

- Beide Vorlagen sind Sicherheitseinrichtungen, die Säure, um gegebenenfalls den pH-Wert zu korrigieren, und Antischaummittel, falls unvorhersehbare Zustände auftreten (Kontamination) und der Schaum nicht mehr zu beherrschen ist.
- Es wird 10 %ige Schwefelsäure verwendet, somit reicht 1 % von $V_{R,L}$.
- Als Antischaummittel verwendet man Polypropylenglycol (PPG 2000), es reichen 0,1 ml/l, d. h. 0,1 % von $V_{R,L}$.

Die Größe der Säure- und Antischaummittelvorlage B4 bzw. R7 berechnet sich damit zu $V_{B4} = 450$ l und $V_{R7} = 50$ l.

Berechnung des Erntebehälters (R8)

Annahmen und Randbedingungen:

- Der Erntebehälter soll aus Sicherheitsgründen um 20 % größer als der Fermenter sein.
- Um Wachstum und enzymatische Aktivität in der Fermentationsbrühe zu minimieren, muss der Erntekessel gekühlt werden ($T = 4$ °C).

Das Volumen beträgt damit:

$$V_{E,B} = V_{R,B} \cdot 1{,}2 = 70 \cdot 1{,}2 = 85\ \mathrm{m}^3 \qquad \text{(Gleichung 10.39)}$$

Verfahrensfließbild 2 (Abb. 10.23b) → am Kapitelende

Berechnung des Tellerseparators (S1)

Angaben und Annahmen:

- Um einen unnötig hohen personellen Aufwand zu vermeiden, wird ein periodisch selbstaustragender Tellerseparator eingesetzt.
- Im Labor werden 35 min benötigt und bei einer Durchflussrate von 260 ml/min erreicht man den gewünschten stationären Zustand, das bedeutet ein klares Zentrat.

Die gesamte Klärfläche setzt sich aus der Klärfläche der Trommel und der Glocke zusammen. Die dafür erforderlichen Abmessungen und die Zentrifugalbeschleunigung berechnen sich nach folgenden Beziehungen (Tab. 10.22):

$$C_{\text{Glocke}} = \frac{\omega^2 \cdot r_{\text{m,Glocke}}}{g} = \frac{(2 \cdot \pi \cdot n)^2 \cdot r_{\text{m,Glocke}}}{g}$$

$$r_{\text{m,Glocke}} = \text{mittlerer Radius des Flüssigkeitsringes in der Glocke}$$
$$= \frac{r_1 + r_2}{2} = \frac{(2{,}6 + 5{,}25)}{2} = 3{,}93 \text{ cm}$$

$$r_{\text{m,Trommel}} = \text{mittlerer Radius des Flüssigkeitsringes in der Trommel}$$
$$= \frac{r_3 + r_4}{2} = \frac{(5{,}5 + 7)}{2} = 6{,}25 \text{ cm}$$

(Gleichung 10.40)

Es gilt also

$$\Sigma = \Sigma_{\text{Trommel}} + \Sigma_{\text{Glocke}}$$

$$\Sigma_{\text{Trommel}} = 2 \cdot \pi \cdot r_{\text{m,Trommel}} \cdot l_{\text{eff,Trommel}} \cdot C_{\text{Trommel}}$$

$$\rightarrow C_{\text{Trommel}} = \frac{\omega^2 \cdot r_{\text{m,Trommel}}}{g}$$

$$\Sigma_{\text{Trommel}} = 2 \cdot \pi \cdot 0{,}0625 \cdot 0{,}045 \cdot \frac{(2 \cdot \pi \cdot 167)^2 \cdot 0{,}0625}{9{,}81} = 123{,}96 \text{ m}^2$$

$$\Sigma_{\text{Glocke}} = 2 \cdot \pi \cdot 0{,}0393 \cdot 0{,}05 \cdot \frac{(2 \cdot \pi \cdot 167)^2 \cdot 0{,}0393}{9{,}81} = 54{,}46 \text{ m}^2$$

(Gleichung 10.41)

Somit berechnet sich die äquivalente Klärfläche zu:

$$\Sigma = \Sigma_{\text{Trommel}} + \Sigma_{Glocke} = 124 + 54{,}5 = 178{,}42 \text{ m}^2$$

Die Scale-up-Regel für Zentrifugen verlangt, dass die Klärflächenbelastung, also die Sedimentationsgeschwindigkeit des Grenzkorns, konstant bleibt. Die Gleichung lautet somit (Abschnitt 7.1.4.3):

$$\frac{\dot{V}}{\Sigma} = w_s = w_s^* = \text{const.} \qquad \text{(Gleichung 10.42)}$$

Die Klärflächenbelastung im Labor lässt sich mit Gleichung 10.42 wie folgt angeben:

$$w_s^* = \frac{\dot{V}}{\Sigma} = \frac{0{,}26 \cdot 10^{-3}}{60 \cdot 178{,}42} = 2{,}43 \cdot 10^{-8}\ \frac{\text{m}}{\text{s}}$$

Zum Vergleich: Die Sinkgeschwindigkeit einer *Escherichia-coli*-Zelle bei einer Dichtedifferenz von 50 kg und einem angenommenem Durchmesser von ca. 1 μm beträgt ca. $2 \cdot 10^{-8}$ m/s.

Der Volumenstrom nach dem Scale-up beträgt:

$$\dot{V} = \frac{V_{R,L}}{t_{Ch}} = \frac{45}{19} = 2{,}37\ \frac{\text{m}^3}{\text{h}} = 6{,}6 \cdot 10^{-4}\ \frac{\text{m}^3}{\text{s}} \qquad \text{(Gleichung 10.43)}$$

Damit errechnet sich eine äquivalente Klärfläche für die Separationseinheit der Produktionsanlage von:

$$\Sigma_{TS}^* = \frac{\dot{V}^*}{w_s^*} = \frac{6{,}6 \cdot 10^{-4}}{2{,}43 \cdot 10^{-8}} = 27\,074\ \text{m}^2$$

Diese äquivalente Klärfläche stellt jedoch lediglich einen Anhaltswert dar. Um zur real notwendigen Klärfläche zu gelangen, müssen zahlreiche zusätzliche Effekte, wie z. B. Strömungsphänomene im Zulauf und Ablauf sowie im Tellerspalt eines Separators mit in Betracht gezogen werden (Abschnitt 7.1). In der Praxis realisiert man dies durch einen Korrekturfaktor k.

Somit folgt:

$$\Sigma_{Real} = \Sigma_{berechnet} \cdot k \qquad \text{(Gleichung 10.44)}$$

Tabelle 10.22 Abmessungen des Laborkammerseparators.

Benennung	Abmessung
Durchmesser des Greifers	5,2 cm ($r_{Greifer} = r_1 = 2{,}6$ cm)
Innendurchmesser des Glockeneinsatzes	10,5 cm ($r_{Glocke,innen} = r_2 = 5{,}25$ cm)
Außendurchmesser des Glockeneinsatzes	11 cm ($r_{Glocke,außen} = r_3 = 5{,}5$ cm)
Höhe des Glockeneinsatzes	5 cm ($l_{eff,Glocke} = 0{,}05$ m)
Trommelinnendurchmesser	14 cm ($r_{Trommel} = r_4 = 7$ cm)
Trommelhöhe	4,5 cm ($l_{eff,Trommel} = 0{,}045$ m)

Für den Faktor k gilt: $0 < k < 1$.

In der Praxis setzt man für einzellige Mikroorganismen vom Bakterientyp den Wert für k auf ca. 0,3 – 0,4. Die so berechnete äquivalente Klärfläche ist Grundlage der Spezifikation eines Tellerseparators.

Die bei einem Tellerseparator maschinenseitig zur Verfügung stehende äquivalente Klärfläche berechnet sich als Summe der äquivalenten Klärflächen der einzelnen Teller gemäß:

$$\Sigma_T = 2 \cdot \pi \cdot \tan\alpha \cdot \frac{\omega^2}{g} \cdot \frac{(r_2^3 - r_1^3)}{3} \qquad \text{(Gleichung 10.45)}$$

In der Praxis der biotechnologischen Anwendung liegt der Telleranstellwinkel zwischen 38° und 42°. Die Tellerzahl liegt abhängig von der benötigten Maschinengröße zwischen ca. 100 und 250. Reale Trommeldurchmesser liegen zwischen ca. 150 und 700 mm. Die Trommeldrehzahlen liegen zwischen ca. 6000 und 10 000 min^{-1}. Eigentliches Kriterium hierbei ist die maximale Zentrifugalbeschleunigung am Tellerrand r_2. Diese ist bei häufig ausschlaggebend für die Abtrennung der Feinstteile und liegt i. d. R. bei ca. 7000–10000 g. Es sind im Besonderen die Fließeigenschaften der jeweiligen Suspension zu berücksichtigen, wie z. B. die Fließgrenze etc.

Als zweiter Gesichtspunkt muss bei der Auslegung eines Separators in jedem Fall auch die Feststoffkapazität berücksichtigt werden. Hierbei sind das Schlammraumvolumen, der maximale Schlammraumfüllgrad und die maximale Austragsfrequenz von entscheidender Bedeutung.

Legt man, wie in der Praxis häufig üblich, einen maximalen Füllgrad des Schlammraumes von zwei Dritteln des gesamten Schlammraumes fest, so folgt für die Feststoffkapazität eines intermittierend austragenden Tellerseparators:

$$\dot{V}_{\mathrm{Schl,max}} = 2/3 \cdot V_{\mathrm{SR}} \cdot f_{\mathrm{Austrag}} \qquad \text{(Gleichung 10.46)}$$

Der Schlammaustragsfrequenz wird in 1/h eingesetzt.

Somit ist ein sicherer Austrag ohne Beeinträchtigung der Klärung durch die Überfüllung des Schlammraumes gesichert [18, 20].

Der Separator S2 erhält somit die in Tab. 10.23 zusammengestellten Auslegungsdaten. Aus der äquivalenten Klärfläche und den Abmessungen lässt sich die dazugehörige Drehzahl berechnen (s. Gleichung 10.45):

$$n = \frac{30}{\pi} \cdot \sqrt{\frac{\Sigma_T \cdot g}{z \cdot 2 \cdot \pi \cdot \tan\alpha \cdot \left(\frac{r_2^3 - r_1^3}{3}\right)}}$$

$$= \frac{30}{\pi} \cdot \sqrt{\frac{27\,000 \cdot g}{90 \cdot 2 \cdot \pi \cdot \tan 50 \cdot \left(\frac{0{,}127^3 - 0{,}055^3}{3}\right)}} \approx 7500 \text{ upm}$$

Tabelle 10.23 Zusammenstellung der Auslegungsdaten für den Separator S1

äquivalente Klärfläche	27 000 m^2	Drehzahl n	7500 upm
Tellerdurchmesser außen	255 mm	Tellerdurchmesser innen	110 mm
Tellerzahl z	90	Tellerwinkel α	50°

Berechnung des Pufferbehälters für den Überstand (B5)

Angaben und Annahmen:

- Der Überstand wird zum bbA gepumpt, als Pumpvorlage wird eine Stunde veranschlagt.

Das ergibt ein Volumen von 3,0 m^3 (Verfahrensfließbild 2, Abb. 10.23b, mit Mengenschema Tab. 10.29b).

Berechnung des Behälters zum Resuspendieren der Biomasse (R9)

Angaben und Annahmen:

- Um die separierte Biomasse in gekühlten Puffer zu resuspendieren, wird im Labor ein Eisbad verwendet.
- Zum Zellaufschluss mittels der Kugelmühle werden die separierten Zellen in 3 l Puffer (vorgekühlt) resuspendiert.
- Die Konzentrationen der Puffer im Labor und nach dem Scale-up sind identisch.
- Sicherheitszuschlag von 20 %: $f_B = 1{,}2$
- Die separierte Zellmasse hat ein Volumen von 500 ml.
- Zum Zellaufschluss stehen somit 3500 ml Biomasse-Suspension zur Verfügung.

Damit erhält man für das Volumen des Resuspendierbehälters:

$$V_{R9} = V_{Susp,10l} \cdot \lambda^3 \cdot f_B = 0{,}0035 \cdot 4500 \cdot 1{,}2 \approx 20\ m^3 \qquad \text{(Gleichung 10.47)}$$

Berechnung Puffervorlage für die Kugelmühle (B6)

Angaben und Annahmen:

- Der Puffer wir jeden Tag *zweimal* angesetzt, das bedeutet eine Zykluszeit für jeden der zwei Kessel von $t_Z = 24$ h.
- Es werden zwei Puffer alternierend eingesetzt.
- Der Puffer wird gekühlt bei etwa 4 °C gelagert, die Kühlung erfolgt im Umpumpkreis.
- Es wird die Biofeuchtmasse (Massenstrom {8} = 150 kg/h) mit der Pufferlösung auf dieselbe Verdünnung wie vor der Zentrifugation eingestellt (Volumenstrom {9} = {10}).
- Die Dichte der Pufferlösung beträgt $\rho_P = 1{,}08$ kg/l.
- Die Zusammensetzung des Puffers lautet: Na_2HPO_4 50 mmol/l; $MgSO_4$ 1 mmol/l.

Das ergibt ein Volumen von:

$$V_{B6} = \frac{1}{2} \cdot \dot{V}_P \cdot t_Z \cdot f_B = \frac{1}{2} \cdot 2{,}2 \cdot 24 \cdot 1{,}15 = 30 \text{ m}^3 \qquad \text{(Gleichung 10.48)}$$

Berechnung der Kugelmühle (M1)

Angaben und Annahmen:

- Lineares Scale-up der Kugelmühle, im Modell 3500 ml pro Charge.
- Das Bruttovolumen der Kugelmühle im Labor wird auf ca. 600 ml geschätzt. Bei trockener Mühle können 200 ml Bakteriensuspension eingefüllt werden. Das Haftvolumen an und zwischen den Kugeln wird zu ca. 50 ml abgeschätzt. Das Nettovolumen beträgt damit 250 ml. Der relative Anteil am Gesamtvolumen beträgt somit 42 %.
- Das Volumen der Glaskugeln beträgt damit 350 ml und der relative Gehalt am Gesamtvolumen 58 %. Hersteller geben für den optimalen Volumenanteil dagegen 80–85 % an.
- Es wird das kontinuierliche Verfahren mit einem optimalen Aufschlussgrad angenommen.

Eine wichtige Einflussgröße ist die mittlere hydrodynamische Verweilzeit (VWZ). Diese berechnet sich wie folgt (Tab. 10.13):

$$\tau = \frac{V_{\text{netto}}}{\dot{V}} = \frac{250}{275} = 0{,}909 \cdot \text{min} = 54{,}6 \text{ s} \qquad \text{(Gleichung 10.49)}$$

Damit bekommt die Kugelmühle im Produktionsmaßstab folgende Angaben und Annahmen:

- Die Rotorgeschwindigkeit beträgt in der Modellmühle 2000 upm.
- Der Leistungseintrag und die Kühlung des Rührbehälters R10 lassen sich über die Temperaturerhöhung des Durchlaufs abschätzen (von 4 °C auf 18,5 °C).
- Die Wärmekapazität der Suspension beträgt 4,2 kJ/kg.
- Nettovolumen Kugelmühle nach dem Scale-up:

$$V_{M1,\text{netto}} = \dot{V} \cdot \tau = \frac{2370}{3600} \cdot 55 = 36 \text{ l} \qquad \text{(Gleichung 10.50)}$$

- Bruttovolumen Kugelmühle nach dem Scale-up:

$$V_{M1,\text{brutto}} = V_{M1,\text{netto}} \cdot \frac{100}{42} = 36 \cdot 100/42 \approx 90 \text{ l} \qquad \text{(Gleichung 10.51)}$$

Der Leistungseintrag in der Labormühle lässt sich durch folgende Energiebilanz berechnen (Leistung nach Typenschild = 1,85 kW):

Das bedeutet eine Leistungsdichte von:

$$P_{M1,Modell} = \rho_P \cdot \dot{V} \cdot c_P \cdot \Delta T = \frac{1{,}08 \cdot 275 \cdot 4{,}2 \cdot 14{,}5}{60 \cdot 10^3} = 0{,}3 \text{ kW}$$

(Gleichung 10.52)

$$\left(\frac{P_{M1}}{V_{M1,netto}}\right) = \frac{0{,}3}{0{,}25} = 1{,}2 \frac{\text{kW}}{\text{l}}$$ (Gleichung 10.53)

und damit einen Leistungseintrag für die Produktionsmaschine von:

$$P^*_{M1} = 1{,}2 \cdot 36 \approx 45 \text{ kW}$$ (Gleichung 10.54)

Mit einem Wirkungsgrad von 70 % und einer Überdimensionierung von 40 % führt das zu einer installierten Leistung von 100 kW.

Berechnungen zur Extraktion – Vorlagekessel für die Lösungsmittel Aus Kostengründen werden zwei Behälter ohne Rührwerk vorgeschlagen. Anstelle von drei Rührkesseln für die Extraktionslösungen (PPG, Phosphat und Wassermischung) werden für die erste Extraktion zwei Kessel ohne Rührwerk verwendet, für die zweite Extraktion wird nur ein Kessel mit NaCl- Lösung benötigt.

Die jeweiligen Extraktionsmischungen werden erst in den Rührkesseln R10 bzw. R11 miteinander vermischt.

Berechnungen zur 1. Extraktion
Volumen Behälter (B7, PEG-Lösung)

Angaben und Annahmen:

- Die Dichte der PEG-Lösung (mit $MgSO_4$) wird auf $\rho_{PEG} \leq 10^3$ kg/m³ geschätzt.
- Maximales Volumen im Laborversuch: $V_{PEG,Lab} = 1400$ ml
- Sicherheitszuschlag von 10 %: $f_B = 1{,}1$
- Es werden zwei Kessel alternierend betrieben.
- Einer der beiden Vorlagekessel wird täglich angesetzt: $t_z = 24$ h

$$V_{B7} = \frac{V_{Modell} \cdot \lambda^3 \cdot t_Z \cdot f_B}{(t_F + t_R)} = \frac{1{,}4 \cdot 4500 \cdot 24 \cdot 1{,}1}{19 \cdot 10^3} \approx 8 \text{ m}^3$$ (Gleichung 10.55)

Volumen Behälter (B8, Phosphat-Lösung)

Angaben und Annahmen:

- Der Behälter für die Phosphat-Lösung wird für die 1. und 2. Extraktion verwendet und deshalb für beide Volumen ausgelegt.
- Die Dichte der Phosphatlösung wird mit $\rho_P = 1080$ kg/m³ angenommen.
- Maximales Volumen von $V_{Ph1,Lab} = 1680$ ml im Laborversuch Extraktion 1.
- Maximales Volumen von $V_{Ph2,Lab} = 630$ ml im Laborversuch Extraktion 2.
- Sicherheitszuschlag von 10 %: $f_B = 1{,}1$
- Das Volumen wird wieder in zwei alternierende Kessel unterteilt.

- Der Phosphatpuffer wird täglich angesetzt: $t_Z = 24$ h

$$V_{B8} = \frac{(V_{B4-Ph1,10l} + V_{B4-Ph2,10l}) \cdot \lambda^3 \cdot t_Z \cdot f_B}{(t_F + t_R)} = \frac{(1680 + 630) \cdot 4500 \cdot 24 \cdot 1{,}1}{19 \cdot 10^6} \approx 15 \text{ m}^3 \quad \text{(Gleichung 10.56)}$$

Rührkessel für die 1. Extraktion, 1. Mixer (R10)

Angaben und Annahmen:

- Maximales Extraktionsvolumen von $V_{Extr.1,Lab} = 7000$ ml im Laborversuch.
- Sicherheitszuschlag von 10 %: $f_B = 1{,}2$

$$V_{R10} = V_{Extr.1,10l} \cdot \lambda^3 \cdot f_B = 7 \cdot 4500 \cdot 1{,}2 = 37\,800 \text{ l} \approx 40 \text{ m}^3 \quad \text{(Gleichung 10.57)}$$

Dieses Nettovolumen von 38 m^3 bietet den zufließenden Volumenströmen {12} = 332 l/h + {13} = 547 l/h + {11} = 2370 l/h = 3249 l/h eine mittlere hydrodynamische Verweilzeit von knapp einer Stunde, was zu einer ausreichenden Vermischung (Dispergierung und Stoffaustausch) führt.

Verfahrensfließbild 3 (Abb. 10.23c**) → am Kapitelende**

Separator, 1. Settler (S2)

Angaben und Annahmen:

- Die Phasentrennung erfolgt in einem Separator (Abschnitt 7.8.4, Abb. 7.101).
- Es kann derselbe Separator wie für die Zellabtrennung verwendet werden!
- Vor dem Abwasserkanal ist wieder eine Pumpvorlage (B9) mit einer Stunde Puffer installiert.

Berechnung des Pufferbehälters für den Überstand der S2 (B5)

Angaben und Annahmen:

- Der Überstand wird zum bbA gepumpt, als Pumpvorlage wird eine Stunde veranschlagt.
- Das ergibt ein Volumen von 2,0 m^3 (Verfahrensfließbild 3, Abb. 10.23c) mit Mengenschema Tab. 10.29c).

Volumen Behälter (B10, NaCl-Lösung 2. Extraktion/Mixer)

Angaben und Annahmen:

- Die Dichte der Natriumchloridlösung wird zu $\rho_{NaCl} = 10^3$ kg/m^3 angenommen.
- Maximales Volumen von $V_{NaCl,Lab} = 2030$ ml im Laborversuch Extraktion 2.
- Sicherheitszuschlag von 10 %, $f_B = 1{,}1$
- Es werden zwei Kessel alternierend betrieben.
- Jeder Vorlagekessel wird einmal am Tag gefüllt.

$$V_{B10} = \frac{V_{B5-NaCl,10l} \cdot f_{up} \cdot t_Z \cdot f_B}{(t_F + t_R)} = \frac{2{,}03 \cdot 4500 \cdot 48 \cdot 1{,}1}{19 \cdot 10^3} \approx 25 \text{ m}^3$$

(Gleichung 10.58)

Rührkessel für die 2. Extraktion/2. Mixer (R11)

Angaben und Annahmen:

- Maximales Extraktionsvolumen von $V_{Extr.2,Lab}$ = 5000 ml im Laborversuch.
- Sicherheitszuschlag von 10 %: f_B = 1,2

$$V_{R11} = V_{Extr.2,10l} \cdot \lambda^3 \cdot f_{S,R} = 5 \text{ l} \cdot 4500 \cdot 1{,}2 \cdot 10^{-3} \approx 27 \text{ m}^3$$

(Gleichung 10.59)

Separator, 2. Settler (S3) mit Abbwasserpuffer (B11)

Angaben und Annahmen:

- Die Phasentrennung erfolgt in einem Separator (Abschnitt 7.8.4, Abb. 7.100).
- Es kann derselbe Separator wie für die Zellabtrennung verwendet werden!
- Vor dem Abwasserkanal ist wieder eine Pumpvorlage (B11) mit einer Stunde Puffer installiert.

Behälter (B12, Produktphase für das Plattenmodul)

Angaben und Annahmen:

- Sicherheitszuschlag von 10 %: f_B = 1,1
- Das Gesamtvolumen im Labor betrug $V_{Bottom,Lab}$ = 2,8 l (wenn das gesamte Volumen der Bottomphase aus Extraktion 2 eingesetzt werden würde).

$$V_{B12} = V_{Bottom,10l} \cdot \lambda^3 \cdot f_B = 2{,}8 \cdot 4500 \cdot 1{,}1 \cdot 10^{-3} \approx 14 \text{ m}^3$$

(Gleichung 10.60)

Verfahrensfließbild 4 (Abb. 10.23d) **→ am Kapitelende**

Plattenmodul (F18)

Angaben und Annahmen (Volumenströme):

- Der Konzentrierungsfaktor beträgt im Labor:

$$f_{konz,10l} = \frac{V_{Bottomph,10l}}{V_{Konzentrat,10l}} = \frac{2800}{245} = 11{,}43$$

(Gleichung 10.61)

- Permeatfluss im Labor:

$$\dot{V}_{Per,10l} = 500 \ \frac{\text{ml}}{\text{min}} = 30 \ \frac{\text{l}}{\text{h}}$$

Filterfläche für Plattenmodul

Angaben und Annahmen:

- Die Dichte der aufzukonzentrierenden Lösung wird mit >10^3 kg/m^3 angenommen.
- Es berechnet sich die benötigte Filterfläche mit 50 l/(m^2 • h) und f_B = 1,2 zu

$$A_{F18} = \frac{\dot{V}^{\alpha} \cdot f_B}{\dot{V}_{perm}} = \frac{655 \cdot 1{,}2}{50} \approx 16 \text{ m}^2 \qquad \text{(Gleichung 10.62)}$$

Auffangbehälter für das Retentat (B13) und Abwasser (B14)

Angaben und Annahmen:

- Sicherheitszuschlag von 10 %: f_B = 1,1
- Im Labormaßstab lagen $V_{Ret,Lab}$ = 245 ml Retentat vor.

$$V_{B13} = f_B \cdot \lambda^3 \cdot V_{Ret,Lab} = 245 \cdot 4500 \cdot 1{,}1 \cdot 10^{-6} = 1{,}1 \text{ m}^3 \qquad \text{(Gleichung 10.63)}$$

Vor dem Abwasserkanal ist wieder eine Pumpvorlage (B14) mit einer Stunde Puffer installiert.

Chromatographie

Behälter für Fluss- und Eluationspuffer für SEC (B15 und B16)

Angaben und Annahmen:

- Sicherheitszuschlag von 10 %: f_B = 1,1
- Im Labormaßstab werden $V_{Puffer,Lab,}$ = 10,5 l benötigt.
- Es werden zwei Behälter alternierend betrieben.
- Jeder Behälter wird einmal am Tag befüllt (48 h) .

$$\begin{aligned} V_{B15/16} &= f_B \cdot f_{up} \cdot V_{Puffer,Lab} \cdot \frac{t_Z}{t_F + t_R} \\ &= \frac{1}{2} \cdot 1{,}1 \cdot 4500 \cdot 10{,}5 \cdot \frac{48}{19} \cdot 10^{-3} \approx 65 \text{ m}^3 \end{aligned} \qquad \text{(Gleichung 10.64)}$$

SEC-Chromatographiesäule (K1)

Angaben und Annahmen:

- Dimensionen der Laborsäule: Höhe des Gelbettes H_{Lab} = 540 mm, Innendurchmesser D_{Lab} = 70 mm.

Das Säulenvolumen berechnet sich damit zu

$$V_{SEC} = \frac{\pi}{4} \cdot D^2 \cdot H = \frac{\pi}{4} \cdot 49 \cdot 54 = 2078 \text{ cm}^3 = 2{,}08 \text{ l} \qquad \text{(Gleichung 10.65)}$$

Die lineare Flussrate lässt sich aus der mittleren hydrodynamischen Verweilzeit und der Gelbetthöhe der Säule berechnen. Sie beträgt:

$$u = \frac{H_{\text{Gelbett}}}{\tau} = \frac{H_{\text{Gelbett}}}{\frac{V_0}{\dot{V}}} = \frac{0{,}54 \cdot 7}{700} = 5{,}4 \cdot 10^{-3}\,\frac{\text{m}}{\text{min}} = 32{,}4\,\frac{\text{cm}}{\text{h}}$$

(Gleichung 10.66)

$$A_{\text{SEC,Lab}} = \frac{\pi \cdot D^2}{4} = \frac{\pi \cdot 0{,}07^2}{4} = 3{,}85 \cdot 10^{-3}\ \text{m}^2 \qquad \text{(Gleichung 10.67)}$$

Daraus erhält man für den Volumenstrom den Wert:

$$\dot{V}_{\text{SEC}} = A \cdot u = 0{,}0385 \cdot 0{,}324 \cong 0{,}125\,\frac{\text{m}^3}{\text{h}} \qquad \text{(Gleichung 10.68)}$$

und für den Schlankheitsgrad der Säule f_S:

$$f_S = \frac{H}{D} = \frac{0{,}54\ \text{m}}{0{,}07\ \text{m}} = 7{,}71 \qquad \text{(Gleichung 10.69)}$$

Chromatographiesäule (K1) nach dem Scale-up

Angaben und Annahmen:

- Geometrische Ähnlichkeit, d. h.: f_S = const.
- Leerrohrgeschwindigkeit u = const.

Es folgt für den Durchmesser der Säule

$$D = \sqrt[3]{\frac{4 \cdot V_L}{\pi \cdot f_S}} = \sqrt[3]{\frac{4 \cdot 45^3}{\pi \cdot 7{,}71}}, = 1{,}95\ \text{m} \qquad \text{(Gleichung 10.70)}$$

sowie für die Höhe

$$H = f_S \cdot D = 7{,}71 \cdot 1{,}95 = 15\ \text{m} \qquad \text{(Gleichung 10.71)}$$

Demnach erhält das Volumen der Säule nach dem Scale-up folgenden Wert:

$$V^*_{\text{SEC,scale}} = \frac{\pi}{4} \cdot D^2 \cdot H = \frac{\pi}{4} \cdot 1{,}95^2 \cdot 15 = 45\ \text{m}^3 \qquad \text{(Gleichung 10.72)}$$

Produktbehälter (B17)

Angaben und Annahmen:

- Im Labormaßstab betrug das Produktvolumen nach der SEC $V_{\text{Prod,Lab}}$ = 500 ml.
- Sicherheitszuschlag von 10 % f_B = 1,1

$$V_{B17} = f_B \cdot \lambda^3 \cdot V_{Prod,Lab} = 1{,}1 \cdot 4500 \cdot 0{,}7 \cdot 10^{-3} \approx 5\ m^3$$

(Gleichung 10.73)

Berechnung der Wärmeaustauscher

Angaben und Annahmen:

- Der Wärmedurchgangskoeffizient bei isolierten Behältern und Leitungen wird mit k_V = 1 W/m²/K und bei Wärmeaustauschern mit k_{WT} = 500 W/m²/K angenommen (Abschnitt 7.4.3).
- Bei Behältern wird ein zylindrisches Volumen benutzt, um die Mantelfläche zu berechnen.
- Bei Wärmeaustausch mit der Umgebung wird auch die Deckelfläche berücksichtigt.
- Die Lagerbehälter stehen im Freien, somit sind Sommer- und Wintertemperaturen zu berücksichtigen.
- Wenn nichts anderes vorgegeben ist, wird für die mittlere Temperaturdifferenz 10 K angenommen.

Heizer für B1 und B2 (W1, W2)

Da der Glucose- und Lactosesirup 70 %ig ist, müssen beide bei etwa 50 °C gelagert werden (Abschnitt 5.1, Abb. 5.1). Die Lagertanks haben einen Schlankheitsgrad von f_S = 1,3. Mit dem Wärmedurchgangskoeffizienten für isolierte Behälter und einer minimaler Außentemperatur von –20 °C im Winter ergibt sich für W1 und W2 folgende Rechnung:

$$D_{B1} = \sqrt[3]{\frac{V_{B1} \cdot 4}{f_S \cdot \pi}} = \sqrt[3]{\frac{15 \cdot 4}{1{,}3 \cdot \pi}} \approx 2{,}45\ m \qquad \text{(Gleichung 10.74)}$$

$$A_{M,B1} = D_{B1}^2 \cdot \pi \cdot \left(2 \cdot \frac{1}{2} + f_S\right) = 2{,}45^2 \cdot \pi \cdot 1{,}8 \approx 34\ m^2$$

(Gleichung 10.75)

$$\dot{Q}_{V,B1} = k_V \cdot A_{M,B1} \cdot \Delta T_{max} = 1 \cdot 34 \cdot 70 \approx 2380\ W \qquad \text{(Gleichung 10.76)}$$

$$A_{W1} = \frac{\dot{Q}_{V,B1}}{k_{WT} \cdot \Delta T_m} = \frac{2380}{500 \cdot 10} \approx 0{,}5\ m^2 \qquad \text{(Gleichung 10.77)}$$

Analog zu dieser Berechnung geht man auch für den Wärmeaustauscher W2 vor und erhält:

$$A_{W2} \approx 0{,}75\ m^2$$

Kühler für B3 (W3)

Für die Wärmeabfuhr während der Natronlaugeansetzung wird ein einfacher Rohrwärmeaustauscher mit einem Innendurchmesser von 40 mm und einer Länge von 2,45 m eingesetzt. Das ergibt eine Fläche von 0,35 m^2. Dieser Wert wird wie folgt berechnet:

$$H_{B3} = \sqrt[3]{\frac{V_{B3} \cdot f_S^2 \cdot 4}{\pi}} = \sqrt[3]{\frac{10 \cdot 1{,}3^2 \cdot 4}{\pi}} \approx 2{,}8 \text{ m} \qquad \text{(Gleichung 10.78)}$$

$$A_{W3} = D_R \cdot \pi \cdot H_{B3} = 0{,}04 \cdot \pi \cdot 2{,}8 \approx 0{,}35 \text{ m}^2 \qquad \text{(Gleichung 10.79)}$$

Kühler für B6 (W4)

Für die Wärmeabfuhr wird ebenfalls ein einfacher Rohrwärmeaustauscher mit einem Innendurchmesser von 40 mm verwendet. Nach Gleichung 10.78 berechnet sich eine Länge (H_B) von 4 m. Das ergibt gemäß Gleichung 10.79 eine Fläche von 0,50 m^2.

Kühler für B12 (W5)

Aufgrund der ähnlichen Verhältnisse wird dieser Wärmeaustauscher identisch W3 ausgelegt. Das ergibt eine Fläche von 0,40 m^2.

Kühler für B17 (W6)

Nimmt man im Plattenmodul einen Druckverlust von 4 bar an, dann ergibt das einen Wärmeanfall von:

$$P_L = \dot{V}_L \cdot \Delta p = \frac{3300 \cdot 4 \cdot 10^5}{10^3 \cdot 3600} \approx 370 \text{ W}$$

$$A_{W6} = \frac{370}{500 \cdot 10} \approx 0{,}2 \text{ m}^2 \qquad \text{(Gleichung 10.80)}$$

Kühler für B17 (W7)

Für die Wärmeabfuhr wird ebenfalls ein einfacher Rohrwärmeaustauscher mit einem Innendurchmesser von 40 mm verwendet. Nach Gleichung 10.78 ergibt es eine Länge von 2 m. Das ergibt gemäß Gleichung 10.79 eine Fläche von 0,25 m^2.

Berechnung der Pumpen (P1 bis P24)

Angaben und Annahmen:

- Im Anlagenbereich, der kontinuierlich betrieben wird, fördern die Pumpen genau den erforderlichen Jahresmittelstrom.
- Im Falle einer Zugabepumpe wird eine Zugabezeit zwischen 20 und 60 min angenommen und durch das Chargenvolumen geteilt.
- Bei Umpumpvorgängen wird ein Vielfaches des Jahresmittelstromes angenommen.

Die resultierenden Pumpengrößen sind in der Apparateliste (Tab. 10.24) zusammengestellt.

10.3.3.2 **Energiebetrachtungen**

Dampf

In industriellen Anlagen hat es sich bewährt, die erforderliche Wärme mittels Wasserdampf zuzuführen. Oft besteht dabei die Möglichkeit, Stromerzeugung mit Dampferzeugung zu koppeln, in dem man bei Strom produzierenden Turbinen an verschiedenen Stellen (Druckstufen) einzelne Dampfpotenziale (Druck- und Temperaturniveau)abzweigt. Solche effektive Kopplungen sind allerdings meist nur an Standorten möglich, wo eine gewisse Investitionsschwelle überwunden werden kann (Abschnitt 8.4.2).

In Fermentationsprozessen ohne thermische Aufarbeitungsverfahren stellt die Upstream-Operation „Sterilisation“ (Abschnitt 5.5.5) den Hauptverbraucher dar. Der Wärmebedarf für die batchweise Sterilisation des Hauptfermenters lässt sich wie folgt berechnen:

$$Q = 45 \cdot 1050 \cdot 4{,}2 \cdot 100 \approx 2 \cdot 10^7 \text{ kJ} = 20 \text{ GJ} \qquad \text{(Gleichung 10.81)}$$

Das macht einen Dampfbedarf von (der Faktor 1,3 berücksichtigt den zusätzlichen Bedarf in der gesamten Anlage):

$$\dot{m}_D = \frac{20000 \cdot 1{,}3}{2264 \cdot 19} \approx 0{,}6 \ \frac{\text{t}}{\text{h}}$$

Das machten einen spezifischen Dampfbedarf von:

$$\text{Dpf} = \frac{0{,}6 \cdot 7000}{2 \cdot 10^{10}} \cdot 10^6 = 0{,}21 \ \frac{\text{t}}{\text{MU}}$$

Um die Wärme aus dem Hauptfermenter R1 von 20 GJ abzuführen, steht bei der üblichen Annahme, ein zylindrisches Volumen vorliegen zu haben, eine Wärmeaustauschfläche von

$$A_M = \left(\frac{V_{R,L} \cdot 4}{f_S \cdot \pi}\right)^{2/3} \cdot \pi \cdot (0{,}25 + f_S) = \left(\frac{45 \cdot 4}{2 \cdot \pi}\right)^{2/3} \cdot \pi \cdot 2{,}25 = 66 \text{ m}^2 \qquad \text{(Gleichung 10.82)}$$

zur Verfügung. Bei Temperaturänderungen in einem Bioreaktor wird Energie sowohl im Medium als auch in allen Apparateteilen aufgenommen (gespeichert) bzw. abgegeben. Die Eisen- bzw. Stahlteile besitzen allerdings im Vergleich zum Medium nur 1/10 der Wärmekapazität und im Falle eines 70-m^3-Bioreaktors macht das nur 1 % aus. Damit lässt sich die erforderliche Aufheiz- und Abkühlzeit unter Annahme einer Heizdampftemperatur von 140 °C, einer Ausgangstemperatur von 20 °C, einer Fermentationstemperatur von 37 °C, einer mittleren Kühlmediumtemperatur von 10 °C und einem Wärmedurchgangskoeffizienten von 750 W/m²/K berechnen (Abschnitt 7.4.3, Gleichung 7.146, Tab. 7.6)

$$t_H = \frac{m_{R,L} \cdot c_p}{k \cdot A_M} \cdot \ln\left[\frac{T_D - T_F}{T_D - T_S}\right] = \frac{45 \cdot 1050 \cdot 4{,}2 \cdot 10^3}{750 \cdot 66 \cdot 3600} \cdot \ln\left[\frac{103}{20}\right] = 1{,}8\ \text{h}$$

$$t_K = \frac{m_{R,L} \cdot c_p}{k \cdot A_M} \cdot \ln\left[\frac{T_S - T_{KW}}{T_F - T_{KW}}\right] = \frac{45 \cdot 1050 \cdot 4{,}2 \cdot 10^3}{750 \cdot 66 \cdot 3600} \cdot \ln\left[\frac{110}{27}\right] = 1{,}5\ \text{h}$$

10.3.3.3 **Strom**

Rührwerke

Angaben und Annahmen:

- Die kleineren Rührbehälter werden aufgrund des geringen Strombedarfs nicht aufgeführt.
- Der Wirkungsgrad für elektrische Geräte beträgt 70 % (Gleichung 10.83).

Die elektrische Leistung für Rührwerke berechnet sich nach:

$$P_R = V \cdot \epsilon_R \cdot \rho_L \cdot 1{,}3 \qquad \text{(Gleichung 10.83)}$$

Die Primäraufgaben Homogenisieren, suspendieren und Dispergieren erfordern aufsteigende Leistungsdichte von 0,05 W/kg bis 5 W/kg. Ist eine höherrangige Aufgabe, wie z. B. Dispergieren, zu erfüllen, dann ist die jeweils unterrangige automatisch berücksichtigt. In Tab. 10.24 sind alle Leistungsanforderungen zusammengestellt.

Tabelle 10.24 Stromverbrauch der verschiedenen Rührwerke.

Rührwerk	Aufgabe	Volumen (m^3)	ϵ_R (W/kg)	Dichte (kg/m^3)	Leistung P (kW)	Verbrauch/Jahr (MWh/a)
R1	Dispergieren	45	2,0	$1{,}1 \cdot 10^3$	125	875
R2	Dispergieren	4,5	3,0	$1{,}1 \cdot 10^3$	20	140
R3	Dispergieren	0,45	3,0	$1{,}1 \cdot 10^3$	2	14
R4	Dispergieren	0,05	3,0	$1{,}1 \cdot 10^3$	0,2	2
R6	Suspendieren	3,0	0,3	$1{,}1 \cdot 10^3$	1,3	9
R8	Suspendieren	55	0,3	$1{,}1 \cdot 10^3$	24	165
R9	Suspendieren	20	0,3	$1{,}2 \cdot 10^3$	10	70
R10	Dispergieren	40	2,0	$1{,}2 \cdot 10^3$	125	875
R11	Dispergieren	27	2,0	$1{,}2 \cdot 10^3$	85	590
						$\Sigma = 2740$

Pumpen

Angaben und Annahmen:

- Der Wirkungsgrad für elektrische Geräte beträgt 70 % (Gleichung 10.84).
- Pumpen, die nur kurzzeitig arbeiten, erhalten einen Zeitfaktor <1,0, bei kontinuierlich laufenden Pumpen ist dieser 1,0 (Tab. 10.24).

Die elektrische Leistung der Pumpen berechnet sich nach:

$$P_P = \dot{V} \cdot \Delta p \cdot 1{,}3 \qquad \text{(Gleichung 10.84)}$$

Der auf das Jahr hochgerechnete Energiebedarf in Form von Strom wird mittels Gleichung 10.85 berechnet:

$$E_P = P_P \cdot \mathrm{BST} \cdot f_Z \qquad \text{(Gleichung 10.85)}$$

In Tab. 10.25 sind alle Leistungsanforderungen der Pumpen zusammengestellt.

Tabelle 10.25 Zusammenstellung der Stromaufnahme der Pumpen.

Pumpe	Volumenstrom (l/h)	Zeitfaktor (–)	Δp (bar)	Leistung P_P (W)	Verbrauch/Jahr (kWh/a)
P1	20000	0,026	1,0	750	140
P2	30000	0,05	1,5	1700	600
P3	60000	0,05	1,5	3400	1200
P4	2400	0,05	1,0	90	30
P5	10000	0,025	1,0	370	70
P6	50000	0,05	1,0	1800	630
P7	2400	1,0	1,0	90	930
P8	150	1,0	2,5	15	100
P9	2200	1,0	1,0	80	560
P10	2200	1,0	1,0	80	560
P11	2400	1,0	1,5	130	910
P12	340	1,0	1,2	15	100
P13	550	1,0	1,0	20	140
P14	3300	1,0	1,2	150	1100
P15	2010	1,0	1,0	80	560
P16	500	1,0	1,0	20	140
P17	1800	1,0	1,2	80	560
P18	1100	1,0	1,2	50	350
P19	660	1,0	1,2	30	210
P20	3300	1,0	4,0	480	3360
P21	600	1,0	1,0	20	140
P22	2500	1,0	1,0	90	630
P23	2500	1,0	1,0	90	630
P24	500	1,0	1,5	30	210
					$\Sigma = 13860$

Separator (S1)

Angaben und Annahmen:

- Der Wirkungsgrad beträgt 70 %.
- Die elektrische Leistung des Separators setzt sich aus zwei Teilen, der Beschleunigungs- und der Reibleistung, zusammen.

Im folgenden werden gerundete Werte angegeben. Dies gilt insbesondere für die Winkelgeschwindigkeit von

$$n = \frac{30}{\pi}\sqrt{\frac{27074 \cdot g}{90 \cdot 2 \cdot \pi \cdot \tan 50 \cdot \left(\frac{0{,}127^3 \cdot 0{,}055^3}{3}\right)}} = 7569\ \text{min}^{-1}$$

$$\omega = \frac{2 \cdot \pi \cdot n}{60} = 792{,}6s^{-1} \Rightarrow 800s^{-1}$$

Für die Beschleunigungsleistung gilt:

$$P_{\text{B}} = r_{\text{fl}}^2 \cdot \omega^2 \cdot \dot{m} = 0{,}125^2 \cdot 800^2 \cdot 2370 \cdot \frac{1{,}1 \cdot 10^3}{3{,}6 \cdot 10^9} \approx 7{,}0\ \text{kW}$$

(Gleichung 10.86)

und für die Reibleistung (Luftreibung des Rotors):

$$P_{\text{R}} = c_{\text{M}} \cdot \frac{\rho_{\text{L}}}{2} \cdot \omega^3 \cdot r_{\text{auß}}^5 = 0{,}4 \cdot \frac{1{,}3}{2} \cdot 800^3 \cdot 0{,}125^5 \approx 4{,}0\ \text{kW}$$

(Gleichung 10.87)

mit c_{M} = 0,4
ω = 800 1/s (aus Berechnung des Separators)
ρ_{L} = 1,3 kg/m^3

Abmessungen aus Tab. 10.25: Die gesamte elektrische Leistung für den S1 beträgt:

$$P_{\text{el}} = \frac{P_{\text{B}} + P_{\text{R}}}{\eta_{\text{el}}}$$

(Gleichung 10.88)

$$P_{\text{el}} = \frac{(4{,}0 + 7{,}0)}{0{,}7} = 15{,}5\ \text{kW}$$

In der Extraktion werden als Settler ebenfalls Tellerseparatoren vorgeschlagen. Damit sie untereinander ausgetauscht werden können, empfiehlt es sich, den gleichen Maschinentyp vorzusehen. Der Massenstrom durch den Separator S2 (Abb. 10.23c), Strom {15}) ist etwas höher als bei S1, somit ist die Leistungsaufnahme bei 12,5 kW netto. Der Massenstrom durch den 2. Settler S3 ist nur etwa ein Drittel, sodass sich die Beschleunigungsleistung auf 3 kW reduziert und in der Summe der Separator 10 kW netto zieht.

Tabelle 10.26 Zusammenstellung des Strombedarfs.

Gerätetyp	Σ E (MWha)
Rührwerke	2740
Pumpen	15
Separation	335
Plattenmodul	P20 (4)
Kugelmühle	400
Summe	3490

Der Jahresstromverbrauch für alle drei Separationen in den Separatoren S1, S2 und S3 beträgt damit 335 MWh.

Kugelmühle

Angaben und Annahmen:

- Der Wirkungsgrad beträgt 70 %.
- Über die Wärmebilanz gelangt man zum Leistungseintrag (Verfahrensfließbild 2, Abb. 10.23b).

Die elektrische Leistung der Kugelmühle berechnet sich zu:

$$P_M = \dot{V} \cdot \rho_L \cdot c_p \cdot \Delta T \cdot 1{,}3 = \frac{2370}{3600} \cdot 1{,}1 \cdot 4{,}2 \cdot 14{,}5 \cdot 1{,}3 \approx 57 \text{ kW}$$

(Gleichung 10.89)

Der Jahresstromverbrauch für den Zellaufschluss beträgt damit 400 MWh.

Plattenmodul

Der Strombedarf des Plattenmoduls ist bereits im Strombedarf der Kreislaufpumpe P20 berücksichtigt (Tab. 10.24).

Ermittlung des Gesamtstrombedarfs

Der Gesamtstrombedarf ist in Tab. 10.26 zusammengestellt.

Der produktbezogene Strombedarf berechnet sich somit zu:

$$K_{\text{Strom}} = \frac{3490 \cdot 10^3}{2 \cdot 10^{10}} \cdot 10^6 = 175 \ \frac{\text{kWh}}{\text{MU}}$$

10.3.3.4 Ermittlung des Kühlwasserbedarfs

Angaben und Annahmen:

- Als Kühlmedium wird Brunnenwasser benutzt. Das Brunnenwasser hat eine mittlere Temperatur von 15 °C.

- Die Wärmemenge, die beim Abkühlen des Fermenters nach der Sterilisation an das Wasser abgegeben werden muss, beträgt: Q_D = 20 GJ/a (s. Berechnung des Dampfbedarfs des Hauptfermenters).

Der Gesamtsauerstoffbedarf wurde im Modellmaßstab zu

$$\sum \mathrm{OUR} = 0{,}63\,\frac{\mathrm{mol}_{\mathrm{O_2}}}{\mathrm{l}}$$

ermittelt. Damit lässt sich die Wärmemenge, die beim Fermentieren abgegeben wird, berechnen:

$$Q_\mathrm{F} = \lambda^3 \cdot V_{\mathrm{R.L.101}} \cdot \Delta H \cdot \int_0^{t_\mathrm{F}} \mathrm{OUR} \cdot \mathrm{d}t = \lambda^3 \cdot V_{\mathrm{R.L.101}} \cdot \Delta H \cdot \sum \mathrm{OUR} \cdot \Delta t$$
$$= 4500 \cdot 10\,\mathrm{l} \cdot 500\,\frac{\mathrm{kJ}}{\mathrm{mol} \cdot \mathrm{O_2}} \cdot 0{,}63\,\frac{\mathrm{mol} \cdot \mathrm{O_2}}{\mathrm{l}} = 14\,175\ \mathrm{MJ/Charge}$$

(Gleichung 10.90)

Es wird angenommen, dass für den Vorfermenter 1/10 der Wärmemenge abgeführt werden muss. Beim Kühlen nach der Sterilisation wird im Mittel eine Temperaturdifferenz von 20 K und beim Fermentieren von 10 K erreicht. Außerdem muss auch die elektrisch zugeführte Energie abgeführt werden. Damit errechnet sich ein Kühlwasserbedarf von:

$$m_{\mathrm{Kühlwasser}} = \left(\frac{Q_\mathrm{D}}{c_\mathrm{P} \cdot \Delta T_{\mathrm{m,Kühlungr}}} + \frac{Q_\mathrm{F} + Q_\mathrm{el}}{c_\mathrm{P} \cdot \Delta T_{\mathrm{m,Fermentation}}}\right) \cdot 1{,}1$$
$$= \left(\frac{20000}{4{,}2 \cdot 20} + \frac{14175 + 34200}{4{,}2 \cdot 10}\right) \cdot 1{,}1$$
$$= 1530\,\frac{\mathrm{t}}{\mathrm{Ch}}$$

(Gleichung 10.91)

wobei sich Qel in Gleichung 10.91 berechnet zu

Q_el = 3490[MJ/s · h/a]/368[Chargen/a] · 3600[s/h] = 34140 [MJ/Charge]; aufgerundet auf 34200 [MJ/Charge]

Der gesamte Kühlwasserbedarf je MU berechnet sich zu:

$$KW_{\mathrm{Kühlwasser}} = \frac{m_{\mathrm{Kühlwasser}} \cdot 7000}{19 \cdot 2 \cdot 10^{10}} \cdot 10^6 \approx 28\,\frac{\mathrm{t}}{\mathrm{MU}}$$

10.3.3.5 Ermittlung der Stoffströme

Die detaillierten Stoffströme, die in den Verfahrensfließbildern 1–4 (Abb. 10.23a–d) als Rauten mit einer Nummer dargestellt sind, lassen sich in den Mengenbilanzen (Tab. 10.29a–d) einsehen.
Die Einsatzstoffe zur Stabilisierung, Methionin und Spurenelemente werden hier nicht berücksichtigt, da die eingesetzten Mengen sehr gering sind (< 1 % der Hauptstoffströme).

Zur Bestimmung der einzelnen Position sind für jede Stelle Mengenbilanzen erforderlich (Abschnitt 2.7.4), die durch reaktionstechnische oder aufarbeitungstechnische Randbedingungen beeinflusst werden. Der Umfang jede einzelne Bilanz an dieser Stelle darzustellen ist zu groß.

10.3.3.6 Ermittlung der Abwasserstoffströme

Angaben und Annahmen:

- Die Spüllösungen für die einzelnen Behälter werden nicht beachtet, es soll für alle Spüllösung der Strom {8} stellvertretend angesehen werden.
- Die C-Fracht wird durch die Biomasse und das PEG bestimmt, es wird angenommen, dass 50 % (w/w) dieser beiden Massenströme die C-Fracht ergibt.

Mit der Entsorgungsbilanztabelle 10-29 lassen sich die notwendigen Daten für die Ergebnisdarstellung (Tab. 10.28) finden: C-Fracht 100 kg/h, Salzfracht = 360 kg/h, Säure/Laugefracht = 9,5 kg/h und schließlich die hydraulische Belastung 12 m^3/h.

Die Kosten für die einzelnen Frachten sind standortabhängig und lassen sich demzufolge nicht allgemein angeben (Abschnitt 9.1.2). Um aber in der Ergebnisdarstellung ein Trendbild schaffen zu können, werden für die C-Fracht 2 € pro kg C und für die hydraulische Belastung 1 € pro Tonne Abwasser angenommen. Für Salz- bzw. Lauge/Säurefrachten muss im Genehmigungsverfahren eine passende Regelung gefunden werden.

Da Deponieraum kaum noch zu erschließen ist und demzufolge die Deponiekosten überproportional ansteigen, muss jeder Verfahrensentwickler bestrebt sein, keine Deponiegüter anfallen zu lassen. Für dieses Verfahren wird angenommen, dass für keine Deponiegüter und damit keine Kosten anfallen.

10.3.3.7 Apparateliste mit Ermittlung der Investitionen

Die Basis für jede Kostenschätzung ist die erforderliche Apparateliste. Für reine genaue Schätzung ist es erforderlich, Angebote zu jedem einzelnen Apparat oder Maschine einzuholen. Tabelle 10.27 enthält Anhaltswerte, die als Richtlinien dienen sollen.

Um die erforderlich Investition zu ermitteln, können verschiedenen Wege begangen werden (Abschnitt 9.2.1, Gleichung 9.9). Die schnellste Möglichkeit für eine Abschätzung ist der Weg über den Anlagenfaktor:

$$f_A = \left(1 + \frac{10 \cdot n^{0,15}}{(2 \cdot \phi)^{0,4}}\right) \cdot 1,4$$

mit den einzelnen Werten

n	= 104
Σ Apparatekosten	= 2,8 Mio. €
φ	= 26 T€
f_A	= 7,2
Investition	= 20 Mio. €

Für die Gesamtinvestition werden die Apparate- und Maschinenkosten mit dem Anlagenfaktor multipliziert. Daraus ergibt sich eine Gesamtinvestition von etwa 26 000 T€.

Tabelle 10.27 Apparateliste.

Bez.	Anz.	Dim.	Maß	Bezeichnung	Auslegung	Kosten (T€)
R1	1	m^3	70	Hauptfermenter	1,4571 4 bar	260
R2	1	m^3	7,0	1. Vorfermenter	1,4571 4 bar	55
R3	1	m^3	0,7	2. Vorfermenter	1,4571 4 bar	13
R4	1	l	70	3. Vorfermenter	1,4571 4 bar	3
R5	1	l	7	4. Vorfermenter	1,4571 4 bar	1
R6	1	m^3	174	Ansatzkessel für Salz	1,4571 3 bar	350
R7	1	l	50	Antischaummittelvorlage	1,4571 4 bar	2
R8	1	m^3	55	Erntebehälter	1,4571 3 bar	165
R9	1	m^3	20	Schlammbehälter	1,4571 3 bar	82
R10	1	m^3	40	1. Extraktionsbehälter (Mixer)	1,4571 3 bar	125
R11	1	m^3	27	2. Extraktionsbehälter (Mixer)	1,4571 3 bar	100
B1	1	m^3	20,4	Glucosetank	1,4571 3 bar	33
B2	1	m^3	40,7	Lactosetank	1,4571 3 bar	50
B3	1	m^3	10	Natronlaugevorbereitung	1,4571 3 bar	25
B4	1	m^3	0,45	Säurevorlage	1,4571 3 bar	4
B5	1	m^3	3,0	Abwasserbehälter	1,4571 3 bar	13
B6	1	m^3	30	Puffervorlage	1,4571 3 bar	50
B7	2	m^3	8	PEG-Vorlage	1,4571 3 bar	40
B8	2	m^3	15	Salzvorlage	1,4571 3 bar	67
B9	1	m^3	3,0	Abwasserbehälter	1,4571 3 bar	13
B10	1	m^3	13	Salzbehälter	1,4571 3 bar	30
B11	1	m^3	3,0	Abwasserbehälter	1,4571 3 bar	13
B12	1	m^3	12	Pumpvorlage	1,4571 3 bar	25
B13	1	m^3	1,1	Puffertank	1,4571 3 bar	5
B14	1	m^3	3,0	Abwasserbehälter	1,4571 3 bar	13
B15	2	m^3	65	Flusspuffer	1,4571 3 bar	164
B16	2	m^3	15	Eluatpuffer	1,4571 3 bar	67
B17	1	m^3	3,0	Produktpuffer	1,4571 3 bar	13
F1	1	m^2	0,2	Beatmungsfilter 0,2 µm	1,4571 4 bar	1,5
F2	1	m^2	0,2	Beatmungsfilter 0,2 µm	1,4571 4 bar	1,5
F3	1	m^2	6,0	Flüssigkeitsvorfilter 5,0 µm	1,4571 4 bar	7,5
F4	1	m^2	15,0	Flüssigkeitssterilfilter 0,2 µm	1,4571 4 bar	10
F5	1	m^2	8,0	Gassterilfilter	1,4571 4 bar	2,5
F6	1	m^2	24,0	Abgassterilfilter	1,4571 4 bar	3,5
F7	1	m^2	1,0	Gassterilfilter	1,4571 4 bar	1,5

Tabelle 10.27 (Fortsetzung)

Bez.	Anz.	Dim.	Maß	Bezeichnung	Auslegung	Kosten (T€)
F8	1	m^2	3,0	Abgassterilfilter	1,4571 4 bar	2
F9	1	m^2	0,3	Gassterilfilter	1,4571 4 bar	1
F10	1	m^2	0,9	Abgassterilfilter	1,4571 4 bar	1,3
F11	1	m^2	0,1	Gassterilfilter	1,4571 4 bar	0,4
F12	1	m^2	0,3	Abgassterilfilter	1,4571 4 bar	0,6
F13	1	m^2	0,03	Gassterilfilter	1,4571 4 bar	0,1
F14	1	m^2	0,1	Abgassterilfilter	1,4571 4 bar	0,2
F15	1	m^2	0,1	Beatmungssterilfilter	1,4571 4 bar	0,1
F16	1	m^2	10,0	Beatmungssterilfilter	1,4571 4 bar	0,5
F17	1	m^2	0,05	Beatmungssterilfilter	1,4571 4 bar	0,05
F18		m^2	16,0	Cross-flow-Modul	PA 2 bar	125
S1	1	m^3/h	800	Schaumabscheider (Foamkill)	1,4571 4 bar	123
S2	2	m^2	27074	Zellmasseseparator	1,4571 2 bar	225
S3	1	m^2	27074	1. Extraktionsseparator (Settler)	1,4571 2 bar	113
S4	1	m^2	27074	2. Extraktionsseparator (Settler)	1,4571 2 bar	113
W1	1	m^2	0,5	Temperierwärmeaustauscher	1,4571 2 bar	0,3
W2	1	m^2	0,75	Temperierwärmeaustauscher	1,4571 2 bar	0,5
W3	1	m^2	0,35	Wärmeaustauscher	1,4571 2 bar	0,3
W4	2	m^2	0,5	Kühler	1,4571 2 bar	0,3
W5	1	m^2	0,4	Kühler	1,4571 2 bar	0,3
W6	1	m^2	0,2	Kühler	1,4571 2 bar	0,15
W7	1	m^2	0,25	Kühler	1,4571 2 bar	0,2
M1	1	L	100	Kugelmühle	1,4571; 3 bar	62
K1	3	m^3	45	Chromatographiesäule	4,4571; 3 Bar	82
P1	1	m^3/h	20	Salzlösungspumpe	1,4571 2 bar	8,7
P2	1	m^3/h	30	Glucosepumpe	1,4571 2 bar	10
P3	1	m^3/h	60	Lactosepumpe	1,4571 2 bar	18
P4	1	m^3/h	20	Laugepumpe	1,4571 2 bar	8,7
P5	1	m^3/h	9,0	Inokulumpumpe	1,4571 2 bar	5
P6	1	m^3/h	2,4	Erntepumpe[1]	1,4571 4 bar	2,5
P7	2	m^3/h	2,4	Aufarbeitungspumpen	1,4571 2 bar	2,5
P8	2	m^3/h	0,15	Biomassepumpen	1,4571 2 bar	2
P9	2	m^3/h	2,22	Abwasserpumpen	1,4571 2 bar	4
P10	2	m^3/h	2,22	Pufferpumpen	1,4571 2 bar	4
P11	2	m^3/h	2,4	Aufarbeitungspumpen	1,4571 2 bar	4
P12	2	m^3/h	0,332	PEG-Pumpe	1,4571 2 bar	1,5
P13	2	m^3/h	0,547	Salzpumpe	1,4571 2 bar	2
P14	1	m^3/h	3,3	1. Extraktionspumpe	1,4571 2 bar	2,5
P15	1	l/h	2009	Abwasserpumpe	1,4571 2 bar	2
P16	2	l/h	480	NaCl-Pumpe	1,4571 2 bar	1,5
P17	1	l/h	1720	Extraktpumpe	1,4571 2 bar	2
P18	2	l/h	1065	Abwasserpumpe	1,4571 2 bar	2,5
P19	1	l/h	655	Extraktpumpe	1,4571 2 bar	1
P20	2	l/h	3300	Umwälzpumpe	1,4571 2 bar	5
P21	2	l/h	595	Abwasserpumpe	1,4571 2 bar	2
P22	2	l/h	2490	Flusspumpe	1,4571 2 bar	8,2
P23	2	l/h	2490	Eluatpuffer	1,4571 2 bar	8,2

Tabelle 10.27 (Fortsetzung)*

Bez.	Anz.	Dim.	Maß	Bezeichnung	Auslegung	Kosten (T€)
P24	1	l/h	??	Erntepumpe	1,4571 2 bar	1
n =	104				Σ =	ca. 2770

* Anmerkung: Die Auslegung der Pumpe P6 = 2,5 m³/h ist für einen gedachten kontinuierlichen Prozess, doch die Entleerung des R1 (Hauptfermenter) sollte in einer Stunde erfolgen. Das führt zu P6 = 45 m³/h (Auslegung P6 = 50 m³/h (Fließbild Abb. 10.23a)).

Tabelle 10.28 Darstellung des gesamten Ergebnisses (z. T. gerundete Werte).

Kostenart	Massenstrom (kg/h)	Preis (€/Einheit)	Preis/Std. (€/h)	Preis/MU (€/MU)	T€/Jahr	%
Einsatzstoffe						
Luft	1406	0,01	14,1	4,95		0,6
Wasser	12000	0,005	61,4	21,5		2,6
Salze	70,4	1,5	105,6	37,0		4,5
Kochsalz	334,8	0,15	51,4	18,0		2,2
Kalisalze	236	1,5	350	125,0		15,3
Glucose	25	1,0	25,6	9,5		1,2
Lactose	50	1,3	64,0	22,4		2,7
Natronlauge	10	0,5	5,1	1,8		-
Fleischextrakt	2	4,1	8,2	2,9		-
Fleischpepton	1	10,2	10,2	3,6		-
PEG	170	3,6	612,0	214,2		26,2
Summe			**1294**	**461,0**	**9.155**	**57,0**
Entsorgung	[kg/h]	–	–	–	–	
Kohlenstoff	100	4	200	70		8,7
Abwasser	12000	0,005	30	10,5		1,3
Summe	–	–	**230**	**80,5**	**1.610**	**10,0**
Energie						
Dampf	0,21 [t/MU]	25	–	5,3		
Kühlwasser	28 [m³/MU]	0,05	–	1,5		
Strom	175 [kWh/MU]	0,1	–	17,5		2,0
Summe	–	–	–	**24,3**	**486**	**3,0**
Personal		[T€/Pos • a]	[T€ • a]			
WS-Platz	3	350	1.050	52,5	1.050	6,4
TS-Stelle	2	70	140	7,0	140	
AT-Stelle	1	120	120	6,0	120	
Summe:	–	–	**1.310**	**65,5**	**1.410**	**8,6**
Investition	**€ 18.000.000**					
Werkstatt	5 % von Investition 900				**900**	**5,5**
Nebenkosten	= *f*(Personal, Energie, Investition) 1.100				**1.100**	**6,7**
Abschreibung	10 % von Investition **1.800**				**1.800**	**11,0**
Produktionskosten	**924 T€/MU**				**16.361**	**100**

Die in der Apparateliste (Tab. 10.27) eingetragenen Preise werden insbesondere für kleine Apparaturen niedrig erscheinen, aber man muss berücksichtigen, dass diese noch mit dem Anlagenfaktor multipliziert werden müssen. Außerdem darf man Einzelapparaturen nicht mit integrierten Apparaturen vergleichen, da die Einzelapparaturen je nach Ausstattung um Faktoren teuerer sein können.

10.3.3.8 Ergebnisdarstellung

In der Ergebnisdarstellung werden alle kostenverursachenden Positionen zusammengestellt, um auf die zu erwartenden Produktionskosten zu kommen. Die Untergliederung in möglichst viele Positionen eröffnet die Sicht auf eine Kostenstruktur, um eventuell auf die Richtungsvorgabe der Prozessentwicklung hinwirken zu können.

Zur Abschätzung des erforderlichen Personals müssen die für den Prozess erforderlichen Tätigkeiten analysiert werden. Eine Rund-um-die-Uhr-Betreuung verlangt Schichtpersonal von mindestens zwei Schichtplätzen. Da aber eine Reihe von Mediums- und Pufferansätzen wiederkehrend durchzuführen sind (R1, B3, B6, B7, B8, B10, B15, B16), wird eine dritte Stelle vorgeschlagen. Für die Organisation der Einsatzstoffanlieferung, der Stammhaltung (Pflege der Master- und Working Cell Bank) sowie die vierstufige Inokulumspflege werden zwei Tagschichtangestellte als notwendig erachtet.

10.3.3.9 Diskussion

Die Produktionskosten für 1 MU β-Galactosidase belaufen sich auf 924 T€. Dabei nehmen die Einsatzstoffkosten mit mehr als 50 %, wie so oft bei klassischen Verfahren, den größten Anteil ein. Da darunter die Kosten für PEG (24 % von den Einsatzstoffen) und Salze (Kochsalz, Kalisalze und andere Salze machen zusammen nahezu 20 % der Einsatzstoffe aus) den Löwenanteil ausmachen, sollte es sich lohnen, bei der weiterführenden Verfahrensentwicklung an dieser Stelle für Einsparungen zu sorgen.

Die Entsorgungskosten (9,2 %) und vor allem die Energiekosten (2,6 %) sind nur von untergeordneter Bedeutung. Es ließe sich gerade in diesem Zusammenhang darüber nachdenken, ob sich Energieaufwand im Hinblick auf Einsatzstoffeinsparungen lohnen könnte. Hier ist sicherlich der größte Anreiz gegeben, die Verfahrensentwicklung voranzutreiben.

Der Personaleinsatz schlägt mit gut 12,7 % zu Buche, ist also mit einem geringen Kostenwirkungspotenzial ausgestattet, denn bei Reduzierung um 50 % schlägt das mit 6,4 % Kostensenkung auf das Produkt durch. Nur im Zusammenhang mit dem gesamten investitionsbedingten Block, der überwiegend durch die Investitionen direkt verursacht wird und etwa 30 % ausmacht, ließen sich noch Einsparpotenziale entwickeln.

Wird eine solche Schnellstudie begleitend zur Verfahrensentwicklung in einem frühen Stadium durchgeführt, kann sie sehr wirkungsvoll die Richtung und die Zielsetzungen der biotechnologischen Verfahrensentwicklung beeinflussen.

Abb. 10.23 a) Verfahrensfließbild 1 für den β-Galactosidaseprozess. b) Verfahrensfließbild 2 für den β-Galactosidaseprozess. c) Verfahrensfließbild 3 für den β-Galactosidaseprozess. d) Verfahrensfließbild 4 für den β-Galactosidaseprozess

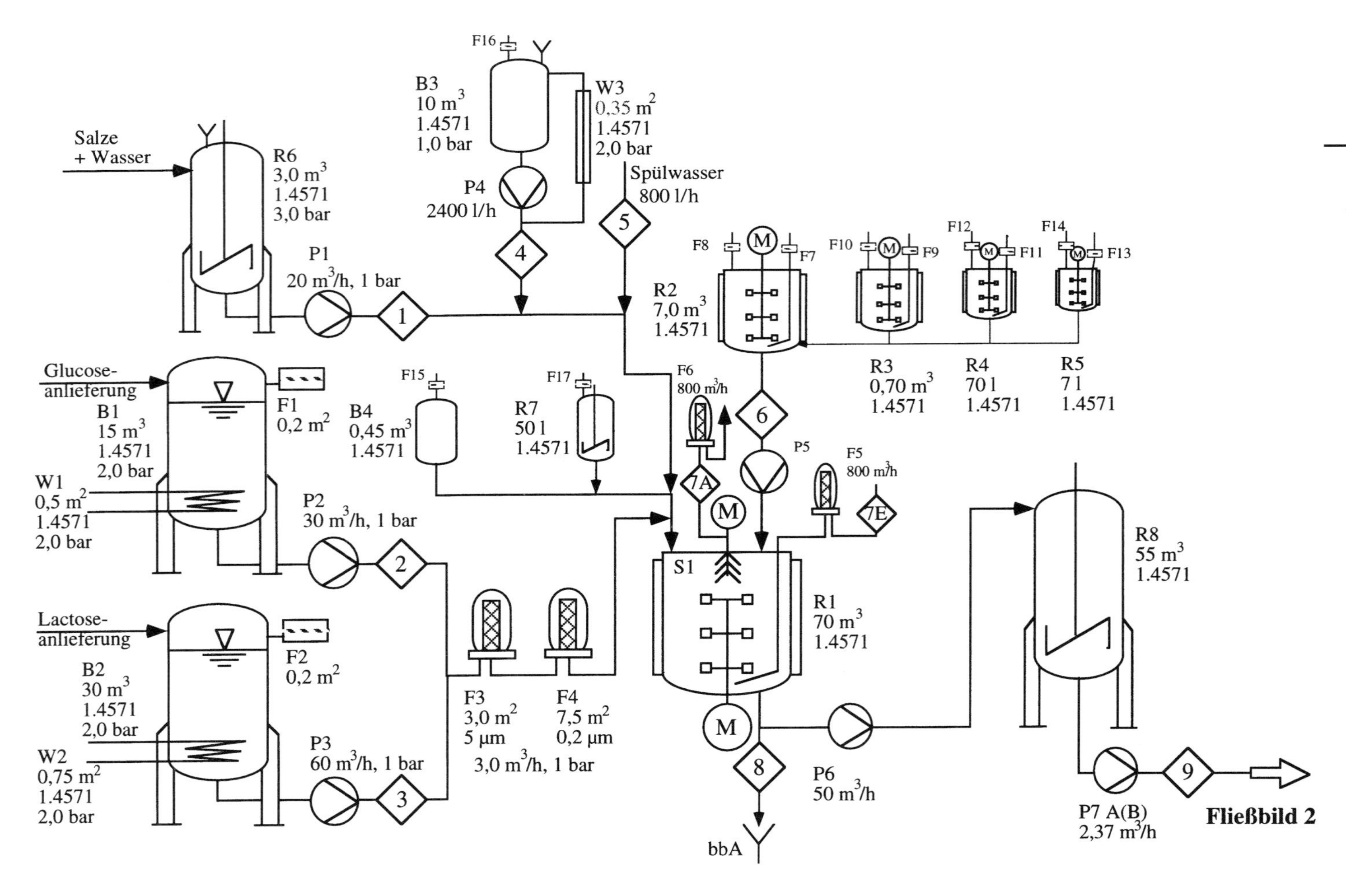
Salze
+ Wasser
R6
3,0 m3
1.4571
3,0 bar
P1
20 m3/h, 1 bar
Glucose-
anlieferung
B1
15 m3
1.4571
2,0 bar
W1
0,5 m2
1.4571
2,0 bar
F1
0,2 m2
P2
30 m3/h, 1 bar
Lactose-
anlieferung
B2
30 m3
1.4571
2,0 bar
W2
0,75 m2
1.4571
2,0 bar
F2
0,2 m2
P3
60 m3/h, 1 bar
F16
B3
10 m3
1.4571
1,0 bar
P4
2400 l/h
W3
0,35 m2
1.4571
2,0 bar
Spülwasser
800 l/h
F15
B4
0,45 m3
1.4571
F17
R7
50 l
1.4571
F3
3,0 m2
5 µm
F4
7,5 m2
0,2 µm
3,0 m3/h, 1 bar
F8
F7
R2
7,0 m3
1.4571
F6
800 m3/h
P5
F5
800 m3/h
7A
7E
S1
R1
70 m3
1.4571
bbA
P6
50 m3/h
F10
F9
R3
0,70 m3
1.4571
F12
F11
R4
70 l
1.4571
F14
F13
R5
7 l
1.4571
R8
55 m3
1.4571
P7 A(B)
2,37 m3/h
Fließbild 2

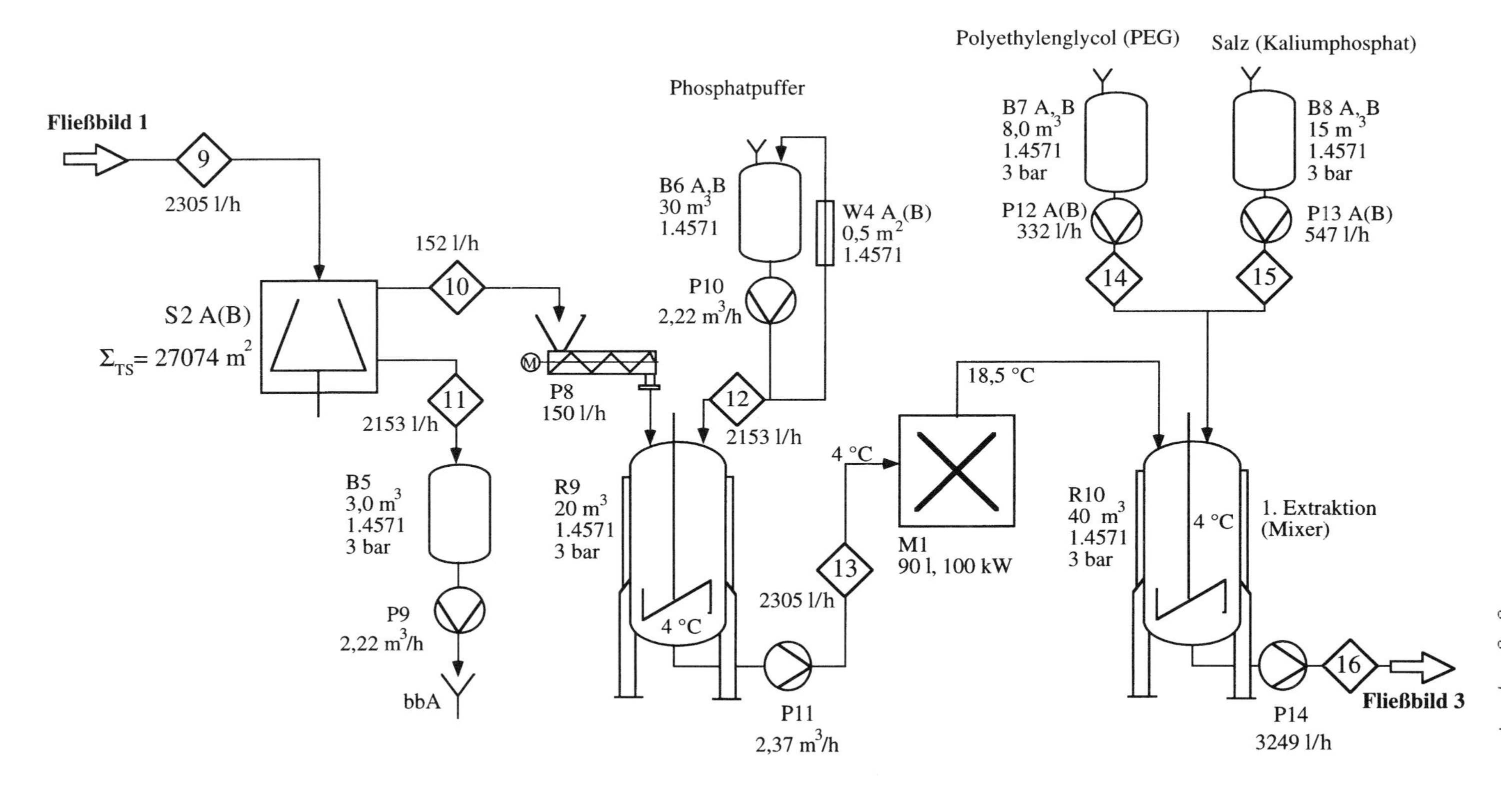
Fließbild 1
9
2305 l/h
S2 A(B)
Σ_{TS}= 27074 m²
10
152 l/h
11
2153 l/h
B5
3,0 m³
1.4571
3 bar
P9
2,22 m³/h
bbA
M
P8
150 l/h
Phosphatpuffer
B6 A,B
30 m³
1.4571
W4 A(B)
0,5 m²
1.4571
P10
2,22 m³/h
12
2153 l/h
R9
20 m³
1.4571
3 bar
4 °C
13
2305 l/h
P11
2,37 m³/h
4 °C
M1
90 l, 100 kW
18,5 °C
Polyethylenglycol (PEG)
B7 A,B
8,0 m³
1.4571
3 bar
P12 A(B)
332 l/h
14
Salz (Kaliumphosphat)
B8 A,B
15 m³
1.4571
3 bar
P13 A(B)
547 l/h
15
R10
40 m³
1.4571
3 bar
4 °C
1. Extraktion
(Mixer)
P14
3249 l/h
16
Fließbild 3

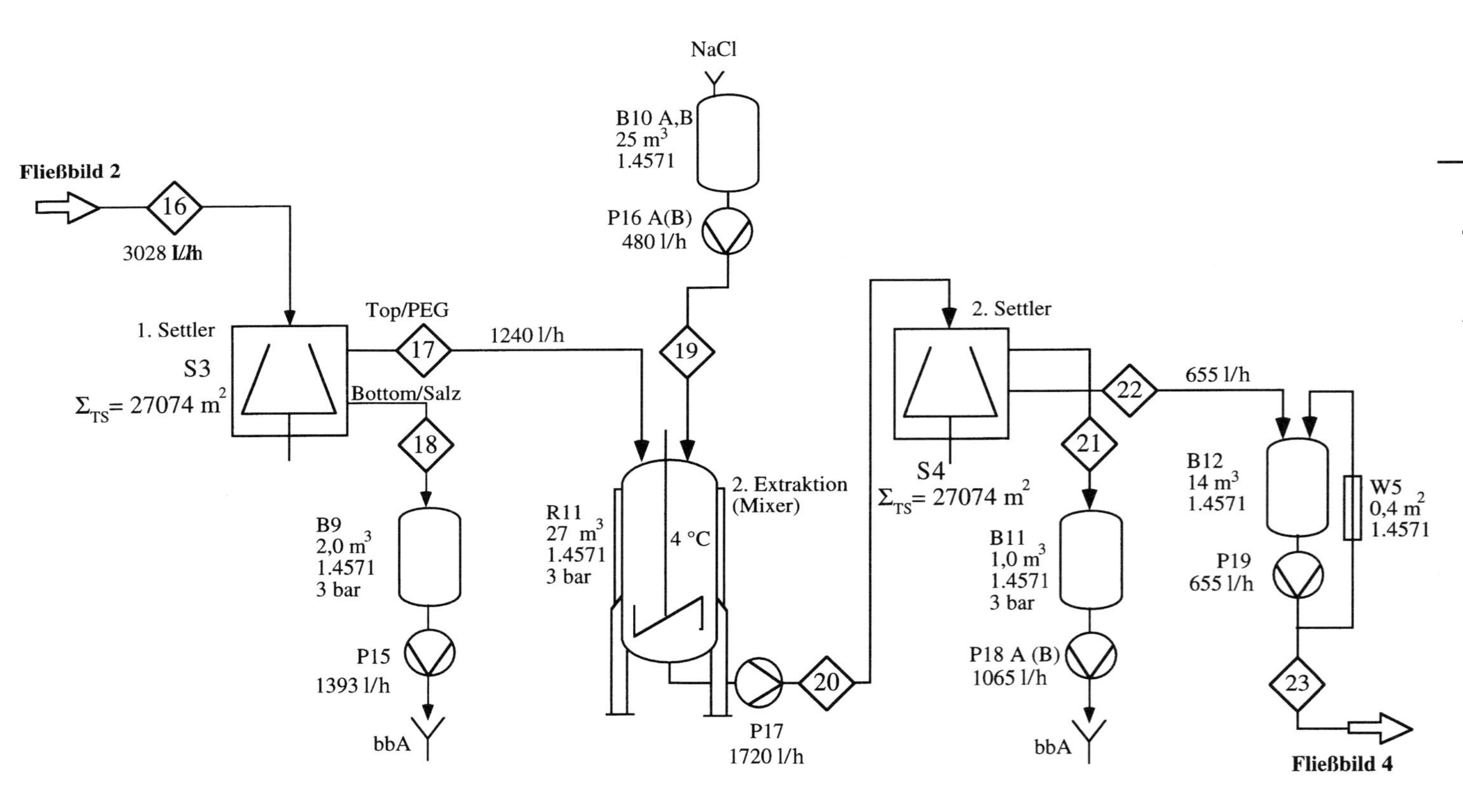
Fließbild 2
16
3028 L/h
1. Settler
S3
Σ_TS= 27074 m²
Top/PEG
17
Bottom/Salz
18
1240 l/h
B9
2,0 m³
1.4571
3 bar
P15
1393 l/h
bbA
NaCl
B10 A,B
25 m³
1.4571
P16 A(B)
480 l/h
19
2. Extraktion
(Mixer)
4 °C
R11
27 m³
1.4571
3 bar
P17
1720 l/h
20
2. Settler
S4
Σ_TS= 27074 m²
21
22
B11
1,0 m³
1.4571
3 bar
P18 A (B)
1065 l/h
bbA
655 l/h
B12
14 m³
1.4571
P19
655 l/h
W5
0,4 m²
1.4571
23
Fließbild 4

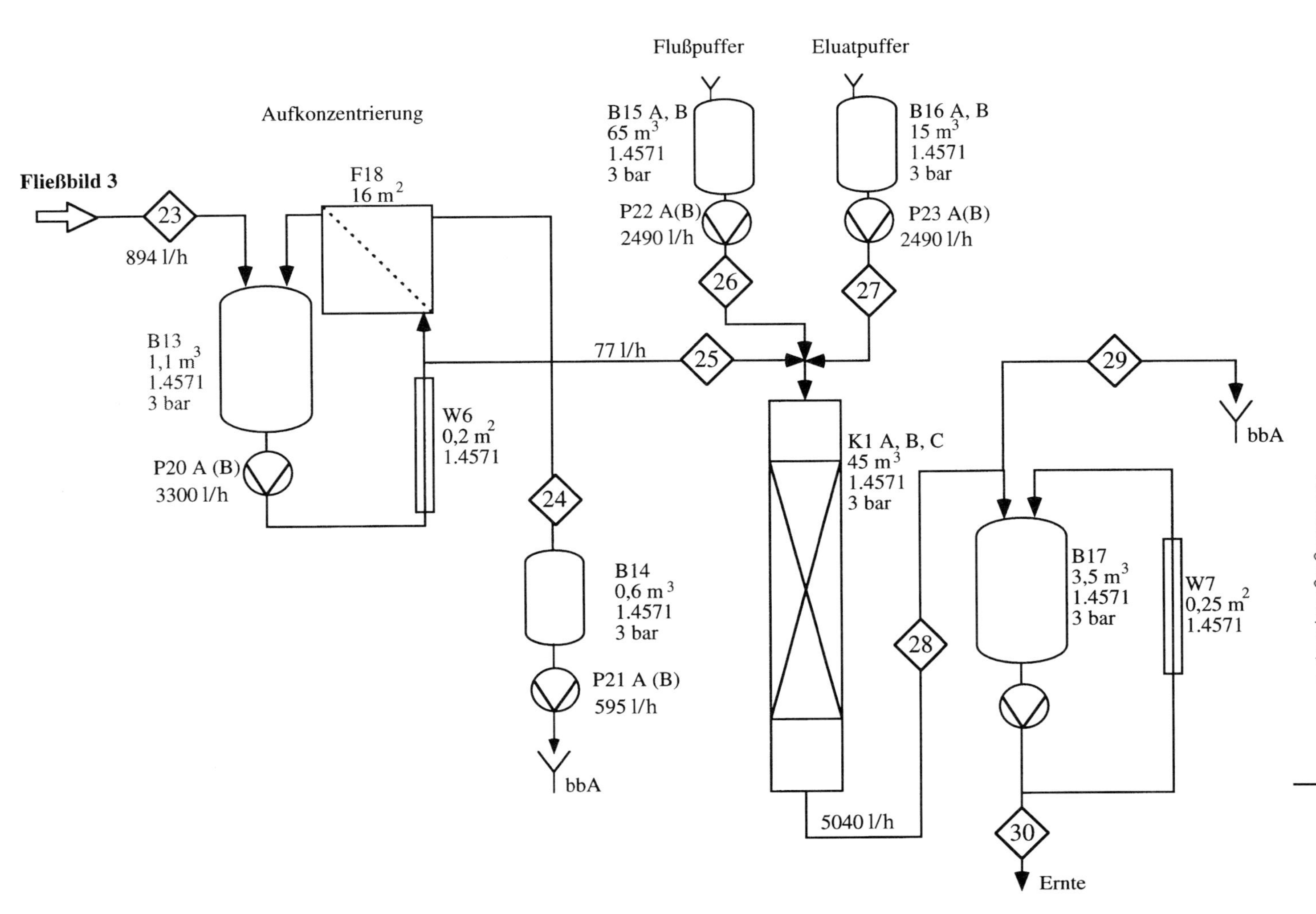
Fließbild 3
Aufkonzentrierung
Flußpuffer
Eluatpuffer
23
894 l/h
F18
16 m2
B13
1,1 m3
1.4571
3 bar
P20 A (B)
3300 l/h
W6
0,2 m2
1.4571
B15 A, B
65 m3
1.4571
3 bar
P22 A(B)
2490 l/h
B16 A, B
15 m3
1.4571
3 bar
P23 A(B)
2490 l/h
26
27
77 l/h
25
29
bbA
K1 A, B, C
45 m3
1.4571
3 bar
24
B14
0,6 m3
1.4571
3 bar
P21 A (B)
595 l/h
bbA
28
B17
3,5 m3
1.4571
3 bar
W7
0,25 m2
1.4571
5040 l/h
30
Ernte

Tabelle 10.29a Massenbilanz zum Verfahrensfließbild 1 (Abb. 10.23a).

Bezeichnung	Formel/ Abk.	Dim.	Strom Nr. 1	Strom Nr. 2	Strom Nr. 3	Strom Nr. 4	Strom Nr. 5	Strom Nr. 6	Strom Nr. 7E	Strom Nr. 7A	Strom Nr. 8	Strom Nr. 9
Wasser	H_2O	kg/h	473,5	10,2	20,3	47,7	2342,5	247			800	2340,5
Salze (Summe) *	–	kg/h	35,5					3,5			~ 0	35,5
Glucose	$C_6H_{12}O_6$	kg/h		23,7				~ 0			~ 0	0,3
Lactose	$C_6H_{12}O_6$	kg/h			47,4						~ 0	0,6
Natronlauge	NaOH	kg/h				9,5		~ 0			~ 0	9,5
Polyethylenglycol	PEG	kg/h										
Kaliumsalze	K_2HPO_4	kg/h										
Kochsalz	NaCl	kg/h										
Sauerstoff	O_2	kg/h							73	68		
Stickstoff	N_2								273	273		
Kohlendioxid	CO_2									41		
Biomasse	(CH2O)	kg/h						3,4				34
Protein		kg/h										
β-Galactosidase	β-Gal	kU/h						~ 0			~ 0	(35712)
Massenstrom		kg/h	509	33,9	67,7	57,2	2342,5	253,9	346	382	800	2420,4
Dichte		kg/l	1,05	1,30	1,30	1,20	1,00	1,05	–	–	1,00	1,05

* Tab. 10.8

Tabelle 10.29b Massenbilanz zum Verfahrensfließbild 2 (Abb. 10.23b).

Bezeichnung	Formel/ Abk.	Dim.	Strom Nr. 10	Strom Nr. 11	Strom Nr. 12	Strom Nr. 13	Strom Nr. 14	Strom Nr. 15	Strom Nr. 16	Strom Nr. –	Strom Nr. –	Strom Nr. –
Wasser	H_2O	kg/h	132	2208,5	2153	2285	165,8	355	2805,8			
Salze (Summe) *	–	kg/h	2,0	33,5	15,7	2,0			2,0			
Glucose	$C_6H_{12}O_6$	kg/h	~ 0	0,3		~ 0			~ 0			
Lactose	$C_{12}H_{22}O_{11}$	kg/h	~ 0	0,6		~ 0			~ 0			
Natronlauge	NaOH	kg/h	0,5	9,0		0,5			0,5			
Polyethylenglycol	PEG	kg/h					165,8		165,8			
Kaliumsalze	K_2HPO_4	kg/h						236	236			
Kochsalz	NaCl	kg/h										
Sauerstoff	O_2	kg/h										
Stickstoff	N_2											
Kohlendioxid	CO_2											
Biomasse	(CH_2O)	kg/h	33	1,0		33			33			
Protein		kg/h							(0,5)			
β-Galactosidase	β-Gal	kU/h	(32 855)	(2857)		(32 855)			(32 855)			
Massenstrom		kg/h	167,5	2252,9	2168,7	2320	331,6	591	3243			
Dichte		kg/l	1,10	1,00	1,00	1,05	1,00	1,08	1,06			

* Tab. 10.8; (7,2) Na_2HPO_4, (0,15) $MgSO_4$

Tabelle 10.29c Massenbilanz zum Fließbild 3 (Abb. 10.23c).

Bezeichnung	Formel/ Abk.	Dim.	Strom Nr. 17	Strom Nr. 18	Strom Nr. 19	Strom Nr. 20	Strom Nr. 21	Strom Nr. 22	Strom Nr. 23	Strom Nr. –	Strom Nr. –	Strom Nr. –
Wasser	H_2O	kg/h	1469	1337	385	1854	1056	798	798			
Salze (Summe) *	–	kg/h	~ 0	2,0								
Glucose	$C_6H_{12}O_6$	kg/h		~ 0								
Lactose	$C_6H_{12}O_6$	kg/h		~ 0								
Natronlauge	NaOH	kg/h		0,5								
Polyethylenglycol	PEG	kg/h	165	0,8		165	164	1,0	1,0			
Kaliumsalze	K_2HPO_4	kg/h	1,0	235		1,0		1,0	1,0			
Kochsalz	NaCl	kg/h			96	96	2,0	94	94			
Sauerstoff	O_2	kg/h										
Stickstoff	N_2	kg/h										
Kohlendioxid	CO_2	kg/h										
Biomasse	(CH_2O)	kg/h		32,5								
Protein		kg/h	(<0,3)	(<0,2)								
β-Galactosidase	β-Gal	kU/h	(21 356)	(11 499)		(21 356)	(9824)	(11 532)	(11 532)			
Massenstrom		kg/h	1635	1608	481	2116	1222	894	894			
Dichte		kg/l	1,00	1,13	1,00	1,00	1,00	1,00	1,00			

Tabelle 10.29d Massenbilanz zum Verfahrensfließbild 4 (Abb. 10.23d).

Bezeichnung	Formel/ Abk.	Dim.	Strom Nr. 24	Strom Nr. 25	Strom Nr. 26	Strom Nr. 27	Strom Nr. 28	Strom Nr. 29	Strom Nr. 30	Strom Nr. –	Strom Nr. –	Strom Nr. –
Wasser	H_2O	kg/h	729	69	2490	2490	5049	4969	80			
Salze (Summe) *	–	kg/h			7,8	7,8	~ 0	~ 0	~ 0			
Glucose	$C_6H_{12}O_6$	kg/h										
Lactose	$C_6H_{12}O_6$	kg/h										
Natronlauge	NaOH	kg/h										
Polyethylenglycol	PEG	kg/h	1,0	~ 0			~ 0	~ 0	~ 0			
Kaliumsalze	K_2HPO_4	kg/h	1,0	~ 0			~ 0	~ 0	~ 0			
Kochsalz	NaCl	kg/h	86	8,0	7,5	231,3	~ 8	~ 0	~ 0			
Sauerstoff	O_2	kg/h										
Stickstoff	N_2	kg/h										
Kohlendioxid	CO_2	kg/h										
Biomasse	(CH_2O)	kg/h										
Protein		kg/h	(<0,1)	(<0,1)			(<0,1)	(<0,1)	(<0,1)			
β-Galactosidase	β-Gal	kU/h	(4500)	(7035)			(7035)	(4178)	(2857)			
Massenstrom		kg/h	817	77	2505,3	2729	5057	4969	80			
Dichte		kg/l	1,00	1,00	1,00	1,00	1,00	1,00	1,00			

* (2,0) NaH_2PO_4, (1,0) Na_2HPO_4, (0,1) $MgSO_4$

Tabelle 10.30a Eingangsströme (Abb. 10.23a–d).

Bezeichnung	Formel/ Abk.	Dim.	Strom Nr. 1	Strom Nr. 2	Strom Nr. 3	Strom Nr. 4	Strom Nr. 5	Strom Nr. 6	Strom Nr. 7E	Strom Nr. 12	Strom Nr. 14
Wasser	H_2O	kg/h	473,5	10,2	20,3	47,7	2342,5	247		2153	165,8
Salze (Summe) *	–	kg/h	35,5					3,5		15,8	
Glucose	$C_6H_{12}O_6$	kg/h		23,7				~ 0			
Lactose	$C_6H_{12}O_6$	kg/h			47,4						
Natronlauge	NaOH	kg/h				9,5		~ 0			
Polyethylenglycol	PEG	kg/h									165,8
Kaliumsalze	K_2HPO_4	kg/h									
Kochsalz	NaCl	kg/h									
Sauerstoff	O_2	kg/h							73		
Stickstoff	N_2								273		
Kohlendioxid	CO_2										
Biomasse	(CH_2O)	kg/h						3,4			
Protein		kg/h									
β-Galactosidase	β-Gal	kU/h						~ 0			
Massenstrom		kg/h	509	33,9	67,7	57,2	2342,5	253,9	346	2168,8	331,6
Dichte		kg/l	1,05	1,30	1,30	1,20	1,00	1,05	–	1,00	1,00

* Tab. 10.8; Tab. 10.29b

Tabelle 10.30b Eingangsströme (Abb. 10.23a–d).

Bezeichnung	Formel/ Abk.	Dim.	Strom Nr. 15	Strom Nr. 19	Strom Nr. 26	Strom Nr. 27	Summe
Wasser	H_2O	kg/h	355	385	2490	2490	11 180
Salze (Summe) *	–	kg/h			7,8	7,8	70,4
Glucose	$C_6H_{12}O_6$	kg/h					23,7
Lactose	$C_6H_{12}O_6$	kg/h					47,4
Natronlauge	NaOH	kg/h					9,5
Polyethylenglycol	PEG	kg/h					165,8
Kaliumsalze	K_2HPO_4	kg/h	236				236
Kochsalz	NaCl	kg/h		96	7,5	231,3	334,8
Sauerstoff	O_2	kg/h					
Stickstoff	N_2						
Kohlendioxid	CO_2						
Biomasse	(CH_2O)	kg/h					3,4
Protein		kg/h					
β-Galactosidase	β-Gal	kU/h					
Massenstrom		kg/h	591	481	2490	2490	
Dichte		kg/l	1,08	1,00	1,00	1,00	

* Tab. 10.8; Tab. 10.29b

Tabelle 10.31 Zusammenfassung der Massenbilanzen für die Entsorgungsströme.

Bezeichnung	Formel/ Abk.	Dim.	Strom Nr. 7A	Strom Nr. 8	Strom Nr. 11	Strom Nr. 18	Strom Nr. 21	Strom Nr. 24	Strom Nr. 29	Summe
Wasser	H_2O	kg/h		800	2208,5	1337	1056	729	4969	11 100
Salze (Summe) *	–	kg/h		~ 0	33,5	2,0			~ 0	70,4
Glucose	$C_6H_{12}O_6$	kg/h		~ 0	0,3	~ 0				0,3
Lactose	$C_6H_{12}O_6$	kg/h		~ 0	0,6	~ 0				0,6
Natronlauge	NaOH	kg/h		~ 0	9,0	0,5				9,5
Polyethylenglycol	PEG	kg/h				0,8	164	1,0	~ 0	165,8
Kaliumsalze	K_2HPO_4	kg/h				235		1,0	~ 0	236
Kochsalz	NaCl	kg/h					2,0	86	246,8	334,8
Sauerstoff	O_2	kg/h	68							
Stickstoff	N_2		273							
Kohlendioxid	CO_2		41							
Biomasse	(CH_2O)	kg/h			1,0	32,5				33,5
Protein		kg/h				(<0,2)		(<0,1)	(< 0,1)	
β-Galactosidase	β-Gal	kU/h		~ 0	(2857)	(11 499)	(9824)	(4500)	(4178)	
Massenstrom		kg/h	382	800	2253	1608	1222	817	4969	11 669
Dichte		kg/l		1,00	1,00	1,13	1,00	1,00	1,00	

* Tab. 10.8; Tab. 10.29a–d.

Literatur

1 Lemke, K.; Metze, J.: Hybridoma-Technik zur Massenproduktiommmmm von Monoklonalen Antikörpern. Persönliche Mitteilung, josef.metze@iba-heiligenstadt.de (2000).

2 Zinke, H; Eck, E.: Firma B.R.A.I.N GmbH Zwingenberg (1997).

3 Reiser, A.: Untersuchungen zur Fermentation von Escherichia coli zur Gewinnung des rekombinanten Mistellektins. Diplomarbeit Fachhochschule Mannheim – Hochschule für Technik und Gestaltung (1997).

4 Storhas, W.: Bioreaktoren und periphere Einrichtungen. Vieweg Verlag, Wiesbaden, ISBN 3-528-06510-9 (1994).

5 Geißler, E. (Hrsg.): Molekularbiologie. Meyers Taschenlexikon, VEB Bibliographisches Institut, Leipzig (1974).

6 Berberich, W.; Kranz, S.: Nadarajah, B.: Abschlußbericht zum Biotechnologischen Praktikum. Fachhochschule Mannheim – Hochschule für Technik und Gestaltung (1998).

7 Abdolzade, A.; Hinz, A.; Koloko, M.; Lorat, Y.: Abschlußbericht zum Biotechnologischen Praktikum. Fachhochschule Mannheim – Hochschule für Technik und Gestaltung (2000).

8 Ditzer, J.; Tschuch, C.; Fasser, S.: Abschlußbericht zum Biotechnologischen Praktikum. Fachhochschule Mannheim – Hochschule für Technik und Gestaltung (2000).

9 Kumar, V., Ramakrishnan, S., Teeri, T. T., Knowles, J. K., Hartley, B. S.: Saccharomyces cerevisiae cells secreting an Aspergillus niger beta-galactosidase grow on whey permeate. *Bio/technology (Nature Publishing Company)*, **10**(1), 82–85.

10 Ramakrishnan, S., Hartley, B. S.: Fermentation of lactose by yeast cells secreting recombinant fungal lactase. *Applied and Environmental Microbiology* **59**(12), 4230–4235.

11 Domingues, L., Onnela, M. L., Teixeira, J. A., Lima, N., Penttila, M.: Construction of a flocculent brewer's yeast strain secreting Aspergillus niger beta-galactosidase. *Applied Microbiology and Biotechnology* **54** (1), 97–103.

12 Domingues, L., Teixeira, J. A., Penttila, M., Lima, N.: Construction of a flocculent Saccharomyces cerevisiae strain secreting high levels of Aspergillus niger β-galactosidase. *Applied Microbiology and Biotechnology* **58**(5), 645–650.

13 Decker, N.: Entwicklung einer kontinuierlichen β-Galactosidase-Fermentation als Modul für eine Miniplant. Diplomarbeit Fachhochschule Mannheim – Hochschule für Technik und Gestaltung (2002).

14 Plappert, S.: Konfiguration eines Multiplexers mit Datenauswertung für die simultaner Abgasanalytik mehrerer Bioreaktoren auf dem Datenerfassungssystem LabView. Studienarbeit, Fachhochschule Mannheim – Hochschule für Technik und Gestaltung (1996).

15 Lowry, O. H., Rosebrough, N. J., Randall, R. J.: Protein measurement with the folin phenal reagent. *J. Biol. Chem.* **193**, 265–275 (1951).

16 Chu, G., Hayakawa, H., Berg, P.: Electroporation for the efficient transfection of mammalian cells with DNA. *Nucleic Acids Res.* **15**(3): 1311-26 (1987).

17 Cooper, G.: Biochemische Arbeitsmethoden. S. 316.

18 Kopf, M.: Down-Stream-Processing in der Biotechnologie. Seminar Nr. H050040402, Haus der Technik, Essen (2002).

Stichwortverzeichnis

B

E

F

G

H

I

K

L

S

Z